(第二版)

火电厂节能减排手册

节能技术监督与标准解读

李　青　李晓辉　李　悦　编著

中国电力出版社
CHINA ELECTRIC POWER PRESS

内 容 提 要

本书是《火电厂节能减排手册　节能技术监督与标准解读》，全书以节能技术监督管理及其分析应用为主线，详细阐述了火力发电厂节能技术监督的基础管理、指标监督和分析方法；介绍了火力发电厂主要的综合经济技术指标，包括煤耗率、厂用电率、热电联产指标、单位发电量取水量，以及锅炉热效率等指标的影响因素、管理措施、评价考核方法和控制措施；介绍了汽轮机各项指标的技术监督内容、技术监督方法、技术监督标准、耗差分析方法、耗差分析结果、技术监督质量要求等；介绍了锅炉各项指标的技术监督内容、技术监督方法、技术监督标准、耗差分析方法、耗差分析结果、技术监督质量要求等。

本书对近几年发布的《综合能耗计算通则》《电力节能技术监督导则》《发电厂经济技术指标计算方法》《用能单位能效对标指南》《火力发电企业能源计量器具配备和管理要求》《取水定额　第1部分：火力发电》《常规燃煤发电机组单位产品能耗限额》《热电联产单位产品能源消耗限额》《电能替代项目减排量核定方法》《火力发电厂正平衡计算煤耗计算规范》《火电厂燃煤管理技术导则》《电站锅炉性能试验规程》《燃气发电机组能耗指标耗差分析》等多项技术监督相关标准进行了深度解读，并对其应用过程中发现的问题，提出了修订建议和完善方法。

本书内容叙述简单直接、易懂，举例针对性和实用性强，将技术应用与理论知识紧密结合在一起，是火力发电厂节能技术监督工作的指南。

本书可供电厂运行人员、检修人员、统计人员、工程技术人员、生产管理人员参考。

图书在版编目（CIP）数据

火电厂节能减排手册. 节能技术监督与标准解读/李青，李晓辉，李悦编著. —2版. —北京：中国电力出版社，2023.4

ISBN 978-7-5198-7183-3

Ⅰ.①火…　Ⅱ.①李…　②李…　③李…　Ⅲ.①火电厂-节能-技术手册　Ⅳ.①TM621-62

中国版本图书馆CIP数据核字(2022)第203618号

出版发行：中国电力出版社
地　　址：北京市东城区北京站西街19号（邮政编码100005）
网　　址：http：//www. cepp. sgcc. com. cn
责任编辑：宋红梅
责任校对：黄　蓓　常燕昆　于　维
装帧设计：郝晓燕
责任印制：吴　迪

印　　刷：三河市万龙印装有限公司
版　　次：2014年8月第一版　2023年4月第二版
印　　次：2023年4月北京第二次印刷
开　　本：787毫米×1092毫米　16开本
印　　张：31.75
字　　数：868千字
印　　数：3001—4000册
定　　价：148.00元

前言

随着我国工农业的高速发展和资源的过度开发，能源资源已成为制约我国经济持续发展的一个瓶颈。我国政府充分认识到这一问题的重要性和紧迫性，2021 年 9 月，中共中央、国务院发布了《关于完整准确全面贯彻新发展理念做好碳达峰碳中和工作的意见》（中发〔2021〕36 号），提出如下目标：到 2030 年，单位国内生产总值二氧化碳排放比 2005 年下降 65%以上；非化石能源消费比重达到 25%左右，风电、太阳能发电总装机容量达到 12 亿 kW 以上；二氧化碳排放量达到峰值并实现稳中有降。到 2060 年，绿色低碳循环发展的经济体系和清洁低碳安全高效的能源体系全面建立，能源利用效率达到国际先进水平，非化石能源消费比重达到 80%以上，碳中和目标顺利实现。

2021 年 10 月，国家发展和改革委员会、国家能源局联合印发《关于开展全国煤电机组改造升级的通知》（发改运行〔2021〕1519 号）提出：新建的煤电机组，除特定需求外，原则上采用超超临界且供电煤耗率低于 270g/kWh 的机组。不允许新建设计工况下供电煤耗率高于 285g/kWh 的湿冷煤电机组和高于 300g/kWh 的空冷煤电机组。到 2025 年，全国火电平均供电煤耗率降至 300g/kWh 以下。对供电煤耗率在 300g/kWh 以上的煤电机组，应加快创造条件实施节能改造，对无法改造的机组逐步淘汰关停，并视情况将具备条件的转为应急备用电源。

2022 年 4 月，国家发展改革委、工业和信息化部等六部委联合下发了《煤炭清洁高效利用重点领域标杆水平和基准水平（2022 年版）》（发改运行〔2022〕559 号），明文规定：不允许新建设计工况下供电煤耗率高于 285g/kWh 的湿冷煤电机组和高于 300g/kWh 的空冷煤电机组。到 2025 年，全国火电平均供电煤耗率降至 300g/kWh 以下，力争达到标杆水平；对于不能按期改造完成的项目进行淘汰。

进入“十四五”期间，我国将通过采取强化目标责任、调整产业结构、实施重点工程、推动技术创新、强化政策激励、开展全民行动等一系列强有力的政策措施，推动节能减排取得显著成效。预测到 2030 年，我国电力装机容量为 38.0 亿 kW，清洁能源装机 25.69 亿 kW，占比 67.5%，其中仅太阳能发电装机容量就逼近燃煤发电装机容量，清洁能源发电量 5.89 万亿 kWh，占比 52.97%。全国火电平均供电煤耗率将降至 295g/kWh 左右。在这种新的形势下，政府如何加强对火电企业能源利用状况的宏观监督管理，企业如何加强对单位内部进行节能挖潜和指标评价，成为我国节能工作深入开展迫切需要解决的重要课题。

特别是发电企业，在“十二五”和“十三五”期间投入了大量资金进行节能技术改造，到“十四五”期间，节能改造潜力剩余不大，必须从节能技术监督工作寻找突破口，分析节能管理工作中存在的问题，有针对性地提出节能管理措施，提高能源利用率，以实现“十四五”节能减排目标。

为了适应新形势下节能技术监督工作的需要，提高节能技术监督理论水平和工作效率，笔者编写了本书。本书介绍了对煤电机组的发电煤耗率和厂用电率有较大影响的各项能耗指标，对供电煤耗率、供热煤耗率、单位发电量取水量的定额值和先进值的来源及其修正方法进行了详细介绍；重点介绍了各项指标的耗差分析方法和指标控制措施。本书介绍了燃气联合发电机组能耗限额值与修正方法，介绍了燃气联合发电机组小指标的计算与管理要求，介绍了燃气联合发电机组节能技术监督管理方法和耗差分析方法，等等。

本书对近几年发布的《综合能耗计算通则》《电力节能技术监督导则》《发电厂经济技术指标计算方法》《用能单位能效对标指南》《火力发电企业能源计量器具配备和管理要求》《取水定额　第1部分：火力发电》《常规燃煤发电机组单位产品能耗限额》《热电联产单位产品能源消耗限额》《电能替代项目减排量核定方法》《火力发电厂正平衡计算煤耗计算规范》《火电厂燃煤管理技术导则》《电站锅炉性能试验规程》《燃气发电机组能耗指标耗差分析》等多项技术监督相关标准进行了解读，并对其应用过程中发现的问题，提出了修订建议和完善方法。

能量平衡是节能技术监督的基础工作，但是由于篇幅所限，只能将其中的内容分散安排在其他章节，不再进行专章论述。

本书详细论述了燃气联合发电机组的节能技术监督内容、耗差分析方法、能耗限额与修正方法、运行小指标计算方法和管理要求。

本书编者全是从事节能工作多年的同志，因此叙述简单直接、通俗易懂，举例针对性强、实用性强，将应用与理论紧密结合在一起，读者读后一定会在节能技术监督方面提高很快。

本书第一章、第四章、第七章、第九章、第十三章、第十四章由李青编写，第二章、第三章、第五章、第十章由李晓辉编写。第六章、第八章、第十一章和第十二章由李悦编写。全书由李青统稿。

在本书编写过程中，得到了华能威海发电有限责任公司、华能山东石岛湾核电有限公司和国核示范电站有限责任公司的协助。并且得到了华能集团公司生产环保部的支持，在此谨致谢意。

由于编者水平所限，书中错误在所难免，敬请读者批评指正。

编　者

2022年12月

目　录

第三篇　综合经济技术指标的监督管理

第四篇　燃气发电机组节能技术监督

第五篇　节能小指标的技术监督

第一篇

节能技术监督与基础标准解读

技术监督的内容包括质量、标准和计量三个方面。在发电企业生产过程中，强调把三者有机结合、协调一致、形成整体，构成质量、标准和计量三位一体的监督体系。在三位一体的监督体系中，标准是技术监督的依据和尺度，计量是技术监督中保证质量的手段，而质量则是技术监督的目的。各项技术监督规章制度是落实技术监督标准的重要保证，行业或企业要根据电力企业的技术水平和实际运行状况不断补充、完善和细化技术监督的标准和规章制度，形成有效可行的技术监督标准体系和制度体系，使技术监督工作有章可循。准确计量是企业实行技术监督的重要环节，是分析决策的依据，只有准确、可靠的监测手段，才能对被监督对象的参数、性能、指标和状态做到心中有数，并且据此做出对设备状态的正确判断。质量是反映设备满足标准规定和隐含需要能力的特性总和，是企业技术水平和管理水平的综合反映。简单地说，质量就是确保技术设备运行状态参数或检修质量指标是否满足行业或上级规定要求。

因此，本篇主要论述了节能技术监督概论、节能技术监督网络的构成、节能技术监督工作计划和内容。并对支撑节能技术监督工作的基础标准，如《综合能耗计算通则》《电力节能技术监督导则》《发电厂经济技术指标计算方法》《用能单位能效对标指南》和《火力发电企业能源计量器具配备和管理要求》进行了解读与分析。

第一章 节能技术监督日常工作

第一节 节能技术监督概论

一、电力技术监督的发展与内容

电力技术监督开始于20世纪50年代初，最初只对水、汽、油品质的化学监督。20世纪50年代后期，随着高温、高压机组的发展，又增加了金属监督。明确把电力设备技术监督作为电力生产技术管理的一项具体管理内容，是1963年10月水利电力部在西安召开的“电力生产技术管理经验交流会”的决议。当时称为四项监督，即化学监督（主要是水汽品质监督和油务监督）、绝缘监督（电气设备绝缘检查）、仪表监督（热工仪表及自动装置的检查）、金属监督（主要是高温高压管道与部件的金属检查）。这四项监督都是预防性检查，主要是为了扭转当时技术管理混乱及对设备检查监督不力，加强生产检修管理工作而提出来的。

1992年6月原能源部在扬州市召开全国电力生产工作会议，会议文件《关于加强技术监督若干意见》中明确提出实行全过程技术监督的问题。提出：“各电力生产和建设基层单位要建立总工程师领导下的技术监督网，进行日常电力生产和建设的技术监督”，“必须执行部颁技术监督的各项规程、标准、导则、条例、制度等，狠抓落实。要从设备设计选型、制造、安装、调试、试生产、日常运行、停用、检修及技术改造全过程进行技术监督，明确责任，分段负责”。这次会议提出了实行全过程技术监督的意见，而且明确了在实行全过程技术监督中，对组织领导、监督范围和工作内容的具体要求。

随着电力事业的不断发展和电力技术水平的日益提高，对电力设备技术监督的范围、内容和工作要求越来越多、越来越高。1996年7月，原电力工业部以电安生〔1996〕430号颁布了《电力工业技术监督工作规定》，规定了9项监督：电能质量监督、金属监督、化学监督、绝缘监督、电测监督、热工监督、环保监督、节能监督和继电保护监督。根据电网技术发展水平和运行状况的实际，一些省级技术监督监察部门又陆续把励磁技术监督、锅炉技术监督和汽轮机技术监督加了进来，形成了现在比较规范的12项技术监督。1997—1998年又陆续发布了单项技术监督规定，如1997年发布的《电力工业节能技术监督规定》（电安生〔1997〕399号），它定义了节能技术监督，即对影响发电、输变电设备经济运行的重要参数、性能和指标进行监督、检查、调整及评价，阐述了节能技术监督的目的。通过对电力企业耗能设备及系统在设计、安装、调试、运行、检修、技术改造等阶段的节能技术监督，使其电、煤、油、汽、水等消耗达到最佳水平。

《电力工业技术监督工作规定》规定了技术监督工作的原则：技术监督工作贯彻“安全第一、预防为主”的方针，实行技术责任制，按照依法监督、分级管理、行业归口的原则，对电力建设和生产全过程实施技术监督。同时提出：技术监督工作以质量为中心、以标准为依据、以计量为手段，建立质量、标准、计量三位一体的技术监督体系。在三位一体的技术监督体系中，标准是技术监督的依据和尺度，计量是技术监督中保证质量的手段，而质量则是技术基础工作命脉。

2003年4月，国家电网公司下发了《关于加强电力生产技术监督工作的意见》指出：为了适应电力体制改革、电网快速发展的新形势，电力企业要在继续执行原电力工业部《电力工业技术监督工作规定》的基础上，不断研究、制订新的监督专业、监督技术标准和方法。

2007年7月，中华人民共和国国家发展和改革委员会颁布了DL/T 1051—2007《电力技术监督导则》，提出了12项技术监督，与火力发电厂有关的是11项技术监督：绝缘监督（电气一次设备绝缘性能、防污闪、过电压保护及接地）、电测监督（各类电测量仪表、装置、变换设备及回路计量性能，电能计量装置计量性能）、继电保护及安全自动装置监督（电力系统继电保护、安全自动装置及其投入率、动作正确率）、励磁监督（发电机励磁系统性能及指标、整定参数和运行可靠性）、节能监督（发电设备及辅助系统的效率、能耗）、环保监督（污染物排放、环境噪声、环保设施）、金属监督（高温金属部件、承压容器和管道及部件）、化学监督（水、汽、油、燃料质量，化学仪表、热力设备腐蚀保护）、热工监督（各类热工测量仪表、装置、变换设备及回路计量性能，热工自动调节系统，热工保护装置）、电能质量监督（频率和电压质量）、汽（水）轮机监督（轴系振动特性，叶片特性，调节保安系统特性）。从此，电力技术监督进入高潮期。

二、电力技术监督与安全生产的关系

电力工业是技术密集型的装备性行业，电力产品的生产与消耗过程，是发电、供电、用电同时完成的过程。电能在一般情况下很难储存，所以要保证连续、可靠地向广大社会用户供应电力，保证发供电设备健康、安全、经济地运行和计量的完整准确，没有科学的管理，没有一套完整可靠的技术监督手段，是不可能顺利完成的。而且随着科学技术的发展，设备的运行状态、生产过程和质量监测，几乎都是以相应的参数和指标来表达的，如果离开技术监督，要维持正常的发供电也是无法想象的，因此长期以来技术监督一直是电力生产中一项非常重要的工作。

技术监督是预防性的工作，通过技术监督手段发现和提出的问题是预见性的。而存在于设备内部的缺陷或隐患，它的发展都有一个“潜伏期”，如果放松警惕，思想麻痹，往往出于某些主客观原因而违反监督规程、条例、标准的规定，放松或降低某些监督控制指标的要求，其后果是很难设想的，这方面的惨痛教训非常深刻，要引以为戒。

三、电力技术监督管理模式

2002年国家电力体制改革以前，省局（公司）级技术监督工作实行的是二级管理，即省局（公司）级和基层单位级（电厂或供电局）。全网技术监督的日常管理工作由设在省电力试验研究所内的省局（公司）技术监督办公室归口管理。

各发电厂、地（市）供电局和建设、安装、调试单位，以及发电检修公司等构成省级电网技术监督管理的基层级。各单位内的技术监督工作原则上实行三级管理，在厂（局）长（经理）的领导下，由总工程师负责组建技术监督领导小组并兼任组长；各专业监督分别建立相应的监督网络，落实分级管理技术责任制；在生产（运行）技术管理部门设有关专业监督工程师，归口专业监督管理；在有关场队、车间、部门设监督专责人；在班组、变电站设监督员。

电力体制改革以后，电力的技术监督工作分两条腿走路：一条是各省经济贸易（信息化）委员会成为全省电力行业技术监督工作的领导部门，电力行业技术监督工作的开展由省经济贸易委员会授权成立的省电力技术监督办公室（仍依靠原来的省电力试验研究所）负责归口管理。另一条是各大发电公司均成立了技术研究院，集团公司通过各自的技术研究院或西安热工研究院进行三级管理：集团公司→区域公司→各基层单位。这两条路互不交叉，各自独立行使监督权，前者为省经济贸易委员会负责，后者为集团公司负责。

电力的技术监督工作，正是通过上述管理模式，形成了一个纵向到底、横向到边的技术监督网络，从而使得技术监督工作指令和信息得以上下贯通，使得技术监督工作逐步渗透到电力生产、建设的各个角落。

四、电力技术监督目前存在的问题

（1）各发电集团公司的技术监督管理水平参差不齐，有的没有建立集团公司层面的技术监督管理组织机构，没有统一组织开展公司系统的技术监督管理工作，如技术监督报表的上报、动态检查、预警管理等工作。因此，无法及时反映各区域公司、发电企业技术监督管理方面存在的问题。

（2）各发电企业基本上还是沿用厂网分开前的属地管理模式，造成了集团公司内各发电企业有不尽相同甚至相差甚远的技术监督模式和管理标准。同时集团公司系统没有统一的技术监督管理支持服务单位，对技术监督服务单位和发电企业的技术监督工作不能进行及时有效的监督和指导。

（3）近几年新投产的大量超（超）临界机组、大型流化床锅炉发电机组和燃气轮机发电机组、水电机组，大量新材料、新装备的应用，原有相关技术监督方法和标准已经滞后，无法有效进行监督和预防重大隐患、事故的发生。集团公司缺乏全面、统一、新的对发电设备设计、制造、安装、运行、检修、改造全过程的监督技术标准。而近期大批标准得以制订或修订，增加或修改了检测方法和指标控制限额，但是专业监督人员不清楚，仍执行老标准。

（4）基层单位缺乏完善的技术监督测试手段。进行技术监督工作，除了严格按规程、制度、标准办事外，很重要的一点还是有准确、可靠的监测手段，这样才能对被监测对象的参数、性能、指标和状态做到心中有数，并且据此作出对设备状态的正确判断。故准确的测量是实行技术监督的重要环节，是分析决策的根据。特别是随着大机组、大电网、大电厂、高参数、高电压、高度自动化的电力装备的出现，对设备技术性能、参数和状态监测的复杂性和技术难度亦随之增大，要求也有所提高，且对技术指标的控制又越来越严，有时还要求监测快速及时，故监督的测试技术必须相应跟上。但是现实情况是某些电厂取消了热试组、金相组等，缺少必要的测试设备，造成基本测试工作都需要外援。

（5）技术监督队伍的素质相差较大。要做好技术监督工作，充分发挥技术监督的作用，归根到底，最根本、最关键的因素还是监督队伍的素质，包括思想政治素质和业务技术素质。因为从事监督工作首先要有高度的责任心，对工作一丝不苟，严格认真，同时又要求对本专业和相关专业有较扎实的理论基础和实践经验，以及丰富的现场实际工作经验，这样才能担当起监督工作的重任。因为监督人员所面对的生产技术问题经常带有综合性，涉及不同的专业和不同的生产部门，需要综合研究，协调处理，工作上有一定的难度。一个熟悉技术监督业务而又称职的监督人员的培养，不是朝夕之间就能完成的。而且技术监督工作本身有很大的连贯性，故保持监督的相对稳定是必须注意的问题。但是，目前有些电厂技术监督人员很少参加行业的技能培训，技术监督队伍经常变化，导致监督水平下降。

第二节 节能技术监督网络的构成

为更好促进节能活动的开展，进一步降低机组消耗性指标，保证全年节能指标完成，应根据厂内机构调整和人员变动情况，成立节能监督三级网络（由厂级、部门级、班组级组成），以期在全厂形成“事事有人管、人人都管事”的良好氛围，达到“千斤重担人人挑、人人肩上有指标”的目的，确保该厂机组各项经济技术处于全国同类型机组先进水平。

一、厂级节能领导小组（一级网）

1. 节能监督领导小组

第一级网是厂节能监督领导小组。节能领导小组以厂长为组长、生产副厂长（或总工程师）

为副组长，各部室（车间，包括服务部门）主任及能源管理负责人等为成员，能源管理负责人负责全厂的节能监督日常工作。

节能领导小组的职责是：

（1）执行国家能源政策、法令和上级部门的节能工作方针政策。

（2）审批厂节能监督管理标准、节能奖励办法、能耗定额、节能规划。

（3）负责节能工作方案、资金、项目和年度节能项目计划的审批。

（4）组织落实下达能耗指标，检查节能工作小组的日常工作，对节能工作有突出贡献的集体和个人进行奖励。

（5）在节能领导小组组长或副组长的主持下，每月召开一次例会。定期听取各部门节能工作情况汇报，协调各部门的节能工作，努力降低能耗，全面完成全厂节能任务。

（6）作为节能领导小组成员，各部门主要负责人对各自部门的节能工作负责。

2. 能源管理负责人的职责

能源管理负责人一般是由生产技术部主任或副主任担任，根据《中华人民共和国节约能源法》（2007 年 10 月修订），重点用能单位应当设立能源管理岗位，在具有节能专业知识、实际经验及中级以上技术职称的人员中聘任能源管理负责人，并报管理节能工作的部门和有关部门（如地方节能办公室和节能监察支队）备案（备案登记表见表 1-1）。

表 1-1　　重点用能单位能源管理岗位和人员设立情况备案表

重点用能单位名称：（盖章）

<table>
<tr><td>重点用能单位名称</td><td colspan="2"></td><td>单位性质</td><td colspan="2"></td><td>单位法人代码</td><td></td></tr>
<tr><td>单位法人代表姓名</td><td></td><td>联系电话</td><td></td><td>主管节能厂级负责人姓名</td><td></td><td>联系电话</td><td></td></tr>
<tr><td>单位地址</td><td colspan="5"></td><td>邮政编码</td><td></td></tr>
<tr><td>负责能源管理工作的部门名称（能源管理岗位）</td><td colspan="2"></td><td colspan="2">部门负责人姓名</td><td></td><td>联系电话</td><td></td></tr>
<tr><td colspan="8">聘任的能源管理人员情况（包括能源管理负责人）</td></tr>
<tr><td>姓　名</td><td>受聘岗位名称</td><td colspan="2">本人技术职称</td><td>在本岗位工作年限</td><td>接受节能培训情况</td><td colspan="2">联系电话</td></tr>
<tr><td></td><td></td><td colspan="2"></td><td></td><td></td><td colspan="2"></td></tr>
<tr><td></td><td></td><td colspan="2"></td><td></td><td></td><td colspan="2"></td></tr>
<tr><td></td><td></td><td colspan="2"></td><td></td><td></td><td colspan="2"></td></tr>
<tr><td></td><td></td><td colspan="2"></td><td></td><td></td><td colspan="2"></td></tr>
<tr><td></td><td></td><td colspan="2"></td><td></td><td></td><td colspan="2"></td></tr>
<tr><td></td><td></td><td colspan="2"></td><td></td><td></td><td colspan="2"></td></tr>
</table>

填报人：　　　　　　　　　　　　　联系电话：

注　聘任的能源管理负责人情况不够填报的，可增加报表张数。

能源管理负责人的职责如下：

（1）能源管理负责人负责组织对本单位用能状况进行分析、评价，组织编写本单位能源利用状况报告。

（2）提出本单位节能工作的改进措施并组织实施。

（3）能源管理负责人应当接受节能培训。

除此之外，能源管理负责人还具有以下职责：

（1）贯彻执行国家、行业、集团公司及厂部颁发的有关节能技术监督的方针、政策、规章制度等。

（2）定期检查全厂节能技术监督台账，按时组织本单位节能降耗分析例会。

（3）对全厂影响经济运行的重大耗能设备，及时提出改进措施并组织解决。

（4）参加节能改造工程的设计审查，并对安装调试、运行、检修进行全过程节能技术监督。

（5）及时下达月、季、年度的各项指标计划及节能改造项目计划，并组织、监督、考核节能改造项目计划的实施。

（6）负责生产和非生产用能的管理。对全厂用煤、用油、用水的情况进行监督、分析。

（7）积极参加和组织开展节能降耗的科技攻关、新技术推广和人员培训工作。

（8）编写、审查全厂设备系统改造、设计、性能试验技术措施和方案，并监督落实。

（9）对入厂、入炉煤的计量、取样、制样、化验进行监督，对煤场管理进行监督。

（10）对节能工作有突出贡献的部门和个人的奖励申请进行审核。

二、节能工作小组（二级网）

1. 节能工作小组

第二级网是部门级，工作小组组长由生产副厂长担任；副组长由能源管理负责人或生产技术部主任担任，成员为生产技术部（策划部）各专业专工。第二级网下设几个专业组，专业组由部门（车间）组成。各部门主任为专业组组长，部门专工为副组长，各部门所辖班组技术员为专业组成员。厂级节能专职工程师负责节能工作小组的日常管理工作。

工作小组组长的职责是：

（1）负责贯彻国家、行业和上级的节能政策、法规、标准和规定，检查、监督各有关部门执行。

（2）参加本单位事故的调查分析工作，督促落实反事故措施，及时向上级公司有关部门、技术监督主管部门和执行部门报告，努力消除设备隐患。

（3）主持召开厂节能监督网会议，评价节能技术指标完成情况，布置节能工作任务。

（4）审定本厂节能技术监督实施细则、岗位职责、考核细则、节能规划、年度节能监督工作计划、主设备检修节能监督工作计划、重大节能监督项目工作计划、能耗指标计划、各种管理标准、制度和技术措施，检查、监督各有关部门执行。

（5）参加本单位新建工程的设计审查、设备选型、监造、安装、调试、试生产阶段的节能技术监督管理和质量验收工作。

（6）落实上级公司下达的能耗指标，按期完成节约环保型企业创建工作。

（7）协调生产各部门间的节能工作。

（8）坚持贯彻“以节能为重点的技术改造”方针，结合技术改造和机组检修，综合平衡，安排好节能技改所需资金，做好技改、检修工作后评估，确保项目取得预期效果。

（9）组织节能工作的基础管理、运行管理、检修管理、燃料管理、节水管理、节油管理、热力试验管理、基本建设管理，使各项运行经济指标向设计值或历史最佳值、同类型机组最好水平靠拢。

节能工作小组的职责是：

(1) 在工作小组组长和能源管理负责人领导下，具体负责各自部门的节能技术监督工作。

(2) 监督检查本部门能源使用情况，对出现的异常现象要及时汇报，对违反能源管理制度的现象及时进行制止。

(3) 根据领导小组下达的指标定额，结合本部门生产过程和管理业务的实际情况，分解各项指标。

(4) 对本部门主、辅设备加强管理，按经济运行方式操作，提高设备效率，保证设备在经济状况下运行。

(5) 负责本专业设备、系统大小修后各项考核指标的汇总，检查各项考核指标是否达到考核标准，并向同级和上级主管如实报告。

(6) 负责本部门年度节能项目计划的提出、汇总，并按规定时间上报工作小组。

(7) 根据厂节能更改计划，制订节能项目措施，对竣工的节能项目进行总结和分析，及时报送专责人和工作小组。

(8) 每半年对本专业节能技术进行总结，指出问题，提出措施，并上报工作小组。

2. 厂级节能专工

厂级节能专职工程师的主要职责是：

(1) 贯彻执行国家、地方、行业、上级主管部门有关节能技术监督的方针政策、法规、标准、制度、导则。

(2) 按照上级公司下达的节能任务和年度考核指标，编制企业年度节能计划和目标，将能耗指标分解下达给相关部门，并督促执行。

(3) 编制全厂节能技术监督的实施细则、岗位职责、各项管理制度及技术措施、中长期节能规划、节能计划、生产经济指标考核办法、各项能耗指标定额，并组织、监督实施，定期检查节能规划和计划的执行情况，并向节能领导小组提出报告。

(4) 参加新建、扩建、技术改造工程的设计审查，并对设计、安装、调试、运行、检修进行全过程节能技术监督。

(5) 按时向上级公司、技术监督服务单位上报能耗报表和技术监督分析报告、节能监督工作总结，确保监督数据真实、可靠。做好半年、年度节能工作总结。

(6) 负责本单位节能方面的科研、技术改造等项目的规划、计划，项目的可行性研究及其项目管理。

(7) 每月参加或组织召开厂级节能降耗分析例会，提出本厂节能技术指标完成情况的分析报告、节能工作存在的问题，组织制订改进措施，并按计划实施，做好总结和考核工作。

(8) 建立健全本单位的各项技术监督档案，如机组主辅设备设计资料、技改可研报告、各类试验报告、主辅设备缺陷及检修台账和总结等。针对能源消耗存在的问题，应向领导小组提出节能改进意见和措施。

(9) 督促热工、电测专业做好能源计量装置和仪器仪表的检定工作。

(10) 组织开展节能宣传教育，提高广大职工节能意识，组织节能培训，推广新技术，积极参加和组织开展节能降耗的科技攻关。

(11) 负责与电力研究院的技术交流，负责与外单位相关的技术监督工作。

(12) 有权对节能工作有突出贡献的部门和个人提出奖励申请。

3. 检修工作组职责

(1) 负责机组及附属系统设备的检修、维护工作。

(2) 负责实施管辖范围内的节能技术改造项目。

(3) 负责电测、热控范围内能源计量装置的校验及检修维护工作。

(4) 及时消除“七漏”(汽、水、油、煤、风、粉、灰),及时解决浪费能源的设备缺陷,尽可能充分利用和回收热力设备的排汽和疏水。

(5) 针对设备和能源消耗方面存在的问题,可向工作小组提出整改建议和措施。

(6) 经常开展技术练兵活动,培训职工提高检修工艺质量,改善设备健康水平,减少机组的临修次数。

4. 运行工作组职责

(1) 负责机组及附属系统设备的运行管理工作,落实有关运行节能措施。

(2) 负责机组及附属系统设备影响能源消耗参数或状态、方式的监督,发现异常及时调整或报告,并向工作小组提出改进建议。

(3) 负责管辖范围内系统设备转换、输送、分配、消耗能源量以及表征能量的有关参数的初级记录和统计工作。

(4) 通过小指标竞赛活动,充分挖掘现有的设备潜力,搞好节能降耗工作。

(5) 协助进行热力试验工作。

(6) 及时与调度沟通协商,尽量多发电量,提高负荷系数。

5. 燃料工作组职责

(1) 负责全厂采购煤炭的供应和统计管理工作,禁止不合格煤炭入厂。

(2) 负责燃油的采购入厂、储存、盘点。负责煤场的管理、煤场的盘点。

(3) 负责燃料接卸、输送和计量系统设备的检修、维护、运行管理工作,落实有关节能措施。

(4) 负责实施管辖范围内的节能技术改造项目。

(5) 负责管辖范围内系统设备影响能源消耗参数或状态、方式的监督,发现异常及时调整或报告,并向工作小组提出改进建议。

(6) 负责管辖范围内能源储存、输送、消耗量的初级记录和统计工作。

三、三级节能网

第三级节能网是班组,班长是组长,技术员是副组长,成员由所辖班组人员组成。节能三级管理网络见图 1-1。

1. 各部门节能专业工程师(专业主管)职责

各部门各部室技术专工为部门兼职节能专业工程师,其职责是:

(1) 贯彻执行国家、行业、集团公司及厂部颁发的有关节能技术监督的方针、政策、规章制度等。

(2) 根据实际情况编制本部门的节能计划,并监督实施。

(3) 接受专业组的领导,组织本部门的节能小组进行节能分析活动,并对所属班组的节能员工作进行指导、检查。

(4) 对本专业(部门)影响经济运行的重大耗能设备,及时提出改进建议。

(5) 积极组织本专业(部门)开展节能降耗的科技攻关、新技术推广和人员培训工作。

(6) 建立能源计量统计台账,督促责任部门有计划地对能源计量表计进行校验,补充完善,对能源计量器具的配备率负责。

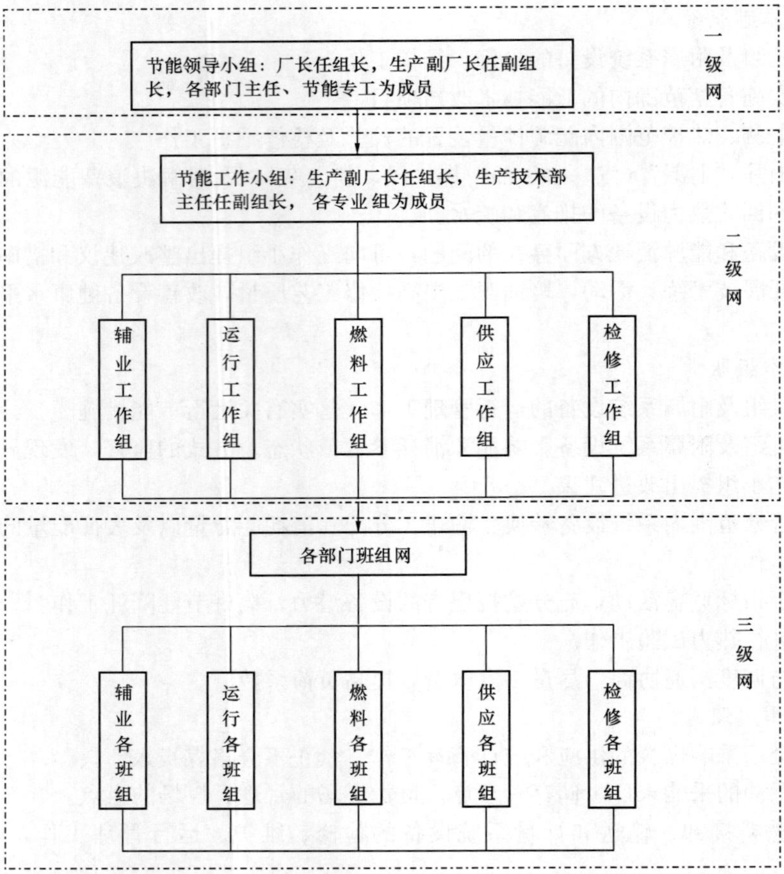

图 1-1　节能三级管理网络

（7）在节能项目完成后 2 周内向工作小组提交节能项目结题报告。每年 12 月底务必向厂级节能工程师提交本年度所有节能项目的结题报告。

2. 班组节能员的职责

各班组技术员为班组兼职节能员。班组节能员的职责是：

（1）严格执行国家、行业、集团公司及厂部颁发的有关节能技术监督的方针、政策、规章制度等。

（2）认真执行全厂节能管理办法的规定内容与要求；组织本班组成员实施本部门的节能计划和措施，完成各项经济、能耗指标定额。

（3）建立节能技术监督台账，分析节能技术指标完成情况，针对节能工作存在的问题，提出改进措施，指导班组成员开展节能工作。

（4）熟悉所辖设备的能耗指标，了解影响这些指标的设备原因，分析节能技术指标完成情况。

（5）积极开展生产指标异常分析，针对节能工作存在的问题，提出改进措施，不能解决的问题及时向部门领导汇报。

（6）按时、按质、按量完成厂、车间下达的数据统计、定期报表、节能总结，建立健全节能技术档案。

（7）审查能源计量表计工作情况，对工作异常表计及未按期校验表计进行缺陷登记，督促责任部门整改。

(8) 填好各项能源消耗的原始记录；巡查能源计量表计工作情况，对工作异常的表计及未按期校验的表计进行缺陷登记。

(9) 协助二级节能网对班组成员进行节能教育和培训，结合班组设备情况提出合理化建议。

(10) 做好本班组节能工作，做好班组节能活动记录，促进本部门节能工作的开展。

第三节 节能技术监督工作计划

一、节能监督年度工作计划

依据上级公司节能监督技术标准要求和行业标准要求，结合电厂各台机组能耗现状和生产计划，制订电厂的年度节能监督工作计划。电厂每年 12 月初应完成次年度技术监督工作计划的制订工作，并将计划报送上级公司。节能监督年度工作计划的内容应包括：

(1) 年度指标考核值：电厂应根据上级公司下发的节能监督指标考核值制订本厂的年度指标考核值，节能监督指标的考核应与监督管理指标、检修质量指标、运行可靠性指标的要求相一致。

(2) 季度目标值：应将年度指标考核值按季度进行分解，以便于执行计划和考核。

(3) 节能监督年度工作计划正文应包括以下内容：

1) 节能监督网络调整和健全计划。

2) 厂级节能监督制度的修订计划。

3) 运行规程、检修规程及系统图修编计划。

4) 人员培训计划，主要包括内部培训、外出培训和收资计划。

5) 检修期间节能技术监督（包括节能技改项目）工作计划。

6) 技术管理（包括月度技术监督报告、节能月度分析会议、年度总结和技术监督定期工作会议计划）。

7) 技术监督服务单位合同项目（包含外委试验）。

8) 上级公司动态检查或节能诊断报告提出问题的整改计划。对提出的问题应及时制订计划进行整改，整改结果应符合相关标准、规程的要求。

9) 技术监督预警问题及整改计划。

10) 保障措施。

二、节能监督年度计划表

技术监督工作计划表是节能监督年度工作计划中最主要的一项内容。技术监督工作计划表内容和格式见表 1-2，供参考。计划表中必须明确完成时间、主要工作内容、投资额和责任人。

表 1-2　　电厂____年节能技术监督工作计划

序号	项　　目	计划完成时间	主要内容	投资额	责任人
一	发电企业节能监督				
(一)	节能管理				
1	节能监督网络调整	每年 12 月			
2	厂级节能制度修编	每年 12 月			
3	规程及系统图修编	必要时			
4	人员培训	每年 6 月			
5	能效对标	每季度			

续表

序号	项　目	计划完成时间	主要内容	投资额	责任人
（二）	技术监督				
1	节能技术监督工作会议	根据各厂情况每年至少1次			
2	节能技术监督月报	次月3日前			
3	节能监督工作年度总结	每年1月10日前			
4	节能监督年度工作计划	每年11月30日前完成下年度计划			
5	煤场盘点	每月一次			
6	节能监督周报	每周五出版一次			
7	召开节能（运行）分析例会	次月10号左右			
⋮					
（三）	检修管理				
1	A/B/C/D级检修主要节能项目				
2	节能技改项目				
3	阀门治理清单				
4	保温测试、阀门内外漏巡检	每日每班			
5	给煤机计量标定	A、B、C级检修			
6	粗粉分离器出口挡板调节	A、B级检修			
（四）	运行管理				
1	监督检查滑压曲线执行情况，严格执行修改后的滑压曲线				
2	制订燃烧调整卡，根据负荷和煤质进行调整				
3	主要辅机（给水泵、送风机、引风机等）经济调度				
4	按真空严密性试验结果，进行真空查漏				
5	检查胶球清洗运行情况，合理配置胶球清洗时的循环水泵运行方式，保证循环水流速，防止胶球堵塞铜管	根据水质和端差大小确定每日投入次数、间隔、持续时间			
6	及时跟踪检查高低压加热器端差变化情况，及时进行调整				

续表

序号	项　目	计划完成时间	主要内容	投资额	责任人
7	合理调整7、8号低压加热器水位，降低加热器端差				
8	空冷岛清洗系统投运	根据脏污程度确定清洗时间和次数			
9	吹灰投运	根据锅炉燃烧情况			
⋮					
（五）	计量管理				
1	入炉煤机械采样装置维护				
2	轨道衡/汽车衡/入厂皮带秤校验和检定	校验每旬一次，检定每年一次			
3	入炉煤皮带秤校验				
4	实物标定装置校验				
5	煤场盘煤（12次/年）				
6	煤质、飞灰、大渣、石子煤的定期分析				
7	电能计量表计校验和检定	按送检周期执行			
8	重要监视表计的校验（排烟温度、氧量、排汽压力等）				
9	排烟温度、氧量标定	每次A、B级检修后标定			
⋮					
二	试验和化验管理				
1	A修后排烟温度场和冷风温度场标定				
2	A修后锅炉炉膛出口氧量标定				
3	A、B修前后热力试验				
4	煤质、飞灰、大渣、石子煤、煤粉细度分析化验	每日（煤粉细度除外，当制粉系统改造或煤质变化大时，对煤粉细度进行分析化验和调整）			
5	真空严密性测试	每月一次			
6	空气预热器漏风率测试	每季一次			
7	除尘器漏风率测试	检修前后			
8	机组主辅设备性能考核试验	新机组投产或设备重大技术改造后			
9	主辅设备优化调整试验或工作	必要时			

续表

序号	项　目	计划完成时间	主要内容	投资额	责任人
10	制粉系统优化试验或工作	煤质变化大或制粉系统改造后			
11	燃烧调整试验或工作	必要时，最好一个大修期一次			
12	汽轮机定滑压试验或工作	必要时，最好一个大修期一次			
13	冷端优化调整试验或工作	必要时，最好一个大修期一次			
14	能量（燃料、热、电、水）平衡试验	5 年一次，若有扩建、大型改造，正常运行后要补做一次			
15	冷却塔冷却能力试验	A、B级检修			
⋮					
三	上级公司动态检查（节能诊断）提出问题的整改计划				
1					
2					
⋮					

三、计划检修的节能技术监督计划

对于机组检修，应在计划检修前一个月另行下达节能技术监督计划，格式见表 1-3，计划检修主要节能监督项目包括：

1. 锅炉专业

（1）锅炉辅助换热设备（空气预热器传热元件、暖风器等）的清理或清洗。

（2）空气预热器密封片检查更换、间隙调整。

表 1-3　　某电厂某机组 A 级检修节能技术监督计划

××年×月××日

序号	检修项目或设备名称	技术监督内容	质量标准和要求	责任部门	质量监督点	
					W 点	H 点
1	空气预热器检查、清洗	1. 用高压冲洗水对换热元件进行冲洗，提高换热效果； 2. 空气预热器三向密封片检查调整更换	1. 查看受热面没有积灰，手电照射透光率 98%以上，无堵塞。 2. 密封间隙调整符合标准。 3. 更换变形和磨损严重的密封片	锅炉检修		√

续表

序号	检修项目或设备名称	技术监督内容	质量标准和要求	责任部门	质量监督点	
					W点	H点
2	炉风烟系统漏灰、漏风治理	1. 消除预热器人孔门、膨胀节和锅炉其他位置人孔门、观火孔漏风漏灰现象； 2. 尾部烟道风道查漏； 3. 非金属膨胀节检查	1. 拆除外部铁皮保温，检查漏风点并消除漏风；就地观察无缝隙、裂纹。 2. 烟风道焊缝无漏焊、裂纹和砂眼等缺陷，对口应平齐光滑。 3. 烟道人孔门应齐全，关闭后应严密不漏。 4. 膨胀节应活动灵活无卡涩；膨胀节不得有裂纹、泄漏等缺陷	锅炉检修		
3	暖风器检查	1. 暖风器清理； 2. 暖风器查漏	1. 暖风器的磨损腐蚀均不得超过原度的1/3。 2. 暖风器无堵灰现象；通流面积不得低于设计面积的90%。 3. 辅汽通汽控制压力检查无泄漏	锅炉检修	√	
4	锅炉本体受热面清灰	对锅炉受热面进行清灰检查	1. 管子表面和管排间的烟气通道无积灰。 2. 管子无结焦	锅炉检修		
5	燃烧器摆动机构检修	1. 燃烧器连杆检查、调整； 2. 执行机构检查	1. 连杆完整，无断裂变形；摆动机构转动灵活，无卡涩。 2. 执行机构完整；无脱落，安全销齐全无断裂	锅炉检修	√	
6	吹灰器检查	1. 枪管盘根更换； 2. 枪管垂直度测量、记录、调整； 3. 进行伸缩试验	1. 更换盘根，新盘根密封严密，无卡涩。 2. 枪管垂直度检查不得大于检修规程，并做好记录。 3. 吹灰器进退灵活，声音、振动正常。 4. 动作灵活、正确，信号输送正常。 5. 应无泄漏	锅炉检修		
7	炉顶大包检查	包内清灰检查，穿墙管密封检查	1. 清理包内所有积灰、异物。 2. 穿顶棚密封严密无漏风点。 3. 顶棚管与其他受热面管穿顶处无漏风现象	锅炉检修		

续表

序号	检修项目或设备名称	技术监督内容	质量标准和要求	责任部门	质量监督点	
					W点	H点
8	磨煤机检查维护	1. 检查更换磨辊辊套； 2. 磨辊磨损检查焊补或更换； 3. 磨煤机衬板检查、更换磨损严重的衬板； 4. 筛出磨损后的无规则小球，按比例添加各种球	1. 测量磨辊套与轴承座的配合间隙时，过盈量为0.05～0.2mm。 2. 磨辊无磨损，无锈蚀、卡涩、斑点、麻痕等缺陷，轴承转动灵活。 3. 衬板无严重磨损处，固定可靠。 4. 大小球比例符合优化调整结果	锅炉检修		
9	一次风管及附属设备检查	1. 一次风管管道、卡箍及浓淡分离器的泄漏检查； 2. 可调缩孔的检查； 3. 煤粉取样装置检查	1. 管道、卡箍及浓淡分离器完好，无泄漏。 2. 无磨损，无泄漏，法兰密封严密，螺栓紧固；无卡涩。 3. 取样装置无泄漏，无堵塞，开关灵活	锅炉检修		
10	凝结水泵最小流量阀内漏治理	凝结水泵最小流量阀和旁路电动门重新定位，检修期间解体检查、研磨	1. 阀杆光滑平整，弯曲度小于0.1mm；螺纹部分无毛刺、滑牙，磨损不大于10%。 2. 阀芯与阀座密封面无冲蚀沟槽。 3. 填料规格、材质正确，盘根邻圈切口之间应错开90°～180°	汽轮机检修	√	
11	高压加热器危急疏水内漏治理	1、2、3号高压加热器危急疏水阀解体检修、研磨	1. 门杆弯曲度最大不得超过2/1000，椭圆度不得超过0.05mm。 2. 阀芯密封面、阀座衬套密封面应无凹痕和汽蚀等现象。 3. 上下门座结合面均应无沟槽、麻点等缺陷，配合无松动。 4. 阀芯表面粗糙度 *Ra* 为0.1以下	汽轮机检修	√	
12	机侧疏水系统阀门检修	1. 主、再热蒸汽管道疏水门解体检修； 2. 本体疏水系统内漏阀门解体检修或更换	1. 阀芯密封面、阀座衬套密封面无凹痕和汽蚀等现象。 2. 上下门座结合面均应无沟槽、麻点等缺陷，配合无松动。 3. 投运后无泄漏	汽轮机检修		
13	汽轮机旁路阀门解体检修	1. 高压旁路减压阀解体检修； 2. 低压旁路减压阀解体检修	1. 门杆弯曲度最大不得超过1/1000，椭圆度不得超过0.03mm。 2. 阀芯密封面、阀座衬套密封面清洁，无凹痕和汽蚀等现象。 3. 阀杆表面粗糙度 *Ra* 为1.6以下。 4. 阀芯表面粗糙度 *Ra* 为0.1以下	汽轮机检修	√	

续表

序号	检修项目或设备名称	技术监督内容	质量标准和要求	责任部门	质量监督点	
					W点	H点
14	真空严密性治理	机组真空系统注水查漏、堵漏	1. 注水至凝汽器喉部，钛管管束及胀口无泄漏。 2. 就地用氦普仪检查无漏点，真空严密性小于270Pa/min	汽轮机检修		√
15	清理凝汽器冷却水管	1. 凝汽器水室清理； 2. 高压水清洗凝汽器冷却水管； 3. 人孔门、水室衬胶检查，风干	1. 钛管及管板用高压清洗机冲洗清洁，管道内壁无杂物、结垢。 2. 衬胶层严密，无开裂、鼓包、脱落。 3. 水室内部杂物、积水清理干净管内表面清洁	汽轮机检修		√
16	高压加热器检漏	1～3号高压加热器汽侧充压缩空气至0.5MPa检漏，管板及管束无泄漏	1. 汽侧充压缩空气至0.5MPa，管板及管束无泄漏。 2. 水室人孔门垫片无泄漏。 3. 焊缝检查，无冲蚀、砂眼	汽轮机检修		√
17	冷却水系统清理	1. 闭式水、闭式水冷却器清洗； 2. 闭式水、开式水系统滤网清理； 3. 凝汽器循环水一次、二次滤网清理	1. 现场检查滤网无损坏、没有附着物 。 2. 冷却器板片清洁，无结垢。 3. 冷却器复装投运后，无漏水	汽轮机检修		
18	胶球清洗系统检查调整	1. 收球网栅焊补； 2. 检查牺牲阳极； 3. 收球网传动轴加填料	1. 收球网隔栅完整、无脱落，关闭到位、严密。 2. 收球网网板牺牲阳极检查，更换消耗过大的锌块。 3. 消除盘根泄漏。 4. 各设备动作正常，胶球回收率大于95%	汽轮机检修	√	
19	汽轮机通流部分汽封间隙调整	汽轮机通流部分汽封间隙调整，更换损坏的弹簧片	取检修规程标准下限	汽轮机检修	√	
20	冷却塔检查整理	1. 冷却塔填料检查、整理； 2. 配水槽、配水管清理，更换损坏的配水管	填料黏结良好，间隙正常，排列整齐；配水槽、配水管完整，内无淤泥	汽轮机检修	√	
21	二次风、过燃风门挡板检查	二次风、过燃风门挡板检查、调整	挡板完整，能关闭严密，动作灵活，内外一致	锅炉检修		
22	粗粉分离器检查修复	粗粉分离器检查、修复，出口挡板调整	调节挡板内外一致，无漏风点，无卡涩	锅炉检修	√	

续表

序号	检修项目或设备名称	技术监督内容	质量标准和要求	责任部门	质量监督点	
					W点	H点
23	保温恢复	保温外层温度超标及保温缺损管道保温恢复	保温层不缺失、平整，相比环境温升不超过25℃	锅炉检修		
24	给煤机称重校验	给煤机称重校验	1. 定度校验毛重变化率小于±0.2%。 2. 定度校验皮带转速变化率小于±0.2%。 3. 实物标定符合1.0级要求	热工检修	√	
25	飞灰在线装置维护	飞灰在线装置缺陷处理、管路疏通	管路畅通，取样顺利	锅炉检修		√
26	自动采制样装置维护	自动采制样装置缺陷处理		燃料检修		√
27	燃料皮带秤标定	燃料入厂、入炉皮带秤标定		燃料检修		√
28	热工仪表标定	温度、氧量、压力、流量等表计标定	准确度满足要求	热工检修		√
29	变频器系统检查	变频器系统检查、滤网清灰	干净、严密	电气检修		√
30	炉底水封检查	炉底水封检查、修复损坏部位	不漏风	锅炉检修		√

注 H（hold point）点为不可逾越的停工待检点，W（witness poin）点为现场见证点。在进行至H点时必须停工等待节能专工按质量标准要求检查认可签字后，才能转入下道工序的质量控制点。W点是需要节能专工参加的检验或试验的项目，如果节能专工不能按时参加，W点可不用停工，可以直接转入下道工序的质量控制点。

(3) 吹灰系统检修。
(4) 飞灰取样器的检修维护。
(5) 保温治理。
(6) 锅炉本体受热面清灰。
(7) 锅炉专业改造项目。

2. 汽轮机专业

(1) 汽轮机通流部分、凝汽器管、加热器、二次滤网、真空泵冷却器等设备的清理或清洗。
(2) 汽轮机通流部分汽封换型，汽轮机通流部分汽封间隙调整。
(3) 汽轮机叶片喷砂。
(4) 真空系统查漏、堵漏。
(5) 消除阀门内外漏。
(6) 检查调整胶球清洗系统。
(7) 检查并更换水塔填料，清理配水槽，检查并更换喷嘴。
(8) 检修高压加热器水室分程隔板。
(9) 汽轮机专业改造项目。

3. 电气专业

(1) 高压变频器滤网等设备的清理或清洗。

(2) 照明改造。

(3) 主要辅机节电改造等。

四、节能监督主要内容

1. 汽轮机主要监督指标和参数

汽轮机节能监督主要监督指标和参数包括：热耗率、主蒸汽压力、主蒸汽温度、再热蒸汽温度、再热蒸汽压力、最终给水温度、加热器端差、凝汽器真空度、真空系统严密性、凝汽器端差、胶球投入率和收球率、冷却塔的冷却幅高、凝结水过冷度和汽轮机通流效率等。汽轮机主要指标的监督内容见表1-4。

表1-4　　汽轮机主要指标的监督内容

序号	运行参数名称	影响发电煤耗率值(g/kWh)	控制措施
1	主蒸汽压力下降1MPa	1～1.5	运行时，对80%以上工况尽量向设计值靠近，80%以下工况目标值不一定是设计值，目标值的确定需要通过专门的滑参数优化试验确定
2	主蒸汽温度每下降10℃	0.8～1	主蒸汽温度偏低一般与过热器积灰、火焰中心偏低、给水温度偏高、燃烧过量空气系数低、饱和蒸汽带水、减温水阀门内漏等因素有关。运行时，应按规程要求吹灰，根据煤种变化调整风量和一、二次风配比
3	再热蒸汽温度每下降10℃	0.6～0.8	再热蒸汽温度偏低一般与再热器积灰、火焰中心偏低、冷再蒸汽温度低、燃烧过量空气系数低、减温水阀门内漏等因素有关。运行时，应按规程要求吹灰，根据煤种变化调整风量和一、二次风配比；低负荷时滑压运行提高再热器冷段蒸汽温度
4	再热器压力损失上升1%	0.28	再热压损与设计有关，运行中不可控
5	凝汽器真空下降1kPa	1.5～2.5 (空冷机组约为1.1)	按规定投运胶球清洗装置；可根据循环水温度和机组真空情况决定循环水泵运行台数；定期检查冷却塔淋水填料、喷嘴、除水器等部件是否完好，淋水密度是否均匀
6	真空严密性上升100Pa/min	0.2～0.3	定期进行真空严密性试验；如果有停机机会，可以采用高位上水找漏堵漏；运行中重点检查轴封加热器水封是否破坏；适当提高低压轴封供汽压力。在机组运行中利用氦质谱检漏仪对凝汽器及其真空系统查漏
7	主蒸汽管道泄漏变化1t/h	0.31	做好无泄漏工作，对无防进水保护的主蒸汽疏水可人工关紧手动门
8	再热器冷段泄漏变化1t/h	0.23	做好无泄漏工作，对无防进水保护的再热器冷段疏水可人工关紧手动门
9	再热器热段泄漏变化1t/h	0.29	做好无泄漏工作，对无防进水保护的再热器热段疏水可人工关紧手动门

续表

序号	运行参数名称	影响发电煤耗率值（g/kWh）	控制措施
10	给水管道泄漏变化10t/h	0.25（最后高压加热器出口）	做好无泄漏工作
11	高、中、低压缸效率下降1%	0.55、0.64、1.41	调整汽封间隙，必要时进行改造
12	凝结水过冷度变化1℃	0.035～0.06	过冷度发生变化应检查真空严密性变化，加强凝汽器水位的监视和控制，控制好热井水位，对冷却水流量进行调节和控制，检查疏放水阀门泄漏情况
13	给水温度下降10℃	0.7～1.1	检查高压加热器旁路阀是否泄漏，加热器进汽阀是否节流运行，抽空气是否正常，维持高压加热器水位正常
14	凝汽器端差每增加1℃	0.5～0.7	主要影响凝汽器端差的因素是铜管结垢。如果铜管结垢，一是加强胶球清洗；二是在停机期间采用高压水射流冲洗。如果结垢严重，可采用化学酸洗
15	1号高压加热器上端差变化10℃	0.65	控制好水位，避免上游加热器温升不足；如加热器堵管严重，换热面积不足，可考虑更换
16	2号高压加热器上端差变化10℃	0.35	控制好水位，避免上游加热器温升不足；如加热器堵管严重，换热面积不足，可考虑更换
17	3号高压加热器上端差变化10℃	0.42	控制好水位，避免上游加热器温升不足；如加热器堵管严重，换热面积不足，可考虑更换
	3号高压加热器切除	2.35	按规定控制好高压加热器启停过程中给水温度的变化率，减少热应力
18	2号高压加热器切除	5.39	按规定控制好高压加热器启停过程中给水温度的变化率，减少热应力
	1号高压加热器切除	2.90	按规定控制好高压加热器启停过程中给水温度的变化率，减少热应力
19	高压加热器投入率		要规定和控制高压加热器启停中的温度变化率，防止温度急剧变化
20	胶球清洗装置投入率		设立凝汽器胶球装置设备专责人；维修人员应按规定定期巡视胶球清洗设备运行情况，发现设备缺陷应及时消除，做到设备缺陷不过天。必要时，确定胶球清洗时间间隔和清洗持续时间
21	阀门泄漏		采用红外线温度测试仪测量阀体温度、超声波阀门内漏检测仪以及手摸感知等方法定性确定阀门泄漏程度。重点检查锅炉侧定期排污系统和锅炉疏放水阀门；汽轮机侧各加热器旁路门，高压加热器危急放水门，疏水箱处疏放水阀门以及高、低压旁路门等
22	冷却幅高		检查溅水碟是否完整、有无脱落和堵塞；淋水填料外观是否整齐，有无缺损、变形和杂物；配水系统是否清洁，无漏水、溢水、阻碍水流动的现象；除水器安放是否平稳，有无缺损、漏装、变形现象；淋水密度是否均匀；冷却水是否干净

2. 锅炉主要监督指标和参数

锅炉节能监督的主要监督指标和参数包括：锅炉效率、锅炉蒸发量、过热蒸汽温度、过热蒸汽压力、再热蒸汽温度、再热蒸汽压力、给水温度、排污率、煤粉细度、排烟温度、氧量、飞灰可燃物、炉渣可燃物、空气预热器漏风率、除尘系统漏风率、燃油量等。锅炉主要指标的监督内容见表 1-5。

表 1-5 锅炉主要指标的监督内容

序号	运行参数名称	影响发电煤耗率值 (g/kWh)	控制措施
1	定期排污泄漏量 10t/h	1.55	做好无泄漏工作，保证定期排污各阀门严密性
2	过热器减温水每增加 1%	0.06～0.08	尽量从燃烧调整方面做工作，少用减温水
3	再热器减温水每增加 1%	0.45～0.6	尽量从燃烧调整方面做工作，少用减温水
4	飞灰含碳量每上升 1%	0.9～1.2	飞灰含碳量上升一般与入炉煤煤质、制粉系统投运方式、煤粉细度、火焰中心偏高、炉膛漏风、燃烧过量空气系数低等因素有关。运行时，应根据煤种变化调整风量及一、二次风配比
5	炉渣含碳量每上升 1%	0.18	炉渣含碳量上升一般与入炉煤煤质、制粉系统投运方式、煤粉细度、火焰中心偏高、炉膛漏风、燃烧过量空气系数低等因素有关。运行时，应根据煤种变化调整风量及一、二次风配比
6	排烟温度变化 10℃	1.4～1.7	排烟温度上升一般与火焰中心偏高、受热面集灰、燃烧过量空气系数偏大、尾部烟道再燃烧等因素有关。运行时，应根据煤种变化调整燃烧，按规定进行吹灰
7	送风温度变化 10℃	0.55	运行中不可控
8	空气预热器漏风率上升 1%	0.14～0.17	调整扇形板，更换密封条，必要时进行密封系统改造
9	补充水每增加 1%	0.35～0.58	做好汽水系统无泄漏工作
10	锅炉过剩氧量每上升 1%	0.8～1.2	根据煤种调整燃烧，减少炉膛漏风，调整好空气预热器间隙
11	出力系数每下降 1%： 在 100%～80%范围 在 80%～50%范围	 0.21 0.51	出力系数对机组供电煤耗率影响程度较大，应尽量控制出力系数在较高水平
12	炉膛漏风率变化 1%	0.13	
13	燃料低位发热量变化 1000kJ/kg	0.8～1.0	根据入厂煤煤质情况，做好入炉煤配煤工作

五、节能监督计划流程

节能监督计划流程见图 1-2，其关键控制点包括生产部审核、厂部审批、实施过程、检查监督、评价总结。

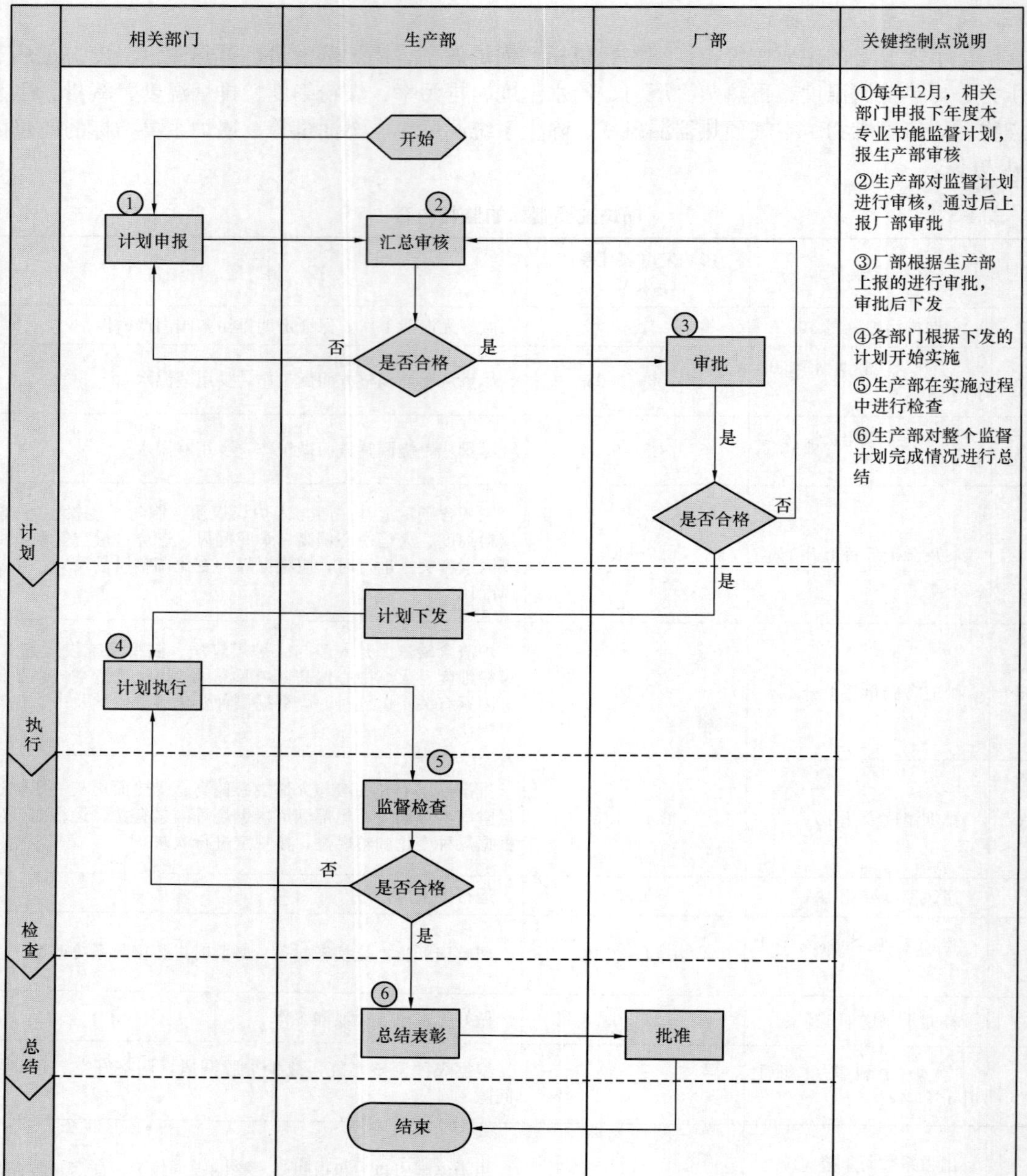

图 1-2　节能监督计划流程

第二章 节能基础标准的解读与应用

第一节 《综合能耗计算通则》解读与应用

一、《综合能耗计算通则》的修订背景

我国是一次能源储量比较丰富的国家，但从可持续发展的观点看，又存在十分严峻的能源问题，即单位产值能耗高，国内生产总值能耗远高于世界平均水平。2016 年 12 月国家发展改革委发布了《能源发展“十三五”规划》(发改能源〔2006〕2744 号)，提出“十三五”末（2020 年）单位国内生产总值能耗比 2015 年下降 15%，2020 年非化石能源消费比重由 12%提高到 15%以上，煤炭消费比重降低到 58%以下，发电用煤占煤炭消耗量降低到 55%以下，煤电平均供电煤耗率下降到 310g/kWh 以下，单位国内生产总值二氧化碳排放量比 2015 年下降 18%。根据国家统计局统计数据，2015 年单位国内生产总值能耗为 0.63tce/万元（吨标准煤/万元），2020 年单位国内生产总值能耗为 0.49tce/万元，从表面上看单位国内生产总值能耗下降了 22.22%。实际上 2020 年全国能源消费量为 498 000 万 tce，GDP 当年价为 1 015 986.0 亿元，单位国内生产总值能耗为 0.49tce/万元；按照 2015 年不变价计算 GDP 完成 912 154 亿元，单位国内生产总值能耗为 0.546tce/万元（历年单位国内生产总值能耗见表 2-1)，单位国内生产总值能耗比 2015 年下降了 13.3%。单位国内生产总值能耗并没有完成《能源发展“十三五”规划》提出的节能目标。

根据《BP 世界能源统计年鉴 2021》显示，2020 年中国一次能源消耗为 3474.25Mtoe（Mt 标准油)，全球一次能源消耗为 13 294.88Mtoe。虽然一次能源消耗占世界 26.13%，但是单位能源消耗量产生的国内生产总值较低。2020 年中国单位国内生产总值能耗 3.37tce/万美元，是美国的 2.35 倍、德国的 3.09 倍、日本的 2.93 倍、世界平均值的 1.50 倍，因此我国节能潜力巨大。

单位产值能耗计算的基础是《综合能耗计算通则》。《综合能耗计算通则》首次发布于 1981 年，是我国首批能源基础类国家标准，GB 2589—1981 曾与 GB 2586—1981《热量单位、符号与换算》、GB/T 2587—1981《热设备能量平衡通则》和 GB/T 2588—1981《设备热效率计算通则》4 项标准一起获得国家科技进步二等奖，得到各行各业的高度认可和推广应用。之后，于 1990 年 7 月进行了第一次修订发布。2007 年 6 月第 2 次修订工作启动，由国家发改委能源研究所等三家单位组成标准起草小组。2008 年 2 月由国家标准化委员会批准发布，标准号为 GB/T 2589—2008（以下简称《2008 版通则》)，实施日期为 2008 年 6 月 1 日。2014 年 1 月 26 日，国家标准修订计划《综合能耗计算通则》下达后，由中国标准化研究院牵头，首先对标准实施中存在的问题进行了调研和收集。2019 年 6 月第 3 次修订启动，GB/T 2589—2020《综合能耗计算通则》（以下简称《2020 版通则》) 2021 年 4 月 1 日实施。

二、GB/T 2589—2020《综合能耗计算通则》的主要内容与应用

《2020 版通则》与《2008 版通则》相比，主要技术变化如下：

(1)《2020 版通则》扩大了适用“范围”。本标准规定了综合能耗计算原则、边界划分、计算范围、计算方法以及折算为标准煤的要求。本标准适用于用能单位（含次级用能单位或其组成部分）的能源消耗指标的计算。

表 2-1　　中国历年能源消费量和每万元国内生产总值能耗

年份	能源消费量（万 tce）	GDP（亿元）						万元国内生产总值能耗（tce/万元）					
		当年价（现价）	1980 年（不变价）	2000 年（不变价）	2005 年（不变价）	2010 年（不变价）	2015 年（不变价）	1980 年价	2000 年价	2005 年价	2010 年价	2015 年价	当年价
1980	60 275	4587.6	4587.6	15 304.74	17 914.90	23 064.72	26 328.23	13.140	3.94	3.365	2.613	2.289	13.14
1985	76 682	9098.9	7607.1	25 378.13	29 706.26	38 245.62	43 657.13	10.080	3.04	2.581	2.005	1.756	8.43
1990	98 703	18 872.9	11 148.3	37 191.96	43 534.89	56 049.43	63 980.07	8.854	2.68	2.267	1.761	1.543	5.23
1995	131 176	61 339.9	19 873.00	66 298.53	77 605.45	99 913.92	114 051.10	6.601	1.979	1.690	1.313	1.150	2.14
2000	146 964	100 280.1	30 058.98	100 280.1	117 382.43	151 125.18	172 508.44	4.889	1.466	1.252	0.972	0.852	1.47
2001	155 547	110 863.1	32 564.63	108 639.2	127 167.14	163 722.60	186 888.31	4.777	1.432	1.223	0.950	0.832	1.40
2002	169 577	121 717.4	35 538.96	118 561.9	138 782.11	178 676.42	203 958.00	4.772	1.430	1.222	0.949	0.831	1.39
2003	197 083	137 422	39 106.38	130 463.2	152 713.12	196 612.04	224 431.40	5.040	1.511	1.291	1.002	0.878	1.43
2004	230 281	161 840.2	43 061.46	143 657.8	168 158.01	216 496.71	247 129.62	5.348	1.603	1.369	1.064	0.932	1.42
2005	261 369	187 318.9	47 968.13	160 027.0	187 318.9	241 165.6	275 289.00	5.449	1.633	1.395	1.084	0.949	1.40
2006	286 467	219 438.5		180 384.00	211 147.70	271 844.2	310 308.45		1.588	1.357	1.054	0.923	1.31
2007	311 442	270 092.3		206 054.17	241 195.80	310 529.9	354 467.97		1.511	1.291	1.003	0.879	1.15
2008	320 611	319 244.6		225 939.77	264 472.80	340 498.2	388 676.48		1.419	1.212	0.942	0.825	1.00
2009	336 126	348 517.7		247 175.25	289 329.90	372 500.7	425 207.16		1.360	1.162	0.902	0.790	0.96
2010	360 648	412 119.3		273 464.44	320 102.60	412 119.30	470 431.56		1.319	1.127	0.8751	0.767	0.88
2011	387 043	487 940.2		299 582.56	350 675.04	451 480.10	515 361.67		1.292	1.104	0.8573	0.751	0.79
2012	402 138	538 580		442 760.28	378 251.20	486 983.3	555 888.34		0.908	1.063	0.8258	0.723	0.75
2013	416 913	592 963.2		357 099.42	407 626.72	524 803.1	599 059.41		1.167	1.023	0.7944	0.696	0.70
2014	428 334	643 563.1		340 124.08	437 896.16	563 773.8	643 543.92		1.259	0.978	0.7598	0.666	0.67
2015	434 113	688 858.2		364 073.30	468 729.82	603 470.9	688 858.2		1.192	0.926	0.7194	0.630	0.63
2016	441 492	746 395.1		389 007.83	500 832.03	644 801.2219	736 036.5		1.135	0.882	0.6847	0.600	0.59
2017	455 827	832 035.9		416 032.97	535 625.82	689 596.8281	787 170.4		1.096	0.851	0.6610	0.579	0.55
2018	471 925	919 281.1		444 114.25	571 779.34	736 143.0354	840 302.6		1.063	0.825	0.6411	0.562	0.51
2019	487 488	990 865.1		471 250.16	606 715.74	781 122.2606	891 646.1	0.061 101 203	1.034	0.803	0.6241	0.547	0.49
2020	498 000	1 015 986.0		482 088.94	620 670.23	799 088.1074	912 154.0		1.033	0.802	0.6232	0.546	0.49

注　1. 能源消耗量数据来源于国家统计局官方网站二级标题“数据查询”板块中的“中国统计年鉴”。

2. 某年 GDP 不变价＝次年到当年国内生产总值指数连乘×不变价基年 GDP，例如 1985 年 GDP 按 1980 年价格计＝1.051×1.09×1.108×1.152×1.134×4587.6＝7607.12（亿元）。

3. GDP 从 2010 年不变价折算到 2015 年不变价，计算公式：2010 年不变价×2015 年现价/2015 年按 2010 年不变价，例如 2014 年 GDP 按 2010 年不变价是 563 773.8 亿元，则 2014 年 GDP 按 2015 年不变价计算为 563 773.8×688 858.2/603 470.9＝643 543.9（亿元）。

4. 国内生产总值指数可以从中国统计年鉴中查到。

5. 能源消费量单位是万 tce，表示万吨标准煤量。

《2020版通则》将次级用能单位或其组成部分纳入了标准适用界限，扩大了标准适用界限。这主要考虑于一些大型的、生产多种产品的企业，可能也需要对分厂、车间、工段等“次级用能单位”或者生产线、某种产品、某道工序进行综合能耗的计算。地区、行业及部门也可按《2020版通则》进行综合能耗的计算。因此，用能单位这个概念需要结合实际用能来理解。

（2）对“能量的当量值”“能源的等价值”“综合能耗”“单位产值综合能耗”“单位产品综合能耗”定义进行了修改，增加了定义“折标准煤系数（简称折标系数）”。具体变化见表2-2。

表2-2　　术语定义的主要变化内容对比

术语名称	2020版通则	2008版通则	备注
当量值	不同形式的能量相互转化时的相当量。按照能量的法定计量单位焦耳，热能、电能、机械能等不同形式的能量，其相互之间的换算系数均为1	按照物理学电热当量、热功当量、电功当量换算的各种能源所含的实际能量	《2020版通则》定义的前一句话是比较模糊的，如“相当量”和“相互之间的换算系数均为1，实际上是转换效率是100%”。《2008版通则》的定义则是很完美的
等价值	生产单位量的二次能源或耗能工质所消耗的各种能源折算成一次能源的数量，以标准煤表示	生产单位量的二次能源或耗能工质所消耗的各种能源折算成一次能源的能量	与《2008版通则》相比，《2020版通则》明确了等价值的计量单位为标准煤，“能量”改为“数量”，表述更加准确；2008版通则“能源的能量”表述的确有重复之嫌
综合能耗	在统计报告期内生产某种产品或提供某种服务实际消耗的各种能源实物量，按规定的计算方法和单位分别折算后的总和	用能单位在统计报告期内实际消耗的各种能源实物量。主要生产系统的能耗量应以实测为准	与《2008版通则》相比，《2020版通则》表述条理性更强，指出了综合能耗计算是针对“生产某种产品或提供某种服务”，根据《国民经济行业分类》中教育、党政机关等并非服务业
单位产值综合能耗	统计报告期内，综合能耗与用能单位总产值或增加值（可比价）的比值	统计报告期内，综合能耗与用能单位总产值或工业增加值的比值	与《2008版通则》相比，《2020版通则》将“单位产值综合能耗”规定了单位通常为千克标准煤每万元（kgce/万元）、吨标准煤每万元（tce/万元）等。并将总产值或增加值明确限定为可比价，排除通胀等经济因素影响，理论上，使单位产值综合能耗在同期对比时更加科学合理
单位产品（产量）综合能耗	统计报告期内，综合能耗与合格产品产量（作业量、工作量、服务量）的比值	统计报告期内，用能单位生产某种产品或提供某种服务的综合能耗与同期该合格产品的产量（工作量、服务量）的比值。产品单位产量综合能耗简称单位产品综合能耗	与《2008版通则》相比，《2020版通则》表述形式上更加条理化。将原术语“产品单位产量综合能耗”改为“单位产品综合能耗”，更加符合日常称法。同时对其量纲进行了规范。合格产品产量增加了“作业量”，更加系统完善，拓展了应用广度
单位产品（产量可比）综合能耗	为在同行业中实现相同产品的单位产品综合能耗可比，对影响产品能耗的主要因素加以修正所计算出来的单位产品综合能耗	为在同行业中实现相同最终产品能耗可比，对影响产品能耗的各种因素加以修正所计算出来的产品产量综合能耗	与《2008版通则》相比，《2020版通则》修改更符合日常称法，将“相同最终产品能耗”改为“相同产品综合能耗”，表述更为准确。各种因素改成各种主要因素更合理

续表

术语名称	2020 版通则	2008 版通则	备注
折标系数（新增）	能源单位实物量或者生产单位耗能工质所消耗能源的实物量，折算为标准煤的数量	无	《2020 版通则》按照 GB/T 3102.4 国际蒸汽表卡换算，低位发热量等于 29 307.6kJ 的燃料为 1kgce。《2008 版通则》规定低位发热量等于 29 307kJ 的燃料为 1kgce

1）耗能工质。严格地说，耗能工质和载能工质是不同的，载能工质是指由于本身状态参数变化（物理变化或化学变化）而能够吸收或放出能量的介质，如压缩空气、生石灰（氧化钙）和乙炔等。载能工质一定是耗能工质，但是耗能工质不一定是载能工质。耗能工质是指在生产过程中所消耗的不作为原料使用，也不进入产品，在生产或制取时需要直接消耗能源的工作物质，如新鲜水、除盐水、氧气、压缩空气和乙炔等。实际上耗能工质这一定义是不严谨的，例如河水并不用生产或制取，也不是工作物质，但它是耗能工质，它具有水滴石穿的能量，可以带动水轮机发电。又如啤酒厂生产啤酒时，自来水既是原料又进入了产品，但自来水仍是耗能工质。因此建议耗能工质修改为是指具有能够作为能量形式来使用的或者生产或制取时需要直接消耗一次、二次能源的非热性属性的物质。耗能工质本身并不是能源，只是取得它必须消耗能源，减少耗能工质的消耗就等于间接地节约了能源。实际上无论制造什么产品（包括耗能工质和非耗能工质），都需要消耗能源。

2）能源的等价值：生产单位量的二次能源或耗能工质所消耗的各种能源折算成一次能源的数量，以标准煤表示。生产二次能源或耗能工质消耗的各种能源，都具有一定的数量小于 1 的转换效率。一次能源的等价值等于一次能源的当量值，二次能源的等价值小于一次能源的当量值。能源的等价值随着能源转换效率的变化而变化，等价值小于或等于当量值。按照国际惯例，等价值在一定时间内应保持相对稳定。只有二次能源和耗能工质有等价值。

虽然所有的二次能源都有当量值和等价值，但是二次能源（ 除电力、热力以外）的转化效率较高，如原油加工成汽油、柴油和煤油等，转换效率高达 95%以上，无论是采用当量值还是等价值对计算结果影响不大。电作为最高品位的能源，其转换效率很低，其等价热值是当量热值的 2 倍以上；而热力等价值是当量热值的 1.1 倍以上；其他二次能源等价值是当量热值的 1.1 倍以下。因此，关于等价值和当量值的讨论多集中在电力和热力上，其他二次能源等价热值和当量热值的差异忽略不计。

能源的当量值只与其发热量相关，某一种品位固定的能源的当量热值是固定不变的。等价值除与能源的当量值相关，还与能源转换工艺和管理技术水平等因素相关，因此，理论上某一种固定二次能源或耗能工质的等价值应随科技水平进步不断降低。

能源的等价值＝生产单位数量的二次能源或耗能工质消耗量的当量值/加工转换效率

【例 2-1】 某发电厂燃油锅炉效率为 80%，2020 年消耗柴油量为 10 万 t，求企业能源消耗柴油的当量值和等价值。

解： 查《2020 版通则》附录 A 柴油当量折标系数是 1.4571kgce/kg，

企业消耗柴油当量值＝10 万 t×1.4571kgce/kg＝14.57 万 tce

企业消耗量柴油等价值＝14.57 万 tce/0.8＝18.21 万 tce

3）能量当量值。按照物理学电热当量、热功当量、电工当量换算的各种能源所含的实际能量（能源数量的简称）。按照国际单位制，折算系数为 1。

电热当量：等同于单位电能的热能。焦耳在电学上的定义：即 1A（安培）电流在 1Ω（欧姆）电阻上，1s（秒）内所消耗的电能，称为 1J（焦耳），即 1W（瓦）的机械工作 1s（秒）的释放的能量为 1J（焦耳）。由于 1W·s＝1J，所以 1W·h＝3600×1J，因此 1kWh＝3600kJ，3600kJ/kWh 就是电热当量。

热功当量：等同于单位热量的机械能量。在国际单位制中规定能量统一用焦耳（J）作单位。

我国惯用的热量单位为 20℃卡（cal20），它与焦耳的关系为：1cal20＝4.1816J。国际上通常采用国际蒸汽表卡 cal_{IT}，它与焦耳的关系为：$1cal_{IT}$＝ 4.1868J。热量和功这两个数量的关系就是热功当量。

电功当量：焦耳在力学上的定义是 1N（牛顿）的力作用于质点，使它沿力的方向移动 1m（米）距离所做的功，即 1J＝1N·m。

由于电热当量 1kWh＝3600kJ，则电功当量 1kWh＝3600kN·m。

4）对于综合能耗，《2008 版通则》和《2020 版通则》都标注：对生产企业，综合能耗是指统计报告期内，主要生产系统、辅助生产系统和附属生产系统的能耗总和。

5）单位产值综合能耗。主要用于考察用能单位的能源强度，是反映某区域的能源经济效益高低的综合指标；对于国家，能源强度就是人们常说的 GDP 能耗。

6）单位产品综合能耗。主要用于考察用能单位的能源效率，如电厂的供电煤耗率。而且“单位产品综合能耗”术语虽然通俗，但是不规范、不科学。“单位产品综合能耗”还可以认为是“单位产品产值综合能耗”，不仅仅是“单位产品产量综合能耗”。又如汽轮机热耗，都是不规范的，但口语可以，标准里必须用词规范科学，不允许出现口语。

7）单位产品可比综合能耗术语标注中出现单位符号解释，但不全。例如玻璃产品尺寸众多，但都用单位产品能耗“kgce/重量箱”。

单位产品可比综合能耗只适用于同行业内部相互比较，不能扩大到不同行业。影响单位产品综合能耗的可比因素很多，不可能也没有必要全部加以考虑，只考虑那些不属于企业本身造成的、企业无力克服的、影响又较大的因素。各行业可比综合能耗的修正方法可具体规定。

（3）新增了“计算原则”。与《2008 版通则》相比，《2020 版通则》“4. 计算原则”一章是新增内容，这一章是在《2008 版通则》中“4. 综合能耗计算的种类和范围”的基础上进行的提炼和完善，提出了计算综合能耗的四个原则：合规性、完整性、准确性和一致性。

1）合规性：能源种类符合国家能源统计要求（合规性是指能源种类等应符合国家能源统计等要求，比如填报国家能源统计报表、综合能源利用状况报告的要求）。

2）完整性（与《2008 版通则》的 4.1.3 综合能耗计算的范围表述相同）：包括生产过程实际消耗的全部能源和耗能工质，不得漏计、重计。

3）准确性：准确反映用能单位真实的、可计量和可核查的能源消耗量，不能数据造假。

4）一致性：边界划分、计算方法应保持一致。

（4）新增了“边界划分”。与《2008 版通则》相比，这一章也是新增内容。综合能耗计算一定会涉及边界的划分问题，但《2008 版通则》没有提到边界划分，默认边界为用能单位的边界。《2020 版通则》计算边界扩大了内容，这与 GB/T 13234—2018《用能单位节能量计算方法》和 ISO 50047：2016《组织节能量确定》等新修订的国家标准和国际标准保持了一致。边界可以是用能单位的整体，或者是次级用能单位，也可以是其组成部分，如图 2-1 所示。以次级用能单位或其组成部分为边界时，应具有单独的能源计量。边界划分可采用不同形式，选择其中一种确定综合能耗计算的边界。

图 2-1 是基于生产系统划分计算边界，边界内包括主要生产系统、辅助生产系统和附属生产系统。注意：碳排放核查边界（图 2-1 虚线框内是碳排放核查边界：即主要生产系统）与综合能耗统计计算边界不同，综合能耗统计计算边界即包括碳排放核查边界和辅助生产系统和附属生产系统，也可以是这三个系统中的任何一系统，也可以是任何一台用能设备。

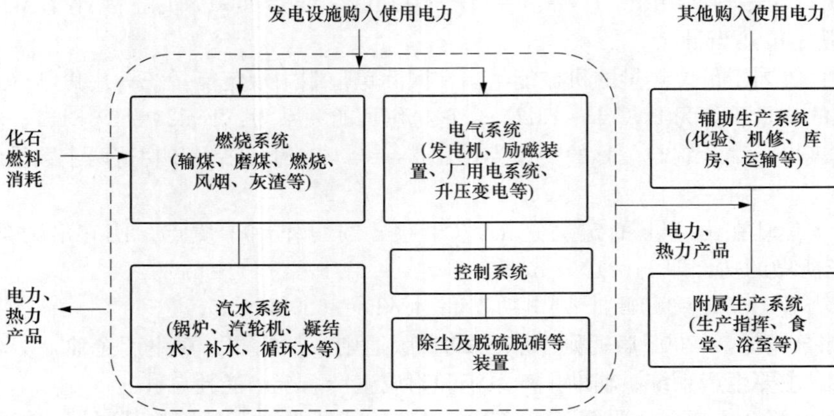

图 2-1 边界划分示意图

综合能耗统计计算边界可以根据地理位置来划分计算，边界内包括该地理位置所有建筑物内的用能系统、设施和设备，如办公室、实验室、仓库、车间等。计算边界根据组织机构隶属关系划分，边界内包括所有组织机构隶属部门内的用能系统、设施和设备，如行政部、销售部、研发部、生产部、配送部等。进行统计计算的前提是有计量数据支撑，用能单位在以次级用能单位或用能单位的组成部分为边界计算时，应确保该计算边界内的数据是能够单独划分出来。

用能单位位于不同地理位置的两个或有多个次级用能单位，可以根据需要划定多个边界，如上海石洞口一厂和二厂。用能单位中的次级用能单位分属不同的投资方，可以根据投资方不同划定多个边界。如有的电厂同是一期工程，但 1 号机组归某一公司所有，2 号机组归另一个投资方所有，如日照电厂一期和二期（前者是华能与地方共有，后者 100%是华能持有）。

（5）计算范围。《2020 版通则》“6. 计算范围”是在《2008 版通则》中“4. 综合能耗计算的种类和范围”基础上提炼和完善的。“6.1”条对应《2008 版通则》“4.1.1 综合能耗计算的能源”和“4.2 计算范围”条，规定了综合能耗计算的范围包括实际消耗的一次能源和二次能源等各种能源，含用作原料的能源。与《2008 版通则》相比，删除了一次能源和二次能源包括的具体类型表述，明确了“各种能源按照 GB/T 3484《企业能量平衡通则》、GB/T 28749《企业平衡网络图绘制方法》、GB/T 28751《企业能量平衡表编制方法》等标准进行计算”。引用其他标准内容，既保证了与其他标准的一致性，又为标准使用者提出了引用数据的方向和依据。

《2020 版通则》“6.2”对应《2008 版通则》“4.1.2”条，规定了耗能工质消耗的能源应纳入综合能耗计算。与《2008 版通则》相比，《2020 版通则》耗能工质举例中删除了电石等耗能工质。但附录 B.1 仍有，修改不彻底。电石与水反应产品是乙炔（气），反应式为 $CaC_2+2H_2O = Ca(OH)_2+C_2H_2\uparrow$。乙炔（$C_2H_2$）是气体，用于金属的焊接与气割（电石的另一个用途是钢铁工业的脱硫剂），产物是乙炔。《1981 版通则》将电石列为二次能源。《1990 版通则》和《2008 版通则》又将电石列为耗能工质。

《2020 版通则》“6.3”对应《2008 版通则》“4.2”条，规定了能源及耗能工质在用能单位内部储存、转换及分配供应（包括外销）过程中的损耗，应计入综合能耗。这一条明确综合能耗包括场损等各种损耗。本条中应该删掉“耗能工质”，否则 6.3 条与 6.2 条是矛盾的。某生物质热电厂项目综合能耗见表 2-3，其中的耗能工质水就没有计入综合能耗中。

《2020 版通则》“6.4”属于新增内容，规定了“计算综合能耗可采用的原始数据包括能源计量器具读数记录、能耗在线监测系统数据记录、能源统计报表、发货单、能源费用账单等。能源计量器具配备应符合 GB 17167 的要求。”实际上还应采用设计数据。

表 2-3　　　　某生物质热电厂项目综合能耗

类别	名称	单位	设计值	折标系数	消费（产出）量（tce）	备注
生产消费的能源	生物质	万 t	31.92	0.3996tce/t	127 552.32	
	水	万 t	165.41	0.2571kgce/t		不计入
	合计（tce）				127 552.32	
能源加工转换产出	电力	10^4kWh	17 100	0.1229kgce/kWh	21 015.90	当量值
				0.3055kgce/kWh	52 240.50	等价值
	热力	10^4GJ	165.60	0.034 12tce/GJ	56 502.72	当量值
	合计（tce）				77 518.62	当量值
					108 743.22	等价值
综合能源消耗量（tce）				当量值	50 033.7	127 552.32－77 518.6
				等价值	18 809.1	127 552.32－108 743.22

注　本表等价值综合能源消耗量采用《2020 版通则》。

建议增加“6.5”条：自产的二次能源（如企业回收利用）用于企业生产和辅助生产部门，回收利用能源则不计入综合能耗；如果外供给其他企业，则外供量计入综合能耗，即从综合能耗中扣除外供量。

（6）计算方法。《2020 版通则》“7.1 综合能耗计算公式”对应《2008 版通则》“5.2.1”，计算方法一致，只是在字母代号有所变化，明确了第 i 种能源量 E_i 含耗能工质消耗的能源量。并注明“综合能耗主要用于考察用能单位的能源消耗总量”。综合能耗计算公式为：

$$E=\sum_{i=1}^{n}(E_i \times k_i)$$

式中　E——综合能耗（当量值或等价值）；

n——消耗的能源种类数；

E_i——生产或服务活动中实际消耗的第 i 种能源量（含耗能工质消耗的能源量）；

k_i——第 i 种能源的折标准煤系数。

《2020 版通则》“7.2 单位产值综合能耗计算公式”对应《2008 版通则》“5.2.2”条 。单位产值综合能耗的计算公式为：

$$e_g=\frac{E}{G}$$

式中　e_g——单位产值综合能耗；

E——综合能耗；

G——统计报告期内产出的总产值或增加值（可比价）。

与《2008 版通则》相比，公式字母代号和计算方法完全一致，增加小注“单位产值综合能耗主要用于考察用能单位的能源效率或能源强度”。同时在公式解释中增加“可比价”，一般称为“不变价”，单位为万元。最常见的能源强度为万元国内生产总值综合能耗。计算方法见第二章第一节表 2-1 及其注解。

（7）折算为标准煤的要求。《2020 版通则》“8. 折算为标准煤的要求”与《2008 版通则》的“6.1”条内容无差别，只是在表述上更加准确。如“8.2”条规定了折算标准煤当量的方法，将

《2008 版通则》第“6.2”条的计算依据由“低（位）发热量”明确为“收到基低位发热量”，与 GB/T 3102.4《热学的量和单位》保持一致。并将低位发热量数值由“29 307kJ”修改为“29 307.6kJ”。

实际上《1990 版通则》首次将应用基（收到基）低位发热量等于 29 307kJ 的假想煤，称 1kg 标准煤。这是因为我国热量单位放弃了 20℃卡，而采用国际蒸汽表卡 cal_{IT}，它与焦耳的关系为：$1cal_{IT}=4.1868J$。因此标准煤的低位发热量为 4.1868kJ/kcal×7000kcal=29 307.6kJ。

《1981 版通则》规定：燃料发热量采用了中国惯用的热量单位 20℃卡（cal20），即 1g 纯水在标准大气压下，从 19.5℃升高到 20.5℃所需要的热量，它与焦耳的关系为：1cal20＝4.1816J。低位发热量等于 29.27MJ（或 7000kcal）的假想煤，称 1kg 标准煤，在统计计算中，可采用 t、万 t 标准煤。标准煤量与煤当量（coal equivalent）概念是一回事。标准煤符号为 ce。标准煤的计算目前尚无国际公认的统一标准，对于 1kg 标准煤的热值，中国、苏联、日本按 7000kcal 计算，联合国按 6880kcal 计算。

由于美国、欧盟等国家和地区主要能源是石油，国际上习惯采用的标准油、油当量（standard oil/oil equivalent），即指低位发热量为 10 000kcal/kg 的假想油。标准油符号为 oe。油当量常用单位符号为 toe 或 kgoe，例如 1 千克标准油应记为 1kgoe。1kgoe 的低位发热量为 41 868kJ。由于标准煤或标准油都是虚拟的，没有相对应的实际标准物质，因此一般不能说“相当于标准煤多少吨”，而应该说“相当于多少吨标准煤”。

（8）附录 A 给出了各种（一次能源、二次能源和耗能工质）能源标准煤参考系数。当企业无法获得各种化石能源的实测和单位耗能工质的耗能量时可参考附录 A 和附录 B 的折标准煤系数表选取。《2008 版通则》在低位热值耗能工质能源等价值中增加了“鼓风”项，新鲜水等价值由《1990 版通则》的 0.2571kgce/t 改为 0.0857kgce/t，《2020 版通则》又改回来了。《2008 版通则》附录 A 存在两处错误：一是高炉煤气的折标准煤系数应为 0.1286kgce/m^3，而不是 0.1286kgce/kg；粗笨的折标准煤系数应为 1.4286kgce/kg，而不是 1.4286kgce/m^3。另外二次能源电力并没有低位发热量，只是《2008 版通则》统一借用了一次能源附录 A 的格式，《2020 版通则》给予了修正。

能源的低位发热量和耗能工质耗能量，应按实测值或供应单位提供的数据折标准煤。无法获得实测值的，其折标准煤系数可参照国家统计局公布的数据或参考附录 A 和附录 B。自产的二次能源，其折标准煤系数应根据实际投入产出计算确定”。《2020 版通则》与《2008 版通则》相比，附录 A 和附录 B 折标准煤系数变化比较大，表 2-4 是折标准煤系数发生变化的能源和耗能工质情况。

表 2-4　　折标准煤系数变化情况

能源或耗能工质名称	折标准煤系数		变化情况
	2020 版通则	2008 版通则	
煤矸石（用作能源）	0.2857kgce/kg	—	新增
天然气	1.10～1.33kgce/m^3	油田天然气 1.330kgce/m^3，气田天然气 1.214kgce/m^3	合并
液化天然气	1.7572kgce/kg	—	新增
甲醇（用作燃料）	0.6794kgce/kg	—	新增
乙醇（用作燃料）	0.9144kgce/kg	—	新增
氢气（用作燃料）	0.3329kgce/m^3	—	新增

续表

能源或耗能工质名称	折标准煤系数		变化情况
	2020 版通则	2008 版通则	
沼气	0.7143～0.8286kgce/m^3	—	新增
热量（等价值）	按供热煤耗率计算	—	新增
渣油	—	1.4286kgce/kg	删除
煤矿瓦斯气	—	0.50～0.5714kgce/m^3	删除
蒸汽（低压）	—	0.1286kgce/kg	删除

1）乙醇（用作燃料）：即生物乙醇，结构简式为CH_3CH_2OH，分子式为C_2H_6O。生物乙醇指以淀粉质、糖质为原料，经发酵、蒸馏制得乙醇，脱水后，再添加变性剂（车用无铅汽油）的燃料乙醇，也称为变性燃料乙醇或乙醇汽油。低位发热量约为 27 215kJ/kg（6500kcal/kg 不是《2020 版通则》中的 6401kcal/kg）。生物乙醇主要用作汽车能源或酒精灯。汽车能源主要是在汽油中加少量乙醇。乙醇资源丰富，通常来自富糖、富淀粉或富纤维的植物（如甘蔗），巴西用甘蔗生产乙醇为小汽车提供动力，可减少了对石油的依赖；同时刺激农业和相关行业的发展。汽油通过添加乙醇，可以有效降低汽车尾气排放，国内研究结果表明，使用汽油中乙醇含量为10%（体积分数）的国产典型汽车，其 CO 排放减少了约 30%。使用乙醇含量 10%（体积）E92 乙醇汽油（加油站看到汽油标号带 E，E 是乙醇的英文的第一个字母，表示乙醇汽油，或者标注为 92E10），已在东北三省全面推广使用，价格约是 92 号普通汽油的 85%；由于燃料（酒精）的热值仅是汽油的 65%，因此油耗会增加。

2）氢气（用作燃料）。化学式为 H_2，分子量为 2.016，常温常压下，是一种极易燃烧的、无色透明、无臭无味且难溶于水的气体。氢气是世界上已知的密度最小的气体，在 1 标准大气压和 0℃，氢气的密度为 0.0899kg/m^3（1atm，0℃），1kg 氢气约为 11.1235m^3，低位热值为 143 000kJ/kg（GB/T 2589 认为是 9756kJ/m^3＝118 975.6kJ/kg）。氢气可作为飞艇、氢气球的填充气体或者作为燃料。氢气资源丰富，以水为原料，电解便可获得；氢是最洁净的燃料，氢的燃烧产物是水，不排放任何粉尘或一氧化碳，对环境不产生任何污染。但是点燃不纯的氢气会发生爆炸，点燃氢气前必须验纯。世界上首座氢能发电站——意大利弗西纳氢电站（100%氢气），2010 年建成，功率为 16MW，每小时消耗氢气 1300t，总发电效率为 42%，年发电量为 6000 万 kWh。美国俄亥俄州 Long Ridge Energy 电站是一座 485MW 联合循环电站，将 20%氢与 80%天然气掺入 GE H 级燃气轮机来发电，2021 年年底投入运行。

3）沼气。顾名思义是沼泽湿地里的气体。沼气是有机物质在厌氧条件下，经过微生物的发酵作用而生成的一种混合气体。沼气属于二次能源，并且是可再生能源。沼气的主要成分是甲烷。沼气由 50%～80%甲烷（CH_4）、20%～40%二氧化碳（CO_2）、0%～5%氮气（N_2）、小于1%的氢气（H_2）、小于 0.4%的氧气（O_2）与 0.1%～3%硫化氢（H_2S）等气体组成 。由于沼气含有少量硫化氢，所以略带臭味。其特性与天然气相似。空气中如含有 8.6%～20.8%（体积分数）的沼气时，就会形成爆炸性的混合气体。每立方米沼气的发热量约为 20 930～24 280kJ，即 1m^3 沼气完全燃烧后，能产生相当于 0.7kg 无烟煤提供的热量。与其他燃气相比，其抗爆性能较好，是一种很好的清洁燃料。在“十五”期间我国研制出 20～600kW 纯燃沼气发电机组系列产品，气耗率为 0.6～0.8m^3/kWh。

4）煤矸石（用作燃料）。煤矸石是在采煤过程和洗煤过程中排放的固体废物，包括采掘过程中从顶板、底板及夹层里采出的矸石以及洗煤过程中挑出的洗矸石，是一种在成煤过程中与煤共同沉积的有机化合物和无机化合物混合在一起的黑灰色岩石。我国每年生产 27 亿 t 煤炭，排放煤矸石 3.7 亿 t 左右。其主要成分是 SiO_2、Al_2O_3、Fe_2O_3 等。煤矸石低位发热量为 8374kJ/kg，主要被用于生产矸石水泥、混凝土的轻质骨料、耐火砖等建筑材料，此外煤矸石还可用于与煤混烧进行发电。

5）甲醇（用作燃料）。甲醇又称羟基甲烷，是一种有机化合物，有毒。是结构最为简单的饱和一元醇。甲醇化学分子式为 CH_4O，结构式为 CH_3OH，分子量为 32.04，热值为 19 468kJ/kg。成品通常由一氧化碳与氢气反应制得。甲醇主要用于制造甲醛和农药等，并用作有机物的萃取剂和酒精的变性剂等；甲醇是一种比乙醇更好的溶剂，可以溶解许多无机盐。

甲醇也可掺入汽油作替代燃料使用。利用工业甲醇加变性醇添加剂与现有国标汽油、柴油（或组分油）按一定体积（或质量比）经严格科学工艺调配可制成燃料甲醇。燃料甲醇可替代汽油、柴油，用于各种机动车、锅灶炉使用。甲醇含氧，可促进充分燃烧，蒸发潜热大，可提高发动机的热效率。在成品油里添加 15%甲醇，可明显提高其辛烷值，把 90 号汽油提升为 95 号清洁汽油，把 0 号柴油提升为-10 号柴油。M15 混合燃料（在成品汽油、柴油中掺加 15%燃料甲醇，M 是甲醇英文的第一个字母）的热值为 22 717kJ/kg，完全能够满足发动机的动力要求，而且经实验证明，甲醇燃料的动力性优于成品油。

6）天然气。是指天然蕴藏于地层中的烃类和非烃类气体的混合物。在石油地质学中，通常指油田（天然）气和气田（天然）气。天然气主要成分为甲烷（CH_4）（占 85%～95%）、乙烷（C_2H_6）、丙烷（C_3H_8）。甲烷（CH_4）标准状态下密度为 0.7174kg/m^3，低位热值为 33 350kJ/m^3(46 487kJ/kg)，乙烷（C_2H_6）标准状态下密度为 1.3393kg/m^3，低位热值为 64 500kJ/m^3。由于天然气标准状态下密度为 0.7246kg/m^3，因此 1 万 m^3 约为 7.246t。天然气燃烧二氧化碳气体排放量只有煤炭的 1/2，热值却是煤炭的近 2 倍，无废水废渣产生。

天然气体积随温度和压力的变化而变化，统计时按标准状态下（压力为 0.1013MPa、温度为 20℃）的体积计算。国际上，天然气低位热值（净热值）与高位热值（总热值）的换算关系一般采用 NCV(低位热值)＝0.9GCV（高位热值）。标准状态下天然气平均低位热值为 33 350kJ/m^3，高位热值为 30 015kJ/m^3，折标准煤系数为 1.142kgce/m^3，折标准煤系数大小与天然气成分（甲烷、乙烷、丙烷）及产地有关，例如对于陕京线（陕西靖边县—北京），天然气低位热值约为 34 940kJ/m^3，对于榆济线（陕西榆林—济南），天然气低位热值约为 34 070kJ/m^3，广西北海天然气低位热值为 39 210kJ/m^3。

7）液化天然气。天然气在常温、常压状态为气态，占有的体积大，不利于储存，液化后体积只有气态的 1/600 左右。天然气的主要成分甲烷的临界温度为－82.3℃，故在常温下不可能通过压缩而将其液化。当在 1 个大气压下，冷却至约－162℃时，天然气将由气态转变成液态，称为液化天然气（Liquefied Natural Gas，缩写为 LNG）。LNG 无色、无味、无毒且无腐蚀性。在－161.5℃下的密度为 425～450kg/m^3（即液相 2.22～2.35m^3/t），汽化成气相后约为 1332m^3/t。

1kg 液化天然气＝1.38m^3 天然气

1m^3 天然气＝0.7256kg 液化天然气

8）液化石油气（Liquefied Petroleum Gas，缩写为 LPG）。又称液化气，是炼油精制过程中产生并回收的气体在常温下经加压而成的液态产品。主要成分是丙烷、丁烷、丙烯、丁烯，主要用作石油化工原料，脱硫后可直接用作燃料。液化石油气密度为 540kg/m^3，其热值约为 50 242kJ/kg。

【例 2-2】 某橡胶厂，原先使用的燃料为液化石油气，每天用液化石油气 1000kg。改换天然气作为燃料后，每天的用气量是多少？

解： 液化石油气的热值为 50 242kJ/kg，天然气热值为 35 590kJ/m^3。

根据能量守恒原则，设需用天然气体积为 V，有 1000kg×50 242kJ/kg＝V×35 590kJ/m^3。

则需用天然气体积 V=50 242 000/35 590=1410.8（m^3）。

所以该厂使用天然气作为燃料后，每天的用气量是 1410.8 标准立方米（Nm^3）。

三、关于《综合能耗计算通则》中的折标准煤系数

1. 建议新增如下燃料及其折标准煤系数

（1）石油焦。指以原油经常减压装置蒸馏所得的渣油或以重油为原料，经焦化装置生产的黑色粒状焦炭。产品按用途分为三个牌号，每个牌号按品质分为 A、B 两类，牌号有 1＃A、1＃B、2＃A、2＃B、3＃A、3＃B 石油焦等。石油焦（粉）发热量为 32 000kJ/kg，折标准煤系数为 1.0918kgce/kg。石油焦主要用于制造石墨电极、碳素、碳化硅、碳化钙等产品的原料，也可直接用于冶炼工业硅和玻璃熔炉燃料。

（2）生物柴油。指以油料作物如大豆、油菜、棉、棕榈等，野生油料植物和工程微藻等水生植物油脂以及动物油脂、餐饮垃圾油等为原料油通过酯交换或热化学工艺制成的可代替石化柴油的再生性柴油燃料。生物柴油发热量为 42 700kJ/kg，折标准煤系数为 1.4571kgce/kg。生物柴油主要用于车辆和燃料。

（3）兰炭。又称半焦，利用高挥发分烟煤的煤块在中低温条件下烧制而成的较低挥发分的固体炭质产品。兰炭的质量标准：固定碳＞82%，挥发分＜10%，灰分＜10%，硫＜0.5%，水分＜10%。平均低位热值为 25 121～29 308kJ/kg（6000～7000kcal/kg），折标准煤系数为 0.8571～1.0kgce/kg。兰炭是清洁能源，具有低灰分、低硫分的特性，价格与无烟煤相当，在掺烧机组锅炉上可以实现安全稳定燃用 30%比例的兰炭，具有减轻炉内结渣、降低烟气污染物排放的作用（掺烧后的主要问题是因挥发分低，燃尽时间增加，导致排烟温度和飞灰可燃物增加，锅炉效率下降），可以作为电厂燃料。生产中已经成为一种不可替代的优质碳素材料，以及电石、铁合金等冶炼用的还原剂。

（4）水煤浆。洗精煤经过湿法磨制成颗粒直径为 50～200μm 的煤粉浆（含 30%～40%水、60%～70%优质煤加入 1%的分散剂），再经过浮选净化处理，除去其中大部分灰分和硫分，然后经过过滤和脱水，加入化学添加剂调制成合格的成品燃料。水煤浆根据煤的浓度不同，热值有所变化，平均为 4000～4800kcal/kg，折标准煤系数为 0.5714～0.6857kgce/kg。例如浓度为 60%的水煤浆热值为：6000kcal/kg（优质原煤热值）×60%/90%（优质原煤含水量 10%）=4000kcal/kg；浓度为 70%的水煤浆热值为：6000kcal/kg（优质原煤热值）×70%/90%（优质原煤含水量 10%）=4667kcal/kg。水煤浆具有烟气污染物排放低的特点。曾在白杨河电厂、汕头万丰电厂和茂名电厂得到应用，枣庄矿业八一水煤浆热电厂 2005 年建成发电。

（5）生物质能。由于生物质能的快速发展，电力行业开始掺烧垃圾、污泥、秸秆等，但是《2020 版通则》并没有给出生物质能的折标准煤系数。建议补充各类生物质能折标准煤系数表，见表 2-5（可参考《2020 年中国能源统计年鉴》附录 4 各种能源折标准煤参考系数，以及国家统计局制定并于 2019 年 10 月发布的《能源统计报表制度》最后的《附录：各种能源折标准煤参考系数》）。

表 2-5　各类生物质能折标准煤系数

生物质能类别	平均低位发热量		折标准煤系数（kgce/kg）
	kJ/kg	kcal/kg	
大豆秆、棉花秆	15 890	3800	0.5429
羊、驴、马、骡粪，玉米秆	15 472	3700	0.5286
麦秆、树叶、蔗渣（干）	14 635	3500	0.5000
牛粪、杂草	13 799	3300	0.4714

续表

生物质能类别	平均低位发热量		折标准煤系数（kgce/kg）
	kJ/kg	kcal/kg	
猪粪、稻秆、薪柴（干）	12 545	3000	0.4286
锯末刨花	11 304	2700	0.3857
城市生活垃圾	7955	1900	0.2714
城市污泥	4690	1120	0.0382

注 生物质能包括沼气，沼气在《2020 版通则》已给出折标准煤系数，本表略。最后一行是多家城市污泥化验值。

2. 煤的折标准煤系数

无论是《2008 版通则》还是《2020 版通则》，煤的折标准煤系数都是 0.7143kgce/kg。分类太粗了。建议按照《能源统计报表制度》（国家统计局制定并于 2019 年 10 月发布）《附录：各种能源折标准煤参考系数》给出各煤种折标准煤系数：原煤平均低位发热量为 20 934kJ/kg（5000kcal/kg），折标准煤系数为 0.7143kgce/kg；无烟煤平均低位发热量为 27 630kJ/kg（6600kcal/kg），折标准煤系数为 0.9428kgce/kg；一般烟煤平均低位发热量为 20 934kJ/kg（5000kcal/kg），折标准煤系数为 0.7143kgce/kg；褐煤平均低位发热量为 12 560kJ/kg（5000kcal/kg），折标准煤系数为 0.4286kgce/kg。

3. 电力折标准煤系数

（1）电力的等价值。电力折标准煤系数见表 2-6。《1990 版通则》首次提出能源等价值的定义：对于二次能源是指生产单位数量的二次能源所消耗的一次能源量；对于耗能工质，是指生产单位数量的耗能工质所消耗的一次能源量。1990 年前综合能耗采用当量值，1990 年后采用等价值。为了保证数据的历史连续性，在实际操作过程中，我国统计部门同时采用等价值（1kWh 折 0.404kgce）和当量值（1kWh 折 0.1229kgce）两种核算方法。例如 1991 年后中国统计出版社出版的《中国能源统计年鉴》中的能源平衡表在“能源合计”栏同时给出了两列数据：一列采用发电煤耗率计算法将各种能源折算为标准煤量，一列采用电热当量法将各种能源折算为标准煤量。而 2005 年国家统计局关于布置 2005 年统计年报和 2006 年定期统计报表制度的通知（国家统计局〔2005〕85 号）出台，规定从 2006 年开始，企业能源统计中的电力消费的折标准煤系数取消原用的等价系数 4.04，而统一采用当量系数 1.229。

表 2-6　　电力和热力折标准煤系数

能源名称	2020 版通则折标准煤系数	2008 版通则折标准煤系数	变化情况	备注
电力（等价值）	按上年电厂发电标准煤耗率计算	按当年火电发电标准煤耗计算	修改	2020 版通则改为按上年度切合实际，但是仍应为火电厂煤耗率
电力（当量值）	0.1229kgce/kWh	0.1229kgce/kWh	不变	从各种能源折标准煤参考系数附录 A 中分离出来，更科学
热力（等价值）	按供热煤耗率计算	蒸汽（低压）：0.1286 kgce/kg	修改	建议改为按上年度供热煤耗率计算更为准确
热力（当量值）	0.034 12kgce/MJ	0.034 12kgce/MJ	不变	从各种能源折标准煤参考系数附录 A 中分离出来，更科学

1978 年我国 6MW 及以上电厂平均发电煤耗（标准煤）为 429g/kWh，这时电的等价热值为 0.429kg/kWh×29 307.6kJ/kg=12 573kJ/kWh；随着发电效率的提高，1982 年全国 6MW 及以上火电厂发电煤耗率为 404g/kWh（供电煤耗率为 438g/kWh，火电厂用电率为 7.17%）。因此国家统计局规定电力的等价值折标准煤系数为 404gce/kWh ＝4.04tce/万 kWh，这时电的等价热值为 0.404kg/kWh×29 307.6kJ/kg ＝11 840kJ/kWh。

进入 21 世纪之后，电力的等价值折标准煤系数是根据上年度火电供电煤耗率每年进行变动的。对于自发电企业，在计算电力等价值时通常是按照当年供电标煤耗率进行计算。而对于非发电企业，外购电力的等价值按国家能源局公布的上年全国电力工业统计数据（6000kW 及以上火电供电标准煤耗率）进行计算，而非发电标煤耗率。2018 年国家发改委规定电力的等价值折标准煤系数改为 3.08tce/万 kWh（实际上这是 2018 年的全国火电供电煤耗率为 308gce/kWh）；2020 年由于全国火电平均供电煤耗率达到 305.5gce/kWh，因此电力的等价值折标准煤系数开始改为 3.055tce/万 kWh。

因此电力的等价值折标准煤系数改为“按上年火电厂供电标准煤耗率计算”更为准确，或者说更为切合实际。

（2）电力的当量值。根据前面提到的当量值定义，电热当量为 1kWh＝3600kJ，标准煤发热量为 7000kcal/kg，如果采用国际蒸汽表卡 cal_{IT}，则 1kWh 换算成标准煤量为 ：3600kJ/(7000×4.1868）＝0.1228kgce。

在《2020 版通则》附录上电力的当量值为 0.1229kgce/kWh。这实际上仍采用了 20℃卡（cal20），1cal20＝4.1816J。说明《2020 版通则》修订仍不彻底。

4. 热力折标准煤系数

《2020 版通则》增加了热力的等价值折标准煤系数。热力折标准煤系数没有沿用电力等价值折标准煤系数的规定（采用上年发电煤耗率），改写成上一年供热煤耗率，有点美中不足。实际上还应更准确表述为“对于非能源转换企业采用上年度全国火力发电厂的供电煤耗率或供热煤耗率，对于能源转换企业采用本厂当年的供电煤耗率或供热煤耗率”。

热力的折标准煤系数：《2020 版通则》和《2008 版通则》给出的热力的当量折标准煤系数为 0.034 12tce/GJ。

我们知道标准煤的低位发热量为 29 307.6kJ/kg，那么 1GJ 相当于多少标准煤呢？

1/29 307.6(MJ/t)＝0.034 12tce/GJ

那么低压蒸汽的当量折标系数是多少？首先要明白什么是低压蒸汽，低压蒸汽就是压力低于 1.5MPa 的蒸汽（中压为 2～4MPa，高压为 5～10MPa，超高压为 11～14MPa）。实际上供热企业对外采暖供热蒸汽压力一般低于 1MPa，工业供热蒸汽压力一般大于 1MPa。蒸汽的当量折标准煤系数计算方法为：

第一步：确定锅炉出口蒸汽的温度和压力，根据温度和压力值，在焓熵图（表）查出对应的每千克蒸汽的焓。

第二步：确定锅炉给水的温度和压力，根据温度和压力值，在焓熵图（表）查出对应的每千克给水的热焓（热水焓值取 20×4.187＝83.7kJ/kg。热水出口温度一般为 90℃，给水温度为 20℃）。

第三步：求第一步和第二步查出的热焓之差，再除以标准煤发热量，所得值即为蒸汽的当量折标准煤系数。

【例 2-3】 已知某饱和蒸汽压力为 0.1MPa，温度为 99.64℃，求 1kg 低压饱和蒸汽

(＜0.3MPa)的当量折标准煤系数。

解： 查水蒸气表，饱和蒸汽压力为0.1MPa时，蒸汽的焓值为2676kJ/kg

＜0.3MPa低压饱和蒸汽的热值＝2676－83.7＝2592.3（kJ/kg）

＜0.3MPa低压饱和蒸汽热力的当量折标准煤系数＝2592.3kJ/kg/29 308kJ/kg＝0.0884kgce/kg

因此建议＜0.3MPa饱和蒸汽热力的热值按照2592kJ/kg、折标准煤系数按照0.0884kgce/kg取值。而不是热值2303kJ/kg、折标准煤系数0.07857kgce/kg。

《2020版通则》建议按照GB/T 50441—2016《石油化工设计能耗计算标准》中的“表3.0.8 燃料、电、纯氢及耗能工质的统一能源折算值”中有关蒸汽的折标准煤系数给出，见表2-7。

表2-7　　蒸汽的折标准煤系数

蒸汽类别	平均低位热值 (kJ/kg)	能源折算值 (kgoe/t)	折标准煤系数 (kgce/kg)	备注
5.0MPa级蒸汽	3768	90	0.1286	4.5MPa≤p＜7.0MPa
3.5MPa级蒸汽	3684	88	0.1257	3.0MPa≤p＜4.5MPa
2.5MPa级蒸汽	3559	85	0.1214	2.0MPa≤p＜3.0MPa
1.5MPa级蒸汽	3349	80	0.1143	1.2MPa≤p＜2.0MPa
1.0MPa级蒸汽	3182	76	0.1085	0.8MPa≤p＜1.2MPa
0.7MPa级蒸汽	3014	72	0.1029	0.6MPa≤p＜0.8MPa
0.3MPa级蒸汽	2763	66	0.0943	0.2MPa≤p＜0.6MPa
＜0.3MPa级蒸汽	2303	55	0.0786	p＜0.2MPa

注　1. 蒸汽压力p为表压。

2. 折标准煤系数（kgce）/kg＝能源折算值（kgoe/t）×10/7/1000。

表2-7中0.7MPa级蒸汽对应的压力范围应为0.6～0.8MPa，查水蒸气表，0.8MPa/320℃低压过热蒸汽的焓值为3099kJ/kg，0.7MPa级热值为3099－83.7＝3014(kJ/kg)，折标准煤系数＝3014/29 307.6＝0.1029(kgce/kg)。

又如0.3MPa级蒸汽对应的压力范围应为0.2～0.6MPa，查水蒸气表，0.6MPa/200℃低压过热蒸汽的焓值为2847kJ/kg。0.3MPa级热值为2850－83.7＝2763(kJ/kg)，折标准煤系数＝2763/29 307.6＝0.0943(kgce/kg)。

5. 水的折标准煤系数

(1) 水的折标准煤系数见表2-8。由于新（鲜）水需要取水耗电、水处理耗电、输送耗电等，新（鲜）水消耗的能量按照提升、净化过程的总扬程（过滤压力损失）约150m计算的能量计算。

表2-8　　水的折标准煤系数变化情况

耗能工质名称	2008版通则折标准煤系数（kgce/t）	1990版通则折标准煤系数（kgce/t）	2020版通则变化情况
新（鲜）水	0.0857	0.2571	恢复到1990版通则
软（化）水	0.4857	0.4857	一直不变
除氧水	0.9714	—	2008版通则和2020版通则新增

每供自来水 1t 消耗的能量＝1000kg×9.8m/s^2×150m

＝1 471 500J/t＝0.4088kWh/t

考虑到电动机水泵整体平均效率 64.2%，因此新（鲜）水的等价热值约为 0.4088kWh/t÷64.2%×0.404kgce/kWh＝0.2572kgce/t。

这就是《2020 版通则》新（鲜）水等价折标准煤系数的来源。新（鲜）水只有等价值，没有当量值。

（2）对于《2008 版通则》折标准煤系数则是按照提升、净化过程的总扬程（过滤压力损失）约 50m 计算的能量计算。

每供自来水 1t 消耗的能量＝1000kg×9.8m/s^2×50m

＝490 000J/t＝0.136 11kWh/t

考虑到电动机水泵整体平均效率 64.2%，因此新（鲜）水的等价热值约为 0.136 11kWh/t÷64.2%×0.404kgce/kWh＝0.0857kgce/t。

这就是《2018 版通则》新（鲜）水等价折标系数的来源。

（3）对于软（化）水则在新（鲜）水耗能基准上，再按照每处理 1t 软（化）水需要提升总扬程约 210m 计算的能量计算。

单独 1t 软（化）水消耗的能量＝1000kg×9.8m/s^2×210m

＝2 058 000J＝0.5717kWh/t

因此软（化）水等价值为0.2571kgce/t＋0.5717kWh/t×0.400kgce/kWh

＝0.4857kgce/t

（4）而除氧水按照软（化）水的等价折标准煤系数的 2 倍考虑，则折标准煤系数为 0.4857×2＝0.9714kgce/t

（5）对于凝结水本标准没有提计，则凝结水折标准煤系数应按除氧水折标准煤系数相同考虑。

（6）对于热水：

$$等价折标准煤系数＝(T_w－20)×4.187(kJ/kg)$$

式中 T_w——热水的温度，℃；

20——常温下水的温度，℃；

4.187——水在常温常压下的比热容，kJ/(kg·℃)。

6. 总热值和净热值的区别

国际上（如国际能源署出版的《能源统计手册，2007 年本》）常出现总热值和净热值的概念。总热值（GCV 简称总值）是燃料燃烧时释放出的所有热量，包括燃烧时形成的气态水或水蒸气带走的热量。净热值（NCV 简称净值）是不包括燃烧期间形成的水所带走的潜量（当烟气冷却时，气态水或水蒸气凝结成液态水所释放出的热量称为潜热）。对于固体或液体燃料，总热值和净热值的差额为总值的 5%～6%；对于天然气则为 10%左右。对于某些含氢较少或不含氢的燃料（如石油焦、高炉煤气），总热值和净热值的差额可以忽略不计，但是焦炉煤气、炼厂干气的差额为 10%。国际上天然气热值一般用总热值（即收到基高位热值），我国一般用净热值（即收到基低位热值）。

国际能源署典型热值如下：无烟煤总热值为 29 650～30 350kJ/kg，净热值为 28 950～29 300kJ/kg，含水量为 10%～12%；石油焦总热值为 30 500～35 800kJ/kg，净热值为 30 000～35 300kJ/kg，含水量为 1%～2%；高炉煤气总热值为 2890kJ/m^3（或 2240kJ/kg），净热值为 2890kJ/m^3（或 2240kJ/kg）；汽油总热值为 47 100kJ/kg，净热值为 44 750kJ/kg；柴油总热值为 45 660kJ/kg，净热值为 43 380kJ/kg。挪威天然气热值（总热值）为 40 000kJ/m^3（或 52 220kJ/

kg），俄罗斯天然气热值（总热值）为 38 230kJ/m³（或 55 250kJ/kg），其净热值为 0.9GCV。

四、关于综合能耗的计算

1. 综合能耗的正确计算

正确的当量值综合能耗正确计算公式为：

$$E=\sum_{i=1}^{n}(E_i\times k_i)-\sum(E_{xc}\times k_{xc})$$

式中 E——当量值综合能源消费量（综合能耗）；

n——消耗的能源种类数；

E_i——生产或服务活动中实际消耗的第 i 种能源量（含耗能工质消耗的能源量）；

k_i——第 i 种能源的折标准煤系数；

E_{xc}——企业生产出的第 x 种能源的实物量；

k_{xc}——企业生产出的第 x 种能源当量折标准煤系数。

国家统计局制定并于 2019 年 10 月发布的《能源统计报表制度》在“附录三季度地区能源消费总量核算方案”中给出的计算公式如下（与《2020 版通则》等价值综合能源消费量的计算方法完全不一样）。

（1）电力等价折标准煤系数。

电力等价系数(发电煤耗率)＝火力发电投入的能源合计(国家统计局 205-2 表能源合计行第 3 栏:火力发电投入)÷电力产出量(205-2 表电力一行第 11 栏:能源加工转换产出,即发电量)

（2）企业能源消费量（等价值）。

企业能源消费量(等价值)＝综合能源消费量(国家统计局 205-1 表代码 48)(报表数:当量值)＋工业生产电力消费×(电力等价系数－1.229)－电力产出量×(电力等价系数－1.229)

企业电力等价系数＝ 企业自身发电投入标准煤量(tce) /企业火力发电量(万 kWh)

这里的工业生产电力消费量是指包含了供热消耗的综合厂用电量。

这里的电力产出量是指发电量。

1）对于没有能源加工转换的企业或者有能源加工转换的企业：

综合能源消费量(等价值)＝综合能源消费量(当量值)＋工业生产电力消费×(地区电力等价系数－1.229)

地区电力等价系数(约为 3.055tce/万 kWh)＝地区区域内火力发电投入标准煤量(tce)/地区火力发电量(万 kWh)

2)对于有能源加工转换的企业：

综合能源消费量(等价值)＝综合能源消费量(当量值)－(发电量－工业生产电力消费)×(企业电力等价系数－1.229)

其中综合能源消费量(当量值) ＝发电入炉燃料折当量值＋供热入炉燃料折当量值 ＋外购(厂用)电量×1.229－供电量×1.229－供热量×0.034 12

因此，综合能源消费量（等价值，对于无供热电厂）为：

[(入炉燃料折当量值＋外购电量×1.229)－供电量×1.229]－(发电量－工业生产电力消费)×(电力等价系数－1.229)＝[(入炉燃料折当量值＋外购电量×1.229)－供电量×1.229]＋综合厂用电量×企业发电煤耗率－发电量×企业发电煤耗率＋(发电量×1.229－综合厂用电量×1.229)

＝(入炉燃料折当量值＋外购电量×1.229)＋综合厂用电量×企业发电煤耗率－发电量×企业发电煤耗率

=外购电量×1.229 +综合厂用电量×企业发电煤耗率

综合能源消费量(等价值,对于有供热电厂)为:

[(入炉燃料折当量值+外购厂用电量×1.229)-供电量×1.229-供热量×0.034 12]+(工业生产电力消费-发电量)×(电力等价系数-1.229)

=[(发电入炉燃料折当量值+供热入炉燃料折当量值+外购电量×1.229)-供电量×1.229-供热量×0.034 12]+综合厂用电量×企业发电煤耗率-综合厂用电量×1.229-发电量×企业发电煤耗率+发电量×1.229

=(供热入炉燃料折当量值+外购电量×1.229)-供热量×0.034 12+综合厂用电量×企业发电煤耗率

【例 2-4】 某电厂节能报告综合能耗计算数据见表 2-9。求该电厂综合能源消费量当量值和综合能源消费量等价值。

表 2-9　　某电厂节能报告综合能耗计算数据

项目	主要能源种类	年耗实物量	折标准煤系数		折标准煤量（tce）
			系数	单位	
电厂主要耗能品种	煤（t）	3 950 043.89	0.7420	kgce/kg	2 931 056.45
	柴油（t）	600	1.428	kgce/kg	856.82
	水（t）	3 231 250	0.2571	kgce/kg	—
产出能源品种	供电量（万 kWh）	1 054 130	1.229（当量）	t/万 kWh	1 295 525.77
			266.46（等价，本工程发电煤耗率）	t/万 kWh	2 808 831.39

解: 电厂综合能源消费量当量值=(2 931 056.45+856.82)-1 295 525.77=1 636 387.5(tce)

电厂发电量=(2 931 056.45+856.82)×100/266.46=1 100 320.22(万 kWh)

综合能源消费量等价值=外购厂用电量×1.229 +综合厂用电量×企业发电煤耗率=0+(1 100 320.22-1 054 130)×2.6646=123 078.46(tce)

2. 余热回收是否计入的问题

余热回收是否计入综合能耗中的问题在《2020 版通则》仍未作明确规定，但是所有的能耗限额标准中均规定：回收利用的余热，自产自用不计入。向外输出时，算作输出能量。例如 GB 29138—2012《磷酸一铵单位产品能源消耗限额》第“5.1 能耗统计范围”条第（2）款规定：生产界区内回收利用的余热不计入能源消耗中，供界区外的，则应按照实际回收的能量从本界区内能源消耗中扣除。

3. 关于耗能工质是否计入的问题

《2020 版通则》耗能工质计入能源消费，这是错误的。2018 年国家发改委和节能中心联合出版了《固定资产投资项目节能审查系列工作指南》，明文指出，耗能工质不论外购还是自产自用，均不计算在能源消费量中。

国家统计局制定并于 2019 年 10 月发布的《能源统计报表制度》中能源消费量的统计原则（并且最后的附录：各种能源折标准煤参考系数中已经删除了耗能工质的折标准煤系数）：在计算企业（单位）的综合能源消费量时，不得重复计算，要扣除二次能源的产出量和余热、余能的回收利用量；耗能工质（如水、氧气、压缩空气等），不论是外购的还是自产自用的，均不统计在能源消费量中（计算单位产品能耗时是否包括耗能工质，视统计指标的具体规定而定）。

第二节 《电力节能技术监督导则》解读与应用

一、发电行业发展现状

我国发电行业近几年发展很快，出现一些新特点和一些新问题。

1. 煤电装机容量仍居高位，电力装机结构不合理

我国是世界上电力装机和生产最多而且是增幅最大的国家，但是能源结构仍存在问题。

我国历年电力装机结构见表 2-10。截至 2020 年年底，全国全口径累计发电装机容量为 220 204.0 万 kW，比上年增长 9.5%。其中火电为 124 624 万 kW，比上年增长 4.7%（其中煤电为 107 912 万 kW，比上年增长 3.7%；气电为 9972 万 kW，比上年增长 10.5%；生物质发电为 2962.4 万 kW，比上年增长 23%），占比达到 56.59%。

表 2-10　　我国历年电力装机结构　　万 kW

年份	2010	2011	2012	2013	2014	2015	2016	2017	2018	2019	2020	2021
火电	70 967.0	76 834.0	81 968.0	87 009.0	93 232.0	100 554.0	106 094.0	111 009.0	114 408.0	118 957.0	124 624.0	129 252.0
生物质	550	700	770	900	1070	1120	1225	1476.2	1781	2409	2962.4	3798
水电	21 606.0	23 298.0	24 947.0	28 044.0	30 486.0	31 954.0	33 207.0	34 411.0	35 259.0	35 804.0	37 028.0	39 377.0
核电	1082	1257	1257	1466	2008	2717	3364	3582	4466	4874	4989	5329
风电	2958	4623.0	6142.0	7652.0	9657.0	13 075.0	14 747.0	16 400.0	18 427.0	20 915.0	28 165.0	32 922
太阳能	26	212.0	341.0	1589.0	2486.0	4318.0	7631.0	13 042.0	17 433.0	20 418.0	25 356.0	30 849
总装机	96 641.0	106 253.0	114 676.0	125 768.0	137 887.0	152 527.0	165 209.0	178 451.0	190 012.0	201 006.0	220 204.0	237 833

2. 电力清洁化率偏低，达不到世界平均水平

根据《BP 世界能源统计年鉴 2021》显示，2020 年，全球发电总量为 268 232.48 亿 kWh。其中火电约为 164 475.1 亿 kWh，比上年降低 3.1%，其中煤电 94 214.03 亿 kWh，比上年降低 4.1%，全球燃煤发电量占比基本上呈逐年降低的趋势。2020 年，全球电力清洁化率为 38.7%，比上年增长 1.53 个百分点。

2020 年，我国全口径发电量为 77 790.6 亿 kWh，比上年增长 3.7%。其中可再生能源发电量为 22 364.0 亿 kWh，比上年增长 8.38%；水电为 13 217 亿 kWh，比上年增长 3.9%（含抽水蓄能 335 亿 kWh，比上年增长 5.0%）；并网风电为 4665 亿 kWh，比上年增长 15.0%；并网太阳能发电为 2611 亿 kWh，比上年增长 16.6%；生物质发电为 1326 亿 kWh，同比增长约 19.4%。我国历年各种能源发电量见表 2-11。

2020 年我国火力发电量为 51 761.1 亿 kWh，比上年增长 1.6%（燃煤发电量为 49 177.19 亿 kWh，比上年增长 1.4%；天然气发电量为 2469.67 亿 kWh，比上年增长 6.2%）；核发电量为 3662.43 亿 kWh，比上年增长 5.0%。2020 年我国燃煤发电量虽然占比相比 2010 年降低 13.6 个百分点，但是燃煤发电量占总发电量的比重仍然高达 63.22%，煤电比重仍然偏大。

表 2-11　　我国各种能源发电量及其占比　　亿 kWh

年份	2010	2011	2012	2013	2014	2015	2016	2017	2018	2019	2020
1 火力发电量	33 261.8	38 117.6	38 693.8	42 037.7	43 458.6	42 227.5	43 550.0	46 431.0	49 895.0	50 929.5	51 761.1
1.1 油电	148.6	121.3	109.4	100.1	95.2	96.8	103.7	98.7	107.5	107.5	114.2
1.2 气电	777.3	1087.7	1102.5	1163.9	1332.8	1669.1	1882.8	2032.0	2155.0	2325.0	2469.7

续表

年份	2010	2011	2012	2013	2014	2015	2016	2017	2018	2019	2020
1.3 煤电	32 336.0	36 908.7	37 481.9	40 773.7	42 030.6	40 461.7	41 563.5	44 300.3	47 632.5	48 497.0	49 177.2
1.4 生物质	248	315	315	383	417	527	650	794.5	907	1111	1326
2 非火力发电量	8809.78	9012.56	11 181.70	12 278.67	14 485.99	15 918.19	17 781.63	19 613.48	21 766.37	24 104.80	26 029.54
2.1 水电	7221.7	6989.5	8721.1	9202.9	10 728.8	11 302.7	11 840.5	11 978.7	12 317.9	13 044.4	13 217.0
2.2 核电	747.2	872.0	983.2	1115.0	1332.2	1713.8	2131.8	2481.0	2950.0	3487.0	3662.0
2.3 风电	494	703.3	959.8	1412	1599.8	1867.7	2370.7	2972.3	3659.7	4057.0	4665.0
2.4 太阳能	7.0	26.1	35.9	83.7	235.1	394.8	665.3	1178.0	1769.0	2240.0	2611.0
2.5 其他	339.9	421.7	481.7	465.0	590.1	639.2	773.4	1003.5	1069.8	1276.4	1871.0
3 非可再生能源	34 009.03	38 989.63	39 677.02	43 152.69	44 790.76	43 941.32	45 681.76	48 911.99	52 844.96	54 416.48	55 423.06
4 可再生能源	8062.6	8140.6	10 198.5	11 163.7	13 153.8	14 204.4	15 649.8	17 132.5	18 816.4	20 617.8	22 364.0
5 发电总量	42 071.6	47 130.2	49 875.5	54 316.4	57 944.6	58 145.7	61 331.6	66 044.5	71 661.3	75 034.3	77 790.6
6 电力清洁化率（%）	20.94	19.12	22.42	22.61	25.00	27.38	28.99	29.70	30.37	32.13	33.46
7 煤电占总发电量比重（%）	76.86	78.31	75.15	75.07	72.54	69.59	67.77	67.08	66.47	64.63	63.22
8 全球煤电发电量	86 344.8	90 761.6	91 076.8	95 771.1	97 524.3	94 024.0	94 224.2	97 162.4	100 967.3	98 264.3	94 214.0
9 中国煤电占全球比重（%）	37.45	40.67	41.15	42.57	43.10	43.03	44.11	45.59	47.18	49.35	52.20

注 1. 火力发电量包括燃油发电量、燃气发电量、燃煤发电量。

2. 所有数据均采用《bp Statistical Review of World Energy July 2021》，水力发电量不包括抽水蓄能发电量。非再生能源包括火力发电量和核力发电量（核电）。

3. 可再生能源包括水电、风电、太阳能、其他（地热、生物质）等。

4. 电力清洁化率＝非火力发电量/发电总量×100%，火力发电＝油电＋气电＋煤电，非火力发电＝发电总量－火力发电。

2020 年我国电力清洁化率为 33.46%，仍比世界平均水平低 5.2 个百分点。我国风电和光伏发电装机容量和实际发电量之间存在巨大的不相称。据全国新能源消纳监测预警中心提供的数据，在近几年风电、光伏高速发展的态势下，2020 年年底，全国风电和光伏发电装机容量合计为 5.34 亿 kW，是煤电装机容量的 49.44%，而全年发电量却只有 7276 亿 kWh，仅是火电发电量的 14.06%。

3. 电厂节能减排力度逐年加大，供电煤耗率直逼世界先进水平

经过 20 世纪 80 年代初的技术引进、消化吸收、自主开发和再创新，我国煤电机组走上了清洁、高效可持续发展之路，机组发电效率和污染物排放率逐年下降。我国超额完成“十三五”淘汰煤电落后产能目标任务，累计淘汰煤电落后产能 4500 万 kW 以上；2010 年以来，通过建设大容量、高参数机组，关停纯凝小煤电机组，煤电机组容量等级结构持续向大容量高参数方向发展，煤电结构不断优化。根据中电联统计，到 2020 年年底，我国现役机组中 350MW 超临界机组 211 台、600MW 超（超）临界机组 302 台、660MW 超超临界机组 172 台、1000MW 超超临界机组 141 台。国内已投产超（超）临界机组共 826 台，装机容量达 5.23 亿 kW，占国内现役煤电机组总容量的 48%，超（超）临界机组已成为火电机组的主力机组。

我国发电行业近几年节能减排工作也取得了可喜的成就。截至2020年年底，我国达到超低排放水平的煤电机组约9.5亿kW，节能升级改造规模超过8亿kW，火电厂平均供电煤耗率降至305.5g/kWh，同比下降0.9g/kWh以上，较2010年下降27.5g/kWh以上，与2000年的392g/kWh相比下降了86.5g/kWh。据测算，供电能耗率降低使2020年火电行业相比2010年减少二氧化碳排放3.7亿t。2005—2020年火电机组供电标准煤耗率情况如图2-2所示。

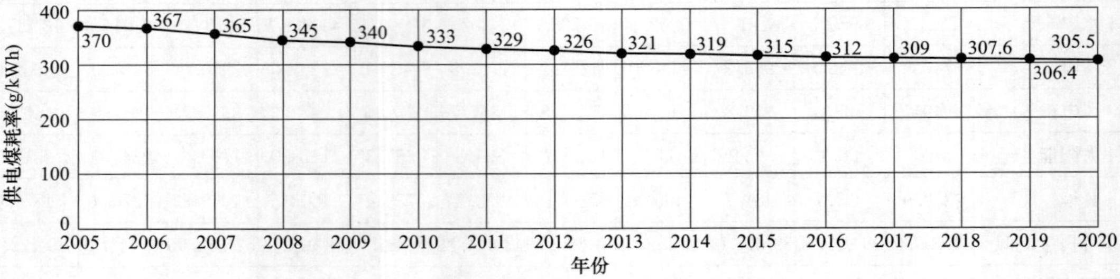

图2-2 我国火电历年供电煤耗率

4. 供热机组比例不断增加

火电机组除供应电力外，也可为电厂周边居民及工业企业供应蒸汽或热水，供热机组在我国北方地区普遍应用。随着城市和工业园区经济发展，热力需求不断增加，热电联产集中供热进入快速发展期，我国热电联产总装机容量不断增长，装机容量及增速均已处于世界领先水平。根据中电联统计资料，2015年年底，我国热电联产机组规模达到3.22亿kW，占火电装机比重的32%。在政策的大力支持下，我国热电联产行业发展迅速。截至2020年年底，我国热电联产机组规模达到4.98亿kW，占火电装机比重的40%，且呈现持续增长趋势，如图2-3所示。

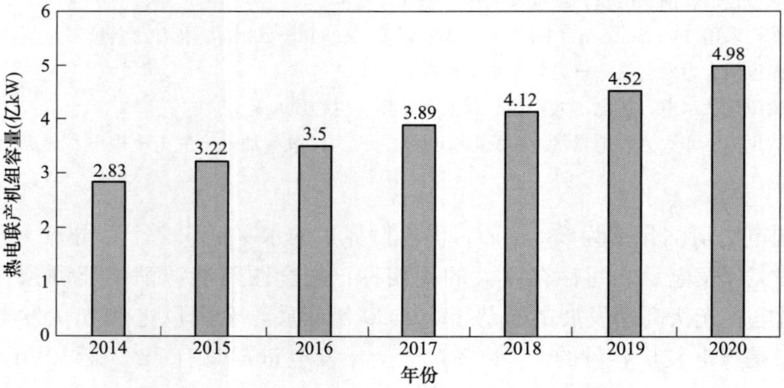

图2-3 2014—2020年全国热电联产机组装机规模

2020年我国供热总量为410 058万GJ，其中城市蒸汽供热总量约为65 054万GJ，较2019年减少13万GJ；供水供热总量为345 004万GJ，较2019年减少17 529万GJ。2015—2020年，我国热电联产新增装机容量波动发展，增长率为6%～12%，2020年我国热电联产行业新增装机容量约为0.46亿kW，年增长10.2%。2020年我国供热原煤消费量为31 592万t，折算成标准煤为19 765万t，全国供热煤耗率为48.20kgce/GJ，同比降低0.12kgce/GJ。

二、《电力节能技术监督导则》火力发电部分的修订背景

节能技术监督是电力生产过程中的一项重要技术管理手段，可有效提高电力生产的管理水平和设备健康水平，保证电力生产安全、稳定和经济运行。1991年2月5日原国家能源部发布了

《火力发电厂节约能源规定（试行）》（能源节能〔1991〕98 号），1997 年 7 月 3 日原电力工业部颁布了《电力工业节能技术监督规定》（电安生〔1997〕399 号，以下简称《1997 版导则》），极大地促进了当时电力工业节能工作。当前电力行业组织机构发生了重大变化，在国家大力度重点推动企业节能减排工作、建设节约型社会的发展战略大背景下，做好节能技术监督工作也就越来越重要。为了进一步推动电力企业节约能源，提高能源利用效率，规范节能技术监督工作，DL/T 1052—2007《节能技术监督导则》（以下简称《2007 版导则》）于 2007 年 7 月 20 日发布，2007 年 12 月 1 日实施。

随着我国电力工业快速发展，高参数、大容量机组不断投运，特高压、高电压、跨区电网逐步形成，节能新技术、运行与管理方式取得较大进步。原标准实施后，国家陆续出台了有关节能方面的规定和文件，一批新行业标准的制定对节能管理提出了新要求。为此，电力节能技术监督的相关内容应与我国电力发展相适应。国网辽宁省电力有限公司电力科学研究院、东北电力科学研究院有限公司等联合开展电力行业节能技术监督导则修订。将原《节能技术监督导则》修订为《电力节能技术监督导则》，DL/T 1052—2016《电力节能技术监督导则》（以下简称《2016 版导则》）于 2017 年 5 月 1 日实施。

为保持节能技术监督导则可操作性，导则的总体构架不变，在广泛收集国家 2007 年以后的法规、标准、文件、通知的基础上，突出强化全过程监督，从规划、设计、制造、安装、调试、运行维护、技改大修等环节实施全过程监督，技术经济指标的计算方法与现行的 DL/T 904 标准尽可能相一致，技术经济指标限额反映全国平均偏上的水平，以保证监督导则具有针对性、有效性和可操作性的目的。

三、《电力节能技术监督导则》火力发电部分的主要内容与应用

本节只讨论《电力节能技术监督导则》火力发电部分。

1. 适用范围

本标准规定了对电网设施、火力发电设施开展节能技术监督工作的基本内容。

本标准适用于电网企业和火力发电企业节能技术监督工作，其他类型发电企业可参照执行。

火力发电包括燃煤发电、余热余汽发电、生物质发电和燃气发电，这里的火力发电企业是指燃煤电厂和燃气电厂。

2. 规范性引用文件

包括 GB 21258《常规燃煤发电机组单位产品能源消耗限额》、GB/T 21369《火力发电企业能源计量器具配备和管理要求》等 130 个标准。

3. 术语和定义

（1）节能。根据《中华人民共和国节约能源法》，节能是指加强用能管理，采取技术上可行、经济上合理以及环境和社会可以承受的措施，从能源生产到消费的各个环节中的损失和浪费，更加有效、合理地利用能源。

（2）节能技术。本条款为新增内容。来源于《节能低碳技术推广管理暂行办法》（发改环资〔2014〕19 号）的描述：节能技术是指促进能源节约集约使用、提高能源资源开发利用效率和效益、减少对环境影响、遏制能源资源浪费的技术。

（3）节能技术监督。根据相关节能法律法规及导则要求，采用技术手段或措施，对电力企业在规划、设计、制造、建设、运行、检修和技术改造中有关能耗的重要性能参数、指标及节能管理进行监督、检查及评价的活动。

《1997 版导则》将节能技术监督定义为：对影响发电、输变电设备经济运行的重要参数、性能和指标进行监督、检查、调整及评价。节能技术监督目的是：通过对电力企业能耗设备及系统

在设计、安装、调试、运行、检修、技术改造等阶段的节能技术监督，使其电、煤、油、汽、水等消耗达到最佳水平。

节能监督的内容包括：设计与基建、运行、维护检修、技术改造、燃料、节水、节油、基础管理等8个方面。具体监督内容是：国家、电力行业有关节能的政策、法规、规程、规范、标准、制度的贯彻执行情况；电厂经济指标完成情况；电力设备效率检验、检测情况；电厂能耗状况评价及新、扩、改建工程的节能影响评价；电厂节能新技术、新工艺推广应用情况以及电厂节能技术培训情况。各电厂应对各项经济指标按照相关标准进行检测、统计和分析，确保节能监督数据的准确性、完整性、可比性和代表性。电厂应对本厂的能耗状况和经济指标完成情况进行总结，及时上报各级主管监督部门。

4. 体系和职责

节能监督的管理体系和职责要求按照DL/T 1051《电力技术监督导则》的规定执行。节能技术监督实行分级监督管理体系。各电厂建立以厂级、各分厂（车间、部室）和班组的三级节能技术监督网。各级节能监督机构建立相应的职责并认真履行各自的职责，共同做好节能技术监督工作。

电力节能技术监督的体系、职责及管理要求按照DL/T 1051《电力技术监督导则》的规定执行。

发电企业的职责：

(1) 贯彻执行国家、行业有关电力技术监督的方针、政策、法规、标准、规程、制度等。

(2) 建立健全技术监督网络和各级监督岗位责任制，开展本单位技术监督工作自查自评。

(3) 对所辖设备按规定进行监测，对设备的维护和修理进行质量监督，并建立健全设备档案。

(4) 组织开展本企业新建、扩建、改建电力工程的设计审查和施工质量的检查验收，设备应符合并网技术质量标准与条件。

(5) 加强对技术监督人员的培训，不断提高技术监督人员专业水平。

(6) 配合所在电网对涉及电网安全、优质、经济运行的设备，包括继电保护及安全自动装置、发电励磁系统、自动发电控制系统（AGC）与无功调节能力、一次调频、通信、电能计量装置、升压站电气设备等系统或专业开展技术监督工作。

(7) 定期组织召开电力技术监督工作会议，总结、交流电力技术监督工作经验，通报电力技术监督工作信息，部署下阶段技术监督工作任务。

(8) 按发电企业监督内容开展技术监督工作。

5. 电网企业节能技术监督（略）

6. 发电企业节能技术监督（《2016版导则》指标限额比《2007版导则》要求更高）

(1) 规划、设计和建设。

1) 以安全、绿色、集约、高效为基本原则，按煤电机组准入标准、用电规划合理布局新建发电项目。新建燃煤发电项目原则上采用大容量、高参数超超临界机组，超临界循环流化床机组、缺水地区建设空冷机组。火电建设规划应与国民经济及其他新能源发展相匹配。

进行节能经济技术方案比较，确定先进合理的煤耗、电耗、取水量定额等设计指标。供电煤耗率符合GB 21258《常规燃煤发电机组单位产品能源消耗限额》、GB 35574《热电联产单位产品能源消耗限额》，单位产品取水量符合GB/T 18916.1《取水定额　第1部分：火力发电》等规定。

2) 坚持"以热定电"的原则，科学制定热电联产规划。在符合条件的大中城市，适度建设大型热电机组，鼓励建设背压式机组；在中小型城市和热负荷集中的工业园区，优先建设背压式热电机组；鼓励采用热电冷多联供技术。

《能源发展“十二五”规划》（国发〔2013〕2号）第三章要求：稳步推进大型煤电基地建设，统筹水资源和生态环境承载能力，按照集约化开发模式，采用超超临界、循环流化床、高效节水等先进适用技术，在中西部煤炭资源富集地区，鼓励煤电一体化开发，建设若干大型坑口电站，优先发展煤矸石、煤泥、洗中煤等低热值煤炭资源综合利用发电。在中东部地区合理布局港口、路口电源和支撑性电源，严格控制在环渤海、长三角、珠三角地区新增除“上大压小”和热电联产之外的燃煤机组。积极发展热电联产，在符合条件的大中城市，适度建设大型热电机组，在中小城市和热负荷集中的工业园区，优先建设背压式机组，鼓励发展热电冷多联供。继续推进“上大压小”，加强节能、节水、脱硫、脱硝等技术的推广应用。

3）淘汰落后产能及不符合国家政策的火电机组，具备条件的地区宜通过建设背压式热电机组、高效清洁大型热电机组等方式，替代能耗高、污染重的落后燃煤小热电机组。

《2106版导则》此条的规定源于《煤电节能减排升级与改造行动计划（2014—2020年）》（发改能源〔2014〕2093号），2093号文第三条规定：深入淘汰落后产能。完善火电行业淘汰落后产能后续政策，加快淘汰以下火电机组：单机容量5万kW及以下的常规小火电机组；以发电为主的燃油锅炉及发电机组；大电网覆盖范围内，单机容量10万kW级及以下的常规燃煤火电机组、单机容量20万kW级及以下设计寿命期满和不实施供热改造的常规燃煤火电机组；污染物排放不符合国家最新环保标准且不实施环保改造的燃煤火电机组。鼓励具备条件的地区通过建设背压式热电机组、高效清洁大型热电机组等方式，对能耗高、污染重的落后燃煤小热电机组实施替代。

4）新建项目应有节能评估文件及其审查意见、节能登记表及其登记备案意见，作为项目设计、施工和竣工验收的重要依据。项目的可行性研究报告应包括节能篇章，内容应做到指标先进、技术可行、经济合理，不应使用已公布淘汰的耗能产品和工艺。

固定资产投资项目节能审查办法（国家发改委2016年第44号令）规定：固定资产投资项目节能审查意见是项目开工建设、竣工验收和运营管理的重要依据。节能审查由地方节能审查机关负责。建设单位应编制固定资产投资项目节能报告。项目节能报告应包括下列内容：分析评价依据；项目建设方案的节能分析和比选，包括总平面布置、生产工艺、用能工艺、用能设备和能源计量器具等方面；选取节能效果好、技术经济可行的节能技术和管理措施；项目能源消费量、能源消费结构、能源效率等方面的分析；对所在地完成能源消耗总量和强度目标、煤炭消费减量替代目标的影响等方面的分析评价。

5）应在满足安全的前提下开展优化设计，使用成熟的节能新材料、新工艺、新技术、新产品。宜采用国家推广的重点节能低碳相关设备和技术。辅助设备容量应与主机配套，应选择符合能效限值的设备。

2008年5月至2013年12月，国家发改委以公告形式发布了六期《国家重点节能技术推广目录》，其中有较大一部分是电力行业的比较成熟的新技术，并在此期间得到了广泛的应用和推广。2014年又发布《国家重点节能低碳技术目录（2014年版）》，2018年发布了《国家重点节能低碳技术推广目录（2017年本，节能部分）》（发改委2018年第3号公告）

项目设计必须满足GB 18613—2020《电动机能效限定值及能效等级》、GB 19153—2019《容积式空气压缩机能效限定值及能效等级》、GB 19761—2020《通风机能效限定值及能效等级》、GB 20052—2020《电力变压器能效限定值及能效等级》、GB 30254—2013《高压三相笼型异步电动机能效限定值及能效等级》等设备能效要求，满足《产业结构调整指导目录》（2019年本，国家发改委令第 29 号）鼓励类要求。

6）用于发电的煤矸石收到基低位发热量不低于 5020kJ/kg。以煤矸石为主要燃料的入炉燃料收到基低位发热量不高于 14 640kJ/kg。

《煤电节能减排升级与改造行动计划（2014—2020 年）》（发改能源〔2014〕2093 号）要求：根据煤矸石、煤泥和洗中煤等低热值煤资源的利用价值，选择最佳途径实现综合利用，用于发电的煤矸石热值不低于 5020kJ（1200kcal）/kg。以煤矸石为主要燃料的入炉燃料收到基热值不高于 14 640kJ（3500kcal）/kg，具备条件的地区原则上采用 300MW 及以上超临界循环流化床机组。

7）热电联产电厂热力产品应符合 DL/T 891 的规定，热电联产机组的热效率和热电比应符合下列指标：

a）常规热电机组总热效率年平均应大于 45%；燃气—蒸汽联合循环热电机组总热效率年平均应大于 55%。

b）单机容量 50MW 以下的常规热电机组，其热电比年平均应大于 100%。

c）单机容量 50MW 至 200MW 以下的常规热电机组，其热电比年平均应大于 50%。

d）单机容量 200MW 及以上抽汽凝汽两用供热机组，在采暖期热电比应大于 50%。

e）各容量等级的燃气—蒸汽联合循环热电机组的热电比年平均应大于 30%。

《关于发展热电联产的规定》（计基础〔2000〕1268 号）第七条要求：供热式汽轮发电机组的蒸汽流既发电又供热的常规热电联产总热效率年平均应大于 45%，燃气—蒸汽联合循环热电联产总效率年平均应大于 55%。单机容量在 50MW 以下的热电机组，其热电比年平均应大于 100%；单机容量在 50MW 至 200MW 以下的热电机组，其热电比年平均应大于 50%；单机容量 200MW 及以上抽汽凝汽两用供热机组，采暖期热电比应大于 50%。各容量等级燃气—蒸汽联合循环热电联产的热电比应大于 30%。

8）火力发电按单位装机容量核定取水量，单位装机取水量计算方法和取水量定额指标符合 GB/T 18916.1 的规定。在 GB/T 28284—2012 所示的全国地级行政区水资源分区情况表中属于缺水地区及干旱指数大于 1.5 的缺水地区宜采用空冷式汽轮机组。鼓励火力发电企业使用再生水。

GB 50660—2011《大中型火力发电厂设计规范》规定：对于干旱指数大于 1.5 的缺水地区，宜选用空冷式汽轮机组。GB/T 28284—2012《节水型社会评价指标体系和评价方法》规定全国地级行政区水资源分区情况，见表 2-12。

表 2-12　　分区水资源丰、平、缺划分标准

年降水量（mm）	人均水资源（m^3）		
	>1500	1500～600	<600
>400	丰	平	缺
200～400	平	平	缺
<200	缺	缺	缺

9）在设备制造过程中，发电企业可自行或委托设备监理单位根据供货合同，按照 DL/T 586《电力设备监造技术导则》、DL/T 1749—2017《燃气—蒸汽联合循环机组余热锅炉监造导则》等有关技术标准对设备制造过程的质量实施监督，见证合同产品与合同的符合性，保证设备制造质量。

DL/T 586《电力设备监造技术导则》规定：监造方式包括停工待检（H 点）、现场见证（W

点）和文件见证（R点）三种。停工待检项目必须有用户代表参加，现场检验并签证后，才能转入下一道工序；现场见证项目应有用户代表在场监督，如果用户不到场，制造厂可根据需要转入下一道工序；文件见证项目由用户代表查阅制造厂的检验、试验记录和设计图纸、资料等。

10）在设计和安装过程中，应配齐生产和非生产所需的煤（气）、油、水、汽、热等能源计量表计，满足 GB 17167—2006《用能单位能源计量器具配备和管理通则》、GB 24789—2009《用水单位水计量器具配备和管理通则》、GB/T 21369—2008《火力发电企业能源计量器具配备和管理要求》的要求。

11）机组在设计和安装阶段宜确定性能试验单位，性能试验单位会同设计、制造、建设和业主单位，根据试验标准布置试验测点，确定测点位置、测点型式、尺寸规格、安装工艺并落实安装单位。试验测点应满足 DL/T 5277《火电工程达标投产验收规程》、DL/T 5437《火力发电建设工程启动试运及验收规程》规定的性能试验项目的要求，以及满足其他约定的试验项目的要求。

12）发电企业在考核期内应完成以下节能试验项目（DL/T 5437—2009、DL/T 5277 规定项目）：

a）燃煤发电机组：锅炉热效率试验、锅炉最大出力试验、锅炉额定出力试验、锅炉不投油最低稳燃出力试验、制粉系统出力试验、磨煤机单耗试验、空气预热器漏风率试验、汽轮机最大出力试验、汽轮机额定出力试验、热耗率试验、机组供电煤耗试验、机组厂用电率测试、机组散热测试、其他与能耗相关的性能试验。

b）燃气机组（燃气—蒸汽联合循环机组）：热效率试验、最大出力试验、额定出力试验、热耗试验、供电气耗试验、其他与能耗相关的性能试验。

c）建议进行单位发电量取水量测试。

（2）技术监督管理。

1）发电企业应根据相关法律法规、政策、标准和其他要求，结合自身规模、能力、需求等状况，依据 GB/T 23331《能源管理体系要求》、DL/T 1320《电力企业能源管理体系 实施指南》，建立、实施、保持和持续改进节能监督与能源管理体系，并形成文件。

2）发电企业应建立节能监督领导小组，组长由主管生产领导担任，成员由各主管部门的负责人组成。应建立节能技术监督三级网络，成员由各部门有关人员组成。节能技术监督网络文件中应明确各部门和人员的职责，并根据需要及时更新。

《2016 版导则》没有明确设立专职节能工程师，《重点用能单位节能管理办法》（发展和改革委员会令〔2018〕15 号）第十条规定：重点用能单位应当成立节能工作领导小组，负责人由单位主要领导担任。重点用能单位应当聘任具有节能专业知识、实际经验以及中级以上技术职称的人员担任能源管理负责人。重点用能单位应当明确能源管理部门，设立能源管理岗位，聘任能够满足节能工作需要的能源管理人员。能源管理人员负责贯彻执行国家有关节约能源工作的法律、法规、规章、政策和标准，加强日常节能管理，组织实施本单位内部能源审计、节能技术改造，开展能源计量和统计分析等。重点用能单位应当将节能工作领导小组、能源管理负责人、能源管理人员报管理节能工作的部门和有关部门备案，上述信息发生变动的，应当及时将变动情况报管理节能工作的部门和有关部门备案。

3）节能监督管理人员应了解国家和上级有关方针、政策，负责制定本企业节能管理制度、规定；应具有节能专业知识、实际经验以及管理能力；负责组织对本企业节能和用能状况进行分析、评价，组织编写节能分析报告，提出节能工作的改进措施并组织实施。节能监督管理人员应当接受必要的节能培训，并具备相应的能力资质。

《中华人民共和国节约能源法》（2018 年修订本）第 55 条规定：重点用能单位应当设立能源管理岗位，在具有节能专业知识、实际经验以及中级以上技术职称的人员中聘任能源管理负责人，并报管理节能工作的部门和有关部门备案。能源管理负责人负责组织对本单位用能状况进行分析、评价，组织编写本单位能源利用状况报告，提出本单位节能工作的改进措施并组织实施。能源管理负责人应当接受节能培训。

1991 年 2 月 5 日原国家能源部发布了《火力发电厂节约能源规定（试行）》(能源节能〔1991〕98 号）第 4 条规定：火电厂设立节能领导小组，由主管生产的副厂长主持，负责贯彻上级方针政策和落实下达的能耗指标；审定并落实本厂节能规划和措施；协调各部门间的节能工作。第 5 条规定：装机容量在 50MW 及以上电厂应设置专职节能工程师。容量 50MW 以下电厂是否设置，根据电厂情况自行决定。

关于是否设立专职节能工程师问题，在 2007 年节约能源法修订草案第 52 条第 4 款规定："国家开展能源管理师职业水平评价工作，鼓励用能单位聘用具有能源管理师职业水平证书的专业人员。具体办法由国务院人事行政主管部门会同国务院管理节能工作的部门制定。"有些人大委员提出，能源管理涉及面广，与企业的生产技术、工艺、设备等都有紧密联系，实践中多是由熟悉相关的生产技术、工艺和设备及其用能特点的工程技术人员负责企业能源管理的，另设能源管理师，并不一定适合企业节能管理的实际需要；国家发改委建议保留修订草案关于能源管理师的规定，理由是：实行能源管理师制度，有利于企业加强节能管理，也有利于提高全社会的节能意识。法律委员会经同财政经济委员会和国务院法制办研究认为，修订草案 52 条中已经规定重点用能单位应当设立能源管理岗位，在具有专业知识、实践经验以及中级以上技术职称的人员中聘任能源管理负责人。至于是否单独设立能源管理师专业技术职称，考虑到各方面意见很不一致，需要由国务院对科学合理地设置国家专业技术职务系列作统盘考虑，目前作出法律规定的条件尚不成熟。据此，法律委员会建议删去修订草案第 52 条第 4 款。

4）发电企业参照 GB/T 25329—2010《企业节能规划编制通则》制定年度节能计划和中长期节能规划，节能计划和规划应在结合企业现状、分析节能潜力、比选节能措施的基础上确定，将节能目标分解到各有关责任部门和责任人，并将完成情况作为对部门和责任人考核评价的内容。

5）发电企业应完整、规范记录各项重要参数，并按规定统计、计算各项指标，形成月度、季度、年度报表。每月召开一次节能分析会，对指标完成情况、设备健康状况、运行方式合理性等进行分析，通过环比与同比分析各项参数和指标的变化情况，并与同类型设备先进水平对标，找出差距，提出改进措施和节能潜力，编制能耗分析报告，落实节能措施。

《重点用能单位节能管理办法》（发展和改革委员会令〔2018〕15 号）第十二条规定：重点用能单位应当按照国家有关规定设置原始记录、统计台账，建立健全统计资料的审核、签署、交接、归档等管理制度。统计资料的审核、签署人员应当对其审核、签署的统计资料的真实性、准确性和完整性负责。

GB/T 15587—2008《工业企业能源管理导则》第 10 条规定：企业能源主管部门应根据行业特点确定本部门的能耗与节能指标体系，并应定期对全企业能耗状况及其费用进行分析。各用能部门应对本部门管辖的主要耗能设备、工序的能源利用现状进行分析。挖掘节能潜力，采取节能措施。用于局部改进的列入中短期计划，用于重大节能技术措施的列入长期计划。并把节能规划和发展生产、降低成本、防止公害结合起来。分析完成后应提供能耗分析报告，一般应包括以下内容：所采用的能耗分析方法；能源管理目标和能耗定额完成情况；能耗及其费用上升或下降的原因及其影响因素分析；企业或部门用能水平评价；改进措施和节能潜力分析。

6）发电企业应了解电力行业节能技术的应用情况，积极采用新技术、新工艺、新材料、新设备，研发节能技术、推广节能示范项目。在技术改进过程中宜采用国家推广的重点节能低碳相关设备和技术，可采用合同能源管理、节能自愿协议等办法推进节能工作，并分别满足 GB/T 24915—2020《合同能源管理技术通则》、GB/T 34149—2017《合同节水管理技术通则》、DL/T 1644—2016《电力企业合同能源管理技术导则》、GB/T 26757—2011《节能自愿协议技术通则》的要求。

GB/T 15587—2008《工业企业能源管理导则》规定：企业应组织有关部门和人员对节能技术措施的建议进行研究，作出决策。对重大节能技术措施应进行可行性研究。节能技术措施的实施，应明确主要负责部门和责任人、配合的部门和责任人。重大节能技术改造项目及对生产影响大的节能技术措施，应单独制定实施计划。节能技术措施实施后应测试能耗状况，并与该措施实施前进行比较，评价节能效果和经济效益。当生产运转正常后，应修订有关技术文件和能耗定额，保持节能效果。企业应积极开发节能技术，鼓励技术创新，推广节能示范工程。用能设备的效率和能量消耗应达到国家标准及行业标准规定。

7）发电企业应建立全体员工参与的节能管理机制，建立相应的奖惩制度，开展小指标竞赛等活动。对节能效果显著的节能技术措施、改造项目、合理化建议或对节能技术有创新的单位和员工，根据节能效果给予奖励，对由于管理不善或工作失误，造成资源、能源浪费的行为应予以批评教育或经济处罚。

GB/T 15587—2008《工业企业能源管理导则》和《重点用能单位节能管理办法》（发展和改革委员会令〔2018〕15 号）均要求：建立全体员工参与的能源管理和节能体制，对节能有成绩或对节能技术有创新的员工，根据节能效果大小，给予精神鼓励或物质奖励，并建立相应的奖惩制度。

8）发电企业应制定年度节能培训计划，利用多种形式开展节能宣传和培训工作，员工应积极参加各种形式的交流和培训。每年应举办一次节能宣传和节能培训活动。

《中华人民共和国节约能源法》（2018 年本）第 26 条规定：用能单位应当开展节能教育和岗位节能培训。

9）发电企业应每年向管理节能工作的部门报送上年度的能源利用状况报告。能源利用状况包括能源消费情况、能源利用效率、节能目标完成情况、节能效益分析和节能措施等内容。

《中华人民共和国节约能源法》（2018 年本）第 53 条规定：重点用能单位应当每年向管理节能工作的部门报送上年度的能源利用状况报告。能源利用状况包括能源消费情况、能源利用效率、节能目标完成情况和节能效益分析、节能措施等内容。

10）技术监督服务单位应组织对火电机组（发电企业）开展能耗状况评价，能耗状况评价宜每 3 年不少于一次，评价期宜选择近期一个完整年度，检查和评价方法参照 DL/T 255—2012《燃煤电厂能耗状况评价技术规范》。实际操作中可根据监督区域内的实际情况进行调整或修改。

DL/T 255—2012 规定：能耗状况评价的内容包括节能管理要素、能耗指标及其影响因素，影响因素包括优化试验、运行调整、检修维护等方面。评价完成后应出具评价报告，评价报告的内容至少应包括：

a）基本情况：燃煤电厂概况、设备概况、主要技术经济指标状况。

b）评价情况概述：评价范围、评价内容、相对得分率、总体评价情况。

c）存在的主要问题、分析及整改建议：评价提出的主要问题，对问题原因的分析、阐述，整改措施及建议。

d）节能潜力分析：汇总、定量分析燃煤电厂的主要节能潜力。

e）节能工作方向：总结并提出今后应重点开展的节能降耗工作方向。

11）技术监督服务单位应在每次监督检查完成后15个工作日内出具监督检查报告，年度监督完成后编写年度监督总结报告，并提交给发电企业和有关主管部门。技术监督服务单位应定期组织对发电企业技术人员开展技术交流、技术培训等工作。

GB/T 15316—2009《节能监测技术通则》要求：由监测机构进行节能监测。监测工作完成后，监测机构应在15个工作日内作出监测结果评价结论，写出监测报告交有关节能主管部门和被监测单位。

12）技术监督服务单位有权向所监督企业发送节能技术监督预警和告警通知，并报送企业或相关主管部门。预警是指没有按国家或行业技术监督相关法规、规程规定开展监督工作，技术监督指标不满足国家标准和行业标准或偏离规定范围时发出的通知；告警是指没有按照技术监督规定开展相关工作使节能指标出现异常或超过能耗限值而又长期得不到整改或没有整改计划时发出的通知。

《节能监察办法》（发展和改革委员会令〔2017〕33号）第十八条规定：被监察单位有违反节能法律、法规、规章和强制性节能标准行为的，节能监察机构应当下达限期整改通知书。被监察单位有不合理用能行为，但尚未违反节能法律、法规、规章和强制性节能标准的，节能监察机构应当下达节能监察建议书，提出节能建议或者节能措施。

DL/T 1051《电力技术监督导则》规定：建立技术监督预警制度、技术监督告警制度和整改制度。对重要技术监督问题，及时发出预警、告警及整改通知单，督促责任单位整改。

（3）综合经济技术指标。

1）发电企业应对全厂和机组的发电量、发电煤耗、供电煤耗等综合经济技术指标进行统计、分析和考核，统计计算方法按DL/T 904—2015《火力发电厂技术经济指标计算方法》执行。发电企业应对全厂和机组的综合厂用电率、生产厂用电率、发电厂用电率、供热厂用电率等指标进行统计、分析和考核，统计计算方法按DL/T 904—2015执行。

2）发电企业应对全厂单位发电量取水量进行统计、分析和考核，单位发电量取水量不应超过GB/T 18916.1《取水定额　第一部分：火力发电》中规定的定额指标。企业应通过节水技术改造和加强节水管理，使单位发电量取水量达到GB/T 26925《节水型企业 火力发电行业》中规定的节水型企业技术考核指标。

3）单机容量为125MW及以上循环冷却水湿冷凝汽式电厂全厂复用水率不宜低于95%，缺水和平水地区全厂复用水率不宜低于98%。

DL/T 783—2001《火力发电厂节水导则》规定：单机容量为125MW及以上新建或扩建的循环供水凝汽式电厂全厂复用水率不宜低于95%，严重缺水地区单机容量为125MW及以上凝汽式电厂全厂复用水率不宜低于98%。

4）发电企业将实际完成的供电煤耗率、厂用电率、发电水耗及油耗指标同设计值、历史最好值以及国内外同类型机组先进值、优良值进行对标和分析，找出差距，提出改进措施。全国水平参照有关部门发布的各等级机组能效对标及竞赛资料，其中排序在前20%平均值作为同类机组的先进值，可参照取为标杆值；前40%为优良值，可参照取为当前目标值；全部的平均值则可作为企业同类机组应达到的基准值。对标方法满足GB/T 36714—2018《用能单位能效对标指南》要求。

（4）锅炉经济技术指标。

1）锅炉热效率。锅炉热效率按GB/T 10184—2015《电站锅炉性能试验规程》、DL/T 964—2005《循环流化床锅炉性能试验规程》等标准进行测试和计算，若锅炉燃用煤质发生较大变化或锅炉受热面进行重大改造时，宜重新核算锅炉设计热效率。以最近一次重新核算确定的锅炉热效率作为监督依据。额定蒸发量时锅炉热效率应达到设计值。一般情况下1000MW超超临界锅炉效率应不低于94%，600MW超超临界锅炉效率应不低于93.5%，600MW超临界锅炉效率应不低于93%，300MW亚临界锅炉效率应不低于92.5%。

2）锅炉排烟温度。排烟温度测点应尽可能靠近最后一个受热面出口，应采用网格法测量平均排烟温度对运行表计进行标定。若锅炉受热面改动，则根据改动后受热面的变化对锅炉进行热力校核计算，用校核后的温度值作为排烟温度的规定值。锅炉排烟温度的监督以统计报表、现场检查或测试的数据作为依据。锅炉排烟温度（修正值）不大于规定值（或设计值）的3%。

3）灰渣可燃物含量。飞灰和炉渣可燃物宜采用离线化验值，并对统计期内的每日飞灰可燃物含量，按各班燃煤消耗量加权计算，飞灰在线数据可做参考。灰渣可燃物含量的监督以统计报表或现场测试的数据作为依据。灰渣可燃物含量不大于设计值或按表2-13执行。

表2-13　飞灰可燃物 C_{fh} 随燃煤干燥无灰基挥发分 V_{daf} 的变化

V_{daf}	煤矸石	$V_{daf}\leqslant 10\%$	$10\%<V_{daf}\leqslant 15\%$	$15\%<V_{daf}\leqslant 20\%$	$20\%<V_{daf}\leqslant 37\%$	$V_{daf}>37\%$
煤粉炉 C_{fh}	—	≤5%	≤4%	≤2.5%	≤2%	≤1.2%
流化床 C_{fh}	≤10%		≤7%	≤5%	≤3%	≤1.5%

注　煤粉炉大渣含碳量大致与飞灰基本相同。循环流化床锅炉大渣含碳量不大于2%。

DL/T 831—2002《大容量煤粉燃烧锅炉炉膛选型导则》第10.4条给出了飞灰可燃物 C_{fh} 和燃煤 V_{daf} 的变化关系，基本上与表2-13相当，并认为炉底渣物含碳量大致与飞灰相同。降低飞灰可燃物的主要措施如下：

a）配煤掺烧。在煤质下降的不利情况下，通过合理配煤掺烧，把本地劣质、低挥发分等煤种放在BC等下层磨掺烧，既保证了燃烧稳定，又降低了飞灰。

b）调节磨煤机运行方式。根据存煤结构基本固定磨煤机组合方式，熟悉上仓煤种热值、挥发分、灰分、硫分。以热值决定运行磨煤机台数和组合，在均衡总二次风量，保证二次风箱差压不变的同时，仍可以对灰分大的煤层增加二次风比例等。

c）适当提高磨煤机分离器转速，降低煤粉细度。需考虑磨煤机碾磨出力的增加，选择合理范围在65～75r/min，转速过高时，若控制不好，造成磨煤机时堵时通，反而增加了燃烧的不充分性。

d）调节燃烧器的摆角。在保证汽温的前提下，尽量将燃烧摆角下摆，降低炉膛火焰中心。但这点与提高再热汽温相背，可根据煤耗影响程度，调整上优先考虑飞灰。

e）锅炉配风方式。根据电厂实际情况，制定合理的锅炉配风方式及燃烧调整操作卡，指导运行人员进行精细化调节，有利于控制飞灰可燃物在合理范围内。

f）风、粉配合比合适。开大下层二次风，关小上层二次风，调整上建议燃烧器二次风门为35%～45%，辅助风为40%～45%，需注意火检强度并判断燃烧情况。

g）提高一次风温，降低一次风速。一次风速建议不超过35m/s，保证火焰刚度的同时不破坏其连续性。

h）适当提高氧量。提高氧量的同时，需要保证SCR入口 NO_x 在可控范围，满负荷时在送风机出力不够的情况下，应注意适当降低火焰中心并尽量增加上层磨煤机的煤粉细度。

4）石子煤量和热值。石子煤量不应大于额定出力的0.05%或热值不大于6.27MJ/kg，热值根据需要定期化验。以统计报表或现场测试的数据作为监督依据。

DL/T 466—2019《电站磨煤机及制粉系统选型导则》规定：磨煤机的最大出力应满足磨煤机差压、磨煤机电流、磨煤机出口温度、石子煤量和磨煤机振动的要求，即在磨煤机差压、电流不超过设计最大值，磨煤机出口温度不低于设计的最低温度，石子煤量不大于额定出力的0.05%或石子煤发热量不大于6.27MJ/kg，磨煤机底板振动不超过设计限值时，磨煤机所能达到的出力为磨煤机最大出力。

5）空气预热器漏风率。空气预热器漏风率以测试报告的数据作为监督依据。管式空气预热器漏风率不大于3%；回转式空气预热器漏风率不大于6%。GB/T 51106—2015《火力发电厂节能设计规范》规定煤粉炉空气预热器漏风率应符合表2-14的规定。

表2-14　　空气预热器漏风率规定值

1000MW等级及以上容量机组		300～600MW等级机组	
投运后一年内	投运后一年后	投运后一年内	投运后一年后
不应大于4.5%	不应大于5.5%	不应大于5%	不应大于6%

循环流化床锅炉的节能设计应符合下列规定：对于300MW及以上机组，宜选用四分仓回转式空气预热器；空气预热器的漏风率投运后第一年年内不应大于6%，第一年后不应大于8%。

GB/T 34348—2017《电站锅炉技术条件》规定：在额定工况或最大连续工况下，管式空气预热器每级漏风率，从投入试生产时起一年内保证不高于1%，运行一年后应保证不高于3%。对于室燃锅炉和层燃锅炉，300MW及以上等级机组配置的回转式空气预热器，在机组最大连续工况时的漏风率第一年内应小于或等于5%，并在一年后小于或等于6%；对于循环流化床锅炉，每套回转式空气预热器在机组最大连续工况时的漏风率第一年应小于或等于7%，并在1年后应小于或等于8%。

6）除尘器漏风率。除尘器漏风率以测试报告的数据作为监督依据。电除尘器漏风率、电袋复合除尘器及布袋除尘器漏风率均不大于2%。

GB/T 51106—2015《火力发电厂节能设计规范》第4.2.4条规定：除尘器漏风率不应大于2%。GB/T 27869—2011《电袋复合除尘器》第6.2条规定：除尘器漏风率应不大于3%。

7）煤粉细度。宜通过试验确定经济煤粉细度。对于燃用无烟煤、贫煤和烟煤时，煤粉细度$R90$可按$0.5nV_{daf}$（n为煤粉均匀性指数）选取，煤粉细度$R90$的最小值应控制在不低于4%。当燃用褐煤时，对于中速磨，煤粉细度$R90$可取30%～50%，对于风扇磨，煤粉细度$R90$可取45%～55%；循环流化床锅炉入炉煤粉细度应在设计范围内。煤粉细度的测试按DL/T 567.5进行，煤粉细度的监督以测试报告的数据作为依据。

DL/T 466—2017《电站磨煤机及制粉系统选型导则》规定：固态排渣煤粉炉燃用无烟煤、贫煤和烟煤时，煤粉细度按下列公式选取：$R90=0.5nV_{daf}$。

当燃用褐煤及油页岩时，煤粉细度$R90$为35%～50%。

8）通风机能效。通风机能效应符合GB 19761，以使用区最高风机效率作为能效等级的考核值。风机的能效限定值不应低于GB 19761中3级的数值，风机的节能评价值不应低于2级的数值。风机机组的经济运行效率：实测的风机机组效率与风机机组的额定效率相比，其比值大于0.85，则认定风机机组运行经济；其比值为0.70～0.85，则认定风机机组运行合理；其比值小于0.70，则认定风机机组运行不经济。

GB 19761—2020《通风机能效限定值及能效等级》规定通风机能效等级分为3级，其中1级能效最高，3级能效最低。通风机的能效值应不低于3级能效的数值。

GB/T 13470—2008《通风机系统经济运行》规定：记录期内实测的机组运行效率与机组的额定效率相比，其比值大于0.85，则认定机组运行经济；其比值为0.70～0.85，则认定机组运行合理；其比值小于0.70，则认定机组运行不经济。

(5) 汽轮机经济技术指标。

1) 热耗率。热耗率以最近一次试验报告的数据作为监督依据。试验修正后的热耗率与设计热耗率的偏差不应高于设计热耗率的1.5%。一般情况下1000MW超超临界湿冷汽轮机热耗率不应大于7500kJ/kWh，600MW超超临界湿冷汽轮机热耗率不应大于7600kJ/kWh，600MW超临界湿冷汽轮机热耗率不应大于7800kJ/kWh，300MW亚临界湿冷汽轮机热耗率不应大于8200kJ/kWh。

2) 汽轮机主蒸汽压力。主蒸汽如果有多路管道，取算术平均值。主蒸汽压力的监督以统计报表、现场检查或测试的数据作为依据。主蒸汽压力平均值不低于规定值0.2MPa，滑压运行机组应按设计（或试验确定）的滑压运行曲线（或经济阀位）运行。

3) 汽轮机主蒸汽温度和再热蒸汽温度。如果有多路蒸汽管道，取算术平均值。主蒸汽温度和再热蒸汽温度的监督以统计报表、现场检查或测试的数据作为依据。蒸汽温度平均值不低于规定值3℃，对于两路以上的进汽管路，各管蒸汽温度偏差应小于3℃。

4) 给水温度。应对汽轮机高压给水加热系统大旁路后的温度值进行统计。给水温度以统计报表、现场检查或测试的数据作为监督依据。给水温度的平均值不低于对应平均负荷设计的给水温度。

5) 加热器端差。应在额定负荷及平均负荷下，对加热器上端差（给水端差）和下端差（疏水端差）每月计算一次，加热器端差不应大于加热器设计端差。

GB/T 51106—2015《火力发电厂节能设计规范》第4.3.6条规定：高压加热器当采用内置式疏水冷却段时，末级高压加热器上端温度差宜为−2～−1.6℃；其余高压加热器上端温度差宜为0℃；第4.3.9条规定：低压加热器可不设置过热蒸汽冷却段，上端温度差不宜大于2.8℃；低压加热器设置内置式疏水冷却段的加热器时，下端温度差不宜大于5.6℃。

6) 凝汽器真空度。对于多压凝汽器，先求出各凝汽器排汽压力所对应蒸汽饱和温度的平均值，再折算成平均排汽压力所对应的真空值。

闭式循环水系统，凝汽器真空度的平均值不低于92%；开式循环水系统，凝汽器真空度的平均值不低于94%。循环水供热机组仅考核非供热期，背压机组不考核。空冷机组凝汽器真空度的平均值不低于85%。当负荷率低于75%时，上述所有真空度再增加1个百分点。

通常凝汽器设计排汽压力为4.9～5.2kPa，在实际运行中，排汽压力受许多因素影响（冷却水温度、汽轮机效率、真空系统严密性、凝汽器管束换热效率等），往往达不到凝汽器特性曲线的设计规定值，因此留有一定的裕度。闭式循环水温度与冷却装置有较大关系，故闭式循环水系统较开式循环水系统的真空度低2个百分点。

7) 真空系统严密性。湿冷机组真空系统严密性试验方法按DL/T 932执行，100MW及以下机组的真空下降速度不高于400Pa/min，100MW以上机组的真空下降速度不高于270Pa/min。直接空冷机组真空系统严密性试验方法按DL/T 1290执行，真空严密性指标小于或等于200Pa/min时为合格，小于或等于100Pa/min时为优秀。真空系统严密性以测试报告和现场实际测试数据作为监督依据。

DL/T 1290—2013《直接空冷机组真空严密性试验方法》规定：300MW及以下机组的真空下降速度不高于130Pa/min，300MW以上机组的真空下降速度不高于100Pa/min。DL/T 932—2019《凝汽器与真空系统运行维护导则》规定：100MW及以下机组的真空下降速度不高于400Pa/min，100MW以上机组的真空下降速度不高于270Pa/min。

8) 凝汽器端差。对于多压凝汽器，应分别计算各凝汽器端差。凝汽器端差以统计报表或测试的数据作为监督依据。凝汽器端差可以根据循环水温度制定不同的考核值：

a）当循环水入口温度小于或等于 14℃时，端差不大于 9℃。

b）当循环水入口温度大于 14℃且小于 30℃时，端差不大于 7℃。

c）当循环水入口温度大于或等于 30℃时，端差不大于 5℃。

d）背压机组不考核，循环水供热机组仅考核非供热期。

e）间接空冷系统表面式凝汽器（哈蒙系统）的端差不大于 2.8℃。

f）间接空冷系统喷射式凝汽器（海勒系统）的端差不大于 1.5℃。

GB/T 51106—2015《火力发电厂节能设计规范》规定：对于湿冷机组，双流程凝汽器端温度差不宜大于 5℃，单流程凝汽器端温度差不宜大于 7℃。对于表面式间接空冷机组，凝汽器端温度差不宜大于 3.5℃。

9）凝结水过冷度。凝结水过冷度以统计报表或测试的数据作为监督依据。湿冷机组和空冷机组凝结水过冷度平均值均不大于 2℃。

在凝汽器压力下的饱和温度减去凝结水温度称为“过冷度”。从理论上讲，凝结水温度应和凝汽器的排汽压力下的饱和温度相等，但实际上各种因素的影响使凝结水温度低于排汽压力下的饱和温度。凝结水过冷度增大的危害：

a）凝结水过冷却，使凝结水易吸收空气，结果使凝结水的含氧量增加，加快设备管道系统的锈蚀，降低了设备使用的安全性和可靠性。

b）影响发电厂的热经济性，因为凝结水温度低，在除氧器加热就要多耗抽汽量，在没有给水回热的热力系统中，凝结水每冷却 7℃，相当于发电厂的热经济性降低 0.1%。GB/T 51106—2015《火力发电厂节能设计规范》第 4.3.18 条规定：湿冷机组过冷度不宜大于 0.5 ℃；第 6.3.5 条规定：在设计背压条件下，直接空冷机组凝结水过冷度为 3～5℃。

湿冷机组凝结水过冷度平均值均不大于 1℃，空冷机组凝结水过冷度平均值均不大于 2℃，在冬季根据防冻要求可以放宽到 5～7℃，最高不得超过 7℃。GB/T 51106—2015《火力发电厂节能设计规范》规定：湿冷机组过冷度不宜大于 0.5℃。

10）胶球清洗装置投入率和收球率。应选用合格的胶球，其正常投入运行的胶球数量为凝汽器单侧单流程冷却管根数的 7%～13%。胶球清洗装置投入率以统计报表或测试的数据作为监督依据。胶球清洗装置投入率不低于 98%。胶球清洗装置收球率以统计报表和现场实际测试数据作为监督依据。胶球清洗装置收球率超过 90%为合格，达到 94%为良好，达到 97%为优秀。

JB/T 9633—2017《凝汽器 胶球清洗装置》规定：额定功率为 50MW（含 50MW）以下机组的胶球清洗装置的收球率应达到 90%；额定功率为 50MW 以上机组的胶球清洗装置的收球率应达到 95%。

DL/T 1320—2014《电力企业能源管理体系 实施指南》加强凝汽器胶球管理，胶球清洗装置投入率应达到 98%以上，胶球回收率应达到 95%以上。

11）阀门漏泄率。阀门漏泄包含内漏和外漏，应制定阀门检查清单并按期检查，以检查报告作为监督依据。阀门漏泄率不大于 3%。

GB/T 34618—2017《蒸汽疏水系统在线阀门内漏温度检测方法》规定了阀门内漏温度的检测方法，阀门泄漏的检测方法：制定全厂（机组）疏水门、放水门、旁路门清单；根据阀门清单，每月检查一次，并做好检查报告；应定期进行汽水流量平衡试验，判断机组汽水损失，计算不明泄漏量；测试手段常采用红外温度测试仪测量阀体温度、超声波阀门内漏检测仪以及手摸感知等方法定性确定阀门泄漏程度；综合阀门泄漏对机组经济性影响程度和阀门泄漏程度两项因素，对泄漏阀门进行排序，并制定检修计划；在能耗诊断中，重点检查锅炉侧定期排污系统和锅炉疏放水阀门；汽轮机侧各加热器旁路门，高压加热器危急放水门，疏水箱处疏放水阀门以及高、低压旁路门等。

12）水泵组的经济运行效率。水泵组的经济运行效率应符合 GB/T 13469 的规定。实测的水泵组效率与水泵组的额定效率相比，其比值大于 0.85，则认定水泵组运行经济；其比值为 0.70～0.85，则认定水泵组运行合理；其比值小于 0.70，则认定水泵组运行不经济。

此条源于 GB/T 13466—2006《交流电气传动风机（泵类、空气压缩机）系统经济运行通则》第 5.4.1.1 条。

13）湿式冷却塔的冷却能力。按 DL/T 1027 进行冷却塔的冷却能力测试，当冷却塔的实测冷却能力达到 95%及以上时视为达到设计要求；当达到 105%以上时视为超过设计要求。以测试报告数据作为监督依据。湿式冷却水塔的冷却幅高应定期测量，在冷却塔热负荷大于 90%额定负荷、气象条件正常时，夏季测试的冷却水塔出口水温不高于大气湿球温度 7℃。以测试报告和现场实际测试数据作为监督依据。

此条源于 DL/T 1027—2006《工业冷却塔测试规程》第 6.2.2 条。

水的冷却极限为空气的湿球温度。当包纱布的温度计上的温度不变时，其指示的温度即为空气的湿球温度。在冷却塔中，冷却后的水温不可能达到空气的湿球温度，总比湿球温度高几摄氏度，在逆流冷却塔设计中冷却幅高取 3～5℃。

评价冷却水塔性能的指标之一为冷却塔的冷却能力，但冷却能力的测试比较复杂；指标之二为冷却水的冷却幅宽，但冷却幅宽受许多因素的影响，故本标准选用冷却幅高作为水塔正常运行的监督项目，冷却幅高是反应冷却水塔受环境因素影响的指标。

14）辅助设备耗电率。对主要辅助设备和系统（风机、水泵、空冷风机群、除尘器、脱硫系统、输煤系统、除灰系统等）应每月统计一次耗电率。

辅助设备耗电率应符合下列要求：湿冷机组凝结水泵耗电率≤0.20%，空冷机组凝结水泵耗电率≤0.21%；给水泵前置泵耗电率≤0.22%；湿冷机组电动给水泵耗电率（含前置泵）≤0.24%,空冷机组电动给水泵耗电率（含前置泵）≤0.25%；开式循环水泵耗电率≤0.75%，闭式循环水泵耗电率≤0.90%；空冷岛耗电率≤0.85%；一次风机（贫煤中速磨）耗电率≤0.60%,一次风机（褐煤中速磨）耗电率≤0.80%，一次风机（进双出磨）耗电率≤0.35%；送风机（中速磨）耗电率≤0.20%，送风机（其他制粉型式）耗电率≤0.25%；引风机（带湿除）耗电率≤1.2%，引风机（带布袋除尘器）耗电率≤1.3%，引风机（其他制粉型式）耗电率≤1.1%；中速磨煤机耗电率≤0.45%，直吹式钢球磨煤机耗电率≤0.9%，中储式钢球磨机（含排粉风机）耗电率≤1.4%，风扇磨煤机耗电率≤1.1%，循环流化床锅炉磨煤机耗电率（含破碎和筛分系统）≤0.25%；除尘耗电率（仅含电除尘）≤0.20%；脱硫系统耗电率≤1.0%。

（6）节水指标。

1）汽水损失率。机组的汽水损失率应符合下列要求。汽水损失率以统计报表数据作为监督依据。

汽水损失率＝(锅炉补充水量－对外供汽量－对外供水量)/锅炉蒸发量×100%

a）600MW 级及以上机组不应大于锅炉额定蒸发量的 1.0%。

b）200～300MW 级机组不应大于锅炉额定蒸发量的 1.5%。

c）100～200MW（不含）机组不应大于锅炉额定蒸发量的 2.0%。

d）100MW 以下机组不应大于锅炉额定蒸发量的 3.0%。

此条源于 DL/T 246—2015《化学监督导则》第 5.1.13 条规定。

2）水灰比。应在水力除灰系统管路上设置测量点，并有专门的测量器具，每季度宜测量一次。水灰比以测量报告数据作为监督依据。高浓度灰浆的水灰比应为 2.5～3，中浓度灰浆的水灰比应为5～6，不宜采用低浓度水力除灰。

DL/T 5142—2012《火力发电厂除灰设计技术规程》将“灰水比”改为“重量浓度”。

3）循环水浓缩倍率。应根据水源水质、冷却水水质控制指标等，经技术经济比较，选择适当的浓缩倍率。循环水的补充水经处理后应符合GB/T 31329的要求。循环冷却水浓缩倍率应符合下列要求：

a）采用地表水、地下水或海水淡化水作为补充水，浓缩倍率不小于5.0。

b）采用再生水作为补充水，浓缩倍率不小于3.0。

此条源于GB/T 50050—2017《工业循环冷却水处理设计规范》第3.1.11条规定。

4）循环水排污回收率。排污的循环水可作为脱硫、冲灰除渣或经过简单处理后用于其他系统的供水水源。循环水排污回收率应大于90%。

此条源于GB/T 26925—2011《节水型企业 火力发电行业》中表3的规定。

循环水的排水（直流供水系统）或排污水（循环供水系统）宜直接或经过简单处理后为除灰渣或其他系统的供水水源，不能简单地排放到环境中。

5）冷却水塔飘滴损失水率。机械通风冷却塔，循环水量1000m^3/h以上的，其飘滴损失水率不应大于0.005%；循环水量1000m^3/h及以下的，其飘滴损失水率不应大于0.01%；自然通风冷却塔飘滴损失水率不应大于0.01%。冷却水塔飘滴损失水率测试方法见DL/T 1027，冷却水塔的蒸发损失水率及风吹损失水率按GB/T 50102计算。

此条源于GB/T 18870—2011《节水型产品通用技术条件》第7.1.1条。

6）供热输水管网补水率。当发电企业负责对供热管网（一环网）管理并补水时，输水管网补水率应小于0.5%。

GB/T 50893—2013《供热系统节能改造技术规范》定义为供热系统补水比，即供暖期日补水量占供暖系统水容量的百分比。补水比的检测期持续时间不应小于24h，并不超过表2-15规定值。

表2-15　补水比、供暖建筑单位面积补水量

地区	补水比（%）		供暖建筑单位面积补水量（kg/m^2）	
	一级供热管网	二级供热管网	一级供热管网	二级供热管网
寒冷地区（居住建筑）	<1	<3	<15	<30
严寒地区（居住建筑）			<18	<35

（7）燃料指标。

1）燃料检斤率以统计报表数据作为监督依据，燃料检斤率应为100%。燃料检质率以统计报表数据作为监督依据，燃料检质率应为100%。

2）入厂煤与入炉煤热量差。计算入厂煤与入炉煤热量差应考虑燃料收到基外在水分变化的影响，并修正到同一收到基外在水分的状态下进行计算。入厂煤与入炉煤热量差以统计报表数据作为监督依据。入厂煤与入炉煤的热量差宜不大于418kJ/kg。

3）发电企业应定期开展能量平衡测试，其中燃料平衡的不平衡率不超过±1%；热平衡的不平衡率不超过±1%；电平衡的不平衡率不超过±1%；全厂水平衡的不平衡率不超过±5%，各系统水量不平衡率应在±4%之内。能量平衡测试方法按DL/T 606标准。

DL/T 606.1—2014《火力发电厂能量平衡导则　第1部分：总则》规定：燃料平衡的不平衡率不超过±1%，热平衡的不平衡率不超过±1%，电平衡的不平衡率不超过±1%，水平衡的不平衡率不超过±4%。

(8) 计量指标。

1）能源计量器具的配备和管理按国家或行业有关规定和要求进行，符合 GB 17167、GB/T 21369、JJF 1356—2012《重点用能单位能源计量审查规范》的要求，能源计量器具的选型、精确度、测量范围和数量应能满足能耗定额管理、能耗考核及商务结算的需要。作为企业内部标准计量器具使用的，应备有能源计量器具量值传递或溯源图，应明确规定其准确度等级、测量范围以及可溯源的上级传递标准，满足 JJF 1356—2012 的要求。

2）在《2016 版导则》第 6.3.2 条“燃料计量”中，不但对燃料计量作出了要求，而且对燃料化验也作出了规定（与小标题不符）。应配置煤检测实验室，实验室的设置、仪器设备和标准物质的配置、检测环境、设施符合 DL/T 520 的要求，检测用标准符合现行规程；仪器设备应定期检定、校准；采样员、制样员、化验员持证上岗；实验室应根据检测周期开展煤样的采取、制备及进行煤的全水分、工业分析、全硫和发热量的测定，宜开展煤元素分析、煤灰熔融性和哈氏可磨性指数测定。对于本实验室不能检测的项目，根据需要进行外检。

DL/T 520—2007《火力发电厂入厂煤检测实验室技术导则》要求：火力发电厂入厂煤检测实验室应开展的工作项目包括：煤样的采取、制备，煤的全水分、工业分析、全硫和发热量的测定。可选的检测项目包括：元素分析、煤灰熔融性和哈氏可磨性指数测定。采样员、制样员、化验员应经专业培训，考核合格后持证上岗。实验室内所有计量用仪器设备应经定期检定、校准，非计量用仪器设备应经定期检查。

3）保证入厂燃料计量准确，火车运煤的应有轨道衡，轨道衡宜采用电子动态轨道衡；汽车运煤的应有汽车衡，汽车衡宜采用静态电子汽车衡。轨道衡和汽车衡应符合 GB/T 11885—2015《自动轨道衡》、GB/T 7723—2017《固定式电子衡器》的技术要求。从煤矿由输煤皮带输送的入厂煤和轮船卸煤后由输送皮带输送的入厂煤宜采用电子皮带秤，电子皮带秤的技术要求应符合 GB/T 7721—2017《连续累计自动衡器（皮带秤）》的要求，驳船运煤可采用水尺计量称重。电厂燃油可采用检斤或检尺法计量，同时做好油温度和密度测量；天然气及其他燃气用体积流量计测量流量。

4）入炉煤量应由输煤段安装的皮带秤或称重式给煤机测量，应满足 DL/T 513—2016《电子称重式给煤机》要求。其计量装置应定期采用实物或循环链码等方式进行校验，校验周期不大于 10 天。实物检测装置及循环链码的检定周期宜为一年。入炉油可用流量计或储油容器液位计算。天然气及其他燃气可用体积流量计测量流量。

5）煤场管理应满足 GB/T 31091—2014《煤场管理通用技术要求》规定。库存的燃料（煤、油等）应每月末盘点一次，煤堆堆积密度应选取有代表性的部位，宜采用沉桶法，可采用模拟法测量堆积密度。

6）电能计量装置管理应满足 DL/T 448—2016《电能计量装置技术管理规程》要求。发电企业负责管理本企业内部考核用电能计量装置，配合电网企业做好本企业商务结算用电能计量装置的验收、现场检验、周期检定（轮换）、故障处理等工作。发电机，主变压器，高、低压厂用变压器，高压备用变压器以及用于商务结算的上网线路的电能计量装置（有功电能表、无功电能表、电压互感器、电流互感器）精度等级不应低于 DL/T 448 的规定。运行中的电压互感器二次回路电压降应定期进行检验。

7）6kV 及以上电动机应配备电能计量装置，电能表精度等级不低于 1.0 级，互感器精度等级不低于 0.5 级。Ⅲ类电能表的修调前检验合格率不应低于 98%；Ⅳ类电能表的修调前检验合格率不应低于 95%。非生产用电应配齐计量表计，电能表精度等级不低于 2.0 级，检验合格率不低于 95%。

8）对发电企业管理的热源、热力站以及供热系统的计量和调节控制应符合 JGJ 173—2009《供热计量技术规程》的要求。向热力系统外供蒸汽和热水的机组应配置必要的热能计量装置。测点布置合理、安装符合技术要求，并应定期校验、检查、维护和修理，保证计量数据的准确性。满足 CJJ/T 223—2014《供热计量系统运行技术规程》的规定：热量结算点处应设置热量结算表。集中供热系统中热量结算表准确度等级不应低于 2 级，居民用户热量结算表准确度等级不应低于 3 级。

9）发电企业水计量器具配备和管理应满足 GB 24789—2009《用水单位水计量器具配备和管理通则》和 GB/T 27886—2011《工业企业用水管理导则》的有关要求，对各类取水、用水进行分质计量，对取水量、用水量、重复利用水量、排水量等进行分项统计。

10）从外部取水应安装计量仪表，取水计量技术要求符合 GB/T 28714—2012《取水计量技术导则》对限额以上取水计量装置误差的规定：

a）明渠输水时，误差应≤±5%。

b）管道输水时，误差应≤±3%。

限额以下取水计量误差的规定：

a）明渠输水时，误差应≤±7%。

b）管道输水时，误差应≤±3%。

c）小水流浮标法测流时，测量误差可适当放宽至±10%。

11）水量计量仪表的配置应满足水平衡测试的需要，二次仪表应依据相应的国家计量检定规程开展周期检定工作，并有有效期内的检定证书。一级用水计量（取水的计量）的仪表配备率、合格率和检测率均应达到 100%，应具有远传信号功能。二级用水计量（各类分系统）的仪表配备率、合格率应达到 100%，检测率应达到 95%，应具有远传信号功能。三级用水计量（各设备和设施用水、生活用水计量）也应配置仪表，检测率应达到 85%以上。水计量器具准确度等级优于或等于 2 级，废水排放水表的不确定度优于或等于 5%。

GB 24789—2009《用水单位水计量器具配备和管理通则》将一级用水计量、二级用水计量和三级用水计量改为用水单位用水计量、次级用水单位用水计量和主要用水设备用水计量。

（9）检修与技术改造。

1）科学、适时安排机组检修，避免机组欠修、失修，通过检修恢复机组性能。建立完整、有效的维护与检修质量监督体系，制定检修规程，明确检修工艺和质量要求，检修中加强检查、督促，把好质量关，检修后应有质量验收报告。各等级检修中应制定标准检修项目，综合评估机组安全与节能的关系，消除运行中发现的缺陷。满足 DL/T 838—2017《燃煤火力发电企业设备检修导则》要求。

2）当回转式空气预热器的烟风压降明显偏高且吹灰效果不佳时，应利用检修机会清除受热面积灰（宜进行水洗或碱洗）。空气预热器漏风率高于 8%时宜考虑进行密封间隙调整或密封系统改造。满足 DL/T 750—2016《回转式空气预热器运行维护规程》要求。

DL/T 750—2016 第 10.12 条规定：运行时回转式空气预热器的阻力超过设计值的 30%情况时，可对吹灰频次进行适当调整。DL/T 750—2016 第 11.1 条规定：当日常的吹灰手段无法有效去除换热元件的积灰从而保持换热元件的清洁，且回转式空气预热器烟气侧差压达到设计值的 1.5 倍且保持稳定或持续上升时，可考虑进行水冲洗以降低回转式空气预热器的烟气侧差压。

3）凝汽式汽轮机供热改造。根据当地供热（采暖和工业）需求，在规划期内满足热电联产机组热电比要求的情况下，宜对汽轮机采用打孔抽汽技术、低真空循环水供热技术、热泵技术等改造。当汽轮机供热抽汽压力较高时，热网循环水泵宜采用该抽汽为汽源的背压式汽轮机驱动。

(10) 热力试验与指标分析。

1) 检修前后热力性能试验。锅炉在A级检修前后或重大改造应按标准 GB/T 10184 或 DL/T 964 进行锅炉热效率试验。汽轮机(燃气轮机)在A级检修前后或重大改造应按标准 GB/T 8117.1(或 GB/T 8117.2、GB/T 8117.3)、GB/T 14100、GB/T 18929、DL/T 851、DL/T 1223、DL/T 1224 进行热耗率(热效率)试验。结合 B/C 级检修,宜开展锅炉热效率、汽轮机热耗率试验。

TSG G0002—2010《锅炉节能技术监督管理规程》第46条规定:在用锅炉每两年由锅炉能效测试机构进行一次定期能效测试,测试工作宜结合锅炉外部检验进行。换句话说B修应该进行锅炉热效率测试。

2) 电厂应建立节能技术监督网络体系,体系文件应包含三级节能监督网络图,明确节能监督管理方针、节能目标、管理职责、实施方案等内容。

3) 应建立能源使用、能源消耗及能源效率相关的机制,及时获取并更新国家、行业、地方及上级有关节能的法律法规、政策、标准,获取并识别法规、标准中与节能相关的适用性及应执行的内容,重要法规和标准应采用印刷版存档。

4) 能耗指标分析是指通过对能耗指标的实际值与设计值或目标值进行对比,分析能耗指标偏差,发现设备运行中经济性方面存在的问题,从而为运行优化调整、设备治理和节能改造提供依据和方向。能耗指标分析应坚持实时分析与定期分析相结合,定性分析和定量分析相结合,单项指标分析与综合指标分析相结合的原则。要建立健全能耗指标分析体系,完善能耗指标分析方法,建立能耗指标分析诊断的常态机制,及时发现问题、消除偏差,不断提高机组的经济性。建立单项指标对分项指标、分项指标对综合指标的分析表。

第三节 《火力发电厂经济技术指标计算方法》解读与应用

一、《发电厂经济技术指标计算方法》的修订背景

厂网分开前,火电厂指标计算一直依据《电力统计工作指南》(国家电力公司战略规划部编,2002.8 中国统计出版社)。随着我国经济体制改革和电力工业改革的不断深入,电力统计计算工作也发生了许多新的变化,而且出现了燃气—蒸汽联合循环机组,因此迫切需要新的统计计算指南。2003年,由大唐国际、华北电科院等单位联合编制了 DL/T 904—2004《发电厂经济技术指标计算方法》(以下简称《2004版方法》)。之后出现许多新的变化,如燃料管理由计划体制向市场体制的变革,燃机等主设备验收试验标准更新、原标准覆盖范围没有涉及 CFB 锅炉,一些新设备(如主汽供热、低压省煤器等)的出现,因此进行重新修订成为必要。2015年4月由大唐国际、大唐集团、华北电科院等单位联合修订了 DL/T 904—2015《发电厂经济技术指标计算方法》(以下简称《2015版方法》),同年9月1日实施。《2015版方法》基本沿用《2004版方法》的编排格式,所选取的指标是火力发电厂生产技术主要工作的综合反映,是开展对标分析和评价的基础,能够为企业分析原因、查找管理差距、明确改进方向提供依据。所选取的指标满足以下三点要求:①所选取的指标能够反映企业整体能耗水平;②所选取的指标能够反映主要工艺流程、环节和设备的能耗水平;③所选取的指标还包括关键系统和设备的重要参数指标,如压力、温度和背压等,这类指标是影响系统和设备能耗水平的重要因素,是能耗水平产生差异的具体原因和直观表现。《2015版方法》较《2004版方法》新增部分术语,定义内容更规范,指标分类层次更为合理,并且明确了测点位置。

1. 主要变动

（1）热功当量值取 4.1868kJ/kcal，标准煤热量取 29 308kJ/kg（《2004 版方法》规定标准煤热量取 29 271kJ/kg），与 GB/T 2589《综合能耗计算通则》和 DL/T 606.2—2014《火力发电厂能量平衡导则 第 2 部分：燃料平衡》一致，与 DL/T 1365—2014《名词术语 电力节能》不同。

（2）供热厂用电量计算公式中取消了“纯发电用的厂用电量”这一争议项。

（3）计算公式由 158 项增加到 188 项。

2. 主要增补

（1）锅炉效率计算中增补了排烟热损失计算。为原效率计算过程中的一些常数值补充了计算公式，以尽可能准确。

（2）增补了汽轮机热耗量计算方法。

（3）增加了脱硫、脱硝系统中的一些过程控制量。

（4）增加了循环流化床锅炉效率的计算。

（5）增加了干湿基氧量的概念。

二、《火力发电厂经济技术指标计算方法》的主要内容与应用

1. 适用范围

本标准规定了火力发电厂技术经济指标的计算方法。

本标准适用于火力发电厂技术经济指标的统计计算和评价。

2. 规范性引用文件

《2015 版方法》由《2004 版方法》的 32 个引用文件压缩到 5 个引用文件：

GB/T 2589—2008《综合能耗计算通则》

GB/T 8117.1—2008《汽轮机热力性能验收规程 第 1 部分：方法 A 大型凝汽式汽轮机高准确度试验》

GB/T 10184《电站锅炉性能试验规程》

DL/T 467《电站磨煤机及制粉系统性能试验》

DL/T 10184《循环流化床锅炉性能试验规程》

3. 燃料技术经济指标（《2015 版方法》增加了入炉煤单价、入厂与入炉标准煤单价差两项指标）

（1）燃料收入量：指火力发电厂在统计期内实际收到供方所供应的燃料（燃煤、燃油、燃气）数量。

$$B_{sr}=\sum B_i$$

式中 B_{sr}——燃料收入量，t；

B_i——各种采购方式收入的燃料量，t。

该公式仍不规范，应注明燃料量是原始燃料量而不是折算成标准煤量，是各种燃料分开统计计算收入量，而不是在一起计算。

《2015 版方法》删掉了《2004 版方法》中的全国订货合同燃料到货量、国家增拨燃料到货量、地方供应合同燃料到货量、带料加工燃料到货量、市场采购燃料到货量、计划外燃料到货量、其他燃料到货量等七种采购方式。燃料收入量术语与统计局 205-1《能源购进、消费与库存》表里的“能源购进量 ”术语不统一，应改为“燃料购进量”或“能源购进量 ”。

能源购进量：指能源使用企业（单位）在报告期购进的各种能源数量。购进量的统计计算方法如下：

1）货票统计法：用货票数量相加所得；统计时按规定计算运损和盈亏吨。

2）实际计量法：用轨道衡、皮带秤等计量设备实际计量的燃料，按计量的结果进账。使用计量法时应按下式折算成含规定水分的到厂质量，即

$$B_{gd}=B_{gh}\times\frac{100-M_{ar}^{sj}}{100-M_{ar}^{gd}}$$

式中 B_{gd}——燃料含规定水分的到厂质量，t；

B_{gh}——到厂燃料过衡量，t；

M_{ar}^{sj}——到厂实际燃料收到基水分，%；

M_{ar}^{gd}——规定燃料收到基水分上限，%。

由于进出用能单位（火电厂）的能源必须100%计量，因此货票统计法在火电厂是不允许的。

《2015版方法》规定的“燃料收入量”将燃料购进量（货票统计法）和入厂燃料量（实际计量法）混在一起，不妥。燃料购进量在DL/T 606.2—2014《火力发电厂能量平衡导则 第2部分：燃料平衡》里称为“采购燃料量（或货票量）”；“入厂燃料量”在DL/T 606.2—2014里定义为“由火力发电厂首级燃料计量点进入火力发电厂燃料系统的燃料总量”。

（2）燃料耗用量：是指火力发电厂在统计期内生产和非生产实际消耗的燃料（燃煤、燃油、燃气等）量。其计算公式为：

$$B_{hy}=B_{fd}+B_{gr}+B_{fs}+B_{th}$$

式中 B_{hy}——燃料耗用量，t；

B_{fd}——发电燃料耗用量，t；

B_{gr}——供热燃料耗用量，t；

B_{fs}——非生产燃料耗用量，t；

B_{th}——其他方式燃料耗用量，t。

燃料耗用量术语与统计局205-1表里的术语不统一，应改为“能源消费量”。国家统计局制定的《能源统计报表制度（2019年统计年报和2020年定期统计报表）》规定：能源消费量是指能源使用企业（单位）在报告期内实际消费的各种能源的数量。能源消费量分实物量和标准量两种。能源消费实物量是按照报表规定的、体现物质形态属性的计量单位（如t、m^3）计算的能源消费量；能源消费标准量是按照能源标准计量单位（如tce）计算的能源消费量。能源消费量的统计原则：

1）谁消费、谁统计。即不论其所有权的归属，由哪个单位消费，就由哪个单位统计其消费量。

2）何时投入使用，何时计算消费量。企业统计的燃料消耗量的时间界限，以投入生产第一道工序为准。

3）一次性消费，即以第一次投入使用计算消费。对重复循环再使用的能源，不能重复计算消费量，如余热、余能的回收利用量，不再计算在消费量中。

4）只统计一次能源和二次能源。耗能工质（如水、氧气、压缩空气等），不论是外购的还是自产自用的，均不统计在能源消费量中（计算单位产品能耗时是否包括耗能工质，视统计指标的具体规定而定）。

（3）燃料库存量：指火力发电厂在统计期初或期末实际结存的燃料（燃煤、燃油、燃气等）数量。期末库存数量＝期初库存数量＋本期增加入库数量－本期减少数量，即：

$$B_{kc}=B_{sr}-B_{hy}-B_{ys}-B_{cs}-B_{tc}+B_{qc}$$

式中 B_{kc}——燃料库存量，t；

B_{ys}——燃料运损量，t；

B_{cs}——燃料存损量，t；

B_{tc}——燃料调出量，t；

B_{qc}——期初存煤量，t。

上述计算公式值得商榷，燃料购进量 B_{sr} 本身就已经扣除了燃料运损量 B_{ys}，不能重复扣除。

根据上述定义，燃料库存量 B_{kc} 代表两个术语，一是燃料期初库存量，二是燃料期末库存量。根据 DL/T 904 公式给出相关量的关系，B_{kc} 仅是燃料期末库存量。B_{qc} 仅是燃料（燃煤、燃油、燃气）期初库存量。

国家统计局制定的《能源统计报表制度（2019 年统计年报和 2020 年定期统计报表）》规定：能源库存量是指能源使用企业（单位）在报告期的某时间点所拥有的、用于企业（单位）消费或转卖（不包括本企业自己生产）的各种能源的库存量。库存量的核算原则：

1）实际数量原则。企业在库存盘点后，可能出现账面数量与实际库存数量不一致的现象，在这种情况下，应以盘点数量为准来调整账面数量，差额作盘盈或盘亏处理。

2）库存量的核算，以验收合格、办理完入库手续为准，未经验收或不合格的，不能计入库存。

（4）燃料运损率（简称运损）：是指燃料在运输、中转过程中实际损失数量与燃料货票量的百分比。其计算公式为：

$$L_{ys}=\frac{B_{ys}}{B_{hp}}\times 100\%$$

式中 L_{ys}——燃料运损率，%；

B_{ys}——实际损失数量，t；

B_{hp}——燃料货票量（又称燃料大票量），t。

煤炭入厂前的运损率实行定额管理。到厂验收时定额内燃料运输损耗按实际损耗数量直接减少入厂实收数量，不减少结算金额，相应提高燃料的实际单价。超出定额的燃料数量短少、质量不符等，应查明原因，积极向燃料供应商或承运企业索赔，并按管理权限报经批准后进行相应的账务处理。运损计算范围：铁路运输方式入厂煤炭以铁路专用线电厂站为分界线；水路运输方式入厂煤炭以到达港为分界线；汽车运输方式入厂煤炭以到达指定煤场为分界线。

一般情况下合理运损按如下定额值选取：铁路运输为 1.2%；水路运输为 1.5%；公路运输为 1%；水陆联合运输为 1.5%；中转换装一次增加 1%。火力发电厂也可根据燃料品种、运输距离、运输方式、中转情况以及季节的不同，实际测定各种燃料的运损率，报上级主管单位批准后作为运损定额。

（5）燃料亏吨量：是指燃料检斤量小于货票记载的数量，且超过合理运损量的部分。其计算公式为：

$$B_{kd}=B_{jj}-B_{hp}(1-L_{ys})$$

$$B_{jj}=B_{gh}+B_{jc}$$

式中 B_{jj}——燃料检斤量，t；

B_{jc}——燃料检尺量，t；

B_{gh}——燃料过衡量，t；

B_{kd}——燃料亏吨量，t。

《2015 版方法》将合理运损量改为“运损量”更为确切。

(6) 煤场存损率（简称场损）：指燃煤储存损失的数量与燃料统计日平均燃料账面库存量的百分比。其计算公式为：

$$L_{cs}=\frac{B_{cs}}{B_{kcr}}\times 100\%$$

式中 B_{cs}——统计期内燃料存损量，t；

B_{kcr}——燃料统计日平均燃料库存量（即燃料账面日平均燃料库存量），t；

L_{cs}——煤场存损率，%。

《2004 版方法》规定煤场存损率是指燃煤储存损失的数量与燃料实际库存燃煤量的百分比，很明显这是错误的。《2015 版方法》改成与实际日平均燃料库存量的百分比，也是值得商榷的，应与燃料供应部门统计日平均燃料库存量的百分比。一般情况下，场损按不大于每月的日平均存煤量的 0.5%计算，火力发电厂也可根据具体情况实际测定煤场存损率，报上级主管单位批准后作为存损计算依据。

【例 2-5】 某电厂 2020 年 11 月期初煤场账面库存量为 265 280.28t，入厂煤量为 508 292.2t，入炉煤量为 520 409t，外销煤量为 0t，期末煤场盘点库存煤量为 253 055.05t，根据燃料供应部门统计数据，11 月 1—30 日每天账面结存煤量的算术和为 7 629 967.8t，求 11 月份的煤场存损率。

解： 期末原始账面库存煤量＝期初账面库存量＋当月入厂累计煤量－当月入炉累计煤量－当月外销煤量＝265 280.28＋508 292.2－520 409－0＝253 163.48(t)

日均燃料库存量＝7 629 967.8t/30＝254 332.3t

燃料储存损耗量 B_{cs}＝期末账面结存煤量 B_{zkc}－期末煤场盘点库存量 B_{pd}＝253 163.48t－253 055.05t＝108.43t

$$煤场存损率=\frac{108.43}{254\ 332.3}\times 100\%=0.043\%$$

(7) 燃料盘点盈亏量：是指燃料实际盘点库存量与期末原始账面库存量之差（t）。当燃料实际盘点库存量大于账面燃料库存量时即为盈，当燃料实际盘点库存量小于账面燃料库存量时为亏，《2015 版方法》给出的计算公式为：

$$B_{yk}=B_{pd}-B_{zkc}$$

式中 B_{yk}——燃料盘点盈亏量（燃料盘点差异数），t；

B_{zkc}——燃料盘点时期末原始账面库存量，t；

B_{pd}——期末燃料盘点库存量（燃料实盘数量），t。

(8) 燃料检质率：是指对收到的燃料（燃煤、燃油、燃气等）进行质量检验的数量与燃料购进量的百分比。其计算公式为：

$$L_{jz}=\frac{B_{jz}}{B_{sr}}\times 100\%$$

式中 L_{jz}——燃料检质率，%；

B_{jz}——燃料检质量，t。

燃料的质量检验按国家标准和行业标准执行。《2015 版方法》删掉了《2004 版方法》的燃料质量检验时采用的标准表。

(9) 入厂煤与入炉煤热值差（简称热值差）是指入厂煤收到基低位发热量（煤量加权平均值）与入炉煤收到基低位发热量（加权平均值）之差。计算入厂煤与入炉煤热量差应考虑燃料收到基水分变化的影响，并修正到同一外水的状态下进行计算。计算公式为：

$$\delta_Q = Q_{net,ar}^{rc} - Q_{net,ar}$$

式中 δ_Q——入厂煤与入炉煤热量差，kJ/kg；

$Q_{net,ar}^{rc}$——入厂煤收到基低位发热量，kJ/kg；

$Q_{net,ar}$——入炉煤收到基低位发热量，kJ/kg。

《2004 版方法》术语叫“入厂煤与入炉煤热量差”是不规范的，热量差的单位是 kJ 而不是 kJ/kg。另外，《2015 版方法》将“燃料收到基外水分变化”修改为“燃料收到基水分变化”，这是符合实际计算方法的。

（10）入厂标准煤单价：是指煤炭（或燃气）到厂总费用（煤价、运费及各种运杂费的总和）与对应的标准煤量的比值。入厂标准煤单价包括含税入厂标准煤单价和不含税入厂标准煤单价，计算结果应标明含税（不含税），如果不注明则说明是含税价。计算公式为：

$$R_{rc} = \frac{K_{rc}}{B_{srb}} = \frac{K_m + K_y + K_z}{B_{srb}}$$

式中 R_{rc}——入厂标准煤单价（通常叫作标准煤采购单价），元/tce；

K_{rc}——燃料（煤炭或燃气）到厂总费用，元；

K_m——燃料费用，元；

K_y——燃料运输费用（运费），元；

K_z——燃料运杂费，元；

B_{srb}——统计期入厂标准煤量，t。

《2015 版方法》将入厂标准煤量 B_{srb} 标注为 B_b 是错误的，B_b 在计算供电煤耗率时是指入炉标准煤量。

燃料费用 K_m 在《2015 版方法》定义中又叫作煤价，这不规范，还应包括燃油、燃气等其他燃料的购进金额。燃料费用 K_m 应与统计局 205-1 表的术语统一叫作“能源购进金额”。

国家统计局制定的《能源统计报表制度（2019 年统计年报和 2020 年定期统计报表）》规定：能源购进金额是指各种能源按照购进价格计算的能源购进量，以价值量（金额）表示，含增值税。计算能源购进金额时要注意：能源购进金额不包括运输、装卸费用。

运费是指煤炭自交货点运至电厂储煤场前发生的一切运输费用，不含可以抵扣的增值税进项税金。包括：铁路运费（直接运费、铁路基金、电气化费、印花税、保价费、京九分流费、抑尘费、自备车管理费、取送车费、矿场运费、接轨站至电厂站短途铁路运费、货车延时占用费或延时费等），水路运费（水运费、海运费、燃油浮动费、速遣费、引航费、移泊费、停泊费、滞期滞港费、船期补偿费等），汽车运费等。

运杂费是指煤炭自交货点运至电厂储煤场前发生的与运输相关的杂项费用，不含可以抵扣的增值税进项税金。包括：铁路杂费（护路联防费、矿区铁路专用线运费、回空费、翻卸车维检费、厂外煤场租赁、维护费、厂外煤场至厂内煤场二次倒运费、厂外煤场倒垛费、路产铁路专用线租赁费、煤炭代理费、防冻液喷洒费、货物装卸费），中转港费用（港口换装费、港建费、港口中转费、化验费、过秤费等），到达港费用（船舶港务费、拖轮费、系缆费、解缆费、港口延伸费、运输用车船、拖轮租赁费等），煤炭服务费，保险费，驻站（港）人员的差旅费，催煤的差旅费，驻矿（中转港）的管理经费，催煤交际费，通信费，催煤会务费，铁路专用线设备日常维护费，航道维护费，货物变更手续费，改港费，运杂费迟交金等。

（11）入炉标准煤单价：是指入炉燃料消耗量的总费用与对应的入炉标准煤量的比值。入炉标准煤单价一般指不含税价。

《2015 版方法》增加了“入炉标准煤单价”指标，但是计算公式有点笼统，详细的计算公式应为：

$$R_{rl}=\frac{K_{rl}}{B_b}$$

式中 R_{rl}——入炉标准煤单价（不含税价），元/tce；

K_{ly}——入炉燃油费用，元；

B_b——入炉标准煤量，t。

DL/T 904—2015 将入炉标准煤量 B_b标注为 B_{lb}。

炉前燃料杂费包括：场损、卸船卸车费用（燃料入厂后发生的接卸清理费用、接卸车船使用自有车辆耗用的燃油费、卸车费、卸船费）、煤场管理费（堆形费、倒垛费、整理费）、厂内检验费（轨道衡、汽车衡、检验费、检尺费、煤质检验费、采制样费）等。

【例 2-6】 某电厂某月采购天然煤 310 000t，不含税煤款 196 701 654.43 元，运费 21 140 336.89 元，杂费 2 483 765.90 元，采购燃气、燃油均为 0t。当月消耗燃煤（含发电和供热）158 166.37t，消耗燃油均为 7t，入厂天然煤折标系数为 0.687 14tce/t，入炉天然煤折标系数为0.695 83tce/t,税率为 12.77%，入炉天然煤单价为 1196.18 元/t（不含税），燃油单价为 6477.3 元/t（不含税），求标准煤采购单价、入炉标准煤单价。

解： 不含税燃料到厂总费用＝196 701 654.43＋21 140 336.89＋2 483 765.90

＝220 325 757.22（元）

含税燃料到厂总费用 K_{rc}＝220 325 757.22×1.1277＝248 461 356.42（元）

本期采购标准煤量 B_{srb}＝0.687 14×310 000＝213 014.29（tce）

标准煤采购单价 $R_{rc}=\frac{K_{rc}}{B_{srb}}=\frac{248\ 461\ 356.42}{213\ 014.29}=1166.41$（元/tce）

本期入炉标准煤量 B_b＝0.69 583×158 166.37＋7×10/7＝110 066.46（tce）

入炉标准煤单价（不含税）R_{rl}＝（1196.18×158 166.37＋6477.3×7)/110 066.46

＝1719.54（元/tce）

（12）入厂煤与入炉标准煤单价差：指不含税入厂标准煤单价与入炉标准煤单价之差。其计算公式为：

$$\delta_R=R_{rl}-R_{rc}(\text{含税价})$$

式中 R_{rl}——入炉标准煤单价（不含税价），元/tce；

δ_R——入厂煤与入炉标准煤单价差，元/tce。

4. 锅炉技术经济指标

《2015 版方法》新增循环流化床指标、炉内脱硫热损失指标，锅炉蒸汽参数和飞灰等指标累计值采用蒸发量加权平均。

（1）锅炉主蒸汽流量：是指锅炉末级过热器出口的蒸汽流量值（t/h)，如果没有流量计量装置，可以根据汽水系统的具体布置方式由进入锅炉省煤器的给水流量、过热器减温水流量、锅炉排污流量及锅炉自用抽汽流量等进行计算确定。

《2015 版方法》将锅炉主蒸汽流量单位由 kg/h 修改为 t/h，其他内容不变。《2015 版方法》均将锅炉有关的蒸汽流量和水流量的单位由 kg/h 修改为 t/h。

（2）锅炉再热蒸汽温度：是指锅炉末级再热器出口的再热蒸汽温度值（℃）。如果锅炉末级再热器出口有多路再热蒸汽管，应取算术平均值。

《2015 版方法》删掉了“应取锅炉末级再热器出口的蒸汽温度值”这一与定义内容重复性描述，其他内容不变。《2015 版方法》有关锅炉蒸汽温度和压力的指标均删掉了这些重复性描述。

造成再热汽温偏低的主要原因有三个：

一是再热器减温水调门、电动门均存在不同程度的漏流以及调门调节特性不良问题，严重影响了机组低负荷阶段再热汽温的调节，造成再热汽温偏低。

二是汽轮机通流改造后，汽轮机热效率大幅提升，高压缸排汽参数发生变化，某机组300MW汽轮机通流改造后在300MW负荷额定工况下，再热器进口压力降低了0.5MPa，再热器进口汽温降低了25℃，因此在锅炉再热器受热面积一定的情况下，机组负荷低于210MW，再热汽温一般在510～520℃，致使锅炉再热汽温低于设计值（540℃）较多。

三是进行低氮燃烧器改造后引起再热蒸汽温度偏低，这种情况在低负荷尤为突出。运行中应注意协调主蒸汽温度与再热蒸汽温度变化的关系，通过调整燃烧器摆角或烟气分隔挡板开度，调整再热蒸汽温度，尽可能不用或少用再热减温水来降低再热蒸汽温度。

四是再热器受热面积灰、结渣、内部结垢，再热器换热效果差，再热汽温降低。

五是1号和2号高压加热器停用，再热蒸汽流量增加。

六是炉膛火焰下移。燃烧器角度与实际有偏差，或燃烧器摆角调节失灵，或者喷然器下摆，导致炉膛火焰中心向下移动；喷燃器从上层切换到下层，或下层给粉量过多，再热汽温降低。

当机组低负荷阶段时，为提高锅炉再热汽温，可采用投运上层，停用下层燃烧器运行方式，炉膛火焰中心相对上移，炉膛出口温度升高，在锅炉对流受热面吸热一定的前提下，排烟温度和再热汽温升高。某300MW机组DG1025/18.2锅炉改变燃烧器运行方式，排烟温度和再热汽温变化情况见表2-16。由表2-16可以看出，在机组负荷250MW时，锅炉燃烧工况稳定情况下，投运上层燃烧器，空气预热器入口烟温平均升高3℃，排烟温度升高2℃，影响供电煤耗率升高0.23g/kWh，但再热汽温升高10℃，可降低供电煤耗率0.8g/kWh，因此通过改变燃烧器运行方式，提高再热汽温是经济的。

表2-16　300MW机组在250MW时改变燃烧器运行方式再热汽温变化情况

机组负荷（MW）	250	250
燃烧器运行方式	BCDE	ABCD
空气预热器入口烟温A/B（℃）	396/385	394/381
空气预热器出口排烟温度A/B（℃）	149/140	147/138
再热汽温（℃）	540/539	535/527
再热器减温水流量A/B（t/h）	3.1/0	0/0

某320MW机组DG1025/18.2锅炉低氮燃烧改造后不同负荷下锅炉运行参数见表2-17，随着机组负荷的降低，炉膛粗口烟气量和烟温均有所降低，水平烟道内的对流换热面吸热量减少，再热汽温偏低现象突出。表2-18是320MW机组DG1025/18.2锅炉在200MW负荷时通过调整燃烧器摆角、燃烧器运行方式、E层煤粉细度下再热汽温变化情况。通过调整燃烧器摆角，增加燃烧器仰角，炉内火焰中心上移，减少了中下部水冷壁区域的吸热量，提高了炉膛出口烟温，可在一定程度上提高再热汽温。投运E层燃烧器，且E层燃料投入比例越大，越能有效提高炉膛火焰中心高度，从而使再热汽温得到提升。E层煤粉细度减小，可有效减少炉膛上部煤粉的燃尽率，提高炉膛出口烟温，增大水平烟道内受热面的吸热量，从而有效改善再热汽温。

表 2-17　　DG1025/18.2 锅炉不同负荷下锅炉参数的变化情况

参数	316（MW）	240（MW）	180（MW）
高温过热器出口汽温（℃）	534.5	538.4	532.6
后屏式过热器出口汽温（℃）	498.3	504.5	505.9
大屏出口汽温（℃）	446.3	450.4	454.3
低温过热器出口汽温（℃）	395.6	399.4	391.7
过热器减温水量（t/h）	5.61	3.36	3.11
高温再热器出口汽温（℃）	438.0	525.3	498.8
壁式再热器出口汽温（℃）	385.1	369.3	361.8

表 2-18　　DG1025/18.2 锅炉在 200MW 负荷下不同调整方式下参数变化情况

参数	主燃烧器摆角（°）			燃烧器运行方式		E 层煤粉细度（%）	
	0	10	15	BCD	BCDE	24.9	12.3
高温过热器出口汽温（℃）	534.8	536.1	537.5	536.0	538.2	535.4	536.3
后屏式过热器出口汽温（℃）	509.4	511.3	513.3	511.2	509.5	505.3	508.3
大屏出口汽温（℃）	450.1	453.3	455.2	454.3	448.7	454.7	454.2
低温过热器出口汽温（℃）	385.5	391.5	393.7	386.4	389.7	394.4	396.8
过热器减温水量（t/h）	2.69	7.21	7.76	0	2.25	7.56	14.32
高温再热器出口汽温（℃）	513.2	518.5	523.4	515.4	523.0	516.2	528.4
壁式再热器出口汽温（℃）	359.5	369.3	371.4	378.7	383.3	372.3	376.9

（3）过热器减温水流量：是指进入过热器系统的减温水流量（t/h）。对于过热器系统有多级减温器设置的锅炉，过热器减温水流量为各级过热器减温水流量之和。

过热器减温水需要明确是源自汽轮机高压加热器出口的给水平台还是源自高压加热器前的给水泵出口。

过热器减温水一般设计在给水泵出口母管引水，给水泵出口的压头高，水温低于 200℃，调节控制过热蒸汽温度比较灵活；但是由于这股减温水没有参与 1、2、3 号高压加热器的回热循环，因此降低了锅炉的热经济性。为此应将过热器减温水改至 1 号高压加热器出口，如图 2-4 所示。对于 300MW 机组，改造后，减温水依次经过了 3 号高压加热器、2 号高压加热器和 1 号高压加热器的回热循环，在基本不增加燃料的前提下，依靠回热循环，可实现将原 150～180℃的减温水提高到 260～290℃的减温水，既能满足过热汽温调整的需要，又可以降低能耗损失，实现节能目的。

（4）再热器减温水流量：是指进入再热器系统的减温水流量（t/h）。对于再热器系统有多级减温器设置的锅炉，再热器减温水流量为各级再热器减温水流量之和。再热器减温水一般源自给水泵抽头。

（5）锅炉入口空气温度：是指锅炉空气预热器入口处的空气温度。对于多台空气预热器，锅炉入口空气温度由各台空气预热器入口处的空气温度按流量加权平均计算；对于多分仓空气预热器，锅炉入口空气温度由一次风入口温度和二次风入口温度按流量加权平均计算。

《2004 版方法》术语原为送风温度：是指锅炉空气系统风机入口处的空气温度（℃）。对于有两台送风机的系统，送风温度为两台送风机入口温度的算术平均值；对于采用热风再循环的系

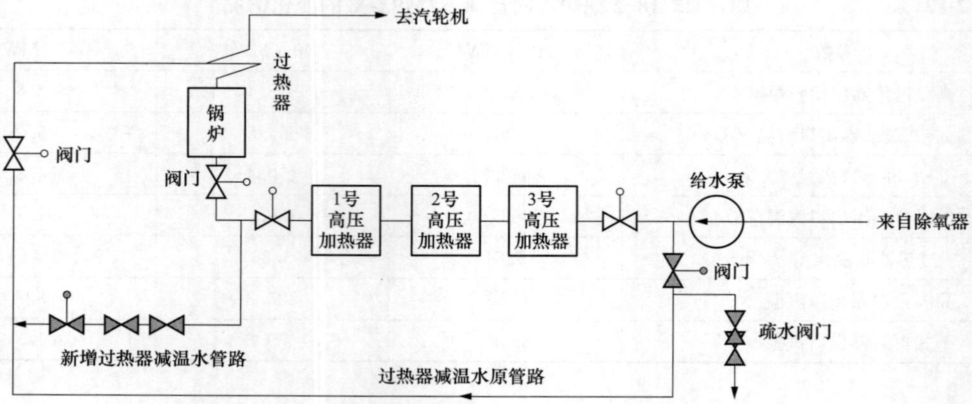

图 2-4　过热器减温水系统

统，送风温度应为冷风与热风再循环混合之前的冷风温度。对于具有送风机风量和一次风机风量单独计量，可以采用风量加权平均的方式进行送风温度计算。

美国 ASME ptc4-2008 试验基准温度是将空气预热器入口空气温度作为锅炉入口空气温度，国家标准 GB/T 10184 试验基准温度是将送风机入口空气温度作为锅炉入口空气温度。考虑到送风机温升，把空气预热器入口风温作为基准温度，将风机电耗的回收部分计入，是更加准确的方法。

(6) 排烟温度：是指锅炉末级空气预热器出口横断平面的烟气温度（℃）。对于空气预热器出口有两个或两个以上烟道，排烟温度应取各烟道烟气温度的算术平均值。特别指出这里的末级受热面不是低温省煤器，低温省煤器出口的烟气温度不能作为计算锅炉效率的排烟温度。

《2004 版方法》定义为排烟温度是指锅炉末级受热面后的烟气温度（℃）。

(7) 锅炉氧量：是指锅炉烟气中氧气占烟气总容积的百分比（%）。一般情况下，采用锅炉省煤器（对于存在多个省煤器的锅炉，采用高温省煤器）后或炉膛出口的氧量仪表指示。对于锅炉省煤器出口有两个或两个以上烟道，锅炉氧量应取各烟道烟气氧量的算术平均值。

烟气总容积不包含烟气水蒸气容积时测得的氧量称为干基氧量，即氧气体积占实际干烟气 CO_2、N_2、SO_2、O_2 四种成分总体积的比例；烟气总容积包含烟气水蒸气容积时测得的氧量称为湿基氧量，即氧气体积占干烟气量与烟气水蒸气之和的体积比例。采用氧化锆就地测量氧时，此处烟气温度为 600～700℃，而此时烟气中的水蒸气还以过热蒸气状态存在，因而其测得的氧量为湿基氧量。通过抽气、冷凝后测得的氧量为干基氧量。锅炉效率计算时采用的干基氧量（过量空气系数），湿基氧量与干基氧量的关系为：

$$O_{2d}=O_2\times\frac{V_{gy}+V_{H_2O}}{V_{gy}}$$

式中　O_{2d}——干基氧量，%；

O_2——湿基氧量，%；

V_{gy}——烟气中干烟气体积，m^3；

V_{H_2O}——烟气中水蒸气体积，m^3。

(8) 过量空气系数：是指锅炉燃烧时供给的空气量和理论空气量的比值。这是新增术语。其计算公式为：

$$\alpha_{py}=\frac{20.9}{20.9-O_{2d}}$$

式中 20.9——空气中氧的体积分数为 20.94%；

α_{py}——过量空气系数。

燃用无烟煤、烟煤、贫煤时，烟气中水分较少可忽略干湿基氧量的差别；但是燃用高水分的褐煤时，烟气中的水分较大，应当先将湿基氧量先转换为干基氧量，然后计算过量空气系数。

(9) 空气预热器漏风率：是指漏入空气预热器烟气侧的空气质量流量与进入空气预热器的烟气质量流量之比（%）。依据 GB/T 10184 中关于空气预热器漏风率的测定及计算，空气预热器漏风率经验计算公式为：

$$A_1=\frac{\alpha''-\alpha'}{\alpha'}\times 90\%$$

式中 A_1——空气预热器漏风率，%；

α'——空气预热器入口烟气的过量空气系数；

α''——空气预热器出口烟气的过量空气系数。

(10) 飞灰（大渣）含碳量：是指飞灰（大渣）中未燃尽碳的质量百分比（%）。对于有飞灰含碳量在线测量装置的系统，飞灰含碳量为在线测量装置分析结果的算术平均值；对于没有在线表计的系统，应对统计期内的每班飞灰含碳量数值按照各班燃煤消耗量加权计算平均值。大渣含碳量值可以采用离线化验值。

《2015 版方法》将大渣含碳量与飞灰含碳量术语合在一起。常规锅炉飞灰份额约为 90%，炉渣份额约为 10%。循环流化床锅炉飞灰份额约为 80%，炉渣份额约为 20%。

(11) 正反平衡法锅炉热效率（锅炉效率）。输入-输出热量法锅炉热效率是指锅炉有效利用热量占输入燃料低位发热量的百分比。对于锅炉效率计算的基准，燃料以每千克燃料量为基础进行计算，输入热量以燃料的收到基低位发热量来计算，即：

$$\eta_{bl}=\frac{Q_b}{Q_r}\times 100\%$$

式中 η_{bl}——锅炉热效率，%；

Q_b——每千克燃料的锅炉输出热量，kJ/kg（对于气体燃料，kJ/m^3）；

Q_r——每千克燃料的锅炉输入热量，kJ/kg（对于气体燃料，kJ/m^3）。

在 GB/T 10184 计算中，锅炉的输入热量为入炉煤（或燃气）的收到基低位发热量，即：

$$Q_r=Q_{net,ar}$$

式中 $Q_{net,ar}$——入炉煤（或燃气）收到基低位发热量，kJ/kg。

热损失法（反平衡）热效率计算公式为：

$$\eta_{bl}=\left(1-\frac{Q_2+Q_3+Q_4+Q_5+Q_6+Q_7}{Q_{net,ar}}\right)\times 100\%=(1-q_2-q_3-q_4-q_5-q_6-q_7)\times 100\%$$

式中 Q_2——每千克燃料的排烟损失热量，kJ/kg；

Q_3——每千克燃料的可燃气体未完全燃烧损失热量，kJ/kg；

Q_4——每千克燃料的固体未完全燃烧损失热量，kJ/kg；

Q_5——每千克燃料的锅炉散热损失热量，kJ/kg；

Q_6——每千克燃料的灰渣物理显热损失热量，kJ/kg；

Q_7——炉内脱硫锅炉每千克燃料由于石灰石热解反应和脱硫反应而损失的热量，kJ/kg；

q_2——排烟热损失，%；

q_3——可燃气体未完全燃烧热损失，%；

q_4——固体未完全燃烧热损失；%；

q_5——锅炉散热热损失，%；

q_6——灰渣物理显热热损失，%；

q_7——由于石灰石热解反应和脱硫反应的热损失，%。

《2015 版方法》明确锅炉效率采用反平衡法计算，各项损失热量 Q 是以每千克燃料表示的相对量，实际上这是不全面的，因为天然气的输入量和损失热量是以每立方米燃料来表示的。

ASME 采用高位发热量作为计算基准，GB/T 10184 采用低位发热量作为计算标准。由于锅炉的排烟温度一般在 100℃以上，烟气中水蒸气还没有变成水，因而高位发热量汽化潜热在锅炉中并无法释放出来，即锅炉输入有效热量仅仅是低位发热量，所以采用低位热值计算锅炉效率是比 ASME 高位发热量更加符合物理规律，也便于指标管理。

影响锅炉热效率的因素很多，如燃料质量、环境温度等，某超超临界 660MW 锅炉考核试验时的修正曲线如图 2-5 所示，注意图 2-5 将各种实际煤质修正到设计条件后对锅炉效率的修正曲线。

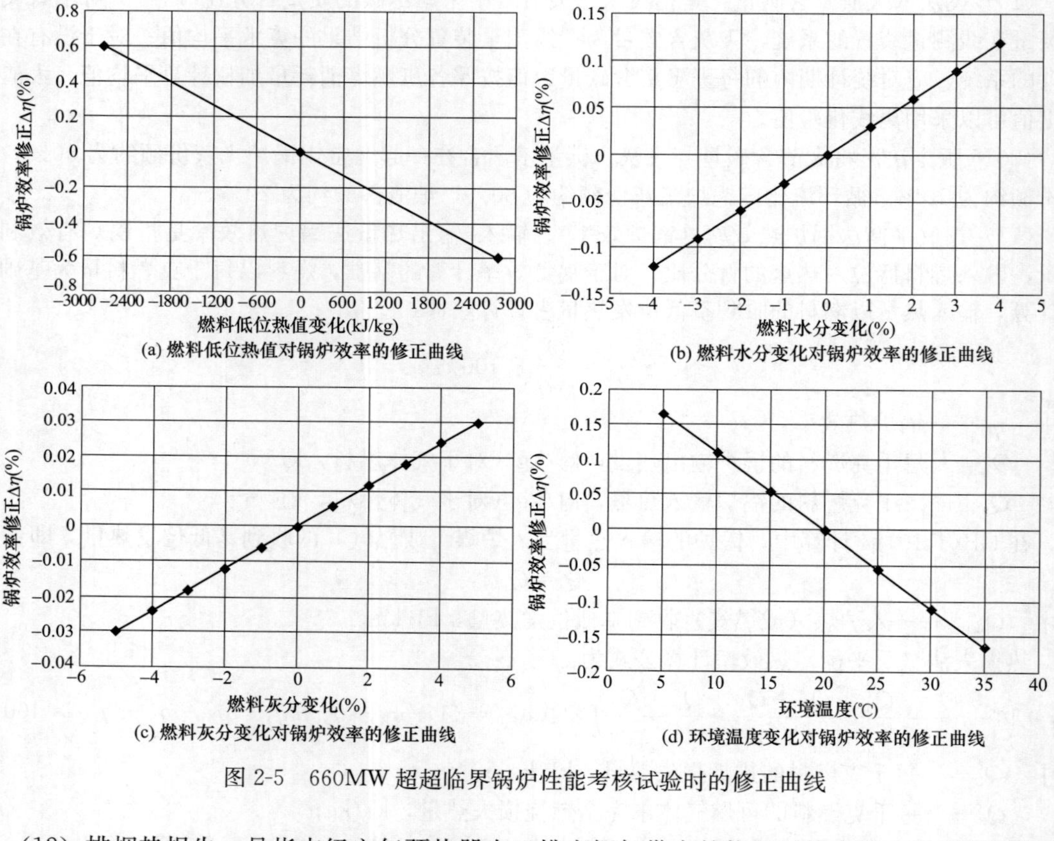

图 2-5 660MW 超超临界锅炉性能考核试验时的修正曲线

（12）排烟热损失：是指末级空气预热器出口排出烟气带走的物理显热占输入热量的百分率。其计算公式为：

$$q_2 = \frac{Q_2}{Q_r} \times 100\%$$

$$Q_2 = Q_2^{gy} + Q_2^{H_2O}$$

$$Q_2^{gy} = V_{gy} c_{p,\ py} (\theta_{py} - t_{sf})$$

$$Q_2^{H_2O} = V_{H_2O} c_{p,\ H_2O} (\theta_{py} - t_{sf})$$

式中 Q_2^{gy}——干烟气带走的热量，kJ/kg；

$Q_2^{H_2O}$——烟气所含水蒸气的显热，kJ/kg；

V_{gy}——每千克燃料燃烧生成的实际干烟气体积，m^3/kg；

V_{H_2O}——每千克燃料燃烧产生的水蒸气及相应空气湿分带入的水蒸气体积，m^3/kg；

θ_{py}——末级空气预热器出口排烟温度,℃；

t_{sf}——空气预热器入口空气温度,℃；

$c_{p,py}$——干烟气从 t_{sf} 到 θ_{py} 的平均定压比热容，可以取 1.38kJ/(m^3·K)；

c_{p,H_2O}——水蒸气从 t_{sf} 到 θ_{py} 的平均定压比热容，可以取 1.51kJ/(m^3·K)。

注意：《2015 版方法》给出的 $c_{p,py}$、c_{p,H_2O} 单位是 kJ/(kg·K)，欠妥。《2004 版方法》给出的基准温度是送风机出口送风温度，《2015 版方法》给出基准温度是空气预热器入口空气温度（暖风器出口温度），由空气预热器入口的一、二次风温度按流量加权平均计算而得。计算表明，效率计算基准温度每增加 5℃，气体及固体未完全燃烧损失几乎未有变化，排烟损失降低 0.23 个百分点，导致锅炉效率升高 0.24 个百分点。可见，基准温度的变化对锅炉效率计算的影响较大。由于大型火电机组风机进/出口存在 5℃以上的平均温升，通过暖风器后还可能有进一步提高，因此基准温度选取不同会导致炉效的差异大于 0.2 个百分点。

《2015 版方法》给出了理论干空气量计算公式为：

$$V_{gk}^0=\frac{K(Q_{net,ar}-3.3727A_{ar}\overline{C})}{1000}$$

$$\overline{C}=\frac{\alpha_{lz}C_{lz}}{100-C_{lz}}+\frac{\alpha_{fh}C_{fh}}{100-C_{fh}}$$

式中 V_{gk}^0——理论燃烧干空气量，m^3/m^3；

A_{ar}——燃煤收到基灰分,%；

$\overline{C}$——灰渣中平均含碳量与燃煤灰量的百分比,%；

C_{lz}——炉渣含碳量,%；

C_{fh}——飞灰含碳量,%。

式中的 3.3727 是表示碳的低位发热量为 33 727kJ/kg，然后除以两个 100 的商（33 727÷100÷100=3.3727，这是因为 A_{ar} 和 C 两个元素含量是直接带入百分点，而不带入百分号）。

在没有元素分析时，可按以下经验公式计算：

$$V_{gk}^0=0.263\times\frac{Q_{net,ar}}{1000}$$

$$V_{gy}^0=0.98V_{gk}^0$$

$$V_{gy}=V_{gy}^0+(\alpha_{py}-1)V_{gk}^0$$

式中 V_{gy}——每千克燃料燃烧需要的理论燃烧干烟气量，m^3/kg。

《2015 版方法》给出了烟气中水蒸气的体积计算公式为：

$$V_{H_2O}=1.24\left(\frac{9H_{ar}+M_{ar}}{100}+1.293\alpha_{py}V_{gk}^0d_k\right)$$

式中，1.24 应为 1.244，这是因为水蒸气标准状态下的质量体积为 $1.244m^3/kg$；1.293 是标准状态（1 个标准大气压）下空气密度为 $1.293m^3/kg$；d_k 是环境空气绝对湿度，一般为 0.01kg/kg（干空气）。

煤的氢元素基本在 3%～6%范围内，氢元素和挥发分与矿化年代有较好的对应关系，矿化年代越久，氢元素和挥发分就越小，可以用干燥无灰基挥发分来估算干燥无灰基氢元素，即：

$$H_{daf}=2.1236V_{daf}^{0.2319}$$

式中 V_{daf}——干燥无灰基挥发分，%；

H_{daf}——干燥无灰基氢含量，%。

（13）（可燃）气体未完全燃烧热损失：是指排烟中可燃气体成分未完全燃烧而造成的热量损失占输入热量的百分率。对于燃油及燃气锅炉可燃气体未完全燃烧热损失的计算应按 GB/T 10184 进行计算，即：

$$q_3=\frac{1}{Q_r}V_{gy}(126.36CO+358.18CH_4+107.98H_2+590.79C_mH_n)\times 100\%$$

式中 q_3——（可燃）气体未完全燃烧热损失，%；

CO——干烟气中一氧化碳的容积含量百分率，%；

CH_4——干烟气中甲烷的容积含量百分率，%；

H_2——干烟气中氢的容积含量百分率，%；

C_mH_n——干烟气中 C_mH_n 的容积含量百分率，%。

式中，126.36 表示一氧化碳的低位发热量为 12 636kJ/m^3，然后除以 100 的商；358.18 表示甲烷的低位发热量为 35 818kJ/m^3，然后除以 100 的商。

对于燃煤锅炉，由于烟气中的 H_2、CH_4 等可燃气体含量很低，可以忽略，因此计算公式可以简化为：

$$q_3=\frac{126.36CO\times V_{gy}}{Q_{net,ar}}\times 100\%$$

（14）固体未完全燃烧热损失：是指锅炉灰渣可燃物造成的热量损失和中速磨煤机排出石子煤的热量损失占输入热量的百分率，即：

$$q_4=\frac{337.27A_{ar}C_b}{Q_{net,ar}}\times 100\%+q_4^{sz}$$

$$q_4^{sz}=\frac{B_{sz}Q_{ar,sz}}{B_LQ_{net,ar}}\times 100\%$$

式中 q_4——固体未完全燃烧热损失，%；

q_4^{sz}——中速磨煤机排出石子煤的热量损失率，%；

$Q_{ar,sz}$——中速磨煤机排出石子煤的低位发热量，kJ/kg；

B_L——锅炉燃料累计消耗量，t；

B_{sz}——石子煤排放量，t；

A_{ar}——燃料收到基灰分含量，%；

C_b——灰渣中平均碳量与燃煤灰量的百分比，%。

对于燃油、燃气锅炉，固体未完全燃烧热损失可以忽略不计。

（15）石灰石脱硫热损失（这是增加术语）：是指循环流化床锅炉内脱硫时，由于石灰石脱硫而引起的热损失量占输入燃料的低位发热量的百分比。添加脱硫剂后的煅烧吸热和硫酸盐化放热化学反应式分别为：

$$CaCO_3=CaO+CO_2-183kJ/mol$$

$$CaO+1/2O_2+SO_2=CaSO_4+486kJ/mol$$

脱硫损失热量为 $$Q_7=S_{ar}(57.19K_{glb}\eta_{CaCO_3}-152\eta_{SO_2})$$

脱硫热损失 $$q_7=\frac{S_{ar}(57.19K_{glb}\eta_{CaCO_3}-152\eta_{SO_2})}{Q_{net,ar}}\times 100\%$$

式中 S_{ar}——燃料收到基含硫量，%；

K_{glb}——炉内脱硫钙硫摩尔比；

η_{CaCO_3}——碳酸钙（石灰石）分解率，取 98%；

η_{SO_2}——炉内脱硫效率，%。

其中 1mol$CaCO_3$ 反应生成 CaO 需要消耗热量为 183kJ/mol，1kg 煤含硫量为 $S_{ar}/100$kg，需要消耗石灰石为 $S_{ar}/(100K_{glb}\times32)$ mol/kg，生成 CaO 的量为

$S_{ar}/(100K_{glb}\eta_{CaCO_3}\times32)$ mol/kg。1000mol$CaCO_3$ 反应生成 CaO 所吸收的热量为：

$$1000\times183\times S_{ar}/(100K_{glb}\eta_{CaCO_3}\times32)=57.19S_{ar}K_{glb}\eta_{CaCO_3}\ (kJ/kg)$$

1molCaO 反应生成 $CaSO_4$ 放出的热量为 486kJ/mol，1kg 煤经过脱硫后跑掉的硫摩尔量为 $S_{ar}/(100\eta_{SO_2}\times32)$ mol/kg，1000molCaO 反应生成 $CaSO_4$ 所放出的热量为：

$$1000\times486\times S_{ar}/(100\eta_{SO_2}\times32)=152S_{ar}\eta_{SO_2}\ (kJ/kg)$$

5. 锅炉辅助设备技术经济指标

（1）引风机单耗：是指锅炉产生每吨蒸汽引风机消耗的电量，即：

$$d_{yf}=\frac{W_{yf}}{D_L}$$

式中 d_{yf}——引风机单耗，kWh/t；

D_L——统计期内主蒸汽流量累计值，t；

W_{yf}——统计期内引风机消耗的电量，kWh。

引风机耗电率是指统计期内引风机消耗的电量与机组发电量的百分比，即：

$$L_{yf}=\frac{W_{yf}}{W_f}\times100\%$$

式中 L_{yf}——引风机耗电率，%；

W_f——统计期内机组发电量，kWh。

《2015 版方法》新增了高压流化风机耗电率、脱硫浆液循环泵耗电率、脱硫湿磨耗电率、脱硝系统耗电率等 4 个辅助设备、系统的耗电率指标。

在锅炉辅助设备、系统单耗和耗电率时禁止使用供热比进行辅助设备、系统耗电量的分摊。对于锅炉辅机耗电率累计值计算是采用机组发电量加权平均的。对于锅炉辅机单耗累计值计算则分两种情况：烟气风机和水泵的单耗是采用锅炉蒸发量加权平均的，对于制粉系统和除灰输煤系统设备单耗是采用锅炉耗煤量加权平均的。

降低风烟系统耗电率有两个主要途径：一是在保证锅炉燃烧需要的前提下尽可能降低风烟系统运行的流量和系统阻力；二是选择与锅炉风烟系统相匹配的风机及调节装置，提高风机的实际运行效率。具体的主要措施：

1）试验确定主要风机效率曲线。现风机的效率曲线均为制造厂家提供，是风机单体试运时的效率曲线，安装到现场系统后，由于烟风道和挡板等影响出现较大变化，并不能准确反映风机的实际运行情况。结合等级检修前效率试验或专门安排主要风机效率及烟风道阻力试验，确定风机在整套系统中的实际高效运行区，明确检修治理和优化点，明确动叶、静叶开度与风机效率的关系，优化运行调整，使风机运行在高效区。

2）严格氧量控制。锅炉运行中过大的过量空气系数是造成风机流量增加、能耗增加的主要原因之一，不同煤种和负荷应有不同的过剩空气系数，因此应通过试验确定出不同煤种和不同负荷下的最佳运行氧量，优选送风机电流、引风机电流、一次风和二次风的比率等参数，输入自动控制系统，以便运行人员监视和控制。

3）引风机与增压风机单耗合并监测、分析与调整。开展引风机与脱硫增压风机不同负荷工况下的优化运行试验，选取总耗电量的最小点工况，维持增压风机入口微正压，对应设立调整优化曲线。

4）引风机、增压风机合并改造，加装变频器或者选用汽动驱动。新机组投产应该选用为“引增合一”方式；环保设施综合改造、脱硫旁路挡板取消后，风机出力能够满足运行要求，建

议进行“引增合一”改造。合并改造的联合风机应加装变频装置，节电效果明显。有稳定可靠的热用户，联合风机可选择背压式汽轮机驱动，大大降低厂用电率；如果选用凝汽式汽轮机驱动，系统复杂，投资大，容易出现节电不节煤现象，需慎重进行技术经济比较。

5）采用高效电动机，电动机容量与风机匹配，采用变速调节。早期大型锅炉会选用静叶可调轴流引风机，通过调整静叶挡板开度来改变引风机抽吸能力，这种风机结构简单初始投资少，但是低负荷时静叶截流损失大，风机效率降低，因此对于静叶可调轴流引风机目前已改造成变频调节方式。由于动叶可调轴流引风机在低负荷时效率相对较高，因此新建机组一般选用动叶可调轴流引风机，但仍可通过变频方式进一步降低风机电耗。静叶可调轴流引风机变频时可以采用静叶全开变频运行方式，但是对于动叶可调轴流引风机，如果动叶始终全开，在低负荷下则可能会进入工作失稳区域，导引风机发生抢风（1台风机出力增加，另一台风机出力急剧下降并发生喘振，炉膛负压波动加剧）或共振。因此进行动叶可调轴流引风机变频改造后，应首先在不同动叶开度下测试引风机工作性能，动叶开度跟随锅炉负荷升高逐渐开大，负荷下降动叶开度缓慢关小，通过调整控制策略自动躲开失稳区域，由风机变频自动调节炉膛负压，维持炉膛负压在设定值附近。某1000MW和320MW机组引风机变频控制效果见表2-19。

表 2-19　　某 1000MW 和 320MW 机组引风机变频控制效果

风机类型	机组负荷（MW）	工频运行引风机电耗（kW）	变频运行引风机电耗（kW）	变频运行时厂用电下降（百分点）
1000MW机组静叶可调引风机	500	5273.6	1289.7	0.80
	600	5573.9	2031.7	0.59
	800	6413.1	3577.6	0.35
	1000	7729.3	5759.4	0.20
320MW机组动叶可调引风机	135	1543.8	1050.3	0.37
	160	1965.5	1330.7	0.40
	187	2236.9	1538.7	0.37
	240	3057.7	2625.9	0.18

6）减少风量消耗，消除烟道及风道漏风，特别是空气预热器和除尘器的漏风。重点监测部位为：锅炉的冷灰斗周边、水封、关断门、人孔门、看火孔、风烟挡板的法兰面和门轴、防爆门等，发现漏点尽快治理。空气预热器的漏风是风烟系统的主要漏风点，漏风率控制在8%以下，超过6%应查找原因，及时治理；若漏风率长期超过8%，则应通过检修调整密封间隙或改进空气预热器密封结构，可采用柔性密封、接触式密封等技术。

7）降低系统运行阻力。防止省煤器、空气预热器受热面积灰，主要监管压差的设备为：空气预热器、除尘器、脱硫除雾器、脱硫GGH、脱硝催化剂、低温省煤器等，设立压差监测的上下限值。结合对引风机、送风机、一次风机等辅机的电流监视，及时发现主要压差监控设备运行工况。将吹灰、冲洗等管理措施与压差上下限管理相结合，控制设备压差在合理范围内。减少空气通道、烟气通道多余的闸门和风门。

8）送风机双速改造。低速运行时有明显的节电效果，根据情况在夏季高负荷时段，风机高速运行，维持锅炉燃烧所需风量。

9）低负荷单侧风机运行。试验确定单风机运行耗电与双风机耗电情况比较，确定单侧风机运行时机组最大负荷，完善机组控制逻辑，实现系统的顺控启停与并列操作。

10）增压风机加装旁路烟道。低负荷时可停运增压风机，利用引风机剩余压力克服脱硫系统阻力，降低风机能耗。

（2）制粉系统单耗：为制粉系统［包括磨煤机、给煤机、一次风机（排粉机）、密封风机等］每磨制 1t 煤所消耗的电量，即：

$$D_{zf}=d_{mm}+d_{pf}+d_{mf}+d_{gm}=\frac{W_{mm}}{B_m}+\frac{W_{pf}}{B_m}+\frac{W_{mf}}{B_m}+\frac{W_{gm}}{B_m}$$

式中　d_{mm}、d_{pf}、d_{mf}、d_{gm}——分别为磨煤机单耗、一次风机（排粉机）单耗、密封风机单耗和给煤机单耗，kWh/t；

W_{mm}、W_{pf}、W_{mf}、W_{gm}——分别为统计期内磨煤机、一次风机（排粉机）、密封风机和给煤机消耗的电量，kWh；

B_m——统计期内制粉系统磨制的煤量（实际上为了方便，一般采用统计期内入炉的原煤量），t；

D_{zf}——制粉系统单耗，kWh/t。

制粉系统耗电率：是指统计期内制粉系统消耗的电量与机组发电量的百分比，即：

$$L_{zf}=\frac{W_{zf}}{W_f}\times 100\%$$

式中　W_{zf}——统计期内制粉系统消耗的电量，kWh；

L_{zf}——制粉系统耗电率，%。

（3）脱硫系统耗电率：是指脱硫设备总耗电量与相关机组总发电量的百分比，即：

$$L_{tl}=\frac{W_{tl}}{W_f}\times 100\%$$

式中　W_{tl}——统计期内脱硫系统消耗的电量，kWh；

L_{tl}——脱硫系统耗电率，%。

（4）床压（料层差压、床层压力）：《2015 版方法》对流化床床压定义为布冈板以上位置最低的压力测点测得的数值，根据 DL/T 1365—2014《名词术语　电力节能》，床压是指循环流化床底部的床料高度形成的压差。实际上电厂将床压定义为布冈板上 100～300mm 处最下层测点的压力实测平均值，床压测点一般在密相区分上中下三层，通常最常用的是密相区下层（紧靠布风板处 250～300mm）水平面上的几个点压力平均值。例如某 HG-465/13.7 流化床锅炉的床压下层测点距布风板 300mm 处共 8 个测点，中层距布风板 1950mm 处共 6 个测点，上层距布风板 5180mm 处共 6 个测点。对于 130～300MW 循环流化床锅炉，床压一般控制在 6～9kPa。床压通过控制排渣速率进行控制的，当冷渣器为滚筒式冷渣器时，可根据床压给定值自动改变冷渣器的转速，从而改变排渣速率。当床压升高时，应加大底渣排放量，并适当减少石灰石供给量；当床压降低时，应减少底渣排放量，并适当加大石灰石供给量。

（5）床温（床层温度）：《2015 版方法》定义为循环流化床锅炉密相区不同高度的物料平均温度。实际上床温是指底部床层内床料（风帽附近）四周温度测点的平均温度值，一般通过插入炉膛底部床料内的四周热电偶测量得到。床温的上限受到灰的变形温度（DT）限制，一般在流化床密相区，颗粒的表层温度比床温高 100～200℃，因此床温应该比灰的变形温度低 150～250℃，才能保证不结渣。对于多数煤种，灰的变形温度为 1100～1200℃，故床温应在 850～950℃。另外，床温的下限应考虑煤炭的着火温度，煤炭的着火温度约为 800℃，因此床温不应低于 800℃，否则，可能燃烧不稳定，甚至导致熄火。

6. 汽轮机技术经济指标

《2015 版方法》增加了低真空循环供暖、热泵供热等新型供热形式的热耗率计算方法。

（1）汽轮机主蒸汽温度：是指汽轮机自动主汽门前的蒸汽温度值（℃），如果有两路主蒸汽管道，取算术平均值。《2015 版方法》将原标准两句话描述简化成一句话。

（2）凝汽器真空：是指汽轮机低压缸排汽端真空，即当地大气压力与汽轮机背压的差值。其计算公式为：

$$p_v = p_{atm} - p_a$$

式中 p_v——凝汽器真空，kPa；

p_a——汽轮机背压（绝对压力），kPa；

p_{atm}——当地大气压力，kPa。

（3）凝汽器真空度：是指汽轮机低压缸排汽端真空占当地大气压力的百分数，即：

$$k_v = \left(1 - \frac{p_a}{p_{atm}}\right) \times 100\%$$

式中 k_v——凝汽器真空度，%。

（4）汽轮机热耗量：是指单位时间内汽轮发电机组从外部热源所取得的热量。《2004 版方法》定义为“热耗量是指汽轮发电机组从外部热源所取得的热量”本次修订后进行更正，并修正了（热段）再热蒸汽流量计算公式，补充了冷段再热蒸汽流量计算公式；同时删掉了“原因不明的泄漏量不应超过额定负荷下主蒸汽流量 0.5%”的内容。并计入了锅炉排污吹灰的影响，简化了主蒸汽流量计算公式。对于再热机组热耗量的计算公式为。

$$Q_{sr} = (D_{zq}h_{zq} - D_{gs}h_{gs} + D_{zr}h_{zr} - D_{lzr}h_{lzr} - D_{ss}h_{ss} - D_{rs}h_{rs} + \sum D_{qt}h_{qt}) \times 1000$$

式中 Q_{sr}——单位时间内的热耗量，kJ/h；

D_{zq}——汽轮机主蒸汽流量，t/h；

h_{zq}——汽轮机主蒸汽焓值，kJ/kg；

D_{gs}——机侧给水流量，t/h；

h_{gs}——机侧给水焓值，kJ/kg；

D_{zr}——汽轮机再热蒸汽流量，t/h；

h_{zr}——汽轮机再热蒸汽焓值，kJ/kg；

D_{lzr}——冷段再热蒸汽流量（高压缸排气流量），t/h；

h_{lzr}——冷段再热蒸汽焓值，kJ/kg；

D_{rs}——再热器减温水流量，t/h；

h_{rs}——再热器减温水焓值，kJ/kg；

D_{ss}——过热器减温水流量，t/h；

h_{ss}——过热器减温水焓值，kJ/kg；

D_{qt}——锅炉排污吹灰排出的水（或蒸汽）的流量，t/h；

h_{qt}——锅炉排污吹灰排出的水（或蒸汽）的焓值，kJ/kg。

汽轮机主蒸汽流量计算公式为：

$$D_{zq} = D_{gs} + D_{gj} - D_{g0}$$

热段再热蒸汽流量计算公式为：

$$D_{zr} = D_{lzr} + D_{zj}$$

冷段再热蒸汽流量计算公式为：

$$D_{lzr} = D_{zq} - D_{gl} - D_{gn} - D_{he} - D_x - D_{zqt}$$

式中 D_{gl}——高压门杆漏汽量，t/h；

D_{gn}——高压缸前后轴封漏汽量，t/h；

D_{he}——高压缸抽汽至高压加热器漏汽量，t/h；

D_x——高压缸漏至中压缸漏汽量，t/h；

D_{zqt}——冷段再热蒸汽供厂用抽汽等其他用汽量，t/h。

(5)（发电）热耗率（汽轮机热耗率）：为汽轮发电机组单位时间热耗量扣除单位时间供热量后与其出线端电功率的比值（《2004 版方法》定义有误，《2015 版方法》进行了修订）。其计算公式为：

$$q=\frac{Q_{sr}-Q_{gr}}{P_{qj}}=\frac{3600}{\eta_m\eta_t\eta_{oi}\eta_g}$$

$$\eta_{01}=\frac{\Delta h'_g+\Delta h'_i+\Delta h'_l}{\Delta h_g+\Delta h_i+\Delta h_l}$$

式中 q——热耗率，kJ/kWh；

Q_{gr}——机组单位时间内的供热量，kJ/h；

P_{qj}——发电机出线端电功率，kW；

η_t——汽轮发电机组的循环热效率，%；

η_{oi}——汽轮机相对内效率，%（接近 90%）；

η_g——发电机效率，%（98.6%以上）；

η_m——汽轮机的机械效率，%（99%以上）；

$\Delta h'_g$、$\Delta h'_i$、$\Delta h'_l$——分别为汽轮机高中低压缸的实际焓降，kJ/kg；

Δh_g、Δh_i、Δh_l——分别为汽轮机高中低压缸的等熵焓降，kJ/kg。

影响循环热效率的主要因素是工质泄漏、给水温度、进汽温度压力、排汽温度、机组负荷等；影响汽轮机相对内效率的主要因素是通流面积、缸效率、机组负荷等。

(6) 汽轮机热效率（汽机热效率）：原《2004 版方法》定义有误，《2015 版方法》进行了修订，并补充了说明是电的热当量与汽轮发电机组热耗量扣除单位时间供热量后的百分比。其计算公式为：

$$\eta_q=\frac{3600P_{qj}}{Q_{sr}-Q_{gr}}\times100\%=\frac{3600}{q}\times100\%=\eta_0/(\eta_{gd}\eta_{bl})$$

式中 q——汽轮机热耗率，kJ/kWh；

η_0——机组热效率，%；

η_{gd}——管道热效率，%；

η_{bl}——锅炉热效率，%；

η_q——汽轮机热效率，%。

由于电的热当量：1kWh=3600kJ，所以汽轮机热耗率与汽轮机热效率是同一本质的不同表述。实际上，人们常常误把机组热效率和汽轮机热效率看成一回事。机组热效率正平衡计算方法为：

$$\begin{aligned}\eta_0&=W_f(\text{kWh})\times3600\text{kJ/kWh}/[B_d(\text{t})\times10^3\times29\,307.6(\text{kJ/kg})]\times100\%\\&=122.8/b_f\times100\%\end{aligned}$$

式中 η_0——机组热效率（也叫发电热效率），%；

W_f——发电量，kWh；

B_d——统计期内机组发电耗用的标准煤量，t；

b_f——机组发电煤耗率，g/kWh。

7. 汽轮机辅助设备技术经济指标

汽轮机蒸汽参数小指标累计值应采用发电量加权平均值，汽轮机辅机耗电率和单耗累计值也采用发电量加权平均值。

（1）凝结水泵耗电率：是指统计期内凝结水泵消耗的电量与机组发电量的百分比，即：

$$L_{nb}=\frac{W_{nb}}{W_f}\times100\%$$

式中 L_{nb}——凝结水泵耗电率，%；

W_{nb}——凝结水泵消耗的电量，kWh。

在计算汽轮机辅助设备、系统单耗和耗电率时，禁止使用供热比进行辅助设备、系统耗电量的分摊。降低凝结水泵耗电率的主要措施：减小凝结水系统管道阻力，避免采用调节阀调节流量，凝结水泵变频调速改造已相当普遍，或者进行更可靠的永磁调速改造，根据负荷调整凝结水泵出口压力，有效降低凝结水泵电耗。当给水泵采用凝结水作为机械密封水时，可以通过改造增加机械密封泵替代，实现凝结水泵全负荷段变速运行。

（2）循环水泵耗电率：是指统计期内循环水泵消耗的电量与机组发电量的百分比，即：

$$L_{xb}=\frac{W_{xb}}{W_f}\times100\%$$

式中 L_{xb}——循环水泵耗电率，%；

W_{xb}——循环水泵消耗的电量，kWh。

降低循环水泵耗电率的措施：

1）建立循环水泵台数与循环水温度、排汽压力对应曲线。现在大部分机组均采用了动叶可调式或采用高低速循环水泵的运行方式，应通过试验明确循环水泵台数与循环水温度、排汽压力对应最佳运行曲线，并严格执行。将两台机循环水出入口管道联络，以便实现两机三台循环水泵的运行方式。

2）加强循环水系统胶球和滤网的管理。胶球系统重点监视收球率，投入胶球时尽量利用循环水流量较大的时机。二次滤网应采用定期投入与压差管理相结合，及时清污和排污。

3）循环水系统节水。根据水源水质及深度节水要求，试验确定循环水处理工艺，采用循环水浓缩倍率自动控制，减少循环水补充水。

4）优化开式水运行方式。根据现场实际情况，减少开式水泵运行时间，采用开式水出入口门全开（或加装旁路），依靠循环水压力冷却。

5）闭式泵电动机双速改造。根据机组运行状况和季节变化，合理地切换高低速运行方式。

（3）空冷风机耗电率：是指统计期内直接空冷凝汽器风机耗电量与机组发电量的百分比，即：

$$L_{kld}=\frac{W_{kld}}{W_f}\times100\%$$

式中 L_{kld}——空冷风机耗电率，%；

W_{kld}——空冷风机耗电量，kWh。

（4）湿冷塔冷却幅高：是指湿冷塔出口水温高于大气湿球温度 τ_1（理论冷却极限）的值，即：

$$t_{fg}=t_{tch}-\tau_1$$

式中 t_{fg}——湿冷冷却塔冷却幅高，℃；

t_{tch}——湿冷塔出口水温，℃；

τ_1——大气湿球温度，℃。

（5）循环水温升（凝汽器冷却水温升）：是指凝汽器出口处循环水（冷却水）温度与进口处

循环水（冷却水）温度的差值。

《2015版方法》将循环水温升改为凝汽器冷却水温升，更准确。因为对于直流冷却机组来说，冷却水并不是真正意义上的循环水。

(6) 凝汽器端差：是指汽轮机排汽压力对应的饱和温度与凝汽器出口循环水（冷却水）温度的差值，即：

$$\Delta t_{k}=t_{bbh}-t_{xhc}$$

式中 Δt_{k}——凝汽器端差，℃；

t_{bbh}——排汽压力对应的饱和温度，℃。

《2015版方法》将“汽轮机背压下饱和温度”改为“汽轮机排汽压力对应的饱和温度”描述更为准确。一般情况下，由于凝汽器排汽是湿蒸汽，排汽温度是饱和温度。但是有些凝汽器排汽温度测点在排汽缸上，这时的排汽温度要比饱和温度高一些。

(7) 凝结水过冷却度：是指汽轮机排汽压力对应的饱和温度与凝汽器热井水温度的差值，即：

$$\Delta t_{gl}=t_{s}-t_{c}$$

式中 t_{s}——排汽压力对应的饱和温度，℃

Δt_{gl}——凝结水过冷却度，℃；

t_{c}——凝汽器热井出口凝结水温度，℃。

从理想情况看，凝结水温度应不低于凝汽器排汽压力下的饱和温度，但实际运行中由于各种因素影响使凝结水温度略低于排汽压力下的饱和温度，这就是凝结水的过冷。凝结水的过度冷却，导致凝结水的含氧量增加，同时使循环水带走更多的热量，增加回热抽汽，热耗增加。通常，凝结水的过冷度一般为0.5～2℃。

【例2-7】 某海滨电厂超超临界660MW机组在11月份负荷为380MW时，大气压力p_{atm}为101.02kPa，A凝汽器（低背压）的循环水进口两根管道平均温度$t_{w1}=14.8$℃，A凝汽器的循环水进口压力83.9kPa；B凝汽器（高背压）的循环水出口两根管道平均温度t_{w2}为19.9℃，凝汽器的循环水出口压力18.7kPa；低压缸末端A汽缸温度（三个测点平均）26.2℃，B汽缸温度（三个测点平均）26.3℃；A凝汽器排汽两个测点平均温度21.8℃，真空（三个测点平均）p_{v}为98.5kPa；B凝汽器排汽两个测点平均温度22.9℃，真空（三个测点平均）p_{v}为98.2kPa；凝汽器热水井出口凝结水温度t_{c}为24.2℃，求真空度、高低压背压差、凝汽器端差、循环水温升和过冷却度。

解： A、B凝汽器平均排汽压力

$p_{a}=p_{atm}-p_{v}=101.02-\dfrac{98.5+98.2}{2}=2.67(\text{kPa})$，查水和水蒸气热力性质图表得知，对应的饱和温度$t_{s}$为22.7℃。

低背压凝汽器排汽压力 $p_{da}=101.02-98.5=2.52\ (\text{kPa})$

高背压凝汽器排汽压力 $p_{ga}=101.02-98.3=2.72\ (\text{kPa})$

高低压背压差 $\Delta p_{a}=2.72-2.52=0.2\ (\text{kPa})$

采用凝汽器排汽温度计算凝汽器端差

$$t=t_{s}-t_{xhc}=\frac{21.8+22.9}{2}-19.9=2.45(℃)$$

循环水温升 $\Delta t=t_{w2}-t_{w1}=19.9-14.8=5.4(℃)$

凝结水过冷却度：$\Delta t_{gl}=t_{s}-t_{c}=\dfrac{21.8+22.9}{2}-24.2=-1.85(℃)$

凝汽器真空度 $k_v=\left(1-\frac{p_a}{p_{atm}}\right)\times100\%=\left(1-\frac{2.67}{101.02}\right)\times100\%=97.36\%$

8. 燃气—蒸汽联合循环技术经济指标

燃气—蒸汽联合循环技术经济指标共33个，主要指标将在第四篇中论述，本节略。

9. 供热技术经济指标

（1）供热量：是指在统计期内，机组（锅炉或汽轮机）向外供出的热量。包括直接供热量和间接供热量，包括电厂对外供出蒸汽或热水的热量。其计算公式为：

$$\sum Q_{gr}=\sum Q_{gr1}+\sum Q_{gr2}=Q_{gr1}\times T_{gr1}\times10^{-6}+Q_{gr2}\times T_{gr2}\times10^{-6}$$

$$Q_{gr}=Q_{gr1}+Q_{gr2}$$

式中 $\sum Q_{gr}$——统计期内供热量，GJ；

Q_{gr}——机组单位时间内的供热量，kJ/h；

Q_{gr1}——机组单位时间内的蒸汽供热量，kJ/h；

Q_{gr2}——机组单位时间内的热水供热量，kJ/h；

T_{gr1}——统计期内机组直接供热时间，h；

T_{gr2}——统计期内机组间接供热时间，h；

$\sum Q_{gr1}$——直接供热量，GJ；

$\sum Q_{gr2}$——间接供热量，GJ。

1）直接供热量：是指热电联产机组或锅炉经减温减压后直接供给用户的蒸汽的热量。其计算公式为：

$$Q_{gr1}=(D_ih_i-D_hh_h-D_kh_k)\times1000$$

$$\sum Q_{gr1}=Q_{gr1}T_{gr1}\times10^{-6}=(D_ih_i-D_hh_h-D_kh_k)T_{gr1}\times10^{-3}=(G_ih_i-G_hh_h-G_kh_k)\times10^{-3}$$

式中 $\sum Q_{gr1}$——报告期内直接供热量，GJ；

D_i——统计期内的供汽流量，t/h；

G_i——统计期内的供汽量，t；

h_i——统计期内的供汽的焓值，kJ/kg；

T_{gr1}——统计期内机组直接供热时间，h；

D_h——统计期内直接供汽的凝结水回水流量，t/h；

G_h——统计期内的凝结水回水量，t；

h_h——统计期内直接供汽的凝结水回水焓值，kJ/kg；

D_k——统计期内用于供热的补充水流量（不含热网注水量），t/h；

G_k——统计期内的补充水量，t；

h_k——统计期内用于供热的补充水（软化水）的焓值，kJ/kg。

DL/T 904给出的上述供热量计算公式与《企业温室气体排放核算方法与报告指南 发电设施（2022年修订版）》（环办气候函〔2022〕111号）第9.2.3条给出的计算公式有区别：

$$Q_{gr1}=(D_ih_i-D_kh_k)\times1000$$

$$\sum Q_{gr1}=Q_{gr1}T_{gr1}\times10^{-6}=(D_ih_i-D_kh_k)T_{gr1}\times10^{-3}$$

式中 h_k 可以简单的认为是83.74kJ/kg（20×4.1868）。

2）间接供热量：是指热电联产机组通过热网加热器输出热水向外供出的热量。

当机组具有蒸汽、水流量计量装置时，间接供热量为：

$$Q_{gr2}=D_q(h_q-h_{qs})\times 1000$$

$$\sum Q_{gr2}=Q_{gr2}T_{gr2}\times 10^{-6}=D_q(h_q-h_{qs})T_{gr2}\times 10^{-3}=G_q(h_q-h_{qs})\times 10^{-3}$$

式中 Q_{gr2}——机组单位时间内的热水供热量，kJ/h；

D_q——热网加热器抽汽流量，t/h；

h_q——热网加热器供热时采用的蒸汽焓值，kJ/kg；

h_{qs}——热网加热器供热时蒸汽的疏水焓值，kJ/kg；

G_q——热网加热器抽汽量，t；

T_{gr2}——统计期内机组间接供热时间，h；

$\sum Q_{gr2}$——间接供热量，GJ。

当机组无蒸汽流量计量装置时，计算公式为：

$$Q_{gr2}=\frac{D_i h_i-D_h h_h-D_k h_k}{\eta_{hs}}\times 10^{-6}$$

式中 Q_{gr2}——报告期内间接供热量，GJ；

η_{hs}——统计期内的热网加热器效率，%。

《企业温室气体排放核算方法与报告指南 发电设施（2022年修订版）》(环办气候函〔2022〕111号）第9.2.3条给出的间接供热量计算公式为：

$$Q_{gr2}=D_w(t_w-20)\times 4.187\times 1000$$

$$\sum Q_{gr2}=Q_{gr2}T_{gr2}\times 10^{-6}=4.187D_w(t_w-20)T_{gr2}\times 10^{-3}$$

式中 D_w——统计期内热水的流量，t/h；

t_w——统计期内热水的温度，℃；

20——指常温下水的温度为20℃。

DL/T 1365—2014《名词术语 电力节能》第5.3.1.5条规定：供热量＝供热计量点供出工质的焓－返回工质的焓，公式中的热量单位是焦耳，焓的单位是kJ/kg，很明显DL/T 1365—2014计算公式中缺少工质流量。

(2) 热化系数：是热电厂供热机组的最大供热能力与系统最大热负荷之比，实际上就是热电厂发电容量与供热容量的比值，在建设以热电联产为热源的能量供应系统时，为使系统的经济性达到最佳状态，应根据热负荷的大小及特性合理地选择供热式机组的容量比例和大小，同时还应有一定容量的供热尖峰锅炉进行联合供热，以提高机组供热的利用率及系统的经济效益。热化系数计算公式为：

$$\alpha_{tp}=\frac{Q_r^{max}}{Q_{max}}$$

式中 α_{tp}——热化系数；

Q_r^{max}——供热汽轮机额定供热量之和（扣除自用汽），kJ/h；

Q_{max}——供热系统的最大设计热负荷，kJ/h。

热化系数存在一个最佳值，热化系数越大，供热机组装机容量就越大，在非最高负荷期间机组的供热能力不能充分利用，而最高负荷的出现又是很短暂的，因此，供热机组的年有效利用小时数会越少，一般，如果热化系数取0.5，当采暖时间为2900h时，则机组最大负荷利用小时数为2650h；如果热化系数取1.0，当采暖时间为2900h时，则机组最大负荷利用小时数为1980h。研究表明：抽汽机组最大负荷利用小时数在1000h左右、背压机组要1500h才开始节煤。而利用小时数越多，节煤量越大。

国内热电厂的热化系数，有的选择不尽合理，接近于1，有的甚至大于1，即热电厂的供热能力等于或大于最大热负荷。这样，在非高峰负荷时，供热机组的供热能力没有充分利用，而高峰负荷的时间又是很短暂的，因此，供热机组的年利用小时数偏低。热化系数越大，热电厂的供热能力越大，供热机组的利用小时数越低，供热机组在不供热条件下运行的时间就越多，机组的经济性就越差。现有某些热电厂的供电煤耗率高的原因之一就是热化系数过大。

热化系数最佳值的确定涉及面很广，计算也比较复杂。根据《关于发展热电联产的若干规定》(国家计委、国家经贸委、电力部、建设部 计交能〔1998〕220号）规定：以工业热负荷为主的热化系数宜控制在0.7～0.8，以采暖供热负荷为主的热化系数宜控制在0.5～0.6。根据《热电联产项目可行性研究技术规定》（国家计委、国家经贸委、建设部 计基础〔2001〕26号）规定：单机容量大于100MW，主要用于城市供热的机组，由于城市发展需要，其热化系数可暂时大于1.0；对兼顾供工业和民用热用户，单机容量小于100MW，其热化系数宜小于1.0。当热化系数宜小于1.0时，在其供热范围内应当设置尖峰锅炉（如开停炉比较快的天然气锅炉）。

（3）热网效率（热网加热器效率）：是指供热机组单独供热时，统计期间的对外供热量与汽轮机输出的热量的百分比。计算公式为：

$$\eta_{hs}=\frac{D_{jr}(h_{gr}-h_{k})}{D_{q}(h_{q}-h_{qs})}\times 100\%$$

式中 η_{hs}——热网效率，%；

D_q——热网加热器用抽汽流量，t/h；

h_k——热网补充水焓，kJ/kg；

h_q——热网加热器的抽汽焓，kJ/kg。

D_{jr}——被热网加热器加热的水流量，t/h；

h_{qs}——供热蒸汽疏水焓，kJ/kg；

h_{gr}——热网加热器供出的热水焓，kJ/kg。

（4）热网加热器上端差：是指加热器进口蒸汽压力下的饱和温度与水侧出口温度的差值，即：

$$\Delta t=t_{bh}-t_{cs}$$

式中 Δt——加热器上端差，℃；

t_{bh}——进口蒸汽压力下饱和温度，℃；

t_{cs}——加热器的水侧出口温度，℃。

热网加热器端差增大会使汽轮机抽汽点压力升高，降低循环效率。造成加热器端差增大的主要原因是加热器水位定值不合理、加热器旁路门或水室隔板泄漏、加热器内部结垢或加热器内部积聚空气以及加热器堵管超标等。

（5）热网加热器下端差：是指加热器疏水温度与水侧进口温度的差值，即：

$$\Delta t_{xd}=t_{ss}-t_{js}$$

式中 Δt_{xd}——加热器下端差，℃；

t_{ss}——加热器疏水温度，℃；

t_{js}——加热器的水侧进口温度，℃。

（6）供热补水率：是指统计期内热电厂向社会供热（汽）时，没有回收的水（汽）量占锅炉总蒸发量的百分比，即：

$$L_{gr}=\frac{G_b}{G_{zq}}\times 100\%$$

$$G_b=G_{zs}+G_k$$

式中 L_{gr}——供热（汽）补水率，%；

G_{zs}——机组供热首站供热系统投运前或检修后供热循环水系统的注水量，t；

G_k——统计期内机组供热首站软化水补水量，t；

G_b——供热补水量（包括运行过程中补充经过化学处理过的软化水量和检修或停机后向热网里注入的水量），t；

G_{zq}——统计期内全厂锅炉主蒸汽量，t。

（7）供热比：基于热量法的分摊系数（供热比）是根据供热蒸汽所带走的能量占汽轮机总热耗量的百分数来确定的。

热电厂中如何分配电、热两产品各自所耗煤量和厂用电量，是当今热电厂面临的主要问题，我国电力行业引入分摊系数的概念及分配方法，以期简便、有效地解决这一工程计算问题。当前电力行业内普遍采用基于热量法的分摊系数（即供热比）来分配耗煤量。针对非联合循环机组，供热比是指统计期内机组供热量与汽轮机总热耗量的比值。基于热量法的分摊系数（供热比）是根据供热蒸汽所带走的能量占汽轮机总热耗量的百分数来确定的。由基于热量法的分摊系数定义得供热比计算公式为：

$$a=\frac{\sum Q_{gr}}{\sum Q_{sr}}=\frac{\sum Q_{gr}}{B_b\times 29.308\times\eta_{bl}\eta_{gd}}=\frac{\sum Q_{gr}}{TQ_{sr}}\times 10^6$$

$$=\frac{\sum Q_{gr}}{(D_{zq}h_{zq}-D_{gs}h_{gs}+D_{zr}h_{zr}-D_{lzr}h_{lzr}-D_{rs}h_{rs}-D_{ss}h_{ss})T}\times 10^3$$

$$\approx\frac{D_q(h_q-h_{qs})}{D_{zq}(h_{zq}-h_{gs})+D_{zr}(h_{zr}-h_{lzr})}$$

$$\sum Q_{sr}=TQ_{sr}\times 10^{-6}$$

式中 α——热量法供热比（供热分摊系数或供热成本分摊比）；

$\sum Q_{gr}$——统计期内的供热量，GJ；

$\sum Q_{sr}$——统计期内汽轮机总耗热量，GJ；

Q_{sr}——统计期内汽轮机总耗热流量，kJ/h；

T——统计期内机组运行时间，h；

D_q——汽轮机供热抽汽流量，t/h；

η_{bl}——锅炉效率，%；

η_{gd}——管道效率，%；

h_q——汽轮机抽汽供热焓，kJ/kg；

h_{qs}——供热蒸汽疏水焓，kJ/kg；

D_{zq}——汽轮机主蒸汽流量，t/h；

h_{zq}——汽轮机主蒸汽焓值，kJ/kg；

D_{gs}——给水流量，t/h；

h_{gs}——给水焓值，kJ/kg；

D_{zr}——汽轮机再热蒸汽流量，t/h；

h_{zr}——汽轮机再热蒸汽焓值，kJ/kg；

D_{lzr}——冷再热蒸汽流量，t/h；

h_{lzr}——冷再热蒸汽焓值，kJ/kg；

D_{rs}——再热器减温水流量，t/h；
h_{rs}——再热器减温水焓值，kJ/kg；
D_{ss}——过热器减温水流量，t/h；
h_{ss}——过热器减温水焓值，kJ/kg。

根据供热比分摊供电、供热煤耗率的方法，没有考虑供热汽流即使不用于供热，其热能也不会全部被用于做功，而是有一部分进入凝汽器损失掉了，此方法将冷源损失完全计入供热部分，使供热分摊系数过大，供热分摊煤耗率过大，发电分摊煤耗率过小，不太合理。因此有的专家提出了基于实际焓降法的供热分摊系数法。基于实际焓降法的供热分摊系数是根据联产供热抽汽汽流在汽轮机少做的功占新蒸汽实际焓降的百分数来确定的（即按供热抽汽的实际焓降不足与进汽的总实际焓降之比来分配总热量）。实际焓降法供热分摊系数计算公式为：

$$\alpha_1=\frac{D_q(h_q-h_c)}{D_{zq}(h_{zq}-h_c)+G_{zr}(h_{zr}-h_{lzr})}$$

式中 α_1——实际焓降法供热比；
D_q——汽轮机供热抽汽流量，t/h；
h_q——汽轮机抽汽供热焓，kJ/kg；
h_c——汽轮机排汽焓值，kJ/kg。

式中分子对应的不再是对外供热量，而是对外热汽流所做的功；分母不再是汽轮机总热耗量，而是主蒸汽所做的功。基于实际焓降法分摊供电、供热煤耗率的方法，其供热部分没有分摊任何冷源损失，使供热发电煤耗率计算时偏小，发电部分煤耗率偏大，这种好处归热的方法，显然也不尽合理。热量法没有反映热、电两种产品质量上的不等价和不同参数供热蒸汽的质量差别，调动不了热用户降低用热蒸汽参数的积极性，会造成热能利用上的很大浪费，从而减少热电厂的实际经济效益。而实际焓降法考虑了能量质量上的差别，克服了热量法的缺点，但实际焓降法对电能生产没有给以应有的照顾，挫伤了热电厂电能生产的积极性。两种方法各有一定的合理性，也都有一定的局限性。根据原电力工业部《火力发电厂按入炉煤量正平衡计算发供电煤耗的方法》（电安字〔1993〕457 号）我国电力行业应采用热量法供热比计算热电联产的厂用电率和供电煤耗率。

对于区域性锅炉热源厂计算供热标准煤量时，供热比取 100%。对于非联合循环机组，如供热蒸汽包含了锅炉新蒸汽，计算供热比时此股蒸汽所包含的热量不计入供热量。该注释源于 DL/T 1365—2014 定义 5.3.1.6，但与电厂实际计算不符。针对联合循环机组，供热比为统计期内机组（或电站）供热量与联合循环热耗量的百分比。该定义源于 DL/T 2262 的 3.14 条。

【例 2-8】 某热电厂主要生产指标见表 2-20，求热电厂热量法供热比和焓降法供热比。

表 2-20　某热电厂主要生产指标

项目	符号与单位	数据	项目	符号与单位	数据
供热抽汽流量	D_q(t/h)	65	再热蒸汽流量	D_{zr}(t/h)	480
供热抽汽焓	h_q(kJ/kg)	3007	再热蒸汽焓	h_{zr}(kJ/kg)	3545
主蒸汽流量	D_{zq}(t/h)	626	供热疏水温度	t_h(℃)	70
主蒸汽焓	h_{zq}(kJ/kg)	3430	疏水焓	h_{qs}(kJ/kg)	293.1
给水焓	h_{gs}(kJ/kg)	1024	排汽焓	h_c(kJ/kg)	135.0
高排焓	h_{lzr}(kJ/kg)	3007			

解：热量法供热比为：

$$a=\frac{D_{q}(h_{q}-h_{qs})}{D_{zq}(h_{zq}-h_{gs})+D_{zr}(h_{zr}-h_{lzr})}$$

$$=\frac{65\times(3007-293.1)}{626\times(3430-1024)+480(3545-3007)}=0.1156$$

焓降法供热比为：

$$\alpha_{1}=\frac{D_{q}(h_{q}-h_{c})}{D_{zq}(h_{zq}-h_{c})+G_{zr}(h_{zr}-h_{lzr})}$$

$$=\frac{65\times(3007-135)}{626\times(3430-135)+480(3545-3007)}=0.0044$$

可见热量法供热比远大于焓降法供热比。

（8）热电比：统计期内，电厂供热量与供电量的当量热量的百分比，又称供热成本分摊比或供热分摊系数。《关于发展热电联产的规定》（计基础〔2000〕1268 号）、DL/T 904—2015《火力发电厂技术经济指标计算方法》和 GB 35574—2017《热电联产单位产品能源消耗限额》两个标准规定热电比采用计算公式为：

$$I=\frac{\sum Q_{gr}}{W_{g}\times 3600}\times 10^{6}\times 100\%$$

式中 I——热电比，%；

W_{g}——统计期内供电量，kWh；

$\sum Q_{gr}$——统计期内总供热量，GJ。

实际上还有另外两种方法，第二种是原国家计划委员会 1998 年 2 月发布的《关于发展热电联产的若干规定》（计交能〔1998〕220 号）规定采用发电量来计算热电比，即：

$$I=\frac{\sum Q_{gr}}{W_{f}\times 3600}\times 10^{6}\times 100\%$$

第三种是 DL/T 904—2004《火力发电厂技术经济指标计算方法》、NH JC 10.01—2018《重点用能单位能耗在线监测数据采集指南　第 10-1 部分　电力行业数据采集指南》规定的计算公式为：

$$R=\frac{\sum Q_{gr}\times 10\ 000}{W_{f}}$$

式中 R——热电比，GJ/万 kWh；

W_{f}——统计期内发电量，kWh；

$\sum Q_{gr}$——统计期内总供热量，GJ。

《2004 版方法》规定的热电比计算方法是过去最常用的计算方法，该方法源于 1992 年 11 月原能源部关于印发《火力发电厂安全、文明生产达标考核实施细则的补充规定》和《国家电力公司一流火力发电厂考核标准》（国电发〔2000〕196 号）。

（9）供热发电比：指对应每发电 1 万 kWh 所供出的热量。其计算公式为：

$$R=\frac{10\ 000\sum Q_{gr}}{W_{f}}$$

式中 R——供热发电比，GJ/万 kWh；

$\sum Q_{gr}$——统计期内供热量，GJ；

W_f——统计期内发电量，kWh。

《2015 版方法》将《2004 版方法》的“热电比”改成了“供热发电比”，同时规定单位是 GJ/MWh，这与统计习惯不符，实际上这就是电厂传统统计的热电比计算公式，单位习惯为 GJ/万 kWh。

（10）综合热效率（总热效率或全厂热效率、热电联产效率）：统计期内供热量和发电量的当量热量之和与总标准煤耗量对应热量的百分比。其计算公式为：

$$\eta_{cp}=\frac{\sum Q_{gr}\times 1\ 000\ 000+W_f\times 3600}{B_b\times 29\ 308\times 1000}\times 100\%$$

式中 B_b——统计期发电、供热耗用的总标准煤量，tce；

W_f——统计期发电量，kWh；

$\sum Q_{gr}$——统计期供热量，GJ；

η_{cp}——综合热效率，%。

国家发展和改革委员会、国家节能中心 2018 年 5 月发布的团体标准 NH JC-10.01—2018《重点用能单位能耗在线监测数据采集指南　第 10-1 部分　电力行业数据采集指南》也采用发电量计算总热效率和热电比。但是原国家发展计划委员会 2000 年 8 月发布的《关于发展热电联产的规定》（计基础〔2000〕1268 号）第七条又将总热效率和热电比计算公式中的发电量改为“供电量”。2001 年 1 月，原国家发展计划委员会发布的《热电联产项目可行性研究技术规定》（计基础〔2001〕26 号）正文里规定也采用了“供电量”计算总热效率和热电比；但是在 26 号文附件中《热电联产项目可行性研究计算方法》又采用了发电量计算总热效率和热电比，前后矛盾。

DL/T 904—2015《火力发电厂技术经济指标计算方法》、DL/T 1365—2014《名词术语 电力节能》和 GB 35574—2017《热电联产单位产品能源消耗限额》等标准均采用了供电量计算总热效率和热电比，笔者认为采用发电量是合理的，第一个理由：综合热效率是将供热效率和机组热效率合二为一的指标，机组效率采用了发电量计算热效率，那么也应该采用发电量计算综合热效率。当供热比为 0（供热量为 0）时，综合热效率等于机组热效率；第二个理由：供热量是从汽轮机抽汽（而不是从热网加热器出口算起）计算对外的供热量，那么电量也应采用发电机出线端的发电量，而不是采用主变压器出口对外的供电量。

（11）供热厂用电率：统计期内供热耗用的厂用电量与发电量的百分比，即：

$$L_{rcy}=\frac{W_r}{W_f}\times 100\%$$

式中 L_{rcy}——供热厂用电率，%；

W_r——供热耗用的厂用电量，kWh。

《2015 版方法》提供的供热耗用的厂用电量计算公式为：$W_r=\alpha(W_{cy}-W_{cr})+W_{cr}$。《2004 版方法》是把纯发电和纯供热的耗电量从高压厂用变压器（$W_{cy}-W_{cr}-W_{cf}$）耗电量减去，剩下的就是公用电量，再把公用电量用供热比分摊，公用电量本身就不大，这与现场实际情况是不符的，这是因为，对于热电联产机组来说，在锅炉负荷确定后，多供热，就会少发电，反之亦然。当发电量一定时，随着供热量的增加，主要辅机耗电量（如凝结水泵、磨煤机等）也随之增加，显然，此时仅分摊公用电量是不合适的，《2015 版方法》修改后的 $W_r=\alpha(W_{cy}-W_{cr})+W_{cr}$的计算公式意义不明确。当发电量一定时，随着供热量的增加，凝结水泵、循环水泵等主要辅机耗电量基本不变化（循环水供暖时也仅仅是提高排汽温度）。因此建议仍采用《2004 版方法》提供的公式（可参见《电力统计工作指南》第五章第五节能源消耗指标的“供热厂用电率”的计算方法)：

$$W_r = \alpha(W_{cy} - W_{cr} - W_{cf}) + W_{cr}$$

式中 W_r——供热耗用的厂用电量，kWh；

W_{cf}——纯发电用的厂用电量，如循环水泵、凝结水泵等与发电有直接关系的设备用电量，kWh；

W_{cr}——纯热网用的厂用电量，如热网泵等只与供热直接有关的设备用电量，kWh。

《2004 版方法》和 DL/T 1365—2014 将供热厂用电率定义为供热耗用的厂用电量按热功当量折算到热量与供热量的百分比，计算公式为：

$$L_{rcy} = \frac{3600W_r}{\sum Q_{gr}} \times 10^{-6}$$

式中 W_r——供热耗用的厂用电量，kWh；

$\sum Q_{gr}$——统计期供热量，GJ；

L_{rcy}——供热厂用电率，%（该公式基本上已废弃）。

（12）供热耗电率：是指统计期内对外供热 1GJ 热量所消耗的电量。其计算公式为：

$$L_{rhd} = \frac{W_r}{\sum Q_{gr}}$$

$$W_r = \alpha(W_{cy} - W_{cr}) + W_{cr}$$

$$W_{cy} = W_h - W_{kc}$$

式中 L_{rhd}——供热耗电率，kWh/GJ；

α——供热比，%；

W_{cy}——统计期内厂用电量（即高压厂用变压器电量），kWh；

W_{cr}——纯热网用的厂用电量，如热网循环泵等只与供热有关的设备用电量（即供热首站耗电量，如果没有供热专用电量计量时，W_{cr}可取 0），kWh；

W_h——统计期内厂内高压厂用变压器抄见电量与公用电按发电量分摊的电量之和，kWh；

W_{kc}——统计期内按规定应扣除的非生产用电量，kWh；

W_r——供热耗用的厂用电量，kWh。

供热耗电率是《2015 版方法》新增术语。

（13）供热热效率（供热效率）是指统计期内热电厂供热量与热电厂生产这些热量时燃料输入热量的比率。

由于 $\sum Q_{gr} = B_{ry} Q_{net,ar} \eta_{bl} \eta_{gd} \eta_{hs} \times 10^{-3}$，所以热电厂的供热热效率计算公式为：

$$\eta_r = \frac{\sum Q_{gr} \times 1000}{29\ 308 B_r} = \frac{\sum Q_{gr} \times 34.12}{1000 B_r}$$

式中 $\sum Q_{gr}$——统计期内的供热量，GJ；

B_r——热电厂统计期内供热耗用的标煤量，t。

10. 综合技术经济指标

（1）发电量：是指电厂在报告期内生产的电能量，电量的基本计量单位：千瓦时（kWh）。这里的生产电量是指供电量或是发电量，不明确，建议采用 DL/T 2262 的 3.4 定义。但是 DL/T 2262 直接引用 DL/T 1365—2014 的 4.1.2 条定义，强调新装发电机组在未正式运营前，以及发电机组检修或改造后试运转期间所发的电量，凡已被本厂或用户利用的，均应计入该厂的发电量中。虽然这个定义是正确的，但是在计算煤耗率等指标时应根据 DL/T 2303.1—2021《电力生产统计技术导则 第1部分 发电生产统计》注意以下几点：

1）发电量中包含试运行发电量，上网电量中包含试运行上网电量；试运行发电量是指发电机组第一次并网至正式投运时刻止的所有发电量。

2）发电厂的发电量应包括供应本厂厂用电的发电机组的发电量。但不包括励磁机的发电量。

3）发电量电能表宜安装在发电机出口端，若安装在变压器端，则须通过试验算出变压器损失，在计算发电量时，应由变压器端电量加上变压器损失 W_{fz}，换算到发电机端发电量。

4）计算技术经济指标的发电量是指扣除新投运机组试运行期间的发电量。

（2）供电量（厂供电量或计算煤耗率用供电量）：在统计期内，机组（或电站）发电量扣除与生产有关的辅助设备及系统的消耗电量。该定义不妥，实际上供电量包括上网电量、主变压器损耗和机组自带的非生产用电量，其中主变压器属于与生产有关的辅助设备。供电量计算公式为：

$$W_g = W_f - W_d$$

式中 W_g——统计期内供电量，kWh；

W_f——统计期内发电量，kWh；

W_d——统计期内发电厂用电量，kWh。

GB 35574 标准附录 A.5，以及 DL/T 2262 的 3.5 条和 DL/T 1365—2014 定义 4.1.3 条，给出供电量计算公式为：供电量＝发电量－生产厂用电量＝发电量－供热厂用电量－发电厂用电量。该公式仅适用于纯凝机组，对热电联产机组不适用。

《企业温室气体排放核算方法与报告指南 发电设施（2022年修订版）》（环办气候函〔2022〕111号）指出：对于纯凝机组，供电量＝发电量－生产厂用电量；对于热电联产机组，供电量＝发电量－发电厂用电量。

（3）购网电量：是指发电企业为发电、供热生产和供电的需要向电网、其他独立发电企业购入的电量，一般通过厂内高压备用变压器输入，又称外购电量或购进电量。

（4）上网电量（外供电量）：是电厂在报告期内生产和购入的电能产品中用于输送（或销售）给电网的电量，即厂、网间协议确定的电厂并网点各计量关口电能表抄见电量之和，它是厂、网电费结算的依据，上网电量包含试运行上网电量，又称外供电量，上网电量与关口电量不完全相同。计算公式为：

$$\text{上网电量} = \sum \text{电厂并网处关口计量点电能表抄见电量}$$

净上网电量 W_{jgk}＝发电量－非生产用电量－主变压器和线路损失电量－发电厂用电量－供热厂用电量－购网电量（外购电量 W_{wg}）－电蓄热电量－自备电厂自发自用电量＝关口电量 W_{gk}－购网电量 W_{wg}－电蓄热电量－自备电厂自发自用电量

其中，电蓄热是指使用电加热设备（如电锅炉等）将电能转化为热能并储存起来，以满足供热的需求。电蓄热电量就是蓄热过程中消耗的电量。

（5）售电量：发电企业的售电量指发电企业销售给用户（含电厂直供电量）或其他供电企业的可供消费或生产投入的电量。计算技术经济指标的售电量是指扣除新投运机组试运行期间的售电量。

对于发电企业：

售电量＝净上网电量＋电厂直供电量＋其他售电量＝上网电量＋电厂直供电量＋其他售电量－购网电量

对于供电企业：

售电量＝供电量－线损电量＝供电量×线损率（%）

线损电量：指在电能的输送、分配、管理等环节中所造成的损失电量，简称“线损”。

（6）生产厂用电量：在统计期内，机组（或电站）直接用于发电、供热等与生产有关的辅助设备消耗的电量，生产厂用电量包括供热与发电用的厂用电量总和，不包括厂非生产用电量。

如果企业有外购电量 W_{wg}（购网电量），则外购电量 W_{wg} 应计入生产厂用电量。生产厂用电量计算公式为：

$$W_{cy}=W_h-W_{kc}$$

$$W_h=W_{zh}-W_{fz}$$

$$W_{zh}=W_f-W_{gk}+W_{wg}$$

式中 W_{cy}——统计期内生产厂用电量，kWh；

W_h——统计期内总厂用电量（反平衡计算公式），kWh；

W_{fz}——统计期内辅助厂用电量，kWh；

W_{zh}——统计期内综合厂用电量，kWh；

W_{wg}——购网电量（外购电量），kWh；

W_{kc}——统计期内应扣除的非生产用电量，kWh。

《2015 版方法》没有提供总耗用电量 W_h 计算方法，实际上它包括了高压厂用变压器、高压备用变压器（启动变），以及其他独立的高压变压器（如高压脱硫变压器、高压供热变压器）等抄见电量和外购电量之和。

下列用非生产用电量 W_{kc} 不计入生产厂用电量的计算：

1）新设备或大修后设备的烘炉、煮炉、暖机、空载运行的电量。

2）新设备在未正式移交生产前的带负荷试运行期间耗用的电量。

3）大修以及基建、更改工程施工用的电量。

4）发电机作调相机运行时耗用的电量。

5）厂外运输用自备机车、船舶等耗用的电量。

6）输配电用的升、降压变压器（不包括厂用变压器）、变波机、调相机等消耗的电量。

7）修配车间、副业、综合利用（如脱硫石膏、粉煤灰等）及生活所用（食堂、宿舍、幼儿园、学校、医院、服务公司和办公室）的电量。

1）～7）实际上是 DL/T 904 沿用了《电力统计工作指南》（国家电力公司 2002 年 8 月，中国统计出版社）的规定，但仍保留计划大修的术语是不妥的，应改为 A、B 级检修。从上述条款看出，生产厂用电量应包括火电厂的脱硫脱硝特许经营所消耗的厂用电量。

（7）发电厂用电率：统计期内发电耗用的厂用电量与发电量百分比，即：

$$L_{fcy}=\frac{W_d}{W_f}\times 100\%$$

《2004 版方法》规定发电用的厂用电量计算公式为：$W_d=W_{cy}-W_{kc}-W_r$，这个公式是不严谨的，因为统计期内厂用电量 W_{cy} 已经是扣除了非生产用电量 W_{kc}，再扣除就重复扣除了［$W_d=W_{cy}-W_{kc}-W_r=(W_h-W_{kc})-W_{kc}-W_r$］。因此《2015 版方法》修正为：

$$W_d=W_{cy}-W_r$$

式中 L_{fcy}——发电厂用电率，%；

W_d——统计期内发电厂用电量（对于纯发电机组，发电厂用电量等同于生产厂用电量），kWh；

W_{cy}——统计期内生产厂用电量，kWh。

(8) 辅助厂用电率：是指主变压器的空载损耗、负载损耗和线损电量与发电量的百分比，即：

$$L_{fz}=\frac{W_{fz}}{W_f}\times 100\%$$

$$W_{fz}=W_{zh}-W_h$$

式中 L_{fz}——辅助厂用电率，%。

(9) 供热电厂生产厂用电率：统计期内电厂发电厂用电率和供热厂用电率之和。对于纯凝机组，生产厂用电率就是发电厂用电率。其计算公式为：

$$L_{cy}=L_{rcy}+L_{fcy}$$

式中 L_{rcy}——供热厂用电率，%；

L_{fcy}——发电厂用电率，%；

L_{cy}——生产厂用电率，%。

(10) 综合厂用电率：是指全厂发电量、外购电量之和与上网电量的差值与全厂发电量的比值。其计算公式为：

$$L_{zh}=\frac{W_{zh}}{W_f}\times 100\%=\frac{W_f-W_{gk}+W_{wg}}{W_f}\times 100\%=L_{cy}+L_{fz}+L_{fs}$$

式中 L_{zh}——综合厂用电率，%；

L_{cy}——生产厂用电率，%；

L_{fz}——辅助厂用电率，%；

L_{fs}——非生产厂用电率，%；

W_{zh}——综合厂用电量，kWh；

W_{wg}——购网电量（外购电量），kWh；

W_{gk}——上网电量（关口电量），kWh。

综合厂用电量是发电厂生产过程中发电厂内部消耗的全部电量，包括发电厂用电量、供热厂用电量、发电厂内部母线和变压器损耗等。对于公用电厂，综合厂用电量等于发电量与购网电量之和与上网电量、试运发电量的差值；对于企业自备电厂，还应减去自发自用电量，即：

综合厂用电量＝发电量＋购网电量－上网电量－自备电厂自发自用电量－电蓄热电量－试运发电量

公式明确综合厂用电量包含了供热厂用电量（有的发电集团公司为了使综合厂用电率和综合供电煤耗率好看一些，从综合厂用电量扣除了供热厂用电量和脱硫除尘等特许经营电量，这是不正确的），同时明确了包含了购网电量。DL/T 904 将购网电量定义为外购电量，实际上统计局将外购电量定义为购进电量，后者更为准确。

(11) 标准煤量：是指统计期内用于生产所耗用的燃料折算至标准煤的燃料量。供电煤耗率计算采用正平衡法：

$$B_b=B_h-B_{kc}=B_d+B_r$$

$$B_d=(1-\alpha)B_b$$

$$B_r=\alpha B_b$$

式中 B_b——统计期内机组入炉（含发电和供热）标准煤量，t；

B_h——统计期内机组耗用燃料计量总量折至标准煤量，包括燃煤、燃油、燃气与其他燃料（污泥、垃圾等燃料）之和，同时需考虑煤仓、粉仓的变化，t；

B_d——统计期内机组发电耗用的标准煤量，t；

B_r——统计期内机组供热耗用的标准煤量，t；

B_{kc}——统计期内应扣除的非生产用燃料量（折至标准煤），t。

应扣除入炉煤计量点后的非生产用燃料量：

1）新设备或大修后设备的烘炉、煮炉、暖机、空载运行的燃料（其费用应列入新机建设成本）。

2）新设备在未移交生产前的带负荷试运行期间耗用的燃料（其费用应列入新机建设成本）。

3）计划大修以及基建、更改工程施工用的燃料（其费用应列入相应的工程支出）。

4）发电机做调相运行时耗用的燃料。

5）厂外运输用自备机车、船舶等耗用的燃料。

6）修配车间、副业、综合利用及非生产用（食堂、宿舍、幼儿园、学校、医院、服务公司和办公室等）的燃料（其费用应列入相应成本对象）。

7）进行热效率试验或其他试验期间，由于调整操作频繁，超过该机组前五天的正常平均煤耗而多耗用的燃料（其费用列入生产成本中其他费用项下的试验费用）。

8）新建扩建储煤场（罐）耗用的垫底煤（其费用列入储煤场的建设成本）。

9）燃料运输和存储过程中没有超出定额损耗的燃料（对于超出定额损耗的燃料应查明原因，并按权限报批后进行相应账务处理）。

1）～6）所列非生产用燃料量源于《电力统计工作指南》（国家电力公司战略规划部编，2002.8 中国统计出版社）。《2015 版方法》只是将 6）修改为非生产用燃料，这是不妥的，因为前五项也属于非生产用燃料，建议改为其他非生产用燃料。第 1）条建议改为“新设备或大修后设备的试运行、空载运行的燃料”，第 3）条建议改为“A、B 级检修以及基建、更改工程施工用的燃料”。

（12）发电（标准）煤耗率：机组（或电站）发出 1kWh 电能所消耗的标准煤量。发电（标准）煤耗率＝（发电）标准煤量/发电量

$$b_f=\frac{B_d}{W_f}\times 10^6=\frac{(1-\alpha)B_b}{W_f}\times 10^6$$

式中 b_f——发电煤耗率，g/kWh；

W_f——统计期内发电量，kWh。

（13）供电煤耗率：统计期内汽轮发电机组每供出 1kWh 电能平均耗用的发电标准煤量，又称生产供电煤耗率。其计算公式为：

$$b_g=\frac{b_f}{1-L_{fcy}}=\frac{B_d}{W_f(1-W_d/W_f)}\times 10^6=\frac{B_d}{W_f-W_d}\times 10^6$$

式中 b_g——供电煤耗率，g/kWh；

b_f——发电煤耗率，g/kWh；

L_{fcy}——发电厂用电率，%。

在 DL/T 2303.1—2021《电力生产统计技术导则　第 1 部分：发电统计》规定：供电标准煤耗率＝发电标准煤量/（发电量－发厂用电量）。

《2015 版方法》第 9.5.1 条给出的供电煤耗率计算公式是正确的，但第 9.1.3 条提供的供电量计算公式（$W_g=W_f-W_{cy}=W_f-W_{fcy}-W_{rcy}$）则是错误的。实际上供电量计算公式对与否，可以直接用供电煤耗率两种计算公式进行验证，验证的方法是用供电量计算出的供电煤耗率和用厂用电率计算出的供电煤耗率应该相等。

【例 2-9】 某 200MW 供热机组某月运行数据见表 2-21，请用供电量和厂用电率两种方法计

算供电煤耗率。

表 2-21　　某 200MW 供热机组某月运行数据

标准煤量(t)	发电标准煤量(t)	供热标准煤量(t)	发电量(万 kWh)	供热量(GJ)	供热比(%)
46 033	27 937.43	18 095.57	10 272.2	391 075	39.31
供热煤耗率(GJ/kWh)	供热厂用电率(%)	供热厂用电量(万 kWh)	发电厂用电量(万 kWh)	发电煤耗率(g/kWh)	供电量(万 kWh)
46.27	4.39	450.7	564.4	271.97	9707.80

解：发电厂用电率 L_{fcy}=(564.4/10 272.2)×100%=5.49%

生产厂用电率 L_{cy}=[(450.7+564.4)/10 272.2]×100%=9.88%

根据 DL/T 904—2015 标准 9.1.3 条提供的供电量计算公式 $W_g=W_f-W_{cy}$=10 272.2−564.4−450.7=9257.1（万 kWh）

则供电煤耗率 b_g=（B_d/W_g）×100=(27 937.43/9257.1)×100=301.79(g/kWh)

而依据《2015 版方法》第 9.5.1 条采用厂用电率方法计算供电煤耗率 $b_g=b_f/(1-L_{fcy})$=271.97/(1−5.49%)=287.78(g/kWh)

很明显两种方法计算结果不一样。说明《2015 版方法》提供的供电量计算公式不严谨。

（14）供电效率（供电热效率）：是指将燃煤机组视为一个整体的基础上，把发电燃料输入热量作为投入，把对外供电当量热量作为产出，机组输出、输入的百分比。其计算公式为：

$$\eta_d=\frac{3600W_g}{29\ 308B_d}\times10^{-3}\times100\%=\frac{3.6W_g}{29\ 308B_d}\times100\%=\frac{122.8}{b_g}\times100\%$$

式中　W_g——统计期内供电量，kWh；

η_d——供电效率，%；

B_d——统计期内机组发电耗用的标准煤量，t。

可以推导出供电效率与供电煤耗率之间存在如下关系：

$$b_g=\frac{B_d}{W_g}\times10^6=\frac{3600\times1000}{29\ 308\eta_d}=\frac{122.8}{\eta_d}$$

式中　b_g——供电煤耗率，g/kWh；

η_d——供电效率，%。

供电煤耗率与供电效率是同一个本质的不同表述，我国习惯用供电煤耗率来表述发电厂的经济性，而国际或者教学系统上习惯采用供电效率来表述的。

（15）供热煤耗率：是指统计期内，热电厂供热耗用的标准煤量与供热量比值，热电厂供热煤耗率计算公式为：

$$b_r=\frac{\alpha B_b}{\sum Q_{gr}}\times10^3$$

$$\alpha=\frac{\sum Q_{gr}}{B_b\times29.308\times\eta_{bl}\eta_{gd}\eta_{hs}}$$

式中　a——供热比，%；

η_{hs}——热网效率（碳排放核查时对于有换热器间接供热的，η_{hs}取 95%；对于没有换热器由锅炉或汽轮机直接供汽的，η_{hs}取 100%），%；

b_r——供热标准煤耗率，kg/GJ；

$\sum Q_{gr}$——统计期供热量，kJ。

（16）综合供热煤耗率：供热煤耗率与供热电耗率折算成标准煤耗率之和。其计算公式为：

$$b_{zr}=b_r+\frac{L_{rhd}\times b_f}{1000}$$

式中 b_{zr}——综合供热煤耗率，kgce/GJ；

b_r——供热标准煤耗率，kg/GJ；

L_{rhd}——供热电耗率，kWh/GJ。

（17）折纯凝供电煤耗率：是指扣除机组供热后对供电煤耗率的影响（即假定机组处于纯凝状态）条件下的供电煤耗率。对于供热机组可以折算成纯凝供电煤耗率，大唐集团公司给出的计算公式为：

$$b_{gz}=b_g+(C_{pi1}\times R_1+C_{pi2}\times R_2)$$

式中 b_g——供热机组的实际统计计算供电煤耗率，g/kWh；

R_1、R_2——分别为工业和采暖抽汽的热电比，GJ/万 kWh；

C_{pi1}、C_{pi2}——分别为工业和采暖抽汽的修正系数，万 g/GJ（分别取 1.4 和 2.0）。

2001 年 1 月 1 日开始实行的《国家电力公司一流火力发电厂考核标准》（电发〔2000〕196 号）提供了对不同抽汽压力供热时的供电煤耗率修正系数见表 2-22，工业抽汽压力在 0.6～3.9MPa 范围内平均修正系数为 1.4；采暖抽汽压力在 0.01～0.8MPa 范围内平均修正系数为 1.8。196 号文规定的修正系数与大唐集团公司规定接近。因为采暖供热基本上是进入低压缸的低品质抽汽，因此在供热好处归电的前提下，它影响供电煤耗率的幅度将大于工业供汽（蒸汽品质高），即采暖供热的热电比修正系数大于工业供汽热电比修正系数。

表 2-22　不同抽汽压力供热时的供电煤耗率基准值修正系数

抽汽室年平均压力 P_i［MPa（表压）］	供电煤耗率修正系数 C_{pi}（万 g/GJ）	
	亚临界、超高压、高压	中压、次中压
3.919（41ata）	0.653	—
2.841（30ata）	0.847	—
1.860（20ata）	1.092	—
1.370（15ata）	1.267	—
1.174（13ata）	1.354	0.971
0.879（10ata）	1.514	1.110
0.683（8ata）	1.608	1.228
0.487（6ata）	1.730	1.381
0.193（3ata）	2.021	1.748
0.144（2ata）	2.097	1.844
0.016（1.2ata 采暖）	2.408	2.23

注 1. 循环水供热采暖，压力按 0.016 MPa 取值。

2. 供热机组供电煤耗率考核值=（供热机组不供热时供电煤耗率基础值$-C_{pi}S_pR_i$），其中 S_p为各种修正系数的平均值，R_i为热电比，单位：GJ/万 kWh。

某电厂采用采暖抽汽供热 330MW 东方机组，纯凝时设计热耗率为 7850kJ/kWh，锅炉效率为 93%，管道效率为 99%，在不同工况下的设计参数见表 2-23，330MW 抽汽供热在不同热电比下的热耗率和发电煤耗率变化曲线如图 2-6 所示，其中热电比对发电煤耗率的影响基本上成线性 1.786 倍的关系增长。

表 2-23　　不同工况下的设计参数

发电量（万 kWh/h）	27.718	28.630	29.546	30.448	31.133	31.799	32.484	33.192	33.919
抽汽焓（kJ/kg）	2917.3	2917.3	2917.3	2917.3	2932.8	2950.6	2967	2985	3002
抽汽供热流量（t/h）	450	400	350	300	250	200	150	100	50
疏水焓（kJ/kg）	540.12	540.12	540.12	540.12	555.20	571.11	586.18	600.42	613.40
疏水温度（℃）	129	129.0	129.0	129.0	132.6	136.4	140.0	143.4	146.5
供热量（GJ/h）	1069.730	950.871	832.012	713.153	594.401	475.899	357.123	238.458	119.430
热电比（GJ/万 kWh）	38.59	33.21	28.16	23.42	19.09	14.97	10.99	7.18	3.52
热耗率变化量 Δq（kJ/kWh）	1857.0	1633.0	1425.0	1226.0	1005.0	786.0	575.0	372.0	179.0
发电煤耗率变化量 Δb(g/kWh)	68.82	60.52	52.81	45.43	37.24	29.13	21.31	13.79	6.63

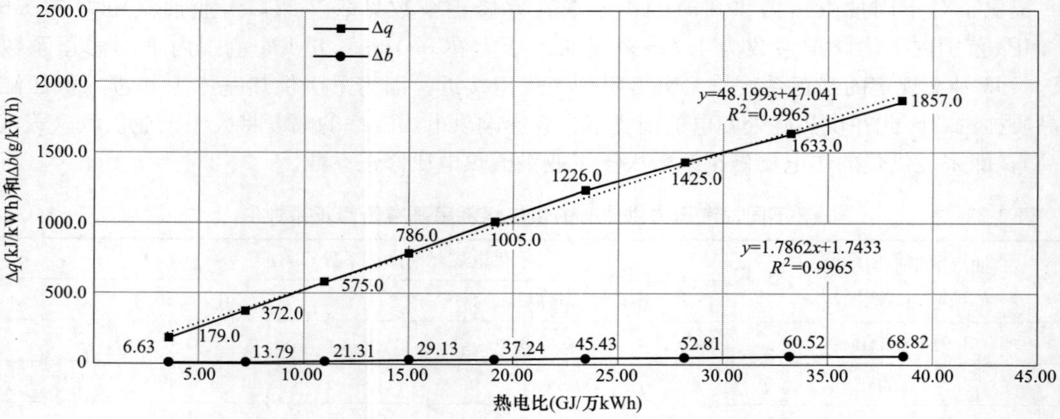

图 2-6　330MW 抽汽供热在不同热电比下的热耗率和发电煤耗率变化曲线

（18）综合供电煤耗率（上网煤耗率）：统计期内电厂每向电网净供出 1kWh 电能（净上网电量）平均耗用的发电标准煤量。其计算公式为：

$$b_{zh}=\frac{B_d}{W_{gk}-W_{wg}}\times10^6=\frac{B_d}{W_f-(W_f-W_{gk}+W_{wg})}\times10^6$$

$$=\frac{B_b/W_f}{[W_f-(W_f-W_{gk}+W_{wg})]/W_f}\times10^6=\frac{b_f}{1-L_{zh}}$$

式中　b_{zh}——综合供电煤耗率，g/kWh；

b_f——发电煤耗率，g/kWh；

B_d——入炉发电标准煤量，t；

L_{zh}——综合厂用电率，%。

该公式适用于纯凝机组和供热机组。《2004 版方法》提供的综合供电煤耗率计算公式有误，即：

$$b_{zh}=\frac{B_b}{W_{gk}-W_{wg}}\times 10^6=\frac{b_f}{\left(1-\frac{L_{zh}}{100}\right)\left(1-\frac{\alpha}{100}\right)}$$

公式前半部分的分子入炉标准煤量 B_b，应改为入炉发电标准煤量 B_d，即（$1-\alpha$）B_b，后半部分的分母应删掉（$1-\alpha/100$）。

（19）财务供电煤耗率（即全厂供电煤耗率）：统计期内电厂发电耗用总标准煤量与供热标准煤量之差与净上网电量的比值。其计算公式为：

$$b_{cw}=\frac{B_h-\alpha B_b}{W_{gk}-W_{wg}}\times 10^6=\frac{B_b+B_{kc}-\alpha B_b}{W_f-(W_f-W_{gk}+W_{wg})}\times 10^6=\frac{(1-\alpha)B_b+B_{kc}}{W_f-(W_f-W_{gk}+W_{wg})}\times 10^6$$

$$=\frac{(1-\alpha)B_b/W_f+B_{kc}/W_f}{[W_f-(W_f-W_{gk}+W_{wg})]/W_f}\times 10^6=\frac{b_f+b_{kc}}{1-L_{zh}}$$

式中 b_{cw}——财务供电煤耗率，g/kWh；

b_f——发电煤耗率，g/kWh；

b_{kc}——非生产煤耗率，g/kWh。

（20）运行负荷率：统计期内机组运行的平均负荷与额定容量的百分比，即：

$$X=\frac{P_{pj}}{P_e}\times 100\%$$

式中 X——运行负荷率，%；

P_{pj}——机组平均负荷，MW；

P_e——机组额定容量，MW。

在《2004 版方法》中该术语是“负荷系数”，出力系数（或负荷系数）是指平均负荷与最大容量的百分比（见 DL/T 793.1—2017《发电设备可靠性评价规程　第 1 部分：通则》）。因此《2015 版方法》将负荷系数术语修改为运行负荷率。

【例 2-10】 热电联产 200MW 机组型号为 CC140/N200-12.7/535/535，已知条件：额定功率 $P_N=140.852$MW，机组热耗率 $q=4864.2$kJ/kWh。2020 年运行数据如下：主蒸汽压力 $p_0=11.67$MPa，主蒸汽温度 $t_0=535.9$℃，主蒸汽焓 $h_0=3433.0$kJ/kg，主蒸汽流量 $D_0=618$t/h，高压缸排汽压力 $p_{rhl}=2.298$MPa，高压缸排汽温度 $t_{rhl}=303.7$℃，高压缸排汽焓 $h_{rhl}=3025.4$kJ/kg，再热蒸汽压力 $p_{rh}=2.032$MPa，再热蒸汽温度 $t_{rh}=535$℃，再热蒸汽焓 $h_{rhr}=3544.0$kJ/kg，再热蒸汽流量 $D_{rh}=511.41$t/h，给水压力 $p_{fw}=18$MPa，给水温度 $t_{fw}=244.4$℃，给水焓 $h_{fw}=1060.2$kJ/kg。

工业供汽：压力 $p_i=0.98$MPa，温度 $t_i=444$℃，焓 $h_i=3358.25$kJ/kg，流量 $D_i=42.5$t/h，补水焓 $h_k=84$kJ/kg，凝结水回水流量 $D_h=0$，运行小时 $T_{gr1}=5800$h。

采暖抽汽：压力 $p_q=0.23$MPa，温度 $t_q=252.5$℃，焓 $h_q=2975.4$kJ/kg，流量 $D_q=285.6$t/h，疏水焓 $h_{qs}=527.6$kJ/kg，运行小时 $T_{gr2}=3504$h。

全年锅炉效率 $\eta_{bl}=91.9\%$，管道效率 $\eta_{gd}=99\%$，发电量 $W_f=104\ 406$ 万 kWh，上网电量 $W_{gk}=95\ 301.34$ 万 kWh，外购电量 $W_{wg}=96$ 万 kWh，主变压器的损耗和线损 $W_{fz}=100.66$ 万 kWh，非生产用电量 $W_{kc}=10$ 万 kWh，全年发电、供热耗用标准煤量 $B_b=451\ 174.1$tce，非生产耗用标准煤量 $B_{kc}=5.9$tce。供热首站耗电量 $W_{cr}=12.0$ 万 kW，热网加热器效率 $\eta_{hs}=97\%$。求供电煤耗率、综合供热煤耗率、热电比、供电量、综合厂用电率、发电厂用电率、生产厂用电率、发电效率、供热效率、综合供电煤耗率、财务供电煤耗率和折纯凝供电煤耗率，并判断是否满足 3 级能耗限额值。

解：（1）供热量。

工业供汽直接供热量 $\sum Q_{r1}=\sum Q_{gr1}=(D_i h_i-D_h h_h-D_k h_k)T_{gr1}\times 10^{-3}$

$=42.5\times 5800\times(3358.25-84)\times 10^{-3}=807\ 102.7$（GJ）

采暖间接供热量 $\sum Q_{r2}=D_q(h_q-h_{qs})T_{gr2}\times 10^{-3}$

$=285.6\times 3504\times(2975.4-527.6)\times 10^{-3}=2\ 449\ 617.2$（GJ）

供热量 $\sum Q_{gr}=\sum Q_{r1}+\sum Q_{r2}=807\ 102.7+2\ 449\ 617.2=3\ 256\ 719.9$(GJ)

（2）供热比（供热成本分摊比）。

$$a=\frac{\sum Q_{gr}}{\sum Q_{sr}}=\frac{\sum Q_{gr}}{B_b\times 29.308\times \eta_{bl}\eta_{gd}\eta_{hs}}=\frac{3\ 256\ 719.9}{451\ 174.1\times 29.308\times 0.919\times 0.99\times 0.97}=0.2791$$

（3）综合厂用电量 $W_{zh}=W_f-W_{gk}+W_{wg}=104\ 406-95\ 301.34+96$

$=9200.66$(万 kWh)

总厂用电量 $W_h=W_{zh}-W_{fz}=9200.66-100.66=9100.0$（万 kWh）

生产厂用电量 $W_{cy}=W_h-W_{kc}=9100.0-10=9090$（万 kWh）

供热厂用电量 $W_r=(W_{cy}-W_{cr})\alpha+W_{cr}$

$=(9090-12.0)\times 0.2791+12.0=2545.67$（万 kWh）

发电厂用电量 $W_d=W_{cy}-W_r=9090-2545.67=6544.33$（万 kWh）

供电量 $W_g=W_f-W_d=104\ 406-6544.33=97\ 861.67$（万 kWh）

发电厂用电率 $L_{fcy}=\frac{W_d}{W_f}\times 100\%=\frac{6544.33}{104\ 406}\times 100\%=6.27\%$

供热厂用电率 $L_{rcy}=\frac{W_r}{W_f}\times 100\%=\frac{2545.67}{104\ 406}\times 100\%=2.44\%$

生产厂用电率 $L_{cy}=\frac{W_{cy}}{W_f}\times 100\%=\frac{9090}{104\ 406}\times 100\%=8.71\%$

辅助厂用电率 $L_{fz}=\frac{W_{fz}}{W_f}\times 100\%=\frac{100.66}{104\ 406}\times 100\%=0.10\%$

非生产厂用电率 $L_{fs}=\frac{W_{fs}}{W_f}\times 100\%==\frac{10}{104\ 406}\times 100\%=0.01\%$

综合厂用电率 $L_{zh}=\frac{W_{zh}}{W_f}\times 100\%==\frac{9200.66}{104\ 406}\times 100\%=8.81\%$

（4）综合热效率。

$$\eta_{cp}=\frac{\sum Q_{gr}\times 1\ 000\ 000+W_f\times 3600}{B_b\times 29\ 308\times 1000}\times 100\%$$

$$=\frac{3\ 256\ 719.9\times 1\ 000\ 000+104\ 406\times 10\ 000\times 3600}{451\ 174.1\times 29\ 308\times 1000}\times 100\%=53.05\%$$

（5）供热煤耗率。

$$b_r=\frac{\alpha B_b\times 1000}{\sum Q_{gr}}=\frac{34.12}{\eta_{bl}\eta_{gd}\eta_{hs}}=\frac{34.12}{0.919\times 0.99\times 0.97}=38.66\ \text{(kg/GJ)}$$

或者 $b_r=\frac{\alpha B_b\times 1000}{\sum Q_{gr}}=\frac{0.2791\times 451\ 174.1\times 1000}{3\ 256\ 719.9}=38.67$（kg/GJ）

（6）发电煤耗率。

发电标准煤耗量 $B_d = B_b(1-a) = 451\ 174.1 \times (1-0.2791)$
$= 325\ 251.41$ (t)

发电煤耗率 $b_f = \frac{B_d \times 1\ 000\ 000}{W_f} = \frac{325\ 251.41 \times 1\ 000\ 000}{104\ 406 \times 10\ 000} = 311.53$ (g/kWh)

(7) 热电比。

$$I = \frac{\sum Q_{gr} \times 1\ 000\ 000}{W_g \times 3600} \times 100\% = \frac{3\ 256\ 719.9 \times 1\ 000\ 000}{97\ 861.67 \times 10\ 000 \times 3600} \times 100\% = 92.44\%$$

$$R = \frac{\sum Q_{gr} \times 10\ 000}{W_g} = \frac{3\ 256\ 719.9}{97\ 861.67} = 33.28\ (\text{GJ/万 kWh})$$

工业供汽热电比 $R_1 = \frac{807\ 102.7}{97\ 861.67} = 8.25$ (GJ/万 kWh)

采暖供汽热电比 $R_2 = \frac{2\ 449\ 617.2}{97\ 861.67} = 25.03$ (GJ/万 kWh)

(8) 供热电耗率。

$$L_{rhd} = \frac{W_r}{\sum Q_{gr}} = \frac{2545.67 \times 10\ 000}{3\ 256\ 719.9} = 7.82\text{kWh/GJ}$$

(9) 供电煤耗率。

(生产) 供电煤耗率 $b_g = \frac{b_f}{1-L_{fcy}} = \frac{311.53}{1-0.0627} = 332.37$ (g/kWh)

或者根据供电煤耗率定义 $b_g = \frac{B_d}{W_g} = \frac{325\ 251.41 \times 100}{97\ 861.67} = 332.36$ (g/kWh)

(10) 发电效率。

$$\eta_d = \frac{122.8}{b_f} \times 100\% = \frac{122.8}{311.53} \times 100\% = 39.42\%$$

(11) 供热效率 $\eta_r = \frac{\sum Q_{gr} \times 34.12}{1000 B_r} \times 100\% = \frac{2\ 449\ 617.2 \times 34.12}{451\ 174\ 100 \times 0.2791} \times 100\% = 66.37\%$

(12) 综合供热煤耗率。

由于是烟煤非空冷机组，综合供热煤耗率不进行煤质修正。

综合供热煤耗率 $b_{zr} = b_r + \frac{L_{rhd} \times b_f}{1000} = 38.66 + \frac{7.82 \times 311.53}{1000}$
$= 41.1\text{kWh/GJ} < 43\text{kWh/GJ}$

可见综合供热煤耗率满足 3 级能耗限额值。

(13) 综合供电煤耗率 $b_{zh} = \frac{b_f}{1-L_{zh}} = \frac{311.53}{1-0.0881} = 341.63$ (g/kWh)

或者 $b_{zh} = \frac{B_d}{W_{gk} - W_{wg}} \times 10^{-6} = \frac{325\ 251.44}{95\ 301.34 - 96} \times 100 = 341.63$ (g/kWh)

(14) 财务供电煤耗率。

机组耗用燃料总量 $B_h = B_b + B_{kc} = 451\ 174.1 + 5.9 = 451\ 180$ (t)

财务供电煤耗率 $b_{cw} = \frac{B_h - \alpha B_b}{W_{gk} - W_{wg}} \times 10^6$

$$= \frac{4511\ 80 - 0.2791 \times 451\ 174.1}{95301.34 - 96} \times 100 = 341.64\ (\text{g/kWh})$$

（15）折纯凝供电煤耗率。

$$b_{gz}=b_g+C_{pi1}\times R_1+C_{pi2}\times R_2=332.37+1.4\times 8.25+2\times 25.03=393.98(g/kWh)$$

第四节 《用能单位能效对标指南》解读与应用

标杆管理理论直到20世纪90年代引入我国，大部分企业在运用中还属于初级阶段，对标杆管理的理解和运用还不成熟。电力企业真正接近严格意义的对标管理活动应该是山东电力公司开展的学习香港中华电力的活动。山东电力公司以中华电力为标杆企业，从经营业绩到管理程序全面向香港中华电力看齐，并制定了赶超中华电力的长期战略规划。山东电力公司之所以成为国内一流电力公司，在提高企业管理水平方面成绩斐然，应该说与认真开展学习中华电力的对标管理活动密不可分。在借鉴山东电力经验后，中国华电集团公司于2004年5月推行对标管理，建立了发电生产和经营指标体系，在所属发电企业全面开展了对标管理，取得了一定效果。2007年9月27日，国家发展和改革委员会颁布了《关于印发耗能企业能效水平对标活动实施方案的通知》（发改环资〔2007〕2429号），该通知指出能效水平对标活动是指企业为了提高能效水平，与国际、国内同行业先进企业能效指标进行对比分析，确定标杆，通过管理和技术措施，达到标杆或更高能效水平的实践活动。

GB/T 36714—2018《用能单位能效对标指南》（以下简称《2018版指南》）由中国标准化研究院、中国电力企业联合会等联合编制，2018年9月发布，2019年4月1日实施。

一、《用能单位能效对标指南》的主要内容与应用

1. 术语和定义

（1）对标管理。又称基准管理或标杆管理，对标管理是指企业持续不断地将自己的产品、服务及管理实践活动与较强的竞争对手或那些被公认的行业先进的企业的产品、服务、绩效及管理实践活动进行对比分析，使企业自身得到不断改进，创造优秀业绩的良性循环的过程。简单地说对标管理就是树立榜样，不断向榜样学习并提高自己，然后让自己成为别人的榜样。

（2）能效对标。用能单位对其能源利用效率及能源利用的相关指标和管理方法进行收集整理，并与能效标杆进行对比分析、确定能效标杆、寻找差距、制定改进方案、实施改造、评估、持续改进的实践活动。

（3）能源效率（能效）。输出能源与输入能源之比。

（4）能效标杆。用能单位在某一时期选定的要达到或超越的能效先进水平（《2018版指南》认为标杆只包括指标，实际上还包括能效先进的用能单位）。

（5）能效对标的边界。用能单位选定的用于开展能效对标的产品、服务、建筑物或用能工艺、工序、设施、设备、系统等的物理意义界限。

2. 标杆管理的类型

根据标杆不同的隶属关系，通常可将标杆管理分为两大类：内部标杆管理和外部标杆管理。

（1）内部标杆管理。是指用能单位某一部门选择其单位内部绩效领先的某一部门作为标杆所开展的对标工作。辨识企业内部最佳职能或流程及其实践，然后推广到组织的其他部门，不失为企业绩效提高的最便捷的方法之一。

基层发电厂内部对标通过对标管理找出一个企业的内部优秀绩效参数（如办公经费支出），通过内部信息分享，找出其最佳内部实践，把信息传递给企业内的其他部门，从而收到立竿见影的效果。为了避免内部标杆的封闭和狭隘性，在实践中。内部标杆管理可以延伸到集团公司或区域公司的对标管理工作。

内部对标的最大优点在于企业内部各部门各专业之间（即使集团公司下属各电厂之间也不存在竞争关系）标杆资料和信息易于取得，不存在资料转换问题。同时，也无需考虑涉及商业机密问题，在专业化程度较高的企业内，可以促进部门间的沟通，这是最简单的对标管理。缺点是视野狭隘，不易找到最佳实践，并且学习的对象局限在企业内部，很难为企业带来创新性的突破。

(2) 外部标杆管理。用能单位为提高绩效水平，选择外部绩效领先的某个用能单位作为标杆开展对标工作。分为竞争性标杆管理和非竞争性标杆管理。

1) 竞争性标杆管理（又称行业内对标，或简称业内对标）。标杆伙伴是行业内（企业与竞争对手生产同样或相似产品，提供同样或相似服务）的直接竞争对手（如华电集团与华能集团、美国施乐公司和日本佳能公司、中国移动与联通之间，存在着竞争市场）。由于同行业竞争者之间的产品结构和产业流程相似，面临的市场机会相当，竞争对手的作业方式会直接影响各自企业的目标市场，因此竞争对手的信息对于企业在进行策略分析及市场定位有很大的帮助，收集的资料具有高度相关性和可比性。但正因为标杆伙伴是直接竞争对手，信息具有高度商业敏感性，难以取得竞争对手的积极配合，获得真正有用或是准确的资料比较困难，从而极有可能使标杆管理流于形式或者失败。企业可通过双方互惠的方式，达成信息收集的目的，也可以通过行业协会等组织来获取信息。美国施乐公司最初的对标就属于竞争性标杆管理。

2) 非竞争性对标（又称行业外对标，或简称业外对标）。非竞争性对标的标杆一般是行业外企业（如威海电厂与上海电机厂，美孚石油与卡尔顿酒店），二者之间由于生产不同的产品或提供不同的服务，因此没有任何市场冲突，但是由于不属于同行业，互相不认识，联系起来比较困难，对非竞争性行业资料收集成本更高，而且对企业有帮助的只能是最佳实践。只能通过熟人介绍协调取得相关资料，可以委托专业管理顾问公司进行调查。美国美孚石油公司的最初对标就属于业外对标。

3. 能效对标管理的意义

能效对标是推动重点耗能企业查找能源利用薄弱环节，改进能源利用方式，实现节能的重要途径。

(1) 客观对比，认清自身。对标管理是企业绩效评估的工具。通过对标管理为企业提供了一面镜子，可以得到同行业中最佳或先进的指标业绩，以此对本企业进行绩效评估，知道自己可以达到的水平，并提出本企业各项合理指标的定额水平和目标。

(2) 持续改进，追求卓越。对标管理与其他的管理工具最大的不同之处是强调持续改善的理念。企业想要通过对标管理来提升绩效、追求卓越，必须认识到追求完美的过程是永无止境的，应将对标对象视为一个移动的标靶，使之成为一个持续的过程。当企业成功地完成了一次对标管理项目，并取得了丰硕成果时，如果能够继续选择其他的学习主题、对象，进行下一次对标管理活动，企业绩效就能够更上一层楼，使自己能够达到同样或超过的境界，成为其他企业学习模仿的对象。

(3) 明确自我，扬长避短。通过对标管理，一方面着重分析制造产品或提供服务的过程，并针对此过程的弱项进行强化。深度思考在作业过程中造成产品或服务品质差距的原因，重新设计过程以弥补差距；另一方面可以找出自己的长处，扬长避短，将生产和管理转移到自己擅长的领域或者组织方式，二次创业也许会迅速提高绩效，起到事半功倍的效果。

(4) 博采众长，为我所用。对标管理首先是确定标杆，使职工明确学习的对象和超越的目标。对标管理有助于企业了解和掌握新信息、科技发展及最佳实践等，从而将成熟的技术和管理方法应用到自己的企业，推动企业进步。

(5) 结合实际，管理创新。对标管理是企业提升管理水平的工具。对标管理能帮助本企业熟悉、学会标杆企业的最佳经营管理模式，在本企业自身现有的管理方法中，对标杆企业的管理模式和管理方法进行吸收、改进和创新，建立一套切合自己实际的科学有效的管理体系，从而全面提高企业的管理水平。

(6) 及时预警，防患未然。通过收集标杆企业的管理实践和技术应用，也会了解到标杆企业积累的很多成功经验和失败教训，对标管理可以使本企业少走弯路，防止重蹈覆辙，加快自己的发展速度。

4. 对标管理的原则(《2018版指南》没有给出对标管理的原则，这是笔者增加的内容)

(1) 动态性原则。标杆要动态。按动态比较的管理模式，不断确定国内外同行业最优指标，不断确立新的标杆，不断确保标杆的先进性。指标也要动态。不能拿标杆企业去年的绩效比较，标杆值尽可能采用同步数据，实在无法收集到，也可采用去年同期数据或近期季度累计数据。另一方面，对标的本质是学习标杆企业的管理方法、节能措施，然后提高自己的绩效。有些企业把与设计值、历史值、标准值（限定值）比较分析误认为是“内部对标管理”，实际上这只是解剖差距的分析方法，而不是管理方法。对标管理是一种管理方法。实际上设计值、历史值、标准值是相对比较固定不变的；而标杆值是随时每月变化的。而且对标分析是对标杆企业的进行解剖分析，而不是对某种问题进行QC活动鱼刺因果分析。

(2) 全面性原则。数据作为一种载体，只是作为分析衡量企业绩效水平的一种尺度和统计工具，是对企业生产经营过程和管理结果的一种真实反映。如果脱离企业自身实际，去片面追求单纯的指标数据，玩一些虚的数字游戏，而不关注管理内容，创新业绩，这样的对标也不会有什么效果。对标既要比终端性指标，又要比过程性指标，立足于通过过程控制来保证终端指标的先进性。

有些企业认为对标就是对数据，对标时存在“两张皮”现象，部分单位的对标工作与日常管理工作结合不紧，仅停留在单纯的指标数据统计报送上，过分注重绩效数据，忽略了对各类业务流程的梳理对比和优化分析，不清楚标杆绩效的真正来源，不够注重典型经验的积累学习及各项业务工作的整改、实践、完善和提高。这很容易产生比较错误，甚至误入歧途。在对标内容上，既要比经营业绩、技术经济指标，又要比管理方法和管理流程，将指标体系全面覆盖各项管理工作。在对标过程中，要以指标为龙头，从指标差距入手，以制度建设为切入点，以流程优化、标准提升、持续改进为途径，找准指标差距和管理差距，通过技术改进、管理方法的更新，推动各项指标水平的提高。全面性原则就是要指标与管理兼备，既要比管理的手段，更要比管理的流程，通过管理手段和方法的比较，制定对策和措施，全面实施整改，并持续改进，不断超越，实现新的业绩指标水平。

(3) 持续改进性原则。对标工作是一个不断确立更高目标并实现超越的过程，是一个持续改进渐进、循序上升的过程。对标工作要实现闭环管理，及时评估指标在同行业中所处的位置，开展差异性分析，评估本单位改进措施和手段的有效性，不断确定新的标杆，不断评估差异、不断检验各项保障手段和管理措施的适应性和有效性，实现持续不断地完善、改进和提高。要不断完善改进指标体系，指标的选取应是一个动态过程，应按照循序渐进的原则，根据对标工作的进展情况，结合企业实际，不断剔掉已经取得成效的指标并已经很优秀的指标，不断增加一些有待提高的指标，对指标体系进行调整、充实和完善。

(4) 企业主导原则。企业是对标活动的实施主体，应按照国家发展和改革委员会和行业协会的相关要求，积极开展对标活动。企业自己选择标杆企业，并认真查找与标杆企业之间的差距，深入分析存在差距的原因，采取行之有效的对策措施，不断降低本企业能源消耗。

相关行业协会要加强对本行业重点企业对标活动的指导，主要任务是组织制定归一化处理方法和统计口径，对重点企业对标活动进行跟踪、评估和指导。

（5）先进性原则。标杆的选择、工具的确定和对标的组织要坚持高标准、严要求，必须充分体现先进水平要求。对标要符合企业的实际，不能把目标定得过大，标杆企业不一定是世界500强。选择的标杆指标应处于同行业先进水平，不要求最优秀，只有更好，没有最好。

（6）突出重点原则（代表性原则）。企业对标体系要突出重点企业、重点工序、重点设备和重点产品，针对重点环节对标挖潜，提升生产经营能力。在对标内容和指标方面也要“少而精”，对标内容和指标过多，主次不分，对标成本增大，欲速则不达。

有些企业认为“全面树标”力度大，进步快。当前国外企业的标杆管理一般是选择产品（服务）、流程、设备等具体对象进行，通过不断循环逐步改进，最后使企业整体业绩不断得到提升。而目前我国电力企业的标杆管理是直接把企业与标杆企业进行比较，全面分析经营、能效、安全、环保等方面的差异，系统地提出最佳实践，并实现赶超目标。这个愿望是好的，但是，实际上落后企业在短期内要全面地进行有效的标杆管理是很困难的。

资源有限是每个企业的一个重要前提，把有限的资源分散使用企业各项工作中，效果不如把有限的资源集中使用在某一项或几项关键工作中。另外，对标内容和指标的扩大自然地使一些不可比较的因素掺和进来，增加了企业与标杆企业之间的不可比性，从而降低企业之间“对标”的应用价值。从这个意义上说，与其将企业作为标杆，不如以具体的指标（如能效指标）为标准树立标杆，更符合电力企业的实际情况。“全面树标”不如“各个击破”，最好首先进行能效对标活动。

（7）积极创新原则。要实事求是的建立并不断完善指标体系和改进措施，突出流程管理、过程控制，在效仿标杆企业的管理模式中创新出符合自己的有效管理手段。

在对标管理中要运用先进的技术手段和科学的分析方法不断评估差异，不断检验各项改进措施和保障手段的适用性和有效性。在这个过程中不能机械性的模仿别人，不但可以创新评估方法，还可创新最佳实践，树立标杆，让别人学习。有些企业存在着一种依赖思想，机械照办，忽视创新。认为别人的东西都是好东西，把孩子和洗脚水一块端来，一味模仿和完全照搬别人的管理模式和管理方法，只能学到表面和形式上的东西，束缚了企业的创新，难以成为第一。标杆管理不是照搬照抄，而是借鉴。学习与创新才是标杆管理的核心环节。企业实施标杆管理必须坚持学习中创新的思想，既要通过与标杆对象的比较找出自身差距与不足，从而不断改进提高，又要坚持从企业自身的实际情况出发，创造性地提出适合企业自身发展的经营战略和管理方法，也就是在学习的基础上实现创新。只有这样，才能形成具有企业自身特色的、适合企业发展的管理模式和管理方法，从根本上提高企业的核心竞争力。

5. 对标管理的程序（步骤）

对标理论创始人罗伯特·坎普（全球对标网总裁 Robert C. Camp）在1989年出版的著作《对标管理——寻找超常绩效之行业最佳实践》中提出的标杆管理“五阶段论（成立对标团队制定对标计划—选择标杆收集数据—分析差距原因—制定并落实行动计划—持续改进对标）”。综合施乐的10步骤模型、IBM的14步骤模型，以及罗伯特·坎普理论，《2018版指南》给出了6个阶段17步骤，笔者结合《2018版指南》和我国企业的现状，将对标管理的实施总体上分为6个阶段15步骤，如图2-7所示。

（1）第一个阶段——启动阶段。该阶段主要工作是前期准备，包括成立对标团队，明确分工，制定能效对标工作计划。

1）第1步成立组织机构，建立制度。发电企业进行对标管理活动前，应成立对标管理领导小组，这是为对标工作的长期开展提供强有力的组织保障。为了保证对标管理活动的顺利实施，

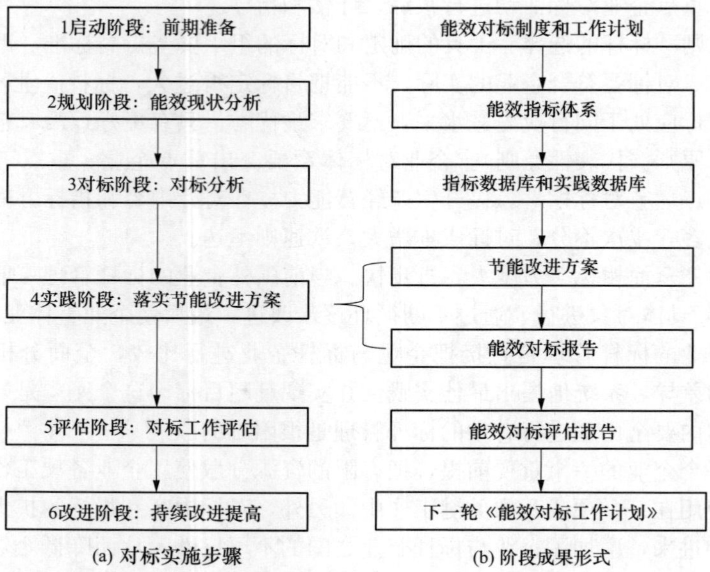

图 2-7　能效对标步骤（程序）

企业要成立对标管理工作小组，可能的话邀请标杆企业的有关专家进行指导。为了保证对标活动的有效长期开展，还要制定对标管理体系、绩效考核体系、经验交流体系、信息报送和发布体系等。

2）第 2 步宣传培训，部署对标工作。在领导小组的支持下，工作小组要加大宣传教育力度，通过正确的舆论引导等手段，消除干部职工的顾虑和包袱，使干部职工明确对标管理的目的。使干部职工从思想深处认识到对标管理不仅是改善企业生产运营状况的需要，也是提高员工收入的前提，争取广大干部职工的积极支持，广泛参与，形成上下互动的工作气氛。

3）第 3 步制定《能效对标工作计划》。用能单位通过对自身能源利用状况的初步了解，明确能效对标目标和范围，形成书面的能效对标工作计划。工作计划应包括：能效对标的初步目标；能效对标的边界；能效对标的类型；能效对标的周期；实施步骤完成后的成果形式；潜在的标杆企业；数据来源和收集模板，包括数据收集条件、数据处理方法、数据质量要求等；对标工作报告要求，包括报告的格式和细化程度。

（2）第二个阶段——规划阶段。该阶段主要工作是能效现状分析，包括收集资料，确定对标内容，建立能效指标体系。

1）第 4 步现状分析。根据《能效对标工作计划》，调研收集用能单位自身的历史数据和设备设计值，与实际参数对比，开展现状分析，分析企业自身存在的问题，确定对标内容。

2）第 5 步建立指标体系。指标体系是标杆管理之“标”，是进行指标量化比较的基础。在确定指标体系时，应在力求反映影响企业及产品（服务）竞争力要素全貌的基础上突出重点，尽量精减，以减少工作量和复杂程度，但选择保留的指标至少应涵盖该产品（服务）的所有关键成功因素。

（3）第三个阶段——对标阶段。该阶段主要工作是对标分析，这是对标管理的精髓，包括选定标杆企业，建立指标数据库和最佳实践数据库，确定能效目标。

1）第 6 步选定标杆企业。根据现状分析结果，在行业协会的指导与帮助下，初步选取若干个潜在标杆企业，组织人员对潜在标杆企业进行研究分析。并结合企业自身实际，选定标杆企业，制定对标最终目标。企业选择标杆要坚持国内外一流企业为导向，最终达到国内领先或国际先进水平。

2）第 7 步收集标杆资料。收集资料和数据是对标管理工作中最难的最重要的，也是建立指标数据库和最佳实践数据库的重要一环。收集工作的第一步是通过各种渠道收集可得到的公开出版的文献资料，如电力行业新闻、期刊文章、学术论文、专业书籍、网站、电子图书馆等。收集工作的第二步是通过企业活动收集有关信息，如企业考察、培训班、行业会议、研讨会、学术报告等。收集工作的第三步是通过企业行业协会、行业主管部门、标杆企业的员工、同学、朋友等获得所需要的没有公开发表的、不涉及商业机密的资料。

收集标杆企业资料的内容应包括：

a）与最佳实践相关的设备名称、型号、数量、配置等。

b）相关的指标体系及指标统计的方法和指标的最优值等。

c）最佳实践项目（包括管理方法和改造技术）的工作流程，包括工作步骤、实施方法、实施条件、流程控制节点、人员技能特点、记录形式、管理制度和绩效评价等。

3）第 8 步对标分析。企业要用实际完成值与标杆值进行分析比较，要分析能效标杆企业的管理方法，明确与能效标杆之间的差距和原因。

对标分析时，要对标杆企业的生产流程、指标水平、管理手段和实施措施进行综合分析，做到知己知彼。分析与标杆企业的差距，找到本企业与标杆企业之间存在的能效差距的根本原因，对能效差距的关键原因进行深入分析，即开展重要能源因素分析。

资料收集和分析工作，最好是能够获得标杆企业的协助。在这一点上，除了本企业态度诚恳外，应尽可能地给予对方反馈。例如主动提供本企业进行对标管理工作的资料供对方参考外，还应将企业获得的其他有关信息提供给对方，甚至可以邀请对方参观自己值得学习的作业流程，以获得对方真挚的帮助。

4）第 9 步确定能效目标。企业通过与标杆对比分析，根据自身差距，拟定能效目标。前期拟定的能效目标要与员工（包括对标团队成员）交流协商，防止对标团队拟定的企业目标过高，不切实际。确定企业能效目标应实事求是，设定合理。

企业能效目标应符合以下原则：

a）相关性。无论是全厂经营目标，还是专业目标，都应当切实与本企业或本部门的产品、活动、职责、资源等情况相关。不能出现无关目标。

b）先进性。目标应具有先进性、挑战性，能够激发员工为实现目标而努力。而不是仅仅比同期稍微好一些。

c）可达性（可实现性）。目标定得过高，经过努力而达不到，会挫伤员工的积极性和信心。

d）可测量性。定量或定性目标是可被监视的、可被测量的、可被考核的或能被控制的。

e）协调性。目标应是协调的，不能顾此失彼。

（4）第四个阶段——对标实践阶段。该阶段主要工作是制定并实施能效改进方案，编制能效对标报告。

1）第 10 步制定能效改进方案。结合自身实际全面比较分析，真正认清标杆企业产生优秀能效的过程，总结能效标杆先进的管理方法、措施手段及最佳实践。结合自身实际，用能单位针对能效差距、能效目标，从最佳实践库中选取相应的能效改进方案，制定出切实可行、经济合理的能效改进方案。

制定能效改进方案时，要依靠科技进步，注重采用新技术；更要重视管理提效，通过强化管理实现节能降耗。能效改进方案应明确实施重点和难点，预测可能出现的困难和偏差，确定对实施情况的检查和考核标准，以方案保目标。《能效改进方案》包括以下内容：

a）能效改进目标。

b）责任部门和责任人。

c）时间进度和实施计划。

d）能效改进措施和效果，包括技术措施（如实施节能技术改造、能源计量器具配备、用能设备节能监测等）和管理措施（如完善规章制度、加强用能设备管理、实施能源管理体系等）。

e）与能效改进措施相关的设计、施工、安装、调试及运行方案等。

f）保障措施，包括经费、协调机制等。

2）第 11 步是能效改进方案的实施。

结合对标管理的目标，把标杆单位指标管理中先进的措施、管理流程、管理手段及先进管理理念与本单位自身管理经验结合起来，优化本单位的业务流程和管理流程，不断完善工作标准和管理标准、规章制度；另一方面实施技术改造，发现问题时及时处理或修正方案。

实践阶段的关键是方案的实施，是改进和提升企业能效的最关键步骤。要按照制定的改进实施方案，全面改进。实施过程中要做到指标到位、责任到位、措施到位、监督检查到位，使改进措施真正落到实处。

3）第 12 步是编制《能效对标报告》。年终《能效对标报告》可以与评估报告写在一起。

(5) 第五阶段——评估改进阶段。该阶段的主要工作是对能效对标绩效进行评估，编制《能效对标评估报告》。

第 13 步对标绩效评估。企业就某一阶段能效水平对标活动成效进行评估和评价，对管理改进措施的科学性和有效性进行分析，撰写《能效对标评估报告》。

在评估时，应重点对指标绩效进行分析。在比较分析指标时，除了与标杆企业指标比较，还应与机组的设计值、国外先进值（或集团先进值）进行比较，找出差距，以挖掘潜力。同时，企业将对标实践过程中形成的行之有效的措施、手段和制度等进行总结。按照对标管理确定的目标要求，以管理流程的科学性、实施手段的有效性、指标之间的关联性、指标采集的可追溯性为依据，对指标完成值和管理工作进行全面评估，编制《能效对标评估报告》。评估报告的内容如下：

1）建立对标制度体系和标准体系的有效性（管理机制评估）。

2）方案中的组织措施和保障措施的有效性（措施评估）。

3）指标数据采集分析和数据库的正确性、真实性评估。

4）实施计划执行情况。

5）能效目标完成情况评估。在评估时，用能单位依据 GB/T 13234、GB/T 28750 对能效对标的效果进行验证和审核，评估各项能效指标值是否达到目标。

6）修正后的目标。

7）对标工作成果与经验。

8）进行能效对标评价。

(6) 第六阶段——改进阶段。该阶段的主要工作是修正目标，选定新的标杆进入下一轮能效对标。

1）第 14 步修正目标。对标管理不是一次性的行为，而是一个实施过程中不断提高的过程。企业要按照“同类可比、动态对标、闭环管理”的管理理念开展对标管理工作。在对标管理活动中不断发现问题，不断解决问题，因此对标目标也要不断地提高。

绩效评估的输出主要是修正目标。修正目标应具有一定先进性和挑战性，以便激发全体员工的积极性和创造精神；同时也应具有可实现性，目标制定得过高，经过努力实现不了会挫伤员工的积极性和信心。在评估阶段，应进一步验证能效对标的边界、指标体系、数据处理方法的合理性。

2）第15步调整标杆。企业应结合新的目标，制定下一阶段能效水平对标活动计划，调整对标标杆，与指标更先进、绩效更优秀的企业（机组）进行更高层面上的对标。

企业将对标实践过程中形成的行之有效的措施、手段和制度等进行总结，并结合新的目标，制定下一阶段能效水平对标活动计划，调整对标标杆，与指标更先进、绩效更优秀的企业（机组）进行更高层面上的对标，实现企业管理和指标水平的持续改进和不断提升。

这6个阶段15步（15个环节）是一个闭环控制、持续改进的过程，在实际运作过程中，也可能存在着交叉，关键在于符合标杆管理的基本思想，并取得预期的绩效水平。

二、能效对标的技术要求

1. 能效对标的边界划分技术要求

(1) 能效对标的边界应具体清晰、物理界限明确，限定于产品、服务、建筑物或用能工艺、工序、设施、设备、系统等。

(2) 能效对标的边界内的能效参数应可测量、可计算、可对比、可核查。

(3) 能效对标的边界应覆盖重点用能设施或重点用能环节。

2. 能效标杆（标杆值）技术要求

(1) 能效标杆应以国内外一流企业为导向、以适度先进为原则，技术可行、经济合理、循序渐进、持续、提高。

(2) 用能单位应结合自身实际，综合考虑资源、环境、成本、同行业能效现状、节能技术发展趋势、行业认可度等实际因素后选定最合适的能效标杆。

(3) 电力企业在选择标杆企业时，应遵循三个原则：一是尽量选择本行业同类型同容量机组，并且管理可以模仿，否则就失去了比较的基础；二是被瞄准的标杆企业能效应是行业中能效比本企业优秀，是经过一定努力有可能赶上的企业；三是选择合作态度好、收集资料渠道畅通、沟通障碍不大的企业作为最佳的对标伙伴。

国内发电厂的发展并不均衡，有的是进口机组，有的是国产老机组，有的是引进型机组，有的是超高压机组，有的是超超临界机组。企业状况千差万别，因此不同企业选择的标杆不需要一致，同一企业不同机组选择的标杆也不需要一致。对于排位靠前、综合实力较强的发电厂，可以选择发展最好、势力最强的国际、国内企业作为标杆，有利于企业快速发展。

对于大量的综合势力不够强的发电厂来说，选择标杆必须实事求是，循序渐进，不妨在不同的发展阶段确立最适合的标杆企业，应该把能效水平处于中等偏上水平的领先企业列为自己的对标对象。对于少量能效平平的电厂应该把能效水平处于中等水平的企业列为自己的对标对象，而不是将世界一流企业作为自己的标杆企业，使企业职工有信心能够迎头赶上。

3. 能效对标指标体系技术要求

(1) 确定对标的指标体系是企业实施对标工作的重要环节，是联系各项对标工作流程的纽带，是开展对标工作的基础和依托。一套科学合理的指标体系应该能够系统地、全面地反映所要瞄准、关注的内容和对象。指标体系是由一系列指标和管理内容构成，同时还包括各指标的基本概念、定义、计算公式和统计口径，主要影响因素和改进途径分析，以及适用不同企业的对标基准值确定方法等，这些构成了一个完整的、有机的整体。构建能效对标指标体系时应遵循全面性、独立性、通用性、代表性、过程性的原则。

1）全面性原则。全面性不是指涵盖所有的指标，而是指综合性。确定的各项指标应该能够全面反映企业这一方面的现状，能够涵盖主要的生产工序和环节，为制定有效的、可行的、全面的改进措施和方案奠定基础。例如能效指标应该能够全面反映企业的能源利用状况和能效水平的总体状况，能够涵盖主要的用能工序和环节，有助于识别影响能效水平的关键因素。一是选择能够反映企业整体能源利用状况和能效水平、能够涵盖全部生产流程的指标，如综合厂用电率、供电煤耗率等；二是能够反映主要工艺流程、环节或设备能效水平的指标，如锅炉效率、汽轮机热耗率等。

2）独立性原则。各指标应相对独立，避免各指标间相互影响的现象。描述一项特定的内容和对象，应尽量选择最能反映该项内容或对象特点、又不受其他指标影响的指标。

3）通用性原则。选择的指标应为业界所熟悉，是行业内通用的、常用的、易于获取的指标数据，指标值的计算应遵循行业统一和通用的标准、方法和口径，这样才便于行业内各企业间的比对分析，提高可比性。

4）代表性原则。企业开展对标工作不宜设定过多的指标，应选择最有代表性的指标组成指标体系。所谓有代表性的指标就是指该指标能够反映企业整体或某一环节能源利用效率的重要因素。从代表性这一点来说，指标体系的构建应做到“精”。例如影响锅炉效率的关键性指标：如蒸汽压力、蒸汽温度、排烟温度、飞灰可燃物等。

5）过程性原则。确定的对标指标不仅应包括主要结果指标，还应包括过程性指标。所谓过程性指标是指能够反映产生最终结果的重要影响因素和中间过程的指标。通过过程性指标可以分析影响企业能效水平的主要脉络，为明确差距、分析差距和考核管理服务。

（2）从企业实际情况出发，建立科学合理的指标体系是开展对标管理的关键。按照归口管理与分工负责的原则，各指标相关部门应根据各项能效指标的生成过程和内在逻辑关系建立节能降耗、设备管理、燃料管理、运行管理等指标体系，对标管理归口部门应按照指标分级管理的原则，明确决策层、管理层、执行层管理控制的指标，并做到指标分解到位、措施到位、管理到位、监督检查到位、考核到位。发电企业各专业实施小组管理的指标至少但不限于下列指标：

1）节能降耗：主要包括全厂供电标准煤耗率、供热标准煤耗率、厂用电率、单位发电量取水量、热电比、锅炉效率、汽轮机热耗率等指标。

2）设备管理：主要包括发电设备等效可用系数、启停次数等可靠性管理指标。

3）燃料管理：主要包括入炉煤低位热值、入厂煤与入炉煤热值差、储煤场损耗率等指标。

4）运行管理：再热器减温水流量、再热蒸汽温度、真空度、给水温度、飞灰含碳量、排烟温度等指标。

（3）能效对标指标体系应能反映出用能单位的能源利用效率和能源管理水平，涉及主要用能设备、系统的能源利用效率，重点工艺、工序能耗，单位产品或服务的能耗等。

（4）能效对标指标体系的内容包括用能单位各层面能效指标的名称、定义、统计口径、计算公式或方法，指标统计口径和计算方法应符合 GB/T 2587、GB/T 2589、GB/T 3484 等的要求。

（5）根据能效对标不同阶段的工作重点，对指标体系进行动态调整和完善，逐步覆盖用能单位的全部用能环节。

4. 数据收集技术要求

数据收集应保证其科学性、合理性与可比性，具体技术要求如下：

（1）应根据能效对标的边界全面准确收集产品、服务、建筑物或用能工艺、工序、设施、设备、系统等的历史用能情况、能源利用效率、节能改造等数据。

（2）应按照 GB 17167、所属行业能源计量器具配备和管理标准的要求，配备和使用经依法检定或校准的能源计量器具，收集相关能源计量数据，加强能源计量数据的管理。

（3）应考虑数据收集是否需要修正系数、归一化等数据处理，并进行审核。

（4）收集资料和数据最主要的是采用实地考察和面谈方式，要事先拟订访问大纲，安排好访问后的后续工作。通过电话保持联系，获取标杆企业更多的及时的信息。此外，在考察自己的标杆对象时，应深入到生产服务第一线，通过了解标杆企业的生产运作、客户管理等可以获得直接可靠的信息。通过观察一线员工是如何解决日常工作中的问题，以及如何满足顾客要求，就可以获得有效的工作流程、态度和行为的第一手资料。本企业的历史数据、设备设计值和实际参数是指标数据库中的一部分，也应注意收集。

5. 能效指标数据库和最佳节能实践库技术要求

（1）用能单位负责能效指标数据库和最佳节能实践库的建立和维护，保证数据的真实性。用能单位也可采用行业协会、节能组织等建立的能效指标数据库和最佳节能实践库。

（2）企业应该根据收集的资料建立、覆盖标杆企业的指标数据库和最佳实践数据库，并及时更新，保持先进性和实效性。

（3）能效指标数据库的数据来源可包括：标杆企业的能效设计值、试验值、完成值，本单位历史最好水平、平均水平，本单位不同部门的最佳水平，并可扩充包括：国内外能效“领跑者”指标，节能运行、优化等相关国家标准要求值，单位产品能耗限额国家标准、产品能效国家标准中的先进值，行业先进水平、平均水平等。

（4）最佳节能实践库的数据来源可包括：节能运行、优化等相关国家标准，国内外权威机构发布的最佳节能实践，《国家重点节能低碳技术推广目录》以及地方发布的相关目录中的节能技术、生产工艺、操作规程、运行参数、节能管理措施等方面的实践经验等。

6. 能效对标分析技术要求

（1）企业首先要对自身能源利用状况进行深入分析，充分掌握本企业各类能效指标客观、详实的基本情况；要通过分解法、访谈法、问卷调查法，发现与先进水平存在的差距和存在的问题，从而从技术、管理等环节梳理管理标准和业务流程，确定对标内容。分解法就是将流程分解成若干子流程，以确保能了解整体流程和每一个细节。也就是说将影响某一指标各项的因素梳理清楚，确保清楚每个因素的影响幅度和影响结果。访谈法就是向生产流程的直接参与者了解该流程从头到尾是怎样运作的，在运作过程中存在哪些问题。问卷调查法就是通过问卷调查的形式，鼓励员工提出生产流程中存在的问题和改进方法。

（2）可采取定性与定量相结合的方法，根据实际情况灵活运用多种对标分析方法。定性分析时，应重点分析与能效标杆在能源管理方面的差距及影响。定量分析时，应重点分析所用数据的有效性，可追加修正系数或对离散点进行归一化处理，并说明原因和方法，也可采取其他校正措施，剔除不具代表性的数据。

（3）在分析差异和测定能效时，必须注意主观因素和以下五个方面的客观条件的差异。通过全面分析，要从众多主观因素和客观因素中确认造成差距的主要因素，明确改进方向，制定相应的对策和措施。主观因素包括：管理目标、管理手段、管理方法、工作流程、组织形式、标准规范、科技投入、人员素质、考核机制等。客观条件包括：

1）经营规模的差异以及由于规模经济造成的效率的差异，例如发电厂装机容量的大小。

2）产品特性的差异，例如热电联产和纯发电。

3）燃料特性的差异，例如烟煤和无烟煤、燃油燃气。

4）区域特点的差异，例如电网调度方式或负荷率等。

5）设备技术特点差异，例如直流冷却和循环冷却，亚临界和超超临界等。

（4）数据分析是对标管理的一项重要阶段，在这个阶段，对标工作小组要把收集的数据进行分类和整理，发掘其中有价值的信息，对其进行分析。数据分析方法有：

1）量化表格法（指标）。将标杆企业的量化指标同本企业指标数据列表比较，从中找出与标杆企业不同之处。

2）文字表格记录法。将标杆企业的定性数据（管理方法、基础资料对比）与同本企业定性数据进行比较，从不同管理方法和措施，比较双方细节的特点和优劣。

3）对比性流程图。将标杆企业和本企业的某专业生产的实际流程以流程图的形式绘制出来，并用文字说明工艺过程和操作程序，然后进行对比分析。

（5）通过能效对标分析，明确影响能效水平的主、客观关键指标，并量化这些指标与能效标杆的差距，分析存在差距的原因，提出能效改进目标。

7. 能效改进实施措施技术要求

（1）设备方面。提高设备可靠性，保证机组安全稳定运行，防止机组降出力、非停的发生；深化设备点检定修，加强设备维护管理，完善主辅机可靠性管理和点检定修管理系统；加大设备降缺陷管理力度，严格按照缺陷管理办法执行考核奖惩制度，确保设备缺陷数量在控可控。

加强设备治理和升级改造全过程管理，提高设备运转效率；提高设备状态检修过程管理力度，及时对经济性差的设备进行维护治理。

（2）燃料管理。根据锅炉特性，确定经济适用煤种，对各类经济适用煤种加强燃烧调整和性能试验；加强进厂煤煤质监测，做好煤炭采、制、化监测工作；加强储煤场的管理，合理分类堆放，根据煤场存煤记录进行入炉煤的配掺掺烧工作。

（3）运行管理。优化季节性电量结构协调，合理配置电量结构；细化机组耗差分析，充分利用耗差系统指导小指标压红线和优化运行；逐步做实做细循环水系统优化、一次风优化、滑压优化等运行优化工作；根据机组设计值开展耗差对标管理，包括：各级小指标、辅机单耗、辅机效率、系统泄漏等。

8. 对标管理体系技术要求

对标管理是涉及企业管理方方面面的系统工程，需要有一整套的程序性安排，因此要安排专门的组织机构和人员负责整个对标管理活动，为对标实践提供组织保障。没有专门组织机构，工作难以开展，即使开展了也难以持久。发电企业一般可设立领导小组和工作小组。

领导小组：通常由企业高层领导人员组成对标管理领导小组，并由行政主要负责人任领导小组组长，领导小组的办事机构可挂靠在某个部门（各单位应从实际出发，不搞一刀切）作为对标管理的综合管理部门，其主要职责是：组织制定、审查、批准企业对标管理的规划、实施计划、工作流程和能效考核奖惩办法；组织制定对标管理指标体系及对标评价办法，选定“标杆企业”和“标杆指标”；明确各部门分工，组织协调各部门之间的对标管理，减少部门之间协调工作带来的资源浪费和无效劳动；定期组织对标管理分析会（可结合每月的经济活动分析会进行），听取各专业实施小组的工作汇报，监督、指导专业实施小组对标活动的开展；审查、批准企业对标活动信息发布和评估报告；组织行业内有关专家对企业对标活动进行评审；批准对标活动能效考核和奖惩；为对标管理活动及项目调配人力及各种资源。

工作小组（下设对标办公室）的职责是：研究、设计整个对标管理的实施计划；制定对标管理的指标体系；收集标杆企业指标信息和管理实践；建立对标管理数据库及后续维护和更新工作；编写对标管理月度报告；向领导小组汇报对标管理过程中发现的问题。

专业实施小组：对标活动要动员和激励企业全体员工参与，特别是与对标内容密切相关的人员是对标活动的具体实施者，因此，企业要结合具体情况设立专业实施小组，发电企业一般设立节能降耗、设备管理、燃料管理、运行管理等专业实施小组，其主要任务是：根据企业对标规划和计划制定本专业小组的年度工作计划并认真付诸实施；收集信息与资料建立本专业各相关指标的基础数据信息库及后续维护和更新工作；定期统计计算本专业指标完成情况，分析与标杆值存在的差距并提出改进措施；定期向对标管理领导小组汇报工作，提出活动中遇到的困难和需要统一协调解决的问题；按照领导小组规定，定期编写对标分析报告等。遵循P（计划）、D（实施）、C（检查）、A（总结）循环方法，制定计划，认真实践，持续改进，循环往复，赶超先进，不断提高能效水平。

9. 绩效考核体系技术要求

为了充分调动全体员工参与对标活动的积极性和创造性，确保对标管理取得成效，企业应结合已有的监督考核机制进一步健全完善对标管理绩效监督、检查和考核体系。根据各单位（部门）对标工作开展情况，包括组织落实、规划计划、指标统计分析、年度目标值完成情况等，依据各专业综合业绩排序，与经营承包责任制挂钩考核，对综合业绩优秀者进行奖励。

要对对标管理组织不力、对标管理成效差的部门进行处罚。各单位可按照归口管理与分工负责的原则，由归口管理部门（对标办公室）、人力资源管理部门实施监督、检查并提出考核意见，经领导小组批准后，由人力资源部门配合财务部门实施奖惩。

10. 经验交流体系技术要求

要建立健全经验交流制度，定期召开对标分析例会，通报各部门能效对标工作进展情况和指标完成情况。安排布置重点工作，加强监督检查，确保能效对标沿着正确的方向发展。

11. 信息报送和发布体系技术要求

要建立健全信息报送和发布制度，各专业实施小组，每月向对标办公室报送能效对标指标数据及书面报表。对标办公室要按有关要求向政府或集团公司节能主管部门、行业协会报送指标数据。企业报送的能效对标指标数据应保证准确性、实时性和唯一性。

信息发布内容包括：按对标周期发布各类对标指标，适时发布对标管理典型经验，按需要发布对标工作其他相关信息。

12. 能效对标评价技术要求

能效对标评价宜按表2-24开展。

表2-24 能效对标评价表

序号	评价指标	分值	评分标准	评价得分
1	对标机构情况	5	成立由电厂主要负责人为组长、相关部门负责人为副组长的对标领导小组，定期指导及部署能效对标活动	
		5	建立完善对标管理体系、绩效考核体系、经验交流体系、信息报送和发布体系等	
		5	进行相关的宣传培训	
		5	根据对标安排，建立对标专业实施小组，各实施小组由主管部门负责人为组长、相关人员参加，各小组指定专人负责具体工作，为对标工作提供工作保障	
		5	编制《能效对标工作计划》，确定能效对标重点和目标	
2	能效现状分析	5	分析自身能源利用情况，掌握本企业能效指标水平	
		5	建立能效指标体系	
3	对标开展情况	5	选定标杆机组，收集标杆数据与资料	
		5	全面调研能效先进机组能效水平，建立能效指标数据库和最佳节能实践库	

续表

序号	评价指标	分值	评分标准	评价得分
3	对标开展情况	5	开展对标分析，开展主要能耗影响因素分析，明确与能效标杆之间的差距	
		5	与员工交流沟通，拟定并确认能效目标	
		5	制定技术可行、经济合理的《能效改进方案》及进度计划	
		10	全面落实《能效改进方案》，开展节能技术改造	
		5	编制《能效对标报告》	
		5	对能效活动进行阶段性总结评估，分析存在的问题及确定下一步工作安排，形成《能效对标评估报告》	
4	持续改进情况	5	通过对标评估，企业能效对标管理制度及组织管理机构进一步完善	
		5	完善和更新能效指标体系	
		5	根据能效改进情况，确定新的能效标杆	
		5	制定下一阶段《能效对标工作计划》，持续推动开展能效对标活动	
总分		100	评价得分	

13.《能效对标报告》格式与内容

《能效对标报告》包括以下内容：

（1）对标事项说明。包括对标目的、对标内容、边界和对标类型、标杆选择依据。

（2）对标管理机构。包括对标活动组织机构及职责。

（3）对标工作计划。包括不同阶段对应的主要工作内容、时间节点。

（4）企业现状分析。建立指标数据库和最佳实践数据库，包括用能单位和标杆企业的机组构成，双方对标机组投产时间和主要设计参数，双方对标机组的主要辅机和系统的配置情况与设计参数，双方对标机组运行参数与能效数据，双方对标机组已实施的节能改造技术和环保技改情况。

（5）对标指标体系。包括用于对标的指标分类、指标名称，数据处理方法，含修正系数、归一化处理等，实际上修正系数就是归一化处理的一种方法。燃煤电厂和水电站的能效对标指标体系如图 2-8 所示。

（6）对标分析。包括能耗大指标对比分析、绩效小指标对比分析，分析之间的差距、产生差距的能源因素，能源因素对煤耗率的定量分析等。

（7）能效改进方案。包括本月实施的主要能效改进方案和成效，根据对标分析结果提出下月能效改进方案及预期成效，方案实施的保障措施。

（8）对标评估。包括本月对标存在的问题与经验启示。

14.《2018 版指南》附录 B《燃煤电厂能效对标案例》

《燃煤电厂能效对标案例》中对标只是数据对标，没有管理方法对标；而且内部对标是数据与设计值比较分析，并不是真正意义上的对标；能效分析中又采用影响供电煤耗率的鱼刺图，而不是与标杆企业对标；外部对标是与金牌机组对标，金牌机组是可靠性最好的机组，而不是能效最好的机组。因此本案例内容不妥。

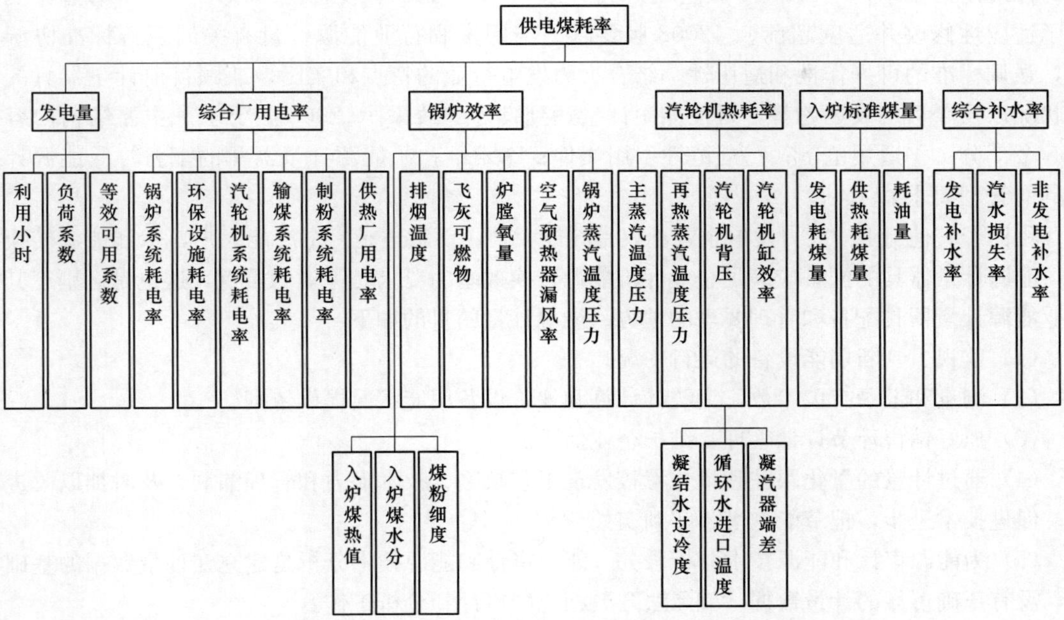

图 2-8 燃煤电厂能效对标指标体系

第五节 《火力发电企业能源计量器具配备和管理要求》解读与应用

一、《火力发电企业能源计量器具配备和管理要求》制定的背景

计量是现代企业、事业单位管理的一项重要基础工作，用能单位的能源计量是用能单位实现节能降耗、提高经济效益、加强能源科学管理必不可少的技术手段。早在 20 世纪 80 年代初，为适应当时国家节能管理工作的需要，在原国家计量局的参与支持下，由国家经委制定并下达了《企业能源计量器具配备和管理通则（试行）》。1997 年，原国家技术监督局发布了 GB/T 17167—1997《企业能源计量器具配备和管理通则》（以下简称《1997 版通则》）。这一计量标准已经使用了十余年，为我国经济发展和计量工作的开展，起到了决定性的作用。为适应以科学发展观建立节约型社会的要求，修订《1997 版通则》已成为必要，因此由国家发展和改革委员会环境和资源综合利用司、国家质量监督检验检疫总局计量司和国家标准化管理委员会工交部共同提出、全国能源基础与管理标准化技术委员会组织修订了《1997 版通则》，于 2006 年 6 月发布了 GB 17167—2006《用能单位能源计量器具配备和管理通则》（以下简称《2006 版通则》），于 2007 年 1 月 1 日实施。《2006 版通则》将推荐性标准变为强制性标准，增加了非工业企业等用能单位能源计量器具的配备和管理要求。

由于各行各业千差万别，用单一的《2006 版通则》标准满足各行业是不现实的。为此，国家质量监督检验检疫总局委托中国南方电网有限责任公司负责起草电力行业的能源计量器具配备要求，细化电力行业计量管理要求，兼顾目前计量器具的配备状况以及今后的发展趋势，为此编写了《火力发电企业能源计量器具配备和管理要求》。2007 年年底，召开了审查会，并于 2008 年 1 月发布了 GB/T 21369—2008《火力发电企业能源计量器具配备和管理要求》（简称《2008 版要求》）。在制定《2008 版要求》的过程中，以《2006 版通则》为基础，《2008 版要求》标准的框架结构与《2006 版通则》相一致，不与《2006 版通则》相矛盾，技术指标实际作了适应性修改并适度超前。《2008 版要求》与国家和行业能源计量有关的现行标准协调配套，强调标准的可操作性和适用性，结合火力发电行业的特点和实际，兼顾目前计量器具的配备状况以及今后的发展趋势，可使能源计量达到良好的效果。《2008 版要求》主要结构内容包括 5 个部分：①适用范围；②规范性引用文件；③术语；④能源计量器具的配备；⑤能源计量器具的管理要求。

相比于其他行业，火力发电企业不仅是耗能大户，而且还是一个产能大户，牵涉能源转换问题，能源计量器具的配备应满足企业评价能源转换效率的要求是考虑的重点，这也是区别于其他行业能源计量器具配备和管理要求的地方。能源计量的目的如下：

（1）监视、判断用能设备的运行工况。

（2）测量和记录有关参数，为统计计算和评价设备用能状况提供依据。

（3）抓好销售环节计量管理，维护企业信誉。

（4）通过计量的量化跟踪和量化考核发现工艺缺陷、技术潜力和管理漏洞，及时加以改进提高，促进技术进步，把节能挖潜落实到实处。

（5）为能源审计和能源技术分析服务。能源审计和能源技术分析是建立在计量数据的基础上的，没有正确可靠的计量数据，就无法开展相应的审计和分析工作。

（6）能源计量是能源统计的技术基础。能源统计建立在能源计量记录的基础上，没有能源计量就没有能源统计，只有做好能源计量，才能做好能源原始记录、统计台账，进行统计汇总和统计分析。

二、GB/T 21369—2008《火力发电企业能源计量器具配备和管理要求》的主要内容

1. 适用范围

本标准是对火力发电企业能源计量器具配备和管理的基本要求。而不是具体要求或导则，原因如下：我国幅员辽阔，既有像上海、江苏等东部沿海工业基础较好、技术改造资金充足的技术先进的发电企业；又有西部工业基础较为薄弱、工业水平较低的欠发达地区，这就决定了对各地区的发电企业的要求应所有差别。其次能源是一个涵盖范畴广、学科跨度大的综合性领域，在很多情况下，例如对入厂煤计量来说，有的电厂要求配备的能源计量器具的技术要求很高，有的电厂要求配备的能源计量器具只是起核对作用，而且都符合国家规定。因此本标准只能对发电企业的能源计量器具的配备和管理提出一个比较通用、基本的要求。

本标准适用于燃煤发电、燃油发电和燃气发电等火力发电企业的能源计量。本标准同样适用于热电联产企业的能源计量。不适用于发电企业生活区生活用能和个人用能。

2. 规范性引用文件（共 4 个引用文件）

GB/T 6422—1986《企业能耗计量与测试导则》

GB/T 15316《节能监测技术通则》

GB 17167《用能单位能源计量器具配备和管理通则》

GB/T 18603《天然气计量系统技术要求》

引用文件建议增加 GB 24789—2009《用水单位水计量器具配备和管理通则》、DL/T 448《电能计量装置技术管理规程》、GB/T 18856.6—2002《水煤浆质量试验方法 第 6 部分：水煤浆发热量测定方法》。

其中 GB/T 6422—1986《企业能耗计量与测试导则》是对企业用能计量范围、设备用能监测项目、测试报告编写的原则性规定，是各行各业制定能源计量、设备用能测试标准的主要依据，

适用于所有用能企业。但是目前该标准已经修订为 GB/T 6422—2009《用能设备能量测试导则》，修订后的能耗计量一章被删掉，仅保留能量平衡测试条件、基本方法、编制报告三项内容，因此 GB/T 6422—1986《企业能耗计量与测试导则》已不适应作规范性引用文件。

3. 术语和定义

(1) 火力发电企业用能单位：具有独立法人地位的或具备独立核算能力的火力发电企业。以下简称用能单位。用能单位包括企业、事业单位、行政机关、社会团体等独立核算的使用能源的单位。

(2) 火力发电企业次级用能单位：火力发电企业用能单位下属的能源核算单位。以下简称次级用能单位。

这里的“火力发电企业用能单位”准确的说应为“火力发电用能单位”。“火力发电企业次级用能单位”准确的说应为“火力发电次级用能单位”，是指归本火力发电企业管理的车间、分场、部门或分公司等。

本标准沿用了《2006 版通则》中的用能单位、次级用能单位、主要用能设备，它比企业、车间、班组三级管理具有更广泛的内涵，它不但适用于企业，也适用于非企业单位。

(3) 能源计量器具：测量对象为一次能源、二次能源和载能工质的计量器具。载能工质是耗能工质或含能工质，水是最重要的载能工质。

(4) 能源计量器具配备率：能源计量器具实际的安装配备数量占理论需要量的百分数。能源计量器具理论需要量是指为测量全部能源量值所需配备的计量器具数量。

4. 能源计量器具的配备

(1) 能源计量种类：煤炭、原油、天然气、水煤浆、煤气、电力、热力、成品油、液化石油气、生物质等和其他直接或者通过加工、转换、回收而取得有用能的各种资源。

(2) 能源计量范围。

1) 输入用能单位、次级用能单位（企业下属的能源核算单位、系统或流程）、主要用能设备（在企业生产中需要单独进行能耗考核的用能设备）的一次能源（煤、油、天然气等）、二次能源（电、热、成品油等）以及耗能工质（压缩空气、氧、氮、氢、水等）的计量（强调的是输入能源及耗能工质的计量）。

2) 输出用能单位、次级用能单位、主要用能设备的一次能源（煤、油、天然气等）、二次能源（电、热、成品油等）以及耗能工质（压缩空气、氧、氮、氢、水等）的计量（强调的是输出能源及耗能工质的计量）。

3) 用能单位、次级用能单位、用能设备使用的能源及耗能工质（强调的是用能单位内部能源加工转换使用消耗量的计量）。

4) 用能单位、次级用能单位、用能设备自产的能源及耗能工质。

5) 用能单位、次级用能单位、用能设备回收利用的余能资源。

6) 电厂生产过程中能源和载能工质的分配、加工转换和储运的计量。

7) 对于能源及载能工质在输送或转换过程中的损失量，有条件计量的。

《2008 版要求》与《2006 版通则》中能源计量种类、能源计量范围完全一样，没有丝毫变化。

(3) 能源计量器具的配备原则。

1) 应满足贸易结算的要求，即满足进出用能单位能源计量的准确度等级要求和配备率要求。

2) 应能满足能源分类计量的要求。即煤炭、原油、天然气、水煤浆、煤气、电力、热力、成品油、液化石油气、生物质等和其他直接或者通过加工、转换、回收而取得有用能的各种资源分别计量。

3）应满足企业能源分级分项统计和核算的要求。

用能单位（过去叫一级计量：进出用能单位或说企业的计量）、次级用能单位（过去叫二级计量：进出主要次级用能单位或说分厂、车间、部门的计量）、主要用能设备（即重点用能设备，过去叫三级计量：以班组为核算单位进行管理的计量）要三级计量。满足能源分级计量要求的主要目的就要为能源的定额考核、缺陷诊断提供技术上的可能性。

能源分项计量是指按购入储存、加工转换、输运分配、生产（主要 、辅助生产）过程、运输、采暖（空调）、照明、生活、排放、自用与外销等用能项别单独计量。分项计量要求的主要目的是对重点用能单位所消耗的能源不得重计和漏计。

企业能源还必须按下列项别分开计量，不能混计：

a）自用与外销的能源。

b）企业与企业附属集体单位使用的能源。

c）用作原料与燃料的能源。

d）生产与生活使用的能源。

e）主要生产系统与辅助生产系统、附属生产系统使用的能源。

f）应满足企业评价其能源加工、转换、输运效率的要求，即满足用能单位、次级用能单位、主要用能设备能源利用效率监测的要求。

g）应配备必要的便携式能源检测仪表，以满足自检自查的要求。《2006 版通则》原文是“重点用能单位应配备必要的便携式能源检测仪表，以满足自检自查的要求”。《中华人民共和国节约能源法》（2018 年主席令第 16 号）第 52 条和《重点用能单位节能管理办法》（2018 年国家发改委令第 15 号）第 2 条均规定：重点用能单位是指年综合能源消耗总量 1 万 t 标准煤以上的用能单位和国务院有关部门或省、自治区、直辖市人民政府节能管理部门指定的年综合能源消耗总量 5000t 以上不满 1 万 t 标准煤的用能单位。《工业节能管理办法》（2016 年工业和信息化部令第 33 号）第 29 条则进一步细化重点用能工业企业定义：年综合能源消费总量 1 万 t 标准煤（分别折合 8000 万 kWh 电、6800t 柴油或者 760 万 m^3 天然气）以上的工业企业；省、自治区、直辖市工业和信息化主管部门确定的年综合能源消费总量 5000t 标准煤（分别折合 4000 万 kWh 电、3400t 柴油或者 380 万 m^3 天然气）以上不满 1 万 t 标准煤的工业企业。对于一台 50MW 机组，按年发电利用小时为 5000h、发电煤耗率为 360g/kWh 计，则年耗标准煤达 9 万 t，因此火力发电厂包括热电厂都是重点用能单位，因此《2008 版要求》不再注明“重点用能单位”。

便携式节能检测仪表是指方便拆卸的、在拆卸及测量过程中不影响被测介质正常状态的能源测量仪表，这类仪表多通过非接触测量来实现测量目的。这类仪表一般精度较低、价格较贵、适用范围较广、量程较宽。因此，这类仪表投资大且有一定的使用局限性，非重点用能单位购置使用应量力而行。用于温度测量的，如表面温度计、红外温度计；用于烟气分析的，如热效率分析仪；用于热物体对环境的散热量测量的热流计，如辐射热流计、红外热流计；用于对载能介质的流量测量的流量计，如超声波流量计、电磁流量计等。

火力发电企业能量平衡是考核其能源利用水平的重要方法之一，DL/T 606《火力发电厂能源平衡导则》根据火力发电企业生产的特点、主要耗能的种类，又分成了燃料、热量、电力、水平衡等几个子标准。该标准是以整个企业为对象，研究各主要能源的输入、输出以及损失之间的平衡关系。它不仅明确了各能源能量平衡的边界、能源计量点的位置，而且对计量器具的选择和准确度等级都有具体的要求。因此根据 DL/T 606 来约束能源计量器具的配备，应该能满足评价能源转换效率的要求。能源计量器具的配备应能满足能源利用效率监测的计量项目包括：

a）反映供给能量的参数。

b）反映有效利用能量的参数。

c）反映主要损失能量的参数。

d）反映余能利用状况的参数。

e）反映能量重复利用状况的参数。

f）为调整和控制用能工况所必需监测的项目。

g）反映外销能量的参数。

h）国家标准或专业标准规定的其他监测项目。

指标化管理已成为现代化火力发电企业运行管理的主要方式，控制好机组的各种技术经济指标，对其进行相应的分析、考核，能较好地保证机组的安全、经济运行。火力发电企业的技术经济指标种类很多，涵盖了企业层、系统层、设备层，既有耗能指标，又有能源输送、能源转换效率指标。因此，利用指标管理的方法，就是用技术经济指标来指导、约束企业的能源计量器具的配备，《2008 版要求》不仅要满足《2006 版通则》的要求，而且还应对企业具有实际的指导意义，因此还应能满足以下要求：

a）满足计算和评价单台机组发电（供热）煤耗的要求。

b）满足计算和评价单台锅炉热效率、汽轮发电机组热效率的要求。

c）满足计算和评价单台机组厂用电率的要求。

d）满足计算和评价生产补水率、非生产补水率、化学总自用水率的要求。

（4）能源计量器具的配备要求。

1）能源计量器具配备率按以下公式计算：

$$R_{\mathrm{p}}=\frac{N_{\mathrm{s}}}{N_{1}}\times 100\%$$

式中 R_{p}——能源计量器具配备率，%；

N_{s}——能源计量器具实际配备数量（对配备的能源计量器具凡未检定/校准、未使用、检定不合格、损坏的确定为未配备，从已配备数中扣除）；

N_1——能源计量器具理论需要量。

DL/T 2385—2021《火力发电厂水计量器具配备与管理技术导则》考核计量率、合格率、准确度和配备率，能源计量率计算公式为：

$$\text{某种能源计量率}=\frac{\text{实际配备的能源计量器具计量的某种能源消耗量}}{\text{该种能源消耗总量}}\times 100\%$$

$$\text{企业综合能源计量率}=\frac{\sum(\text{各种能源计量数量折合成标准煤数量}\times\text{对应检测率})}{\text{企业综合能源标准煤数量}}\times 100\%$$

用能单位能源计量器具的配备率是指用能单位实际配备的能源计量器具台（件）数与用能单位能源计量率为百分之百时需要配置的能源计量器具台（件）数之比，用百分数表示。

《2008 版要求》沿用《2006 版通则》规定：不再考核能源计量率，配备率是基础的基础，而计量率则需要企业具有化验一定的化验能力，是更进一步的要求。能源计量率是指对约定的计量对象，经过实际计量的某类能源数量占同类能源总量的百分数。

《2006 版通则》不考核能源计量率，仅仅考核计量装置配备率和准确度，这是完全正确的。理由有三条：第一条，因为计算企业能源计量率第一步就要将各种能源折算成标准煤，如果采用实测热值进行折算，很多小型企业根本就没有化验能力；第二条，由于每天的实际用能量是变化的，计量率计算需要累计每天输入或消耗数据，计算有难度；第三条，不同行业消耗的能源多种多样，究竟什么能源需要考核，没有统一规定，无法考核企业能源计量率。而配备率计算很简单，比较直观，与能源消耗量、种类和质量没有关系。大小企业计算都很方便，例如企业该配备 100 台计量器具，而实际配备了 85 台，则企业能源计量器具配备率就很容易得出为 85%。

《2008 版要求》不考核企业能源计量率是欠妥的。因为对于火电企业来说，由于耗煤量占全国煤炭消耗量的 50%以上，电力行业多年来就很注重计量和化验，每个电厂都配备计量管理部门和燃料化验部门，而且都是持有国家认可的上岗证，电力行业早就规定每个电厂的入厂燃料检斤率必须达到 100%，这个检斤率实际上就是计量率。如果本标准既考核各种能源计量器具的配备率，又能考核入厂燃料的检斤率，就会更加完全。在 GB 24789—2009《用水单位水计量器具配备和管理通则》中则提出既考核计量器具的配备率，又考核水计量率的要求。

2）用能单位应加装能源计量器具，并满足能源计量的配备原则。加装能源计量器具是对重点用能单位的最基本要求，也是对企业的强制性要求。中华人民共和国第十届全国人民代表大会常务委员会第三十次会议于 2007 年 10 月 28 日修订通过了《中华人民共和国节约能源法》，自 2008 年 4 月 1 日起施行。该法第 27 条规定："用能单位应当加强能源计量管理，按照规定配备和使用经依法检定合格的能源计量器具"。该法第 28 条规定："能源生产经营单位不得向本单位职工无偿提供能源。任何单位不得对能源消费实行包费制。"安装配备生活能源计量器具，就能从根本上解决火力发电厂水、电暖"包费制"的顽疾。

3）进出用能单位的能源，无论多少都需要加表计量。

4）用能量（产能量或输送能量）大于或等于表 2-25 中一种或多种能源消耗量限定值的次级用能单位为主要次级用能单位。主要次级用能单位应按表 2-27 要求配备能源计量器具。主要次级用能单位所配备能源计量器具的准确度等级参照表 2-28 的要求。

表 2-25　主要次级用能单位配备能源计量器具的能源消耗量（或功率）限定值

能源种类	电力	固体燃料	原油、成品油、石油液化气	重油	煤气、天然气	蒸汽、热水	水	其他
单位	kW	t/a	t/a	t/a	m^3/a	GJ/a	t/a	GJ/a
限定值	10	100	40	80	10 000	5000	5000	2926

注　表中 a 是法定计量单位中"年"的符号。表中的 m^3 指在标准状态下。标准状态：规定压力为 101 325Pa，温度为 293.16K。

能源计量法定的单位应该是焦耳。由于能源存在形式的不同，决定了能量载体的多样性。为了方便使用和照顾人们习惯，对于不同载体的能源选用了不同的常用的法定计量单位。按照能源的计量方法，能源计量单位主要有 3 种表示方法：一是用能源的实物量来表示，如煤的吨数（t），天然气的立方米数（m^3）；二是用热功单位来表示，如焦耳（J）、千瓦时（kWh）等；三是用能源的当量值来表示，如煤当量、油当量（kJ/kg）和电当量（kJ/kWh）等。

5）单台设备能源消耗量大于或等于表 2-26 中一种或多种能源消耗量限定值的为主要用能设备。主要用能设备应加装能源计量器具。主要用能设备应按表 2-27 要求配备能源计量器具。主要用能设备所配备能源计量器具的准确度等级参照表 2-28 的要求。

表 2-26　主要用能设备配备能源计量器具的能源消耗量（或功率）限定值

能源种类	电力	固态燃料	原油、成品油、石油液化气	重 油	煤气、天然气	蒸汽、热水	水	其他
单位	kW	t/h	t/h	t/h	m^3/h	MW	t/h	GJ/h
限定值	100	1	0.5	1	100	7	1	29.26

注　1. 表中固态燃料在《2006 版通则》是指煤炭、焦炭和兰煤，在《2008 版要求》是指煤炭、水煤浆和兰煤。
2. 这里的“其他”是指其他某一种非常规能源，而不是其他各种非常规能源的总和。

表 2-26 定义了什么是主要用能设备。符合表 2-26 的设备必须加装能源计量器具。比较表 2-26 和表 2-25，同是一种能源，但表 2-26 中的限定值远远大于表 2-25 的限定值。主要考虑了如下因素：

a）主要用能设备的能源计量是全厂节能指标分解和考核的主要依据，必须计量，数据来源于计量，管理依赖于数据；用数据说话，职工才会心服口服，才会调动职工节能的积极性。

b）主要用能设备的用能量或单独、或与其他用能系统一起都已经过用能单位或次级用能单位的计量，因此主要用能设备用能量的再次单独计量，可以放宽一些（限定值高一些）。

c）考虑到企业管理成本。如果将表 2-25 再放宽一些，可能多数企业无主要用能设备进行管理；如果再紧一些（限定值低一些），则许多大型企业会产生太高的用能设备管理成本。

从限定值上看，《2008 版要求》与《2006 版通则》完全一样，但实际上《2008 版要求》比《2006 版通则》更为严格一些。《2006 版通则》规定“对于可单独进行能源计量考核的用能单元（装置、系统、工序、工段等），如果用能单元已配备了能源计量器具，用能单元中的主要用能设备可以不再单独配备能源计量器具”。这主要考虑到大型轧钢企业，在一条轧钢生产线上，有大于 100kW 的电动机上千台，全厂大于 100kW 的电动机可能近万台，考虑到一个生产线上的电动机的一致性和供电电源的同一性，这种情况可采用系统统一的“群测”的方式。《2008 版要求》针对于电厂，规定必须分别计量，例如电厂输煤系统的皮带驱动电动机，每个电厂的输煤系统都有单独的电能计量，但是其中所有高压 6kV 或大于 100kW 的电动机必须分别计量。又如 300MW 机组锅炉房配备的 4 台 1100kW 磨煤机，必须安装 4 套独立的电能计量装置，而不是仅仅集中安装 1 套大量程的电能计量装置。

《2008 版要求》与《2006 版通则》均规定：电力消耗量或功率超过 100kW 必须安装能源计量器具。对于变压器一类的电力，这个规定与实际相符，因为电厂变压器基本上都是 400kVA 及以上，都配备了电能计量装置。而实际上，电厂仅对 6kV 电动机进行单独计量，6kV 电动机一般是 200kW 电动机，而对于 200kW 以下的电动机则不单独计量。按照本标准该条规定，则所有电厂均不合格，对于 100～200kW 电动机，需要补装计量装置。例如多数进口机组，主要辅机都没有单独加装电能计量装置。

表 2-26 中 29.26GJ 相当于 1t 标准煤。其他能源应按等同热值折算。7000kcal/kg×4.18kJ/kcal＝29 260kJ/kg＝29.26GJ/t。

表 2-26 中蒸汽、热水单位选用了“MW”，这也不难理解：电的当量热值是 3600kJ/kWh，而 1kg 过热蒸汽（280～300℃）热量为 2930.8kJ，相当于 1 kg 过热蒸汽折算为 2930.8/3600kWh＝0.814kWh＝0.000 814MWh，而规定 7MW 相当于这种蒸汽为 7/0.000 814＝8600kg/h＝8.6t/h。

（5）能源计量器具配备率应不低于表 2-27 的要求。

表 2-27　　能源计量器具配备率要求　　%

能源种类		进出企业（一级）			进出主要次级用能单位（二级）			主要用能设备（三级）		
		GB/T 21369—2008	GB/T 17167—1997	GB 17167—2006	GB/T 21369—2008	GB/T 17167—1997	GB 17167—2006	GB/T 21369—2008	GB/T 17167—1997	GB 17167—2006
电力		100	100	100	100	100	100	95	100	95
固态能源	煤炭	100	100	100	100	100	100	90	75	90
固液混合能源	水煤浆	100	—	—	100	—	—	90	—	—
液态能源	原油	100	100	100	100	100	100	90	100	90
	成品油	100	100	100	100	100	100	95	100	95
	重油	100	100	100	100	90	100	90	80	90
	渣油	100	100	100	100	90	100	90	80	90
气态能源	天然气	100	100	100	100	90	100	90	80	90
	液化气	100	100	100	100	100	100	90	100	90
	煤气	100	100	100	90	90	90	80	80	80
	蒸汽	100	100	100	80	90	80	70	60	70
载能工质	水	100	100	100	95	100	95	80	95	80
	压缩空气及其他	100	100	—	80	70	—	60	70	—
可回收利用的余热（能）		90	90	90	80	70	95	—	—	—

注　1. 对于进出企业的季节性供暖用蒸汽（热水）可采用非直接计量载能工质流量的其他计量结算方式。

2. 对于进出主要次级用能单位的季节性供暖用蒸汽（热水），可以不配备能源计量器具。

3. 对于在主要用能设备上作为辅助能源使用的电力和蒸汽、水、压缩空气等载能工质，其耗能量小于表 2-26 规定值的，可以不配置专用能源计量器具。

4.《2008 版要求》删掉了《2006 版通则》固态能源中的焦炭，增加了固液混合能源——水煤浆。余热（能）的进出主要次级用能单位配备率低于《2006 版通则》要求。

（6）用能单位配备的能源计量器具准确度等级应不低于表 2-28 的要求。准确度是表示测量仪器给出接近于真值的响应能力。反映了测量结果既不偏离真值，测得值之间又不分散的程度，它反映了测量结果中系统误差与随机误差的总和，也叫“精确度”。它与“精密度”不同，精密度反映了在规定条件下对被测量进行测量时测量结果之间的符合程度，精密度表示测量结果中随机误差大小的程度，仅仅反映仪器的分散性。多次测量同一量所得的分散性可能很小（精密度高），但若测量结果与真值相差一个较大的值，测量准确度仍然是较低的。准确度可以用准确度等级和测量仪器的示值误差来定量表示。准确度与“正确度”也有区别，正确度表示测量结果中系统误差大小的程度，因此，“准确度”＝“正确度”＋“精密度”。

准确度等级通常以数字标示。一般采用允许引用误差（允许绝对误差与量程的比值），去掉百分号来表示。例如电子皮带秤允许误差为±0.5%，则该电子皮带秤的准确度等级为 0.5 级。

表 2-28　　企业能源计量器具准确度等级要求

计量器具类别	计量目的		准确度等级 GB/T 21369—2008	准确度等级 GB 17167—2006	准确度等级 DL/T 448—2016	准确度等级 DL/T 448—2000	准确度要求 GB/T 17167—1997
衡器	进出用能单位燃料的静态计量		0.1	0.1	—	—	0.3%
衡器	进出用能单位燃料的动态计量		0.5	0.5	—	—	0.5%
电能表	交流电能计量	Ⅰ类电能计量装置	0.2S	0.5S	0.2S	0.5S	0.5%
电能表	交流电能计量	Ⅱ类电能计量装置	0.5S	0.5	0.5S	0.5	2.0%
电能表	交流电能计量	Ⅲ类电能计量装置	1.0	1.0	0.5S	1.0	2.0%
电能表	交流电能计量	Ⅳ类电能计量装置	2.0	2.0	1.0	2.0	2.0%
电能表	交流电能计量	Ⅴ类电能计量装置	2.0	2.0	2.0	2.0	2.0%
电能表	直流电能计量		2.0	2.0	2.0	2.0	2.0%
油流量表（装置）	进出用能单位液体能源计量	成品油（汽油、柴油）	0.5	0.5	—	—	0.35%
油流量表（装置）	进出用能单位液体能源计量	重油、渣油	1.0	1.0	—	—	—
气体流量表（装置）	进出用能单位气态能源计量	天然气	1.0	2.0	—	—	2.0%
气体流量表（装置）	进出用能单位气态能源计量	煤气	2.0	2.0	—	—	2.0%
水流量表（装置）	进出用能单位净水流量计量	管径 ≤250mm	2.0	2.5	—	—	2.5%
水流量表（装置）	进出用能单位净水流量计量	管径 ＞250mm	1.5	1.5	—	—	2.5%
水流量表（装置）	污水流量计量		2.5	—	—	—	5.0%
蒸汽流量装置	蒸汽流量计量		2.0	2.5	—	—	2.5%
气体流量表（装置）	空气、氮气、烟气等气态载能工质的计量		2.5	—	—	—	—
燃料热量计	用于燃料发热量的计量		±60J/kg	—	—	—	—
氧量计	用于烟气含氧量的计量		3.0	—	—	—	—
温度仪表	用于液态、气态能源的温度计量		1.5	2.0	—	—	2.0%
温度仪表	与气体、蒸汽质量计算相关的温度计量		1.0	1.0	—	—	—
压力仪表	用于气态、液态能源的压力计量		1.5	2.0	—	—	2.5%
压力仪表	与气体、蒸汽质量计算相关的压力计量		1.0	1.0	—	—	1.0%

注 1. 当计量器具是由传感器（变送器）、二次仪表组成的测量装置或系统时，表中给出的准确度等级应是装置或系统的准确度等级。装置或系统未明确给出其准确度等级时，可用传感器与二次仪表的准确度等级按误差合成方法合成。

2. 运行中的电能计量装置按其所计量电能量的多少分为五类：Ⅰ类为月平均用电量 500 万 kWh 及以上或变压器容量为 10 000kVA 及以上的高压计费用户、200MW 及以上发电机、发电企业上网电量、电网经营企业之间的电量交换点的电能计量装置；Ⅱ类为月平均用电量 100 万 kWh 及以上或变压器容量为 2000kVA 及以上的高压计费用户、100MW 及以上发电机的电能计量装置；Ⅲ类为月平均用电量 10 万 kWh 及以上或变压器容量为 315kVA 及以上的计费用户、100MW 以下发电机、发电企业厂（站）用电量的电能计量装置；Ⅳ 类为负荷容量为 315kVA 以下的计费用户、发供电企业内部经济技术指标分析、考核用的电能计量装置；Ⅴ类为单相供电的电力用户计费用电能计量装置。

3. 用于成品油贸易结算的计量器具的准确度等级应不低于 0.2 级。

4. 用于天然气贸易结算的计量器具的准确度等级应符合 GB/T 18603—2001 附录 A 和附录 B 的要求。

根据火力发电企业的实际，《2008 版要求》在《2006 版通则》的基础上增加了水煤浆、污水流量等能源计量器具种类，在水流量表增加了“污水流量计量”，而且要求准确度不高。主要是因为：火电厂污水排放量比较大，排污又要收费，因此必须计量。而且大多数电厂已经将污水深度处理回收利用。这部分回收利用的污水也属于污水计量范畴。

《2008 版要求》比《2006 版通则》增加了“空气、氮气、烟气等气态载能工质的计量”。主要原因是发电企业使用大量空气，释放大量烟气。虽然空气与烟气不直接影响节能工作，但是由于送入炉膛空气多少直接影响炉膛氧量，炉膛氧量每增加 1 个百分点，将使供电煤耗增加 1g/kWh；而排烟直接影响减排工作，因此，空气、烟气的测量与节能减排关系重大。而且我国现有机组都安装了空气流量计量装置、炉膛氧量表、烟气排放流量计量装置。

《2008 版要求》在《2006 版通则》基础上提高了一些计量器具的准确度等级要求，如Ⅰ类电能表准确度等级由 0.5S 提高到 0.2S，Ⅱ类电能表准确度等级由 0.5 提高到 0.5S，天然气流量表准确度等级由 2.0 提高到 1.0（主要原因是发电企业使用天然气一般是燃气发电厂，天然气是主体能源，而且耗量比较大，涡街式流量计准确度等级又可以达到 0.5 级、1.0 级，因此进出发电企业的天然气计量的准确度要求高一些），蒸汽流量表准确度等级由 2.5 提高到 1.0（主要是考虑在管径超过 300mm 时，一般采用插入式蒸汽涡街流量计，这种流量计准确度等级稍低一些，可以达到 1 级或 1.5 级；目前发电厂、热电厂对外供蒸汽温度不高，都采用 1.0 级的蒸汽涡街流量计，低温低管径蒸汽涡街流量计准确度等级一般有 0.5 级、1 级），压力表也相应提高了 0.5 级。但是进出锅炉、汽轮机蒸汽计量在此不做要求，而在温度、压力处再做要求。其中的 S（是英文 special 的缩写）代表特殊用途电能表的准确度标准，这里的特殊的意思是指电流互感器与相应的电能计量表计配套使用，当 S 级电能表与所连接 S 级电流互感器的测量范围相同时，表计在通过额定电流 1%～120%的某一电流时均能准确测量（即在轻负载时也能达到标注的准确度等级）。S 级电能表（或 S 级电流互感器）与非 S 级电能表（或非 S 级电流互感器）的主要区别在于对轻负载计量准确度要求不同。非 S 级电能表（或非 S 级电流互感器）在 5%额定电流以下没有误差要求，而 S 级电能表（或 S 级电流互感器）在 1%额定电流时有误差要求，准确度不降低。例如 0.2 级电流互感器在 20%额定电流时，准确度已经下降到 0.35%（相当于 0.35 级）；而 0.2S 级电流互感器在 10%额定电流时，准确度保持在 0.2%（相当于 0.2 级）。

主要次级用能单位、主要用能设备所配备能源计量器具的准确度等级参照表 2-28 的要求。主要原因是发电企业本身就生产电能、输出电能，因此，十分重视电能计量，计量等级相对一般企业会高，主要辅机耗电量计量仪表准确度等级都不低于 2.0 级。例如许多电厂宿舍区住户单相表均改造成 1.0 级的电子式电能表。

对天然气计量仪表的安装，应符合 GB/T 18603 的要求。对供热计量仪表的安装，应符合 JGJ 173—2009《供热计量技术规程》的要求。

用能设备的设计、安装和使用应能满足 GB/T 6422、GB/T 15316 中关于用能设备节能监测的要求。

能源计量器具的性能和准确度等级应满足相应生产工艺和使用环境（如温度、温度变化率、湿度、照明、振动、噪声、粉尘、腐蚀、辐射、电磁干扰等）的要求。所有的计量器具对使用环境都有一定的要求；只有在规定的环境中使用，才能保证计量性能；对能源计量器具的使用环境进行控制，保证能源计量器具在已知满足要求的环境中使用；安装、使用环境条件低于能源计量器具规定要求的，不得使用。

《2008 版要求》比《2006 版通则》增加了“辐射”，主要是考虑到目前某些在线监测装置（如煤质在线监测装置）存在辐射，因此要求满足 GB 8703《辐射防护规范》的要求。

《2008 版要求》和《2006 版通则》中电能表计准确度等级编制的基础是 DL/T 448—2000《电能计量装置技术管理规程》，《2008 版要求》电能表计准确度等级优于 DL/T 448—2000 规程要求，但是 DL/T 448 于 2016 年发布了修订版，DL/T 448—2016 中的Ⅲ类电能计量装置准确度等级又优于《2008 版要求》（见表 2-27），因此《2008 版要求》的修订成为必然。

5. 能源计量器具的管理要求

（1）能源计量管理体系的目标是配备可靠的计量器具，保证计量器具安全运行，准确、完整、及时地提供各种有关能源数据，发现问题及时纠正，并持续改进。发电企业必须按照 JJF 1112—2003《计量检测体系确认规范》和 GB/T 19022—2003《测量管理体系　测量过程和测量设备的要求》，结合本企业实际制定《计量检测体系管理手册》，把企业能源计量的责任纳入各个工作岗位的职责之中，纳入各单位的日常管理之中，做到层层有责任，逐级抓落实。计量管理手册至少应包括：计量方针和目标，影响计量管理、执行、验证或评审工作的人员职责、权限和相互关系，计量检测体系程序文件和说明，关于手册评审、修改和控制的规定，开展计量活动采用的各类记录、报告、表格、计划等。能源计量器具管理至少应有下列制度：能源计量器具配备的管理制度；能源计量器具使用和维护的管理制度；能源计量器具检定/校准的管理制度；能源计量器具申购、验收、保管、报废的管理制度；能源计量人员的配备、培训、考核的管理制度。

（2）企业应建立、保持和使用文件化的程序来规范能源计量人员行为、能源计量器具管理和能源计量数据的采集、处理和汇总。

规范能源计量人员行为的计量管理程序文件一般包括：计量器具的配备、采购、验收、贮存、维护、保养、发放、使用、降级和报废的管理程序；计量器具的检定/校准和计量确认（计量要求、确认间隔、调整控制）程序；计量器具的标志（分类管理、确认标识）管理程序；计量检测和测量过程（策划、确认、实施、记录）管理程序；计量器具的检定/校准/检测实验室管理程序；计量记录和技术档案管理程序；计量人员培训、考核和监督管理程序等。

用能单位应建立能源统计报表制度，要定期进行能耗统计分析，建立包括能源的购入、消费、库存、损耗、加工转换、质量化验等内容的能源计量原始记录和统计台账，定期向统计、节能行政主管部门报送能源统计报表。

（3）用能单位应设有专人负责能源计量器具的管理，负责能源计量器具的配备、使用、检定（校准）、维修、更新、报废等管理工作。

依据《能源计量监督管理办法》（国家市场监督管理总局 2020 年第 31 号令）第十二条规定：重点用能单位应配备能源计量管理人员。用能单位应设专人负责能源计量器具配备、使用、检定/校准、维修、报废等管理工作，设专人负责能源计量检测数据采集、统计、分析；从事能源计量管理、能源计量自查、能源计量器具检定/校准和维修、能源计量检测（能源计量数据采集、抄表）、能源计量数据统计分析等人员应具备能源计量技术和业务能力。

用能单位应设置计量专责人岗位，负责能源计量器具的管理；负责编制企业计量工作的规划，年度计划和工作总结；负责全厂计量器具标记的申购计划、保管、发放、使用正确性检查等；负责能源计量器具的检定、校准和维修等日常的管理；企业计量专责人应向当地质量监督检验检疫局行文备案。

用能单位的能源计量器具的流转过程一般包括：购置、验收、安装、调试、校准、使用、维护、运输、更新、降级和报废等。用能单位的能源计量器具在全部流转过程中都应受控，除设有专人负责外，还应建立岗位责任制以及一套完善的、切实可行的规章制度，严格执行计量器具工作程序，确保用能单位器具配备、校验、更新、维护等按程序进行，确保能源计量检测数据准确可靠。

(4) 用能单位应设有专人负责能源计量数据的管理。依据《能源计量监督管理办法》（国家市场监督管理总局 2020 年第 31 号令）第九条规定：用能单位应当加强能源计量数据管理，建立完善的能源计量数据管理制度。《2008 版要求》规定设立能源统计专责人，这与实际情况相符，强调了能源统计。统计专责人应采用科学统计分析方法，研究能源的购进、转换、输送、储存、流转、使用等各个环节运动过程和能源系统流程的平衡状况等数量关系。通过能源统计及时发现问题，有利于企业建立健全能源管理体制，提高能源的利用效率。

用能单位应建立能源统计报表制度，要定期进行能耗统计分析，建立包括能源的购入、消费、库存、损耗、加工转换、质量化验等内容的能源计量原始记录和统计台账，定期向统计、节能行政主管部门报送能源统计报表。

设专人负责能源计量数据的管理是贯彻“数出多门、量出一家、统一规划、分级实施”原则的有效手段。确保计量数据的出具、计量数据的采集、计量数据的分析和处理、计量数据的监督、计量数据的控制和反馈等环节有效，从而使计量数据具有准确性、可靠性、公正性和科学性。

(5) 用能单位的能源计量管理人员应通过国家相关职能部门的能源计量管理培训考核，持证上岗。用能单位应建立和保存能源计量管理人员的技术档案。计量专责人、入炉煤计量、煤质化验人员应持证上岗。上岗前要进行相关知识培训，并参加考试和考核，合格后方可参加管理工作。计量人员必须精通业务，熟悉计量法律法规，熟悉所使用的计量标准和受检计量器具的原理、结构和性能。

用能单位应积极安排具备相应知识和工作实践经验丰富的人担任能源计量管理人员。并建立和保存能源计量管理人员的技术档案，档案记录应包括：教育经历、培训经历、职称证书、历次考试成绩、专业资格证书等。

(6) 能源计量器具的检定、校准和维修人员，应具有相应的资质。能源计量器具检定、校准及维修的技术人员，应持证上岗。上岗前要进行相关知识培训，并参加考试和考核，合格后方可参加检定和维修等工作。检定与检验是两回事。校验是企业内部就可以进行，用高一等级标准器具与被校器具进行比较、调整。企业所使用的大量计量设备需要校验，而不一定是检定。检定是法定的，需要在计量部门实验室中进行的。对于属于强制检定的计量器具，例如用能单位的最高标准器、环境监测用仪表、贸易结算用衡器等，必须按期送计量部门检定。校验间隔时间短，检定间隔时间一般为 1 年。

(7) 能源计量器具。

1）用能单位应备有完整的能源计量器具一览表（即能源计量器具台账）。能源计量器具一览表至少应列出计量器具名称、型号规格、准确度等级、测量范围、生产厂家、出厂编号、用能单位管理编号、安装使用地点、检定周期/校准间隔、检定/校准状态。能源计量器具一览表应是动态管理的，重点用能单位的能源计量器具的更换、检修、检定/校准及计量器具的状态都应及时在一览表中体现出来。能源计量器具一览表中仪器设备的排列应按测量参数的性质分类填写，能测多种参数的仪器设备按其主要测量参数类别排序，如温度、压力、流量、电流和电压等；属测量同类参数的不同类仪器设备，要相对集中排列；属测量同类参数的同类仪器设备，可按测量范围由小到大顺序排列。

如果某些测量仪表是由一个主机、若干个传感器组成，如是一体的，则不用分列，但需要在备注栏中加以说明；如果主机和传感器是分离的，则应在一览表中分别列出。次级用能单位和主要耗能设备的能源计量器具管理往往具有较强的专业性，所以要有相应的能源计量器具一览表或一览表分表。

2）用能单位应建立能源计量器具档案，内容包括：计量器具使用说明书；计量器具出厂合格证；计量器具最近两个连续周期的检定（测试、校准）证书；计量器具维修记录；计量器具其他相关信息。

用能单位应建立完整的能源计量器具档案，“完整”意义是必须包括上述4项基本的内容。在用计量器具档案内容应从购买直到报废为止的资料。凡计量器具报废后，其档案资料的保存时间不少于2年。

3）企业应备有明确的能源计量器具量值传递或溯源图，其中作为企业内部标准计量器具使用的，要明确规定其准确度等级、测量范围、可溯源的上级传递标准。

用能单位要建立明确的能源计量器具量值传递体系框图（即量值传递或溯源图）。溯源图是一种代表等级顺序的框图，用以表明计量器具的计量特性与给定量的基准之间的关系。建立量值传递或溯源图的目的是要对所进行的测量在其溯源到计量基准的途径中，尽可能减少环节和降低测量不确定度，并能给出适当的置信度。对企业来说，溯源图至少应能提供其上一等级计量标准特性的有关信息，以便实现其向国家基准溯源（即被检、本级、上级三级）。量值传递是将计量基准所复现的单位量值，通过计量标准自上而下逐级传递到工作计量器具。而溯源是自下而上的逐级追溯行为。量值传递或溯源图格式如图2-9所示，溯源图包括用能单位最高计量标准溯源的上一级计量标准的名称、测量范围、准确度、检定部门、检定方法；用能单位最高计量标准的名称、测量范围、准确度、检定部门、检定方法；用能单位被测量工作计量器具的名称、测量范围、准确度。

用能单位应制定自校计量器具的管理程序和自校规范。其中作为工作计量器具使用的，要明确其检定用的计量标准器具名称、准确度等级；作为用能单位内部标准计量器具使用的，要明确规定其准确等度级、测量范围、可溯源的上级传递标准和被其检定的计量器具名称、型号规格、数量、准确度、安装使用单位等。计量专责人要定期地实施监督检查，保证计量检测结果的准确可靠。

4）能源计量器具应实行定期检定（校准），并有确定的检定（校准）周期。凡经检定（校准）不合格和超过检定（校准）周期的计量器具一律不准使用。属强制检定的计量器具，其检定周期、检定方式应遵守有关计量法律法规的规定。用能单位应建立能源计量器具定期检定制度。凡经检定（校准）不符合要求的或超过检定周期的计量器具一律不准使用（在用能源计量器具被怀疑或出现损坏、过载、产生不正确的测量结果、超过检定周期/校准间隔、误操作、铅封/封印或保护装置损坏破裂等情况时，应停止使用、隔离存放，做出明显的标签或标志，排除不符合原因，经再次检定/校准符合要求后才能重新投入使用）。

用能单位要编制能源计量器具的检定（校准）周期表，检定（校准）周期表的内容应包括计量器具名称、型号规格、技术指标（测量范围、准确度等级）、制造厂商、检定机构、最近检定日期、检定有效期、自检规范名称、能力验证和对比情况等信息。属强制检定的计量器具，其检定周期、检定方式应遵守有关计量法律法规的规定。检定必须按检定规程的要求进行，检定是要评定计量器具的全部计量特性，检定要对被检测计量器具给出检定证书。例如每年要聘请技术监督局对汽车进油、煤计量用地重衡、电子轨道衡进行一次检定，并出具《地重衡校验证书》。电子皮带秤的检定方法请参看GB/T 7721—2002《连续累计自动衡器（皮带秤）》。

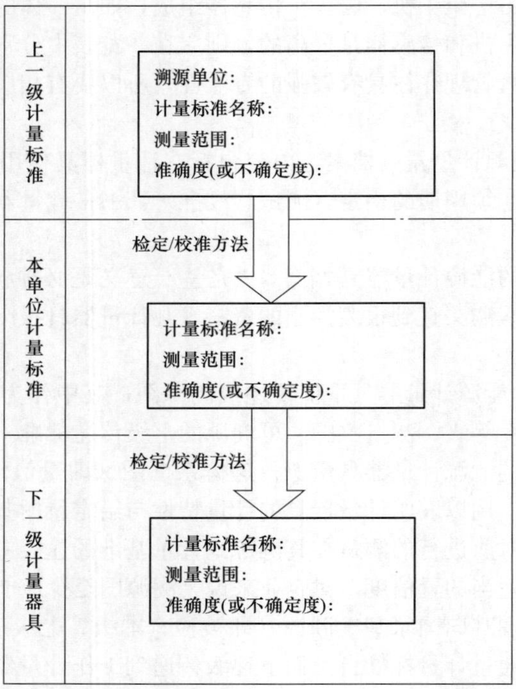

图 2-9　量值传递（溯源）图

5）用能单位使用的能源计量器具，凡属自行校准且自行确定校准间隔的，应有现行有效的受控文件（即自校计量器具的管理程序和自校规范）作为依据。用能单位应建立能源计量器具定期校准程序。程序应包括校准方法、校准人员要求、校准标示、校准记录、校准间隔、接受准则等。

6）新装及更新能源计量器具必须经检定（校准）合格后方能安装使用。首次使用的标准器具必须经检定。用能单位技术改造，用于贸易结算的计量器具安装前，应每只都进行校验。新建机组，用于贸易结算的计量器具，承建单位必须每只都进行校验。

7）在用的能源计量器具应在明显位置粘贴与能源计量器具一览表编号对应的标签，以备查验和管理。在计量器具标签上要加注编号，必须保证与能源计量器具一览表中的数字编号相对应。计量器具粘贴检定合格标识，标识字迹清楚、信息内容正确、完整。保持计量器具铅封完整。

8）用能单位应建立能源计量器具台账，编制能源计量网络图。现场能源计量器具与台账和网络图对照；必须每一处都相符，不能现场已经变了，而图和台账没改。计量网络图是将分布在企业各个生产、管理环节和加工设备上的计量点或者其他计量管理对象，用图的形式按系统论、信息论、控制论的原理科学合理组织起来。某电厂燃料计量网络图（计量点图）如图 2-10 所示。

(8) 能源计量数据。

1）用能单位应建立能源统计报表制度，能源统计报表数据应能追溯至计量测试记录。用能单位应建立能源统计报表制度，要定期进行能耗统计分析，建立包括能源的购入、消费、库存、损耗、加工转换、质量化验等内容的能源计量原始记录和统计台账，按规定及时填写报表，定期向统计、节能行政主管部门报送能源统计报表。报表数据有来源，真实可靠，可以提供有效的原始记录。能源计量数据记录应保存齐全。

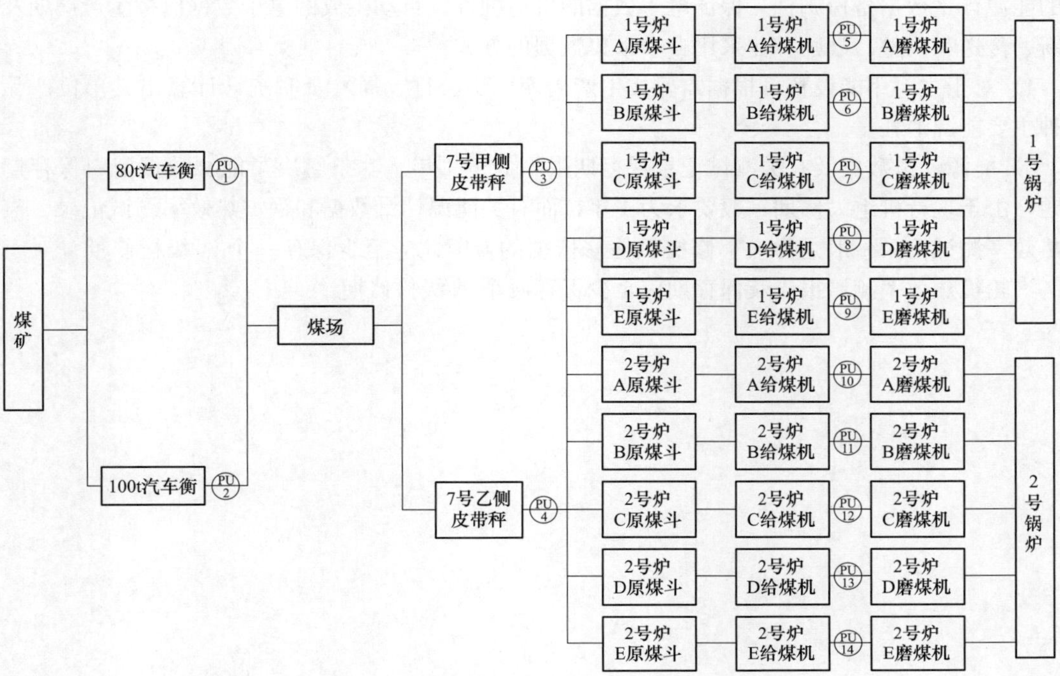

图 2-10　燃煤计量网络图（陆运）

2）能源计量数据记录应采用规范的表格式样，计量测试记录表格应便于对数据的汇总与分析，应说明被测量与记录数据之间的转换方法或关系。本条规定了对能源计量数据记录与计量测试记录的要求，使数据的记录规范化，与被测量的数据关系明确化，从而有利于数据分析和处理。有些单位计量记录有约定成俗的记录方法和符号，应在表格上说明其与法定计量单位之间的关系。

记录是采集到的最原始数据，不是经过计算得出的计算结果；记录的数据不应有涂改的现象，对必须修改的数据，要进行划改，在划改的数据上方，写上准确的数据，在划改的数据下方，写上划改者的姓名或盖章。划改数据不宜太多，记录数据要清晰、完整。能源计量数据记录要求：使用的能源计量器具、采集依据、环境条件等相关信息；能源计量采集原始数据；数据计算方法及结果；采集、复核人员签字，必要时应有审核人员签字；采集日期。

3）用能单位应根据需要建立能源计量数据中心，利用计算机技术实现能源计量数据的网络化管理，并按生产周期（班、日、周）及时统计计算出其单位产品的各种主要能源消耗量。

从目前我国重点用能单位能源计量数据采集的方式来看，主要有：人工采集、自动采集和第三方公正计量。大部分的企业采用的是人工采集的方式，只有部分用能规模较大的企业是采用自动采集方式。在对大宗有形能源物料进行交易时，例如原油、煤、液化气等，采用第三方公证计量的方式进行。当能源计量数据采用人工采集方式时，其数据采集记录格式应按文件控制的要求进行审批，并对格式进行受控，对同一种能源的数据采集记录的格式应一致。能源计量数据采集的原始记录，必须由数据采集人员和复核人员签字。

能源计量数据的自动采集和网络化管理是我国能源计量管理工作的发展趋势。若重点用能单位是利用计算机技术实现能源计量数据的网络化管理的、实施能源数据自动采集的，应及时将采集的能源计量数据备份归档，保证电子数据的可追溯性。自动生成的电子数据应按生产周期及时更新、传送和调整。鼓励企业采用自动采集数据的方式。

4）对于主要用能设备可根据需要按生产周期（班、日、周）及时统计计算出其单位产品的各种主要能源消耗量。

5）能源计量数据及有关测试记录保存期限不低于 4 年。本条解决了能源数据资料保存期的问题，由于现行机组大修期一般要求为 4 年，而有关能源计量数据和锅炉热效率测试记录、汽轮机热效率测试记录一般是为大小修提供检修依据的，因此应至少保存一个 A 级检修期。对于锅炉、汽轮机热效率测试报告其保存期应至少保存两个 A 级检修期。

第二篇

煤电机组能耗限额标准解读与应用

第三章 《取水定额 第1部分：火力发电》解读与应用

第一节 火力发电厂的取水定额

一、《取水定额 第1部分：火力发电》修订的背景

2012年6月国家质量监督检验检疫总局颁布了由中国电力企业联合会、大唐国际发电股份有限公司等联合修订的《取水定额 第1部分：火力发电》（GB/T 18916.1—2012）（以下简称《2012版定额》）将取水定额普遍比《2002版定额》压减35%～45%，规定年均单位发电量取水量定额指标见表3-1。

表3-1 年均取水量定额值

冷却形式	单机容量＜300MW		单机容量300MW级		单机容量≥600MW级	
	单位发电量取水量（kg/kWh）	装机取水量（m^3/MWh）	单位发电量取水量（kg/kWh）	装机取水量（m^3/MWh）	单位发电量取水量（kg/kWh）	装机取水量（m^3/MWh）
循环冷却	3.20（4.80）	0.88（1.0）	2.75（3.84）	0.77（0.80）	2.40（3.84）	0.77（0.80）
直流冷却	0.79（1.20）	0.19（0.20）	0.54（0.72）	0.13（0.12）	0.40（0.72）	0.11（0.12）
空气冷却	0.95（1.44）	0.23（0.24）	0.63（0.86）	0.15（0.14）	0.53（0.86）	0.13（0.14）

注 表中括号内的数据是《2002版定额》值，括号外的数值是《2012版定额》值。

自《2012版定额》颁布以后，又出现了一些情况：

（1）在法律方面，2013年6月，水利部印发《关于严格用水定额管理的通知》（水资源〔2013〕268号），要求用水定额原则上每5年修订1次，行业80%以上企业达到为限额值，10%～20%以上企业达到为先进值。GB/T 32716—2016《用水定额编制技术导则》要求，通用用水定额一般应以行业内70%～80%企业达到为标准，先进用水定额一般应以行业内20%以上企业达到为标准。

（2）发电技术不断上升。2010年以来，通过建设大容量、高参数机组，关停纯凝小煤电机组，煤电机组容量等级结构持续向大容量高参数方向发展，煤电结构不断优化。根据中电联统计，截至2017年年底，单机30万kW及以上的火电装机容量占比为79.5%，比2010年提高6.8个百分点，见表3-2。这是机组取水量减少的基石。

表3-2 2010年与2017年火电发电结构变化情况

容量等级（万kW）	2010年		2017年	
	台数	装机容量（万kW）	台数	装机容量（万kW）
机组≥100	31	3100	103	10 457
60≤机组	363	22 447	559	35 374
30≤机组＜60	775	24 857	1072	35 594
20≤机组＜30	250	5201	243	5260

续表

容量等级（万 kW）	2010 年		2017 年	
	台数	装机容量（万 kW）	台数	装机容量（万 kW）
10≤机组<20	463	6072	454	6154
机组<10	4491	7672	5365	9663
合计	6373	69 349	7796	102 501

(3) 再生水应用比重越来越高。火电厂取用水主要为地表水、地下水、城市供水、城市中水、煤矿疏干水、海水淡化自用水及其他水源。且近几年来，按照地方要求，越来越多的电厂采用城市中水等非常规水源。根据中电联的调查，地表水取水量占调查机组总取水量的比例为64.52%、城市中水为16.53%、地下水为10.08%、城市供水为5.04%、煤矿疏干水为1.76%、海水淡化自用水为0.8%、其他水源为1.26%。

在此背景下此《取水定额 第1部分 火力发电》的重新修订就成为必然。GB/T 18916.1—2021《取水定额 第1部分 火力发电》(以下简称《2021版定额》) 标准由中国电力企业联合会牵头相关单位联合修订，2021年5月发布，2021年12月1日实施。

二、《取水定额　第1部分　火力发电》修订的主要内容

1. 扩展了适用范围

增加燃气—蒸汽联合循环发电企业在生产过程中取水定额。

2. 修订了部分术语定义

(1) 单位发电量取水量。是指统计期内，火力发电厂生产每兆瓦时电需要从各种水源提取的水量。以 V_{ui} 表示。《2002版定额》和《2021版定额》给出的单位发电量取水量定义完全一样，计算公式为：

$$Q_{ui}=\frac{V_i}{W_f}$$

式中　V_i——统计期内生产过程中各种水源的取水量，m^3；

Q_{ui}——单位发电量取水量，kg/kWh；

W_f——统计期内发电量，MWh。

《2002版定额》定义虽然规定是从各种水源提取的水量，但是在取水量定义中可以看出并没有包括非常规水资源，如海水淡化水、中水等，前后有点不呼应。考虑到非常规水资源在火电行业已经普遍采用，新修订的《2021版定额》进行了修正，强调统计范围包括非常规水资源。

取水量范围是指企业从各种水资源提取的水量，包括取自地表水（以净水厂供水计量）、地下水、城镇供水、从市场购得的其他水（或水的产品，如蒸汽、热水、地热水等）等常规水的水量，取自再生水、淡化水等非常规水的水量。其中，采用海水（包括海水与淡水的混合水，即苦咸水）淡化方式的以进入电厂工业水池的淡水量为准。

采用直流冷却系统的企业取水量不包括从江、河、湖等水体取水用于凝汽器及其他换热器开式冷却并排回原水体的水量；企业从直流冷却水（不包括海水）系统中取水用做其他用途，则该部分应计入企业取水范围。采用海水（包括海水与淡水的混合水，溶解性总固体大于1000mg/L）循环冷却方式的企业，取用的海水量不计入取水量。

(2) 单位装机容量取水量。《2012版定额》将“装机取水量”术语改为“单位装机容量取水量”，《2021版定额》则删掉了“单位装机容量取水量”术语。

单位发电量取水量与装机取水量之间存在一定的数量关系。装机取水量计算公式仅适用于考

核火力发电厂规划、设计过程中的机组取水量。单位发电量取水量指标适用于考核火力发电厂运行机组的取水量，电厂装机取水量计算公式为：

$$Q_J = \frac{V_h}{P_N} = \frac{V_h \times n}{P_N \times 10^{-3} \times 3600n} = \frac{V_i}{3.6nP_N}$$

单位发电量取水量计算公式为：

$$Q_{ui} = \frac{V_i}{W_f} = \frac{V_i}{P_N \times n} = 3.6Q_J$$

式中 3600——秒与小时之间的数量关系；

V_h——夏季纯凝工况满负荷运行的单位时间取水量，m^3/s；

Q_J——装机取水量，$m^3/(s \cdot GW)$（即立方米每百万千瓦秒）；

P_N——机组装机容量，GW；

V_i——统计期内生产过程中的取水量，m^3；

Q_{ui}——单位发电量取水量，kg/kWh；

W_f——统计期内发电量，MWh；

n——年利用小时数，h。

根据公式推导，可以得到这样的结论：循环冷却供水系统的单位发电量取水量是单位装机取水量的3.6倍关系。从表3-1中可以看出，《2012版定额》规定的单位发电量取水量定额值与装机取水量定额值的比例关系是失调的，只有单机容量小于300MW循环冷却机组定额值符合3.6比值原则，其他等级容量循环冷却机组定额值小于3.6的比值。但是考虑到机组投产后，特别是早期机组的水系统会存在各种问题，包括管网泄漏、增加不明用户等损失应在20%以上（《2002版定额》按三分之一考虑），单位装机容量取水量与单位装机取水量的比值应不小于3.6。因此《2002版定额》规定的单位发电量取水量定额值与装机取水量定额值比值大于3.6比值是符合实际的。正由于有3.6的比值关系，因此《2021版定额》删掉单位装机取水量的定额也是可以理解的。

3. 增加取水量供给范围

《2012版定额》只有取水量统计范围，没有规定取水量供给范围。《2021版定额》规定了火力发电取水量范围包括：主要生产系统（主机冷却系统用水、锅炉补给水处理系统用水等）、辅助生产系统（辅机冷却系统用水、脱硫系统用水、燃料系统用水、灰渣系统用水等）和附属生产系统（消防系统用水、生活用水、绿化用水等）。其中生活用水包括厂区办公楼、浴室、食堂、厕所等的用水。

4. 进一步压减取水定额指标

（1）煤电300MW等级以下机组。

2017年，统计300MW等级以下循环冷却火电机组单位发电量取水量平均值为2.87kg/kWh。其中，80%的机组单位发电量取水量数值线为3.20kg/kWh；10%的机组单位发电量取水量的数值线为1.73kg/kWh；20%的机组单位发电量取水量的数值线为1.85kg/kWh。《2021版定额》现有机组定额值、先进定额值和新建机组定额值分别取3.20kg/kWh、1.73kg/kWh和1.85kg/kWh。

2017年，统计300MW等级以下直流冷却机组平均上报取水量为1.66kg/kWh。上述机组中，80%的机组单位发电量取水量数值线为1.20kg/kWh；10%的机组单位发电量取水量的数值线为0.14kg/kWh；20%的机组单位发电量取水量的数值线为0.18kg/kWh。由于供热量较大等原因，造成部分电厂数值量较大或失真。对于现有机组，《2021版定额》选取《2012版定额》标准0.79kg/kWh的0.9倍（0.72kg/kWh）作为现有机组定额值，达标率为60%；选取平均值的

0.15倍（0.25kg/kWh）作为先进定额值，选取1.2倍的先进定额值（0.30kg/kWh）作为新建机组定额值。

火电机组单位发电量取水量统计300MW等级以下空气冷却机组平均上报取水量为2.05kg/kWh。其中，80%的机组单位发电量取水量数值线为0.90kg/kWh；10%的机组单位发电量取水量的数值线为0.13kg/kWh；20%的机组单位发电量取水量的数值线为0.30kg/kWh。由于统计的空冷机组数量偏少，统计数据可能失真。《2021版定额》选择循环冷却限额值的1/4（0.80kg/kWh）作为现有空冷机组定额值，0.30kg/kWh为先进定额值，取1.1倍先进定额值（0.32kg/kWh）为新建机组定额值。

（2）煤电300MW等级。

统计300MW等级循环冷却火电机组单位发电量取水量平均值为2.30kg/kWh。其中，80%的机组单位发电量取水量数值线为2.70kg/kWh；20%的机组单位发电量取水量的数值线为1.7kg/kWh；10%的机组单位发电量取水量的数值线为1.6kg/kWh。现有机组定额值、先进定额值、新建机组定额值额分别取2.70kg/kWh、1.60kg/kWh和1.70kg/kWh。

统计300MW等级直流冷却火电机组单位发电量取水量平均值为0.61kg/kWh。其中，80%的机组单位发电量取水量数值线为0.88kg/kWh；10%的机组单位发电量取水量的数值线为0.22g/kWh。《2021版定额》按《2012版定额》值0.54kg/kWh的90%（0.49kg/kWh）作为现有机组定额值；选取0.22kg/kWh作为先进值定额，取1.25倍先进定额值（0.28kg/kWh）为新建机组定额值。

火电机组单位发电量取水量统计300MW等级空气冷却机组平均值为0.53kg/kWh。其中，80%的机组单位发电量取水量数值线为0.63kg/kWh；10%的机组单位发电量取水量的数值线为0.23g/kWh；20%的机组单位发电量取水量的数值线为0.30g/kWh。《2021版定额》按《2012版定额》值0.63kg/kWh的90%（0.57kg/kWh）作为现有机组定额值；选取0.23kg/kWh、0.30kg/kWh分别作为先进定额值和新建机组定额值。

（3）煤电600MW等级机组。

统计600MW等级循环冷却火电机组单位发电量取水量平均值为2.15kg/kWh。其中，80%的机组单位发电量取水量数值线为2.35kg/kWh；10%的机组单位发电量取水量的数值线为1.54kg/kWh；20%的机组单位发电量取水量的数值线为1.65kg/kWh。《2021版定额》选取2.35kg/kWh、1.54kg/kWh和1.65kg/kWh分别作为现有机组定额值、先进定额值和新建机组定额值。

火电机组单位发电量取水量统计600MW等级直流冷却机组平均值为0.42kg/kWh。其中，80%的机组单位发电量取水量数值线为0.42kg/kWh；10%的机组单位发电量取水量的数值线为0.20kg/kWh；20%机组单位发电量取水量的数值线为0.24kg/kWh。《2021版定额》选取值0.42kg/kWh、0.20kg/kWh和0.24kg/kWh分别作为现有企业定额值、先进定额值和新建机组定额值。

火电机组单位发电量取水量统计600MW等级空气冷却机组平均值为0.38kg/kWh。其中，80%的机组单位发电量取水量数值线为0.49kg/kWh；10%的机组单位发电量取水量的数值线为0.22kg/kWh；20%的机组单位发电量取水量的数值线为0.27kg/kWh。现有机组定额值、先进定额值、新建机组定额值分别选取0.49kg/kWh、0.22kg/kWh和0.27kg/kWh。

（4）煤电1000MW及以上机组。

统计1000MW等级循环冷却火电机组单位发电量取水量平均值为1.98kg/kWh。其中，80%的机组单位发电量取水量数值线为2.0kg/kWh；10%的机组单位发电量取水量的数值线为

1.52kg/kWh。现有机组定额值选取 2.0kg/kWh；先进定额值取 1.52kg/kWh，取 1.05 倍先进定额值为新建机组定额值。

火电机组单位发电量取水量统计 1000MW 等级直流冷却机组平均值为 0.44kg/kWh。上述机组中，80％的机组单位发电量取水量数值线为 0.43kg/kWh；50％的机组单位发电量取水量数值线为 0.35kg/kWh；10％的机组单位发电量取水量的数值线为 0.19kg/kWh；20％机组单位发电量取水量的数值线为 0.22kg/kWh。现有企业定额值、先进定额值、新建机组定额值分别选取 0.35kg/kWh、0.19kg/kWh 和 0.22kg/kWh。

火电机组单位发电量取水量统计 1000MW 等级空气冷却机组较少，平均值为 0.41kg/kWh。按照大容量机组的定额低于小容量机组的原则，参照 600MW 等级机组，选取 0.42kg/kWh 作为现有企业定额，选取现有企业定额的 1/2（0.21kg/kWh）作为先进定额值，选 1.1 倍的先进定额值 0.24kg/kWh 作为新建机组定额值。

（5）燃气—蒸汽联合循环机组。

燃机单位发电量取水量统计 300MW 以下等级循环冷却机组平均值为 1.75kg/kWh。其中，80％的机组单位发电量取水量数值线为 2.46kg/kWh；73％的机组单位发电量取水量数值线为 2.0kg/kWh；10％的机组单位发电量取水量的数值线为 0.90kg/kWh。《2021 版定额》取 2.0kg/kWh 作为现有机组取水定额。取 0.90kg/kWh 为先进定额值，取先进定额值的 1.1 倍（1.0kg/kWh）为新建机组定额值。

燃机单位发电量取水量统计 300MW 等级及以上循环冷却机组平均值为 1.30kg/kWh。其中，80％的机组单位发电量取水量数值线为 1.50kg/kWh；10％的机组单位发电量取水量的数值线为 0.75kg/kWh。现有机组定额值、先进定额值分别选取 1.50kg/kWh、0.75kg/kWh，取先进定额值的 1.2 倍（0.90kg/kWh）为新建机组定额值。

直流与空气冷却联合循环机组平均值为 1.93kg/kWh。其中，80％的机组单位发电量取水量数值线为 1.16kg/kWh。现有直流与空气冷却联合循环机组按照煤电空冷机组取水定额的 1/2 进行考虑，取 0.40kg/kWh 为现有机组定额值，取 0.17kg/kWh 为先进定额值；新建机组定额值为先进定额值的 1.2 倍（0.20kg/kWh）。

现役机组取水定额值、先进定额值、新建或改扩建机组取水定额值见表 3-3。

表 3-3　单位发电量取水量定额指标　m^3/MWh

机组冷却形式	定额种类	单机容量＜300MW	单机容量 300MW 级	单机容量 600MW 级	单机容量 1000MW 级
燃煤发电机组					
循环冷却	现役定额	3.20	2.70	2.35	2.00
	新建定额	1.85	1.70	1.65	1.60
	先进定额	1.73	1.60	1.54	1.52
直流冷却	现役定额	0.72	0.49	0.42	0.35
	新建定额	0.30	0.28	0.24	0.22
	先进定额	0.25	0.22	0.20	0.19
空气冷却	现役定额	0.80	0.63	0.50	0.45
	新建定额	0.32	0.30	0.27	0.24
	先进定额	0.30	0.23	0.22	0.21

续表

机组冷却形式	定额种类	单机容量<300MW	单机容量300MW级	单机容量600MW级	单机容量1000MW级
燃气—蒸汽联合循环凝汽式机组					
循环冷却	现役定额	2.00	1.50	1.50	1.50
	新建定额	1.00	0.90	0.90	0.90
	先进定额	0.90	0.75	0.75	0.75
直流与空气冷却	现役定额	0.40	0.40	0.40	0.40
	新建定额	—	0.20	0.20	0.20
	先进定额	—	0.17	0.17	0.17

注 1. 考虑到不进行脱硫用水量修正，表中现役定额值整体上比《2012版定额》值压减不大，循环冷却压减量不足2%，直流冷却压减量不足9%，空气冷却压减量不足16%。

2. 新建机组定额值比《2012版定额》值压减较大，循环冷却压减量为30%～40%，直流冷却压减量为36%～58%，空气冷却压减量为38%～60%。

三、定额使用说明与定额管理

1. 定额使用说明

（1）火电厂普遍采用湿法脱硫系统（超低排放的需求），脱硫系统采用新水为工艺水时应计入取水量。配备湿法脱硫系统且采用直流冷却或空气冷却的发电企业，《2012版定额》规定当脱硫系统采用新水为工艺水时，可按实际用水量增加脱硫系统所需的水量。实际上，干法脱硫同样要消耗大量新鲜水，脱硝也要消耗除盐水、工业水等，每个统计时段内的实际用量也会发生变化，因此在脱硫、脱硝等消耗新鲜水时，取水定额应按设计值DL/T 5513—2016《发电厂节水设计规程》条文说明中规定的脱硫系统取水量增加，而不是《2012版定额》笼统地按实际用水量增加计算。目前湿法脱硫系统已是火电机组的标配，因此《2021版定额》就没有对湿法脱硫系统的机组取水量进行调整。

（2）对于空冷机组，由于空冷电厂的闭式循环冷却水需要一定量的补充水量，而且补充水需要除盐处理，空冷机组取水量不足水冷循环冷却机组20%，节水3/4以上。《2012版定额》修订时将空冷机组取水定额扩大，定为循环冷却机组的30%，定额有点偏大；《2021版定额》修订时将空冷机组取水定额修改为循环冷却机组的20%左右。

（3）海水/苦咸水淡化前期投入很大，运行成本远高于自来水。如果不纳入取水定额，就会浪费非常规水资源和金钱。因此必须将海水（或苦咸水）的淡化水计入取水量。由于淡化水水质很好，因此《2021版定额》修订后取水定额不需要乘以1大于调整系数。另外《2021版定额》规定海水淡化水以进入电厂工业水池的淡水量计量为准。

（4）城镇再生水应纳入取水量统计。再生水是指生活污水和工业废水经过净化处理后，达到能再利用的水质标准，进行利用的水。企业通过自建水处理设施对其生产过程中产生的废水、污水进行单位发电量取水量处理达到一定的水质标准后进行再使用的水量（企业回用水量）不纳入取水量的范围。

城市再生水（中水）、矿井水由于属于社会资源，应计入取水量，但是因水质较差，一般需要经过深度处理，而且处理的自用水量要比水质好的情况增加5%～8%，为鼓励使用非常规水资源作为电厂水源，其取水量应按《取水定额》同类定额增加10%～20%，或者将再生水按计量数量的1/1.1～1/1.2计入取水量。

(5)《2012 版定额》《2021 版定额》均明确了取水量中的地表水为以净水厂供水计量，即以净水厂处理后的成品水来计量。取水量定额计算时应计入管网漏损水量、净水站自用水量。

(6) 燃气—蒸汽联合机组的蒸汽轮机出力占联合循环出力的 1/3～1/2，因此循环冷却水耗水量仅为同容量常规燃煤机组的 1/3～1/2，但为了鼓励企业使用燃气—蒸汽联合机组发电，因此燃气—蒸汽联合机组取水量限额偏大一些。

(7) 供热机组取水量可在本定额的基础上增加对外供热、供汽不能回收而增加的取水量。但是这个因供热机组而增加的取水量没有定额，这在实际操作中就有许多空间。因此建议增加供热取水定额。供热供汽企业取水定额指标包括单位供热量取水量和单位供汽量取水量。单位供热量取水量：是指统计期内供热过程中的取水量总和与供热量的比值。单位供汽量取水量：是指统计期内供汽过程中的取水量总和与供汽量的比值。热力生产和供应企业工业产品取水定额见表 3-4。

表 3-4　　热力生产和供应企业工业产品取水定额

指标名称	单位	取水定额				备注
		山东省 DB37/T 1639.8—2019	辽宁省 DB21/T 1237—2020	河北省 DB13/T 1161.2—016	建议值	
供热取水量	m^3/GJ	0.16	0.3	—	0.20	先进值
	m^3/GJ	0.17	0.35	0.37	0.40	通用值
供汽取水量	m^3/t	1.10	—	—	—	先进值
	m^3/t	1.35	—	—	—	通用值

(8) 表 3-3 中未列出的机组容量级别，参照低一档容量等级定额。

(9) 单位发电量取水量通常依据机组容量分别计算，按年度确定统计期。

(10) 无论是现役机组取水定额值、先进定额值，还是新建或改扩建机组取水定额值都需要对再生水部分进行水质影响因素的修正。修正后的限额值为表 3-3 中的定额值与调整系数的乘积。

为了鼓励企业采用城市再生水，《2012 版定额》标准规定：对于水质较差的常规水资源，取水量可根据实际水质情况适当增加。本条在实际操作中存在争议，什么样的水质是较差的呢？没有评判标准。因此《2021 版定额》规定：当机组采用再生水等水质相对较差的非常规水时，可根据水质情况对定额指标进行调整：

1) 循环冷却机组定额调整系数为 1.2（由于一般采用反渗透法进行进一步处理再生水，考虑到反渗透法回收率为 80%，因此将取水定额值增加 20%）。

2) 空气冷却机组定额调整系数为 1.1。

3) 直流机组调整系数为 1。

(11) 新建或改扩建机组取水定额值指标计算与现役机组取水定额值指标计算方法稍微有些不同。

现役机组取水定额值指标计算公式中的取水量采用实际取水量，分母采用实际发电量。而新建或改扩建机组取水定额值指标计算公式中的取水量采用设计取水量，分母采用理论发电量，火电机组利用小时按 6500h、核电机组利用小时按 7008h 计算。

$$理论发电量=6500h\times 机组铭牌出力\ (MW)$$

设计取水量=各生产系统取水量（厂内各项生产、冲洗和厂外灰场等取水量）＋生活取水量＋未预见取水量（按各生产系统取水量与生活取水量的总取水量的 5%～10%计算）＋原水预处理系统自用水量（按处理水量的 2%～5%计算）＋长距离输水管道损失水量另外，取水定额先进值是基于20%火电厂实际完成值选取的，实际完成值包括了管网泄漏，以及负荷率因素（当前火电机组负荷率平均不足80%，该工况下取水量基本不变，但是发电量减少20%，导致单位发电量取水量增加）的影响；而新建机组设计值则不考虑这两种主要因素，因此新建机组的取水定额准入值应不能大于取水定额先进值。

2. 修改了定额管理要求

(1) 取水定额管理中，水平衡测试应符合GB/T 12452、DL/T 606.5的要求。

(2) 火力发电企业用水计量器具配置和管理应符合GB 24789的要求。

(3) 取水定额管理应符合GB/T 26925—2011《节水型企业 火力发电行业》基本要求和DL/T 783—2018《火力发电厂节水导则》。

【例3-1】 某电厂装机容量为5×200MW，其中2台为空冷机组，3台为循环冷却机组。2020年取水量为1980万t，发电量为60.0亿kWh，试计算该厂当年单位发电量取水量是否符合标准规定。

解： 空冷机组取水定额为0.32m^3/MWh，循环冷却机组取水定额为1.85m^3/MWh，因此允许该电厂单位发电量取水量（定额值）为：

$$Q_c=\frac{2\times 200}{5\times 200}\times 0.32+\frac{3\times 200}{5\times 200}\times 1.85=1.24(m^3/MWh)$$

2020年单位发电量取水量为：

$$Q_{ui}=\frac{1980\times 10\ 000}{60\times 100\ 000}=3.30(m^3/MWh)>1.24m^3/MWh$$

因此2020年单位发电量取水量超过了定额要求。

【例3-2】 某电厂2台600MW循环冷却机组，使用城市中水、自来水、地表水（河水）作为电厂生产用水，2020年2台机组发电量为60亿kWh。当年实际取水量为1370万t，其中城市中水为970万t，自来水为24万t，地表水为376万t，试计算该电厂2020年单位发电量取水量是否超过定额。

解： 查表3-3，对于600MW循环冷却机组，常规水资源取水量定额为2.35m^3/MWh

电厂2020年单位发电量取水量（再生水部分折算成常规水资源）为：

$$V_U=\frac{(24+376+970/1.2)\times 10\ 000}{60\times 100\ 000}$$

$$=2.12(m^3/MWh)<2.35m^3/MWh$$

因此电厂2020年单位发电量取水量满足定额要求。

第二节 节水型火力发电企业的考核

节水型火力发电企业是指采用先进适用的管理措施和节水技术，经评价用水效率达到国内同行业先进水平的火力发电厂。

用水评价指标体系包括基本要求、管理考核指标和技术考核指标。

1. 基本要求

(1) 企业在新建、改建和扩建项目时，应实施节水的“三同时、四到位”制度。“三同时”即工业节水设施必须与工业主体工程同时设计、同时施工、同时投运。“四到位”即工业企业要做到用水计划到位、节水目标到位、管水制度到位、节水措施到位。

(2) 严格执行国家相关取水许可制度，开采城市地下水应符合相关规定。有取用水资源的合法手续（并附批件复印件）。

（3）生活用水和生产用水分开计量，生活用水没有包费制。

（4）蒸汽冷凝水进行回用，间接冷却水和直接冷却水应重复使用。

（5）按规定进行水平衡测试（并附水平衡测试报告）。

（6）企业排水实行清污分流，排水符合 GB 8978《污水综合排放标准》的规定（并附地方环保局证明）。

（7）没有使用国家明令淘汰的用水设备和器具。

（8）近三年没有超计划或超定额用水（并附地方节水办证明）。

2. 管理考核指标

管理考核指标主要考核企业的用水管理和计量管理等，包括管理制度、管理人员、供水管网和用水设备管理、水计量管理和计量设备等。根据 GB/T 7119—2006《节水型企业评价导则》（原 GB/T 7119—1993《评价企业合理用水技术通则》）和 GB/T 26925—2011《节水型企业 火力发电行业》，将企业节水管理考核指标汇编于表 3-5。

表 3-5 企业节水管理考核指标及要求

考核内容	考核指标及要求	考核方法
管理制度	有科学合理的节约用水管理制度，规范水计量人员行为、用水人员行为、水计量器具管理和水计量数据采集处理、上报； 制定节水规划和用水计划	查阅文件、工作记录
	有健全的节水统计制度，定期向相关管理部门报送统计报表	查阅文件、报表
	内部实行定额管理，节奖超罚	查阅文件、奖励原始单据
管理机构	主管领导负责节水工作建立办公会议制度，有会议记录有负责用水、节水管理的人员，岗位职责明确，节水管理网络健全，查阅文件、网络图和工作记录	查阅文件、网络图和工作记录
设备管理	有近期完整的管网图，查阅图纸和查看现场，有完整与实际工况保持一致的水系统图； 有完整的近期计量网络图； 用水情况清楚，定期巡回检查并记录，问题及时解决； 定期对用水管道、设备等进行检修； 有关日常巡查维护检修制度，已使用的节水设备管理好运行正常； 在用的水计量器具应在明显位置粘贴与水计量器具一览表编号对应的标签，以备查验和管理	查阅图纸、记录，查看现场
水平衡测试	具备依据 GB/T 12452 要求进行水平衡测试的能力或定期开展水平衡测试； 原始记录完整，准确	查阅报告、记录
计量管理	建立水计量管理体系，形成文件，实施并保持； 有完整的水计量器具一览表，在用的水计量器具应在有效期内； 水计量器具检定、校准和维修人员应具有相应的资质； 水表计量率满足要求； 水表的精确度不低于±2.5%； 原始记录和统计台账完整规范，并定期进行分析（企业编制的统计台账和加工整理后的统计报表，应妥善保管，保存期限应不低于 5 年，原始数据记录的保存期限应不低于 3 年）	查阅记录、台账、分析报告，核实数据

续表

考核内容	考核指标及要求	考核方法
技术改造	开展节水技术改造，没有使用国家淘汰的落后产品；使用节水新技术、新工艺、新设备	查阅检修记录、改造竣工报告
节水宣传	经常性开展节水宣传教育，职工有节水意识	现场查看节水提示，询问职工节水常识

3. 技术考核指标

技术考核指标主要考核企业取水、用水、排水以及利用非常规水资源等几个方面。依据电力行业取水、用水、节水的特点，参考 GB/T 26925，选择的考核内容和技术指标，见表 3-6。

表 3-6　企业节水技术考核指标

考核内容	指标名称	标准数据
取水量	机组补水率	300MW 以下≤2.0%；300MW 及以上≤1.5%
	万元增加值取水量	≤20t/万元
	万元产值取水量递减率	≥5%
	单位发电量取水量	循环冷却系统，300MW 级以下≤1.85m^3/MWh，300MW 级≤1.71m^3/MWh，600MW 及以上≤1.68m^3/MWh
		直流冷却系统，300MW 级以下≤0.41m^3/MWh，300MW 级≤0.34m^3/MWh，600MW 及以上≤0.33m^3/MWh
		空气冷却，300MW 级以下≤0.45m^3/MWh，300MW 级≤0.38m^3/MWh，600MW 及以上≤0.37m^3/MWh
重复利用	重复利用水	循环冷却供水系统≥95%
		直流冷却供水系统≥35%
	工业废水回收利用率	≥85%
	间接冷却水循环率（循环冷却水排污水回用率）	≥90%
	闭式循环电厂的循环水浓缩倍率	≥3
	冷凝水回用率	100%，一般行业≥60%
	废水回收处理设备的投用率	100%
排水	灰水比	力求达到 1∶5
	达标排放率	100%
用水漏损	正常运行热力系统泄漏点数	渗漏点≤3，一般漏点≤1
	用水综合漏失率	≤2%
设施投用	化学废水处理系统各设备、油污水处理系统各设备、煤污水处理系统各设备、生活污水处理设备，冲灰、渣水回收利用系统各设备，正常情况下上述系统的有效投用率	100%

注 1. 在进行火力发电用水指标分析时，一般不采用万元产值取水量（或万元增加值取水量）指标分析。直流冷却和循环冷却的电厂取水量和重复利用水量相差悬殊，而且目前全国各地电厂的上网电价相差数倍，导致物理指标几乎没有差别，且数量相同的发电量不能产生相同的产值。同时，电价属于调控的宏观经济计划价格，其随着时间推移发生变化，故采用万元产值取水量指标不利于纵向比较。由此可以看出，在进行火电行业节水分析时，不宜采取万元产值取水量（或万元增加值取水量）指标。

2. 表中单位发电量取水量考核值偏松，而且没有进行再生水修正，建议按照 GB/T 18916.1—2021 中的先进值和修正方法进行考核。

4. 水的重复利用率指标计算

《2002版定额》曾给出了水的重复利用率定义：在一定的计量时间内，生产过程中的重复利用水量（重复用水量）占总用水量的百分比。由于重复用水量的统计计算比较复杂，因此后来修订的取水定额中删除了该术语和定义。目前，所有的国标或行标中有关火电厂重复利用水量的定义和计算要求中，均没有明确计算方法。但1998年8月18日国家电力公司环境保护办公室下发了《国家电力公司火电厂环境统计指标及其解释（试行）》(国电计〔1998〕367号)，该文件明确指出，电厂重复利用水量包括：

（1）冷却塔（池）重复利用水量：可通过计算期内凝汽器冷却水总量减去循环冷却系统补充水量求得；

（2）锅炉工作介质重复利用水量：可通过计算期内锅炉给水总量扣除化学补给水量求得；

（3）凝汽器冷却水作为冲灰水的串级使用部分，凝汽器冷却水作为尾水发电或养鱼，冷油器、辅机冷却水等用作冲灰水的串级使用部分以及其他各种串级使用水。当然还应包括辅机冷却水的闭式循环、污废水回用水量等。

统计计算重复利用水量的原则如下：

（1）源头原则（直流水）。对直流系统来说，使用后的水又回流到系统的取水源头（如江、河等），无论流经源头多少次，都不统计计算。但是企业从直流冷却水系统排水中取水用做其他用途（没有回到源头），则该部分应计入重复用水量。

（2）异地原则（串联水）。对于非循环系统，根据不同工艺对不同水质的要求，在一个地方（工艺）使用过的水，在另外一个地方（工艺）中又进行使用（即串联用水），使用一次，计算一次。在同一地方（工艺）多次使用的水，不得计算重复用水量。

（3）内部原则（回用水）。企业经过内部净化设施处理后的水重复再用（即回用水），在任何情况下都可按照重复用水计算，回用水量回用一次计算一次；但是企业从市场上购买的中水（或其他再生水）不计算重复用水量。

（4）汽水循环原则。重复用水量包括企业对外供热的热力网内循环的热水，以及锅炉内汽水循环的除盐水。且汽水循环无论多少次都只计算一次。对于直流冷却机组重复用水量（重复用水率）如果不计入锅炉内汽水循环的除盐水量，应注明。

根据DL/T 1052—2016《电力节能技术监督导则》第6.2.2.9条规定：循环冷却水湿冷凝汽式电厂全厂复用水率不宜低于95%。根据《火电行业清洁生产评价指标体系（试行）》（发改委2007年第24号公告）规定：开式循环电厂全厂复用水率不宜低于35%。

【例3-3】 某600MW机组直流冷却系统见图3-1，求水的重复利用量和重复利用率。

解： 此系统中重复利用水量包括：

（1）冷油器冷却水、发电机空冷器冷却水、凝汽器冷却水排水作为脱硫用水的部分800t/h。

（2）脱硫用水排水作为冲灰渣水的串联用水800t/h。

（3）冷油器冷却水、发电机空冷器冷却水、凝汽器冷却水排水作为燃料系统用水（煤场喷淋水和输煤系统冲洗水）的部分20t/h。

考虑锅炉工质循环水量：给水泵流量（2000t/h）－化学补给水量（30t/h）＝1970t/h。

不考虑锅炉工质循环水量的重复利用量为800＋800＋20＝1620（t/h）。

机组总取水量为61 000－60 100＝880（t/h）。

水的重复利用率为$\frac{1620}{880+1620}=64.8\%$

【例3-4】 某机组循环冷却系统见图3-2，求水的重复利用量和重复利用率。

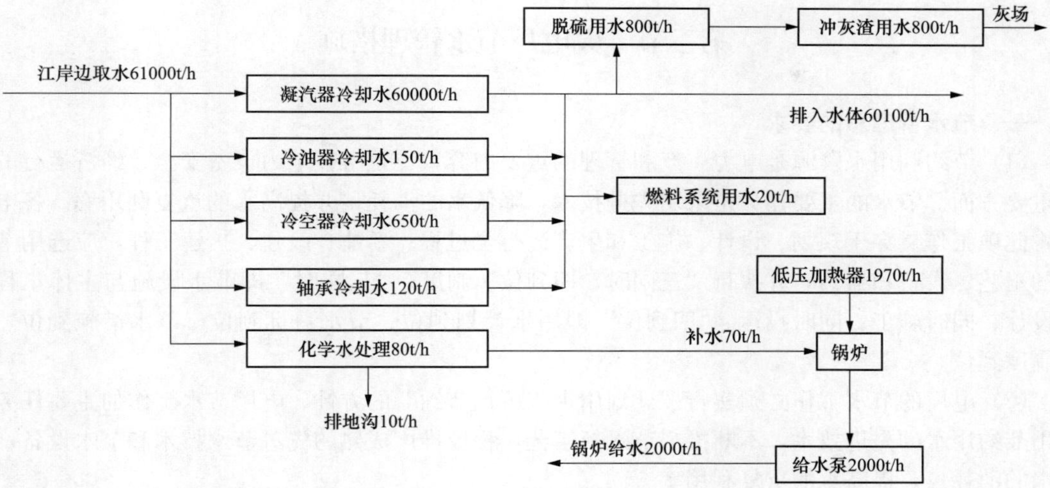

图 3-1 直流式供水系统

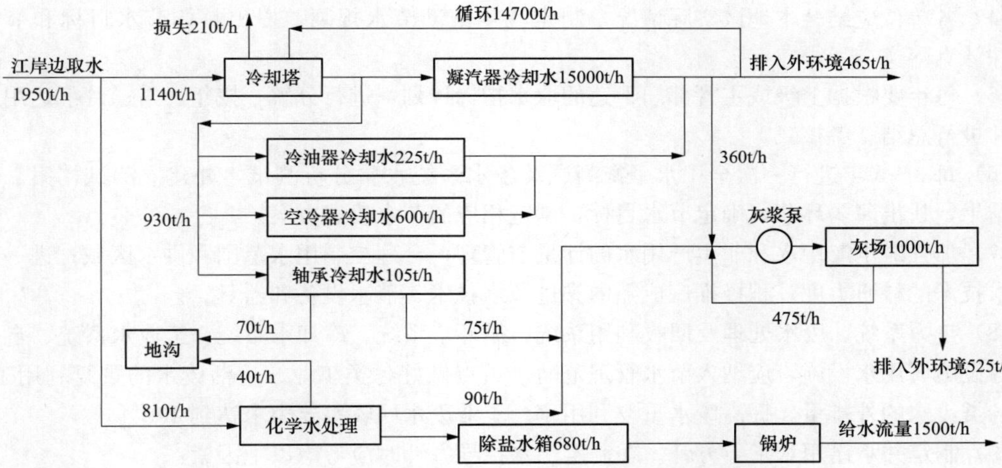

图 3-2 循环式供水系统

解：此循环水系统中重复利用水量包括：

(1) 凝汽器冷却水的循环使用部分 14 700t/h；

(2) 空冷器、冷油器、凝汽器冷却水排水作为冲灰渣部分 360t/h；

(3) 冲灰渣水回收部分 475t/h；

(4) 轴承冷却水排水作为冲灰渣部分 75t/h；

(5) 化学水处理的废水作为冲灰渣部分 90t/h。

不考虑工质重复利用水量 1500t/h－20t/h＝1480t/h。

该循环冷却系统的重复利用量为 14 700＋360＋475＋75＋90 ＝15 700（t/h）。

机组总取水量 1950t/h。

水的重复利用率为$\dfrac{15\ 700}{1950+15\ 700}$＝88.95％。

第三节　火电厂节水管理措施

一、节水管理总的要求

（1）节约利用水资源是电力生产和管理的重要内容，也是考核电力设备安全、经济运行的一个重要方面。节水的主要任务是采用先进技术，降低水的消耗量并提高水的重复利用率。各电厂应将此项工作贯穿于规划、设计、施工和生产运行全过程。新建、改建、扩建工程，应选用节水型的工艺、设备和器具，并执行“三同时、四到位”制度。“三同时”即节水设施与主体工程同时设计、同时施工、同时投运。“四到位”即用水计划到位、节水目标到位、节水措施到位、管水制度到位。

（2）电厂的节水工作必须实行“计划用水，厉行节约”的方针。电厂节水工作的主要任务是采用节约用水的先进技术，不断推广节水新工艺，积极推广成熟的先进节水技术和节水设备，降低水的消耗量，提高水的重复利用率。

（3）废水治理必须贯彻“预防为主、防治结合、综合治理”的环保工作方针。坚持防治污染与综合利用相结合原则，减少废水排放量，做到经济效益、环境效益和社会效益相统一。

（4）各单位应结合本地区实际情况，制定三年滚动节水规划，提出具体节水目标和节水措施，并认真落实。

（5）每年要根据上级或主管部门下达的取水指标计划，进行分解，按年、季、月下达用水定额，并进行总结、考核。

（6）每3～5年进行一次全厂水平衡测试及各水系统水质分析测试，并建立测试档案。根据测试结果，找出薄弱环节，确定节水目标，制定相应的节水改造方案。

（7）加强对生产用水和非生产用水的计量与管理，合理控制用水范围和供水区域；进一步加大节水技术的科研力度，积极推广成熟的先进节水技术、节水设备和器具。

（8）热力系统、废水处理及回收利用系统、循环水系统、冷却水系统、工业水系统、自备水系统等设施属用水设施，应纳入节水管理范畴。重点做好各类工业、生活废水的重复利用工作，减少各类废水的外排量，提高废水重复利用率。工业废水回收率要力求达到100%。

（9）制定并承诺用水指导方针。在制定用水指导方针时应考虑以下因素：

1）与企业的生产和经营活动相适应、与企业的总体发展战略相协调。

2）包含对合理用水、节约用水、减少水污染、提高用水效率和持续改进的承诺。

3）包含对遵守用水管理适用的法律法规、标准及其他要求的承诺。

4）为制定和评价水目标和指标提供框架。

二、分析节水潜力，确定目标

1．进行用水现状评估

在制定并承诺用水指导方针之后，应对本企业用水现状进行评估，确定其当前管理状况，作为比较基准，评估内容包括：

（1）取水量，包括单位发电量取水量、机组补水率和万元增加值取水量。

（2）重复利用水情况，包括水重复利用率和废水回用率等。

（3）用水漏损情况，即用水综合漏损率等。

（4）排水达标情况，即水达标排放率等。

（5）非常规水资源利用情况，即非常规水资源替代率等。

2. 识别节水潜力

企业通过对其用水现状进行分析和评估，并与同类型企业的平均用水效率和先进用水效率进行比较，从而识别节水潜力，确定改进方向。识别节水潜力应考虑如下内容：

(1) 对用水设备、网络和过程的控制。

(2) 生产工艺用水的合理化。

(3) 工艺改进所带来的节水效率。

(4) 节水新技术、新工艺的推广应用。

(5) 非常规水资源的利用。

3. 目标设定

企业在识别节水潜力，应根据同类型企业的平均用水效率和先进用水效率，确定用水管理目标和指标。并定期评价、调整和更新用水管理目标和指标。

目标和指标应当具体，并且可以量化和易于考核。目标可以考虑从取水量、重复用水、用水漏损、非常规水资源利用等方面确定，具体指标包括：单位发电量取水量、万元增加值取水量、水重复利用率、废水回用率和非常规水资源替代率等。

三、健全组织管理

1. 节水工作领导小组

节水工作领导小组组长由生产副厂长，生产技术部主任担任节水工作领导小组副组长。各专业专工是节水领导小组成员。节水工作领导小组的职责是：

(1) 贯彻国家有关水资源利用及节水方面的法律、法规和政策，执行电力工业节水的方针、政策、规章、制度、标准。

(2) 制定和实施国家、行业和上级的节水规划和目标。

(3) 审查、批准节水项目的建设、节水设备的改造，监督节水工程（系统）的实施和管理。

(4) 负责与上级和地方水政管理部门协调水资源利用的重大问题。

(5) 结合本单位实际情况，制定三年节水规划及年度节水计划，提出具体目标和节水措施。

(6) 定期检查全厂的节水工作，负责电厂的节水管理工作，审批节水管理办法及措施。

(7) 定期召集有关人员召开节水管理会议，研究制定全厂的节水工作规划，积极听取对节水工作的意见。

2. 管理网络

火力发电厂的节水实行三级管理的原则，第一级为厂，第二级为车间和分公司，第三级为检修、运行班组。

三级管理的职责如下：

(1) 生产技术部是实施节水管理的职能部门，其职责是：

1) 贯彻国家有关水资源利用及节水方面的法律、法规和政策，执行电力工业节水的方针、政策、规章、制度和标准。

2) 落实节水专项资金。

3) 起草电厂节水规划和目标，经厂领导批准后，监督实施。

4) 审批节水改造项目，并监督实施。

(2) 节能工程师是全厂节水管理兼职工程师，其职责是：

1) 在组长领导下贯彻执行国家、上级有关部门的方针、政策、法令、法规和节水工作的各项规章制度。

2) 掌握全厂节水工作现状，负责对用水情况的监督检查，监督节水设施的运行情况，防止由于管理不严造成的水资源浪费，促进全厂节水管理水平的提高。

3）组织有关部门对新建、扩建项目的节水工程的建设、投运进行全过程监督管理。

4）负责组织编制本厂节水工作长远规划和年度计划，并监督检查执行情况。

5）参与各项节水工程方案的制订、审查和竣工验收等工作。

6）负责进行全厂节水统计数据的汇总分析及数据库的建立工作，按时上报上级规定的各种报表。

7）负责组织实施或监督本厂节水改造项目的实施。

8）宣传有关节水管理工作的方针、政策，推广节水科研成果。

（3）车间或分公司二级管理的职责：

1）各部室的二级节水管理专责人是各部门的专业工程师，在节水领导小组的指导下，进行各部门的节水管理具体工作。

2）二级节水管理专责人参与各项节水工程方案的制订、审查和竣工验收等工作。

3）二级节水管理专责人按照有关规定要求，按时上报各项节水报表的工作。

（4）班组三级管理的职责：

1）班组三级节水管理专责人是班组技术员。

2）班组三级管理负责组织实施所辖节水设备的实施工作。

3）班组三级管理负责组织监督所辖节水设施的运行情况，对所辖节水设施的健康水平负责。

四、制定并实施节水方案和措施

为了实现用水目标和指标，企业应制定可行的节水方案，方案中应当说明实现企业的用水目标和指标方案的时间进度、所需资金、职责和责任部门。节水方案主要从如下几个方面入手。

1. 运行节水措施

（1）炉底密封水可以使用污废水回收处理后回用水供给。在正常情况下运行人员应将密封水门调至最小，保持密封槽不溢水。在回用水不足的情况下，保证低压工业水采用间断供水，保持水温60℃以上时才允许补水。

（2）灰浆泵轴封水可以停运轴封泵，利用低压工业水自然压头供水。

（3）在运行过程中，应根据实际情况，研究改进循环水处理工艺，使循环水达到合理的浓缩倍率。通过相关技术的研究、开发和推广应用以及水务管理的加强，火力发电的循环冷却水浓缩倍率达到以下水平：加防垢防腐药剂及加酸处理循环冷却水时，浓缩倍率可控制在3.0以上；采用石灰加酸及旁滤加药处理循环冷却水时，浓缩倍率可控制在4.0左右；采用弱酸树脂等方式处理循环冷却水时，浓缩倍率也可控制在4.5左右。大同第二发电厂循环冷却水补充水采用弱酸树脂处理，以降低湿冷塔的排污率，这种处理方式与加磷酸盐处理方式相比，4台200MW机组可节水900m^3/h。

（4）根据季节变化和机组启、停与负荷变化情况，在充分保证发电机组安全运行的前提下，及时调整循环冷却水量和工业冷却水量，做到安全经济运行。

（5）机组上水箱、机组储水箱水位要在规定的范围内，杜绝各种水箱溢流。

（6）充分利用疏水箱的回收水，化验合格及时回收。

（7）开停机过程中节约用水，尽量少向系统外放水。锅炉除氧器放水要进行回收利用。

（8）辅机冷却水要采用闭式循环，禁止补水池补水门处于常开状态，合理调整冷却水量和水池水位，严禁水池溢流。

（9）做好机、炉等热力设备的疏水、排污及启、停时的排汽和放水的回收。机组启动正常后，应及时关严疏水门，以便最大限度地减少汽水损失。

（10）锅炉定期排污水、锅炉连续排污水由于水质较好，但是连排水温度高，应先换热降温后再回收，建议将降温后的连排水引到凝汽器的补水泵入口或除盐水系统的阳床入口等处，供暖季节可以回收到暖汽系统。

(11) 有自备水厂的电厂应努力减少系统泄漏量，合理调度全厂的自来水用量，杜绝浪费现象的发生。

(12) 运行部门应将机组补水率纳入每月的小指标考核，根据小指标管理的规定，重奖重罚。

2. 检修节水措施

(1) 扩大干灰的收集量和综合利用量。火力发电厂应积极推广干灰调湿堆储工艺，减少冲灰用水量。有综合利用条件的电厂，应通过技术改造，尽快达到干灰收集及运输的条件，提高干灰利用量。

(2) 具备条件的电厂应采取措施，使冲灰（渣）水重复利用，实现灰水闭式循环，化学废水处理达标后要实现"零排放"，冲灰或回收利用。含油污水、化学中和池排水、生活污水等处理后，用于调湿灰用水，冲灰煤场喷淋用水等。

(3) 确保各冷却水闭式循环系统正常运转，损坏部件及时更换。冷却塔要加装高效除水器，减少水的飞散损失。

(4) 努力做好发电机组热力系统的维护工作，减少各种汽、水损失，补水率和汽水损失率控制在规定范围内。

(5) 循环冷却电厂采用新型水塔填料和收水器改造原有老冷却塔，可降低冷却塔出水水温，减少风吹损失，起到节水的作用。

(6) 完善浓浆输灰系统的设计和关键设备的可靠性，开发冲灰水回收利用技术以及回水管道防垢与清垢技术等。目前，高浓度水力输灰技术已得到了较好地应用，通过系统优化可实现灰水比1∶3～1∶5或更小。

(7) 采用海水冷却技术包括凝汽器管材的合理选用，防治海生物在冷却器和输水管道内生长、繁殖污堵与清除技术（包含电解海水制氯）等，为沿海地区海水直流冷却创造了条件。

(8) 冬季回收电除尘灰斗加热蒸汽疏水。每台锅炉电除尘器一般有10个灰斗，加热需用辅汽联箱的蒸汽，这部分蒸汽经过疏水器后排入渣沟，尤其是经常出现疏水器故障，导致由疏水器直接排汽，将加剧了工质及热量的损失。

(9) 冬季回收机组伴热蒸汽疏水。机组燃油伴热以及冬季表计、锅炉安全门等伴热蒸汽疏水均用的是辅汽联箱的蒸汽，经疏水器后排地沟，造成冬季补水量增加。

(10) 应进一步加大节水技术的科研力度，积极推广成熟的先进节水技术和节水设备。

(11) 禁止生产和使用不符合节水强制性标准的产品，大力推广使用节水器具和工艺。

3. 燃料节水措施

(1) 加强对输煤冲洗水系统、消防水系统的巡回检查。每日对输煤冲洗水系统、消防水系统的阀门、管道等巡回检查一次，及时发现缺陷并消除，保证设备及其附件无泄漏。

(2) 加强对燃料运行水系统设备的管理，特别是煤码头和煤场，由于经常操作和工作环境差，时间一长阀门就关不严，所以要每天对燃料运行水系统设备巡回检查，对各处的跑冒滴漏及时发现，及时处理，尽量减少水的损耗。

(3) 加强煤场节水工作，在保持表面粉尘吹不起来的前提下尽量减少用水，减少煤场喷淋次数。对煤场四周及燃料周围道路的卫生禁止每天都用水冲洗，采用人工清扫。为了保证洁净的卫生环境，允许每周用少量中水冲洗两次。

(4) 输煤系统带廊清扫卫生尽量节约用水，每天采用人工清扫方式。每日冲洗次数由2次减少为1次，排水经煤水处理系统处理后回用于本系统。系统损失水量由工业废水回用水补充。

（5）安装含煤废水处理装置。含煤废水经沉淀、澄清、过滤处理后进入清水池，再经回用水泵升压后，用于输煤栈桥冲洗、煤场喷洒、干灰调湿和灰场喷洒。

（6）在输煤系统上采用真空清扫系统。真空清扫系统就是利用真空抽吸原理，将粉尘及其他物料收集起来，再进行转移处理的设施，该设施由吸料嘴、抽吸管道系统、沉降式分离器、旋风分离器、袋式过滤器、真空泵及其他阀门、控制设备等组成。主要用于输煤栈桥、转运站、碎煤机室、卸煤装置等场所，清扫地面积尘，效果良好。

真空清扫系统与水冲洗系统在 2×600MW 机组电站输煤系统应用经济比较见表 3-7。

表 3-7　　真清扫系统与水冲洗系统比较表

序号	项　目	单位	高真空负压吸尘	水冲洗
1	初投资	万元	150	190
2	取水量	t/a	0	11 746
3	运行费用（包括设备折旧）	万元/a	11	5

4. 化学节水措施

（1）生活污水通过污水排水管收集后排至生活污水处理站，经处理后回用于炉底密封和煤场喷淋。确保污水处理设施正常运转，保障生产用水。

（2）为了保证反渗透膜长期可靠运行，必须要求污染指数小于 4，这样保证反渗透膜表面清洁，不被杂质污堵。

（3）对于闭式循环冷却系统，要采取防止结垢和腐蚀的措施，并根据水源条件（水量、水温、水质和水价等）等因素，经技术经济比较后制订出经济合理的循环水浓缩倍率范围（一般控制在 3～5 倍）。例如循环水补水采用弱酸处理，循环水浓缩倍率可提高到 5～6 倍，排污水供水力除灰用。

应根据水源和气象条件的季节性变化及机组负荷的增减等因素，对冷却水系统进行水量调节。

（4）给水加氧处理。在给水加氧方式下，由于不断向金属表面均匀地供氧，金属的表面致密稳定的“双层保护膜”。这是因为在流动的高纯水中添加适量氧，可以提高碳钢的自然腐蚀电位数百毫伏，使金属表面发生极化或使金属的电位达到钝化电位，以致在金属表面生成致密而稳定的保护性氧化膜。直流炉应用给水加氧处理技术，在金属表面形成了致密光滑的氧化膜，不但很好地解决了炉前系统存在的水流加速腐蚀问题，而且还消除了水冷壁管内表面氧化膜的波纹形状造成的锅炉压差上升的缺陷。某 660MW 超超临界机组采用给水加氧处理，降低了给水的 pH 值，减少了给水加氨量，节约了药品；由于加氨量的减少，延长了混床再生周期，每月减少再生次数约 6～8 台次，节省酸 10t，碱 6t，并且节约再生用水量约 3000t，大大降低了运行成本。

（5）脱硫设施用水尽量使用循环水排水。安装脱硫废水处理装置，针对脱硫废水成分特点，脱硫废水处理工艺主要采用石灰中和、絮凝澄清处理。脱硫废水在脱硫岛内处理达标后用于冲灰渣。某电厂脱硫废水处理工艺见图 3-3。

（6）减少汽水取样阀开度。机组汽水取样是为了设备安全和高效运行不可缺少一项工作。取样管有补给水取样、凝泵出口取样、精处理出口取样、加药后凝水取样、除氧器出口取样、高压加热器疏水取样、省煤器入口取样、汽包炉水取样、饱和蒸汽取样、主蒸汽取样、再热蒸汽取样、闭冷水取样共 12 处，并有序排列在一起。各取样管口应保持一定量的敞开流量，确保取样的真实性和代表性。现场测量，平均每只管口流量 0.8kg/min 左右，一个月 1 台机组耗水就超过 41t。建议将汽水取样阀开度关小。或者将汽水取样水通过不锈钢管汇集，引入到不锈钢容器集中回收。一是可以进入二级除盐（混床）系统，再次利用；也可以用于闭式循环冷却水的补充用

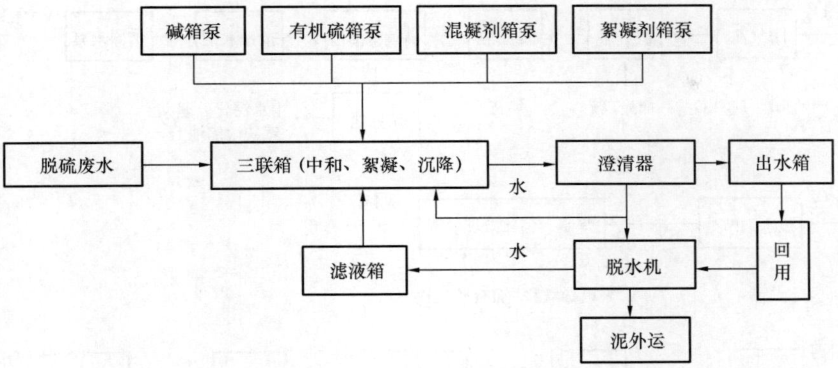

图 3-3 某电厂脱硫废水处理工艺

水（一台 300MW 机组每月需补除盐水约 1500t）。在当前开展的节能降耗增效活动中，经济效益十分可观。

(7) 采用水冲灰的火电厂（海水除外）要根据排灰量调整冲灰水量，在保证灰水流速的条件下，高浓度灰浆泵出灰系统水灰比不超过 2.5～3.0，中浓度灰浆泵出灰系统水灰比不超过 5～6，不应采用低浓度水力除灰。有条件可采取措施，使冲灰（渣）水重复利用，实现灰水闭式循环。若冲灰水属于结垢型，要采取有效的防垢措施。

(8) 对于冷却塔循环水排污水、灰渣水、消防水池溢水、部分取样水、射水池溢水等回收或循环使用，水质较好的经处理后作为冷却塔循环水补充水源。冷却塔排污水可直接用于冲灰、冲洗和喷洒。

(9) 建立工业废水处理站。主要处理锅炉酸洗排水、空预器冲洗排水，输煤系统冲洗排水、凝结水处理排水、实验室排水、锅炉补给水处理系统的酸碱废水等。处理后回用于输煤系统冲洗用水及除灰系统干灰搅拌系统等。

各项工业废水分别输送至废水储存池，经空气搅拌、加碱调节 pH 值、加药混合、反应后进入斜板澄清器，出水经重力式过滤器过滤后进入最终中和池，加酸、碱最终调节 pH 值后，加压送至清水池回用。某电厂各类废水处理工艺流程见图 3-4。

5. 设计阶段节水措施

(1) 把节水作为电厂规划设计的一项重要技术原则，通过机组选型、优化机组冷却系统和方式、合理选择除灰系统、开展废水治理和废水资源化措施，为节约用水、降低耗水指标创造条件。

(2) 在电厂设计过程中，应充分考虑各水系统的循环使用，按照各用水点对水质、水温的不同要求，梯级使用，做到“水尽其用”，尽可能减少污、废水排放量，减少全厂耗水量。

(3) 应重视废水处理回收利用设施的设计，最大限度地提高水的重复利用率。在研究排放水的处理系统时，应建立经济、可靠的废水处理设施，将能相互合并的废水通过污水池收集到一起，集中处理回收利用。

(4) 研究各用水系统的排水量和水质，提出最佳的排水处理系统，以合理、经济地满足下一级系统的水质要求或达到排放环境水体的要求，减少电厂的用水量和排水量。按照各用水系统对水质的需要，分级用水，即将原水给需要优级水系统使用，随后将其排水经过处理或不经处理在本系统内循环或给其他水质要求较差的系统重复使用。以循环供水系统的电厂为例，在循环水浓缩倍率较低时可优先用作工业和暖通用水，然后用作循环水系统补充水。污染程度较高的部分工业废水、生活污水、含油污水和高悬浮物废水（输煤系统冲洗水、煤场初期受污染雨水、沉淀池

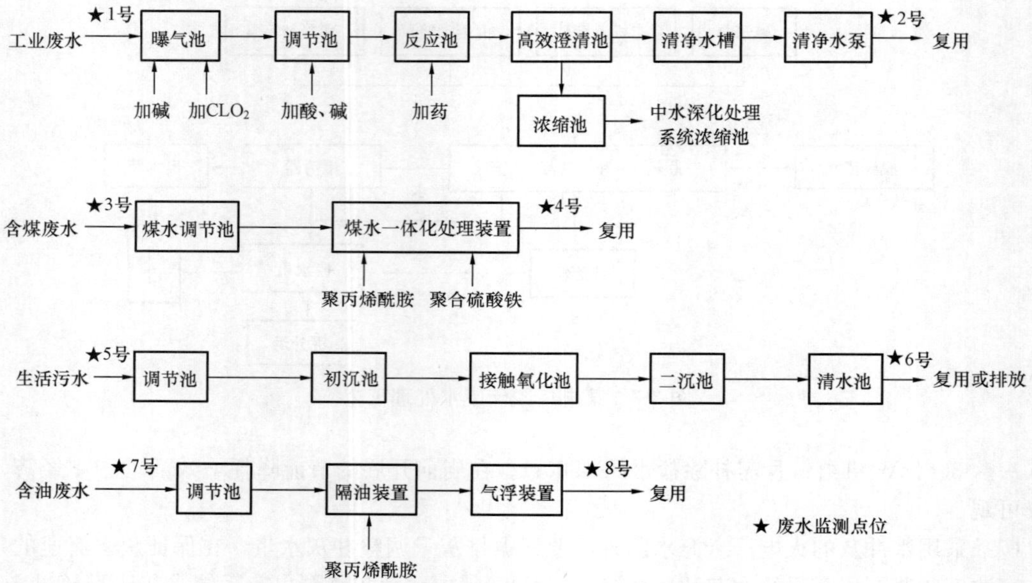

图 3-4　各类废水处理工艺流程

排泥水等）经适当处理后，作为回用水用作除灰系统用水。污染程度较轻的冷却塔排污水、部分工业废水、锅炉排污水等，直接作为回用水，可用作输煤系统和主厂房冲洗水、煤场喷洒水、翻车机室抑尘水等的补充水。

（5）在煤炭资源丰富但水资源缺乏地区规划火电厂时，应把节水作为重要因素重点考虑，特别缺水地区，在有条件的情况下，可应用空冷技术。南非肯达尔空冷电厂，第一台 686MW 表面式凝汽器间接空冷机组单位装机取水量为 0.167m^3/s GW；大同第二发电厂采用节水型空冷机组，200MW 机组单位装机取水量为 0.20m^3/s GW。

以 2×600MW 亚临界褐煤电站工程为例，辅机冷却水系统采用空冷系统与湿冷系统的技术经济比较见表 3-8。

表 3-8　　2×600MW 空冷系统与湿冷系统的技术经济比较

序号	项　　目	湿冷系统	空冷系统
1	初投资（万元）	25 000	62 000
2	初投资差值（万元）	基准	+37 000
3	年耗电量（$\times10^4$kWh/a）	51.91	347
4	小时取水量（m^3/h）	2800	683
5	装机取水量［m^3/(s·GW)］	0.65	0.158
6	年取水量（10^4m^3/a）	1680	409.8
7	年耗水量差值（10^4m^3/a）	基准	−1270.2
8	发电煤耗率（g/kWh）	305	320
9	年耗煤量（$\times10^4$t/a）	219.6	230.4
	年耗煤量差值（$\times10^4$ t/a）	基准	+10.8
10	年运行水电煤费合计（万元/a）	179 060.8	185 278.4
11	年运行水电费差值（万元/a）	基准	+6217.6

注　电费 0.4 元/kWh，水费 2 元/m^3，煤价 800 元/标准煤，机组利用小时 6000h。

按表 3-8 中计算结果可以看出，在投资上，空冷系统比湿冷系统增加投资 37 000 万元，年运行费用增加 6217.6 万元，但是年取水量可节约 1270 万 m^3。因此，不论从现实出发，还是从长远考虑，在“富煤缺水”的华北、西北电站采用直接空冷技术是非常有效的节水途径。

(6) 新建或扩建火电厂时，应对用水、排水进行整体规划，在技术经济比较的基础上，设计适宜的取水量定额。

(7) 做好电厂水务管理优化设计，在全厂用排水系统中应装设流量计，并对其排放水质进行定期监测。及时掌握各排放点的排放量及水质状况，定期进行水量和水质平衡，有效地控制排水量和排水的再利用。

(8) 加强节水设施建设，不断采用新技术、新工艺，制定相应的节水改造方案。工业冷却水应回收再利用或采用循环冷却系统。对于循环供水系统的发电厂，提高循环水浓缩倍率，并辅以合适除灰方式等，有效的节约用水。因地制宜采用“零排放”技术，最大限度保护水环境和节约用水。

(9) 火电厂采用灰渣分排比灰渣混排可节约 40% 的冲灰水量，且有利于灰渣综合利用。新建火电厂锅炉均采用灰渣分排技术，节水效果是明显的。

(10) 采用经深度处理后的城市污水处理厂的中水作为电厂循环冷却水的补充水，解决水资源短缺问题。城市二级处理的污水输到电厂后经过石灰、聚合硫酸铁混凝沉淀，加药过滤后即补充至循环水沟。对城市中水用于循环冷却水的电厂（目前一般是新建或扩建电厂），关键是解决好凝结器管的选材问题，一般选用 316L 不锈钢管能够解决中水应用中的腐蚀问题。河南华润电力首阳山 2×600MW 工程使用洛阳瀍东污水处理厂中水作为循环补充水水源，以节约水资源。电厂建设了中水深度处理设施，处理能力为 4300m^3/h，中水深度处理设施工艺流程见图 3-5。

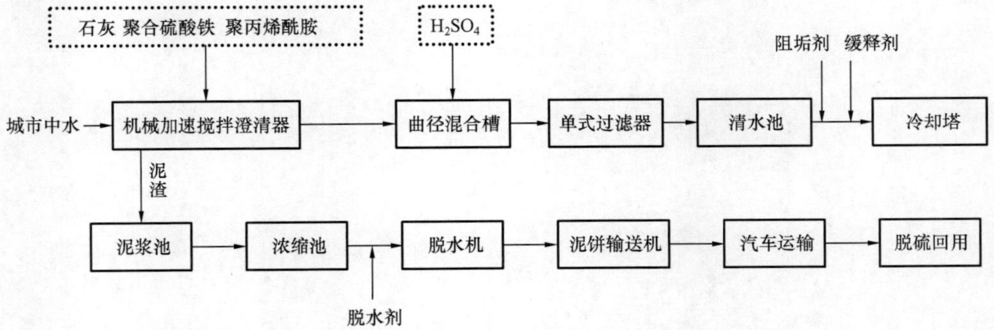

图 3-5 中水深度处理设施工艺流程

(11) 海滨电厂循环水和冲灰水采用海水替代。采用海水淡化工艺解决生产和生活淡水供应。

五、节水宣传

(1) 每年 3 月 22 日前后开展“世界水日”和“全国节水周”宣传活动，利用厂级广播、闭路电视向全厂职工宣传节水工作的意义和知识。

(2) 在夏季开展“节约一滴水”活动，开展节约用水征文活动，在全厂掀起节约用水新高潮。

(3) 在主要公共场所显著位置每年必须张贴“节约用水，利国利民”，“请您节约用水”，“水与生命同在、水与城市同在”等标语。在包括厕所、食堂、招待所、办公场所、单身公寓等水龙头上方张贴“节水小提示”（见图 3-6）等。

图 3-6 节水小提示

（4）在厂内电子屏幕打出“节约用水是每个公民的基本义务”“保护水资源，造福子孙后代”“树立节水意识、建设节水型企业”等口号。加强节水宣传，增强全员节水意识。

（5）在厂报和阅报栏上，要经常对节水事迹和人物进行宣传报道，要经常刊登一些节水知识和经验，要经常报道本厂节水改造进展情况。

第四章 《常规燃煤发电机组单位产品能耗限额》解读与应用

第一节 新建机组供电煤耗率的准入值

1. 机组设计发、供电煤耗率的计算

评价项目具体能效指标时，建议设计指标与同类项目的设计指标进行对比。机组设计发电煤耗率计算公式为

$$b_{fsj}=\frac{1}{29.308}\times\frac{q_0}{\eta_{bl}\eta_{gd}}$$

式中 b_{fsj}——机组设计发电煤耗率，g/kWh；

η_{bl}——计算机组设计煤耗率所用的锅炉效率取用供货合同中锅炉的保证效率，%；

η_{gd}——计算机组设计标准煤耗率所用的管道效率按照99%计算；

q_0——汽轮机供货合同中供方向需方保证的热耗率，kJ/kWh。

(1) 对于按照《固定式发电用汽轮机规范》(GB/T 5578) 确定机组铭牌功率的汽轮机，其热耗率取用汽轮机热耗率验收工况（THA 工况）下的保证热耗率。

(2) 对于按照（IEC 60045-1：1991，Steam turbines-Part 1：Specifications）确定机组铭牌功率的汽轮机，其热耗率取用汽轮机最大连续功率工况（TMCR 工况）的保证热耗率。

因此，只要知道了锅炉设计效率、管道效率（设计院一般取定值99%）和汽轮机的设计热耗率，就可通过上式求出设计发电煤耗率。设计发电煤耗率并不是人为填写的，而是通过设计热耗率和锅炉设计效率计算出的。设计发电煤耗率（或设计供电煤耗率）是在设计状态下，单元机组与外界隔绝，疏放水阀门隔离，锅炉不吹灰、排渣、排污，热力系统不补水情况下的发电煤耗率（或供电煤耗率）。

这里特别强调：发电煤耗、供电煤耗这种称谓是不妥的，标准名称应为发电标准煤耗率、供电标准煤耗率，或简称为发电煤耗率、供电煤耗率。如果说成发电煤耗、供电煤耗，就容易产生误解，因为发电煤耗（供电煤耗）包括两种理解：如发电煤耗（供电煤耗）量或发电煤耗（供电煤耗）率。这如同“厂用电”说法：也包括厂用电量或厂用电率。当然在口语中，说成发电煤耗（供电煤耗）或厂用电，是无可厚非的，但是在国家标准（行业标准）或正式场合下说成发电煤耗（供电煤耗）或厂用电，则应避免这种不严谨用语。

机组设计供电煤耗率计算公式为

$$b_{gsj}=\frac{b_{fsj}}{1-e}$$

式中 e——机组设计厂用电率，%；

b_{gsj}——机组设计供电煤耗率，g/kWh。

根据国家节能中心《节能评审评价指标通告》(第2次)，发电煤耗率、供电煤耗率、厂用电率等指标的设计值计算方法见表4-1。

表 4-1　　火电节能指标设计值计算方法

指　标	计　算　方　法
发电设备利用小时数 H(h)	由所处电网确定，一般取 5500h
额定发电功率 P_N(kW)	由项目所选机组铭牌容量确定，取夏季工况额定容量
年发电量 W_N(kWh)	$W_N=P_NH$
锅炉热效率 η_{bl}(%)	一般采用夏季工况（TRL）或者最大连续工况（BMCR）下保证效率
管道热效率 η_{gd}(%)	指狭义管道效率，η_{gd}一般取 99%
汽轮机热耗率 q_0(kJ/kWh)	一般采用额定工况（THA）下保证值
发电标准煤耗率 b_f(g/kWh)	$b_f=q_0/29.308\eta_{gd}\eta_{bl}$
厂用电率 e(%)	根据项目厂用电计算负荷列表，然后参照《火力发电厂厂用电设计技术规定》（DL/T 5153—2002）进行计算
供电标准煤耗率 b_g(g/kWh)	$b_g=b_f/(1-e)$
年供电量 W_g(kWh)	$W_g=P_N(1-e)$
年耗标准煤量 B_b(t)	$B_b=W_Nb_f\times10^{-6}$
年耗原煤量 B_{ym}（t）	$B_{ym}=B_b$/设计煤质发热量的折标系数
机组热效率 η_o(%)	$\eta_o=122.83/b_f$

【例 4-1】 华能某电厂三期工程采用国产 660MW 大容量、高参数超超临界燃煤发电机组。设计锅炉热效率 $\eta_{bl}=93.9\%$，管道热效率 $\eta_{gd}=99\%$，汽轮机保证热耗率 $q_o=7342$kJ/kWh。求机组设计发电煤耗率、汽机热效率和机组热效率。

解： 发电煤耗率 $b_f=\dfrac{q_0}{29.308\eta_{gd}\eta_{bl}}$

$$=\frac{7342}{29.308\times0.939\times0.99}=269.48(\text{g/kWh})$$

汽机热效率

$$\eta_q=\frac{3600}{q_0}\times100\%=\frac{3600}{7342}\times100\%=49.03\%$$

机组热效率

$$\eta_o=\frac{122.83}{269.48}\times100\%=45.58\%$$

【例 4-2】 汽轮机的主蒸汽温度每低于额定温度 5℃，汽耗率要增加 0.7%。一台 300MW 的机组带额定负荷运行，汽耗率 $d=3.023$kg/kWh，主蒸汽温度比额定温度低 10℃，计算该机组每小时多消耗的主蒸汽流量，以及此时机组的汽耗率。

解：（1）主蒸汽温度偏低 10℃时，汽耗增加率为

$$\Delta\delta=0.007\times\frac{10}{5}=0.014$$

机组在额定参数下的汽耗量为

$$D=Pd=300\,000\text{kW}\times3.023\text{kg/kWh}=906\,900\text{kg/h}=906.9\text{t/h}$$

由于主蒸汽温度比额定值低 10℃，致使汽耗量的增加量为

$$\Delta D=D\Delta\delta=906.9\times0.014=12.7(\text{t/h})$$

（2）此时主蒸汽流量 $q_m=D+\Delta D=906.9+12.7=919.6$（t/h）

$$汽耗率\ d=\frac{q_m}{P}=\frac{919.6\text{t/h}}{300\,000\text{kW}}=3.065\text{kg/kWh}$$

2. 常规机组供电煤耗率的准入值

根据《煤电节能减排升级与改造行动计划（2014—2020 年）》（发改能源〔2014〕2093 号），要求“全国新建燃煤发电机组平均供电煤耗低于 300gce/kWh”“新建燃煤发电项目（含已纳入国家火电建设规划且具备变更机组选型条件的项目）原则上采用 60 万 kW 及以上超超临界机组”，其他煤电项目多属于热电联产或综合利用项目，《2017 版限额》明确规定了超超临界 600MW、1000MW 等级能源消耗限额值和准入值，其他小容量机组不再规定。

《2017 版限额》将准入值修订为新建超临界及以下机组设计供电煤耗率应不高于 295gce/kWh，比《2013 版限额》下降了 3gce/kWh；《2017 版限额》要求新建 600MW、1000MW 机组供电煤耗设计值应分别不高于 283gce/kWh、279gce/kWh，比《2013 版限额》和《2007 版限额》细化了机组等级要求，详细变化见表 4-2。新建常规燃煤发电机组准入值见表 4-2 中的限额值。

表 4-2　新建常规燃煤发电机组单位产品能耗限额值

压力参数	容量级别（MW）	供电煤耗率限额值（g/kWh）			
		2022 建议版限额	2017 版（2 级）限额	2013 版限额	2007 版限额
超超临界	1000	270	279	298	300
超超临界	600	280	283	298	300
超临界	600	285	295	298	300
超临界 600 以下等级		285	295	295	300

注　1. 表中新建机组限额值相当于现役机组 2 级能耗限定值，新建常规燃煤发电机组单位产品能耗准入值即为机组单位产品能限额值。
2. 2022 建议版是笔者的建议值。

常规燃煤发电机组是指燃煤、燃油、燃气火力发电机组（含湿冷和空冷机组），不包括供热机组、循环流化床机组、燃用低品位燃料综合利用机组。新建机组是指《2017 版限额》实施之日起，建设及投产的新建、扩建和改建的常规燃煤发电机组。

3. 特殊机组供电煤耗率的准入值

燃用无烟煤、褐煤以及空冷等特殊机组的能耗准入值是在表 4-2 能耗限额值再按表 4-3 给定的增加值进行修正，其他影响系数不做修正。即特殊机组单位产品能耗准入值为常规机组单位产品能耗限额值（表 4-2 额限值）与的表 4-3 给定的供电煤耗率增加值代数和。《2017 版限额》把机组单位产品能耗准入值定义为机组单位产品能耗准入值与供电煤耗率增加值代数和值得商榷。

表 4-3　新建特殊机组单位产品能耗增加值

类别	供电煤耗率增加值（gce/kWh）		
	2017 版限额	2013 版限额	2007 版限额
燃用褐煤煤种	3	5	9
燃用无烟煤煤种	7	7	—
采用空气冷却方式	12	14	13～17
建议增加循环流床机组	12	—	—

建议新建特殊机组包括循环流床机组，对于配备循环流床的机组，能耗增加值为 12gce/kWh。在《电力行业（燃煤发电企业）行业清洁生产评价指标体系（2015 年第 9 号公告）》中规定循环

流化床机组供电煤耗率比常规湿冷机组供电煤耗率增加 7～10g/kWh。国家发展和改革委员会、国家能源局联合印发《关于开展全国煤电机组改造升级的通知》（发改运行〔2021〕1519 号）的发布，使得 GB 21258—2017 标准又可能面临修订。1519 号文规定“按特定要求新建的煤电机组，除特定需求外，原则上采用超超临界、且供电煤耗率低于 270gce/kWh 的机组；设计工况下供电煤耗率高于 285gce/kWh 的湿冷煤电机组和高于 300gce/kWh 的空冷煤电机组不允许新建”。因此为了鼓励缺水地区采用空冷机组，建议空冷机组比湿冷机组增加值由 12g/kWh 放大到 15g/kWh。

特别是《煤炭清洁高效利用重点领域标杆水平和基准水平（2022 年版）》（发改运行〔2022〕559 号）要求：设计工况下湿冷煤电机组供电煤耗率应不高于 285gce/kWh，设计工况下空冷煤电机组和循环流化床机组供电煤耗率应不高于 300gce/kWh。

（1）坑口电站一般燃用褐煤。《2007 版限额》中的坑口电站是指燃烧褐煤机组，如果只修正坑口电站机组而不修正其他地区燃烧褐煤机组，显然不公平，因此《2017 版限额》进行了修订。燃用褐煤煤种的锅炉一般采用中速磨正压直吹或风扇磨负压直吹制粉系统，例如哈锅（哈尔滨锅炉厂）首台 600MW 中速磨正压直吹锅炉在元宝山电厂运行，哈锅 670MW 风扇磨直吹塔式锅炉在华能九台电厂运行。典型的褐煤煤质为：收到基全水分 M_{ar} 为 35%，发热量为 3500kcal（14 653kJ/kg），当机组供电煤耗率为 300g/kWh，煤质水分修正系数为：

$$1.01 + 2.3 \times (100M_{ar} - 20)/Q_{net,ar} = 1.01 + 2.3 \times (35 - 20)/14\,653 = 1.012$$

$$\text{供电煤耗率增加值} = (1.012 - 1) \times 300 = 3.6(\text{gce/kWh})$$

（2）有的专家对征求意见稿提出 W 型火焰锅炉（我国首台 300MW 亚临界 W 型火焰锅炉应用于阳泉电厂，首台 670MW 亚临界 W 型火焰锅炉应用于大唐桂冠合山电厂，配双进双出钢球磨直吹式制粉系统）准入值应增加修正量。W 型火焰锅炉内有卫燃带，专烧无烟煤，相较于烟煤（按 2%计），无烟煤飞灰可燃物增加 2.0 个百分点，设计锅炉效率一般为 91.5%（见 GB/T 51106—2015《火力发电厂节能设计规范》表 4.1.3-300MW 及以上煤粉锅炉保证效率），相比烟煤锅炉效率低 2 个百分点，折算成供电煤耗率增加值为 7gce/kWh。由于新建机组有了无烟煤增加值修正，因此就不用再进行 W 火焰修正。

（3）“空冷机组比湿冷机组增加值为 12g/kWh”，笔者认为偏低。采用空气冷却方式与水冷却方式机组相比，其主要特点是节水，节水量为 1.2～1.5m^3/MWh，但空气冷却方式机组运行背压高，煤耗大，因而，采用空气冷却方式的机组供电煤耗要比水冷却机组的供电煤耗率高约 15gce/kWh。国家环保部、能源局 2014 年 9 月发布了关于印发《煤电节能减排升级与改造行动计划（2014—2020 年）》的通知（发改能源〔2014〕2093）中提出空冷机组比湿冷机组增加值为 17g/kWh。国家发展和改革委员会、国家能源局联合印发《关于开展全国煤电机组改造升级的通知》（发改运行〔2021〕1519 号）规定“按特定要求新建的煤电机组，除特定需求外，原则上采用超超临界、且供电煤耗率低于 270gce/kWh 的机组；设计工况下供电煤耗率高于 285gce/kWh 的湿冷煤电机组和高于 300gce/kWh 的空冷煤电机组不允许新建”。因此为了鼓励缺水地区采用空冷机组，建议空冷机组比湿冷机组增加值由 12g/kWh 放大到 15g/kWh。

4. 设计参考指标

对早期评审火电项目的发电煤耗率、供电煤耗率、厂用电率等主要能效指标（设计值）进行统计分析，可得到这些指标的平均水平，见表 4-4。

表 4-4　　火电项目早期设计值参考指标

序号	机组类型	冷却方式	供电煤耗率(g/kWh)	发电煤耗率(g/kWh)	厂用电率(%)	锅炉热效率(%)	汽轮机热耗率(kJ/kWh)
1	1000MW 超超临界	湿冷	282.34	269.63	4.5	94.0	7354
2	1000MW 超超临界	空冷	288.16	275.57	4.7	93.8	7500
3	600MW 超超临界	湿冷	285.44	271.74	4.8	93.6	7380
4	600MW 超临界	湿冷	294.75	279.48	5.18	93.5	7582
5	600MW 超临界	空冷	311.96	287.63	7.8	93.2	7778
6	600MW 亚临界	湿冷	305.76	288.91	5.51	93.0	7796
7	600MW 亚临界	直接空冷	326.31	301.71	7.54	92.3	8080
8	300MW 亚临界	湿冷	316.87	297.64	6.07	92.3	7971
9	300MW 亚临界	空冷	336.37	306.97	8.74	92.2	8212
10	200MW 超高压	电泵湿冷	346.58	316.25	8.75	91.0	8308
11	125MW 超高压	湿冷	355.41	325.31	8.47	90.5	8499
12	135MW 流化床	湿冷	352.46	317.85	9.82	91.0	8350
13	100MW 超高压	湿冷	373.91	338.12	9.57	90.0	8785

注　1. 厂用电率包括脱硫耗电率，对于 600MW 及以上机组脱硫耗电率为 0.8%；对于 300MW 及以上到 600MW 以下机组脱硫耗电率为 1.0%；对于 300MW 以下机组脱硫耗电率为 1.2%。
2. 管道效率按设计院常规取值，对于 300MW 及以上机组取 99%；300MW 以下机组取 98.5%。
3. 本表指标是针对一次再热机组，对于二次再热组，其发电煤耗率和热耗率应在本表数值基础上下降 3%，锅炉效率和厂用电率保持不变。

第二节　现役机组供电煤耗率的限额管理

要评价机组运行期间的能耗水平，必须首先确定发电、供电煤耗率的限额等级值，再根据实际运行情况进行各种影响因素的修正，然后求出现役机组供电煤耗率的限定值。现役机组的限额等级值、因素修正值和限定值由 GB 21258—2017《常规燃煤发电机组单位产品能源消耗限额》进行规范。

《关于进一步做好煤电行业淘汰落后产能工作的通知》（发改能源〔2016〕855 号）文件要求，煤电淘汰的标准主要包括：单机容量 50MW 及以下的纯凝煤电机组；大电网覆盖范围内，单机 100MW 及以下的纯凝煤电机组、单机 200MW 及以下设计寿命期满的纯凝煤电机组。由于目前 100MW 及以下纯凝机组处于关停范畴，且 100MW 及以下供热机组大部分属于热电联产范畴（能耗要求由《热电联产单位产品能源消耗限额》规定），因此《2017 版限额》不再规定 100MW、200MW 等级能耗限额。国家发展和改革委员会、国家能源局联合印发《关于开展全国煤电机组改造升级的通知》（发改运行〔2021〕1519 号）的发布，使得 GB 21258—2017 标准又可能面临修订。1519 号文规定“到 2025 年，全国火电平均供电煤耗率降至 300gce/kWh 以下；对供电煤耗率在 300gce/kWh 以上的煤电机组，应加快创造条件实施节能改造，对无法改造的机组逐步淘汰关停，并视情况将具备条件机组的转为应急备用电源”。

一、现役常规燃煤发电机组单位产品能耗限额值

1. 能耗限额值等级

常规燃煤发电机组单位产品能耗限额等级见表 4-5，其中 1 级能耗最低，3 级能耗最高。

表 4-5　常规燃煤发电机组单位产品能耗限额值

压力参数	容量级别（MW）	供电煤耗率限额值（g/kWh）				
		2017 版限额			2013 版限额	2007 版限额
能耗等级		1 级	2 级	3 级	—	—
超超临界	1000	273	279	285	288	—
超超临界	600	276	283	293	297	—
超临界	600	288	295	300	306	320
超临界	300	290	295	308	319	—
亚临界	600	303	295	314	320	330
	300	310	295	323	331	340
超高压	200/125	—	295	352	360	375
高压	100	—	—	370*	375	395

注　表中未列出的机组容量级别，可按低一档标准考核。对于特定类别（早期国产和苏联东欧设备）机组、坑口电站机组，可按低一档标准考核。

*　《2017 版限额》删掉了高压 100MW 能耗限额等级基础值，370g/kWh 是笔者增加的。

表 4-5 中《2013 版限额》的单位产品能耗限额值是根据 2012 前供电煤耗率设计值（表 4-4）来确定的，是在表 4-4 数值基础上再增加 6～12g/kWh。《2017 版限额》的 3 级限额值则比表 4-4 数值设计值高 3～9g/kWh。

这里需要解释的是小容量机组的 2 级能耗指标比现役机组 1 级能耗指标低，是因为 2 级能耗指标是新建机组准入值（即设计值），而 1 级能耗指标是在役机组先进值，为了避免再新上一些小容量机组，因而提高了新建机组的准入门槛。但是对于现役机组的 2 级能耗低于 1 级能耗水平，这种规定显然不合适。例如 300MW 亚临界纯凝机组设计热耗率为 7900kJ/kWh，锅炉设计效率 93%，厂用电率 5.5%，设计供电煤耗率为 310g/kWh，运行期间的供电煤耗率要高于设计值，怎么可能低于 295g/kWh 呢？更何况是超高压 125MW。因此建议 GB 21258 再修订时，应按 1 级指标细分，而不是笼统的定为 295g/kWh。

2. 能耗限额值的确定

2015 年，中电联火电机组能效水平对标统计 1000MW 等级机组 57 台，生产供电煤耗率平均值为 278.6g/kWh，后 10%机组里生产供电煤耗率最优值为 284g/kWh，考虑到统计误差和供电煤耗率设计值最终采用 285g/kWh 作为 1000MW 等级机组限额值。统计 600MW 等级超超临界机组 59 台，平均折算煤耗率为 281.8g/kWh，后 10%机组里生产供电煤耗率最优值为 291g/kWh，考虑到统计误差最终采用 293g/kWh 作为 600MW 等级超超临界机组限额值。统计 600MW 等级超临界纯凝机组 129 台，平均折算煤耗率为 293g/kWh，后 20%机组里生产供电煤耗率最优值为 299g/kWh，考虑到统计误差最终采用 300g/kWh 作为 600MW 等级超临界机组限额值。统计 600MW 等级亚临界纯凝机组 100 台，平均折算煤耗率为 308g/kWh，后 20%机组里生产供电煤耗率最优值为 313g/kWh，考虑到统计误差最终采用 313g/kWh 作为 600MW 等级亚临界机组限额值。统计 300MW 等级亚临界机组 469 台，平均折算煤耗率为 305g/kWh，后 20%机组里生产供电煤耗率最优值为 322g/kWh，考虑到统计误差最终采用 323g/kWh 作为 300MW 等级亚临界机组限额值。2015 年，统计分析超高压 200MW 及 125MW 等级机组 124 台，平均供电煤耗率为 322.1g/kWh，后 20%机组最优供电煤耗率为 351g/kWh，考虑到统计误差最终采用 352g/kWh

作为 200MW 及 125MW 等级机组限额值。

采用统计数值的后 20%机组里生产供电煤耗率最优值作为限额值的主要原因是尽量排除供热因素的影响。

二、先进值

能耗限额值是 GB 21258 的核心内容，按照限额类标准的统一化要求，《2017 版限额》将《2013 版限额》规定的能耗限定值（针对现有机组）、准入值（针对新建机组）、先进值改称为 3 级指标、2 级指标、1 级指标。能耗限额先进值根据当前机组先进水平分析确定，同时根据不同情况进行修订。对 2015 年度全国火电大机组能效对标的煤耗数据的进行分析，选取供电煤耗率前 20%机组的最高值作为先进基础值。考虑当前以 300MW 及以上机组为主，《2017 版限额》不再规定超高压机组先进值，见表 4-6。表 4-6 的能耗先进基础值与各种修正系数的乘积为先进值。

表 4-6　常规燃煤发电机组单位产品能耗先进基础值

压力参数	容量级别（MW）	供电煤耗率（g/kWh）			
		2022 标杆水平	2017 版限额（1 级能耗）	2013 版限额	2007 版限额
超超临界	1000	273	273	284	—
超超临界	600	276	276	292	—
超临界	600	294	288	302	300
超临界	300	299	290	312	—
亚临界	600	302	303	313	319
亚临界	300	311	310	323	327
超高压	200/125	341*	341*	355	355
高压	100	—	—	—	—

* 数值是笔者建议增加的，因此现役机组中仍有少量 200MW 及以下容量的机组。

2022 标杆水平源于《煤炭清洁高效利用重点领域标杆水平和基准水平（2022 年版）》（发改运行〔2022〕559 号）。

其中 1000MW 级超超临界机组供电煤耗率最优值为 265.4g/kWh，最差值为 290.8g/kWh，前 35%的平均值为 273.06g/kWh，前 20%的平均值为 271.52g/kWh；600MW 级超超临界机组供电煤耗率最优值为 264.5g/kWh，最差值为 300.6g/kWh，前 40%的平均值为 275.54g/kWh，前 20%的平均值为 272.53g/kWh；600MW 级超临界机组供电煤耗率最优值为 266.7g/kWh，最差值为 313.9g/kWh，前 35%的平均值为 288.40g/kWh，前 20%的平均值为 281.13g/kWh；600MW 级亚临界机组供电煤耗率最优值为 280.6g/kWh，最差值为 322.3g/kWh，前 67%的平均值为 303.11g/kWh，前 20%的平均值为 296.42g/kWh；300MW 级超临界机组供电煤耗率最优值为 243.1g/kWh，最差值为 310.0g/kWh，前 100%的平均值为 284.87g/kWh，前 50%的平均值为 290g/kWh，前 20%的平均值为 255.23g/kWh；300MW 级亚临界机组供电煤耗率最优值为 222.6g/kWh，最差值为 334.9g/kWh，前 100%的平均值为 304.8g/kWh，前 20%的平均值为 276.4g/kWh，前 50%的最优值为 310g/kWh；超高压 200MW 及 125MW 级机组供电煤耗率最优值为 186.2g/kWh，最差值为 376.3g/kWh，前 100%的平均值为 322.1g/kWh，前 20%的平均值为 255.23g/kWh，前 50%里的最优值为 341g/kWh。

对 2015 年中电联火电机组能效水平对标数据分析结果来看，300MW 机组和 600MW 机组供电煤耗率虚低，主要原因是供热因素和人为扣除非生产用煤量的影响。从实际来看现役 300MW 级亚临界纯凝机组的供电煤耗率不会低于 320g/kWh。

三、单位产品能耗限定值的确定

企业现有机组的供电煤耗率限定值应不高于常规燃煤发电机组单位产品能耗 3 级限额值（表 4-5）与下列各种影响因素修正系数的乘积。

1. 燃煤成分修正系数

燃煤成分修正系数按表 4-7 选取。

表 4-7　燃煤成分修正系数

燃煤成分（质量分数）（%）		修正系数		
		2017 版限额	2013 版限额	2007 版限额
干燥无灰基挥发分 V_{daf}	>19	1.0	1.0	1.0
	$10<V_{daf}\leqslant19$	$1+3.569\times A_{ar}/Q_{net,ar}$	$1+0.002\times(19-V_{ar})$	$1+0.002\times(19-V_{ar})$
	≤10	$1+7.138\times A_{ar}/Q_{net,ar}$	$1+0.002\times(19-V_{ar})$	$1+0.002\times(19-V_{ar})$
收到基灰分 A_{ar}	≤30	1.0	1.0	1.0
	>30	$1+0.001\times(A_{ar}-30)$	$1+0.001\times(A_{ar}-30)$	$1+0.001\times(A_{ar}-30)$
收到基硫分 S_{ar}	≤1(1.5)	1.0	1.5	—
	>1(1.5)	$1+0.004\times(S_{ar}-1)$	$1+0.0016\times(S_{ar}-1.5)$	—
收到基全水分 M_{ar}	≤20	1.0	—	—
	>20	$1.01+2.3\times(M_{ar}-20)/Q_{net,ar}$	—	—

注　V_{daf}为燃煤干燥无灰基挥发分（%），A_{ar}、S_{ar}、M_{ar}为燃煤收到基灰分、硫分、全水分（%），使用时不带百分号代入公式；$Q_{net,ar}$为燃煤收到基低位发热量（kJ/kg）。

《2017 版限额》将灰分等级写成 $30\%<A_{ar}\leqslant40\%$、$1\%<S_{ar}\leqslant3\%$，有误，应没有上限限制，应改写为 $30\%<A_{ar}$、$1\%<S_{ar}$。表中硫分的修正是将《2013 版限额》烟气脱硫修正系数移到该处，同时考虑到超低排放而加大了修正量。

《2017 版限额》对燃煤挥发分修正系数进行了修订；由于燃用褐煤机组占有一定比例，褐煤本身水分比较大，因此本次修订将燃煤的“全水分”列入了修正系数。

（1）燃煤挥发分修正。机组供电煤耗率可以通过锅炉效率、汽机效率和厂用电率计算，见下式：

$$\Delta b=-b\times\frac{100}{\eta_{bl}}\Delta\eta_{bl}-b\times\frac{100}{\eta_{q}}\Delta\eta_{q}+b\times\frac{100}{1-L_{cy}}\Delta L_{CY}$$

式中　Δb——供电煤耗率因燃煤挥发分的修正量，gce/kWh；

b——供电煤耗率，gce/kWh；

η_{bl}——锅炉效率，%；

η_{q}——汽机效率，%；

L_{CY}——生产厂用电率，%。

从式中可以看出，锅炉效率、汽机效率的提高可以降低机组供电煤耗率，厂用电率的提高可以导致供电煤耗率的提高。

锅炉挥发分 V_{daf}的增加，主要影响锅炉中飞灰可燃物 C_{fh}的变化。我国褐煤飞灰可燃物含量一般小于1%，极优质烟煤（如神华煤）飞灰可燃物在1%左右，一般烟煤飞灰可燃物含量为2%～2.5%，贫煤飞灰可燃物含量为3%左右，无烟煤飞灰可燃物含量为4%～4.5%。

$$\Delta q_4 = \frac{33\ 737 \times \Delta C_{fh} \times A_{ar}}{100 Q_{net,ar}}$$

式中 Δq_4——锅炉效率机械未完全损失变化值，也就是锅炉效率的变化值，%；

A_{ar}——燃煤灰分（注意该式中灰分不带百分号直接代入数据），%；

$Q_{net,ar}$——收到基低位发热量，kJ/kg；

ΔC_{fh}——飞灰可燃物增加值，%［相对于烟煤（按2%计），贫煤飞灰可燃物增加1%，无烟煤飞灰可燃物增加2.0%］。

$$\Delta q_4 = \begin{cases} \dfrac{33\ 727 \times A_{ar}}{10\ 000 Q_{net,\ ar}} = 3.373\,\dfrac{A_{ar}}{Q_{net,\ ar}} & （贫煤） \\ \dfrac{33\ 727 \times 2 \times A_{ar}}{10\ 000 Q_{net,\ ar}} = 6.746\,\dfrac{A_{ar}}{Q_{net,\ ar}} & （无烟煤） \end{cases}$$

锅炉效率假定为94.5%，则：

$$\Delta b = b\,\frac{100 \Delta q_4}{\eta_{b1}} = \begin{cases} 3.569\,\dfrac{A_{ar}}{Q_{net,\ ar}} b & （贫煤） \\ 7.138\,\dfrac{A_{ar}}{Q_{net,\ ar}} b & （无烟煤） \end{cases}$$

举例：现有供电煤耗率 b 按 300gce/kWh 计，如果灰分在23%，低位发热量为20 934kJ/kg（5000kcal/kg），则引起供电煤耗率变化量为：

$$\Delta b = \begin{cases} 1.18 & （贫煤） \\ 2.35 & （无烟煤） \end{cases}$$

如果灰分在30%，低位发热量为4000kcal，则：

$$\Delta b = \begin{cases} 1.89 & （贫煤） \\ 3.78 & （无烟煤） \end{cases}$$

如果考虑球磨机耗电率增加，可根据统计值进行确定。

如不考虑厂用电率的变化，系数（供电煤耗率因燃煤挥发分的修正量）S_1 为：

$$S_1 = 1 + \Delta b = \begin{cases} 1 + 3.569\,\dfrac{A_{ar}}{Q_{net,ar}} & (V_{daf} \in [10,19]) \\ 1 + 7.138\,\dfrac{A_{ar}}{Q_{net,ar}} & (V_{daf} < 10) \end{cases}$$

（2）燃煤水分修正。燃煤水分增加主要增加排烟损失 q_2 和引风机电流。水分大于20%，通常为褐煤机组，一般排烟温度由130℃上升到140℃，按正常煤种的烟气来考虑，锅炉效率下降0.5%；但褐煤机组还有比正常煤种的水分大得多的湿蒸汽，使锅炉效率下降更多，此部分的修正方法如下。

进风温度按一般计算25℃计，水蒸气比热容按140℃的平均定压比热容1.51kJ/kg计，1kg水标态下体积为 $1.24\left(\dfrac{22.4}{18}\right)\mathrm{m}^3$，则其排烟热损失变化可以简单的按下式计算：

$$\Delta q_2 = \frac{115 \times 1.24 \times 1.51 (M_{ar} - 20)}{100 Q_{net,\ ar}}$$

式中 115——140－25差值；

M_{ar}——燃煤收到基水分，%；

q_2——排烟损失，%。

两部分共同引起锅炉效率下降，并最终使煤耗率上升的变化量为：

$$\Delta b = \frac{100b}{\eta_{bl}}\left(\frac{0.5}{100} + \Delta q_2\right)$$
$$= \frac{100b}{\eta_{bl}}\left[0.005 + \frac{115 \times 1.24 \times 1.51(M_{ar} - 20)}{100Q_{net,ar}}\right]$$
$$= b\left[0.0053 + \frac{2.30(M_{ar} - 20)}{Q_{net,ar}}\right]$$

此外，褐煤机组由于制粉系统引起的厂用电率比常规煤种大 30%～50%，如常规煤种制粉系统厂用电率（一次风机+磨煤机）为 1.0%～1.1%，送风机厂用电率下降，引风机厂用电率上升，让两者相抵一部分，按平均值升高 40%计算，生产厂用电率升高考虑 0.4%。

$$\Delta b = \frac{b}{1 - L_{cyl}} \times \frac{0.4}{100}$$

褐煤机组厂用电率按 6%计，则：

$$\Delta b = \frac{b}{1 - 0.06} \times \frac{0.4}{100} = 0.0042b$$

三项 Δb 汇总：

$$\Delta b = b\left[0.0095 + \frac{2.30(M_{ar} - 20)}{Q_{net,ar}}\right]$$

典型的褐煤（如 M_{ar} 为 35%，发热量为 14 653kJ/kg），供电煤耗率为 300g/kWh，按此修正得：

$$\Delta b = 300\left[0.0095 + \frac{2.30(35 - 20)}{14\ 653}\right] = 3.56(\text{g/kWh})$$

其中，厂用电率增加的是 0.42×300＝1.26g/kWh，锅炉排烟温度升高导致效率下降贡献 1.59g/kWh，烟气中水蒸气过大带来的效率下降贡献为 0.80g/kWh。

所以修正系数 S_2 为：$1 + 0.0095 + \frac{2.30(M_{ar} - 20)}{Q_{net,ar}}$

（3）燃煤硫分修正。修正量是《2013 版限额》修正量的 2.5 倍，增大了修正量。

多台 600MW 机组二氧化硫排放浓度达标排放，石灰石石膏法脱硫系统耗电率随燃煤收到基含硫量的变化见图 4-1。根据试验数据，在收到基入炉低位热值为 20 930kJ/kg 时，可以得到脱硫系统耗电率与燃煤收到基含硫量关系的模拟公式为：

$$L_{tl}(\%) = 0.38S_{ar}(\%) + 0.70$$

假定机组供电煤耗率为 b，厂用电率为 5.5%，以含硫量大于 1%的燃煤为基准，则因为含硫量增大，脱硫系统耗电率增加，导致供电煤耗率增加量 Δb 为：

$$\Delta b = \frac{b}{1 - 0.055} \times \frac{0.38(S_{ar} - 1)}{100} = 0.0040(S_{ar} - 1)b$$

所以硫分修正系数 S_3 为：$1.000 + 0.004(S_{ar} - 1)$

（4）燃煤热值修正。《国家电力公司一流火力发电厂考核标准》（电发〔2000〕196 号）规定：高灰分低热值燃煤应进行供电煤耗率的修正。但是《2007 版限额》和《2017 版限额》都没有对热值进行修正。煤质发热量变化会影响锅炉效率，从而影响供电煤耗率变化。根据某电厂长期运行数据，入炉煤低位发热量每降低 1000kJ/kg，影响锅炉效率平均下降 0.285%，影响供电煤耗率增加 1g/kWh。

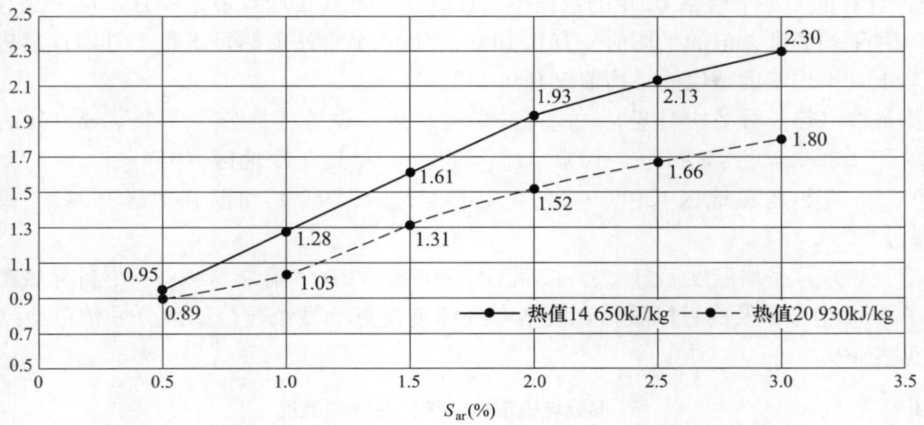

图 4-1 脱硫系统耗电率与燃煤收到基含硫量的变化关系

$$锅炉效率变化值\ \Delta\eta_{bl}=(Q^{sj}_{net,ar}-Q_{net,ar})\times 0.285\%/1000$$

供电煤耗率的影响量为：

$$\frac{\dfrac{q_{THA}}{\eta_{bl}-\Delta\eta_{bl}}-\dfrac{q_{THA}}{\eta_{bl}}}{29.308\eta_{bl}(1-L_{fcy})}=\frac{123\left(\dfrac{q_{THA}}{\eta_{bl}-\Delta\eta_{bl}}-\dfrac{q_{THA}}{\eta_{bl}}\right)}{3600\eta_{bl}(1-L_{fcy})}$$

其中，$Q^{sj}_{net,ar}$为设计入炉煤低位发热量，kJ/kg；$Q_{net,ar}$为实际入炉煤低位发热量，kJ/kg；q_{THA}为设计工况下汽轮机的热耗率，kJ/kg；L_{fcy}为发电厂用电率，%；$\Delta\eta_{bl}$为入炉煤质低位发热量偏离设计值造成的锅炉效率变化值。

2. 当地气温修正系数

当地气温修正系数按表 4-8 选取。气温越高，电厂循环水供水温度越高，从而对汽轮机背压越高，背压变化后汽轮机热耗率随之增加，能耗限定值越高。

表 4-8　　　　当地气温修正系数

最冷月份平均气温 t(℃)	修正系数		
	2017 版限额	2013 版限额	2007 版限额
≤−5	1.0	1.0	1.0
−5＜t≤0	1.00+0.002×(t+5)	1.005	1.005
＞0	1.01	1.01	1.01

《2017 版限额》修订将"−5℃＜t≤0℃"区间的修正系数改为了函数模式。对于最冷月份平均气温，很多电厂采用当年 1 月份实际的平均气温，实际上这是不对的。最冷月份平均气温是个固定值，不是当年的实测值。根据 GB 50176—2016《民用建筑热工设计规范》要求，最冷、最热月平均温度的确定应符合下列规定：

最冷（热）月平均温度 t_{min}(t_{max}) 应为累年一月平均温度的平均值。"累年"即多年，特指整编气象资料时，所采用的以往一段连续年份的累积。"最冷（热）月平均温度"指：以往连续多年（通常为 10 年以上）的一（七）月平均温度的平均值。目前均所采用的室外气象参数为 1995—2004 年的数据。影响室外空气温度的气候因素很多，从多年的统计资料看，每年的最冷（热）月并不一定总是一（七）月份，但例外情况很少，且温度的差值不大。如：GB 50176—

2016统计计算的450个台站10年的数据中，仅有5个台站最冷月不是一月，且最冷月的月平均温度与一月平均温度差值的平均值仅有0.16℃；有46个台站最热月不是七月，且最热月的月平均温度与七月平均温度差值的平均值仅有0.44℃。

根据最冷（热）月平均温度 t_{min}（t_{max}），将建筑热工设计区划分为5个区域，分别为严寒地区（t_{min}≤−10℃）、寒冷地区（−10℃＜t_{min}≤0℃）、夏热冬冷地区（0℃＜t_{min}≤10℃，25℃＜t_{max}≤30℃）、夏热冬暖地区（10℃＜t_{min}，25℃＜t_{max}≤29℃）和温和地区（0℃＜t_{min}≤13℃，18℃＜t_{max}≤25℃）。

最冷（热）月平均温度 t_{min}（t_{max}）按照GB 50176—2016"附录A.0.1"中目标城镇查取，对于附录A.0.1中未涉及的目标城镇，可参考经纬度接近的城镇数值。部分城镇最冷（热）月平均温度见表4-9。

表4-9　部分城镇最冷（热）月平均温度

城镇	省份	最冷月平均温度 t_{min}（℃）	最热月平均温度 t_{max}（℃）
北京	北京	−2.9	27.1
天津	天津	−3.5	27.0
上海	上海	4.9	28.5
重庆	重庆	8.1	28.4
梁平	重庆	6.0	26.9
哈尔滨	黑龙江	−16.9	23.8
漠河	黑龙江	−28.4	18.6
齐齐哈尔	黑龙江	−17.7	24.0
济南（章丘）	山东	−0.1	27.6
德州	山东	−2.4	27.0
成山头（威海）	山东	−0.1	21.6
潍坊	山东	−2.8	26.5
青岛	山东	0.2	24.6
日照	山东	0.2	25.4
石家庄	河北	−1.1	27.6
邢台（沙河）	河北	−0.5	27.6

《2017版限额》当地气温修正系数源于大唐集团公司在《发电厂能耗目标确认值的计算方法》提出了环境温度影响供电煤耗修正量，见表4-10，但是表4-10是基于同一台机组在不同气温下供电煤耗率的绝对量，并考虑南方地区冷却塔出水温度比北方地区要高5℃的情况来确定气温修正系数（见表4-8）。

表4-10　环境温度按月影响供电煤耗率修正量选取表（g/kWh）

月份	1	2	3	4	5	6	7	8	9	10	11	12	平均
影响煤耗（东北湿冷）	−0.9	−0.5	−0.2	1.1	3.8	5.8	8.8	8.8	4.2	0	0	−0.9	2.50
影响煤耗（华北、西北）	−1	−0.6	−0.2	1.4	5.2	6.4	10	10	5.8	0.2	−0.2	−1	3.00
影响煤耗（南方湿冷）	−1	−0.6	−0.1	1.8	6.5	7.5	10.4	10.4	6.5	1.8	−0.2	−1	3.50
影响煤耗（空冷）	−1	−0.6	−0.1	1.6	5.9	7.2	11.2	11.2	6.2	1.6	−0.2	−1	3.50

对于已经设计安装的凝汽器来说，循环水供水温度每增加5℃，300MW机组供电煤耗率要增加1.5～4.0g/kWh。但是在凝汽器设计制造阶段，实际上已经考虑到南方、北方地区温度差异对凝汽器性能的影响，例如处于南方的华能福州电厂660MW超超临界双背压凝汽器的管子有效总冷却面积为37 500m^2，而处于北方的华能威海电厂同类型凝汽器的管子有效总冷却面积仅为36 000m^2。因此当地气温是不应进行修正的。南方闭式循环冷却机组和开式直流冷却机组的设计背压均为5.9～6.1kPa，比其他地区偏高1kPa左右，理论上发电煤耗率偏高2g/kWh左右，实际上偏高1g/kWh左右。

某电厂根据循环水供水温度变化对汽轮机背压影响的经验数据，根据背压变化对汽轮机热耗率的变化的设计资料，将两变化趋势叠加得出拟合公式：

$$\Delta q_{温度}=[0.0131\times(t+18.2)-0.3044]\times(t-18.2)\times26.95$$

其中，t为循环水供水温度，℃；$\Delta q_{温度}$为循环水供水温度影响汽轮机热耗率的变化值，kJ/kg。

因循环水供水温度变化对机组供电煤耗率的影响量：

$$\frac{\Delta q_{温度}}{29.308\eta_{bl}\eta_{gd}(1-L_{fcy})}=\frac{123\times\Delta q_{温度}}{3600\eta_{bl}\eta_{gd}(1-L_{fcy})}$$

3. 冷却方式修正系数

冷却方式修正系数按表4-11选取。冷却效果越差，能耗限定值越高。

表4-11　冷却方式修正系数

冷却方式		修正系数		
		2017版限额	2013版限额	2007版限额
开式循环	循环水提升高度≤10m	1.0	1.0	1.0
	循环水提升高度>10m	$1+0.009\times(H-10)/H$	$1+0.009(H-10)/H$	$1+0.01\times(H-10)/H$
闭式循环	—	1.01	1.01	1.01
空气冷却	间接空冷	1.04	1.04	1.03
	直接空冷	1.05	1.05	1.04

注　H为循环水提升高度，单位为米（m）。

机组冷却方式不同，供电煤耗率水平不同。特别是空气冷却机组（简称空冷机组），由于冷却设备厂用电率大，背压高（15～30kPa），因此空冷机组供电煤耗率比同容量的湿冷机组高15g/kWh左右。例如600MW超临界脱硫湿冷机组供电煤耗率仅为315g/kWh，而采用脱硫空冷机组为331g/kWh；300MW脱硫湿冷机组（电动给水泵）供电煤耗率仅为336g/kWh，而采用空冷机组（电动给水泵）为351g/kWh。

另外虽然闭式循环冷却机组和开式直流冷却机组的设计背压基本上一样，但是，实际运行资料表明：闭式循环冷却机组的经济性低于开式直流冷却机组1g/kWh左右。

4. 机组负荷率修正系数

机组负荷率降低，锅炉运行效率降低，汽轮机热耗率增加，厂用电率增加，供电煤耗率增大。机组负荷率修正系数按表4-12选取。出力系数越低，能耗限定值越高。在低负荷下机组应采用滑压运行方式。

表 4-12　　　　机组负荷率修正系数

报告期机组负荷率	修正系数			
	2017 版限额	2013 版限额	2007 版限额	大机组竞赛方法
$85\% \leqslant F$	1.0	1.0	1.0	1
$80\% \leqslant F < 85\%$	$1+0.0014\times(80-100F)$	1.015	1.010	2
$75\% \leqslant F < 80\%$	$1.007+0.0016\times(80-100F)$	1.015	1.010	3
$F < 75\%$	$1.015^{(16-20F)}$	每降 5%，修正系数为前值基础上乘 1.015	每降 5%，修正系数为前值基础上乘 1.01	$1+0.12\times(0.75-F)$

注　F 为负荷系数。

各种修正方法汇总情况见表 4-13。《2017 版限额》的负荷修正方法是将《2013 版限额》机组负荷率修正系数改为函数模式。实际上《2017 版限额》的负荷修正方法过于复杂，完全可以采用一个二次幂的多项式模拟公式，而不是分段采用指数模拟公式。如采用如下多项式模拟公式，即可完美地对供电煤耗率进行修正：$Y=0.6173F^2-1.1424F+1.5267$

表 4-13　　　　各种负荷系数对供电煤耗率的修正系数

负荷率 F	0.6	0.65	0.7	0.75	0.8	0.85	0.9	1
2017 版限额负荷率 F	1.0636	1.0457	1.0302	1.0150	1	1	1	1
2013 版限额负荷率 F	1.0614	1.0457	1.0300	1.0150	1.0150	1	1	1
笔者模拟公式计算值	1.0635	1.0449	1.0295	1.0171	1	1	1	1
大机组竞赛方法	$1+0.12\times(0.75-L_f)$，大机组竞赛办法规定 L_f 为出力系数，$L_f \geqslant 0.75$ 时不修正							
一流火力发电厂标准	$1+K\times(0.92-L_f)/L_f$							

注　《国家电力公司一流火力发电厂考核标准》（电发〔2000〕196 号）规定：L_f＝利用小时×可用小时/(运行小时×等效小时)，当 $0.92 \geqslant L_f > 0.8$ 时，$K=0.13$；当 $0.8 \geqslant L_f > 0.75$ 时，$K=0.15$；当 $L_f \leqslant 0.75$ 时，$K=0.17$。

负荷率在 75%以上时，负荷率每减少 1 个百分点，供电煤耗率增加 0.2～0.4g/kWh。负荷率 50%～75%范围内，负荷率每变化影响 1 个百分点，供电煤耗率反向变化 0.5～0.9g/kWh，厂用电率反向变化 0.05～0.07 个百分点。

例如某超临界 N600-24.2/566/566 机组，大修前后供电煤耗率变化见表 4-14。以大修后为例，从 100%负荷降到 75%时，供电煤耗率增加了 7.6g/kWh；从 75%负荷降到 50%时，供电煤耗率增加了 19.2g/kWh。

表 4-14　　　　超临界 N600－24.2/566/566 机组供电煤耗率变化情况

试验工况		100%负荷	75%负荷	50%负荷	40%负荷
厂用电率（%）	大修前	5.98	6.05	7.56	8.48
	大修后	5.85	6.18	7.75	8.65
发电煤耗率（g/kWh）	大修前	307.5	312.1	320.3	330.8
	大修后	295.7	301.8	314.4	325.2
供电煤耗率（g/kWh）	大修前	327.1	332.2	346.5	361.5
	大修后	314.1	321.7	340.9	356.0

5. 机组启停调峰修正系数

机组启停调峰修正系数按表 4-15 选取。

表 4-15　　机组启停调峰修正系数

报告期机组启停调峰次数（次）	修正系数		
	2017 版限额	2013 版限额	2007 版限额
≤18	1.0	1.0	1.0
>18	1.0	1.0	1+0.0003×(*N*−18)

注　*N* 为报告期机组启停调峰次数，其中机组因调峰而停机和启动的全过程计为启停调峰一次。

由于表 4-15 中的启停调峰次数是因调峰而停机与启动各一次，才算做启停一次。该修正方法来源于 2001 年 1 月原国家电力公司《一流火力发电厂考核标准》中对煤耗率的修正公式。目前虽然各地 300MW 机组调峰比较频繁，但是全国没有一台机组会因调峰停机和启动而超过 18 次以上的，因此从 2013 年开始就删掉了这一修正。

表 4-15 表明，只是在机组启停次数多到影响煤耗率 1.35g/kWh 时，才进行修正。而且以 18 次为基准，超过 18 次，每次修正煤耗率约 0.09g/kWh。说明修正量不大，这对机组煤耗率最终结果影响不大，因此《2017 版限额》删掉这一修正也是合理的。

根据《2007 版限额》提供的机组启停调峰修正系数公式 $C=1+0.0003\times(N-18)$，可知机组启停每增加 1 次，全年供电煤耗率增加 0.03%，实际上应增加 0.05%（约 0.15g/kWh）以上。例如一台 300MW 机组平均每月发电量 1.58 亿 kWh，消耗标准煤 4.75 万 t。其中每月冷态启动一次消耗燃油 30t，消耗原煤量 420t，因此一台 300MW 机组，如果每月冷态启动 1 次，且不考虑用电量、用汽量的影响，则每月累计发电煤耗率增加为：

$$\frac{30\times1.4571\times1\,000\,000\text{g}}{158\,000\,000\text{kWh}}+\frac{420\times0.7143\times1\,000\,000\text{g}}{158\,000\,000\text{kWh}}=0.277+1.899=2.176\text{g/kWh}$$

平均每次冷态启动使发电煤耗率全年增加$\frac{2.176}{12}=0.18\text{g/kWh}$。

据报道某 660MW 机组冷态启动过程：从点火锅炉升温升压到汽轮机冲转期间消耗燃油 9.2t，单台磨运行 7h 大约消耗原煤 270t；从汽轮机冲转到并网期间大约用 4h 消耗原煤 270t，消耗燃油 5.5t；从并网到负荷稳定撤出所有油枪期间大约用 2h 消耗原煤 300t，消耗燃油 11.2t。合计消耗电量 20 万 kWh，660MW 机组冷态启动中燃油、燃煤折标准煤量 620tce，电量折标准煤量 60tce，合计折标准煤量 680tce，按年发电量 38 亿 kWh 计算，平均每次启动使全年累计煤耗率增加 0.18g/kWh。

6. 大气污染物排放修正系数

《2007 版限额》规定现有机组安装脱硫系统后，烟气脱硫修正系数按表 4-16 选取。大气污染物排放要求越高，机组容量越小，能耗限定值越高。对于达标排放，如果采用选择性催化还原 SCR 装置，BMCR 工况时脱硝设备设计阻力一般为 1300Pa，将使厂用电率增加 0.1 个百分点，使供电煤耗率增加 0.11%；如果采用选择性非催化还原 SNCR 装置，将使锅炉效率下降 0.1 个百分点，使供电煤耗率增加 0.12%（约 0.4g/kWh）。

对于达标排放，安装湿法脱硫系统后，将使厂用电率增加 0.8～1.1 个百分点，供电煤耗率增加 1.0%～1.5%（3～3.8g/kWh）。如果采用炉内喷钙、循环流化床法等干法脱硫工艺，将使厂用电率增加 0.5 个百分点，供电煤耗率增加 0.5%。

由于脱硫脱硝装置已经是煤电机组的标配设备，修订时删掉了脱硫脱硝设施的修正系数；当前机组正处于大规模的超低排放改造，由此势必增加一定的能耗，本次修订增加了该因素。在

《2017 版限额》中，删掉了大气污染物达标排放修正，增加了超低排放修正，见表 4-16。

表 4-16　　大气污染物排放修正系数

项目	2007 版限额		2013 版限额		2017 版限额	
烟气脱硫方式	厂内制备脱硫剂	厂内无制备脱硫剂	厂内制备脱硫剂	厂内无制备脱硫剂	厂内制备脱硫剂	厂内无制备脱硫剂
脱硫修正系数	1.015	1.01	1.005	1.00	1.0	1.0
烟气脱硝方式	催化还原 SCR	非催化还原 SNCR	催化还原 SCR	非催化还原 SNCR	催化还原 SCR	非催化还原 SNCR
脱硝修正系数	1.005		1.003		1.0	1.0
机组容量（MW）	—	—	—	—	超低排放修正系数	
1000	—	—	—	—	1.0015	
600	—	—	—	—	1.0025	
300	—	—	—	—	1.0040	
≤200	—	—	—	—	1.0060	

注　表中未列出的机组容量等级，参照低一档容量级别修正系数。

超低排放是指在基准含氧量 6%条件下，常规燃煤机组标态干烟气中烟尘、二氧化硫、氮氧化物排放浓度分别不高于 $10mg/m^3$、$35mg/m^3$、$50mg/m^3$。目前统调电厂基本上都实现了超低排放改造。研究表明 660MW 机组超低排放改造后平均增加系统阻力约 1827Pa，增加厂用电率平均值为 0.81 个百分点，其中，脱硝、除尘（仅湿法除尘器）、脱硫改造分别增加系统阻力平均值约 200Pa、515Pa 和 912Pa，超低排放改造分别增加厂用电率约为 0.09 个百分点、0.16 个百分点和 0.56 个百分点，目前脱硝超低排放改造技术方案主要为增加备用层催化剂，脱硝改造设备增加电耗往往较小，主要为吹灰器、公用系统的泵、稀释风机等小功率设备，通常总和在 100kW 以下，能耗增加几乎可忽略不计。由于增加备用层催化剂，脱硝改造使系统阻力增加约 200Pa，增加能耗主要体现在系统阻力增加风机电耗上。

除尘改造的技术路线较为众多，包括高效电源改造、增加电场、电除尘器改造成电袋除尘器、湿式电除尘器等，不同技术路线带来的设备增加电耗和系统阻力增加风机电耗均差异较大。高效电源改造不增加系统阻力；增加 1 个电场，使系统阻力增加约 200Pa；电袋除尘器使系统阻力增加约 1200Pa；湿式电除尘器使系统阻力增加约 500Pa。其中，湿式电除尘器由于增加高压整流设备，同时增加系统阻力，增加厂用电率最高，平均值为 0.26%；高效电源改造增加厂用电率都约为 0.08%，高效电源厂用电率增加主要体现在高效电源可以提供更高的二次电流和二次电压，导致电场能耗增加；电袋除尘器一方面增加系统阻力较大（1200Pa），导致风机电耗增加较多，另一方面由于拆除大部分电场，电场能耗大大降低，增加厂用电率都约为 0.09%。

脱硫超低排放改造方案主要分为高效单塔改造、双塔双循环改造两大类，双塔双循环方案可靠性更高，适用硫分范围更广，但由于新增一级吸收塔，相应用电设备增加较多，同时系统阻力增加较大，增加厂用电率往往远高于高效单塔改造方案。研究机组中采用高效单塔改造方案时，脱硫改造增加厂用电率平均值约为 0.33 个百分点，高效单塔工艺脱硫厂用电率平均值为 1.13%（其中浆液循环泵耗电率为 0.59%）；而采用双塔双循环改造方案时，增加厂用电率达到 0.72 个百分点，双塔双循环工艺脱硫厂用电率平均值为 1.62%（其中浆液循环泵耗电率为 0.76%）。

7. W 火焰修正系数

理论上，W 火焰机组的供电煤耗率限定值应在表 4-5 中 3 级能耗数值的基础上给予 3g/kWh 增加值修正，但是由于已经对煤质进行了修正，因此《2017 版限额》就不再重复修正了。

8. 给水泵类型修正

由于汽动给水泵消耗一定的热量，因此配备汽动给水泵的机组比电动给水泵机组的发电煤耗率稍大。例如国产 300MW 级脱硫机组采用电动给水泵时，供电煤耗率为 336g/kWh，而采用汽动给水泵时，供电煤耗率为 335g/kWh。《2017 版限额》对于配置电动给水泵机组没有给予能耗修正，这就要求所有现役电动给水泵机组必须改造成配汽动给水泵的机组。

9. 深度调峰修正

目前许多煤电机组已经进入深度调峰运行状态（负荷率低于 50％时，锅炉容易出现两侧蒸汽温度偏差大、炉膛温度低燃烧不稳、脱硝入口烟温脱硝反应效率下降等诸多问题），对浙江省 58 台 300MW 及以上容量燃煤机组深度调峰的能耗测试与计算，得出各类机组负荷率由 50％降至 40％时的各项能耗指标变化量和燃料成本增加量见表 4-17。试验工况下，负荷率由 50％降至 40％时，各类机组供电煤耗率普遍上升 13.7～22.1g/kWh，厂用电率反向变化 0.83～1.5 个百分点。部分机组在 30％负荷时，厂用电率增长 3 个百分点，锅炉效率下降 3 个百分点，供电煤耗率上升 50～70g/kWh。

表 4-17　　40％与 50％负荷率下供电煤耗率试验结果

机组类型	热耗率差（kJ/kWh）	热耗率增加（％）	锅炉效率变化（百分点）	厂用电率增加（百分点）	供电煤耗率增加（g/kWh）	煤耗率相对差（％）
超超临界 1000MW	232	2.9	−0.58	0.83	13.7	4.5
超超临界 660MW	214	2.7	−0.74	0.92	14.0	4.6
超临界 600MW	231	2.8	−0.83	0.97	15.4	4.8
亚临界 600MW	281	3.3	−0.50	0.95	16.3	4.9
亚临界 300MW	347	4.0	−1.08	1.5	22.1	6.4

山东电力研究院曾对 1030 超超临界机组进行深度调峰经济性试验，结果表明机组在 1030MW、515MW、350MW 三个负荷下的供电煤耗率分别为 292.15g/kWh、304.29g/kWh 和 333.58g/kWh，负荷率从 100％降至 35％时，供电煤耗率增加 41.43g/kWh，增长了 14.2％。

《2017 版限额》修订前，深度调峰还只是个别现象，因此没有给予一定的修正。

10. 锅炉类型修正

循环流化床锅炉由于能充分利用低品位燃料，而且在环保性方面是煤粉炉所不可比拟的，因此循环流化床锅炉在地方小电厂中得到快速发展，新建热电厂几乎无一例外的都选用循环流化床锅炉。但是循环流化床锅炉机组的供电煤耗率比常规煤粉炉要高 12～15g/kWh，例如 2006 年 100～135MW 循环流化床锅炉的供电煤耗率平均为 386.28g/kWh，而 100～135MW 煤粉锅炉的供电煤耗率平均为 381.45g/kWh。300MW 级循环流化床锅炉机组与常规煤粉炉机组经济性比较见表 4-18。

表 4-18　　300MW 级循环流化床锅炉机组与常规煤粉炉机组经济性比较

指标	300MW 级循环流化床锅炉机组	常规煤粉炉机组
平均负荷系数（％）	77.51	78.23
非计划停运次数［次/(台・年)］	5.63	0.89

续表

指标	300MW级循环流化床锅炉机组	常规煤粉炉机组
厂用电率（%）	9.44	5.67
供电煤耗率（g/kWh）	353.86	338.79
飞灰含碳量（%）	2.34	2.6
脱硫设备投入率（%）	100	>90
平均脱硫效率（%）	93.46	93.56
二氧化硫排放浓度（mg/m^3）	299.43	185.58
氮氧化物排放浓度（mg/m^3）	93.29	500～1000

DB37/737—2015《燃煤发电机组单位产品能源消耗限额》中循环流化床机组供电煤耗率修正系数为1.03，相当于比常规湿冷机组供电煤耗率增加10g/kWh。在《电力行业（燃煤发电企业）行业清洁生产评价指标体系（2015年第9号公告）》中规定循环流化床机组供电煤耗率比常规湿冷机组供电煤耗率增加7～10g/kWh。

11. 汽轮机进行老化修正

随着运行时间推进，汽轮机会因为蠕变、疲劳、侵蚀和腐蚀而导致汽轮机性能下降，某电厂按汽轮机生产厂家提供资料作出散点图如图4-2所示，拟合公式为：

$$y=0.0051x^3-2.0894x^2+39.2303x+1.4756$$

式中 x——运行年限；

y——汽轮机老化影响热耗率的变化值（$\Delta q_{老化}$），kJ/kWh。

机组老化影响供电煤耗率 $\Delta b_g=\dfrac{122.8y}{3600\eta_{b1}\eta_{gd}(1-L_{fcy})}$

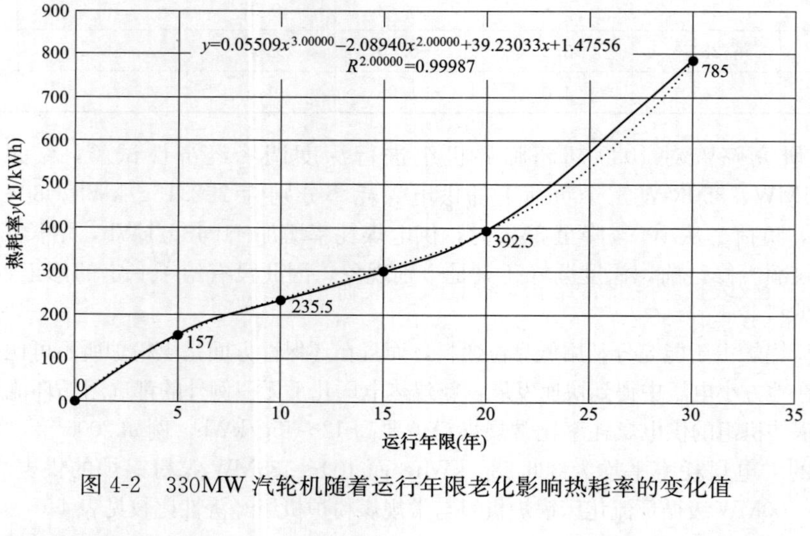

图4-2 330MW汽轮机随着运行年限老化影响热耗率的变化值

四、能耗统计范围

(1) 现役机组按年度确定报告期。

(2) 新建机组考核以设计值为准（《2007版限额》原规定是机组考核以竣工验收性能考核值为准，但是已经竣工，就失去了门槛的意义，所以《2017版限额》改为规划设计值为准）。

(3) 企业生产公用系统厂用电量按电气接线方式或机组发电量分摊到机组后计入统计范围。

（4）在统计期内，用于电力生产所消耗的各种能源总量，包括主要生产系统、辅助生产系统和附属生产系统设施的各种能源消耗量和损失量，不包括非生产使用的、基建和技改等项目消耗的能源量。主要生产系统包括锅炉系统、汽轮机系统、发电输电系统、水处理系统、燃料系统等；辅助生产系统包括机修、运输、空压站、氢站等；附属生产系统包括厂区办公楼、食堂、厕所、幼儿园、学校、医院、服务公司等。GB 35574—2017 规定的非生产用能包括非生产用电量和非生产用燃料量。

五、煤炭清洁高效利用改造要求

根据《煤炭清洁高效利用重点领域标杆水平和基准水平（2022 年版）》（发改运行〔2022〕559 号）：对清洁高效利用水平低于基准水平（即企业现有机组的供电煤耗率限定值，等于常规燃煤发电机组单位产品能耗 3 级限额值与各种影响因素修正系数的乘积）的存量项目，引导企业有序开展煤炭清洁高效利用改造升级和淘汰。在规定时间内（一般不超过 3 年，即 2024 年年底）升级到基准水平以上，力争达到标杆水平（见表 4-6）；对于不能按期改造完成的项目进行淘汰。

第三节 降低供电煤耗率的主要措施

一、降低供电煤耗率的管理措施

（1）计划管理部门每日对前一日的煤耗率按正平衡要求进行计算，并以耗差分析结果进行校验后上网公布。

（2）每月计划管理部根据燃料皮带上煤量、锅炉给煤机给煤量、月底盘煤情况及反平衡计算结果，提出对月度供电煤耗率进行调整的建议，经分管厂长批准后上报。月末煤场盘煤调整计算公式为

当月末煤场盘煤盈亏原煤量 ΔB＝当月进入煤场煤量＋上月末煤场结存煤量－当月日计算生产累计耗煤总量－本月末煤场结存煤量－杂用（调出、生活）煤量－煤场存损

（3）盘煤期间煤场月度盘亏量大于月末存煤量的 0.5%时，其中的 0.5%计入储存损失栏，其他超过的部分计入亏损栏，并调整燃料账存量。根据月底盘点煤量情况，需要调整财务账面数时，由计划管理部编制燃料差异调整报告，由分管厂长审批后，交财务人员调整账面。

（4）开展耗差分析，发现薄弱环节，及时制定改进操作和改造设备的措施。

（5）定期对供电煤耗率完成情况进行分析，找出影响煤耗率的因素及采取的对策。

（6）加强对测量仪表的管理，测量仪表应装设齐全，准确可靠。要不断提高仪表的投入率和准确率，定期进行仪表校验和日常维护，保证仪表准确率在合格范围内。

（7）搞好小指标的竞赛工作，小指标应层层分解落实到值、班组和岗位，并应加强对小指标的统计、分析和考核工作。组织运行值之间、班组之间、机组之间进行小指标的竞赛，要及时公布小指标完成情况，提出改进操作的意见。

（8）加强设备运行中的经济调度，根据电网调度和客观条件，不断改进运行方式，保证机组在最佳工况下运行。

（9）按部颁规定，发电用能与非发电用能应严格区分，并有完善的计量装置，单独分项立账。

（10）发电厂厂用电率要结合运行分析会（或节能例会）定期进行分析，要查明当前厂用电率运行水平与同期比较、与同类型比较、与设计比较、与历史最好水平比较的差距。一旦指标差距过大，要结合实际制定措施，并认真组织实施。

（11）给水泵、制粉系统、送风机、引风机、循环水泵等主要辅机用电单耗、用电率的运行

值，要定期进行分析、比较，保持设备单耗、耗电率在较好的水平下运行。

(12) 定期进行锅炉燃烧调整试验，定期进行制粉系统最佳煤粉细度调整试验等。

(13) 凝汽器真空严密性试验要每月测试一次，并及时查找泄漏部位予以消除。

二、降低供电煤耗率的运行措施

(1) 根据煤种变化及时对制粉系统及锅炉燃烧做出相应的调整，保证煤粉的充分燃烧，降低锅炉飞灰可燃物带走的热损失，确保锅炉在最经济方式下运行。亚临界 300、600MW 凝汽式火电机组煤粉锅炉的飞灰可燃物与供电煤耗率的关系见表 4-19。

表 4-19　不同的飞灰可燃物增加值 ΔC_{fh} 与供电煤耗率增加值关系

ΔC_{fh} (%)	机组容量 (MW)	供电煤耗率增加值 (g/kWh)			
		贫煤	烟煤	褐煤	无烟煤
1	300	0.87	0.93	1.61	1.10
	600	0.80	0.85	1.48	1.01
2	300	1.75	1.86	3.23	2.21
	600	1.61	1.71	2.97	2.04
3	300	2.64	2.79	4.87	3.33
	600	2.43	2.57	4.48	3.06

从表 4-19 可以看出，300MW 锅炉飞灰可燃物每增加 1 个百分点，供电煤耗率将增加 0.87g/kWh。600MW 锅炉飞灰可燃物每增加 1 个百分点，供电煤耗率将增加 0.80g/kWh。机组容量越大，飞灰可燃物对供电煤耗率的影响幅度变小。随着飞灰可燃物的增加，供电煤耗率基本上呈直线增加。

(2) 优化锅炉燃烧调整，提高锅炉效率。特别是降低锅炉排烟温度。对于不同锅炉在燃烧烟煤（$Q_{net,ar}$=19 690kJ/kg），在额定负荷时，不同的排烟温度下的供电煤耗率见表 4-20。

表 4-20　不同锅炉在不同的排烟温度下的供电煤耗率　g/kWh

排烟温度 (℃)	煤粉炉					流化床锅炉
	100MW	200MW	300MW	600MW	1000MW	300MW
120	364.0	340.0	330.0	307.0	286.0	335.0
130	365.98	341.85	331.79	308.65	287.52	336.84
140	367.98	343.72	333.61	310.32	289.06	338.71
150	370.01	34.62	335.45	312.02	290.62	340.60

从表 4-20 中可以看出，300MW 锅炉排烟温度从 120℃ 增加到 130℃，供电煤耗率增加 1.79g/kWh。600MW 锅炉排烟温度从 120℃增加 130℃，供电煤耗率增加 1.65g/kWh。锅炉容量越大，排烟温度对于供电煤耗率影响幅度减小。

(3) 充分利用加热设备和提高加热设备的效率，提高给水温度。

(4) 提高各加热器回热效率。运行中调整和控制好各加热器水位，保持加热器端差在设计值范围内运行，提高抽汽的回热效率。

(5) 降低辅机电耗，例如及时调整泵与风机运行方式，适时切换高低速泵，中储式制粉系统在最大经济出力下运行，合理用水，降低各种给水泵电耗等。

(6) 降低点火及助燃用油，采用较先进的点火技术，根据煤质特点，尽早投入主燃烧器等。

（7）合理分配全厂各机组负荷。

（8）确定合理的机组启停方式和正常运行方式。

（9）控制给水品质。在机组启动过程中严格控制给水品质，减少机组开机时间，减少排污热损失。在运行中严格控制给水品质，减少机组在运行中由于水质不合格进行排污的热量损失。

（10）压红线运行。运行中保持主、再热蒸汽参数在额定值附近运行；优化燃烧降低过热器及再热器的减温水用量，以及保证锅炉的各受热面不超温，提高机组的经济性。

（11）运行人员应加强汽轮机运行调整，保证凝汽器真空、端差等参数在规定范围内，保持最小的凝结水过冷度。

（12）优化辅网运行方式，提高全厂的经济性。

1）根据煤质情况调整煤仓煤位，流通性好的煤种保持煤仓高煤位，加大两次上煤间隔时间；对于流通性差的煤种适当降低煤仓煤位，以防煤仓发生篷煤；掌握入厂煤煤质，煤质好时可以直接把来煤上煤仓，减少皮带二次耗电，降低输煤单耗。

2）根据入炉煤含硫量合理安排脱硫制浆系统的运行方式和时间，根据烟气二氧化硫含量控制吸收塔浆液循环泵运行数量，降低脱硫系统单耗。

3）根据机组负荷及入炉煤灰分含量，及时调整电除尘各电场电压及投退第四、第五电场；在巡回检查中重点对电除尘各灰斗及气化风管道的保温装置进行检查，确保保温完好，减少灰斗电加热投入运行的时间。

三、降低供电煤耗率的技术措施

1. 及时消缺，提高设备可靠性

没有健康可靠的设备，效益也就无从谈起。设备的健康水平得到保证，就为优化运行方式提供可靠的保证，如两路输煤皮带随时能投入运行，就为锅炉的优化燃烧配煤及降低输煤单耗提供了保证；如吸风机变频系统健康，可以随机组负荷变化变速节电运行；如在机组启动过程中，设备处于健康状态，可以降低机组的启动时间及消耗，是最有效和直接降低供电煤耗率的方法。

2. 狠抓阀门治理，减少内、外漏

阀门内漏及外漏直接影响着机组的安全及经济运行，疏水阀门内漏严重冲刷着管壁，时间久了就会发生管道爆破事故，这方面的例子数不胜数；阀门内漏还严重制约着机组的经济性，所以一定要根除阀门内漏。运行中要严密监视高、低压旁路减压阀后蒸汽温度，发现温度升高时及时找出原因并进行处理，减少对机组经济性的影响；根据轴封系统运行参数变化确定轴封间隙是否变大，若轴封及汽轮机动静间隙变大，则应对汽轮机进行揭缸提效处理从而降低汽轮机热耗率。

3. 提高机组真空度

定期做机组的真空严密性试验，找出真空系统泄漏点并处理，尽一切努力提高机组的真空度，提高机组的经济性。

4. 进行变频改造，降低厂用电率

泵与风机改造是发电企业降低厂用电的重点。根据运行和调峰要求，原来采用挡板调节流量的泵与风机，应采用电动机加装调速装置的方法进行改造，达到节能降耗和提高电动机设备安全运行的目的。合理选取容量，使各种设备在经济负荷范围内运行，并与其他设备容量匹配合理。

5. 发展超临界机组和超超临界大机组

常规高压和亚临界机组的供电效率在35%左右，而超临界机组（24.2～28 MPa，540～593℃）的供电效率可达到40%以上，超超临界机组（29～30MPa，600℃以上）的供电效率可达到45%以上，目前发展势头较快，技术、材料等均已成熟，在日本、丹麦、德国已有多台机组投产。在我国，这几年也有较大发展。目前我国新建纯凝汽式机组容量以600～1000MW为

主，供热机组以 300MW 为主。

6. 发展热电联产提高能源转换效率

热电联产可以有效节约能源。从统计数据看，供热运行时发电标准煤耗率可以降到 162～231g/kWh，供热标准煤耗率在 40～47kg/GJ 之间，低于分散安装小锅炉的煤耗率（55～62 kg/GJ），有显著的节能效果。

7. 电气设备技术改造

应在保证电网、发电设备安全运行，不影响发电机使用寿命的情况下，适当增加发电机容量，提高运行性能满足电网与发电机之间的协调关系，相对提高负荷率，以提高经济效益。

总之，根据机组的实际运行情况，因地制宜采取各种有效控制措施，提高机组的经济运行水平，以降低全厂供电煤耗率。

第五章 《热电联产单位产品能源消耗限额》解读与应用

第一节 新建热电联产机组单位产品能耗的准入值

一、供热机组分类

热电联产是相对热电分产方式而言，热电分产是以凝汽式电厂生产电能对外供电，用工业锅炉、采暖锅炉或民用炉灶生产热能对用户供热的能量供应方式。热功转换过程中必然产生的低位热能没有得到利用而白白浪费掉；另一方面分别供应的低位热能却使能量大幅度无效贬值。热电联产是由供热式汽轮机的供热汽流先发电后供热的生产方式，它是利用做过功的蒸汽对外供热。热电联产具有节约能源、改善环境、提高供热质量、增加电力供应等综合效益。

同时生产电力和热力产品（蒸汽、热水）的方式称为热电联产，其具有以下三个特征：

（1）热电联产所生产的电力、热力产品在同一生产过程中同时完成。

（2）热电联产的产品除电力以外还应包括蒸汽、热水中至少一种热力产品。

（3）热电联产生产的热力产品主要用于外供出售。

按燃料种类常用供热机组分类如下：

（1）核能供暖机组。核能供暖利用核电机组二回路蒸汽作为热源对外供暖，相较化石能源等其他供暖形式有着明显的环保优势。经过测算，年采暖供热量 70.4 万 GJ/a 的核能供暖项目，相对于燃煤火电机组每年可减少燃用标准煤约 2.46 万 t，具有明显的环境效益。

（2）火电抽（抽汽）凝（凝汽）式机组。是纯凝汽式机组经过较少改动而成（主要是在中-低压缸导汽管上加装蝶阀或加装回转隔板作为抽汽调节机构），在采暖期从蝶阀前抽汽来对外供热并相应减少电量，非采暖期仍还原按凝汽方式发电。

（3）火电背压式供热机组。是纯粹的热电联合生产机组，其热能的利用率最高。它结构简单，不需要凝汽器，投资省。不足之处是：①背压式供热机组生产的热、电量间互相制约不能独立调节。一般是按热负荷来调节，即形成自由热负荷、强迫电负荷；②机组在热负荷（供热流量）变化时，电功率随之波动。我国现有的背压式汽轮机单机容量多为 3～125MW。根据《热电联产管理办法》（发改能源〔2016〕617 号）第 17 条规定：对于城区常住人口 50 万人以下的城市，采暖型热电联产项目原则上采用单机 50MW 及以下背压热电联产机组。第 18 条第一款规定：对于城区常住人口 50 万人及以上的城市，采暖型热电联产项目优先采用 50MW 及以上背压热电联产机组。第 31 条规定：鼓励各地建设背压热电联产机组和各种全部利用汽轮机乏汽热量的热电联产方式满足用热需求。背压燃煤热电联产机组建设容量不受国家燃煤电站总量控制目标限制。电网企业要优先为背压热电联产机组提供电网接入服务，确保机组与送出工程同步投产。

（4）燃气供热机组。由于天然气热电联产机组的氮氧化物、二氧化碳等大气污染物排放量更低，同等条件下气电氮氧化物排放量较煤电减少 30%，二氧化碳排放量较煤电减少 58%，因此未来气电热电联产机组装机规模有望显著增长。

火电按供热汽源供热方案分类如下：

（1）高背压（双转子）供热。是在供热期采用末级叶片较短的供热低压转子（或者光轴转子），提高汽轮机背压运行；在非供热期，将供热低压转子更换成原低压缸转子，实现机组纯凝运行。由于高背压（双转子）改造需要更换一根低压转子，并对汽轮机凝汽器、凝结水精处理系统、给水泵汽轮机系统进行改造，改造范围大、投资高。

（2）高背压（低真空循环水）供热。是冬季将汽轮机低压缸排汽压力提高（排汽压力约为45kPa），从而使排汽温度提高（排汽温度约为80℃），加热进入汽轮机凝汽器的热网循环水，对外供热。也就是使凝汽器成为供热系统的第一级热网加热器，充分利用机组排汽的汽化潜热加热热网循环水，将冷源损失降为零，提高机组的综合能量利用效率。采用该方法供热是在不增加机组规模的前提下，回收排汽乏热，增加供热量，增大供热面积。

（3）光轴供热改造。在供热期将原低压转子更换为不带叶片的光轴，从而将低压转子的鼓风发热损失降至近似于零，避免了常规低压转子在供热期运行必须保证一定冷却蒸汽流量的运行需求，使机组供热能力大幅增加。

上述三种供热技术能够显著减少机组冷源损失，降低机组发电煤耗率；在供热量不变的条件下，可一定程度降低机组发电功率，实现深度调峰。但是上述三种供热技术不属于抽凝式供热技术。目前超高压、高压（200MW以下）小型机组供热改造均采用了这三种技术，因此供电煤耗率较低。目前低压缸零出力供热方式已经成熟，被广泛应用于供热改造中。低压缸零出力供热是在低压缸高真空运行条件下，采用可完全密封的液压蝶阀切除低压缸原进汽管道进汽，将原低压缸做功蒸汽用于供热；通过新增旁路管道通入少量的冷却蒸汽，用于带走低压缸零出力改造后低压转子转动产生的鼓风热量。

另外还有两种抽汽供热方案如打孔抽汽供热，主蒸汽减温减压供热，汽轮机高、低旁路联合供热等三种技术方案，由于直接将高品质蒸汽减温减压或抽汽用于供热，热经济性较差，供电煤耗率较高，优点是技术成熟，投资小。

打孔抽汽供热方案：采用中低压缸连通管打孔抽汽方式，从水平段向下引出一根抽汽管道，作为供热汽源。

主蒸汽减温减压供热方案：即直接从主蒸汽管道抽汽，减温减压后作为供热抽汽。当从主蒸汽管道的抽汽流量较大时，会引起锅炉侧过热器和再热器热量分配发生变化，再热器吸热量显著减小，存在再热器超温的风险。一般地，在保证锅炉再热器不超温的前提下，主蒸汽抽汽流量约为额定主蒸汽流量的5%。

汽轮机高、低压旁路联合供热方案：即经高压旁路将部分主蒸汽旁路至高压缸排汽；从低压旁路后抽汽作为供热抽汽的补充汽源。

二、热电联产机组一般技术要求

热电联产机组应符合下列指标：

（1）年平均总热效率大于45%（采用供电量计算）。

（2）单机容量在50MW以下的热电联产机组，其年平均热电比应大于100%；单机容量在50（含50）～200MW以下的热电联产机组，其年平均热电比应大于50%；单机容量在200MW及以上的热电联产机组，其年平均热电比应大于50%（热电比采用供电量计算）。

（3）新建2台30万kW级抽凝热电联产机组的，采暖期热电比应不低于80%。此条源于《热电联产管理办法》（发改能源〔2016〕617号）第18条规定。

三、新建机组单位产品能耗准入值

GB 35574—2017《热电联产单位产品能源消耗限额》规定：新（改、扩）建机组平均供电煤耗率和年平均综合供热煤耗率准入值应不大于表5-1中单位产品能耗限额值。燃用无烟煤、褐煤机组以及空冷机组，能耗准入值在表5-1中能耗限额值再按表5-2给定的增加值进行修正，即表5-1中的单位产品能耗限额值与表5-2能耗增加值代数和，其他影响系数不做修正。

表 5-1　　新建抽凝式热电联产机组能耗限额

压力参数	供电煤耗率（g/kWh）	综合供热煤耗率（kg/GJ）
超临界级以上	280	40.5
亚临界		
超高压（200MW 级以上）		
超高压（200MW 级以下）		

表 5-2　　新建机组单位产品能耗增加值

类别	能耗增加值	
	供电煤耗率（gce/kWh）	综合供热煤耗率（kg/GJ）
燃用褐煤煤种	3	0.5
采用空气冷却方式	12	0

第二节　现役热电联产机组单位产品能耗的定额管理

一、企业现役机组能耗限定值

企业现役机组平均供电煤耗率限定值为表 5-3 中的 3 级数值与影响因素修正系数的乘积；平均综合供热煤耗率限定值为表 5-3 中的 3 级数值与燃煤成分修正系数的乘积。这就是说，企业现役机组平均综合供热煤耗率的修正仅仅是对燃煤成分的修正，实际上综合供热煤耗率与锅炉效率和厂用电率有直接的关系，与锅炉效率成反比关系，与厂用电率成正比关系，这从供热煤耗率的计算公式就会清楚看出这些关系。例如对 C670-25/600/620 超超临界供热机组深度调峰锅炉效率和厂用电率进行测试，结果见表 5-4。

表 5-3　　常规燃煤机组抽凝式热电联产机组能耗限额

压力参数	能耗限额等级					
	1 级		2 级		3 级	
	供电煤耗率（g/kWh）	综合供热煤耗率（kg/GJ）	供电煤耗率（g/kWh）	综合供热煤耗率（kg/GJ）	供电煤耗率（g/kWh）	综合供热煤耗率（kg/GJ）
超临界级以上	270	40.5	280	40.5	299	42.0
亚临界					307	42.5
超高压（200MW 级以上）					316	43.0
超高压（200MW 级以下）					305	42.5

表 5-4　　670MW 超超临界机组深度调峰锅炉效率和厂用电率的测试结果

负荷（MW）	670	510	340	272	232	135
负荷率（%）	1	0.75	0.50	0.40	0.30	0.20
运行氧量（%）	2.22	3.27	4.97	6.95	8.4	11.1
修正后热效率（%）	93.63	93.78	93.63	93.63	93.04	90.0

续表

负荷（MW）	670	510	340	272	232	135
锅炉效率对发电煤耗率的影响（g/kWh）	0	−0.45	0	0	1.77	10.89
锅炉效率对综合供热煤耗率的影响（kg/GJ）	0	−0.06	0	0	0.23	1.47
厂用电率的影响量（百分点）	0	0.33	1.34	1.9	2.62	3.40
厂用电率对综合供热煤耗率的影响（kg/GJ）	0	0.0	0.0	0.0	0.0	0.0
整体对综合供热煤耗率的影响（kg/GJ）	0	−0.06	0	0	0.23	1.47
整体对供电煤耗率的影响（g/kWh）	0	0.63	4.52	6.45	11.59	23.62

注 这里的整体是指锅炉效率和厂用电率对煤耗率的影响量，没有考虑汽轮机的热耗率影响量。随着负荷率的降低，由于厂用电率的降低虽然较大，但是经过远小于1的供热比乘积，因此对综合供热煤耗率的影响量基本上可以忽略。

经过分析，在锅炉负荷率大于或等于40%时，负荷对综合供热煤耗率的修正系数为1，在小于40%时，修正系数为$Y=1.343F^2-1.004F+1.187$。

对于常规燃煤抽凝式热电联产机组，超高压、高压（200MW以下）机组供电煤耗率应比200MW及以上超高压机组供电煤耗率高10gce/kWh左右，综合供热煤耗率应高1.0kgce/GJ左右。只有当凝汽式机组改造成高背压双转子供热方案、高背压循环水供热方案、低压缸零出力供热方案等才有可能将超高压、高压（200MW以下）机组供电煤耗率降至更低。因此该限定值倒逼小容量机组进行高效供热方式改造，达不到限定值的直接关停。

比较GB 21258—2017和GB 35574—2017可知（见表5-5），常规燃煤纯凝与抽凝式机组供电煤耗率限额等级基准值之间存在矛盾。例如超超临界1000MW常规燃煤纯凝供电煤耗率2、3级限额基准值是279g/kWh和285g/kWh，而对应的同类型热电联产机组供电煤耗率2、3级限额基准值分别是280g/kWh和299g/kWh，这显然是不合理的。热电联产机组供电煤耗率应比同类型纯凝机组低，而不应分别高出1g/kWh和14g/kWh。因此建议在修订GB 35574时，应该像GB 21258那样细化压力参数分类，并与GB 21258保持一致。

表5-5　常规燃煤纯凝与抽凝式机组供电煤耗率限额等级基准值比较

压力参数	容量级别（MW）	供电煤耗率限额等级基准值（g/kWh）								
		GB 21258—2017			GB 35574—2017			GB 35574 建议修改值		
		1级	2级	3级	1级	2级	3级	1级	2级	3级
超超临界	1000	273	279	285	270	280	299	270	276	282
	600	276	283	293	270	280	299	270	280	290
超临界	600	288	295	300	270	280	299	270	280	297
	300	290	295	308	270	280	299	270	280	299
亚临界	600	303	295	314	270	280	307	270	280	307
	300	310	295	323	270	280	307	270	280	307
超高压	200	—	295	352	270	280	316	270	280	316
超高压及以下	125	—	295	352	270	280	305	270	280	305

二、企业现役机组单位产品能耗限定值

企业现有机组的供电煤耗率限定值应不高于常规燃煤热电联产机组单位产品能耗3级限额

值（表 5-3）与各种影响因素修正系数的乘积。

燃煤成分修正系数、当地气温修正系数、冷却方式修正系数、机组负荷率修正系数、大气污染排放要求修正系数的取值与第四章第二节（参见 GB 21258—2017 标准）完全一样，这里不再重复。

GB 35574—2017 缺少供热比（或热电比）对供电煤耗率的修正。供热比的大小对供电煤耗率影响很大，因此建议增加供热比（或热电比）对供电煤耗率的修正，修正公式如下：

$$b_{gd}=b_{gj}S-(C_{pi1}\times R_1+C_{pi2}\times R_2)$$

式中 b_{gj}——供热机组的供电煤耗率限额基准值，g/kWh；

b_{gd}——供热机组的供电煤耗率限定值，g/kWh；

R_1、R_2——分别为工业和采暖抽汽的热电比，GJ/万 kWh；

S——GB 35574—2017 中 5.4 条给出的各种修正系数的乘积；

C_{pi1}、C_{pi2}——分别为工业和采暖抽汽的修正系数，万 g/GJ，取值依据见表 2-22。

供热比对发电厂用电率修正量计算公式为：

$$\Delta L_{fcy}=-0.35L_{fcy}\alpha/100$$

式中 L_{fcy}——各类同容量纯凝汽机组的发电厂用电率基准值，%；

α——供热比，%；

ΔL_{fcy}——供热比对发电厂用电率修正量，%。

在抽汽供暖的条件下，将供热比对发电厂用电率修正曲线和对发电煤耗率的修正曲线拟合成对供电煤耗率的修正曲线，见图 5-1，得到的拟合公式为：

$$\Delta b_g=1.2802\alpha+2.4492$$

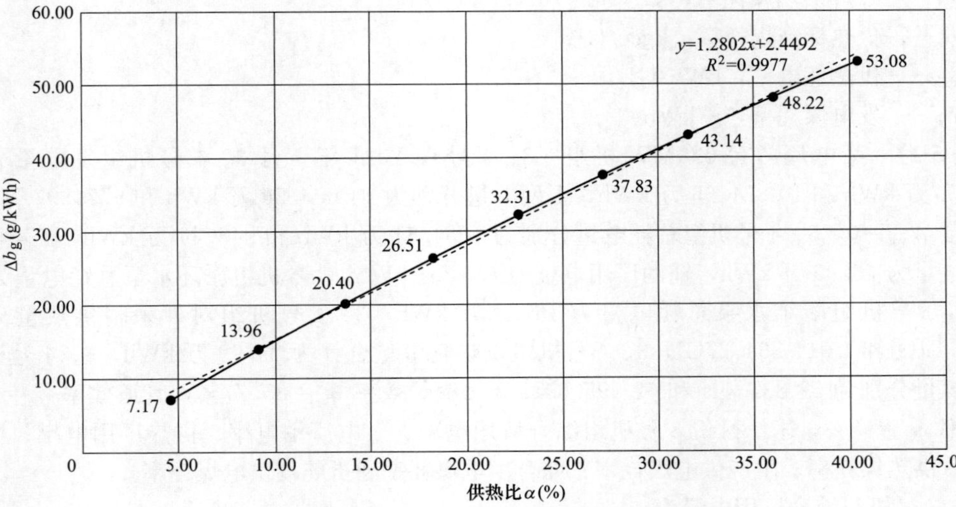

图 5-1 抽汽供热比对供电煤耗率的修正曲线

三、能耗统计范围

（1）现役机组按年度确定报告期。

（2）新建机组考核以设计值为准。

（3）企业生产公用系统厂用电量按电气接线方式或机组发电量分摊到机组后计入统计范围。

（4）无论是否采用特许经营模式，脱硫、脱硝等环保设施消耗的电量均应计入生产厂用电量。

（5）在统计期内，从原煤、燃油等能源进入发电流程开始，到向电网、热用户和企业非生产单元供出电能和热能的整个生产过程中，用于生产所消耗的各种能源均应纳入统计范围。包括主生产系统、辅助生产系统和附属生产系统设施的各种能源消耗量和损失量。

四、现役机组能耗计算方法

（1）能耗计算应符合 GB/T 2589 的规定。

（2）新（改、扩）建机组单位产品能耗（热电比、综合热效率、供电煤耗率和总供热煤耗率）指标计算方法按《热电联产机组设计能效指标计算方法》DL/T 1752—2017 执行。

（3）现役机组单位产品能耗计算方法按 DL/T 904—2015 执行（实际上 DL/T 904—2015 并没有综合供热煤耗率的定义和计算方法）。

（4）供热耗电率：是指统计期内对外供热 1GJ 热量所消耗的电量。其计算公式为：

$$L_{rhd}=\frac{W_r}{\sum Q_{gr}}$$

式中 L_{rhd}——供热耗电率，kWh/GJ；

W_r——供热耗用的厂用电量，kWh。

供热耗电率被 GB 35574—2017《热电联产单位产品能源消耗限额》称为供热电耗率。火电厂的脱硫脱硝特许经营所消耗的厂用电量应计入发电厂用电量。

（5）综合供热煤耗率：供热煤耗率与供热耗电率折算成标准煤耗率之和。其计算公式为：

$$b_{zr}=b_r+\frac{L_{rhd}\times b_f}{1000}$$

式中 b_{zr}——综合供热煤耗率，kg/GJ；

b_r——供热标准煤耗率，kgce/GJ；

L_{rhd}——供热耗电率，kWh/GJ；

b_f——发电煤耗率，g/kWh。

【例 5-1】 某电厂两台 320MW 机组（3、4 号），2021 年 1 月 3、4 号机组发电量分别为 15 113.77万 kWh 和 10 824.95 万 kWh，上网电量分别为 14 004.56 万 kWh 和 9774.97 万 kWh，外购电量 $W_{wg}=0$，3、4 号机组总耗电量分别为 1054.61 万 kWh 和 948.44 万 kWh，3 号机组非生产用电量为 46.96 万 kWh，辅助厂用电量为 7.64 万 kWh。3 号机组循环水泵总耗电量为 99.5 万 kWh，3 号机组凝结水泵总耗电量为 16.63 万 kWh，3、4 号机组对外采暖供热量分别为 496 134.84GJ和 1 011 264.27GJ，3、4 号机组供热耗电量合计为 29.99 万 kWh，3、4 号机组耗用标准煤量分别为 57 837.41t 和 62 595.63t，3 号锅炉效率 $\eta_{bl}=85.77\%$，管道效率 $\eta_{gd}=99\%$，热网效率 $\eta_{hs}=98\%$，求 1 月份 3 号机组综合厂用电率、发电厂用电率、供热厂用电率、生产厂用电率、供热煤耗率、生产供电煤耗率、综合供电煤耗率和折纯凝供电煤耗率。

解：3 号机组综合厂用电量为：

$$\begin{aligned}W_{zh}&=W_f-W_{gk}+W_g\\&=15\ 113.77-14\ 004.56+0=1109.21(\text{万 kWh})\end{aligned}$$

综合厂用电率为：

$$L_{zh}=\frac{W_{zh}}{W_f}\times 100\%=\frac{1109.21}{15\ 113.77}\times 100\%=7.34\%$$

总耗用电量为：

$$W_h=W_{zh}-W_{fz}=1109.21-7.64=1101.57(\text{万 kWh})$$

生产厂用电量为：

$$W_{cy}=W_h-W_{kc}=1101.57-46.96=1054.61(\text{万 kWh})$$

辅助厂用电率为：

$$L_{fz}=\frac{W_{fz}}{W_f}\times 100\%=\frac{7.64}{15\ 113.77}\times 100\%=0.05\%$$

生产厂用电率为：

$$L_{cy}=\frac{W_{cy}}{W_f}\times 100\%=\frac{1054.61}{15\ 113.77}\times 100\%=6.98\%$$

供热比为：

$$\alpha=\frac{\sum Q_{gr}}{\sum Q_{sr}}=\frac{\sum Q_{gr}}{B_b\times 29.308\times \eta_g\eta_{gd}\eta_{hs}}$$

$$=\frac{496\ 134.84}{57\ 837.41\times 29.308\times 0.8577\times 0.99\times 0.98}=35.17\%$$

供热煤耗率为：

$$b_r=\frac{34.12}{\eta_g\eta_{gd}\eta_{hs}}=\frac{34.12}{0.8577\times 0.99\times 0.98}=41.0(\text{kg/GJ})$$

3 号机组纯供热厂用电量（按供热量分摊）为：

$$W_{cr}=\frac{29.99\times 496\ 134.84}{496\ 134.84+1\ 011\ 264.27}=9.87(\text{万 kWh})$$

3 号机组纯发电厂用电量为：

$$W_{cf}=99.5+16.63=116.13(\text{万 kWh})$$

供热厂用电量（按 DL/T 904—2004 标准规定的方法分摊）：

$$W_r=(W_{cy}-W_{cr}-W_{cf})+W_{cr}$$

$$=0.3517\times(1054.61-9.87-116.13)+9.87=336.46(\text{万 kWh})$$

供热厂用电率为：

$$L_{rcy}=\frac{W_r}{W_f}\times 100\%=\frac{336.46}{15\ 113.77}\times 100\%=2.23\%$$

供热耗电率为：

$$e_r=\frac{W_r}{\sum Q_{gr}}=\frac{336.46}{496\ 134.84}\times 10^4=6.78(\text{kWh/GJ})$$

发电厂用电量为：

$$W_d=W_{cy}-W_r=1054.61-336.46=718.15(\text{万 kWh})$$

发电厂用电率为：

$$L_{fcy}=\frac{W_d}{W_f}\times 100\%=\frac{718.15}{15\ 113.77}\times 100\%=4.75\%$$

生产厂用电率为：

$$L_{cy}=L_{fcy}+L_{rcy}=4.75\%+2.23\%=6.98\%$$

发电煤耗率为：

$$b_f=\frac{(1-\alpha)B_b}{W_f}\times 10^6$$

$$=\frac{(1-0.3517)\times 57\ 837.41}{15\ 113.77\times 10\ 000}\times 10^6=248.09(\text{g/kWh})$$

（生产）供电煤耗率为：

$$b_g=\frac{b_f}{1-L_{fcy}}=\frac{248.09}{1-0.0475}=260.46(\text{g/kWh})$$

综合供电煤耗率为：

$$b_{zh}=\frac{b_f}{1-L_{zh}}=\frac{248.09}{1-0.0734}=267.74(\text{g/kWh})$$

或者 $$b_{zh}=\frac{B_d}{W_{gk}+W_{wg}}\times10^{-6}=\frac{(1-0.3517)\times57\ 837.41}{14\ 004.56\times10\ 000}\times10^{-6}=267.74(\text{g/kWh})$$

采暖热电比为：

$$R=\frac{\sum Q_{gr}\times10\ 000}{W_f}=\frac{496\ 134.8\times10\ 000}{15\ 113.77\times10\ 000}=32.83(\text{GJ/万 kWh})$$

折纯凝供电煤耗率为：

$$\begin{aligned}b_{gz}&=b_g+(C_{pi1}\times R_1+C_{pi2}\times R_2)\\&=260.46+1.4\times32.83=306.42(\text{g/kWh})\end{aligned}$$

第三节 热电联产机组的判定

如何判断热电机组是否是小火电的依据有多种。

一、台湾提出的热电厂的指标

台湾经济部经（777）能20468号令发布《汽电共生系统推广办法》第二章第四条规定，合格汽电共生系统（即热电联产）必须符合下列两个条件：

（1）有效热能产生比率不低于25%。

$$\eta_r=\frac{Q(\text{kJ})}{Q(\text{kJ})\times3600W_f(\text{kWh})}\times100\%$$

实际上这一定义和术语，与我国高等教育教材《热力发电厂》中热电厂的燃料利用系数完全相同。

（2）总热效率不低于50%。

$$\eta_{cp}=\frac{Q(\text{kJ})+W_f(\text{kWh})\times3600}{B(\text{kg})Q_{net,ar}(\text{kJ/kg})}\times100\%$$

式中 η_{cp}——总热效率，%；

η_r——有效热能产生比率，%；

Q——统计期内的供热量，kJ；

B——发电、供热入炉原煤量，kg；

W_f——统计期内的发电量，kWh。

二、美国政府提出的热电厂的规定

美国政府规定：向热用户供汽量超过锅炉蒸发量的5%，全厂热效率达42.5%及以上的电厂属于热电厂，享受国家有关热电联产优惠政策。

如C50-8.9/0.89，锅炉蒸发量为300 000kg/h，即应供热15 000kg/h蒸汽，而且全厂热效率≥42.5%，定为热电厂的最低要求的起点。

三、中国政府早期提出的热电厂的规定

原国家计委、国务院生产办、能源部、计资源〔1991〕2186号文关于印发《小型节能热电项目可行性研究技术规定》的指出：供电标准煤耗率≤360g/kWh（按热量法分摊），供热标准煤耗率≤44kg/GJ。并且在《热电联产系统技术条件》（GB/T 6423—1995）再次强调：热电厂供电煤耗率≤360g/kWh；同时规定热电厂必须满足下列两个条件：

1. 有效热能产生比率不低于20%

$$\eta_{r}=\frac{Q(kJ)}{Q(kJ)\times 3600W_{g}(kWh)}\times 100\%$$

2. 总热效率不低于50%

$$\eta_{cp}=\frac{Q(kJ)+W_{g}(kWh)\times 3600}{B(kg)\times Q_{net,\ ar}(kJ/kg)}\times 100\%$$

式中 η_{cp}——总热效率，%；

η_{r}——有效热能产生比率，%；

Q——统计期内的供热量，kJ；

W_{g}——统计期内的供电量，kWh。

热电厂供电煤耗率≤360g/kWh的这个规定要求过高，1998年全国供热标准煤耗率为40.39kg/GJ（2005年全国供热标准煤耗率为40.24kg/GJ，这几年变化不大），而分散小锅炉供热则为55～62 kg/GJ。对于有稳定负荷，供热机组选配合适的热电厂，其供电煤耗率可在360g/kWh以下；对纯背压机组的热电厂，可在200g/kWh左右；对没有背压机的中小热电厂则很难达到36g/kWh。1996年全国供电标准煤耗率为410g/kWh，供电煤耗率未达360g/kWh，但从热、电两种产品来全面考核仍是节能热电厂。

小型热电厂要保证供电标准煤耗率≤360g/kWh和供热标准煤耗率≤44kg/GJ这个指标，必须选用背压机组而且负荷率要高达50%～60%才行；然而区域性热电厂的热负荷波动比较大。热电厂一般只有一台或二台背压机，其余都是抽凝式机组。而抽凝式机组要达到360g/kWh是比较困难的，一般供热负荷为额定抽汽负荷80%以上才能达到。如次高压次高温煤粉炉配C12-4.9/0.98抽汽凝汽机组，在额定工况时按热量法分摊（抽汽50 000kg/h），供电标准煤耗率为339g/kWh；而当热负荷为80%额定工况的抽汽量（即40 000kg/h）时，供电标准煤耗率为371g/kWh。对一个区域性热电厂，若没有可靠的热用户，很难达到上述热负荷。

根据原电力部1996年统计只有少部分高压热电厂供电煤耗率可以满足360g/kWh的要求。15个中高压热电厂，合格的只有2个热电厂，中压热电厂全都不可能合格。因此，1998年颁布的《关于发展热电联产的规定》去掉了供电煤耗率的要求。

四、中国政府现行的热电联产规定

2000年8月原国家经济贸易委员会、建设部颁布了《关于发展热电联产的规定》（计基础〔2000〕1268号）界定了“热电联产”的条件，并量化。规定如下：

（1）常规热电联产总热效率平均大于45%；燃气—蒸汽联合循环热电联产系统总热效率年平均大于55%。

（2）常规热电联产的热电比规定如下：单机容量在50MW以下的热电机组，其热电比年平均应大于100%；单机容量在50～200MW以下的热电机组，其热电比年平均应大于50%；单机容量200MW及以上抽汽凝汽两用供热机组，采暖期热电比应大于50%。

各容量等级燃气—蒸汽联合循环热电联产的热电比年平均应大于30%。

上述讲到的总热效率和热电比只要有一条不满足，就不属于热电联产机组，而是小火电。

【例5-2】 某热电厂全年一炉一机运行，炉为170t/h蒸汽锅炉，机组为12MW抽凝式汽轮机，2010年主要运行数据如下：锅炉耗原煤量180 000t，煤的加权平均热值为21 000kJ/kg。锅炉产汽压力平均绝对值为8.7MPa，温度平均值为530℃，汽量为1 386 000t。蒸汽一部分进入汽轮机发电，另一部分进减温减压器。经减温减压器对外供汽111 000t，外供汽压力平均绝对值为1.1MPa，温度平均值为284.5℃。机组发电余热供暖，出水压力平均绝对值为0.7MPa，温度平均值为62℃；回水压力平均绝对值为0.36MPa，温度平均值为48℃，循环量3 330 000t。机组发电量23 000万kWh，外供电量20 000万kWh，$\eta_{bl}\eta_{gd}=0.87$，热网效率$\eta_{hs}=100\%$，

请问该机组是否为热电联产机组？并求机组的供热煤耗率和供电煤耗率。

解：（1）根据机组对外供汽参数，求得对外供汽焓值，$h_h=3015.2\text{kJ/kg}$。

外供热量

$$Q=111\ 000\times 3015.2\times 10^3\text{kJ}+3\ 330\ 000\times(62-48)\times 4.1868\times 10^3\text{kJ}=5.40\times 10^{11}\text{kJ}$$

采用供电量计算热电厂热效率

$$\eta_{cp}=\frac{5.4\times 10^{11}+20\ 000\times 3600\times 10^4}{180\ 000\times 1000\times 21\ 000}\times 100\%=33.33\%$$

热电厂热电比

$$\beta=\frac{5.4\times 10^{11}}{20\ 000\times 3600\times 10\ 000}\times 100\%=75\%$$

总热效率3.33%小于热电联产45%的条件，热电比75%小于热电联产100%的条件，因此该机组不是热电联产机组，属于小火电。

（2）热电厂发电、供热总热耗量。

$$Q_{tp}=BQ_{net,ar}=180\ 000\times 21\ 000\times 1000=37.8\times 10^{11}(\text{kJ})$$

汽轮机进口热耗量

$$Q_0=Q_{tp}\eta_{bl}\eta_{gd}=37.8\times 10^{11}\times 0.87=32.89\times 10^{11}(\text{kJ})$$

供热比

$$\alpha=\frac{Q}{Q_0}=\frac{5.4}{32.89}=0.164$$

供热标准煤耗量

$$B_r=\alpha B=0.164\times 180\ 000=29\ 520(\text{t})$$

发电标准煤耗量

$$B_f=(1-\alpha)B=(1-0.164)\times 180\ 000=150\ 580(\text{t})$$

供热煤耗率

$$b_{gr}=\frac{B_r Q_{net,ar}}{29\ 308Q}\times 10^6=\frac{29\ 520\times 21\ 000\times 1000}{29\ 308\times 5.4\times 10^{11}}\times 10^6=39.17(\text{kg/GJ})$$

供电煤耗率

$$b_g=\frac{B_f Q_{net,ar}\times 1000}{29\ 308W_g}=\frac{150\ 580\times 21\ 000\times 10^6}{29\ 308\times 20\ 000\times 10^4}=539.5(\text{g/kWh})$$

五、纯凝机组是否为小火电的判断

什么是小火电？国务院批转了发展改革委、能源办《关于加快关停小火电机组的若干意见》（国发〔2007〕2号）文规定下列情况属于小火电：

（1）单机容量50MW以下的常规火电机组；运行满20年、单机100MW级以下的常规火电机组；按照设计寿命服役期满、单机20MW以下的各类机组。

（2）热电联产机组原则上要执行“以热定电”，非供热期供电煤耗高出上年本省（区、市）火电机组平均水平10%，或全国火电机组平均水平15%的热电联产机组，在非供热期应停止运行或限制发电。

第四节 提高热电联产机组热效率的途径

现代发电生产的热力循环都是具有回热系统的朗肯循环，在火力发电厂生产过程中，除了锅炉、汽轮机、发电机三大主机起着主导作用外，加热器是汽轮机最重要的辅助设备之一，是热力系统中不可缺少的环节。加热器运行质量的高低，直接影响机组的热效率。提高热电联产机组热效率的途径如下。

一、改进机组补水方式

供热机组补水流量很大，尤其是冬季。设计机组补水方式一般有两路：一路化学除盐水进入凝汽器，经过低压加热器后进入高压除氧器；另一路化学除盐水进入低压除氧器加热后进入高压除氧器。为了充分利用汽轮机排汽热量和低品位抽汽，建议机组补水方式以一定的除盐水流量补入凝汽器。除盐水补水进入凝汽器，其流量考虑凝结水泵出力、低加通流量、凝汽器除氧能力等因素，并且补水位置在凝汽器喉部，经过喷嘴喷射，充分吸收排汽热量和真空除氧，以及选择除盐水补水管道内径 ϕ100～133mm 和安装水位自动调节阀，根据凝汽器水位投入自动方式，按照补水进入凝汽器流量 40～60t/h 计算，利用等效热降法估算降低机组煤耗率 0.4～0.6g/kWh。

二、提高加热器运行质量

加热器运行质量的高低，直接影响机组的热效率。对大容量机组，如果高压加热器停运，将使机组出力降低 8%～10%，煤耗率增加 3%～5%。研究表明，中压机组给水温度每提高 1℃，燃料消耗量可降低 0.05%。在运行中，为了提高给水温度，应尽量保证高压加热器的正常运行。因此要提高加热器的检修质量，消除加热器的泄漏；定期清洗加热器管束，保持受热面清洁；消除加热器旁路阀和隔板的泄漏，防止给水短路。

减少运行中的对空排汽，完善加热器保温，杜绝加热器事故放水和管道疏放水阀门的泄漏等可以提高热网加热器效率，有条件的企业可回收对空排汽至热网补水系统。

三、监视新蒸汽参数压红线运行

新蒸汽压力降低 0.1MPa，燃料消耗增加 0.6%；新蒸汽温度降低 10℃，燃料消耗增加 0.3%。可见，新蒸汽压力和温度直接影响到机组的经济性，所以必须随时监控新蒸汽参数，使其保持在规定的范围内。

四、降低调节抽汽压力

在供热量一定的情况下，以新蒸汽供热时的热效率为基准时，不同调节抽汽压力 p_h 与热效率提高值 $\Delta\eta$ 的关系曲线见图 5-2。显然供热机组中间抽汽供热比新蒸汽供热要经济。当初压 p_0 一定时，p_h 越低，供热焓值越低，热效率越高。因此，在满足工艺所需的蒸汽压力下，应尽量采用较低压力的调节抽汽。

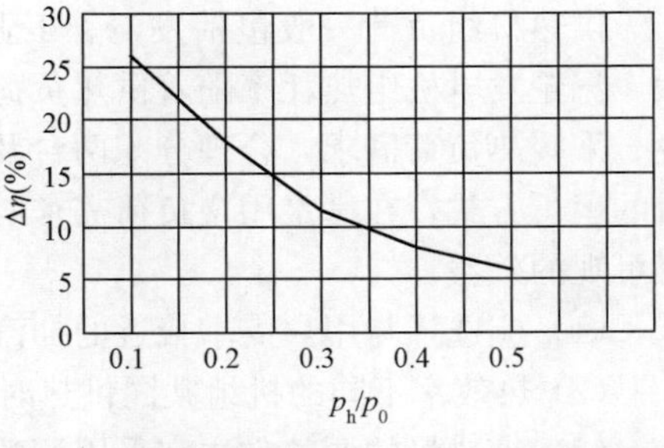

图 5-2 供热机组热效率与 p_h/p_0 的关系

减少抽汽管道的节流损失，可以降低抽汽室压力，提高机组热效率。热网设计中抽汽管道弯头应尽量少，抽气口与热网加热器距离应尽量短。运行中应检查抽汽管道阀门是否节流。

五、循环水供暖

汽轮机冬季低真空运行，以循环水供暖，提高汽轮机的排汽温度，将循环水直接作为采暖用水为用户供热。采用这种运行方式，热用户变成“冷却塔”，汽轮机排汽余热可以得到有效利用，避免了冷源损失，机组的热效率与背压机相当，可以达到很高的热电比。一般热电联产汽轮机组经生产厂对轴向推力、凝汽器强度等进行校核计算或稍加改造，都能满足低真空运行的需要，不会引起明显的振动，轴向力增加等。值得注意的是，汽轮机排汽压力升高后，蒸汽做功减少，在汽轮机末级的流动要依靠叶片鼓风排出，对机组的影响要经过认真的技术经济比较，才能确定是否有必要在供暖期对汽轮机后几级进行拆除改造等。采用循环水供暖时，为防止凝汽器超压，可采取将凝汽器布置在热网泵进口，安装缓闭止回阀、回水管安装泄压阀等方法保证机组安全运行。

例如呼伦贝尔扎兰屯热电厂的 C12-4.9/0.981 型抽凝式汽轮机在保留原循环冷却水系统的基础上，将凝汽器水侧入口管道与热网的回水管道连接，出口管道与热网循环水泵入口管道连接，并设有切换的阀门以便除冬季供暖外其他时间机组的正常运行。供热管路系统与厂内循环冷却水系统相并联，热网回水经凝汽器加热后，热量不足部分由热网尖峰加热器将水温加热到要求温度，通过热网供水管路送至热用户。

东海拉尔发电厂进行 C12-4.9/0.981 型抽凝式汽轮机改造，在供热期汽轮机使用高背压转子，实施循环水高背压供热，将凝汽器冷源损失全部利用。在非供热期使用原纯凝低压转子，使全年机组发电、供热综合效益最大化。

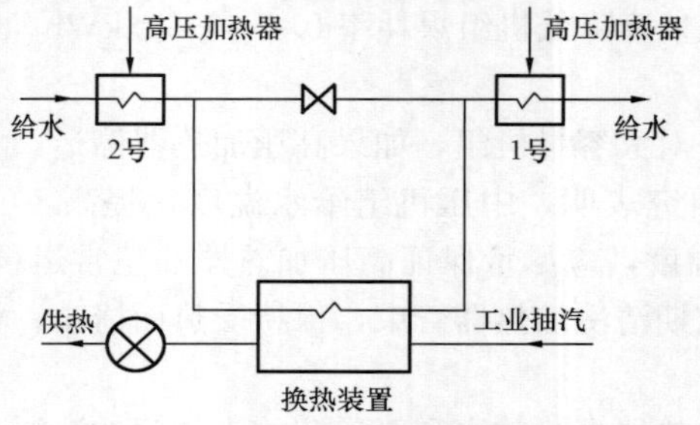

图 5-3　工业抽汽过热度的梯级利用

六、工业抽汽过热度的梯级利用

在两高压加热器之间加装一个换热装置，见图 5-3，把给水从 1 号高压加热器引出，进入换热装置，用工业抽汽过热度把给水加热升温后，再送到 2 号高压加热器，进入热力循环，从而排挤 2 号高压加热器抽汽，使之继续在汽轮机中做功，达到节能目的。

七、锅炉炉渣热量的利用

冷渣机系统是目前较为可靠的炉渣热量回收系统，在循环流化床锅炉中得到广泛应用。目前技术较成熟的滚筒冷渣机可以将炉渣热量回收到除盐水中，再补充到汽轮机回热系统。一般的冷渣机都设计有风接口，可以利用风机进口负压从热渣中吸收热量，进一步加强冷却效果。运行良好的冷渣机排渣温度不超过 90℃，可显著降低除渣机设备的过热损坏几率。

八、供热负荷的优化分配

供热机组负荷一般包括发电、工业抽汽、采暖抽汽三种负荷，采暖负荷随季节变化波动很大，汽轮发电机组热耗率随着供热负荷的变化很大，建议进行机组负荷优化分配。根据供热的工业、采暖热负荷需求，合理分配两台及以上机组负荷，使全厂的机组热耗率降到最小。经过优化后的运行方式，在满足用户负荷需求的前提下，能够大大降低煤耗率，尤其在供暖季节，能够获得可观的效益。

（1）应选择与用户需求接近的抽汽压力点优先供热，减少减温减压器造成的工质节流损失。

（2）热效率不同的机组共同供热时，热效率高的机组应优先考虑供热。

（3）供热量的调整方法宜采用调整循环水流量与温度结合的方法，即保持合理的循环水出、入口温差下进行调整循环水流量，以提高单位介质携带热量的能力，减少供热厂用耗电量，降低供热厂用电率。

（4）在以调温为手段的供热系统中，应合理选择循环泵扬程，使管路调整门开度在 80% 以上。

（5）冬季大负荷期间，对于两台锅炉对一台汽轮机的供热电厂，应避免一炉一机的运行方式。

(6) 热电厂要利用“以热定电”的优势，制定供热机组经济运行优化方案，合理分配热电负荷。

九、提高机组的供热比

机组供热比对机组的经济性影响非常大。机组供热比增加1个百分点，发电煤耗率降低1～2g/kWh左右。

对通常的中低压连通管抽汽供热机组，每1%的供热比约使机组的统计发电煤耗率比纯凝方式降低1.55～1.6g/kWh（供电煤耗率约降低1.65～1.7g/kWh)。华能集团公司对供热机组的经济性考核时，对供热机组发电煤耗率按供热比进行修正：

$$b_f=\frac{b_j}{1+\alpha(c\times b_j-1)}$$

式中 b_f——供热机组发电煤耗率经过供热比修正的计算值，g/kWh；

b_j——各类同容量纯凝汽机组发电煤耗率基础值，g/kWh；

α——供热比，%；

c——对供热汽源压力的供热系数，采暖抽汽供热机组 c 约为0.005；工业供汽机组，亚临界机组系数 c 约为0.0045。

据上述经验公式，对通常的中低压连通管抽汽供热机组，可以计算出每1个百分点的供热比增加，约使机组的供热发电煤耗率降低1.0～1.5g/kWh。

十、机组采用滑压运行

对于机组在供热工况和非供热工况下，应采用滑压运行，减少低负荷调速汽门的节流损失和降低给水泵扬程等，提高机组变负荷时的经济性。非供热工况下滑压的原则为机组定压方式下减少负荷到四个高压调节阀，两个全关和两个全开时，开始滑压运行，直至滑压到规定的机组规定电负荷。供热工况下滑压的原则为机组在保持机组电负荷不变的情况下，开大高压调节阀，降低主汽压力，锅炉适当减少蒸发量。同时供热工业抽汽和采暖抽汽参数相应进行调节，适应滑压运行需要。但是由于供热机组电负荷变化较小，机组滑压的范围受到限制。

十一、高压调节阀实现喷嘴调节

引进西屋公司技术制造的600MW供热机组要求机组投产半年之前采用节流调节，然后转为喷嘴调节；但是有的机组改为喷嘴调节后出现振动大和轴瓦温度高的现象。为此必须对高压调节阀的控制方式进行分析，可以改变阀门开启顺序等方法，实现喷嘴调节，减少调节阀损失，提高机组经济性。并且实现喷嘴调节的机组也要进行优化，控制调节阀重叠度在合理范围内。对于采用喷嘴调节的供热机组，应根据电负荷和热负荷特点，进行配汽机构的优化试验，提高供热机组的经济性。

十二、低压加热器空气管采用单独连接方式

供热机组冬季热负荷很大，使汽轮机排汽量很小，凝结水流量相应减少，经过低压加热器水流量减少，并且低压加热器加热蒸汽压力相应降低，负压范围增加，汽侧漏入空气可能性加大，必须及时将漏入空气排出。对于并联连接低压加热器抽空气系统可以改为串联方式或单独连接方式，以便将空气及时排出，提高加热器换热效果。2000年3月某发电公司200MW机组，1号机性能试验时，1号低压加热器温升为4.6℃，低于设计值15.9℃，温升偏小；2号低压加热器温升为34.4℃，高于设计值16.2℃，温升偏大。2号机性能试验时，1号低压加热器温升为4.6/4.9℃，低于设计值15.9℃，温升偏小；2号低压加热器温升为58.4/28.8℃，高于设计值16.2℃，温升偏大。经过分析主要是低压加热器空气管采用并联连接，使1号低压加热器空气受到较高压力空气但排挤而排不出去，影响换热，为此建议1号低压加热器空气管采用单独连接到凝汽器。

十三、降低供热厂用电率

(1) 影响热网循环泵、热网加热器疏水泵耗电率的主要因素是系统阀门内漏（如再循环阀）、出口管道节流，电动机设计功率与设备出力不匹配。应加强对出口流量、压力和阀门内漏情况的监视。

(2) 热网循环泵和加热器疏水泵应采用变频式或液力偶合器连接的变速泵，不应采用出口门调节的定速泵。金桥热电厂完成2台300MW供热机组4台热网循环泵变频改造，使供热期厂用电率下降0.015个百分点。

(3) 将热网循环水泵、给水泵电驱动改蒸汽驱动方式。例如满洲里热电厂总装机为4×12MW汽轮机+6×75t/h循环流化床锅炉，其中1、2号汽轮机为C12-3.43/0.49抽凝式，3、4号汽轮机为B12-3.43/0.49背压式，机组采用母管制，给水系统采用母管制，加热蒸汽采用母管制。6台锅炉配8台500kW电动热网循环水泵（流量1300m^3/h），9台热网加热器，配7台280kW电动给水泵（流量85m^3/h）。

1) 热网循环泵改造。将1、5、7号电动热网循环泵进行改造，更换为3台流量为2000t/h、扬程为80m、转速为3000r/min的汽动热网循环泵。保留原有的2、3、4、6、8号电动热网循环泵作为备用。改造后的每台热网循环泵配备一台580kW低压背压式汽轮机，该汽轮机直接拖动热网循环泵，汽轮机进汽取自热网蒸汽母管，其排汽压力略高于热网加热器进汽压力，排汽进入热网加热器后同采暖抽汽一道加热热网循环水。由于采用了小汽轮机驱动热网循环泵，因此大幅降低了供热厂用电率。另外小汽轮机仅使用了进入小汽轮机蒸汽的不到10%的焓降，该部分90%以上的能量还将用于热网循环水的加热，而不是作为冷源损失浪费掉，故而提高了能源利用率。改造后可以年节电800万kWh，同时可以针对热网负荷灵活调节热网循环水量，进一步降低了热网循环水单耗。

2) 电动给水泵改造。对2、6号电动给水泵进行改造，将原2、6号锅炉电动给水泵拆除，更换成2台150t/h汽动给水泵。改造后的每台汽动给水泵配备1台650kW低压汽轮机，汽轮机进汽取自0.27MPa蒸汽母管，排汽直接进入热网加热器。改造后增加了给水泵流量，这样可以根据负荷情况优化给水泵运行方式。

第三篇

综合经济技术指标的监督管理

关于供电煤耗率、供热煤耗率、单位发电量取水量指标的技术监督在第二篇中进行了论述，本篇中不再重复，本篇只讲述其他综合经济技术指标的技术监督。

本篇主要对《电能替代项目减排量核定方法》《火电厂燃煤管理技术导则》《火力发电厂正平衡计算煤耗技术规范》《电站锅炉性能试验规程》等与厂用电量、供电煤耗率相关的标准进行了解读与分析。对汽轮机热耗率监督内容和措施进行论述。

第六章 《电能替代项目减排量核定方法》解读与应用

第一节 《电能替代项目减排量核定方法》主要内容

一、发电行业污染物排放现状

1. 能源消费引起严重的氮硫环境污染

按照环境容量分析，我国每年大约允许排放 1200 万 t 二氧化硫；但事实上，2006 年我国 SO_2 排放总量达到最高峰，全国为 2588.8 万 t，其中火力发电排放 1350 万 t，占 52.1%；当年我国氮氧化物排放总量为 1900 万 t，其中火力发电排放 786.7 万 t，占 41.4%。2011 年我国 SO_2 排放总量已经下降到 2217.9 万 t，其中火力发电排放 960 万 t，占 43.3%；当年我国氮氧化物排放总量达到峰值，为 2404.3 万 t，其中火力发电排放 1106.8 万 t，占 46.0%。我国历年电力工业二氧化硫、氮氧化物排放量如图 6-1 所示，历年电力工业排放量见表 6-1。

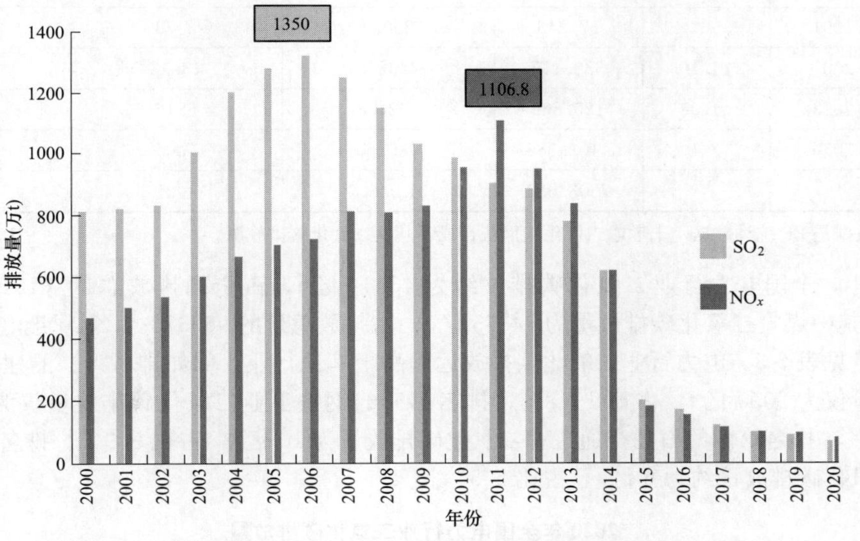

图 6-1 中国火电行业二氧化硫和氮氧化物达峰年份与峰值

表 6-1 中国历年电力工业排放量 万 t

项目	2006 年	2010 年	2011 年	2012 年	2013 年	2014 年	2015 年	2016 年	2017 年	2018 年	2019 年	2020 年
烟尘	370	160	155	151	142	98	40	35	26	21	18	15.5
SO_2	1350	956	960	883	780	620	200	177	120	99	89	78
NO_x	786.7	1055	1106.8	948	834	621	180	155	114	96	93	87.4

注 统计范围为 6MW 及以上火电厂。

2020 年全国电力二氧化硫、氮氧化物、烟尘排放量分别约为 78.0 万 t、87.4 万 t 和 15.5 万 t，分别比上年下降 12.4%、6.0%和 13.9%。虽然近几年电力行业的二氧化硫、氮氧化物排放量逐年降低，但是排放总量仍不可忽视，依然很大。

2. 二氧化碳排放量逐年增加，仍没有减少的迹象

二氧化碳和常规污染物的排放具有同源性，大部分来自化石能源的燃烧和利用。2005 年我国二氧化碳排放量第一次超越美国后稳居榜首。根据 BP 统计数据，2020 年我国油、气、煤炭三大化石燃料燃烧产生的二氧化碳排放量为 98.935 亿 t（根据国际能源署 IEA 的统计数据，考虑到固体废弃物焚烧排放、能源逃逸排放外排的二氧化碳量，2020 年全球二氧化碳排放约 315 亿 t，中国二氧化碳排放约 102.43 亿 t，占全球的 32.5%）。主要发达国家碳达峰时间与 2020 年人均二氧化碳排放量见表 6-2。中国、印度二氧化碳排放量仍在上升，欧盟多国 1990 年碳排放达峰，俄罗斯 1990 年碳排放达峰，美国 2007 年碳排放达峰，日本 2013 碳排放达峰。

表 6-2　　主要发达国家碳达峰时间与 2020 年人均二氧化碳排放量

国家	碳达峰时间	碳达峰值（亿 t）	2020 年人口（百万人）	二氧化碳排放总量（百万 t）	人均 CO_2 排放量（tce/人）	排放量占世界比重（%）
德国	1990	13	83.157	604.8	7.27	1.89
挪威	1990	1	5.375	31.7	5.90	0.10
俄罗斯	1990	31.88	146.493	1431.6	9.77	4.48
英国	1991	8.07	67.196	317.1	4.72	0.99
法国	1991	6	67.243	250.9	3.73	0.78
美国	2007	74.16	330.157	4432.2	13.42	13.86
日本	2013	14.08	125.836	1026.8	8.16	3.21
中国	2030		1402.385	9893.5	7.05	30.93
全球			7603.033	31 983.6	4.21	100.00

注　本数据是 BP 统计数据，未考虑二氧化碳捕获，或者其他二氧化碳排放源。

2020 年，全国电力行业二氧化碳排放约为 46.34 亿 t，占全国排放总量（101.1 亿 t）的 45.84%，其中煤电二氧化碳排放量为 44.75 亿 t；占排放总量的 96.57%。2020 年电力行业二氧化碳排放量见表 6-3。电力行业二氧化碳排放远远高于其他行业，例如排名第二的建筑行业二氧化碳排放量仅为 20.0 亿 t，占比 19.8%；排名第三的钢铁工业二氧化碳排放量仅为 18.0 亿 t，占比 17.8%；排名第四的石油交通工业二氧化碳排放量为 10 亿 t，占比 9.9%；排名第五的石油化工业二氧化碳排放量约为 6 亿 t，占比 5.5%。

表 6-3　　2020 年全国电力行业二氧化碳排放量

能源	油电	气电	煤电	水电	核电	风电	太阳能	其他	合计
发电量（亿 kWh）	114.2	2469.7	49 177.2	13 552.1	3662.0	4665	2611.0	1355.2	77 790.6
二氧化碳排放强度（g/kWh）	840	469	910	4	16	12	48	30	595.4
二氧化碳排放量（万 t）	959.28	11 582.89	447 512.52	542.08	585.92	559.8	1253.28	406.56	463 402.34

2020 年 12 月 12 日，习近平主席在气候雄心峰会上通过视频发表题为《继往开来，开启全球应对气候变化新征程》的重要讲话，重申中国将采取更加有力的政策和措施，力争 2030 年前二氧化碳排放达到峰值，2030 年中国单位国内生产总值二氧化碳排放量将比 2005 年下降 65%以上，非化石能源占一次能源消费比重将达到 25%左右，风电、太阳能发电总装机容量将达到 12

亿 kW 以上。根据 2021 年 BP 世界能源统计显示：2005 年我国二氧化碳排放量为 60.982 亿 t，因此 2005 年单位 GDP 二氧化碳排放量为 3.256t/万元，2030 年单位 GDP 二氧化碳排放量下降 65%，则要求 2030 年单位 GDP 二氧化碳排放量应下降到 1.14t/万元。

进入“十四五”期间，我国将通过采取强化目标责任、调整产业结构、实施重点工程、推动技术创新、强化政策激励、开展全民行动等一系列强有力的政策措施，推动节能减排取得显著成效。同时积极开展电能替代项目，减少化石能源的污染物排放。

在此形势下，中国电力科学研究院有限公司等多单位联合编制了 T/CEC 134—2017《电能替代项目减排量核定方法》（以下简称《2017 版核定方法》），于 2017 年 8 月 1 号开始实施。T/CEC 编号中的“T”表示团体标准，也表示推荐性标准。

二、《电能替代项目减排量核定方法》的主要内容与应用

有关污染物排放量的问题我国有多项标准进行了解释，除了本团体 2017 标准外，还有《企业温室气体排放核算方法与报告指南 发电设施（2022 年修订版）》（环办气候函〔2022〕111 号，以下简称 2022 版指南）和 GB/T 13471《节电技术经济效益计算与评价方法》（以下简称《GB/T 13471 版评价方法》），以及其他有关污染物排放量的标准，本节将结合这些标准或规定进行解读。

1. 术语与定义

（1）电能替代项目：在终端能源消费环节，使用电能替代燃煤（炭）、燃油、燃气等化石能源消费方式而实施的建设或改造项目。

（2）大气污染物排放系数：消耗单位质量（或体积）的燃煤（炭）、燃油、燃气等化石能源产生的大气污染物排放量。

（3）温室气体重点排放单位：全国碳排放权交易市场覆盖行业内年度温室气体排放量达到 2.6 万 t 二氧化碳当量（相当于 1 万 t 标准煤）的温室气体排放单位，简称重点排放单位。

2. 各种能源的 CO_2 排放系数

《2017 版核定方法》没有提供 CO_2 排放系数或减排量的计算公式，说明 2017 年减排标准急需修订。《GB/T 13471 版评价方法》规定节电技术实施后年 CO_2 减排量按下式计算：

$$\Delta W_{CO_2}=(a_q-a_h)EF_i$$

式中 ΔW_{CO_2}——统计期内节电技术实施后 CO_2 减排量，kg；

a_q——节电技术实施前的耗电量，kWh；

a_h——节电技术实施后的耗电量，kWh；

EF_i——CO_2 排放系数（单位电量二氧化碳排放强度），取 1kg/kWh。

《GB/T 13471 版评价方法》规定电能的 CO_2 排放系数取 1kg/kWh，依据是什么呢？我们知道，前几年每发 1kWh 电能，需要消耗 0.404kg 标准煤。而每节约 1kg 标准煤相当于 CO_2 减排 2.6kg，0.404kg 标准煤相当于减排 1.0kg CO_2（0.404×2.6），所以节约 1kWh 相当于 CO_2 减排 1kg。

实际上 2020 年发电煤耗率为 0.2867kg/kWh（供电煤耗率为 304.9kg/kWh，火电厂用电率为 5.98%），每节约 1kWh 电能相当于 CO_2 减排：

$$0.2867\text{kgce/kWh}\times 2.6\text{kg } CO_2/\text{kgce}=0.75\text{kg } CO_2/\text{kWh}$$

根据国家发展和改革委员会《中国钢铁生产企业温室气体排放核算方法与报告指南》（发改办气候〔2013〕2526 号）中的常用化石燃料相关参数缺省值（见表 6-4），计算出的各种能源的碳排放系数见表 6-5。

表 6-4　　不同燃料的单位热值含碳量和碳氧化率

燃料种类		单位热值含碳量 CC_i（kgC/GJ）	碳氧化率 OF_i（%）
固体燃料	无烟煤	27.40	0.94
	烟煤	26.18	0.94
	褐煤	28.07	0.94
液体燃料	原油	20.08	0.98
	燃料油	21.10	0.98
	汽油	18.90	0.98
	柴油	20.20	0.98
	NGL（天然气凝液）、LPG（液化石油气）	17.20	0.98
气体燃料	天然气	15.32	0.99
	炼厂干气	18.20	0.99
	焦炉煤气	13.58	0.99

注　表中数据源于国家发展和改革委员会办公厅《关于印发首批10各行业温室气体排放核算方法与报告指南（试行）的通知》（发改办气候〔2013〕2526号）附件3：《中国钢铁生产企业温室气体排放核算方法与报告指南（试行）》。

表 6-5　　各种能源的碳排放系数

能源名称	低位发热量 $Q_{net,ar}$（kJ/kg）	单位热值含碳量 CC_i（kgC/GJ）	碳氧化率 OF_i（%）	二氧化碳排放系数 EF_i
原煤	20 908	26.2	94	1.8880kgCO_2/kg
原油	41 816	20.08	98	3.0202kgCO_2/kg
汽油	43 070	18.90	98	2.9250kgCO_2/kg
柴油	42 652	20.20	98	3.0959kgCO_2/kg
液化石油气	50 179	17.20	99	3.1013kgCO_2/kg
炼厂干气	46 055	18.20	99	3.0119kgCO_2/kg
油田天然气	38 931	15.32	99	2.1650kgCO_2/m^3
电力				0.6101kgCO_2/kWh

注　碳排放系数表中第1列低位发热量来源于《综合能耗计算通则》。最后一行来源于国家发展和改革委员会《关于组织开展国家重点节能技术征集和更新工作的通知》（发改办环资〔2016〕1350）。表中最后一列为计算所得。

二氧化碳排放系数计算公式为：

$$EF_i = 0.000\,001 \times Q_{net,ar} \times CC_i \times OF_i \times 44/12$$

原煤的二氧化碳排放系数为：

$$\begin{aligned}EF_i &= 0.000\,001 \times 20\,908(\text{kJ/kg}) \times 26.2(\text{kgC/GJ}) \times 0.94 \times 44/12 \\ &= 1.8880\text{kg } CO_2/\text{kg}\end{aligned}$$

汽油为：$EF_i = 0.000\,001 \times 43\,070 \times 18.9 \times 0.98 \times 44/12 = 2.925$（kg CO_2/kg）

天然气为：$EF_i = 0.000\,001 \times 38\,931 \times 15.32 \times 0.99 \times 44/12 = 2.1650$（kg CO_2/kg）

《省级温室气体排放清单编制指南》（发改办气候〔2011〕1041号）公布的天然气排放因子为2.1622kg CO_2/m^3。

GB/T 32151.12—2018《温室气体排放核算与报告要求　第12部分：纺织服装企业》中

5.2.5.3 条目规定热力的排放因子为 0.11tCO_2/GJ，源于全国的供热煤耗率平均为 42kg/GJ，42kg/GJ×2.6kgCO_2/kg=109kgCO_2/kg=0.11kgCO_2/kg。

《GB/T 13471 版评价方法》不应将 CO_2 排放系数设定为固定值 1kgCO_2/kWh，而应按照 GB/T 2589《综合能耗计算通则》取电力等价值×2.6（如 2019 年 0.308kgce/kWh，CO_2 排放系数为 0.308kgce/kWh×2.6kgCO_2/kgce=0.80kgCO_2/kWh）。

3. 标准煤的 CO_2 排放系数

上面分析采用了标准煤的 CO_2 排放系数经验数值 2.6kgCO_2/kgce，为了更准确地说明单位电量二氧化碳排放强度，下面进行计算分析。

国家发展和改革委员会一般认为 1t 标准煤等效 2.6t 二氧化碳，其数值来源于 1.8880×7000/5000=2.64（tCO_2/tce）。

4. 单位热值含碳量（kgC/GJ）

《2022 版指南》提出的单位热值含碳量（kg/GJ）又是如何来的呢？它是第 i 种燃料的含碳量除以第 i 种燃料的低位发热量的结果，以原煤为例：原煤低位热值为 20 908kJ/kg，原煤收到基含碳（C_{ar}）量一般为 54.8%，则单位热值含碳量 CC_i=54.8%/(20 908kJ/kg)=26.2kg/GJ。

5. 化石燃料二氧化碳排放量

《2022 版指南》给出的计算公式为：

$$E = AD_i \times EF_i = B \times Q_{inet,ar} \times \frac{C_{ar}}{Q_{inet,ar}} \times OF_i \times \frac{44}{12}$$

$$= B \times C_{ar} \times 0.99 \times \frac{44}{12} = 3.63B \times C_{ar}$$

$$AD_i = B \times Q_{inet,ar}$$

$$EF_i = CC_i \times OF_i \times \frac{44}{12}$$

$$CC_i = \frac{C_{ar}}{Q_{inet,ar}}$$

$$OF_i = 1 - \frac{G_z \times C_z + G_{fa} \times C_{fa}/\eta_c}{B \times C_{ar}}$$

因此二氧化碳排放量为 $3.63B \times C_{ar}$，二氧化碳排放为系数为 $3.63C_{ar}$(kg/kg)。

式中　E——化石燃料二氧化碳排放量，t CO_2；

C_{ar}——第 i 种化石燃料的收到基碳元素含量，%；

OF_i——燃煤的碳氧化率，%；

AD_i——第 i 种化石燃料的活动数据，GJ；

C_{fa}——飞灰可燃物，%；

C_z——炉渣可燃物，%；

G_z——统计期内炉渣产量，t；

G_{fa}——统计期内飞灰产量，t；

B——统计期内机组耗用原燃料总量，t；

η_c——除尘效率，火电厂一般为 99%以上；

$Q_{inet,ar}$——第 i 种化石燃料的收到基低位发热量，GJ/t；

EF_i——第 i 种化石燃料的二氧化碳排放因子，t CO_2/GJ。

从上式推导过程来看，化石燃料二氧化碳排放量与燃料低位热发电量毫无关系，生态环保部在碳核查中过于注重燃料的热值化验是否符合规定是不合适的。计算表明除尘效率达到99%以上与除尘效率100%，对燃煤的碳氧化率OF_i计算结果无影响。

【例 6-1】 某火电300MW机组2020年消耗烟煤$B=674\ 923$t，碳元素收到基含量$C_{ar}=50\%$，收到基含量$A_{ar}=20\%$，除尘效率$\eta_c=99\%$，炉渣可燃物$C_z=2\%$，飞灰可燃物$C_{fa}=1\%$，求碳的氧化率和二氧化碳排放量。

解： 2020年炉渣产量$G_z=0.10BA_{ar}=0.10\times674\ 923\times20\%=13\ 498.5$（t）

飞灰产量$G_{fa}=0.90BA_{ar}=0.90\times674\ 923\times20\%=121\ 486.1$（t）

$$碳的氧化率\ OF_i=1-\frac{G_z\times C_z+G_{fa}\times C_{fa}/\eta_c}{B\times C_{ar}}=1-\frac{13\ 498.5\times0.02+121\ 486.1\times0.01/0.99}{674\ 923\times0.5}$$
$$=0.9962=99.62\%$$

二氧化碳排放量$E=3.63B\times C_{ar}=3.63\times674\ 923\times0.5=1\ 224\ 985.2$（t）

三、其他污染物排污或产污系数

1. 标准煤的SO_2产污系数

根据反应式$32(kg)S+O_2$ ══ $64(kg)SO_2$，则1kg标准煤SO_2产生量为：

$$M_{SO_2}=2\times S_{ar}\times K_{SO_2}(1-q_4)$$

式中 M_{SO_2}——SO_2产污系数（1kg标准煤的二氧化硫产生量），kg/kgce；

q_4——锅炉机械不完全燃烧热损失，对于燃煤锅炉取2%，对于燃油锅炉取0%；

K_{SO_2}——燃料中硫元素的转化率（燃料含硫量燃烧后氧化成二氧化硫的份额），对于燃煤锅炉一般取80%～90%，对于燃油燃气锅炉取100%；

2——是64/32的比值；

S_{ar}——燃料收到基硫分，%，对于燃煤取1%，对于燃油取0.2%。

对于燃煤锅炉$M_{SO_2}=2\times S_{ar}\times K_{SO_2}(1-q_4)=2\times S_{ar}\times0.85\times0.98$
$=1.67S_{ar}=0.017$t/tce

《2017版核定方法》在硫元素的转化率为80%的前提下，给出了燃煤锅炉SO_2产污系数为$1.6S_{ar}$。

笔者则是将收到基硫取平均值为1%，此时燃煤锅炉SO_2产污系数为0.017kg/kgce。在计算节能量对应的减排量，一般只用产污系数法，不用排污系数法（以下同）。但考虑到水膜式除尘器可以脱除50%的二氧化硫，因此有时候，二氧化硫排放量按照其产生量的50%计算，则排污系数为0.0085kg/kgce。前面说到：1kWh相当于0.404kgce，而SO_2产污系数为0.017kg/kgce，则节约1kWh相当于减少SO_2产生量=0.404kgce×0.017kg/kgce=0.007kgSO_2/kWh。

2. 标准煤的NO_x产污系数

根据反应式14(kg)N+O ══ 22.41(L)NO，则氮氧化物产生量为：

$$M_{NO_x}=1.6\times(K_{NO_x}\times N_{ar}+10^{-6}V_S\times C_{NO_x})=1.6\times(K_{NO_x}\times N_{ar}+0.000\ 938)$$

式中 M_{NO_x}——NO_x产污系数，kg/kgce；

N_{ar}——燃料含氮量，%，对于燃煤一般取1%，对于柴油取0.02%；

K_{NO_x}——燃料中氮的转化率，燃煤取50%，柴油取100%；

V_s——每千克燃料生成的湿烟气量，对于燃煤取10m³/kg，一般柴油可取12m³/kg；

1.6——表示22.41/14的比值（其中14是氮的相对原子质量）；

C_{NO_x}——燃烧时生成的热力型氮氧化物的浓度，取93.8mg/m³。

《2017版核定方法》在收到基氮为1.5%的前提下，给出了燃煤锅炉NO_x产污系数为$M_{NO_x}=1.63\times(K_{NO_x}\times0.015+0.000\ 938)$。笔者则取收到基氮为1%，此时：

$$M_{NO_x}=1.6\times(0.5\times0.01+0.000\ 938)=0.010(kg/kgce)$$

1kWh 相当于 0.404kgce，而 NO_x 产污系数为 0.010kg/kgce，生产 1kWh 烟尘产生量为 0.404kgce/kWh×0.010kg/kgce=0.004kg/kWh。

3. 标准煤的烟尘产污系数

标准煤的烟尘排放量当无近期除尘器出口烟尘排放浓度实测数据时，燃煤锅炉烟尘排放量 M_{yc} 按公式计算（该公式来源于 DL/T 1264—2013《火电厂环境统计指标》附录）：

$$M_{yc}=[(A_{ar}+q_4\times Q_{net,ar}/33\ 727)+3.12R_{Sar}](1-\eta_c)a_{fh}$$

式中 M_{yc}——烟尘产污系数（1kg 标准煤烟尘产生量），kg/kgce；

q_4——机械未完全燃烧热损失，约 2%；

33 727——标准煤的碳收到基低位发热量，kJ/kg；

A_{ar}——收到基灰分，约 20%；

R_{Sar}——钙硫摩尔比，约为 2；

η_c——除尘效率，全国电站锅炉的除尘效率约为 95%；

a_{fh}——烟气中飞灰占灰渣总量的比重，煤粉炉约为 90%。

对于煤粉炉 $M_{yc}=(A_{ar}+2\%\times29\ 308/33\ 727)\times(1-\eta_c)a_{fh}$

$$=0.9\times(A_{ar}+0.017)\times(1-95\%)$$

$$=0.045\times(20\%+0.017)=0.01kg/kgce$$

《2017 版核定方法》在飞灰占灰渣总量的比重 a_{fh} 取 85%，除尘效率 η_c 取 89.7%，飞灰可燃物 C_{fa} 取 8% 的前提下，给出了燃煤锅炉烟尘产污系数计算公式为：

$$M_{yc}=A_{ar}a_{fh}(1-\eta_c)/(1-C_{fa})=A_{ar}a_{fh}(1-\eta_c)/(1-C_{fa})$$

$$=0.85A_{ar}(1-0.897)/(1-0.08)=0.095A_{ar}$$

1kWh 相当于 0.404kgce，而烟尘产污系数为 0.01kg/kgce，生产 1kWh 烟尘产污量为 0.404kgce/kWh×0.01kg/kgce=0.004kg 烟尘/kWh。

有了上面的分析，就很容易理解国家发展和改革委员会 2016 年发布的（发改能源〔2016〕2619 号）《可再生能源发展“十三五”规划》（发改能源〔2016〕2619 号）最后一节中“环境社会影响分析”的内容：2020 年，全国可再生能源年利用量折合 7.3 亿 t 标准煤，其中商品化可再生能源利用量达到 5.8 亿 t 标准煤，届时可再生能源利用量相当于减少二氧化碳年排放量约 14 亿 t，减少二氧化硫年排放量约 1000 万 t（1000 万 t/5.8 亿 tce=0.0172t/tce），减少氮氧化物年排放量约 430 万 t（430 万 t/5.8 亿 tce=0.0074t/tce），减少烟尘年排放量约 580 万 t（580 万 t/5.8 亿 tce=0.01t/tce），年节约用水约 38 亿 m^3，环境效益显著。当然从上面的分析看，《2017 版核定方法》还存在许多不足之处，急需修订。

第二节 降低锅炉辅机耗电率的措施

一、风机系统

对于三大风机［送风机、引风机（不包括增加风机）和一次风机（或排风风机）］运行耗电率要求：1000MW 超（超）临界机组一次风机≤0.52%、送风机≤0.22%、引风机≤0.8%；600MW 超（超）临界机组一次风机≤0.5%、送风机≤0.20%、引风机≤0.75%；亚临界湿冷机组一次风机≤0.45%、送风机≤0.18%、引风机≤0.65%；600MW 空冷机组一次风机≤0.70%、送风机≤0.20%、引风机≤1.0%；300MW 湿冷机组一次风机（或排粉机）≤0.6%、送风机≤0.22%、引风机≤0.65%（变频后应达到 0.45%）；300MW 空冷机组一次风机（或排粉机）≤

0.70%、送风机≤0.22%、引风机≤1.0%。

1. 风机电耗偏大的主要原因

（1）风机选型设计裕量偏大，引起节流损失大。

（2）风机效率低。

（3）空气预热器漏风率偏大。

（4）炉膛出口过剩氧量偏大。

（5）燃煤水分与含硫量增大，尤其是暖风器不能正常运行时，引起烟气酸露点升高，造成空气预热器传热元件低温腐蚀与堵灰，烟气阻力增大。

（6）双速送、引风机未根据负荷变化及时切换，风机长期在高速下运行。

（7）烟风道磨损严重，漏风点多。

2. 降低风机电耗的主要对策

（1）选择与锅炉风烟系统相匹配的风机。目前，我国大型电站锅炉风机几乎均是高效风机，但其在电厂运行的经济性却有较大差别，最主要原因是不同风机的特性与其工作的管网系统阻力特性匹配性能有较大差异。因此，选择好与锅炉风（烟）系统匹配的风机是节能改造工作的重中之重。

要选择与锅炉风（烟）系统相匹配的风机，一是合理确定风机选型设计参数；二是合理选取风量和风压裕量。

我国电站风机的选型参数均是按锅炉最大连续蒸发量所需的风（烟）量和风（烟）系统计算阻力加上一定的裕量确定的。其中锅炉本体的风（烟）量和风（烟）系统阻力由锅炉厂提供；辅机设备的出力、阻力、漏风等由制造厂提供；锅炉岛内的风、烟管道由设计院设计，最终选型设计参数由设计院提出。因此，作为业主单位必须深入了解锅炉和辅助设备制造厂提供的参数是否留有裕量及其大小（特别是空气预热器一、二次风的漏风率、制粉系统的出力及阻力）；设计院的管道设计是否合理和风（烟）量及阻力计算时是否已留有裕量，防止裕量层层加码，造成风机选型过大。对于风门调节的离心风机，当运行工况点与设计高效点偏离10%时，效率下降8%左右；当两者偏离20%时，效率下降20%左右；当两者偏离32%时，效率下降30%以上。

要合理确定风机选型设计参数，必须提供正确完整的原始数据和合理选择风量和风压裕量。一次风机风量裕量宜选取20%～25%；风机压力裕量宜为10%～20%（CFB锅炉一次风机可扩大到20%～30%）。一般情况下，一次风机宜选用4极电动机（1485r/min）。

当采用三分仓或管箱式空气预热器时，送风机风量裕量宜为5%～10%（这是DL 5000—2000《火力发电厂设计技术规程》标准规定的，但是1994年版“火规”规定风量裕量取为10%～15%，并推荐300MW及以上机组取上限，主要是考虑当时锅炉空气预热器漏风较为严重，用较大的风量裕量来弥补空气预热器运行过程中的漏风量）；风机压力裕量宜为10%～20%。送风机宜选用4极或6极电动机（1485r/min或980r/min）。

引风机烟气量裕量宜选取10%（这是DL 5000—2000《火力发电厂设计技术规程》标准规定的，但是1994年版“火规”规定烟气量裕量取为17%，主要是考虑锅炉尾部受热面、烟道和除尘器漏风影响）；风机压力裕量宜为20%。当引风机与脱硫系统的增压风机合并时，由于压力高，风机压力裕量宜选取15%。引风机的转速宜选用6极以下电动机（即最高980r/min）。

由于风机的风量和电动机的型号和系列有限，在选型时通常选择大一系列号的设备，因此电站风机的风量裕量和风压裕量往往比设计值大，导致风机的运行工况点偏离设计高效点。

（2）采用先进的调节方式。锅炉风机在选型时均留有一定裕量，主要是考虑煤质的变化、锅炉主辅设备状况变差等因素的影响，很多厂所配风机裕量都较大，另外参与调峰的机组负荷率较低。因此，锅炉风机总是在部分负荷下运行。显然，电站风机的调节性能比较关键，对电站风机的节能改造另一方面就是对调节方式的改造。

1）风机最好的调节方法为无级变转速调节（如调速型液力耦合器和变频器），其余依次是动调轴流和双速静调轴流风机、双速离心式风机、单速静调轴流风机、入口导叶调节离心风机，采用进风箱进口百叶窗式挡板调节的离心式风机最差。国电常州发电有限公司2008年一台600MW燃煤锅炉的A、B动叶可调轴流式FAF26.6-14-1型送风机（额定容量1400kW）进行了变频改造，改造后全年平均节电率37%左右。国电蚌埠发电厂2010年对一台600MW超临界凝汽式燃煤锅炉的A、B动叶可调轴流式PAF18-12.5-2型送风机（额定容量1500kW）进行了变频改造，改造后在540MW负荷时，节电率18.3%；在370MW负荷时，节电率49.0%。

应该注意：送风机改造成双速电机系统后，一般在满负荷时采用高速送风，在半发状态时采用低速送风。这种改造虽然具有一定的节能效果，但是有着转速波动大，切换时对机组锅炉燃烧有一定的影响。

2）静叶、动叶调节轴流式风机的合理选择。静叶调节轴流式风机价格比动叶调节轴流式风机低20%左右，效率低3%左右，特别是在低负荷情况下，效率下降比较大。静叶调节轴流式风机的主要优势是价格低、具有较高的耐磨性能、结构简单、需要维护的部件少。动叶调节轴流式风机采用液压调节，风机的调节灵活性和准确性均优于静叶调节轴流式风机，风机的效率高、经济性好。特别是锅炉在额定负荷和部分负荷下，动叶调节轴流式风机效率优于静叶调节轴流式风机。因此从节能角度看，增压风机、引风机宜选用动叶调节轴流式风机；对于灰分大或负荷系数高的机组亦可选用静叶调节轴流式风机。若选用变转速调节，也可选用离心式风机。对于静叶调节轴流式引风机，建议采用变频调速。300MW及以上机组的送风机宜选用动叶调节轴流式风机。动叶、静叶调节轴流式风机的技术经济比较见表6-6。

表6-6 不同类型风机的技术经济比较

项目	静叶调节轴流式风机	动叶调节轴流式风机	双速离心风机
调节性能	采用简单的入口调节方式可以获得较好的调节性能，风机调节性能中	有一套液压调节系统，可以在运行中调节动叶片的安装角度，改变风机特性使之与使用工况相适应，调节特性最好	风机调节特性差
风机效率	风机效率曲线近似成圆面，风机在TB点和BMCR工况时，也能达到较高效率，但在带额定负荷或更低负荷时，风机效率下降幅度大，风机效率较差	风机效率曲线近似成椭圆面，风机运行的高效区范围大，风机效率在低负荷时下降幅度小，风机效率最佳风机	风机效率差
磨损	风机转子外沿的线速度较低，对入口含尘量的适应性比动叶调节轴流式风机强，由于风机叶轮的磨损量与风机转子速度的平方成正比，因此较为耐磨	风机压力系数小，因此达到相同风压时需要的转子外沿线速度高，不耐磨，耐磨性差	耐磨性好
运行、维护费用	风机结构比较简单，需要维护的部件少，维修量小。其风机后导叶为可拆卸式，可在不停机情况下更换。采用滚动轴承油脂润滑，不需要油站和水冷系统，相应可靠性高	有一套复杂的液压调节系统，相应的检修工作量大。其风机后导叶为固定式，必须停机检修，而且由于磨损，动叶片需要经常检修维护	维护简单
设备初投资	低	高	投资中
动力消耗	动力消耗中	风机转速高，风机较为轻巧，转动惯量较小，配用电机小，动力消耗小	动力消耗高

为了说明引风机选型的优缺点，这里以 1 台 300MW 机组配套以下三种类型的引风机进行分析。其运行效率及耗电量见表 6-7。

表 6-7　不同类型引风机在各种负荷系数下的运行效率

风机类型	项目	负荷系数（%）					年耗电量（万 kWh）
		100	90	80	60	40	
动叶调节	效率（%）	84.0	81.0	78.5	66.0	40.0	600
	功率（kW）	940.8	711.2	515.3	258.7	126.4	
静叶调节	效率（%）	83.30	78.5	72.0	52.0	23.0	630
	功率（kW）	948.7	733.9	561.8	328.3	219.8	
双速调节	效率（%）	82（高速）	82（低速）	68.0	42.0	17.0	640
	功率（kW）	963.7	702.6	595.0	406.4	297.5	

动叶调节轴流引风机，型号：ASN-2800/1600，TB 点效率 η=79.3%，转速 n=990r/min，电动机功率 P_N=1700kW。

静叶调节轴流引风机，型号：AN-28/V13＋4，TB 点效率 η=82.8%，转速 n=740r/min，电动机功率 P_N=1600kW

双速离心引风机，型号：Y5-2×56No32F，TB 点效率 η=81.5%，转速 n=580/480r/min，电动机功率 P_N=2000/1000kW，负荷为 80%时在低速挡。

3）循环流化床（CFB）锅炉的高压流化风机、湿法脱硫系统的氧化风机属鼓风机范畴，流量小的可选用罗茨鼓风机，其余宜选用多级离心式鼓风机，优先选用高速单级离心式鼓风机。

4）300MW 以上容量机组的一次风机宜选用双级动叶调节轴流式风机。对于离心式高压一次风机（如 CFB 锅炉的一、二次风机），若裕量较大，建议采用变频调速。华能某电厂一台 300MW 机组 1025t/h 锅炉一次风机为上海鼓风机厂生产制造的 1888 AB/1122 型离心式风机，进口导叶调节。其设计规范见表 6-8。机组投运以后发现该一次风机出力过大，风机入口调节门开度在 65%以下运行，风机运行在远离高效区域内，最高运行效率不足 55%（见表 6-9），节能空间很大，有必要对其进行变频调速改造。

表 6-8　一次风机设计规范

项　目	内　容	
工况	BMCR	TB
风量（m^3/s）	47.1	63.0
进口温度（℃）	24	25
全压（Pa）	13 661	15 015
轴功率（kW）	867	1086
转速（r/min）	1480	
电动机型号	YKK5601-4	
功率（kW）	1250	
额定转速（r/min）	1480	
额定电压（V）	6000	

表 6-9 一次风机变频调速改造前试验结果

项目	工况 1		工况 2		工况 3	
机组负荷（MW）	303		225		156	
风机编号	1 号	2 号	1 号	2 号	1 号	2 号
挡板开度（%）	64	61	56	53	47	46
风机电流（A）	97	100	89	91	83	81
风机流量（m^3/s）	55.3	58.2	48.7	49.7	43.2	39.9
风机压力（Pa）	8339	8567	7453	7939	7772	7762
风机空气功率（kW）	448.8	484.8	354.6	384.4	327.7	302.0
电动机输入功率（kW）	879.6	904.5	794.2	812.1	738.3	702.0
风机设备总效率（%）	51.0	53.6	44.6	47.3	44.4	43.0
电动机效率（%）	94	94	94	94	94	94
风机轴功率（kW）	826.8	850.2	746.5	763.3	694.0	659.9
风机轴效率（%）	54.3	57.0	47.5	50.4	47.2	45.8
功率因数	0.858	0.856	0.845	0.845	0.842	0.820
两台风机总耗功（kW）	1784.1		1606.3		1440.3	

注 表中功率因数是根据实测电动机功率、电流、电压和 $P=1.732UI\cos\varphi$，计算而得到。

为评价变频改造效果，在改造工程完成后进行了一次风机热态性能试验。其试验结果示于表 6-10。按年运行 7000h，三个负荷各占 1/3 计算，则一年的节电量为

$$7000/3\times(483.9+558.4+604.1)=3\ 841\ 600(\text{kWh})$$

表 6-10 一次风机变频调速改造后试验结果

项目	工况 1		工况 2		工况 3	
机组负荷（MW）	302		225		151	
风机编号	1 号	2 号	1 号	2 号	1 号	2 号
挡板开度（%）	100	100	100	100	100	100
风机频率（Hz）	39	38	35	37	35	33
风机电流（A）	61	69	44	62	46	42
风机流量（m^3/s）	53.5	60.4	43.6	54.8	42.4	41.5
风机压力（Pa）	8771	9055	8041	8777	8155	7990
风机空气功率（kW）	455.8	530.5	341.2	467.1	336.3	323.1
电动机输入功率（kW）	598.0	702.1	438.9	609.0	446.8	389.4
风机设备总效率（%）	76.2	75.6	77.7	76.7	75.3	82.97
功率因数	0.928	0.963	0.944	0.930	0.919	0.878
两台风机总耗功（kW）	1300.2		1047.9		836.2	
两台风机每小时节电量（kW）	483.9		558.4		604.1	

年节电率可达到 34.1%，节电效果非常显著。设电价为 0.50 元/kWh，则全年节电费用为 192 万元。变频器改造工程费用（包括变频器、开关柜、电缆、变频器空调室、自动切换的风机

调节门快速执行器、安装费等）单价按1250元/kWh计，则每台炉两台1250kW电动机变频改造的总费用为312.5万元（电厂结算两台风机实际花费329万元）。改造费用不到2年可回收投资。

（3）改造不合理的风机进出口管道布置。风机进、出口管道布置不合理不仅会增加风（烟）系统阻力，增加风机电耗，甚至会直接影响风机的性能。特别是风机进口管道布置不合理，会破坏风机进口气流的均匀性，使风机出力和效率显著降低。因此，改造不合理的进、出口管道布置也是风机节能改造的又一途径。

风机进口管道以平直管段为最佳，一般要求进口直管段长度不小于2.5倍管路当量直径。其横截面积不大于风机进口面积的112.5%，也不小于风机进口面积的92.5%。且变径管的斜度控制在：收敛管≤15°扩散管≤7°。

风机出口管道应尽量有3～5倍管径的直管段。当安装位置受到限制，风机出口没有足够的直管道而需要转弯或分流时，弯头应采用顺向弯头，弯头内宜设导流叶片，不可采用逆向弯头。风机出口布置调节风门时，其位置应距离风机出口直径至少为一个叶轮直径以上。

（4）改造低效运行的风机。对于已投运的机组，三大风机耗电率偏高、风机选型裕量过大、风机与烟风系统不匹配，可对风烟系统或风机进行改造降低风机耗电率。若风机运行效率低，应对这些风机进行改造。

改造前，首先看有否通过改变电动机极对数（即电机转速）而不进行风机改造的可能。若送风机电动机降一级转速后又不能完全保证机组满负荷运行的需要，则可将电动机改为双速电动机，风机在大部分负荷下处于低速挡运行。对已投运的电动机进行降速或双速改造，只有在6极及以上极数（1000r/min以下）的电机才可实施，因由4极（1500r/min）改6级（1000r/min）时，转速下降太多，改造难度和费用较大，且功率因素下降也较多，往往难以满足风机和电动机的总节能量要求。进行风机改造时，要尽可能利用原风机设备部件（如电动机、基础、传动组等尽可能不换，机壳尽量少改或不改）进行局部改造，减少改造工作量和成本。风机局部改造方法：

1）离心式风机局部改造主要有：仅更换叶轮（含切割和加长叶片）；更换叶轮和集流器；更换叶轮、集流器和机壳舌部；更换叶轮、集流器和机壳；更换叶轮、集流器、机壳和调节门等。局部改造至少可保持传动组和基础不动，减少改造工作量，降低成本。

某电厂300MW机组，采用北京巴布科克·威尔科克斯有限公司生产的B&WB-1025/17.4-M型锅炉。每台锅炉配四台沈阳重型机器厂制造的BBD4060型双进双出钢球磨煤机，正压直吹式制粉系统，并配两台武汉鼓风机厂制造的AH-R210SW型离心式一次风机。在300MW负荷工况时，一次风机进口开度最大为接近29%左右，运行效率最高仅为41%左右，一次风机运行在其性能曲线的低效率区域，这说明目前一次风机的裕量过大。因此，有必要重新选取设计参数，对一次风机进行节能改造。最终确定风机叶轮直径选取1.72m，并选用西安热工研究院研制的LY5-54№17.2F型后弯离心式高效风机作为本次一次风机的改造类型。采用该型风机代替原风机，叶轮直径从2.1m减小到1.72m，仅需将原风机叶轮更换成LY5-54№17.2F型风机的新叶轮，并对原机壳进行局部改造，现场改造工作量小。改造后，当机组在满负荷300MW时，风机实际运行点在开度为83%左右的高效区，选型设计合理。风机运行效率平均提高38%左右，最多提高达47%，平均运行电流下降约27A，节电效果显著。

2）静叶调节轴流式风机的局部改造主要有：改变叶轮叶片数量、安装角；更换成不同直径的新叶轮和后导叶，同时更换叶轮进口集流器和更换扩压器前部。简单的改造方案是：采用高效、防磨型式叶片对风机组进行技术改造，使风机性能与风道系统相匹配，提高风机运行效率，降低风机运行轴功率。

3）动叶调节轴流式风机局部改造有：改变叶轮叶片的叶型、宽度、叶片数量、安装角度；更换成不同直径的新叶轮和后导叶，同时更换叶轮进口集流器和局部更换扩压器前部。华能铜川电厂600MW机组，增压风机减少叶片数改造后，1、2号机组分别降低厂用电率0.11和0.09个百分点。

（5）优化一次风压力。某电厂6号机组（660MW）一次风机为入口静叶调节离心式风机，依靠风机入口挡板调节风机出力，一次风压跟踪锅炉负荷变化。由于一次风压设计值偏高，且风压随机组负荷变化小，当机组在400～500MW低负荷运行时，一次风压仍维持较高水平（9.0kPa左右），使磨煤机携带风调节挡板节流损失增大，一次风机电耗增加。针对这个问题，电厂修正了DCS内部一次风压曲线，增加了运行人员手动设定风压模块，在机组负荷为550～660MW之间时，维持一次风压为9.0～10.0kPa；当机组负荷降至400～450MW时，适当降低一次风压至7.5～8.0kPa，使一次风机耗电率减少（锅炉一次风机压力降低0.5Pa，一次风机耗电率可降低0.018个百分点）。

另外，降低一次风压力后，将增加煤粉在炉膛内停留时间，同时一次风压力降低，风速降低，煤粉浓度增加，低负荷时燃烧更加稳定。通过两个月的实验得出，降低飞灰含碳量和炉渣含碳量较明显，初步统计降低0.5个百分点。

（6）降低二次风压。某电厂6号机组（660MW）送风机为定速、电动机驱动、轴流式动叶可调送风机，由于DCS内部原设计二次风压偏高，低负荷时二次风挡板节流较大，增加了送风机电耗。对此，结合锅炉燃烧情况，将各二次风口手动调节挡板由原50%开度增大到80%～100%。同时修正了DCS内部二次风压曲线，将满负荷（660MW）时二次风压从2.5kPa降为1.85kPa，使运行中二次风电动挡板开度增大，减少了挡板节流带来的厂用电损耗，可以降低厂用电率0.03个百分点。

（7）其他措施。

1）机组大小修期间，加强锅炉送风、引风、一次风机以及风烟系统各风门、挡板的检修和维护，保证转动设备运行稳定，确保系统各挡板内外一致，开关正确。在满足锅炉正常运行条件下，尽可能开大系统中各种风门的开度，减小风门的节流损失。

2）系统中需隔离的风门应确保其严密性。如热风再循环风门、停用磨煤机的出口关断门、停用暖风器的蒸汽门等。

3）注意锅炉本体、烟道系统及风道系统漏风缺陷的发现并及时联系消除，注意空气预热器密封装置运行状态监视，确保装置运行正常，减少锅炉各系统（特别是空气预热器和除尘器）漏风量，降低风机耗电率。

4）只要是有一周以上的停炉机会，就对空气预热器进行高压水冲洗。空气预热器堵塞严重时，冲洗后若空气预热器烟气侧差压由2.5kPa降至1.2kPa，吸送风机和一次风机每天节电可达到2万kWh。

5）机组启动或低负荷采用单侧风机（此项影响安全性太大，实施时应制定防范措施）。火电机组中，一般都设计两台一次、送、引风机，单侧风烟系统运行一般可以满足机组接带60%负荷要求。风烟系统启动时，启动两台空气预热器运行，引、送风机启动其中一台，开启送风机出口联络挡板，保持空气预热器前二次风联通（引风机入口有联络挡板时应保持开启），按照启动要求进行其他相应操作。在启动过程中使用单侧风烟系统运行方式，可以一直达到50%额定负荷时，再并列另一侧风机，将机组转入正常运行。随着机组负荷的升高，单侧风烟系统的节电效果越来越小，到达50%额定负荷时，使用单侧风烟系统和双套几乎消耗相同，而且随着负荷的提高，单侧风机的电流上升很快，两次空气预热器风烟流量不均加剧，减弱了机组的安全可靠性，经过权衡一般可在机组较低负荷暖机期间并列另一侧风机，兼顾到机组整体的安全运行。例如某发电公司装机1台600MW亚临界一次中间再热火力发电直接空冷机组，锅炉为正压直吹、四角切圆、控制循环汽包锅炉；采用冷一次风，正压直吹式制粉系统。使用双侧风机和使用单侧风机启动，相关数据进行了采集，详见表6-11。

表 6-11　机组启动时，使用单侧和双侧风机运行数据对照表

项目		使用单侧风机启动		使用双侧风机启动	
		电动机电流（A）	动叶开度（%）	电动机电流（A）	动叶开度（%）
吸风机	A	208	63	170	51
	B	未使用	未使用	170	52
送风机	A	75	58	48	35
	B	未使用	未使用	48	32
一次风机	A	145	71	92	32
	B	未使用	未使用	92	33

对比表6-11中数据，进行经济性分析可以得知，一次冷态启动，使用单侧风机启动较使用双侧风机大约可以节电14.26万kWh。

京科发电公司直接空冷330MW机组配有两台离心式一次风机，电动机功率3150kW。经过调研论证，通过经济性与安全性的综合比较，结合机组实际状况，当机组负荷在80%以下时，将一台一次风机停运，风烟系统维持两台送风机、两台引风机及一台一次风机运行方式，使一次风机耗电率下降了0.15个百分点，节能效果明显。

6）入炉煤质较差，灰分、硫分较高，锅炉长期连续运行，锅炉尾部受热面、空气预热器、除尘烟道均会发现积灰现象，特别是空气预热器积灰、堵塞，造成烟道阻力增加，风机耗电率增加。应根据锅炉入炉煤质数据，加强锅炉本体、特别是空气预热器吹灰，降低空气预热器以及后烟井烟气阻力。

7）按规定控制氧量和炉膛负压。炉膛压力控制在－50Pa为宜，负压过大将造成引风机电耗明显上升。

二、制粉系统

1. 制粉系统电耗增大的主要原因

（1）煤质变差，灰分增大、发热量降低，燃料消耗量增加。

（2）钢球磨煤机通风量不合理、钢球装载量偏大、钢球配比不合理。

（3）煤粉细度不合理。

2. 降低磨煤机耗电率的主要对策

（1）为保证锅炉燃烧经济性，磨煤机首先应按照经济煤粉细度值进行调整，在此基础上，再适当控制磨煤机耗电率，不同类型磨煤机耗电率要求见表6-12。

（2）合理安排磨煤机组合运行方式。对中速磨煤机，为降低制粉系统电耗应根据机组负荷变化及时调整磨煤机运行台数，正常运行情况下单台磨煤机出力应调整到该磨煤机最大出力的80%以上运行。最低出力不低于最大出力的65%。某电厂6号机组（660MW），正常情况下，6号机组4台磨煤机组合可以带550MW负荷，5台磨煤机组合可以带660MW额定负荷。如果机组负荷曲线在550～580MW之间时，第5台磨煤机出力不足额定出力的30%，运行很不经济。当5、6号机组均运行在不经济负荷时，运行人员及时与值长沟通，请示调度，合理调整5、6号机组负荷曲线，使启动第5台磨煤机的机组尽量多带负荷，节省厂用电消耗。

(3) 对钢球磨煤机，应及时加装钢球，保持在最佳钢球装载量的情况下运行。钢球磨煤机和风扇磨煤机均有很大的空载损耗，尽量提高磨煤机出力。在干燥出力、磨煤机差压允许范围内，磨煤机应尽量在大出力下运行。对钢球磨煤机，有条件时，可考虑进行小球试验，确定磨煤机更换小球方案。

表 6-12　　不同类型磨煤机耗电率　　%

序号	机组容量	煤种	低速磨煤机		中速磨煤机		风扇磨煤机
			钢球磨煤机	双进双出钢球磨煤机	RP (HP)	MPS	
1	300MW 级	烟煤	0.64	1.1	0.37	0.4	—
2		贫煤	0.75	1.21	0.38	—	—
3		无烟煤	1.15	—	—	—	—
4	600MW 级	烟煤	—	—	0.37	0.38	—
5		贫煤	—	1.1	—	0.38	—
6		无烟煤	—	1.33	—	—	—
7		褐煤	—	—	—	0.62	0.86
8	1000MW 级	烟煤	—	—	0.33	—	—

注　其他烟煤机组配中速磨煤机耗电率≤0.4%，配钢球磨煤机燃用无烟煤机组耗电率≤1.1%。

(4) 对中速磨煤机，为降低制粉系统电耗应根据机组负荷变化及时调整磨煤机运行台数，正常运行情况下单台磨煤机出力应调整到该磨煤机最大出力的 80%以上运行。最低出力不低于最大出力的 65%。

(5) 对风扇磨煤机，由于磨煤机的冲击板磨损，会降低磨煤机出力 30%～40%，致使耗电量增加。冲击板的使用寿命一般可达 1000h 左右，因此应经常检查、监视磨煤机冲击板的磨损情况。定期更换风扇磨煤机的冲击板及耐磨钢瓦、衬板等，保持风扇磨煤机的冲击强度，为提高磨煤机出力创造条件。

(6) 进行制粉系统优化调整试验，确定最佳通风量、经济煤粉细度，优化制粉系统运行方式。

(7) 减少磨煤机及制粉系统漏风。

(8) 应采取措施清除燃煤中的铁块、石块、木块。

(9) 尽量采用碎煤机破碎煤块，使进入磨煤机的粒度不大于 300mm。

(10) 通过燃煤采购和配煤尽量降低燃煤灰分、提高发热量。

3. 降低排粉机耗电率的主要对策

(1) 排粉机的负荷越大，耗电量越大，因此应在运行中降低漏风，以减少排粉机不必要的负荷。

(2) 排粉机叶轮磨损后，效率降低，应采取适当防磨措施。

(3) 排粉风机裕量较大时，应对风机叶轮进行技术改造，使其与制粉系统相匹配。例如某 300MW 锅炉排粉机叶轮直径 2.2m，轴功率为 739kW。由于风机的初始选型风量裕量较大，运行中风机入口乏气总门开度很小 (30%)，节流损失大，系统效率低。于大修期间对排粉机叶轮切割改造，叶轮直径减为 2m，排粉机的运行电流由原来的 60A 降到了 50A，估计全年节电 40 万 kWh。

（4）在满足制粉系统通风量的情况下，逐渐关小排粉机入口风门，使回粉管中合格煤粉所占比例减至最小值。一方面减少回磨煤机重新磨制的合格煤粉数量，另一方面，排粉机入口风门关小后，排粉机电流相应减少，降低了排粉机电耗。

（5）适当降低排粉机出口风压，相应降低一次风速，使煤粉气流着火点提前，炉膛火焰中心下移，降低排烟温度，同时降低制粉单耗。例如某300MW机组钢球磨煤机制粉系统，排粉机出口压力为4.2～4.4kPa时，一次风速可在35～38m/s左右。通过控制排粉机出口压力为3.5～3.8kPa时，一次风速可在30m/s左右，排粉机电流明显下降，由原来的55～58A降到52～54A。

4. 降低制粉系统耗电率的主要对策

（1）中间储仓式制粉系统。

1）进行制粉系统优化调整试验，确定最佳钢球装载量、最佳通风量、经济煤粉细度，降低制粉电耗。特别是探索磨煤机钢球合理配比，降低大直径钢球量，加入一些小直径的钢球，小钢球增加研磨效果，使细度合格煤粉比例增加，提高煤粉的均匀性，并增加了出力。例如菏泽电厂3、4号炉为英国三井巴布科克能源有限公司生产的“W”火焰、一次中间再热、亚临界1025t/h自然循环锅炉，制粉系统配备3台双进双出磨煤机。磨煤机电流原设计为156A，钢球级配前实际运行电流约130A，钢球多，远远超过机组满负荷出力要求，造成厂用电率升高。通过实验摸索，降低大直径钢球量，为保证研磨面积不受影响，按比例加入一些小直径的钢球，按照60、50、40、30、15mm的钢球以25%、29%、21%、15%、10%的比例加装，将磨煤机电流降至约100A，既能保证满负荷磨煤出力，又降低了制粉电耗，这样三台磨煤机全天节电超过1万kWh。

2）进行粗粉分离器技术改造，实现煤粉细度调节灵活，提高煤粉均匀性与制粉出力。

3）对细粉分离器进行改造，采用二次分离技术并在细粉分离器内部加装百叶窗分离器，减小乏气带粉量，分离效果明显提高，乏气中含粉量降低了20%，减轻排粉风机的磨损。

4）对制粉系统的运行方式进行全面的优化调整，包括煤粉细度、装球量、磨煤机出入口压差、再循环风门开度、磨煤机入口温度、排粉机入口流量、排粉机出口风压、给煤量等。选择合理的排粉机的运行方式和磨煤机运行方式等。对于通风量偏大的制粉系统，可以减小再循环风门开度，开度控制在10%以内，关小回风门，排粉机电流明显下降。

开发制粉系统经济运行专家系统，指导运行人员在线运行调整。实践证明，钢球磨制粉系统采用经济运行专家系统可使制粉单耗降低3～5kWh/t。

5）加强绞龙的检修和维护，提高其运行的可靠性，提高绞龙投运率。充分利用绞龙平衡粉仓粉位，减少制粉系统的启停次数。

6）合理控制磨煤机、排风机运行电流，减少空载电耗。

7）定期进行木块分离器的清理，提高制粉出力。

8）机组大小修过程中，对制粉系统粗、细分离器进行检查处理；根据磨煤机波浪瓦磨损情况，及时更换磨损严重的部分；加强对制粉系统管道、分风门的检查和检修，确保各风门能够关闭严密，方向正确；及时消除制粉系统管道、人孔门等漏风缺陷；加强磨煤机轴瓦、排粉机轴承及冷却水室的检修和清理工作，避免夏季因转动设备轴承、轴瓦温度高，造成系统频繁启停。

9）确定不同负荷的磨煤机运行方式。根据煤质及每台磨煤机特性，尽可能保证磨煤机最大出力运行，根据负荷变化及时启、停磨煤机。

10）提高磨煤机出、入口温度。注意监督冷风门的严密性，并设法在检修中保证冷热风门关闭严密。运行中尽可能保证每台磨入口风门在较大的开度，减少风门节流损失；加装一次风冷却器降低磨煤机入口风温，加强空预器换热，降低排烟温度；采用一次风压母管压力调节的方式，有效降低一次风机电耗。

11）控制一次风压，降低一次风率。保证一次风压与炉膛压差在 0.6kPa 左右，控制一次风各风管风速均匀，风速控制在 24～27m/s 以内为佳。

12）碎煤机连续运行。减轻给煤机和磨煤机的磨损，也可降低 2%～5%的磨煤机电耗。

（2）直吹式制粉系统。

1）进行制粉系统优化调整试验，对于中速磨煤机，确定经济煤粉细度与最佳风煤比；对于双进双出钢球磨煤机，确定最佳钢球装载量、最佳通风量、经济煤粉细度。对于双进双出式磨煤机应对比长期负荷工况，如长期低负荷工况运行则适当减少钢球装载量。

2）进行煤粉分配器技术改造，减少各煤粉管中煤粉浓度的偏差。

3）对中速磨煤机，可进行旋转一次风环改造和液压自动变加载改造，有效降低通风阻力，提高磨煤机出力，减少磨煤机的振动和磨损，降低石子煤量，提高煤种适应性。

4）有条件的电厂可进行旋转分离器改造，提高煤粉细度调节灵活性、煤粉分配均匀性。

5）对中速磨煤机，为降低制粉系统电耗应根据机组负荷变化及时调整磨煤机运行台数，正常运行情况下单台磨煤机出力应调整到该磨煤机最大出力的 80%以上运行。最低出力不低于最大出力的 65%。

三、脱硫系统

脱硫系统运行耗电率要求：海水脱硫工艺≤1.2%，其他湿法脱硫工艺≤1%。现以石灰石-石膏法脱硫工艺为例阐述节电方法，其他脱硫工艺可参照执行。

1. 优化氧化风机

宜根据锅炉容量和含硫量情况合理选择氧化风机的数量。当氧化风机计算容量小于 $6000m^3/h$ 时，每座吸收塔宜设置两台全容量或每两座吸收塔设置三台 50%总容量的氧化风机；当氧化风机计算容量大于 $6000m^3/h$ 时，宜采用每座吸收塔配三台 50%总容量的氧化风机。大功率氧化风机在技术经济性论证的基础上也可考虑采用变转速设备（如变频器）。

2. 海水脱硫机组增设循环水旁路

对于使用海水脱硫的机组，应增设凝汽器冷却水旁路，当水温较低时部分冷却水走旁路，既保证了海水脱硫的水量，也降低了凝汽器冷却水流量，从而降低了凝结水过冷度。同时绝大部分海水走旁路，降低了循环水系统阻力，降低了循环水泵功耗。

3. 增压风机与引风机合二为一

新建电厂应优先采用脱硫增压风机与引风机合并方案，脱硫装置技改工程经技术经济比较后也宜优先采用。静叶调节脱硫增压风机可优先考虑变转速设备拖动。脱硫增压风机耗电率：无 GGH 的约 0.5%左右，带 GGH 的一般在 0.6%以上。华能海门电厂 2011 年完成 1、2 号锅炉引、增风机合一改造，取得了明显节电效果。引风机与增压风机合并改造后，厂用电率下降明显：年统计厂用电率降低约 0.25 个百分点，每年增加上网电量约 1200 万 kWh，节电效果十分显著。该工程总投资 600 万元，每年增加经济效益约 600 万元，投资回收年限约 1 年。2011 年国电北仑电厂 1000MW 机组取消脱硫增压风机，实施引风机、增压风机合二为一，改为给水泵汽轮机驱动，给水泵汽轮机排气进行供热。此项工作降低北仑单机厂用电率约 0.8%～1.0%。

4. 取消石灰石—石膏法脱硫工艺中的烟气再热器（GGH）

有条件的地区，应积极争取环保部门的支持，尽量取消 GGH。不设烟气再热器，可以减少故障点，使脱硫系统运行可靠性增加；取消 GGH 之后，相应烟道长度减少，烟气系统阻力降低，可大幅度降低增压风机的能耗；取消 GGH 之后，GGH 本身及其附属设备的电耗也不复存在。缺点是不设 GGH 吸收塔后的净烟气直接进入烟囱，排烟温度约为 50℃，较设置 GGH 时的排烟温度低 30℃，从而降低了烟气的抬升高度，增强了烟气的腐蚀性。例如单台 600MW 机组有

/无 GGH-FGD 设计与运行数据见表 6-13。

表 6-13　600MW 机组有/无 GGH-FGD 设计与运行数据

序号	项　目	有 GGH 数据	无 GGH 数据
1	烟气量（m^3/h 标况下）	2 205 900	2 205 900
2	FGD 入口烟温（℃）	118	118
3	FGD 入口 SO_2 浓度（mg/m^3 标况下）	2110	2110
4	SO_2 脱除率（%）	95	95
5	FGD 烟气总压损（Pa）	3457	2229
6	烟囱前烟温（℃）	80	51.8
7	工艺水消耗（t/h）	65	98.6
8	所有连续运行设备轴功率（kW）	6996	5889
9	GGH 总功率（kW）	216.8	无
10	增压风机全压（Pa）	4150	2675
11	增压风机电动机额定功率（kW）	4600	3000

5. 增压风机与引风机串联运行联合优化

增压风机与引风机为串联运行方式，两风机共同克服锅炉烟气系统加脱硫烟气的阻力。要避免出现一个风机在高效区运行，而另一个风机在低效区运行的情况。应通过试验，在机组和脱硫系统安全运行的前提下，找出不同负荷时两风机最节能的联合运行方式（增压风机和引风机电流之和为最小值）。某 300MW 机组在额定负荷下，增压风机与引风机为串联运行方式时，实验结果见表 6-14。

表 6-14　300MW 机组在额定负荷下增压风机与引风机联合优化运行方式

原烟气挡板处压力（kPa）	增压风机电流（A）	增压风机动叶开度（%）	A 引风机电流（A）	B 引风机电流（A）	A 引风机变频器赫兹比（%）	B 引风机变频器赫兹比（%）	增压风机与引风机电流之和（A）
−0.25	279.2	82.7	122	117	91	91	518.2
−0.20	272.4	80	124	116	92	92	512.4
−0.15	269	79.7	122	116	93	93	507
−0.10	262.5	77.6	123	117	93	93	502.5
−0.05	258	78.1	125	116	94	94	499
0.00	254	75.8	125	118	93	93	497

根据表 6-14 可知，在 300MW 负荷时，增压风机变频运行的基准点是原烟气挡板处（增压风机入口）压力为 0，此时增压风机与引风机电流之和最小，为 497A。增压风机与引风机电流之和最小工况参数就是该负荷下最佳运行控制参数。同理，在负荷发生变化或脱硫系统阻力发生变化时，也可以找到使两风机最节能的联合运行方式，最终归纳出两风机的最佳运行卡片，用于指导运行操作。

6. 优化浆液循环系统运行

湿法脱硫工艺中，在部分负荷情况下可视情况适当提高浆液 pH 值，同时保证浆液密度合理，可停运一台浆液循环泵而保证脱硫效率不降低，当恢复该台浆液循环泵运行后应尽快降低浆液 pH 值，以稀释浆液中的亚硫酸盐，保证石膏品质。合理控制脱硫吸收塔液位，既可提高反应区浓度，也可以有效降低浆液循环泵和氧化风机电耗。

例如某 300MW 机组石灰石-石膏湿法烟气脱硫装置在满负荷情况下，当原烟气二氧化硫质量浓度为 3280mg/m^3 时，4 台浆液循环泵运行，脱硫效率 $\eta>98\%$；3 台浆液循环泵运行，$\eta>95\%$；2 台浆液循环泵运行，$\eta>91\%$。因此当在满负荷、设计硫分下，可以维持 3 台浆液循环泵运行，当 75%负荷时，可以维持 2 台浆液循环泵运行，当燃烧低硫时，可以仅仅运行 1 台浆液循环泵。

7. GGH 改造

玉环电厂在 2012 年及 2013 年初分别进行了 2 台 1000MW 机组脱硫 GGH 进行了改造，并对 GGH 部分换热元件进行抽取，降低系统阻力，改造后 GGH 漏风率下降 1.5 个百分点，系统阻力下降 100Pa 以上，脱硫系统可减少一台浆液循环泵运行，改造后机组脱硫耗电率下降 0.10%以上。华能海门电厂对 1、2 号炉（1000MW）脱硫系统 GGH 换热元件更换为大通道防堵型，降低了脱硫系统阻力，解决了 GGH 蓄热元件易堵塞被迫停运脱硫系统的难题。

8. 单级高速离心氧化风机

传统的氧化风机多采用罗茨风机，噪声很大，效率低，维护工作量大，部分新建电厂或改造机组开始使用单级高速离心风机作为氧化风机，具有体积小、噪声低、维护工作量小的优点，能耗比罗茨风机低 15%～20%，具有较好的应用前景。

9. 采用脱硫添加剂

经技术经济比较合适后，可采用添加脱硫增效剂，提高反应能力，可以减少浆液循环泵全容量运行时间，降低浆液循环泵电耗。

10. 加强除雾器的水冲洗

除雾器压差越低风机电耗越小，控制除雾器压差小于 200Pa 运行，否则应进行水冲洗。

11. 加强 GGH 吹灰管理

对于具有 GGH 的脱硫装置，必须加强吹灰管理，建议加装蒸汽吹灰装置。建立 GGH 压差与机组负荷的对比曲线，发现异常应及时处理。

四、除尘系统

1. 除尘系统运行耗电率限额

除尘系统节电潜力很大，例如 600MW 机组四电场电除尘器系统总负荷为 3776kVA。其中高压电源：16 台高压电源，输出为 72kV/2.0A，单台功率 206 kVA，设备总功率 3296kVA；低压电器约 480kVA。运行较好的电除尘器高压电源运行参数一般在其额定值的 60%～70%，即：单台高压电源额定 206kVA 时，运行在 130kVA 左右，整台炉电除尘器高压电耗约 2000kW，总功耗合计 2400kW（采用传统的火花跟踪控制方式）。按 50%节能计算可节能 1000kW，全年运行 300 天计算，全年可节能约 720 万 kWh。

除尘系统运行耗电率要求：600MW 及以上超临界机组≤0.20%，其他机组≤0.25%。电除尘器运行耗电率在 0.3%以上，通过节电运行优化应控制在 0.25%以下。

2. 电除尘器节电的主要调整方法

（1）电除尘器设计有裕度，且除尘器设备运行良好，机组实际运行烟尘排放浓度低于环保要求排放值。高压电源可以采用停部分电场（或停供电区）的运行方式，避免电除尘器在常规的火花控制模式下运行。

（2）高压电源采用间歇供电运行方式是保证电除尘系统节能优化运行的重要方式。对于早期投运的不具备间歇供电运行方式功能，或不具备各种供电方式自动转化功能的控制器宜进行高压控制器改造。电除尘器高压常规供电方式是采用可控硅一次调压后经过变压器升压，再通过桥式硅全波整流而获得的。不论何种负荷，火化跟踪方式除尘效率最高，排放浓度最小，这也是日常采用这一运行方式的原因之一。但是，从试验结果表明其功耗远远高于其他运行方式。

间歇供电就是利用常规电源的控制线路，对原有的全波整流输出进行调控，周期性地阻断某些供电波，达到间歇输出的目的。由于电除尘器电场电容的作用，间歇供电在使电流大幅度下降的同时，还保留较高的电压。间歇供电对电除尘器性能的改善主要体现在如下方面：

1）具有脉冲供电的特征，减少充电时间，减少平均电流，破坏了反电晕的产生条件，抑制了反电晕的发生。

2）与常规电源相比，电压波形具有脉冲形状，火花击穿电压提高，运行电压峰值提高。

3）由于电压峰值提高和收尘板反电晕正离子的产生受到抑制，粒子的荷电比提高。

4）间歇供电使得平均电场强度下降，这有利于振打除灰。

5）与常规电源相比，可以节省80%以上的电能。

例如某电厂350MW锅炉配2室5电场，有效端面积249m^2，同极距405mm，烟气流速1.02m/s。不同负荷条件下的试验结果见表6-15。间隙供电方式下的电耗仅是火花跟踪控制方式的10%左右。

表6-15　不同负荷下不同的供电方式试验结果

负荷（MW）		350	280	184
火花跟踪控制方式	电耗（kW）	370.5	409.0	424.9
	除尘效率（%）	99.63	99.72	99.85
	出口烟尘浓度（mg/m^3）	42.4	33.7	18.3
间隙供电方式	电耗（kW）	37.4	38.4	33.6
	除尘效率（%）	99.58	99.66	99.78
	出口烟尘浓度（mg/m^3）	48.4	39.1	23.4

（3）配备上位机控制系统，可根据烟尘排放浓度和机组负荷自动控制电除尘器运行方式。对未配备依据烟尘连续监测信号进行节电智能控制的（需准确、有效控制）上位机系统或未配备依据燃煤和机组负荷变化进行节电运行控制的上位机控制系统，应进行系统升级或改造。

（4）通过优化调整试验，确定最佳运行方式。电除尘器运行优化调整试验是根据典型煤种，选取不同负荷，结合吹灰情况等，在保证烟尘排放浓度达标的情况下，试验确定最佳的供电控制方式（火花供电、反电晕控制、间歇供电）及相应的控制参数（间歇比、电流极限等），以保证除尘器耗电率最小。根据试验结果，修改完善电除尘器控制程序，使其控制系统能依据燃煤和机组负荷变化自动调整控制方式。

（5）优化除尘器出入口挡板走向，安装导流板，使各除尘器入口烟气量均匀、气流分布均匀。选取合适的阴极线型、合适的结构设计，消除阴极线结构应力。

（6）减少烟道漏风和电除尘器本体漏风。灰斗中的灰及时排出，在灰斗下部形成灰封，避免二次扬尘。

（7）对于烟尘排放浓度基本达标或略有超标的除尘器电源，这时一般不需要对除尘器进行大规模的改造，可对前级电场进行新型电源改造，以提高除尘效率；并进行运行优化调整试验和上位机控制系统优化以达到节电效果。新型电源是指采用对电除尘器更能提供有效供电的电源，主要包括：三相电源、高频电源、中频电源、恒流源等。它们可以提供更高的运行二次电压和适中的二次电流，增强了烟尘的荷电和收集，使除尘效率得到提高，并使其他电场可以更好的采用间歇供电达到节电的效果。同时也可以采用预荷电等新技术进行电除尘器改造。

（8）对于烟尘排放浓度超标严重时的除尘器改造，则需对其进行彻底的整体改造，改造技术可根据各自烟尘排放要求、烟气及烟尘具体特性、场地空间、运行成本等因素综合对比确定采用电除尘器（尽量增加电场数和增大比集尘面积）、电袋复合除尘器及布袋除尘器改造等技术，在保证除尘效率和排放浓度的情况下，可增大电除尘器的调整范围，有利于节电。在电除尘器的前级电场宜优先采用新型电源，配备节能控制系统。做好运行优化调整试验和上位机控制系统优化以达到提效节电效果。

（9）若条件允许可将灰斗电加热改为蒸汽加热。电除尘器的电耗主要是高压电源，如300MW发电机组，系统配备总功耗2250kW，72kV高压电源1968kW，而380V的灰斗加热器128 kW，瓷套加热器64kW，瓷轴加热器32kW。电除尘器的低压电器节电主要在电加热上，若将灰斗的电加热改为蒸汽加热，则节电效果比较明显。将上面的128kW灰斗加热器改为蒸汽加热，则因电厂的蒸汽成本比较低，而节约电能。

（10）合理确定振打周期，防止极板积灰，避免二次扬尘。根据负荷和燃煤灰分的高低变化，依据电除尘器出口烟气浊度，及时调整电除尘器控制参数，调整低负荷时阴极振打时间，阳极振打采用降压振打，可有效降低电除尘器的电耗。

（11）采用高频电源方式。高频电源具有高达93%以上的电能转换效率，在电场所需相同的功率下，可比常规电源更小的输入功率（约20%），具有节能效果。另外，高频电源具有更好的火花控制特性：高频电源的火花关断时间小于10μs而工频电源需10ms，因高频电源供电每个脉冲的时间很短，一旦检测到火花发生，可以立刻关闭供电脉冲，因而火花能量很小，等待电场恢复的时间就少得多，从而可提高除尘效率。嘉兴电厂三期两台1000MW机组除尘电耗率分别为0.06%和0.11%，除尘电耗率较低的主要原因是嘉兴三期电除尘器在设计中就采取了高频电源方式，并且在正常运行中根据电除尘出口烟尘浓度在线对电除尘运行进行调整。玉环电厂电除尘设备由于投运较早，存在耗电率偏高的现象，通过对电除尘整流变压器进行高频改造，取得明显的节能效果。根据改造后性能测试，电除尘耗电率由改造前的0.27%降至改造后的0.17%。

（12）对于天气较热的黄河以南的电厂夏季停用灰斗伴热（灰斗电加热）。电除尘灰斗伴热有蒸汽和电加热两种方式，锅炉正常运行条件下，因为排烟温度一般在110～130℃左右，烟气和灰斗内部烟气之间具有烟气导热和对流换热作用，灰斗外部具有良好的保温层，所以，灰斗内部烟气和灰斗壁面有较高的温度，当环境温度达到一定的情况下，灰斗最下部温度仍然高于烟气露点温度，结灰、篷灰、堵灰的可能性很小，停用灰斗伴热是可行的，南方某电厂经试验，在当环境温度高于23℃时，完全停运电除尘灰斗蒸汽加热是可行的。

【例6-2】 某火电厂锅炉额定蒸发量为907.0t/h，发电机额定功率300MW，烟煤收到基灰分$A_{ar}=17.5\%$、含碳量$C_{ar}=62.47\%$、$S_{ar}=1.0\%$、$N_{ar}=1.1\%$、$O_{ar}=8.0\%$、$H_{ar}=3.0\%$、$M_{ar}=5.5\%$、燃煤低位发热量$Q_{net,ar}=23\ 470.0$kJ/kg，过量空气系数$\alpha_{py}=1.25$，引风压力$p=3090$Pa。已知机组供电煤耗率$b=330$g/kWh，引风机效率80%，联轴器效率$\eta_{tm}=98\%$，求锅炉燃烧实际煤量是多少？求锅炉完全燃烧时实际烟气量是多少？引风机轴功率是多少？引风机耗电率是多少？

解：（1）燃煤量：

$$\text{燃煤量}\ B=\frac{29\ 308\times p_{N}b}{Q_{net,\ ar}}=\frac{29\ 308\times 300\ 000\times 0.33}{23\ 470}=123\ 625.56\ (\text{kg/h})$$

（2）完全燃烧时：

理论干空气量 $V_{gk}{}^{0}=0.089(C_{ar}+0.375S_{ar})+0.265H_{ar}-0.0333O_{ar}$
$=0.089\times(62.47+0.375\times1)+0.265\times3-0.0333\times8$
$=6.6544(m^3/kg)$

理论干烟气量 $V_{gy}{}^{0}=1.866\dfrac{C_{ar}+0.375S_{ar}}{100}+0.79V_{gk}{}^{0}+0.8\dfrac{N_{ar}}{100}$
$=1.866\times\dfrac{62.47+0.375\times1}{100}+0.79\times6.6544+0.8\times\dfrac{1.1}{100}$
$=6.438(m^3/kg)$

实际干烟气量 $V_{gy}=V_{gy}{}^{0}+(\alpha_{py}-1)V_{gk}{}^{0}$
$=6.438+0.25\times6.654=8.102(m^3/kg)$

烟气中实际水蒸气容积

$$V_{H_2O}=1.244\left(\frac{9H_{ar}+M_{ar}}{100}+1.293\alpha_{py}V_{gk}{}^{0}d_k\right)$$
$$=1.244\times\left(\frac{9\times3+5.5}{100}+1.293\times1.25\times6.6544\times0.01\right)$$
$$=0.5381(m^3/kg)$$

因此，完全燃烧时单位燃料产生的烟气量

$$V_y=V_{gy}+V_{H_2O}$$
$$=V_{gy}{}^{0}+(\alpha_{py}-1)V_{gk}{}^{0}+1.244\left(\frac{9H_{ar}+M_{ar}}{100}+1.293\alpha_{py}V_{gk}{}^{0}d_k\right)$$
$$=8.102+0.5381=8.640\ (m^3/kg)$$

锅炉的烟气量

$$Q_x=BV_y=123\,625.56\times8.64=1\,068\,124.8\ (m^3/h)=296.70\ (m^3/s)$$

（3）轴功率：

$$P_{sh}=\frac{q_v p}{1000\eta_i}$$

式中 P_{sh}——风机的轴功率，kW；
η_i——风机的效率，%；
q_v——风机的流量，m^3/s；
p——风机的出口压力，Pa。

由于引风机的流量 $q_v=(1+A_L)Q_x$，因此引风机轴功率

$$P_{sh}=\frac{q_v p}{1000\eta_i}=\frac{296.7\times3000}{1000\times0.80}=1112.6\ (kW)$$

式中 A_L——空气预热器漏风率，%，一般取 $A_L=8\%$。

（4）满负荷时，引风机的有功功率：

$$P_e=\frac{q_v p}{1000}$$
$$=\frac{(1+0.08)\times296.7\times3000}{1000}=961.31(kW)$$

输入功率

$$P_g=\frac{P_e}{\eta_{tm}\eta_i}=\frac{961.31}{0.98\times0.8}=1226.16\ (kW)$$

引风机耗电率 $e=\frac{P_g}{P_N}\times 100\%=\frac{1226.16}{300\ 000}\times 100\%=0.41\%$

这就是说，引风机耗电率可以达到0.41%。

【例6-3】 某火电厂锅炉额定蒸发量为907.0t/h，运行参数见例5-1，过量空气系数$\alpha_{py}=1.25$，乏气中间储仓式制粉系统，送风压力$p=1800$Pa。已知机组供电煤耗率$b=0.33$kg/kWh，送风机效率80%，联轴器效率$\eta_{tm}=98\%$，求锅炉完全燃烧时送风机耗电率是多少？

解：锅炉理论干空气量为

$$V_{gk}^0=0.089(C_{ar}+0.375S_{ar})+0.265H_{ar}-0.0333O_{ar}=6.6544\ (m^3/kg)$$

锅炉的送风量

$$\begin{aligned}Q_s&=\alpha_{py}BV_y\\&=1.25\times 123\ 625.56\times 6.6544=1\ 028\ 317\ (m^3/h)\\&=285.64\ (m^3/s)\end{aligned}$$

由于送风机的流量$q_v=Q_s$，因此满负荷时，送风机的有功功率

$$\begin{aligned}P_e&=\frac{q_v p}{1000}\\&=\frac{285.64\times 1800}{1000}=514.15\ (kW)\end{aligned}$$

输入功率 $P_g=\frac{P_e}{\eta_{tm}\eta_i}=\frac{514.15}{0.98\times 0.8}=655.81\ (kW)$

送风机耗电率 $e=\frac{P_g}{P_N}\times 100\%=\frac{655.81}{300\ 000}\times 100\%=0.22\%$

第三节 降低汽轮机辅机耗电率的措施

一、凝结水系统

凝结水泵耗电率主要由凝结水泵配置、机组类型、负荷率、运行控制方式所决定。负荷系数在70%以上时，凝结水泵运行耗电率要求：超超临界机组配置2×100%凝结水泵≤0.20%，超临界机组配置2×100%凝结水泵≤0.18%，亚临界机组配置2×100%凝结水泵≤0.16%，配置3×50%凝结水泵机组控制值在同类型机组的耗电率基础上，增加0.03个百分点，空冷机组在同类型机组的耗电率基础上，增加0.02个百分点。降低凝结水系统耗电率的主要措施有：

1）确保凝结水泵流量扬程特性与系统阻力特性相匹配。

2）提高凝结水泵运行效率。

3）尽量降低凝结水流量。

1. 凝结水泵性能与系统阻力特性匹配

凝结水泵性能（流量、扬程特性）与系统阻力特性不匹配，造成除氧器水位调整门（凝结水调整门）节流损失增大，凝结水泵运行效率偏离设计值，凝结水泵运行效率降低。

（1）目前运行机组普遍存在凝结水泵的设计扬程偏高，以及节流压差、凝结水泵耗功大的问题。对于扬程裕量过大，以及受到变频低速运行时振动大的制约，变频调节的经济性不能全部体现。因此需要对凝结水泵进行通流部分改造。对于N级凝结水泵，采用空装和假套替代的方法拆除一级叶轮后，扬程可降低$1/N$。

例如某超临界600MW机组满负荷运行时除氧器压力约为0.98MPa，凝结水管道阻力

0.843MPa，再考虑上水调整门节流损失 0.40MPa，凝结水泵总扬程 $H=84.3+40+98=222.3$（m）（出口压力约为 2.22MPa），而凝结水泵选择沈阳水泵厂生产的 10LDNA-6PC，设计扬程 H_0 为 393m，设计流量 1617m³/h，设计转速 n_0 为 1485r/min，效率 81%，设计扬程明显偏大，节流损失大，实际效率最大 77.79%。因此对凝结水泵的 2000kW 电动机进行了变频改造，具有一定节电效果。但是在低于 350MW 负荷时，仍需要通过除氧器上水调整门进行节流调节，变频节能效果得不到充分发挥。之后，又对该凝结水泵进行取消一级叶轮改造，使叶轮从 6 级降为 5 级。通过上述综合改造后，75%负荷系数时，凝结水泵耗电率由改造前的 0.36%下降到目前的 0.17%，凝结水泵实际最大效率由 77.79%提高到 80.53%，扬程下降了 60～70m。

（2）对于新设计机组，凝结水泵原则上应配置 2×100%凝结水泵，并配置“一托二”变频调节装置。若选择 3×50%凝结水泵，并配置“一托二”变频调节装置，凝结水泵耗电率将增加 0.03～0.04 个百分点。凝结水泵扬程选择应根据凝结水系统设计特点进行仔细核算，防止凝结水泵扬程选取过大。此外，凝结水泵电动机宜加装变频调节装置，以降低部分负荷下凝结水泵耗电率。

2. 凝结水泵启、停过程节电

在机组启、停过程中，合理控制凝结泵的启、停时间。停机时，原则上控制汽轮机投入连续电动盘车 1h 后停止凝结水泵运行，实际操作时注意低压缸温度的变化。

3. 凝结水泵变频运行

变频凝结水泵运行期间，保持除氧器水位调节阀（除氧器进水门）全开（除氧器水位主调节阀、副调节阀、旁路电动门全开。通过变频来调整除氧器水位。对于 300MW 机组，即使主调节阀全开，调节阀阻力仍有 0.7MPa），通过调节凝结水泵的转速控制除氧器水位，见图 6-2。当随着凝结水泵转速降低、凝结水压力下降不能满足给水泵密封水差压要求时，可适当节流除氧器水位调节阀，保证给水泵密封水需要。

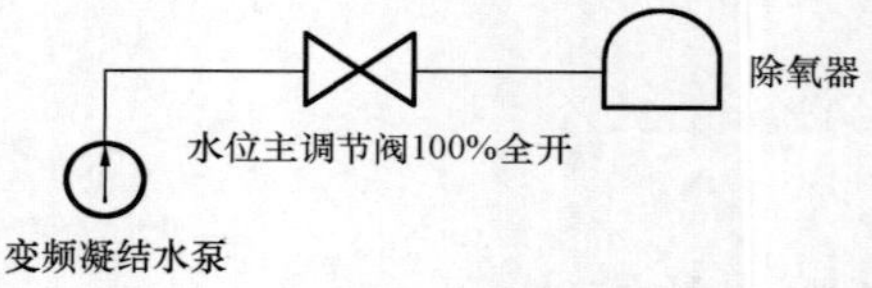

图 6-2　凝结水系统

在凝结水泵电动机加装变频调节装置后，应根据机组实际状况，在保证安全的前提下，及时调整低压旁路减温水压力低保护定值、给水泵密封水差压低保护定值、凝结水压力低开启备用泵定值等。此外，还应修改除氧器进水控制逻辑，机组在运行中保持（除氧器水位主调节阀）全开，采用变频装置调节除氧器水位。

凝结水泵加装变频调节装置后，受到汽动给水泵密封水压力要求，节电率不高，可进一步采取措施深度变频。如某 1000MW 机组对凝结水泵进行了变频改造，凝结水泵耗电率由 0.30%降至 0.20%。在完成凝结水泵变频改造后，由于汽动给水泵密封水压力限制仍有进一步节能空间，2012 年实施了凝结水泵深度变频优化技改工作，通过加装给水泵密封水泵（或将给水泵改为机械密封）及改变原控制逻辑系统将凝结水泵变频电流大幅降低，凝结水泵耗电率再次下降 0.05 个百分点。

4. 杂项用水治理

通过凝结水杂项用水的治理，进一步降低凝结水泵出口流量，达到节电的效果。根据机组运行需要，通过安装高质量可调节阀门，合理控制杂用水用量，能有效降低凝结水泵的出口流量和厂用电消耗。

二、循环水系统

循环水系统主要存在的问题有：循环水泵性能与循环水系统阻力不匹配、循环水泵运行效率低、循环水泵运行方式不合理。

循环水系统耗电率受环境温度及运行操作方式影响较大，通常在0.55%～0.75%。节约循环水系统厂用电的主要措施有：

1）优化循环水系统配置；

2）循环水泵变速（双速）运行；

3）提高循环水泵效率。

1. 循环水系统设计与配置

对于循环水系统宜采用扩大单元制供水系统，每台机组设两台循环水泵，循环水母管之间需设联络门，实现不同季节、不同负荷下循环水泵优化运行，如夏季1台机组2台循环水泵运行；春、秋季2台机组3台循环水泵运行；冬季1台机组1台循环水泵运行。对于每台机组设2台循环水泵，应优先采用至少1台循环水泵具备高低速功能的方案；也可采用动叶调节或变频调节方式。

当采用直流供水时，宜靠近水源，尽可能减少管线长度，减少阀门和弯头数量，弯头应采用圆弧弯头，阀门尽量选用碟阀（阻力较小）。

对于1000MW机组宜采用“一机三泵、两运一备”设计配置，使循环水泵运行方式更趋于灵活。如果每台机组配置3台循环水泵，可不采用高低速和变频调节方式。

去掉循环水系统中多余的阀门，改善管道形状，尽可能减少管道阻力损失。

2. 循环水泵变速运行

循环水泵变速运行节电有一定的限制条件。在汽轮机排汽压力未达到极限背压之前，循环水泵变速（变频或双速）运行节电和机组的最佳运行真空紧密相关。此时不宜单纯考虑节约厂用电，应该以机组的运行真空为最佳值作为衡量依据，即运行真空未达到最佳值，不应采用循环水泵变速运行节约厂用电。

循环水泵变速应优先选择双速方案（高、低速）。对于配置2台循环水泵的机组，原则上推荐1台循环水泵双速改造，这样单台机组循环水泵的运行方式有一机一泵（低速）、一机一泵（高速）、一机两泵（一高速、一低速）、一机两泵（两台高速）四种，通过冷端系统运行优化试验，寻求在机组不同负荷、不同循环水温度条件下的机组最佳真空和循环水泵的最佳运行方式，真正实现汽轮机冷端系统的节电和节能。改造后，循环水泵耗电率平均下降0.1个百分点。

采用高压变频技术，对循环水泵转速可以进行无级调速，应根据机组不同环境温度、不同负荷下的最佳真空，调节泵的运行转速，从而调节循环水泵流量，准确地跟踪机组不同负荷下的最佳真空，实现最大限度的节电效果。

建议以凝汽器真空度95%为基准，作为启停备用循环水泵或切换大（高速）、小（低速）循环水泵的原则。当在循环水进水温度许可的情况下，若维持小循环水泵运行能保持凝汽器真空度在95%以上，必须维持小循环水泵运行；随着环境温度的升高，当维持小循环水泵运行凝汽器真空度低于95%时，应切为大循环水泵运行。

3. 循环水泵增效改造

循环水泵设计配套偏差、运行磨损等造成循环水泵效率下降，厂用电增加。现代高效循环水泵的运行效率能达到85%以上甚至更高，当循环水泵实际运行效率低于75%时，可考虑进行循环水泵增效改造。即对循环水泵叶轮进行改进，重新设计叶轮，采用高效叶片型线，同时使设计工况点与泵的运行工况一致，达到提高泵运行效率的目的，从而降低泵运行轴功率，减少电动机输出功率。

在对循环水泵进行改造的同时，还应根据季节、水温、机组负荷等因素对循环水泵的运行组合进行优化，通过试验确定不同条件下的运行方式。

4. 循环水系统的优化运行

在机组负荷和冷却水温一定的条件下，机组凝汽器压力随循环水流量的改变而改变，而循环水流量的变化直接影响到循环水泵的耗功。循环水流量增加，机组背压减小，机组出力相应增加，同时循环水泵的功耗也增加。

当循环水流量增加使得机组出力增加值与循环水泵功耗增加值的差为最大时，凝汽器运行压力即为机组最佳运行背压，此时的循环水系统运行方式就是最佳运行方式。

实际上机组配套的循环水泵台数有限，循环水流量不能连续调节，运行优化方式只能根据现有的循环水泵台数或泵叶片调整角度（可调叶片泵）的变化，组合出不同的循环水泵运行方式（一机一泵、两机三泵和一机二泵），通过实测不同循环水泵组合方式下的凝汽器变工况性能、循环水泵流量和耗功、汽轮机出力增加值，结合机组负荷和循环水温度变化情况，计算出在一定机组负荷和循环水温度条件下的机组最佳运行背压，从而确定对应最佳背压的循环水泵最佳运行方式。例如某600MW机组循环水系统配置为“一机两泵”方式，经过优化调整试验后得到表6-16所示的优化方案。

表 6-16　　600MW 机组循环水系统优化方案

机组负荷(MW)	循环水入口水温（℃）						
	32	30	25	21	15	10	5
600	双泵	双泵	双泵	双泵	双泵	单泵	单泵
550	双泵	双泵	双泵	双泵	单泵	单泵	单泵
500	双泵	双泵	双泵	双泵	单泵	单泵	单泵
450	双泵	双泵	双泵	双泵	单泵	单泵	单泵
400	双泵	双泵	双泵	单泵	单泵	单泵	单泵
350	单泵	单泵	单泵	单泵	单泵	单泵	单泵
300	单泵	单泵	单泵	单泵	单泵	单泵	单泵

5. 循环水泵性能与循环水系统阻力应匹配

循环水泵的流量扬程特性与循环水系统阻力特性相匹配是循环水系统，甚至是整个冷端系统节能运行的关键。在设计流量工作点，当循环水泵配套的扬程高于系统阻力，导致循环水泵实际运行在低扬程大流量区域。在冬季水温度较低时，凝汽器冷却水流量偏大，机组真空高于极限真空，同时过高的流速可能会冲刷铜管的胀口，造成安全性问题；当循环水泵配套的扬程小于系统阻力，导致循环水泵实际运行在高扬程小流量区域，凝汽器冷却水流量偏小，直接影响机组运行经济性。无论流量偏大或偏小，循环水泵都偏离设计工作点，导致循环水泵的运行效率偏低。

采取的主要措施是：进行循环水泵性能与循环水系统阻力特性诊断试验，寻找循环水系统阻力增大的原因，或对循环水泵进行增容改造或降低扬程改造。

6. 循环水泵启、停过程节电

在机组启、停过程中，合理控制循环泵的启、停时间。停机时，原则上控制汽轮机投入连续电动盘车后停止循环水泵运行。

三、开式冷却水系统

为适应季节变化机组开式冷却水流量的不同需求，开式冷却水泵节电可以采取如下措施：

(1) 冬季工况下，停运开式水泵（升压泵），开式冷却水通过旁路自流。对循环水泵扬程较小，部分开式冷却水冷却设备用水量要求较高的情况下，可以增设单独的增压泵（如冷却器冷却水等）。

(2) 开式冷却水泵双速改造，在春、秋、冬季节低速运行，降低开式水泵电耗。夏季高温时，高速运行。

(3) 优化开式泵运行方式。机组停运后，将停运机组的开式泵停运，依靠辅机循环泵为运行设备提供冷却水。

四、给水系统

1. 给水泵

对于配置电动给水泵的机组，要求电动给水泵耗电率（含前置泵）≤2.3%；对于配置汽动给水泵的机组，要求给水泵前置泵耗电率：亚临界机组≤0.16%，超临界机组≤0.19%，超超临界机组≤0.20%，空冷机组在同类型机组的耗电率基础上增加0.02个百分点。

配2×50%容量汽动泵（机组启动、备用泵通常采用1台25%～50%调速的电动给水泵），优点是1台汽动泵组故障时，备用电动给水泵自动启动投入后仍能带90%负荷以上运行，对机组负荷影响较小。正是基于可靠性高的优点，日本百万等级电厂的汽动给水泵全部采用2×50%容量，而且该配置在国内百万等级电厂以及其他300、600MW亚临界、超临界电厂广泛采用。欧洲电厂都采用1×100%容量汽动给水泵。为了节能，在给水泵汽轮机进汽能保证机组启动要求时，600MW及以上机组可选择1台100%容量汽动给水泵，或采用2台50%容量汽动给水泵。对于新建工程，当有可靠汽源时，可考虑不设独立的启动电动给水泵。上海外高桥电厂三期工程在1000MW机组中，首次采用了1台100%容量汽动给水泵（100%容量汽动给水泵比50%容量汽动给水泵效率高2个百分点左右，整个机组热耗下降18kJ/kWh），给水泵汽轮机自配独立的凝汽器，可单独启动，不设电动给水泵，其启动汽源来自相邻机组的冷段再热蒸汽。

300MW机组主给水系统常规设计方案见图6-3，优化设计方案见图6-4，图6-4的设计方案减少了一个电动阀和一个止回阀，有利于机组节能和节电。在新建机组设计中宜采用图6-4的设计方案，对于在役机组也可采用图6-4的方案改进给水系统。对于300MW机组，这样改造后可以节省60kW的功率损耗。

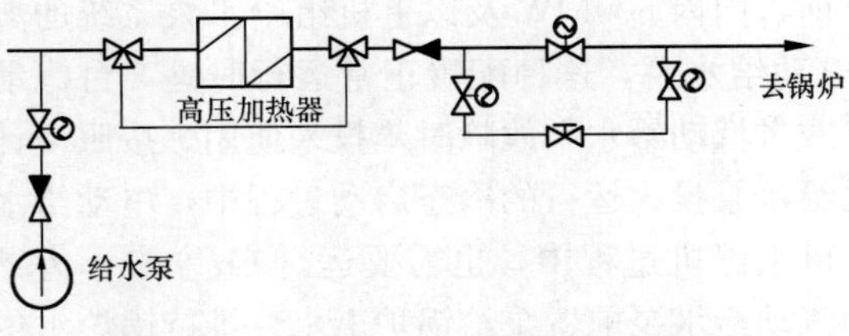

图6-3　300MW机组给水系统设计方案

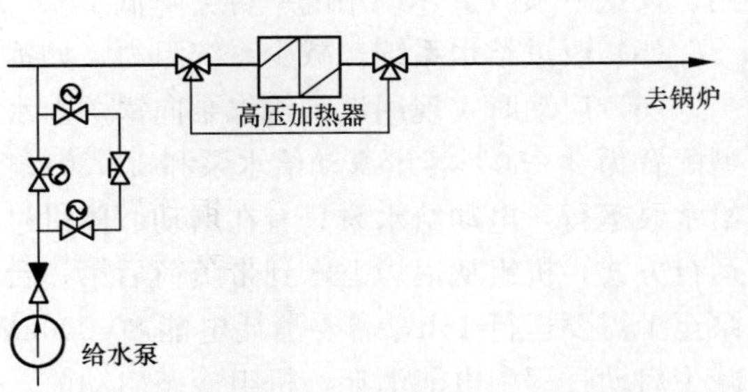

图6-4　300MW机组给水系统优化设计方案

600MW及以上超临界机组主给水系统常规设计方案见图6-5，优化设计方案见图6-6，图6-6的设计方案减少了一个电动阀和一个止回阀，有利于机组节能和节电。在新建机组设计中宜采用图6-6的设计方案，对于在役机组也可采用图6-6的方案改进给水系统。

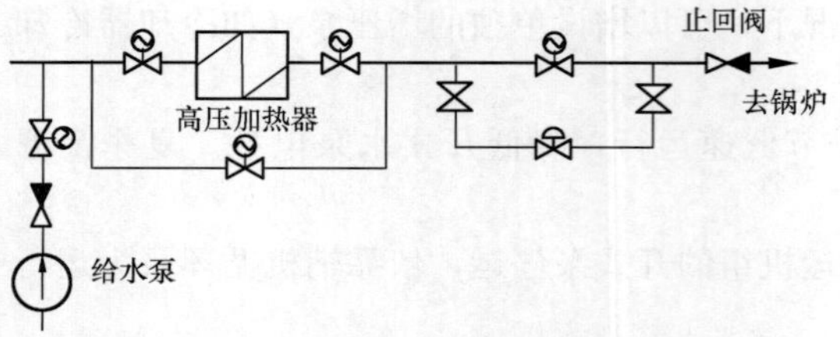

图 6-5　600MW 超临界机组给水系统设计方案

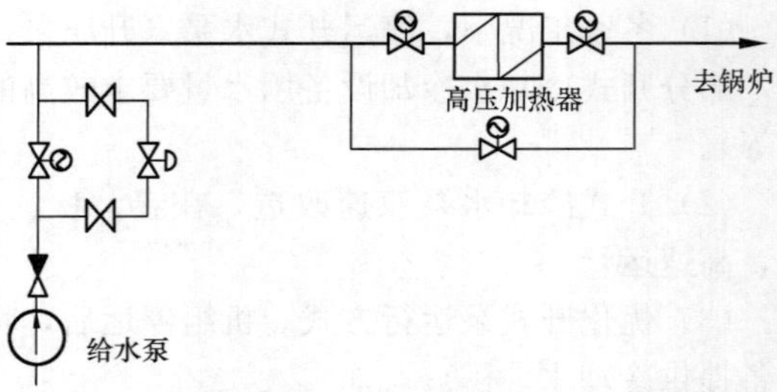

图 6-6　600MW 超临界机组给水系统优化设计方案

降低电动给水泵耗电率的其他技术措施：

(1) 机组滑压运行时，尽量开大主给水调节阀开度，通过给水泵自动调节转速来适应给水系统的阻力和流量要求。这种方法既能消除给水调节阀节流损失，同时主给水压力下降，减少了给水泵功耗。某电厂 137.5MW 机组电动给水泵在 85MW 负荷时，定压运行、滑压运行节电效果见表 6-17。

表 6-17　137.5MW 机组电动给水泵优化运行方式的节电效果

项　目	定压运行	滑压运行
主蒸汽压力（MPa）	13.21	7.98
给水泵出口压力（MPa）	14.44	9.47
给水泵出口流量（t/h）	269.9	251.3
给水泵转速（r/min）	3941	3150
给水泵电功率（kW）	2035.1	1518.4
节约电功率（kW）	—	516.7

(2) 采用变速调节流量代替节流调节流量，通过调整给水泵转速控制汽包水位在正常范围内。

(3) 加强阀门管理，减少给水泵再循环门泄漏。

(4) 将电动给水泵改造为全容量汽动给水泵，保留 1 台电动给水泵作为机组启停及事故备用。仅这一项改造，厂用电率将会降低 1～2 个百分点。

(5) 改进给水系统，减少系统阻力，如拆除多余的阀门、减少弯管道、合理配置管径等。

(6) 启动时实现用汽动给水泵向锅炉上水。目前，国内 600MW 及以上机组给水泵系统的典型配置为 2×50%容量汽动给水泵和 1×30%容量电动给水泵，这种配置正常运行时是 2 台汽动给水泵运行，电动给水泵只有在启动、停机过程，或者汽动给水泵故障时才投入使用。按照设计运行方式，机组从锅炉上水到带负荷后第一台汽动给水泵投入运行的冷态启动过程中，电动给水泵至少需要运行 16h，需要消耗电能 80 000kWh；机组停机过程中，也需要运行 6h 左右。为了减少启动过程中电能消耗，机组冷态启动前，使用汽动给水泵前置泵给锅炉上水，维持锅炉水位或满足机组启动流量要求。即使机组点火后，也可以继续使用一段时间。如果两台机组辅汽系统通过辅汽母管可实现互供，当一台机组正常运行，另一台机组启停时，可由邻机提供辅汽作为给水泵汽轮机汽源、实现用汽动给水泵向锅炉上水，不启动电动给水泵，实现降低厂用电率的目的。

例如某发电公司装机 1 台 600MW 亚临界一次中间再热火力发电直接空冷机组，给水系统配备 2 台 50%BMCR 容量的汽动调速给水泵和一台 30%BMCR 容量的液力调速电动给水泵，前置泵设计扬程134.9m，除氧器中心高度25m，汽包中心高度74.3m。因此启动期间使用汽动给水泵前置泵上水完全没有技术问题。锅炉冷态启动使用汽动给水泵上水，只有汽动给水泵前置泵耗电，电流约30A，功率约280kW；使用电动给水泵为锅炉上水，电动给水泵电流约200A，功率约1860kW；冷态启动时间按10h计，锅炉每次冷态启动可节电15 800kWh，节电效果较好。

(7) 给水系统采用第三代高效给水泵进行换型。例如多家电厂用英国WEIR泵公司技术制造的DGT600-240型半容量调速给水泵改造成功，其可靠性提高，维护工作量减小，实测效率达80%以上；另外尚有QG525-240型和TDG525-240型成功改造的实例。

(8) 在机组启、停过程中，合理控制给水泵的启、停时间。停机时，原则上控制汽轮机打闸后，待锅炉上满水后停止给水泵运行，锅炉不再进行上水后隔离给水泵，停止给水泵辅助油泵。

2. 前置泵

(1) 国内设计电厂厂用电率一直高于进口机组厂用电率。从汽轮机侧，最明显差距是，将给水泵汽轮机拖动的给水泵、前置泵分为主泵由给水泵汽轮机拖动，前置泵由电动机拖动。其理由是给水泵汽轮机在汽轮机零米不易布置、不利于检修。但从引进几十台机组的电厂并没有提出这方面问题，如日本三菱机组的前置泵、给水泵均有给水泵汽轮机拖动方式。这些电厂的厂用电率是国内设计的电厂是无法达到的，一般厂用电率在2.8%～3.5%。仅这一项，我国厂用电率就增加0.14个百分点，供电煤耗率将升高0.4g/kWh。建议我国前置泵也改由给水泵汽轮机拖动。

(2) 将现有运行的带前置泵的给水泵组，改造为不设前置泵、带诱导轮给水泵，该泵效率可达80%～82%，比带前置泵的泵组效率77%～79%提高3%；对于采用电动给水泵的机组厂用电率还会有所下降。

(3) 更换前置泵。某电厂660MW机组配置两台型号QG400/300C的前置泵，由于该前置泵轴封密封水形式为外接密封水，水源引自凝结水泵出口，而且前置泵对密封水压力有一定要求，所以制约着凝结水泵的变频运行方式，达不到节能之效果。在计划检修中更换为350/250KS71型前置泵。设备改造后密封方式为自密封方式，不影响凝结水泵的变频运行方式；在结构方面有原来的滚动轴承改为滑动轴承，增强了设备运行的稳定性、可靠性。

(4) 叶轮切削。目前电厂前置泵扬程选型偏高，造成实际运行中前置泵厂用电率偏高，导致给水泵入口有效汽蚀余量远高于必需汽蚀余量。通过叶轮切削降低前置泵扬程投资少，见效快，是目前比较流行的降低厂用电率措施之一。降低前置泵扬程改造后汽泵入口有效汽蚀余量约为2倍必需汽蚀余量即可。例如华能海门电厂对1000MW机组给水泵前置泵叶轮进行车削改造，降低前泵扬程，电机电流下降5A。

五、抽真空系统

抽真空系统（也叫抽空气系统）性能变差直接导致空气在凝汽器汽侧聚集，影响凝汽器换热，进而影响机组真空。抽空气系统性能变差的主要原因有：真空泵抽吸能力下降；抽空气系统管路流动不畅。

1. 真空泵

影响真空泵运行性能的主要因素有：工作水温度、真空泵转速、抽吸口压力和温度等。从运行角度看，工作水温度是影响真空泵抽吸能力的最常见和最主要的因素。解决工作水温度高的问题，可以从降低工作水的冷却水温度、提高工作水冷却器换热能力（面积）和效率、增加冷却水流量等方面着手。必须经过诊断试验，确认工作水温度升高的主要原因，通常可采取的主要措施有：

(1) 对于新设计的机组，应配置3×50%容量双级水环式真空泵。

(2) 真空泵冷却水系统改造。具体的解决方法需考虑运行安全性、可靠性和投资回收年限。

最安全可靠、简单易行的措施是寻找低温的冷却水源，替代现有的利用循环水冷却，保证机组迎峰度夏的安全经济性。如低温的工业水、地下水或中央集中空调冷冻水等。在没有低温水源的情况下，可以增设强制制冷设备对真空泵工作液进行强制冷却。

（3）定期清理和清洗真空泵工作水冷却器。如果冷却水杂质较多，可以考虑更换为易于清理和清洗的冷却器形式。

（4）降低真空泵耗电率最主要的手段是合理调整真空泵运行方式。京科发电公司直接空冷330MW机组配有三台水环式真空泵，电机容量均为160kW。机组自试运以来一直是二台真空泵运行，一台备用。为了节电，公司根据汽机真空严密性较好和真空泵出力较大的实际情况，将真空泵运行方式由2台泵运行、1台泵备用改为1台真空泵运行、2台真空泵备用。这样每天可节电约3800kWh。

2. 抽空气管路

抽空气管路流动不畅分为两种情况：凝汽器内部空冷区空气管不畅；双背压凝汽器高、低压侧空气流动相互影响，导致流动不畅。

（1）对于凝汽器内部空冷区空气管不畅的问题，只有在停机检修时按照设计图纸对空气管进行检查，并及时更正安装错误。

（2）双背压凝汽器高、低压侧空气流动相互影响。双背压凝汽器的抽气系统分为串联和并联两种布置方式。串联布置方式是高压凝汽器中的不凝结气体连通到低压凝汽器抽气通道，与低压凝汽器中的不凝结气体混合后经真空泵抽出，该方式的优点是系统简单，缺点是高、低压凝汽器相互干扰，易造成抽气量不匀，影响凝汽器换热。并联布置方式是高、低压凝汽器中不凝结气体各自由单独的真空泵抽出，该方式的优缺点正好和串联布置方式相反。

造成串联布置方式下高、低压凝汽器抽气不均匀现象的主要原因是设计阶段空气管路流动阻力计算不符合实际情况。解决的方法只有把抽空气系统改为并联布置方式，即高、低压凝汽器中不凝结气体各自由单独的真空泵抽出。该连接方式三台真空泵运行方式灵活，可以互为备用。

六、空冷岛

空冷机组受环境温度、风速及负荷率影响较大，为保证空冷机组节能，首先要根据当地的气象条件做好空冷机组的设计，一般空冷凝汽器面积选择较大为宜。空冷机组节能主要有以下措施：

（1）优化空冷机组的运行方式，在冬季根据负荷、环境温度等控制凝汽器压力为8～9kPa，在夏季条件允许时尽量降低机组凝汽器压力。

（2）空冷塔和空冷凝汽器宜定期对散热器表面进行水清洗，以使散热翅片管具有良好的传热效果。在夏季高温时段加强空冷机组的冲洗。

（3）夏季机组运行背压达不到设计值时，可考虑在散热器上安装雾化装置以强化传热。

（4）600MW及以上直接空冷机组，若空冷凝汽器面积较大，给水泵汽轮机的排汽可直接进入空冷凝汽器。

（5）空冷凝汽器宜根据外界气象条件的变化，使空冷风机在合理的调频范围内运行。空冷凝汽器采用双速风机时，宜根据气象条件的变化，通过试验，确定合理的风机运行台数。通常空冷岛耗电率控制在0.7%～0.8%。

（6）空冷系统优化运行。在某一确定的机组负荷、环境温度以及风速的前提下，通过改变空冷风机的运行方式，使汽轮机功率的增加值与风机消耗功率的增加值之间的差值，达到最大来确定最佳汽轮机排汽压力，从而选择风机的最佳运行方式。具体做法是，通过对机组微增出力与汽轮机排汽压力关系、空冷系统变工况性能、不同风机运行方式耗功变化等进行建模、核算等，对机组空冷系统优化进行核算，并按照冷端优化结果调度冷却风机的运行方式，使冷却风机的运行方式更加经济。国华呼伦贝尔电厂在机组出力系数0.75下，环境温度−20～25℃期间，折算后全年平均背压基本在11.0～11.5kPa，空冷风机耗电率基本在0.55%～0.60%。

【例6-4】 某300MW机组的凝结水泵采用变速调节，电动机的轴功率P_{sh}为900kW。当其转速由n_1为1480r/min下降到n_2为1100r/min时，问其电动机的轴功率为多少？节电率是多少？

解：轴功率　$$P_2=P_{sn}\left(\frac{n_2}{n_1}\right)^3=900\times(1100/1480)^3=369.5\ (\text{kW})$$

节电率　$$e=\frac{900-369.5}{900}\times100\%=58.9\%$$

【例6-5】 某300MW机组夏季开启2台循环水泵，满负荷每台循环水泵实际流量17 000m³/h，扬程11m（约0.11MPa），效率85%，配1250kW电动机。已知联轴器效率$\eta_{tm}=98\%$，求2台循环水泵满负荷时凝结水泵实际的有功功率、输入功率、耗电率各是多少？

解：满负荷时，2台循环水泵的有功功率

$$P_e=\frac{\rho g q_v H}{1000}=\frac{q_v p}{1000}=\frac{2\times17\ 000/3600\times110\ 000}{1000}=1038.88(\text{kW})$$

输入功率　$$P_g=\frac{P_e}{\eta_{tm}\eta_i}=\frac{1038.88}{0.98\times0.85}=1247.15(\text{kW})$$

耗电率　$$e=\frac{P_g}{P_N}=\frac{1247.15}{300\ 000}\times100\%=0.42\%$$

【例6-6】 某超临界600MW机组满负荷运行时凝结水泵总扬程$H=222.3$m，而凝结水泵选择沈阳水泵厂生产的10LDNA-6PC，设计扬程H_0为393m，设计流量1617m³/h，设计转速n_0为1485r/min，效率81%。已知联轴器效率$\eta_{tm}=98\%$，求凝结水泵设计输入功率、设计耗电率各是多少？凝结水泵实际输入功率、设计耗电率各是多少？

解：(1) 凝结水泵的有功功率

$$P_e=\frac{\rho g q_v H_0}{1000}=\frac{q_v p}{1000}=\frac{1000\times9.806\times1617/3600\times393}{1000}=1730.98(\text{kW})$$

式中　q_v——泵的流量，m³/s；

p——泵的出口压力，Pa，对于淡水$p=9806\times H$(Pa)；

H——泵的扬程，m；

ρ——泵输送流体的密度，kg/m³，对于淡水$\rho=1000$kg/m³。

凝结水泵输入功率

$$P_g=\frac{P_e}{\eta_{tm}\eta_i}=\frac{1730.98}{0.98\times0.81}=2180.6(\text{kW})$$

式中　η_i——泵的效率，%。

设计耗电率　$$e=\frac{P_g}{P_N}=\frac{2180.6}{600\ 000}\times100\%=0.36\%$$

(2) 根据水泵相似原理，得

$$\frac{H}{H_0}=\left(\frac{n}{n_0}\right)^2=\left(\frac{f}{f_0}\right)^2$$

$$\frac{P}{P_0}=\left(\frac{n}{n_0}\right)^3=\left(\frac{f}{f_0}\right)^3$$

满负荷时运行频率

$$f = f_0\sqrt{\frac{H}{H_0}} = 50 \times \sqrt{\frac{222.3}{393}} = 37.6(\text{Hz})$$

满负荷时实际输入功率

$$P = P_0 \times \left(\frac{f}{f_0}\right)^3 = 2180.6 \times \left(\frac{37.6}{50}\right)^3 = 927.3(\text{kW})$$

变频后实际耗电率

$$e = \frac{P}{P_\text{N}} = \frac{927.3}{600\ 000} \times 100\% = 0.15\%$$

第七章 《火电厂燃煤管理技术导则》解读与应用

第一节 《火电厂燃煤管理技术导则》主要内容

2014年国家技术监督总局颁布了GB/T 31091—2014《煤场管理通用技术条件》(以下简称《2014版煤场通用条件》),《2014版煤场通用条件》偏重于煤场设施配置要求。原能源部颁布的SD 322—1989《燃料检验工作全面质量治理准则》(以下简称《1989版燃料标准》),《1989版燃料标准》适用范围仅是适用于电力工业的燃料试验室工作的全面质量管理。火电行业一直缺少针对性强、比较全面的燃煤管理技术标准。在此情况下,华电电力科学研究院、西安热工研究院等单位联合编制DL/T 1668—2016《火电厂燃煤管理技术导则》(以下简称《2016版燃料标准》),于2017年5月1日实施。《2016版燃料标准》基于《1989版燃料标准》和《2014版煤场通用条件》,纳入了火电厂用煤的采购、计量、质检、接卸、储存、掺配、输送等全方位全过程的管理。

一、组织机构与职责(《2016版燃料标准》缺少组织机构及职责内容,这是笔者增加的)

(1)成立以主要厂级领导为组长、相关主要专业分管领导为副组长的燃料管理领导小组,主要成员有燃料供应、生产技术、燃料、营销、财务、运行等部门负责人。主要负责燃料全过程管理中重要事项的决策,职责包括但不限于:审核年度订货预案;审核年度、月度燃料采购计划;审核燃料新增供应商;审核供应商评价报告;审批采购合同评估报告;审批商务纠纷处理方案;审批燃料应急采购方案;审批燃料全过程管理中出现的重大事项处理方案;审核燃料运输单位的采购结果;审批燃料接卸、计量设备的应急处理;审批燃料管理年度创标方案等。至少每季度召开一次会议,总结前期燃料工作情况,分析存在的问题,充分发挥不同专业间的协同,明确下一步管理提升措施以及月度燃料绩效考核意见。

(2)成立以分管燃料供应的厂级领导为组长、燃料供应部门负责人为副组长的燃料采购工作小组,主要成员为燃料供应、运行、营销、生产管理、燃料等部门相关岗位人员。主要职责包括但不限于:修订燃料采购管理相关管理制度;制定商务纠纷处理方案;拟定年度、月度燃料采购计划等事项。工作小组不定期召开会议并形成会议纪要,每月至少召开一次。

(3)成立以分管生产的厂级领导为组长、总工程师或副总工程师为副组长的燃料生产工作小组,主要成员由生产技术、运行、燃料、检修、营销、燃料供应等部门相关人员。主要职责包括但不限于:提出采购需求建议,燃料的入厂接卸管理,入厂、入炉煤采制化与计量设备的运行维护管理,入厂、入炉煤的检斤、检质验收管理,煤场盘点、文明生产及配煤掺烧管理,燃料厂侧系统维护及管理等,确保燃料生产管理全过程达到“工作规范”中规定的指标要求、管理要求及先进性准则。工作小组不定期召开会议并形成会议纪要,每月至少召开一次。

二、采购管理

(1)根据年度电力市场、燃料市场、运输市场、本单位发电及供热计划量等情况,综合考虑年度生产经营目标,明确年度煤炭购销合同(以下简称“长协”)与现货采购比例、“长协”采购结构以及量质价等约束条件,编制年度燃料采购预案,经燃料管理领导小组批准后实施。

(2)每月20日前,根据次月生产经营计划、年度合同分解等情况,制定次月采购计划。制定次月采购计划时,应根据本单位发电及供热计划量、燃煤到厂价格、燃煤品质、燃煤运输条件和到货时间等因素及其变化趋势确定。

（3）为保障燃料安全稳定供应，建立燃煤采购预警与应急采购机制。当库存可用天数低于 7 天时或后续供应不足时，启动Ⅲ级应急响应并采取相应措施；低于 5 天时及后续供应不足时，启动Ⅱ级应急响应并采取相应措施；低于 3 天时及后续供应不足时，启动Ⅰ级应急响应并采取相应措施。可用天数的计算原则上采用“设计煤种满负荷状态下日耗煤量的 85%”。

（4）采购煤质应根据设计煤种和校核煤种的要求确定；若锅炉相关设备经过改造，则应按照改造后的要求确定。

（5）采购煤质内容至少包括：矿别、煤种、收到基低位发热量、干燥无灰基挥发分、空气干燥基含硫量、干燥基灰分、收到基全水分、灰熔点 T2、粒度等。如某电厂煤炭供需合同规定矿别：大同，煤种：气肥，收到基低位发热量为 23 028kJ/kg（5500kcal/kg）、干燥无灰基挥发分为 26%～35%、空气干燥基含硫量＜1.0%、干燥基灰分＜20%、收到基全水分＜12%、灰熔点 T2（灰的软化温度）＞1350℃、粒度为 0～50mm 等。

（6）燃料结算须严格遵循合同条款，符合国家法律法规及公司相关管理要求。例如某电厂煤炭供需合同规定煤炭价格标准如下：收到基低位发热量高于 23 028kJ/kg，每增加 4.187kJ/kg 上浮 0.07 元/t；当收到基低位发热量低于 23 028kJ/kg，每降低 4.187kJ/kg 下浮 0.07 元/t；低于 21 771kJ/kg（5200kcal/kg），每降低 4.187kJ/kg 下浮 0.10 元/t。空气干燥基含硫量超过 1.0% 时，每升高 0.01 个百分点下浮 0.10 元/t，干燥无灰基挥发分超出 26%～35%范围时，每超 0.2 个百分点下浮 0.10 元/t。

三、燃煤检斤管理

（1）凡进入电厂的燃料，须根据水运、铁路、汽车不同运输方式按船、列、车进行数量验收，检斤率达到 100%，准确率达到 100%。

（2）火车、江船、汽车等运输方式的入厂煤数量计量原始数据必须直接进入厂侧燃料管理信息系统，海轮水尺的数据可人工录入，但必须附水尺记录的扫描件并有复核程序。

（3）火车煤采用动态轨道衡进行计量，煤车车号识别器投运率 100%，计量数据 100%自动传入燃料信息化管理系统。为保证轨道衡采集数据准确，煤车经轨道衡应匀速，且不超过 15km/h。动态轨道衡应满足 GB/T 11885《自动轨道衡》要求，应按 JJG 234《自动轨道衡》的规定进行检定，动态轨道衡检定有效期一般不超过 1 年，静态轨道衡的准确度等级应达到Ⅲ级；动态轨道衡的准确度等级应不低于 0.5 级，轨道衡量程不小于 100t。检斤设备性能检定见表 7-1。

表 7-1　检斤设备性能检定

设备名称	检定周期及机构		自检周期	检定（校验）依据
	周期（月）	检定单位	校验/比对（次/月）	
电子台秤	≤12	国家法定计量检定机构和具备 CMA 认证单位	—	JJG 539
汽车衡	≤12	国家法定计量检定机构和具备 CMA 认证单位	≥2	JJG 539
轨道衡	≤12	国家轨道衡计量站和具备 CMA 认证单位	—	JJG 234
皮带秤	≤12	国家法定计量检定机构和授权单位	≥2	GB/T 7721 JJG 195
链码	≤12	国家法定计量检定机构和授权单位	—	JJG 99

(4) 汽车煤采用地中衡进行计量。汽车地中衡应符合 GB/T 7723《固定式电子衡器》要求，按 JJG 539《数字指示秤检定规程》进行检定，汽车衡检定有效期一般不超过半年。汽车衡准确度等级满足Ⅲ级（误差范围不大于±0.2%）。计量数据 100%自动传入燃料信息化管理系统。

(5) 海船运煤：采用水尺进行计量，水尺验收人员严格执行 SN/T 3023.2《进出口商品重量鉴定规程 第 2 部分：水尺计重》标准，并经相关培训合格上岗。水尺验收过程对船艏、船舯、船尾六面水尺进行拍照留档、卸空后对船仓进行拍照留档。水尺计量文件的电子版及照片（视频）应上传至厂侧燃料管理信息系统；燃料监督工作小组人员应参与水尺验收过程，并留下监督记录。

(6) 江船运煤：采用皮带秤进行计量。电子皮带秤应符合 GB/T 7721《连续累计自动衡器（电子皮带秤）》的要求，按 JJG 195《连续累计自动衡器（电子皮带秤）检定规程》进行检定，电子皮带秤检定有效期一般不超过 1 年，每旬电厂自行校验 1 次。涉及结算的电子皮带秤的准确度等级应不低于 0.2 级，非结算的电子皮带秤准确度等级应不低于 0.5 级。按照计量数据 100%自动传入厂侧燃料管理信息系统。

(7) 用于结算的电子皮带秤链码由国家法定计量检定机构或省级机构依据 JJG 99《砝码检定规程》每年检定不少于 1 次。

(8) 需建立各环节检斤数据的比对机制。将矿发（或港发）数据、入厂验收（轨道衡，或水尺、地中衡、电子皮带秤）数据按批次进行比对，及时进行总结分析和偏差处理；将矿发（或港发）数据、入厂验收数据与入炉数据进行比较，每半年进行一次总结分析和偏差处理。对于汽车煤，重车在汽车衡完成称重后，系统自动用毛重减去该车历史回皮平均质量，与矿发量进行对比，偏差大于 1.4%时系统自动报警。各电厂需明确相应的偏差处理应对措施。

(9) 对于水洗煤或水采煤，煤车在过衡后，应从该煤车上取样化验全水分，然后再将衡量出的入厂煤量实际质量，按下式折算成含规定水分的入厂煤量：

$$B_{gd}=B_{gh}\times\frac{100-M_{ar}^{sj}}{100-M_{ar}^{gd}}$$

式中 B_{gh}——入厂煤实测质量，t；

B_{gd}——修正后含规定水分的入厂煤质量，t；

M_{ar}^{gd}——合同规定收到基全水分上限，%；

M_{ar}^{sj}——入厂煤实测收到基全水分，%。

四、燃煤检质管理

(1) 凡进入电厂的燃料，须根据水运、铁路、汽车不同运输方式按船、列、车进行质量验收，批次、采样单元的划分须符合 GB/T 475《商品煤样人工采取方法》、GB/T 19494.1《煤炭机械化采样 第 1 部分：采样方法》规定，检质率达到 100%，准确率达到 100%；厂侧燃料管理信息系统应具备根据相关信息自动归批的功能。

(2) 电厂应健全和完善人工采样规章制度，明确人工采样申请流程、操作规范等。人工采样要严格按照 GB/T 475《商品煤样人工采取方法》和 DL/T 569《汽车、船舶运输煤样的人工采取方法》标准执行。

(3) 入厂煤采样应采用机械采样方式，严格按照 GB/T 19494.1《煤炭机械化采样 第 1 部分：采样方法》执行；机械采用投用率不低于 95%。根据来煤煤种、数量、采样单元、采样方式等信息自动生成采样方案，采样方案记录清晰完整。

(4) 电厂应每半年严格按 GB/T 19494.3《煤炭机械采样 第 3 部分：精密度测定和偏倚试验》规定对采样性能进行核对，并做好台账、记录。如自检不合格，应及时联系具有 CNAS 实验室认可证书或CMA认可证书的单位进行检定，直至合格。

（5）建立完善的取样监督机制，整个取样过程由至少2人一起工作，或作业人员进入现场工作时监控室镜头自动切换至作业画面，由监控室人员对作业全过程进行监督。

（6）汽车采样和皮带采样设备技术性能要求。汽车采样设备和皮带采样机整机性能满足DL/T 747《发电用煤机械采制样装置性能验收导则》和GB/T 19494.3《煤炭机械化采样　第3部分：精密度测定和偏倚试验》的要求。整机水分整体损失不超过0.7%，设备整机精密度为≤1.6%，以干燥基灰分（A_d）表示的实质性偏倚最低值即最大允许偏倚应满足下列要求：对于干燥基灰分（A_d）不大于30%的煤，可选取干燥基灰分（A_d）0.2%～0.3%之间的值；对于灰分大于30%的煤，可选取预期采样精密度1/5～1/3的值。

（7）制样设备技术性能要求。制样设备性能应满足行标DL/T 1339《火电厂煤炭破碎缩分联合制样设备性能试验规程》和GB/T 19494.3《煤炭机械化采样　第3部分：精密度测定和偏倚试验》的要求，制样设备煤样水分整体损失率应小于5%，设备整机精密度应不超过0.13%，实际制样偏倚应小于最大允许偏倚，以干燥基灰分（A_d）表示，最大允许偏倚可选取0.2%。采制样设备检定标准见表7-2。

表7-2　**采制样设备检定标准**

项目	仪器设备	检定（校验）依据	检查内容	指标要求	检定周期（月）
采样	机械采样装置	DL/T 747 GB/T 19494.3	整机精密度	≤1.6	24
			全水分损失	≤0.7%	
			留样质量及粒度	标称最大粒度满足标示出料粒度与留样质量要求	
制样	联合制样机（含全自动）	DL/T 1339 GB/T 19494.3	制样精密度	≤0.13	24
			灰分偏倚	≤0.2%	
			全水分损失率	≤5%	
			留样质量及粒度	标称最大粒度满足标示出料粒度与留样质量要求	
	破碎设备	DL/T 1339 GB/T 19494.3	全水分损失率	≤0.2%	24
			留样质量及粒度	标称最大粒度满足标示出料粒度与留样质量要求	
	缩分设备	DL/T 1339 GB/T 19494.3	缩分精密度	≤0.13	
			缩分偏倚	≤0.2%	
	破碎缩分联合制样机	DL/T 1339 GB/T 19494.3	含破碎设备和缩分设备的项目	含破碎设备和缩分设备的项目	
计量	电子秤	GB/T 26497 JJG 1036《电子天平》	计量数据	检定合格，满足标准要求	12

（8）制样设备满足一用一备要求，制样间设备配置满足GB 474《煤样的制备方法》要求，配备相应的破碎机、二分器、振筛机、电子台秤（0.01g用于制化交接）、电子秤（0.01kg用于采制交接）、标准筛、烘箱、联合制样机、吸尘器等设备，整机密封性良好。鼓励采用全自动制样设备，具有连续制样的功能和制样过程验证及容错处理功能，制样后自动清扫功能。

（9）煤样的制备严格按照GB/T 19494.2《煤炭机械化采样　第2部分：煤样制备》和GB/T 474《煤样制备方法》执行。

(10) 煤样的制备严格遵循“单进单出”(原煤样存样间到3mm存查样制备完成并系统登记)的原则，即制样时有且只能有1个样品制备，当该样品完成制样系统登记后，下一个样品才可以进入制样区域进行制备。消除人工研磨制备工艺，确保煤样在制备过程中不落地，防止煤样污染；煤样样品包装应严密、安全。

(11) 电厂人员应每半年严格按GB/T 19494.3《煤炭机械化采样　第3部分：精密度测定和偏倚试验》规定对煤样制备程序进行性能核验并做好记录、台账。若不合格及时联系具有CNAS实验室认可证书或CMA认可证书的单位进行检定，直至合格。

(12) 制化交接：样品在制样间完成加密封装后进行称重登记，在化验室交接区进行数量与品质复检，并检查样桶(包)包装及密封完好，识别码可有效读取。样品交接全部执行线上管理，当出现交接偏差超限时，应启动相关处理流程，在未查明原因前不得进行化验及存样。

(13) 化验员结合仪器设备在检测过程中所起的作用，建立相应的台账和设备档案。档案内容至少应包括：设备责任人、设备名称、规格、型号及状态；设备使用说明书、设备出厂合格证、检定/校准报告或证书及有效期；设备使用、维护记录；设备损坏、故障、改装或修理记录。

(14) 电厂需定期用标准物质对所有化验设备(不包括自动水分仪)进行期间核查，发现问题及时查找原因并妥善解决，确保化验设备的准确度和精密度满足要求。至少每月用标准物质对高温炉校验一次(使用工业分析仪的对工业分析仪进行检验)；每半个月用标准物质对热量计校验一次；每次全硫测试前必须用标准煤样校验测硫仪；每月用通氮干燥法对全水分自动分析仪进行比对，试验必须保留原始记录；校验台账记录清晰、完整。

(15) 煤化验工作完成不得少于2人。化验室所有技术记录，包括检测的原始记录，应至少保存6年。技术记录，无论是电子记录还是纸面记录，应包括从样品的接收到出具检测报告过程中观察到的信息和原始数据，并全程确保样品与检测报告的对应性。

(16) 化验设备技术性能要求。煤化验仪器设备应满足DL/T 520《火力发电厂入厂煤检测实验室技术导则》标准要求。化验设备检定标准见表7-3，燃煤采制化检测标准见表7-4。

1) 量热仪。热容量精密度≤0.10%；三个月热容量变化≤0.20%。

表7-3　化验设备检定标准

仪器设备名称	检定周期(年)	检定结果	检定单位	检定依据
量热仪	≤1	检定证书	具有CNAS实验室认可证书或CMA认可证书的单位	JJG 672
电子天平	≤1	检定证书	具有CNAS实验室认可证书或CMA认可证书的单位	JJG 1036
电子台秤	≤1	检定证书	具有CNAS实验室认可证书或CMA认可证书的单位	JJG 1036
马弗炉	≤1	校准报告	具有CNAS实验室认可证书或CMA认可证书的单位	GB/T 213
电热鼓风干燥箱	≤1	校准报告	具有CNAS实验室认可证书或CMA认可证书的单位	GB/T 30435
全自动测硫仪	≤1	检定证书	具有CNAS实验室认可证书或CMA认可证书的单位	GB/T 31425
自动工业分析仪	≤1	检定证书	具有CNAS实验室认可证书或CMA认可证书的单位	GB/T 30732
氧弹	≤1	安全性能测试结果报告	具有CNAS实验室认可证书或CMA认可证书的单位	GB/T 213 DL/T 661

表 7-4　　燃煤和燃气采制化检测标准

项目/参数		标准名称
采样	人工采样	GB/T 475 商品煤样人工采取方法 DL/T 569 汽车、船舶运输煤样的采取方法
	机械采样	GB/T 19494.1 煤炭机械化采样　第 1 部分：采样方法 DL/T 576 汽车运输煤样的采取方法 GBT 13609—2017 天然气取样导则
制样	人工制样	GB/T 474 煤样的制备方法
	机械制样	GB/T 19494.2 煤炭机械化采样　第 2 部分：煤样的制备
化验	全水分	GB/T 211 煤中全水分的测定方法 DL/T 2029 煤中全水分测定　自动仪器法
	水分、灰分、挥发分	GB/T 212 煤的工业分析方法 GB/T 30732 煤的工业分析方法　仪器法 DL/T 1030 煤的工业分析　自动仪器法
	发热量	GB/T 213 煤的发热量测定方法
	全硫	GB/T 214 煤中全硫的测定方法 GB/T 25214 煤中全硫测定　红外光谱法
	灰熔性	GB/T 219 煤灰熔融性的测定方法
	碳	GB/T 476 煤中碳和氢的测定方法 GB/T 30733 煤中碳氢氮的测定　仪器法 DL/T 568 燃料元素的快速分析方法 GB/T 31391 煤的元素分析
	天然气组成分析	GB/T 13610—2020 天然气的组成分析　气相色谱法
	天然气发热量、密度	GB/T 11062—2020 天然气发热量、密度、相对密度和沃泊指数的计算方法
	天然气水分	SY 7507 天然气中水含量的测定 电解法

2）自动测硫仪。具备多种校正功能，确保高、中、低硫样品测试结果准确；采用直流气泵，流量稳定，噪声低；测硫范围满足 0.01%～20%；单样测试时间为 3～5min。

3）测氢仪或元素分析仪。一次性样品数量≥25 个；具备自动降温功能；红外池要求进行线性化校正，不需要对红外池进行单独的线性校正；测试范围：碳为 0.005%～100%、氢为 0.02%～25%；分析时间小于 6min。

4）自动工业分析仪。水灰和挥发分分为两部分独立完成，内置两台万分之一的电子天平，对于测试规范性很强的挥发分指标用有恒温冷却室的单式炉来测定，测试过程及测试结果完全符合 GB/T 212《煤的工业分析方法》、DL/T 1030《煤的工业分析自动仪器法》的规定；测试过程全自动化。

5）自动水分仪。具有自动通氮装置，水分测试时可采用通氮干燥法，通入氮气后可保护测试样品不被氧化，实现样品准确分析；单次测样数 8 个或以上。

6）灰熔点测试仪。升温速度：900℃以前为（15～20)℃/min，900℃以后为（5±1)℃min；测温范围为 0～1500℃；炉内气氛可控制为弱还原性气氛或氧化性气氛；有观察口，能在试验过程中清晰观察试样形态变化。

五、燃场储存管理

(1) 建立、健全煤场管理规定及措施，包括：煤场测温规定、烧旧存新规定、分类存放规定、防止存煤快速氧化和自燃的综合管理措施、燃煤自燃时的报警机制和应急处理措施、防止污水外排和煤场作业扬尘管理措施等。

(2) 煤场设施配置应满足《2014 版煤场通用条件》。露天煤场应配齐：挡风墙、挡煤墙、排水沟、抑尘设施、照明设施、监控设施、测温装置、盘煤装置。宜采用封闭煤场，并配齐：抑尘设施、防风系统、分割通道、消防设施、照明设施、监控设施、测温装置、盘煤装置、粉尘及有毒气体检测装置。

(3) 煤场存储量要求：满足全厂机组满负荷运行 7～15 天耗煤量。汛期、冬季、供热机组可调高储量至 30 天。目标库存按照上级公司下达的数值执行。

(4) 煤场巡检、维护及时，不发生环境污染事件，煤垛无自燃现象。

(5) 煤场存煤实行分区管理，依据存放规定，进行不同煤种、煤质分类存放，不同煤种分区储存时，煤堆间宜分开。在煤场对应区域安装煤质信息牌或电子显示屏，信息内容包括：区域、煤种、煤量、存储时间等，并实现动态更新。

(6) 高挥发分的烟煤、褐煤等易自燃的煤种应单独堆放。

(7) 根据所存储煤炭的挥发分、煤种等因素，合理确定存放周期。高挥发烟煤和褐煤存放原则上不超过 1 个月，无烟煤和贫煤原则上不超过 3 个月。存储周期确定和延长应根据实际情况以煤堆无明显温升为前提，杜绝自燃现象发生。

(8) 燃煤取用应按照"取旧存新"的原则，缩短燃煤存放时间，优先取用存放时间长的燃煤。煤场每个区域取空后必须进行煤场清底，对存储过高挥发烟煤、褐煤等易自燃煤种的区域进行彻底清理，避免煤堆自燃。

六、配煤掺烧

(1) 掺烧新煤种或煤质偏离锅炉设计煤质较大、本厂无燃烧调整经验时，应组织或委托有能力的试验单位进行配煤掺烧试验，确定最佳掺配方案，明确锅炉运行控制指标和操作注意事项，指导运行人员操作调整。

(2) 新建或改（扩）建机组投产、锅炉改造后必须进行燃烧优化试验，确定最佳掺配煤种及比例，并出具试验报告。

(3) 在综合考虑安全、环保、经济指标的基础上，制订合理的燃煤掺烧方案，通过掺烧降低燃料成本，实现综合经济效益最大化。

(4) 依据入厂及存煤煤质、掺配方式、机组负荷、锅炉燃烧特性（飞灰可燃物、氧量、结焦结渣）、制粉系统运行方式和环保排放特点等制订入炉煤掺烧方案。掺配方案中应包含煤种掺烧比例、入炉煤的挥发分、热值、硫分、灰熔点、水分、哈氏可磨性系数等重要指标。

(5) 掺配指标中的发热量、挥发分、灰分、水分、硫分等与单项煤种的指标具有很好的线性关系，假定各煤种的配比为 x_1、x_2、x_3、…、x_i，第 i 煤种的挥发分为 V_{dafi}，则掺配后的混煤挥发分 $V_{\mathrm{daf}}=V_{\mathrm{daf1}}\times x_1+V_{\mathrm{daf2}}\times x_2+V_{\mathrm{daf3}}\times x_3+\cdots+V_{\mathrm{dafi}}\times x_i$。对于灰熔点、结渣特性等指标不具有线性相加性，则应在实验室对混配煤样进行检测。

(6) 入炉煤掺配方式可根据实际情况选择煤场掺混、筒仓前皮带掺混（斗轮机）、筒仓后皮带掺混（叶轮给煤机）、磨煤机内混和分磨后炉内（燃烧器分层，即不同煤种进入不同的磨煤机及相应的燃烧器）掺混等单一或者相结合的方式。

七、燃煤煤质差对机组能耗指标的影响量

某300MW机组锅炉为东方锅炉厂生产的DG1065/18.2-116型亚临界、自然循环、一次中间再热汽包锅炉。锅炉设计煤种为烟煤，采用5套中速直吹式制粉系统，每套制粉系统实际最大出力约为40t/h。锅炉燃烧器为四角布置、切向燃烧、百叶窗式水平浓淡直流燃烧器。机组设计燃煤热值为18.85MJ/kg，实际运行燃煤热值约为15.42MJ/kg，为了解实际运行燃煤对机组运行经济性的影响，分别燃烧燃煤热值为19.25MJ/kg（接近设计燃煤热值）和实际运行燃煤热值为15.42MJ/kg两种不同热值的煤进行了对比试验，试验结果见表7-5。偏离设计煤种时，发电厂用电率平均增加了0.58个百分点，供电煤耗平均增加了4.5g/kWh。长期以来由于实际燃烧煤种偏离设计值，煤质较差，导致机组煤耗较高外，还使设备磨损加重，增加了检修成本及检修工作量；出灰、除渣系统、电除尘器出力明显不足；脱硫系统GGH经常堵塞，脱硫系统不能正常运行等。

表7-5　　两种不同热值燃煤的试验结果

机组负荷（MW）	煤质（燃煤热值19.25MJ/kg）			煤质（燃煤热值15.42MJ/kg）			能耗指标差值		
	厂用电率（%）	发电煤耗率（g/kWh）	供电煤耗率（g/kWh）	厂用电率（%）	发电煤耗率（g/kWh）	供电煤耗率（g/kWh）	厂用电率（%）	发电煤耗率（g/kWh）	供电煤耗率（g/kWh）
150	9.62	354.3	392.1	10.17	357.4	397.9	0.55	3.1	5.8
225	8.46	332.6	363.3	9.10	334.2	367.7	0.64	1.6	3.1

八、煤场管理评价

（1）厂内应制定热值差控制措施。

（2）入厂入炉煤累计热值差（年度）控制在520kJ/kg以内，该指标源于电力工业部关于颁发《电力行业一流火力发电厂考核标准（修订版）的通知（电综〔1997〕577号文附件1）；海进江、海转陆电厂中转一次热值损耗控制在84kJ/kg以内。《2016版燃料标准》规定年度热值差控制在630kJ/kg，或者为入厂煤收到基低发热量的3%，这一要求太过于宽松，该指标源于原水力电力部1983年11月颁布的《燃料工作条例》附件2（燃料管理优秀厂考核办法）；并与DL/T 1052—2016《电力节能技术监督导则》规定的418kJ/kg限额冲突。

（3）每月对热值差进行分析，并形成分析报告。如果月度热值差大于520kJ/kg，必须制定控制措施。

（4）煤量损失评价应在一定周期内折算到入厂煤水分的条件下，入厂煤量与入炉煤量的差值应与煤场存煤量具有一致性。为避免煤场存煤因入厂煤与入炉煤水分差异出现大幅度波动，应控制年度因水分差而调整的煤量比率不超过入炉煤量的±1%，煤场盘点煤量调整按下式计算：

$$B_{corr}=B_{gh}\times\left(1-\frac{100-M_{ar}}{100-M_{ar}^{rc}}\right)$$

式中　B_{gh}——入炉煤实测质量，t；

B_{corr}——因水分差而调整的入炉煤量，t；

M_{ar}——当月入炉煤收到基全水分，%；

M_{ar}^{rc}——当月入厂煤实测收到基全水分，%。

（5）如果全年累计入厂煤全水分与年累计入炉煤全水分不一致，应按下式对入炉煤收到基低位发热量进行修正（《2016版燃料标准》提供的公式单位MJ/kg有误）。

第二节 入厂、入炉煤热值差

一、热值差定义与计算

入厂煤收到基低位发热量（质量加权平均值）与入炉煤收到基低位发热量（质量加权平均值）的差值，叫入厂、入炉煤热值差。计算差值时应考虑燃料收到基外水变化的影响，应修正到同一个全水状态下进行计算和比较。计算热值差时，计算式中的入炉煤热值应以调整后的热值为准，即

$$\Delta Q = Q_{\text{net, arcs}} - Q_{\text{net, arlt}}$$

$$Q_{\text{net, arlt}} = (Q_{\text{net, ar}} + 23M_{\text{trl}}) \times \frac{100 - M_{\text{trc}}}{100 - M_{\text{trl}}} - 23M_{\text{trc}} \approx Q_{\text{net, ar}} \times \frac{100 - M_{\text{trc}}}{100 - M_{\text{trl}}}$$

式中 $Q_{\text{net,arlt}}$——入炉煤调整后热值，kJ/kg；

$Q_{\text{net,ar}}$——入炉煤实测热值，kJ/kg；

$Q_{\text{net,arcs}}$——入厂煤收到基低位发热量，kJ/kg；

M_{trc}——入厂煤实测加权平均全水分，%；

M_{trl}——入炉煤实测加权平均全水分，%；

ΔQ——入厂、入炉煤热值差，kJ/kg。

发电厂入厂煤、入炉煤热量差是经济性评价及燃煤管理的重要指标，将其热量差控制在一定范围内可以体现出燃料管理和采制化工作的水平。水分差修正后的入炉煤热值，仅为准确考核入厂入炉热值差所用，不能用于计算煤耗率。

有的公司控制目标是100kcal/kg（418kJ/kg），但可以根据燃煤实际情况予以调整。对于设计并燃烧100%褐煤机组，热值差允许≤1.1×418kJ/kg；对于掺烧30%及以上褐煤机组，热值差允许≤1.05×418kJ/kg。

当季度累计热值差大于418kJ/kg，企业要全面检查评估燃料的采制化、计量等各个环节存在的问题，并写出分析报告。

二、影响热值差因素

1. 采样过程产生的偏差

要从一批煤中（几千吨或上万吨）采取少量煤样（几百千克），经过制样程序制成数量较少，仅约100g，粒度<0.2mm的试样，供化验使用，即用少量煤样（单次测定仅为1g左右的样）的分析结果去推断一批燃煤的质量和特性，就必然会存在偏差，这些偏差由采样偏差、制样偏差和分析偏差构成。在此条件下，若用方差来表示总偏差，则有如下表达式：$S_{总}^2 = S_{采}^2 + S_{制}^2 + S_{分}^2$。其中采样偏差最大，占总偏差80%，制样偏差16%，分析偏差4%。从以上分析结果可以看出，分析结果的可靠性，在很大程度上取决于样本的代表性，因此在煤质检测中，首先要做好采样工作。

对燃用均匀、单一的煤种的电厂，不易造成采样偏差，相对比较容易完成热值差指标。但对煤质均匀性较差的煤种易造成采样偏差。煤的粒度越大，越不均匀，而且粒度大的一般以矸石或石头居多。在实际采样操作中，人工采样和机械采样很难采到大于100mm以上的矸石或石头。来煤粒度较大时，人工采样不好挖深坑，往往在好挖的地方挖坑，或挖的时候遇到较大的矸石、石头或让开挖坑或只采小粒度的煤样。机械采样头的直径一般在270～300mm，扣除中间的螺旋杆直径，大于100mm以上的矸石或石头也难被采到。此类采样头适用于煤的最大粒度为50mm，被采到的概率可达95%，超过这一最大粒度的煤被采到的概率随最大粒度的增加而降低。因此

随煤的最大粒度的增加，人工采样和机械采样都容易造成入厂煤的热量偏高。如某电厂，同一车厢机采 20 个子样，灰分最小为 36.45%、最大为 60.89%，极差 24.44%。对于这种情况，如果按常规采样方法采样。不增加子样个数，采样代表性就很差。

2. 制样、化验过程产生的偏差

制样的过程就是经过多次破碎缩分后把几百千克或几十千克的煤样制备成 100g 左右的分析煤样，若此环节操作不规范，也会带来极大的误差。在制样过程中，若入厂煤采样采到的矸石较多，而矸石本身硬度较大，不易被破碎，人工制样时，增加了制样工作量，若人为将其丢弃，则会造成入厂煤热值虚高的假象。对于入炉煤，若将矸石丢弃，又会造成入炉煤热值虚高的假象，不能真实反映入炉煤热值，也不能为供电煤耗的计算提供可靠的依据。制样、化验很重要，如果制样、化验不规范操作，同样可以产生较大的误差。如某厂制样人员在制样时不规范操作，会产生约 1000kJ/kg 的热量偏差。

热值差分析的最后问题就在联合破碎缩分机的缩分环节上。该缩分机械对部分煤种没有偏差，但对一小部分煤种确实存在比较大的偏差，引起热值差异常。

化验是从约 100g 左右的分析煤样中，称取 1g 左右的煤样去测定一批燃煤的质量和特性，这也必然会存在一定误差，若不是化验员的操作失误，化验的误差基本是仪器带来的，因此，首先需要对仪器进行定期校核。例如，某电厂某国产某型号热量计，全年测定标准煤样热量平均偏低 120～150kJ/kg，就是热量计系统偏差引起的。如果入厂煤、入炉煤化验室的热量计一个是正偏差，一个是负偏差，热量差值会增大，这种情况就是不容忽视的因素。使用同种热量计，若偏差方向一致，不会增大差值。

3. 入厂煤与入炉燃用煤不同步产生的差异

如果当月进煤没有燃烧，而是烧过去的存煤，则当月入厂煤、入炉煤热值差就有可能产生负值，而且数值很大。但是一个季度累计下来的热值差一定是正值。因此，在月度热值差产生异常时，应首先要确认一下当月入炉煤燃用的是不是当月入厂煤进的煤，如果不是，那么当月的入厂煤、入炉煤热值差就没有可比性。

4. 煤长时间存放氧化的影响

不同的煤种具有不同的煤质特性，煤的变质程度、导热性都是其固有属性，而其固有属性对煤的氧化和自燃具有决定意义。由于煤属于在常温下自身就会发生缓慢氧化的物料，在与空气接触的同时自身会产生热量，随着时间的增加，煤堆温度越来越高，而外界温度的变化，致使外表高水分的散失，水分的减少加速了其自燃的速度。煤的氧化会造成热量的损失，氧化程度随着与煤的变质程度成反比。据资料统计，无烟煤筒仓存放半年热量损失 1%；以贫煤、贫瘦煤为主体的混煤，储存 6 个月其发热量损失约为 1.8%～2.0%；而高挥发分的烟煤和褐煤储存 6 个月，其发热量损失在 6%左右。例如某电厂试验测试表明：变质程度高的烟煤（如塔山煤、神华下水煤）在压实情况下存放 1～2 个月热值损失基本为 0；变质程度低的烟煤存放一个月的热值损失在 300kJ/kg 以内（如 16 410kJ/kg 唐山长焰煤存放一个月的热值损失为 260kJ/kg）；褐煤月平均热值损失基本在 400kJ/kg 以上（如 15 190kJ/kg 辽宁褐煤存放一个月的热值损失为 420kJ/kg）；某电厂煤粉样在实验室状态下存放 40 天，发热量损失测定为 1.2%。这是在实验室状态下的测试结果，如果是在风吹、日晒和雨淋的条件下，煤样的热量损失肯定更大。

5. 供应商掺假的影响

由于采样机设计方面及安全方面的原因，采样头不能完全采取车厢底部的煤，大约有 10～20cm 的煤不能采到；对于螺旋钻头较长的采样头，大约有 30～40cm 的煤不能采到。这就给不法发煤单位造成可乘之机，有的采用在车厢底部装约 30cm 厚的矸石或劣质煤，然后再在上面装质量好的煤。由于以上原因，致使采样机所采煤样发热量偏高，给电厂造成经济上的损失。

6. 工作人员操作不规范的影响

由于采制化人员和监督人员技术水平低，责任心不强，对业务流程和标准不熟悉，常常发生采样深度不够，采样量不足，监督抽查力度不强，因此造成煤样化验结果与实际热值产生较大偏差。在制样和化验过程中不按标准操作，也会产生 840kJ/kg 左右的误差。我国现行商品煤样的制备方法按照国家标准 GB 474—2008 执行，如果采制化人员严格按此标准执行，煤样的化验热值与实际热值会比较接近。

7. 监督考核机制不健全的影响

有些发电企业对燃料管理工作不够重视，首先，没有制定完善的监督考核机制，员工的工作积极性不强；其次，对采制化没有实行全过程监控摄像，对操作人员没有约束力；最后，抽查力度不够，不能做到闭环管理，员工存在侥幸心理，因而让部分不法人员有了可乘之机。部分意志不坚定的员工和管理人员收取供煤商贿赂后，与供煤商串通一气掺假造假，通过选择好的入厂煤采样点采样或填报虚假热值，因此可能出现入厂煤单方面热值虚高导致热值差偏大、入厂入炉煤热值均虚高导致热值差正常，但都会给企业造成巨大的经济损失。

8. 发热量计算误差

入厂煤与入炉煤的热值差以收到基低位发热量表示。实验室实测的弹筒发热量首先转换成高位发热量，再进一步换算成低位发热量。其计算公式如下

$$Q_{gr,ad}=Q_{b,ad}-94.1S_{b,ad}-aQ_{b,ad}$$

$$Q_{net,ar}=(Q_{gr,ad}-206H_{ad})\times\frac{100-M_t}{100-M_{ad}}-23M_t$$

式中 $Q_{gr,ad}$——空气干燥基高位发热量，kJ/kg；

$Q_{net,ar}$——收到基低位发热量，kJ/kg；

$Q_{b,ad}$——空气干燥基弹筒发热量，kJ/kg；

M_t——全水分，%；

H_{ad}——空气干燥基氢含量，%；

$S_{b,ad}$——弹筒洗液测得煤的含硫量，%；

a——硝酸校正系数，对于 $Q_{b,ad}\leqslant$16 700kJ/kg 时，$a=0.001$，当 16 700kJ/kg$<a\leqslant$25 100kJ/kg 时，$a=0.0012$。

公式中弹筒发热量 $Q_{b,ad}$、弹筒硫 $S_{b,ad}$、空干基水分 M_{ad} 等参数容易确定，对低位发热量影响较小。而全水分 M_t、氢含量 H_{ad} 两参数对低位发热量的影响较大，主要因为全水分受到环境、采制样操作影响，会出现较大波动，从而影响低位发热量。一般电厂不能实测氢含量，而通过经验公式计算，或者通过煤种取常数值，以上两种方法都不能得到准确的氢值，也会影响低位发热量的准确性。

9. 入炉热值没有进行水分修正引起错误

煤中的水分是不可燃的成分，它既影响计量验收的准确度，又直接影响了热值差计算的准确性，是评价商品煤经济价值的最基本指标之一。收到基低位热值和煤量都受到水分的影响，煤炭入厂后由于堆放在煤场发生水分损失或增加（南方雨季多），或输煤系统为达到抑尘目的喷洒水分，使得入炉燃烧的煤与实际入厂的来煤状态不一样，若不考虑水分的影响谈热值和数量是没有意义的。

据资料介绍，全国入厂采制样水分流失大概在 1.5%～2.0%左右，按水分变化 1 个百分点影响热值 270kJ/kg 计算，仅由于水分的误差影响热值差就达 410～540kJ/kg，就已超出热值差 502kJ/kg 的考核标准。实践也证明水分差是造成入厂与入炉煤热值差的关键因素。

在进行热值差计算时，必须将入炉热值修正到入厂煤水分下的热值，特别是褐煤。入厂煤全水分一般很高，约30%，但是入炉煤全水分可能会降低，引起入炉煤收到基热值高于入厂煤收到基热值，导致热值差出现负值。

三、控制热值差的措施

1. 消除设备系统误差采取的措施

(1) 煤炭的不均匀性会造成入厂煤与入炉煤采样精密度不同步的现象，从而影响热值差的真实性与准确性，此种情况在电厂中比较普遍。众所周知，入厂煤采样机的采样对象都是未经处理（破碎、筛分等）的入厂来煤，煤炭越不均匀，其采样精密度就越差，采样的代表性也差。对于入炉煤采样机，绝大多数电厂都尽可能将其安装在碎煤机之后，出料粒度一般小于25mm，煤炭的均匀性较入厂煤炭已大大改善，其采样精密度相对较高，代表性也较好。越是市场混煤，煤炭均匀性可能就越差，入厂煤与入炉煤的热值差就越明显。建议入厂煤在皮带上采样，在采样机前装碎煤机。大块的石头或矸石经碎煤机破碎，入厂煤采样机反而有取到石头或矸石的机会。

(2) 定期检查破碎机的出料粒度。采样机出料粒度出现的问题较多，大多由于各种原因出料粒度高于设计值，高于设计值后又没有及时调整其他运行参数，给采样工作带来影响。当采样机出料粒度大于13mm时，根据检测采样机性能试验经验，采样机很难通过采样代表性试验，大多数情况会造成热量偏高。推荐半年进行一次采样机出料粒度的筛分试验。

(3) 定期检查缩分器的运行状况。有些厂家采样机缩分器要达到缩分精密度合格，留样量很大，制样人员为减少制样工作量就少取样。缩分器缩分次数不够，直接影响采样的代表性。

(4) 为了避免缩分环节上产生误差，煤样制备程序中，一定要严格执行GB 474《煤样的制备方法》。一般情况下，建议采取三步制样法，即6mm阶段、3mm阶段和0.2mm阶段。制样最终得到3种样品，分别是全水分样品、备查样品和一般分析样品。同时需要强调的要点包括：① 确保粒度与留样量的对应关系；② 破碎机出料粒度应事先确认，不需要每次进行筛分试验；③筛分操作尽可能使用二分器，尽量少用堆锥四分法缩分；④九点法取过全水分样品的剩余煤样应弃掉，不能再进行其他操作以留取任何样品；⑤煤样制备好后，应立即装瓶，密封，贴好标签，由专人保管或送化验室；⑥备查煤样和备查粉样同时制备出来，装瓶签封后保存。

(5) 定期对采制化设备检验，确保仪器测定的准确性，及时消除仪器带来的系统误差。特别要重视热量计的标定记录及反标记录检查。热量计的标定记录及反标记录检查主要是了解设备性能及系统偏差情况。将标准煤样的测定值与其标准值比较，若测定值在标准煤样的不确定度范围内则该热量计准确度符合要求。

另外还要检查近期3个季度的热量计热容量标定记录及反标记录。重点看反标标准煤样测定值与标准值的差值，比较测定值是在标准值的上限还是下限，若3次测定值全部在上限或下限，初步判断该热量计存在系统误差。这点分析重要，往往在热值差分析时容易被人们忽略。

最好每年进行实验室比对，通过外部技术手段核查分析质量。

(6) 加强采制化设备维护和改造，减小系统误差。加大采制化设备的硬件投入，及时淘汰老化、落后设备，如某电厂将悬臂式采样机拆除改造为桥式采样机，实现了全断面、全方位采样，提高了样品的代表性。

(7) 加强采制化设备的管理。在热值差的影响因素中，入厂煤和入炉煤的采样、制样和化验是最重要的因素，而采制化设备又是影响采制化正确性的关键。因此，必须加强对采制化设备的管理，及时发现和排除采制化设备的故障，确保采制化设备在可控的情况下运行，把采制化设备造成的偏差降低到最小。为了确保采制化设备在可控的情况下运行，应对设备建立档案，重要设备应“一机一档”。自动采样装置、制样设备和化验设备必须由权威部门按相关国家标准进行性能检定，发现设备性能异常时，要及时处理，消除设备因素对热值差的影响。

2. 减少采制化人员不规范操作采取的措施

（1）由对采制化流程熟悉、标准熟悉且有一定技术的人来监督采制化过程，不熟悉的人监督往往只是监督一些表面的东西，深层次的不到位。对采样点的布置、深度、子样质量及采后样品总量监督。

（2）密码传递煤样。所谓编码就是将入厂煤的矿别名称隐去，使采样、制样、化验全流程按编码操作，目的是为了缩小采制化方面人为造成的偏差。密码传递煤样，即从煤炭进厂数量验收之前，由专人（如燃料检斤员）负责，根据供方提供的相关资料，如煤种、数量、矿别承运日期等进行编码。编码至少共六位数字，如 010101，分别为 01 月 01 日第 01 个煤样，每年循环一次。煤样从轨道衡过衡、采制样班采样制样、化验班化验、直到统计员统计验收时才能解码，保证了整个质量数量验收过程的公平、公正。

当燃料检斤员接到入厂煤货票后，经仔细核对车号、煤种、车数和顺位后，按照《入厂煤质量检测编码表》（见表 7-6）和《入厂煤采样编码表》（见表 7-7）分别填写，目的就是让采制样人员在整个采样、制样过程当中，不知所采制煤种的矿别名称。编码的排号，最好由月初的第一个煤种编起，到月末为止不中断地累计填写。即使是同矿别、同煤种的煤样在本月内每批量都有一个编号，禁止用同一固定编号，这样处理，不易混样，方便查找。两张表格填好后，由燃料检斤员将《入厂煤采样编码表》送到采制样班，采制人员根据编码号所代表的车数、车号进行采制样。

制样人员将制备好的分析煤样，配好编码标签，标签中不应写车号，仅写编号（全水分煤样也是如此办理），然后送交化验班，由送接样人员在交接记录上签字备查。化验人员根据编码号进行化验分析。因化验人员手中无煤种、无矿别、无车号，所以就无法知道所分析的煤样是哪一家，这样从化验分析上就捎除了意向偏差的产生。根据煤质分析原理，不知矿别煤种就不能取到合理的元素分析值，就不能进行弹筒发热量到低位发热量的折算。所以，当化验人员将水分、灰分、挥发分和弹筒热值测出后，应填好表 7-8 煤质分析日报表，其中表 7-8 中矿别、车号、吨数这三栏空出。将此表送到燃料检斤员主管领导校核签字，并留查一份。化验人员再用此表到燃料检斤员处取回《入厂煤质量检测编码表》核对编号，填入矿别，有了矿别就能折算出低位发热量，再正式填表，出化验单和煤质分析日报表。

表 7-6　　入厂煤质量检测编码表

电厂　　　　　　年　　月　　日

编码	矿别	煤种	入厂时间	车号	车数	总吨数

表 7-7　　入厂煤采样编码表

电厂　　　　　　年　　月　　日

编码	煤种	入厂时间	车号	车数

表 7-8　　煤质分析日报表

编码	矿别	收到基 M_t	收到基 M_{ar}	收到基 A_{ar}	V_{daf}	$Q_{b,ad}$	$Q_{net,ar}$	车号	总吨数

(3) 建立对存查样定期抽检制度。

(4) 采制化环节要全程监督和摄像监控，摄像资料保存3个月以上，杜绝弄虚作假，保证煤样的真实性。

(5) 采制化人员必须经过指定机构的专业培训，并且取得专业上岗证书。采制化人员必须使用最新国家标准或行业标准，并结合实际编制采制化作业指导书，由熟悉采制化标准的技术人员和纪检人员共同监督采制化过程。使采制化过程具备再现性，确保采制化的公开、公平、公正，从而消除人为因素对热值差的影响。

(6) 入厂煤和入炉煤采样严格执行GB/T 19494《煤炭机械化采样》和GB 475《商品煤样人工采取方法》。入炉煤还要满足电力行业标准DL/T 567《入炉煤和入炉煤粉样品的采取方法》。

(7) 化验工作由于受环境、仪器、人员技术水平等方面影响较大，国家标准在这些方面都有非常严格的规定，在工作中应严格执行标准，确保化验数据准确可靠。水分测试过程中，如果时间过长、温度过高，或没有鼓风，会使煤样氧化，使误差增大；特别是含水分高的褐煤，时间短，水分不能完全逸出，时间长，又易使煤样氧化。应根据不同煤种、不同粒度、不同目的选择相适应的试验方法。

灰分测定应注意分段加热、通风、加热时间控制等环节，以防止碳酸盐硫固定在灰分中，使测定结果变高。

挥发分测定的规范性更强，时间、温度、坩埚尺寸等都要完全符合国家标准，否则结果不准确。

(8) 采制化全过程实现信息化管理。在厂内燃料管理信息系统中，采制化管理是重要的组成部分。管理系统的大部分内容都是对采制化信息资料、采制化数据进行处理，形成煤质验收数据。

采制样管理部分在轨道衡编码过程中就已经实现完成，即根据来煤数据信息确定不同的采样单元，编制密码；采样班根据编码信息确定采样方案进行采样。

化验管理部分除需人工输入密码、煤样质量（测热过程）等极少部分内容外，其余部分内容都已实现数据信息在管理系统中处理。首先是将化验数据上传到数据库中，再由专人对数据进行解码，找到与这些数据相对应的来煤信息，形成煤质验收报告单，最后将这些报告单上传到燃料管理信息网上，用于煤质数据统计、来煤质量验收等管理环节。

3. 应对供应商掺假的措施

(1) 定期检查火车（船、汽车）底部的装煤情况。

(2) 对付分层装车的最好办法是采用在卸煤过程中用横过皮带的采样机采样，不管怎样装车都会被采样机采到。

(3) 定期采用人工采样进行抽查。使用人工采样时，可用装载机或推土机将卸下的煤堆推开后进行采样，此采样方式可最大限度杜绝煤矿在车厢底部进行掺杂使假操作，以此来弥补机械采样方法的不足。

4. 煤场管理措施

(1) 一般情况下，国有大矿的煤质均匀，而中小矿和贸易商的煤质差且不均匀。因此要与大供应商建立长期战略友好合作关系，按以质论价的原则有效调整供应渠道，积极寻求质价比最佳的进源结构和资源供应。另外要争取煤质以到厂化验为准，掌握主动权和话语权。如果个别大矿坚持以矿方化验为准，则要争取以厂矿共同参与采制样，当场封存送化验室化验，做到以质论价，避免亏吨亏卡。

(2) 缩短存煤周期。认真研判煤炭市场趋势和电网负荷需求，制定合理的进煤计划，把库存量控制在15天左右，以缩短“烧旧存新”的周期，降低存煤热值损耗；如果来煤煤质均匀，热值又满足锅炉要求，可直接加仓使用，既降低厂用电率，又减小了热值差。

（3）防止煤堆自燃。对于燃烧高挥发分煤、高硫煤的电厂，夏季尤其要防止煤场自燃。一旦发生自燃，热值损失将非常严重。例如使用神华煤的电厂，就要特别注意煤场自燃。实践经验表明，神华煤夏季非常容易自燃，要彻底杜绝困难比较大。电厂日常工作中，要加强煤场测温监督，一旦发现煤堆局部温度达到 60℃ 时，就应加大测温范围和频率，并采取降温措施。当煤堆达到 80℃时，随时会发生自燃。

5. 化验计算管理措施

（1）收到基低位发热量计算中氢含量的使用，应尽量实测氢值。有困难的单位，至少应做到按煤源、品种实测。使用氢值经验公式计算，也是方法之一，一定要注意经验公式的常态确认，以及其适用范围。

（2）建立各矿别数据库，根据数据库的数据归纳出各矿的经验公式，以此公式校核各矿测试数据的合理性和可靠性，还可对可疑值作出判断。

（3）增加统计周期。通过对热值差产生原因的分析，发现入厂煤与入炉煤统计对象的不统一是影响热值差的主要因素。因此，在计算入厂煤与入炉煤的热值差时，首先要确认每月燃用的入炉煤与入厂煤是否为同一对象煤。如果不是，那么当月的入厂煤、入炉煤热值差就没有可比性。可以通过增加统计周期，如把 3 个月或半年作为计算入厂煤、入炉煤热值差的统计周期，以此来消除入厂煤与入炉煤统计对象的不统一对热值差的影响。热值差这一指标每月进行考核是不正确的。

（4）为了消除入厂煤和入炉煤全水分的不同对热值差的影响，应将入厂煤和入炉煤的收到基低位发热量在换算成同一全水分下计算热值差。建议采用入厂煤和入炉煤基准的干基高位发热量计算热值差。

【例 7-1】 某电厂 2008 年入厂煤与入炉煤质量统计情况见表 7-9。试计算水分修正后的热值差和修正前的热值差。

表 7-9　　某电厂 2008 年入厂煤与入炉煤质量

月份 i	入厂煤					入炉煤				
	G_i(t)	M_i(%)	Q_i(MJ/kg)	$G_i \times M_t$	$G_i \times Q_i$	G_i(t)	M_i(%)	Q_i(MJ/kg)	$G_i \times M_i$	$G_i \times Q_i$
1	249 314	8.3	19.24	2 069 306	4 796 801	289 874	8.1	19.15	2 347 979	5 551 087
2	315 786	7.6	18.67	2 399 974	5 895 725	224 758	7.2	18.34	1 618 258	4 122 062
3	263 413	8.6	20.27	2 265 352	5 339 382	253 252	8.5	19.83	2 152 642	5 021 987
4	177 886	8.3	20.09	1 476 454	3 573 730	205 888	7.2	19.65	1 482 394	4 045 699
5	280 684	9.4	19.72	2 638 430	5 535 088	329 660	8.7	19.57	2 868 042	6 451 446
6	342 964	8.8	19.92	3 018 083	6 831 843	351 010	8.9	19.55	3 123 989	6 862 246
7	361 439	9.5	19.57	3 433 671	7 073 361	375 566	9.2	19.36	3 455 207	7 270 958
8	446 952	9.8	18.72	4 380 130	8 366 941	368 868	9.7	18.46	3 578 020	6 809 303
9	354 533	10.5	18.89	3 722 597	6 697 128	336 728	9.9	18.67	3 333 607	6 286 712
10	244 819	13.1	18.84	3 207 129	4 612 390	287 956	11.3	18.9	3 253 903	5 442 368
11	310 311	12.2	18.8	3 785 794	5 833 847	265 095	11.7	18.48	3 101 612	4 898 956
12	230 131	9.5	20.54	2 186 245	4 726 891	281 946	10.1	19.67	2 847 655	5 545 878
Σ	3 578 232	115.6	233.27	34 583 162	69 283 127	3 570 601	110.50	229.63	33 163 307	68 308 702
计算值		9.63	19.44	9.66	19.362		9.21	19.14	9.29	19.131

注　1. G_i 是指燃煤质量，M_i 是指全水分，Q_i 是低位发热量。

2. 表中最后一行是求解过程中的计算值，不是已知条件。

解：（1）修正前的热值差。

1）入厂煤热值质量加权平均值

$$Q_{\mathrm{net,arcs}}=\frac{\sum_{i=1}^{12}G_iQ_i}{\sum_{i=1}^{12}G_i}=\frac{69\ 283\ 127}{3\ 578\ 232}=19.362(\mathrm{MJ/kg})$$

2）入炉煤热值重量加权平均值

$$Q_{\mathrm{net,ar}}=\frac{\sum_{i=1}^{12}G_iQ_i}{\sum_{i=1}^{12}G_i}=\frac{68\ 308\ 702}{3\ 570\ 601}=19.131\ (\mathrm{MJ/kg})$$

3)热值差

$$\Delta Q=Q_{\mathrm{net,arcs}}-Q_{\mathrm{net,arls}}=19\ 362-19\ 131=231(\mathrm{kJ/kg})$$

（2）修正后的热值差。

1)入厂煤全水分质量加权平均值

$$M_{\mathrm{trc}}=\frac{\sum_{i=1}^{12}G_iM_i}{\sum_{i=1}^{12}G_i}=\frac{34\ 583\ 162}{3\ 578\ 232}\times100\%=9.66\%$$

2)入炉煤全水分重量加权平均值

$$M_{\mathrm{trl}}=\frac{\sum_{i=1}^{12}G_iM_i}{\sum_{i=1}^{12}G_i}=\frac{33\ 163\ 307}{3\ 570\ 601}\times100\%=9.29\%$$

3)入炉煤调整后热值

$$\begin{aligned}Q_{\mathrm{net,arlt}}&=(Q_{\mathrm{net,ar}}+23M_{\mathrm{trl}})\times\frac{100-M_{\mathrm{trc}}}{100-M_{\mathrm{trl}}}-23M_{\mathrm{trc}}\\&=(19\ 131+23\times9.29)\times\frac{100-9.66}{100-9.29}-23\times9.66=19\ 056.4(\mathrm{kJ/kg})\end{aligned}$$

或者 $Q_{\mathrm{net,arlt}}\approx Q_{\mathrm{net,ar}}\times\frac{100-M_{\mathrm{trc}}}{100-M_{\mathrm{trl}}}=19\ 131\times\frac{100-9.66}{100-9.29}=19\ 053.0(\mathrm{kJ/kg})$

二者基本接近。

4)热值差计算

$$\Delta Q=Q_{\mathrm{net,arcs}}-Q_{\mathrm{net,arlt}}=19\ 362-19\ 056.4=305.6(\mathrm{kJ/kg})$$

可见全水分调整前后差别很大，误差为 32.3%。

第三节 燃料盘点管理

一、盘点管理要求

（1）火电厂应按照 DL/T 1878—2018《燃煤电厂储煤场盘点导则》（以下简称《2018 版盘点导则》）每月末组织生产部、运行部、燃料部（供应部）、财务部、监审部等部门对库存燃料（燃煤、燃油）进行盘点，并按照统一格式形成盘点报告（格式见表 7-10）。盘点报告由盘点部门共同签字确认后上报分管厂领导审批。每年底的燃料盘点报告还需上报上级公司备案。

（2）煤场盘点管理应与入厂入炉煤计量相协调。盘点统计报表应根据进、耗煤（油）台账修正至月末最后一日 24：00。

（3）盘点结果要做到账物相符，账账相符，即实际盘存煤量与账面结存煤量相符。对于入炉煤量，生产部门与燃料管理部门相符；对于燃料收、耗、存账，财务部门与燃料管理部门相符。遇有大盈大亏现象发生时应查明原因，并按有关规定处理。

（4）盘煤（油）人员、方法和程序应相对固定，测量仪器、仪表符合计量规定。

表 7-10　　电厂燃料盘点报告格式

盘点时间			
煤场编号或名称	体积（m^3）	比重	质量（t）
合计煤场存煤量（t）			
盘点时点至月末 24：00 入厂煤量（t）			
盘点时点至月末 24：00 耗用煤量（t）			
折算到月末 24：00 燃煤实存量（t）			
当月（期）提取储损运损（t）			
月（期）末燃煤账存量（t）			
煤炭盘点盈亏（t）			
燃油盘点			
1 号罐			
2 号罐			
3 号罐			
4 号罐			
盘点时点至月末 24：00 入炉油量（t）			
盘点时点至月末 24：00 燃油实存（t）			
盘点时点至月末 24：00 燃油账存（t）			
盘点时点至月末 24：00 燃油盘点盈亏（t）			
燃料盈亏说明及处理方案			

盘煤人员签名：供应部　　财务部　　燃料部

　　　　　　　生产部　　监审部　　其他

制表：　　　　制表日期：200　年　月　日

部门审核：　　部门主任：　　主管副厂长：

二、煤场盘点方法

1. 煤场体积的测量

在盘煤前，应将煤堆整形、压实，减少不必要的误差。

（1）盘煤仪测量：已经配备了激光盘煤仪的电厂要使用激光盘煤仪扫描测量，绘制出煤堆图形，计算煤堆体积，误差控制在±0.5%以内，盘煤仪扫描的盲区要进行人工补测。盘煤仪需有专人使用、保管和定期校验，超过仪器误差范围时，要及时校验。

筒仓、油罐体积应采用精度在1/10m级的标尺等工具进行测量。

《2018版盘点导则》第一部分主要内容是煤样的体积密度的测量和计算，第二部分主要内容是采用便携式或自动式三维激光扫描仪对煤堆体积的测量。连续测量两次体积，其相对偏差不应大于2%。

（2）人工测量：没有配备盘煤仪的电厂，要进行人工盘点。盘点前，将煤堆整形、压实；通过测量煤堆体积和实测煤堆比重来计算库存燃料量。

2. 原煤堆积密度测定

原煤堆积密度应每季度测定一次。原煤堆积密谋采用模拟法或沉筒法测定。

（1）模拟法。煤场堆积密度测量方法可参考MT/T 739—2011《煤炭堆密度小容器测定方法》；制作一个0.5m×0.5m ×0.5m的铁质方形容器，厚度在5～10mm，装满煤后，分煤种或煤堆进行试验：

1）不加压试验：先将容器过磅计量，然后在容器内装满煤后刮平（不加压不振动）再过磅计量，减去容器质量求堆积密度，称为不加压堆积密度，以γ_{d1}表示。

2）稍加压试验：在煤堆上挖1m深的坑，然后将容器放入坑内（放平）装满煤后再加上1m厚的煤，用推土机碾压一次，最后将容器口刮平称重求堆积密度，称为稍加压密度，以γ_{d2}表示。

3）重加压试验：其方法与稍加压试验方法相同。只是用同样的方法，用推土机碾压三次，过磅后求得重压后的堆积密度，以γ_{d3}表示。

4）推土机压实试验：其方法与稍加压试验方法相同。用同样的方法，用推土机压五次，过磅后求得压实后的堆积密度，以γ_{d4}表示。

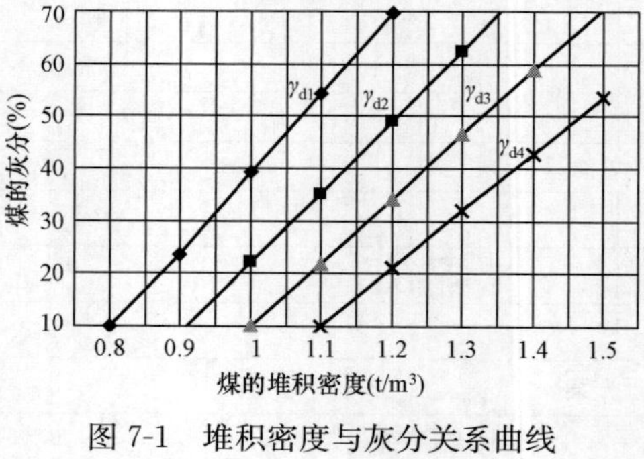

图7-1 堆积密度与灰分关系曲线

以上四种方法试验做完后，分别采样化验全水和灰分，并将全水修正到入厂煤同一个数值，根据灰分化验结果，绘制成堆积密度与灰分关系曲线，见图7-1。在使用时根据不同煤种情况、煤堆实际压实情况及部位，选用适当的堆积密度。

MT/T 739主张是采用不加压法测量收到基煤样的体积密度和干燥基煤样的体积密度，《2018版盘点导则》则建议采用上述四种方法测量收到基煤样的体积密度和干燥基煤样的体积密度，计算公式均为：

$$\gamma_{s,ar}=\frac{m_2-m_1}{V}=\frac{G_s}{V}$$

$$\gamma_{s,d}=\frac{m_2-m_1}{V}\times\frac{100-M_t}{100}$$

式中 $\gamma_{s,ar}$——收到基煤样的体积密度，t/m³；

$\gamma_{s,d}$——干燥基煤样的体积密度，t/m³；

M_t——煤样收到基全水分，%；

G_s——容器内煤样的质量，t；

m_1——空容器质量，t；

m_2——装满煤样时容器的质量，t；

V——容器的容积，m^3。

(2) 沉筒法。制作一个ϕ300×500mm的圆柱形无底钢筒容器（钢筒壁厚为5～10mm）。在煤堆上部用铁锹挖一个0.5m的煤坑，将钢筒放入坑内，然后用推土机将钢筒压入煤堆内，取出后沿筒口刮平，将钢筒称重，求堆积比重。

1）工具：用直径300mm的钢管制作一个长500mm两侧无底的钢筒（钢筒壁厚为5～10mm），钢筒的一端外沿应制做倾角为45°左右的斜面，以防利用推土机下压时，厚边沿对中心取样部位造成挤压而影响密度的真实性。

2）布点：沿煤堆的总长度分成三个相等区段，在每个区段的斜对角线上均布5个测点。斜线上的首末两点应距煤堆边缘1m处，其余各点均匀分布在余下的斜对角线上，见图7-2。斜线上的首末两点距离煤堆边缘1m处是否合适，应看整个煤场压实程度而定。

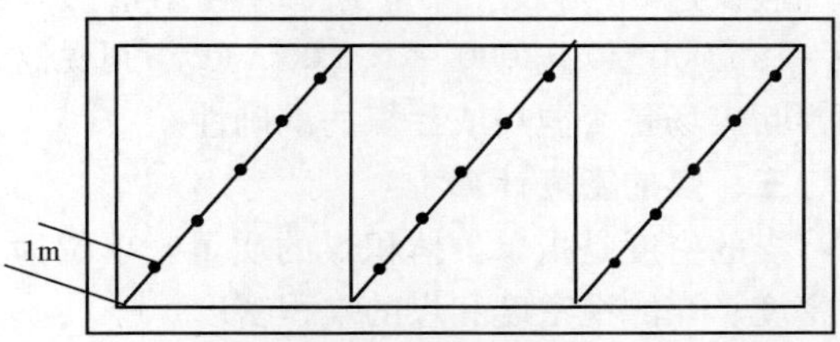

图7-2 沉筒法测点分布图

3）操作方法：在选好的测点部位，用推土机将上部的表面煤挖到0.5m以下，将钢筒平放于坑内，用推土机将钢筒压入煤堆内。当钢筒上沿全部压入煤中并与坑底平面相齐或稍深些即可将钢筒挖出，刮平钢筒两侧多余煤量，进行称重，求密度。

3. 原煤堆积密度的计算

(1) 计算容器内煤的体积。沉筒容积计算公式

$$V=\pi r^2 h$$

式中 r——沉筒内圆半径，m；

h——煤的高度，m；

V——沉筒装煤的容积，m^3。

方形容器容积计算公式

$$V=0.5^2 h$$

式中 h——煤的高度，m；

V——方形容器的容积，m^3。

(2) 煤的堆积密度测量计算。煤的堆积密度计算公式如下

$$\gamma_{dj}=\frac{G_s}{V}\times\frac{100-M_{trc}}{100-M_{trl}}$$

式中 γ_{dj}——煤的堆积密度，t/m^3；

G_s——测得各沉筒煤实际质量，t；

V——各沉筒装煤的总容积或方形容器容积，m^3；

M_{trc}——入厂煤验收全水分，%；

M_{trl}——煤堆实测全水分，%。

盘煤过程中，测定煤的密度时，水分在一定范围内的增加不会影响煤的体积，若水分增加一个百分点，密度即增加2%左右。根据煤量=体积×密度，盘煤结果也将增加2%，照此计算一

个存量为10万t的煤场，仅水分影响造成的误差就达2000t。进行盘煤时，如果无法准确煤堆的全水分测定，则水分通过密度将误差传递给煤量，直接影响了盘煤的准确性。

4. 燃料盘点结果

期末燃料盘点结果根据测得的煤堆体积和密度进行计算。

$$期末燃料实物盘点数量(t)=\sum 煤堆体积(m^3)\times 煤堆密度(t/m^3)$$

煤场盘点结果＝燃料实盘数量＋盘点时至统计期止点的来煤量－盘点时至统计期止点的耗煤量

例如：某电厂于2008年12月18日上午8点（此为盘点时刻）进行月中盘点，盘点存煤量为155 000t。电厂来煤及耗煤统计期止点（即电厂燃料调度日报）为12月17日24点（即18日零点），即统计期止点比盘点时刻早8h的时间间隔。在这8h中，入厂煤量2500t，耗用煤量为3000t，则煤场盘点结果＝155 000－2500＋3000＝155 500（t）。

假设这8h内入厂煤量为0t，耗用量为3000t（即耗用煤完全从煤场取用），则煤场盘点结果＝155 000－0＋3000＝158 000（t）。可见这一极端情况表明对盘点时刻的修正与否，直接影响到判断煤场是否盈煤或亏煤的准确性。

三、煤的密度计算

煤的密度是指单位体积煤的质量，单位为g/cm^3或t/m^3。煤的密度有三种表示方法，煤的真密度、煤的视密度和煤的堆积密度。

（1）真密度或称真相对密度（γ_{TRD}），20℃时单位体积（假定煤中没有孔隙）煤的质量。测定煤的真密度常用比重瓶法，以水作置换介质，将称量的煤样浸泡在水中，使水充满煤的孔隙，然后根据阿基米德原理进行计算。泥炭0.72t/m^3，褐煤1.05～1.35t/m^3，烟煤1.25～1.50t/m^3，无烟煤1.35～1.90t/m^3。

燃煤真密度计算公式

$$\gamma_{TRD}=\frac{100\gamma_{dmmf}}{100-A_d\left(1-\frac{\gamma_{dmmf}}{2.9}\right)}$$

式中 γ_{TRD}——燃煤真密度，t/m^3；

A_d——燃煤的干燥基灰分，%；

γ_{dmmf}——按干燥无矿物质基的密度，t/m^3。

按干燥无矿物质基的瘦煤和无烟煤密度（t/m^3）计算公式

$$\gamma_{dmmf}=\frac{100}{0.35C_{daf}+5H_{daf}}$$

式中 C_{daf}——燃煤的干燥无灰基碳含量，%；

H_{daf}——燃煤的干燥无灰基氢含量，%。

除瘦煤和无烟煤外的固体燃料密度（t/m^3）计算公式

$$\gamma_{dmmf}=\frac{100}{0.334C_{daf}+2.25H_{daf}+23}$$

当计算时，除褐煤外，可采用$\gamma_{dmmf}=1.44t/m^3$。

（2）视密度或视相对密度（γ_{TRD}），指单位体积（仅仅包括煤粒内部孔隙）煤的质量。煤的视密度可以用于计算煤的埋藏量。测定煤的视密度常用涂蜡法和水银法。涂蜡法是在煤粒的外表面上涂一层薄蜡，封住煤粒的孔隙，使介质不能进入。将涂蜡的煤粒浸入水中，用天平称量，根据阿基米德原理进行计算。水银法是将煤粒直接浸入水银介质中，根据煤粒排出的水银体积计算煤的视密度。由于煤的视密度包含有煤内部的空隙，因而视密度低于真密度，差值一般在0.05～

0.15t/m³ 之间。褐煤的视密度为 1.0～1.30t/m³，烟煤为 1.15～1.40t/m³，无烟煤为 1.3～1.8t/m³。

视密度 γ_{ARD} 可按下式计算

$$\gamma_{ARD}=\frac{100\gamma_{TRD}}{100+(\gamma_{TRD}-1)M_{HC}}\times\frac{100-M_{HC}}{100-M_{ar}}$$

式中 M_{HC}——燃煤饱和时的极限水分，其数值可采用经验数据，或采用校核煤种收到基水分，%；

M_{ar}——燃煤设计的收到基水分，%；

γ_{TRD}——燃煤真密度，t/m³；

γ_{ARD}——煤的视密度，t/m³。

(3) 堆密度或称散密度，指单位体积（包括煤粒内部孔隙和外部空隙）煤的质量。堆积密度的大小除了与煤的真密度有关外，主要决定于煤的粒度组成和堆积的密实度。堆积密度对煤炭生产和加工利用部门在设计矿车、煤仓以及估算煤堆质量等方面有很大的实际意义。

当原煤的尺寸 $R_5=20\%\sim45\%$ 的范围内时，其堆积密度可用下式表示

$$\gamma_{dj}=0.63\gamma_{ARD}$$

在现行的设计及计算中，对原煤的堆积密度一般取经验数值 0.85～1.0t/m³ 计算（无烟煤为 0.9～1.2t/m³、烟煤为 0.85～0.95t/m³、褐煤为 0.65～0.85t/m³）。

例如：已知某煤种的极限水分 $M_{ZD}=24\%$。实测：$A_d=32\%$，$M_{ar}=17\%$，原煤的真密度为 1.52t/m³，视密度为 1.25t/m³，煤的堆积密度为 0.95t/m³，煤粉的堆积密度为 0.74t/m³。

四、燃油盘点方法

(1) 燃油盘点应测定燃油视密度和油温，并根据实用石油计量标准进行修正计算。

(2) 燃油盘点要求过程规范，记录准确、完整，并有参加人员签字。

(3) 燃油密度采用石油密度计测量。

五、盘点差异处理

(1) 盘点如有差异，需列明账面数和实盘数的差异和差异原因。

(2) 每月盘点差异数量在月末存煤（油）量 1%以内时，可以不予调整。每季末无论盘点差异数量多少，均需调整财务账目。需调整财务账面数时，应由燃料管理部门编制燃料盘点调整报告，上报本单位主要负责人批准后，由财务部门按规定处理。

(3) 燃料盘盈或盘亏在 2 万 t 及以上时，除执行上述内部报批程序外，还必须将差异调整报告及盘点报告上报上级公司审核、批准。

(4) 期末盘点时，要根据水分差来调整电煤库存，如 B_{corr} 为负数，则调减账面库存；如 B_{corr} 为正数，则调增账面库存。

企业应于每月末按规定对燃料库存数量进行盘点，并根据盘点结果计算实际储存损耗数量，计算燃料盘点差异数并对盘盈（亏）进行账务处理，保证账实相符。

期末燃料盘点差异数 B_{yk}=燃料盘点库存量（期末燃料实盘数量）B_{pd}－期末原始账面库存量 B_{zkc}

盘点差异数大于 0，为盘盈，不需计算储存损耗；盘点差异数小于 0 时，需比较盘点差异数绝对数与按定额计算的储存损耗数（如 0.5%），盘点差异数绝对数大于储存损耗定额数计入盘亏（即其中的 0.5%记为储存损耗，其他超过的量计入亏煤），并调整燃料期末账面库存量，使燃料盘点库存量等于燃料期末账面库存量。

第八章 《火力发电厂正平衡计算煤耗技术规范》解读与应用

第一节 供电煤耗率的正平衡计算

一、《火力发电厂正平衡计算煤耗技术规范》的编制背景

DL/T 904《火力发电厂技术经济指标计算方法》中规定了发电煤耗率、供电煤耗率、供热煤耗率、综合供电煤耗率四个指标的计算方法，在 GB 21258《常规燃煤发电机组单位产品能源消耗限额》中规定了发电煤耗率、供电煤耗率两个煤耗指标的定义。在电厂经济性指标的实际统计过程中，火力发电企业正平衡煤耗率计算尚无统一的数据采集、处理及计算的原则方法。鉴于此种情况，本标准的制定，是为了落实 DL/T904、GB 21258 等相关标准，以满足火力发电企业在使用正平衡法计算煤耗率的需求。

对于发电、供电煤耗率的计算方法，我国发电企业一直根据原电力工业部《火力发电厂按入炉煤量正平衡计算发供电煤耗的方法》（电安字〔1993〕457 号，以下简称《1993 版方法》）的相关规定来计算。但是随着发电技术的发展，以及新情况的出现，有必要进行重新修订。

正是在上述情况下华电国际电力股份有限公司在《1993 版方法》内容的基础上，于 2011 年发布了《火力发电企业正平衡计算煤耗技术规范（试行）》（以下简称《2011 版试行规范》）。2012 年，华北电力大学向电力行业电站锅炉标准化技术委员会提出编制《火电厂发电企业正平衡计算煤耗技术规范》的申请，并获批。2018 年，由于华北电力大学原标准编制人员人事变动等原因，该标准编制工作委托给西安热工研究院有限公司。2018 年 6 月—2020 年 5 月，西安热工研究院有限公司标准起草小组参照华电国际电力股份有限公司《2011 版试行规范》完成了内部讨论稿。2020 年 6 月，送中国电力企业联合会科技开发服务中心请专家审查，根据专家意见 7 月完成修改提交上报稿。2021 年 4 月发布 DL/T 2262—2021《火力发电厂正平衡计算煤耗技术规范》（以下简称《2021 版计算规范》），2021 年 10 月实施。

二、《火力发电厂正平衡计算煤耗技术规范》的主要内容与应用

1. 适用范围

《2021 版计算规范》规定了火力发电厂正平衡法发电煤耗率、供电煤耗率计算以及有关指标计量、统计计算和评价方法。

《2021 版计算规范》适用于规范火力发电厂全厂和单机的正平衡法计算发电煤耗率和供电煤耗率。

2. 规范性引用文件

引用 DL/T 1878《燃煤电厂储煤场盘点导则》、DL/T 904《火力发电技术经济指标计算方法》和 DL/T 1365《名词术语 电力节能》等 22 项文件。建议增加 GB/T 34060—2017《蒸汽热量计算方法》、DL/T 5202—2004《电能量计量系统设计技术规程》、JGJ 173—2009《供热计量技术规程》和 GB/T 32224—2020《热量表》等标准。

3. 术语和定义

(1) 正平衡。以系统的输入和输出（能量）来计算平衡的一种方式。术语直接引用

DL/T 1365—2014 第 3.4.11 条，应注明输入和输出是能量而不是物料。

(2) 反平衡。以系统的输入和损失（能量）来计算平衡的一种方式。术语直接引用 DL/T 1365—2014 第 3.4.12 条，应注明输入和输出是能量而不是物料。

(3) 燃料耗用量。火力发电厂在统计期内生产和非生产实际消耗的燃料（燃煤、燃油、燃气等）量（原始量）。本术语在《2021 版计算规范》后面再没有提及。燃料耗用量折算成标准煤量称为燃料耗用总标准煤量，后者在《2021 版计算规范》第 8.2 条公式里面称为统计期内消耗的各燃料量之和$\sum F_{sc}$，对应 DL/T 904 第 9.4.1 条公式里面的统计期内耗用总标准煤量 B_h。

(4) 标准煤量。统计期内（供热）及发电生产全部过程中，用于生产所消耗的各种能源总量折算到标准燃煤量。与 DL/T 904 第 9.4.1 条术语和定义完全一样，也就是人们常说的发电、供热标准煤量。但是本术语在《2021 版计算规范》后面再没有提及，而是在《2021 版计算规范》后面又改称为标准燃料消耗量。

(5) 输出电量。对企业内与发电无关的其他生产流程所提供的电量。这是新提法，但不可理解，本术语在《2021 版计算规范》后面再没有提及，应该是指非生产用电量。

(6) 下网电量。术语源于 DL/T 1365—2014 定义 4.1.5，又称购网电量。外购电量源于 DL/T 606.4—2018《火力发电厂能量平衡导则　第 4 部分：电平衡》第 3.9 条，DL/T 2303.1—2021《电力生产统计技术导则　第 1 部分：发电统计》有该术语的定义。《2021 版计算规范》第 5.3.1 条计算公式里并没有提及下网电量，而是说成“购网生产厂用电量”，术语前后不符。

(7) 输入电量。发电厂内某机组从其余机组获得电量。自定术语，不规范，本术语在《2021 版计算规范》后面再没有提及，只在第 8.3 条供热厂用电率计算公式中提到了外来电量，这里的输入电量仅是外来电量的一部分。

(8) 生产厂用电量。在统计期内，机组（或电站）直接用于发电、供热等与生产有关的辅助设备系统消耗的电量。无论是否采用特许经营模式，脱硫、脱硝等环保设施消耗的电量均应计入生产厂用电量。

生产厂用电量＝发电量－供电量

生产厂用电量与供电量计算公式是个死循环，计算公式不正确。

(9) 综合厂用电量。在统计期内，全厂发电量和外购电量之和与上网电量的差值。

综合厂用电量＝发电量＋外购电量－上网电量

《2021 版计算规范》第 3.8 条已经定义了下网电量，但是在第 3.12 条综合厂用电量公式又出现了外购电量（第 5.3.1 条说成“购网生产厂用电量”），前后不一致。

(10)（正平衡）供电［标准］煤耗率。机组（或电站）每对外提供 1kWh 电能平均耗用的标准煤量（应改为平均耗用的发电标准煤量）。

供电标准煤耗率＝（发电）标准煤量/供电量

(11) 供热［标准］煤耗率。在统计期内热电联产机组每对外提供 1GJ 热能平均耗用的标准煤量（应改为平均耗用的供热标准煤量）。

供热标准煤耗率＝供热标准煤量/供热量

(12) 综合供电煤耗率：机组（或电站）向电网提供 1kWh 电能平均耗用的标准煤量（应改为平均耗用的发电标准煤量）。

综合供电煤耗率＝标准煤耗量/上网电量

这个公式应该为：

综合供电煤耗率＝(发电) 标准煤耗量 / 净上网电量

(13) 发电厂用电率。统计期内火力发电厂用电量与发电量的比值。术语是修改了

DL/T 1365—2014 定义 4.2.4 条，这一修改容易出现异议（可以理解为火力发电厂的全部用电量），最好保留 DL/T 1365 原始定义：统计期内发电厂用电量与发电量的比值。

（14）供热厂用电率。统计期内机组（或电站）供热厂用电量与供热量在同一量纲下的比值。术语源于 DL/T 1365—2014 第 5.3.1.10 条，但是该定义与《2021 版计算规范》第 8.3 条供热厂用电率计算公式不符。

4. 供电煤耗率计算基本原则

（1）火力发电厂发电、供电煤耗率统一以入炉煤计量煤量和入炉煤机械取样分析的低位发热量按正平衡计算。

（2）正平衡计算以皮带秤、称重给煤机称重计量进入锅炉的煤量为准，以机械取样取入炉煤样的热量为依据进行计算。并根据盘油结果，将耗用燃油量折合为 29 308kJ/kg 发热量的标准煤量，全部计入总燃料耗用量进行计算。

（3）热电厂供热与发供电煤耗率的计算时采用热量分摊法，供热好处归发电。

（4）计算发电、供电煤耗等指标时，应按照 GB/T 2589—2008《综合能耗计算通则》的规定，选取标准煤的发热量为 29 307.6kJ/kg 进行折算。

（5）加强对非生产用能的管理，配齐非生产的煤、油、汽、电计量表计，建立非生产用能台账。要认真执行 DL/T 904《火力发电厂技术经济指标计算方法》的有关规定，严格区分生产用能与非生产用能，按规定不应进入发电、供电煤耗率等指标统计的非生产用能，在计算发电、供电煤耗率等指标时必须扣除。

（6）建立台账每班记录测试结果，按班按日加权平均计算入炉煤质量指标。正平衡计算日平均煤耗率时一律以当日 0：00～24：00 的综合入炉煤原煤样的实测发热量和平均的全水分所换算的收到基低位发热量作为计算依据，计算日发供电煤耗率。不得以制粉系统中的煤粉测得的发热量代替。

（7）月底以煤场盘点数据进行调整后的煤耗率上报。月度进行反平衡校核供电煤耗率。

5. 基本要求

（1）总体要求。火电厂发电企业应定期对全厂及机组的发电量、供电量、上网电量、下网电量、发电厂用电量、生产厂用电量、综合厂用电量、供热量、燃料消耗量、燃料消耗率、发电煤耗率、供电煤耗率、综合供电煤耗率、供热煤耗率、发电厂用电率、供热厂用电率、综合厂用电率等指标进行统计、计算、分析。对企业内机组进行发电煤耗等指标的计算时，应实现单台机组计算。

（2）计量要求。入厂燃料和入炉燃料计量器具的配备应符合 GB/T 21369《火力发电企业能源计算器具配备和管理要求》的规定和单台机组发电（供热）煤耗计算和评价的要求。能源计量装置的选择、数量、精度、测量范围都应符合能耗定额管理、能耗考核需求。生产过程中所使用的燃煤、燃油、燃气、蒸汽、电量均应计量统计，应对计量器具定期维护，并定期在检验机构校验设备精度。

（3）燃料管理要求。燃煤管理应符合 DL/T 1052《电力节能技术监督导则》的规定，正平衡发电煤耗和供电煤耗的计算应按实际入炉煤量和入炉煤机械采制样分析的低位发热量确定；燃油、燃气的低位发热量比较稳定，至少每月检测一次热值。火力发电企业按照本技术规范进行煤耗等技术经济指标的计算时，入炉燃煤、燃油、燃气和其他非常规燃料等的消耗量，都应根据标准煤的发热量折算成标准煤量。

6. 电量计量与统计

（1）发电量。发电量计量应以发电机机端电能表计量数据为准。

发电机出口，主变压器出口，高、低压厂用变压器，高压备用变压器、用于贸易结算的上网线路的电能计量装置精度等级不应低于于 DL/T 448《电能计量装置技术管理规程》的规定，现场检验率应达到 100%，检验合格率应达到 100%。

机组及全厂发电量应采用下列公式计算：

$$W_{\mathrm{rf}i}=(W_{\mathrm{ri2}}-W_{\mathrm{ri1}})\times\beta_{\mathrm{f}i}$$

$$W_{\mathrm{yf}i}=(W_{\mathrm{yi2}}-W_{\mathrm{yi1}})\times\beta_{\mathrm{f}i}=\sum_{i=1}^{d}W_{\mathrm{rf}i}$$

$$W_{\mathrm{nf}i}=\sum_{i=1}^{12}W_{\mathrm{yf}i}$$

$$W_{\mathrm{nf}}=\sum_{i=1}^{m}W_{\mathrm{nf}i}$$

$$W_{\mathrm{yf}}=\sum_{i=1}^{m}W_{\mathrm{yf}i}$$

$$W_{\mathrm{rf}}=\sum_{i=1}^{m}W_{\mathrm{rf}i}$$

式中 W_{nf}——某发电厂全厂当年累计发电量，kWh；

W_{yf}——某发电厂全厂当月累计发电量，kWh；

W_{rf}——某发电厂全厂当日发电量，kWh；

m——某发电厂全厂机组台数，台；

d——当月天数，天；

$W_{\mathrm{nf}i}$——某发电机组当年累计发电量，kWh；

$W_{\mathrm{yf}i}$——某发电机组当月累计发电量，kWh；

$W_{\mathrm{rf}i}$——某发电机组当日发电量，kWh；

W_{yi2}——该发电机组发电端电能表当月末最后一日 24 点读数，kWh；

W_{yi1}——该发电机组发电端电能表上月末最后一日 24 点读数，kWh；

W_{ri2}——该发电机组发电端电能表当日 24 点读数，kWh；

W_{ri1}——该发电机组发电端电能表上日 24 点读数，kWh；

$\beta_{\mathrm{f}i}$——该发电机组发电端电能表倍率。

《2021 版计算规范》第 5.1.3 条和 5.1.4 条不同的术语出现相似的计算公式如下：

$$\text{某发电机组年发电量}=\sum\text{该发电机组月发电量}$$

$$\text{全厂月发电量}=\sum\text{发电机组月发电量}$$

出现上述现象主要是因为《2021 版计算规范》忽略了求和符号“$\sum$”含有两个意义：第一个公式中的 $\sum$ 是指该机组一年 12 个月的发电量之和，第二个公式中的 $\sum$ 是指该发电厂全厂所有机组的发电量之和。为了简化书写方式，以下忽略这两方面的差别。计算发电量时应注意以下几点：

1）发电量中包含试运行发电量，上网电量中包含试运行上网电量。

2）电能表若装置在变压器高压端，则须通过试验算出变压器损失，在计算发电量时，应由变压器端电量加上变压器损失，换算到发电机端发电量。

3）计算技术经济指标的发电量是指扣除新投运机组试运行期间的发电量。技术经济指标包括：发电煤耗、厂用电率、利用小时等。

4）《2021 版计算规范》提供的计算公式：发电量＝发电电能表累计读数×该电能表倍率，

容易使人产生误解，笔者进行了修改。可参见《电力统计工作指南》（国家电力公司战略规划部）。

（2）上网电量。上网电量计量以火电厂与购电方产权分界点的关口计量点电能表计量为准。上网电量应采用下列公式计算：

$$W_{rgki}=(W_{rgki2}-W_{rgki1})\times\beta_{gki}$$

$$W_{ygki}=(W_{ygki2}-W_{ygki1})\times\beta_{gki}$$

$$W_{ngki}=\sum W_{ygki}$$

$$W_{ngk}=\sum W_{ngki}$$

$$W_{ygk}=\sum W_{ygki}$$

$$W_{rgk}=\sum W_{rgki}$$

式中　W_{ngk}——某发电厂全厂当年累计上网电量，kWh；

W_{ygk}——某发电厂全厂当月累计上网电量，kWh；

W_{rgk}——某发电厂全厂当日上网电量，kWh；

W_{ngki}——某发电机组当年累计上网电量，kWh；

W_{ygki}——某发电机组当月累计上网电量，kWh；

W_{rgki}——某发电机组当日上网电量，kWh；

W_{ygki2}——该发电机组并网点计量关口电能表当月最后一日24点读数，kWh；

W_{ygki1}——该发电机组并网点计量关口电能表上月最后一日24点读数，kWh；

W_{rgki2}——该发电机组并网点计量关口电能表当日24点读数，kWh；

W_{rgki1}——该发电机组并网点计量关口电能表上日24点读数，kWh；

β_{gki}——该发电机组并网点计量关口电能表倍率。

《2021版计算规范》提供的计算公式：上网电量=上网电能表累计读数×该电能表倍率，容易使人产生误解，笔者进行了修改。

（3）（生产）厂用电量。厂用电量应采用下列公式计算：

$$W_{rcyi}=W_{rfi}-W_{rgki}-W_{ri}-W_{rfzi}-W_{rkci}+\frac{W_{wgr}\times W_{rfi}}{W_{rf}}$$

$$W_{ycyi}=W_{yfi}-W_{ygki}-W_{yi}-W_{yfzi}-W_{ykci}+\frac{W_{wgy}\times W_{yfi}}{W_{yf}}$$

$$W_{ncyi}=\sum W_{ycyi}$$

$$W_{ncy}=\sum W_{ncyi}$$

$$W_{ycy}=\sum W_{ycyi}$$

$$W_{rcy}=\sum W_{rcyi}$$

式中　W_{ncy}——某发电厂全厂当年累计生产厂用电量，kWh；

W_{ycy}——某发电厂全厂当月累计生产厂用电量，kWh；

W_{rcy}——某发电厂全厂当日生产厂用电量，kWh；

W_{ncyi}——某发电机组当年累计生产厂用电量，kWh；

W_{ycyi}——某发电机组当月累计生产厂用电量，kWh；

W_{rcyi}——某发电机组当日生产厂用电量，kWh；

W_{wgr}——某发电厂全厂当日外购电量，kWh；

W_{wgy}——某发电厂全厂当月外购电量，kWh；

W_{rfi}——某发电机组当日发电量，kWh；

W_{yfi}——某发电机组当月发电量，kWh；

W_{yf}——某发电厂全厂当月发电量，kWh；

W_{rf}——某发电厂全厂当日发电量，kWh；

W_{rgki}——某发电机组当日上网电量，kWh；

W_{ygki}——某发电机组当月上网电量，kWh；

W_{ri}——某发电机组当日供热厂用电量，kWh；

W_{yi}——某发电机组当月供热厂用电量，kWh；

W_{rfzi}——某发电机组当日辅助厂用电量（如果上网电量没有分机计量，则应按照发电量进行分摊），kWh；

W_{yfzi}——某发电机组当月辅助厂用电量（如果上网电量没有分机计量，则应按照发电量进行分摊），kWh；

W_{rkci}——某发电机组当日应扣除非生产用电量，kWh；

W_{ykci}——某发电机组当月应扣除非生产用电量，kWh。

公式里出现了辅助电量，但是标准中并没有这个术语、定义和计算方法。

（4）供电量。供电量应采用下列公式计算：

$$W_{rgi}=W_{rfi}-W_{rdi}$$

$$W_{ygi}=W_{yfi}-W_{ydi}$$

$$W_{ngi}=\sum W_{ygi}$$

$$W_{ng}=\sum W_{ngi}$$

$$W_{yg}=\sum W_{ygi}$$

$$W_{rg}=\sum W_{rgi}$$

式中 W_{ng}——某发电厂全厂当年累计供电量，kWh；

W_{yg}——某发电厂全厂当月累计供电量，kWh；

W_{rg}——某发电厂全厂当日供电量，kWh；

W_{ngi}——某发电机组当年累计供电量，kWh；

W_{ygi}——某发电机组当月累计供电量，kWh；

W_{rfi}——某发电机组当日发电量，kWh；

W_{rdi}——该发电机组当日发电厂用电量，kWh；

W_{yfi}——某发电机组当月发电量，kWh；

W_{ydi}——该发电机组当月发电厂用电量，kWh。

（5）下网电量。下网电量计量以火电厂与售电方产权分界点的关口计量点的下网电量电能表计量为准。

$$W_{rwgi}=(W_{rwgi2}-W_{rwgi1})\times\beta_{wgi}$$

$$W_{ywgi}=(W_{ywgi2}-W_{ywgi1})\times\beta_{wgi}$$

$$W_{nwgi}=\sum W_{ywgi}$$

$$W_{nwg}=\sum W_{nwgi}$$

$$W_{ywg}=\sum W_{ywgi}$$

$$W_{rwg}=\sum W_{rwgi}$$

式中 W_{nwg}——某发电厂全厂当年累计外购电量，kWh；

W_{ywg}——某发电厂全厂当月累计外购电量，kWh；

W_{rwg}——某发电厂全厂当日外购电量，kWh；

W_{nwgi}——某发电机组当年累计外购电量，kWh；

W_{ywgi}——某发电机组当月累计外购电量，kWh；

W_{rwgi}——某发电机组当日外购电量，kWh；

W_{rwgi2}——该发电机组下网点备用（启动）变压器电能表当日 24 点读数，kWh；

W_{rwgi1}——该发电机组下网点备用（启动）变压器电能表上日 24 点读数，kWh；

W_{ywgi2}——该发电机组下网点电能表当月最后一日 24 点读数，kWh；

W_{ywgi1}——该发电机组下网点电能表上月最后一日 24 点读数，kWh；

β_{wgi}——该发电机组下网点备用（启动）变压器电能表倍率。

《2021 版计算规范》提供的计算公式：下网电量＝下网电能表累计读数×该电能表倍率，容易使人产生误解，笔者进行了修改。

7. 热量计量与统计

供热量：以供热机组（锅炉）出口供出的热量作为统计和计算的对象。

向热力系统外供蒸汽和热水的机组应配备必要的热能计量装置，测点布置及安装应符合技术要求，并定期校验且合格。电厂应在下列各处设置热能计量仪表：

（1）对外收费的供热管。

（2）单台机组对外供热管。

（3）厂内外非生产用热管。

（4）对外供热后的回水管。

（5）除本厂热力系统外的其他生产用热。

热能计量仪表的配置应根据热平衡测试的需求确定，二次仪表应定期检验且合格。对外供热收费的计量的一级热能计量仪表配备率、合格率、校验率和计量率均应达到 100%。机组对外供热及回水的二级热能计量仪表配备率、校验率应达到 95%以上，检验的仪表合格率达到 100%，计量率应达到 90%。设备和设施用三级热能计量在条件许可的条件下，宜配备计量仪表。热量计宜采用累积式热能表。供热量应采用下列公式计算：

$$\sum Q_{rgi}=\sum Q_{rii}-\sum Q_{rhi}-\sum Q_{rki}$$

$$\sum Q_{ygi}=\sum Q_{yii}-\sum Q_{yhi}-\sum Q_{yki}$$

$$\sum Q_{ngi}=\sum Q_{ygi}$$

$$\sum Q_{ng}=\sum\left(\sum Q_{ngi}\right)$$

$$\sum Q_{yg}=\sum\left(\sum Q_{ygi}\right)$$

$$\sum Q_{rg}=\sum\left(\sum Q_{rgi}\right)$$

式中 $\sum Q_{ng}$——某热电厂全厂当年累计供热量（括号内的 $\sum$ 表示某机组一年 12 个月的供热量之和，括号外的 $\sum$ 表示该电厂所有机组供热量之和），GJ；

$\sum Q_{yg}$ ——某热电厂全厂当月累计供热量，GJ；

$\sum Q_{rg}$ ——某热电厂全厂当日供热量，GJ；

$\sum Q_{ngi}$ ——某热电机组当年累计供热量，GJ；

$\sum Q_{ygi}$ ——某热电机组当月累计供热量，GJ；

$\sum Q_{rgi}$ ——某热电机组当日供热量，GJ；

$\sum Q_{rii}$ ——该机组当日供出的蒸汽或热水的热量，GJ；

$\sum Q_{rhi}$ ——该机组当日凝结水回水的含热量，GJ；

$\sum Q_{rki}$ ——该机组当日补充水的含热量，GJ；

$\sum Q_{yii}$ ——该机组当月供出的蒸汽或热水的热量，GJ；

$\sum Q_{yhi}$ ——该机组当月凝结水回水的含热量，GJ；

$\sum Q_{yki}$ ——该机组当月补充水的含热量，GJ。

8. 燃料计量要求与数量修正

（1）计量装置配备与要求。

1）计量装置配备。火电机组应配备按入炉煤正平衡计算煤耗所需的全部装置，包括燃煤计量装置、机械采制样装置、煤位计和实煤校验装置等，满足分炉计量的要求。

2）计量装置检验。全厂煤、油、气、其他入炉燃料等应定期采样、制样、化验，并应对计量装置进行校验，应取得合格的校验证书。

3）皮带秤要求。入炉煤量的计量应使用皮带秤的测量数据，入炉煤皮带秤应满足 GB/T 7721《连续累计自动衡器（皮带秤）》的要求（入炉煤皮带秤称重精度不应大于±0.5%。皮带秤的安装位置在入炉总皮带时，应有装置记录经犁煤器将燃煤分别送入各炉的原煤仓中的煤量，且应防止犁煤器无法犁尽而将剩余燃煤带入其他炉的原煤仓中。入炉给煤机皮带秤应当每旬进行1次实煤校验或循环连码校验，校验所使用的标准称量器具的最大允许使用误差不应超过±0.1%，校验煤量应不小于输煤皮带运行时每小时最大计量出力的2%。实煤校验装置使用前应经标准砝码校验，实煤校验装置的标准砝码每两年应送往计量部门校验一次）。

4）入炉油计量。入炉油可使用流量计或储油容器液位进行计算，每月应对各个品种燃油进行一次密度测量。

5）入炉天然气计量。入炉天然气可用燃气计量表测量，具体执行 GB/T 18603《天然气计量系统技术要求》。

6）其他非常规燃料计量。生物质、污泥、城市垃圾等非常规燃料的消耗量，应由各自的计量装置进行计量。

（2）入炉煤量统计的修正。

1）煤仓及粉仓修正。每日入炉煤量应计量入炉皮带秤的测量数据，对于直吹式制粉系统，应当根据当日机组的煤仓煤位变化修正入炉煤量；对于中间仓储式制粉系统，应根据当日机组的煤仓煤位、粉仓粉位变化修正入炉煤量（B_{sc}）。

2）邻炉送粉修正。配置中间仓储式制粉系统的机组，如果在运行中邻炉之间通过公用的输粉机输送煤粉，计算单台机组的煤耗时应计入该部分煤粉量（B_{rlf}）以及输送该部分煤粉消耗的电量。通过输粉机输送的煤粉量可根据输粉时间及输粉机出力确定，输粉机的出力可通过试验来标定。

3）邻炉蒸汽修正。当在锅炉机组上装有利用临炉蒸汽利用装置或采用临炉蒸汽中压缸启动等措施时，则应将使用的临炉蒸汽计入（B_{rlz}）。提供蒸汽的锅炉机组的耗煤量应当扣除临炉蒸汽折算的标准煤量，接受蒸汽的锅炉机组不应计入该部分折算的标准煤量，可统归至全厂的供电煤耗率与供热煤耗率内。

9. 燃料量统计

(1) 燃料量统计原则。锅炉设备第一次投入使用时消耗的能源需计入锅炉的消耗量。对于余热、余能的回收利用等反复循环使用的能源，不应计入能量消耗量。统计电厂燃料消耗量的时间期限，以投入生产的第一道工序为准。

(2) 入炉原煤量。入炉原煤量应采用下列公式计算：

$$B_{rmi}=B_{rjmi}+B_{rsci}+B_{rlfi}+B_{rlzi}-B_{rkci}$$

$$B_{ymi}=B_{yjmi}+B_{ysci}+B_{ylfi}+B_{ylzi}-B_{ykci}$$

$$B_{nmi}=\sum B_{ymi}$$

$$B_{nm}=\sum B_{nmi}$$

$$B_{ym}=\sum B_{ymi}$$

$$B_{rm}=\sum B_{rmi}$$

式中 B_{nm}——某发电厂全厂当年累计入炉原煤量，t；

B_{ym}——某发电厂全厂当月累计入炉原煤量，t；

B_{rm}——某发电厂全厂当日入炉原煤量，t；

B_{nmi}——某发电机组当年累计入炉原煤量，t；

B_{ymi}——某发电机组当月累计入炉原煤量，t；

B_{rmi}——某发电机组当日入炉原煤量，t；

B_{rjmi}——该发电机组当日皮带秤测得的入炉原煤量，t；

B_{yjmi}——该发电机组当月皮带秤测得的入炉原煤量，t；

B_{rsci}——该发电机组当日煤仓及粉仓料位变化修正的原煤量，t；

B_{ysci}——该发电机组当月煤仓及粉仓料位变化修正的原煤量，t；

B_{rlfi}——该发电机组当日邻炉送粉修正的原煤量，t；

B_{ylfi}——该发电机组当月邻炉送粉修正的原煤量，t；

B_{rlzi}——该发电机组当日邻炉蒸汽修正的原煤量，t；

B_{ylzi}——该发电机组当月邻炉蒸汽修正的原煤量，t；

B_{rkci}——该发电机组当日应扣除的非生产耗用原煤量，t；

B_{ykci}——该发电机组当月应扣除的非生产耗用原煤量，t。

机组入炉煤量应对不同制粉系统的机组考虑煤仓及粉仓料位变化对入炉煤量的修正。上述公式对于直吹式制粉系统不合适，因为直吹式制粉系统皮带秤在煤斗的后面，皮带秤测得的煤全部进入锅炉，所以不需要修正。

(3) 机组燃油量。《2021 版计算规范》提供的燃油量计算公式不妥，笔者进行了修正：

$$B_{ryi}=B_{rjyi2}-B_{rjyi1}-B_{rkcyi}$$

$$B_{yyi}=B_{yjyi2}-B_{yjyi1}-B_{ykcyi}=\sum_{i=1}^{d}B_{ryi}$$

$$B_{nyi}=\sum_{i=1}^{12}B_{yyi}$$

$$B_{\mathrm{ny}}=\sum_{i=1}^{m}B_{\mathrm{ny}i}$$

$$B_{\mathrm{yy}}=\sum_{i=1}^{m}B_{\mathrm{yy}i}$$

$$B_{\mathrm{ry}}=\sum_{i=1}^{m}B_{\mathrm{ry}i}$$

式中 B_{rjyi2}——某发电机组燃油量表当日 24 点读数，t；

B_{rjyi1}——某发电机组燃油量表上一日 24 点读数，t；

B_{yjyi2}——某发电机组燃油量表当月末最后一日 24 点量，t；

B_{yjyi1}——某发电机组燃油量表上月末最后一日 24 点读数，t；

m——某发电厂全厂机组台数，台；

d——当月天数，天；

$B_{\mathrm{ry}i}$——某发电机组当日燃油量，t；

$B_{\mathrm{yy}i}$——某发电机组当月燃油量，t；

$B_{\mathrm{ny}i}$——某发电机组当年燃油量，t；

B_{rkcyi}——该发电机组当日应扣除的非生产耗用燃油量，t；

B_{ykcyi}——该发电机组当月应扣除的非生产耗用燃油量，t；

B_{ny}——某发电厂全厂当年累计燃油量，t；

B_{yy}——某发电厂全厂当月累计燃油量，t；

B_{ry}——某发电厂全厂当日燃油量，t。

(4) 机组燃气量。《2021 版计算规范》提供的燃气量计算公式不妥，笔者进行了修正：

$$B_{\mathrm{rqi}}=B_{\mathrm{rjqi2}}-B_{\mathrm{rjqi1}}-B_{\mathrm{rkcqi}}$$

$$B_{\mathrm{yqi}}=B_{\mathrm{yjqi2}}-B_{\mathrm{yjqi1}}-B_{\mathrm{ykcqi}}=\sum_{i=1}^{d}W_{\mathrm{rqi}}$$

$$B_{\mathrm{nqi}}=\sum_{i=1}^{12}B_{\mathrm{yq}i}$$

$$B_{\mathrm{nq}}=\sum_{i=1}^{m}B_{\mathrm{nq}i}$$

$$B_{\mathrm{yq}}=\sum_{i=1}^{m}B_{\mathrm{yq}i}$$

$$B_{\mathrm{rq}}=\sum_{i=1}^{m}B_{\mathrm{rq}i}$$

式中 B_{rjqi2}——某发电机组燃气量表当日 24 点读数，t；

B_{rjqi1}——某发电机组燃气量表上一日 24 点读数，t；

B_{yjqi2}——某发电机组燃气量表当月末最后一日 24 点量，t；

B_{yjqi1}——某发电机组燃气量表上月末最后一日 24 点读数，t；

$B_{\mathrm{rq}i}$——某发电机组当日燃气量，t；

$B_{\mathrm{yq}i}$——某发电机组当月燃气量，t；

$B_{\mathrm{nq}i}$——某发电机组当年燃气量，t；

B_{rkcqi}——该发电机组当日应扣除的非生产耗用燃气量，t；

B_{ykcqi}——该发电机组当月应扣除的非生产耗用燃气量，t；

B_{nq}——某发电厂全厂当年累计燃气量，t；

B_{yq}——某发电厂全厂当月累计燃气量，t；

B_{rq}——某发电厂全厂当日燃气量，t。

《2021版计算规范》提供的计算公式有误：将某发电机组日燃气量误写成某发电机组日燃油量。

10. 燃料质量控制

（1）燃煤采制样。《2021版计算规范》要求：入炉煤应采用机械采制样装置，且机械采制样装置投入使用率在90%以上，机械采制样装置应运行正常，并按DL/T 747《发电用煤机械采制样装置性能验收导则》要求，整机综合性能验收检验合格时间应小于2年。

建议燃煤采制样满足GB/T 19494.1—2004《煤炭机械化采样　第1部分：采样方法》（以下简称《采样方法》）。《采样方法》明确规定，煤炭机械化采样分为移动煤流采样方法和静止煤采样方法两种，前者为入炉煤采样法，后者为入厂煤采样法。《采样方法》第4.1条提出的采样的基本原则：采到相当数量的（足够的）子样；被采批煤的所有煤颗粒都有可能进入采样设备。对于入炉煤采样（移动煤流采样方法）要求做到《采样方法》第6.1条：采样时，应保证截取一完整煤流横截段作为一子样，子样不能充满采样器或从采样器中溢出。即人们平时说的皮带断面采样，而要做到这一点，采样装置必须在皮带头部采样，参见《采样方法》中的图1。机械采样装置安装在皮带中部，根本做不到完整煤流断面取样，就造成初级子样不具有代表性，导致采样结果也不具有代表性。每台机组燃料质量应分别进行采样、制样和化验。机械采制样装置宜安装在输煤皮带端部的下落煤流处，若在输煤皮带中部安装的，应进行技术改造。

（2）燃油取样。燃油应每品种每月做一次水分、硫分、闪点、凝固点、黏度、密度和发热量的分析。

（3）入炉燃料样品的制备及化验。入炉煤样品的采取应符合DL/T 567.2《火力发电厂燃料试验方法　第2部分：入炉煤粉样品的采取和制备方法》和GB 474《煤样的制备方法》的规定，入炉煤样品的制备应符合DL/T 567.4《入炉煤、入炉煤粉、飞灰和炉渣样品的制备》的规定。每天应至少进行一次混合样品的工业分析和发热量。正平衡计算日平均煤耗率时应以当日0：00～24：00的综合入炉原煤样的实测发热量和平均的全水分所换算的收到基低位发热量作为计算依据，不得以制粉系统中的煤粉测得的发热量代替。根据《企业温室气体排放核算方法与报告指南　发电设施（2022年修订版）》（环办气候函〔2022〕111号），入炉煤月度平均收到基低位发热量应由每日所消耗燃煤的收到基低位发热量加权平均计算得到，其权重是每日入炉煤消耗量。燃油、燃气的低位发热量应至少每月检测一次，燃油、燃气的年度低位发热量应由每月平均低位发热量加权平均计算得到，其权重是每日入炉燃油、燃气的消耗量。检测一次入厂与入炉煤、燃油、燃气等化验应按下列标准执行：

1）煤中全水分的测定方法应按GB/T 211《煤中全水分的测定方法》执行。

2）煤的工业分析方法应按GB/T 212《煤的工业分析方法》执行。

3）煤的发热量测定应按GB/T 213《煤的发热量测定方法》执行。

4）煤的元素分析应按GB/T 31391《煤的元素分析》执行。

5）燃油发热量等测定应按DL/T 567.8《火力发电厂燃料试验方法　第8部分：燃油发热量的测定》执行。

6）燃油元素分析应按DL/T 567.9《火力发电厂燃料试验方法　第9部分：燃油中碳和氢元素的测定》执行。

7）天然气发热量、密度、相对密度和沃泊指数的计算方法应按GB/T 11062《天然气　发热量、密度、相对密度和沃泊指数的计算方法》执行。

8）天然气的组成应按GB/T 13610《天然气的组成分析　气相色谱法》执行。

11. 燃料低位发热量的计算

(1) 入炉煤低位发热量。机组入炉煤低位发热量应采用下列公式计算：

$$Q_{ar,rmi}=\frac{\sum_{i=1}^{n}(Q_{ar,pcmi}\times B_{pcmi})}{\sum_{i=1}^{n}B_{pcmi}}$$

$$Q_{ar,ymi}=\frac{\sum_{i=1}^{d}(Q_{ar,rmi}\times B_{rmi})}{\sum_{i=1}^{d}B_{rmi}}$$

$$Q_{ar,nmi}=\frac{\sum_{i=1}^{12}(Q_{ar,ymi}\times B_{ymi})}{\sum_{i=1}^{12}B_{ymi}}$$

式中 B_{ymi}——某发电机组当月累计入炉原煤量，t；

B_{rmi}——某发电机组当日入炉原煤量，t；

B_{pcmi}——某发电机组当日每班（《2021 版计算规范》误写成每批次）入炉原煤量，t；

$Q_{ar,pcmi}$——该发电机组当日每班（《2021 版计算规范》误写成每批次）入炉原煤收到基低位发热量，kJ/kg；

$Q_{ar,rmi}$——该发电机组当日入炉原煤收到基低位发热量，kJ/kg；

$Q_{ar,ymi}$——该发电机组当月入炉原煤收到基低位发热量，kJ/kg；

$Q_{ar,nmi}$——该发电机组当年入炉原煤收到基低位发热量，kJ/kg；

n——某发电机组当日入炉煤发热量测量次数，次；

d——当月天数，天。

全厂入炉煤低位发热量应采用下列公式计算：

$$Q_{ar,rm}=\frac{\sum_{i=1}^{m}(Q_{ar,rmi}\times B_{rmi})}{\sum_{i=1}^{m}B_{rmi}}$$

$$Q_{ar,ym}=\frac{\sum_{i=1}^{m}(Q_{ar,ymi}\times B_{ymi})}{\sum_{i=1}^{m}B_{ymi}}$$

$$Q_{ar,nm}=\frac{\sum_{i=1}^{m}(Q_{ar,nmi}\times B_{nmi})}{\sum_{i=1}^{m}B_{nmi}}$$

式中 B_{nmi}——某发电机组当年累计入炉原煤量，t；

$Q_{ar,nm}$——某发电厂全厂当年入炉原煤收到基低位发热量，kJ/kg；

$Q_{ar,ym}$——某发电厂全厂当月入炉原煤收到基低位发热量，kJ/kg；

$Q_{ar,rm}$——某发电厂全厂当日入炉原煤收到基低位发热量，kJ/kg；

m——某发电厂全厂机组台数，台。

(2) 燃油低位发热量。建议《2021 版计算规范》增加机组燃油低位发热量计算公式如下：

$$Q_{ar,ryi}=\frac{\sum_{i=1}^{n}(Q_{ar,pcyi}\times B_{pcyi})}{\sum_{i=1}^{n}B_{pcyi}}$$

$$Q_{ar,yyi}=\frac{\sum_{i=1}^{d}(Q_{ar,ryi}\times B_{ryi})}{\sum_{i=1}^{d}B_{ryi}}$$

$$Q_{ar,nyi}=\frac{\sum_{i=1}^{12}(Q_{ar,yyi}\times B_{yyi})}{\sum_{i=1}^{12}B_{yyi}}$$

式中 $Q_{ar,pcyi}$——该发电机组当日每班燃油收到基低位发热量，kJ/kg；

$Q_{ar,ryi}$——该发电机组当日燃油收到基低位发热量，kJ/kg；

$Q_{ar,yyi}$——该发电机组当月燃油收到基低位发热量，kJ/kg；

$Q_{ar,nyi}$——该发电机组当年燃油收到基低位发热量，kJ/kg；

B_{yyi}——某发电机组当月累计燃油量，t；

B_{ryi}——某发电机组当日燃油量，t；

B_{pcyi}——某发电机组当日每班燃油量，t；

n——某发电机组当日燃油热量测量次数，次；

d——当月天数，天。

全厂燃油低位发热量应采用下列公式计算：

$$Q_{ar,ry}=\frac{\sum_{i=1}^{m}(Q_{ar,ryi}\times B_{ryi})}{\sum_{i=1}^{m}B_{ryi}}$$

$$Q_{ar,yy}=\frac{\sum_{i=1}^{m}(Q_{ar,yyi}\times B_{yyi})}{\sum_{i=1}^{m}B_{yyi}}$$

$$Q_{ar,ny}=\frac{\sum_{i=1}^{m}(Q_{ar,nyi}\times B_{nyi})}{\sum_{i=1}^{m}B_{nyi}}$$

式中 $Q_{ar,ny}$——某发电厂全厂当年燃油收到基低位发热量，kJ/kg；

$Q_{ar,yy}$——某发电厂全厂当月燃油收到基低位发热量，kJ/kg；

$Q_{ar,ry}$——某发电厂全厂当日燃油收到基低位发热量，kJ/kg；

B_{nyi}——某发电机组当年累计燃油量，t；

m——某发电厂全厂机组台数，台。

（3）燃气低位发热量。建议《2021 版计算规范》增加机组燃气低位发热量计算公式如下：

$$Q_{ar,rqi}=\frac{\sum_{i=1}^{n}(Q_{ar,pcqi}\times B_{pcqi})}{\sum_{i=1}^{n}B_{pcqi}}$$

$$Q_{ar,yqi}=\frac{\sum_{i=1}^{d}(Q_{ar,rqi}\times B_{rqi})}{\sum_{i=1}^{d}B_{rqi}}$$

$$Q_{ar,nqi}=\frac{\sum_{i=1}^{12}(Q_{ar,yqi}\times B_{yqi})}{\sum_{i=1}^{12}B_{yqi}}$$

式中　B_{yqi}——某发电机组当月累计燃气量，t；

B_{rqi}——某发电机组当日燃气量，t；

B_{pcqi}——某发电机组当日每班燃气量，t；

$Q_{ar,pcqi}$——该发电机组当日每班燃气收到基低位发热量，kJ/kg；

$Q_{ar,rqi}$——该发电机组当日燃气收到基低位发热量，kJ/kg；

$Q_{ar,yqi}$——该发电机组当月燃气收到基低位发热量，kJ/kg；

$Q_{ar,nqi}$——该发电机组当年燃气收到基低位发热量，kJ/kg；

n——某发电机组当日燃气发热量测量次数，次；

d——当月天数，天。

全厂燃气低位发热量应采用下列公式计算：

$$Q_{ar,rq}=\frac{\sum_{i=1}^{m}(Q_{ar,rqi}\times B_{rqi})}{\sum_{i=1}^{m}B_{rqi}}$$

$$Q_{ar,yq}=\frac{\sum_{i=1}^{m}(Q_{ar,yqi}\times B_{yqi})}{\sum_{i=1}^{m}B_{yqi}}$$

$$Q_{ar,nq}=\frac{\sum_{i=1}^{m}(Q_{ar,nqi}\times B_{nqi})}{\sum_{i=1}^{m}B_{nqi}}$$

式中　B_{nqi}——某发电机组当年累计燃气量，t；

$Q_{ar,nqi}$——该发电机组当年燃气收到基低位发热量，kJ/kg；

$Q_{ar,nq}$——某发电厂全厂当年燃气收到基低位发热量，kJ/kg；

$Q_{ar,yq}$——某发电厂全厂当月燃气收到基低位发热量，kJ/kg；

$Q_{ar,rq}$——某发电厂全厂当日燃气收到基低位发热量，kJ/kg；

m——某发电厂全厂机组台数，台。

12. 标准燃料消耗量的计算

《2021版计算规范》第8.2条术语“标准燃料消耗量”与DL/T 904—2015第9.4.1条的“标准煤量”定义和计算公式完全一样。但是在应扣除的燃料量中少了大修和基建消耗的燃料及厂外运输用自备机车、船舶等耗用的燃料。而且《2021版计算规范》提供的“标准燃料消耗量F_b=统计期内消耗的各种燃料之和$\sum F_{sc}$－非生产消耗的燃料量$\sum F_{jj}$”计算公式也值得商榷，因为第8.2条“统计期内消耗的各种燃料之和$\sum F_{sc}$”在第7.4.3条“全厂入炉煤量”中已经明确入炉煤量扣除了非生产消耗的燃料量$\sum F_{jj}$，这里再扣除就重复扣除了。

《2021版计算规范》第3.15条术语"燃料耗用量"折算成的标准煤量，并不等于第3.18条术语"标准煤量"，而是$\sum F_{sc}$。发电机组统计期内标准煤量B_b（包括日标准煤量、月标准煤量和年标准煤量）的正确计算方法如下：

$$B_{bri}=(B_{rmi}\times Q_{ar,rmi}+B_{ryi}\times Q_{ar,ryi}+B_{rqi}\times Q_{ar,rqi}+B_{rqti}\times Q_{ar,rqti})/29\ 307.6$$

$$B_{byi}=(B_{ymi}\times Q_{ar,ymi}+B_{yyi}\times Q_{ar,yyi}+B_{yqi}\times Q_{ar,yqi}+B_{yqti}\times Q_{ar,yqti})/29\ 307.6$$

$$B_{bni}=\sum_{i=1}^{12}B_{byi}$$

式中 B_{bri}——某发电机组当日标准煤量，t；

B_{byi}——某发电机组当月标准煤量，t；

B_{bni}——某发电机组当年标准煤量，t；

B_{rmi}——该发电机组当日入炉煤量，t；

B_{ymi}——该发电机组当月入炉煤量，t；

$Q_{ar,rmi}$——该发电机组当日入炉煤低位发热量，kJ/kg；

$Q_{ar,ymi}$——该发电机组当月入炉煤低位发热量，kJ/kg；

B_{ryi}——该发电机组当日燃油量，t；

B_{yyi}——该发电机组月燃油量，t；

$Q_{ar,ryi}$——该发电机组当日燃油低位发热量，kJ/kg；

$Q_{ar,yyi}$——该发电机组当月燃油低位发热量，kJ/kg；

B_{rqi}——该发电机组当日燃气量，t；

B_{yqi}——该发电机组当月燃气量，t；

$Q_{ar,rqi}$——该发电机组当日燃气低位发热量，kJ/kg；

$Q_{ar,yqi}$——该发电机组当月燃气低位发热量，kJ/kg；

B_{rqti}——该发电机组当日其他燃料耗用量，t；

B_{yqti}——该发电机组当月其他燃料耗用量，t；

$Q_{ar,rqti}$——该发电机组当日其他燃料低位发热量，kJ/kg；

$Q_{ar,yqti}$——该发电机组当月其他燃料低位发热量，kJ/kg；

29 307.6——标准煤收到基低位发热量，29 307.6kJ/kg。

全厂标准煤量计算方法如下：

$$B_{bn}=\sum_{i=1}^{m}B_{bni}$$

$$B_{by}=\sum_{i=1}^{m}B_{byi}$$

$$B_{br}=\sum_{i=1}^{m}B_{bri}$$

式中 m——某发电厂全厂机组台数，台；

B_{br}——某发电厂全厂当日标准煤量，t；

B_{by}——某发电厂全厂当月标准煤量，t；

B_{bn}——某发电厂全厂当年标准煤量，t。

13. 供电煤耗率的计算与方法

（1）供热比。供热比＝用于供热用的热量/锅炉输出热量中用于供热和发电的总的热量。公式稍微不妥，分子"用于供热用的热量"应该改为DL/T 904—2015第9.1.1条描述：机组对外供热量；分母"锅炉输出热量中用于供热和发电的总的热量"改为DL/T 904—2015第9.1.1条描述：汽轮机组热耗量（这一描述更为具体）。

(2) 供热量的计算方法和公式与 DL/T 904—2015 第 6.13.4 条基本相同，只是公式里量的单位有稍微的变化。

(3) 供热厂用电率。供热厂用电率＝供热用的厂用电量/统计期内用于供热用的热量。计算公式与术语中的定义前后矛盾，术语说是供热厂用电量与供热量在同量纲下的比值。也与 DL/T 904—2015 第 9.2.2.1 条（供热厂用电率是供热厂用电量与发电量的百分比）相矛盾，但与 DL/T 904—2015 第 9.2.2.4 条供热耗电率相同。

(4) 发电厂用电率。发电厂用电率＝发电厂的发电厂用电量/发电厂中的发电量。

(5) 综合厂用电率。与 DL/T 904—2015 第 9.2.3 条的计算公式完全一样。

(6) 发电标准煤耗率。术语中说是发电标准煤耗率，在计算公式中又说成了俗语发电标准煤耗，不规范。

$$b_f = \frac{(1-\alpha)B_b}{W_f} \times 10^6$$

式中 B_b——发电机组（或全厂）统计期内标准煤量 B_b（包括日标准煤量、月标准煤量和年标准煤量），t。

(7) 供热煤耗率 b_r：

$$b_r = \frac{\alpha B_b}{\sum Q_{gr}} \times 10^3$$

(8)（正平衡）供电煤耗率 b_g：

$$b_g = \frac{(1-\alpha)B_b}{W_g} \times 10^6$$

$$W_g = W_{gk} + W_{fz} - W_{wl}$$

式中 b_g——统计期内发电厂（机组）的供电煤耗率，g/kWh；

W_g——统计期内发电厂（机组）的供电量，kWh；

W_{fz}——统计期内机组向厂内后勤、检修等非生产用电提供的电量（应为辅助电量），kWh；

W_{wl}——统计期内机组发电所使用的外来电量，如其他机组向该机组提供的电量、外购电量等，kWh。

目前有些电厂一期机组厂用电量采用二期机组配备的背压机组的发电量，按照该公式，一期机组厂用电量应该计入这一部分电量。

(9) 综合供电煤耗率 b_{zh}：

$$b_{zh} = \frac{B_b}{W_{gk} - W_{wl}} \times 10^6$$

《2021 版计算规范》提供的综合供电煤耗率计算公式中的分子是供热、发电耗用的标准煤量，这值得商榷。很明显与 DL/T 904 第 9.5.2 条不一致（DL/T 904 计算公式中的分子是发电标准煤量）。

第二节 供电煤耗率的校核

《2021 版计算规范》第 9 条是评价与校核，实际上《2021 版计算规范》里面并没有评价内容，第 9 条仅仅包括了盘点校核和反平衡校核内容。

一、入厂煤量和煤场盘煤量校核

(1) 煤场盘点。每月应进行一次煤场盘点，并应按 DL/T 1878《燃煤电厂储煤场盘点导则》

执行。

(2)（账面）月入炉耗用原煤量。通过月终盘点和收、耗之间的平衡关系计算全月全厂入炉（发电、供热）耗用的原煤量。

（账面）月入炉耗用原煤量＝月初库存量＋当月购进量－月末库存量－规定场储损失量－非生产用煤量（或拨出煤量）

(3) 热电厂统计方法。热电厂耗用的原煤及其他燃料，应根据供热比分摊，按发电耗用和供热耗用分开计算（标准煤量的计算方式也相同）。

发电耗用原煤量＝发电、供热耗用的原煤量－供热耗用的原煤量

(4) 标准煤折算方法。入厂煤和煤场盘煤校核煤量应按收到基低位发热量折算至29 307.6kJ/kg的标准煤。

(5) 煤场盘煤校核入炉标准煤量。

$$\text{煤场盘煤校核入炉标准煤量} = \text{发电耗用原煤量} \times \frac{\text{入炉煤平均低位发热量}}{29\ 307.6}$$

(6) 盘煤量校核供电煤耗率计算方法。盘煤校核供电煤耗率应采用下式计算：

盘煤校核供电煤耗率＝煤场盘煤校核入炉标准煤量/全厂供电量

(7) 盘煤校核偏差计算。盘煤校核偏差应采用下式计算：

盘煤校核供电煤耗率偏差＝(盘煤校核供电煤耗率－正平衡供电煤耗率)/正平衡供电煤耗率×100％

盘煤校核供电煤耗率偏差不得超过±0.5％（即统计报出煤炭消耗量与皮带秤计量数据月微调率不大于±0.5％），超过±0.5％时各电厂要上报专题分析报告，并经发电集团公司核查确认。

二、反平衡校核方法

应计算反平衡校核发电标准煤量、反平衡校核供电标准煤量和反平衡校核偏差。当反平衡校核偏差大于2％时，应分析原因。

$$\text{反平衡发电供热耗用标准煤量} = \sum \frac{\text{某台锅炉耗用燃料的总热量}}{29\ 307.6} = \sum \frac{\text{某台锅炉供出的总热量}}{\text{该锅炉热效率} \times 29\ 307.6}$$

其中，这里的锅炉效率应含有管道效率，即：

锅炉效率＝锅炉供出的热量／燃料输入热量×97％

锅炉供出的热量＝锅炉过热蒸汽总质量×过热蒸汽焓值－给水总质量×给水焓＋锅炉再热蒸汽总质量×再热蒸汽焓值－锅炉冷再热蒸汽总质量×冷再热蒸汽焓值－锅炉过热器减温水总质量×过热器减温水焓值－锅炉再热器减温水总质量×再热器减温水焓值＋锅炉自用蒸汽质量×(锅炉自用蒸汽焓值－给水焓值)＋其他锅炉摄入或供出的未计算的热量

反平衡校核发电标准煤量＝发电、供热耗用标准煤量×(1－供热比)

其中供热比计算方法同正平衡计算供热比方法。

反平衡校核供电煤耗率＝反平衡校核发电标准煤量／供电量

反平衡校核偏差＝（反平衡校核供电煤耗率－正平衡供电煤耗率）/ 正平衡供电煤耗率×100％

反平衡校核法是根据锅炉供出的蒸汽总质量和锅炉的热效率，先推算出耗用的标准煤数量，

再推算出原煤数量。反平衡较核计算过程如下。

（1）计算锅炉总有效利用热量。锅炉总有效利用热量计算公式为：

$$Q_b=(G_b h_b-G_{fw}h_{fw}+G_{rh}h_{rhr}-G_{rhl}h_{rhl}+G_{bl}h_{bl}-G_{ss}h_{ss}-G_{rs}h_{rs}+\sum G_{qt}h_{qt})\times 10^{-3}$$

式中 Q_b——锅炉总有效利用热量（即锅炉输出热量），GJ；

G_b——锅炉过热蒸汽流量，t；

h_b——锅炉过热蒸汽蒸汽焓，kJ/kg；

G_{fw}——锅炉给水流量，t；

h_{fw}——锅炉给水焓，kJ/kg；

G_{rh}——锅炉再热器出口蒸汽流量，t；

h_{rhr}——锅炉再热器出口蒸汽焓，kJ/kg；

G_{rhl}——锅炉再热器进口蒸汽流量，t；

h_{rhl}——锅炉再热器进口蒸汽焓，kJ/kg；

G_{bl}——锅炉排污水流量，t；

h_{bl}——锅炉汽包排污水的焓，kJ/kg；

G_{ss}——过热器减温水量，t；

h_{ss}——过热器减温水焓，kJ/kg；

G_{rs}——再热器减温水量，t；

h_{rs}——再热器减温水焓，kJ/kg；

G_{qt}——锅炉其他输出蒸汽（包括吹灰、疏水及抽汽等自用蒸汽）流量，t；

h_{qt}——锅炉其他输出蒸汽焓，kJ/kg。

（2）计算汽轮机组热耗量。汽轮机组热耗量计算公式为：

$$Q_{sr}=(D_{zq}h_{zq}-D_{gs}h_{gs}+D_{zr}h_{zr}-D_{lzr}h_{lzr}-D_{ss}h_{ss}-D_{rs}h_{rs}+\sum D_{qt}h_{qt})\times 1000$$

式中 Q_{sr}——单位时间内的热耗量，kJ/h；

D_{zq}——汽轮机主蒸汽流量，t/h；

h_{zq}——汽轮机主蒸汽焓值，kJ/kg；

D_{gs}——机侧给水流量，t/h；

h_{gs}——机侧给水焓值，kJ/kg；

D_{qt}——锅炉排污吹灰排出的水（或蒸汽）的流量，t/h；

h_{qt}——锅炉排污吹灰排出的水（或蒸汽）的焓值，kJ/kg。

（3）计算供热比。供热比计算公式为：

$$\alpha=\frac{\sum Q_{gr}}{\sum Q_{sr}}=\frac{\sum Q_{gr}}{TQ_{sr}}\times 10^{6}$$

$$\sum Q_{sr}=TQ_{sr}\times 10^{-6}$$

式中 α——热量法供热比（供热分摊系数或供热成本分摊比）；

$\sum Q_{gr}$——统计期内的供热量，GJ；

$\sum Q_{sr}$——统计期内汽轮机总耗热量，GJ；

Q_{sr}——统计期内汽轮机总耗热流量，kJ/h；

T——统计期内机组运行时间，h。

（4）计算燃料（煤、燃油、燃气）消耗原量。燃料消耗原量计算公式为：

$$B_{myq}=\frac{Q_b}{\eta_{bl}Q_{net,ar}}\times 10^3$$

式中 $Q_{net,ar}$——入炉煤收到基低位发热量，kJ/kg；

B_{myq}——统计期内机组燃料（煤、燃油、燃气）消耗原量，t；

η_{bl}——统计期内实际锅炉效率，%。

统计期内实际锅炉效率 η_{bl} 的取值方法：根据试验求得修正前的锅炉效率，画出负荷与锅炉效率曲线。然后，依据实际负荷，在曲线上查取对应负荷下的锅炉效率；为了接近实际情况，必须采用排烟温度、给水温度、煤质修正前的锅炉效率，不能采用修正后的锅炉效率。如果没有试验数据，可取统计期内锅炉负荷率下的设计锅炉效率。

（5）计算生产（发电、供热）耗用的标准煤量。生产（发电、供热）耗用的标准煤量计算公式为：

$$B_h=\frac{B_{myq}Q_{net,ar}}{29\ 307.6}\times 10^3$$

$$B_b=B_h-B_{kc}$$

式中 B_{myq}——统计期内机组燃料（煤、燃油、燃气）消耗原量，t；

B_h——统计期内机组耗用燃料计量总量折至标准煤量，t；

B_b——生产（发电、供热）耗用的标准煤量，t；

B_{kc}——统计期内应扣除的非生产用燃料量（折至标准煤），t。

（6）反平衡校核发电耗用标准煤量。反平衡校核发电耗用标准煤量应采用下式计算：

$$B_d=(1-\alpha)B_b$$

式中 B_b——统计期内机组入炉（含发电和供热）标准煤量，t；

B_d——统计期内机组发电耗用的标准煤量，t。

（7）反平衡校核发电煤耗率。反平衡校核发电煤耗率计算公式为：

$$b_{ff}=\frac{B_d}{W_f}\times 10^6=\frac{(Q_{sr}-Q_{gr})\times T\times 1000}{\eta_{bl}\eta_{gd}29\ 307.6(P_{qj}\times T)}=\frac{q\times 1000}{\eta_{bl}\eta_{gd}29\ 307.6}$$

$$q=\frac{Q_{sr}-Q_{gr}}{P_{qj}}$$

$$B_d=\frac{(Q_{sr}-Q_{gr})\times T}{\eta_{bl}\eta_{gd}29\ 307.6}\times 10^{-3}$$

$$\eta_{gd}=\frac{Q_{sr}-Q_{gr}}{Q_b}\times 100\%$$

式中 q——机组热耗率，kJ/kWh；

b_{ff}——反平衡校核发电煤耗率，g/kWh；

η_{gd}——广义管道效率，根据国家节能中心《节能评审评价指标通告》（第 2 次），η_{gd} 取 97%；

W_f——统计期内机组发电量，kWh；

Q_{gr}——机组单位时间内的供热量，kJ/h；

P_{qj}——发电机出线端电功率，kW；

T——统计期内机组运行时间，h；

B_d——统计期内发电耗用标准煤量，t。

（8）反平衡校核供电煤耗率。反平衡校核供电煤耗率计算公式为：

$$b_{gf}=\frac{b_{ff}}{1-L_{fcy}}$$

式中 L_{fcy}——统计期机组发电厂用电率,%;

b_{ff}——反平衡校核发电煤耗率，g/kWh;

b_{gf}——反平衡校核供电煤耗率，g/kWh。

(9) 反平衡校核供热标准煤耗率。反平衡校核供热标准煤耗率计算公式为:

$$b_{rf}=\frac{\alpha B_b}{\sum Q_{gr}}\times 10^3=\frac{B_b\sum Q_{gr}\times 1000}{\sum Q_{gr}\times(29.308B_b\times\eta_{bl}\eta_{gd}\eta_{hs})}=\frac{34.12}{\eta_g\eta_{gd}\eta_{hs}}$$

$$\alpha=\frac{\sum Q_{gr}}{B_b\times 29.308\times\eta_{bl}\eta_{gd}\eta_{hs}}$$

式中 b_{rf}——反平衡校核供热标准煤耗率，kg/GJ;

α——供热比,%;

η_{gd}——管道效率，取97%;

η_{bl}——统计期内实际锅炉效率,%;

η_{hs}——热网效率（碳排放核查时对于有换热器间接供热的，η_{hs}取95%；对于没有换热器由锅炉或汽轮机直接供汽的，η_{hs}取100%),%;

$\sum Q_{gr}$——统计期供热量，kJ。

上式表明，供热标准煤耗率b_{rf}只与锅炉效率存在一定的比例关系。在生产实践中采集多种工况条件下数据用传统方式和上述方法计算对比，也证实了在某一锅炉效率下尽管流量、供热比有所不同，而计算得出的供热标准煤耗率b_{rf}是不变的。这一公式简化了供热标准煤耗率的计算，节省了计算时间，准确性很高。

(10) 计算反平衡校核偏差。在发现反平衡供电煤耗率偏差Δb_g（或Δb_r）超过1%时，要及时分析原因并尽快整改。反平衡校核偏差计算公式为:

$$\Delta b_g=\frac{b_g-b_{gf}}{b_g}\times 100\%$$

或

$$\Delta b_r=\frac{b_r-b_{rf}}{b_r}\times 100\%$$

式中 b_r——正平衡供热标准煤耗率，kg/GJ;

b_g——正平衡供电标准煤耗率，g/kWh。

根据DL/T 255—2012《燃煤电厂能耗状况评价技术规范》附表A.1评价标准中的第4.1条2款：供电煤耗指标计算应进行正反平衡煤耗对照分析。在发现反平衡发电煤耗率与正平衡发电煤耗率之差超过±1%时，应分析原因。

第九章 《电站锅炉性能试验规程》解读与应用

第一节 《电站锅炉性能试验规程》的主要修订内容

GB/T 10184—2015《电站锅炉性能试验规程》（以下简称《2015 版试验规程》）相比 GB/T 10184—1988 版标准（以下简称《1988 版试验规程》）主要变化如下：补充和修改了术语；修改了锅炉机组热平衡系统边界；补充了锅炉效率和空气预热器性能计算公式等。

另外 DL/T 964—2005《循环流化床锅炉性能试验规程》中锅炉输出热损失计算公式和计算方法与《2015 版试验规程》基本一样，只在灰渣物理显热损失（又称灰渣物理热损失）稍微有区别，因为循环流化床锅炉多了飞灰再循环灰带来的热损失。因此《2015 版试验规程》解读与应用包含了《循环流化床锅炉性能试验规程》的内容，但是不进行重复论述。

一、补充和修改了术语

补充燃料效率术语。

(1) 锅炉效率：输出锅炉热量占所有输入锅炉热量的百分比。输入锅炉热量包括燃料发热量、燃料物理显热、暖风器来热量、燃油雾化蒸汽热量、锅炉自用蒸汽热量等。

物理显热由于具有高于基准温度（《2015 版试验规程》规定基准温度为 25℃）而具有的“热量”，物理显热＝物质的量×质量体积×(燃料实际温度－基准温度)。

(2) 燃料效率：输出锅炉热量占以输入锅炉边界的燃料低位发热量作为输入量的百分比。输入锅炉热量仅包括燃料低位发热量。燃料效率是美国 ASME PTC4-1998《锅炉性能试验规程》所倡导的，只是它的燃料输入热量是燃料高位发热量。根据定义，没有带入热量时锅炉效率、燃料效率两者基本相同，如夏天试验；但有带入热量时，如冬天带暖风器时两者相差很大。燃料效率正平衡计算公式为：

$$\eta_{net}=\frac{Q_b}{Q_{net,ar}}\times100\%$$

反平衡燃料效率计算公式为：

$$\eta_{net}=\left(1-\frac{Q_{loss}-Q_{ex}}{Q_{net,ar}}\right)\times100\%=1-(q_2+q_3+q_4+q_5+q_6+q_7-q_{ex})$$

式中 η_{net}——燃料效率，%；

$Q_{net,ar}$——燃料的低位发热量，kJ/kg；

q_{ex}——外来热量与燃料低位热值的百分比，%。

《1988 版试验规程》定义的锅炉效率为锅炉毛效率，《2015 版试验规程》中明确了锅炉效率为燃料效率。虽然《1988 版试验规程》中定义锅炉效率为锅炉毛效率，但是在实际试验应用中，考虑到计算机组供电煤耗率和发电煤耗率的需要，仅将燃料低位发热量作为输入热量，实际计算结果为《2015 版试验规程》中的锅炉的燃料效率。

二、修改了锅炉机组热平衡系统边界

《1988 版试验规程》规定的锅炉机组热平衡系统边界是送风机入口，因此系统边界包含送风机、暖风器等。而《2015 版试验规程》采用了 ASME PTC4 标准规定的边界是空气预热器入口，

即暖风器出口，系统边界不包含送风机和暖风器。

三、增加了添加脱硫剂的锅炉效率计算

送入炉膛的脱硫剂（$CaCO_3$）首先发生煅烧反应，除少量脱硫剂未发生煅烧反应外，绝大部分脱硫剂分解为 CaO 和 CO_2，煅烧反应为吸热反应。部分 CaO 与烟气中 SO_2 发生硫酸盐化反应生成 $CaSO_4$，同时要消耗掉烟气中的部分 O_2，硫酸盐化反应为放热反应。煅烧反应和硫酸盐化反应的总和称为脱硫反应。

脱硫剂通过以下几种途径影响锅炉效率：

（1）增加灰渣质量和灰渣显热损失。

（2）增加燃烧所需空气量，改变烟气组成和烟气量。

（3）煅烧吸热反应和硫酸盐化放热反应改变热损失。

试验中，如果灰、渣量不易测量，试验开始前应由试验各方协商，就各测量点的灰、渣份额比例达成一致。

添加脱硫剂锅炉的热损失法效率按下式计算：

$$\eta_{des}=100\%-(q_{2des}+q_{3des}+q_{4des}+q_{5des}+q_{6des}+q_{7des}+q_{8des}-q_{ex})$$

式中 q_{2des}——添加脱硫剂后排烟热损失，%；

q_{3des}——添加脱硫剂后气体不完全燃烧热损失，%；

q_{4des}——添加脱硫剂后机械不完全燃烧热损失，%；

q_{5des}——添加脱硫剂后散热损失，%；

q_{6des}——添加脱硫剂后灰渣物理热损失，%；

q_{7des}——添加脱硫剂后石子煤排放等其他热损失，%；

q_{8des}——添加脱硫剂后脱硫热损失，%。

四、增加了装有高温脱硝装置的锅炉效率计算；增加了部分空气预热器性能计算公式等

高温脱硝装置的位置一般在锅炉省煤器出口、空气预热器进口。加装高温脱硝装置后对锅炉效率的影响主要表现在四个方面：

（1）增加了锅炉的散热损失。

（2）还原介质（一般为氨）及其雾化空气给系统带入热量。

（3）脱硝反应放出热量。

（4）由于烟气成分、烟气中水分及烟气量的改变，对排烟热损失产生影响。

考虑到测量和计算各种烟气成分、水分及烟气量测量和计算的复杂性，建议作如下简化：排烟中烟气成分仅考虑 O_2、CO_2、CO、NO 及 SO_2，忽略由于脱硝反应引起排烟中水分的改变。

装有高温脱硝装置锅炉的外来热量按下式计算：

$$Q_{ex}=Q_f+Q_{des}+Q_{ad}+Q_{wv}+Q_{aux}+Q_{st,ar}+Q_{fg}$$

$$Q_{wv}=1.293\alpha_{py}V_{gk}^0 d_k c_{p,H_2O}(t_{sf}-t_0)$$

式中 Q_f——燃料的物理显热，kJ/kg（kJ/m^3）；

Q_{des}——脱硫剂的物理显热，kJ/kg；

Q_{ad}——进入系统边界干空气所携带的热量，kJ/kg；

Q_{wv}——进入系统边界水蒸气所携带的热量，kJ/kg；

Q_{aux}——系统边界内辅助设备（如磨煤机、烟气再循环风机、热一次风机、炉水循环泵等）带的热量，kJ/kg；

$Q_{st,ar}$——燃油雾化蒸汽带入系统边界带的热量，kJ/kg；

Q_{fg}——脱硝装置进出口烟气热量的增量（脱硝装置出口烟气温度高于进口烟气温度），即还原介质（包括脱硝反应放出的热量）及雾化空气给系统带入热量与脱硝装置散热量之差，kJ/kg；

V^0_{gk}——理论燃烧干空气量，m^3/m^3；

d_k——空气绝对湿度，约为 0.01kg/kg；

α_{py}——排烟过量空气系数；

t_{sf}——空气预热器入口空气温度，℃；

t_0——基准温度，本标准取 25℃；

c_{p,H_2O}——烟气中水蒸气的平均比定压热容，约为 1.51kJ/(m^3·K)；

1.293——空气在标准状态下（空气温度为 273.15K，压力为 101.25kPa）的密度为 1.293kg/m^3。

五、给出了规范的理论干烟气量和理论干空气量计算公式

$$V^0_{gy}=1.8658\times C_{r,ar}+0.6989S_{ar}+0.79V^0_{gk}+0.8000N_{ar}$$

$$V^0_{gk}=0.888\times C_{r,ar}+0.0333S_{ar}+0.2647H_{ar}-0.0334O_{ar}$$

式中 V^0_{gy}——理论干烟气量，m^3/kg（m^3/m^3）；

V^0_{gk}——理论干空气量，m^3/kg（m^3/m^3）；

$C_{r,ar}$——燃料收到基实际烧掉的碳质量含量百分率（C_{ar}中有一部分碳并没有燃烧，而是以灰渣的形式排出锅炉），%；

S_{ar}、N_{ar}、H_{ar}、O_{ar}——分别为燃料收到基硫、氮元素、氢元素和氧元素的质量分数，%。

燃烧计算把空气和烟气视为理想气体，每 kmol 气体在标准状态下其体积为 22.41m^3；1mol 物质的质量正好等于其分子量，如 CO_2 分子量为 44，则 1mol CO_2 质量为 44g。根据下列燃烧反应：

$$C+O_2 = CO_2+32\ 860kJ/kg$$

$$S+O_2 = SO_2+9050kJ/kg$$

$$2N+O_2 = 2NO-13\ 071kJ/kg$$

1kmol 碳完全燃烧 1kmol 氧气，同时生产 1kmol 二氧化碳气体，完全燃烧时所需要的氧气（O_2）与生产的二氧化碳气体（CO_2）的量均为 22.41m^3。碳的分子量为 12.01，1kmol 碳质量为 12kg，每千克燃料中被燃烧碳的含量为 $C_{r,ar}$(kg)，故 1kg 煤燃烧碳所需的氧气体积为$\frac{22.41}{12.01}C_{r,ar}=1.8659C_{r,ar}(m^3)$。

硫的分子量为 32.07，1kmol 硫质量为 32.07kg，每千克燃料中硫含量为 S_{ar}(kg)，故 1kg 煤燃烧硫所需的氧气体积为$\frac{22.414}{32.07}S_{ar}=0.6989S_{ar}(m^3)$。

氮的分子量为 14.01，1kmol 氮质量为 14.01kg，每千克燃料中氮含量为 N_{ar}(kg)，故 1kg 煤燃烧氮所需的氧气体积为$\frac{22.414}{2\times14.01}N_{ar}=0.8000S_{ar}(m^3)$。

六、反平衡计算中各项热损失计算的修改

(1) 在计算排烟热损失中，以送风机入口风温为基准计算烟气成分的定压比热容，《2015 版试验规程》以 25℃为基准计算烟气成分的定压比热容，故在排烟热损失计算结果上存在较大的差异。

(2) 在计算灰渣物理热损失中，《1988 版试验规程》以送风机入口风温为基准计算灰渣的定压比热容，《2015 版试验规程》以 25℃为基准计算灰渣的定压比热容，灰渣物理热损失比例小，两种标准计算的结果差异较小。

(3) 主要外来热源空气携带的热损失计算中，由于《2015 版试验规程》采用 25℃定值作为热量输入点，在空气预热器入口风温高于或低于 25℃时，均需计算空气携带的热量对锅炉热损失的影响。但在计算空气携带的热量时，需采用锅炉一、二次风流量和一、二次风温度作为计算参数，该四项参数如采用 DCS 数据，存在计量准确性较差因而影响计算结果的问题，且在投用暖风器的情况下，空气预热器入口风温分布极不均匀，测量误差大。

(4) 在计算锅炉散热损失方面，《1988 版试验规程》中采用查表和计算的方式得到锅炉散热损失，计算方式简便且计算误差小；《2015 版试验规程》中计算锅炉散热损失的方式有所改变，需要计算得到锅炉表面辐射率系数 β，这就必须全面测量锅炉表面与环境温度温差和锅炉表面风速，工作量极大，误差也大。

(5) 通过锅炉效率实际试验可以知道，前后两种标准计算出的锅炉燃料效率基本相等，变化较大的是排烟热损失，主要原因是《1988 版试验规程》的基准温度为 20℃的送风机入口温度，而《2015 版试验规程》的基准温度为 25℃，通过送风温度、给水温度修正后，修正后锅炉燃料效率比《1988 版试验规程》测到的燃料效率高 0.2 个百分点左右。

七、锅炉保证锅炉热效率和高位发热量锅炉效率

(1) 高位发热量锅炉效率：采用高位发热量和低位发热量，在简化计算中，锅炉两种效率存在如下关系：

$$\eta_{gr} = \eta_{net,ar} \frac{Q_{net,ar}}{Q_{gr,ar}}$$

式中　η_{gr}——以高位发热量为基准的锅炉效率，%；

$\eta_{net,ar}$——以低位发热量为基准的锅炉效率，%；

$Q_{gr,ar}$——燃料收到基高位发热量，kJ/kg。

(2) 保证锅炉热效率。保证锅炉热效率是锅炉制造商以 0.995 倍左右的锅炉设计效率（也叫锅炉计算效率）在合同中给出的锅炉效率，即在锅炉计算效率的基础上，扣减 0.3～0.6 个百分点作为锅炉效率保证值。

例如某 1000MW 一次再热超超临界直流锅炉采用烟煤的收到基低位发热量为 23 420kJ/kg，在低位发热量基准下计算 BRL 工况锅炉热效率为 94.34%；换算到收到基高位发热量为 24 340kJ/kg，在高位发热量基准下计算 BRL 工况锅炉热效率为 89.64%（比低位发热量锅炉热效率低 4.7 个百分点），锅炉保证热效率为 89.22%，制造厂裕度为 0.42 个百分点。

第二节　影响锅炉效率的因素

一、锅炉燃料

(1) 煤质热值。热值影响煤粉的燃烧和燃尽，燃烧的不稳定和不完全，会使 q_4 损失变化，同时由于燃料量的变化也会影响到排烟温度和过剩空气而使 q_2 损失变化，见图 9-1。

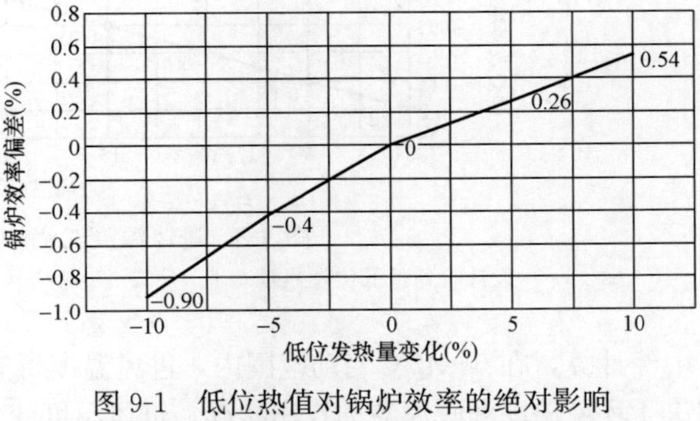

图 9-1　低位热值对锅炉效率的绝对影响

（原点：低位热值 20 255kJ/kg，锅炉效率 89.42%）

在计算试验时的锅炉效率时，当煤质偏离设计值时，应进行煤质修正。将燃料中各组分及低位发热量的设计值替代排烟热损失计算有关公式中的试验值，即可求得修正后的该项热损失值。

（2）锅炉燃料性质。相对煤粉来说，油、燃气锅炉的效率要高出 5 个百分点左右。以小型锅炉额定工况下热效率比较情况见表 9-1。

表 9-1　　流化床、燃油、燃气锅炉额定工况下热效率目标值和限定值

燃料品种	燃料收到基低位发热量 $Q_{net,ar}$(kJ/kg)	锅炉额定蒸发量 D(t/h) 或者额定热功率 Q(MW)			
		$D\leqslant2$ 或者 $Q\leqslant1.4$		$D>2$ 或者 $Q>1.4$	
		锅炉热效率（%）			
		目标值	限定值	目标值	限定值
重油	按燃料实际化验值	90	86	92	88
轻油		92	88	94	90
燃气		92	88	94	90
Ⅰ级烟煤	$14\,400\leqslant Q_{net,ar}<17\,700$	85	79	86	80
Ⅱ级烟煤	$17\,700\leqslant Q_{net,ar}<21\,000$	88	82	89	83
Ⅲ级烟煤	$Q_{net,ar}>21\,000$	90	84	90	84
贫煤	$Q_{net,ar}\geqslant17\,700$	87	81	88	82
褐煤	$Q_{net,ar}\geqslant11\,500$	88	82	89	83

注　“燃气”是指天然气、城市煤气和液化石油气。

二、锅炉参数

（1）汽水品质。一般自来水中含有大量的溶解气体和硬度盐类。如果锅炉给水未加软化处理、除盐处理或处理不当，锅炉汽水品质较差，会使锅炉受热面的金属内壁造成腐蚀和结垢现象，结垢使热阻增大，影响传热，降低锅炉热效率，增加煤耗率。水垢的导热系数约为钢板导热系数的 1/30～1/50，如果受热面上结垢 1mm 厚水垢，锅炉燃料消耗量要增加 2%～3%。

（2）锅炉蒸汽参数。一般高压锅炉效率 90%以上，超高压锅炉效率 91%以上，亚临界锅炉效率 92%以上。超临界锅炉效率 93%以上，超超临界锅炉效率 93.5%以上。

（3）进风温度。进风温度会引起燃料量的变化，也就是输入热量的变化从而影响到锅炉效率，某 HG-2001/26.15-YM3 型超超临界锅炉进风温度与锅炉效率的关系见图 9-2。

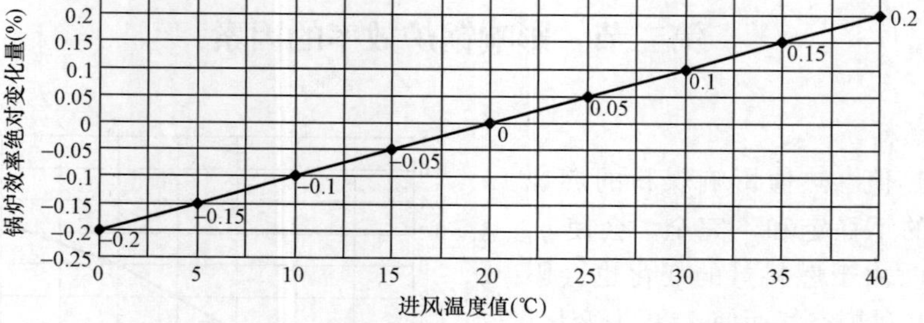

图 9-2　进风温度对锅炉效率的绝对影响值

（设计收到基低位发热量 $Q_{net,ar}$=23 570kJ/kg，设计进风温度 20℃，保证效率 93.9%）

经计算，在 0～40℃变动范围内，进风温度每升高 1℃，排烟温度升高约 0.55℃。进风温度取决于环境温度和暖风器的投用状况。进风温度变化时，直接引起燃料输入热量变化，在实际计算锅炉效率时，随着环境温度的升高锅炉效率是增加的。进风温度每升高 1℃，锅炉效率将增加 0.01 个百分点。

当进风温度与保证温度发生偏差，应进行进风温度修正。进风温度与保证温度的偏差，主要影响排烟热损失和灰渣物理显热损失，将保证的进口空气温度 t_0^b 及换算后的排烟温度 θ_{py}^b 和输入热量，分别替代热损失计算公式中的 t_o 及 θ_{py}，即可求得修正后的热损失值。

（4）给水温度。给水温度会引起燃料量的变化和烟气量的变化，使煤粉在炉内的停留时间发生变化，从而影响到锅炉效率，见图 9-3。

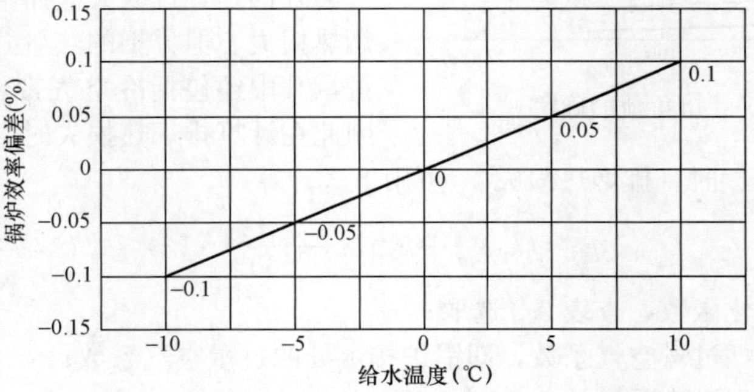

图 9-3　给水温度对锅炉效率的绝对影响
（原点：锅炉效率 89.42%）

给水温度与设计值的偏差所引起排烟温度的变化可按下式进行计算（当偏差值小于 10℃时，可不进行该项修正）。

$$\theta_{py}^b = \theta_{py} + \frac{(t_{fw}^b - t_{fw})(\theta'_{sm} - \theta''_{sm})}{\theta'_{sm} - t_{fw}} \times \frac{\theta_{py} - t'_k}{\theta'_{ky} - t'_k}$$

式中　θ_{py}^b——换算到设计给水温度时的排烟温度，℃；
t'_k——进口空气温度，℃；
t_{fw}——实测给水温度，℃；
t_{fw}^b——设计给水温度，℃
θ'_{ky}——空气预热器进口实测烟气温度，℃；
θ_{py}——实测排烟温度，℃；
θ'_{sm}——省煤器进口烟气实测温度，℃；
θ''_{sm}——省煤器出口烟气实测温度，℃。

将所得的 θ_{py}^b 代替热损失计算公式中的 θ_{py}，即可算得修正后的热损失。

（5）锅炉负荷。锅炉效率随着锅炉负荷的变化而变化（见图 9-4）。在较低负荷下，锅炉效率随负荷增加而提高，达到某一负荷时，锅炉效率为最高值。此为经济负荷，超过该负荷后，锅炉效率随负荷升高而降低。这是因为在较低负荷下当锅炉负荷增加时，燃料量风量增加，排烟温度升高，造成排烟损失 q_2 增大；另一方面，较低负荷下炉膛温度也较低，炉膛温度对燃烧效率 $(1-q_3-q_4)$ 的影响起主要作用，燃烧效率低，因此，在较低负荷下，锅炉效率较低。

随着锅炉负荷的增加，炉膛温度也升高，提高了燃烧效率，使化学不完全燃烧损失 q_3 和机械不完全燃烧损失 q_4 及炉膛散热损失 q_5 减小；在经济负荷以下时 $q_3+q_4+q_5$ 热损失的减小值大于 q_2 的增加值，故锅炉效率提高。当锅炉负荷增大到经济负荷时，$q_2+q_3+q_4+q_5$ 热损失达到最小，锅炉效率提高。

超过经济负荷以后，会使燃料在炉内停留的时间过短，因此停留时间的影响逐渐变为主导作

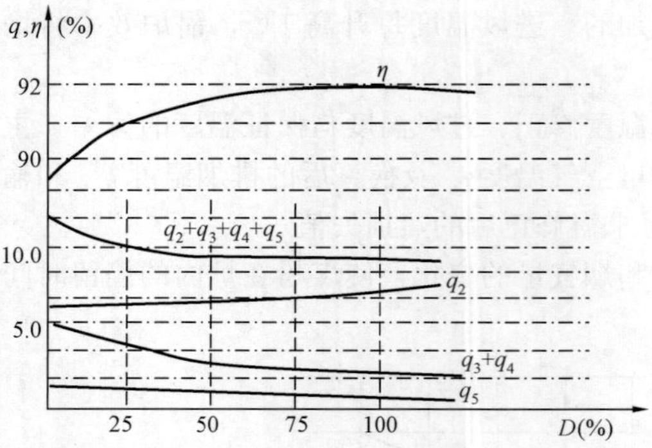

图 9-4　锅炉经济负荷的确定

用，由于没有足够的时间燃尽就被带出炉膛，造成 q_3+q_4 热损失增大，排烟损失 q_2 总是随着负荷增加而增大，因而，锅炉效率也会降低。

三、锅炉损失

1. 排烟热损失

排烟热损失 q_2 是由于锅炉排烟带走了一部分热量造成的排烟热损失。具有相当高温度的烟气离开锅炉，排入大气而不能得到利用，造成排烟热损失。但排烟的热量并非全部来源于输入热量，其中还包括冷空气带入炉内的那部分热量，因此在计算排烟热损失时应扣除这部分热量。

当燃煤 $Q_r=Q_{net,ar}$ 时，排烟热损失 q_2 可用下式计算

$$q_2=(k_1\alpha_{py}+k_2)\times\frac{\theta_{py}-t_0}{100}\ (\%)$$

式中　k_1、k_2——简化函数，查表 9-2 选取；

α_{py}——排烟过量空气系数，即锅炉排烟处的过量空气系数；

θ_{py}——排烟温度，℃；

t_0——送风机送风温度，℃。

表 9-2　简化函数 k_1、k_2 选定值

煤　种	k_1	k_2
无烟煤及贫煤	3.55	0.44
烟煤	3.54	0.44
褐煤	3.62	0.90
泥煤	3.95	1.6
重油	3.5	0.5

当进风温度与保证温度具有偏差时，在计算试验锅炉效率时，应进行排烟温度修正，修正公式为

$$\theta_{py}^{b}=\frac{t_0^{b}(\theta'_{ky}-\theta_{py})+\theta'_{ky}(\theta_{py}-t_0)}{\theta'_{ky}-t_0}$$

式中　θ_{py}^{b}——换算到保证进口空气温度时的排烟温度，℃；

t_0^{b}——保证的进口空气温度，℃；

t_0——基准温度，℃；

θ'_{ky}——空气预热器进口实测烟气温度，℃；

θ_{py}——实测排烟温度，℃。

在锅炉的各项热损失中，q_2 是最大的一项，一般为 5%～6%。排烟温度、排烟氧量是决定锅炉排烟热损失大小的重要指标。降低排烟热损失的主要手段是降低排烟容积和排烟温度。

2. 化学不完全燃烧热损失

化学不完全燃烧热损失 q_3 也称可燃气体未完全燃烧热损失，化学不完全燃烧热损失 q_3 是由于烟气中含有可燃气体 CO 造成的热损失，由于气体 CO 是未完全燃烧产生的气体，所以也叫气体未完全燃烧损失。由于大型煤粉锅炉基本上是完全燃烧，所以 q_3 很小，一般不超过 0.5%；对于燃油、燃气锅炉，化学不完全燃烧热损失比较大，一般为 1%～2%。该项热损失由排烟中

的未完全燃烧产物（CO、H_2、CH_4、C_mH_m）的含量决定。由于 $1m^3$ 一氧化碳的发热量为 12 636kg/m³、氢的发热量为 10 798kg/m³、甲烷为 35 820kg/m³、C_mH_m 为 59 079kg/m³。

当考虑机械未完全燃烧热损失对化学不完全燃烧热损失的影响时，其修正公式为

$$q_3=\frac{V_{gy}}{Q_r}(12\,636CO+35\,818CH_4+10\,798H_2+35\,818CH_4)\times\left(1-\frac{q_4}{100}\right)$$

在计算式中乘以 $\left(1-\frac{q_4}{100}\right)$，是因为有机械未完全燃烧热损失存在时，每千克燃料中只有 $\left(1-\frac{q_4}{100}\right)$ kg 燃料参与燃烧并生成烟气，因此应对生成的干烟气容积用 $\left(1-\frac{q_4}{100}\right)$ 进行修正。

如果手头没有上述一些数据，可以采用下列经验公式

$$q_3=0.032\alpha_{py}CO\times100\%$$

在计算 q_3 时，CO 等气体的容积含量百分率应直接带入百分点，不带入百分号。q_3 一般不超过 0.15%。对于 CO 浓度单位，运行现场一般采用 ppm，这里有必要介绍一下 ppm 与国际单位的换算关系：由于 1ppm＝1μL/L＝0.0001%（体积比），一氧化碳的标准密度是 1.25mg/m³。因此一氧化碳 100ppm＝125mg/m³＝0.01%。

烟气中的 CO 排放浓度（干基、标态、O_2＝6%）按照下式进行计算：

$$CO_g=CO_L\times\frac{28}{22.4}\times\frac{21-6}{21-O_2}\approx1.25CO_L$$

式中 CO_g——标准状态、6%氧量、干烟气下的 CO 浓度，mg/m³；

CO_L——实测干烟气中 CO 体积含量，μL/L（ppm）；

O_2——实测干烟气中的氧含量，%；

$\frac{28}{22.4}$——CO 由体积含量到质量含量的转换系数。

试验结果表明，如一氧化碳浓度降低 100ppm(μL/L)（体积含量为 0.01%），锅炉效率会下降 0.035 个百分点，影响供电煤耗下降 0.112g/kWh。CO 浓度偏高的主要原因是为控制 NO_x，引风机出力受限等原因氧量控制过低（炉膛过量空气系数）；或者是掺烧褐煤、掺烧污泥等（燃料的挥发分），在高负荷时风量已显得不足；或者是燃料器结构和布置、炉膛温度和炉内空气动力工况等。

影响化学不完全燃烧热损失的主要因素是燃料性质、氧量。燃用高挥发分煤种的机组（如褐煤、烟煤），应重点关注化学不完全燃烧热损失，锅炉运行中要保持合理的氧量和一、二次风速。

3. 固体未完全燃烧热损失

固体未完全燃烧热损失 q_4，也称机械未完全燃烧热损失，主要是由锅炉烟气带出的飞灰、循环灰和炉底放出的炉渣中含有未参加燃烧的碳所造成的，以及中速磨煤机排出石子煤的热量损失。即炉渣热损失＝$\frac{337.27A_{ar}\alpha_{lz}C_{lz}\times100\%}{Q_{net,ar}(100-C_{lz})}$、飞灰热损失＝$\frac{337.27A_{ar}\alpha_{fh}C_{fh}\times100\%}{Q_{net,ar}(100-C_{fh})}$ 和循环灰热损失＝$\frac{337.27A_{ar}\alpha_{xh}C_{xh}\times100\%}{Q_{net,ar}(100-C_{xh})}$。炉渣损失指未燃尽的燃料与渣在一起，一同排入灰斗所造成的损失；飞灰损失指未燃尽的燃料与灰在一起，随烟气排出，经电除尘时，大部分落下，小部分随烟气从烟囱排出所造成的损失。循环灰热损失指循环流化床锅炉中飞灰再循环灰排放造成的损失。沉降灰指循环流化床锅炉中尾部烟道沉降灰排放造成的损失。电站煤粉炉中没有后两项损失。

$$q_4=\frac{337.27A_{ar}}{Q_{net,ar}}\left(\frac{\alpha_{fh}C_{fh}}{100-C_{fh}}+\frac{\alpha_{lz}C_{lz}}{100-C_{lz}}+\frac{\alpha_{xh}C_{xh}}{100-C_{xh}}+\frac{\alpha_{cjh}C_{cjh}}{100-C_{cjh}}\right)\times100\%+\frac{B_{sz}Q_{ar,sz}}{BQ_{net,ar}}\times100\%$$

式中 337.27——碳的发热量为 33 727kJ/kg 的 1/100；

A_{ar}——煤的收到基灰分含量百分率，%；

C_{fh}、C_{xh}、C_{cjh}、C_{lz}——分别为飞灰中碳的含量（飞灰可燃物）、循环灰中可燃物含量、沉降灰可燃物含量和炉渣可燃物含量百分率，%；

α_{xh}、α_{fh}、α_{cjh}、α_{lz}——分别为循环灰、飞灰、沉降灰、灰渣占燃料总灰分的份额，%；

B——锅炉燃料消耗量，kg/h；

B_{sz}——中速磨煤机废弃的石子煤量，kg/h；

$Q_{ar,sz}$——石子煤的实测低位发热量，kJ/kg。

C_{xh}、C_{fh}、C_{lz}的数值可根据最近的灰平衡试验或锅炉性能试验来选取。对于固体排渣煤粉锅炉，可取 $C_{fh}=90$、$C_{lz}=10$；对于液态排渣煤粉锅炉，可取 $C_{lz}=30\sim90$、$C_{fh}=100-C_{lz}$。

对于燃油锅炉，一般灰分很少，可以忽略不计；如果必须计算时，其固体未完全燃烧热损失为

$$q_4=\frac{337.27\mu V_{gy}}{Q_r}\times100\%$$

式中 μ——锅炉排烟中碳的浓度，g/m³。

影响机械不完全燃烧热损失的主要因素是燃料性质和锅炉燃烧状况。机械不完全燃烧损失是仅次于锅炉排烟损失的一项热损失，一般约占 1.5%～3%，主要取决于灰渣可燃物含量。

4. 灰渣物理热损失

灰渣物理热损失即炉渣、循环灰、飞灰与沉降灰排出锅炉设备时，所带走的显热占输入热量的百分率，其计算公式为

$$q_6=\frac{A_{ar}}{Q_r}\left[\frac{\alpha_{lz}(t_{lz}-t_0)c_{plz}}{100-C_{lz}}+\frac{\alpha_{fh}(T_{py}-t_0)c_{pfh}}{100-C_{fh}}+\frac{\alpha_{cjh}(t_{cjh}-t_0)c_{cjh}}{100-C_{cjh}}+\frac{\alpha_{xh}(t_{xh}-t_0)c_{xh}}{100-C_{xh}}\right]\times100\%$$

式中 q_6——灰渣物理热损失，%；

t_{lz}——由炉膛排出的炉渣温度，℃，当不直接测量时，固态排渣煤粉炉取 800℃，火床炉取 600℃，液态排渣火室炉取煤灰的熔化温度+100℃；

α_{fh}、α_{lz}、α_{cjh}——分别为飞灰、灰渣、沉降灰占燃料总灰分的份额，%；

t_{cjh}——由烟道排出的沉降灰温度，可取为沉降灰斗上部空间的烟气温度，℃；

t_{xh}——离开锅炉热平衡系统边界再循环灰的温度，℃；

T_{py}——排烟温度，℃；

c_{plz}——炉渣的比热容，取 1.10kJ/(kg·K)；

c_{xh}、c_{pfh}、c_{cjh}——循环灰、飞灰和沉降灰的比热容，取 0.82kJ/(kg·K)。也可按下列公式计算。

$$c=0.71+0.000\,502\theta_{py}$$

式中 c——飞灰（或沉降灰或炉渣）的比热，kJ/(kg·K)；

θ_{py}——排烟温度（或沉降灰温度、炉渣温度），℃。

对于燃油和燃气锅炉：$q_6=0$。

q_6 主要指灰渣带走的物理热损失和冷却热损失，决定于燃料的灰分、燃料的发热量和排渣方式等，这项损失在锅炉机组的实际运行中不能控制调整，在实际锅炉效率计算中常忽略 q_6。

5. 散热损失

散热损失 q_5，是由于运行中锅炉内部各处的温度均高于外部温度，使一部分热量散失到空气中造成的散热损失，即锅炉炉墙、金属结构及锅炉范围内管道（烟风管道及汽水管道、联箱

等）等向四周环境中散失（导热和辐射）的热量占总输入热量的百分率。

当锅炉在非额定蒸发量下运行时，由于锅炉外表面的温度变化不大，锅炉总的散热量也就变化不大；但对于1kg燃料的散热量 q_5 却有明显的变化，可近似地认为散热损失与锅炉运行负荷成反比变化，因此，非额定工况下运行时的散热损失，通常乘以一个负荷修正系数。散热损失 q_5 计算公式为

$$q_5 = q_5^e \times \frac{D_e}{D}$$

式中　D_e——锅炉的额定蒸发量，t/h；

D——锅炉效率测定时的实际蒸发量，t/h；

q_5——锅炉散热损失，%；

q_5^e——额定蒸发量下的散热损失，%（根据锅炉额定蒸发量按图9-5查取）。

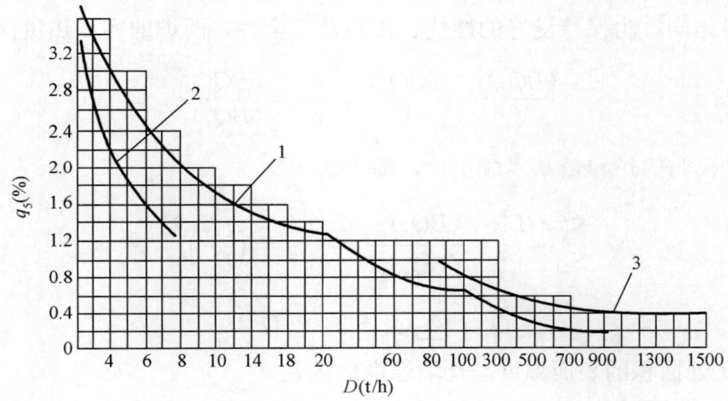

图9-5　额定负荷下的锅炉散热损失曲线

1—锅炉整体（连同尾部受热面）；2—锅炉本身（无尾部受热面）；3—GB 10184—1988（连同尾部受热面）

散热损失源于锅炉范围内各种管道、附件表面因温度高于环境温度而产生的对流传热，总散热量等于各部分总面积的散热量之和，与锅炉外表面面积、外表面温度、炉墙结构、保温隔热性能及环境温度五方面因素与散热有关。后四个基本是定值，所以决定 q_5 的主要因素是外表面面积。

额定负荷下的锅炉散热损失一般可按下式计算

$$q_5^e = 5.82(D_e)^{-0.38} \quad (\%)$$

式中　D_e——锅炉的额定蒸发量，t/h。

散热损失 q_5 计算公式的来源推导过程如下：

假定某地两台锅炉结构相似，即炉膛的长、宽、高比例不变，分别为 a、b、c，且有

$$炉1\begin{cases}炉膛长：A_1 = aL_1\\炉膛宽：B_1 = bL_1\\炉膛高：H_1 = cL_1\\锅炉容积：V_1 = abcL_1^3\\锅炉外表面积：S_1 = 2abL_1^2 + 2acL_1^2\end{cases}$$

$$炉2\begin{cases}炉膛长：A_2=aL_2\\炉膛宽：B_2=bL_2\\炉膛宽：H_2=cL_2\\锅炉容积：V_2=abcL_2^3\\锅炉外表面积：S_2=2abL_2^2+2acL_2^2\end{cases}$$

式中 L_1、L_2——炉膛边长。

因此

$$\frac{V_1}{V_2}=\frac{L_1^3}{L_2^3}$$

$$\frac{S_1}{S_2}=\frac{L_1^2}{L_2^2}=\frac{V_1^{2/3}}{V_2^{2/3}}$$

即：锅炉容积与炉膛边长的3次方成正比，锅炉面积变化只是锅炉容积变化的2/3次方。

两台锅炉燃料相同，为保持良好的燃烧、传热及安全性，两炉的容积热负荷相同。即

$$\frac{(BQ_r)_1}{V_1}=\frac{(BQ_r)_2}{V_2},\ \frac{V_1}{V_2}=\frac{(BQ_r)_1}{(BQ_r)_2}$$

同时，燃料量仅与锅炉容量基本成正比，即 $BQ_r \propto D$。

因此

$$\frac{S_1}{S_2}=\frac{L_1^2}{L_2^2}=\frac{(BQ_r)_1^{2/3}}{(BQ_r)_2^{2/3}}=\frac{D_1^{2/3}}{D_2^{2/3}}=\left(\frac{D_1}{D_2}\right)^{2/3}$$

散热损失量

$$Q_5=\sum \Delta t_i S_i a_i \propto D^{2/3}$$

式中 Δt_i——第 i 处面积的表面温度与环境温度的温差；

S_i——第 i 处的面积；

a_i——第 i 处面积的表面温度与环境之间的换热系数。

由此得出散热损失

$$q_5=\frac{Q_5}{BQ_r}\propto\frac{D^{2/3}}{D}=kD^{-x}$$

式中：$x=-1/3=-0.33$。

20世纪70年代，西安热工研究所对当时国内最具代表性的11台容量为130～1083t/h的锅炉（其中油炉2台）进行实测后得到的系数 k 和指数 x 分别是0.58和－0.38，其中指数－0.38比－0.33略小一些。

影响散热损失的主要因素是锅炉容量、负荷、相对表面积（以一台300MW机组为例，需要保温的面积在30 000m^{2}以上）和环境温度。锅炉容量小、负荷小、相对表面积大、周围空气温度低，则散热损失就大。如果水冷壁和炉墙等结构严密、紧凑，炉墙和管道的保温良好，锅炉周围空气温度高，则散热损失小。对于大型锅炉 q_5 一般小于0.5%。

加强保温是减少散热损失的有效措施。锅炉炉墙和热力管网的温度总是比环境温度高，所以部分热量就要通过辐射和对流的方式散发到周围空气中去，造成锅炉的散热损失；同时热量散失又使炉膛温度降低，影响燃烧，使不完全燃烧热损失增大，从而使锅炉热效率降低。因此应采用先进的保温材料，尽量减少散热损失。因此凡是表面温度超过50℃的传热体均应进行保温，特别是应注意对阀门法兰等处的保温工作，有脱落和松动的保温层应及时修补。

对炉顶及炉墙严密性差的锅炉，应采用新材料、新工艺或改造原有结构的措施予以解决。

四、循环流化床锅炉提效的主要措施

1. 降低排烟热损失

降低排烟热损失主要途径包括：

(1) 根据实际情况增加原有省煤器面积，或者结合深度调峰，采用分级省煤器，降低排烟温度。300MW循环流化床锅炉排烟温度由设计值每增加10℃，发电煤耗率由300g/kWh增加到302g/kWh，多消耗能源量按下式计算：

$$\Delta B_{\mathrm{lf}}=\frac{2B_{\mathrm{b}}}{300}\times\frac{\theta_{\mathrm{pys}}-\theta_{\mathrm{pyk}}}{10}$$

式中 θ_{pys}——实测排烟温度,℃；

θ_{pyk}——基准排烟温度,℃；

ΔB_{lf}——统计期内多消耗能源量，tce/a；

B_{b}——统计期内锅炉年耗标煤量，tce/a。

(2) 将空气预热器换热元件更换为性能更为优良版型，或者将换热元件加高，或者增大直径，降低空气预热器阻力，强化换热效果。

(3) 增加锅炉排烟余热回收系统，如低温省煤器、低温省煤器与暖风器联合运行等。

2. 降低未完全燃烧热损失

300MW循环流化床锅炉飞灰可燃物由2%每增加1个百分点，发电煤耗率由300g/kWh增加到301.2g/kWh，多消耗能源量按下式计算：

$$\Delta B_{\mathrm{lf}}=\frac{1.2B_{\mathrm{b}}}{300}\times(C_{\mathrm{fhs}}-C_{\mathrm{fhk}})$$

式中 C_{fhs}——实测飞灰可燃物,℃；

C_{fhk}——基准飞灰可燃物,℃。

降低未完全燃烧热损失的主要途径包括：

(1) 采用先进的稳燃燃烧器对燃烧系统进行改造。

(2) 对制粉系统进行改造，如粗粉分离器改造，采用耐磨小钢球等。

(3) 进行锅炉燃烧精细调整。

3. 降低散热损失

通过对密封的治理等，降低散热损失。300MW循环流化床锅炉外表面温度由设计值每增加10℃，按每平方米每小时消耗能源量0.037kgce/(m^2·h)计算。多消耗能源量按下式计算：

$$\Delta B_{\mathrm{lf}}=0.037ST\times\frac{t_{\mathrm{bms}}-t_{\mathrm{bmk}}}{10}\times10^{-3}$$

式中 t_{bms}——炉体外表面实测温度,℃；

t_{bmk}——基准炉体表面温度,℃；

ΔB_{lf}——统计期内多消耗能源量，tce/a；

S——炉体外表面散热面积，m^2；

T——锅炉累计运行时间，h/a。

五、关于《2015版试验规程》附录C

《2015版试验规程》附录C中的气体浓度单位换算关系见表9-3。

表 9-3 气体浓度单位换算

序号	成分	分子量	1μL/L 换算成 mg/m³	1mg/m³换算成 μL/L
1	甲烷（CH_4）	16.043	0.7159	1.3969
2	一氧化碳（CO）	28.010	1.2499	0.8001
3	二氧化碳（CO_2）	44.009	1.9638	0.5092
4	氢（H_2）	2.016	0.089 96	11.1163
5	硫化氢（H_2S）	34.082	1.5208	0.6575
6	氧气（O_2）	31.998	1.4278	0.7004
7	二氧化硫（SO_2）	64.064	2.8587	0.3498

表 9-3 换算关系以一氧化碳为例说明如下：

任何 1kmol 气体在标准状态下的体积均为 22.41m³，CO 分子量为 28.01，则 1mol CO 质量为 28.01g。因此对于一氧化碳标准密度 1ppm＝1mg/L＝28.01/22.41＝1.2499（mg/m³），即一氧化碳的标准密度为 1.2499mg/m³。由 1mg/m³ 单位换算成 μL/L 时，取倒数即为：1/1.2499＝0.8001。

第三节 管道效率的监督

一、管道效率

1. 狭义管道效率

管道效率定义：狭义的管道效率是指管道出口工质焓占入口工质焓的百分比。在火力发电厂中，汽、水在管道中流动总会有摩擦、节流、压降等能量损失，同时管道不能真正做到绝热，还会有散热损失等，因此管道效率总是小于 100%，管道效率正平衡计算公式为

$$\eta_{gd}=\frac{Q_0}{Q_{bl}}=\frac{G_0(h_{ms}-h_{fw})+G_{rh}(h_{rhr}-h_{rhl})}{G_b(h_b-h_{fw})+G_{rh}(h_{rhr}-h_{rhl})+G_{bl}h_{bl}+G_{fy}(h_{fy}-h_{fw})}\times100\%$$

式中 Q_{bl}、Q_0——锅炉热负荷、汽轮机热耗，kJ；

G_{bl}、h_{bl}——锅炉排污量（kg/h）和排污焓，kJ/kg；

h_b、h_{ms}、h_{fw}——锅炉过热蒸汽焓、汽机主蒸汽焓和给水焓，kJ/kg；

G_b、G_{rh}、G_0——锅炉过热蒸汽流量、再热蒸汽轮流量和汽轮机主蒸汽流量，kg/h；

G_{fy}、h_{fy}——厂用蒸汽（包括吹灰、疏水及抽汽等锅炉自用蒸汽）流量（kg/h）和对应的焓，kJ/kg；

h_{rhr}、h_{rhl}——再热蒸汽热端焓和再热蒸汽冷端焓，kJ/kg。

在《火力发电厂热平衡导则》（DL/T 606.3—1996）中，没有考虑工质泄漏热损失，规定管道效率正平衡计算公式为

$$\eta_{gd}=\frac{h_j-h_{gp}}{h_{gr}-h_{zrl}}\times\frac{h_{zj}-h_{pq}}{h_{zrr}-h_{pq}}\times\frac{h_{lgs}-h_{co}}{h_{jgs}-h_{co}}\times100\%$$

式中 h_j——汽轮机进汽焓，kJ/kg；

h_{pq}——汽轮机排汽焓，kJ/kg；

h_{gr}——过热蒸汽焓，kJ/kg；

h_{zrl}——再热器进汽焓，kJ/kg；

h_{zrr}——再热器出口焓，kJ/kg；

h_{gp}——高压缸排汽焓，kJ/kg；

h_{zj}——中压缸进汽焓，kJ/kg；

h_{jgs}——汽轮机侧给水焓，kJ/kg；

h_{lgs}——锅炉侧给水焓，kJ/kg；

h_{co}——凝汽器出口凝结水焓，kJ/kg。

一般而言，狭义管道效率仅考虑主蒸汽管道散热、再热蒸汽管道散热和工质泄漏等热损失，因此狭义管道效率变化不大。在反平衡法煤耗率计算中很少单独计算，多凭经验估定一个不变的数值。对于大型发电机组取 98.5%～99%。单机机组容量越大，管道效率越高。当管道效率小于 98%时，应采取措施（如提高保温质量，减少管路阻力等），提高管道效率。

2. 广义管道效率

在实际中，由于不可能像热力试验那样补水率为零，不排污，所以在具体应用时，不使用管道效率这一概念，而用厂内热损失概念（也就是广义上的管道效率）代替。厂内热损失定义为汽轮机从锅炉得到的热量占锅炉输出热量的百分比，包括新蒸汽管道热损失、再热蒸汽管道热损失、给水管道热损失、厂用蒸汽热损失、工质泄漏和连续排污热损失六部分。以厂用蒸汽热损失最大，给水管道热损失最小。过去传统的狭义管道效率，实际上仅计算主蒸汽管道热损失和再热蒸汽管道热损失，是真正的管道效率；而广义管道效率，包括了纯粹的管道损失，并考虑了机组实际运行过程中存在的蒸汽热损失，狭义管道效率是比较理想化的广义管道效率。根据《火力发电厂能量平衡导则　第 3 部分：热平衡》（DL/T 606.3—2006）中广义管道效率反平衡计算公式为

$$\eta_{gd}=1-\frac{\Delta Q_{gp}}{Q_b}=1-\frac{\Delta Q_{g1-3}+\Delta Q_{g4}+\Delta Q_{g5}+\Delta Q_{g6}}{Q_b}=1-q_{g1-3}-q_{g4}-q_{g5}-q_{g6}$$

式中　Q_b、ΔQ_{gp}——锅炉热负荷、热力系统中汽水管道的各项热损失之和，kJ，%；

q_{g1-3}——狭义管道热损失，kJ，%；

ΔQ_{g4}、q_{g4}——给水管道热损失，kJ，%；

ΔQ_{g5}、q_{g5}——厂用蒸汽热损失，kJ，%；

ΔQ_{g6}、q_{g6}——锅炉排污热损失，kJ，%。

根据有关资料 200MW 机组的广义管道效率为 94.6%，亚临界机组的广义管道效率为 95.7%，超临界机组的广义管道效率为 96.7%。

二、管道效率的耗差分析

管道效率的耗差分析与锅炉效率、汽轮机热耗率完全一样，影响幅度也完全一致。对机组煤耗率指标影响的权重均为 1∶1，是发电厂节能技术监督中重要测评参数之一。某国产 N300-165/550/550 型中间再热单元机组的管道效率的耗差分析结果见表 9-4。

表 9-4　B156 机组管道热损失的分布及对煤耗率的影响

项　目	数　值	对煤耗率影响（g/kWh）
锅炉蒸发量（kg/h）	976 936.3	
汽轮机总进汽量（kg/h）	970 000	
再热蒸汽量（kg/h）	823 560.1	
工质泄漏量（kg/h）	7000	
厂用蒸汽量（kg/h）	30 000	
锅炉连续排污量（kg/h）	4982.4	
扩容回收蒸汽量（kg/h）	515.2	
进地沟的排污水量（kg/h）	2467	

续表

项 目	数 值	对煤耗率影响（g/kWh）
发电厂的补充水量（kg/h）	14 600	
过热器出口焓（kJ/kg）	3443.2	
汽轮机主汽门前蒸汽焓（kJ/kg）	3435.8	
再热器出口焓（kJ/kg）	3575.6	
再热器进口焓（kJ/kg）	3067.6	
汽轮机中压缸进口焓（kJ/kg）	3565.9	
汽轮机中压缸排口焓（kJ/kg）	3072.6	
厂用蒸汽焓（kJ/kg）	3153.0	
锅炉连续排污水焓（kJ/kg）	1762.2	
连排扩容器饱和水焓（kJ/kg）	710.5	
排地沟的排污水焓（kJ/kg）	159.5	
排污水扩容器回收的蒸汽焓（kJ/kg）	2724.0	
锅炉给水量（kg/h）	1146.1	
补充水焓（kJ/kg）	84.3	
厂用蒸汽返回水焓（kJ/kg）	350	
厂用蒸汽返回率（%）	85	
新汽管道热损失率（%）	0.269	0.80
再热蒸汽管道热损失率（%）	0.454	1.34
给水管道热损失率（%）	0	0
厂用蒸汽热损失率（%）	3.25	9.59
工质泄漏热损失率（%）	0.632	1.86
锅炉连续排污热损失率（%）	0.015	0.04
合计（%）	4.62	13.63
反平衡热效率（%）	95.38	13.63

通过对上面数据进行计算，得出管道的正平衡热效率，以及反平衡热效率中不同的损失。可以看出：采用正反平衡相结合的方法是比较合理的，计算结果基本相等。随着负荷的增加，反平衡管道效率增加。

从表 9-4 可以看出，在锅炉管道损失中，厂用汽的损失最大，其次依次为排污损失、新蒸汽损失、泄漏工质损失、再热蒸汽损失，给水损失是所有损失中最小的。

【例 9-1】 某机组管道热效率 $\eta_{gd}=97\%$，锅炉热效率 $\eta_{bl}=93.9\%$，厂用电率 $e=4\%$；汽轮机效率 $\eta_q=49.0\%$，管道效率降低到 96%时，求对供电煤耗率的影响系数。

解： $$b_{g1}=\frac{3600}{\eta_{bl}\eta_{gd}\eta_q(1-e)\times 29.3076}=\frac{3600}{0.939\times 0.97\times 0.49\times (1-0.04)\times 29.3076}$$

$$=286.69(g/kWh)$$

$$b_{g2}=\frac{3600}{\eta_{bl}\eta_{gd}\eta_q(1-e)\times 29.3076}=\frac{3600}{0.939\times 0.96\times 0.49\times (1-0.04)\times 29.3076}$$

$$=289.68(g/kWh)$$

$$\Delta b = b_{g2} - b_{g1} = 289.68 - 286.69 = 2.99(g/kWh)$$

因此管道效率每降低 1 个百分点，供电煤耗率增加 2.99g/kWh。

三、狭义管道效率的弊端

由表 9-3 可知，传统方法计算的狭义管道效率＝100％－0.269％－0.454％＝99.28％，而广义管道效率等于 95.38％，两者相差 3.9 个百分点。

狭义管道效率不考虑汽水工质损失，仅凭经验估定一个不变的数值（大型机组一般取 99％），广泛应用于机组性能（考核、常规）试验、发电厂生产报表相关指标计算中。

以机组性能（考核、常规）试验为例，汽水工质不明泄漏量在炉侧的分配比例直接影响汽轮机热耗率的计算。若管道效率取定值，试验人员通过调整汽水工质不明泄漏量在炉侧的分配比例，一定程度上能够影响试验结果。

狭义管道效率取定值，忽略了各项影响因素，不可避免地给煤耗率指标的节能技术监督带来问题。以发电厂生产报表中反平衡煤耗率指标计算为例，由于实际运行机组汽水工质损失较高，而且这部分损失对管道效率的影响甚至大于纯粹的管道损失，因此传统管道效率取定值时，通常取值偏高，由此计算的反平衡煤耗率要低于真实值，这也是发电厂生产报表中正、反平衡煤耗率数据难以统一的一个重要因素。

广义管道效率是采用反平衡计算方法计算发电厂管道效率。该方法能够比较系统地分析影响管道热损失的各种因素，为工程技术人员指明减少可控热损失的主要途径。传统管道效率计算仅考虑管道流动和散热损失，计算取值偏高，是造成发电厂节能技术监督中反平衡煤耗率指标计算偏低的直接原因之一。建议加强对发电厂管道效率的节能技术监督工作，在生产报表、机组常规性能试验等系统汽水工质泄漏远高于 ASME 标准规定值 0.1％ 时，必须考虑汽水工质泄漏对管道效率的影响。

四、影响管道效率的因素和对策

1. 新蒸汽管道热损失

新蒸汽指的是从锅炉过热器出来到高压缸进口这一段。这一段管道一般说来比较长，而且从过热器出来的蒸汽温度、压力等初参数都比较高，所以不可避免地存在着温降和压损。因此存在不可忽略的管道散热损失。减少新蒸汽管道热损失，应采用质量好的保温，加强主蒸汽管道、再热蒸汽管道、给水管道的保温。其计算式为

$$\Delta Q_{gl} = G_{qj}(h_{gr} - h_{qj})$$

$$q_{gl} = \frac{\Delta Q_{gl}}{Q_{bl}}$$

式中 Q_{bl} ——锅炉热负荷，kJ/h；

ΔQ_{gl} ——新蒸汽管道热损失，kJ/h；

h_{qj} ——汽轮机高压缸进汽焓，kJ/kg；

h_{gr} ——锅炉过热器出口蒸汽焓，kJ/kg；

G_{qj} ——汽轮机进汽流量，kg/h；

q_{gl} ——新蒸汽管道散热损失率，％。

2. 带热量工质泄漏热损失

由于管道接口、阀门、法兰等处由于工艺或者设备老化等原因，不可避免地存在着蒸汽或凝结水泄漏。但是泄漏往往存在着泄漏点过多，汽水损失不仅是工质损失，而且伴随着热量损失。

由于不同的泄漏点的状态参数不同，焓值也不一样，况且有些状态点的位置是很难确定的。为了简便起见，可以对它进行假定，即所有的损失集中于主蒸汽管道，损失的焓值全部以过热器出口焓值计算，计算公式为

$$\Delta Q_{g2}=G_1(h_1-h_{ma})$$

$$q_{g2}=\frac{\Delta Q_{g2}}{Q_{bl}}$$

由质量平衡有

$$G_1=G_{ma}-G_{pw}-(1-\oint)G_{cy}$$

$$\oint=\frac{G_{fh}}{G_{cy}}$$

式中 ΔQ_{g2}——带热量工质泄漏热损失，kJ/h；
G_1——带热量工质泄漏量，kg/h；
h_1——带热量工质焓，kJ/kg；
G_{ma}、h_{ma}——化学补充水量（kg/h）和焓，kJ/kg；
G_{pw}——锅炉排污量，kg/h；
G_{fh}——厂用蒸汽返回热力系统的流量，kg/h；
G_{cy}——厂用蒸汽流量，kg/h；
$\oint$——厂用蒸汽的返回水率，%；
q_{g2}——带热量工质泄漏热损失率，%。

为了减少工质泄漏热损失，应加强管道疏水阀门治理、检修修复，不能修复的应更换。

3. 再热蒸汽管道散热损失

与新蒸汽管道一样，再热蒸汽管道也存在散热损失，一般将再热蒸汽管道散热损失分成两部分来考虑，即再热管道冷段和再热管道热段。再热管道冷段一般是考虑高压缸排汽到再热器进口这一段，再热管道热段一般是再热器出口到中压缸进口这一段。由于在再热器出口，有再热器减温水，所以两段的流量也不一样。在计算中，再热蒸汽管道散热损失等于冷再热管道和热再热管道损失之和。减少再热蒸汽管道热损失，应采用质量好的保温，加强管道保温治理。

计算公式为

$$\Delta Q_{g3}=G_{zrr}(h_{zrr}-h_{zj})+G_{zrl}(h_{zrl}-h'_{zrj})$$

$$q_{g3}=\frac{\Delta Q_{g3}}{Q_{bl}}$$

式中 ΔQ_{g3}——再热蒸汽管道散热损失，kJ/h；
G_{zrr}——再热器的热段蒸汽流量，kg/h；
G_{zrl}——再热器冷段蒸汽流量，kg/h；
h_{zrr}——锅炉再热器出口蒸汽焓，kJ/kg；
h_{zj}——汽轮机中压缸进口蒸汽焓，kJ/kg；
h_{zrl}——汽轮机高压缸出口蒸汽焓，kJ/kg；
h'_{zrj}——锅炉再热器进口蒸汽焓，kJ/kg；
q_{g3}——再热蒸汽管道散热损失率，%。

4. 给水管道热损失

给水管道指给水自汽轮机末级高压加热器出口至锅炉省煤器进口的这一段给水管系。减少给水管道热损失，应采用质量好的保温，加强管道保温治理。一般来说，这一段温度和环境温度相差不是太大，但是该管系较长且有给水操作台，因此散热损失不能忽略，计算公式为

$$\Delta Q_{g4}=G_{gs}(h_{jgs}-h_{lgs})$$

$$q_{g4}=\frac{\Delta Q_{g4}}{Q_{bl}}$$

式中 ΔQ_{g4}——给水管道热损失，kJ/h；

G_{gs}——锅炉给水流量（有时用 G_{fw} 表示），kg/h；

h_{jgs}——汽轮机侧末级高压给水焓，kJ/kg；

h_{lgs}——锅炉侧省煤器进口给水焓，kJ/kg；

q_{g4}——给水管道热损失率，%。

5. 厂用蒸汽系统热损失

发电厂在正常运行中，都有一定量的厂用蒸汽供有关热力设备使用，从发电厂热力系统的总体热平衡角度可得到厂用蒸汽热损失的大小，它与厂用蒸汽量大小以及厂用蒸汽的参数等级、返回水的参数有关。厂用蒸汽量大、厂用蒸汽参数等级高，且返回水率低，则厂用蒸汽损失大，引起管道效率降低。计算公式为

$$\Delta Q_{g5}=G_{cy}(h_{cy}-h_{ma})-\oint G_{cy}(h_{cyh}-h_{ma})$$

$$q_{g5}=\frac{\Delta Q_{g5}}{Q_{bl}}$$

式中 ΔQ_{g5}——厂用蒸汽系统热损失，kJ/h；

G_{cy}——厂用蒸汽流量，kg/h；

h_{cyh}——厂用蒸汽返回水焓，kJ/kg；

h_{cy}——厂用蒸汽焓，kJ/kg；

h_{ma}——化学补充水焓，kJ/kg；

$\oint$——厂用蒸汽的返回水率，%；

q_{g5}——厂用蒸汽系统热损失率，%。

6. 锅炉连续排污热损失

汽包锅炉为了保证蒸汽品质，必须进行连续排污。锅炉连续排污也会引起发电厂管道热效率的降低。当排污热量无利用时，锅炉连续排污热损失计算公式为

$$\Delta Q_{g6}=G_{pw}(h_{pw}-h_{ma})$$

当具有单级连续排污扩容利用系统时，锅炉连续排污热损失计算公式为

$$\Delta Q_{g6}=G_{bl}h_{bl}(1-\eta_{f})+G_{bl}(h_{pwd}-h_{ds})(1-\eta_{pwk})+G_{pwd}(h_{ds}-h_{ma})$$

$$q_{g6}=\frac{\Delta Q_{g6}}{Q_{bl}}$$

式中 ΔQ_{g6}——锅炉连续排污热损失，kJ/h；

G_{bl}——锅炉连续排污流量，kg/h；

G_{pwd}——排入地沟的排污流量，kg/h；

h_{pwd}——排污扩容器压力下的饱和水焓，kJ/kg；

h_{ds}——排入地沟的连续排污水焓，kJ/kg；

h_{bl} ——锅炉连续排污水焓，kJ/kg；

η_f ——连续排污扩容器热效率，%；

η_{pwk} ——排污冷却器的热效率，%；

h_{ma} ——化学补充水焓，kJ/kg；

q_{g6} ——锅炉连续排污热损失率，%。

为了减少排污热损失，应在机组汽水品质规定要求内，减少排污量。

某电厂300MW燃煤机组，锅炉系上海锅炉厂制造的SG-1025/18.3-M316型，一次中间再热控制循环固态排渣煤粉炉，过热蒸汽温度主要靠喷水减温调节；再热蒸汽温度的调节主要靠改变燃烧器的倾角及改变过量空气系数。汽轮机系上海汽轮机厂生产的B156型汽轮机，对不同工况的管道效率见表9-5。

表9-5 300MW机组不同工况的管道效率

项　目	数　值			
负荷（MW）	300	240	180	120
过热蒸汽压力（MPa）	17	16	14	11
过热蒸汽温度（℃）	537.6	537.3	536.8	540.5
过热器出口流量（t/h）	990.2	769.1	589.4	393.5
主蒸汽流量（t/h）	985.2	765.3	586.4	391.5
主蒸汽管道漏汽量（t/h）	5	3.8	3	2
排污量（t/h）	10	7.7	5.9	4
高压缸进汽压力（MPa）	17.22	16.78	14.32	11.65
高压缸进汽温度（℃）	534.2	535.9	535.6	535.7
高压缸排汽压力（MPa）	3.91	3.13	2.36	1.63
高压缸排汽温度（℃）	330	318.8	311.1	310.8
再热蒸汽流量（t/h）	855.3	674.4	501	340.2
冷再热流量（t/h）	820.1	647.3	498.2	338.7
再热器进口压力（MPa）	3.81	3.03	2.57	1.55
再热器进口温度（℃）	335	320	311	311
再热器出口压力（MPa）	3.52	2.81	2.09	1.43
再热器出口温度（℃）	536	536	534	535
中压缸进口蒸汽压力（MPa）	3.57	2.49	2.14	1.47
中压缸进口蒸汽温度（℃）	531.7	532.7	529.9	529.1
中压缸排汽压力（MPa）	0.87	0.71	0.53	0.37
中压缸排汽温度（℃）	332.8	334.5	332.2	330
厂用汽量（t/h）	10	10	10	10
主给水量（t/h）	964.2	744.2	595.3	382.6
过热器减温水流量（t/h）	36	32.8	0	14.9
再热器减温水流量（t/h）	35.2	27.1	2.8	1.5
补水量（t/h）	25	21.5	18.9	16

续表

项　目	数　值			
锅炉负荷（kJ）	26 655 683.8	2 137 133.6	1 632 621.4	1 151 532.8
汽轮机热耗（kJ）	2 546 927.1	2 050 550.3	1 561 602.7	1 090 586.4
主蒸汽管道损失（kJ）	23 644.8	15 841.7	8620.1	7242.8
工质泄漏热损失（kJ）	16 397	12 483.4	9908.4	6691.2
再热蒸汽管道（kJ）	128 40.8	9063.4	6802.4	6287.7
给水管道损失（kJ）	1832	297.7	535.8	306.1
厂用蒸汽热损失（kJ）	30 060	30 310	30 118	30 108
排污损失（kJ）	23 982	18 766.4	14 735.8	10 310.4
所有损失（kJ）	108 756.6	86 582.6	70 720.5	66 094.6
正平衡管道热效率（%）	95.91	95.95	95.66	94.71

第十章　汽轮机热耗率的监督

虽然汽轮机热耗率与供电煤耗率、厂用电率不在同一大指标体系中，但是它又仅次于供电煤耗率、厂用电率等大指标，高于真空度、缸效率、端差等小指标，因此，这里把汽轮机热耗率归结为大指标序列。

第一节　热耗率的分析与监督

一、热耗率的定义

热耗率是指汽轮机（燃气轮机）系统从外部热源取得的热量与其输出电能之比，单位为kJ/kWh。

1. 毛热耗率和净热耗率

热耗率分为毛热耗率和净热耗率。没有特殊说明，热耗率一般指净热耗率。

(1) 毛热耗率。毛热耗率是指输出功率中未扣除电动给水泵设备耗功的热耗率。对于采用电动给水泵供水时，机组毛热耗率计算公式为

$$q=\frac{Q_{sr}-Q_{gr}}{P_{qj}}$$

汽轮机驱动给水泵供水时，进行机组毛热耗率计算还需考虑汽动给水泵的轴功率，上式应写成

$$q=\frac{Q_{sr}-Q_{gr}}{P_{qj}+P_{b}}$$

式中　Q_{sr}——汽轮机的热耗量，kJ/h；

Q_{gr}——机组对外供热量，kJ/h；

P_{qj}——发电机出线端的电功率，kW；

P_{b}——汽动给水泵功率，kW。

(2) 净热耗率。净热耗率是指输出功率中已扣除电动给水泵设备耗功的热耗率。对于电动给水泵，净热耗率计算公式为

$$q_{r}=\frac{Q_{sr}-Q_{gr}}{P_{qj}-P_{a}}$$

对于汽动给水泵，净热耗率计算公式为

$$q_{r}=\frac{Q_{sr}-Q_{gr}}{P_{qj}}$$

式中　P_{a}——电动给水泵功率，kW。

2. 设计热耗率和保证热耗率

设计热耗率是在设计工况THA（即排汽压力为4.9kPa，补水率为0%下）的设计计算的汽轮机的净热耗率，并不是铭牌工况（TRL工况）下的设计计算的汽轮机的热耗率。

保证热耗率是汽轮机在设计工况下运行时，应达到的数值。即制造厂提出的基于THA工况、合同或技术协议规定的热耗率保证值，应考虑参与热力循环的所有外来的流量、补给水、进

入或散失的热量。在合同中应定义热耗率计算公式，国内制造商提供的保证热耗率一般等于1～1.03倍的设计热耗率。汽轮机考核试验工况应尽量与设计工况一致，运行参数接近额定值；若不一致时，对机组经济性要产生影响。为了便于和同类型机组进行性能比较，必须将试验结果从试验条件修正到额定条件。例如上海制造的660MW超超临界机组保证热耗率为7342kJ/kWh，设计热耗率为7342kJ/kWh，其他各工况热耗率见表10-1。而国外制造商为了保证满足合同要求，规避考核，提供的保证热耗率一般稍微大于设计热耗率。

表10-1　　上海660MW超超临界机组各工况热耗率

项　目	额定工况（THA）	夏季工况（TRL）	TMCR工况	VWO工况	高压加热器切除
功率（MW）	660.0	660.0	686.6	709.5	660.0
热耗率（kJ/kWh）	7342	7571	7381	7406	7600
主蒸汽流量（t/h）	1793.15	1906.07	1906.07	2001.73	1573.6
主蒸汽压力（MPa）	25.0	25.0	25.0	25.0	22.36
主蒸汽温度（℃）	600	600	600	600	600
高压缸排汽压力（MPa）	5.700	5.990	6.035	6.315	5.932
高压缸排汽温度（℃）	364.7	374.8	375.9	383.9	387.2
再热蒸汽流量（t/h）	1521.59	1601.76	1611.55	1686.92	1560.47
再热蒸汽压力（MPa）	5.13	5.39	5.43	5.68	5.35
再热蒸汽温度（℃）	600	600	600	600	600
中压缸排汽压力（MPa）	0.577	0.592	0.608	0.633	0.639
中压缸排汽温度（℃）	283.0	280.2	282.3	281.7	290.1
低压缸排汽压力（kPa）	4.6	9.6	4.6	4.6	4.6
补水率（%）	0	3	0	0	0
给水温度（℃）	290.0	294.0	294.4	297.8	195.4
高压缸效率（%）	90.22	88.11	88.08	86.87	90.01
中压缸效率（%）	93.42	93.41	93.40	93.39	93.36
低压缸效率（%）	88.38	89.64	87.88	87.44	87.57

注　额定工况（THA）下的设计值叫作额定值，如额定给水温度为290.0℃。

为了竞标，国内制造企业将汽轮机加工预留偏差均未考虑，商业投标机组热耗保证值偏低，使投产后机组很难达到保证值。如国产600MW超临界机组，实际热耗率应该在7600kJ/kWh左右，但国内投标均给出7500kJ/kWh左右，这一指标在投产后的测验中无法达到。上海汽轮机厂出口到土耳其EREN电站两台超临界N600-24.2/566/566型机组（排汽：4.9kPa）热耗率保证值为7600kJ/kWh，经考核试验，修正后热耗率分别为7582.2kJ/kWh和7598.8kJ/kWh，均达到保证值，这一结果真实反映了超临界汽轮机的经济性。

虽然超临界、超超临界技术均从国外引进，但加工精度和零部件锻造技术与国外有一定差距。原装进口的整机效率高于国内加工机组就说明这一点。进口机组热耗率保证值（合同）一般比国产同类型机组合同高，但是实际上，进口机组运行时的热耗率一般比国产同类型机组低许多。例如三大动力厂生产的超临界600MW机组设计热耗率为7516～7570kJ/kWh，而进口超临界600MW机组热耗率保证值为7648kJ/kWh，比国产机组偏高1.4%。因此不能仅凭设计数据评判进口机组的经济性。

3. 未修正的试验热耗率、完全修正的热耗率和实际运行热耗率

未修正的试验热耗率是指在设计工况（THA）下，用试验结果代入合同中的公式所得的热耗率。

完全修正的热耗率是指在终端参数符合规定值，以及供方责任范围外的一切辅机做到完全按其保证值要求的情况下，试验期间达到的热耗率。通过对百台超（超）临界机组考核试验结果表明，仅经一、二类修正（不考虑其他因素修正），国产1000MW湿冷超超临界汽轮机完全修正的热耗率在7350kJ/kWh左右；国产600MW等级湿冷超超临界汽轮机完全修正的热耗率在7450kJ/kWh左右；国产600MW等级湿冷超临界汽轮机完全修正的热耗率在7600kJ/kWh左右；国产350MW等级湿冷超临界汽轮机完全修正的热耗率在7750kJ/kWh左右。

实际运行热耗率是指在额定工况（THA）下，机组实际运行情况下，未修正的热耗率。实际运行热耗率比完全修正的热耗率高100～250kJ/kWh。

二、热耗率的监督标准

1. 热耗率试验分级

热耗率的试验可分为以下三级。

（1）一级试验，适用于新建机组或重大技术改造后的性能考核试验；

（2）二级试验，适用于新建机组或重大技术改造后的验收或达标试验；

（3）三级试验，适用于机组效率的普查和定期试验。

一、二级测试应由具有该项试验资质的单位承担，应严格按照国家标准或其他国际标准进行试验。对于一、二级试验我国汽轮机热力试验采用的国际标准有ASME PTC6-2004《汽轮机性能验收试验规程》，全面试验的不确定度小于0.25%；IEC 60953-1《汽轮机热验收试验规则　方法A　大型冷凝式汽轮机的高精度》，试验的不确定度小于0.3%。

三级试验可参照国际标准IEC 60953-2《汽轮机热验收试验规则　方法B　各种型式和尺寸的汽轮机大量程精度》，试验的不确定度小于0.9%～1.2%，或国家标准GB/T 8117《汽轮机热力性能验收试验规程》，试验的不确定度小于1.0%。通常只进行第二类参数修正。对于热耗率以统计期最近一次试验报告的数据作为监督依据。

2. 热耗率限额

在机组A级检修前后应按标准GB/T 8117、GB/T 14100或DL/T 851进行热耗试验。A级检修后，汽轮机热耗率应满足≤1.02倍热耗率性能保证值（kJ/kWh）。

在条件和时间允许的情况下，结合B级检修，宜开展锅炉热效率、汽轮机热耗试验。B级检修后，汽轮机热耗率应满足≤1.03倍热耗率性能保证值（kJ/kWh）。

三、热耗率的耗差分析

当知道了机组的热耗率、锅炉效率，则机组的发电煤耗率计算公式为

$$b=\frac{q}{29.308\eta_{bl}\eta_{gd}}$$

式中　b——发电煤耗率，g/kWh；

q——热耗率，kJ/kWh；

η_{bl}——锅炉热效率，%；

η_{gd}——管道效率，%。

假定热耗率增加1%，则发电煤耗率增加 $\Delta b=\frac{0.01q}{29.308\eta_{bl}\eta_{gd}}$，发电煤耗率增加 $\frac{\Delta b}{b}=1\%$。

因此热耗率相对变化多少，发电煤耗率同向相对变化多少，二者完全相等。

举例说明：假定某300MW机组设计热耗率为7921kJ/kWh，发电煤耗率为295g/kWh。当机组热耗率增加79.2kJ/kWh（增幅为1%），达到8000kJ/kWh，则发电煤耗率增加295 ×0.01g/kWh=2.95g/kWh。

第二节 降低汽轮机热耗率的主要措施

影响额定工况热耗率的因素很多，归纳为以下几点：

1. 设备性能

主要设备的内在性能，诸如汽轮机等设备状态是否完好，是否采用高新技术（超临界技术、通流部分全三维设计和高效叶型等）。

（1）为提高机组适应调峰快速启动的能力和确保运行安全，机组各级隔板汽封与大轴径向间隙、各级动叶的叶顶汽封径向间隙均调整在0.75mm以上，导致高中压缸效率偏低。应利用大修机会，对机组汽封间隙进行调整或进行更换，调小汽封间隙，约为0.5mm。汽轮机通流间隙调整与汽封改造原则是：

1）对汽轮机通流部分进行全面检查，通流间隙进行准确测量，对通流间隙按偏下限值进行控制。

2）全面改造汽轮机汽封结构，可调汽封的工作原理是汽轮机运行时，依靠各级前后的压差变化来克服弹簧弹力，起到调节汽封间隙的作用，能够根据负荷的变化自动调整密封间隙；缺点是对水质要求较高，长期运行可能造成弹簧结垢、疲劳失效等。由于可调汽封对汽轮机各级前后压差有要求，因此对于低压部分及轴封则不适用。汽轮机高、中压部分（包括平衡盘汽封和隔板汽封）可采用弹性可调汽封。

3）低压缸轴端汽封可采用接触式汽封或常规汽封，低压缸隔板汽封和低压缸叶顶汽封可采用蜂窝式汽封。蜂窝式汽封的优点是用在低压部分除湿效果好；缺点是易磨损，间隙无法恢复。接触式汽封是在汽封块中间嵌入一圈能跟轴直接接触的密封片，并且能够在弹簧片的弹力作用下自动退让，以保证始终与轴接触。接触式汽封的缺点是长期与轴面接触而摩擦生热，因此对材料强度、物理特性等有较高的要求；而且产生的热量如不能及时排走，可能导致过热变形等，因此接触式汽封用在轴端汽封最外侧效果最佳，可以有效地提高机组真空。

（2）对投产较早、效率较低的125、200、300MW汽轮机，要采用更换新型叶轮、新型隔板、新型流道主汽门和调节门等，优化叶片型线（如弯扭叶片）、收缩子午面调节级叶栅等，动叶顶部增加径向汽封齿数量，减少动叶顶部漏汽，更换布莱登可调汽封或蜂窝式汽封措施进行通流部分改造，提高流道圆滑性，减少节流损失，降低汽轮机热耗，提高整个机组效率。

（3）当湿冷汽轮机配置汽动给水泵，A修后汽轮机热耗率仍高于保证值300kJ/kWh，应在下次A修中通过汽轮机通流部分改造提高其运行经济性。

（4）当前我国高压加热器疏水系统中事故疏水均设计为经高压加热器疏水扩容器导入凝汽器。这种布局不适合高位能介质中的热量回收。建议应将1、2号高压加热器事故疏水设计改为导入除氧器。即使疏水门不严也可以将高位能介质进行回收，可减少导入凝汽器冷源损失。例如某日本三菱350MW汽轮机组8号（1号）高压加热器事故疏水就是这种设计。

（5）国产300MW等级和600MW等级亚临界、350MW超临界汽轮机均采用喷嘴调节方式，大部分喷嘴组通流能力过大，汽轮机喷嘴节流损失大，对汽轮机整体经济性能有一定影响。为降低汽轮机热耗率，国内多台机组进行了喷嘴改造，取得了一定的节能效果。例如长春热电厂

350MW 超临界汽轮机原设计 4 组喷嘴，1、2、3、4 组喷嘴分别为 20 只、20 只、17 只、23 只，1、2、3 组喷嘴分别封堵 4 只、4 只和 2 只。调节级喷嘴封堵后，机组仍能带 100％负荷。

2. 机组运行方式

如某些设备因局部故障而采用高压加热器切除运行、过热器减温水喷水（从给水泵出口投入）、再热器减温水喷水等。

（1）高负荷时，调整主蒸汽压力压线运行，低负荷下采用滑压运行方式，与定压运行方式相比，滑压运行时，由于调节汽门的开度较大，新蒸汽的节流损失较小，必将提高高压缸内效率。而且负荷越低，节流损失就越小，高压缸内效率也就越高。

（2）对于节流调节机组，严格按照设计要求的阀门开度，通过控制主蒸汽压力调整机组负荷。

（3）对于喷嘴调节机组，尽快将单阀方式改为顺序阀方式。国产亚临界机组普遍存在，由单阀方式改为顺序阀方式后，出现 1 号瓦振动增大现象。随着负荷和主汽参数增加振动值（轴振）超过 100μm。如果开大调速汽门采用滑压方式 1 号瓦轴振能得到缓解，但仍然较大，对机组安全稳定运行产生影响。原设计调速汽门开启顺序是：3、4 号调速汽门先开（同时），而后依次是 1、2 号调速汽门开启。后经多次试验得出对称开启 3、2 调速汽门再依次开启 4、1 调速汽门（见图 10-1），就解决了机组单阀方式改为顺序阀方式所产生的振动问题。这一方式已经在多台次 600MW 机组采用效果明显。初步分析，3、4 号调速汽门同开启后，2 号瓦处转子受到向下力作用，使转子端部（机头处）有抬起可能性，造成 1 号轴承承压比下降、转子稳定性变坏，引起振动。

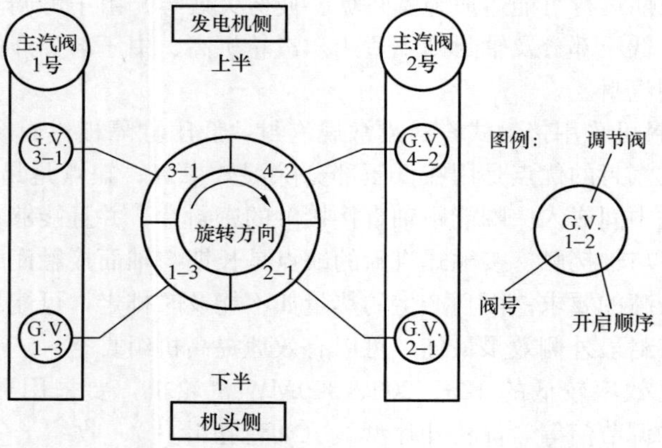

图 10-1　国产亚临界 600MW 主汽门、调速汽门布置示意图

（4）给水温度达不到设计值会使给水回热循环的热效率降低，从而增加机组热耗。因此应严格要求高压加热器随机组滑启、滑停，保证升、降温速率。定期校正高压加热器水位远方与就地相符，确认水位表计准确，做好加热器水位的监视与调整工作。加热器水位按照允许水位的上限控制，尽量使加热器温升达到设计值。经常检查高压加热器旁路的严密性，积极消除高压加热器旁路调节门严密性差的缺陷，避免部分给水不经过加热器而走旁路，使给水温度降低。

3. 机组运行参数

运行参数可以分为可控与不可控两类。可控参数（如主蒸汽温度、压力、真空等）是否在该工况最优运行参数下运行等。

(1) 凝汽器真空偏低，致使汽轮机冷源损失增加，循环热效率降低，导致热耗率上升。运行中应严格执行每月1次真空严密性试验，发现不合格时应及时进行运行中的检漏工作（注意调整轴封汽压力、维护好真空泵正常运行）。根据凝汽器结垢情况进行高压水清洗，或定期采用反冲洗法冲洗凝汽器管内浮泥以减少凝汽器端差。利用大修机会，重新调整或更换低压轴封间隙，将其调整到0.5mm以内。

(2) 根据循环水温度的变化情况，按照运行规程调整循环水泵运行方式，提高凝汽器真空；凝汽器真空严密性保持在优良状态，不合格时及时查找漏点并消除。

(3) 汽轮机运行调节方式分为喷嘴调节和节流调节。对于喷嘴调节机组，为使汽缸加热均匀，保证机组长期安全可靠运行，机组投产后6个月应采用单阀运行（制造厂特殊允许除外）。为保证机组运行经济性，单阀运行期完成后应及时调整为顺序阀运行。对于新投产机组，应按规定的时间和要求及时拆除主汽阀和再热蒸汽阀前临时滤网。

4. 设备附件问题

如一些旁通阀、疏水阀是否存在严重泄漏等。

(1) 机组高温高压疏水门不严，高压加热器水位调节不好导致事故疏水门开启等，都使高温高压蒸汽直接进入凝汽器，增大了凝汽器的热负荷和端差，严重影响机组真空，同时也造成了高温高压工质能量的损失，增加了热耗率，降低了机组的经济性。应对疏水系统进行优化改造，使系统结构简化，内漏减少，真空提高。

(2) 保持热力系统严密性，及时消除减温水、疏放水系统、旁路系统等阀门内漏问题。

(3) 汽轮机大修普遍发现，存在低压缸进汽管道导流板损坏问题，堵塞通流面积，甚至损伤汽轮机低压缸通流部分。应通过对导流板加固，避免导流板损坏，尤其是新投产机组要特别注重提前对导流板进行加固。

5. 参数设计问题

在同样压力下，若采用二次再热，经济性将比一次再热进一步降低机组热耗1.0%～1.5%。目前国际上陆续建设40多台二次中间再热机组，其中美国25台、日本11台，德国、丹麦各数台。在已投产的二次中间再热机组中，达到超超临界参数的只有6台，见表10-2。国内正在开工的是华能莱芜电厂1000MW机组，蒸汽参数为31MPa/600℃/620℃/620℃，机组设计热效率为47.95%，比常规超超临界一次再热机组高约2%，煤耗降低8g/kWh。

表10-2　　超超临界二次中间再热机组情况

序号	国家	电厂机号	制造商（机/炉）	容量（MW）	汽轮机参数压力/温度/温度/温度（MPa/℃/℃/℃）	背压（kPa）	燃料	投运年份
1	美国	Eddystone 1	WH/CE	325	34.6/649/566/566	3.447	煤	1958
2	美国	Eddystone 2	WH/CE	325	34.6/649/566/566	3.447	煤	1960
3	日本	川越 Kawagoe 1	东芝/三菱	700	31/566/566/566	5.07	气	1989
4	日本	川越 Kawagoe 2	东芝/三菱	700	31/566/566/566	5.07	气	1990
5	丹麦	Skerbaeksvaerket 3	FLSmilj/BWE	412	28.4/580/580/580		煤	1997
6	丹麦	Nordjylland 3	FLSmilj/BWE	410	29/582/580/580		气	1998

第三节 机组负荷系数的监督

一、负荷系数的定义

负荷系数是指报告期内，机组平均负荷与铭牌容量的比值。计算公式为

$$K=\frac{P}{P_{\mathrm{N}}}$$

式中 K——出力系数，%；

P——报告期内机组平均负荷，MW；

P_{N}——机组额定容量，MW。

平均负荷是指报告期内瞬间负荷的平均值，表明发电设备在报告期内达到的平均生产能力，单位为MW。计算公式为

$$P=\frac{W_{\mathrm{N}}}{T}$$

式中 P——报告期内机组平均负荷，MW；

T——报告期机组运行小时数，h；

W_{N}——机组额定容量，MWh。

二、负荷系数的监督标准

首先必须了解年度发电量计划，然后根据发电量计划，计算出不同容量机组的利用小时数。如果不知道，对于600MW及以上机组按照利用小时5800h，300MW等级机组按照利用小时5580h，300MW以下机组按照利用小时5300h计算。

机组扣除备用、检修时间，每台机组运行小时数基本上可以按照7300h计算，这样，600MW及以上机组负荷系数≈$\frac{5800}{7300}\times100\%=79.5\%$，300MW等级机组负荷系数≈$\frac{5580}{7300}\times100\%=76.4\%$

实际上，应该按照机组发电量进度$\left(\frac{\text{实际电量累计值}}{\text{年度电量计划}}\right)$与日历进度$\left[\frac{\text{日历累计天数}}{\text{年度总天数（365天）}}\right]$之差进行监督，要求该差值≥0个百分点。

三、出力系数对经济性的影响

不同类型机组出力系数对热耗率的影响量见图10-2。

例如对于300MW机组，根据图10-2（c）可知，当从100%负荷降低到80%负荷时，热耗率从7921kJ/kWh增加到8033.9kJ/kWh，发电煤耗率从295g/kWh增加到299.2g/kWh，即负荷系数每降低1个百分点，发电煤耗率增加0.21g/kWh。当从80%负荷降低到50%负荷时，热耗率从8033.9kJ/kWh增加到8560.8kJ/kWh，发电煤耗率从299.2g/kWh增加到314.6g/kWh，即负荷系数每降低1个百分点，发电煤耗率增加0.51g/kWh。

各种不同类型机组不同负荷系数对煤耗率和厂用电率的影响量，见表10-3。

四、提高负荷系数的主要措施

提高负荷系数的主要措施就是提高机组发电量，主要措施包括发电量计划的制订、发电量计划指标的争取和发电量计划的组织实施。

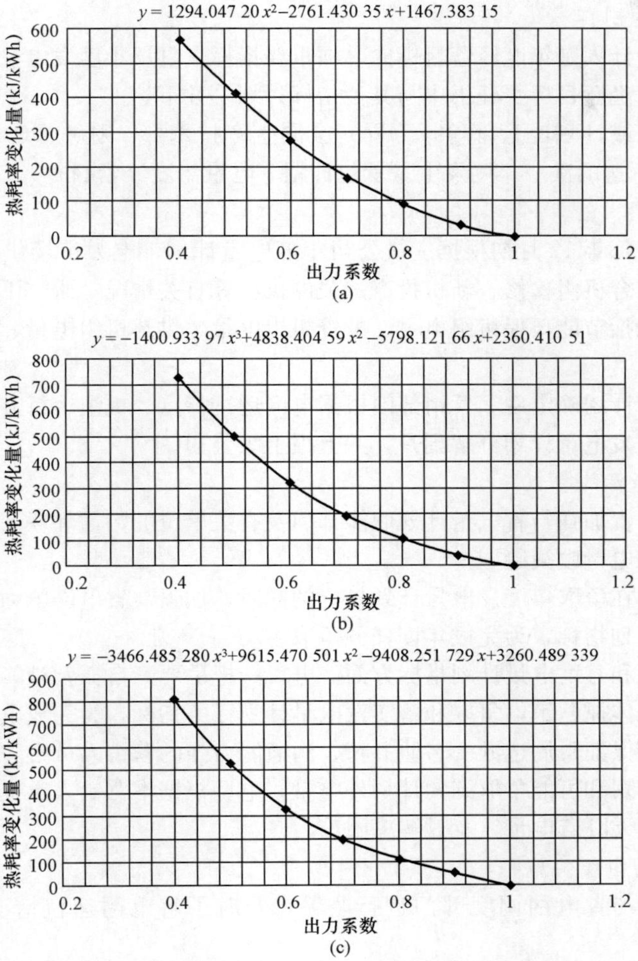

图 10-2 不同类型机组出力系数对热耗率的影响

(a) 1000MW 超超临界机组（设计热耗率 7354kJ/kWh）；

(b) 600MW 超临界机组（设计热耗率 7516kJ/kWh）；

(c) 引进型 300MW 亚临界机组（设计热耗率 7921kJ/kWh）

表 10-3　　负荷系数对煤耗率和厂用电率的影响量

机组类型	发电煤耗率变化量 (g/kWh)		厂用电率变化量 (%)		供电煤耗率变化量 (g/kWh)	
负荷系数	0.75	0.50	0.75	0.50	0.75	0.50
600～1000MW 级超超临界节流调节湿冷机组	4.7	13.5～14.5	0.45	1.4～1.5	6.05	17.7～19.0
600～1000MW 级超超临界喷嘴调节湿冷机组	4.7	16.0～17.0	0.45	1.4～1.5	6.05	20.2～21.5
350～600MW 超临界湿冷机组	4.5	16～16.5	0.5	1.5～1.6	6.05	20.2～21.3
600MW 级超临界汽动泵空冷机组	5.0	16.5～17	0.5	1.6～1.7	6.5	21.5～22.3
300～600MW 亚临界汽动泵湿冷机组	4.2	16～16.5	0.55	1.6～1.7	5.9	21.0～21.8
300MW 级亚临界电动泵湿冷机组	4.5	14.5～15	0.88	2.6～2.7	6.1	22.5～23.3
600MW 级亚临界汽动泵空冷机组	5.5	16.5～17	0.5	1.6～1.7	7.1	21.5～22.3
300～600MW 亚临界电动泵空冷机组	5.0	16.0～17	0.8	2.5～2.6	7.5	23.8～25.1

注　表中给出的煤耗率和厂用电率变化量是指在相应的负荷系数下与 100%负荷时的差值。

1. 发电量计划的制订

（1）年度发电量计划是年度经营目标的一项重要指标，电厂年度发电量计划由上级公司在年初工作会议上的年度经营目标责任书中与其他指标计划一并下达。

（2）营销部门（或计划经营部等，下同）会同生产技术部、财务部、运行部等部门在每年12月根据上级公司下达的次一年度发电量承包计划（电量年度经营目标），提出下一年度本厂发电量计划目标。

（3）营销部门于每年12月初根据上级公司年度电量计划、电力市场供求变化趋势、政府电量计划政策趋向，结合机组检修、新机投产、关停机组等有关情况，研究下一年度电厂应争取的政府发电量计划（包括节能环保机组电量、外资机组电量、供热机组电量、关停机组电量及直购电量等政策电量）。

（4）年度发电量计划确定后，营销部门根据电网运行特点、机组运行方式、检修安排及机组供暖等因素，将年度发电量计划分解到月，并上报上级公司。

2. 发电量计划指标的争取

（1）营销部门负责加强与省电量计划职能部门及有关单位的沟通和联系，及时了解、掌握电力市场信息和政府发电量政策趋向。

（2）营销部门要在争取年度发电量计划指标的同时，加强与省电网电力交易中心的联系，积极争取月度发电量计划指标，为完成年度任务争取主动。

（3）在争取年度和月度电量计划指标方面，电厂一把手要亲自抓营销，经营副厂长要靠上抓营销，营销人员要具体抓营销，争取和落实发电量计划任务指标，为完成电量计划奠定基础。

（4）营销部门应保证每周选派一名业务精、沟通能力强的营销人员常驻省电网调度部门，最大限度地做好每日计划和可能争取到的计划外电量；电厂根据本营销人员提供的信息，及时与调度进行沟通，做到天天盯着电量，及时解决困难。

3. 发电量计划的组织实施

（1）运行部负责与省电网调度部门进行联系，及时了解电网运行情况和趋势，努力多发电量。

（2）围绕完成年度发电量计划，切实制定和落实好“日保周、周保月、月保年”工作方案。运行部要围绕工作方案和月度发电量计划，加强与调度中心的联系，安排好机组运行方式，积极争取日计划，努力多发、超发，努力提高计划完成率，完成和超额完成月度调度计划和上级公司下达的月度计划。

（3）生产各部门（如运行和检修部门等）要切实抓好安全生产，抓好设备检修和维护，严格控制非计划停运，杜绝因非计划停运被扣减电量计划。

（4）对于电力供应紧张及电网运行的特殊时段，电厂要积极配合省电网调度部门的调度，完成调度计划和政府电量计划，确保电网安全稳定运行，努力争取电量计划奖励。

（5）加强运行管理，合理调度机组负荷，日负荷曲线合格率大于99%，减少违约电量。

（6）在阴雨天气出现的情况下会造成来煤及煤场存煤湿，给燃料上煤给煤机下煤带来极大困难。燃料部、锅炉运行要克服困难，积极组织人员捣煤，防止出现各炉粉位低不能按计划接带负荷的现象。

（7）运行人员要严格执行值长的调度命令，在设备出力允许的情况下保证机组的最大出力。

（8）运行人员要与值长保持高度一致，在煤质较差、设备达不到出力或设备已达到满出力时均要及时向值长汇报。值长要根据各机运行参数（真空、粉位、蒸汽流量），合理进行机组间的经济调度。

(9) 各专业运行人员要加强巡回检查，及时发现设备缺陷及异常情况及时向值长汇报，并通知检修处理，把影响带负荷的因素消灭在萌芽状态。

4. 发电量计划的考核与奖励

(1) 完成省电力交易中心下达的月度上网电量计划。月度完成电量每增加（减少）1 万 kWh 奖励（考核）运行部、检修部、生产部、燃料部等。

(2) 因燃料或机组设备原因导致机组降出力或停机（包括申请调峰消缺）减少发电量（按省公司电力交易中心下达月度计划的日均上网电量进行计算），则每欠发 1 万 kWh 考核责任部门。

(3) 非本厂原因造成的异常指标，并网运行管理考核协调专责人没有及时向省调澄清，造成考核的，按每发生 1 万 kWh 考核电量，考核专责人。由本厂原因造成的异常指标，专责人通过加强与省调的沟通，减免考核的，按每发生 1 万 kWh 考核电量，奖励专责人。

(4) 锅炉启停期间，发电量不予考核。

(5) 每月统计考核与奖励结果，由生产技术部写出奖惩报告及奖惩分配表，经电量工作组组长同意签字，报领导小组组长批准后发放。

(6) 发电量指标考核是建立在机组安全运行基础上的，运行人员在运行调整过程中应把安全放到第一位，坚决杜绝违背机组安全的现象发生，如汽温、汽压、烟温等指标长期偏离规定限值等，将进行严厉处罚。

第四节 汽轮机的优化运行

一、汽轮机的配汽方式

1. 单阀配汽

大型汽轮机主要有两种配汽方式：一种是单阀配汽（或称全周进汽），也就是所有高压调节汽阀在相同负荷指令控制下同步开关，以相同开度来实现汽轮机负荷调整。即所有进入汽轮机的蒸汽都经过一个或几个同时启动的调节汽阀，但锅炉保持汽压、汽温不变。当汽轮机发出额定功率时，高压调节汽阀完全开启；当汽轮机发出低于额定功率时，高压调节汽门开度减小。这种通过改变节流高压调节汽阀开度大小调节进入汽轮机蒸汽流量的方式叫做节流调节。

节流调节的汽轮机在低负荷时，调节汽阀开度很小，蒸汽节流损失很大。由于调节汽阀后蒸汽压力降低，进入汽轮机的蒸汽可用焓减少，使得机组运行经济性有明显下降。这种配汽方式使调节级温升较高，部分负荷时调节级承受较小载荷，有利于叶片和转子的连接部分机械负载分布均匀。新投产机组半年内应采用单阀运行，以消除制造残留应力，在冷态开机、升负荷期间应采用单阀方式，使进汽均匀有利于暖机。

对于单阀配汽，最大负荷时，高压调节阀全开，蒸汽流量最大，负荷降低时，控制系统逐渐同步关小高压调节阀以减小蒸汽流量。单阀配汽的优点是当机组启动或缸温在温态以下时，能对高压缸均匀加热，使缸体、转子应力变化平稳，避免膨胀不均匀造成动静摩擦、缸体变形等，同时有利于调节级叶片应力控制，可以以较快的速度变负荷。

超超临界 600MW 汽轮机在设计期间应考虑这些不利因素，汽轮机在每次使用冷态或温态启机，单阀运行 24h 后即可采用顺序阀方式运行，提高汽轮机经济性。

2. 顺序阀配汽

另一种配汽方式是顺序阀配汽（或称部分进汽），也就是高压调节汽门以不同的开度来实现汽轮机负荷调整。即锅炉维持蒸汽参数不变，依靠调节汽阀顺序开启或关闭来改变蒸汽流量，因此也叫喷嘴调节。喷嘴调节时，每个调节汽门控制一组喷嘴，根据负荷的多少确定调节汽阀的开启数目。由于蒸汽经过全开的调节汽阀基本上不产生节流，只有经过未全开的调节汽阀才产生节流，因此在低负荷运行时，其运行效率下降较节流调节汽轮机为少。

顺序阀运行时保证在1、2号阀全开，可获得最佳经济性。顺序阀配汽时，顺序阀逻辑往往设计成在不同负荷下至少两个高压调节阀同时动作（全开），再根据负荷情况依次操作第三、第四个阀，最后一个开启的阀门开度超过60%。采用顺序阀配汽时，只有部分开启的高压调节阀存在较大的蒸汽节流，全开的调节阀蒸汽节流很小，全关的调节阀则不存在节流，因此，与单阀方式相比，顺序阀方式下高压缸进汽机构的节流损失较小。当汽轮机组达到最大负荷时，所有高压调节阀全开，此时单阀与顺序阀方式的热力特性和运行经济性一样。但在部分负荷下，由于高压缸进汽机构节流损失和调节级效率的不同，机组在单阀与顺序阀方式下的运行经济性应有所不同。顺序阀低负荷运行时宜采用滑压方式。

对于顺序阀控制方式，要确保阀门开启重叠度的合理性，一般不大于10%。大量研究表明，在滑参数区顺序阀运行较单阀运行的发电煤耗率可下降4g/kWh左右。但采用顺序阀运行会因机组轴系、通流结构设计及配汽特性调整不良等原因，在运行中产生轴瓦温度高、汽流激振等问题。因此通过全面的试验研究，查明影响机组顺序阀方式投运的原因，并确定合理的高压调门阀序和特性。机组不同配汽方式的特性比较见表10-4。

表10-4　　机组配汽特性的比较

序号	项目	单阀调节	顺序阀调节
1	结构特点	高压缸第一级采用全周进汽，具有通流结构简单的特点	高压缸第一级为部分进汽，第一压力级的直径小于调速级直径，通流结构相对复杂
2	调节方式	各调门同步开启，通过控制调门开度，改变机组进汽压力，控制进汽量及负荷	各调门顺序开启，通过控制调速级进汽面积及进汽压力，控制进汽量及负荷
3	运行特性	负荷变化时，各级比焓降和级前温度变化不大，在转子和汽缸中产生的热应力较小，提高了机组变工况运行的可靠性和灵活性	负荷变化时，调速级后及高压缸各级温度波动较大，转子和汽缸中产生的热应力较大，是限制机组调峰运行升降负荷率的主要因素。同时配汽特性对机组轴系的稳定有不利影响
4	热力性能	高压缸通流效率高，最大负荷工况的经济性好，带部分负荷时存在较大的节流损失，使经济性明显下降	因调速级余速损失大并存在部分进汽损失的原因，使机组通流效率下降。但部分负荷运行时，因节流损失较小，经济性相对较高

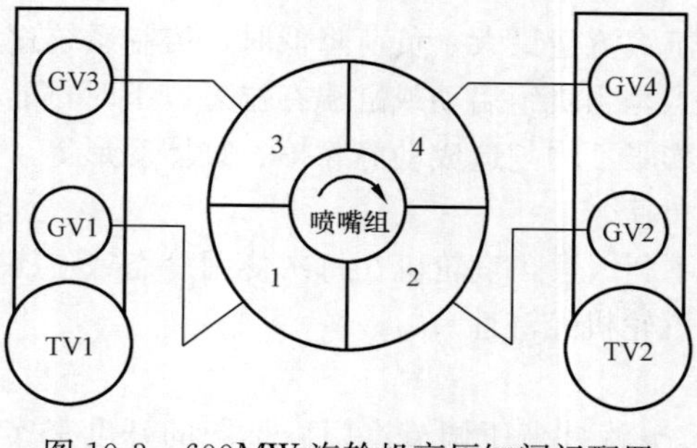

图10-3　600MW汽轮机高压缸阀门配置
GV—高压调节汽阀；TV—高压主汽阀

为了比较单阀与顺序阀两种配汽方式的运行经济性，以某国产亚临界600MW机组为例，进行了单阀和顺序阀方式下的对比试验。该机组采用N600-16.7/537/537型一次中间再热凝汽式汽轮机，额定工况设计功率为600MW、设计热耗率为7790.51J/kWh。汽轮机高压缸配有4个高压调节阀，见图10-3，顺序阀方式下高压调节阀开启顺序为GV1、GV4→GV2→GV3。试验分别在300、450、600MW3个典型负荷点进行，试验期间机组按设计曲线滑压运行，试验结果见表10-5。

表 10-5　　单阀、顺序阀对比试验结果

工况	方式	主蒸汽压力(MPa)	主蒸汽温度(℃)	GV1 开度(%)	GV2 开度(%)	GV3 开度(%)	GV4 开度(%)	高压缸效率(%)	热耗率(kJ/kWh)
300MW	单阀	11.30	540.4	21.28	21.64	21.96	21.81	75.23	7946.8
	顺序阀	11.70	540.57	38.40	1.42	0	38.41	79.83	7932.6
450MW	单阀	14.32	541.20	24.52	24.90	25.01	24.92	79.23	8201.6
	顺序阀	14.49	539.0	99.30	16.52	0.98	99.0	82.53	8136.4
600MW	单阀	16.44	540.43	35.0	35.58	35.73	35.58	85.57	8554.7
	顺序阀	16.41	538.5	99.17	99.16	16.12	99.20	86.39	8451.7

负荷较高时单阀方式各高压调节阀开度较大，单、顺阀方式节流损失偏差不大，高压缸效率的偏差不太明显，负荷 600MW 时单、顺阀方式下汽轮机高压缸效率偏差为 0.82 个百分点，热耗率降低 14.2kJ/kWh。但随着负荷逐渐降低，单阀方式高压调节阀开度越来越小，节流损失越来越大，单、顺阀方式下高压缸效率的偏差也就越来越大，负荷 450MW 时单、顺阀方式高压缸效率偏差为 3.30 个百分点，热耗率降低 65.2kJ/kWh，供电煤耗率降低 2.57g/kWh；负荷 300MW 时偏差达到了 4.60 个百分点，热耗率降低 103.0kJ/kWh，供电煤耗率降低 4.06g/kWh。

二、汽轮机的运行方式

机组工况发生变化时，最基本的变化因素是通过汽轮机的蒸汽流量发生变化。它们的关系决定于弗留格尔公式

$$\frac{G_1}{G_0}=\sqrt{\frac{p_{11}^2-p_{21}^2}{p_{10}^2-p_{20}^2}}\times\sqrt{\frac{t_{10}}{t_{11}}}$$

式中　p_{11}、p_{21}——工况发生变化后调节级的前、后压力；

p_{10}、p_{20}——工况发生变化前调节级的前、后压力；

G_0、G_1——工况发生变化前、后的主蒸汽流量；

t_{10}、t_{11}——工况发生变化前、后调节级前温度。

由于工况发生变化时，维持调节级前温度不变，因此 $t_{10}\approx t_{11}$。

则弗留格尔公式可以简化为

$$\frac{G_1}{G_0}=\sqrt{\frac{p_{11}^2-p_{21}^2}{p_{10}^2-p_{20}^2}}=\frac{p_{11}}{p_{10}}\times\sqrt{\frac{1-(p_{21}/p_{11})^2}{1-(p_{20}/p_{10})^2}}$$

由于调节级后的压力远小于调节级前的压力，则上式有以下形式

$$\frac{G_1}{G_0}=\frac{p_{11}}{p_{10}}$$

又根据 $\frac{G_1}{G_0}=\frac{P_{11}}{P_{10}}$，所以 $\frac{p_{11}}{p_{10}}=\frac{P_{11}}{P_{10}}$。

因此机组负荷 P 可以由调节级前压力来控制，这就是滑压调节的理论依据。

为了保持节流调节在设计工况下效率较高的优点，同时又避免节流调节在部分负荷下节流损失大的缺点，近几年大功率汽轮机往往采用滑压调节。所谓滑压调节是指单元制机组中，汽轮机所有的调节阀均全开（或开度不变），随着负荷的改变，调整锅炉燃料量、空气量和给水量，使锅炉出口蒸汽压力（蒸汽温度保持不变）随负荷升降而增减，以适应汽轮机负荷的变化。汽轮机的进汽压力随外界负荷增减而上下“滑压”，故也称滑压运行或变压运行。定压运行指汽轮发电

机组在正常运行时，主蒸汽压力保持额定值，不随负荷变化而变化。定压运行的汽轮机可采用节流配汽，也可采用喷嘴配汽。

大容量汽轮机调峰时，采用滑压运行方式在安全性和负荷变化灵活性上，都优于定压运行方式，一定条件下的经济性也优于定压运行方式。采用滑压降负荷工况运行，使超临界机组在50%～30%容量的范围内的经济性提高1%～3%。滑压运行方式又分三种方式：纯滑压运行方式、节流滑压运行方式、复合滑压运行方式。

1. 纯滑压运行方式

不论是按节流调节还是喷嘴调节设计的机组，采用纯滑压运行方式时，在整个负荷变化范围内，所有的调节阀均处于全开位置，完全依靠锅炉调节燃烧改变锅炉出口蒸汽压力和流量以适应负荷变化。这种变化操作简单，维护方便，并可以提高低负荷下机组的热效率，具有较高的经济性。但是从汽轮机负荷变化信号输入锅炉，到新蒸汽压力改变有一个时滞（响应最快的燃油锅炉时滞约40s，煤粉炉更长），即不能对负荷变化快速响应，不能满足电网一次调频要求。另外，调速汽门长期处于全开状态，易于结垢卡涩，故需要定期手动活动调速汽门。纯滑压运行方式在运行中实际操作困难，极少应用。

2. 节流滑压运行方式

为了弥补纯滑压运行时负荷调整速度慢的缺点，可采用节流滑压运行方式，即在正常运行情况下，汽轮机每个调速汽门不全开，尚留有5%～15%的开度，当负荷急剧升高时，开大节流汽门应急调节，以迅速适应负荷变化的需要，待负荷增加后，蒸汽压力上升，调节阀重新恢复到原位。负荷突然降低时，也可关小调节汽门加以调节，待锅炉燃烧状况跟上后，再将调节阀重新恢复到原位，这就可避免锅炉热惯性对负荷迅速变化的限制。显然，这种运行方式由于调速汽门经常处于节流状态，存在一定的节流损失，降低了机组的经济性。

3. 复合滑压运行方式

复合滑压运行方式又称喷嘴滑压调节，是将滑压与定压相结合的一种运行方式。在高负荷区域内（如80%～95%额定负荷以上）进行定压运行，用启闭调节汽门来调节负荷，汽轮机组初压较高，循环热效率较高，且偏离设计值不远，相对内效率也较高；较低负荷区域内（如在80%～50%额定负荷之间）仅关闭1～2调节阀，其余调节阀均全开，进行滑压运行。这时没有部分开启汽门，节流损失相对最小，整个机组相对内效率接近设计值。负荷急剧增减时，可启闭调节汽门进行应急调节；在滑压运行的最低负荷点之下（如25%～50%额定负荷下）又进行初压水平较低的定压运行，以免经济性降低太多。复合滑压运行方式是目前调峰机组最常用的一种运行方式，复合滑压运行方式既可保持高负荷区的较高热效率，缓解锅炉的热应力，又防止了低负荷区的经济性过多下降，同时使机组在高负荷区有较好的一次调频能力，为国内电厂广泛采用。实际上，这也是制造厂推荐的运行方式。通过机组的定滑压热耗对比试验才能确定经济效益，确定机组最佳的运行方式。

三、机组滑压运行的优点

1. 机组滑压运行的热经济性

在低负荷的时候如果采用定压运行方式，由于调节汽门的开度较小，新蒸汽的节流损失较大，必将降低高压缸内效率。而且负荷越低，节流损失就越大，高压缸内效率也就越低，对机组的影响越大。此时如果采用滑压运行方式，所有调节阀全开，机组节流损失小，且末级的排汽湿度降低，湿汽损失相应减小，从而提高了机组尤其是高压缸的内效率。

例如某N680-25/600/600超超临界机组在90%以上负荷应采用定压运行方式，在90%以下时应采用滑压运行方式，不同负荷下各种运行方式经济性比较量见表10-6。

表 10-6　　超超临界 680MW 机组运行方式比较

项　目		数　据				
负荷（MW）		676.4	609.7	539.8	479.6	344.0
定压运行	热耗率（kJ/kWh）	7436.4	7508.5	7554.8	7624.9	7769.9
	供电煤耗率（g/kWh）	288.8	291.9	294.5	298.3	307.9
	厂用电率（%）	4.3	4.40	4.73	5.16	6.62
负荷（MW）		676.4	609.7	539.8	479.6	344.0
滑压运行	热耗率（kJ/kWh）	7436.4	7478.1	7523.3	7537.2	7682.7
	供电煤耗率（g/kWh）	288.8	290.7	293.2	294.9	304.4
	厂用电率（%）	4.3	4.40	4.73	5.16	5.16

某电厂 1 号汽轮机为 600MW 超临界、一次中间再热、单轴、三缸四排汽凝汽式汽轮机，机组型号为 N600-24.2/566/566。根据机组实际运行情况，通过不同参数下的对比试验得出了机组的定滑压运行方式及参数，最佳滑压数据及优化后热耗率降低值见表 10-7。由表 10-6 可以看出，随着负荷的降低，优化后的热耗率降低幅度越大，即优化后取得的效果越明显。机组定滑压运行曲线见图 10-4。图 10-4 中下方曲线是制造厂设计滑压运行曲线，上方曲线是试验得到的滑压运行曲线。

表 10-7　　不同负荷下最佳主蒸汽压力

负　荷（MW）	负荷系数（%）	设计主汽压力（MPa）	试验主汽压力（MPa）	优化后热耗率降低（kJ/kWh）
600	100	24.2	24.2	0
510	85	22.93	24.2	3.97
480	80	21.67	23.0	18.35
420	70	19.13	21.0	24.22
360	60	16.6	18.5	42.18
300	50	14.07	15.8	49.40

引进型 300MW 亚临界一次中间再热机组在负荷为 270MW 时，主蒸汽压力取 16.35MPa 最经济；在负荷为 240MW 时主蒸汽压力取 14.82MPa 最为经济；在负荷为 210MW 时主蒸汽压力取 13.97MPa 最经济；在负荷为 180MW 时主蒸汽压力取 11.67MPa 最经济。利用以上试验结果，作出机组滑压运行曲线见图 10-5。

2. 机组滑压运行的安全性

滑压运行机组在部分负荷下，蒸汽压力降低，但蒸汽温度基本不变，因此当负荷变化时，尤其是机组启、停时，汽轮机各部件的金属温度变化小，减少了汽缸、转子的热应力和热变形，提高了机组运行的可靠性，缩短了机组的启、停时间，同时延长了所有承压部件的寿命。

另一方面，采用滑压运行方式降低了主蒸汽压力，可以延长机、炉承压部件和调节汽阀的寿命，同时也减少了泄漏的可能。

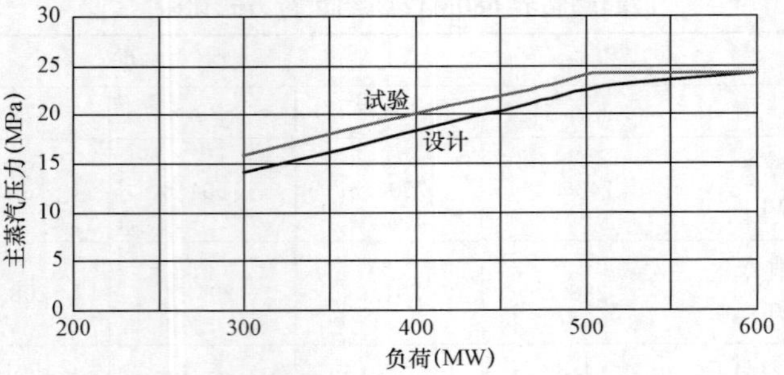

图 10-4　600MW 超临界机组定滑压运行曲线

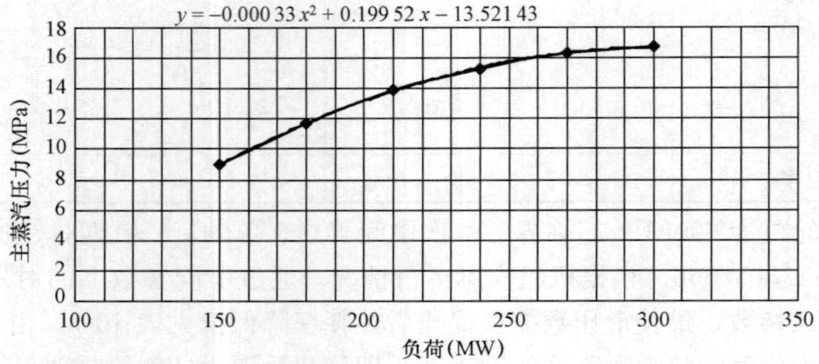

图 10-5　机组滑压运行曲线

3. 给水泵耗功减少

采用滑压方式运行时给水泵的出口压力随主蒸汽压力降低而降低，因此给水泵的耗功比定压方式要低。如果电厂采用电动给水泵，可以节约厂用电；如果电厂采用汽动给水泵，给水泵汽轮机的耗汽量也会减少。表 10-8 所示数值为定压运行给水泵耗功为 100％不变，滑压运行给水泵消耗功率的相对值。

表 10-8　　　　**滑压运行给水泵耗功的减少**

机组负荷（％）	25	50	100
给水泵功率（％）	43	45	100

但是滑压运行存在两个问题：

（1）在 75％～100％额定负荷下运行时，原来定压运行中喷嘴调节的节流损失并不大。而采用滑压运行后，虽然调速汽阀基本全开，节流损失小，但主蒸汽压力降低，使热循环效率下降，因而机组效率比定压运行低。

（2）滑压运行时，调速汽阀基本全开，负荷变化完全由锅炉改变主蒸汽压力来调节，而调速汽阀基本上不再起调节作用；而锅炉改变主蒸汽压力要比瞬间负荷变化滞后一段时间，导致机组适应电网负荷变化的能力减弱。

第四篇

燃气发电机组节能技术监督

第十一章　燃气发电机组的节能管理

第一节　燃气机组的节能技术监督导则

一、燃气—蒸汽联合发电机组发展现状

燃气发电是典型的清洁低碳能源，每燃烧1t标准煤当量的天然气，排放1.65t二氧化碳，相当于等热当量煤炭排放二氧化碳的62%。气电几乎没有烟尘和二氧化硫排放，氮氧化物排放仅为常规燃煤机组的1/4左右，燃气轮机尾气的氮氧化物排放水平一般都低于50mg/m^3；二氧化碳排放浓度仅为常规燃煤机组的1/2左右烟尘排放浓度低于3mg/m^3；二氧化硫排放浓度低于5mg/m^3，环保优势明显。燃气—蒸汽联合发电机组直接厂用电率不到2%；耗水量不到常规燃煤机组的1/2。但是燃气—蒸汽联合发电机组可以快速启停，既可以带基本负荷，又可以采用两班制运行方式，因此我国近几年燃气发电行业发展迅速。自2003年国家首次打捆招标引进重型燃机开始，我国燃气发电机组装机容量得到快速发展（见图11-1），截至2020年年底，全国燃气发电机组装机容量达到9802万kW，与2015年相比增幅达71.9%，占火力发电机组总装机容量的7.86%，占总装机容量的4.45%；2020年燃气发电量为2469.67亿kWh，占火力发电机组发电量的4.77%，占总发电量的3.17%，占全球气电发电量的3.94%，见表11-1。据统计，2020年，全国天然气消费量为3280亿m^3，同比增长6.9%，占一次能源消费总量的8.4%。相比2015年增长1348亿m^3，增幅70%。“十三五”时期，年均增量270亿m^3，年均增速11%。“十三五”时期，新增天然气发电装机4102万kW，2020年气电总规模达到9802万kW，与2015年相比增幅达71.9%，主要集中在广东、江苏等沿海省份。从消费结构看，工业燃料和城镇燃气用气占比基本持平，均在37%～38%，化工用气占比9%，发电用气占比16%。

我国燃气发电机组容量等级主要包括100MW等级、200MW等级和400MW等级。其中，100MW等级以GE公司生产的PG6111FA机型为主；200MW等级机型以GE PG9171E、西门子SGT-2000E等机型为主；400MW等级以GE PG93511FA、西门子SGT-4000F、三菱M701F等机型为主。在我国燃气发电机组高速发展的今天，仍然没有一套完整的燃气发电机组节能技术监督导则，笔者在此全面予以补充，当然由于燃气发电机组与常规燃煤机组有许多相同点，因此此节主要介绍燃气发电机组方面的节能技术监督内容。

表11-1　　中国历年气电装机和发电结构

年份	2010	2011	2012	2013	2014	2015	2016	2017	2018	2019	2020
气电装机（万kW）	2642	3265	3767	4277	5697	6603	7011	7539	8423	9053	9800
气电发电量（亿kWh）	777.27	1087.67	1102.52	1163.88	1332.83	1669.07	1882.80	2032	2155	2325	2469.67
火电装机（万kW）	70 967.0	76 834.0	81 968.0	87 009.0	93 232.0	100 554.0	106 094.0	111 009.0	114 408.0	118 957.0	124 624.0
火电发电量（亿kWh）	33 261.8	38 117.6	38 693.8	42 037.7	43 458.6	42 227.5	43 550.0	46 431.0	49 895.0	50 929.5	51 761.1
总装机（万kW）	96 641.0	106 253.0	114 676.0	125 768.0	137 887.0	152 527.0	165 209.0	178 451.0	190 012.0	201 006.0	220 204.0
总发电量（亿kWh）	42 071.6	47 130.19	49 875.53	54 316.35	57 944.57	58 145.73	61 331.6	66 044.47	71 661.33	75 034.28	77 790.6

续表

年份	2010	2011	2012	2013	2014	2015	2016	2017	2018	2019	2020
气电占火电装机比重（%）	3.72	4.25	4.60	4.92	6.11	6.57	6.61	6.79	7.36	7.61	7.86
气电占火力发电量比重（%）	2.34	2.85	2.85	2.77	3.07	3.95	4.32	4.38	4.32	4.57	4.77
气电占总发电量比重（%）	1.85	2.31	2.21	2.14	2.30	2.87	3.07	3.08	3.01	3.10	3.17

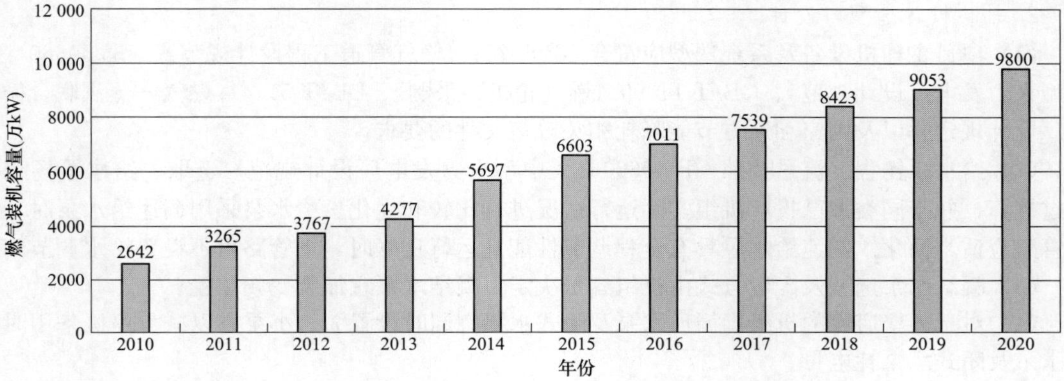

图 11-1 2010—2020 年我国燃气发电机组装机容量

二、燃气发电机组节能监督主要内容

1. 主机设计选型与设计

（1）联合循环机组建设项目应按《固定资产投资项目节能审查办法》（国家发改委 2016 年第 44 号令）要求编制节能报告书，其内容深度应符合要求。节能报告书应包括评估依据、项目概况、能源供应情况评估、项目建设方案节能评估、项目能源消耗和能效水平评估、节能措施评估、存在问题及建议、结论。

（2）联合循环机组项目应优先选用高参数、高效率、高调节性、节水型的设备；进行节能技术经济方案比较，确定先进合理的供电煤/油/气耗、电耗、取水量等设计指标。设计阶段或规划中的机组应进行优化设计。

（3）电厂的规划和设计应把节约用水作为一项重要的技术原则，新建或扩建的凝汽式联合循环电厂取水量不应超过 GB/T 18916.1—2021《取水定额　第 1 部分：火力发电》所给定额。在 GB/T 28284 所示的全国地级行政区水资源分区情况表中属于缺水地区及干旱指数大于 1.5 的缺水地区宜采用空冷机组。鼓励燃气发电企业使用再生水。

（4）新建或扩建的循环供水凝汽式联合循环电厂全厂复用水率不应低于 95%，严重缺水地区新建或扩建的凝汽式联合循环电厂全厂复用水率不应低于 98%。

（5）机组选型应与机组燃料供应及机组承担的负荷类型相适应。承担基本负荷的机组应选用基本负荷时效率高的机组，承担调峰负荷的机组选型时应考虑机组启停运行的经济性，宜选用兼顾启动效率及低负荷运行效率高的机组。

（6）燃气轮机进气系统的设计应充分考虑系统的总压降，尽量采用管道短且转弯少的设计。燃气轮机进气系统应按清洁的空气过滤器 1kPa 的最大压降和现场最大空气流量设计。

（7）燃气轮机进气系统应设置空气过滤装置，过滤装置应具有过滤、防水及防杂质功能。机组安装在寒冷地区时，进气系统应具有防冰功能。电厂周边环境较差时，过滤装置可同时配置粗滤与精滤。用于海洋环境时，应将高效除雾器作为第一级过滤级。燃气轮机进气系统过滤装置宜有反冲清吹过滤功能。

（8）余热锅炉选型和技术要求应符合 JB/T 8953.3《燃气—蒸汽联合循环设备采购 余热锅炉》的规定。余热锅炉应满足燃气轮机快速频繁启动的要求；在燃气轮机燃用重质油以及系统安装脱硝装置时，余热锅炉应满足吹灰、水洗及防腐蚀等要求。

（9）热电联产电厂热力产品应符合 DL/T 891 的规定，燃气—蒸汽联合循环热电机组总热效率年平均应大于 55%，热电比年平均应大于 30%。

2. 辅机设计选型与设计

（1）项目主辅机设备及系统选型应符合 GB 50251《输气管道工程设计规范》、GB 50660《大中型火力发电厂设计规范》、GB/T 14099《燃气轮机 采购》、DL/T 5174《燃气—蒸汽联合循环电厂设计规定》以及国家和地方节能降耗相关政策文件的要求。

（2）给水泵扬程、流量按照 GB 50660《大中型火力发电厂设计规范》选取。给水泵扬程应经过核算，并与同类型已投产机组实际运行情况进行比较和优化。给水泵采用调速给水泵时，给水管路应适当简化。调速给水泵具有全程调节性能且运行良好时，主管路可不设置给水调节阀。

（3）凝结水泵选型及配置方式由机组容量决定，凝结水泵宜加装变频装置。

（4）对于频繁启停的机组，循环水泵及闭式水泵宜同时设置大、小泵，以减少停机备用时循环水泵及闭式水泵耗电量。

（5）供水系统冷却塔选型配置应综合考虑地域政策、气候条件、利用小时数等因素，通过技术经济分析确定。对于利用小时数较多的机组宜采用自然通风冷却塔。带调峰负荷的联合循环机组及高温、高湿地区，可采用机械通风冷却塔。严重缺水地区宜采用空冷塔或空冷凝汽器。

（6）燃料供应设备及系统选型设计应符合 GB 50251、GB 50660 和 DL/T 5174《燃气—蒸汽联合循环电厂设计规定》相关规定。

3. 设备安装与调试

（1）汽轮机安装应执行 DL 5190.3《电力建设施工技术规范 第 3 部分：汽轮发电机组》标准要求，在保证汽轮机通流部分动静不发生碰磨、振动优良、安全运行的前提下，通流间隙应尽量取下限值，并使间隙均匀，减少汽轮机级间漏汽。凝汽器组装完毕后，汽侧应进行灌水查漏试验。

（2）热力设备及管道的保温施工应符合 GB 50273《锅炉安装工程施工及验收规范》、DL 5190.2《电力建设施工技术规范 第 2 部分：锅炉机组》的要求，应对到达现场的耐火、保温材料进行检查；热力系统及管道的保温施工应按照 GB 50185《工业设备及管道绝热工程施工质量验收规范》的规定进行施工质量验收。

（3）热工测量仪表的安装应执行 DL 5190.4《电力建设施工技术规范 第 4 部分：热工仪表及控制装置》，以保证测量数据准确；热力试验测点、能源计量器具应按设计要求安装，符合 GB/T 21369《火力发电企业能源计量器具配备和管理要求》。

（4）新投产联合循环机组，在试生产期结束前须按设备供货合同和 DL/T 5437 规定的主要性能试验项目和规定的要求进行测试，并编写性能试验报告。主要的性能试验项目除 DL/T 1052—2016《电力节能技术监督导则》规定的燃气机组试验项目外，还应包括如下项目：联合循环机组热效率、热耗率试验（纯凝 100%负荷与供热 100%负荷工况）；联合循环机组性能保证条件下的出力试验；联合循环机组供电气耗试验；燃气轮机热耗率试验（对多轴机组）；蒸汽轮机热耗率试验（对多轴机组）；余热锅炉热效率试验及锅炉排烟温度；供电气耗率；联合循环机组的热耗率和出力；余热锅炉排烟温度；燃气轮机排气温度。

（5）新投产联合循环机组应进行性能验收试验，鉴定机组经济性能是否达到制造商合同中的保证值。新投产联合循环机组性能验收试验应在机组投入运行后的8周内进行，并应创造条件满足试验要求，尽早进行试验，以避免或减小老化修正对试验精度的影响。性能验收试验应在必要的检查和清洗工作后进行。对于热电联产机组，应针对纯凝工况和供热工况，分别进行100%、80%、50%负荷下的试验。

4. 运行技术监督管理

（1）应按照各台机组及主、辅机的热力特性，确定主、辅机的优化运行方式，按照“煤耗等微增率”原则，制定相应的负荷调度方案，积极取得调度部门的理解和支持，对机组的启停和负荷分配进行科学的调度。进行电、热负荷的合理分配，使全厂经济运行。

（2）电厂应优化机组运行方式，在非用电高峰季节适当减少运行机组台数，避免机组长时间低负荷运行。

（3）电厂应合理安排机组检修、备用停机时间，优化年度发电量分配，以提高机组全年整体经济性。

（4）电厂应根据上级主管部门下达的综合经济指标目标值，制定节能年度实施计划，开展全面、全员的节能管理，按月度将各项经济指标分解到有关部门、班组，开展单项小指标的考核，以单项小指标来保证综合经济指标的完成。

（5）应积极开展小指标竞赛活动，根据各指标对供电煤耗率影响大小及变化情况、运行调整工作量等因素制定、调整考核权重，并加大奖惩力度，以充分调动运行人员的积极性。

（6）新机投产及主、辅机经过重大节能技术改造后，应及时进行性能试验和运行优化试验，确定主、辅机的优化运行方式。

（7）电厂运行人员应不断总结操作经验，并根据机组优化运行试验得出的最佳控制方式和参数对主、辅设备进行调节，使机组各项运行参数达到额定值或不同负荷对应的最佳值，最大限度地降低各项可控损失，使机组的供电煤耗率在各负荷下相对较低，以提高全厂经济性。

（8）应加强主要综合技术经济指标监督管理。电厂能耗监督主要综合技术经济指标包括：发电量、供热量、发电煤耗率、供电煤耗率、供热煤耗、厂用电率、联合循环热耗率和单位发电量取水量。

（9）以下机组主要运行小指标应纳入值际小指标竞赛制度，包括：压气机进气温度、压气机排气温度、压气机排气压力、压气机压比等。

（10）每月应进行重要参数的耗差分析，从而发现问题，并提出解决措施。

（11）应建立健全能耗小指标记录、统计制度，完善统计台账，为能耗指标分析提供可靠依据。

（12）电厂应定期开展节能分析和对标分析，开展重要小指标对综合技术经济指标的影响分析，找出差距，提出改进措施。分析时，既要与上月、上年同期比，也要与设计值、历史最好值、国内外同类型机组较好水平进行比较，以找出差距，明确努力方向。

（13）应加强天然气等燃料、水、汽、油的化验监督工作。化验结果异常时，应及时分析，并采取措施进行调整。

（14）应定期开展全厂能源审计工作，能源审计的程序、内容、方法及报告编写等应符合DL/T 1189的规定。

（15）运行人员应加强巡检和对参数的监视，要及时进行分析、判断和调整；发现缺陷应按规定填写缺陷单或做好记录，及时联系检修处理，确保机组安全经济运行。应特别重视燃气轮机燃烧稳定参数，如分散度、燃气轮机排气温度等参数的监视。

（16）电厂在调峰运行时，应优化机组的启停操作以减少启停损失。在机组启动前或停运后合理安排相关辅机运行方式，特别是给水泵、凝结水泵的启动和停运，循环水泵及闭式水泵的大、小泵运行切换，以降低厂用电量。

（17）加强燃烧调整。当燃气轮机主要监视参数（如燃气轮机燃烧稳定性参数、分散度、燃气轮机排气温度、燃烧温度等）异常时，应结合天然气成分及燃气轮机排出的烟气成分的变化，对燃烧器、压气机可调导叶、燃料调节阀等进行相应的检查，进行燃烧调整试验，使得燃气轮机重要参数恢复正常。燃气轮机燃烧调整时，在满足环保排放标准的前提下，使机组效率和环保指标最佳结合。

（18）应加强压气机入口滤网差压监视，根据滤网压差变化或设备维护规定，及时投运压气机进气滤网反吹装置，降低滤网压差。有关资料表明，9F型燃气轮机压气机进口压降每增加1kPa。燃气轮机出力下降1.42%，热耗率增加0.45%。

（19）重视压气机水洗工作。应实时监视压气机效率，制定合理的在线水洗、离线水洗周期，或按燃气轮机维护规定定期进行在线水洗。利用机组调停合理安排压气机离线水洗，保证压气机的高效率运行。

（20）加强给水品质控制，控制余热锅炉定期排放和连续排放的排放量，减少汽水损失。

（21）应保持汽轮机在最佳背压下运行，且凝汽系统和循环冷却系统应按优化方式运行。设计条件下凝汽器背压的运行值与设计值偏差大于15%（0.8kPa）时，应进行凝汽机组“冷端”系统经济性诊断试验，找出冷端存在的问题，并提出针对性解决方案。

（22）联合循环机组汽轮机应采用滑压运行方式，运行中保持汽轮机高、中压调门全开，减小节流损失，提高发电效率。

（23）加强凝汽器的清洗，保持凝汽器的胶球清洗装置（包括二次滤网）经常处于良好状态，根据循环水质情况和凝汽器端差确定每天的投入次数、间隔和持续时间。应保证空冷机组空冷换热器和真空泵冷却器的清洁度，根据其脏污情况及时进行清洗。清洗前后应记录机组真空值。

（24）定期对气源分输站天然气流量计、调压站天然气流量计、前置模块天然气流量计进行比对分析，检测偏差趋势，每年进行天然气流量计校验。

（25）天然气加热装置应正常投用，提高天然气初温，保证燃烧高效率。

（26）给水泵、凝结水泵宜采用变频控制汽包水位，给水调门处于全开状态，减少节流损失；在保证不发生低温腐蚀的情况下，合理调整低压省煤器再循环泵运行方式，以节约厂用电。

（27）应根据真空泵运行台数与凝汽器真空的关系，确定合理的真空泵运行台数；应保证真空泵冷却器的清洁度，根据其端差指标和脏污情况及时进行清洗；宜控制合适的冷却水温度（尤其是夏季）以提高真空泵出力。

（28）机组正常运行且满足条件时，每月应进行一次真空严密性试验，操作时应关闭凝汽器抽气出口门，停运真空泵；停机时间超过15天时，机组投运后3天内应进行真空严密性试验。如果真空严密性不满足要求，应查明泄漏原因，及时消除缺陷。对于容量大于100MW的湿冷机组（或空冷机组），当机组真空下降速度大于200Pa/min（或100Pa/min）时，应检查泄漏原因，及时消除。

（29）应每月测量一次冷却塔冷却幅高，在冷却塔热负荷大于90%额定负荷、气象条件正常时，夏季测试的冷却塔出口水温与大气湿球温度的差值应不大于7℃。

（30）合理优化联合循环机组启停过程，降低机组启停能耗。应加强开机时暖管和疏水，并根据机组并网时间合理安排各系统的启动时间，使启动过程相对紧凑，做到在燃气轮机定速之后及时并网，缩短空转时间，减少启动过程能量消耗。“二拖一”联合循环机组争取在汽轮机定速之后及早并汽，以缩短启动时间。

(31) 重视热力及疏放水系统阀门严密性对机组安全性和经济性的影响。对阀门进行正确开关操作，阀门泄漏时应及时联系检修人员进行检修或更换。

5. 检修技术监督管理

(1) 坚持“应修必修，修必修好”的原则，科学、适时安排机组检修，避免机组欠修、失修，通过检修恢复机组性能。

(2) 加强检修周期管理。联合循环机组的检修周期原则上以燃气轮机的检修周期确定。应重点做好燃气轮机运行时间及其影响因素、燃气轮机启停次数及影响因素的统计分析，确定机组的实际检修周期。

(3) 检修前应根据同类型机组能耗指标水平、机组现状，确定检修项目和要求，并根据机组经济性分析、对标分析、设备评估及运行分析编制检修计划。

(4) 检修后应进行总结和评价，应编制检修总结报告，开展修后性能试验，与修前相同工况下的主要经济指标、运行小指标进行对比分析。

(5) 建立健全设备技术档案和台账。设备技术档案和台账应根据检修情况进行动态维护。

(6) 检修中的节能项目主要包括以下内容：压气机水洗装置检查；压气机和燃气轮机叶片无损探伤检查；燃料模块速比阀、天然气控制阀、辅助截止阀、清吹阀、干式低氮氧化物（DLN）燃烧器检查；压气机和燃气轮机叶片清擦或干冰清洗；燃气轮机冷却通道清理检查；压气机进风道内部清理检查；压气机波纹板冲洗、自清式过滤器清理等；天然气调压站工作调压阀和监控调压阀检查；天然气过滤器滤芯清理、更换；余热锅炉汽包及受热面传热元件、烟气走廊、汽轮机通流部分、凝汽器管、换热器、循环水二次滤网、高压变频器滤网、真空泵冷却器等设备的清理或清洗；汽轮机通流部分汽封间隙调整或换型；汽轮机叶片喷丸；真空系统查漏、堵漏；胶球清洗系统检查调整；水塔填料检查更换、配水槽清理、喷嘴检查更换；汽、水、油系统冷却器及过滤器清理；热力设备及管道保温治理；阀门泄漏治理；厂用辅机节电改造等；节能监测及计量表计的校验等。

(7) 做好天然气调压站和天然气前置模块的维护工作，保证天然气供气压力的稳定，满足燃气轮机进口压力要求。根据天然气过滤器的压差变化，及时切换天然气过滤器，并对压差大的过滤器滤芯进行及时清理或更换，保证供气安全、经济运行。

(8) 做好机组保温维护，保持热力设备、管道及阀门的保温完好；采用新材料，新工艺，努力降低散热损失。保温效果测试应每年开展一次，保温效果评价应列入检修竣工验收项目，测试方法及评价应参照 GB/T 8174、DL/T 934 进行。当周围环境不大于 25℃时，保温层表面温度不得超过 50℃；当周围环境大于 25℃时，保温层表面温度与环境温度的差值不得超过 25℃。

(9) 冷水塔应按规定做好检查和维护工作，结合检修进行彻底清污和整修；当冷却能力达不到设计要求或冷却幅高超标时，及时查找原因；若循环水流量发生变化，应及时调整塔内配水方式；出现淋水不均时，及时更换或采用高效喷溅装置和淋水填料；冬季采取防冻措施，减少水塔结冰程度。

(10) 应加强高压变频器的运行维护管理，改善高压变频器场所的通风和散热条件，保证其投入率。高压变频器场所应具有防雨、防尘和防小动物进入措施。应有专人定期进行巡检和维护。定期维护和试验项目按 DL/T 1195《火电厂高压变频器运行与维护规范》要求开展。

(11) 机组 A、B 级检修后，应考核如下指标：供电煤耗、厂用电率应达到目标值；联合循环热耗率应达到性能保证值或同类型机组先进值；燃气轮机热耗率、汽轮机热耗率应达到目标值（对多轴机组）；余热锅炉热效率应达到性能保证值或修前策划值；燃气轮机排气温度、主蒸汽温度、再热蒸汽温度应达到设计值；排烟温度修正到设计条件下不大于设计值的3%；真空严密性试验合格；胶球装置投入率为100%，胶球装置收球率不小于95%；在90%以上额定热负荷，气象条件正常时，夏季冷却塔出水温度与大气湿球温度的差值不大于7℃；凝汽器真空度应达到相应循环水进水温度或环境温度下的设计值；疏放水阀门漏泄率占总阀门比例小于3%；补水率不大于0.7%。

（12）应定期分析评价全厂生产系统、设备的运行状况，符合DL/T 255—2012《燃煤电厂能耗状况评价技术规范》要求。根据设备状况、现场条件、改造费用、预期效果、投入产出比等确定节能技术改造项目，编制中长期节能技术改造项目规划和年度节能项目计划，按年度计划实施节能技术改造项目。

（13）根据国内外先进节能技术的应用情况，积极采用成熟、有效的节能技术和设备进行系统优化和设备更新改造，提高机组经济性。对实践证明节能效果明显的系统优化、设备更新应优先安排所需资金。

（14）给水泵、凝结水泵、开式冷水泵、闭式冷水泵等大容量辅机，可根据实际情况考虑进行电动机变频改造；循环水泵、空冷岛风机、机力塔风机可根据实际情况进行变频或双速改造，并优化运行方式；冬季闭式冷水泵水温较低时，可考虑停运开式冷水泵；调峰机组根据实际情况增设小容量凝结水泵、循环水泵和闭式冷水泵，适时切换小流量泵运行；其他小容量转动辅机考虑采用变频或永磁传动改造，以达到节电的目的。对辅机的出力进行优化，尽可能采取措施降低系统的节流损失，辅机压力、流量富裕度大的可对叶轮进行节能改造。对机力冷却塔等水力具有富余压头的系统，经论证后可实施风机小水轮机驱动改造。

（15）汽轮机揭缸时，对通流部分轴封、隔板汽封、叶顶汽封、径向汽封的间隙进行测量和检查，按照检修规程的要求进行调整或更换，对各级汽封宜采用技术先进成熟的汽封装置。对投产较早、效率较低的汽轮机，采用更换新型叶片、新型隔板、新型汽封结构、新型流道主汽门和调门等措施进行通流部分改造。

（16）抽真空系统改造。对效率偏低的抽气器或真空泵，应采取更换新型高效抽气器或真空泵，增加或改造冷却装置等措施，进行针对性节能技术改造，提高运行效率。对于真空严密性优秀的机组，可考虑增设小功率水环真空泵或罗茨真空泵，以节约厂用电。

（17）真空系统优化改进。对真空系统进行综合治理，确保真空严密性试验结果优良，保证真空泵运行一运一备，尽量不要两台或两台以上同时运行。启停不频繁的机组，可以在原抽真空系统之外增设一路并联的高效节能抽真空系统，机组稳定运行后，可启用该系统，以降低真空系统耗电量。对真空泵冷却水系统进行优化改造，采用可利用的冷源或增设制冷设备，提高真空泵性能。

（18）压气机进气系统的清洁。压气机进气系统压力损失会影响燃气轮机性能，进气系统中的消声器、过滤器、加热器等设备长期运行易被杂物堵塞，应加强运行中在线清吹，并利用停备机会及时清理或更换，以减小进气系统阻力。

（19）进气系统宜优化配置。因地制宜配置进气过滤系统，通过合理布置防尘网、粗效过滤器等装置初步过滤飞絮、灰尘，增加精滤寿命，保持压气机长期清洁，提高压气机效率。

（20）余热锅炉排烟系统优化改进。排烟损失是联合循环机组热损失的主要组成部分，注意做好余热锅炉内部烟气通道密封和流场优化，避免形成内部烟气旁通走廊；有条件的机组，可通过省煤器增容等方式进一步降低排烟温度，特别是供热机组，可利用回收的烟气余热加热热网回水。

(21) 排烟温度较高的联合循环机组宜采用烟气余热利用技术，以降低排烟温度。

(22) 在机组检修时应进行压气机叶片的干冰清洗及人工清擦，并做探伤，对出现损伤的叶片要及时处理。在机组检修时记录压气机叶片的动静间隙，检查是否有刮缸现象。

(23) 透平冷却空气换热器应在检修时检查是否有结垢或积灰，如有，应及时清理。透平冷却空气过滤器应在检修时检查是否有明显积垢或者锈蚀物，如有，应及时清理。

(24) 余热锅炉汽包及受热面传热元件、烟气走廊、汽轮机通流部分、凝汽器管、换热器、循环水二次滤网等设备应及时进行清理。

(25) 做好凝汽器及胶球清洗装置的检修维护工作，保证循环水一次滤网、二次滤网和反冲洗装置处于良好状态。检修期间应彻底清理凝汽器水室及冷却水系统，凝汽器管束宜采用高压水射流冲洗等方法。如果存在严重脏污结垢现象，应开展针对性的机械清洗或化学清洗。凝汽器管束漏泄造成堵管率超过0.1%时应及时更换。

(26) 应建立阀门和管道泄漏定期检查制度，保证每半年至少开展一次阀门和管道的泄漏检查工作，加强“跑、冒、滴、漏”管理。应特别加强对燃气轮机水洗排污门、IBH（进气加热系统）阀门、防喘阀、余热锅炉汽水管道关断阀门、高中低压旁路阀门、主蒸汽/再热蒸汽及抽汽管道疏水阀门、汽轮机本体疏水阀门、加热器旁路阀门、给水泵再循环阀门、除氧器事故放水和溢流阀门、锅炉定排阀门等的严密性检查，发现问题及时消除，保证各阀门在正确的阀位。应选购质量优良的阀门。

6. 定期热力试验与化验

(1) 电厂应按GB/T 8117、GB/T 10863、GB/T 14099.8、GB/T 14100、GB/T 18929、GB/T 28686、DL/T 851、DL/T 1052、DL/T 1223、DL/T 1224、DL/T 5437等要求开展与节能工作相关的试验。

(2) 电厂在设计和基建阶段应完成试验测点的安装，对投产后不完善的试验测点应加以补装，对常规的节能试验应有专用试验测点。试验测点应满足开展联合循环效率、余热锅炉热效率、汽轮机热耗率的测试要求，应满足重要辅助设备（如加热器、凝汽器、水塔、大型水泵等）性能试验的要求。

(3) 在联合循环发电机组投产前应进行验收试验。试验项目主要有：联合循环机组热效率、热耗率；联合循环机组出力；余热锅炉热效率；余热锅炉蒸发量；汽轮机热耗率（凝汽器性能、冷水塔性能应随汽轮机热耗率试验一起分析评价）；改造设备出力；厂用电率。

(4) A、B级检修前后或汽轮机通流部分改造前后，应进行汽轮机热力性能试验，测试并对比检修或改造前后汽轮机缸效率和热耗率，以检验汽轮机通流部分检修或改造的效果。

(5) A、B级检修前应对主要辅机（如给水泵、循环水泵、凝结水泵等）进行泵的热态性能试验，根据试验结果决定是否对其进行改造以及适宜的改造方式；改造后应再次进行泵的热态性能试验，以检验改造效果。对未改造的主要辅机每个大修期内均应对其性能进行测试，以确定其不同条件下的合理运行方式。

(6) A、B级检修后应进行机组的优化运行调整试验，寻求不同负荷下机组的最佳运行方式，主要包括燃烧调整试验、汽轮机定滑压试验、汽轮机冷端优化试验等。对空冷机组，应根据环境温度、风向变化以及负荷情况及时调整空冷风机的叶片安装角度、风机转速，使机组真空达到最佳值。

(7) 热力试验必须严格执行有关标准和规程对试验方法、试验数据处理方法、测点数量、测点安装方法和要求、仪表精度、试验持续时间、试验次数等的规定，确保试验结果的精度。对试验数据及结果，应在认真分析的基础上，对设备的性能和运行状况进行评价和诊断，必要时提出改进措施建议，并形成报告。

（8）其他主要定期试验（测试）项目包含以下内容：

1）每月开展进气系统阻力试验，按 GB/T 14100、GB/T 18929、DL/T 851 进行。

2）每月开展真空严密性试验，按 DL/T 932《凝汽器与真空系统运行维护导则》、DL/T 1290《直接空冷机组真空严密性试验方法》进行。

3）每月开展冷却塔性能测试，按 DL/T 552《火力发电厂空冷塔及空冷凝汽器试验方法》、DL/T 1027《工业冷却塔测试规程》进行。

4）每年开展余热锅炉烟气侧阻力试验，按 GB/T 14100、GB/T 18929、DL/T 851 或参照 ASME PTC 4.4 进行。

5）每年开展机组保温测试，按 GB/T 8174《设备及管道绝热效果的测试与评价》、DL/T 934《火力发电厂保温工程热态考核测试与评价规程》进行。

6）每五年（或新机组投产）开展全厂燃料、汽水、电量、热量等能量平衡的测试，按 DL/T 606 进行，并按 GB/T 28749《企业能量平衡网络图绘制方法》要求绘制能量平衡图。

7. 能源计量监督

（1）计量是节能监督的基础，应贯彻执行《中华人民共和国计量法》，推行国家法定计量单位，根据国家和上级颁发的有关计量工作政策、法规、制度和规定，贯彻执行 GB/T 21369《火力发电企业能源计量器具配备和管理要求》、GB 17167—2006《用能单位能源计量器具配备和管理通则》和 JJF 1356《重点用能单位能源计量审查规范》的规定，配备能源计量器具，加强能源计量管理，确保能源计量数据真实准确。

（2）电厂能源计量器具的配备应能满足能耗定额管理、能耗考核及商务结算的需要，除应满足 GB/T 21369 的规定外，还应满足如下要求：

1）计算和评价单台机组供热煤耗率的要求。

2）计算和评价单套联合循环、燃气轮机、余热锅炉、蒸汽轮机热效率的要求。

3）计算和评价单套联合循环机组厂用电率的要求。

4）计算和评价生产补水率、非生产补水率、化学自用水率的要求。

（3）电厂入厂天然气管道上应装入厂天然气计量表计。天然气入厂计量表计精度等级应符合贸易结算要求，符合 GB 17167 的规定。

（4）电厂入厂天然气管道上应装设天然气取样点，取样点应在合同规定的天然气交接点。天然气的取样应按 GB/T 13609《天然气取样导则》执行。

（5）电厂入厂天然气管道上应配备色谱仪，以对天然气组分等参数进行连续检测。

（6）电厂每台燃气轮机入口天然气管道或燃油管道上应配置计量表计，实现燃料的分机计量。

（7）6kV（100kW）及以上电动机应配备电能计量装置，电能表精度等级不低于 1.0 级，互感器精度等级不低于 0.5 级。

（8）非生产用电应配齐计量表计，电能表精度等级不低于 1.0 级。

（9）热能计量仪表的配置应结合热平衡测试的需要，二次仪表应定期校验并有合格检测报告。一级热能计量（对外供热收费的计量）的仪表配备率、合格率、检测率和计量率均应达到 100%；二级热能计量（各机组对外供热及回水的计量）的仪表配备率、合格率、检测率和计量率均应达到 95%以上；三级热能计量（各设备和设施用热、生活用热计量）也应配置仪表，计量率应达到 85%。

(10) 水量计量仪表的配置应符合 GB 24789《用水单位水计量器具配备和管理通则》的规定，并结合水平衡测试的需要，二次仪表应定期校验并有合格检测报告。一级用水计量（全厂各种水源的计量）的仪表配备率、合格率、检测率和计量率均应达到100%；二级用水计量（各类分系统）的仪表配备率、合格率、检测率和计量率均应达到95%以上；三级用水计量（各设备和设施用水、生活用水计量）也应配置仪表，计量率应达到85%。

(11) 对能源计量器具配置应符合 GB/T 21369 和 GB 17167—2006 的规定。能源计量检测率的要求：电厂一级计量（进、出厂）的天然气、电、油、煤气、蒸汽、热、水等其他能源计量检测率应达到100%；以上能源的二级计量（车间、班组及重要辅机）计量检测率应达到95%；三级计量（各设备和设施、生活用计量）计量检测率应达到85%。

8. 燃料管理

(1) 电厂采用天然气作为初级燃料时，天然气的采购和供应应满足联合循环机组的使用。

(2) 应对入厂天然气的热值、成分进行监督考核。燃气发电机组应配备色谱仪并加强维护，以实现对天然气组分等参数的持续检测。应做好检测设备维护工作。在气源稳定、色谱仪正常投入的情况下，至少每半年对天然气取样一次，送样至具备资质的机构对天然气进行化验，对监测仪器进行比对。当色谱仪不能正常投入时，应每月对天然气进行取样化验；并应及时消除监测仪器存在的缺陷，及早投入。在天然气气源发生变化时，应每月对天然气进行取样化验，并与检测结果进行比对。

(3) 天然气的采样按 GB/T 13609 标准进行；组分分析按 GB/T 13610 标准进行。发热量、密度、相对密度和沃泊指数的计算方法按 GB/T 11062 标准进行。

(4) 燃料计量表计应定期进行校验，并应使其处于有效期内。

(5) 当以供方气站的天然气计量表计为准作为供需双方约定的计量表计时，该计量表计应经定期校验并始终处于有效期内。电厂应每日将电厂的天然气使用量与天然气供气方的计量值进行比较；如果发现二者存在的偏差较大时应及时查找原因，并加以消除。

(6) 加强天然气处理站设备的运行维护。监视天然气处理器滤网压差，及时更换滤网。及时排污。

(7) 应加强全厂燃料入厂流量计、单元机组燃料流量计维护工作，保证表计准确、可靠。

9. 监督管理要求

(1) 监督基础管理工作要求同 DL/T 1052—2016《电力节能技术监督导则》中“管理制度和规程”部分。

(2) 建立健全技术资料档案。设计和基建阶段技术资料，包括但不限于：

1) 燃气轮机原始设备资料，余热锅炉及汽轮机主、辅机原始设备资料。

2) 燃气轮机说明书，燃气轮机热力特性书（含修正曲线）。

3) 汽轮机热力特性书（含修正曲线），凝汽器设计使用说明书。

4) 主要辅机（如给水泵、凝结水泵、循环水泵等）设计使用说明书（含性能曲线）。

5) 冷却水塔设计说明书。

6) 余热锅炉设计说明书、使用说明书、热力计算书。

7) 公用系统（如天然气调压站、化学制水等）资料。

8) 调试报告、性能试验等投产验收报告。

(3) 能源计量管理和技术资料，包括但不限于：

1) 能源计量器具一览表、燃料计量点图（见图 11-2）、电能计量点图、热计量点图、水计量点图。

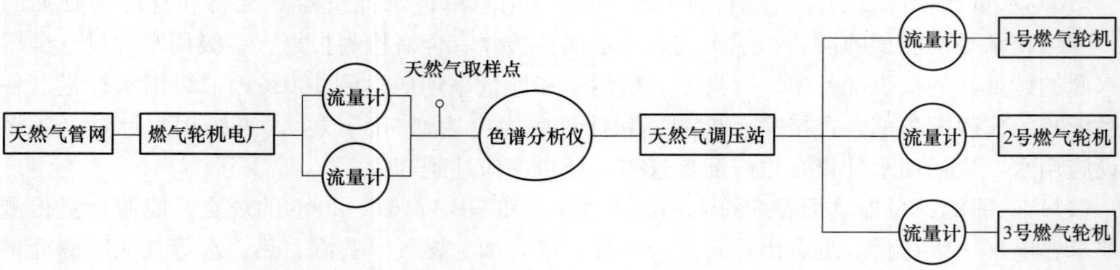

图 11-2 燃气电厂燃料计量点图

2）能源计量器具检定、检验、校验计划。

3）能源计量器具检定、检验、校验报告（记录），包括：入厂天然气计量装置，关口、发电机出口、主变压器二次侧、高低压厂用变压器、非生产用电等电能计量表，对外供热、厂用供热、非生产用热等热计量表计，向厂内供水、对外供水、化学用水、锅炉补水、非生产用水等水计量总表等项目。

（4）节能监督管理资料档案，包括但不限于：

1）节能监督三级管理体系文件，包括：相关管理标准，厂级节能管理制度，节能监督三级网络图，各级人员岗位职责，节能监督网络日常活动记录。

2）节能监督相关标准规范，包括：国家、行业最新颁布的与节能监督相关的标准规范，集团公司颁发的与节能监督相关的有关管理办法、标准、导则。

3）节能监督工作计划，包括：电厂中长期节能规划，年度节能监督工作计划，机组检修节能监督项目计划，主要节能技改项目计划及其可行性研究报告，节能培训规划和计划。

4）节能技术监督报表，包括：运行月报表，生产月报，月度节能考核资料，小指标竞赛评分表及奖惩资料，月度燃料盘点报告，报送各级主管部门的月、季、年度报送报告。

5）节能监督工作总结，包括：节能中长期规划实施情况总结，季度/半年/年度节能监督总结，机组检修节能监督总结，节能培训记录、宣传活动材料。

6）主要节能技改项目改造效果评价报告。

7）月度节能分析报告，月度节能分析会会议纪要。

8）能源审计报告，节能诊断报告。

9）耗能设备节能台账，包括：主辅设备设计、历次试验性能参数统计；泄漏阀门台账。

10）技术监督检查资料，包括：迎检资料及动态检查自查报告，历年集团技术监督动态检查报告及整改计划书，历年技术监督预警通知单和验收单，集团公司技术监督动态检查提出问题整改完成（闭环）情况报告。

11）节能监督网络人员档案，节能监督专责人员上岗考试成绩和证书，能源管理师证书，能源计量管理资质证书。

第二节 燃气发电机组运行能效小指标

所谓燃气发电机组就是燃气—蒸汽联合循环，实质上是把在高温区工作的燃气轮机布雷登（Brayton）循环和在中低温区工作的蒸汽轮机朗肯（Rankine）循环叠置，组成总能利用系统。它利用燃气轮机和蒸汽轮机这两种早已成熟的动力机械装置，通过余热锅炉耦合在一起，实现了热能的梯级利用，简称为“联合循环”。

如图 11-3 所示，燃气—蒸汽联合循环机组的主要设备有：燃气透平（仅指涡轮机）、压气机、燃烧室、余热锅炉、汽轮机、发电机、凝汽器、给水加热器等。当燃气轮机工作时，压气机从外界大气中吸入空气，并把它压缩到某一压力，同时空气温度也相应提高，然后将空气送入燃烧室与喷入的燃料混合燃烧产生高温高压的燃气，进入燃气透平中膨胀做功，直接带动发电机发电。燃气轮机的排气导入余热锅炉，用以产生高温高压蒸汽驱动汽轮机带动发动机发电。汽轮机排汽再进入凝汽器中放热，凝结水又送入余热锅炉，形成蒸汽动力循环。这样既增加了总输出功率，又利用了燃气轮机和汽轮机各自的优点，使整个循环的热效率提高。

由于行业、各集团缺乏燃气发电机组对标管理相关标准、导则或制度，导致燃气发电机组燃气发电企业运行能效小指标管理体系建设不完善。鉴于我国燃气发电机组装机容量在火力发电机组装机容量的比重逐步增加，燃气发电机组运行能效小指标的管理水平对电力行业的能源利用水平的影响增大，迫切需要完善燃气发电机组运行小指标考核管理要求，为燃气发电企业开展运行节能管理提供依据。本节主要介绍运行能效指标分析体系、运行能效小指标术语定义，以及运行小指标的考核管理要求等。

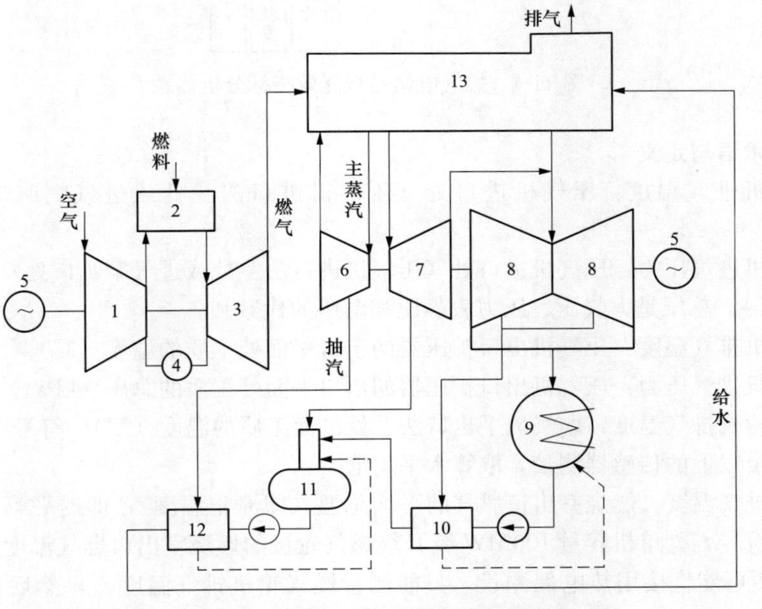

图 11-3 燃气—蒸汽联合循环机组

1—压气机；2—燃烧室；3—燃气透平；4—空气冷却器；5—发电机；6—高压缸；7—中压缸；8—低压缸；9—凝汽器；10—低压加热器；11—除氧器；12—高压加热器；13—余热锅炉

一、运行能效指标分析体系

建立层级分明的燃气发电机组运行能效指标分析体系，不仅可以用于分析运行因素对核心指标的影响程度与规律，还便于掌握、分析机组各系统、设备的技术性能。燃气发电机组能耗指标体系如图 11-4 所示。

燃气发电机组能耗指标体系总体分为四个层级，第一层级指标包括供电标准气耗率（供电标准煤耗率），反映燃气轮发电机组的整体能效水平；第二层级指标包括发电量、发电厂用电率、燃气轮机效率、汽轮机效率、余热锅炉效率等直接影响供电标准气耗率的能效指标；第三层级指标包括主辅机厂用电率、压气机效率、主蒸汽压力参数、余热锅炉排气温度等直接影响第二层级指标的参数小指标；第四层级指标包括凝汽器端差等其他与能耗相关的生产小指标。

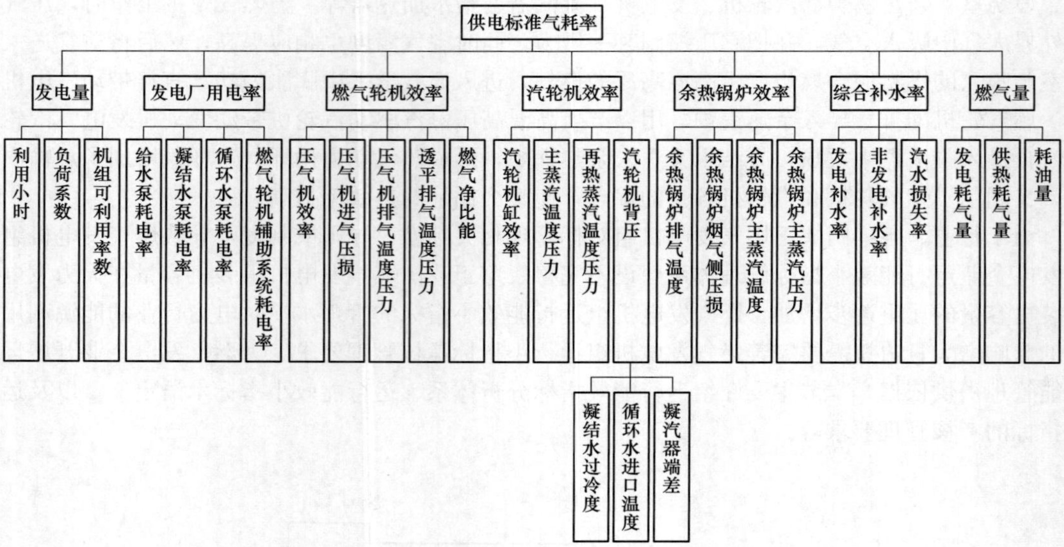

图 11-4　燃气电站运行能效指标分析体系

二、主要术语与定义

（1）压气机进气温度：压气机进口处（压气机进口法兰处或进气喇叭口处）空气的温度（℃）。

（2）压气机进气压力：压气机进口处（压气机进口法兰处或进气喇叭口处）空气的（绝对压力）总压（kPa）。总压是大气压、压力表静压和动压的代数和。

（3）压气机排气温度：压气机出口扩压器的出口平面处工质的温度（℃）。

（4）压气机排气压力：压气机出口扩压器的出口平面处工质的总压（kPa）。

（5）燃气轮机排气温度：燃气透平出口法兰处平面工质的温度（℃），符号 T_4。为了保证精度，必须用四个以上的传感器测量，取算术平均值。

（6）透平进气温度：燃烧室出口燃气的平均总温（即滞止温度），即透平第一级静叶前工质的平均温度，符号 t_3。单机容量 100MW 级 E 级燃气轮机的燃烧室出口燃气温度为 1100℃。由于 t_3 温度很高，不可能直接用热电偶测量，只能测量燃气轮机排气温度 t_4，然后换算成进气温度 t_3。换算公式为：

$$t_3 = t_4 \left(\frac{p_3}{p_4}\right)^{\frac{k-1}{k}}$$

式中　t_3——透平进气温度，℃；

t_4——透平排气温度，℃；

p_3——透平进气压力，kPa；

p_4——透平排气压力，kPa；

k——排气绝热指数。

（7）燃气轮机排气压力：燃气透平出口法兰处平面工质的总压（kPa）。例如杭州半山发电有限公司 PG9351FA 型燃气轮机排气压力为 104.7kPa（a），透平排气温度为 609℃，排气流量为

2363.8t/h。

(8) 压气机压缩比：压气机排气压力与进气压力的比值，代表工质被压缩的程度。其计算公式为：

$$\pi=\frac{p_{yp}}{p_{yj}}$$

式中 π——压气机压缩比（简称压气机压比）；

p_{yp}——压气机排气压力，kPa；

p_{yj}——压气机进气压力，kPa。

(9) 压气机进气压损（或称压气机进气滤网压差）：空气经过压气机进气滤网过滤后产生的压力降，单位为 Pa。

(10) 压气机（等熵）效率：压气机等熵压缩空气耗功量与实际压缩空气耗功量的比值，为衡量压气机运行经济性的一个重要指标，近似可采用下列公式计算：

$$\eta_c=\frac{\left(\pi_c^{\frac{k_c-1}{k_c}}-1\right)}{\left(\frac{T_2}{T_1}-1\right)}\times 100\%$$

式中 η_c——压气机效率，%；

π_c——压气机压缩比；

k_c——压气机等熵压缩系数，取 1.4；

T_2——压气机排气温度，K；

T_1——压气机进气温度，K。

(11) 燃料气温度：进入燃气轮机的燃料温度（℃）。

(12) 余热锅炉烟气侧压损：燃气轮机排气经过余热锅炉受热面时产生的压力降。其计算公式为：

$$\Delta P_{hrsg}=P_{in}-P_{out}$$

式中 P_{hrsg}——余热锅炉烟气侧压损，kPa；

P_{in}——余热锅炉进口烟气压力，kPa；

P_{out}——余热锅炉出口烟气压力，kPa。

(13) 余热锅炉主蒸汽压力：余热锅炉高压蒸汽压力值（MPa），应取余热锅炉末级高压过热器出口的蒸汽压力值。

对于双压/三压余热锅炉还分别对应有中压、低压蒸汽压力（MPa），对应取余热锅炉末级中（低）压过热器出口的蒸汽压力值。

(14) 余热锅炉主蒸汽温度：余热锅炉高压蒸汽温度值（℃），应取余热锅炉末级高压过热器出口的蒸汽温度值。

对于双压/三压余热锅炉还分别对应有中压、低压蒸汽温度（℃），对应取余热锅炉末级中（低）压过热器出口的蒸汽温度值。

(15) 余热锅炉再热蒸汽温度：余热锅炉再热器出口的再热蒸汽温度值（℃），应取余热锅炉末级再热器出口的蒸汽温度值。

(16) 余热锅炉排烟温度：余热锅炉末级受热面后的烟气温度（℃）。

(17) 余热锅炉热端温差：余热锅炉换热过程中高压过热器入口烟气与高压过热器出口主蒸汽之间的温差。其计算公式为：

$$\Delta t_{rd}=t_{yr}-t_{zz}$$

式中 Δt_{rd}——余热锅炉热端温差,℃；

t_{yr}——余热锅炉高压过热器入口烟气温度,℃；

t_{zz}——余热锅炉高压过热器出口主蒸汽温度,℃。

(18) 余热锅炉热效率：余热锅炉的有效输出热量占输入热量的百分数。

$$\eta_{yg}=\frac{Q_{2yr}}{Q_{1yr}}\times 100\%=\frac{c_{pyr}t_{yr}-c_{pyc}t_{yc}}{c_{pyr}t_{yr}-c_{pa}t_{a}}\times\phi\times 100\%$$

由于烟气的比热容需要测定烟气成分，一般计算中难以确定，因此一般采用近似计算余热锅炉效率，近似地可以认为：

$$\eta_{yg}=\frac{t_{yr}-t_{yc}}{t_{yr}-t_{a}}\times 100\%$$

式中 η_{yg}——余热锅炉热效率,%；

Q_{2yr}——余热锅炉有效利用热量，GJ；

Q_{1yr}——余热锅炉输入热量，GJ；

t_{yc}——余热锅炉烟气出口温度,℃；

t_{a}——环境空气温度,℃；

c_{pyr}——余热锅炉烟气入口（燃气轮机排气）定压比热容，约为 1.10kJ/(m^3·K)；

c_{pyc}——余热锅炉烟气出口定压比热容，约为 1.05kJ/(m^3·K)；

c_{pa}——环境空气定压比热容，约为 1.01kJ/(kg·K)；

ϕ——考虑余热锅炉散热损失的保热系数。

【例 11-1】 某余热锅炉入口烟气温度为 $t_{yr}=538$℃，出口烟气温度 $t_{yc}=156$℃，环境温度为 20℃，设计热效率为 72.05%。求余热锅炉效率。

解：根据效率简化公式 $\eta_{yg}=\frac{t_{yr}-t_{yc}}{t_{yr}-t_{a}}\times 100\%=\frac{538-156}{538-20}\times 100\%=73.75\%$

(19)（联合循环）汽轮机主蒸汽流量：主蒸汽进入汽轮机的流量值（kg/h），可以取主蒸汽管道上流量表的读数，如有多路主蒸汽管，则应取各块流量表的读数和，单元制机组也可根据给水流量表的读数计算出汽轮机主蒸汽流量。

对于双压/三压余热锅炉还分别对应有中压、低压蒸汽的流量值（kg/h），对应取中压、低压蒸汽管道上流量表的读数。

(20)（联合循环）汽轮机主蒸汽压力：汽轮机进口的蒸汽压力值（MPa），应取电动主汽门后、自动主汽门前的蒸汽压力。如果有两路主蒸汽管道，取算术平均值。对于双压/三压余热锅炉还分别对应有中压、低压蒸汽的压力值（MPa），对应取其自动主汽门前的蒸汽压力。

(21)（联合循环）汽轮机主蒸汽温度：汽轮机进口的蒸汽温度值（℃），应取电动主汽门后、自动主汽门前的蒸汽温度。如果有两路主蒸汽管道，取算术平均值。对于双压/三压余热锅炉还分别对应有中压、低压蒸汽的温度值（℃），对应取其自动主汽门前的蒸汽温度。

(22)（联合循环）汽轮机再热蒸汽温度：汽轮机中压缸进口的蒸汽温度值（℃），应取再热主汽门前的蒸汽温度。如有多路再热蒸汽管道，取算术平均值。

(23) 燃气轮机热耗量：燃气轮机单位时间内消耗的燃料净比能。其计算公式为：

$$Q_{sr}=1000D_{f}\times Q_{ar,q}$$

式中 Q_{sr}——单位时间内热耗量，kJ/h；

$Q_{ar,q}$——燃气的低位发热量，kJ/kg；

D_{f}——实际的燃料流量，t/h。

(24) 燃气轮机热耗率：燃气轮机热耗量与其输出功率的比值。其计算公式为：

$$q_{rj}=\frac{Q_{sr}}{P_{rj}}=\frac{1000D_f\times Q_{ar,q}}{P_{rj}}$$

式中 q_{rj}——燃气轮机热耗率，kJ/kWh；

D_f——燃料的流量，t/h；

Q_{sr}——单位时间内的热耗量，kJ/h；

$Q_{ar,q}$——燃气的低位发热量，kJ/kg；

P_{rj}——燃气轮发电机的输出功率，kW。

(25) 燃气轮机热效率：燃气轮发电机组发电量的相当热量与供给燃料热耗量的百分比。其计算公式为：

$$\eta_{rj}=\frac{3600P_{rj}}{Q_{sr}}\times 100\%=\frac{3600P_{rj}}{1000D_f\times Q_{ar,q}}\times 100\%=\frac{3600}{q_{rj}}\times 100\%$$

式中 η_{rj}——燃气轮机的热效率，%；

q_{rj}——燃气轮机发电机组热耗率，kJ/kWh；

Q_{sr}——燃气轮机单位时间内耗热量，kJ/h；

D_f——燃料的流量，t/h。

(26) 联合循环机组热耗率：燃气联合循环机组热耗量与其输出功率的比值（DL/T 904—2015 标准给出的计算公式中多写了“3600kJ/kWh”）。其计算公式为：

$$q_{lh}=\frac{Q_{sr}}{P_{lh}}=\frac{1000D_f\times Q_{ar,q}}{P_{lh}}$$

式中 q_{lh}——燃气联合循环机组热耗率，kJ/kWh；

D_f——燃料的流量，t/h；

Q_{sr}——单位时间内联合循环机组的热耗量，kJ/h；

$Q_{ar,q}$——燃气的低位发热量，kJ/kg；

P_{lh}——燃气联合循环机组的输出功率，kW。

目前，国内100MW等级重型燃气发电机组以GE公司生产的PG 6111FA型燃气发电机组为主，该型号机组设计环境温度为15℃，通过计算发现，环境温度对机组热耗的影响关系曲线比较复杂，如图11-5所示，当环境温度等于15℃时，联合循环机组热耗率的影响量为0；当温度增加或降低时，联合循环机组热耗率都会随温度的变化幅度的增加而增加。

(27) 燃气联合循环机组热效率：燃气联合循环发电机组发电量的当量热量与供给燃料热耗量的百分比。其计算公式为：

$$\eta_{lh}=\frac{3600P_{lh}}{Q_{sr}}\times 100\%=\frac{3600P_{lh}}{1000D_f\times Q_{ar,q}}\times 100\%=\frac{3600}{q_{lh}}\times 100\%$$

式中 η_{lh}——燃气联合循环机组热效率，%。

由于联合循环将燃气轮机循环和汽轮机循环组合在一起，其效率还可以表示为：

$$\eta_{lh}=\eta_{rj}+(1-\eta_{rj})\eta_{yg}\eta_{qj}$$

式中 η_{yg}——余热锅炉热效率，%；

η_{qj}——汽轮机发电机组热效率，%；

η_{rj}——燃气轮机发电机组热效率，%。

注意：DL/T 904—2015《火力发电厂技术经济指标计算方法》燃气轮机发电机组热耗率计算公式多写了3600，热效率计算公式分子漏写了3600。

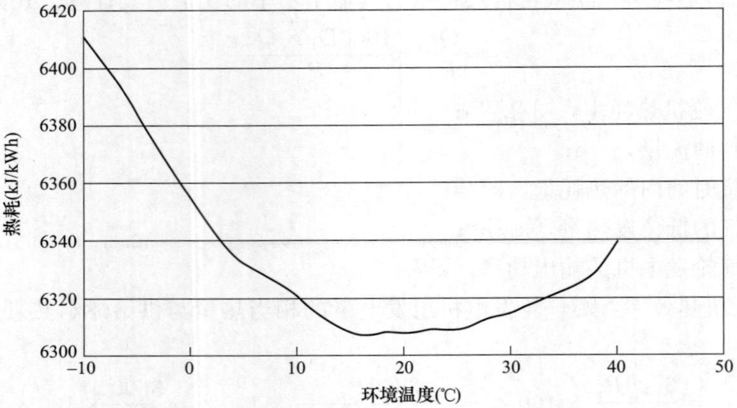

图 11-5 环境温度对机组热耗的影响趋势
（某 PG 6111FA 型单轴燃气发电机组）

（28）燃料低位热值：单位质量的燃料完全燃烧时所释放出的低位热能，用符号 $Q_{ar,q}$ 表示，单位为 kJ/kg。对于气体燃料，燃料的低位热值也叫净比能，气体燃料的净比能等于各成分的质量百分比与其按质量计算的净比能乘积之和。净比能可以用符号 LHV 表示，单位也可以为 kJ/m³。

【例 11-2】 某三菱重工 M701F3 型燃气轮机的气体燃料成分见表 11-2。燃料实测温度为 26℃，质量流量为 $D_f=52.29$t/h。联合循环机组的 M701F3 型燃气轮机发电功率 $P_{rj}=270$MW，蒸汽轮机发电功率 $P_{qj}=127.7$MW，求燃气轮机的热效率、燃气轮机热耗率、联合循环机组热耗率。

表 11-2　　气体燃料成分与性质（基准温度为 10℃）

成分	摩尔分数 x_i（%）	相对分子量 M_i	净比能 $Q_{ar,net}$（kJ/kg）	比热容［kJ/(kg·℃)］
甲烷	82.78	16.043	50 036.7	2.16
乙烷	10.92	30.069	47 518.3	1.73
丙烷	5.0	44.096	46 339.0	1.93
异丁烷	1.0	58.122	45 565.9	1.91
n-丁烷	0.30	58.122	45 724.0	1.91

解：混合气体分子量 $M=\sum M_i x_i=82.78\%\times16.043+10.92\%\times30.069+5\%\times44.096+1\%\times58.122+0.3\%\times58.122=19.524$

甲烷质量百分比 $=82.78\%\times16.043/19.524=0.680$

乙烷质量百分比 $=10.92\%\times30.069/19.524=0.168$

丙烷质量百分比 $=5\%\times44.096/19.524=0.113$

异丁烷质量百分比 $=1\%\times58.122/19.524=0.030$

n—丁烷质量百分比 $=0.3\%\times58.122/19.524=0.001$

燃气低位热值 $Q_{ar,q}=0.680\times50\,036.7+0.168\times47\,518.3+0.113\times46\,339+0.030\times45\,565.9+0.001\times45\,724=48\,657.0$（kJ/kg）

燃气轮机耗热量 $Q_{sr}=1000D_{f}\times Q_{ar,q}=1000\times52.29t/h\times48\ 657.0kJ/kg$
$=2\ 544\ 274\ 530kJ/h$

燃气轮机热效率 $\eta_{rj}=\dfrac{3600P_{rj}}{Q_{sr}}\times100\%=\dfrac{270\ 000kW\times3600kJ/kWh}{2\ 544\ 274\ 530kJ/h}=38.20\%$

燃气轮机热耗率 $q_{rj}=\dfrac{Q_{sr}}{P_{rj}}=\dfrac{2\ 544\ 274\ 530kJ/h}{270\ 000kW}=9423.24kJ/kWh$

联合循环机组热耗率 $q_{lh}=\dfrac{Q_{sr}}{P_{lh}}=\dfrac{2\ 544\ 274\ 530kJ/h}{(270\ 000+127\ 700)\ kW}=6397.47kJ/kWh$

(29) 燃气—蒸汽联合循环功率（联合循环出力）：联合循环中燃气轮机、汽轮机两部分输出功率之和。其计算公式为：

$$P_{lh}=P_{rj}+P_{qj}$$

式中 P_{lh}——燃气—蒸汽联合循环功率，kW；

P_{rj}——联合循环中的燃气轮机出线端电功率，kW；

P_{qj}——联合循环中的汽轮发电机出线端电功率，MW。

(30) 联合循环蒸燃功比：联合循环中汽轮机所输出的功率占燃气轮机所输出功率的百分比。其计算公式为：

$$r_{zr}=\frac{P_{qj}}{P_{rj}}\times100\%$$

式中 r_{zr}——联合循环蒸燃功比，%。

【例 11-3】 某发电有限公司 S109FA 联合循环机组中燃气轮机保证热耗率为 9757kJ/kWh，燃气轮机额定功率为 255.6MW，汽轮机额定功率为 135.2MW，余热锅炉热效率为 90%，求联合循环出力、蒸燃功比、联合循环机组的热耗率、联合循环机组热效率、汽轮机发电机组热效率和燃气轮机热效率。

解：联合循环出力为：

$$P_{lh}=P_{rj}+P_{qj}=255.6+135.2=390.8(MW)$$

蒸燃功比为：

$$r_{zr}=\frac{P_{qj}}{P_{rj}}\times100\%=\frac{135.2}{255.6}\times100\%=52.9\%$$

燃气轮机耗热量 $Q_{sr}=9757kJ/kWh\times255.6MW=2\ 493\ 889\ 200kJ/h$

联合循环机组的热耗率 $q_{lh}=\dfrac{Q_{sr}}{P_{lh}}=\dfrac{2\ 493\ 889\ 200}{390\ 800}=6381.5$ (kJ/kWh)

联合保证循环效率 $\eta_{lh}=\dfrac{3600}{6381.5}\times100\%=56.41\%$

燃气轮机热效率 $\eta_{rj}=\dfrac{3600}{9757}\times100\%=36.90\%$

根据 $\eta_{lh}=\eta_{rj}+(1-\eta_{rj})\eta_{yg}\eta_{qj}$

有 $57.43\%=36.90\%+(1-36.90\%)\times90\%\eta_{qj}$

汽轮发电机组热效率 $\eta_{qj}=\dfrac{57.43\%-36.90\%}{(1-36.9\%)\times90\%}=36.15\%$

(31) 联合循环厂用电功率：联合循环机组发电功率与上网功率之差。其计算公式为：

$$P_{cy}=P_{lh}-P_{sw}$$

式中　P_{cy}——联合循环机组厂用电功率，kW；

P_{sw}——联合循环机组上网功率，kW；

P_{lh}——联合循环机组发电功率，kW。

联合循环机组上网功率测点一般是采不到的，一般算法是不考虑母线功率损失，在计算中采用主变压器功率近似表示：

$$P_{sw}=P_{zb}$$

式中　P_{zb}——联合循环机组主变压器功率，kW。

（32）联合循环厂用电率：联合循环机组厂用电功率与发电功率的百分比。其计算公式为：

$$L_e=\frac{P_{cy}}{P_{lh}}\times 100\%=\frac{W_{cy}}{W_f}\times 100\%$$

式中　L_e——联合循环机组厂用电率，%；

P_{cy}——联合循环机组厂用电功率，kW；

P_{lh}——联合循环机组发电功率，kW；

W_{cy}——联合循环机组厂用电量，kWh；

W_f——联合循环机组发电量，kWh。

（33）供电效率（净热效率）：联合循环机组扣去厂用电量 W_{cy}（kWh）的全厂热效率，用 η_{ap} 表示。其计算公式为：

$$\eta_{ap}=\frac{3600(W_f-W_{cy})}{1000D_fQ_{ar,net}}=\eta_{lh}(1-L_e)$$

式中　L_e——厂用电率，%；

η_{ap}——供电效率，%。

（34）联合循环投入率（余热锅炉投入率）：在多轴联合循环系统中，当燃气轮机运行时，余热锅炉累计运行时间与燃气轮机累计运行时间的百分比。其计算公式为：

$$K_{sr}=\frac{T_{gt}}{T_{st}}\times 100\%$$

式中　T_{gt}——余热锅炉累计运行时间，h；

T_{st}——燃气轮机累计运行时间，h；

K_{sr}——联合循环投入率，%。

三、运行小指标的考核管理要求

燃气发电机组运行小指标的考核管理要求见表 11-3。

表 11-3　燃气发电机组运行小指标考核管理要求

序号	参数	单位	要求	备注
1	燃气轮机发电热耗率	kJ/kWh	F 级：M701F4≤9000kJ/kWh PG9351FA≤9740kJ/kWh PG9371FB≤9330kJ/kWh SGT5-4000F≤9010kJ/kWh E 级：PG9171E≤10 600kJ/kWh GT13E2≤9660kJ/kWh	所列数据为各型号燃气轮机发电机组 ISO 工况下的发电热耗率值； ISO 工况气象条件：大气温度 15℃、大气压力 101.3kPa.a、相对湿度 60%； 燃气轮机进气静压损≤1kPa； 燃气轮机排气静压损：F 级≤3.3kPa、E 级≤3kPa
2	压气机进气温度	℃	设计值	
3	压气机排气温度	℃	设计值	
4	压气机排气压力	kPa	设计值	

续表

序号	参数	单位	要求	备注
5	压气机压比	—	设计值	
6	压气机进气滤网压差	kPa	≤0.9	100%负荷进气过滤器压损值
7	压气机（等熵）效率	%	≥设计值	具备在线性能计算功能的机组应重视对效率变化趋势的分析
8	透平（等熵）效率	%	≥设计值	具备在线性能计算功能的机组应重视对效率变化趋势的分析
9	燃料气(天然气)温度	℃	设计值	
10	燃气轮机排气温度	℃	≤设计值	
11	燃气轮机排气压力	Pa	≤设计值	
12	余热锅炉热效率	%	三压再热型(适用于F级机组)≥89% 双压无再热型(适用于E级机组)≥85%	所列数据为100%负荷时的控制值
13	余热锅炉主蒸汽温度	℃	设计值±3	
14	余热锅炉再热蒸汽温度	℃	设计值±3	
15	余热锅炉排烟温度	℃	≤90	所列数据为100%负荷时的控制值；如余热锅炉增设尾部受热面，则其控制值应当在所列数据基础上减去尾部受热面烟气设计温降
16	余热锅炉烟气侧压损	kPa	三压锅炉≤3.5 双压锅炉≤3.2	不含烟气脱硝装置，考虑烟气脱硝装置，其压损可以再增加0.3kPa
17	给水温度	℃	≥设计值	
18	排烟温度	℃	不高于设计值3%	
19	汽轮机主蒸汽压力	MPa	不低于设计值0.2MPa	
20	汽轮机主蒸汽温度	℃	设计值±3	
21	汽轮机再热蒸汽温度	℃	设计值±3	
22	再热减温水量	t/h	≤2	
23	汽轮机高压缸效率	%	哈汽≥85% 东汽≥87% 上汽≥88% 西门子（进口）≥89%	所列数据为100%负荷时的控制值
24	汽轮机中压缸效率	%	哈汽≥91% 东汽≥92.5% 上汽、西门子（进口）≥93%	所列数据为100%负荷时的控制值
25	凝汽器压力	kPa	不高于设计值15%	
26	真空严密性	Pa/min	湿冷机组，100MW以上≤270， 100MW以下≤400； 空冷机组，300MW以上≤100， 300MW以下≤130	

续表

序号	参数	单位	要求	备注
27	凝汽器端差	℃	当循环水温度≤14℃时，端差≤7℃； 当14℃≤循环水温度≤30℃时，端差≤5℃； 当循环水温度≥30℃时，端差≤4℃	
28	凝结水过冷度	℃	≤1	
29	胶球投入率	%	≥98	
30	胶球收球率	%	90%合格，94%良好，97%优秀	
31	冷却幅高	℃	在90%以上额定热负荷、正常气象条件下，冷却幅高不大于7℃	
32	循环水浓缩倍率	—	采用地表水、地下水或海水淡化水作为补充水，浓缩倍率不小于5； 采用再生水作为补充水，浓缩倍率不小于3	
33	发电机漏氢量	m^3/d	不大于设计值	
34	启动时间	min	参考设计启动曲线	
35	疏放水阀门泄漏率	%	<3	
36	补水率	%	100MW及以上汽轮机组，不大于2%；100MW以下汽轮机组，不大于1.5%	
37	空冷岛耗电率	%	≤0.35	负荷率≥75%
38	机力塔耗电率	%	≤0.15	负荷率≥75%
39	循环水泵耗电率	%	≤0.45	负荷率≥75%
40	凝结水泵耗电率	%	≤0.10	负荷率≥75%
41	闭式冷却水泵耗电率	%	≤0.03	负荷率≥75%
42	高压电动给水泵耗电率	%	≤0.4%（F级） ≤0.35%（E级）	负荷率≥75%

注 1. 如生产在线监测系统尚未实现压气机等熵效率、透平等熵效率在线计算，则可利用压气机进气温度、压气机压缩比、压气机排气温度、透平膨胀比、透平排气温度等监测数据，综合分析判断压气机、透平等部件是否可能存在性能劣化。

2. 如生产在线监测系统尚未实现余热锅炉热效率在线计算，则可利用余热锅炉当量效率的变化趋势辅助判断余热锅炉是否可能存在性能劣化，余热锅炉当量效率=（余热锅炉入口烟气温度－余热锅炉出口烟气温度）/（余热锅炉入口烟气温度－环境温度）。

第三节 《燃气发电机组能耗指标耗差分析》解读与应用

1.《燃气发电机组能耗指标耗差分析》编制背景

耗差分析作为研究分析火力发电机组指标经济性变化规律的技术手段，已经广泛应用于燃煤发电机组，目前燃煤发电机组指标耗差分析已经形成较为统一的技术规范。然而，耗差分析在燃气发电机组中的应用较少，资料较少。随着我国燃气发电机组装机容量在火力发电机组装机容量的比重逐步增加，深入开展燃气发电机组耗差分析，提高燃气发电机组的经济运行水平就显得至关重要。因此由华北电力科学研究院有限公司牵头编制了DL/T 2100—2020《燃气发电机组能耗指标耗差分析》（以下简称《2020版燃气耗差分析》），于2020年10月发布，2021年2月1日实施。《2020版燃气耗差分析》标准名《燃气发电机组能耗指标耗差分析》存在重复现象，需要修订。因为耗差分析中的“耗”字本身就是“能耗指标”的简写。

2.《2020版燃气耗差分析》基本条件

（1）耗差分析以同一负荷为基本比较条件下，影响供电煤耗率的各运行参数之间相互独立，线性无关。

（2）在同一负荷为基本比较条件下，供电煤耗率可以表示为影响机组经济性的各个参数或者因素（如主蒸汽压力、煤质等）的多元函数，且此函数连续可导。

（3）各耗差参数与基准值的偏差不宜过大，否则会造成较大的计算误差。

（4）耗差分析应以单台机组为基础。

（5）基准值宜采用设计值（如蒸汽温度、过冷度、压气机进气压损等），也可采用试验值（如汽轮机背压等）。

（6）一拖一机组（一拖一单轴表示一台燃气轮机和一台汽轮机拖动同一台发电机，一拖一分轴表示一台燃气轮机和一台汽轮机各拖动一台发电机）容量等级应按整套机组装机容量来确定，二拖一机组（二拖一表示两台燃气轮机拖动同一台发电机）容量等级应按整套机组装机容量的一半来确定。

3.《2020版燃气耗差分析》的应用

本节主要给出了我国普遍使用的各种典型的燃气发电机组耗差分析结果，见表11-4～表11-6。

表11-4　　100MW等级燃气发电机组耗差结果

序号	参数	参数变化	耗差(Nm^3/MWh)	
			120MW（一拖一）	240MW（二拖一）
1	机组负荷率	偏差15%	5.709	5.540
2	机组负荷率	偏差25%	10.907	10.465
3	机组负荷率	偏差35%	17.967	17.245
4	发电厂用电率	增加0.1%（绝对变化量）	0.208	0.206
5	燃气轮机效率	降低1%（绝对变化量）	2.632	2.559
6	余热锅炉效率	降低1%（绝对变化量）	0.813	0.834
7	汽轮机效率	降低1%（绝对变化量）	2.048	2.054
8	余热锅炉排烟温度	升高1℃	0.138	0.142
9	大气压力	升高1kPa	0.389	0.193
10	空气相对湿度	升高10%	0.007	0.013
11	压气机进气压损	增加100Pa	0.032	0.038
12	燃气透平排气压损	增加100Pa	0.055	0.056
13	压气机效率	降低1%（绝对变化量）	1.098	0.972

续表

序号	参数	参数变化	耗差(Nm^3/MWh)	
			120MW（一拖一）	240MW（二拖一）
14	余热锅炉烟气侧压损	增加 1kPa	0.574	0.561
15	背压	升高 1kPa	1.052	0.962
16	循环水温度	升高 1℃	0.294	0.247
17	过冷度	升高 1℃	0.017	0.031
18	凝汽器端差	升高 1℃	0.296	0.250
19	高压主蒸汽温度	降低 1℃	0.038	0.031
20	高压主蒸汽压力	降低 1MPa	1.440	0.853
21	高压缸效率	降低 1%（绝对变化量）	0.184	0.166
22	低压缸效率	降低 1%（绝对变化量）	0.369	0.385
23	低压补汽温度	降低 1℃	0.005	0.001
24	环境温度下偏差	降低 10℃	1.25	0.39
25	环境温度上偏差	增加 10℃	0.024	0.174
26	补水率	升高 1%（绝对变化量）	0.14	0.168

注 1. 120MW 容量 PG 6111FA 机组计算基准：环境温度为 15℃，大气压力为 101.325kPa，空气相对湿度为 60%，发电厂用电率为 2%，热耗率为 6661kJ/(kWh)，燃气轮机效率为 35.65%，汽轮机效率为 34.56%，余热锅炉效率为 87.03%，背压为 5.1kPa，循环水温度为 20℃。

2. 240MW 容量机组（PG 6111FA 二拖一机组，容量等级按 100MW 等级归类）计算基准：环境温度为 15℃，大气压力为 101.325kPa，空气相对湿度为 60%，发电厂用电率为 2%，热耗率为 6604kJ/(kWh)，燃气轮机效率为 35.03%，汽轮机效率为 35.55%，余热锅炉效率为 87.59%，背压为 5.1kPa，循环水温度为 20℃。

表 11-5　200MW 等级燃气发电机组耗差结果

序号	参数	参数变化	耗差(Nm^3/MWh)	
			185MW（PG9171E）	250MW（SGT-2000E）
1	机组负荷率	偏差 15%	5.831	3.983
2	机组负荷率	偏差 25%	11.186	7.473
3	机组负荷率	偏差 35%	18.443	13.328
4	发电厂用电率	增加 0.1%（绝对变化量）	0.219	0.213
5	燃气轮机效率	降低 1%（绝对变化量）	3.067	2.896
6	余热锅炉效率	降低 1%（绝对变化量）	0.885	0.854
7	汽轮机效率	降低 1%（绝对变化量）	2.258	2.127
8	余热锅炉排烟温度	升高 1℃	0.167	0.161
9	大气压力	升高 1kPa	0.216	0.026
10	相对湿度	升高 10%	0.029	0.001
11	压气机进气压损	增加 100Pa	0.022	0.024
12	燃气透平排气压损	增加 100Pa	0.047	0.035
13	压气机效率	降低 1%（绝对变化量）	1.312	1.282

续表

序号	参数	参数变化	耗差(Nm^3/MWh)	
			185MW（PG9171E)	250MW（SGT-2000E)
14	余热锅炉烟气侧压损	增加 1kPa	0.451	0.379
15	背压	升高 1kPa	1.151	1.123
16	循环水温度	升高 1℃	0.313	0.244
17	过冷度	升高 1℃	0.031	0.031
18	端差	升高 1℃	0.328	0.256
19	高压主蒸汽温度	降低 1℃	0.034	0.035
20	高压主蒸汽压力	降低 1MPa	2.309	1.515
21	高压级组效率	降低 1%（绝对变化量）	0.160	0.135
22	低压级组效率	降低 1%（绝对变化量）	0.414	0.387
23	低压补汽温度	降低 1℃	0.003	0.005
24	环境温度下偏差	降低 10℃	0.846	1.08
25	环境温度上偏差	增加 10℃	−0.614	−0.407
26	补水率	升高 1%（绝对变化量）	0.151	0.164

注 1. 185MW 容量 PG 9171E 机组计算基准：环境温度为 15℃，大气压力为 101.325kPa，空气相对湿度为 60%，发电厂用电率为 2%，热耗率为 7005kJ/kWh，燃气轮机效率为 33.68%，汽轮机效率为 32.61%，余热锅炉效率为 83.16%，背压为 4.9kPa，循环水温度为 20℃。

2. 250MW 容量 SGT5-2000E 机组计算基准：环境温度为 15℃，大气压力为 101.325kPa，空气相对湿度为 60%，发电厂用电率为 2%，热耗率为 6869kJ/kWh，燃气轮机效率为 34.59%，汽轮机效率为 33.24%，余热锅炉效率为 83.15%，背压为 4.9kPa，循环水温度为 20℃。

表 11-6　　400MW 等级燃气发电机组耗差结果

序号	参数	参数变化	耗差（Nm^3/MWh）				
			390MW	430MW	480MW	780MW	830MW
1	机组负荷率	偏差 15%	4.346	5.292	4.043	4.897	5.112
2	机组负荷率	偏差 25%	8.217	9.322	7.047	8.944	7.523
3	机组负荷率	偏差 35%	13.444	15.194	11.190	14.354	13.280
4	发电厂用电率	增加 0.1%（绝对变化量）	0.195	0.190	0.189	0.196	0.194
5	燃气轮机效率	降低 1%（绝对变化量）	2.279	2.172	2.105	2.311	2.271
6	余热锅炉效率	降低 1%（绝对变化量）	0.775	0.710	0.706	0.787	0.753
7	汽轮机效率	降低 1%（绝对变化量）	1.804	1.630	1.625	1.802	1.666
8	余热锅炉排烟温度	升高 1℃	0.131	0.125	0.120	0.133	0.133
9	大气压力	升高 1kPa	0.138	0.125	0.116	0.150	0.148
10	相对湿度	升高 10%	0.018	0.015	0.016	0.018	0.015
11	压气机进气压损	增加 100Pa	0.011	0.017	0.019	0.021	0.027
12	燃气透平排气压损	增加 100Pa	0.029	0.035	0.027	0.031	0.047
13	压气机效率	降低 1%（绝对变化量）	0.881	0.775	0.866	0.898	0.914

续表

序号	参数	参数变化	耗差（Nm^3/MWh）				
			390MW	430MW	480MW	780MW	830MW
14	余热锅炉烟气侧压损	增加 1kPa	0.310	0.041	0.262	0.312	0.470
15	背压	升高 1kPa	0.911	0.931	0.889	0.702	0.755
16	循环水温度	升高 1℃	0.225	0.183	0.152	0.232	0.213
17	过冷度	升高 1℃	0.011	0.011	0.009	0.011	0.012
18	端差	升高 1℃	0.234	0.209	0.206	0.251	0.195
19	高压主蒸汽温度	降低 1℃	0.023	0.011	0.016	0.021	0.028
20	高压主蒸汽压力	降低 1MPa	0.800	0.588	0.558	0.689	0.495
21	再热蒸汽温度	降低 1℃	0.004	0.022	0.021	0.023	0.022
22	再热蒸气压损	增加 1%（绝对变化量）	0.063	0.071	0.058	0.066	0.063
23	高压级组效率	降低 1%（绝对变化量）	0.071	0.066	0.061	0.078	0.069
24	中压级组效率	降低 1%（绝对变化量）	0.104	0.122	0.097	0.113	0.089
25	低压级组效率	降低 1%（绝对变化量）	0.313	0.275	0.292	0.294	0.267
26	低压补汽温度	降低 1℃	0.0002	0.001	0.001	0.002	0.001
27	环境温度下偏差	降低 10℃	1.036	0.548	0.392	0.780	0.678
28	环境温度上偏差	增加 10℃	−0.450	−0.164	−0.237	0.040	−0.461
29	补水率	升高 1%（绝对变化量）	0.132	0.162	0.143	0.145	0.136

注 1. 390MW 容量 PG9351FA 机组计算基准：环境温度为 15℃，大气压力为 101.325kPa，空气相对湿度为 60%，发电厂用电率为 1.8%，热耗率为 6267kJ/kWh，燃气轮机效率为 36.96%，汽轮机效率为 37.43%，余热锅炉效率为 87.15%，背压为 4.9kPa，循环水温度为 20℃。

2. 430MW 容量 SGT5-4000F 机组计算基准：环境温度为 15℃，大气压力为 101.325kPa，空气相对湿度为 60%，发电厂用电率为 1.8%，热耗率为 6122kJ/kWh，燃气轮机效率为 39.46%，汽轮机效率为 37.59%，余热锅炉效率为 86.3%，背压为 4.9kPa，循环水温度为 20℃。

3. 480MW 容量 M701F4 机组计算基准：环境温度为 15℃，大气压力为 101.325kPa，空气相对湿度为 60%，发电厂用电率为 1.8%，热耗率为 6065kJ/kWh，燃气轮机效率为 39.46%，汽轮机效率为 38.06%，余热锅炉效率为 87.6%，背压为 4.9kPa，循环水温度为 20℃。

4. 780MW 容量机组（390MW 二拖一机组，容量等级按 400MW 等级归类）计算基准：环境温度为 15℃，大气压力为 101.325kPa，空气相对湿度为 60%，发电厂用电率为 1.8%，热耗率为 6307kJ/kWh，燃气轮机效率为 36.89%，汽轮机效率为 37.6%，余热锅炉效率为 86.07%，背压为 4.9kPa，循环水温度为 20℃。

5. 830MW 容量机组（430MW 二拖一机组，容量等级按 400MW 等级归类）计算基准：环境温度为 15℃，大气压力为 101.325kPa，空气相对湿度为 60%，发电厂用电率为 1.8%，热耗率为 6232kJ/kWh，燃气轮机效率为 38.55%，汽轮机效率为 37.89%，余热锅炉效率为 83.87%，背压为 4.9kPa，循环水温度为 20℃。

第十二章 燃气发电机组能耗定额管理

第一节 燃气发电机组能耗限额值

一、燃气发电机组术语

燃气发电机组能效指标一般是指供电标准气耗率或供电标准煤耗率。

(1) 标准天然气：在气体标准参比条件下（101.325kPa，20℃），甲烷成分为100%的天然气称为标准天然气。标准天然气低位发热量为33 350kJ/m³，折标系数为1.138kgce/m³。由于甲烷的密度为0.7174kg/m³，因此标准天然气低位发热量也可写为46 487kJ/kg。

(2) 发电标准气耗率：统计期内，联合循环发电机组每发出1MWh电能所消耗的标准天然气量。其计算公式如下：

$$b_{sf}=\frac{(1-\alpha)B_{bq}\times 1000}{W_f}$$

式中 α——供热比（供热成本分摊比），%；

b_{sf}——发电标准气耗率，m³/MWh；

B_{bq}——统计期内，机组耗用标准天然气量，m³；

W_f——统计期内的机组发电量，kWh。

其中，发电标准煤耗率=发电标准气耗率×1.138，单位为g/kWh。

(3) 供电标准气耗率：统计期内燃气发电机组每供出1MWh电能所消耗的标准天然气量。其计算公式为：

$$b_{sg}=\frac{b_{sf}}{1-L_{fd}}$$

式中 b_{sg}——供电标准气耗率，m³/MWh；

L_{fd}——发电厂用电率，%。

注：供电标准煤耗率=供电标准气耗率×1.138，单位为g/kWh。

二、燃气发电机组的一般要求

根据《热电联产管理办法》(发改能源〔2016〕617号）第20条：规划建设燃气—蒸汽联合循环热电联产项目（以下简称“联合循环项目”）应以热电联产规划为依据，坚持以热定电，统筹考虑电网调峰要求、其他热源点的关停和规划建设等情况。采暖型燃气—蒸汽联合循环项目供热期热电比不低于60%，供工业用汽型联合循环项目全年热电比不低于40%。机组选型遵循以下原则：

(1) 采暖型联合循环项目优先采用“凝抽背”式汽轮发电机组，工业联合循环项目可按“一抽一背”配置汽轮发电机组或采用背压式汽轮发电机组。

(2) 大型联合循环项目优先选用E级或F级及以上等级燃气轮机组。

(3) 选用E级燃气轮机组的，单套联合循环机组承担的热负荷应不低于100t/h。鼓励规划建设天然气分布式能源项目，采用热电冷三联供技术实现能源梯级利用，能源综合利用效率不低于70%。

三、燃气发电机组的能效基准值与限额

燃气发电机组能耗限定值是指供电煤耗率基准值与各种修正系数的乘积。联合循环电厂单位

产品能耗基准值见表12-1。各种修正系数取值见本章第二节。

$$供电标准气耗率限定值=供电标准气耗率基准值\div(S_1\times S_2\times S_3\times S_4\times S_6\times S_7\times S_8\times S_9)+S_5$$

表12-1　　联合循环电厂单位产品能耗基准值

燃气轮机等级	燃气轮机型号	燃气轮机、汽轮机配置	发电标准煤耗率基准值（g/kWh）	发电厂用电率基准值（%）	供电标准煤耗率基准值（g/kWh）	供电标准气耗率基准值（m^3/MWh）
F级	M701F4（M701F5）	一拖一单轴	205	1.8	209	184
		二拖一	210	1.8	214	188
		二拖一（空冷）	212	1.8	217	191
	PG9371FB	一拖一分轴	210	1.8	215	189
	PG9351FA	一拖一单轴	213	1.8	218	192
	V94.3A	一拖一单轴	206	1.8	210	185
	SGT5-4000F	一拖一单轴	210	1.8	215	189
	PG6111FA	一拖一单轴	215	1.8	220	194
E级	PG9171E	一拖一分轴	230	2.0	235	207
	GT13E2	一拖一分轴	228	2.0	233	205
	SGT5-2000E	一拖一单轴	225	2.0	230	202
B级	MS7001B		252		256	225
	其他型号		252		256	225
H级	M701G	一拖一单轴	195	—	199	175
	SGT-8000H	一拖一单轴	195	—	199	175
	GT36	一拖一单轴	195	—	199	175
	9HA	一拖一单轴	194	—	198	174

注　1. 发电厂用电率、供电标准气耗率基准值是参考性指标，不进行考核。

2. 燃气轮机等级按照单台燃气轮机额定发电功率 N 或者燃气轮机燃烧温度 T（即透平转子进口温度）来划分的，当 $N\leqslant100$MW 或者 $T\leqslant1000$℃时，燃气轮机为B级；当 $100<N\leqslant200$MW 或者 $1200\geqslant T>1000$℃时，燃气轮机为E级；当 $200<N\leqslant300$MW 或者 $1400\geqslant T>1200$℃时，燃气轮机为F级；当 $N>300$MW 或者 $T\geqslant1400$℃时，燃气轮机为G或H级。

第二节　燃气发电机组能耗限额的修正

一、供电标准气耗率的修正

供电标准气耗率的折算考虑当地气温条件、燃料成分、出力系数（负荷率）、启动次数、供热、冷却方式、老化因素及入厂天然气增压系统等边界条件。

1. 当地气温修正系数

当地气温对燃气发电机组的影响可分为三个方面：①气温变化对燃气轮机的出力和效率产生影响；②气温变化对燃气轮机排烟温度产生影响，进而影响余热锅炉蒸汽参数，最终对汽轮机出力和效率产生影响；③气温变化对冷却水温产生影响，导致凝汽器真空变化，进而影响汽轮机出力和效率。当环境温度升高时，由于空气密度减小，进入压气机的空气流量减小，燃气轮机出力降低，汽轮机出力也随着降低，因此联合循环机组出力随大气温度升高而降低，反之亦然。

对燃气轮机来说，压气机耗功约占燃气透平输出功率的 2/3，直接影响燃气轮机效率的高低。环境温度升高，由于空气密度减小，进入压气机的空气流量减小，压气机的效率下降；同时由于环境温度升高，压气机进口温度就升高，在同样工况下，压气机的功耗将升高，燃气轮机的输出功率下降，导致燃气轮机效率下降；另一方面，当环境温度升高时，燃气轮机排气温度升高，余热锅炉产生的主蒸汽温度升高，汽轮机效率升高。一般情况下，环境温度对燃气轮机效率和汽轮机效率影响正好相反，但是压气机效率下降幅度较大，因此随着环境温度偏离基准温度（15℃）的幅度增大，联合循环机组热耗率随环境温度变化曲线基本上是一条具有最小值的抛物线。

以 ISO 工况（大气温度为 15℃、大气压力为 101.3kPa、相对湿度为 60%）为基准进行不同气温条件的变工况计算，采用热力学仿真软件进行变工况计算分析，可得到供电标准气耗率修正系数 S_1，见表 12-2。

表 12-2　　不同气温下供电标准气耗率修正系数

环境温度（℃）	修正系数 S_1							
	F 级				6F	E 级		
	GE	西门子	三菱	平均	GE	西门子	GE	平均
−4	1.016 66	1.021 91	1.004 61	1.014 39	1.009 42	1.011 88	1.013 00	1.012 44
−2	1.014 59	1.019 14	1.003 74	1.012 49	1.007 46	1.009 75	1.010 20	1.009 98
0	1.012 59	1.016 48	1.002 96	1.010 68	1.005 73	1.007 82	1.007 75	1.007 78
2	1.010 67	1.013 93	1.002 25	1.008 95	1.004 22	1.006 09	1.005 64	1.005 86
4	1.008 81	1.011 48	1.001 62	1.007 30	1.002 94	1.004 55	1.003 86	1.004 21
6	1.007 02	1.009 14	1.001 06	1.005 74	1.001 88	1.003 21	1.002 44	1.002 82
8	1.005 30	1.006 91	1.000 59	1.004 26	1.001 05	1.002 07	1.001 35	1.001 71
10	1.003 65	1.004 78	1.000 20	1.002 87	1.000 45	1.001 12	1.000 60	1.000 86
12	1.002 06	1.002 75	0.999 88	1.001 57	1.000 07	1.000 37	1.000 19	1.000 28
14	1.000 55	1.000 84	0.999 64	1.000 34	0.999 91	0.999 82	1.000 13	0.999 97
15	1	1	1	1	1	1	1	1
16	0.999 66	1.000 32	1.000 40	1.000 12	1.000 58	1.000 30	1.000 41	1.000 35
18	0.999 77	1.000 57	1.001 38	1.000 57	1.001 85	1.000 95	1.001 03	1.000 99
20	1.000 40	1.001 24	1.002 68	1.001 44	1.003 59	1.002 00	1.001 99	1.001 99
22	1.001 56	1.002 31	1.004 28	1.002 72	1.005 80	1.003 44	1.003 29	1.003 37
24	1.003 26	1.003 79	1.006 19	1.004 41	1.008 47	1.005 28	1.004 93	1.005 11
26	1.005 48	1.005 67	1.008 42	1.006 52	1.011 61	1.007 51	1.006 92	1.007 21
28	1.008 23	1.007 97	1.010 95	1.009 05	1.015 21	1.010 14	1.009 24	1.009 69
30	1.011 51	1.010 67	1.013 78	1.011 99	1.019 29	1.013 16	1.011 91	1.012 53
32	1.015 32	1.013 77	1.016 93	1.015 34	1.023 83	1.016 58	1.014 92	1.015 75
34	1.019 66	1.017 29	1.020 39	1.019 11	1.028 83	1.020 39	1.018 27	1.019 33
36	1.024 52	1.021 21	1.024 15	1.023 29	1.034 31	1.024 59	1.021 96	1.023 27
38	1.029 92	1.025 53	1.028 23	1.027 89	1.040 25	1.029 19	1.025 99	1.027 59
40	1.035 85	1.030 27	1.032 61	1.032 91	1.046 66	1.034 19	1.030 36	1.032 27

从表 12-2 中可以看出，当大气温度在−4～8℃、10～20℃、20～40℃范围内修正系数相差较小，因此，大气温度对各容量等级燃气发电机组供电标准气耗率的修正系数表达式见表 12-3。

表 12-3　当地气温修正系数 S_1 表达式

容量等级	修正系数 S_1
400MW	$K_1+K_2\times1.0141+K_3\times1.0083$
200MW	$K_1+K_2\times1.0144+K_3\times1.0064$
100MW	$K_1+K_2\times1.0216+K_3\times1.004$

注　K_1 为春秋季（3～5、10、11 月）的发电量占年度总发电量的比重；K_2 为夏季（6～9 月）的发电量占年度总发电量的比重；K_3 为冬季（1、2、12 月）的发电量占年度总发电量的比重。

2. 燃料成分修正系数

燃料成分主要是燃料的碳氢质量比和低位热值影响出力和效率，燃气成分对 M701F3 型联合循环机组出力和效率的影响曲线如图 12-1 所示。

依据不同设备厂家提供的燃气发电机组性能修正曲线（包括 GE、三菱、西门子公司的 E 级、F 级燃气发电机组），获得不同机型不同碳氢质量比下，燃料低位热值与联合循环热耗率修正系数的数据，并进行数据汇总、制图、图表分析、曲线拟合。鉴于各碳氢质量比下拟合得到的多条曲线皆为直线，故求取曲线均值，即相交直线的角平分线作为燃料低位热值与燃气发电机组热耗率修正系数的关系曲线，由此获得 400MW 等级、200MW 及以下等级函数关系式。供电标准气耗率与机组热耗率成正比关系，获得拟合曲线函数关系式即能表达各个碳氢质量比条件下的燃料低位质量热值与供电标准气耗率修正系数 S_2，见表 12-4。

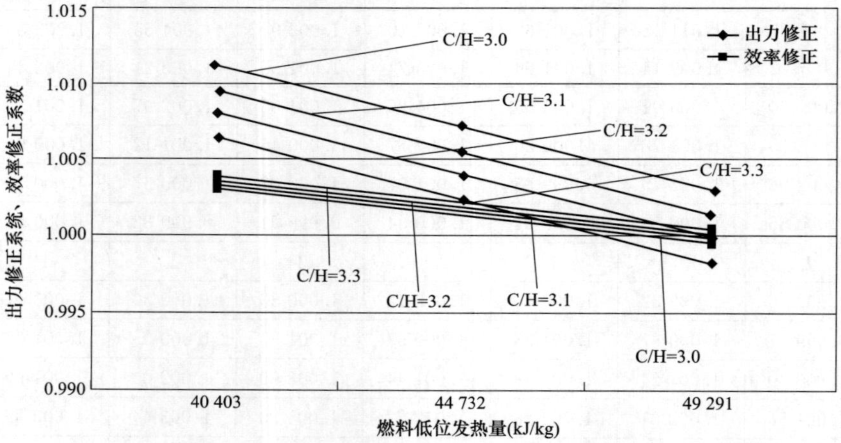

图 12-1　燃气成分对 M701F3 型联合循环机组出力和效率的影响曲线

表 12-4　燃料成分修正系数

容量等级	C/H	修正系数 S_2
400MW	C/H＝3.0	$1.3355E\text{-}07\times Q_{ar,q}+0.993\,56$
	C/H＝3.15	$1.3942E\text{-}07\times Q_{ar,q}+0.993\,62$
	C/H＝3.3	$1.7819E\text{-}07\times Q_{ar,q}+0.992\,00$
200MW 及以下	C/H＝3.0	$2.5159E\text{-}07\times Q_{ar,q}+0.988\,00$
	C/H＝3.15	$0.7429E\text{-}07\times Q_{ar,q}+0.996\,50$
	C/H＝3.27	$2.6058E\text{-}07\times Q_{ar,q}+0.9895$

注　1. C/H 为燃料碳氢质量比；为燃料低位质量热值（kJ/kg）；C/H 不在上述数值上的，采用插值方法计算。
2. E-7 是科学计数法，表示$\times10^{-7}$。

3. 负荷率修正系数

联合循环机组的循环效率随着负荷的降低呈抛物线型下降。根据西门子公司提供的 V94.3A 修正曲线（见图 12-2）中可以看出，当机组在 70％负荷下运行时，其热耗率将增加 7％。

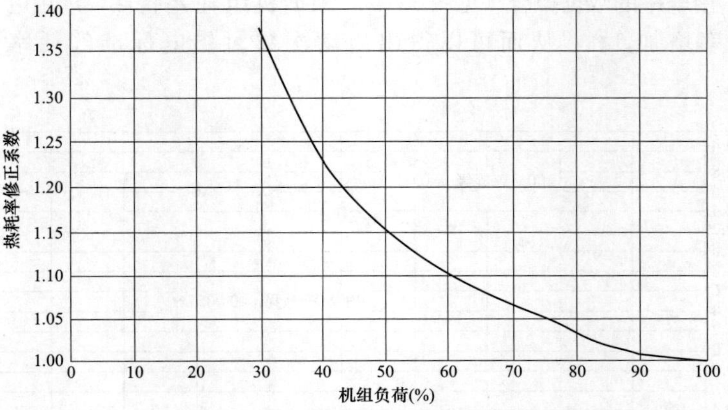

图 12-2 V94.3A 型 390MW 燃气轮机的热耗率随出力系数的修正曲线

负荷率修正系数的确定是通过对多台 400MW 等级和 200MW 等级机组的 1000 多组实际生产运行数据的统计分析。对数据统计分析发现燃气发电机组负荷率基本上集中在 50％～90％范围内。分别将数据拟合成线性函数、多项式函数、指数函数和幂函数，且根据机组负荷特性，分段幂函数修正更为合理。机组出力系数与供电标准气耗率的拟合函数关系如图 12-3 所示，机组负荷率修正系数 S_3 见表 12-5。

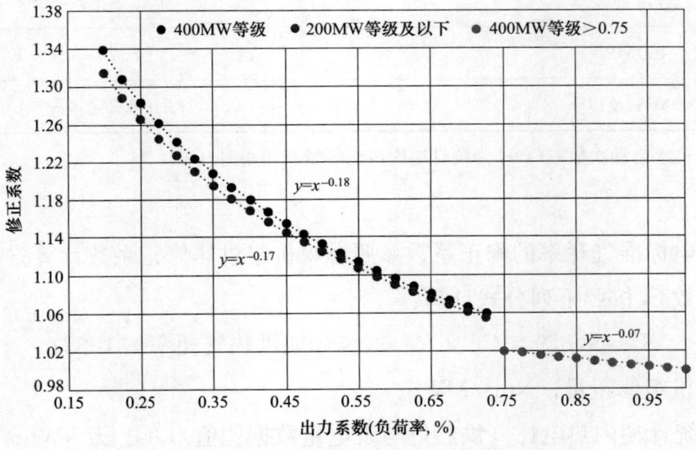

图 12-3 出力系数与供电标准气耗率修正系数

表 12-5 **机组负荷率修正系数**

出力系数（％）	容量等级	修正系数 S_3
≥75	400MW	$F^{-0.05}$
	200MW 及以下	$F^{-0.07}$
＜75	400MW	$F^{-0.17}$
	200MW 及以下	$F^{-0.18}$

注 F 为机组负荷率。

4. 启动次数修正系数

启动次数主要通过影响机组发电厂用电率来影响供电标准气耗率，因此首先应确定启动次数对厂用电率的影响，其修正系数同样是通过对收集到的1000多组数据进行统计分析确定。通过对启动次数与发电厂用电率的数据拟合（见图12-4），根据机组耗差特性，厂用电率每增加1%，机组供电标准气耗率增加1%，从而可以得出启动次数对供电标准气耗率的修正系数 S_4，见表12-6。

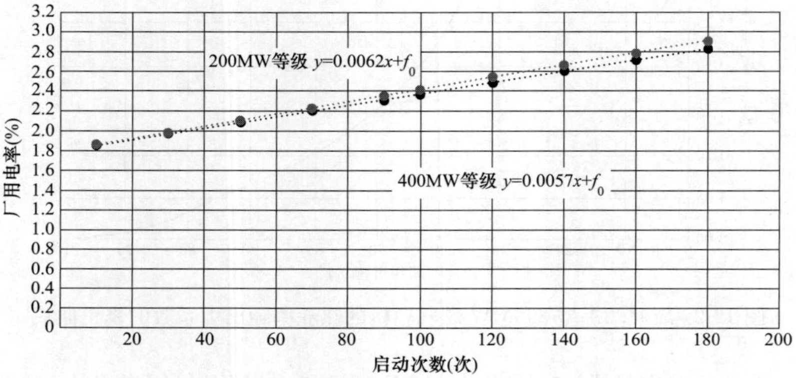

图12-4 启动次数对发电厂用电率的拟合曲线

（f_0 为设计发电厂用电率，取1.8%）

表12-6 机组启动次数修正系数

容量等级	修正系数 S_4
400MW	1+5.7%×N÷EOH
200MW及以下	1+6.2%×N÷EOH

注 N 为统计期内机组启动次数；EOH为统计期内机组等效利用小时（h）。

5. 供热修正系数

供热对机组供电标准气耗率的修正系数参照燃煤机组供热修正系数计算方法，供热对供电标准气耗率的修正系数 S_5 按照下列公式计算：

$$S_5 = 0.879 \times C_{pi} \times R_i \times (\text{统计期供热气耗率}/31.88)$$

式中 S_5——供热机组修正量，Nm^3/MWh；

R_i——机组统计期内热电比（供热量与发电量数据比值），GJ/万kWh；

C_{pi}——不同抽汽压力供热时的供电标准气耗率调整系数，万g/GJ；

0.879——供电标准煤耗率修正量折算为供电标准气耗率的系数，计算方法：标煤低位热值（29 307.6）/标准天然气低位热值（33 350）=0.879；

31.88——根据热量法计算的燃气供热机组理论供热标准气耗率，单位为 m^3/GJ。

理论供热标准气耗率计算公式为：

$$b_{sr} = \frac{1}{Q_{ar,qb}\,\eta_{hs}\,\eta_{gd}} \times 10^6$$

式中 b_{sr}——理论供热标准气耗率，m^3/GJ；

$Q_{ar,qb}$——标准天然气低位发热量，kJ/m^3（取 33 350kJ/m^3）；

η_{hs}——热网效率，%（取 95%）；

η_{gd}——管道效率，%（取 99%）。

根据《国家电力公司一流火力发电厂考核标准》（电发〔2000〕196 号），C_{pi}用下列公式计算：

$$0 < p_i \leqslant 0.879\text{MPa} \quad C_{pi} = 1.506 - 0.97\lg(p_i + 0.1)$$

$$0.879 < p_i \leqslant 3.92\text{MPa} \quad C_{pi} = 1.505 - 1.404\lg(p_i + 0.1)$$

式中 p_i——供热抽汽压力，MPa。

6. 冷却方式修正系数

机组冷却方式修正系数 S_6 按表 12-7 选取。

表 12-7　　机组冷却方式修正系数

冷却方式		修正系数 S_6
直流冷却	$H \leqslant 10$m	1.0
	$H > 10$m	$1 + (H - 10) \div H \times$循环水泵用电率
循环冷却	机械通风冷却塔	1+机力塔耗电率
	自然通风冷却塔	1.002

注 H 为循环水泵进水口中心线到凝汽器入口水管中心线的垂直距离。

7. 老化因素修正系数

机组运行时间越长，机组老化越严重，机组出力和效率下降越明显。依据不同设备厂家提供的燃气发电机组性能修正曲线（包括 GE、三菱、西门子公司的 E 级、F 级燃气发电机组），获得机组等效利用小时数与燃气发电机组热耗修正系数的数据，并进行数据汇总、制图、图表分析、曲线拟合。由此获得机组老化修正系数 S_7，见表 12-8。

表 12-8　　机组老化修正系数

容量等级	修正系数 S_7
400MW	8E-17×EOH_0^4－8E-13×EOH_0^3＋3E-09×EOH_0^2－7E-06×EOH_0＋0.9999
200MW 及以下	1E-17×EOH_0^4－2E-13×EOH_0^3＋1E-09×EOH_0^2－5E-06×EOH_0＋1.0017

注 EOH_0 为机组从投运至统计结束日期的等效利用小时数。

8. 入厂天然气增压系统修正系数

入厂天然气增压系统主要因为增压机影响厂用电率，进而影响机组供电标准气耗率，修正系数 S_8 见表 12-9。

表 12-9　　天然气增压系统修正系数

入厂天然气增压系统	修正系数 S_8
无	1.0
有	1+增压机耗电率

9. 大气压力修正系数

大气压力升高，空气密度增加，联合循环机组出力随大气压力升高而升高，反之亦然。联合循环效率受大气压力影响不大，图 12-5 所示为大气压力对 M701F3 型联合循环机组出力和效率的影响曲线，大气压修正系数计算公式为：

$$S_9 = 0.09 \times (p - 101.3)$$

式中 p——统计期平均大气压力[以 kPa(a)计]。

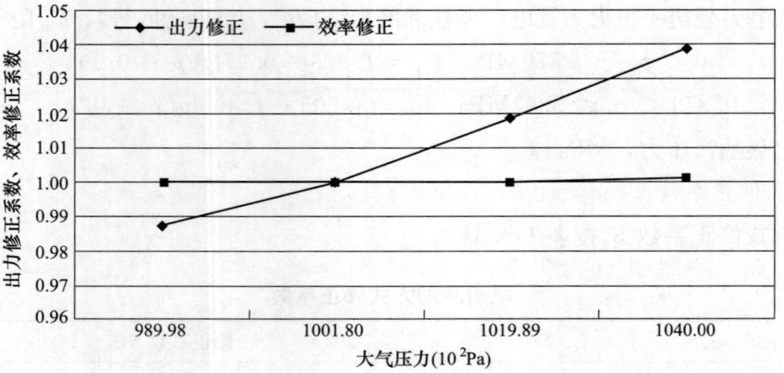

图 12-5 大气压力对 M701F3 型联合循环机组出力和效率的影响曲线

10. 供电标准气耗折算值

供电标准气耗折算值是指供电标准气耗率修正后的折算值。

供电标准气耗折算值＝供电标准气耗完成值÷$(S_1 \times S_2 \times S_3 \times S_4 \times S_6 \times S_7 \times S_8) + S_5$

二、燃气发电机组发电厂用电率的修正

发电厂用电率的折算考虑机组出力系数（负荷率）、启动次数、冷却方式、入厂天然气增压系统、脱硝系统等边界条件。

1. 出力系数（负荷率）修正值

机组出力系数修正值 L_1 按表 12-10 选取。

表 12-10 出力系数修正值

容量等级	修正值 L_1
400MW	$0.7 \times (F^{-0.47} - 1) \times f_0$
200MW 及以下	$0.7 \times (F^{-0.43} - 1) \times f_0$

注 F 为机组负荷率（出力系数），f_0 为机组设计发电厂用电率。

2. 启动次数修正值

机组启动次数修正值 L_2 按表 12-11 选取。

表 12-11 机组启动次数修正值

容量等级	修正值 L_2
400MW	$5.7 \times N \div$ EOH/100
200MW 及以下	$6.2 \times N \div$ EOH/100

注 N 为机组启动次数，EOH 为机组等效利用小时。

3. 冷却方式修正值

机组冷却方式修正值 L_3 按表 12-12 选取。

表 12-12 机组冷却方式修正值

冷却方式		修正值 L_3
直流冷却	$H \leqslant 10m$	0
	$H > 10m$	$(H-10) \div H \times$ 循环水泵用电率
循环冷却	机械通风冷却塔	机力塔耗电率
	自然通风冷却塔	0.2%

注 H 为循环水泵进水口中心线到凝结器入口水管中心线的垂直距离。

4. 入厂天然气增压系统修正值

入厂天然气增压系统修正值 L_4 按表 12-13 选取。

表 12-13 天然气增压系统修正值

入厂天然气增压系统	修正值
无	0
有	增压机耗电率

5. 脱硝系统修正值

脱硝系统修正值 L_5 按表 12-14 选取。

表 12-14 脱硝系统修正值

脱硝系统	修正值 L_5
无	0
有	脱硝系统耗电率

6. 发电厂用电率折算值

发电厂用电率折算值＝发电厂用电率完成值－$(L_1+L_2+L_3+L_4+L_5)$。

第五篇

节能小指标的技术监督

本篇指标监督中经常要用到耗差分析，因此本篇主要讲述耗差分析，以及等效热降理论的应用。

本篇主要讲述指标监督标准、影响指标的因素、控制指标的主要措施。

本篇讲述的指标包括锅炉的过热蒸汽温度、再热蒸汽温度、排烟温度、灰渣可燃物、煤粉细度、石子煤排放率、锅炉氧量、减温水量、空气预热器漏风率等指标的技术监督工作。

本篇讲述的指标包括汽轮机的流部分内效率、凝汽器真空、真空严密性、凝汽器端差、再热蒸汽压力与温度、主蒸汽压力与温度、补水率、给水温度、加热器端差、监视段压力和温度、凝结水过冷却度、冷却塔性能等指标的技术监督工作。

第十三章 锅炉指标的技术监督

第一节 吹灰器投入率的监督

一、积灰形成的原因

在煤炭燃料成分中，含有一些不可燃的成分，这些成分可以统称为灰分。灰分会在锅炉燃烧的过程中析出，其中一部分在锅炉受热的一面沉积下来，还有一部分会随着燃烧产出的烟气被带出锅炉。其中在锅炉壁上沉积下来的灰又有两种形态，一种是未到达煤灰熔点的沉积物在锅炉受热面上逐渐沉积形成的，称为积灰。这类积灰多发生在有对流的受热面上，即空气预热器与炉膛口这一段。另一种是温度高于熔点被融化了的灰分在炉膛、出口、过热器等温度较高的受热面上发生沉积，称为结渣。积灰和结渣的形成是在物理、化学等各类因素的共同作用下，经过非常复杂的过程才形成。

随着燃煤电站锅炉容量的不断增大，炉膛截面热负荷、水冷壁热负荷、炉膛内最高温度以及对流受热面区的烟温不断增高，受热面的结渣和积灰问题日益突出。结焦、积灰严重时，将影响锅炉传热能力，造成排烟温度升高、发电煤耗率增加、厂用电率升高；积灰长期覆盖受热面设备又会加剧受热面管子的腐蚀，造成“四管”爆破，缩短受热面的寿命，威胁锅炉安全运行。因此，应选用合适的可靠的吹灰器保持燃煤锅炉受热面清洁，预防和降低锅炉各受热面结渣、积灰。

目前，在超低排放改造之后，在SCR（选择性催化还原法）脱硝技术改造后，空气预热器堵灰与腐蚀成为火电厂的主要矛盾。空气预热器堵塞的原因可以确定为因脱硝系统逃逸的氨与烟气中的SO_3反应生成硫酸氢铵，并在空气预热器冷段沉积，造成空气预热器堵塞。硫酸氢铵型堵灰的直接原因是黏性的液态硫酸氢铵黏附在空气预热器换热元件上，并黏附飞灰造成堵灰。硫酸氢铵型堵灰的发生有4个必要条件：氨逃逸、SO_3浓度高、烟气温度低、水分高。

1. 氨逃逸

氨逃逸指标偏高会使空气预热器堵灰速度明显加快。氨逃逸形成的根本原因是SCR反应器内NO_x与NH_3不完全反应，逃逸的NH_3与烟气中的SO_3和水形成大量的硫酸氢铵，不仅会对冷端换热原件造成堵塞，而且液态的硫酸氢铵捕捉飞灰的能力极强，极易造成冷端层原件堵灰，从而导致空气预热器运行阻力升高。同时由于喷氨时可能存在不均匀的问题，造成各个位置的氨气逃逸率差别较大，此时表计值很难真实反应NH_3的逃逸率。若氨逃逸率增加2ppm时，半年后空气预热器阻力增加约30%，增加3ppm时，阻力增加50%甚至更高。

2. SO_3浓度高

煤质中含有硫分，在燃烧过程中，燃料中的硫分可能有70%～80%会形成SO_2及少量SO_3。在SCR催化剂作用下，部分SO_2转化为SO_3，以及燃煤硫分高、运行氧量高等，都会使烟气中SO_3浓度升高。导致硫酸氢铵型、结露型两种堵灰同时加重。

$$2HN_3 + SO_3 + H_2O = (NH_4)_2SO_4$$

$$HN_3 + SO_3 + H_2O = NH_4HSO_4$$

在氨充分时则生成硫酸铵，否则生成硫酸氢铵。后者是空气预热器堵灰与腐蚀的主要根源。

3. 排烟温度低

随排烟温度降低，硫酸氢铵沉积区上移，蒸汽吹灰效果变差。硫酸氢铵沉积区对应的烟气温度为147～230℃，此温度段硫酸氢铵呈液态，黏性强。空气预热器工作的烟气温度区域包含了ABS区，随烟温降低ABS区上移，会导致中温段换热元件下部堵灰，此处蒸汽吹灰距离远且换热元件波形不同，蒸汽吹灰效果差，积灰发展迅速。SCR入口烟温对脱硝效率影响明显，SCR入口烟温低时，脱硝效率降低，SCR出口氨逃逸升高。根据试验曲线，烟气温度在370～400℃时喷氨量比300℃时降低约40%，脱硝效率提高约10%。

空气预热器堵塞物化验表明：30%以上堵塞物为硫酸氢铵，由于硫酸氢铵的露点为147℃，现在空气预热器出口烟气温度一般均为125℃左右。因而，必然在空气预热器冷端产生硫酸氢铵沉积。烟气经过SCR反应器和空气预热器热段后，排烟温度降低，烟气中已生成的气态硫酸氢铵会在空气预热器冷段的传热元件上凝固下来，造成空气预热器冷段积盐与结垢，进而影响空气预热器的正常运行。

空气预热器堵灰的危害是：空气预热器积灰后，受热面积减少，使传热恶化，排烟温度升高，使排烟热损失增大，降低锅炉热效率。

防止空气预热器堵灰腐蚀的主要措施是：控制燃料含硫量，合理控制吹灰频率与方式，适时投运暖风器，控制氨逃逸率，检查和清理换热元件。

空气预热器堵灰主要表现为空气预热器烟气出、入口的差压增大，排烟温度升高，热风温度下降，风、烟系统阻力增大，炉膛压力波动，引、送风机电耗增加，风机喘振，增加空气预热器漏风等。表13-1为某电厂在3号300MW锅炉空气预热器堵（积）灰时解除引风机自动后取得的一组数据。

表13-1 某电厂3号300MW锅炉空气预热器堵（积）灰时运行数据

时间（h：m：s）	A预热器出口烟气压力（kPa）	A预热器入口烟气压力（kPa）	B预热器出口烟气压力（kPa）	B预热器入口烟气压力（kPa）	B预热器出口热风压力（kPa）	炉膛负压（Pa）	引风机电流（A）	
							A侧	B侧
19：36：03	－2.59	－0.4	－3.0	－0.4	1.2	＋120	118	120
19：36：25	－2.58	－0.7	－2.9	－0.7	0.9	－282	118	120
19：36：45	－2.61	－0.4	－3.11	－0.4	1.1	＋99	118	120
19：37：10	－2.59	－0.7	－2.9	－0.7	0.9	－324	118	120
19：37：28	－2.62	－0.4	－3.1	－0.4	1.1	＋118	118	120

从表13-1运行数据可以看出：

（1）炉膛压力呈周期性波动，波动周期在43s左右，与预热器转动周期时间（转动一周46s）基本吻合。

（2）解除引风机自动后，在开度、电流维持不变状态下，炉膛压力周期性波动仍存在，因此可以排除引风机调整导致炉膛压力波动的可能。

（3）在引风机出力不变的情况下，预热器烟侧差压的增大说明预热器积灰情况在不断加重。A预热器烟气侧阻力（出入口压差）在1.9～2.2kPa之间，B预热器烟气侧阻力（出入口压差）在2.2～2.7kPa之间，与同工况下4号锅炉烟气侧阻力1.8～2.0kPa比较，可以看出A、B预热器都有不同程度堵塞，A预热器堵塞情况好一些，B预热器堵塞较严重。

利用3号机组停机调峰备用机会，电厂检修人员对预热器进行了检查，发现B预热器波形板蓄热元件腐蚀、堵灰严重，对B预热器进行了清灰处理，处理后炉膛压力趋于稳定。

综上所述可以得出：运行中炉膛压力呈现周期性波动现象，波动一个周期为43s，而空气预热器正常运行的转速为1.3r/min（即旋转一周的时间为46s），时间基本吻合。而且A、B预热器烟、风侧差压比正常偏大，因此判断炉膛压力波动原因为预热器堵塞所致。B预热器现象比较明显，说明B空气预热器堵塞相对严重。

二、吹灰器投入率的定义

吹灰器投入率为所有吹灰器实际投入次数与机组所有吹灰器应投入次数的百分比，其计算公式为

$$\text{吹灰器投入率}=\frac{\text{计算期单炉吹灰器正常投入台次}}{\text{计算期单炉所有吹灰器应投入的台次数}}\times 100\%$$

三、吹灰器投入率的监督标准

要求吹灰器好用，每天定期投入运行，并做好记录。由于每台锅炉容量不等，吹灰器数量差别很大，有的锅炉甚至有上百台吹灰器，有的只有十几台吹灰器，因此规定只要当天某吹灰器能正常投入运行一次，就可以将该吹灰器统计进投入台次。统计期内吹灰器（包括炉膛和尾部烟道）投入率应不小于98%。

四、吹灰器吹灰的耗差分析

吹灰效果直接影响锅炉的经济及安全运行。例如SDZX电厂300MW机组锅炉进行全面吹灰一次，排烟温度实际降低13℃左右，各部烟温均有不同程度的降低。600MW机组锅炉全面吹灰之后，空气预热器入口烟温可以降低40～50℃，排烟温度可降低6～10℃。尤其是吹完尾部烟道受热面（如低温再热器、低温过热器、省煤器）之后，空气预热器入口烟温和排烟温度大大降低，提高了锅炉运行的经济性。

必要的吹灰可以改善受热面的状况，但吹灰本身也是一种热损失，增加排烟损失，还可能造成受热面的吹损和腐蚀，有必要对吹灰方式（如通过试验确定最佳吹灰周期）和参数进行优化，主要依据是排烟温度、主蒸汽温度、再热蒸汽温度、省煤器出口水温、减温水量和氧量等。

假定 N_1 表示炉膛短吹灰器（短伸缩吹灰器）数量（对于300MW机组，$N_1=58$ 只），m_1 表示炉膛短吹灰器的蒸汽流速（65kg/min），t_1 表示炉膛吹灰一次时间（2～3min），t 表示运行一个班的时间（6h），每班吹灰一次，则每天炉膛短吹灰器吹灰的蒸汽流量

$$G_{lt}=N_1\times m_1\times 60\times\frac{t_1}{60}\times\frac{24}{t}\times\frac{1}{24}=58\times 65\times 60\times\frac{3}{60}\times 4\times\frac{1}{24}=1885(\text{kg/h})$$

假定 N_2 表示烟道长吹灰器（长伸缩吹灰器）数量（对于300MW机组，竖井、水平烟道42只，尾部烟道16只，合计 $N_2=58$ 只），m_2 表示炉膛短吹灰器的蒸汽流速（65kg/min），t_2 表示炉膛吹灰一次时间（7.5min），每班吹灰一次，则每天炉烟道长吹灰器吹灰的蒸汽流量

$$G_{cc}=N_2\times m_2\times 60\times\frac{t_2}{60}\times\frac{24}{t}\times\frac{1}{24}=58\times 65\times 60\times\frac{7.5}{60}\times 4\times\frac{1}{24}$$

$$=4712.5(\text{kg/h})$$

假定 N_3 表示空气预热器短吹灰器数量（对于300MW机组，$N_3=4$ 只），m_3 表示预热器短吹灰器的蒸汽流速（80kg/min），t_3 表示炉膛吹灰一次时间（30min），每班吹灰一次，则每天预热器短吹灰器吹灰的蒸汽流量

$$G_{yr}=N_3\times m_2\times 60\times\frac{t_3}{60}\times\frac{24}{t}\times\frac{1}{24}=4\times 80\times 60\times\frac{30}{60}\times 4\times\frac{1}{24}=1600\ (\text{kg/h})$$

每台300MW机组每天吹灰的蒸汽流量

$$G_{ch}=1885+4712.5+1600=8197.5\ (kg/h)$$

吹灰蒸汽丧失的做功能力

$$\Delta P_e=\frac{G_{ch}}{3600}(h_3-h_c)$$

$$=\frac{8197.5}{3600}\times(3247.98.6-2343.3)=2060.03\ (kW)$$

式中 h_c——汽轮机乏汽的比焓，kJ/kg；

h_3——吹灰蒸汽的比焓，kJ/kg。

根据吹灰蒸汽压力2MPa、温度400℃，查水蒸气表得到 $h_3=3247.98$kJ/kg；根据排汽温度33℃、干度0.912，查水蒸气表得到 $h_c=2343.3$kJ/kg。

假定300MW机组供电煤耗率 $b=330$g/kWh，则锅炉满负荷时输入热量

$$Q_N=29\ 308kJ/kg\times\frac{300\ 000kW\times0.330kg/kWh}{3600kJ/kWh}=805\ 970kW$$

因此，发电厂效率的降低值

$$\Delta\eta_e=\frac{\Delta P_e}{Q_N}\times100\%=\frac{2260.03}{805\ 970}\times100\%=0.280\%$$

因此锅炉每天吹灰四次，影响供电煤耗率＝330g/kWh×0.280%＝0.924g/kWh。如果每天吹灰一次，则影响供电煤耗率为0.231g/kWh。

五、锅炉吹灰目前存在的主要问题

（1）吹灰器长期频繁使用、时间长，不但增加机组补水率，而且受热面磨损加剧，管外壁减薄，易造成“四管爆破”，导致停炉。受热面吹损主要发生在炉膛水冷壁、低温过热器及省煤器吊挂管，局部出现在后屏过热器、再热器中。被吹损的部位一般集中吹灰枪管喷口的某一个固定方向上，一旦该方向上某一根或数根管子首先被吹灰爆破，其他受热面管子也会受影响吹损爆破，造成重大的爆管泄漏事故。

（2）吹灰器使用中未按操作规程操作，如吹灰后，不关吹灰手动总门，使吹灰管道及设备长期带压，造成吹灰设备损坏，且随着时间的推移其故障率越来越高，维修费用随之增高。

（3）低负荷时吹灰，此时炉膛火焰燃烧不稳定，如果运行人员投入吹灰器的时机、数量不适当，调整风量风压不及时，就有可能造成锅炉灭火，吹落的大焦块也有可能造成灭火事故。

（4）为了强调吹灰效果，吹灰蒸汽设计压力偏高。吹灰蒸汽的压力过高，从喷嘴处喷出的高速流动的蒸汽带着灰粒冲刷受热面管子，管子的磨损速度极快。对此可适当降低吹灰蒸汽压力。

（5）吹灰器进汽阀故障。进汽阀密封面不严，造成内漏，在该吹灰器停止正常吹灰后，仍向炉内喷射蒸汽，使受热面某一部位长期受冲刷减薄而爆破。

（6）吹灰枪故障。吹灰枪弯曲、变形，主要原因是吹灰管长期过热、过烧产生塑性变形；吹灰枪断裂，主要原因是吹灰管接头焊口焊接质量不良，或热处理不当造成焊口断裂，或者吹灰枪长时间不能退出炉膛被高温烧毁发生断裂；吹灰枪进退卡涩，主要原因是吹灰枪密封格兰填料过紧，或吹灰枪弯曲变形。

（7）吹灰器变速传动机械故障。传动机械故障主要原因是润滑不良，机构缺油。

（8）吹灰管烧断后砸坏或卡住捞渣机，这类事故是处于炉膛部位的吹灰器因故障不能退出而被烧断后，直接掉落到冷灰斗下部的捞渣机中，卡住或砸坏捞渣机，导致锅炉不能正常排渣。

（9）吹灰管断裂后砸坏冷灰斗处水冷壁。当在炉膛部位的吹灰管焊口断裂或因故障不能退出

被烧断后，掉落到冷灰斗处的水冷壁上。因吹灰器安装部位高，落差大，而吹灰管又较重，就会砸坏水冷壁管，造成泄漏。

(10) 吹灰枪管焊口的焊接及热处理不当是造成吹灰器事故的重要原因之一。大型锅炉伸缩式吹灰器的吹灰枪管一般都较长，从数米到10余米不等。而吹灰枪管大部分都是由不锈钢、耐热合金钢和碳钢等几种不同材料、不同壁厚的异种钢管焊接而成。焊口的焊接和热处理质量及焊后枪管的平直度、同心度等都直接影响吹灰器的运行状态及使用寿命。如果存在这方面的质量问题，则易造成运行中吹灰枪管焊口断裂、吹灰枪管卡涩并最终烧毁。

(11) 吹灰蒸汽管道安装时，未留出倾斜坡度或坡度不足，使蒸汽管道内存有大量冷凝水，造成吹灰时雾化的水滴冲蚀受热面或引起受热面热应力变化而缩短使用寿命。

(12) 控制系统存在问题。行程开关失灵，主要原因是行程开关因密封不良进汽、进水、进灰使触点接触不良，造成吹灰器进到位后不能及时返回，吹灰枪被烧坏；控制回路故障，主要包括控制线路断路、短路，接线端子脱落、松动，继电器烧毁，压力信号开关失灵等故障，造成吹灰器不能正常退出而烧坏。

六、提高吹灰器投入率的主要措施

(1) 吹灰过程应有人就地监视吹灰器的进退情况，吹灰器发生卡涩，要进行手动退出。如短时间处理不好，应及时切断汽源，舍吹灰器保锅炉设备。卡涩原因一是由于吹灰枪管不圆或严重变形，导致吹灰枪管被卡死，使得吹灰器无法进退；二是机械传动部件卡死或磨损。对此，首先要找到对应的吹灰器，手动退出吹灰器。退出吹灰器后要对其各个部件进行全面的检查，如是吹灰枪管或墙箱的问题，要进行修整或更换处理。如是机械传动部件问题要检查吹灰器前棘爪、凸轮导向槽、各种销子、大齿轮，前托轮等的状态，根据检查情况对其进行修复或更换处理。

(2) 锅炉负荷在额定负荷70%以上方能进行吹灰。吹灰时，应适当提高炉膛负压，保持燃烧稳定，负荷稳定。

(3) 根据锅炉受热面积灰情况、煤质情况、锅炉燃烧情况制定合理的吹灰器投入时间。对结焦不严重的部位减少吹灰次数，以减少浪费。锅炉炉膛一般每24h吹灰一次，尾部烟道12h吹灰一次。

(4) 严格按照规程要求进行操作，吹灰结束应将吹灰手动门严密。

(5) 定期安排热控和锅炉专业检修人员逐台监控吹灰器运行状况，对吹灰器存在的异常应立即停止吹灰并及时进行检修。

(6) 提高吹灰器检修质量，对于吹灰器提升阀门故障，应修复阀门各部件及研磨阀门密封面。对吹灰器定期进行更换盘根或填料。

(7) 必须设有专人对吹灰器进行定期维护，加大对吹灰器的维护保养力度。吹灰器的机械传动部分每半年就全面检查润滑油质情况，有必要时取样检测，避免在缺油、油质不合格的情况下运行，保证机械部分不卡涩。

(8) 吹灰器选择合适的运行参数。例如某电厂300MW锅炉经常因吹灰器吹损受热面而爆管停炉，后将炉膛IR－3D吹灰器运行压力从1.5MPa调整为0.4～0.5MPa，将水平烟道IK545吹灰器运行压力从1.28～1.45MPa调整为0.6～0.9MPa，将尾部烟道IK525吹灰器运行压力从1.0～1.2MPa调整为0.5MPa，再也没有发生因吹灰器原因而爆管停炉事件。

(9) 长伸缩式吹灰器（安装位置：锅炉水平及垂直烟道，回转式空气预热器）所有传动部件（一般在刚性大梁内部）、齿轮箱等应全封闭安装，以提高其防尘、防雨水等性能，满足安装运行的环境条件；宜采用齿条传动，传动平稳、坚固、耐磨、可靠且调整方便，更换吹灰管无需整体拆卸吹灰器，通过大梁底部可就地进行操作；齿轮箱宜采用进口润滑脂，可长期（20年）

无需添加；齿轮箱与行走箱宜采用分隔式布置，以防 IE 行走箱内的热量传给齿轮箱而损坏齿轮箱内零件；对于蒸汽吹灰器配套的电动机和电气元件宜分别选用 IP55 和 IP65 防护等级，这一点对于露天布置锅炉尤为重要。

第二节 过热蒸汽温度的监督

一、过热蒸汽温度定义

1. 过热蒸汽温度定义

过热蒸汽温度是指锅炉末级过热器出口的蒸汽温度，单位通常以℃表示。如果有多条管道，取算术平均值。

根据《火力发电厂设计技术规程》（DL 5000—2000）：对于亚临界及以下参数机组，过热器出口的额定蒸汽温度比汽轮机额定进汽温度高 2℃；对于亚超临界及以上参数机组，过热器出口的额定蒸汽温度比汽轮机额定进汽温度高 3℃。

2. 过热蒸汽温度过高对汽轮机的危害

在实际运行中，过热蒸汽温度变化的可能性较大。而温度变化对汽轮机的安全和经济性影响比压力变化更为严重。任何负荷下都应尽可能在设计过热蒸汽温度下运行。

过热蒸汽温度过高对汽轮机的危害如下：

（1）过热蒸汽温度升高过多，首先在调节级内热降增加，在负荷不变的情况下，调节级的动叶片有可能发生过负荷现象。

（2）过热蒸汽温度过高，会使金属材料的机械强度降低，蠕动速度增加，导致设备的损坏或部件的使用寿命缩短。

（3）过热蒸汽温过高还会使各受热部件的热变形和热膨胀加大；若膨胀受阻则有可能引起机组振动。

锅炉方面：过热器受热面的超温有爆管可能。

而过热蒸汽温度过低时，蒸汽做功的能力下降，汽耗、热耗增加，使发电厂的经济性降低，严重时可能使汽轮机产生水冲击。

但在实际中发现，锅炉过热蒸汽温度偏低问题存在共性。

二、过热蒸汽温度的监督标准

蒸汽温度的监督以统计报表、现场检查或测试的数据作为依据。

运行期间要求过热蒸汽温度和再热蒸汽温度维持额定值，偏差见表 13-2 规定范围内。对于大型机组的过热蒸汽温度，一般要求统计期平均值不低于设计值 3℃。

表 13-2　过热器和再热器出口蒸汽允许偏差

压力类别	蒸发量变化范围（%）	允许偏差（℃）	
		过热器出口汽温	再热器出口汽温
中压以下	75～100	+10 −20	—
中压至超超临界	70～100	+5 −10	+5 −10

三、锅炉过热蒸汽温度的影响因素与对策

锅炉过热蒸汽温度应达到设计值。否则，应首先调整运行风量、改变火焰中心位置、吹灰等方式进行控制；对于超临界锅炉还可调节过热度，其次考虑采用减温水来调整过热蒸汽温度。

1. 氧量

当送风量增加时，炉内过量空气增大，燃烧生成的烟气量增多，炉膛水冷壁吸热量减少，对流过热器吸热量增大，蒸汽焓升增大，使炉膛出口烟温增加。同时过量空气系数增大，流过烟道的烟气流速增大，对流传热加强，导致过热蒸汽温度升高。如果氧量过高，虽然汽温有所升高，但锅炉燃烧的稳定性变差，会发生锅炉灭火。

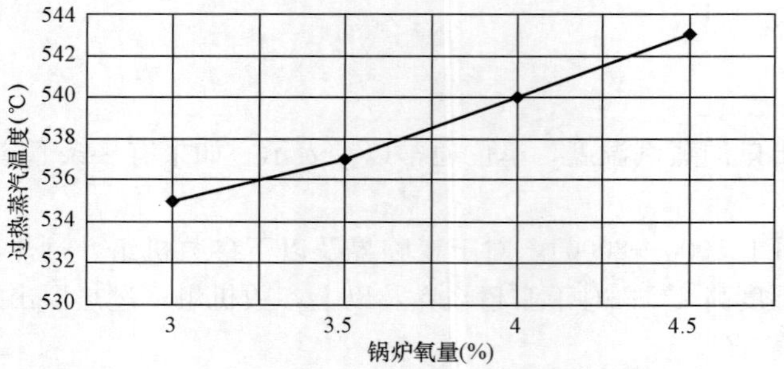

图 13-1 1025t/h 锅炉氧量与过热蒸汽温度的关系

增加汽包锅炉的送风量。送风量增加，过热蒸汽温度明显升高。300～600MW 锅炉，氧量每增加 0.5 个百分点，炉膛出口烟气温度将升高 3℃，过热蒸汽温度将明显升高 2～3℃，见图 13-1。在机组低负荷工况下，适当增加过剩空气系数，既有利于锅炉燃烧的稳定，也有利于过热蒸汽温度的稳定。

对于直流炉，锅炉氧量增加，在煤水比不变的情况下，过热器的进口蒸汽温度降低，使得过热蒸汽温度降低。

2. 给水温度

对于汽包锅炉来说，给水温度比设计值高，则在同样负荷下锅炉产生同样的蒸汽量所需燃料量减少，炉膛出口烟气温度也降低，因而主蒸汽温度降低。在锅炉负荷不变的情况下，给水温度降低，从给水变为饱和蒸汽所需要的热量增多，必然会导致燃料消耗量的增加，使得炉膛内总辐射热和炉膛出口烟气温度升高，辐射式过热器吸热量增大，出口蒸汽温度升高。另一方面，由于烟气量增加，对流式过热器会因此增大吸热量，出口蒸汽温度升高。

如高压加热器不能投入或故障停运，给水温度可能比额定值低得多。对于 1025t/h 锅炉一般情况下给水温度降低 10℃，过热蒸汽温度将升高 3～4℃，见图 13-2。

对于直流炉，给水温度降低，在煤水比不变的情况下，过热段吸热减少，使得过热蒸汽温度降低。

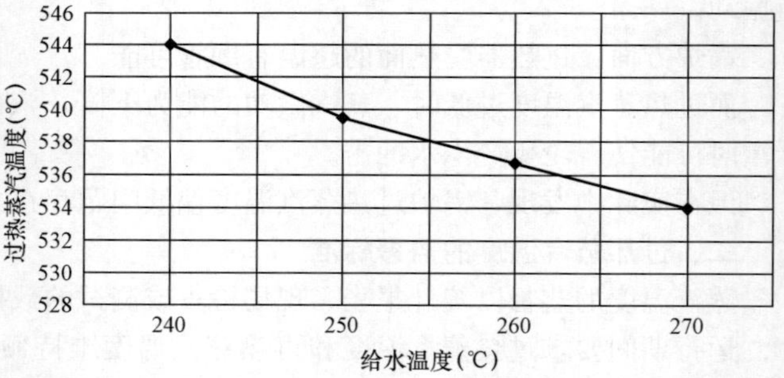

图 13-2 1025t/h 锅炉给水温度与过热蒸汽温度的关系

3. 炉膛火焰中心位置

锅炉实际运行中风粉配比不够理想，运行人员因害怕锅炉燃烧不稳引起灭火。在负荷一定的情况下，运行中都是习惯采用尽量提高下排燃烧器给粉量，减少中、上排燃烧器给粉量。同时，因怕下层扰动大而把下排二次风量调小，以上原因都会使炉膛火焰中心降低。对于汽包锅炉来说，炉膛火焰中心位置向下移动，炉膛出口烟气温度降低，导致辐射式过热器吸热量增加，对流式过热器的吸热量减少，从而使得过热蒸汽温度降低。

在保持负荷不变且燃烧稳定的情况下，适当减少下排燃烧器给粉量，开大下排二次风量，以抬高火焰中心，使炉膛出口烟气温度升高，蒸汽温度升高。对于 220t/h 锅炉火焰中心每升高 1m，过热蒸汽温度可提高 15℃；对于 1025t/h 锅炉火焰中心每升高 1m，过热蒸汽温度可提高 10℃。对 1025t/h 锅炉火焰中心位置与过热蒸汽温度的关系见图 13-3。

煤粉变粗时，煤粉在炉内燃尽的时间增加，火焰中心上移，炉膛出口烟温升高，对流过热器吸热量增加，蒸汽温度升高。

燃烧器向上倾角增加，火焰中心上移，主蒸汽温度和再热蒸汽温度均提高，但飞灰可燃物也增大。某1025t/h锅炉试验中，为了增加再热蒸汽温度，不得不使燃烧器摆角向上倾以提高火焰中心高度。将燃烧器上倾角由25%调整到35%，燃烧器向上倾角增大了，炉膛出口烟气温度提高了66℃，主蒸汽温度提高了9℃，再热蒸汽温度提高了6℃，飞灰可燃物由1.5%增加到2.4%。

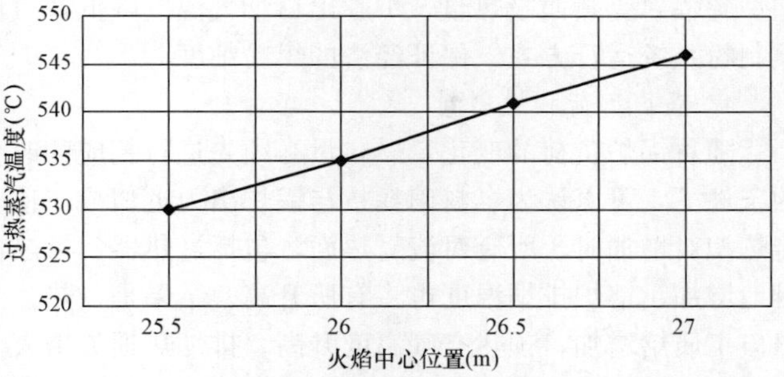

图13-3 1025t/h锅炉火焰中心位置与过热蒸汽温度的关系

对于直流锅炉来说，炉膛火焰中心位置向上移动，水冷壁下部的受热面利用不充分，在煤水比不变的情况下，过热段吸热减少，使得过热蒸汽温度降低。

(1) 优化燃烧器运行方式。在低负荷时，停用下排燃烧器（A层），投运B、C、D三层，这样减少了燃烧器的运行数量，粉层相对集中，提高了燃烧器区域的断面热负荷，从而提高了火焰中心的温度，进而提高了过热/再热蒸汽温度。

如果为了提高过热蒸汽温度，运行上排燃烧器而停运部分下排燃烧器，则极易出现火焰中心上移，底火不旺，燃烧不稳的现象，易灭火。因此在煤质较差时，则应选择A、B、C三层燃烧器运行方式，降低火焰中心高度，燃烧稳定性得到了提高，增强了锅炉抗干扰能力。

(2) 优化给粉机运行方式。为了提高主蒸汽温度而增加上层给粉机转速并适当降低下层燃烧器出力时，极易出现火焰中心上移，底火不旺，燃烧不稳的现象，甚至在70%负荷运行时发生灭火。

实际上，以上组燃烧器运行为主，还是以下组燃烧器运行为主是有些矛盾，运行下组往往造成上组燃烧器出力下降，汽温上不去；运行上组则下组给粉机转速低，锅炉抗干扰能力差，易灭火。可见，在给粉机的运行方式上也有优化的空间，找到锅炉稳燃和汽温调整的最佳结合点。

建议在低负荷时，以B、C、D三层粉运行为首选运行方式，并且将B层给粉机切手动，该层转速保持在平均的给粉机转速以上。这样减少了给粉机运行的数量，粉层相对集中，提高了燃烧器区域的断面热负荷，从而提高了火焰中心的温度，加快了燃烧反应速度，同时，粉层相对集中也有利于煤粉的相互引燃；煤粉浓度加大，有利于降低煤粉的着火热，使送进去的煤粉更容易着火；B层给粉机切手动，转速保持在平均的给粉机转速以上，则减少了底层粉由于自动调节带来的扰动，保持了底层火焰的良好、稳定燃烧，进而促进了上层煤粉的着火。

如果煤质较差时，则选择A、B、C三层粉运行，进一步降低火焰中心高度，燃烧的稳定性得到了提高，增强了锅炉的抗干扰能力。

在高负荷时，锅炉给粉机运行方式以倒宝塔运行为主，即加大上层给粉机的转速（主要是E、D层），下层（A层）给粉机尽量少投或不投。高负荷时，炉膛热负荷高、炉温高，煤粉的相互引燃和着火更容易，燃烧的稳定性好；采取倒宝塔配粉，将使火焰中心上升，主、再热蒸汽温度调节的裕度加大了。

(3) 对因燃烧器设备问题使主蒸汽再热蒸汽参数达不到设计值，可进行燃烧器改造。例如某电厂100MW锅炉将四角燃烧器整体上移500mm后，过热蒸汽温度提高了15℃，但排烟温度升高2～5℃，经济性反而变差。

(4) 维持经济煤粉细度。如果煤粉过细，进入炉膛后能迅速着火燃烧，使火焰中心降低，增加炉膛辐射受热面吸热量，炉膛出口烟气温度降低，蒸汽温度降低。当煤质发生变化时，及时调整制粉系统运行方式，保证经济的煤粉细度。

4. 锅炉负荷和燃料量

随着锅炉负荷的变化，燃料量必须先进行相应的改变。在锅炉效率及再热蒸汽份额基本不变的条件下，可以认为燃料消耗量与锅炉出力近似成正比。当增加燃料使炉膛出口烟温升高和对流传热相对增加时，所有对流受热面，包括过热器、再热器、省煤器、空气预热器等的吸热量都相对地增加，锅炉排烟温度也将有所升高。结果是过热蒸汽温度、再热蒸汽温度有所升高，省煤器出口工质焓增加，预热空气温度升高、排烟热损失增大。

对于汽包炉，随着锅炉负荷的变化，其辐射受热面和对流受热面的吸热比例也会随之变化。例如，布置在对流吸热区的过热器，其出口蒸汽温度一般随负荷的上升而上升，而布置在辐射吸热区的过热器则具有相反的汽温特性。一般情况下，过热器系统和再热器系统均呈对流特性，因此当锅炉负荷升高时，汽温也随之升高。另外负荷变动率过大，将会引起主汽温度升高，甚至超温。

对于直流炉，给水流量对中间点的温度控制比燃料量对其控制要更灵敏一些。升负荷时，首先增加燃料量，为了维持水煤比，如果同时大量增加给水流量，则中间点的温度会下降很快，从而引起主蒸汽温度的下降，所以水量的增加需要有一定的延时，避免主蒸汽温度的大幅度波动；反之，降负荷时，应先减少燃料量再减少水量，我们经常发现中间点温度变化率的波动对给水量变化速度的快慢最为敏感，所以中间点温度变化率的快慢就应该是给水变化快慢的主要依据，在调节时根据中间点温度的变化快慢来改变给水量变化的快慢。只要能稳定中间点汽温的波动幅度，过热蒸汽、再蒸汽温度也就能维持住了。

在自动给水不正常时，应立即将其切至手动，待中间点温度变化时，根据给水温度下降数值，迅速减少给水量，维持中间点温度正常，调整减温水量，维持过热蒸汽温度正常。

5. 设计方面

如果过热器受热面设计不足，主蒸汽温度就会比额定温度低。例如 DG1025/18.2-540/540 型锅炉过热器受热面积 12 804m^2，ECR 工况设计的容积热负荷为 339×10^{3}kJ/m^{3}h，与其他同类型锅炉（如 HG-1021/18.2-540/540 型）在设计参数、实际燃煤均基本相同的情况下，属于较低的，例如 HG1021/18.2-540/540 型锅炉过热器受热面积为 18 865m^2，ECR 工况设计的容积热负荷为 349.30×10^{3}kJ/m^{3}h，导致 DG1025/18.2-540/540 型锅炉过热蒸汽温度、再热蒸汽温度普遍偏低。

300MW 等级及以上机组锅炉，在经过燃烧调整试验后，额定负荷下过热蒸汽温度仍然比设计值低 10℃以上时，应考虑对过热蒸汽系统的受热面进行增容或更换，从根本上解决主蒸汽温度偏低问题。

6. 炉膛出口温度

如果炉膛出口温度低于设计值，表明炉膛吸热过多。而炉膛内吸热过多，致使过热器和再热器吸热量相应减少，造成主、再热蒸汽温度偏低。因此可以在喷燃器四周辐射卫燃带，以减少水冷壁的吸热，进一步提高炉膛出口烟气温度。例如某厂 300MW 机组在其他设备没有改造的情况下，只敷设卫燃带面积 100m^2。卫燃带材料为高铝质耐火浇注料，厚度 40mm，锅炉过热蒸汽温度、再热蒸汽温度均由改造前 510～525℃ 提高到 538℃。

7. 煤质

燃料中的水分增大时，烟气容积增加，烟气流量也增加，使炉膛出口温度升高，所以烟气的对流放热将增大，过热蒸汽温度升高。

如果燃煤的灰分高，或者挥发分低，低位发热量与设计值相比偏低，在锅炉负荷相同时，燃料量、风量、烟气量相应增加，使流经对流受热面的烟气流速、流量增加，从而增加了烟气对管壁的对流放热和对流过热器的换热量，出口汽温将升高；同时煤质变差，火焰中心上移，使炉膛蒸发受热面吸热减少，使炉膛出口烟温升高，两者都会导致锅炉过热蒸汽温度升高。

例如某 2001t/h 锅炉对过热蒸汽温度的影响见图 13-4，燃煤发热量为 19MJ/kg 时，主蒸汽温度为 600℃；燃煤发热量为 23MJ/kg 时，过热蒸汽温度为 573℃。

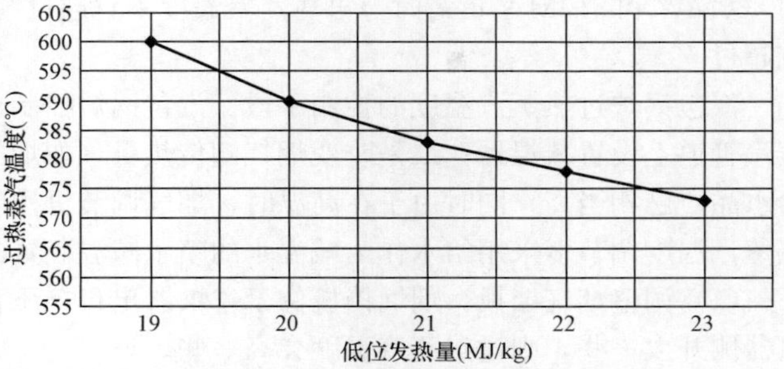

图 13-4　煤质对 2001t/h 锅炉过热蒸汽温度的影响

一般灰分每变化±10 个百分点，过热蒸汽温度、再热蒸汽温度相应变化±5℃。

8. 锅炉受热面的清洁程度

对于汽包锅炉来说，水冷壁结渣与过热器积灰对锅炉过热蒸汽温度的影响相反。水冷壁结渣，炉膛辐射换热量和水冷壁吸热量减少，将使炉膛出口烟气温度升高，过热蒸汽温度升高；过热器结渣或积灰，则过热器热阻增加，过热器传热量减少，过热蒸汽温度降低，但锅炉排烟温度升高。

实践证明吹灰对汽温的影响有如下特点：

(1) 对炉膛吹灰使汽温下降。这是因为炉膛水冷壁受热面被吹干净后其吸热量增加，炉膛出口烟温降低，使后面的过、再热器受热面吸热量变小，所以汽温下降。

(2) 对过热器、再热器受热面吹灰使汽温上升。这是因为吹灰使过热器、再热器受热面积灰被吹去，传输热阻变小，汽温随之升高。

因此，对于炉膛出口温度低于设计值的锅炉，可以减少或停止炉膛吹灰，提高水冷壁受热面的污染系数，同时加大水平受热面和尾部受热面的吹灰力度，减小过热器、再热器受热面的传输热阻。只要锅炉负荷允许、燃烧稳定，每天对水平烟道、尾部烟道进行全面吹灰一次。采取这些措施后，不但可使汽温有所升高，而且由于水平受热面和尾部受热面清洁程度的提高，使排烟温度进一步降低。

对于直流锅炉来说，水冷壁结渣与过热器积灰对锅炉过热蒸汽温度的影响相同。水冷壁结渣，在煤水比不变的情况下，对工质而言，单位工质的吸热量减少，而给水加热段和蒸发段的吸热总和不变，则过热段吸热减少，主蒸汽温度降低。

运行中，当发现过热蒸汽温度降低时，应及时调整，加强对过热器吹灰；当发现过热蒸汽温度升高时，应加强对水冷壁和省煤器吹灰，并在确保燃烧完全的前提下尽量减少锅炉的总风量。

9. 过热蒸汽压力变化

当汽压升高时，过热蒸汽温度也要升高。这是由于当汽压升高后，炉水的饱和温度也随之升高，给水变为蒸汽时需要消耗更多的热量。在燃料未改变之前，炉水蒸发量减少，使过热器的蒸汽流量也减少了，平均每千克蒸汽的吸热量增大，从而导致过热蒸汽温度升高。

10. 锅炉过热器管壁容易超温，或者两侧过热蒸汽温度存在偏差，或者过热器受热面材质严重球化

为了控制受热面管壁温度，不得不降低过热蒸汽温度。这就需要关注受热面布置的合理性，并利用检修机会更换过热器受热面材质球化严重的管子。

11. 如果锅炉再热器某些受热面经常超温，被迫降温运行

应首先解决受热面壁温限制问题。例如某 2001t/h 超超临界锅炉末级再热器管壁温度容易超

过报警值，从而限制再热蒸汽温度的提高。在实际运行中，为了避免末级再热器管壁超温，机组在660MW和510MW负荷时，再热蒸汽温度不宜超过600℃；在340MW负荷，再热蒸汽温度不宜超过595℃。

汽包锅炉过热蒸汽温度的控制手段。汽包锅炉控制过热蒸汽温度的手段一般有两种：一是在蒸汽管道上设置减温器；二是改变烟气侧传热量（如烟气挡板）。随着近代给水处理技术的发展，给水品质已相当高，同时由于在高温时，烟气调节机构的具体实现存在困难，所以大型机组的过热蒸汽温度调节多采用给水作为减温水的喷水减温装置的方案。

（1）调整烟气挡板。烟气挡板位于省煤器出口（下侧），在运行期间，将调整烟气挡板在过热器侧开大一些，则过热蒸汽温度会高一些。

（2）减温水调节。大部分机组的过热器减温水来自锅炉给水泵出口。一般过热器系统设置三级喷水减温器：第一级装在低温过热器出口联箱至前屏进口联箱的连接管上；第二级装在前屏进口联箱至后屏进口联箱的左右连接管上；第三级装在后屏进口联箱至高温过热器进口联箱的左右连接管上。过热器一级喷水减温器作为正常工况下汽温的粗调，控制前屏的进口汽温，以保证前屏工作的安全。过热器二级喷水减温器作为备用，作用是调节前屏出口汽温和左右汽温偏差。过热器三级喷水减温器的作用是调节过热蒸汽左右热偏差，并作为汽温微调，使出口汽温维持在一定范围内，并使两侧汽温偏差小于15℃。

当减温水量增大时会使流经高压加热器的给水量减少，排挤部分高压加热器抽汽量，并未经其下游加热器的进一步加热而直接去锅炉内吸热，将影响机组热力循环的经济性。另一方面，部分给水用作减温水，使进入省煤器的水量减少，出口水温升高，提高了锅炉的排烟温度，因而增大了排烟损失。

（3）在非正常工况下，减温水已不能满足汽温调节的需要时，运行人员可通过降低或升高火焰中心来达到调节汽温的目的。具体的做法是调整摆动燃烧器的倾角，改变燃烧器的组合方式，增加或减少燃烧器的二次风量等。

应该指出，任何一种调温手段都是一种人为的扰动，它对汽温的影响也具有一定的迟延，也需要一定的时间才能显示出它的作用。因此要控制好汽温，首先要监视好汽温，并对汽温变化趋势随时进行分析，以便及时采取适当的调节措施。例如，在用给水作为喷水减温用水时，如发现给水压力低，就应适当开大喷水调节阀，以免因喷水量减少而使汽温升高。否则待汽温升高后再进行调节，就可能会使汽温上下波动。

过热器采用汽温自动调节装置，在正常运行中，自动调节机构控制喷水调节阀的开度。操作人员应当熟悉喷水调节阀的性能，即阀门开度与喷水量之间的关系，否则会使喷水量时多时少，造成汽温波动。

12. 直流锅炉过热蒸汽温度的控制手段

直流锅炉过热蒸汽温度的调整，通过合理的燃料与给水比例控制包覆过热器出口温度作为基本调节，喷水减温作为辅助调节。

（1）调整煤水比。直流锅炉调节蒸汽温度主要方法是调整煤水比。煤水比是燃料消耗量与主给水流量的比值。煤水比是影响主蒸汽温度的主要因素。在很大的负荷范围内，只要调整好煤水比，保持一定的燃料消耗量与主给水流量比例（煤水比），就可以保持主汽温度的稳定。这里需要注意的是提高煤水比，会同时提高主蒸汽温度和再热蒸汽温度。

煤水比控制是否合适是通过汽水分离器出口温度来反映的，该点是反映燃料和水关系变化最灵敏的地方，我们将该点称为中间点温度。在机组控制中通过“过热度”这一参数直观的反映分离器出口温度，这里的“过热度”是指分离器出口蒸汽温度与分离器压力对应下的蒸汽饱和温度的差值。维持足够的过热度是保证主蒸汽温度稳定的重要前提，一般来说在机组运行工况较稳定时只要监视好中间点过热度就可以了。不同的压力下中间点温度是不断变化的，但中间点过热度可维持恒定，一般在12～16℃左右（600MW超临界机组正常运行中该过热度一般控制在20℃左右，偏低，应把过热度提高到30℃左右），中间点过热度是煤水比是否合适的反馈信号，中间点过热度变小，说明煤水比偏小；中间点过热度变大，说明煤水比偏大。对于直流炉而言，若主给水流量不变而增加燃料消耗量（增加煤水比，提高过热度），由于辐射受热面热负荷增加，给水加热段和蒸发段必然缩短，而过热段必然延长，则过热蒸汽温度升高。若燃料消耗量不变而增加主给水流量，由于受热面热负荷不变。给水加热段和蒸发段必然延长，而过热段必然缩短，则过热蒸汽温度降低。一般情况下过热度每提高1℃，过热蒸汽温度、再热蒸汽温度会各提高1.5℃。

如果燃料量自动控制或中间点温度自动控制系统故障，造成煤水比失调（燃料量偏小、给水流量偏大），会引起过热蒸汽温度降低，此时应立即将其切至手操调节使之恢复正常。

在过热蒸汽温度调整过程中，要加强锅炉金属受热面壁温的监视，过热蒸汽温度的调整要以金属壁温不超限为依据提前进行调整。金属温度超限时要适当降低蒸汽温度或降低机组负荷并积极查找原因。

（2）减温水调节。直流锅炉中主给水流量等于水冷壁入口流量和减温水量之和，负荷不变。如果过热蒸汽温度升高，减温水量增加，水冷壁入口流量会相应地减少，从而加剧了水煤比的失调程度。因此对于直流锅炉，必须用保持煤水比作为维持过热器出口蒸汽温度的主要粗调手段，用喷水减温作为细调手段。在运行中尽量减少一、二级减温水的投用量。当用减温水调节过热蒸汽温度时，以一级喷水减温为主，二级喷水减温为辅。

一级减温水布置在低温过热器和屏式过热器之间，以消除低温过热器产生的温度偏差，同时可以防止屏式过热器超温。二级减温水布置在屏式过热器和末级过热器之间，以维持末级过热器温度在正常范围。运行中应采取措施尽量减少过热器减温水流量。采用喷水减温时，如果减温水压力升高或减温水调门漏流或自动失灵，使减温水量不正常升高，过热蒸汽温度将降低。此时应适当减少减温水量，必要时关闭减温水隔绝门。

13. 炉膛负压

炉膛负压的绝对值增加，会使得从人孔、检查孔、炉管穿墙等处炉膛不严密的地方漏入冷空气增加，与过量空气系数增加对汽温的影响相类似，但是由于后者是未流经预热器的冷风，因此炉膛负压增大使汽温升高的幅度大于送风量增加使汽温升高的幅度。

第三节 再热蒸汽温度的监督

一、锅炉再热蒸汽温度定义

锅炉再热蒸汽温度是指锅炉末级再热器出口的再热蒸汽温度值，单位通常以℃表示，是决定电厂运行经济性的最主要的参数之一。应取锅炉末级再热器出口的蒸汽温度值。如果取锅炉末级再热器出口有多路再蒸汽管道，应取算术平均值。

在锅炉运行中，各种扰动因素都能引起再热蒸汽汽温的变化，而维持稳定的再热蒸汽温度是机组安全、经济运行的重要保证。再热蒸汽温度超过额定值时会缩短再热器和汽轮机中压缸的使用寿命，甚至造成设备损坏，同时喷水降温还会增加热耗；再热蒸汽温度过低将引起循环热效率的降低。再热蒸汽温度低于额定值时，会使末级动叶片应力增大和湿度增加。运行中应注意协调主蒸汽温度与再热蒸汽温度变化的关系，尽可能不用或少用再热器减温水来降低再热蒸汽温度。

二、再热蒸汽温度的控制方法

1. 再热蒸汽温的监督标准

再热蒸汽温度的监督以统计报表、现场检查或测试的数据作为依据。运行期间要求再热蒸汽温度维持额定值，偏差在－10～＋5℃范围。

滑压运行时，锅炉侧再热蒸汽温度在机组 50％～100％BMCR 负荷范围内应控制在额定温度左右，两侧蒸汽温度偏差小于 10℃。

无论是否滑压运行，对于大型机组的过热蒸汽温度一般要求统计期平均值不低于对应负荷下的设计值 3℃。

2. 再热蒸汽温度的控制方法

锅炉再热蒸汽温度应达到设计值。否则，应通过改变燃烧器摆角或烟气挡板开度进行控制，除负荷变化或磨煤机启停等过程中可采用喷水减温外，稳定运行状况下应尽量避免喷水减温。影响再热蒸汽温度的因素和措施如下：

（1）上层附加风。全开上层附加风（即 AA 风）或主风箱上部布置的燃尽风（即 SOFA），使炉膛出口未燃尽的燃料继续燃烧，既可提高主、再热蒸汽温度，又可降低飞灰可燃物。再热蒸汽温度提高更为显著，最大为 10℃。但是，必须注意开大上层附加风或燃尽风，会引起排烟温度升高。例如镇江发电有限公司 5 号锅炉为上海锅炉厂有限公司生产的 SG-1913/25.4 型超临界压力直流锅炉，四角切圆燃烧方式，设计煤种为神华煤。在主风箱上部布置有 5 层可水平摆动的分离燃尽风（SOFA）。各组燃烧器 4 角布置，并可上、下摆动，用以调节再热蒸汽温度。在 600MW 工况的试验过程中，维持给煤量、一次风量、主燃烧器辅助风不变，改变 SOFA 风挡板开度。随着 SOFA 风的投入由 30％增加到 100％，改进了主燃烧器区域和上部燃尽区的过剩空气系数的比例，主燃烧器区域的氧量供应水平由富氧改变为缺氧状态，SOFA 风燃烧器区域风量占总风量的比例也由 15％增加到 28％左右，随着 SOFA 风挡板平均开度的增加，虽然灰渣中未燃尽碳引起的热损失有所降低，但排烟热损失要增加 0.2％左右，使得锅炉效率从 93.67％下降到 93.52％。因此，在使用上层附加风调整主、再热蒸汽温度时，必须注意排烟温度的升高。

（2）燃烧器运行方式。无论对汽包炉还是直流炉，火焰中心上移，炉膛和烟温显著上升，无论何种汽温特性的再热器，再热蒸汽温度都是升高的。要尝试改变燃烧器运行方式，在机组低负荷阶段投运上层、停运下层燃烧器。通过提高炉膛火焰中心位置，提高再热蒸汽温度。或者加大燃烧器上倾摆角，炉膛火焰中心上移，运行中将造成后部烟气温度升高，再热器吸热量增加，再热蒸汽温度上升。如燃烧器摆角向上摆动，可提高过热蒸汽、再热蒸汽温度。对多台引进 1025t/h锅炉燃烧器上摆对汽温的影响数据统计，一般燃烧器每上摆 1℃，过热蒸汽温度上升 0.8～10℃，再热蒸汽温度上升 1℃。例如某电厂 300MW 机组，260MW 时摆角上限由 13°提高到 21°，可以使再热蒸汽温度提高 8.2℃。因此如果燃烧器摆角自动失灵，造成再热减温水量增大，应立即将其切至手动，必要时应关闭再热减温水隔绝门。

（3）优化制粉系统运行方式。优化制粉系统运行方式，可以提高再热蒸汽温度。例如某电厂 WGZ1100/17.45-4 型 330MW 锅炉采用 5 台 ZGM95G 型中速磨煤机，其中 4 台运行，1 台备用，设计煤粉细度 R_{90}≤13％。在锅炉正常运行时，磨煤机组合方式为 ABDE（即下四层燃烧器运行），组合方式后改为 BDEC（即上四层燃烧器运行），以此抬高火焰中心，从而使 300MW 负荷时的主蒸汽温度从 532.9℃提高到 539.9℃，再热蒸汽温度从 529.8℃提高到 536.3℃；使 200MW 负荷时的主蒸汽温度从 526.2℃提高到 540.7℃，再热蒸汽温度从 499.4℃提高到 524.0℃。当然抬高火焰中心后，飞灰可染物会有所增加，但是这可以通过燃烧调整进行控制。

（4）燃料。对于汽包锅炉，当燃料量越多或低位发热量越高，炉内热负荷及烟气温度越高，则再热器的吸热量就越多，再热蒸汽温度越高。

对于直流锅炉，当燃料的发热量下降时，为了维持负荷以及中间点温度的不变，燃料量会逐渐增加。此时虽然炉膛辐射换热大体相当，但是由于烟气量的增加，过热器及再热器对流换热增加，故稳定后主、再热蒸汽温度会上升，所以也应该适当的减小中间点温度。反之，当燃料发热量升高时，应该适当提高中间点温度。掺烧水分大的煤（如褐煤），因为增大了烟气量，所以增大对流吸热份额，可提高过热蒸汽、再蒸汽温度，再热蒸汽温度提高更显著。

增加煤水比，提高中间点汽温，可同时提高过热蒸汽、再热蒸汽温度。

（5）再热蒸汽流量。在其他条件下不变时，再热蒸汽流量越大，则再热器出口温度越低。机组正常运行时，再热蒸汽流量将随着机组负荷、汽轮机抽汽量的大小、安全门的启闭状态等情况的变化而变化。

（6）过热蒸汽温度。过热蒸汽温度偏低，低温再热器入口汽温也偏低时，低温再热器侧烟气挡板则全开。流经低温过热器烟气流量减少，再加上各段烟气温度比设计值低，对流吸热减小，因此导致过热蒸汽温度更低。由于过热蒸汽温度偏低，引起低温再热器入口汽温偏低，导致再热蒸汽温度降低。

有的电厂进行通流部分改造后，汽轮机效率得以提高，其负面影响是高压缸排汽温度降低10℃以上，造成再热器入口汽温降低，相应的再热器出口温度达不到设计值。

（7）给水温度。给水温度增加，再热蒸汽温度下降。当高压加热器退出等因素使给水温度降低时，对于汽包锅炉，为了维持锅炉负荷不变，势必增大燃料消耗量，导致炉膛出口烟温升高，烟气流量增大。不论辐射式再热器还是对流式再热器，其吸热量均增加，因此再热蒸汽温度升高。表13-3为DG670/13.7-8A型超高压中间再热自然循环固态排渣锅炉1号高压加热器投停对比试验结果。

表13-3　　1号高压加热器投停对主、再热汽温的影响

负荷（MW）	主汽压力（MPa）	主蒸汽温度（℃）	再热蒸汽温度（℃）	1号高压加热器	给水温度（℃）	氧量（%）
188	12.5	521	518	投入	240	3.5
189	12.5	538	528	解列	215	3.5

解列1号高压加热器后，给水温度下降了25℃，主蒸汽温度上升了17℃，再热汽温上升了10℃。尽管采取解列高压加热器的方式可以明显提高主、再热汽温，但高压加热器的投停及给水温度的变化对整个机组的经济性影响较大。因此只有当机组长期低负荷运行时，为保障机组的安全性才采取这一调节方式。

为解决锅炉省煤器磨损问题，应降低锅炉排烟温度，有的电厂对省煤器进行了改造，将光管省煤器改为螺旋鳍片管省煤器，受热面积增大了40%。导致给水温度升高太多，对流式过热器和再热器出口蒸汽温度下降。

对于直流锅炉，给水温度下降，再热蒸汽温度下降。为了维持负荷以及中间点温度的不变，则需增加煤量，水煤比下降。此时虽然负荷和中间点温度稳定，但由于燃料量增加锅炉内辐射换热增强，炉膛出口温度升高，过热器的辐射换热和对流换热得到加强，过热蒸汽温度必然升高。如果不加以控制就会出现超温。此时应该适当减小中间点温度。但由于高压加热器退出时再热蒸汽量增加，再热蒸汽温度反而会下降，此时可通过开大再热器侧烟气挡板或关小再热器减温水来控制。反之，当恢复高压加热器运行时，由于给水温度升高，此时应该适当提高中间点温度并关小再热器侧烟气挡板或开大再热器减温水来控制主、再热蒸汽温度。

（8）锅炉负荷。锅炉负荷降低时，辐射受热面的吸热比例增加，对流受热面的吸热比例将减少，即再热器吸热份额减少，使再热蒸汽温度下降；反之，再热蒸汽温度升高。

在过热器中，进口蒸汽温度始终等于汽包压力下的饱和温度，一般变化不大；而再热器的进口蒸汽温度取决于汽轮机高压缸排汽参数，随汽轮机负荷的增加而升高，随汽轮机负荷的减少而降低。一般当负荷从额定值降到70%负荷时，再热器进口汽温约下降30℃，所以再热蒸汽温度对工况变化更为敏感，再热蒸汽温度的波动比过热蒸汽温度要大。

（9）氧量。对于汽包炉，增加空气量，烟气量增加，对流再热器的吸热量增大，蒸汽焓升增加，再热蒸汽温度提高；但是由于再热器的布置位置偏后于对流过热器，因此再热蒸汽温度受炉膛风量的影响程度比过热蒸汽温度更显著。某电厂300MW锅炉在炉膛出口氧量3.1%时，主蒸汽温度538℃，再热蒸汽温度532℃；当炉膛出口氧量3.6%时，主蒸汽温度538℃，而再热蒸汽温度提高到539℃。如果锅炉燃烧调整不当造成再热蒸汽温度降低，应适当增加风量。

对于直流炉，锅炉氧量增加，在煤水比不变的情况下，辐射再热器吸热量变化不大，对流再热器的吸热量增加，使得再热蒸汽温度升高。

（10）锅炉受热面积灰或结渣。无论对于汽包炉还是直流炉，当再热器前受热面（如水冷壁）积灰或结渣时，将造成再热器处烟温升高，使再热器吸热量增加，再热蒸汽温度升高。当再热器本身受热面积灰或结渣时，将使再热器吸热量减少，再热蒸汽温度降低。因此再热蒸汽温度低时，可加强再热器部分的吹灰工作，以提高再热蒸汽温度。

（11）炉膛吹灰对汽温的影响。某HG-1025/17.5型锅炉吹灰前过热蒸汽温度和再热蒸汽温度均为537～542 ℃，进行炉膛吹灰后水冷壁的沾污程度减轻，炉膛内吸热量增加。在输入相同热量的情况下，炉膛出口烟温下降，最终导致过热蒸汽温度和再热蒸汽温度降低（再热汽温下降约15℃）。频繁的炉膛吹灰对提高再热蒸汽温度不利，应在锅炉不发生严重结焦前提下减少吹灰次数，提高炉膛出口烟温，以提高再热蒸汽温度。炉膛吹灰对汽温的影响见图13-5。

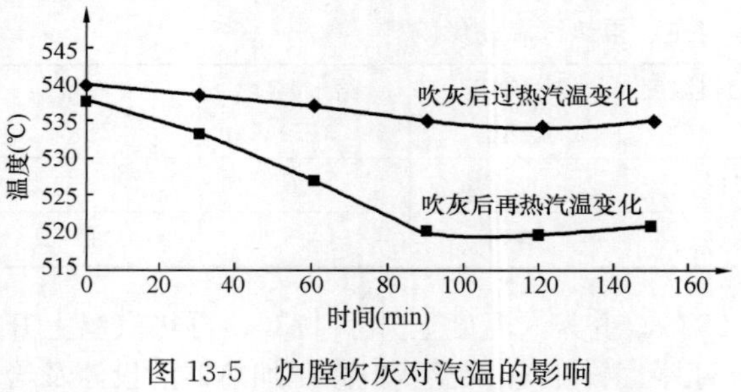

图13-5　炉膛吹灰对汽温的影响

（12）再热器受热面积不足。如果锅炉投产以后造成多次再热器爆管泄漏，泄漏后被迫采取堵管方式处理，会造成再热器受热面减少，吸热量不足，对再热汽温产生一定的影响。另外，制造厂出厂时再热器受热面积就设计不足，就会在根本上无法提高再热蒸汽温度，必须进行改造。

300MW等级及以上机组锅炉，在经过燃烧调整试验后，额定负荷下再热蒸汽温度仍然比设计值低10℃以上时，应考虑对再热蒸汽系统的受热面进行增容或更换，以提高再热蒸汽温度。某发电厂2号炉系哈尔滨锅炉制造厂生产的HG-670/140型煤粉炉（200MW），再热器对流受热面积为2075m^2，实践证明，再热器受热面积不足。为此，在再热器冷段的里圈加了两圈管子，受热面积增加527.7m^2。改造后再热器冷段的受热面积为2647.7m^2。但大修后的试验表明，再热蒸汽温度提高不明显。原因在于：再热器冷段增加受热面积后，再热器冷段出口蒸汽温度必然升高，这样势必使汽—汽加热器的传热温压下降，传热效果变差。再热器冷段出口汽温虽然提高较多，但到再热器热段后，再热蒸汽温度提高的幅度就小得多了。因此，在再热器冷段增加受热面积对提高再热蒸汽最终汽温效果就没有在再热器热段增加受热面积的效果明显。之后该厂在再热器热段外圈增加一圈受热面。试验结果表明，再热蒸汽温度较改造前平均提高20℃左右，机组在满负荷下运行汽温可达设计值540℃。

某发电厂DG670/13.7-8A型超高压中间再热自然循环固态排渣锅炉，低温再热器水平布置于尾部竖井，由上、中、下三段构成，考虑到传热效果及检修空间，只改造其中的中段，其余保持不变。改造拟将低温再热器中段光管管束更换为强化传热管束，以提高再热汽温；保持原布置方式，以提高烟气流速，维持较高传热能力和防止管子积灰；低温再热器出口的烟温保持设计温度，以保证空气预热器进口烟温不高于设计值要求。中段低温再热器的蒸汽流向和烟气流向不变，仍为逆流流动。排列方式仍维持顺排，这样布置一方面可为强化传热螺旋肋片管留出空间；另一方面可大大减轻再热器管子的积灰和磨损。采用这种布置，所有的安装工作量仅仅是有限管子的对口焊接，不必重新加工进、出口集箱，也免去了集箱的安装、定位、管接头对焊等复杂工作。中段低温再热器改造时，上截断位置为 38 305mm，下截断位置 35 215mm。受热面管子采用螺旋肋片管强化传热，螺旋肋片管的管材，按照壁温计算结果确定为 20 号优质碳钢。用高温钎焊、镍基渗层工艺制造，其基管与翅片的接触热阻为零，可在有限空间内，最大限度地增加传热功率。当低温再热器面积增加后，保持目前炉膛火焰中心高度 14.682m，负荷 150MW 时：再热蒸汽温度由 521.0℃增加到 532.6℃，满足实际需要。

(13) 受热面局部超温。锅炉运行过程中，由于受热面设计不合理以及实际存在的设备问题，尤其在升带负荷过程中，局部再热器管壁偏高，甚至个别管壁出现超温现象。因此为防止汽温及受热面金属管壁超温，运行人员被迫降温运行，影响了再热蒸汽温度的提升。例如某 2001t/h 超超临界锅炉末级再热器管壁温度容易超过报警值，从而限制再热蒸汽温度的提高。在实际运行中，为了避免末级再热器管壁超温，机组在 660MW 和 510MW 负荷时，再热蒸汽温度不宜超过 600℃；在 340MW 负荷，再热蒸汽温度不宜超过 595℃。

(14) 再热蒸汽温度偏差。锅炉运行过程中，再热器受热面吸热不均以及工质流量不均，AB 侧再热蒸汽温度存在偏差（有的锅炉 AB 侧再热汽温偏差高达 10℃），制约了再热蒸汽温度的调整。应合理安排制粉系统运行方式，减少汽温偏差，提高再热蒸汽温度。做好锅炉空气动力场试验，确保机组运行过程中，炉膛火焰中心不偏斜，减少和解决锅炉受热面热偏差问题。

(15) 汽轮机高压缸排汽温度。在再热器吸热一定的前提下，汽轮机高压缸排汽温度低，则再热蒸汽温度低。

(16) 机组运行方式。大容量机组低负荷时采用滑压运行方式有利于过热汽温和再热汽温保持或接近于设计值。机组定压运行的汽温特性一般是随负荷的降低而降低；而滑压运行则不然，压力降低，高压缸排汽温度升高，蒸汽在再热器中吸热量一定的情况下，再热蒸汽温度升高，提高了机组低负荷运行的经济性。表 13-4 为 DG670/13.7-8A 型超高压中间再热自然循环固态排渣锅炉定压运行与滑压运行的对比试验结果。

表 13-4　　滑压运行对主、再热汽温的影响

负荷(MW)	主蒸汽压力(MPa)	主蒸汽温度(℃)	再热蒸汽温度(℃)	调门开度(%)	调节级压力(MPa)	高排温度(℃)	氧量(%)	给水温度(℃)	运行方式
194	12.81	535	540	90	9.34	307	3.8	242	定压
195	11.33	541	545	100	9.62	324	3.6	242	滑压

全关减温水门，维持负荷不变，锅炉滑压，汽轮机逐渐开调门至全开后，主蒸汽压力下降至 11.33MPa，结果显示由于减少了调门的节流损失，高排温度上升了 17℃，主蒸汽温度升高了 6℃，再热蒸汽温度升高了 5℃，随着负荷的降低，这一作用更加明显，因此滑压运行成为锅炉较低负荷运行时提高汽温的主要调节手段。

(17) 减温水量。减温水阀门故障或自动调节失灵，造成减温水量不正常升高，再热蒸汽温度降低。因此要治理减温水阀门内漏或调整特性不好问题，杜绝减温水阀门漏流或流量过大。

三、再热蒸汽温度的调整方法比较

现代汽轮机的再热蒸汽温度的调整方法多种多样，但大体上可分为从蒸汽侧和烟气侧调节两大类，见表13-5。

表13-5　　再热蒸汽温度的调整方法比较

调节方式	调节方法	简单原理	调节适用工况	调节性能优缺点
蒸汽侧调节方式	喷水减温法	将水直接喷入蒸汽中达到降低汽温的目的	机组启停、事故工况，或作正常运行中的精细调整手段	调温能力大，灵敏，易于自动化，因喷水时设备处于两相运行状态，给设备带来冲刷较大
	汽—汽热交换器调节法	利用高于过热蒸汽加热再热蒸汽以达到调节汽温目的	适用于以辐射过热器为主的大型锅炉调整	调温方式较灵敏，对各种燃料都能适用，但系统复杂
烟气侧调节方式	改变烟气挡板的位置	利用改变烟气挡板的位置，改变烟气流量调节汽温	正常运行工况下的主要调整手段	调节性能平稳，热冲击小，不影响循环的热效率
	改变燃烧器的倾斜角度	改变燃烧器的倾斜角度，可以改变火焰中心的位置达到调节汽温目的	适用正常运行工况，作为挡板调节的补充调节	调节性能平稳，调节幅度大，调节灵敏，对负荷的适应性强，可能会影响到过热蒸汽温度的调节
	采用烟气再循环法	利用再循环风机由低温烟道送入炉膛改变受热面的吸热分配，达到调节目的	适用再热器布置在过热器后的热力系统中的调节	调节幅度较大，调节较快，但是增加厂用电耗，增大了飞灰的磨损，排烟温度稍有升高

1. 烟气挡板控制

再热蒸汽温度的控制采用烟气挡板（布置在省煤器之后竖井烟道中）调节和高温再热器进口微量喷水减温。正常运行期间，再热蒸汽温度以控制烟气挡板调节为主。烟气挡板控制再热蒸汽温度时，需把锅炉尾部烟道分成2个并联烟道，调温挡板安装在省煤器下面，改变2个烟道挡板的开度，就可改变流过低温再热器和低温过热器的烟气流量比例，从而实现控制再热蒸汽温度的目的。

当锅炉负荷在100％MCR工况时，若两个平行烟道中的烟气挡板都在全开的位置，再热蒸汽温度达到额定值。当再热蒸汽温度升高时，则关小再热器侧烟道挡板以增加再热器烟道阻力，减少通过再热器烟道烟气量，降低再热蒸汽温度；同时过热器侧烟道挡板向开大方向调整，可降低过热器烟道阻力，这样将减少通过再热器对流受热面的烟气量，以降低再热器出口汽温。

当锅炉负荷下降时，再热蒸汽温度将随着下降。这时，应关小过热器侧的烟气挡板开度，开大再热器侧的烟气挡板开度，使再热器侧的烟气量增加，提高再热器的对流传热量，将再热蒸汽温度维持在额定值。此时，通过低温过热器的烟气量减少，过热蒸汽温度下降。为了保证额定的过热蒸汽温度，需要减少过热器的减温水量。建议修改运行指标考核办法，加大再热蒸汽温度参数在指标竞赛中的比例，提高运行人员提高再热蒸汽温度的积极性。

由于烟气挡板系统的响应有一定的滞性，在瞬变状态或需要时，可以投布置在高温再热器进口管道上的减温器喷水减温，喷水水源取自给水泵的中间抽头。锅炉低负荷运行时要尽量避免使用减温水，防止减温水不能及时蒸发造成受热面积水。正常运行中要尽量避免采用再热器减温水进行汽温调整，以免降低机组循环效率。

2. 烟气再循环控制

烟气再循环法是用烟气再循环风机，从烟道尾部抽出低温烟气并送入炉膛底部。这改变了炉膛温度和烟温、烟量，使辐射受热面吸热量下降，对流受热面吸热量上升，达到了控制再热蒸汽温度的目的。一般从省煤器出口抽取烟气，把它送入炉膛底部冷灰斗。当烟气再循环量增加时，炉膛温度降低，炉膛辐射吸热量减少，炉膛出口烟气量增多，对流受热面吸热量增加，对于以对流特性为主导传热的再热器，再热蒸汽温度将升高。

烟气再循环调温的优点是经济性较高，缺点是调再热蒸汽温度时不可避免地要引起过热蒸汽温度变化，再热蒸汽温度调高时，过热蒸汽温度也升高。另外，烟气再循环对主汽压和蒸汽流量也会造成扰动，烟气再循环风机叶片容易被磨损和腐蚀也是一个缺点。

若由于某种原因再热蒸汽温度高于额定值时，应停止烟气再循环，投入事故喷水降温装置。

3. 火焰中心位置控制

（1）控制燃烧器的摆动。通过改变燃烧器的倾斜角度来改变火焰中心的位置和炉膛出口的烟气温度，使各受热面的吸热比例相应发生变化，达到控制再热蒸汽温度的目的。

采用摆动燃烧器调节再热蒸汽温度，在高负荷时，再热蒸汽温度高，可将燃烧器向下倾斜某一角度，可使火焰中心位置下移，使再热蒸汽温度有所降低；而在负荷低时，再热蒸汽温度偏低，可将燃烧器向上倾斜一定角度，使火焰中心位置上移，使再热蒸汽温度升高。目前使用的摆动燃烧器上下摆动角度为±30°。摆动燃烧器向下摆动角度过大及摆动时间过长，会造成冷灰斗严重结渣，危及锅炉的安全；若向上摆动角度过大时，则会增加不完全燃烧热损失，以及引起炉膛出口受热面结渣，均会影响锅炉的安全经济运行。

用摆动燃烧器调节再热蒸汽温度，具有以下优点：

1）调温幅度大。例如对于哈尔滨锅炉厂有限责任公司 HG-2028/17.45-YM7（CE公司技术）型锅炉，其再热器采用高温布置，即再热器为壁式再热器（布置于炉膛上部），为辐射式受热面，二级、三级（高温）再热器布置于折焰角上部，即在炉膛出口处附近。因此再热器受热面对火焰中心位置、炉膛出口温度的变化极为敏感。当燃烧器摆动角度为±20°时，可使炉膛出口烟温变化在100℃以上。

2）调节灵敏、时滞小，汽温变化反应快。同时不像减温器调温那样额外增加受热面，它没有能量消耗。

3）摆动燃烧器对再热蒸汽温度和过热蒸汽温度是同向调节作用，即燃烧器向上摆动角度时，即使再热蒸汽温度上升，也同时会使过热蒸汽温度上升。特别是过热器系统和再热器系统均为对流特性。当锅炉负荷下降时，过热蒸汽温度与再热蒸汽温度均要下降，用摆动燃烧器提高再热蒸汽温度的同时，过热蒸汽温度也同时提高。

使用摆动燃烧器提高再热蒸汽温度时，在改变燃烧器角度时，应首先满足燃烧和炉内安全的要求，要有利于设备的安全和锅炉效率的提高。当锅炉负荷很低时，不可使火焰中心位置太高，以防灭火或者煤粉在烟道内再燃烧而造成事故。摆动角度时，应注意炉膛出口处受热面和炉膛下部冷灰斗的结渣情况。如发现有严重结渣的现象，应及时处理。燃烧器摆动角度（向上或向下）的时间不应过长，否则会使锅炉由于结渣过分严重而出现重大事故。

（2）降低上层燃烧器的负荷和增加下层燃烧器的负荷，适当降低炉膛负压，增大上面的二次风并减少下面的二次风等，都可以降低火焰中心位置，对于以对流特性占主导传热的再热器系统，炉膛火焰中心位置降低，再热蒸汽温度降低；反之，再热蒸汽温度升高。

4. 喷水减温法

喷水调节再热蒸汽温度会导致整个机组热经济性的降低。因此，再热蒸汽温度不宜采用喷水作为主要的调温手段，而在有超温危险的情况下作为事故喷水减温器。当再热蒸汽温度超出给定值，偏差达到一定值时，喷水减温系统便自动投入，通过喷水减温来限制再热蒸汽温度的继续升高。由锅炉给水泵出口提供过热器减温水或从给水泵中间抽头处引出再热器减温水，由于这些给水未经下游加热器的进一步加热而直接去锅炉内吸热，将影响机组的运行热经济性，在向再热机组的再热器和过热器提供相同的减温水流量时，前者影响煤耗率的结果是后者的 10 倍。

第四节 排烟温度的监督

一、排烟温度的定义

燃料燃烧后会产生大量烟气，当烟气离开锅炉尾部最后一级受热面时的烟气温度叫排烟温度。一般是指锅炉末级受热面即空气预热器出口处的烟气温度，用摄氏温度（℃）来表示。对于锅炉末级受热面出口有两个或两个以上的烟道，排烟温度应取各烟道烟气温度的算术平均值。

排烟温度升高会使排烟焓增加，排烟损失增大。排烟温度降低会引起低温腐蚀。

二、排烟温度的监督标准

日排烟温度必须根据现场每小时所抄得的锅炉两侧排烟温度数值相加除以 2，计算出每小时锅炉的平均排烟温度，然后用每小时两侧平均排烟温度累加之和除以 24h，得出锅炉日平均排烟温度实际值（或者由 SIS、DCS 系统自动计算）。排烟温度测点应尽可能靠近末级受热面出口处，应采用网格法多点测量平均排烟温度。若锅炉受热面改动，则根据改动后受热面的变化对锅炉进行热力校核计算，用校核计算得出的温度值作为锅炉排烟温度的考核值。锅炉排烟温度的监督以统计报表、现场检查或测试的数据作为依据。

锅炉排烟温度（修正值）在统计期间平均值不高于规定值的 3%。若现场测量排烟温度的方法不是网格法，应进行网格法排烟温度测量，并对现场温度表计予以修正，使排烟温度代表尾部烟道断面的平均水平。

三、排烟温度的耗差分析

对于排烟温度等参数影响煤耗率可从锅炉效率反平衡计算公式中推导出来。

例如某 2001t/h 锅炉的设计飞灰可燃物 $C_{fh}=3\%$、排烟温度为 128℃、基准温度为 25℃，设计燃煤低位热值 $Q_{net,ar}=21\,000$kJ/kg，灰分 $A_{ar}=20\%$，飞灰份额 $\alpha_{fh}=0.90$，炉膛过量空气系数 $\alpha=1.15$。

1. 排烟温度对煤耗率的影响

排烟热损失计算公式为

$$q_2=(3.55\alpha_{py}+0.44)\times\frac{\theta_{py}-t_0}{100}(\%)$$

式中 α_{py}——排烟过量空气系数，即锅炉排烟处的过量空气系数；

θ_{py}——排烟温度，℃；

t_0——冷风温度，℃。

考虑到炉膛后烟道的漏风（如空气预热器漏风等），排烟过量空气系数 $\alpha_{py}=1.15+0.2=1.35$

所以 $q_2=(3.55\alpha_{py}+0.44)\times\frac{\theta_{py}-t_0}{100}(\%)=0.0523(\theta_{py}-25)\%$

对 q_2 求导得 $q'_2=0.0523\%$，即排烟温度每升高 1℃，锅炉效率降低 0.0523 个百分点。由于锅炉效率每降低 1 个百分点，发电煤耗率平均增加2.76g/kWh，因此排烟温度每升高 1℃，发电煤耗率平均增加 0.144g/kWh。

2. 炉膛漏风系数对煤耗率的影响

排烟热损失计算公式 $q_2=(3.55\alpha_{py}+0.44)\times\frac{\theta_{py}-t_0}{100}(\%)$，当排烟温度 $\theta_{py}=128℃$、冷风温度（环境温度）$t_0=25℃$时，$q_2=\alpha_{py}\times3.657\%+0.4532\%$。

对 q_2 求导得 $q'_2=3.657\%$，当炉膛漏风系数增加 0.1 时，排烟过量空气系数升高 0.1 时，锅炉效率降低 0.3657 个百分点。由于锅炉效率每降低 1 个百分点，发电煤耗率平均增加 2.76g/kWh，因此炉膛漏风系数增加 0.1 时，发电煤耗率平均增加 1.01g/kWh。

凝汽式电厂中，燃烧褐煤的煤粉锅炉的供电煤耗率随着排烟温度提高而提高的速度比燃烧无烟煤、贫煤、烟煤的锅炉要快，约是后者的 1.2～1.3 倍，造成这一现象的原因是褐煤的发热量低。

四、影响排烟温度的因素

排烟温度主要取决于锅炉燃烧状况、负荷率、煤种、炉膛和制粉系统漏风、给水温度、受热面积灰状况等。

1. 锅炉送风量（炉膛出口过量空气系数）

在合适风量条件下，送风量再增加，炉内过量空气系数增大，将增加烟气流量，使烟气流速上升。对流传热量增加，使各对流受热面的吸热量增加，排烟温度降低，但同时，炉膛过量空气系数增加，使流过对流受热面的高温烟气量增加，使炉膛出口烟温增加，二者作用总的结果使排烟温度稍微增加一些。某 300MW 级锅炉炉膛出口氧量对排烟温度的影响见图 13-6。

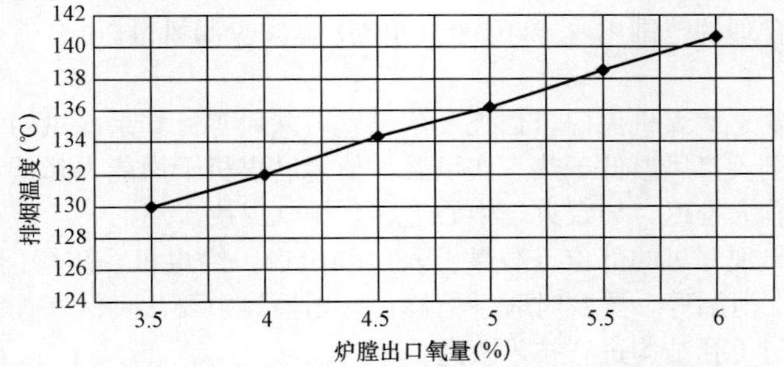

图 13-6 炉膛出口氧量对排烟温度的影响

在排烟氧量较大的情况下，锅炉风量再减少，一方面使通过空气预热器的空气量减少，从而减少空气预热器的传热量，使排烟温度升高；另一方面炉膛过量空气系数减小，使流过对流受热面的高温烟气量减少，使炉膛出口烟温减小，二者作用总的结果使排烟温度稍微增加一些。在排烟氧量较低的情况下，如果再降低送风量，由于送风量相对送入较少，预热器二次风吸收烟气热量的能力降低，最终结果使排烟温度升高。具体情况需要试验，例如某电厂 300MW 机组锅炉省煤器出口氧量试验见表 13-6，300MW 负荷时，氧量低的排烟温度高；在 180MW 负荷时，氧量低的排烟温度偏低。一般氧量变化 0.5 个百分点，排烟温度变化 3～4℃。

表 13-6 不同负荷下送风量对排烟温度的影响

项　目	数据来源	300MW 负荷时结果		180MW 负荷时结果	
排烟氧量（%）	网格测量	5.77	6.71	5.94	6.25
排烟温度（℃）	网格测量	131.40	130.65	129.55	131.00
飞灰可燃物（%）	试样分析	7.465	7.965	6.915	5.61
修正后锅炉热效率（%）	计算	91.13	90.68	91.30	91.91

过量空气系数越小，漏风量越小，则排烟容积越小，排烟热损失有可能减少。但是过量空气系数的减小，会引起化学不完全燃烧热损失和机械不完全燃烧热损失的增大，所以应控制锅炉的过量空气系数，使其在不同负荷下保持最佳氧量值。

实践中，由于氧量表安装位置的原因，运行中氧量指示偏高，为降低烟气含氧量，送风量相对送入较少，易导致排烟温度升高。因此氧量表应安装在省煤器出口到预热器入口之间直管段。

2. 炉膛、炉底、烟道漏风

炉膛漏风主要指炉顶密封、看火孔、人孔门处漏风。当炉膛漏风增加时，导致进入空气预热器空气量减少，使得空气预热器出口热风温度升高，空气预热器的吸热量降低，最终使排烟温度升高。炉底漏风主要指炉底密封水槽处、冷灰斗渣口处漏风，导致入炉空气增加，会使燃烧火焰中心位置上移，炉膛出口烟温升高。烟道漏风指氧量计前尾部烟道漏风（空气预热器以前的烟道漏风），烟道漏风将使漏风点烟温下降，漏风点后的受热面传热温差降低，受热面的吸热量下降，最终使排烟温度升高，冷空气的漏风点越靠近炉膛，影响也越大。试验表明：炉膛漏风、烟道漏风与排烟温度近似呈线性关系，漏风系数每增加 0.01，排烟温度升高约 1.2～1.3℃。

（1）巡检中加强对捞渣机的监视与检查。重点巡检炉底水封，及时调整水封槽进水总阀，使水封槽保持合适的水位高度。例如某厂炉底密封损坏后，排烟温度升高约 8℃。

（2）加强炉本体的查漏及堵漏工作，重点经常检查炉膛看火孔、检查门、炉墙，若发现漏风，应及时联系检修封堵。

（3）控制炉膛负压。控制炉膛负压增加，炉膛漏风量增加，燃烧不完全，排烟温度升高，因此应控制炉膛负压在合理的范围内（－50～－100Pa），减少漏风量。

3. 制粉系统漏风

制粉系统漏风主要是磨煤机风门、挡板及落煤管口漏风等。如果冷风门关闭不严，在冷风门全关的情况下，磨煤机入口风温低于热一次风温，使得磨煤机干燥能力降低，磨煤机出口温度降低，煤粉进入炉膛后着火推迟，导致火焰中心上移，排烟温度升高。

对于制粉系统易出现漏风的部位（磨煤机入口和出口，给煤机、防爆门、检查孔等处），应加强监视，发现破损、泄漏等，要及时联系检修；计划检修中要认真做好查漏和堵漏工作。建议采用密封性能较好的门、孔结构进行技术改造。

4. 磨煤机出口温度

磨煤机的出口温度应根据防爆和系统运行要求确定，磨煤机出口温度不应超过表 13-7 所列数值。按照电厂 600MW 锅炉制粉系统磨煤机出口温度规定值为 70～80℃，磨煤机出口温度最大不能超过 90℃；另一方面，锅炉设计时热风温度的选择主要取决于燃烧的需要，所选定的热风温度往往高于所要求的磨煤机入口的干燥剂温度。而运行人员为了安全，在磨煤机入口前一次风中掺入一部分温度较低的冷一次风，磨煤机出口温度控制得越低，则冷一次风的比例越大，在炉膛出口过量空气系数不变的前提下，流过空气预热器的热风量减少，引起排烟温度升高；另一方面，掺入较多冷一次风，使进入炉膛的风煤混合物温度降低，燃烧延迟，排烟温度升高。

表 13-7　　磨煤机出口风粉混合物温度限值（热空气干燥）　　℃

燃料种类	钢球磨储仓式		直吹式		
	$M_{ar}<25\%$	$M_{ar}>25\%$	双进双出磨	中速磨	风扇磨
油页岩	70	80	75	70	100
褐煤	70	80	75	70	100
烟煤	70	80	85	80	130
贫煤	130	130	130	130	150
无烟煤	不限制	不限制	不限制	不限制	—

因此应在炉膛不结焦及制粉系统安全的前提下，可适当提高一次风风粉混合物的温度，减少冷风的掺入量。为保证安全运行，通常对磨煤机出口温度有所限制，烟煤不超过 80℃。磨煤机出口温度不易过高是为了防止挥发分爆燃，对于挥发分较高的烟煤，挥发分大量析出的温度要在200℃左右，因此，磨煤机出口温度的提高是有一定潜力的。

目前许多电厂煤质下降，磨煤机出口温度的提高是有一定潜力的，可适当提高一次风风粉混合物的温度，减少冷风的掺入量。磨煤机的出口温度、煤粉水分和煤粉细度有关，较可靠的数值应该通过试磨或参照同类机组运行数据确定（在和设计值同样的煤粉细度和出口温度下）。表 13-7 规定磨煤机出口风粉混合物温度有点偏低，实际上在保证制粉系统安全运行的前提下，可适当提高磨煤机出口温度，以降低排烟温度。磨煤机出口温度每提高 10℃，可以降低排烟温度 2～3℃左右。但是考虑到制粉系统的安全，应将磨煤机出口温度限制在一定温度之下。

对于劣质烟煤，可以适当提高磨煤机出口温度，黄台电厂 7 号炉试验（330MW 中速磨直吹）表明：当磨煤机出口温度由 90℃提升到 110℃时，预热器的温降增加 8℃，排烟温度降低 5℃。

某 600MW 机组在 5 台磨煤机运行工况下，将磨煤机出口温度由 80℃提升到 85℃时，空气预热器出口烟气温度降低 2.7℃。在 4 台磨煤机运行工况下，将磨煤机出口温度由 80℃提升到 85℃时，空气预热器出口烟气温度（排烟温度）降低 2.0℃。

5. 煤质影响

(1) 收到基水分含量越大，会使燃料着火晚、燃烧和燃尽过程推迟，炉膛火焰中心位置上移，排烟温度越高。煤的含水量过大，不但要降低炉膛温度，减少有效热的利用，而且还会造成排烟热损失的增加（因排烟容积增加）。燃料含水量每增加 1 个百分点，热效率便要降低 0.05 个百分点。

(2) 近几年，煤质对排烟温度高的影响越来越明显。

1) 煤炭供应紧张，煤炭价格居高不下，燃用煤种与设计煤种差异较大，燃煤灰分增加，发热量降低，挥发分变化大，均对锅炉燃烧造成很大影响。例如，某超临界 600MW 机组，设计燃用平顶山煤，实际掺烧 38%无烟煤，经运行统计及计算分析，锅炉效率降低 0.9 个百分点，发电煤耗率升高 2.7g/kWh。某超超临界 600MW 机组，设计烟煤，实际掺烧 35%扎煤（扎赉诺尔褐煤），锅炉效率降低 0.58 个百分点，发电煤耗率升高 1.74g/kWh。

2) 煤质结渣性能差，容易结焦和受热面积灰，影响排烟温度。

3) 煤质可磨性差，影响制粉系统电耗、降低制粉系统出力和影响煤粉细度。

4) 煤质着火困难，可燃性差，使飞灰可燃物含量升高。

5) 灰分增加，或是硫分增加，都会使尾部受热面积灰沾污加重，使传热减弱，从而使排烟温度升高。煤的低位发热量越低，燃料消耗量增大，使排烟温度升高。挥发分低，煤粉粗，燃烧不充分，排烟温度升高，反之则低。劣质煤和优质煤混合后，工业分析指标会优于二者的平均值，因此配煤掺烧，可以有效降低排烟温度。

低位发热量每降低 100kJ/kg，排烟温度会上升 0.34℃。

6. 锅炉受热面的清洁情况

锅炉受热面（省煤器、过热器、再热器）积灰、结焦，使烟气与受热面之间的传热热阻增加，传热系数降低，锅炉吸热量降低，烟气放热量减少，空气预热器入口烟温升高，排烟温度升高。炉膛积灰厚度由 1mm 增加到 2mm 时，传热量减少 28%，当受热面有 3mm 积灰就可造成炉膛传热量下降近 40%，相应炉膛出口烟温升高近 300℃。

空气预热器堵灰则使空气预器传热面积减少，也将使烟气的放热量减少，使排烟温度升高。水冷壁结渣，炉膛辐射换热量和水冷壁吸热量减少，炉膛出口烟气温度升高，锅炉排烟温度升高。对流受热面积灰，热阻增加，传热量减少，各段烟温升高，锅炉排烟温度升高。

（1）各个电厂普遍存在煤质变差，发热量下降、灰分增加问题。日常运行中，应实时分析尾部烟道各段的进出口静压差、烟温、风温等（包括送风机、一次风机、暖风器）数据，与设计值和历史数据进行对比，及时掌握尾部烟道的积灰情况和空气预热器的换热效果。根据入炉煤质及锅炉排烟温度变化情况，增加本体及空气预热器吹灰次数。

（2）根据吹灰前后排烟温度和过热蒸汽温度、再热蒸汽温度的变化情况，定期分析吹灰效果，优化吹灰的次数、时间和程序。某 HG-1025/17.5 型锅炉各受热面吹灰对热风温度和排烟温度的影响见表 13-8。

表 13-8　各受热面吹灰对热风温度和排烟温度的影响

项　目	炉膛和水平烟道吹灰		低温过热器吹灰		省煤器吹灰		空气预热器吹灰	
	吹灰前	吹灰后	吹灰前	吹灰后	吹灰前	吹灰后	吹灰前	吹灰后
机组负荷(MW)	293	300.4	278.5	287	285	281	282	282.4
运行氧量(%)	2.97	2.81	4.04	3.45	3.61	3.85	3.81	3.85
空气预热器入口烟温(℃)	345	344	364.1	355	368.7	343.7	369.3	369.1
一次风机出口风温(℃)	36.81	37.1	43.2	43	46	46.5	46.2	45.9
送风机出口风温(℃)	23.8	24	30.6	30	34	35	34.6	34.5
热一次风温(℃)	326.9	327	337.5	332	343.1	326	344.2	344.3
排烟温度(℃)	128.7	128.9	132.4	129	135.8	126	135.7	135.5
热一次风温下降幅度(℃)	−0.03		5.5		17.1			−0.1
排烟温度下降幅度(℃)	−0.17		3.4		9.8		0.2	

投入炉膛和水平烟道吹灰器，空气预热器入口烟温在 30min 后只下降 1℃。受机组负荷、运行氧量和空气预热器入口风温变化的影响，热一次风温升高 0.03℃，实际排烟温度升高 0.17℃。炉膛和水平烟道吹灰对热一次风温和排烟温度影响不大。

投运低温过热器吹灰后，空气预热器入口烟温在 30min 后下降 9.1℃，热一次风温下降 5.5℃，排烟温度下降 3.4℃。低温过热器吹灰对热一次风温和排烟温度的影响较为明显。

投运省煤器吹灰后，空气预热器入口烟温下降 25℃，热一次风温下降 17.1℃，排烟温度下降 9.8℃。省煤器吹灰对热一次风温和排烟温度影响最大。

空气预热器吹灰前后热一次风温和排烟温度变化幅度均在 0.5℃ 以内，可见空气预热器吹灰对于锅炉排烟温度影响不大。

（3）加强对吹灰器的运行维护，锅炉在运行中应注意及时地吹灰打渣，经常保持受热面的清洁。运行中加强锅炉吹灰，适当缩短吹灰间隔，最好每班对燃烧器、前后墙吹灰一次。运行经验表明：600MW 锅炉每全面吹灰一次，排烟温度实际降低 8℃。目前豪顿华公司已经开发出空气预热器蓄热元件的在线冲洗系统，可以提高运行中的空气预热器蓄热元件的热传导，以降低排烟温度。

（4）机组计划检修过程中，对锅炉受热面，特别是水平烟道以及后烟井受热面积灰进行清理，可以采用压缩空气或高压消防水方式进行彻底清理，以增加锅炉运行过程中各受热面的吸热量，降低排烟温度。

（5）对于空气预热器阻力大于 1.2kPa 的锅炉，要从加强吹灰频次、控制空气预热器冷端平均温度、停炉进行空气预热器高压水冲洗等方面开展工作。

7. 送风温度

送风温度变化影响到空气预热器传热温差和传热量。当环境温度升高或暖风器投入运行时，送风温度高于设计值。会减少空气预热器的传热温差，降低空气预热器的传热量，烟气的放热量就少，锅炉排烟温度升高。

对于露天布置的锅炉来说，冷空气温度随环境温度变化很大，使空气预热器进口温度也随之变化，这样使送风温度变化明显影响到空气预热器传热温差和传热量。在机组运行其他条件不变的情况下，冷风温度高，排烟温度高。送风温度每变化1℃，排烟温度将同向变化约0.6℃。

8. 给水温度

机组负荷的变化或高压加热器投停，会引起给水温度明显变化，最终影响到排烟温度，在运行中应考虑这些因素的影响。给水温度的变化会影响省煤器的传热量，最终影响到排烟温度。在设计给水温度±20℃范围内，给水温度每升高1℃，排烟温度将升高0.31℃左右。给水温度降低，在锅炉燃料量不变的情况下，锅炉省煤器传热温差增加，省煤器的吸热量增大，锅炉排烟温度降低。

9. 炉膛火焰中心位置

(1) 煤粉过粗，达不到经济细度，导致炉膛着火延迟，使火焰中心升高，排烟温度升高；煤粉过细，燃烧提前，火焰中心下降，对汽温调整产生影响，同时也增加了制粉系统电耗。当煤质发生变化时，及时调整制粉系统运行方式，保证经济的煤粉细度。

(2) 磨煤机运行方式对排烟温度的影响主要是通过炉膛火焰中心位置的相对变化来实现。对多层燃烧器，改变磨煤机运行方式，投上层燃烧器，炉膛火焰中心位置上移，锅炉出口烟气温度升高。ABCD磨煤机运行方式相对于BCDE磨煤机运行方式，一方面由于火焰中心下降，炉膛吸热量增加，炉膛出口烟温降低，锅炉排烟温度随之降低，排烟热损失下降；另一方面由于煤粉燃烧行程增加，在炉膛高温区停留时间增加，使得飞灰含碳量下降，固体不完全燃烧热损失降低，从而使锅炉热效率升高，表13-9是不同磨煤机组合运行方式试验主要参数。

表13-9　不同磨煤机组合运行方式试验结果

磨煤机运行方式	ABCD磨煤机	ABCD磨煤机	BCDE磨煤机	BCDE磨煤机
过热器减温水量（t/h）	77.89	79.65	84.34	96.37
再热蒸汽温度（℃）	525.83	529.60	538.81	535.46
省煤器入口氧量（%）	3.6	4.7	3.6	4.7
飞灰含碳量（%）	2.71	2.18	4.97	4.31
排烟温度（℃）	136.50	136.13	139.78	139.73
锅炉热效率（%）	92.70	92.30	91.46	91.19
排烟热损失（%）	6.11	6.59	6.63	6.94
固体未完全燃烧热损失（%）	0.66	0.57	1.37	1.33

从表13-9可以看出，运行ABCD磨煤机比运行BCDE磨煤机排烟温度能降低约3.28～3.6℃，且飞灰可燃物也有较大程度的降低，所以，在正常运行中应维持ABCD磨煤机组的运行方式。

(3) 由于火焰中心上移，运行中减温水量偏大，导致流经省煤器的给水流量减小，省煤器换热量减小，排烟温度升高。

(4) 运行中注意调整，使火焰中心应位于炉膛断面几何中心处，若火燃中心发生偏斜，引起水冷壁局部升温，发生结渣，影响排烟温度。

10. 一次风压和一次风率

正常工况下，高温火焰中心应该位于炉膛断面几何中心处，而在实际运行中如果负荷等其他条件不变，风压过高，风速过大，燃烧器出口附近烟温低，推迟着火，将使进入炉膛的煤粉上移，即火焰中心上移，排烟温度上升。经验表明风压下降 0.2kPa，排烟温度下降 2～3℃。一次风速过低，煤粉气流刚性降低，易偏斜贴墙，切圆组织不好；而且煤粉气流的卷吸能力减弱，着火延迟，对着火或燃料不利，因此一次风压（风速）存在一个最佳值。例如某电厂 300MW 机组锅炉通过改变一次风压、改变一次风速，以及一次风和二次风的风量、风速配比，一次风压试验结果见表 13-10。

表 13-10　　一次风压对排烟温度的影响结果

项　目	结　果		
一次风压（左/右）（kPa）	2.7/2.8	2.9/3.0	2.4/2.5
飞灰可燃物（%）	4.89	5.87	5.83
机械不完全燃烧热损失（%）	2.33	4.53	2.42
排烟温度（℃）	138.5	141.5	140.5
修正后锅炉效率（%）	91.92	91.30	91.51

制粉系统使用的干燥剂为热风加冷风，当一次风率增加时，为控制磨煤机出口温度或排粉机进口温度不超限，必然使冷风量增加，在炉膛出口过量空气系数不变的前提下，流过空气预热器的热风量减少，排烟温度升高。试验证明，一次风率每增加 1 个百分点，排烟温度增加1～1.1℃。

降低一次风率是降低排烟温度的有效措施。但需注意：一次风率降低，一次风速跟着降低，一次风速太低，可能使一次风管内积粉。为此需尽可能地使同层一次风管中风速相同，为最大限度地降低一次风率创造条件。通常锅炉冷态所做的一次风速调平，只是调节煤粉混合器前的节流孔板，使并列的管道在纯空气流动状态达到阻力相等，但这并不能做到锅炉正常运行时，同层一次风管内流速相等。这是因为送粉管道的阻力与煤粉浓度有关，它随着煤粉浓度的增加而增加，且增幅相对较大。解决问题的办法是，在煤粉混合器后管道上增加一节流缩孔，先进行冷态一次风调平，再在投粉后，调节该节流孔板，使同层一次风管的流速相同。

11. 空气预热器受热面

当采用各种运行（包括燃烧调整试验）、检修技术措施后，额定负荷下锅炉排烟温度仍然比设计值高出 15℃以上，如果核查在空气预热器入口的烟气温度低于并接近设计值时，应采取增加空气预热器受热面或更换传热性能高的换热元件。对于新建机组，在空气预热器设计时，宜预留一定的空间（不布置受热面），以便在排烟温度高时在预留空间增加受热面面积。

某电厂国产超临界 350MW 机组配置 HG-1100/25.4-571/569 型一次中间再热、单炉膛、前后墙对冲旋流燃烧、Ⅱ型布置的直流锅炉。锅炉额定负荷时空气预热器进口烟气温度与设计值基本相同（约 368℃），空气预热器出口热一次风温度 287.6℃比设计值低 28.4℃，空气预热器出口热二次风温度 305.2℃比设计值低 24.2℃。若将空气预热器进口风温度、进口烟气温度修正到设计值，排烟温度比设计值高了 22.9℃，这充分说明空气预热器吸热量不足。综合对比分析，采用“省煤器和空气预热器同时改造”方案。利用省煤器区域现有空间，最大限度地增加受热面，即在垂直方向上增加两圈管子，水平方向共布置 130 排，使省煤器面积增加 50%，改造后省煤器换热面积为 14 790m^2。在保持原空气预热器型号不变的情况下，将空气预热器热端传热元件盒高度由 1000mm 更换为 1100mm，同时将板型由原来的 DU3 改为 FNC，并采取封堵措施。改造后热一次风温度上升 16℃，热二次风温度上升 15℃；排烟温度降低 13.6℃ 。

某电厂 660MW 超超临界机组，由于预热器传热不足，导致排烟温度比设计值高 10℃以上，C 级检修期间，该厂对预热器热端蓄热元件进行整体更换，将热端原有 DU3 板型传热元件改为传热能力强的 FNC 板型，高度从 1000mm 加高到 1050mm，以提高预热器整体的换热能力，排烟温度实际降低了7.5℃。

12. 省煤器受热面

锅炉省煤器受热面不足，省煤器出口水温就会低于设计值，排烟温度就会超过设计值。当采用各种运行（包括燃烧调整试验）、检修技术措施后，额定负荷下锅炉排烟温度仍然比设计值高出15℃以上，此时如果核查在空气预热器入口的烟气温度大于设计值，且预热器受热面积无法增加，而省煤器出口烟气温度和给水温度仍然有一定的传热温差的情况下，应考虑采取增加省煤器受热面面积来降低锅炉排烟温度。例如双辽电厂1号机组是哈尔滨产300MW燃煤机组排烟温度较高，利用A级检修机会对低温段省煤器进行改造，共增加受热面205排，增加受热面4170m²，排烟温度降低了10～12℃。

13. 制粉系统运行方式

对于中储式乏气送粉系统，单磨煤机运行比双磨煤机运行排烟温度要高，磨煤机全部切除比单磨煤机运行时排烟温度要高。这是因为制粉系统停运后，需要的热风量减少，使得流经空气预热器的风量减少，换热量减少，使排烟温度升高，因此双磨煤机停运不经济。表13-11列出了HG-670/13.7型锅炉，配两套钢球磨煤机中储式制粉系统，在不同运行方式下的排烟温度数值。由表13-11可见，双磨煤机运行和停运，排烟温度相差可达20多℃。因此要减少双制同时停运次数。

某300MW锅炉投磨方式由ABD磨煤机运行（D磨煤机对应最上层燃烧器）调整为ABC磨煤机运行后，飞灰可燃物含量大幅降低，由9.83%降低至7.38%，降低了2.45%，排烟温度略有降低，由143.45℃降低至142.28℃，锅炉热效率大幅升高，由89.11%升高至91.03%，升高了0.92%，见表13-12。因此，制粉系统停运时，应尽量停运上层的制粉系统。

表13-11　670t/h锅炉制粉系统运行方式与排烟温度关系

制粉系统运行方式	排烟温度（℃）
全停	165
单磨煤机运行	152
双磨煤机运行	142

表13-12　300MW磨煤机运行方式对排烟温度的影响

项　目	数据来源	ABD磨煤机运行	ABC磨煤机运行
炉渣可燃物含量（%）	试样分析	11.55	11.55
飞灰可燃物含量（%）	试样分析	9.83	7.38
修正后排烟温度（℃）	计算	143.45	142.28
修正后锅炉热效率（%）	计算	89.11	91.03

14. 尾部烟道二次燃烧，造成排烟温度升高

尾部烟道二次燃烧的原因有：

（1）燃烧过程中调整不当，风量过小，煤粉过粗，油枪雾化不好，使未燃尽的可燃物在后部受热面沉积燃烧。

（2）点火初期，低负荷运行及停炉过程中，炉温低，风、粉、油配比不当，造成大量可燃物沉积在尾部烟道内。

（3）点火初期或低负荷运行时，制粉系统的三次风内含煤粉吹入炉膛，炉温低，煤粉不能完全燃尽，可能积在尾部受热面内。

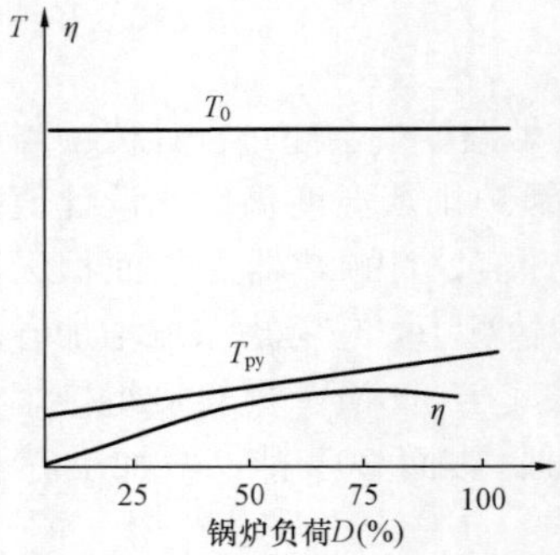

图 13-7　锅炉负荷变化特性曲线
T_0—理论燃烧温度；η—锅炉效率；
T_{py}—排烟温度

15. 锅炉负荷

当锅炉负荷增加时，燃料量增加，炉内燃烧放热增加，各级受热面出口烟气和工质温度增加，炉膛出口烟温随之增加，所以锅炉排烟温度 T_{py} 随负荷的增加而升高，但是排烟温度变化幅度小于炉膛出口烟温变化幅度，见图 13-7。

炉膛出口烟温 T_2 的变化可按下式估算

$$\frac{\Delta T_2}{T_2}=C_b\frac{\Delta B}{B}$$

式中　ΔT_2——炉膛出口烟温增量，K；

T_2——炉膛出口烟温，K；

C_b——影响系数；

ΔB——燃料量增量，kg/s；

B——燃料量，kg/s。

影响系数 C_b 表示燃料量的相对变化引起炉膛出口烟温相对变化的大小。对于一般煤粉炉，C_b=0.25～0.35。即燃料量 B 每变化 1%，炉膛出口烟温 T_2 将变化 0.3%左右。

第五节　灰渣可燃物的监督

一、灰渣可燃物的定义

煤粉在炉膛内燃烧产生的固态残余物，即灰渣。其中随烟气流经炉膛上部出口烟窗从烟道排出的称为飞灰；从炉底排渣口排出的称为炉渣或大渣。飞灰份额和大渣份额合计为 1。对于煤粉锅炉的飞灰质量份额 α_{fh} 的范围是 0.9～0.95，炉渣质量份额 α_{lz} 的范围是 0.05～0.1；对于循环流化床锅炉的飞灰质量份额 α_{fh} 的范围是 0.1～0.15，炉渣质量份额 α_{lz} 的范围是 0.85～0.9。锅炉容量越大，炉膛高度越高，飞灰质量份额越低。

飞灰可燃物含量习惯上叫作飞灰含碳量，飞灰可燃物指燃料经炉膛燃烧后形成的飞灰中未燃尽的碳的质量百分比。炉渣可燃物是指炉渣中碳的质量占炉渣质量的百分比。

对于钢球磨煤粉炉来说，炉渣可燃物很小，可以忽略不计，但链条炉、液态排渣炉的炉渣可燃物需要计入。

飞灰含碳量是反映火电厂锅炉燃烧效率和粉煤灰质量的重要指标，飞灰含碳量的高不但锅炉效率低，而且导致粉煤灰的价格低，直接影响电厂的综合效益；此外，飞灰中的碳对锅炉尾部受热面有磨损作用，可降低设备的使用寿命，飞灰含碳量增加不仅增加燃料消耗量，而且对锅炉的安全运行造成很大的威胁，很容易发生锅炉结焦和尾部烟道二次燃烧，还会降低电除尘器的效率，造成环境污染。因此，应尽量使锅炉飞灰含碳量控制在合理的范围内，以减少污染，提高电厂效益。

二、灰渣可燃物的监督标准

飞灰可可燃物应由撞击式取样装置定期采样化验分析，也可以以现场飞灰在线监测装置进行统计（如全截面式飞灰含碳量测量装置、微波飞灰碳仪）。

（1）撞击式取样装置，位置空气预热器出口水平烟道下部。试验期间取飞灰样方便。

（2）飞灰在线监测装置，由于安装位置和设备原因，试验期间取飞灰样可能困难。因此及时安装了飞灰在线监测装置，也要再安装撞击式取样装置，一方面取飞灰样方便，另一方面是可以校核飞灰在线监测装置。

评价飞灰可燃物时以测试报告或现场检查为准，测点为空气预热器出口处。计算飞灰可燃物时，应根据化学每班飞灰可燃物数值，求得算术平均值。

在锅炉额定出力（BRL）下，煤粉炉的飞灰可燃物 C_{fa} 随燃煤干燥无灰基挥发分 V_{daf} 的变化见表 13-13。流化床锅炉的飞灰可燃物一般控制在 10％以下。

表 13-13　飞灰可燃物 C_{fa} 随燃煤干燥无灰基挥发分 V_{daf} 的变化关系

V_{daf}（％）	＜6	$6\leqslant V_{daf}<10$	$10\leqslant V_{daf}<15$	$15\leqslant V_{daf}<20$	$20\leqslant V_{daf}<30$	≥30
C_{fa}（％）	20～10	10～4	8～2.5	6～2	5～1	3.5～0.5

注　炉渣可燃物与飞灰可燃物 C_{fa} 基本相同。

根据《大容量煤粉燃烧锅炉炉膛选型导则》（DL/T 831—2002），对于炉渣可燃物 C_{lz} 可以按照表 13-14 中 L_{ubc} 值估算。不同煤质对应的炉渣可燃物热损失 L_{ubc} 的计算式为

$$L_{ubc}=337.27\times\frac{\alpha_{lz}C_{lz}A_{ar}}{Q_{net,ar}(100-C_{lz})}\times100\%$$

表 13-14　炉渣可燃物热损失 L_{ubc} 参考值　％

V_{daf}	6.5～10	10～15	15～20	20～30	30～40	褐煤＞37
$V_{daf}=10\%$	1.3～0.5	1.0～0.3	0.7～0.2	0.6～0.1	0.5～0.1	0.7～0.1
$V_{daf}=30\%$	5.21.9	4.0～1.2	2.9～0.9	2.4～0.5	1.9～0.3	2.8～0.4

300MW 等级及以上机组锅炉，当实际燃煤低位发热量 $Q_{net.ar}$ 不低于 20MJ/kg，飞灰可燃物含量不应出现下述情况：

1）干燥无灰基挥发分大于 20％（褐煤或烟煤）时，飞灰可燃物含量大于 2.0％。

2）干燥无灰基挥发分为 10％～20％（贫煤）时，飞灰可燃物含量大于 5.0％。

3）干燥无灰基挥发分小于 10％（无烟煤）时，飞灰可燃物含量大于 8.0％。

大渣含碳量一般比飞灰稍大一些。

上述标准要求的范围太大，容易满足，最好规定为：飞灰可燃物≤1.5 倍设计值。

三、飞灰可燃物的耗差分析

飞灰可燃物每降低 1％，锅炉效率约提高 0.31％，发电煤耗率相对变化量为 0.3％～0.5％，发电煤耗率平均增加 1.1g/kWh。

飞灰可燃物对煤耗率的影响是通过机械未完全燃烧热损失表现出来的。从烟气带出的飞灰含有未参加燃烧的碳所造成的飞灰热损失计算公式为

$$q_4=\frac{337.27A_{ar}\alpha_{fh}C_{fh}\times100\%}{Q_{net,ar}(100-C_{fh})}$$

根据超超临界 660MW 机组设计参数得

$$q_4=\frac{337.27\times A_{ar}\times0.90C_{fh}\times100\%}{21\,000\times(100-C_{fh})}=\frac{1.445A_{ar}C_{fh}}{100-C_{fh}}(\%)$$

对 q_4 求导得

$$q'_4=\frac{1.445A_{ar}(100-C_{fh})-1.445A_{ar}\times(-1)}{(100-C_{fh})^2}(\%)$$

在飞灰可燃物 $A_{ar}=20\%$，$C_{fh}=3\%$ 时

$$q'_4=\frac{1.445\times20\times(100-3)-1.445\times20\times(-1)}{(100-3)^2}(\%)=0.301\%$$

即飞灰可燃物每升高 1 个百分点时，锅炉效率降低 0.301 个百分点，则发电煤耗率增加 0.83g/kWh。当煤质越差，发热量越低，飞灰对发电煤耗率的影响越大。

炉渣可燃物每升高 1 个百分点，发电煤耗率相对变化量为 0.04％～0.07％，发电煤耗率增加 0.17g/kWh。由于炉渣可燃物影响煤耗率的幅度远小于飞灰可燃物，因此人们更关心的飞灰可燃物的变化情况。

四、影响灰、渣可燃物含量的因素和对策

1. 设计原因

(1) 锅炉设计热负荷。如果炉膛设计热负荷过低，炉膛断面和容积尺寸过大，导致燃烧强度不够。另外对四角切圆燃烧的锅炉而言，切圆小造成炉膛火焰充满度不好，最终出现燃烧不稳定、燃烧不完全，飞灰含量高。例如某电厂 DG1025/18.2-Ⅱ4 型亚临界自然循环汽包锅炉，燃用煤种为晋中贫煤。按照经验，燃用贫煤的锅炉假想切圆一般应在 ϕ1000mm 以上，炉膛断面、容积热负荷分别在 1.9×10^7kJ/m²h 和 4.18×10^5kJ/m²h，而该厂的假想切圆为 ϕ700mm 和 ϕ500mm，断面热负荷为 1.583×10^7kJ/m²h，容积热负荷为 3.701×10^5kJ/m²h。这说明设计炉膛热负荷过低，炉膛断面和容积尺寸过大，这是该厂飞灰可燃物含量高的主要原因。对于炉膛设计热负荷过低的锅炉，设立卫燃带是提高火焰根部温度、低负荷状态下的稳定着火以及强化燃烧非常重要的措施。例如某电厂 300MW 进口机组锅炉采用 W 形火焰燃烧方式，炉膛四周敷设 569m² 卫燃带，后因种种原因仅剩 120m² 卫燃带，造成炉膛温度下降，燃尽度变差。飞灰可燃物含量由 5％增加到 6％以上。当然增加卫燃带会增加结渣风险，但是可以通过实践和计算确定最佳的卫燃带面积和位置。

(2) 锅炉选型。循环流化床锅炉由于燃煤较粗，虽经分离器多次循环燃烧，仍有部分粗颗粒煤粉不能燃尽，随烟气排出，因此循环流化床锅炉的飞灰可燃物含量，比煤粉锅炉要高。同容量的循环流化床锅炉的飞灰可燃物含量，比煤粉锅炉的飞灰可燃物含量至少高 5 个百分点。

(3) 燃烧器设计选型。不同类型的燃烧器具有不同的煤种适应性与不同的燃烧特性，所以对飞灰可燃物含量的影响不同。直流燃烧器一般采用四角切圆燃烧，调节主蒸汽温度时有时采用调整燃烧器倾角方法。对于旋流燃烧器，各个燃烧器射流之间的影响较小，几乎没有相互混合，各个燃烧器射流之间的相互配合作用远不及四角切圆直流燃烧方式。因此在同一电厂燃用同一煤种，采用旋流燃烧器的飞灰含碳量要略高于直流燃烧器。

(4) 飞灰人工取样装置安装位置和装置形式。

根据《自抽式飞灰取样方法》(DL/T 926—2005) 标准：为了防止机组低负荷时，空气预热器出口烟气温度低于 100℃引起收管路结露堵塞，建议飞灰取样装置安装位置选择在空气预热器入口直管段烟道上。实际上目前许多新建机组只设计了 1 套飞灰在线监测装置，而且一般安装在空气预热器出口、除尘器之前的直管段烟道上（取样点附近直管段比较长，烟道截面没有突变，气流平稳，灰样具有代表性）。由于此类装置取样管结露经常堵塞，因此飞灰在线监测装置经常处于半瘫痪状态；即使监测装置好用，由于所取的飞灰都是细灰，因此，飞灰监测数据偏小。有的机组虽然在空气预热器出口增加了撞击式飞灰手动取样装置，但是，由于取样管安装在烟道中间，撞击取灰样偏粗。因此上述飞灰取样形式都不理想，建议在静电除尘器 1 电场两个对称灰斗的下灰短管上（此处粗细飞灰均混合完全，而且 1 电场飞灰占整个飞灰量 80％以上，因此取样有代表性），加装带有铜芯球阀的取灰管取样（见图 13-8），尽可能提高所取飞灰样品的代表性，得到比较接近实际值的数据，以了解锅炉的实际燃烧情况。

(5) 误差。某些飞灰在线监测装置设计不合理，按其结构和原理收集的飞灰不能真正反映飞灰可燃物指标；或者飞灰在线监测装置的取样管经常堵塞，导致飞灰在线监测装置指标失真。因此应采用等速取样方法定期对固定式飞灰装置进行标定，并得出标定系数，作为判断锅炉飞灰可燃物含量高低的依据。

2. 运行原因

(1) 火焰中心位置。火焰中心位置上移，飞灰增加；因此运行期间，关停上层燃烧器，投运下层燃烧器，可有效降低飞灰。调整燃烧器上倾角过大，会引起锅炉飞灰含碳量增加；将燃烧器的喷口角度调整下倾，也可有效降低飞灰；若调整燃烧器下倾角过大，则会有可能引起锅炉火焰冲刷冷灰斗，不仅会导致结焦，也会使灰渣含碳量增加。

(2) 煤粉细度。煤粉越细，单位质量的煤粉表面积越大，与空气的接触面及接触空间越大，着火提前，燃尽需要的时间较短，在炉膛中易于燃尽，飞灰可燃物含量降低、燃烧效率提高。煤粉细度越大，其燃烧面积也小，燃烧不完全，导致飞灰可燃物含量较高。图 13-9 是在一台燃贫煤的 300MW 机组锅炉上实测的煤粉细度影响曲线。从图 13-9 中可以看出，当煤粉比较细（$R_{90}<10\%$）时，煤粉细度变化对飞灰可燃物的影响不大；但当煤粉变粗，超过某一值（$R_{90}>12\%$）时，飞灰可燃物迅速增大。

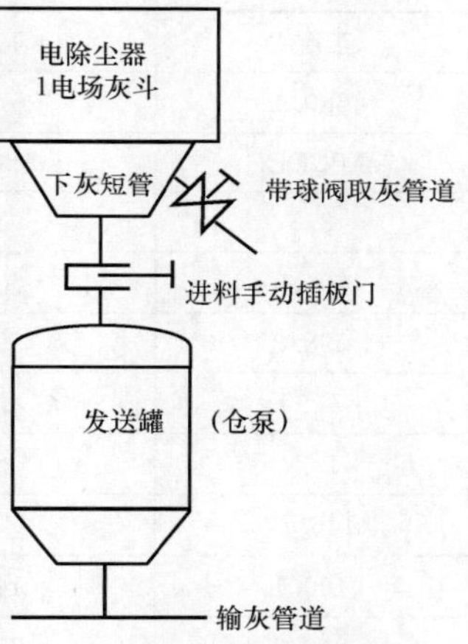

图 13-8 飞灰手动取样装置安装位置

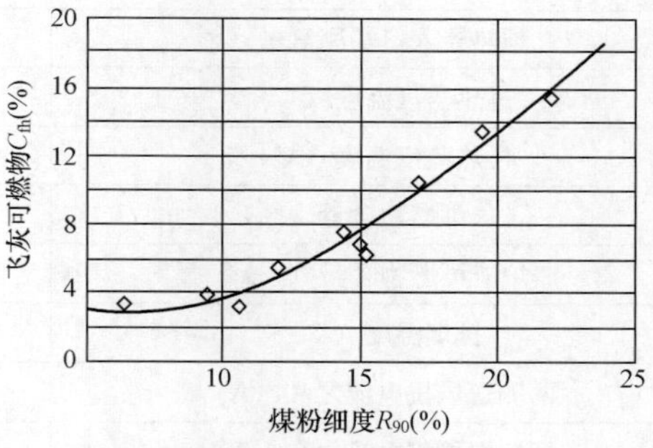

图 13-9 飞灰可燃物 C_{fh} 与煤粉细度 R_{90} 的关系曲线

某电厂对 4 台 300MW 贫煤锅炉，进行了煤粉细度调整试验，结果是：调整试验前煤粉细度 8.9%，制粉耗电率 1.28%，飞灰平均值 4.64%；调整试验后粗粉分离器挡板开度减少 5%，煤粉细度为 7.6%，制粉耗电率为 1.44%，飞灰平均值为 4.25%，但制粉出力基本降低了 3～5t/h。调整后飞灰可燃物下降了 0.39 个百分点，按照飞灰可燃物每降低 0.1 个百分点、机组供电煤耗率降低 0.10g/kWh 估算，调整后供电煤耗率降低 0.39g/kWh，但粗粉分离器挡板调整后制粉出力降低，4 台锅炉制粉耗电率由 1.28%升高至 1.44%，制粉耗电率升高了 0.16 个百分点，制粉耗电率升高造成供电煤耗率升高了 0.57g/kWh。因此通过参数对比，4 台锅炉粗粉分离器折向挡板减少 5%开度，降低飞灰指标同比制粉电耗率不经济。降低飞灰可燃物指标需要进一步优化锅炉燃烧和煤粉细度调整试验来实现。

(3) 锅炉氧量。在高负荷时，锅炉氧量增加，过量空气系数增加。由于供氧充分、炉内气流混合扰动增强，飞灰可燃物含量降低，使得锅炉机械不完全燃烧热损失减少；但是当炉膛出口过量空气系数过大时，会使火焰燃烧温度降低，煤粉氧化燃烧速度降低，从而影响煤粉的燃尽，使飞灰可燃物含量增加，而且使烟气量增加，排烟热损失增加，锅炉效率有可能降低。同时氧量增

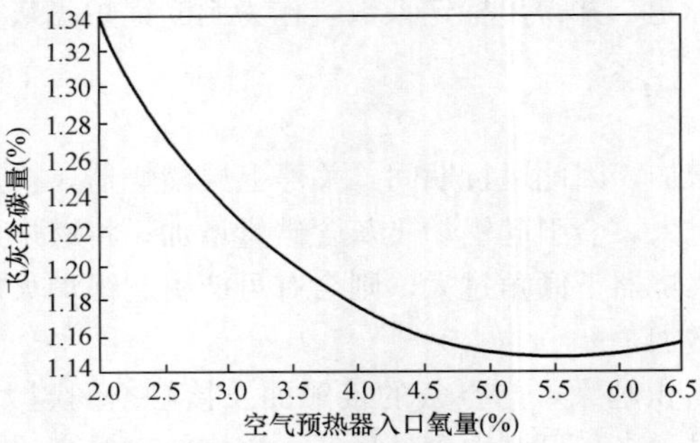

图 13-10　烟气含氧量对飞灰可燃物含量的影响

加同时也使送风机、引风机耗电量增加。在低负荷时，风量大，煤粉停留时间短，炉膛温度低，导致飞灰可燃物含量增加。从燃烧的角度看，炉膛过量空气系数存在一个最佳值，见图 13-10。

某电厂 2001t/h 直流锅炉氧量调整试验结果见表 13-15，试验在 3.0%、3.8%、4.5%三个氧量下进行，3.8%氧量时的飞灰高于 4.5%时的 0.55 个百分点。而且这两个工况下过热蒸汽温度、再热蒸汽温度都能够达到额定值。但在 3.8%氧量下，送、引风机耗电率大幅度降低，建议 680MW 电负荷下，实测氧量维持在 3.8%左右比较合适。

表 13-15　2001t/h 直流锅炉氧量调整试验结果

项　　目	工况 1	工况 2	工况 3
电负荷（MW）	678.6	680.1	678.0
投磨煤机方式	ABCDEF	ABCDEF	ABCDEF
空气预热器入口实测氧量（%）	4.5	3.8	3.0
过热蒸汽温度（℃）	603.9	604.9	604.8
再热蒸汽温度（℃）	602.8	598.8	598.2
飞灰可燃物含量（%）	1.44	1.99	2.39
炉渣可燃物含量（%）	1.59	1.94	2.36
排烟温度（℃）	145.57	146.22	145.70
两侧送风机电流之和（A）	188.4	160.1	140.7
两侧引风机电流之和（A）	941.7	843.2	775.1

在实际中，尤其是高负荷期间，应重点关注脱硫系统画面中净烟气 CO 含量，控制在 $100mg/m^3$。如果 CO 含量大，说明风量不足，主燃烧区域缺氧。

应根据锅炉燃烧优化试验结果，设定机组负荷对应的锅炉风量、氧量定值，调整锅炉总风量及氧量“自动”控制软件的参数。

（4）一次风、二次风的配合。一、二次风的配合特性也是影响锅炉燃烧的重要因素。运行中，一次风主要用于输送煤粉，并提供燃烧初期所用氧气。二次风用于补充燃烧后期所需的氧气，并应有一定的裕量。一次风量增加时，一次风风量越大，为达到煤粉气流着火所需吸收的热量越大，到着火所需的时间也越长，将使煤粉着火推迟，火焰中心上移，燃烧不充分，导致飞灰可燃物增大；同时煤粉浓度也会相对降低，这对于燃烧都是不利的则会增加着火热。一次风量过低，不仅易造成制粉系统出力不足，氧量不足，还使煤粉挥发分燃烧不充分，导致飞灰增大；另一方面，风速太小会使气流无刚性，造成偏转，破坏炉内动力场，并且其卷吸高温烟气的能力下降，这都会造成不完全燃烧，此外，风速太低还有可能造成堵管。

二次风如果在煤粉着火以前过早的混入一次风对着火是不利的，尤其是对于挥发分低的难燃煤更是如此，因为这种过早的混合等于增加了一次风率，使着火热量增加，着火推迟，势必增加机械不完全燃烧损失，飞灰可燃物含量上升。但如果二次风过迟混入，又会使着火后的煤粉得不到燃烧所需氧气的及时补充，这些都会使炉内燃烧不完全，飞灰可燃物含量增加。运行人员要根据煤粉细度、挥发分变化情况，及时调整一、二次风大小。我们要使一次风速低一些，但要防止一次风管堵塞；二次风速尽量高些，增加空气与煤粉的扰动，使煤粉表面的灰层能够被冲刷掉，增加煤粉可燃质与空气的接触机会，使燃烧趋向于完全燃烧。

应安装高质量的飞灰可燃物在线监测装置和煤质在线监测装置，可以使运行人员根据煤质和飞灰可燃物大小及时调整一、二次风的大小和比例。

（5）负荷率。机组负荷变化，直接引起入炉煤量的变化，导致飞灰可燃物的变化。锅炉运行负荷降低时，燃料消耗量减少，水冷壁的吸热量随之也要减少。但相对每千克燃料而言，水冷壁的吸热量反而有所增加，从而使得炉膛平均温度降低，挥发分释放速度变慢。此时一次风量和总风量往往也偏低，燃烧过程在极为不利的条件下进行，影响煤粉的着火，造成飞灰可燃物含量上升；反之，同样浓度的煤粉在高负荷时，供风量增大。虽然煤粒在炉内停留时间有所缩短，但会使炉膛的容积热负荷增加，具有更高的炉膛温度，因此容易燃尽，有利于降低飞灰可燃物含量。但锅炉负荷也不是越高越好，因为过高的锅炉负荷容易引起炉膛结焦，所以应对锅炉负荷加以控制。

锅炉在升负荷时，入炉煤量增加，如果不及时进行配风方式和煤粉细度的调整，会造成飞灰可燃物的升高；同时，增加负荷，入炉煤量的增加会使炉膛容积热负荷增加，缩短煤粉在炉内的停留时间，使得飞灰可燃物升高。某厂 1025t/h 汽包锅炉运行人员增负荷先增加燃料量，后增加风量，飞灰含碳量变化情况见表 13-16。

表 13-16　　1025t/h 锅炉负荷变化与飞灰含碳量的对应关系

负荷（MW）	180		240		300	
氧量（%）	3.8	4.2	3.8	4.2	3.8	4.2
飞灰含碳量（%）	5.92	5.35	6.92	5.61	7.47	7.97

当然，随着负荷的增加，如果送风量适当增大，炉温会升高，对燃烧经济性有利。但是负荷的这个影响与煤质有关。燃烧调整试验表明，挥发分高的煤，飞灰可燃物很低，负荷对燃烧损失的影响也很小；对于 $V_{daf}>40\%$ 的烟煤，负荷怎么调整，燃烧损失也变化不大。但对于低挥发分的煤，负荷对燃烧损失的影响较大，见图 13-11。

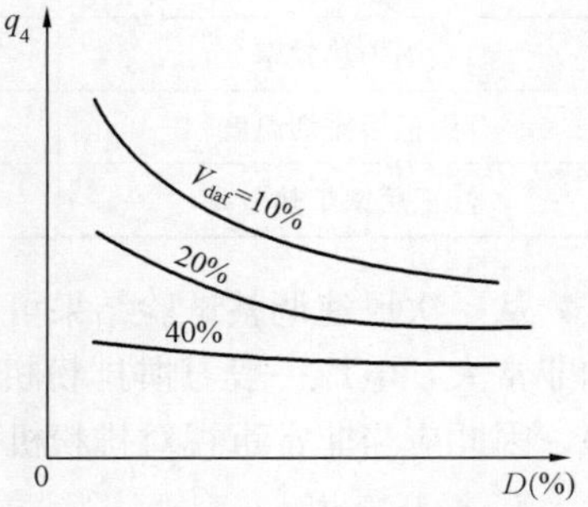

图 13-11　锅炉负荷系数 D 对燃烧损失 q_4 的影响

因此当锅炉需要加减负荷时。必须按照加负荷时先增加风量后增加煤量，减负荷时先减少煤量后减少风量的原则进行。这样动态中始终保持总风量大于总燃料量，以保证锅炉燃烧安全，并避免燃烧过大。在加减负荷或燃烧调整过程中，调节煤量和风量时不能大幅度调整，要勤调少调，保持各参数和燃烧稳定。

（6）制粉系统运行方式。

1）尽量减少制粉系统启停次数。启停磨煤机运行时，将引起对应的一次风温和一次风量的变化，对燃烧工况影响较大，飞灰可燃物肯定要发生明显变化。尤其是停止制粉运行，因为制粉系统风量不稳定以及给粉机转速的波动，造成飞灰增大。对于采用中储式热风送粉系统的锅炉，制粉系统的启停还会引起三次风量发生，导致燃烧工况变化，对飞灰可燃物产生影响。

2）尽量保持各给粉机转速均等，而且维持较高的转速。各层的给粉机转速不同。在一次风总风压正常情况下，如果经常使同一层给粉机转速不一样，各层的给粉机转速也不一样，使转速高的给粉机出粉浓、风速低；而转速低的给粉机出粉稀、风速高，使炉膛内发生火焰偏斜，局部氧气过剩，局部缺氧燃烧，飞灰增加。

3）排粉机出口风压。在保证一次风管不堵管的情况下，降低排粉机出口风压不但对保证煤粉细度有利，而且使进入炉膛冷风量减少，着火迅速，飞灰可燃物含量减小。

某300MW锅炉ABD磨煤机投运时一次风速调整进行了3个工况试验，见表13-17，由实验数据可知，随着排粉机出口压力降低，一次风速大幅降低，飞灰可燃物含量大幅降低，由9.83%降低至9.07%和7.79%，同时排烟温度也有所降低，由143.45℃降低至141.06℃和139.24℃，锅炉热效率大幅升高，由89.11%升高至89.90%和90.42%，分别升高了0.79%和1.31%。

表13-17　1025t/h锅炉ABD磨煤机投运一次风速调整试验

项　目	单位	数据来源	数　值		
			工况1	工况2	工况3
A、B、D排粉机出口压力	kPa	表盘记录	4.1/4.1/4.0	3.0/3.1/3.0	2.8/2.6/2.7
平均一次风速	m/s	表盘记录	36.9	31.8	28.9
干燥无灰基挥发分 V_{daf}	%	试样分析	35.62	35.62	35.62
低位发热量 $Q_{net,ar}$	kJ/kg	试样分析	20 170	20 170	20 170
试验时蒸发量	t/h	表盘记录	932.1	930.3	924.6
排烟氧含量	%	网格测量	5.61	5.28	5.30
排烟温度	℃	网格测量	130.20	129.70	128.30
炉渣可燃物含量	%	试样分析	11.55	11.55	11.55
飞灰可燃物含量	%	试样分析	9.83	9.07	7.79
锅炉热效率	%	计算	88.77	89.64	90.16
修正后排烟温度	℃	计算	143.45	141.06	139.24
修正后锅炉热效率	%	计算	89.11	89.90	90.42

从一次风速调整试验结果可以看出，排粉机出口压力控制对飞灰可燃物含量和锅炉热效率影响非常大，电厂一般习惯排粉机高出口压力运行，一次风速偏高非常严重（见表13-17中工况1），因此应当非常重视对排粉机出口压力的控制，建议排粉机出口压力控制在2.7～3.0kPa。

3. 燃料原因

（1）煤质。煤种变化，煤质也随着变化，而运行人员的燃烧调整不及时，势必造成飞灰可燃物含量升高。挥发分是固体燃料的重要成分特性，对燃料的燃烧着火和燃烧有很大影响。由于挥发分是气体可燃物，其着火温度低，使煤易于着火。挥发分多，煤中难燃的焦炭相对含量少，大量挥发分析出，着火燃烧时放出大量热量，有助于焦炭的迅速着火和燃烧，因此挥发分多的煤比较易于燃尽；挥发分从煤粉颗粒内部析出后使煤粉颗粒具有孔隙性，挥发分越多，煤粉颗粒的孔隙越多，与助燃空气接触面积越大，因而易于燃尽，燃烧损失较少，飞灰可燃物含量低。反之，在相同因素下，挥发分低的煤较难燃尽、燃烧损失较大，飞灰可燃物含量升高。

某电厂210MW机组配备的燃煤锅炉，配中储式制粉系统，热风送粉，燃用贫煤。入炉煤的挥发分降低，炉膛温度下降，煤粉未充分燃烧，飞灰含碳量越高，见表13-18。

表 13-18　　入炉煤挥发分与飞灰含碳量对应关系

煤挥发分（%）	16	15	14	13	12	11
炉膛温度（℃）	1700	1650	1600	1550	1500	1450
飞灰含碳量（%）	5	6	7	8	9	10

图 13-12 为国内一些 300MW 以上大机组实测锅炉燃烧损失与煤中挥发分含量的关系，图 13-14 中数据的分散程度反映了其他因素（如炉膛结构、燃烧器形式、运行氧量、煤粉细度等）的差异。

某厂 1025t/h 锅炉掺烧褐煤，飞灰可燃物增加 1.9 个百分点，见表 13-19。飞灰变化大的原因：其一，为增负荷时段风量滞后，风少、燃烧不完全；其二，褐煤掺烧进入炉膛后，褐煤挥发分高首先燃烧抢氧，致使与其掺配的低挥发分的煤更加缺氧，而低挥发分的煤需要富氧降低飞灰可燃物，由于缺氧使飞灰增加。

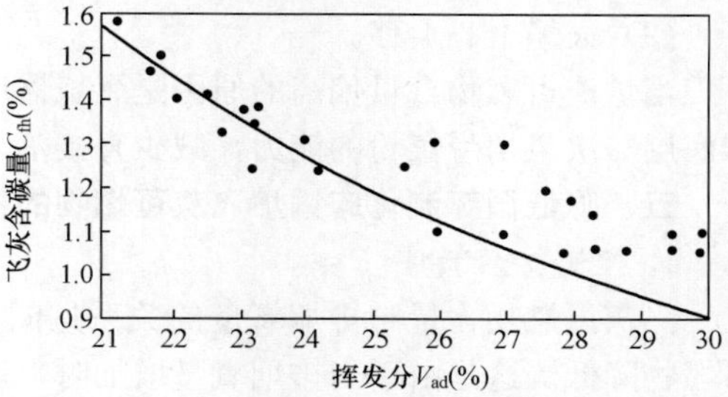

图 13-12　飞灰含碳量 C_{fh} 与挥发分 V_{ad} 的统计关系

表 13-19　　1025t/h 锅炉掺烧褐煤比例 20%时飞灰可燃物变化情况

项目	主汽温（℃）	再热汽温（℃）	排烟温度（℃）	入口风温（℃）	飞灰可燃物（%）
掺烧前	594.44	588.04	129.44	7.92	1.32
掺烧后	593.39	585.09	135.07	13.36	3.24

水分的影响：燃煤水分高，由于水汽化吸收热量，使锅炉炉膛温度降低，着火困难，燃烧推迟使飞灰可燃物含量升高。当燃煤水分增大时，应及时提高磨煤机的出口温度包括最终的风粉混合物的温度。

灰分的影响：煤质中主要成分是碳和灰分，其他元素份额也小且变化也小；煤质中灰分在锅炉燃烧中起到阻碍氧气与碳产生化学反应的作用。当灰分大时（热值低），对氧气与碳发生化学反应的阻碍作用大，在相同条件下飞灰可燃物相对偏高；反之在设计范围内灰分低的煤质，飞灰可燃物低，灰分过低时（热量过高），飞灰可燃物升高。

因此，应根据锅炉运行的安全、经济性要求，结合设计煤种指标，综合确定入炉煤挥发分、灰分等各项指标的变化范围。

应加强燃料采购和配煤管理工作，定期对入炉煤、煤粉、飞灰和大渣进行取样与化验分析，指导运行调整。

（2）对不易结渣的煤种（比如灰熔点温度大于 1500℃），可考虑通过改造燃烧系统（燃烧器结构及布置、卫燃带等），提高炉膛燃烧温度，强化煤粉燃烧，降低飞灰可燃物含量。不宜采用上述措施或其效果不佳时，应考虑更换或掺烧燃尽性能更好的高挥发分煤种。

4. 炉渣可燃物含量

增加的主要因素是：

（1）燃煤挥发分低，锅炉燃烧效率与燃烧稳定性下降。

（2）燃煤灰分高，着火温度高、着火推迟，炉膛温度降低，燃烬程度变差。

（3）燃煤水分高，水汽化吸收热量，炉膛温度降低，着火困难，燃烧推迟。

(4) 煤粉粗，着火及燃烧速度慢。

(5) 锅炉氧量低，过量空气系数小，燃烧不完全。

(6) 一、二次风速及一、二次风量配比不当。

(7) 下层燃烧器喷嘴烧损变形或结焦。

(8) 最下层二次风速过小。

(9) 火焰中心上移。

当炉渣可燃物含量偏高的原因是燃烧器底层二次风不足时，应对其喷口进行改造，提高燃烧器底层二次风携带煤粉的能力，减少直接落入渣池的煤粉量，降低大渣可燃物含量。

五、降低循环流化床锅炉飞灰可燃物的措施

1. 控制排烟氧量

飞灰可燃物含量与排烟氧量的关系见图 13-13。由图 13-13 可见，当排烟氧量增加时，飞灰可燃物降低。这是由于当排烟氧量增加时，炉内氧浓度相应提高，有利于煤的燃尽，使飞灰可燃物下降。图 13-14 为锅炉燃烧效率与排烟氧量的关系曲线，试验锅炉为 HG220-9.81/540 循环流化床锅炉，试验煤种为贫煤：$Q_{net,ar}$＝23 660kJ/kg，M_{ar}＝7.5%，A_{ar}＝21%，V_{daf}＝12%（以下没有特殊说明同此）。

由图 13-14 可看出：随着排烟氧量增加，燃烧效率上升。但排烟氧量过大会增加排烟热损失（q_2），应综合考虑。在不致使排烟热损失过度增大的前提下，适当提高过剩氧量。推荐的排烟氧量控制值见表 13-20。

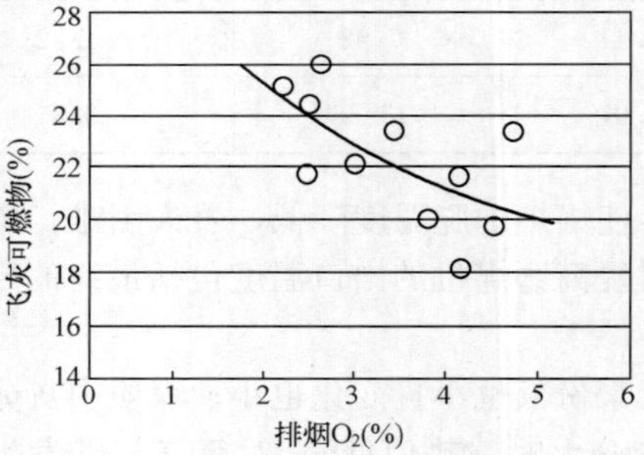

图 13-13 飞灰可燃物与排烟氧量的关系

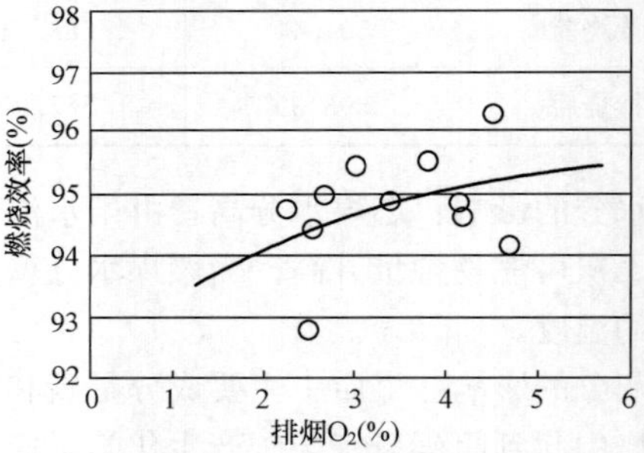

图 13-14 燃烧效率与排烟氧量的关系

表 13-20 **推荐的排烟氧量控制值**

参数	100%MCR	85%MCR	70%MCR	55%MCR	30%MCR
排烟氧量（%）	3.5	4.2	5.0	6.0	8.0

2. 控制合适的床压

图 13-15 为在 85%MCR 时，飞灰可燃物含量与床压的关系曲线。随着床压升高，飞灰可燃物减少。床压的大小间接表明了炉内床层的高低，在一定流化风速下，床压升高时，炉膛内床层相对增高，炉内物料浓度增大，使得随流化风从炉底向上运动的细小煤粒与床料碰撞的几率增大，难以飞出炉膛，这就延长了细小颗粒在炉内停留时间，提高其燃尽度。

随着床压升高，飞灰可燃物有规律地减小。运行中在综合考虑其他因素（如床体良好流化、正常排渣、合理的风机电耗）的前提下，可适当提高床压在 5.0～6.5kPa 范围，以降低飞灰可燃物。

3. 煤质的影响

图 13-16 表明飞灰可燃物随着干燥无灰基挥发分 V_{daf} 提高而降低，但幅度较小。

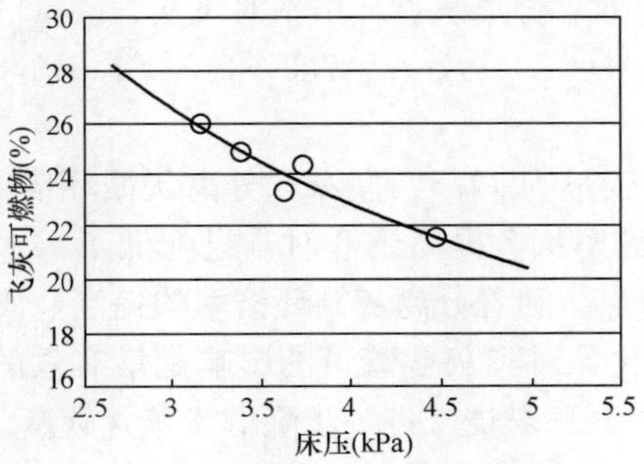

图 13-15 飞灰可燃物含量与床压（85%MCR）

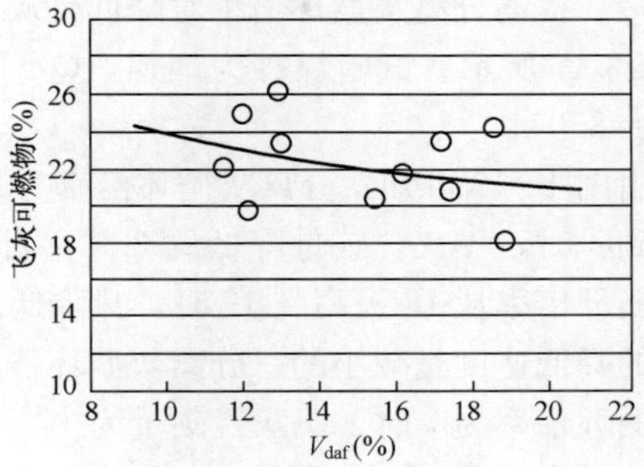

图 13-16 飞灰可燃物与 V_{daf} 的关系

要降低飞灰可燃物含量，提高锅炉效率，应尽可能掺烧一些高热值、高挥发分的煤种，但也需综合考虑有关因素，如燃烧、煤价、运费等，这样才能使营运方式更加合理。

4. 床温的调整

床温是 CFB 锅炉的重要运行参数，从有利于燃烧的角度看，提高床温是有益的。燃烧温度对流化床锅炉煤粉燃烧影响的关系式为

$$t_p = 8.77 \times 10^9 \times \left(\frac{d_p}{100}\right)^{1.16} \times \exp[-0.01276(T_b + 273)]$$

式中 t_p——炭粒子的燃尽时间，s；

d_p——炭粒子直径，m；

T_b——燃烧温度，℃。

从关系式可以看出，炭粒子的燃尽时间与燃烧温度和炭粒子直径有关，在炭粒子直径一定的条件下，提高燃烧温度能明显缩短炭粒子的燃尽时间，从而降低飞灰可燃物含量。因此对于难燃烧煤种，可适当考虑提高床温以保证燃烧稳定与减少固体未燃烧损失。当然要控制床温低于煤的变形温度 100～200℃防止结焦，还要考虑脱硫反应的最佳温度（850℃左右），因此床温不宜超过 950℃。

某电厂 HG-220/9.8-LPM18 型循环流化床锅炉，床温从 855℃升高到 905℃时，飞灰含碳量下降 5.5%，效果十分明显。因此，提高运行床温，可以有效地降低飞灰含碳量，建议床温保持在 880～910℃之间。

5. 提高旋风分离器效率

分离器效率变化对炉膛床料粒度、底渣粒度、燃料停留时间、飞灰和底渣排出比例产生影响。提高旋风分离器的分离效率，使更多的细颗粒被收集送回炉膛循环燃烧，增加细颗粒在燃烧室内的停留时间，降低飞灰可燃物含量，提高燃烧效率。

提高分离器效率的措施如下：

(1) 排气管偏心布置。分离器直径变大以后，气流的旋转中心与分离器筒体中心不一致。因此将排气管偏心布置，可使排气管中心与气流旋转中心一致，提高分离效率。

(2) 使分离器进气管有一定的加速段，并向下倾斜一个 10°角度。

(3) 将排气管从圆形改为倒锥形。

(4) 排气管入口增加一个锥帽。

6. 采用飞灰再循环

采用飞灰再循环可以将未能燃尽的飞灰可燃物引入炉膛再次燃烧，可以有效地降低飞灰可燃物含量。提高分离灰循环倍率对降低飞灰含碳量十分有效。分离灰循环倍率对飞灰含碳量的影响如图 13-17 所示。试验煤种为烟煤，$Q=31.2$MJ/kg，$M=2.7\%$，$A=7.8\%$，$S=1.0\%$，床温 $TFB=850$℃。

由图 13-17 可知：分离灰循环倍率为 5 时，飞灰含碳量为 12.5%左右；分离灰循环倍率从 3 提高到 4 时，飞灰含碳量降低约 2.5 个百分点；循环倍率从 7 提高到 8 时，只降低了 1 个百分点；循环倍率从 18 提高到 19 时，只降低了 0.5 个百分点。随着分离灰循环倍率的提高，飞灰含碳量的降低速度是减小的。分离灰循环倍率在 2～6 变化，对飞灰含碳量的影响是最有效的。分离灰循环倍率为 7 时，飞灰含碳量为 11%，宜采用灰再循环燃烧来进一步降低飞灰含碳量。

7. 电除尘灰再循环燃烧

某 CFB 锅炉，当分离灰循环倍率为 0.10～0.15 时，飞灰含碳量仍有 23%左右。采用电除尘器 1 电场（收集飞灰量占总灰量的 85%以上）的除尘灰，连续稳定地返送回炉膛密相区，达到飞灰再燃烧的目的，能够大幅降低除尘灰的可燃物损失。电除尘灰再循环倍率对降低飞灰含碳量的影响如图 13-18 所示。

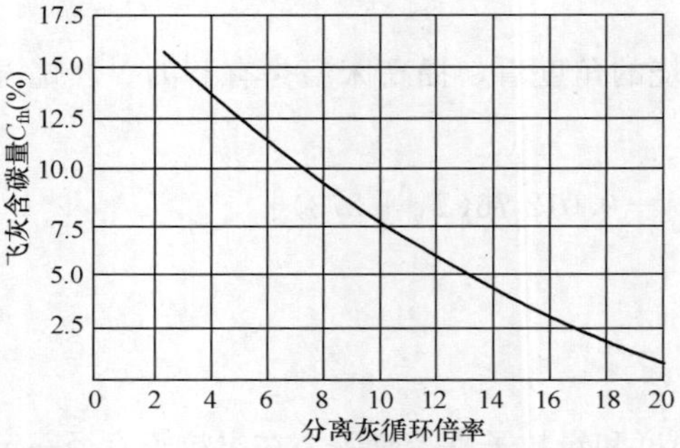

图 13-17 分离灰循环倍率对飞灰含碳量的影响

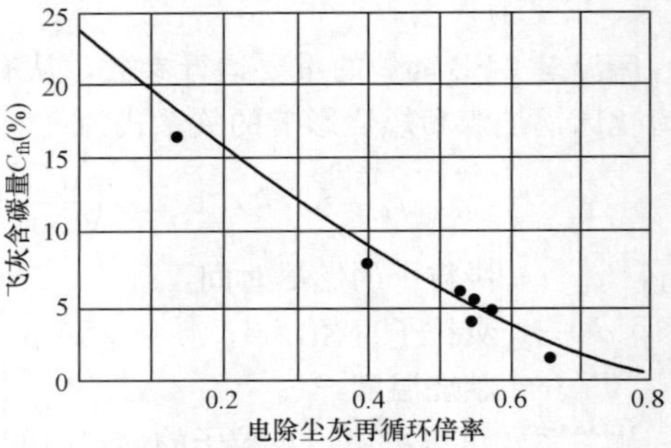

图 13-18 电除尘灰再循环倍率对降低飞灰含碳量的影响

电除尘灰再循环倍率为 0.3 时，飞灰含碳量从 23%降到了 13%；电除尘灰再循环倍率为 0.6 时，飞灰含碳量降低到 4%左右。

四川高坝电厂引进 410t/h CFB 锅炉调试运行时，飞灰含碳量高达 28%，达不到燃烧效率的保证值 97.2%。将电除尘器第 1 电场除尘灰再循环燃烧，并改进二次风的供给之后，飞灰含碳量从 28%降到了 13%。取得了显著的效果，锅炉燃烧效率达到了设计值。

8. 合理配风

根据高、低负荷不同特性，采取如下措施进行配风，有利于气固混合和温床稳定，可以降低飞灰可燃物和排烟温度，也利于降低石灰石耗量。在低负荷时，给煤量少、床温低、床压低。通过减少一次风比例、适当增大氧量、提高上二次风比例，以维持密相区相对高床温和稀相区高氧量。在高负荷时，给煤量大、床温高、床压高，通过增大一次风比例，氧量适当，提高下二次风比例，以维持相对全炉膛高床温和密相区高氧量。

9. 控制燃煤粒子直径（粒径）

对于燃煤粒径与级配的认识过程，经过了不同的发展道路后，国内外对流化床锅炉燃煤粒径与级配基本上达成了共识。国外经历了由细变粗的认识过程。鲁奇公司对入炉煤粒径要求从

0.9mm 增大到了 6mm；国内则经历了由粗变细的认识过程。我国早期流化床锅炉采用了简单的机械破碎设备，入炉煤的粒径要求在 0～25mm，导致磨损严重和出力不足等问题。现在国内对入炉煤一般要求：对高挥发分低灰煤，燃煤粒径为 0～13mm；对低挥发分高灰煤则为 0～8mm。欧洲大型流化床锅炉的燃煤颗粒级配大体为：0.1mm 以下份额＜10％，0.45mm 以下份额为 30％～50％，1.0mm 以下份额＜60％，4.0mm 以下份额＜95％，10mm 以上份额 0。目前，国内外采用煤颗粒的制备公式为

$$V_{daf}+A=60\%\sim70\%$$

式中 V_{daf}——入炉煤可燃基挥发分，％；

A——粒径小于 1mm 的份额，％。

燃煤粒径过小，单位质量外表面积增大，在炉内燃烧时间短，循环灰量增加，燃烧效率增加；但是燃煤粒度太小，细煤粉（小于 0.5mm）分布过多，送入炉后很快就会被流化风夹带飞出密相区，甚至飞出炉膛来不及燃烧，分离器难于捕捉，造成飞灰可燃物增加。试验表明，0.45mm 以下燃煤粒径影响飞灰可燃物的作用比较明显，0～0.45mm 范围所占总份额低于 20％会导致飞灰可燃物升高，在 30％～50％之间变化对飞灰可燃物影响不大，由此可见，粒径 0.45mm 以下燃煤份额应控制在 30％～50％。

一般 1mm 以上颗粒极少逸出，它们在床中有足够的停留时间燃尽，飞灰含碳量减少；入炉燃料粒径过大（如 5mm 以上），单位质量的燃料与空气接触面积减小，在炉内燃尽时间长，大量的粗颗粒会沉积在密相区床面上，不仅煤粒不易燃尽，而且会使床压迅速升高，大量未燃尽煤粒从炉底被排出炉膛，使得底渣含碳量明显增加，燃烧效率降低。入炉燃料颗粒大大超允许值（如 8mm 以上），煤粒燃尽时间长。同时，飞出床料层的颗粒减少，锅炉不能维持正常的循环灰量，必然造成锅炉负荷下降。粒径分布不合理或平均粒径太大，会使锅炉负荷下降。为了维持 CFB 正常燃烧与物料循环，要求入炉煤中所含大、中、小颗粒的比例有一个合理的数值，也就是要求燃料有合适的粒度级配。

例如，某电厂 440t/h 循环流化床锅炉。锅炉入炉煤工业分析结果为空气干燥基水分 $M_{ad}=8\%$，空气干燥基挥发分 $V_{ad}=5\%$，空气干燥基灰分 $A_{ad}=44.1\%$，所以干燥无灰基挥发分 $V_{daf}=5\%\times\dfrac{100}{100-8-44.1}=10.4\%$。

燃煤粒径调整前，1.0mm 以下燃煤质量份额为 65％，飞灰含碳量在 13.89％左右。为了减少燃煤粒径，分两次调大细碎机锤头间隙减少燃煤粒径。结果见表 13-21，调整后测试发现飞灰含碳量由 13.89％降至 11.43％。

表 13-21　燃煤粒径调整前后飞灰含碳量对比　％

燃煤粒径（mm）	调整前	第一次调整	第二次调整
≥8	1.96	2.43	5.94
5～8	8.24	12.09	16.48
2～5	15.28	25.81	20.95
1～2	9.57	10.62	6.23
0.5～1	19.52	8.67	14.24
0～0.5	45.43	40.38	36.16
飞灰含碳量（％）	13.89	12.26	11.43

第六节 煤粉细度的监督

一、煤粉细度的定义

煤粉细度是指经过专用筛子筛分后，余留在筛子上的煤粉质量占筛分前煤粉总质量的百分数，以 R_x 表示。其中下标 x 表示筛子的筛孔内径为 $x\mu m$。R_x 越大，表示在筛子上面的煤粉越多，煤粉越粗；煤粉越粗，煤粉细度值越大。

对于煤粉锅炉来讲，煤粉品质不但对运行经济性影响较大而且对锅炉安全运行也是重要影响因素，特别是燃用贫煤和无烟煤的锅炉，煤粉细度的影响更为重要。煤粉越细，单位质量的煤粉表面积越大，加热升温、挥发分的析出及燃烧速度越快，机械未完全燃烧热损失减低，锅炉效率提高。但煤粉越细，磨煤机耗电量增大，因此根据煤质情况、可磨性指数选择合适的磨煤机，如钢球磨煤机、风扇磨煤机和中速磨煤机等，同时确定最佳的煤粉细度。

二、煤粉细度的测试方法

煤粉细度的测定步骤：

(1) 将底盘、孔径 90μm 及 200μm 的筛子自下而上依次重叠在一起。

(2) 称取煤粉样 25g（称准到 0.01g），置于孔径为 200 的筛内，盖好筛盖。

(3) 将上述已叠置好的筛子装入振筛机的支架上，振筛 10min；取下筛子，刷孔径 90μm 筛的筛底一次，装上筛子再振筛 5min。

(4) 若再振筛 2min，筛下煤粉量不超过 0.1g，则认为筛分完全。

(5) 取下筛子，分别称量孔径为 200μm 和 90μm 筛上残留的煤粉量，称准到 0.01g。

(6) 根据筛上残留煤粉质量计算出煤粉细度，即

$$R_{200}=\frac{A_{200}}{G}\times 100\%$$

$$R_{90}=\frac{A_{200}+A_{90}}{G}\times 100\%$$

式中 A_{200}——孔径为 200μm 筛子上面剩余煤粉质量；

A_{90}——孔径为 90μm 筛子上面剩余煤粉质量；

G——筛分前煤粉的总质量；

R_{90}——表示筛号为 70，其中每厘米长度有 70 个孔，每个孔直径为 90μm 的煤粉细度，%；

R_{200}——表示筛号为 30，其中每厘米长度有 30 个孔，每个孔直径为 200μm 的煤粉细度，%。

三、经济煤粉细度的确定

煤粉越细，单位质量的煤粉表面积越大，加热升温、挥发分的析出着火及燃烧反应的速度越快，在锅炉中容易点火、燃尽所需时间短，飞灰可燃物降低，机械未完全燃烧热损失 q_4 降低，锅炉效率增加。反之较粗的煤粉虽可使磨煤机电耗 q_d 减少，但是不可避免地会使炉内机械未完全燃烧热损失增大。

随着煤粉细度值的增大，机械未完全燃烧热损失 q_4 逐渐增加，而磨煤机电耗 q_d 则逐渐减少，所以磨煤时应选用一个合适的细度。上述各项损失之和 $q=q_4+q_d$ 为最小时的细度最为经济，此时的细度称为经济煤粉细度。

实际运行中，由于煤质的多样性及影响 q_4 热损失的复杂因素，使操作上很难达到这一要求。

简单的方法只是测量飞灰可燃物 C_{fh} 与煤粉细度 R_{90} 的关系曲线见图 13-19。在 R_{90} 较小时，随着 R_{90} 的增加，C_{fh} 增加较缓；但 R_{90} 超过某一值（图 13-19 的 C 点）后，C_{fh} 迅速增大，可将此转折点作为经济煤粉细度的估计值。实际操作中需维持煤质稳定，但运行氧量应尽可能减少变化。

实际操作中，根据日常煤质化验结果，按经验选取煤粉细度；然后再根据实际运行飞灰可燃物变化情况来适当调整煤粉细度，最终确定合适煤粉细度的推荐值。

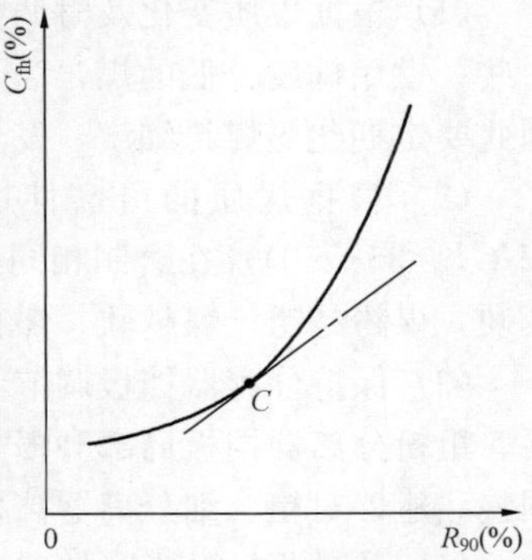

图 13-19　飞灰可燃物与煤粉细度关系

对于固态排渣煤粉炉燃用无烟煤、贫煤和烟煤时，煤粉的经济细度为

$$R_{90}=0.5nV_{daf}$$

当燃用褐煤及油页岩时，煤粉的经济细度为

$R_{90}=35\%\sim55\%$（挥发分高取大值，挥发分低取小值）

以上式中　V_{daf}——运行煤种的可燃基挥发分，通常用干燥无灰基 V_{daf} 表示挥发分，过去用可燃基 V_r 表示，二者数值相等；

n——煤粉的均匀性系数，取 1.1。

混煤的煤粉细度应先按质量加权的方法求出挥发分，然后取混煤挥发分的 50%，再根据上述公式求出混煤的煤粉细度。

如果强调煤粉防爆，也可按照表 13-22 推荐煤粉的经济细度选取。煤粉细度的最小值 R_{90} 应该控制不低于 4%。

注意上述所有经济细度公式均适用于 300MW 及以上机组，对于 200MW 以下机组，R_{90} 要在上述基础上适当下降 2 个百分点。风扇磨煤机的煤粉细度 $R_{90}=45\%\sim55\%$。

【例 13-1】 某 300MW 固态排渣煤粉炉配离心式分离器，燃煤干燥无灰基挥发分等于 30%，求其煤粉经济细度。

解： 煤粉的经济细度为

$$R_{90}=0.5\times1.1\times30=16.5\ (\%)$$

表 13-22　**推荐煤粉的经济细度**

$V_{daf}>25\%$	离心式分离器	$R_{90}=4+0.55V_{daf}$
	旋转式分离器	$R_{90}=4+0.6V_{daf}$
$V_{daf}=25\%\sim15\%$	离心式分离器	$R_{90}=2+0.55V_{daf}$
	旋转式分离器	$R_{90}=2+0.6V_{daf}$
$V_{daf}<15\%$	离心式分离器	$R_{90}=0.55V_{daf}$
	旋转式分离器	$R_{90}=0.6V_{daf}$

四、煤粉细度的耗差分析

煤粉细度的耗差分析应采用试验方法确定，例如华南理工大学电力学院，对于 200MW 燃煤机组（配 HG-670/140-13 型超高压自然循环燃煤锅炉，中速磨直吹式制粉系统，5 台 ZQM-216A 球形中速磨煤机，烧山西优混煤），在其他运行情况不变情况下进行煤粉细度优化分析，得出煤粉细度对机组运行性能的影响规律。结果表明，煤粉细度 R_{90} 由 40.5%调整到 25.3%，锅炉效率上升 0.31 个百分点，机组厂用电率增加 0.017 个百分点，但供电标准煤耗率是下降的，下降了 1.15g/kWh。也就是说煤粉细度每增加 1 个百分点，供电标准煤耗率增加 0.075g/kWh。

西安热工院在300MW机组上试验结果表明：在经济煤粉细度的基础上，每增加1个百分点，修正后的锅炉效率下降0.03个百分点，发电标准煤耗率增加0.088g/kWh。

五、影响煤粉细度的因素和对策

（1）根据煤质变化及时调整煤粉细度。挥发分高、发热量高的燃料一般容易燃烧，煤粉可粗一些；燃用挥发分低的煤，为了有利于着火和燃尽，煤粉应磨得细一些；反之，煤粉应粗一些。因此要定期化验煤粉细度，发现问题及时消除。

（2）根据煤质的可磨性适当控制煤粉细度。煤越硬，煤越难磨，哈氏可磨性系数越小（$HGI=35\sim60$）。在磨制相同煤量相同细度时，磨煤机所消耗的能量越大，因此为了节电，煤越硬，煤粉越粗；煤越软，煤粉越细。

（3）保持分离器挡板调节灵活性。当粗粉分离器折向挡板内外开度不一致、挡板动作不灵活、粗粉分离器挡板局部磨损严重、折向挡板两侧空隙太大等，这些问题都会影响到煤粉细度的调整。建议对粗、细分离器挡板进行检查处理，保证制粉煤粉细度可控。

（4）及时调整中速磨加载力（碾磨压力）。对于中速磨直吹式制粉系统，当磨煤机负荷不变时，随着碾磨压力的提高，煤粉变细；当碾磨压力不变时，随着负荷的增大，煤粉变粗。碾磨压力变化对煤粉细度的影响随磨煤机负荷的加大而愈加显著。煤质变化时及时调整中速磨煤机加载力。加载力增加10%，煤粉细度降低2～3个百分点；调整加载力对于劣质烟煤等较硬煤质有效。对烟煤磨煤机加载力进行变化调整，对磨煤机出力没有明显帮助，但对磨煤机电流影响明显。

（5）定期监督煤粉细度。对于中速磨煤机，特别是磨辊运行中、后期，应根据煤粉细度的变化定期调整磨辊的间隙和弹簧压缩量（压力）；对于双进双出磨煤机宜定期检查分离器，防止分离器回粉堵塞引起煤粉细度变粗。对钢球磨煤机，应及时加装钢球，保持在最佳钢球装载量的情况下运行。在干燥出力、磨煤机差压允许范围内，磨煤机应尽量在大出力下运行。

（6）及时调整粗粉分离器挡板或分离器转速。煤粉细度的调节，主要是可以通过粗粉分离器折向挡板或分离器转速来调节。对于中速制粉系统，可以调节分离器转速，转速越大，煤粉细度降低。660MW分离器转速每提高1r，煤粉细度降低0.7个百分点，见表13-23。

从试验结果来看：随着磨煤机分离器转速的提高，煤粉细度逐渐降低，磨煤单耗和制粉单耗逐步增大。

表13-23　某电厂2001t/h锅炉磨煤机变转速试验结果

项目		工况1	工况2	工况3	工况4
表盘磨煤机入口风量（t/h）		90.8	91.1	91.0	90.7
分离器出口风温（℃）		68.4	68.7	68.5	68.0
分离器转速（r/min）		65.0	70.0	75.0	80.0
磨煤机出力（t/h）		50.3	50.3	50.3	50.3
加载油压（MPa）		8.51	8.50	8.49	8.49
煤粉细度（%）	R_{200}	2.45	1.58	1.05	0.65
	R_{90}	28.46	24.35	21.25	17.35
磨煤单耗（kWh/t）		8.22	8.35	8.45	8.59
通风单耗（kWh/t）		9.64	9.98	9.98	10.07
制粉单耗（kWh/t）		17.86	18.33	18.42	18.66

开大粗粉分离器折向挡板开度，磨煤机入口风量增加，可使煤粉变粗，反之减少磨煤机入口

风量，煤粉变细。关小折向挡板开度，粗粉分离器的回粉量增多，因此应适当减小给煤量。通过制粉系统调整试验，使磨煤机保持最佳的通风量。某1025t/h锅炉粗粉分离器挡板、系统通风量与煤粉细度的关系见表13-24。

（7）磨煤机出力对煤粉细度的影响。磨煤机出力增大，煤粉细度增大，磨煤单耗、通风单耗、制粉单耗降低。某电厂2001t/h锅炉磨煤机在分离器转速为70r/min进行变出力试验，从试验结果（见表13-25）来看，磨煤机出力每增加1%，煤粉细度增加0.15个百分点。

表13-24　D粗粉分离器挡板特性试验结果

项　目		分离器挡板工况1	分离器挡板工况2
粗粉分离器挡板开度（°）		15	30
给煤机出力（t/h）		42.3	43.1
热风门开度（%）		77.5	75
冷风门开度（%）		15	17
再循环风门开度（%）		57.4	66.0
排粉机入口温度（℃）		53.5	53.5
系统通风量（m^3/h）		118 250.0	125 000.0
磨煤机电流（A）		69.1	71.9
排粉机电流（A）		60	61.5
磨煤机功率（kW）		617.00	646.30
排粉机功率（kW）		586.00	599.30
煤粉细度（%）	R_{200}	14.38	3.03
	R_{90}	40.43	31.22

表13-25　磨煤机出力与煤粉细度的关系

项　目		工况1	工况2	工况3
表盘磨煤机入口风量（t/h）		84.1	87.1	90.9
分离器出口风温（℃）		69.8	68.2	64.7
分离器转速（r/min）		70.0	70.0	70.0
分离器电流（A）		16.7	16.6	16.7
磨煤机出力（t/h）		36.4	43.5	50.5
加载油压（MPa）		7.09	7.96	8.45
煤粉细度（%）	R_{200}	0.80	1.25	1.75
	R_{90}	18.85	21.86	24.65
磨煤单耗（kWh/t）		9.58	8.68	7.99
通风单耗（kWh/t）		12.88	11.08	10.47
制粉单耗（kWh/t）		22.46	19.76	18.46

（8）根据锅炉负荷调整煤粉细度。在锅炉低负荷运行时，由于炉膛温度低，为了稳定燃烧工况，需要将煤粉磨得细一些；而在锅炉高负荷运行时，则煤粉可磨得粗一些。若锅炉经常在低负

荷运行，由于炉膛温度低，为了稳定燃烧工况，需要将煤粉磨得细一些；而在锅炉高负荷运行时，则煤粉可磨得粗一些。

(9) 磨煤机检修后，宜进行煤粉细度的核查，以确认煤粉细度与粗粉分离器挡板开度（或转速）之间的定量关系，为锅炉运行提供依据。

第七节 石子煤排放率的监督

一、石子煤排放率定义

中速磨煤机正压直吹式制粉系统因具有启动迅速、调节灵活、阻力小、单位磨煤金属磨耗小、结构紧凑、系统简单、单位电耗低、爆炸危险性小和噪声低等优点，已得到越来越广泛的应用。但在实际运行过程中，中速磨煤机存在磨煤机着火、磨煤振动大、石子煤多、刮板断裂、磨煤机出力不足、煤粉细度不合格、磨煤机煤粉分配和流速均匀性不良等问题；尤其是石子煤排量问题越来越突出。排出的石子煤过多会导致将石子煤中夹带的煤粉颗粒过多，引起锅炉燃煤量不正常上升。因此，石子煤系统运行是否正常将对锅炉效率产生较大影响。

石子煤是指原煤经碾磨后未被磨制成粉的石头、煤矿石、金属块等以及少量煤粒的混合物。

某台锅炉中速磨煤机在统计期内排放的石子煤量与磨煤机额定出力的百分比叫石子煤排放率。

石子煤排放热量损失率 q_4^{sz} 是指磨煤机排放出的石子煤损失的热量占计算期总用热量的比例，一般并入固体未完全燃烧热损失。计算公式为

$$q_4^{sz}=\frac{B_{sz}Q_{ar,sz}}{BQ_{ner,ar}}$$

式中 B_{sz}——磨煤机废弃的石子煤量，kg/h；

B——锅炉燃用的原煤量，kg/h；

$Q_{ner,ar}$——原煤收到基的低位发热量，kJ/kg；

$Q_{ar,sz}$——石子煤的低位发热量，kJ/kg。

二、衡量石子煤量的标准

(1) 石子煤量不应大于本磨出力的0.05%。

(2) 石子煤低位发热量大于6.27MJ/kg时，磨煤机属非正常运行工况。

(3) 石子煤中的含煤量小于10%。

三、影响石子煤量的因素与对策

(1) 风环面积。风环面积越小，风环处风速越高，同样粒度的颗粒容易被托起，因而可减少石子煤量。但是风环面积不能太小，太小石子煤无法排出。

某电厂SG-1025/17.5-M723型亚临界压力参数、燃用烟自然循环汽包炉，炉配置5台上海重型机器厂生产的HP823型电动机功率400kW、电压6kV的中速碗式弹簧加载磨煤机，设计煤种最大出力41.7t/h，其中4台运行，1台备用。磨煤机设计石子煤量为0.03～0.035t/h，而实际运行期间磨煤机外排的石子煤量在0.6～0.9t/h。为了减少石子煤的排放量，对磨煤机风环进行了调整，将原设计磨煤机叶轮通风通流圆环直径120mm调整至35～40mm之间，节流至设计值的30%。通过试验观察，增加磨煤机叶轮空气节流环数量，减小叶轮有效通流面积，有效提高了叶轮出口风速，增加了对磨碗挤出煤和石子的托举力。磨煤机石子煤排量减少至0.025～0.038 t/h，同时由于风速提高，磨煤机通风量减少，一次风机电流下降约6A左右。

(2) 一次风量。磨煤机磨制的煤粉需要足够的风量带动，风量不足，会使磨煤机内部积煤过

多。如果一次风量过小，风环处的流速过低，导致部分煤粒从风环处落入渣室，使磨煤机排渣量异常增大。一次风量越大，则风环处风速较高，石子煤量会相应减少。因此，应加强石子煤系统运行监视，发现石子煤量异常上升时，及时联系检修检查处理，必要时减小该磨煤量，加大该磨风量运行。一次风量越大、风速越高，机壳、风环等磨损也会加大。也就是说并不是石子煤量越少越好。因此，在磨损中后期，只要石子煤符合要求，不能一味通过增加一次风量和增加加载力来减少石子煤量，这样有利于延长磨煤机的检修周期和部件使用寿命。

(3) 一次风温。磨碗内的煤需要足够热的一次风温来干燥，如果一次风温低，会使磨煤机内部积煤过多，石子煤量增多。磨煤机进风温度越高，磨煤机内部煤粒越干燥，越容易磨制，石子煤量会相应减少。因此应适当提高一次风温。

(4) 磨辊与磨碗间隙。随着时间的延长，磨辊与磨碗间隙会因磨损而增大，石子煤量增加。检修中如果减小磨辊与磨碗间隙，原煤将磨得更细，不但会减少石子煤量，还会使磨煤机出口煤粉变细，减少未完全燃尽碳损失（以增大磨煤机的电耗为代价）。磨损后的磨辊必须修复，磨辊与磨碗的材质为ZG350-500，相当于ZG35，可以直接用J422或J507结构钢焊条堆焊，然后利用磨煤机工作转速38.4r/min自转进行现场车削。

(5) 磨煤机出力。负荷越高，煤量需求量越大，石子煤量也大；磨煤机出力大，石子煤量将增大。

(6) 弹簧（或液压）加载压力。运行中的加载系统失去加载压力，使磨煤机动力徒减，石子煤排放量增加。加载力增大，会减少石子煤的排放量，但会增大磨煤机电耗。因此应定期检查加载系统，消除缺陷。

(7) 机械故障。磨辊卡死，不旋转，使石子煤增大。一旦磨辊卡死，应查明原因，更换新磨辊装置。

文丘里套管磨穿，使煤粉出现紊流，使石子煤增大，因此应及时补焊文丘里套管。

(8) 运行时间。在碾磨部件磨损早期，由于碾磨部件咬合轨迹较好，碾磨效果好，石子煤量很少；相反，到磨损中后期，由于磨辊、磨盘衬瓦轮廓尺寸大，加上碾磨工作面磨损后，实际碾磨面形成扁“O”形腔，石子煤量显著增多。这时，适当调整加载力，但只要石子煤中的含煤量小于10%，符合石子煤的要求即可。因此，在磨损中后期，不能一味通过增加一次风量来减少石子煤量，避免引起一次风机电耗不必要地增大；而应当适当提高磨辊加载力，并按磨损周期适时更换、修补磨辊和衬瓦，保证碾磨能力达到磨煤机出力要求。

(9) 石子煤量。磨损中后期，应增加石子煤排放次数，避免磨盘上积聚的石子煤反复研磨引起不必要的能量损耗。

(10) 磨煤机选型。如果磨煤机选型偏大、实际运行时磨煤机出力低，造成风环处风速偏低、石子煤量增大。

(11) 风环处风速。中速磨煤机运行中，石子煤是通过风环自上而下落至石子煤收集箱，而一次风通过风环由下至上进入研磨区，在风环喉口处流向相反的热风与石子煤进行激烈的碰撞，把大量的密度较小的煤托住或吹起，并把细煤粉分离吹起，通过分离器进入煤粉管道。由此可见，磨煤机风环处风速是磨煤机石子煤分选水平的关键参数，如果风环风速过小，就会有大量的原煤从风环处同石子煤一同排出，反之则石子煤被留在磨煤机内，同原煤一起磨成煤粉，进入锅炉。风环间隙如果调小，风环风速提高，托浮力增加，石子煤量就会减少。因此，检修中应对风环间隙合理调整，保证风环出口较高风速，尽量减少石子煤量。

(12) 煤质。煤中含有大量的煤矸石等杂物，煤中杂质太多，或者煤质灰分太大，使磨碗内积煤多，难磨的杂质就会溢出，使石子煤增大。原煤煤质越差，灰分越高，原煤可磨损程度越差，石子煤越多。

（13）煤粉细度。对磨煤机出口折向挡板进行调整，适当提高煤粉细度，减少磨煤机磨辊和磨环间的煤层厚度，通过降低磨煤机差压来减少磨煤机石子煤夹带煤块的现象。但是提高煤粉细度值后，虽可降低石子煤量，但飞灰含碳量上升，锅炉效率下降。

（14）石子煤回收。对于电厂内部同时具有钢球磨煤机和中速磨煤机的情况，应把中速磨煤机排出的石子煤，掺配到钢球磨煤机。

第八节 锅炉氧量的监督

锅炉氧量分为锅炉烟气氧量和炉膛出口氧量。锅炉烟气氧量是指用于指导锅炉运行控制的烟气中氧的容积含量百分比。一般情况下，采用锅炉省煤器（对于存在多个省煤器的锅炉，采用高温省煤器）后的氧量仪表指示。对于锅炉省煤器出口有两个或两个以上烟道，锅炉氧量应取各烟道烟气氧量的算术平均值。统计期内排烟氧量应在（规定值±0.5%）范围内。

炉膛出口的氧量是表征锅炉的配风、燃烧状况的重要因素。因炉膛出口处烟气温度较高，锅炉运行中监测的氧量测点一般不设在炉膛出口，而是设在锅炉省煤器后（预热器入口）。

要注意锅炉氧量与炉膛出口氧量之间的换算关系。任何大型锅炉都装有氧量表，并根据其指示值来控制送入炉内空气量的多少。在控制氧量时必须明确氧量表在锅炉烟道的安装地点。因为在炉内相同送风量的情况下，氧量值沿烟气流动方向是变化的。通常认为煤粉的燃烧过程在炉膛出口就已经结束。因此，真正需要控制的氧量值应该是相应于炉膛出口的，但由于那里的烟温太高，氧化锆氧量计无法正常工作，因此大型锅炉的氧量测点一般安装于低温过热器出口或省煤器出口的烟道内。由于烟道漏风，这里的氧量与炉膛出口的氧量有一个偏差。以安装于省煤器出口的情况为例，应按以下公式进行修正

$$\alpha=\alpha_{s2}-\sum\Delta\alpha$$

$$\alpha=\frac{20.95}{20.95-O_2}$$

式中 α——炉膛出口过量空气系数；

α_{s2}——省煤器出口过量空气系数；

$\sum\Delta\alpha$——炉膛出口至省煤器出口烟道各漏风系数之和。

【例 13-2】 某300MW锅炉炉膛出口的最佳过量空气系数 $\alpha_{zj}=1.2$，过热器、再热器、省煤器的漏风系数分别为0.02，则由上式得，在氧量测点处应控制的氧量为

$$O_{2,sm}=\frac{21\times(1.2+0.02\times3-1)}{1.2+0.02\times3}\times100\%=4.3\%$$

而在炉膛出口处应控制的氧量为

$$O_{2,1}=\frac{21\times(1.2-1)}{1.2}\times100\%=3.5\%$$

所以在正常漏风情况下，氧量表的数值应控制为4.3%而不是3.5%。此例说明，氧量表的控制值与炉膛出口至氧量表测点的烟道漏风状况有关。运行监督氧量值时，必须保证锅炉的漏风工况正常。否则，当烟道漏风增加时，控制的氧量值也应增大。

所有工业用氧化锆氧量表基于以下原理：电池由固态氧化锆电解质和两个铂电极所组成。铂电极焙烧在氧化锆陶瓷片的两侧，暴露在被测过程气和参比气中。使用高温密封材料和氧化锆陶瓷片，使测量侧与参比侧彻底分离。由于氧化锆传感器两侧的氧浓度不同，形成浓差电势 E，根

据浓差电势测量出氧浓度。国产氧化锆氧量表产品全部为管状高温无机黏料粘接，受热应力易泄漏；由于国内在生产原材料及生产工艺上的差距，锆头使用寿命很短，在1年左右（进口产品为2～3年），而且精度也比进口产品差。建议作为监测的氧量表采用进口产品。

氧量表指示不准的问题比较普遍，一是疏于校验，二是氧量表的测点不具有代表性（一般每侧选取1～2点，或者是测点没安在直管段），三是氧量表附近有漏风点。

如果氧量表指示不准，运行人员就无法进行适当的燃烧调整，降低了锅炉效率。因此应定期对氧量表进行校验，减少氧量测点处的漏风，提高氧量显示的准确性。运行人员可根据氧量调整燃烧风量，使氧量维持在最佳值。

一、锅炉氧量的监督标准

每台锅炉都有其最佳的排烟含氧量，过大过小都会降低锅炉热效率。排烟含氧量的监督以统计报表、现场检查或测试的数据作为依据。

统计期排烟含氧量为规定值的±0.5%。

运行氧量的调整应保证过热蒸汽、再热蒸汽温度在正常范围内，锅炉受热面无超温，且炉内无严重结渣现象。在此原则下，运行氧量应根据锅炉燃烧优化调整试验结果确定的最佳运行氧量曲线进行控制。通常烟煤或褐煤锅炉，运行氧量在2.5%～4%；贫煤锅炉在3%～4.5%；无烟煤锅炉在5%～8%。当煤种发生变化时，需须对最佳氧量控制曲线进行相应调整。

我国锅炉燃烧依靠氧量进行调整，但这种方法有不少缺点。采用烟气中的一氧化碳（CO含量通常为10～1100mg/m^3）测试来进行调整，是更科学的方法。CO的检测可以在炉膛燃烧器区域、炉膛燃尽区、炉膛出口和省煤器出口进行，能直接反映炉膛的燃烧状态并进行配风调整。德国、美国等发达国家是根据一氧化碳（CO）进行锅炉调整和燃烧控制的技术。

因此可以分别监督排烟含氧量和排烟CO含量。锅炉排烟氧量和排烟CO含量采用空气预热器入口测点。一氧化碳含量控制目标值为50mg/m^3（即40ppm或0.004%）。排烟氧量控制目标值为3.5%。

也可以根据锅炉氧量复合值进行监督，定义锅炉氧量复合值为空气预热器入口氧量平均值与脱硫净烟气CO含量的复合值，锅炉氧量复合值=空气预热器入口氧量平均值（%）+脱硫净烟气CO量（mg/m^3）×0.8×10^{-4}。

二、锅炉氧量的耗差分析

氧量发生改变会影响锅炉运行过程中的各项热损失，其中对q_2的影响最明显。

$$q_2=(k_1\alpha_{py}+k_2)(T_{py}-t_0)\times\frac{1}{100}=(3.54\times\alpha_{py}+0.44)(T_{py}-t_0)\times\frac{1}{100}(\%)$$

其中 $\alpha_{py}=\dfrac{21}{21-O_2}$

如果排烟温度T_{py}取135℃，环境温度t_0取20℃，则上式变为

$$q_2=(3.54\times\frac{21}{21-O_2}+0.44)\times(135-20)\times\frac{1}{100}(\%)$$

$$=\frac{85.5}{21-O_2}+0.55\ (\%)$$

对q_2求O_2导，则 $q'_2=\dfrac{85.5}{(21-O_2)^2}$（%）

假定O_2为4.5%，则 $q'_2=\dfrac{85.5}{(21-4.5)^2}$（%）=0.314%

按照锅炉效率每变化1个百分点，供电煤耗率变化3.6g/kWh计算，氧量每变化1个百分

点，供电煤耗率变化 1.2g/kWh。这个变量值偏小，因为氧量变化会引起主汽温度、再热汽温变化而引起汽轮机热耗变化，会因为氧量变化引起送风机、引风机耗电量变化，从而导致供电煤耗率变化幅度更大。

使用公式进行全面耗差分析，将非常复杂，因此只能通过试验确定。某 300MW 烟煤锅炉不同负荷下送风量对排烟温度的影响见表 13-26。从表 13-28 可以得出：在满负荷情况下，排烟氧量每偏离最佳氧量 1 个百分点，锅炉效率降低 0.48 个百分点，发电煤耗率增加 1.4g/kWh。在低负荷情况下，排烟氧量对锅炉效率的影响更为显著。具体结果必须结合运行锅炉试验确定。

表 13-26　　不同负荷下送风量对排烟温度的影响

项目	单位	数据来源	300MW 时结果		180MW 负荷时结果	
排烟氧量	%	网格测量	5.77	6.71	5.94	6.25
排烟温度	℃	网格测量	131.40	130.65	129.55	131.00
飞灰可燃物	%	试样分析	7.465	7.965	6.915	5.61
修正后锅炉热效率	%	计算	91.13	90.68	91.30	91.91

三、最佳过量空气系数的确定

煤的燃烧是煤中可燃元素与氧气在高温条件下进行的高速放热化学反应过程。为使煤中的可燃元素燃烧，除需要一定的温度条件外，还必须供给一定量的氧气，氧气来源于空气，体积含量约为 20.95%。为了使煤在炉膛中能尽量燃烧完全，减少不完全燃烧热损失，实际送入炉膛的空气量都大于理论空气量，以使燃烧反应在有多余氧的情况下充分进行。实际供给的空气量与理论空气量的比值称为过量空气系数或称过剩空气系数，也称空气过剩系数。

$$过量空气系数\ \alpha=\frac{实际空气量}{理论空气量}$$

过量空气系数 α 与氧量近似地存在如下关系

$$\alpha=\frac{21}{21-O_2}$$

式中　21——空气中氧的体积含量为 20.95%。

燃料在锅炉内的燃烧是个复杂的过程，燃料从着火前的准备到完全燃尽需要满足的条件：要供给适量的空气；要维持足够高的炉温：燃料与空气的良好混合；足够的燃烧时间。但要完全燃尽最关键的是要有足够的时间和充足的氧气。但过多的氧气又增加了风机的电耗，同时由于过量空气系数 α 增大时，燃烧生成的烟气量增多。烟气在对流烟道中的温降减小，使排烟温度升高，排烟量增大和排烟温度升高，使排烟热损失 q_2 变大，机组经济性下降；氧量不足，将造成燃料燃烧不完全，使锅炉热效率降低，同时还污染受热面。但在一定范围内炉膛出口过量空气系数 α 增大，由于供氧充分，炉内气流混合扰动好，有利于燃烧，使燃烧损失（q_3+q_4）减小。因此，存在一个最佳的过量空气系数 α_{zj}，可使损失之和（$q_2+q_3+q_4$）最低，锅炉效率最高。最佳的 α_{zj} 可通过燃烧调整试验来确定，运行中应按最佳的 α_{zj}（O_2 量）来控制炉内送风量。过量空气系数 α 过小或者过大都会使锅炉效率降低。

测定最佳过量空气系数的步骤大致如下：选定一个负荷，并保持负荷、汽温、汽压稳定，调整燃烧，测定在各种过量空气系数下，锅炉的各项热损失，画出各项热损失与过量空气系数的关系曲线，将各条曲线相加得到一条各项热损失之和与过量空气系数的关系曲线。该曲线最低点即是各项热损失之和为最小者，该最低点所对应的过量空气系数即为该负荷下的最佳过量空气系数。

然后再选定一个负荷，仍然保持汽温、汽压稳定，重复上述步骤，即可确定该负荷下的最佳过量空气系数。以此类推，可确定各种负荷下的最佳过量空气系数。最佳过量空气系数的设计值与试验值由于受到煤种和煤质的随时变化，所以并不一定相同，应以试验值为准。对于300MW烟煤机组，锅炉燃烧理论表明，炉膛出口最佳氧量为3%～4.5%，最佳过量空气系数约为1.15～1.25。

上述确定最佳过量空气系数（基准氧量）的试验过程比较复杂，可以采用如下简单快速的方法确定：在额定负荷下维持给煤量、一次风量、分离器挡板开度及机组运行参数不变，设定一次风和燃尽风风门开度为一定值（如100%）。与此同时，解除风箱炉膛差压和辅助风门的自动调节关系，辅助风门开度设定为定值（如50%）。然后改变送风量，分别记录表盘氧量在6%、5.5%、5%、4.5%、4%、3.5%、3.0%、2.5%时，对应排烟中CO含量。一般情况下，随着氧量的减小，CO值出现增加趋势，在氧量小到某一值时，CO值开始剧增。此时的氧量值，为该锅炉额定负荷下的最低氧量。如果锅炉运行氧量低于该值，将会严重影响锅炉燃烧经济性，因此实际中应将最低氧量+0.5%后作为基准氧量。在不同负荷下重复上述过程，就可得到不同负荷下的最佳氧量。如图13-20所示，表盘氧量低于2.5%时，CO开始剧增，因此最佳氧量应选择为3%。

四、影响排烟氧量的因素和对策

（1）炉膛出口过剩氧量。炉膛出口过剩氧量偏大，导致排烟氧量偏大。应进行锅炉燃烧与制粉系统优化调整试验，制定燃烧调整卡。运行人员根据锅炉负荷、煤质变化情况，及时进行风量调整，保持合适的一、二次风配比，保持锅炉最佳过剩氧量，使煤粉燃烧完全。

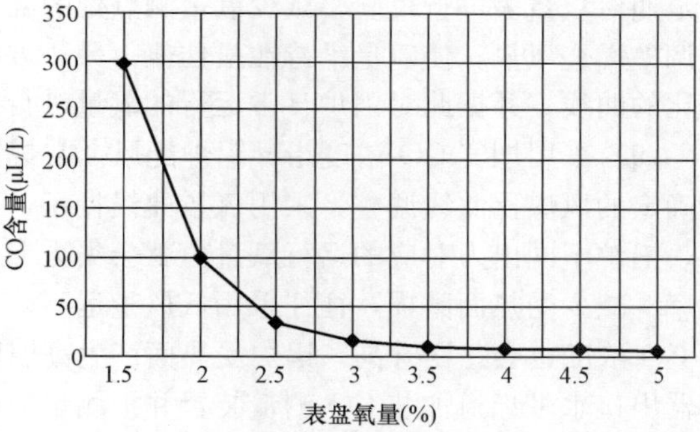

图13-20 CO含量和表盘氧量的关系

（2）空气预热器漏风率。空气预热器漏风率偏大，导致排烟氧量偏大。应定期检查分析空气预热器及尾部烟道的严密性。每季度测试一次空气预热器漏风率，每年至少测试一次电除尘漏风率。根据数据的变化趋势，分析空气预热器漏风情况。检修时应对空气预热器密封间隙测量调整，对扇形板和弧形板的变形、磨损检查治理。必要时进行空气预热器密封技术改造，降低空气预热器漏风率。运行时投入空气预热器密封自动装置，减小漏风。

（3）锅炉本体及其尾部烟道漏风。炉膛和烟道严密性差，冷空气的漏入使过量空气系数增加。每月应对锅炉本体进行一次全面检查，重点检查吹灰器、炉底水封、炉墙、炉顶密封、烟道各部位的伸缩节、看火孔、人孔门、检查孔、穿墙管等部位。根据检查情况，对锅炉本体漏风进行分析评价。必要时进行炉顶、穿墙管部分的密封改造，减少漏风。

（4）制粉系统不严密。采用负压中间仓储式制粉系统的锅炉在运行中，磨煤机入口至排粉机入口、管道和粗细分离器处于负压状态。在此区域内各元件的连接处或孔门处不严密，冷空气会漏入制粉系统，使燃烧器的配风比例发生变化，增加炉膛出口氧量。日常运行中应加强对负压制粉系统容易发生泄漏部位的检查分析，掌握系统严密性情况。

（5）负荷率。锅炉负荷越高，所需锅炉氧量值越小，一般负荷在75%以上时，最佳锅炉氧量值无明显变化；但当负荷很低时，由于形成炉内旋转切圆有最低风量的要求，故最佳锅炉氧量值增大。因此应根据机组负荷、煤质情况，控制锅炉氧量。例如某电厂300MW机组锅炉通过优化燃烧调整试验确定不同负荷段省煤器出口最佳氧量曲线如下：机组负荷150MW时，锅炉最佳氧量6.5%；机组负荷180MW时，锅炉最佳氧量6.0%；机组负荷240MW时，锅炉最佳氧量5.2%；机组负荷300MW时，锅炉最佳氧量3.4%。

（6）煤质。煤质差（如燃用低挥发分煤）时，煤粉着火、燃尽困难，为保证燃烧稳定与燃烧效率，需要适当提高锅炉氧量值。

（7）选择合适的测点位置。大型锅炉一般采用氧化锆进行氧量测量，由于空气预热器入口（省煤器出口）烟气通道开阔且无障碍，烟气流速较高，不易积灰，氧化锆探头容易接触最新鲜的烟气，所以反映到氧量表上的数值比较接近真实值。宜将氧化锆探头设置在空气预热器入口水平烟道，同时在氧化锆探头的设置数量上，建议每侧烟道设置3个及以上。如果测点设置在空气预热器出口烟道，应通过锅炉性能试验中的标准氧量表进行校验，并确认炉膛出口氧量与测点处氧量的正确关系。

（8）氧量表指示不准。氧量是锅炉燃烧调整不可缺少的重要指标，对锅炉的排烟热损失、化学不完全燃烧热损失、机械不完全燃烧热损失等都有不同程度的影响，是日常运行中应重点监控和分析的指标。氧量表指示不准的问题比较普遍，一是疏于校验，二是氧量表的测点不具有代表性（一般每侧选取1～2点，或者是测点没安在直管段），三是氧量表附近有漏风点。

如果氧量表指示不准，运行人员就无法进行适当的燃烧调整，降低了锅炉效率。因此一方面应定期对氧量表进行校验，减少氧量测点处的漏风，提高氧量显示的准确性。运行人员可根据氧量调整燃烧风量，使氧量维持在最佳值。另一方面应定期通过试验确定最佳氧量以及氧量随负荷变化的曲线，并据此对锅炉日常运行的氧量进行控制调整。

（9）采用烟气CO浓度指导锅炉配风。常规锅炉运行风量一般根据设计煤种或投产后燃烧试验确定的风煤比曲线调整，采用氧量曲线校正，目前存在的变煤种、制粉系统运行工况发生变化时，锅炉不同出力对应的运行氧量值就会失去参考意义。各电厂为降低锅炉排烟热损失和风机耗电率、减少受热面磨损，往往采用低风量运行，过低风量不仅会造成锅炉飞灰含碳量升高，烟气中CO浓度也会急剧升高，锅炉受热面产生高温腐蚀，同时产生化学未完全燃烧损失。在锅炉省煤器出口水平烟道加装CO测量装置并把测量数据引入DCS，采用CO浓度配合氧量对风量进行校正，能取得很好的效果。当锅炉燃烧较为充分时，烟气中CO含量很低，一般低于100mg/m^3，当产生燃烧不完全现象时，CO含量会急剧升高至数千甚至上万mg/m^3，利用这一特性能有效消除氧量测量误差对风量调节的不利影响。运行中烟气CO浓度目标值控制在30～200mg/m^3，能保持锅炉配风在最佳状态。为避免CO测量值大幅度变化引起的锅炉风量波动，CO校正回路要合理设置延迟时间和校正速率。应用案例：南通、日照等电厂加装了烟气一氧化碳检测装置，辅助进行锅炉配风。白杨河电厂7号锅炉在脱硝CEMS测量装置中增加CO检测模块，通过CO浓度配合进行锅炉配风，氧量比之前下降1个百分点，有效降低了排烟热损失和风机电耗。目前，大多数电厂均正在或将进行脱硝改造，部分电厂脱硝CEMS中原先就配有CO测量模块，其余电厂可通过加装该模块实现锅炉精确配风。

第九节 减温水量的监督

一、减温水量

蒸汽温度过高会影响过热器、再热器和汽轮机的安全，导致设备寿命缩短，严重时甚至造成设备损坏事故，绝大多数的炉管爆漏就是由于金属管壁严重超温或长期过热造成的。蒸汽温度过低时，则会使汽轮机最后几级叶片的蒸汽湿度增加，严重时甚至可能发生水击，造成汽轮机叶片断裂损坏。蒸汽温度主要依靠减温水来调节，喷水调温由于结构简单、调温幅度大和惰性小等优点，在现代锅炉上得到广泛应用。减温水量就是单位时间内为了降低蒸汽温度的喷水量。

过热器减温水的来源，一为取自给水泵出口分流，另一为取自最高加热器出口分流。前者，给水分流不流经高压加热器，减少回热抽汽，降低回热程度，使循环效率降低；后者，不影响热力循环，如忽略锅炉的微小变化，则不影响循环效率。减温喷水系统见设计示意图 13-21。

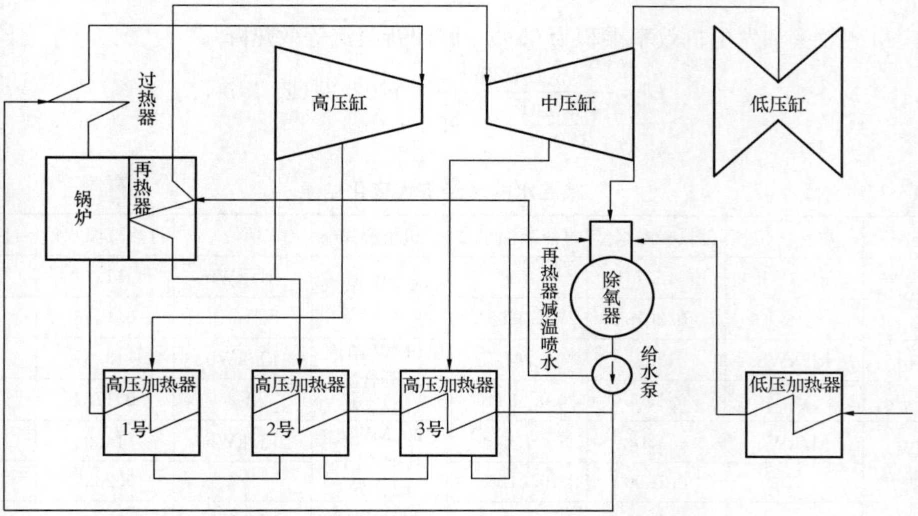

图 13-21 减温喷水系统设计示意图

再热蒸汽的汽温主要依靠设置在尾部烟道的烟气调节挡板装置来调节。锅炉再热受热面布置了喷水减温器，在低温再热器（低再）进口管道上设有事故喷水减温器，用来控制紧急事故工况下再热器进口温度，保护低再不超温。正常情况下，通过调节挡板开度的大小，来调节通过再热器侧的烟气流量，从而调节再热器吸热量和再热蒸汽温度，再热减温水来自给水泵中间抽头，再热器喷水属于事故喷水，正常运行时再热器喷水流量应该为零；但是机组实际运行情况表明，无论负荷系数高低，锅炉过热器减温水量都是设计值的 3～4 倍，再热器减温水已成为机组正常工况下调节再热蒸汽温度的必需手段。例如，某 DG-2070/17.5 型锅炉（600MW 机组），设计过热器减温水用量为 77.8t/h，再热减温水用量为 0t/h。但在实际运行中，过热器减温水用量却在 300t/h 以上，再热减温水量在 50t/h 以上，大大超过了设计值，使得减温器处管道应力增加、疲劳损伤增大、使用寿命缩短，严重影响了机组的安全性与经济性。

二、减温水量的监督标准

减温器设计的喷水量约为锅炉蒸发量的 3%～5%，可使汽温下降 50～60℃。

根据 DL/T 332.1—2010《塔式炉超临界机组运行导则　第 1 部分：锅炉运行导则》，过热器减温水用量不应超过主蒸汽流量的 5%。

对于再热减温水用量目前没有标准规定，一般要求再热减温水用量不应超过再热蒸汽流量的 1%（在正常运行中应不投运，再热器减温水量设计值为 0）。

三、减温水量的耗差分析

1. 等效热降法

减温水量的耗差分析最好使用等效热降法，各类机组使用等效热降法进行耗差分析的结果见表 13-27。但是由于等效热降法比较麻烦，这里只介绍再热减温喷水的等效热降简化分析方法。不同类型机组减温水量的耗差分析结果见表 13-27（再热器喷水源是给水泵出口）。

【例 13-3】 某电厂 300MW 机组设计参数见表 13-28，当再热器喷水源是给水泵出口，再热减温水用量份额 $\alpha_{rp}=2\%$时，求其热经济性变化。

解： 由于设计热耗率为 7921kJ/kWh，因此机组热效率

$$\eta=\frac{3600}{7921}=0.4545$$

假定机械效率和发电机效率乘积为 0.99，因此新蒸汽等效热降

$$H=\frac{300\ 029}{\frac{907\ 030}{3600}\times 0.99}=1202.84(\text{kJ/kg})$$

表 13-27　　减温水的热经济性变化结果

机组类型	单　位	再热减温水量	过热减温水量	机组类型	单位	再热减温水量	过热减温水量
200MW	kJ/kWh	16.7	2.5	600MW 哈汽高中压合缸	kJ/kWh	11.1	2.4
	%	0.2019	0.0298		%	0.1416	0.0303
300MW 引进型	kJ/kWh	13.2	2.7	600MW 哈汽-三菱合缸超临界	kJ/kWh	13.3	2.5
	%	0.1660	0.0344		%	0.1757	0.0324
600MW 上汽超临界	kJ/kWh	14.0	1.4	1000MW 上汽-西门子超临界	kJ/kWh	14.9	3.4
	%	0.1800	0.0185		%	0.2027	0.0463
东汽 600MW 亚临界空冷	kJ/kWh	11.4	0.8	1000MW 东汽-日立超临界	kJ/kWh	15.1	3.5
	%	0.1411	0.010		%	0.2041	0.0473

注　流量按每变化 1%的主蒸汽流量进行分析。

表 13-28　　300MW 机组设计参数

项　目	单　位	参　数
负荷	MW	300.029
主蒸汽流量	kg/h	907 030
凝汽器压力	kPa	4.900
主蒸汽压力	MPa	16.700
主蒸汽温度	℃	538.00
高压缸排汽压力	MPa	3.570
高压缸排汽温度	℃	317.6
热耗率	kJ/kWh	7921

由于主蒸汽压力 16.7MPa，主蒸汽温度 538℃，对应的主蒸汽焓 $h_{h1}=3397.36$kJ/kg。

汽轮机高压缸排汽压力 3.57MPa，高压缸排汽温度 317.6℃，对应的高压缸排汽焓 $h_{h2}=3021.95$kJ/kg。

当再热减温水用量份额为 α_{rp}，新蒸汽等效热降下降 $\Delta H=\alpha_{rp}(h_{h1}-h_{h2})=0.02\times(3397.36-3021.95)=7.508$（kJ/kg）。

再热器吸热量降低引起热力系统的循环吸热量降低 $\Delta Q=\alpha_{rp}(h_{h1}-h_{h2})=7.508$kJ/kg。

当再热减温水用量份额为 α_{rp}，机组等效热降变化值 $\Delta H-\Delta Q\eta=7.508\times(1-0.4545)=4.0956$（kJ/kg）。

机组热耗变化

$$\delta\eta=\frac{\Delta H-\Delta Q\eta}{H-\Delta H}\times100\%=\frac{4.0956}{1202.84-7.508}\times100\%=0.340\%$$

也就是说，再热减温水用量份额每变化1%时，机组热耗变化0.17%。

2. ASME 曲线修正法

美国ASME PTC6—2004《汽轮机性能试验规程》中提供的减温水修正曲线见图13-22（对应上述规程图8.5：纵坐标为1%减温水量变化时的热耗率修正量，%；横坐标为阀门全开时试验的主蒸汽流量，%）。

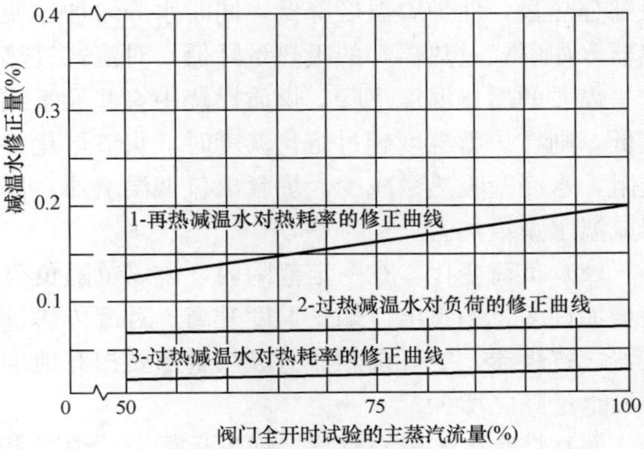

图13-22 减温水修正曲线

（1）再热器减温水量。对机组经济性的影响比较明显，投入量为1%的主蒸汽流量时，影响热耗率约15kJ/kWh，发电煤耗率约0.5g/kWh。

图13-22第一直线1，在67.5%负荷时，再热器减温水量变化1%，热耗率变化0.15%；在100%负荷时，再热器减温水量变化1%，热耗率变化0.2%。因此再热器减温水量变化1%，热耗率变化0.15%～0.2%，对于300MW机组，发电煤耗率变化＝（0.15%～0.2%）×295g/kWh＝0.443～0.59g/kWh。

（2）过热器减温水量。一般过热减温水流量由最末级加热器后引出，对机组的经济运行不造成任何影响；当从给水泵出口引出，投入量为1%的主蒸汽流量时，影响热耗率约2.5kJ/kWh，发电煤耗率约0.05～0.1g/kWh。

图13-22最下层一条直线3可以看出，在不同负荷下，过热器减温水量每变化1%，热耗率变化0.02%。对于300MW机组，发电煤耗率变化＝0.02%×295g/kWh＝0.059g/kWh。

也可以使用等效热降法分析。

【例13-4】 如果300MW机组给水泵出口的过热器减温水从0t/h变化到1t/h（$\alpha_{fw}=0.001\,098$），计算对经济性的影响。

解： 过热器减温水分流量不经过高压加热器，减少了HTR8、HTR7、HTR6的回热抽汽，做功增加

$$\Delta H=\alpha_{fw}[\Delta\tau_8\eta_8+\Delta\tau_7\eta_7+(\Delta\tau_6-\Delta\tau_b)\eta_6]$$
$$=0.001\,098\times[149.2\times0.512\,38+186.2\times0.4829+(146.2-25.6)\times0.336\,16)]$$
$$=0.227\,18(\text{kJ/kg})$$

与此同时，新蒸汽吸热量增加。

$$\Delta Q=\alpha_{fw}\left[\Delta\tau_8+\Delta\tau_7+(\Delta\tau_6-\Delta\tau_b)+\left(\frac{\Delta\tau_8}{\Delta q_8}\times Q_{zr-8}+\frac{\Delta\tau_7}{\Delta q_7}\times Q_{zr-7}\right)\right]$$
$$=0.001\,098\times\left[149.2+186.2+(146.2-25.6)+\left(\frac{149.2}{2068.1}\times470.53+\frac{186.2}{2143.2}\times517.1\right)\right]$$
$$=0.587\,29\text{kJ/kg}$$

因此装置热经济性降低

$$\delta\eta=\frac{\Delta Q\eta_{ai}-\Delta H}{H+\Delta H}=\frac{0.587\,29\times0.4604-0.227\,18}{1207.1+0.227\,18}\times100\%=0.003\,578\%$$

机组发电煤耗率增加：297.42×0.003 578%＝0.011g/kWh

从上面分析可以得到这样一个结论：再热器减温水量每变化1%，对发电煤耗率的影响幅度是过热器减温水量的5～10倍。

四、引起过热器减温水量过大的因素与对策

（1）煤种变化。在燃料量不变的情况下，当灰分增大时，由于燃料的发热量降低，将使燃料在炉内总放热量下降。为稳定负荷必须增加燃料量，相应的烟气量增多，从而烟速增加，造成过热器对流传热增加，导致汽温升高，减温水量增大。当燃煤的水分增加时，水分在炉内蒸发需吸收部分热量，使炉膛温度降低，同时水分增加也使烟气体积增大，增加了烟气流速，使辐射式过热器（如屏式过热器）的吸热量降低，对流式过热器吸热量增加，锅炉减温水量增大。

煤质的熔化温度下降，煤质燃烧中有些元素或矿物质会氧化和熔化为灰渣。如煤质熔化温度较低，则在炉膛温度超过熔化温度时，灰渣熔化并黏附在水冷壁上（结焦）。造成炉膛辐射传热受阻，水冷壁吸热量减少，炉膛出口烟温增加，低温过热器、低温再热器吸热量相对增加，过热器减温水量增加。

（2）负荷变化。在一定范围内，燃煤量随负荷是成比例增加的。当负荷增加，必然导致烟气量增加许多，炉膛出口烟气温度升高，对流传热量相对增加。所有对流受热面，包括过热器、再热器、省煤器、空气预热器的吸热量都要相对地增加，过热蒸汽温度、再热蒸汽温度相应升高，减温水量随之增大。

（3）炉膛火焰中心位置。锅炉运行中，炉膛火焰中心位置的变化直接影响受热面吸收热量的分配比例。火焰中心上移时，屏式过热器吸热量减少，对流过热器和再热器吸热量增加，过热蒸汽温度、再热蒸汽温度升高。当下层制粉系统故障检修必须投入上层制粉系统运行时，使得火焰中心相对上移，势必造成炉膛出口温度升高，过热蒸汽温度、再热蒸汽温度升高，减温水量增加。当燃烧器摆角上倾，使得火焰中心相对上移，减温水量增加。

（4）煤粉细度。煤粉变粗时，燃料在炉内燃尽时间延长，火焰中心上移、汽温升高，减温水量增加。在经济煤粉细度附近适当减小煤粉细度，这样可使煤粉提前燃烧和燃尽，降低火焰中心，降低炉膛出口烟温，在保持汽温稳定的前提下可减少减温水量。

（5）受热面清洁程度。受热面积灰或结渣是燃煤锅炉最为常见的现象，由于灰、渣的导热性差，造成积灰或结渣部位工质吸热量的减少和各段烟温的变化，使锅炉各受热面的吸热份额发生变化。汽包锅炉发生水冷壁结渣时，锅炉蒸发量将下降，并因炉膛出口烟温上升，造成过热蒸汽温度的升高，减温水量增大。锅炉过热器部分发生结渣时，由于锅炉蒸发量未变但过热器吸热量减少而导致过热蒸汽温度下降，减温水量减少。

（6）送风量。当炉膛氧量较低时，造成燃料燃烧不完全，燃料量上升，烟气量增加，从而使过热器和再热器减温水量增加。随着炉膛氧量的增加，燃料燃烧越来越充分，燃料量也相应减少，过热器和再热器减温水量有所下降。当炉膛氧量再升高时，由于烟气量增加，过热器和再热器减温水量又呈增加趋势，见表13-29。锅炉在正常运行中，为了保证燃料在炉膛内完全燃烧，必须保持一定的过量空气系数，即保持一定的氧量。

表13-29　DG-2070/17.5型锅炉炉膛氧量变化对减温水量的影响

机组负荷（MW）	601	602	600	600
炉膛氧量（%）	2.8	3.0	3.5	4.0
过热器总减温水量（t/h）	362	323	33	374
再热器减温水量（t/h）	64	52	58	70
总燃料量（t/h）	301	298	295	306

(7) 给水温度。给水温度的变化对锅炉过热蒸汽温度将产生较大的影响。在汽包锅炉中，给水温度升高，过热蒸汽温度将下降。这是因为当其他参数不变而给水温度升高时，将使汽包锅炉的蒸发量增加，过热器内工质流量上升，导致过热蒸汽温度下降。

(8) 炉膛出口两侧烟温偏差大，导致某侧管壁温度超限。因此应合理调整节流圈，调整部分管子的管径、改进燃烧等方式，解决过热器管壁温度超限问题。

(9) 烟气挡板。烟气挡板直接影响到再热器减温水量和过热器减温水量。当再热器烟气挡板开小，则过热器烟气挡板开大，过热蒸汽温度升高，过热器减温水量增加；反之，过热器减温水量则减小。

五、引起再热器减温水量过大的因素和对策

(1) 汽轮机高压缸排汽温度高。机组运行工况恒定时，如果高压缸漏汽量大，高压缸排汽温度升高，超过设计值，再热器出口温度将随之升高。

(2) 负荷高。机组在定压方式下运行时，汽轮机高压缸排汽温度将随着机组负荷的增加而升高，过热蒸汽温度的升高，也将造成高压缸排汽温度的升高，在其他调温方式调整无效后需增大减温水量。

(3) 燃料低位发热量的变化。燃料的低位发热量越低（如掺烧褐煤、印尼煤），烟气量增加越多，再热蒸汽温度越高，再热器减温水量就越多。

(4) 燃烧工况变化。在锅炉运行中，如因煤粉偏粗，炉膛火焰中心上移，将造成后部烟道烟温升高，对流式再热器的吸热量将增加。因此加强燃烧调整，是解决再热器减温水量过大问题的有效手段。电厂运行人员应加强燃烧调整（如燃烧器摆角、煤粉细度和烟气挡板开度是否合理），尽量不投再热器减温水；检修人员应结合检修机会尽快消除燃烧器摆角、分离器挡板和烟气挡板缺陷。

例如某电厂3、4号锅炉是HG-2023/17.6-YM4型一次中间再热、控制循环、600MW亚临界汽包炉，但是3号锅炉再热器减温水总量一般需要保持在30t/h左右方可保证汽温壁温合格，明显比4号锅炉再热器减温水量大。3号锅炉再热器减温水量偏大的一个主要因素是煤粉细度，见表13-30。从挡板开度分析，两台炉的煤粉细度都维持在偏粗状态。3号炉上三层磨煤机的分离器开度比4号炉大，上层磨的煤粉细度粗，燃尽时间延长、火焰中心上移，也会引起减温水量的增加。

表13-30　两台炉磨煤机分离器挡板开度　%

机组	A	B	C	D	E	F
3号炉	55	60	63	63	60	54
4号炉	64	60	68	55	50	45

(5) 锅炉受热面积灰或结渣。当锅炉水冷壁结垢量大，导致炉膛吸热减少，烟道受热面吸热增大，再热器吸热量增大，减温水量用量也会增大。

(6) 再热蒸汽流量变化。在其他工况不变时，再热蒸汽流量越大，则再热器出口温度将越低，此时可减少减温水量。机组正常运行时，再热蒸汽流量将随机组负荷、汽轮机一级抽汽或二级抽汽量的大小、吹灰器的投停、安全门、汽轮机旁路或向空排汽阀状态等情况的变化而变化。

(7) 滑参数停炉一般要求温度较低，停炉过程需要投入大量微调喷水才能按要求降低温度。

(8) 300MW等级及以上机组锅炉，在经过燃烧调整试验后，如再热蒸汽温度以减温器作为常用调温手段，且流量超过2%以上时，应考虑对再热系统的受热面进行改造或更换，以便正常运行状况下不投用再热减温水。

(9) 锅炉再热器减温水阀门调整特性不好，如某锅炉无法实现减温水在0～17t/h之间的调整，关门就是0t/h，稍开调整门就是17t/h。或者是减温水阀门内漏，导致再热器减温水流量无法控制。

(10) 锅炉再热器受热面某几点金属管壁容易超温，或者再热器受热面材质严重球化。为了控制金属壁温，喷水以降低再热器温度。

(11) 机组高压旁路严重内漏，导致高温高压蒸汽进入再热器，再热蒸汽温度升高，因此应利用检修机会处理高压旁路内漏问题。

(12) 调温手段设计欠佳。例如某些W形锅炉设计采用壁式再热器，或者把再热器全部布置在水平烟道上，没有烟气流量调节挡板，因此喷水是主要的调温手段。对于这种情况，只能进行设备改造。

(13) 对于W形锅炉（专烧无烟煤），如果卫燃带面积过大，则蒸发受热面相对减小，过热器、再热器受热面相对增加，造成过热器、再热器减温水量增加。建议适当减小锅炉卫燃带，增加蒸发受热面。

(14) 锅炉运行氧量偏高，总风量大导致烟气量大增加了减温水用量。

(15) 再热器受热面设计不合理。

(16) 再热器减温水阀冲刷严重，阀门内漏。

第十节 空气预热器漏风率的监督

一、空气预热器结构

空气预热器是利用锅炉尾部烟气热量来加热燃烧所需空气的一种热交换装置。由于它工作在烟气温度最低的区域，回收了烟气热量，降低了排烟温度，因而提高了锅炉效率。同时由于燃烧空气温度的提高，有利于燃料的着火和燃烧，减少燃料不完全燃烧热损失。

回转式（或称再生式）空气预热器为烟气和空气交替流过受热面进行热交换，在烟气通过波纹板蓄热元件时，将热量传给波纹板蓄存起来。当冷空气通过波纹板时，波纹板金属再将蓄存热量传给空气，使空气温度升高。回转式空气预热器也称为容克式空气预热器，由于该种预热器由美国人容克发明，故又称容克式。

回转式空气预热器结构紧凑、体积小、金属耗量较少，故在大容量锅炉上广泛采用。但回转式空气预热器结构较复杂，制造工艺要求高，设计维护较好时，漏风率可控制在5%～10%范围内。另外由于流通截面较窄，稍有积灰将使其阻力大为增加。其特点是将低压头、大流量的二次风与高压头、小流量的一次风分别加热，有利于经济性提高。

英国豪顿公司VNT回转再生式空气预热器的设计目的是提供燃烧所需的热空气以进一步节约燃料，它在相对较小的空间内可装有较大的换热面。豪顿公司VNT空气预热器结构见图13-23。

转子是空气预热器的核心部件，其中装有换热元件。从中心筒向外延伸的主径向隔板将转子分为24仓，这些分仓又被二次径向隔板分隔，呈48仓。主径向隔板和二次径向隔板之间的环向隔板起加强转子结构和支撑换热元件盒的作用。转子与换热元件等转动件的全部重量由底部的球面滚子轴承支撑，而位于顶部的球面滚子导向轴承则用来承受径向水平载荷。

三分仓设计的空气预热器通过三种不同的气流，即烟气、二次风和一次风。烟气位于转子的一侧，而相对的另一侧则分为二次风侧和一次风侧。上述三种气流之间各由三组扇形板和轴向密封板相互隔开。烟气和空气流向相反，即烟气向下、一次风和二次风向上。通过改变扇形板和轴向密封板的宽度可以实现双密封和三密封，以满足电厂对空气预热器总漏风率和一次风漏风率的要求。

转子外壳用以封闭转子，上下端均连有过渡烟风道。过渡烟风道一侧与空气预热器转子外壳连接，一侧与用户烟风道的膨胀节相连接，其高度和接口法兰尺寸可随用户烟风道布置要求的不同作相应变化。转子外壳上还设有外缘环向密封条，由此控制空气至烟气的直接漏风和烟风的旁路量。

换热元件由薄钢板制成，一片波纹板上有斜波，另一片上除了方向不同的斜波外还有直槽，带斜波的波纹板与带有斜波和直槽的定位板交替层叠。直槽与转子轴线方向平行布置，使波纹板和定位板之间保持适当的距离。斜波与直槽呈30°夹角，使得空气或烟气流经换热元件时形成较大的紊流，以改善换热效果。由于冷端（即烟气出口端和空气入口端）受温度和燃烧条件的影响最易腐蚀，因而换热元件分层布置，其中，热端和中温段换热元件由低碳钢制成，而冷端换热元件则由等同考登钢制成。

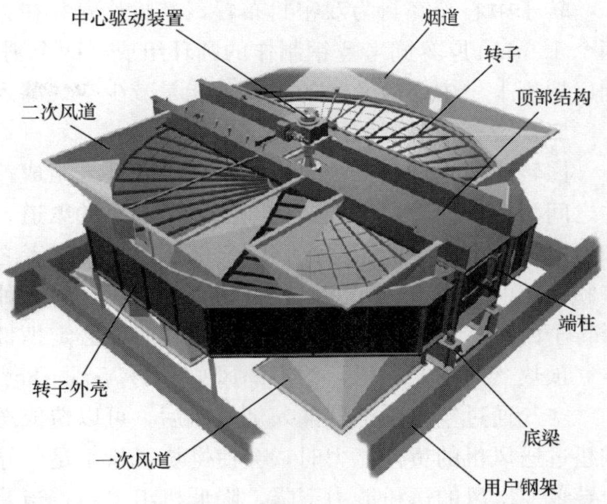

图 13-23 豪顿公司 VNT 空气预热器结构示意图
（本图为豪顿 VN 空气预热器标准布置）

中心驱动装置直接与转子中心轴相连。驱动装置包括主驱动电动机、备用驱动电动机、减速箱、联轴器、驱动轴套锁紧盘和变频器等。水洗时转子以低速旋转。此外，驱动装置还配有手动盘车手柄，以便在安装调试和维修中手动盘车时使用。

过渡烟风道位于转子热端、冷端、烟气侧和空气侧，其作用是将气流导入和引出转子。三分仓布置的风道又被进一步分为二次风道和一次风道。过渡烟风道连接在转子外壳平板以及顶、底结构上，其法兰口大小和型式根据用户烟风道设计并与其相配。

空气预热器的静态密封件由扇形板和轴向密封板组成。扇形板沿转子直径方向布置，轴向密封板位于端柱和转子外壳上，与上、下扇形板连为一体组成一封闭的静态密封面。转子径向隔板上、下及外缘轴向均装有密封片，通过有限元计算和现场的安装调试经验来合理设定这些密封片，可将空气预热器在正常运行条件下的漏风率降至最低。

空气预热器的密封系统由转子径向、轴向、环向以及转子中心筒密封组成，为固定式不可调。

径向密封片安装在转子径向隔板的上、下缘。密封片由1.6mm厚的考登钢制成，与6mm厚的低碳钢压板一起通过自锁螺母固定在转子隔板上。所有密封片均设计呈单片直叶形。径向密封片用来减小空气到烟气的直接漏风。

轴向密封片和径向密封片一起，用于减小转子和密封挡板之间的间隙。轴向密封片由1.6mm厚的考登钢制成，安装在转子径向隔板的垂直外缘处，其冷态位置的设定应保证锅炉带负荷运行以及停炉无冷风时与轴向密封板之间保持最小的密封间隙。轴向密封的固定方式与径向密封片相同。

环向密封条安装在转子中心筒和转子外缘角钢的顶部和底部，其主要功能是阻断因未经过热交换而影响空气预热器热力性能的转子外侧的旁路气流。此外，环向密封还有助于轴向密封，因为它降低了轴向密封片两侧压差的大小。

转子中心筒密封为双密封布置，密封片安装在扇形板上，与中心筒构成密封对。内侧密封由两个 1.6mm 厚等同考登钢制作的圆环组成，两个圆环之间用低碳钢支撑固定，内侧密封直接装到扇形板上。中心筒密封的主要功能是减少空气漏入到大气中。

二、空气预热器漏风率的定义

回转式空气预热器主要由筒形转子和外壳组成，转子是运动部件，外壳是静止部件。动静部件之间肯定有间隙存在，这种间隙就是漏风的渠道。空气预热器同时处于锅炉岛风烟系统的进口和出口，其中空气侧压力高，烟气侧压力低，二者之间存在压力差，这就是漏风的动力。由于压差和间隙的存在造成的漏风，称为直接漏风；另一种漏风叫作结构漏风，又叫作携带漏风，是由于转子内具有一定的容积，当转子旋转时，必定携带一部分气体进入另一侧。其中，直接漏风是空气预热器的主要漏风，约占漏风总量的 75%～85%，而携带漏风占其中的 15%～25%。

空气通过空气预热器漏入烟气侧后，可以造成送风机、一次风机、引风机的电耗增加；当漏风超过送风机的负荷能力时，会使燃烧风量不足，导致锅炉的机械、化学燃烧损失增加，严重时会导致一次风的送粉能力下降，降低机组出力；当漏风超过引风机的负荷能力时，会使炉膛负压维持不住，迫使锅炉降负荷运行；空气预热器的漏风也使得锅炉排烟中的过量空气系数增大，使排烟损失增加，锅炉热效率降低，带来严重的低温腐蚀，达到一定程度后，会造成叶轮积灰，进而威胁机组的安全。

我国过去沿用苏联的做法，以“漏风系数”，即空气预热器烟气侧出口与入口过剩空气系数之差作为漏风指标。而欧美日等国家大多采用“漏风率”作为漏风指标。随着我国从欧美日等国家引进 300、600MW 的大机组，作为相关的技术指标“漏风率”也被广泛熟知和应用。目前我国的现行标准是以“漏风率”作为衡量漏风的指标。

空气预热器漏风率是指漏入空气预热器烟气侧的空气质量与进入该烟道的烟气质量之比。考核试验计算公式为

$$A_L = \frac{m'' - m'}{m'}$$

式中 m'——空气预热器进口烟气质量，kg/kg；

m''——空气预热器出口烟气质量，kg/kg。

我国 GB 10184《电站锅炉性能试验规程》推荐空气预热器漏风率采用如下公式计算

$$A_L = \frac{\alpha'' - \alpha'}{\alpha'} \times 90\%$$

其中

$$\alpha' = \frac{21}{21 - O_2'},\ \alpha'' = \frac{21}{21 - O_2''}$$

式中 α'——空气预热器进口烟气的过量空气系数；

α''——空气预热器出口烟气的过量空气系数。

经验公式为近似计算，不考虑烟气中的水分。经验表明，采用“90%”这个系数，漏风率的计算结果十分接近于以质量为基础确定的漏风率，这两种计算方式得出的漏风率百分比相差±1%。

美国机械工程师学会的性能试验标准 ASME PTC 4.3 规定的空气预热器漏风率表达式

$$A_L = \frac{CO_2' - CO_2''}{CO_2''} \times 90\%$$

其中 CO_2'、CO_2'' 分别为预热器入口和出口烟气中 CO_2 的体积百分比，而漏风率 A_L 是质量百分比，0.9（90%）是一个体积换算成质量的换算系数。对大多数燃料此值（0.9）基本上是正

确的，误差不大，故公式是一个经验式或近似公式，已被各国公认。

我国空气预热器漏风率公式是根据美国机械工程师学会标准中采用 CO_2 公式转换来的。从实际测量结果来看，用我国公式算出的漏风率多比用 CO_2 测得的漏风率偏大。

那么，美国公式中90%这个数值是如何来的呢，下面进行推导。按锅炉热力计算方法中的有关公式，可以写出对1kg燃料所产生烟气质量的计算公式为

$$m = 1 - 0.01A_{ar} + 1.306\alpha V_0$$

$$V_0 = 0.0889C_{ar} + 0.265H_{ar} + 0.0333S_{ar} - 0.0333O_{ar}$$

式中 m——1kg燃料所产生的烟气质量，kg/kg；

A_{ar}、C_{ar}、H_{ar}、S_{ar}、O_{ar}——燃料的收到基灰分、碳、氢、硫和氧的质量百分数含量，%；

V_0——1kg燃料完全燃烧所需要的理论空气量，m^3/kg；

α——烟气中的过量空气系数。

代入准确计算公式

$$A_L = \frac{m'' - m'}{m'} = \frac{1.306V_0(\alpha'' - \alpha')}{1 - 0.01A_{ar} + 1.306\alpha' V_0}$$

$$= \frac{\alpha'' - \alpha'}{\alpha'} \times \frac{1.306V_0\alpha'}{1 - 0.01A_{ar} + 1.306\alpha' V_0} = \frac{\alpha'' - \alpha'}{\alpha'} \times R$$

式中

$$R = \frac{1.306V_0\alpha'}{1 - 0.01A_{ar} + 1.306\alpha' V_0}$$

【例13-5】 威海电厂设计烟煤 $A_{ar}=17.5\%$、$C_{ar}=63.0\%$、$S_{ar}=1.0\%$、$O_{ar}=8.0\%$、$H_{ar}=3.0\%$、$N_{ar}=1.1\%$，烟气中的过量空气系数 $\alpha=1.2$，求 R 是多少。

解： 1kg燃料完全燃烧所需要的理论空气量

$$V_0 = 0.0889C_{ar} + 0.265H_{ar} + 0.0333S_{ar} - 0.0333O_{ar}$$

$$= 0.0889 \times 63 + 0.265 \times 3 + 0.0333 \times 1 - 0.0333 \times 8 = 6.16\ (m^3/kg)$$

$$R = \frac{1.306 \times 6.16 \times 1.2}{1 - 0.01 \times 17.5 + 1.306 \times 1.2 \times 6.16} = 0.92$$

将我典型煤质带入上述公式，可以求得 $R \approx 0.87 \sim 0.93$，取平均值0.9。

根据英国Howden公司观点，系数 $R=90$ 是干基转化为湿基的结果，即

$$R = \left(\frac{1.28701}{\rho_g} - 1.6011d_g\right) \times (1 - d_k) \times 100 = \left(\frac{1.28701}{1.31} - 1.6011 \times 0.05\right) \times (1 - 0.01) \times 100 = 89.3$$

式中 ρ_g——标准干烟气密度，取 $1.31kg/m^3$；

d_g——在普通烟煤下燃烧情况下，湿烟气含水量，取0.05kg/kg；

d_k——标准空气的绝对湿度，取0.01kg/kg。

笔者支持前者结论。

三、空气预热器的技术监督标准

空气预热器的技术监督指标一般为两个：

（1）阻力特性。烟气侧的阻力≤700Pa；空气侧的阻力≤600Pa。

（2）空气预热器漏风率。空气预热器漏风率（漏风系数）应每季度（最好每月一次）测量一次，并不允许超过下列规定值：

1）管式空气预热器为4%；

2）板式空气预热器为7%；

3）管式预热器漏风系数每级不大于0.05；

4）热管式空气预热器漏风系数每级不大于0.01。

回转式空气预热器漏风率应不超过：

1）蒸发量为670t/h及以下的锅炉为10%；

2）蒸发量大于670t/h的锅炉为8%。

目前，回转式空气预热器漏风率一般要求不大于8%，在8%～10%可考虑进行检修；高于10%时应采用新型密封技术进行改造。

四、空气预热器漏风率的耗差分析

【例13-6】 某火电厂锅炉额定蒸发量为907.0t/h，发电机额定功率300MW，烟煤收到基灰分 $A_{ar}=17.5\%$、含碳量 $C_{ar}=63.0\%$、$S_{ar}=1.0\%$、$N_{ar}=1.1\%$、$O_{ar}=8.0\%$、$H_{ar}=3.0\%$、$M_{ar}=5.5\%$、低位发热量 $Q_{net,ar}=23\,470.0$kJ/kg，锅炉实际蒸发量为700.0t/h，飞灰可燃物 $C_{fh}=3.0\%$，炉渣中碳的含量 $C_{lz}=2.5\%$，空气预热器出口氧量 O_2 为5.0%，送风温度为20℃、排烟温度为130℃时，烟道漏风系数 $\Delta\alpha$ 为0.2，排烟一氧化碳含量为0.051%，配钢球磨煤机，固态排渣。求空气预热器漏风率变化1个百分点时对发电煤耗率的影响。

解：（1）
$$q_4=\frac{337.27A_{ar}}{Q_{net,\ ar}}\left(\frac{\alpha_{fh}C_{fh}}{100-C_{fh}}+\frac{\alpha_{lz}C_{lz}}{100-C_{lz}}\right)\times 100\%$$
$$=\frac{337.27\times 17.5}{23\,470}\times\left(\frac{0.9\times 3}{100-3}+\frac{0.1\times 2.5}{100-2.5}\right)\times 100\%=0.764\%$$

（2）理论干空气量为

$$V_{gk}^0=0.089\ (C_{ar}+0.375S_{ar})\ +0.265H_{ar}-0.0333O_{ar}$$
$$=0.089\ (63+0.375\times 1)\ +0.265\times 3-0.0333\times 8=6.17\ (m^3/kg)$$
$$\alpha_{py}\ \frac{21}{21-O_2}+\Delta\alpha=\frac{21}{21-5}+0.2=1.513$$

理论干烟气量

$$V_{gy}^0=1.866\ \frac{C_{ar}+0.375S_{ar}}{100}+0.79\ V_{gk}^0+0.8\ \frac{N_{ar}}{100}$$
$$=1.866\times\frac{63+0.375\times 1}{100}+0.79\times 6.17+0.8\times\frac{1.1}{100}=6.07\ (m^3/kg)$$

实际干烟气量

$$V_{gy}=V_{gy}{}^0+(\alpha_{py}-1)V_{gk}{}^0$$
$$=6.07+0.513\times 6.17=9.24(m^3/kg)$$

实际干烟气量带走的热量

$$Q_{gy}=V_{gy}\,c_{pgk}(T_k-t_k)=9.24\times 1.3\times 110=1321.3(kJ/kg)$$

当空气预热器漏风率变化1个百分点时，则空气泄漏量 ΔV 带空气泄漏量带走的热量

$$Q_{\Delta V}=\Delta V c_{pgk}(T_k-t_k)=0.01\times V_{gy}\,c_{pgk}(T_k-t_k)=13.21kJ/kg$$

式中 ΔV——空气泄漏量，m^3；

c_{pgk}——空气的定压比热容，约等于1.3kJ/(m^3K)，kJ/(m^3K)；

T_k——空气预热器出口烟气温度，约等于排烟温度，℃；

t_k——空气预热器进口空气温度，℃。

空气预热器漏风热损失

$$\delta q_k=\frac{Q_{\Delta V}}{Q_{ar,\ net}}=\frac{13.21}{23\,470}\times 100\%=0.056\%$$

影响发电煤耗率

$$\Delta b = 0.056\% \times 295\text{g/kWh} = 0.165\text{g/kWh}$$

据统计，300MW的机组空气预热器的漏风率每增加1个百分点，一次风机、引风机厂用电合计增加约0.01个百分点，将使机组发电煤耗率增加0.17g/kWh，与计算结果相符。

五、影响空气预热器漏风的因素与对策

1. 影响携带漏风量的因素与对策

根据携带漏风量计算公式

$$X_{xd} = \pi/4 \times (D-d)^2 \times (1-y)\ H \times n/60$$

式中 X_{xd}——携带漏风量，m^3/s，一般占空气预热器总漏风量的20%左右；

n——空气预热器转子旋转速度，r/min；

D——空气预热器转子直径，m；

d——空气预热器中心筒直径，m；

y——转子内金属所占容积份额；

H——空气预热器转子高度，m。

可以知道影响空气预热器携带漏风量的因素主要有三项：一是转子旋转速度。为了降低结构漏风量，在满足换热性能的前提下，尽量选择较低的转速。因为在转速大于1.5r/min时，提高转速对传热不再有益。二是转子内金属容积。转子内尽量充满传热元件，但是随着运行时间的延长，传热元件的磨损，转子内金属所占容积份额会略有减少，导致携带漏风量增加；三是预热器转子高度。转子高度越高，漏风量越大，因此转子高度不要留有太多的剩余空间。

从上述分析可以看出，要想减少携带漏风量必须从设计开始，一旦交付电厂使用，电厂要减少携带漏风量的措施很少。

2. 影响直接漏风量的因素与对策

根据直接漏风量计算公式

$$X_{zj} = \sqrt{2/\beta} \times F \times \sqrt{\Delta p \rho / Z}$$

$$\Delta p = p_k - p_y$$

式中 X_{zj}——直接漏风量，kg/s，一般占空气预热器总漏风量的80%左右；

β——阻力系数；

F——泄漏间隙面积，m^2；

Δp——空气与烟气侧的压力差，Pa；

p_k——空气预热器空气侧压力，Pa；

p_y——空气预热器烟气侧压力，Pa；

Z——密封道数；

ρ——空气密度，kg/m^3。

可以知道影响空气预热器直接漏风量的因素主要有5项：空气密度ρ、阻力系数β、密封道数Z、泄漏间隙面积F、空气与烟气的压力差Δp。其中空气密度ρ和阻力系数β是固定不变；可变的因素只有间隙面积F、压力差Δp和密封道数。而负荷直接影响到压力差Δp，负荷降低，压力差Δp减小。50%负荷时，压力差Δp约为3000Pa，减少到满负荷的60%（满负荷时压力差Δp约为5000Pa），但总风量将是满负荷的200%，因此半负荷时的漏风率是满负荷的1.5倍。

半负荷时的漏风率

$$A_{L半} = \frac{X_{zj半}}{2Q}$$

满负荷时的漏风率

$$A_{L满}=\frac{X_{zj满}}{Q}$$

$$A_{L半}/A_{L满}=2\sqrt{2/\beta}\times F\times\sqrt{3000\rho/Z}/(\sqrt{2/\beta}\times F\times\sqrt{5000\rho/Z})=1.5$$

另外减少泄漏间隙，将密封间隙控制在限定范围内，将有效减少预热器直接漏风量。

空气预热器直接漏风量与泄漏间隙面积成正比，与密封道数的平方成反比。在其他条件不变的情况下，空气预热器密封结构单密封改进为双重密封，其直接漏风量降低约$\left(1-\sqrt{\frac{1}{2}}\right)\times 100\%=29.3\%$。

因此减少直接漏风量的主要措施是：

（1）安装性能较好的漏风自动控制系统。空气预热器密封装置长期运行后密封片磨损，或者转子变形，导致密封性能差。安装漏风控制系统后，热态运行时，漏风控制系统根据转子变形下垂量的多少，由计算机控制自动提升或下放扇形板外端，使密封间隙始终保持在设定的范围内，从而达到对漏风自动控制的目的。如广东沙角C发电厂引进ABB公司的漏风控制系统LCS（leakage control system），对回转式空气预热器热端扇形板与转子径向密封片间的间隙进行自动控制，几年来该装置运行可靠，控制漏风率基本在10%以内。

对于运行可靠性低的热段密封间隙自动跟踪控制装置，建议取消，改为固定跟踪密封方式。

（2）径向双密封改造。径向双密封就是每块密封扇形板在转子转动的时候都与两条径向密封片相配合，形成两道密封。径向双密封可以进一步降低空气预热器的烟风侧差压，减少径向漏风。对于24分仓结构可改为48分仓，改造为双密封结构，如条件限制，可在原径向隔板间增加一道密封，改为简易双密封结构。一次风与烟气间可以采用加宽扇形板等方式，改为三密封结构。在工况相同、间隙相同的情况下，双密封技术可以把泄漏系数降低30%，漏风量减小30%。

（3）轴向双密封改造。双轴向密封就是每块轴向密封板在转子转动时与两条轴向密封片配合。轴向双密封可以进一步降低轴向泄漏差压，减少轴向漏风。在轴向隔板上加装轴向密封片，将原有的24道轴向密封改造为48道密封。

（4）采用柔性接触式密封技术。将空气预热器扇形板调节在某一合理位置，柔性接触式密封组件安装在空气预热器转子径向隔仓板上，在未进入扇形板时，接触式密封滑块高出扇形板8mm。

（5）调整密封间隙。每次停炉检修都要对自动跟踪调整系统进行全面细致的调校，检修期间严格调整控制预热器密封间隙。间隙过大，漏风量增大；间隙过小，摩擦阻力增加，严重时可能发生卡涩现象。大修和改造时，进行转子找正及扇形板水平度调整工作，确保转子垂直度≤0.05mm/m。如果转子不垂直，就不能保证扇形板、弧形板在同一密封面上，三向（径向、轴向、旁路）密封间隙的调整和控制更无从谈起，因此转子找正是调整密封间隙的前提条件。

（6）清理杂物。如果转子上部或侧面有杂物，就会影响到径向或轴向密封效果。因此每次检修后，应及时清理转子上部或侧面夹层中的杂物。

（7）投运暖风设备。低温腐蚀会破坏传热元件和密封片，增大预热器漏风。因此在运行过程中，按规定投运暖风器或热风再循环设备，控制冷端综合温度在合适值。

（8）及时维护。锅炉计划检修及临时检修过程中，对空气预热器内部蓄热元件波纹板及各处密封片进行检查和维护，及时更换已磨损或已腐蚀的蓄热元件、密封片。

（9）机组长期连续运行过程中，由于入炉煤质灰分、硫分超出设计煤种，空气预热器通流部分发生积灰、堵灰现象，通流部分阻力增加。降低烟气阻力，最好的措施就是预防传热元件堵灰：在预热器设计时，装设吹灰器、水冲洗装置以及风压测量管道；运行中进行正常有效的吹灰，否则，随着运行时间的延长，因积灰堵塞而造成阻力增加和冷端压差增加，空气预热器漏风率升高；在停炉维修时，进行水冲洗，保持受热面清洁，清洗后一定要烘干后再投入使用。

蒸汽吹灰装置应配备疏水温控设备，保证吹灰器进汽阀前蒸汽过热度合格。对于加装燃气脉冲吹灰装置的空气预热器，应保留蒸汽吹灰装置，两套吹灰装置组合使用。根据烟气差压变化情况，适当调整其组合方式，控制烟气差压在合格范围，达到最佳的清洁效果。

空气预热器的烟气阻力一般在1000～1200Pa范围内，当空气预热器烟气阻力大于1.3kPa时，则应加强吹灰控制；当空气预热器烟气阻力大于1.5kPa时，应利用检修机会清除受热面积灰。某电厂6号机组（660MW）由于空气预热器漏风率较大，漏风损失造成风机电耗增大。同时，由于空气预热器积灰较为严重，造成部分蓄热片腐蚀，致使机组满负荷时空气预热器烟侧压差高达2.4～2.5kPa，远高于设计值1.1kPa，导致一次风机电耗增大。对此，在机组检修期间，将空气预热器密封装置更换为可调式密封，并更换了已腐蚀损坏的蓄热片，降低了空气预热器漏风率，减少了风烟阻力；同时，将空气预热器蒸汽吹灰替换为乙炔脉冲吹灰装置，优化了吹灰运行方式，使空气预热器积灰得到控制，烟气阻力可以维持在1.1kPa以下，降低了风机电耗。

(10) 采用特殊管材的管式空气预热器或热管式空气预热器（如卧式搪瓷管式空气预热器）。虽然漏风率很低，但是由于使用寿命短，不宜安装，且器内积灰清除困难，因此在大容量电站锅炉应用方面受到限制。

(11) 想方设法提高负荷率。因为随着机组负荷的增加，空气预热器漏风率将逐步减小。

(12) 定期进行空气预热器漏风试验以及氧量标定试验，保证漏风试验数据的准确性。

第十四章　汽轮机指标的技术监督

第一节　疏放水系统及阀门泄漏的监督

一、有关泄漏指标的定义

1. 全厂综合渗漏率

全厂综合渗漏率是指计算期内全厂渗漏点数占全厂密封点总数的百分比。

原国家电力公司制定的“一流火力发电厂考核标准”要求各电厂努力消除设备泄漏，规定发电设备、公用系统和辅助系统不允许出现严重漏点，渗点和一般漏点数量不能超过表14-1中规定值，或者泄漏率不超过0.3‰。

表14-1　渗点和一般漏点数量限值

机组铭牌	100MW及以上单元制	100MW母管制	200MW及以上国产机组	200MW及以上进口机组
渗点数量	4	机3炉2	5	3
一般漏点数量	2	机2炉2	3	1

一台200MW及以上机组的密封点约6000个，密封点包括安全阀、阀门、法兰、焊接点、轴承等一切可能泄漏的点，使水汽、油煤从系统设备中散失，其分布范围极广。密封点对应的基础、地面和设备上有新的渗漏痕迹即为渗漏点。密封点有介质渗出的为渗点，有介质滴落的为漏点。

以目视、触摸、仪表测试等方法进行检查，严重漏点是指所辖设备油每5min滴落一滴，水每5s滴落一滴即为严重漏点。凡所辖设备油、水滴落速度低于严重漏点滴落速度的漏点称为一般漏点。泄漏率不超过0.3‰是指密封点的泄漏率，而不是仅指阀门。

2. 疏放水阀门泄漏率

疏放水阀门泄漏率是指内漏和外漏的阀门数量占全部疏放水阀门数量的百分数。对各疏放水阀门至少每月检查一次，以检查报告作为监督依据。

疏放水阀门泄漏率不大于3%。

阀门的分类很多，按用途分为调节阀、止回阀、分流阀、安全阀、截断阀等；按原理分为闸阀、截止阀、节流阀、仪表阀、止回阀、蝶阀、减压阀等；按压力高低分为真空阀、低压阀、中压阀、高压阀等；按控制方式分为气动阀、电动阀、手动阀、液控阀等；按使用的介质温度分为高温阀、中温阀、常温阀、低温阀等。阀门的品种规格很多，不同种类的阀门分别起着不同的作用。阀门安装在管道系统中，用于接通或切断或调节介质流量，改变介质流动方向，尽管在阀门出厂时，每一台阀门都会经过严格的密封试验，但用户在使用过程中却仍然会出现泄漏问题。

阀门泄漏分为内漏和外漏。简单讲，内漏就是关到底还在过水，白话就是关不死。造成这种现象有几种原因：杂质堵塞、阀芯磨损、内密封破损等。外漏就是水从阀门漏到外面来，也有几种原因：阀体砂眼、未检验合格的产品、密封圈破损、填料磨损。

阀门是火力发电厂应用最多的设备之一，国内已投产的300MW亚临界机组、600MW亚临界、超临界、超超临界机组以及1000MW超超临界机组仍需要使用大量的进口高端阀门，特别是重要的调节阀门、安全门。像600MW超临界、1000MW超超临界机组进口阀门为500台左右，汽轮机约260台，锅炉约240台，见表14-2。

表14-2 600MW/1000MW超临界机组进口阀门情况订货清单

阀门名称	锅炉安全阀	过热器出口动力排放阀	高、低压旁路阀	锅炉给水、减温水调节阀	主给水闸阀，止回阀	给水泵再循环调节门	减温水、疏水、供汽，启动系统等各种中径截止阀	机、炉汽水系统疏水、放水电动门
大致数量	14～18	4	2/6	8	2	3	40	5
阀门名称	汽轮机系统疏水电、手动截止回阀	吹灰系统减压阀	充氮、充氨系统截止回阀	充氮、充氨系统止回阀	仪表测点阀门	取样放汽阀门	汽轮机各系统调节阀	高排及抽汽止回阀
大致数量	40	2	15	15	140	50	12	11
阀门名称	主蒸汽截止回阀	燃油系统调节阀	燃油系统进油快关阀	燃油系统吹扫阀	启动系统调节阀	高压加热器进水三通阀、脱氧溢流阀等特殊阀		
大致数量	2	1	25	24	6	20		

3. 高压给水旁路泄漏率

高压给水旁路泄漏率指高压给水旁路泄漏量与给水流量的百分比。

高压给水旁路泄漏率用最后一个高压给水加热器（或最后一个蒸汽冷却器）后的给水温度与最终给水温度的差值来监测。高压给水旁路泄漏率应每月测量一次。

最后一个高压给水加热器（或最后一个蒸汽冷却器）后的给水温度应等于最终给水温度。

降低高压给水旁路泄漏率的主要措施：

（1）高压加热器进口三通阀容易向高压加热器旁路侧内漏，应利用检修机会对出现泄漏的高压给水旁路门进行检查处理。

（2）经常对最后一级高压加热器出口温度和最终给水温度比较，判断高压加热器旁路是否泄漏。

（3）应合理调整高压加热器旁路门的开关设定值，必要时进行手动拧紧。

（4）制定全厂（机组）疏水门、放水门、旁路门清单。根据阀门清单，每月检查一次，并做好检查报告。

（5）采用红外线温度测试仪测量阀体温度、超声波阀门内漏检漏仪，以及手模感知等方法定性确定阀门泄漏程度。

二、阀门泄漏的重点部位

锅炉侧通常容易发生水汽泄漏的地方有定期排污系统和锅炉疏放水阀门。

汽轮机侧通常容易发生水汽泄漏的地方有5～7号低压加热器危急放水门、1～3号高压加热器危急放水门、除氧器危急放水门、主蒸汽管道疏水阀门、再热蒸汽管道疏水阀门、1～8段抽汽管道疏水阀门、疏水箱疏放水阀门、再热器冷段至辅汽电动调整门、给水泵再循环调节阀和凝结水泵最小流量阀，以及高低压旁路门等。

（1）给水泵再循环调节阀内漏。给水泵再循环调节阀（或称给水泵最小流量阀）主要作用是在机组启动时保证给水泵内不能汽化，对给水泵起保护作用。给水泵在空负荷运转或者机组低负荷运行时，给水流量很小，这时泵内只有少量的水通过，叶轮产生的摩擦热不能被给水带走，使泵内温度升高。当泵内温度升高超过泵所处压力下的饱和温度，给水就会发生汽化，形成汽蚀。为了避免给水泵发生汽蚀，就必须使给水泵在给水流量减少到一定程度时，打开给水泵再循环阀，通过再循环管（在给水泵出口设置一根通往除氧器的给水最小流量再循环管道），使一部分给水流量返回到除氧器，这样泵内就有足够的水通过，把泵内摩擦热带走，避免给水泵发生汽蚀。给水泵再循环调节阀由于在低流量时其工作条件十分恶劣，频繁参与流量调节，一般国产、进口的给水泵再循环调节阀长期存在内漏及卡涩。给水泵再循环调节阀内漏是大型机组普遍存在的问题。部分电厂更换了引进美国 CCI 公司技术国内生产的迷宫密封结构的再循环门，彻底解决了给水泵再循环门内漏问题。

有的电厂给水泵再循环调节阀采用美国 Copes-Vulcan（考布斯）产品，由于基建安装空间问题，采用水平位置安装方式，导致阀门内件因为自重自然下垂原因造成某些部件偏斜现象，当阀盖强行紧固后，极易造成部件压死、卡涩，而引起内漏。后来改为垂直位置安装方式而根除了内漏现象。

（2）凝结水泵最小流量阀内漏。为了避免凝结水泵汽蚀问题，必须保持一定的出水量。当机组启动时或低负荷时，凝结水量少，凝结水泵采用低水位运行，汽蚀现象严重，凝结水泵工作极不稳定。这时通过凝结水泵再循环管（在轴封加热器后、8 号低压加热器前设置一根通往凝汽器的凝结水最小流量再循环管道），凝结水泵的一部分出水再流回凝汽器，以维持凝结水泵和轴封加热器中的最小流量。国内 600MW 机组凝结水泵最小流量阀在设计选型时，设计院一般都会考虑进口产品，如美国 C-V、fisher、CCI 等公司产品，费用很贵，而且备件的费用也昂贵。实际上，凝结水最小流量阀运行环境不算苛刻，工作压力为 2.5～3.5MPa，工作温度为 34～40℃，使用也不算很频繁。只在机组启停过程中使用，机组正常运行中始终处于全关状态，所以一些电厂改造时就选用了国产调节阀。通过凝结水泵最小流量阀的国产化改造使用情况来看，对此调节阀选型的关键在于通径及阀座口径不能过小，阀笼要选用多级笼罩或迷宫式，国产调节阀完全可以满足要求。如国产型号 ST648Y-40、DN200 调节阀效果显著。

举例说明判断凝结水泵最小流量阀泄漏的方法：某电厂 2 台 N700-16.575/538/538 型双背压凝汽式汽轮机，凝结水系统设计及运行参数见表 14-3。

表 14-3　　2 台 N700 型汽轮机凝结水系统设计及运行参数对比

机　组	机组负荷（MW）	凝水流量（t/h）		凝水压力（MPa）	除氧器大阀开度（%）	凝结水泵电流（A）	凝水温度（℃）
		低压加热器出口	精处理出口				
设计值	660	1505		2.73			34.2
5 号机组实际	660	1568	1646	2.39	100	173	31
6 号机组实际	660	1593	1633	2.43	100	181	37

5 号机组低压加热器出口流量比精处理出口流量小 78t/h，并且比 6 号机组凝水压力低 0.04MPa，说明 5 号机组凝水系统存在泄漏。初步分析泄漏点主要集中在凝结水泵最小流量阀处。

凝结水泵最小流量阀泄漏验证方法：关闭凝结水泵最小流量阀前后手动，记录关闭前后凝结水泵电流、凝结水流量变化，根据结果予以确认。同时对最小流量阀旁路手动门拧紧，对旁路电动门关紧。5号机组关闭凝结水泵最小流量阀前后手动门，试验数据见表14-4。

表14-4　凝结水泵最小流量阀泄漏验证试验数据

5号机组	机组负荷(MW)	凝水流量（t/h）		凝水压力(MPa)	大阀开度(%)	凝结水泵电流(A)	凝结水泵转速(r/min)
		低压加热器出口	精处理出口				
关闭后	660	1601	1660	2.38	100	174	1350
关闭前	660	1582	1671	2.2	100	176	1365

由表14-4数据可以看出，凝结水泵最小流量阀存在漏流约19t/h，关闭手动门后凝结水压力升高0.18MPa，凝结水泵电流和凝结水泵转速均有小幅降低。除去最小流量阀漏流的影响，系统的漏流量仍较大。检修期间需检查最小流量阀的旁路电动门，确保其严密。如果解决了最小流量阀漏流问题，凝结水泵电流可以降低约8A，每天节电约1700kWh；同时可以降低机组热耗52.2kJ/kWh，影响发电煤耗率1.8g/kWh。

应对措施：由于机组运行中关闭凝结水泵最小流量阀手动门存在一定的安全隐患，所以该系统仍维持现有运行方式，检修期间需检查凝结水泵最小流量阀。

6号机组低压加热器出口流量比精处理出口流量小40t/h。关闭最小流量阀前手动门后流量无变化。分析主要是最小流量阀旁路电动门漏流造成。如果解决漏流问题，凝结水泵电流可以降低约4A，每天节电约800kWh。同时可以降低机组热耗26kJ/kWh，影响发电煤耗率约0.9g/kWh。

(3) 高压旁路阀泄漏。旁路系统是蒸汽中间再热单元机组热力系统的重要组成系统之一，它是指锅炉来的高参数蒸汽不进入汽轮机汽缸的通流部分，而是经过与汽轮机并联的减温减压器，直接进入凝汽器或低一级蒸汽管道的系统。锅炉蒸汽绕过高压缸，进入再热器冷段管道的连接系统，称为高压旁路（或Ⅰ级旁路或小旁路）；再热后的蒸汽绕过汽轮机中、低压缸，进入凝汽器的管道系统，称为低压旁路（或Ⅱ级旁路）；锅炉来的新蒸汽绕过整个汽轮机而直接排入凝汽器的，称为整机旁路（或Ⅲ级旁路或大旁路），见图14-1。

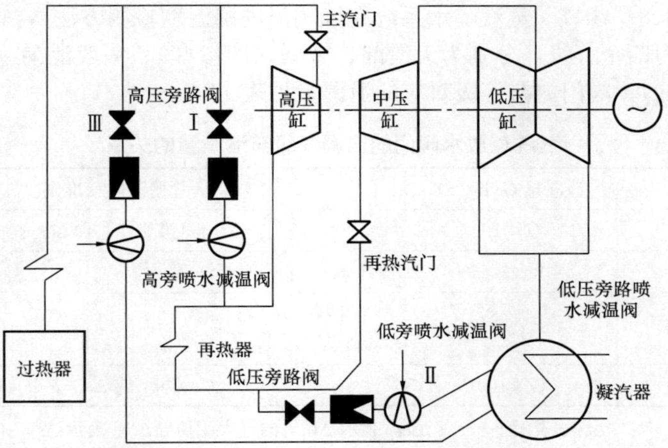

图14-1　三级旁路系统

Ⅰ—高压旁路；Ⅱ—低压旁路；Ⅲ—整机旁路

设置高压旁路的主要作用是保护再热器，设置低压旁路主要作用是回收工质。当机组跳闸自动主汽门突然关闭时，锅炉产生的大量蒸汽无处排放以及高压缸无排汽，则会导致锅炉的再热器干烧。为保证再热器的不干烧，当自动主汽门关闭时，高压旁路蒸汽减压阀快速的开启，高温高压的蒸汽（30%）经由高压旁路阀从高压缸排汽管道流入再热器。由再热器加热后的蒸汽，经过已开启的低压旁路的蒸汽减压阀减温减压后排到凝结器凝结，以回收工质。使停机不停炉得以实现，为机组的迅速恢复提供了可能。设置高压旁路和低压旁路第二项作用是：在机组滑参数启停时，利用旁路系统通过改变新蒸汽流量，就可以迅速调整新蒸汽温度和再热蒸汽温度以满足汽缸对温度的要求，改善了启动条件，缩短启动时间，节省了运行费用。

判断低压旁路阀是否内漏主要方法是用红外线温度仪测试：低旁阀杆温度是否大于（低压缸排汽温度+15℃）。

判断高压旁路阀是否内漏主要方法是用红外线温度仪测试：高旁阀杆温度是否大于（高排温度+20℃）。如果高压旁路阀的阀杆温度小于高排温度，而且接近减温水温度，则说明高压旁路喷水减温阀泄漏。

高压旁路阀内漏的主要原因是由于在机组安装检修过程中，由于锅炉省煤器、过热器、再热器等受热面、锅炉主蒸汽管、给水管中残留较多的焊渣、氧化铁、金属颗粒等杂物造成的。在机组启动及停机过程中，系统中残留的大量金属杂质均会随着蒸汽通过旁路系统参加循环，较大的杂质颗粒夹在阀芯与阀座密封面之间，使密封面出现凹坑、缺损等缺陷。并且在高温高压蒸汽的长期冲刷下，使缺陷进一步扩大，造成严重的密封面吹损。

（4）加热器的旁路内漏。加热器应设置主凝结水的旁路，以免某台加热器发生故障停用时而中断凝结水的输送。每台加热器设一个旁路时称为小旁路；两个以上加热器共设一个旁路时称为大旁路。

三、疏放水系统内漏等级与检测判断

若蒸汽管道中聚集了凝结水，运行时，由于蒸汽和水的比体积不同、流速不同，这样就会引起管道发生水冲击，轻则使管道、设备发生振动，重则会使管道破裂，设备损坏。水一旦进入汽轮机，还要损坏叶片造成严重事故，导致被迫停机。因此，为保证发电厂安全可靠的生产，必须及时地将聚集在蒸汽管道中的凝结水排泄掉。用来收集和疏泄全厂疏水、溢水和放水的管路系统及设备，称为发电厂的疏放水系统。

1. 疏放水阀门的内漏等级

依据 GB/T 34618—2017《蒸汽疏水系统在线阀门内漏温度检测方法》，阀门内漏等级按照泄漏量由大到小划分为四个等级，分别为无泄漏、微漏（即渗漏）、一般泄漏（即一般内漏）和严重泄漏（即严重内漏）。阀门内漏等级对应的泄漏量见表 14-5。

表 14-5　蒸汽疏放水阀门的内漏等级与泄漏量的关系

阀门内漏等级	泄漏量 G(kg/h)	管壁温度三准则（℃）	
无泄漏	$G<10$	$\Delta t_{0-1}\geqslant\Delta t_{c01}$（准则 1）或 $\Delta t_{1-2}\geqslant\Delta t_{c12}$（准则 2）	
微漏（渗漏）	$10\leqslant G<50$	$t_{10}<\overline{t}_1\leqslant t_{1w}$	$\Delta t_{0-1}<\Delta t_{c01}$ 或 $\Delta t_{1-2}<\Delta t_{c12}$（准则 3）
一般泄漏（一般内漏）	$50\leqslant G<100$	$t_{1w}<\overline{t}_1\leqslant t_{1y}$ 或 $t_{1y-2y}\leqslant\Delta t_{1-2}<t_{1w-2w}$	
严重泄漏（严重内漏）	$G\geqslant100$	$\overline{t}_1>t_{1y}$ 或 $\Delta t_{1-2}<t_{1y-2y}$	

注　1. Δt_{0-1} 表示 t_0-t_1，Δt_{1-2} 表示 t_1-t_2；Δt_{c01} 表示 Δt_{0-1} 的最大阈值，Δt_{c12} 表示 Δt_{1-2} 的最大阈值。

2. t_{10} 为测点 1 处在无泄漏工况下的管壁温度，t_{1w} 为测点 1 处在泄漏量为 50kg/h 工况下的管壁温度，t_{1y} 为测点 1 处在泄漏量为 10+/90kg/h 工况下的管壁温度，t_{1w-2w} 为在泄漏量为 50kg/h 工况下测点 1 和 2 处的管壁温度之差，t_{1y-2y} 为在泄漏量为 100kg/h 工况下测点 1 和 2 处的管壁温度之差。

2. 阀门内漏检测的判断

在机组运行工况基本稳定时，分别测量疏水系统入口（蒸汽管道侧测点）的蒸汽温度 t_0、疏水管道周围的环境温度 t_a、疏水管道第一温度测点（疏水系统入口与疏水管道第一温度测点中间的测点）的温度 t_1、或者疏水管道第二温度测点（紧靠疏水阀门侧测点）的温度 t_2。其中疏水系统入口的蒸汽温度 t_0 和疏水管道周围的环境温度 t_a 可以从 DCS（分布式控制系统）中取得。每一组数据特别是温度 t_1 和温度 t_2 应在同一时间内测得。需要对每个测点测量三组以上数据，每一组数据的测量时间间隔不少于 1min。然后取 t_0、t_a、t_1、t_2 的平均值 $\overline{t}_0$、$\overline{t}_a$、t_1、$\overline{t}_2$。通过测得的平均值按照表 14-5 规定的管壁温度三准则判断阀门是否存在内漏。如果同时采用第一温度测点和第二温度测点的管道外壁温度，准则 2 优先于准则 1。阀门在基准条件（疏水管道周围的环境温度 t_a 为 25℃，疏水管道内径 d_0 为 50mm，蒸汽压力 p_0 为 13.8MPa，疏水管道厚度 h_0 为 10mm，）下检测温度阈值 Δt_{c01} 和阈值 Δt_{c12} 见表 14-6。当阀门运行条件偏离上述基准条件时，检测温度阈值 Δt_{c01} 按表 14-7 进行修正。

表 14-6　基准条件下检测温度阈值 Δt_{c01} 和阈值 Δt_{c12}

蒸汽入口温度 t_0(℃)	阈值 Δt_{c01}(℃)	阈值 Δt_{c02}(℃)
>550	230	22
500～550	210	20
400～500	160	18
300～400	135	16
150～300	75	14
<150	50	12

注　疏水管道周围的环境温度 t_a>40℃时阈值 Δt_{c01} 减小 2℃；疏水管道周围的环境温度 t_a<10℃阈值 Δt_{c01} 增加 2℃。疏水管道内径 d_0 每增加 10mm 时阈值 Δt_{c01} 增加 10℃；疏水管道内径 d_0 每减小 10mm 时阈值 Δt_{c01} 减小 10℃。蒸汽压力 p_0 每降低 1MPa 时阈值 Δt_{c01} 增加 1℃；蒸汽压力 p_0 每增加 1MPa 时阈值 Δt_{c01} 减小 1℃。疏水管道厚度 h_0 每增加 2mm 时阈值 Δt_{c01} 增加 1℃；疏水管道厚度 h_0 每减小 2mm 时阈值 Δt_{c01} 减小 1℃。

四、阀门泄漏的耗差分析

疏水系统阀门内漏是长期困扰很多电厂的问题，对机组的安全经济性有很大的影响。首先，造成大量高品位蒸汽漏至凝汽器，机组功率减少，同时凝汽器热负荷加大，又影响真空；还会造成疏水集管与扩容器的温差增大，甚至造成疏水集管与扩容器连接处拉裂，使大量空气漏入凝汽器。各类机组各主要阀门泄漏量对热耗的影响见表 14-7。

【例 14-1】 高压旁路泄漏，主蒸汽直接到再热器中，高压缸做功能力下降，若高压旁路泄漏 1t/h，α_{hq}=0.001 098，计算对经济性的影响。

解： 做功降低

$$\Delta H=\alpha_{hq}(h_{ms}-h_{rhl})=0.001\,098\times(3394.5-3019.3)=0.412(\mathrm{kJ/kg})$$

因此装置热经济性降低

$$\delta\eta=\frac{\Delta H}{H-\Delta H}\times100\%=\frac{0.412}{1207.1-0.412}\times100\%=0.034\,12\%$$

机组热耗率增加：

$$7956.68\times0.034\,12\%=2.71\ (\mathrm{kJ/kWh})$$

机组发电煤耗率增加：

$$297.42\times0.034\,12\%=0.101\ (\mathrm{kg/kWh})$$

表 14-7 主要阀门泄漏量对机组经济性的影响

机组类型	单位	主蒸汽管道	热再热管道	冷再热管道	锅炉排污	高压旁路	一段抽汽管道	二段抽汽管道	三段抽汽管道	四段抽汽管道	五段抽汽管道	六段抽汽管道	七段抽汽管道	八段抽汽管道
200MW	kJ/kWh	82.6	72.1	56.0	29.8	42.6	66.7	56.0	57.5	46.1	37.7	29.1	23.5	9.7
	%	1.0008	0.8735	0.6791	0.3616	0.5169	0.8083	0.6791	0.6973	0.5588	0.4574	0.3532	0.2854	0.1174
300MW 引进型	kJ/kWh	93.2	78.7	62.1	29.8	27.1	69.4	62.1	61.3	49.1	36.1	24.0	16.2	7.5
	%	1.1720	0.9929	0.7834	0.3760	0.3412	0.8754	0.7834	0.7728	0.6197	0.4552	0.3032	0.2048	0.0950
600MW 高中压分缸上汽	kJ/kWh	83.6	75.7	59.2	30.8	22.2	66.7	59.2	59.3	46.1	33.8	24.1	17.2	7.0
	%	1.0732	0.9719	0.7599	0.3952	0.2847	0.8565	0.7599	0.7612	0.5924	0.4340	0.3098	0.2203	0.0897
600MW 高中压合缸哈汽	kJ/kWh	83.3	79.6	63.1	29.9	37.2	70.0	63.1	63.2	49.7	36.8	25.3	17.8	9.0
	%	1.0603	1.0135	0.8033	0.3802	0.4735	0.8914	0.8033	0.8038	0.6329	0.4688	0.3221	0.2269	0.1151
600MW 分缸超临界北重-ALSTOM	kJ/kWh	77.3	73.7	55.8	26.8	19.7	61.4	55.8	58.9	46.0	37.0	26.7	13.1	6.2
	%	1.0309	0.9835	0.7442	0.3580	0.2634	0.8192	0.7442	0.7861	0.6141	0.4932	0.3562	0.1752	0.0833
600MW 合缸超临界哈汽-三菱	kJ/kWh	78.5	73.7	56.8	27.6	38.7	62.0	56.8	59.0	46.9	35.1	22.1	14.9	7.1
	%	1.0360	0.9719	0.7495	0.3640	0.5108	0.8177	0.7495	0.7787	0.6191	0.4632	0.2922	0.1970	0.0943
1000MW 分缸超临界上汽-西门子	kJ/kWh	75.4	70.3	53.5	24.3	18.1	58.2	53.5	52.1	41.1	32.3	26.2	12.4	5.1
	%	1.0348	0.9654	0.7349	0.3342	0.2485	0.7990	0.7349	0.7153	0.5640	0.4435	0.3597	0.1703	0.0701

注　表中数据为按泄漏量为1%的主蒸汽流量时对机组热经济性的影响，机组抽汽编号与加热器编号一致，八段为压力等级最高的抽汽。

五、影响阀门泄漏的因素

机组在开停机或变工况的时候最容易发生阀门内漏，其出现的主要原因如下。

(1) 阀门前后的压差较大。疏水系统阀门泄漏的主要原因是阀门打开或关闭的短短几秒钟瞬间，阀门前后的压差较大，引起汽流冲刷、磨损、汽蚀，导致阀门密封面损坏、内漏。

(2) 介质流向不合理。当介质由阀瓣下方进入阀门时，操作力所需要克服的阻力，是阀杆和填料的摩擦力与由介质的压力所产生的推力，关阀门的力比开阀门的力大，所以阀杆的直径要大，否则会发生阀杆顶弯的故障。如果阀门采用高进低出的介质流向结构，介质流向由阀瓣上方进入阀腔，这时在介质压力作用下，关阀门的力小，而开阀门的力大，阀杆的直径可以相应地减少。同时，在介质作用下，这种型式的阀门也较严密。当阀门关闭时，上下两方向产生自密封效果，且压力越高，密封效果越好。如 JT、JW 系列高温高压疏水阀门不但具有自密封效果，而且采用了独特的阀笼结构，保护阀瓣在介质高速运动时免受冲刷。阀笼对介质流起到对冲缓流作用，平滑通过密封面，避免局部应力集中冲刷现象的发生。上海外高桥电厂和江苏天生港电厂就采用了 JT、JW 系列阀门，做到了无内、外泄漏现象。

(3) 阀门本身质量差。阀体特别是阀芯与阀座的材质选型及热处理差，硬度不够，容易被高速流体冲坏；或者是由于铸造缺陷如铸件内的砂眼、夹渣、气泡等，这些缺陷在阀门使用过程中受到介质冲刷、腐蚀和压力冲击的影响，会引起阀门过早地损坏和内漏。总结我国电站使用的经验，对于介质压力高、温度高的疏水阀应选用高质量的进口球阀，其球阀阀门体积小，关闭时间较短，特别适合主蒸汽疏水尽快关闭的场合。

(4) 阀门关闭不及时。机组开机时由于未及时关闭疏水阀门，造成高温高压介质在疏水阀门中流过，对阀门密封面冲击磨损力大；而介质速度过大易导致阀后压力过小，低于饱和压力，产生汽蚀。汽蚀过程中气泡破裂时所有的能量集中在破裂点上，产生几千牛顿的冲击力，冲击波的压力高达 2000MPa，大大超过了现有金属材料的疲劳破坏极限，即便是极硬的阀瓣和阀座也会在很短时间内遭到破坏，发生泄漏。因此要求在机组启动后及时复紧阀门。机组启动后，除了所有疏放水手动门必须关严外，对于电动或气动疏放水门，应在电动或气动关闭完毕后立即手动压关一次，关闭 2～4h 后要进行一次测温检查，将判断为内漏的阀门进行一次复紧，如复紧 2～4h 后阀门温度有所下降但未降低到接近于环境温度，可再进行一次复紧，这是由于阀门温度下降后，阀芯收缩而间隙增大，此时又可以再下压一定行程，从而有可能使该阀门达到严密关闭状态。

(5) 阀门开关过猛或关不到位。开关阀门时用力过猛，可造成“水击”现象，损坏阀门和管道，特别是两端压差较大的阀门直接开关。在高压冲击力的作用下，阀杆和阀瓣的连接易出现松动或脱落，造成阀门的损坏和内漏；而阀门关不到位（如阀门执行机构选用力矩较小；阀门盘根过紧，造成开关卡死；电动执行机构开关整定值不到位），使阀门长时间在小开度状态下工作，流速过高，冲击力大，阀门密封面容易冲刷损坏。因此应规范阀门操作方法，防止操作不当造成阀门内漏。在汽轮机启动、停机过程中，运行人员应严格执行运行规程中对疏水阀门开启和关闭的规定，按时开启、关闭疏水阀门，严禁早开、晚关疏水阀门，以免蒸汽过度冲刷造成疏水阀门损坏。对于疏水电动门，在机组每次启动后都应该对管壁温度测点或红外线测温仪测得的阀体温度进行分析，如果存在内漏应及时对气动门、电动门进行二次调整，防止阀门节流冲刷造成损坏。

开关阀门时，对于关断型阀门原则上只能全关或者全开，不能让这些阀门处于半开半关状态，以防阀门吹损导致阀门内漏。

阀门关不到位处理措施是：对于阀门盘根过紧，可稍松盘根后，配合仪控人员对阀门进行调试，使阀门开关灵活；对于电动执行机构开关整定值不到位现象，应对阀门电动执行机构重新调整。阀门的开关调整值要合适，要保证阀门关得严，开得够，同时不应有过关或过开现象，避免损坏阀门的电动驱动装置。对于执行机构力矩小的现象，也应重新调整。

(6) 阀门填料的泄漏。阀门填料是最容易发生泄漏的部位。阀门在操作使用过程中，阀杆同填料之间存在着相对运动，它包括转动和轴向移动。随着开关次数的增加，填料与阀杆之间的接触压力逐渐减弱，间隙增大。再加上温度、压力和流体介质特性的影响，高压的介质就会沿着填料与阀杆的接触间隙向外泄漏。另外填料自身的老化，失去了弹性等原因也会引起泄漏。这时压力介质就会沿着填料与阀杆的接触间隙向外泄漏，长时间会把部分填料吹走和将阀杆冲刷出沟槽，从而使泄漏扩大化。对于阀杆填料处泄漏的处理方法是：在运行中紧盘根压盖处理泄漏。在一般的阀门检修中都要求盘根压盖与填料室之间留出间隙，便于在运行中压紧盘根。对于盘根压盖螺钉锈蚀或者损坏的阀门，采用先把阀门关闭，然后对压盖螺钉一条一条地更换，更换完毕后，再均匀压紧盘根，保证盘根与阀杆的紧密接合不泄漏。

(7) 阀门盘根的泄漏。引起阀门盘根泄漏的原因有阀杆精度低、有弯曲和锈蚀现象、填料选用不合理、填料填充工艺不符合要求、盘根松、法兰与门杆间隙大。消除盘根泄漏的方法是：阀门检修时，认真检查被检修的阀门阀杆，如发现阀杆加工精度不符合质量标准、弯曲和锈蚀严重，应进行检修，无法修复时应更换；更换阀门盘根时，应根据系统压力、温度和介质性质选择盘根的材质，不得错用和乱用，并严格按照盘根填充工艺要求执行；阀门检修完成后，开关阀门检查盘根的松紧度，过紧阀门会开关不动或卡涩，过松会造成盘根运行中泄漏。

(8) 阀盖及法兰泄漏。阀盖及法兰泄漏的原因有很多，主要是连接螺栓的压紧力不足、结合面的表面粗糙度不符合要求、垫片变形和机械振动等，都会引起密封垫片与法兰结合面密合不严而发生泄漏。另外由于螺栓变形或伸长、垫片老化、弹性下降、龟裂等也会造成法兰面密封不严而发生泄漏。法兰泄漏还有不可忽视的人为因素，如密封垫片装偏，法兰紧固过程中用力不均或两法兰中心线偏移，造成假紧现象等都容易发生泄漏。对于阀门阀盖及法兰泄漏的处理方法是：在泄漏初期、密封垫采用金属垫片的法兰，应安排有经验的人采取对角均匀地紧固连接螺栓，必要时使用力矩扳手。一般均可处理掉或者减轻法兰泄漏，切忌盲目用力紧固螺栓。安装垫片时注意垫片和法兰的清洁，避免杂物落入。对于泄漏初期通过紧固螺栓效果不明显的法兰泄漏，在运行实践中应采用带压焊接法处理。对于运行中温度超过50℃的阀门，法兰装好后进行保温处理。

(9) 介质有杂质。在阀门检修过程中，常常看到阀门密封面上一道道刮痕、一块块压痕，这些都是管道介质不干净引起的。

(10) 阀芯阀杆分离。如果阀芯与阀杆锁紧螺母配合间隙过大，造成锁紧螺母松动，经介质冲刷造成阀芯与阀杆脱落。因此要提高阀门检修质量，使阀芯与阀杆的配合间隙要适当，并提高螺纹的加工精度。

如果阀芯与阀杆连接防止锁紧螺母转动的止退垫没有装好，也会引起阀芯与阀杆脱落。这就要求组装阀芯时，止退垫要上紧。

(11) 截止阀或闸阀关闭不严密，造成阀门内漏，影响系统的安全运行和经济运行。关闭不严密的主要原因是：运行中阀门未达到关闭位置，运行中阀门阀头、阀座结合面研磨质量未达到质量标准或存留杂物。处理措施是：当阀门关闭不严密时，首先检查阀门是否关到应关的位置。如果未关到位，可适当地活动一下阀杆，将阀门再开启几次，然后再关闭。这样反复几次，再适当地增加关闭阀门的力量。如果结合面存留杂物，则可在运行中微开阀门几次，让介质冲刷阀门结合面，去除存留在结合面的杂物，然后关闭阀门。如果结合面存留焊渣、铁屑等杂物，应对阀门解体检查清理。如果结合面研磨质量未达标造成泄漏，只有在设备停运时对阀门结合面重新研磨。

(12) 安全阀泄漏。安全阀泄漏会造成系统内大量汽水的流失，影响到工作人员的人身安全和机组的经济运行。安全阀泄漏的原因是：系统频繁超压，安全阀起跳动作，介质冲刷造成结合面损坏，使安全阀泄漏；检修工艺不规范，质量不高。预防安全阀泄漏的措施是：安全阀检修时认真检查阀头、阀座结合面损坏情况，根据检查制定结合面检修措施，更换损坏严重的阀头或阀门；阀门结合面（阀芯、阀座）研磨过程，应严格按照检修工艺规程步骤进行，并根据不同型号的安全阀选用合适的研磨工具和研磨材料；阀门结合面经过研磨后粗糙度应达到0.025，达不到质量要求的不能组装。

六、阀门泄漏治理对策

阀门泄漏分外漏和内漏，内漏不容易引起重视，但对机组的经济性却有很大影响。对阀门内漏的判断，是治理阀门内漏的前提，如果阀门严密，阀体及阀后温度基本上可以降至环境温度。因此从理论上讲，可以通过阀门前后温度的差值来判断阀门的内漏情况，但生产现场有些管道布置复杂，保温完善，要想准确测量阀门前后温度比较困难，目前较好的办法是使用红外线测温仪测量靠近阀门阀体处阀杆的温度。如果阀门内漏，阀体温度相应会上升，并且阀体的温度与内漏的程度基本一致。根据经验，结合不同压力等级系统疏水泄漏量试验情况，考虑金属的传导和散热，以疏水阀阀体上尽可能测到的最高温度判断阀门的内漏情况，具体可以参考表 14-8。

表 14-8　　根据管壁温度判断阀门内漏的依据

介质温度（℃）	阀门阀体最高温度		
	严重内漏	一般内漏	渗　漏
≥500	>250℃且与门前管壁温差小于50℃	>200℃且与门前管壁温差小于80℃	>200℃且与门前管壁温差大于80℃
400～500	>200℃且与门前管壁温差小于50℃	>150℃且与门前管壁温差小于80℃	>150℃且与门前管壁温差大于80℃
300～400	>150℃且与门前管壁温差小于50℃	>100℃且与门前管壁温差小于80℃	>100℃且与门前管壁温差大于80℃
150～300	>120℃且与门前管壁温差小于30℃	>80℃且与门前管壁温差小于50℃	>80℃且与门前管壁温差大于50℃

从设计方面减少阀门内漏的措施：

(1) 在主、再热蒸汽疏水阀门、高压旁路的门前、门后管道外壁上加装管壁温度测点并引入DCS系统，使疏水阀门的严密性状况一目了然，不仅为检修提供了依据，而且使疏水阀门泄漏状况公开化，便于各级技术人员对疏水阀门的泄漏情况进行监督管理。

(2) 电动主汽门与自动主汽门之间距离较近，且电动主汽门后与自动主汽门前都有疏水管的情况下，可保留一个位置较低的疏水，取消另一个疏水门。

(3) 抽汽止回门与加热器进汽电动门之间距离较近，且抽汽止回门后与加热器进汽电动门前都有疏水管的情况下，可保留一个位置较低的疏水门，取消另一个疏水门。

(4) 加热器进汽电动门与加热器距离较近，且进汽电动门后管道无U形管段，可以将加热器进汽电动门后的管道疏水取消。

（5）对于高压加热器危急疏水、除氧器溢流放水的疏水门，可由一个电（气）动门加一个手动门改为2个电（气）动门，使高压加热器、除氧器水位信号同时联动2个电（气）动门。这样不仅能够减少内漏，而且运行中2个电（气）动门可以定期分别打开试验。

（6）对于新设计机组，可以将高压旁路、低压旁路布置在蒸汽管道上方并设计预暖管道，取消门前、门后疏水及原预暖管道，减少热量损失。

（7）热力及疏水系统阀门应采用质量可靠、性能有保证、使用业绩优良的阀门。疏水阀门宜采用气动球阀，不宜采用电动球阀。

从运行方面减少阀门泄漏的措施：

（1）在汽轮机启动、停机过程中，运行人员应严格执行运行规程中对疏水阀门开启和关闭的规定，按时开启、关闭疏水阀门，严禁早开、晚关疏水阀门，以免蒸汽过度冲刷造成疏水阀门损坏。

机组启、停机时所操作阀门，必须就地确认阀门位置正确，并且在不需要时及时关闭，防止发生高温高压流体对阀门严重冲刷。

（2）有些电动或气动疏水阀内漏时，可以将手动截止门关闭，避免长时间冲刷，检修时只需要少许研磨即可，同时也可以减少经济损失。

（3）用于压力大于1MPa的压力管道的各种截断阀类阀门，只允许通过全开或全关来接通或截断管道中的介质，禁止采用通过调节截断阀类阀门开度的方法调整介质流量。主要包括：各种容器及管道的隔离门、疏水门、放水门、排空气门、排污门等。

（4）规范阀门操作方法，防止操作不当造成阀门内漏：开关阀门时，对于关断型阀门原则上只能全关或者全开，不要让这些阀门处于半开半关状态，以防阀门吹损导致阀门内漏。对于串联阀门应严格按照规定的顺序进行开关，不能随意采用一次门参与调节。有的热力管道设置了一、二次疏放水门，为了预防阀门内漏，操作顺序应为：开启时先开一次门，再开二次门，通过二次门调节流量；关闭时先关二次门，再关一次门，这样做的目的是保护一次门。

（5）机组启动后要及时复紧阀门：机组启动后，除了所有疏放水手动门必须关严外，对于电动疏放水门，还应在电动关闭完毕后立即手动压关一次，关闭2～4h后要进行一次测温检查，将判断为内漏的阀门进行一次复紧，如复紧2～4h时后阀门温度有所下降但未降低到接近于环境温度，可再进行一次复紧，这是由于阀门温度下降后，阀芯收缩而间隙增大，此时又可以再下压一定行程，从而有可能使该阀门达到严密关闭状态。

（6）对于已投产机组，在运行中必须开启的高压旁路后疏水，可以将疏水接至高压辅汽联箱，减少热量损失。

（7）运行人员在开机后应按照下列疏水阀门操作规定，及时关闭热力系统疏放水阀门，防止出现阀门未关严或关门不及时造成阀门冲刷，引起内漏。具体操作如下：

1）汽包上水前关闭给水系统管道各放水门，汽包压力≥0.2MPa时关闭炉侧各空气门，汽包压力≥0.5MPa高压旁路投入后关闭炉侧过热疏水门，低压旁路投入后关闭炉侧再热疏水门。

2）汽轮机3000r/min定速后关闭主、再热蒸汽管道疏水门。

3）机组定速3000r/min，低压旁路不再参与调整时，应及时关闭低压旁路电动门及二、三级减温水门。如低压旁路后汽温超过50℃，应立即就地检查低旁电动门是否关到位，否则手动摇严或立即通知检修处理，防止冲刷。

4）机组并网后，高压旁路不再参与调整，应及时关回高压旁路电动调整门及隔离门，若高压旁路后汽温超过高压缸排汽温度（如290℃），应立即检查高压旁路电动门及隔离门是否关到位，否则手动摇严或立即通知检修处理，防止冲刷。

5）高、低压加热器汽侧投入后关闭抽汽管道疏水门，给水泵汽轮机冲转后关闭给水泵汽轮机缸体、管道疏水。

6）机组正常停备时，要求电动主闸门常开，电动主闸门前疏水在“关闭”位禁止操作。当机组启动时若出现疏水不畅，应及时打开，待疏水疏尽后及时关闭。

从检修方面减少疏水泄漏的措施：

（1）维持热力系统滤网完好是防止杂质进入热力系统的重要关口。火力发电厂热力系统滤网一般指的是凝结水泵进口滤网、前置给水泵滤网、主给水泵滤网等。这些滤网一定要定期清洗，对于破损的滤网必须进行更换，以防止杂物直接进入热力系统。一旦杂质停留在阀门密封面之间，关闭阀门时密封面就压坏了，从而导致了阀门内漏。

（2）对于疏水电动门，在机组每次启动后都应该对管壁温度测点或红外线测温仪测得的温度进行分析，并对其相关的管道保温进行检查，阀体温度大于50℃时认为存在内漏，对发现泄漏的阀门和保温不全的应及时下缺陷单，通知检修处理。

（3）正确调整阀门行程。电动门、气动门关行程最好为0，现在一般阀门是通过力矩来确定关位的，一定要精心整定，确保阀门可以关严，防止冲刷。

（4）运行中相同压力的疏水管路应尽量合并，减少疏水阀门和管道。

（5）为防止疏水阀门泄漏，造成阀芯吹损，各疏水管道应加装一手动截止阀作为临时措施，原则上手动阀安装在气动阀门或电动阀门前。为不降低机组运行操作的自动化程度，正常工况下手动截止阀应处于全开状态。当气动或电动疏水阀出现内漏，而无处理条件时，可作为临时措施，关闭手动截止阀。

（6）阀门的定期测温。热力系统阀门定期测温的目的是检测阀门运行当中内漏的发展状况，为运行中开关阀门、停机后检修阀门提供可靠依据。日常重点检查锅炉侧定期排污系统和锅炉疏放水阀门；高压加热器危急疏水门、低压加热器危急疏水门、除氧器放水门、高压加热器三通旁路、疏水箱疏放水阀门、高压旁路门、低压旁路门、除氧器溢流放水门、凝结水再循环门、给水泵再循环电动调节门（最小流量阀）、主蒸汽疏水阀门、再热蒸汽疏水门、主蒸汽导汽管疏水阀门、再热蒸汽导汽管疏水阀门、各段抽止回门前后疏水阀门等。对于疏水阀门前、后管壁有温度测点的机组，可以以DCS历史数据中的温度作为阀门开启、关闭的记录；对于无管壁温度测点的机组，应该在运行记录中明确记录阀门开启、关闭的时间、机组工况。

（7）在疏水扩容器进汽母管增加温度监视测点。利用机组停备机会在机侧高压、中压、低压疏水扩容器5个入口联箱上各加装一个温度测点，炉侧定排四个联箱上各加装一个温度测点，并接至控制室DCS显示画面，用于监视机组疏水阀门内漏情况，根据温度位置查找内漏阀门。

（8）有的电厂机组高压加热器、低压加热器疏水运行方式为：高压加热器疏水通过正常疏水调整门逐级自流至除氧器，低压加热器疏水通过正常疏水调整门逐级自流至凝汽器。正常运行时事故疏水电动门（有的机组事故疏水调整门前后为手动截止阀）全开，事故疏水调整门全关，正常疏水调整门和事故疏水调整门投自动，当水位高时事故疏水调整门参与调整。由于高压加热器、低压加热器的事故疏水调整门前后压差较大，阀门不严，存在内漏，高温疏水流入凝汽器，增加机组热耗损失。为了减少内漏，应变更高压加热器、低压加热器事故疏水电动门逻辑；增加高压加热器、低压加热器事故疏水调整门开度大于10%时联开事故疏水电动门逻辑；增加高、低压加热器事故疏水调整门开度小于10%后，允许关闭事故疏水电动门逻辑。规定高压加热器、低压加热器事故疏水电动门正常处于关闭。

第二节 汽轮机通流部分内效率

一、汽轮机通流部分内效率的定义

汽轮机通流部分内效率是指通流部分的实际焓降与等熵焓降之比。

汽轮机通流部分内效率是通过各个缸效率来表现的。高、中、低压缸效率的算术平均值，近似等于汽轮机的整机相对内效率。汽缸效率是监测汽轮机经济运行的重要指标。汽缸的相对内效率定义为缸实际焓降与理想焓降之比，即

$$\eta_{gx}=\frac{P_{gi}}{P_{ai}}=\frac{\Delta h}{\Delta h_t}$$

式中 P_{gi}——汽缸的内功率，kW；

P_{ai}——汽缸的理想功率，kW；

Δh_t——缸的理想焓降，kJ/kg；

Δh——缸实际焓降，kJ/kg；

η_{gx}——汽缸的相对内效率，x 表示高压缸时为 h，中压缸时为 i，低压缸时为 l，%。

通常高、中压缸的效率计算可以通过测量高、中压缸进出口的压力、温度等热力参数，并由水蒸气表查出相应的焓熵值，即可计算得出。

汽轮机缸的相对内效率计算公式为

$$\eta_{gx}=\frac{h_{x1}-h_{x2}}{h_{x1}-h_{x2t}}$$

式中 h_{x1}——汽轮机高（中）压缸进汽焓，kJ/kg；

h_{x2}——汽轮机高（中）压缸排汽焓，kJ/kg；

h_{x2t}——汽轮机高（中）压缸排汽等熵膨胀终点焓，kJ/kg。

但由于低压缸排汽处于湿蒸汽区，其压力和温度不再是相互独立的参数，另外还需要蒸汽的干度才能确定低压缸排汽焓。由于目前蒸汽的干度还难以在现场进行精确地测量，低压缸排汽的焓值还无法通过常规方法得到，故低压缸效率也不易求得。因此本节不讨论低压缸效率的计算问题。

【例 14-2】 某电厂 300MW 机组设计参数见表 14-9，求高、中压缸的相对内效率。

表 14-9　　300MW 机组设计参数

工况名	单位	额定负荷	工况名	单位	额定负荷
负荷	MW	300.029	负荷	MW	300.029
凝汽器压力	kPa	4.900	中压缸进汽压力	MPa	3.210
主蒸汽压力	MPa	16.700	中压缸进汽温度	℃	538.00
主蒸汽温度	℃	538.00	中压缸排汽压力	MPa	0.790
高压缸排汽压力	MPa	3.570	中压缸排汽温度	℃	335.086
高压缸排汽温度	℃	317.6	中压缸效率	%	92.24
高压缸效率	%	86.18	热耗率	kJ/kWh	7921

解：（1）高压缸效率的计算。由于主蒸汽压力16.7MPa，主蒸汽温度538℃，查蒸汽焓熵图，16.7MPa，538℃点左侧对应的主蒸汽焓 $h_{h1}=3397.36$kJ/kg，该点对应下方的熵值 $s_{h1}=6.41$kJ/(kg·K)。

汽轮机高压缸排汽压力3.57MPa，高压缸排汽温度317.6℃，查蒸汽焓熵图，3.57MPa，317.6℃点左侧对应的高压缸排汽焓 $h_{h2}=3021.95$kJ/kg。

根据6.41kJ/(kg·K)和3.57MPa的交点，查焓熵图得到对应的等熵焓值 $h_{h2t}=2961.17$kJ/kg。

因此，不考虑阀门节流损失的汽轮机高压缸效率为

$$\eta_{gh}=\frac{h_{h1}-h_{h2}}{h_{h1}-h_{h2t}}\times100\%=\frac{3397.36-3021.95}{3397.36-2961.17}\times100\%=86.07\%$$

（2）中压缸效率的计算。由于中压缸进汽压力为3.21MPa，中压缸进汽温度为538℃，查蒸汽焓熵图，3.21MPa，538℃点左侧对应的蒸汽焓 $h_{i1}=3539.1$kJ/kg，该点对应下方的熵值 $s_{i1}=7.31$kJ/(kg·K)。

中压缸排汽压力0.79MPa，中压缸排汽温度335.086℃，查蒸汽焓熵图，0.79MPa，335.086℃点左侧对应的中压缸排汽焓 $h_{i2}=3131.3$kJ/kg。

根据7.31kJ/(kg·K)和0.79MPa的交点，查焓熵图得到对应的等熵焓值 $h_{i2t}=3097.78$kJ/kg。

因此，不考虑阀门节流损失的汽轮机中压缸效率为

$$\eta_{gi}=\frac{h_{i1}-h_{i2}}{h_{i1}-h_{i2t}}\times100\%=\frac{3539.1-3131.3}{3539.1-3097.78}\times100\%=92.40\%$$

与设计效率产生的误差主要在于计算过程中焓熵值采用了简化的水汽性质计算软件求得焓熵值，而不是在焓熵表上直接查得的。

二、缸效率的监督标准

对排汽为过热蒸汽的高压缸通流部分内效率和中压缸通流部分内效率每月测试一次，并与设计值进行比较、分析，以测试报告数据作为监督依据。

要求高压缸效率不低于设计效率3个百分点，中压缸效率不低于设计效率2个百分点，低压缸效率不低于设计效率1个百分点。

三、缸效率的耗差分析

1. 半经验公式法

各汽轮机制造厂、西安热工研究院等单位，通过研究汽轮机各缸效率对热耗率的影响，得到很多计算公式。由于公式复杂，在此只介绍上海发电设备成套所推导的缸效率与机组热耗关系式。热耗可用下式表示

$$q=\frac{3600Q_b}{Q_h\eta_h+Q_i\eta_i+Q_l\eta_l}$$

式中 Q_b——锅炉吸热量；

Q_h——高压缸的折算理想热降；

Q_i——中压缸的折算理想热降；

Q_l——低压缸的折算理想热降；

η_h、η_i、η_l——分别为高、中、低压缸的内效率。

假定锅炉吸热量不变，对该式进行对数微分，得

$$\frac{dq}{q}=-\left(\frac{Q_h d\eta_h}{Q_h\eta_h+Q_i\eta_i+Q_l\eta_l}+\frac{Q_i d\eta_i}{Q_h\eta_h+Q_i\eta_i+Q_l\eta_l}+\frac{Q_l d\eta_l}{Q_h\eta_h+Q_i\eta_i+Q_l\eta_l}\right)$$

$$=-\left(\frac{KW_h}{KW_h+KW_i+KW_l}\times\frac{d\eta_h}{\eta_h}+\frac{KW_i}{KW_h+KW_i+KW_l}\times\frac{d\eta_i}{\eta_i}+\frac{KW_l}{KW_h+KW_i+KW_l}\times\frac{d\eta_l}{\eta_l}\right)$$

式中 KW_h、KW_i、KW_l——高、中、低压缸的出力。

上式只适用于非再热式机组，且未考虑前缸对后缸的影响，为此需做下列修正。

（1）再热后的高压缸内效率变化对热耗的影响减小一些，这是因为高压部分内效率提高后，高压部分出力增加 ΔKW_h，但同时再热器的入口焓下降；在不影响再热器出口状态下，再热器吸热量必须等量增加 $3600\Delta KW_h$，换言之，高压部分效率提高 $\Delta\eta_h$，实际收益仅为

$$\Delta KW'_h=\left(1-\frac{3600}{q}\right)\Delta KW_h$$

（2）中压缸效率提高后，会降低低压缸进汽温度，增加排汽湿度，从而使低压缸部分内效率恶化；而且使低压部分的抽汽量有不同程度的增加，因此中压缸内效率提高所带来的好处，并不全部转移到机组的热耗上去，因此中压缸内效率部分应乘以小于1的因子 β。对于再热凝汽式机组，可取 $\beta=0.70\sim0.75$。

综上所述，再热凝汽式汽轮机组的热耗与各部分内效率的关系式可以写成

$$\delta q=\frac{dq}{q}=-\left[\frac{\left(1-\frac{3600}{q}\right)KW_h}{KW_h+KW_i+KW_l}\times\frac{d\eta_h}{\eta_h}+\frac{\beta KW_i}{KW_h+KW_i+KW_l}\times\frac{d\eta_i}{\eta_i}+\frac{KW_l}{KW_h+KW_i+KW_l}\times\frac{d\eta_l}{\eta_l}\right]$$

【例 14-3】 某引进型 300MW 机组，额定工况 $\eta_h=87.07\%$、$\eta_i=92.25\%$、$\eta_l=88.79\%$，$KW_h=89\ 550$kW、$KW_i=81\ 859$kW、$KW_l=137\ 570$kW，$KW_h+KW_i+KW_l=308\ 979$kW，$q=7921$kJ/kWh，求缸效率变化对机组热耗的影响。

解： 将已知数据代入上式得

$$\delta q=-\ (0.1581\delta\eta_h+0.1921\delta\eta_i+0.4452\delta\eta_l)$$

可见高压缸内效率每变化1%，热耗就变化0.1581%；中压缸内效率每变化1%，热耗就变化0.1921%；低压缸内效率每变化1%，热耗就变化0.4452%。

根据不同厂家提供的计算公式，计算各种机组高压缸效率 η_h、中压缸效率 η_i、低压缸效率 η_l 变化对机组热耗率 q 变化关系结果列于表 14-10。

表 14-10　　缸效率变化 1%对机组热耗率的影响（半经验公式法）

机组类型	η_h与q变化关系（%）	η_i与q变化关系（%）	η_l与q变化关系（%）	备　注
国产 125MW	0.1650	0.3593	0.3148	热工院公式，缸效率为相对变化值
国产 200MW	0.1769	0.3520	0.3084	热工院公式，缸效率为相对变化值
国产 300MW	0.1671	0.3644	0.2747	热工院公式，缸效率为相对变化值

续表

机组类型	η_h与q变化关系（%）	η_i与q变化关系（%）	η_l与q变化关系（%）	备 注
国产 300MW	0.1687	0.3049	0.2789	上海成套所公式，缸效率为相对变化值
引进型 300MW	0.2065	0.2995	0.5016	上汽厂公式，缸效率为绝对变化值
引进型哈三 600MW	0.2051	0.2874	0.4492	哈汽厂公式，缸效率为绝对变化值
引进型吴泾 600MW	0.2051	0.2814	0.4492	上汽厂公式，缸效率为绝对变化值
600MW 超临界机组	0.12	0.18	0.42	上汽厂公式，缸效率为绝对变化值

2. 简化的等效热降法

（1）根据等效热降理论，循环吸热量为

$$Q=h_1+\alpha_{zr}(h_{zr}-h_{zl})-h_{fw}=h_1+\alpha_{zr}(h_{zr}-h_1)+\alpha_{zr}(h_1-h_{zlt})\eta_{gh}-h_{fw}$$

式中 h_1——新蒸汽焓值，kJ/kg；

h_{zr}——再热器热段蒸汽焓值，kJ/kg；

h_{zl}——再热器冷段蒸汽焓值，kJ/kg；

h_{zlt}——高压缸等熵膨胀排汽焓值，kJ/kg；

α_{zr}——再热蒸汽份额，%；

η_{gh}——高压缸效率，%；

h_{fw}——给水焓值，kJ/kg。

当各缸相对内效率变化时，由于认为主蒸汽、再热段蒸汽参数及给水焓值不变，因此循环吸热量变化为

$$Q=\alpha_{zr}(h_1-h_{zlt})\eta_{gh}$$

（2）根据等效热降理论，1kg 新蒸汽等效热降为

$$H=(h_1-h_{zlt})\eta_{gh}+(h_{zr}-h_n)\eta_{gil}-\sum_{j=1}^{z}\tau_j\eta_j$$

式中 h_{zlt}——低压缸等熵膨胀排汽焓值，kJ/kg；

τ_j——1kg 水在第 j 级加热器中的焓升，kJ/kg；

η_j——第 j 级抽汽效率，%；

z——机组中加热器的总级数；

η_{gil}——中压缸平均效率，%。

当各缸相对内效率变化时，可以认为 $\sum_{j=1}^{z}\tau_j\eta_j$ 不变，因此新蒸汽等效热降量变化为

$$H=(h_1-h_{zlt})\eta_{gh}+(h_{zr}-h_n)\eta_{gil}$$

（3）高压缸相对内效率变化热经济分析模型。由于认为再热热段蒸汽参数保持不变，因此当高压缸相对内效率变化时，不会由于重热作用的影响，而使中低压缸相对内效率发生变化。所以高压缸相对内效率变化对新蒸汽等效热降的影响为

$$H=(h_1-h_{zlt})\eta_{gh}$$

循环吸热量变化为

$$Q=\alpha_{zr}(h_1-h_{zlt})\eta_{gh}$$

系统实际循环热效率相对变化为

$$\delta\eta=\frac{\Delta H-\Delta Q\eta_i}{H+\Delta H}$$

（4）中低压缸相对内效率变化热经济分析模型。

如果认为再热热段蒸汽参数保持不变，所以当高压缸相对内效率变化时，不会由于重热作用的影响，而使中低压缸相对内效率发生变化。

$$Q=0$$

$$H=(h_{zr}-h_{i2t})\eta_{gil}$$

系统实际循环热效率相对变化为

$$\delta\eta=\frac{\Delta H-\Delta Q\eta_i}{H+\Delta H}$$

【例 14-4】 对于引进型 300MW 机组，原始设计资料：额定功率 $P_N=300$MW，主蒸汽流量 $D_{ms}=907.03$t/h，再热蒸汽流量 $G_{rh}=745.35$t/h，凝结水流量 $D_n=544.70$t/h，主蒸汽额定压力 $p_{ms}=16.7$MPa，主蒸汽额定温度 $t_{ms}=538$℃，汽轮机中压缸排汽压力 0.79MPa，中压缸排汽温度 335.086℃，中压缸排汽焓 $h_{i2}=3131.3$kJ/kg。低压缸排汽湿蒸汽焓 $h_n=2343.3$kJ/kg。设计热耗率为 7921kJ/kWh，发电煤耗率 $b=295$g/kWh，试计算缸效率变化 1 个百分点时对热经济性的影响。

解：（1）根据上例求缸效率时，我们已经得到

高压缸

$$h_{h1}-h_{h2t}=3397.36-2961.17=436.19\ (\text{kJ/kg})$$

中压缸

$$h_{i1}-h_{i2t}=3539.1-3097.78=441.32\ (\text{kJ/kg})$$

机组热效率

$$\eta=\frac{3600}{7921}=0.4545$$

新蒸汽等效热值

$$H=\frac{P}{D_{ms}\eta_m}=\frac{300\ 000\times3600}{907\ 030\times0.99}=1202.73\ (\text{kJ/kg})$$

（2）高压缸相对内效率变化 1 个百分点时

$$H=(h_1-h_{z1t})\eta_{gh}=436.19\times1\%=4.36(\text{kJ/kg})$$

$$Q=\alpha_{zr}(h_1-h_{z1t})\eta_{gh}=\frac{745.35}{907.03}\times436.19\times1\%=3.58(\text{kJ/kg})$$

$$\delta\eta=\frac{4.36-3.58\times0.4545}{1202.73+4.36}\times100\%=0.226\%$$

（3）中压缸相对内效率发生变化，则

$$Q=0$$

$$H=(h_{zr}-h_{nt})\eta_{gi}=441.32\times1\%=4.41(\text{kJ/kg})$$

$$\delta\eta=\frac{4.41-0}{1202.73+4.41}\times100\%=0.365\%$$

（4）低压缸相对内效率发生变化。

$$Q=0$$

$$H=(h_{i2}-h_n)\eta_{gl}=(3131.3-2343.3)\times1\%=7.78(\text{kJ/kg})$$

$$\delta\eta=\frac{7.78-0}{1202.73+7.78}\times100\%=0.643\%$$

根据热平衡法求得低缸效率变化对机组热耗率的影响结果见表 14-11。

表 14-11　　低缸效率变化 1 个百分点对机组热耗率的影响

机组类型	单位	低压缸效率	机组类型	单位	低压缸效率
200MW	kJ/kWh	32.1	600MW 北重 ALSTOM 分缸超临界	kJ/kWh	30.0
	%	0.3889		%	0.4006
300MW 引进型	kJ/kWh	41.5	600MW 哈汽—三菱合缸超临界	kJ/kWh	38.2
	%	0.5239		%	0.5034
600MW 上汽高中压分缸	kJ/kWh	37.7	1000MW 上汽—西门子分缸超临界	kJ/kWh	30.1
	%	0.4847		%	0.4115
600MW 哈汽高中压合缸	kJ/kWh	38.3			
	%	0.4875			

注　按缸效率变化 1%的绝对值进行分析。

四、影响高、中压缸效率的因素与对策

（1）调节级压力损失。调节级压力损失大导致调节级效率低。调节级压力损失主要由调节汽门的节流损失和调节级喷嘴喉部面积决定的。如果调节汽门存在节流损失大或调节级喷嘴通流面积大，造成调节级压力降低，高压缸效率也随之降低。更换新型调节级喷嘴，调节级效率平均提高 10 个百分点以上，高压缸效率可提高 2 个百分点。

（2）调节级效率。调节级功率占高压缸功率的 20%左右，每降低 1%，高压缸效率下降 0.2%。调节级效率低的重要原因是调节级动叶叶顶及叶根汽封径向间隙设计值偏大。动叶叶顶与汽缸、隔板与叶轮之间有一定的间隙，造成漏汽损失。为了减少漏汽损失，在隔板顶部和动叶顶部分别安装隔板汽封和叶顶汽封。改进措施是：将原调节级单齿镶嵌式汽封改为多齿可退让汽封，新设计制造的喷嘴在叶顶出汽边再增加一道多齿汽封；在保证安全的基础上，径向间隙缩小为 0.75mm。

另外调节级喷嘴组损伤也会影响到调节级效率。

（3）汽轮机通流效率。由于部分电厂在大修时过多地考虑了启动时的安全性，而忽视机组运行过程中的经济性，人为地将汽封间隙调大，致使汽封漏汽量增大，减少了本级通过叶栅做功的蒸汽流量。而且这股汽流由于不是以正确的速度和方向进入下一级，扰乱下一级入口汽流，造成级效率降低。以高压缸为例，计算表明，当隔板汽封的径向间隙变化而其他间隙不变时，间隙每变化 0.1mm，级的相对内效率下降 0.17 个百分点；当叶顶汽封的径向间隙变化而其他间隙不变时，间隙每变化 0.1mm，级的相对内效率下降 0.11 个百分点。将高、中压缸的梳齿迷宫汽封更换为可调整汽封，高压缸效率可提高 1 个百分点以上，中压缸效率可提高 2 个百分点以上。

通流部分结垢（抽汽口压力、轴向位移、汽水品质）也会导致通流效率下降。汽封磨损，漏汽量大（高、中缸上、下缸温差大，汽缸变形；运行控制不当，轴系振动大；汽轮机进水转子碰磨等），也会导致通流效率下降。

（4）夹层漏汽量大。对于高中压合缸结构，调节级后蒸汽通过高压缸前轴封漏至高压内外缸夹层，然后分为 2 部分，一部分通过中压缸进汽平衡盘漏至中压缸，一部分则沿高压内缸夹层漏至高压缸排汽口。高压缸进汽的导汽管漏汽也通过夹层漏至排汽口。通常这部分漏汽造成一部分蒸汽未经过高压缸做功，使高压缸效率降低。

（5）上下汽缸温差。由于上下汽缸温差的存在，引起了平衡活塞汽封体变形，造成动静部分碰摩使汽封间隙远远大于 0.75mm 的设计值，使大量的主蒸汽漏入中压缸，造成高压缸做功能

力降低。

为了减少上下汽缸温差大的问题，可在高压缸高压持环（隔板套）下半挡汽环镶嵌阻汽片，将原 20mm 间隙缩小到 2～4mm。试验表明，某电厂将此间隙调整为 4mm，上、下缸温差控制在 40℃之内；若将此间隙缩小至 2mm，上、下缸温差可控制在 30℃之内。

（6）高压缸排汽温度。高压缸排汽温度上升，使锅炉再热器冷段入口参数偏离设计值，再热器减温水量增大，高压缸效率低。

（7）汽水品质。严格控制汽水品质，禁止水质中的二氧化硅和氧含量超标，防止机组通流部分隔板、叶片腐蚀和结垢。

（8）调节汽门重叠度。要定期分析调节汽门重叠度是否合理。调节汽门重叠度过大会造成较大的节流损失，影响缸效率。调节汽门重叠度应通过试验确定和调整。

（9）阀门泄漏。加强汽轮机主要阀门的参数变化的日常监控，如高、低压旁路后以及通风阀后温度等，发现异常升高，应分析是否泄漏。

（10）调节阀运行方式。低负荷应尽量单阀运行。避免高负荷时，尽量在调节阀点运行，避免大范围、长时间的节流运行。对于亚临界 300MW 机组，每 2%的高压进汽节流压损，将导致 1%的高压缸效率下降。

（11）抽汽参数。汽轮机各抽汽参数直接体现汽轮机缸内运行状况，日常分析中要根据各参数的变化来掌握高、中压缸效率变化情况。

（12）级组的静叶片形线差。高压缸、中压缸的静叶片应采用后加载高效新叶形。

五、影响低压缸效率的因素和对策

（1）汽封漏汽。低压缸端部汽封采用接触式汽封，叶顶使用蜂窝汽封。

（2）叶形损失大。应选用马刀形动静叶。

（3）末级叶片损失大。应更换成经济性和安全性更好的末级长叶片。

（4）低压进汽导流板损坏，需要更换。

（5）低压缸中的各级子午流道不光滑，需要更换为光滑的通道子午面。

（6）低压段抽汽温度高。需要改进低压内缸中分面螺栓的热紧规范，中分面结合要严密。300MW 机组、600MW 超临界机组存在低压 5、6 号抽汽的温度比设计值高 20～50℃的问题。主要原因一是低压导汽管内套管与低压内缸结合面法兰有裂纹造成泄漏；二是低压缸的汽封间隙过大造成的。应采取如下治理措施：

1）水平面加密封键。

2）更换轴向密封条，轴向非密封面补焊，减小配合间隙。

3）在隔板套凹槽位置补焊，使圆周膨胀间隙缩小。

4）将隔板套结合面螺栓全部更换成材质高一个等级的螺栓。

第三节 凝汽器真空的监督

一、冷端系统的基础知识

1. 凝汽器

将汽轮机排汽冷凝成水的一种换热器，称为凝汽器。凝汽器主要用于汽轮机动力装置中，分为水冷凝汽器和空冷凝汽器两种。凝汽器除将汽轮机的排汽冷凝成水供锅炉重新使用外，还能在汽轮机排汽处建立真空和维持真空。凝汽器的分类方式有多种，主要方式见表 14-12。

表 14-12 凝汽器的分类

分类依据	类别	定义
冷却水的流动方式	单流程	冷却水在管内流过一个流程就排出凝汽器
	双流程	冷却水在管内流过两个流程就排出凝汽器
蒸汽凝结方式	表面式（间壁式）	排汽在冷却管外冷凝成液体，冷却水在管内流动
	混合式（也称接触式）	排汽与冷却水直接接触并被冷凝成液体
	空气冷却式	排汽在冷却管内冷凝成液体，空气在管外横掠流过
与汽轮机排布位置的关系	下向布置式	布置在低压缸下面
	侧向布置式	布置在低压缸侧面
	整体布置式	与低压缸做成整体
与汽轮机轴线的关系	横向布置	冷却管中心线与汽轮机轴线垂直
	纵向布置	冷却管中心线与汽轮机轴线平行
冷却水供水方式	直流供水	冷却水一次性使用
	循环供水	冷却水循环使用
冷却水进水方式（有无垂直隔板）	单一制（单道制）	水室中间无垂直隔板，在同一壳体内冷却水通过单根进水管进入一个水室
	对分制（双道制）	水室中间有垂直隔板，在同一壳体内冷却水通过两根进水管进入带分隔板的一个水室或两个独立的水室
冷却水流程数	单流程	冷却水在管内只流过一个单程就排出
	双流程	冷却水在管内流过一个往返后才排出
凝汽器壳体数	单壳体	采用单个壳体
	多壳体	采用两个及以上壳体
凝汽器背压	单背压	汽轮机只有一个排汽压力
	多背压	汽轮机有多个排汽压力

水冷表面式凝汽器主要由壳体、管束、热井、水室等部分组成。汽轮机的排汽通过喉部进入壳体，在冷却管束上冷凝成水并汇集于热井，由凝结水泵抽出。冷却水（又称循环水）从进口水室进入冷却管束并从出口水室排出。为保证蒸汽凝结时在凝汽器内维持高度真空和良好的传热效果，还配有抽气设备，它不断将漏入凝汽器中的空气和其他不凝结气体抽出。抽气设备主要有射水抽气器、射汽抽气器、机械真空泵和联合真空泵等。

与单背压凝汽器不同，多背压凝汽器是将凝汽器的汽室分隔成多个独立部分，各低压缸排汽分别进入各自的汽室，冷却水串联通过各自汽室。由于各个汽室冷却水进口温度不同，造成各汽室压力不同，汽轮机各低压缸分别在不同的背压下运行。多背压凝汽器节能的主要机理是：①多背压的平均背压低于同一条件下的单压凝汽器；②低背压侧凝结水流过高背压侧凝汽器，得到高背压侧回热，从而提高最终凝结水温度。这里必须注意，为了发挥多背压凝汽器节能功效，凝汽器冷却水必须首先从低背压凝汽器进入，最后从高背压侧凝汽器流出。

空冷表面式凝汽器空气借助风机在管束外侧横向通过或自然通风，而蒸汽在管束内流动被冷凝成水。为提高管外传热，这种凝汽器均采用外肋片管。它的背压比水冷凝器高得多。

2. 压力与大气压力

单位面积上所受到的垂直作用力称为压力，用符号 p 表示。压力的国际单位为帕斯卡

(Pa)，$1N/m^2=1Pa$。

大气压力：地球表面大气自重所产生的压力，又称气压，其符号为 p_{atm}。标准大气压力 $p_{atm}=101.325kPa$。

在电力工业中，机组参数多用兆帕（MPa），$1MPa=10^6Pa$。

工程大气压的单位为 kgf/cm^2，常用符号 at 表示。1at=98 066.5Pa。

传统压力单位是毫米汞柱，1mmHg=133.33Pa。

3. 绝对压力和表压力

容器内工质本身的实际压力称为绝对压力，即以完全真空作为参考压力测得的压力，用符号 p_a 表示；工质的绝对压力与大气压力的差值为表压力（简称表压），用符号 p_g 表示。因此，表压力就是我们用表计（弹簧压力表或液柱 U 形管）测量所得到的压力。绝对压力和表压力之间的关系为

$$p_a=p_g+p_{atm} \text{或} p_g=p_a-p_{atm}$$

这里需要提及的是电厂现场仪表测量的压力基本上都是表压力，而制造厂提供的设备压力参数都是绝对压力。因此在测试汽轮机热耗时，应同时测量大气压力，在表压力读数上再加上当地大气压力，然后再查焓熵表或修正曲线。

一般表压力单位后加（g）表示，而绝对压力单位后加（a）表示；如果是表压力可以不注明。例如某 680MW 超超临界机组铭牌上的低压缸排汽压力 4.147/5.095kPa（a），主蒸汽进汽压力 25MPa（a）等，都表示是绝对压力。

4. 排汽压力和背压

在电力工业中汽轮机在低压缸中做完功后的蒸汽所具有一定绝对压力。排汽压力是指工质在汽轮机中做功后排汽平面处（凝汽器第一排冷却水管上游 300mm 处）的平均静压力，也叫凝汽器压力，用 p_k 表示。

背压是用于描述系统排出的流体在出口处的绝对压力，在电力工业中背压是相对于汽轮机的蒸汽而言的，背压就是凝汽器喉部排汽的绝对压力。

湿冷机组设计背压为 4.6～6.1kPa，空冷机组设计背压为 15～19.6kPa，比湿冷机组汽轮机背压高出 10kPa，约使供电煤耗率高出 15～20g/kWh。

背压分为设计背压和实际背压。设计背压是设计汽轮机时计算或规定出来的背压；实际背压是汽轮机运行中实际所具有的背压，亦称作运行背压。对于空冷机组，设计背压又可分为最高容许背压、最高满发背压（夏季背压）、额定背压、阻塞背压。最高容许背压是指保证汽轮机长期、安全运行所许可的最高背压；或者说，在各种不利工况下容许汽轮机长期运行的最高背压。最高满发背压是指汽轮机在最大进汽流量下，可以达到额定功率时的最高背压。额定背压是指在额定工况下，汽轮机达到额定功率时的背压。平常所说的设计背压往往仅指额定背压。阻塞背压是指在进汽流量和参数一定的情况下，汽轮机的功率随着背压的降低而增加，当背压降至某一值时，功率不会再增加，此时的背压就叫作阻塞背压。在这种工况下，汽轮机末级出口轴向排汽达到临界状态，末级出口压力达到极限值，功率达最大值，热耗达最低值，但是汽轮机的安全性能受到考验；同时由于阻塞背压所对应的凝结水温度只有 38.9℃，见表 14-13，尤其在冬季，环境温度较低的情况下，空冷凝汽器的防冻问题也显得尤为突出。因此，尽管在阻塞背压工况下经济性最好，但并不是最安全的工况。

不同的进汽流量和参数有不同的阻塞背压值。这也是衡量汽轮机性能的重要技术指标之一。例如达拉特发电厂 600MW 亚临界直接空冷机组额定负荷下的设计背压如下：最高容许背压 60kPa、最高满发背压 30kPa、额定背压阻塞背压 15kPa、阻塞背压 6.18kPa。例如达拉特电厂

N600-16.67/538/538 直接空冷机组在设计参数见表 14-13。

表 14-13　　N600-16.67/538/538 直接空冷机组设计参数

项　目	THA 工况（额定工况）	TRL 工况（夏季工况）	TMCR 工况（最大连续工况）	VWO 工况（阀门全开工况）	TMCR 阻塞背压工况
机组出力（MW）	600.1	600.1	636.53	658.56	647.64
机组热耗率（k/kWh）	8040	8378.4	8022	8016.3	7885.3
主蒸汽压力（MPa）	16.67	16.67	16.67	16.67	16.67
背压（kPa）	15	30	15	15	6.95
凝结水温度（℃）	54	69.1	54	54	38.9

5. 饱和温度和排汽饱和温度

一定压力下汽水共存的密封容器内，液体和蒸汽的分子在不停地运动，有的跑出液面，有的返回液面。当从水中飞出的分子数数目等于因相互碰撞而返回水中的分子数时，这种状态称为动态平衡。处于动态平衡的汽、水共存的状态叫饱和状态。在饱和状态时，液体和蒸汽的温度相同，这个温度称为饱和温度。

汽轮机低压缸的排汽处于汽、水共存的动态平衡状态，因此低压缸的排汽温度，叫作排汽饱和温度，用符号 t_s表示。

排汽饱和温度与排汽压力不是线性关系，两者存在如下关系

$$t_s = 57.66 \times \sqrt[7.46]{p_k / 0.0098065} - 100$$

【例 14-5】 已知排汽压力 $p_k = 4.9\text{kPa}$，求排汽饱和温度。

解： 排汽饱和温度

$$t_s = 57.66 \times \sqrt[7.46]{4.9 / 0.0098065} - 100$$
$$= 57.66 \times \sqrt[7.46]{499.669} - 100 = 32.63\ (℃)$$

查水蒸气性质饱和温度表：32.63℃时对应的排汽压力为 4.93kPa

反之，排汽压力与饱和温度存在如下关系

$$p_k = 0.0098065 \times \left(\frac{100 + t_s}{57.66}\right)^{7.46}$$

有了这个计算公式，就可以不再查表，而是直接计算出。

6. 真空与凝汽器真空

当容器中的压力低于大气压力时，把低于大气压力的部分称为真空，用符号 p_v表示。真空计算公式为

$$p_v = p_{atm} - p_a$$

对于双背压凝汽器，真空计算公式为

$$p_v = p_{atm} - p_a = p_{atm} - \frac{p_{da} + p_{ga}}{2}$$

式中　p_v——凝汽器真空，kPa；

p_{atm}——当地大气压力，kPa；

p_a——汽轮机背压（绝对压力），kPa；

p_{da}——低背压凝汽器排汽的绝对压力，kPa；

p_{ga}——高背压凝汽器排汽的绝对压力，kPa。

对于双背压凝汽器，高低背压差计算公式为

$$\Delta p_a = p_{ga} - p_{da}$$

双背压凝汽器的高低背压差 Δp_a 应不小于 0.4kPa。

真空值不但受到大气压力表和真空压力表误差影响，而且由于大气压力表和真空压力表读数大小接近，真空值又很小，因此，得到的真空值准确度差。而背压表测量的是排汽的绝对压力，不受读数接近的大气压力表和真空压力表误差影响，因此准确度高。同时，由于背压表测量误差小，测出的凝结水过冷度值准确度也较高。

对于表压力为正值，特别是表压力数值很大时，大气压力变化对工程设计影响很小，一般不计大气压力变化的影响。但是当所测压力低于大气压力，即表压力为负值，此时大气压力变化对机组经济性的影响不可忽视。在国内安装的所有进口国外整套发电设备中，凝汽器压力已广泛采用绝对压力（即背压）测量法，也叫背压表。绝对压力测量装置消除了随时空变化的大气压力影响。原因在于绝对压力测量装置在其结构上都设有绝对真空状态的一侧腔室，绝对真空是绝对压力测量装置测量的基准线。

例如某厂 300MW 机组设计背压为 5.4kPa，在 300MW 负荷，循环水温度 20℃时，真空压力表读数为 95.1kPa，大气压力约 103kPa，运行人员满足于真空压力表读数。而凝汽器绝对压力实际上已经达到 7.9kPa，超过设计值 2.5kPa。显然，真空压力表的读数误导了运行人员，机组处于不经济运行状态。采用背压表后，直接显示凝汽器背压是 7.9kPa，一看就知道凝汽器排汽压力偏高，真空度差，这样的指示便于运行人员做出合适的判断和正确调整，因此建议安装背压表。

7. 真空度

由于机组安装所处地理位置不同，单独用汽轮机真空的绝对数进行比较难以确定机组真空的好与差，所以用真空度来反映汽轮机凝汽器真空的状况。

凝汽器真空度是指汽轮机低压缸排汽端（凝汽器喉部）的真空占当地大气压力的百分数，用符号 k_v 表示，即

$$k_v = \frac{p_v}{p_{atm}} \times 100\%$$

【例 14-6】 某凝汽器水银真空表的读数为 712mmHg，大气压力计读数为 750mmHg，标准大气压为 101 325Pa，求凝汽器真空、背压和真空度。

解： 真空

$$p_v = 712\text{mmHg} = 712 \times 133.33\text{Pa} = 94.931\text{kPa}$$

大气压力

$$p_{atm} = 750\text{mmHg} = 750 \times 133.33\text{Pa} = 99.998\text{kPa}$$

背压

$$p_a = p_{atm} - p_v = 99\,998 - 94\,931\text{Pa} = 5.07\text{kPa}$$

真空度

$$k_v = \frac{p_v}{p_{atm}} \times 100\% = \frac{94.931}{99.998} \times 100\% = 94.93\%$$

【例 14-7】 气压计的读数为 2700hPa，当时的大气压力为 755mmHg，试求气体的绝对压力是多少？

解： 压力单位换算

$$p_{atm} = 755 \times 133.33\text{Pa} = 1006.64\text{hPa}$$

绝对压力

$$p_a = p_g + p_{atm} = 2700 + 1006.64 = 3706.64 \text{ (hPa)}$$

二、真空的耗差分析

凝汽器性能变差，表现为机组真空度降低。凝汽器性能变差的主要原因有：冷却水进口温度升高、冷却水流量降低、凝汽器汽侧空气聚积量增大、冷却管脏污（主要是水侧），凝汽器热负荷增大、凝汽器冷却面积不足等。对于机组真空较差，且达不到设计要求，要进行凝汽器性能诊断试验，以判别机组真空差的原因。

1. 公式计算

当其他各个参数均保持不变，排汽压力为 p_c，并忽略汽轮机相对内率、变化值时，则汽轮机热耗率的相对变化为

$$\frac{\Delta q}{q} = \frac{\Delta t_s}{t_h - t_s} \times 100\%$$

$$\Delta q = q' - q$$

$$\Delta t_s = t'_s - t_s$$

式中 q、q'、Δq——额定蒸汽参数下汽轮机热耗率、蒸汽参数变化后热耗率和变化值，kJ/kWh；

t_h——额定蒸汽参数下汽轮机吸热平均温度，℃；

t_s、t'_s、Δt_s——额定蒸汽参数下排汽饱和温度、蒸汽参数变化后排汽饱和温度和变化值，℃。

对于亚临界 300MW 机组，当主蒸汽温度 $t_h = 538$℃、排汽饱和温度 $t_s = 32.63$℃（$p_c = 4.93$kPa），当排汽饱和温度升高到 $t_s' = 36.06$℃（$p_c = 5.93$kPa）时

$$\frac{\Delta q}{q} = \frac{36.06 - 32.63}{538 - 32.63} \times 100\% = 0.679\%$$

如果 300MW 机组设计发电煤耗率约为 297.42g/kWh，因此当排汽压力 p_c增加 1kPa 时，发电煤耗率增加 297.42×0.679%＝2.02g/kWh。

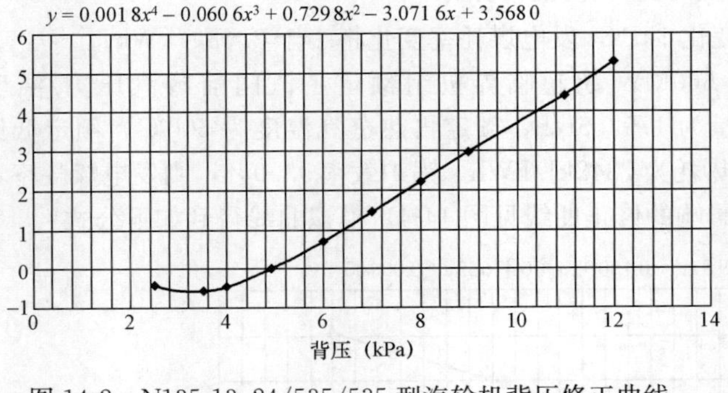

图 14-2 N135-13.24/535/535 型汽轮机背压修正曲线

2. 曲线修正法

(1) N135 超高压机组。根据东方汽轮机厂提供的 N135-13.24/535/535 型中间再热凝汽式汽轮机背压修正曲线（设计热耗率为 8157kJ/kWh，设计发电煤耗率为 305g/kWh，见图 14-2）。当背压为 4.9kPa 时，热耗修正系数为 0，当背压为 8kPa 时，热耗修正系数为 2.2%，而且背压在某一范围内与热耗率的关系是一条直线，设背压为 xkPa，热耗修正系数为 y，则背压与热耗修正系数的关系可写为

$$\frac{2.2 - 0}{8 - 4.9} = \frac{0 - y}{4.9 - x}$$

化简上式得

$$y = -3.4774 + 0.7097x$$

对 y 求导，则

$y'=-0.7097\%$，即背压每变化 1kPa，热耗率变化 0.7097%，发电煤耗率也随着变化 0.7097%，发电煤耗率增加 2.16g/kWh。

(2) N300 亚临界机组。某电厂 300MW 亚临界机组，设计热耗为 7956.68kJ/kWh，额定排汽压力 5.4kPa，凝汽流量 546.67t/h，背压修正曲线见图 14-3。假设负荷 250MW，排汽流量：$\frac{250}{300}\times546.67=455.56$ (t/h)，统计运行排汽压力为 6.8kPa。查图 14-3 曲线得 $C_k=1.73\%$。

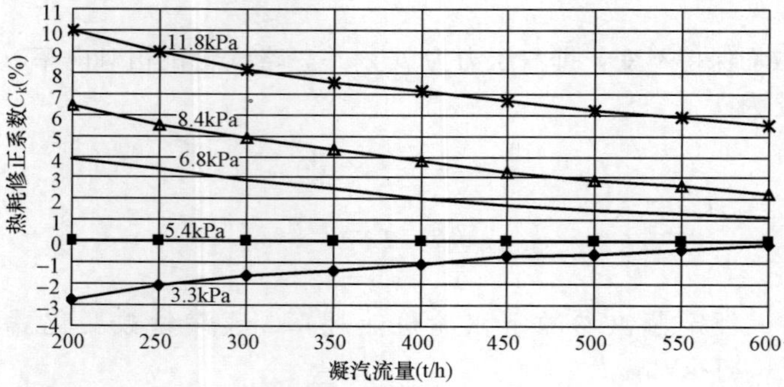

图 14-3 300MW 机组背压修正曲线

排汽压力变化引起的热耗变化量

$$\Delta q=C_k q_0=7956.68\times1.73\%=137.65\text{kJ/kWh}$$

排汽压力变化 1kPa，热耗变化

$$1\times\frac{137.65}{6.8-4.9}=98.32\text{kJ/kWh}$$

以反平衡法计算发电煤耗率变化

$$b=\frac{98.32}{29.308\eta_{bl}\eta_{gd}}=\frac{98.32}{29.308\times0.922\times0.99}=3.68\ (\text{g/kWh})$$

当然，在额定负荷下，排汽压力变化 1kPa，发电煤耗率变化将小于 3.68g/kWh。

(3) N660 超临界机组。某电厂 660MW 超超临界机组额定主汽门前蒸汽压力/温度为 25MPa/600℃，额定主汽门前蒸汽流量为 1792.5t/h，额定再热蒸汽温度为 600℃，额定低压缸排汽平均压力为 4.6kPa，额定工况净热耗为 7342kJ/kWh，锅炉效率 93.9%，则发电煤耗率 $b_f=269.48$g/kWh 低压缸排汽压力对热耗影响的修正曲线见图 14-4。模拟曲线得到如下公式

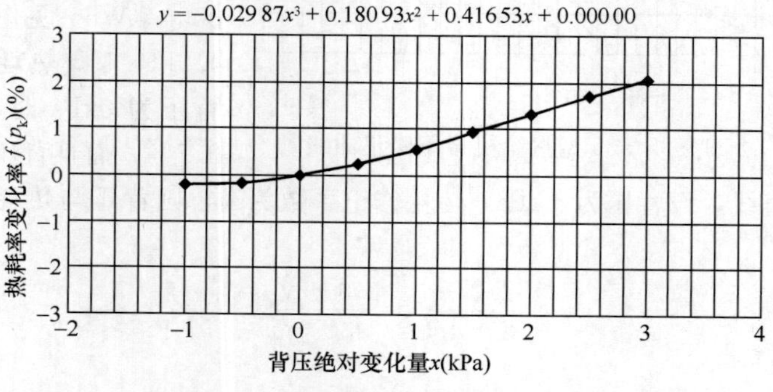

图 14-4 660MW 机组背压修正曲线

$$f(p_k)=-0.02897x^3+0.18093x^2+0.41653x$$

式中：$f(p_k)=\dfrac{\Delta q}{q}$。

$$x=p'_k-p_k$$

对发电煤耗率修正量为 $f(p_k)b_f$。

根据上述修正公式，当低压缸排汽压力从 4.6kPa 增加 5.6kPa 时，$x=1$kPa，$f(p_k)=0.5685\%$，发电煤耗率增加 0.5685/100×269.48=1.53g/kWh。

一般说真空每降低 1kPa，或者近似地说真空度每下降一个百分点，热耗约增加 0.6%～0.7%，发电煤耗率增加 0.6%～0.7%，出力降低约 1%。

三、真空的监督标准

对于汽轮机来说，真空的高低对汽轮机运行的经济性有着直接的关系，真空高，排汽压力低，有效焓降较大，被循环水带走的热量越少，机组的效率越高。因此一般来说，真空越高机组越经济。

测量汽轮机排汽压力的一次测量元件应优先选择网笼探头或导流板静压测针。通常在每个凝汽器喉部安装四个一次元件，采用并联方式测量凝汽器的平均排汽压力（传统的凝汽器真空测量为凝汽器喉部壁面取压方式）。测量汽轮机排汽压力的二次测量元件优先选用绝对压力变送器，精度等级不低于 0.1 级。

真空的监督标准为：真空不小于相应循环水进水温度或环境温度下的设计值+0.8kPa。

真空度的监督标准为：对于闭式循环水系统，统计期凝汽器真空度的平均值不低于 92%。对于开式循环水系统，统计期凝汽器真空度的平均值不低于 94%。循环水供热机组仅考核非供热期，背压机组不考核。

对于空冷机组，统计期凝汽器真空度的平均值不低于 85%。对于 75%负荷，上述所有真空度应再增加 1 个百分点。

四、冷端系统优化

1. 最佳运行背压

机组最佳运行背压是通过机组微增出力试验、凝汽器的变工况试验和循环水泵等设备耗功试验经优化计算得出，具体计算模型如下：

（1）微增出力与机组背压的关系。通过机组微增出力试验，得出机组在不同负荷下，微增出力与背压的关系

$$\Delta N_T=f_1(N,\ p_k)$$

式中 ΔN_T——机组微增出力，kW；

N——机组负荷，kW；

p_k——机组背压，kPa。

（2）凝汽器变工况特性。由试验可以得出当前循环水温度条件下，机组在不同负荷时，凝汽器压力与循环水流量的关系，当循环水温度改变时，可以由凝汽器变工况计算结果予以修正，即

$$p_c=f_2(N,\ t_1,\ D_w)$$

式中 p_c——机组背压，kPa；

N——机组负荷，kW；

t_1——冷却水进口温度，℃；

D_w——冷却水流量，m^3/h。

（3）凝汽器冷却水流量和循环水泵耗功。循环水泵运行方式分别为两泵高速、一高一低、两机三高、两机两高一低、单泵高速、两机一高一低和单泵低速运行时，得出凝汽器冷却水流量和循环水泵耗功的关系为

$$N_p = f_3(D_w)$$

式中 N_p——真空泵和循环水泵耗功，kW；

D_w——冷却水流量，m^3/h。

（4）最佳运行背压计算。最佳运行背压是以机组功率、冷却水进口温度和冷却水流量为变量的目标函数，在量值上为机组功率的增量与循环水泵耗功增量之差最大时的凝汽器压力，即

$$F(N,\ t_1,\ D_w) = \Delta N_T - \Delta N_p$$

在数学意义上，当 $\dfrac{\partial F(N,t_1,D_w)}{\partial D_w}=0$ 时，凝汽器冷却水流量对应的机组背压为最佳值，即

$$\frac{\partial f_1(N,p_k)}{\partial p_k} \times \frac{\partial p_k}{\partial D_w} = \frac{\partial \Delta N_p}{\partial D_w}$$

求解上式即可得出一定循环水温度条件下机组的最佳背压和相应的冷却水流量。根据此冷却水流量及时调整循环水泵运行方式，以提高机组运行的热经济性。

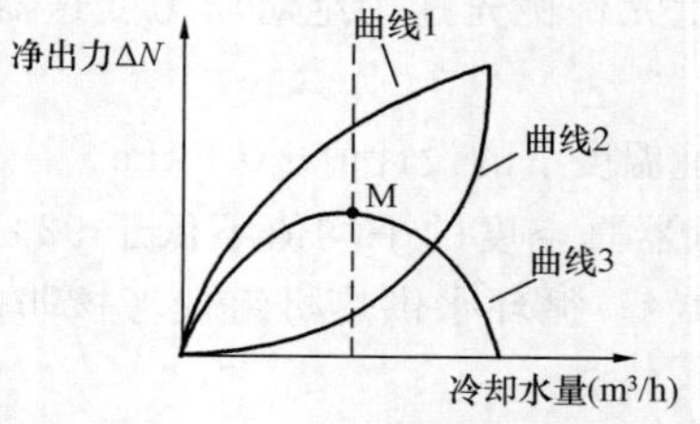

图 14-5 最有利真空的确定

减少循环水量可以降低耗电量，但是这会使汽轮机的真空恶化，增加热量损失；在蒸汽参数和流量不变的情况下，提高真空会使蒸汽在汽轮机中的可用焓增大，相应地增加发电机的输出功率。但是在提高真空的同时，需要向凝汽器多供冷却水，从而增加循环水泵的耗电量。因此应确定一个最有利的冷却水量（或称最有利真空）。最有利真空就是指由于凝汽器真空的提高，使汽轮机功率增加与循环水泵多耗的电量之差为最大值时的真空。最有利真空要通过试验的方法来确定。如图 14-5 所示，曲线 1 表示当进入凝汽器的凝汽量和冷却水进水温度不变时，由于冷却水量的增大而引起汽轮发电机所多发的电量；曲线 2 表示在同样条件下，由于冷却水量的增大而引起循环水泵所多耗用的电量；曲线 3 是曲线 1 和曲线 2 之差，它表示了在凝汽量和冷却水进水温度不变时，由于冷却水量的增大，所获得的净收益（净出力）ΔN。当净出力 ΔN 为最大时，所对应的真空（对应的 M 点的真空）就是最有利真空。

实际运行中，根据凝汽量和冷却水进口温度来选用最有利真空下的冷却水量，换句话说，就是合理调度循环水泵台数和容量。影响凝汽器最有利真空的主要因素是：进入凝汽器的蒸汽流量、汽轮机排汽压力、冷却水的进口温度、循环水水量、汽轮机的出力变化和循环水泵耗电量等。某 300MW 机组最佳背压曲线见图 14-6。

2. 循环水泵运行方式

某 2×600MW 超临界机组，每台机组配套双壳体、单流程、双背压表面式凝汽器，凝汽器冷却水系统采用循环供水冷却方式；每台机组配套 2 台循环水泵，以满足不同季节和不同负荷时凝汽器对冷却水量的要求。1 号机组和 2 号机组的循环水管道之间加设联络管，根据冷却水进口温度及机组负荷的变化，循环水泵最初设计运行方式有：一机一泵、两机三泵和一机两泵三种方式。

（1）根据优化调整试验，确定某 600MW 机组循环水泵定速情况下的最佳运行方式，见图 14-7。

（2）根据优化调整试验，确定某 600MW 机组循环水泵双速情况下的最佳运行方式，见图 14-8。

（3）根据优化调整试验，确定某 600MW 机组循环水泵变频情况下的最佳运行方式，见图 14-9。

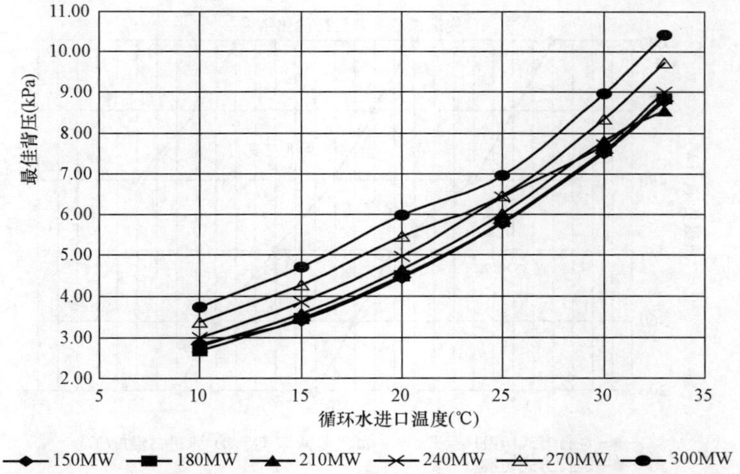

图 14-6 最佳背压曲线

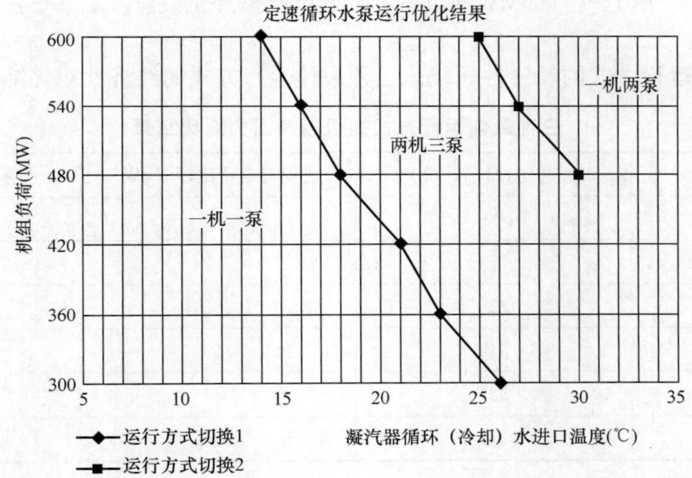

图 14-7 600MW 机组循环水泵定速情况下的最佳运行方式

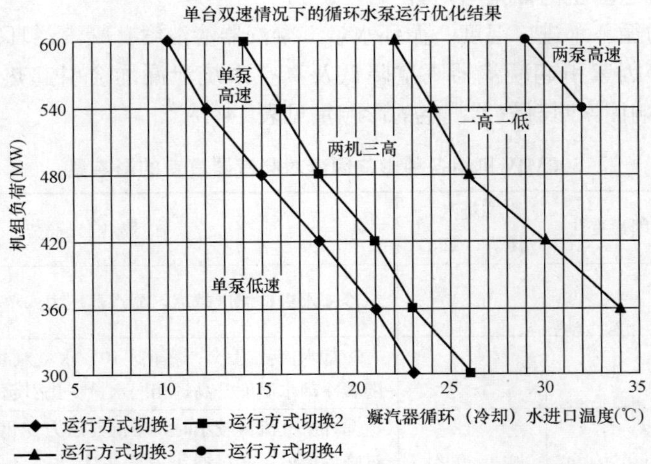

图 14-8 600MW 机组循环水泵双速情况下的最佳运行方式

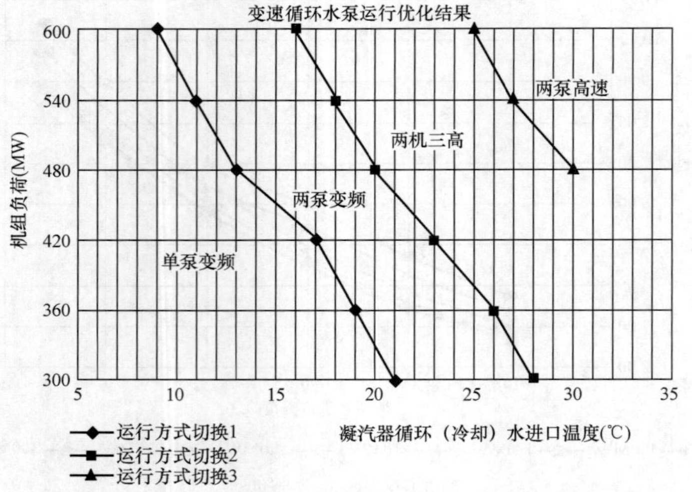

图 14-9　600MW 机组循环水泵变频情况下的最佳运行方式

（4）三种最佳运行方式的经济性比较。三种最佳运行方式的经济性对比结果见表 14-14。

表 14-14　　三种最佳运行方式的机组净出力对比结果

机组负荷（MW）	双速与定速比较（kW）	变频与定速比较（kW）	变频与双速比较（kW）
600	99	74	−25
540	151	122	−29
480	229	202	−27
420	312	358	46
360	321	461	140
300	367	589	223

注　净出力变化，负号为降低。

五、影响湿冷机组真空的因素与对策

凝汽器真空度与循环水进口温度、循环水量、凝汽器清洁度、凝汽器真空严密性及负荷等指标有关。气候变化等因素引起凝汽器真空降低及真空系统泄漏均会引起热耗率、煤耗率上升。300MW 机组各种影响因素对凝汽器真空的影响量见表 14-15。

表 14-15　　300MW 机组各种影响因素对凝汽器真空的影响量

主要影响因素	因素变化	影响凝汽器压力（kPa）	影响趋势
凝汽器冷却水进口温度	1℃	0.34	冷却水进口温度越高，凝汽器压力的单位温度变化值越大
凝汽器冷却水流量	−10%	0.41	冷却水流量越小，每降低 10%水量对凝汽压力的影响量越大，随着冷却水温度升高，相同水量变化引起的压力变化越大
真空严密性	100Pa/min	0.1～0.21	漏入空气流量较小时，凝汽器压力变化小；当漏入空气流量超过临界值后，凝汽器压力变化大，且与真空严密性呈线性变化关系

续表

主要影响因素	因素变化	影响凝汽器压力（kPa）	影响趋势
凝汽器冷却管清洁系数	−0.1	0.23	冷却水温度越低，相同清洁系数下降值使得凝汽器压力升高值越小
凝汽器热负荷	10%	0.36	冷却水进口温度越高，热负荷增加使得凝汽器压力变化值越大
凝汽器冷却面积	−10%	0.21	随着冷却面积增大，凝汽器压力降低值越小
真空泵工作水进口温度	10℃	0.65～1	工作水温度超过40℃，凝汽器压力明显升高；严密性越差，凝汽器压力升高值越大

影响凝汽器真空变化的原因有：

（1）负荷变化引起汽轮机排汽量变化。负荷率高，低压缸正常的排汽热负荷高，在一定的冷却水量和冷却水进口温度下，排汽压力高（凝汽器压力高），真空变差。负荷每变化10%，真空变化0.4kPa，负荷变化对凝汽器压力的影响见图14-10。

（2）冷却水进口温度。冷却水进口温度对凝汽器真空的影响很大，在其他条件相同的情况下，凝汽器入口冷却水温度越高，则凝汽器出口冷却水温度越高，因而排汽温度也越高。凝汽器压力高，所以凝汽器内的真空值就越低。冷却水进口水温每增加1℃，凝汽器真空下降0.34kPa，影响供电煤耗率0.82g/kWh。某300MW机组冷却水温度对凝汽器压力的影响关系见图14-11。

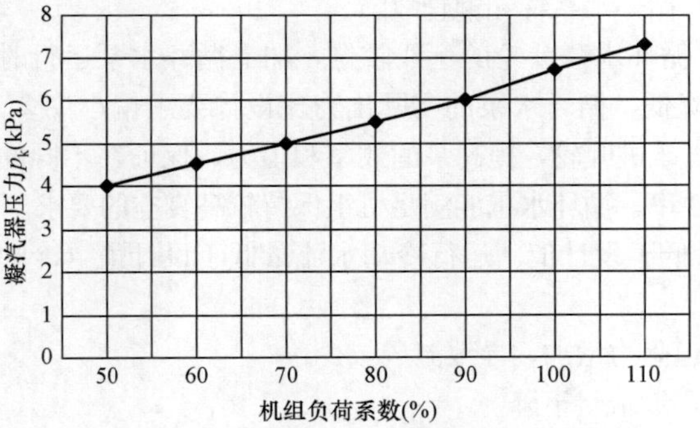

图14-10　300MW机组负荷与凝汽器压力的关系曲线（冷却水进口温度t_1＝20℃）

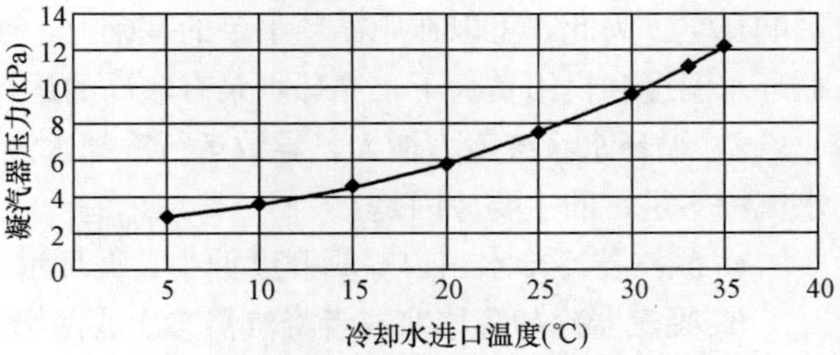

图14-11　某300MW机组冷却水进口温度对凝汽器压力的影响

空冷机组冬季防冻降低排汽压力。夏季气候炎热地区，使循环水温超过机组设计水温，当循环水进口温度升高时，凝汽器吸收热量就减少，蒸汽冷凝温度就越高，冷凝温度的升高可使排汽压力相应升高，降低蒸汽在汽机内部的焓降，使得凝汽器内真空下降。循环水温越高，循环水从凝汽器中带走的热量越少，据测算，循环水温升高5℃，可使凝汽器真空降低1个百分点。

（3）循环水量不足。当循环水量不足时，汽轮机产生的泛汽在凝结器中被冷却的量将减小，进而使排汽缸温度上升，凝结器真空下降。在相同负荷下，若凝汽器冷却水出口温度上升，即冷却水进、出口温差增大，说明凝汽器冷却水量不足，应增开一台冷却水泵。在其他参数相同的情况下，如果循环冷却水流量不足，凝汽器真空则下降。冷却水流量每减少10%，凝汽器真空下降0.41kPa，影响供电煤耗率0.984g/kWh。冷却水流量不足的现象是：同一负荷下凝汽器冷却水进出口温差增大。冷却水流量与凝汽器压力之间的关系见图14-12和表14-16。

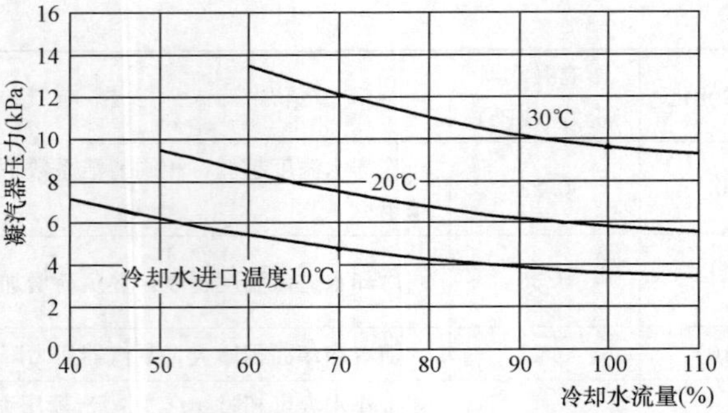

图 14-12 冷却水流量与凝汽器压力变化的关系

表 14-16　随冷却水流量变化凝汽器的压力　kPa

冷却面积（m^2）	冷却水流量（m^3）			
	25 000	27 000	28 800	32 000
16 000	7.64	7.17	6.81	6.43
17 000	7.46	7.00	6.66	6.28
18 000	7.30	6.86	6.52	6.14
19 000	7.17	6.73	6.41	6.03

冷却水流量不足直接导致冷却水温升的增加，最终使机组真空降低。冷却水流量不足的主要原因有：循环水泵本身出力不足；循环水系统阻力增大；循环水系统和铜管故障。

1）循环水泵本身出力不足：机组投产年代早，循环水泵叶轮的型线较老，加上循环水泵运行时间长，叶轮磨损、气蚀等原因导致出力不足，效率降低，循环水泵的实际出力比设计要求偏小许多，影响真空。为此，可以在原循环水泵的基础上，通过改进叶轮，提高泵的效率和出力，保证在不同的循环水温度和机组负荷下，循环水泵有较高的运行效率，循环水量能满足机组保持较高真空的要求。

2）循环水系统阻力增大，导致运行冷却水流量低于设计值。运行冷却水流量低于设计值（冷却水流量不足）的主要原因是：

a. 凝汽器冷却水出口蝶阀开度偏小，循环水管道阻力增加，导致流量减少。

b. 凝汽器冷却管堵塞或者凝汽器二次滤网堵塞引起流量下降。

c. 直流冷却系统中江河水位降低，枯水期加长，导致水泵流量下降。

d. 循环水泵入口前旋转滤网脏污、堵塞，导致滤网过水量不足，循环水泵出力不够，流量降低。

e. 冷却水泵工作突然失常（如冷却水泵入口处法兰和盘根漏气，进水滤网堵塞等），使冷却水流量连续地减少。

f. 运行方式不合理。为了省电，导致少开一台冷却水泵，引起冷却水流量不足。有些机组配备两台冷却水泵，夏季水温高时两台泵运行，其他季节水温低时一台泵运行，冷却水量可能不足。

当负荷不变时，冷却水温升增大，表明冷却水量不足。温升增大将引起排汽温度升高，真空降低，此时应增开一台冷却水泵。但是增加冷却水量，端差有时可能稍有增加，水泵的耗电量也同时增加，需要通过试验确定其经济冷却水量。夏季高负荷，真空容易变差，两台机组应增开一台循环泵，开启循环水母管联络门，两台机组真空均能提高 2.5kPa 左右。

3）因循环水中断或水量不足引起的真空下降，应立即启动备用循环水泵，如循环水全部中断，应立即停机，并关闭凝汽器循环水进出水门，待凝汽器排汽温度下降到 50℃左右时，再向凝汽器通循环水。

4）造成循环水量不足的其他原因可能是循环水泵发生故障；凝汽器两侧的进、出口电动门未开到位；循环水进水滤网堵塞；凝汽器铜钛管泄漏。

（4）凝汽器清洁度变化。当凝汽器内铜管脏污结垢时，将影响凝汽器的热交换，使凝汽器端差增大，排汽温度上升，此时凝汽器内水阻增大，冷却通流量减小，冷却水出入口温差也随之增加，造成真空下降。凝汽器清洁系数降低的现象是：凝汽器在不同负荷下凝结水温度都比以前高，端差增大，冷却水温升稍微增大，真空降低。凝汽器清洁系数降低的主要原因是：胶球清洗装置运行不正常；胶球质量不满足设计和使用要求；冷却水水源的水质较差冷却管内表面结垢或堵塞冷却管；在蒸汽品质差的情况下长期运行，使冷却管外表面形成硅酸盐垢。

凝汽器设计时选取清洁系数为0.8～0.85，但是大多数机组实际运行清洁系数小于0.7，在0.5以下运行的机组也为数不少。图14-13所示为N-17400-3型凝汽器的冷却管清洁系数对真空的影响，从图14-13中可见，如果清洁系数下降到0.5，将使凝汽器真空降低1.3kPa。凝汽器冷却面积为16 000m²，如将凝汽器清洁度从0.6提高到0.85，真空将上升1.3kPa。清洁度影响真空的关系见表14-17。

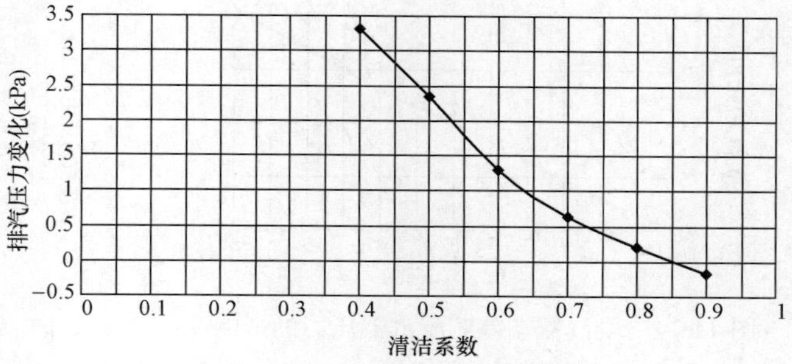

图14-13　N-17400-3型凝汽器清洁系数与排汽压力变化的关系

表14-17　清洁度对凝汽器压力的影响　kPa

冷却面积（m²）	清洁度			
	0.85	0.70	0.60	0.50
16 000	6.81	7.44	8.11	9.16
17 000	6.66	7.22	7.83	8.77
18 000	6.52	7.04	7.58	8.44
19 000	6.41	6.88	7.38	8.16

为了提高清洁系数，应加强凝汽器的清洗。通常采用胶球在运行中连续清洗凝汽器法、运行中停用半组凝汽器轮换清洗法（利用电网低谷时间段）、停机后用高压射流冲洗机逐根管子清洗等方法，以保持凝汽器钛（铜）管清洁，提高冷却效果。

保持凝汽器的胶球清洗装置经常处于良好状态，根据冷却水水质情况确定运行方式（如每天通球清洗的次数和时间），保证胶球清洗装置投入率98%。当循环水滤网胶球冲洗装置投运时，收球率不高也会致使清洗效果不佳，因此要求胶球回收率在95%以上。对于冷却水量小（流速低）造成收球率低的情况，可以尝试关闭或关小半侧凝汽器冷却水入（出）口门，进行半侧收球，提高收球率。

对于凝汽器铜管垢层较硬，通过机械清洗不能完全去除，为提高凝汽器清洁度，应利用机组大小修时间进行凝汽器铜管的酸洗，以确保凝汽器运行中铜管处清洁状态，降低凝汽器端差，提高机组真空。

直流冷却系统杂质较多，原则应设一、二次滤网，并保证正常投运。对于北方泥沙含量大的冷却水水源，应充分沉淀和过滤后才能作为冷却塔的补充水源。

（5）凝汽器端差。凝汽器端差 $\Delta\delta$ 主要反映凝汽器的传热效率。在其他不变的情况下，凝汽器传热端差降低，则凝汽器排汽压力降低、凝汽器真空升高。凝汽器传热端差每增加 1℃，凝汽器真空下降 0.33kPa，凝汽器端差对凝汽器压力的影响见图 14-14。

（6）凝汽器真空严密性差。真空系统出现漏点，漏入凝汽器的空气量增加，漏入凝汽器的空气流量超出真空泵抽吸能力（一定条件下）。空气量增加一方面直接使真空下降（凝汽器压力升高），另一方面降低了凝汽器的传热效果，使真空进一步下降，见图 14-15。现象是凝结水过冷度增大，凝汽器端差增大。当这种现象不明显时，可以通过真空严密性试验来确认。

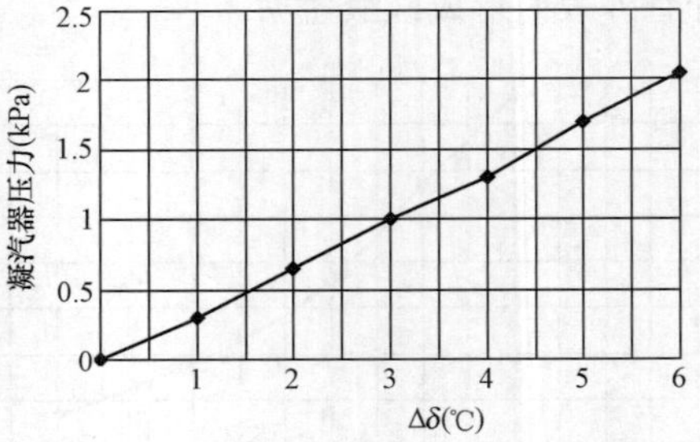

图 14-14　凝汽器端差对凝汽器压力的影响

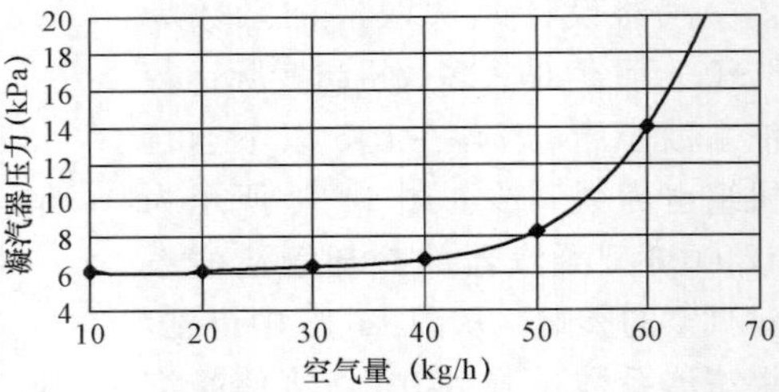

图 14-15　漏入空气量对凝汽器压力的影响

因此应定期进行真空系统严密性试验，通过各种技术手段进行真空系统检漏，及时发现真空系统泄漏点，并进行彻底处理。在机组负荷为 80%额定负荷以上，应确保湿冷机组真空严密性≤200Pa/min；在机组负荷为 50%～80%额定负荷，应确保湿冷机组真空严密性≤270Pa/min。

杜绝处于负压区域内的阀门误开。重要阀门关紧后上锁，重要电动门取消就地操作。严肃操作监护制度。

（7）抽气系统影响。

1）抽气设备故障或工作不正常，如射水泵入口压力低、射水抽气器工作水温度高、喷嘴堵塞或损坏、射水泵漏空气、水池水位过低等，射汽抽气器进汽滤网阻塞、抽气器冷却用的凝结水量不足或温度过高、冷却管结垢、破裂、喷嘴结垢或损坏等，导致凝汽器内空气量增多，排汽温度上升，冷却水出口水温不变，端差增加，真空变差。尽可能将射水抽气器改为真空泵。例如某电厂 300MW 汽轮机凝汽器原采用 2 台射水抽气器，单台射水泵功率 300kW，单台射水泵取水量 1170t/h。改造为 2 台 NASH 公司 TC-Ⅱ型水环真空泵后，单台真空泵出力 75kg/h，单台真空泵功率 110kW，不但真空度提高了 1 个百分点，而且节约了电能。

若因真空泵运行不正确影响真空，则应启动备用真空泵运行，停运故障泵，并关闭进气隔绝门。

2）真空泵配置容量偏小，不能将真空系统漏气量全部抽出。对于真空泵配置偏小的问题，可以更换为较大的真空泵。例如某厂 600MW 机组原配置西门子产的两台 2BE303 型真空泵，后更换为武汉水泵厂产的 2BE403 型真空泵，真空得到改善。

3）真空系统的真空泵冷却器进水温度高，冷却效果差，导致工作液体温度升高。水环式真空泵的工作液体设计温度为 15℃，根据真空泵的工作特性可知，当凝汽器压力在 7kPa 左右时，如果工作液体温度上升到 35℃，则真空泵抽气能力将下降 50%。

真空泵冷却器进水温度高的直接原因是：一是季节温度变化，在夏季工况下，有的机组真空泵工作液体温度高达 40℃；二是冷却器进水温度高，不少电厂真空泵冷却水直接取自凝汽器循环水，随着循环水温度的上升，真空抽气能力下降，机组真空降低。

将真空泵冷却水从循环水改为地下取水，投运后机组真空明显提高。某电厂真空泵冷却水从循环水改用温度较低的工业水后，300MW工况下，真空泵冷却水温度从30.5℃降低到18.5℃，凝汽器压力从11.28kPa下降到9.53kPa。有条件的电厂，真空泵冷却水应改由空调冷冻水，改后可将机组真空提高0.3～0.7kPa，低负荷时效果更明显。

4）真空泵工作水温度高（或射水箱水温高）。真空泵从凝汽器抽出的空气是由不可凝结的气体和水蒸气的混合物组成，其中水蒸气占总体积的3/4，所以在真空泵的吸入管安装有2个冷却喷嘴，从换热器出来冷却后的工作水，大部分回到泵体，少量通过冷凝喷嘴去冷却吸入的蒸汽，可使70%左右的蒸汽产生冷凝，提高真空泵的抽气能力。水在40℃的汽化压力为7.38kPa，50℃则为12.35kPa，真空泵工作水在40～50℃温度下会大量汽化。真空泵因抽吸自身工质汽化产生的气体，挤占真空泵抽气量，会造成出力不足。

从实际应用情况看，真空泵抽吸能力变差主要是真空泵工作水温度升高引起，应从工作水的冷却系统查找原因。有的机组真空泵工作水温度达到了45℃以上，工作水产生汽化，增加了真空泵的负担，影响了真空泵抽出凝汽器中不凝结气体的能力。应将真空泵工作液的补水水源由凝结水改为化学除盐水。二者水质相同但是除盐温度较低且受环境温度影响小，从而减少了由于夏季凝结水温度上升对真空泵工作液温度的影响。

也可以采用凝汽器真空提高系统。其工作原理是通过制冷设备使整个真空系统处于低温状态，可提供真空泵15℃以下的工作水，满足最大抽吸工况，提高真空系统（真空提高0.2～0.6kPa）。例如山东邹县8号机组（1000MW）加装了凝汽器真空提高系统后，A、B凝汽器真空平均提高0.6kPa，降低供电煤耗率1.5g/kWh。根据有关电厂的试验，在机组真空严密性正常的情况下，真空泵的工作水温度由45℃降至35℃，机组真空可提高1kPa，效果显著。

（8）凝汽器热负荷。凝汽器热负荷是指凝汽器内蒸汽和凝结水传给冷却水的总热量，包括主机和给水泵汽轮机排汽、汽封漏汽、热力系统泄漏、加热器疏水等热量。凝汽器热负荷增加，在冷却条件不变的情况下，冷却水温升增加，凝汽器排汽温度上升，则凝汽器真空相应下降。

以引进型300MW机组为例，实际热负荷比设计高10%～30%。热负荷增加30%，真空下降1.1kPa，影响煤耗率0.865g/kWh。热负荷与压力变化的关系见图14-16。凝汽器热负荷的增加直接导致冷却水温升增大，传热端差增大，机组真空降低。

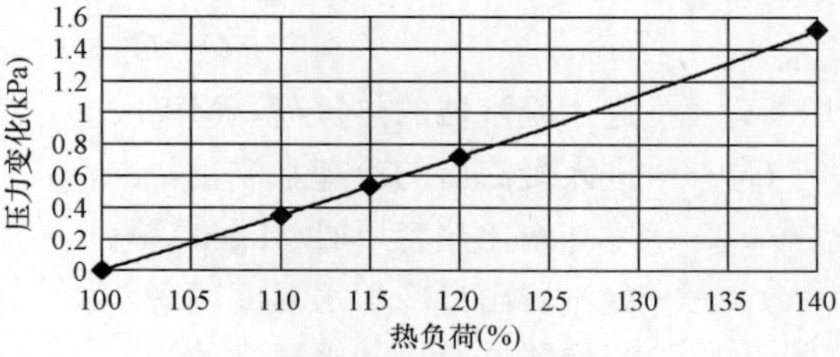

图14-16　凝汽器热负荷与凝汽器压力变化的关系

热负荷增加有两方面的因素：第一是机组通流部分原因，导致低压缸排入凝汽器的热流量增加，包括给水泵汽轮机排汽量增加。根据目前汽轮机运行数据计算，汽轮机高压缸效率一般比设计值低3个百分点，中压缸效率比设计值低1个百分点，低压缸效率比设计值低2个百分点，导致汽耗率上升，排汽量增大。

第二是疏水系统及低压旁路阀等内漏或误动，高品位蒸汽直接进入凝汽器所致。例如高压加热器紧急疏水调整门不严或动作不正常，使高温高压的疏水流入凝汽器引起真空降低，降低机组热经济性。各段抽汽止回门前疏水流入本体疏水扩容器，最后流入凝汽器。而这些疏水门是气动门，如果气动门动作不正常或不严，使得抽汽漏汽进入凝汽器也使真空降低。

对于热电厂，如果热网疏水泵的空气管接入凝汽器，正常运行中不应漏空气。若备用泵密封不严使空气漏入凝汽器，同样也会引起真空降低。

在正常情况下，凝结水温度应略低于排汽温度，如果机组出现凝结水温度高出排汽温度的现象。这说明凝汽器承受了过大的热负荷，降低了凝汽器的冷却效果。降低凝汽器热负荷途径：

1）选用合理且高效的汽封结构型式；严格控制机组升、降负荷率，严格控制机组轴系振动在合格水平；机组大修时及时合理调整汽封间隙、或更换损坏的汽封，提高机组通流效率。

2）加强运行管理，合理调整加热器的运行水位保护和疏水调节阀开启阈值，保证加热器正常疏水畅通，杜绝加热器危急疏水阀门动作或泄漏。

3）提高汽动给水泵汽轮机的运行效率，减少排入凝汽器的热量。

4）加强疏水阀门的检修和运行管理。由于阀门不严或疏水节流孔板不合理造成了高温高压蒸汽泄漏进入凝汽器。对此类泄漏可以利用红外线测温仪定期测量阀门前后管壁温度，确认存在内漏的阀门，并进行检修处理，减少阀门内漏及其他设备泄漏引起的高品质蒸汽直接进入凝汽器，降低凝汽器热负荷。

5）优化疏水系统，合并减少疏水阀门，治理、完善疏水系统，保持加热器正常疏水水位和疏水的经济运行方式，是降低凝汽器热负荷的根本途径。例如可以合并主、再热蒸汽管道疏水，汽轮机本体疏水，各段抽汽疏水等管道和阀门，简化疏水管的数量，减少水（汽）泄漏的机会。

(9) 低压加热器疏水系统改造。华能鹤岗电厂一期工程安装两台 300MW 亚临界湿冷机组，自投产后，就存在 7、8 号低压加热器疏水逐级自流疏水不畅，导致低压加热器危急疏水门处于常开状态，每小时约 70t 左右 65℃疏水直接进入凝汽器，致使一部分高品位热能未合理利用，还导致凝汽器热负荷增加，影响机组热力循环经济性。为解决该问题，经专业讨论分析通过在 7 号低压加热器正常疏水管道上增加一台管道变频泵，布置在循环水泵坑内，将疏水导致 6 号低压加热器入口凝结水管道，改造后系统工作正常，由于凝结水泵已改为变频运行，经统计改造后系统耗电率基本没有变化，凝汽器热负荷得到降低，改造后机组煤耗约降低 0.69g/kWh。

【例 14-8】 已知循环水流量为 36 000t/h，循环水进、出口温度分别为 20、30℃，循环水进水压力为 0.24MPa。假设循环水的定压比热容为 4.129kJ/(kg·℃)，求凝汽器热负荷。凝汽器热负荷计算公式为

$$Q=G_{w}c_{p}(t_{w2}-t_{w1})/1000$$

式中 Q——进入凝汽器的热负荷，MW；

G_w——进入凝汽器的冷却水流量，kg/s；

c_p——冷却水比热容，kJ/(kg·℃)；

t_{w2}——凝汽器出口冷却水温度，℃；

t_{w1}——凝汽器进口冷却水温度，℃。

解： 循环水流量

$$G_{w}=34\,000\text{t/h}=\frac{36\,000\times1000}{3600}\text{kg/s}=10\,000\text{kg/s}$$

凝汽器热负荷计算公式为

$$\begin{aligned}Q&=G_{w}C_{p}(t_{w2}-t_{w1})/1000=10\,000\times4.129\times(30-20)/1000\\&=412.9(\text{MW})\end{aligned}$$

(10) 凝汽器设计因素。凝汽器设计换热面积小，或者老机组的凝汽器在结构上比较落后，管束排列方式不尽合理，使得凝汽器的严密性和整体传热性较差，在运行中容易出现真空偏低的情况。在冷却水进口温度、冷却水流量、真空严密性、冷却管清洁程度相同的情况下，300MW 机组凝汽器面积从 16 000m^2 增加到 19 000m^2，对应 300MW 负荷时凝汽器压力下降约 0.4kPa。典型机组凝汽器设计面积见表 14-18。

表 14-18　　典型机组凝汽器设计面积

机组容量	凝汽器面积（m^2）	凝冷器热负荷（MJ/h）
300MW 亚临界湿冷机组	17 000～19 000	1 350 000～1 400 000
300MW 亚临界空冷机组	850 000～900 000	
350MW 超临界湿冷机组	19 000～20 500	1 500 000～1 600 000
600MW 亚临界湿冷机组	34 000～40 000	2 600 000～2 700 000
600MW 亚临界空冷机组	1 650 000～1 700 000	
600MW 超（超）临界机组	32 000～36 000	2 400 000～2 500 000
660MW 超（超）临界机组	34 000～38 000	2 450 000～2 550 000
1000MW 超超机组	51 000～54 000	3 500 000～3 800 000

注　北方可取下限，南方应取上限；直流冷却取下限，循环冷却取上限。

凝汽器面积小将使环境温度、循环水量、凝汽器热负荷、真空严密性、凝汽器脏污对凝汽器真空的影响更为敏感。

表 14-18 中凝汽器面积是基于设计循环水温度为 20℃的情况。对于全年平均循环水温度高于 20℃的情况，凝汽器面积应适当增大，并根据优化计算确定凝汽器的面积。

某 600MW 超临界机组，锅炉由东方锅炉厂制造，设计烟煤，锅炉保证效率 93.5%；汽轮机由哈尔滨汽轮机制造厂制造，末级叶片长度 1029mm，THA 保证热耗率 7522kJ/kWh；机组于 2006 年底投产发电。多年循环水进口水温度为 24℃，设计凝汽器冷却面积为 36 000m^2，很明显凝汽器冷却面积偏小，影响真空 0.5kPa，发电煤耗率 1.1g/kWh。

（11）凝汽器水位升高或满水引起真空下降。水位表指示最大，高水位报警信号灯亮，凝结水过冷度增加，说明凝汽器满水。凝汽器满水一般是由于凝汽器管子泄漏严重或者凝汽器补水调门故障，大量冷却水进入汽侧。或者是凝结水泵工作失常或运行人员操作不当（如凝结水再循环门误开或凝结水系统阀门误关）。现象是：凝汽器水位升高到空气管道口，冷却水出口水温不变，端差增大，凝结水温度降低，过冷度增大。

凝汽器水位高或满水，应立即启动备用凝结水泵，并开大凝结水泵出口门，必要时将部分凝结水排入地沟。然后查找漏空气部位或其他缺陷，加以消除。

凝汽器热水井水位升高引起真空下降的原因是：凝汽器汽侧空间水位升高后，淹没了下边一部分铜管，减少了凝汽器的冷却面积，使汽轮机排汽压力升高即真空降低。

而造成凝结器的热水井水位升高的原因可能是除盐水补水量过大；低压加热器出口的凝结水排水不畅；凝结水系统上的阀门开度不足造成的；凝汽器铜管泄漏；凝结水再循环电动门误开或关不到位；低压加热器疏水泵出口压力过高和除氧器压力过高（排挤凝结水）。

（12）抽空气系统设计不合理。对于双背压凝汽器，抽空气系统设计不合理，如设计成串联布置方式。双背压凝汽器的抽气系统串联布置方式应改为合理的并联布置方式（即单独抽空气式），见图 14-17，某电厂 1000MW 超超临界机组不同抽气方式的经济性比较见表 14-19。

表 14-19　　1000MW 超超临界机组不同抽气方式的经济性比较

抽空气方式	循环水温度（℃）	高背压排汽压力（kPa）	低背压排汽压力（kPa）	高低背压差（kPa）	平均背压（kPa）
串联	22	5.9	5.0	0.9	5.45
并联	22	5.4	5.2	0.2	5.3
单抽	22	5.4	3.9	1.5	4.65

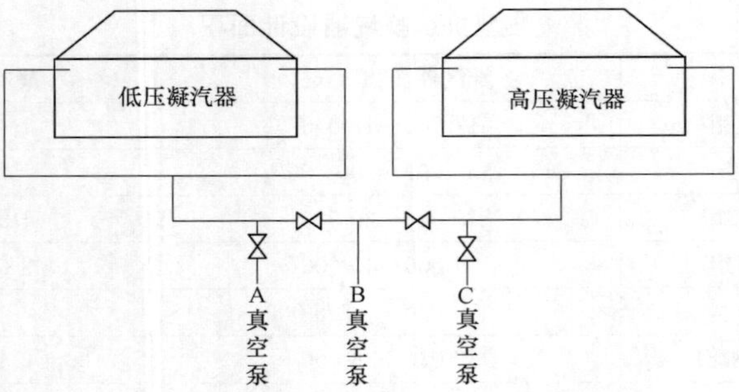

图 14-17　分列并联布置方式

（13）轴封系统的影响。

1）高压轴封漏汽量大，轴封加热器不能正常运行，致使漏汽排挤抽汽，而且也有一部分进入到汽轮机，增大了凝汽器热负荷。

2）轴封加热器水封管破坏，会导致外部空气从水封管破损处进入凝汽器，降低凝汽器真空。

3）轴加风机运行不正常，使空气同轴封加热器疏水一同漏入凝汽器导致真空下降。

4）轴封供汽的主（辅）调整门不严漏汽，致使轴封压力高，稳压阀开启排汽流向凝汽器，使真空降低。

5）轴封压力调节器自动调节品质不良，轴封供汽压力不好调整，有时需手动操作，但又怕油中进水，也有的因运行表计不准，给运行人员操作带来困难，故机组汽封进汽压力偏低，难于保证低压轴封的严密性。

6）轴封供汽压力低。在机组启动过程中，当轴封压力低时，汽轮机高、低压缸的前、后轴封会因压力不足，而导致空气在轴封处进入汽缸内，使汽轮机的排汽温度升高，凝汽器真空下降。而造成轴封压力低的原因可能是轴封压力调节阀故障；轴封供汽系统上的阀门未开或开度不足。

7）轴封系统切除过程的不当操作造成较大的热冲击，引起汽轮机轴封损坏漏汽，凝汽器真空降低。或者是因为负荷大幅度变化、汽封压力调整失灵、供汽汽源中断、汽封进水等造成轴封供汽中断，引起真空急剧下降。

轴封系统供汽对真空影响可以通过试验确定，现场采取提高轴封供汽压力的方式，将给水泵汽轮机所有轴封均调整至冒汽状态（肉眼可见），观察机组真空变化。试验时机组调整负荷，起始及结束的负荷分别为 70％和 100％，如果真空降低值超过 1.5kPa，可以判定机组轴封系统泄漏较为严重。

因轴封漏空气引起的真空下降，应调整轴封汽母管压力至正常值。如系溢流调节阀失控，应关小调节阀前隔绝阀。如系轴封调节阀失控，应开启调节阀旁路。如系轴封汽温低，应开启疏水门，查看并关闭轴封汽减温水门。必要时可切换再热器冷段蒸汽或辅助蒸汽供轴封用汽。对于轴封加热器 U 形疏水管水封不起作用问题，可采用多级水封取代 U 形水封。例如某 300MW 电厂轴封加热器水封改造前存在问题如下（轴加疏水系统改造前系统见图 14-18）：原设计两个方面有误，一是原水封高度仅 4m，水封高度不够；二是水封与凝汽器的连接成了虹吸，水封失去了作用。建议改造轴加疏水系统见图 14-19，3 个水封高度增加到 12m，启动时应注水放气。

（14）汽轮机排汽压力测量不准确。例如排汽压力测点应位于凝汽器喉部、第一排冷却管排上方 300～900mm 处。如果测点位置不合理，或者热工排汽压力测点处漏入空气，就有可能使排汽压力测量不准确，应采用下列方法进行判断：

1）可以首先以汽轮机排汽温度为基础，求得凝汽器绝对压力，例如某 4 号 300MW 等级机组负荷在 300.15MW，循环水进口温度为 20.31℃时，汽轮机排汽温度为 33.9℃对应凝汽器的饱

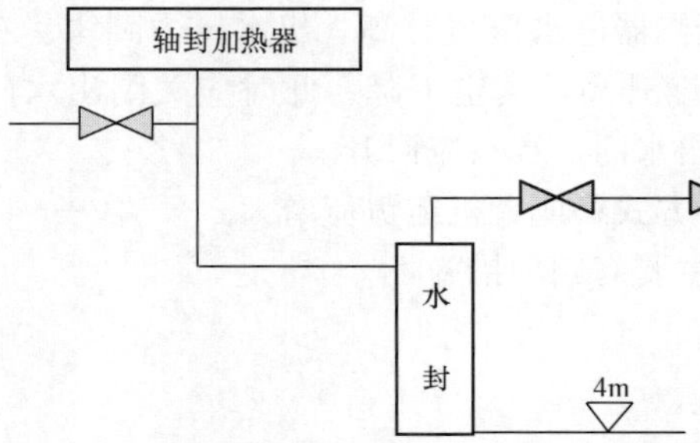

图 14-18　轴加疏水系统改造前系统

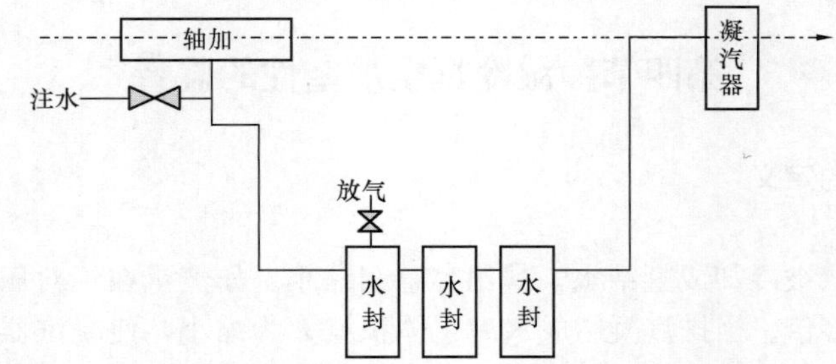

图 14-19　改造后轴加疏水系统

和压力为 5.3kPa。

2）在同样条件下再以凝汽器真空运行值为基础，求得凝汽器绝对压力，例如某电场 4 号机组负荷在 300.15MW，循环水进口温度为 20.31℃时，凝汽器真空为 95.3kPa，大气压力 101.0kPa，对应凝汽器的绝对压力为 5.7kPa。

3）比较上述凝汽器绝对压力结果，二者有 0.4kPa 的偏差，相对偏差很大，对计算凝汽器其他性能指标影响很大。

推荐采用 ASMEPTC 系列规程中给出的建议，使用压力测量的网笼探头，且安装时与流向呈 45°角（即偏离垂直线 45°），其与仪表的联结管应倾斜连续向上并引至汽轮机平台，测量仪表最好选用绝对压力变送器。网笼探头应安装在凝汽器喉部，每个排汽口同一水平面上安装 2 个（每机共 4 个），并对称布置（见图14-20），使汽轮机末级排汽能冲刷在网笼探头上，以使其所测压力能够反映凝汽器中该平面的平均排汽压力。为防止传出管内局部积水，网笼探头传出管应是直管，中间不应有弯曲情况出现。为避免机组运行时，汽流冲刷导致传出管的变形，传出管应具有足够的刚度，为此应采用大直径管（ϕ25mm），并且应牢固固定在凝汽器中的固定支撑上，大直径管也避免了毛细现象对测量的影响。另外需要注意的是，如果传压管中有积水存在，则每 10cm 的水珠所产生的静压即为 1kPa，对于低压缸排汽压力来说，该压力约为 5～10kPa，因此 10cm 水柱即为测量带来 10%～20%误差。

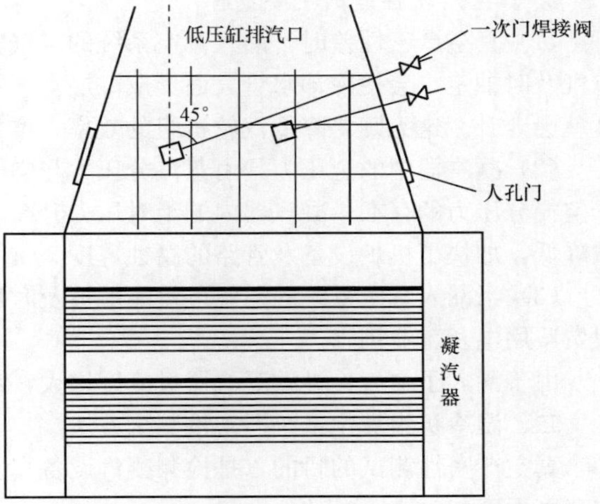

图 14-20　在凝汽器喉部的安装位置

（15）虹吸破坏。虹吸被破坏时凝汽器进水压力升高，出水压力到零。在相同负荷和进水温度下，凝汽器出水温度升高，排汽温度升高，真空下降。此时应关闭出水门，开启出水侧空气门，观察真空变化，排完空气后调整出水门，真空应回升。

（16）停用抽汽供热改为纯凝运行方式；或者机组负荷增大。

从上述分析可以看到：提高真空主要有四项措施：

1）降低冷却水进口温度。

2）增加冷却水量。

3）保持凝汽器传热面的清洁。

4）增加传热面积。

第四节 湿冷真空严密性的监督

一、真空严密性的定义

1. 真空形成机理

由于汽轮机的排汽被冷却成凝结水，其比容急剧缩小。如蒸汽在绝对压力 4kPa 时，蒸汽的体积比水容积大 3 万多倍。当排汽凝结成水后，体积就大为缩小，使凝汽器汽侧形成高度真空，它是汽水系统完成循环的必要条件。正是因为凝汽器内部为极高的真空，所以所有与之相连接的设备都有可能因为不严而往凝汽器内部漏入空气。加上汽轮机排汽中的不凝结气体，如果不及时抽出，将会逐渐升高凝汽器内的压力值，真空下降，导致蒸汽的排汽焓值上升，有效焓降降低，汽轮机蒸汽循环的效率下降。

真空系统严密性是指真空系统的严密程度，以真空下降速度表示。真空下降速度是指凝汽器真空系统在抽汽器停止抽汽状态下空气漏入凝汽器后，凝汽器内压力增长的速度，单位为 Pa/min 或 kPa/min。是衡量不凝结气体漏入机组真空系统多少的参数。其发电厂对真空系统的严密性要求很高，需要定期做真空系统严密性试验。

2. 真空严密性差的主要危害

（1）真空严密性差时，漏入真空系统的空气较多，射水抽气器或水环真空泵不能够将漏入的空气及时抽走，会使冷却水管表面形成一层空气膜而降低了传热效果，机组的排汽压力和排汽温度就会上升。这无疑要降低汽轮机组的效率，增加供电煤耗率，并可能威胁汽轮机的安全运行。

（2）凝汽器中的全压力是由蒸汽分压力与空气分压力组成的混合压力，真空严密性差时，由于空气分压力的存在，凝汽器内的绝对压力升高，凝结水中的溶解氧量增加，引起机组的经济效益降低，加快了机炉设备及管路的腐蚀速度。

（3）当漏入真空系统的空气虽然能够被及时地抽出，但需增加射水抽气器或真空泵的负荷，浪费厂用电及工业用水。

由于漏入了空气，导致凝汽器过冷度增大，系统热经济性降低。

二、湿冷机组真空系统严密性测试方法

真空严密性测试的目的，是检测凝汽设备真空系统内的管路、附件及凝汽器本身各个结合面的严密程度。

（1）试验时，机组应具备以下 3 个条件：

1）负荷应稳定在 80%额定负荷以上。

2）主机及辅机系统运行正常，主机连锁保护特别是低真空保护投入。

3）真空泵良好，维持两台运行，一台作联备。

(2) 关闭凝汽器抽气出口门，应停运抽气设备，30s 后开始记录，记录 8min，取其中后 5min 内的真空下降值计算每分钟的真空平均下降值。检测仪表采用 0.25 级及以上标准真空表（或利用现场经校验合格的真空表）。

(3) 漏入空气量计算。根据美国传热学会推荐公式由真空下降速度近似求出漏入的空气量，即

$$G_a = 1.657V\left(\frac{\Delta P}{\Delta t}\right)$$

式中 G_a——漏入空气量，kg/h；

V——处于真空状态下的设备容积，m^3；

$\frac{\Delta P}{\Delta t}$——真空下降速度，kPa/min。

(4) 在试验时，当真空低于当地大气压 85%，或排汽温度高于 55℃时，应立即停止试验，恢复原运行工况。

(5) 试验结束，立即开启两台运行真空泵进口门，汇报值长并做好凝汽器真空严密性试验结果的分析和记录。

(6) 根据公式计算真空下降速度：

真空下降速度

$\Delta P/\Delta t$（kPa/min）=（第 3min 时真空 kPa－第 8min 时真空 kPa）/5min

虽然真空严密性是用真空下降速度来表示的，但是两者的数值呈反比，真空下降速度降低是指真空严密性提高（变好）。

试验中特别注意应停止抽气设备运行而不选择关闭凝汽器抽真空阀的办法，保证真空系统严密性测试数据准确。

三、真空严密性的耗差分析

对于真空严密性的耗差分析，只能通过试验确定。通过对某国产引进型 300MW 机组进行严密性影响试验，结果见图 14-21，其结果采用数学方法模拟得出凝汽器压力变化量与真空下降速率的关系式为

$$\Delta p_c = 0.786x^2 + 0.061x - 0.043$$

$$x = \Delta P/\Delta t$$

式中 Δp_c——凝汽器压力变化量，kPa；

x——真空下降速度，kPa/min。

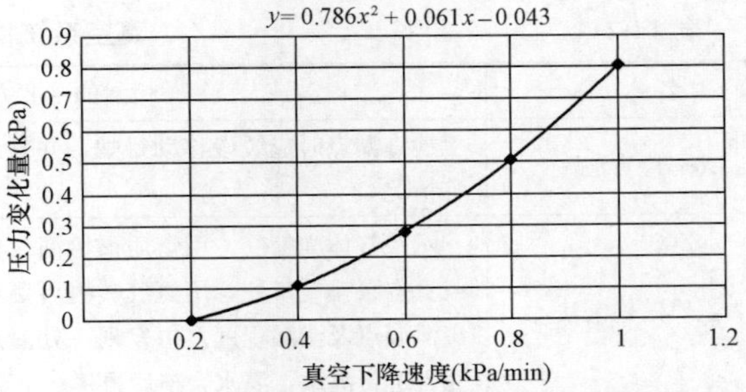

图 14-21 凝汽器压力变化量与真空下降速率的关系

由此可见，真空下降速率从 0.4kPa/min 上升到 1kPa/min 之间，真空下降 0.804－0.107＝0.697（kPa）。即真空下降速率每增加 0.1kPa/min，凝汽器真空降低约 0.116kPa。而前面已经分析到，凝汽器真空降低 1kPa，发电煤耗率会增大 2g/kWh。因此真空下降速度每降低 0.1kPa/min，发电煤耗率会增大 0.23g/kWh。

四、真空严密性的监督标准

(1) 真空系统严密性试验至少每月测试一次，机组大、小修后也要进行真空严密性试验。以测试报告和现场实际测试数据作为监督依据。

(2) 停机时间超过 15 天时，机组投运后 3 天内应进行严密性试验。

(3) 对于湿冷机组，100MW 及以上容量的机组真空下降速度每分钟不超过 270Pa/min 为合

格。100MW 及以下机组的真空下降速度不高于 400Pa/min 为合格。

根据《塔式炉超临界机组运行导则　第 2 部分：汽轮机运行导则》（DL/T 332.2—2010），真空平均下降速度 100Pa/min 为优秀，200Pa/min 为良好，400Pa/min 为合格。

标准中出现 133、270、270Pa/min 和 667Pa/min 的来历，是因为我国从传统单位演变到国际单位后，监督标准按原有质量要求直接换算过来的：

1mmHg＝133.33Pa

2mmHg＝266.7Pa≈270Pa

3mmHg＝399.99Pa≈400Pa

5mmHg＝666.65Pa≈667Pa

（4）真空系统漏气量。凝汽器在稳定工况下运行时，抽气量几乎等于漏气量。通过测量抽气量，便可以从定量角度确定真空系统的严密性。测量时，应在凝汽器蒸汽负荷为 40%～100%额定值范围内进行。真空系统漏气量限值见表 14-20。

表 14-20　　真空系统漏气量限值

机组容量（MW）	漏气量（kg/h）	机组容量（MW）	漏气量（kg/h）
≤25	5	250	25
50	10	300	30
100	15	600	45
200	20	1000	70

五、检漏方法

现有的真空系统检漏方式包括真空系统灌水法、卤素检漏仪法、超声波检漏仪法和氦质谱检漏仪法等，见表 14-21。通常各厂普遍用灌水法和氦质谱检漏法查找真空系统性。

表 14-21　　真空系统检漏方法

名　称	检漏的主要方法	备　注
火焰检查法	检查漏点时应缓慢移动蜡烛，并靠近铜管的端口，观察火焰偏移情况	灵敏度低，必须停机
氦质谱检漏法	示踪气体为氦气，用氦质谱检漏仪检测。将吸枪口接至抽汽器或真空泵排气口处，用氦气喷射可疑漏点处，通过仪器分析，找出泄漏点及泄漏程度。每发现一处漏点即停止灌水，将漏点处理完再进行灌水，灌水合格后再将水位降至运行状态	灵敏度高，可以在机组运行状态下进行
卤素检漏法	在可疑漏点处喷吹氟利昂，用卤素检漏仪检测	灵敏度低，可以在机组运行状态下进行
凝结水水质化学监督	通常一班进行一次水质化验，主要项目有水硬度、电导率和溶解氧。前两项与水泄漏有关	灵敏度低，可以在机组运行状态下进行
汽侧灌水法	将水灌满至低压缸的轴封洼窝下 100mm 处，将系统中发现的漏点逐一进行排查和消除，灌水前凡是与真空系统相连接的管路、设备及阀门等均投入。为增加内部压力，可从汽轮机上部引入 19.6～29.4kPa 的压缩空气，查看漏水情况	灵敏度低，必须停机，且只能检测到凝汽器喉部以下部位
超声波检漏法	检修时，将特制的音频振荡器布置在凝汽器壳体内，发出超声波，通过对凝汽器管板扫描，可快速查出轻微泄漏处	灵敏度中，可以在机组运行状态下进行，对检测者的判断能力要求很高

真空系统包含大量的设备及系统，连接的动静密封点多，在轻微漏空气的情况下很难发现漏点。因为空气往里吸，不够直观，传统的运行中用火焰检查法危险、较繁琐且效果不好。多数情况下使用的方法是在机组停机后对真空系统进行灌水找漏。这种方法比较直观，漏点极易被发现，缺点是由于设备的原因，灌水高度最高只能到汽缸的最低轴封洼窝处，高于轴封洼窝的地方因为水上不去而不易发现，特别是与汽轮机汽缸相连接的管道系统。

火焰检查法是最简单最原始的方法，常用于停用凝汽器半侧检查。检查漏点时应缓慢移动蜡烛，并靠近铜管的端口。当火焰被吸入管内时，则证明该铜管是泄漏的。该方法简单易行，成本较低，如封住另一侧管板，效果会更明显。这种方法必须目测，需要充足的照明，四周空气的流动对检漏可能会造成干扰，不准使用明火的场地，严禁使用该方法。

卤素检漏仪虽然成本低，并可以在机组运行状态下检漏，但是由于灵敏度差。因此不常用这种方法。

超声波检漏仪成本较高，可以在机组运行状态下检漏，但对检测者的判断能力要求很高，而且灵敏度不如氦质谱检漏仪，因此应用范围也不广。

使用氦质谱检漏仪检测真空泵或抽气器排出的混合气体中含氦气的浓度，根据这一浓度来衡量被检测部位泄漏的程度。因氦气的分子小渗透力强以及不易和其他物质发生化学作用。加上氦质谱检漏仪具有灵敏度高、性能稳定等优点，并可以在机组运行状态下检漏，所以氦质谱检漏技术已成为目前汽轮机真空系统检漏的先进方法。唯一的缺点是成本高。

六、提高真空严密性的措施

1. 真空严密性差的简要原因

真空严密性差的简要原因见表14-22。

表14-22　　真空严密性差的原因

部位	主要原因
汽侧	（1）汽轮机排汽缸和凝汽器喉部连接法兰或焊缝处漏气。如采用套筒水封连接方式，喉部变形使填料移动，填料压得不够紧，或封水量不足等。 （2）汽轮机端部轴封存在问题或工作不正常。 （3）汽轮机低压缸结合面、表计接头等不严密。 （4）有关阀门不严密或者水封阀封水量不足等。 （5）凝结水泵轴向密封不严密。 （6）低压给水加热器汽侧空间不严密。 （7）设备、管道破损或焊缝存在问题
水侧	（1）胀管管端泄漏。采用垫装法连接管子和管板时，填料部分密封性不好。 （2）在管子进口端部发生冲蚀。 （3）冷却管破损

2. 提高真空严密性的主要措施

（1）轴封系统的影响。

1）高压轴封漏汽量大，轴封加热器不能正常运行，致使漏汽排挤抽汽，而且也有一部分进入到汽轮机，增大了凝汽器热负荷。

2）轴封压力调节器自动调节品质不良，轴封供汽压力不好调整，有时需手动操作，但又怕油中进水，也有的因运行表计不准，给运行人员操作带来困难，故机组汽封进汽压力偏低，难于保证低压轴封的严密性。

3）轴封排汽：轴封供汽的主（辅）调整门不严漏汽，致使轴封压力高，稳压阀开启排汽流向凝汽器，使真空降低。

4）轴加风机运行不正常，使空气同轴封加热器疏水一同漏入凝汽器导致真空下降。

5）给水泵汽轮机轴封进汽和排汽管疏水U形水封被破坏，汽轮机轴封加热器疏水旁路门未关，会导致轴封加热器水位过低，这样轴封系统内进入轴封加热器的气体吸入凝汽器。

因此，机组运行过程中必须维持各系统疏水U形水封的正常工作。

适当提高轴封供汽压力。将传统高、低压轴封同一供汽进行设计改进，在传统轴封系统基础上增加1套轴封供汽压力调整装置，将高（高压缸前、后轴封和中压缸前轴封）、低（中压缸低压部分轴封和低压缸两侧轴封）压轴封供汽分开控制。使高、低压轴封系统压力能够在启动、运行和停机时均自动调节，不但能很好地控制轴封冒汽问题，而且可使机组启动时的胀差控制更为容易。

（2）与真空系统相连的阀门不严密、内部泄漏的影响。

1）高压加热器疏水扩容器：高压加热器紧急疏水调整门不严或动作不正常，使高温高压的疏水流入凝汽器引起真空降低，降低机组热经济性。

2）机组本体疏水扩容器：各段抽汽止回门前疏水流入本体疏水扩容器，最后流入凝汽器，而这些疏水门是气动门。如果气动门动作不正常或不严，使得抽汽漏汽进入凝汽器也是影响真空低的原因之一。

3）热网疏水泵密封不严：热网疏水泵的空气管接入凝汽器，正常运行中不应漏空气。若备用泵密封不严使空气漏入凝汽器，同样也会引起真空降低。

4）真空系统阀门的盘根失效、法兰垫片老化导致漏真空。应利用大修机会对真空系统所有阀门进行解体检修，并且对真空系统所有阀门的盘根进行全面的检查和更换。同时检查并更换真空系统管路所有法兰垫片。

加强检修维护质量，并进行有效验收和监督，保证真空系统的管路、法兰及各个阀门严密不泄漏。

（3）给水泵汽轮机对真空系统的影响。

1）给水泵汽轮机高压进汽管疏水门不严对真空造成影响。为了避免给水泵汽轮机高压进汽管疏水门不严对凝汽器真空的影响，可以对原给水泵汽轮机蒸汽系统进行改造，去掉作为备用的高压进汽管及主汽门和原有的高压疏水扩容门及疏水门，只保留四段抽汽进汽管道即可。

2）轴封回汽对真空造成的影响。对于给水泵汽轮机轴封系统，原设计为轴封回汽直接进入凝汽器。当给水泵汽轮机轴封系统调整不当时，势必对凝汽器真空造成影响。若轴封供汽压力过低或给水泵汽轮机轴封回汽门开启过大，都会使空气直接通过回汽总门进入凝汽器而影响真空。为此，可以对给水泵汽轮机轴封供汽系统改进，将原轴封系统改由均压箱对给水泵汽轮机轴封系统供汽，均压箱进汽压力由一气动调节阀控制，效果较好。

3）给水泵汽轮机低压汽封漏汽。对于给水泵汽轮机低压汽封漏汽，应利用大修期间对两台给水泵汽轮机低压汽封间隙进行调整。将修前间隙0.50mm调整到修后0.30mm，使其达到最佳效果，防止因间隙超标而造成漏真空。

（4）正常情况下每月进行一次真空严密性试验，并建立试验台账，发现严密性不合格时，立即组织人员查漏堵漏。运行期间暂时无法查漏的漏点使用锯末堵塞最为有效。机组大修时应对凝结器及真空系统进行灌水检漏。灌水水位应达到汽轮机低压缸汽封洼窝处，水位至少应能维持8h不变后认为查漏结束。真空严密性指标不合格时，应及时进行运行中的检漏。例如可采用UL-100核质谱查漏仪进行查漏，仪器的响应程度直接反映出真空系统中该点的泄漏程度。根据经验，真空主要泄漏部位有：

1）低压缸轴封间隙。一般情况下，随着时间的推移，低压缸轴封径向间隙值均大于修后值，虽然传统低压缸轴封径向间隙调整标准间隙值为0.40～0.50mm，在标准要求的0.50mm范围之内，但仍存在漏空气问题。提高真空严密性最好的技术措施是进行低压轴封改造，如增加1～2道接触式汽封。接触式汽封可以始终与轴接触，最大限度减少轴封漏汽或漏空气。

2）低压缸结合面。一方面，按汽轮机本体结构的布置，低压轴端汽封本体与排汽缸相联结，固定于排汽缸上。低压轴封和低压缸的工作状况不尽相同，低压轴封用汽的温度高于汽轮机低压排汽，在机组开停机过程中极易造成相当大的交变温度应力；另一方面，低压外缸在铸造时亦存在较大内应力。由于外缸庞大而单薄，刚性差，容易变形，在这两方面共同作用下，随着运行时间的增长，其变形也会增大。因此应积极处理低压缸结合面变形等问题，消除真空系统各漏点。例如韶关电厂8号机组采用在每个排汽缸的下缸中分面上铣制密封槽，在槽内填压特制密封胶条（如德国西门子生产的Vitonseal密封胶条），形成一道闭环式密封带，成功解决了低压缸结合面泄漏问题。也可以直接在中分面上涂抹耐高温密封胶。

3）低压缸安全门。由于低压缸安全门处于低压缸顶部，电厂人员在进行灌水查漏的过程中，无法发现安全门的泄漏。在检漏过程中发现，很多机组都存在着低压缸安全门泄漏的问题。

4）汽动给水泵汽轮机轴封，低压加热器疏水管路，真空破坏门及其管路，抽气器至凝汽器管路。凝汽器及低压加热器汽侧的水位计接头。

5）低压缸与凝汽器喉部连接处，轴封加热器水封，凝汽器汽侧放水门，热井放水阀门。

6）负压段抽汽管连接法兰，低压旁路隔离阀及法兰。汽动给水泵汽轮机排汽蝶阀前、后法兰。

7）凝结水泵盘根，低压加热器疏水泵盘根。

8）高中压外缸法兰螺栓加热装置。高中压外缸法兰螺栓加热装置容易产生严重不严密现象。可以在汽缸装复后对高中压外缸法兰螺栓加热的进汽管道进行锯管，用压力水对法兰螺栓加热系统进行检查。经常发现的问题有：汽缸螺栓螺帽下部平底垫片与汽缸法兰螺栓密封面漏点较多；汽缸法兰螺栓罩帽中间加热棒插孔密封螺栓垫片密封不严密；汽缸法兰螺栓倒栽在下汽缸的丝扣底部部分工艺孔漏量较大，从这里漏入的空气，沿疏水管进入凝汽器，也导致真空系统严密性不合格。

9）冷却管损伤或端口泄漏。中压缸至低压缸导汽管伸缩节泄漏。

10）凝汽器人孔门。由于人孔门法兰垫片老化及螺栓力矩不均匀容易造成泄漏，需要更换垫片，调整螺栓力矩，消除此泄漏点。

第五节　空冷机组真空严密性和真空的监督

一、空冷汽轮机组的运行特性与湿冷汽轮机差别

直接空冷机组的真空系统主要包括汽轮机排汽装置、空冷凝汽器及高低压加热器、凝结水箱、本体疏水泵、冲洗系统，以及真空泵等组成。湿冷汽轮机的排汽经表面式凝汽器，通过循环冷却水将其汽化潜热带走，受热的循环水在水塔内通过淋水装置与空气接触进行热交换（蒸发冷却），冷却水温与大气的湿球温度相关。

而空冷汽轮机的排汽或是通过中间介质（循环冷却水）经密闭的空冷散热器（间接空冷，如海勒式间接空冷系统），或直接通过宅冷凝汽器（直接空冷）与空气进行热交换，冷却水温或凝结水温与大气的干球温度相关。大气干球温度不但高于湿球温度，而且干球的昼夜温差也高于湿

球的昼夜温差。使空冷汽轮机组的运行特性与湿冷汽轮机相比出现了如下的主要差别：

(1) 额定背压高。在华北、华东、西北、东北四地区的湿冷机组（包括直流冷却机组和循环冷却机组）背压一般设计为4.0～4.9kPa，夏季背压设计值为9.6～11.8kPa；在南方地区的湿冷机组背压一般设计为5.6～6.0kPa，夏季工况条件为环境气温33℃时，汽轮机背压设计值为11.8kPa。

而空冷汽轮机的额定背压在13～18kPa之间，一般16.1kPa，比湿冷机组高10kPa左右，因此供电煤耗率比同容量的湿冷机组高20g/kWh左右。夏季工况条件为环境气温30℃时，汽轮机背压设计值为30kPa。

(2) 运行背压变化大。由于大气干球温度的昼夜温差变化大，一年四季的温度变化范围更大，故空冷汽轮机的背压昼夜变化大，一年四季的背压变化范围更大。湿冷汽轮机的运行背压范围为4.9～11.8kPa，而空冷汽轮机的运行背压为10～50kPa，空冷汽轮机的背压变化范围是湿冷汽轮机的3～4倍。通常湿冷汽轮机夏季的满发背压为11.8kPa，而空冷汽轮机夏季的满发背压为30～35kPa，空冷机组夏季的运行背压高出湿冷机组3倍左右。

(3) 直接空冷系统真空系统体积庞大，600MW直接空冷机组真空系统容积在10 000～15 000m^3，而600MW湿冷机组整个真空系统容积约为2500～2800m^3，空冷机组真空容积是湿冷机组的4～5倍，要保持与湿冷机组相同的空气漏入量，对如此庞大的直接空冷凝汽器的严密性要求应严格得多。

对直接空冷系统而言，尽最大的努力防止空气进入其真空系统是至关重要的。不可凝气体的增加可能影响排空系统的运行并导致下列危害：

1) 影响直接空冷系统内换热条件，机组效率下降。

2) 凝结水含氧量高导致的腐蚀问题。

3) 在寒冷季节运行时，当环境温度低于＋2℃时将导致凝结水结冰。

二、空冷机组真空严密性试验

1. 空冷机组真空严密性的试验条件

真空系统严密性的试验条件应符合下列规定：

(1) 空冷岛顶部环境风速应不大于3m/s；

(2) 应在无雨、无雪的气候条件下进行试验；

(3) 备用真空泵工作性能应正常，在良好备用状态；

(4) 应停运空冷岛喷淋冷却装置；

(5) 机组各设备和系统运行应正常；

(6) 凝结水箱水位保持不变，试验期间停止向排汽装置补水。

2. 空冷机组真空严密性的试验要求

真空系统严密性试验应符合下列要求：

(1) 机组日常运行中，宜至少每月进行一次真空系统严密性试验。

(2) 考虑到真空系统的漏空气量与负荷有关，试验时应保持机组有功负荷不低于80%额定负荷，且稳定运行。

(3) 投入发电控制（AGC）的机组，在试验过程中应解除AGC，同时将机炉协调控制(CCS)解除，转为DEH的“阀位控制”模式，同时应稳定锅炉燃烧及机前参数，并控制汽轮机的进汽量不变。即汽轮机高压进汽调节阀手动控制、开度固定不变。

(4) 应维持汽轮机主蒸汽和再热蒸汽参数稳定不变。

(5) 空冷岛风机应手动控制，并固定100%转速稳定运行，试验过程中风机运行数量不变。

空冷机组运行背压要受到冷却风机转速变化的影响。为了减少空冷风机转速变化对试验结果的干扰，空冷风机必须根据当时负荷，解除转速自动调整，在试验期间应保持某一个固定转速运行。如果在试验过程中，风机转速不解除自动调整，则在试验过程中随着背压的升高，风机转速将自动加大，测量计算出的严密性试验的结果将比实际值偏低，不能如实地反映真实严密性。

(6) 低压轴封供汽压力对真空严密性试验的结果有直接影响，为了尽可能真实地反映严密性，建议在实验前将低压轴封的供汽压力调整到能够保证汽轮机油质水分不至于超标的最高压力。以便于最大限度地减少从汽轮机低压轴封漏入空冷凝汽器的空气量。例如某公司 NZK600-16.7/538/538 型直接空冷机组的额定背压为 15kPa。夏季工况条件为：环境气温 30℃时，汽轮机背压 30kPa，机组功率 600MW。在机组 500MW 运行状态下进行了两次不同轴封压力下的真空严密性试验对比。需要指出的是正常运行中由于受到汽轮机油质水分的限制，一般设定轴封压力为 23kPa 左右。对比试验时选取 30kPa 和 23kPa 两种轴封压力，测得的试验结果如下：当轴封压力维持在 30kPa 左右时，试验得出的结果为 258Pa/min；当轴封压力维持在 23kPa 时，试验得出的结果为 400Pa/min。

3. 空冷机组真空严密性的试验步骤

真空系统严密性试验应按下列步骤进行：

(1) 关闭真空泵入口抽气阀门（关闭严密）。

(2) 全部真空泵停止运行。

(3) 记录排汽压力（或排汽真空），至少每 30s 记录 1 次，记录时间不少于 8min。

(4) 启动真空泵（与试验前真空泵运行数量相同），打开抽气阀门。

(5) 保持试验条件及要求不变，继续记录排汽压力（或排汽真空），直至排汽压力（或排汽真空）基本恢复到试验前，试验结束。

三、真空严密性指标要求

1. 真空严密性指标计算

(1) 试验计算数据选取。选取停真空泵 3min 后排汽压力上升（排汽真空下降）的 5min（或更长时间段）内数据，计算排汽压力上升（真空下降）的平均速率作为真空严密性指标。用于计算的 5min（或更长时间段）数据，排汽压力上升速率应一致，与平均速率相比，波动不能超过 50Pa/min。

(2) 真空严密性指标计算方法。用选取的 5min（或更长时间段）内的试验数据线性拟合求得排汽压力上升（真空下降）的平均速率，作为真空严密性指标；也可计算每分钟的排汽压力上升（真空下降）值，得到 5 个（或多个）排汽压力上升（真空下降）速率，计算 5 个（或多个）速率的算术平均值，作为真空严密性指标。

不应用 5min（或更长时间段）的起、止两个时间点的试验数据来计算真空严密性指标。

2. 空冷系统真空严密性的监督标准

空冷系统真空严密性监督取值主要考虑以下三点。一是对于直接空冷机组，由于整个排汽系统和散热元件都是焊接的，正常情况下不允许有泄漏。二是空冷机组的抽真空设备与湿冷机组基本相同，即抽干空气量的能力相当，由于同容量的空冷机组真空系统容积是湿冷机组的 3～4 倍，因此，真空系统严密性也要求成比例缩小。三是从国内外供货厂商的资料来看，通常保证真空系统严密性在 80～200Pa 之间。因此对空冷机组真空系统严密性的要求可较为严格。

德国 GEA 能源技术有限公司用于发电厂空冷凝汽器性能验收试验的标准规定：真空严密性试验结果应满足“汽轮机背压升高不应超过 100Pa/min”。

《直接空冷系统性能试验规程》（DL/T 244—2012）要求空冷机组真空下降速度不高于

200Pa/min。《节能技术监督导则》（DL/T 1052—2007）对于空冷机组要求：300MW及以下机组的真空下降速度不高于130Pa/min，300MW以上机组的真空下降速度不高于100Pa/min。

四、影响空冷机组真空的因素与控制措施

1. 空冷机组真空变差的原因

（1）主机负压系统泄漏。

1）低压缸缸体结合面、缸体安全门的不严密。

2）由于直接空冷机组排汽压力较高（设计排汽压力为湿冷机组的3倍左右），随着环境温度的变化，背压变化范围大，同时变化频繁，随之排汽温度变化大，导致排汽装置泄漏。

3）低压缸两端轴封逸汽量大，轴封冷却器系统容量不能适应，造成轴端逸汽，轴封供汽调整不足，就会漏真空。

4）排汽缸或排汽装置连接处等漏真空。

（2）空冷系统泄漏。

1）排汽管道（排汽装置）及安全阀。如果排气管道椭圆度不够；强力对口造成膨胀节导向圈与管壁紧密接触；膨胀节在吊装过程中存在磕坏的小坑；膨胀节波纹管内遗留杂物；及其焊接质量不过关等；这些问题都可能使运行中的排汽管道轴向膨胀节产生裂纹而漏入空气。

2）散热器冷却管束。

3）蒸汽分配管及隔断阀。排气装置至空冷蒸汽分配支管前的蒸汽母管，位于机房外，由于蒸汽母管是分段焊接而成的，且中上部设有膨胀节。如果没有按要求施工，焊接工艺差，容易造成焊接部位脆弱（有夹渣、气孔和夹钢筋焊的迹象），在温度骤变时造成应力集中，被撕裂。

4）冬季气温低，空冷散热器管束、焊口等设备冻裂，产生漏空。

（3）冬季期间防冻需要。空冷机组冬季运行时，迫于防冻压力，要求维持高排气压力运行，但排气压力过高，会使机组经济运行降低，增加供电煤耗率。当环境温度低于5℃时，理论上排汽压力应在8～9kPa运行，甚至更低（接近阻塞背压），所以，在空冷凝汽器内蒸汽流量小于最小防冻流量的前提下，通过解列局部空冷凝汽器，停运部分风机，在不同温度区域，通过降低排气压力，来提高机组真空，同时由于风机的停运，从而获得较好的经济收益，降低了发电煤耗率。为此必须做好如下防冻措施：

1）冬季期间，通常从外向内，每次解列两列空冷凝汽器，使运行空冷凝汽器内蒸汽流量大于最小防冻流量，同时停运解列空冷器的冷却风机，以达到防冻的效果，同时可适当降低汽轮机排汽压力，提高机组运行的经济性。

2）提高机组真空严密性，防止非凝结气体进入系统内，导致蒸汽被过度冷凝，冻结管束。

3）蒸汽隔离阀、凝结水阀门、抽真空阀门等部位加装电伴热，或敷设保温。

4）对停运的空冷单元，用棉被（苫布）遮盖，并用棉被封堵风机口。

2. 空冷机组提高真空的措施

（1）空冷岛的冷却管束在安装过程中，应采取严格的防护措施，防止施工中造成设备的损伤而影响真空的严密性。

（2）空冷机组的冷却介质是空气，气温对机组真空的影响相当大，在一天中由于受气温的影响，机组的真空变化可以超过25kPa。主要原因：一是气温的升高影响了冷却管束的冷却效果；二是冷却管束面积较大，它对阳光的吸热相对较大。防止气温对机组真空影响的措施有二：一是利用冷却管束上部的冲洗装置定期清除冷却管束上部的灰尘。特别是在气温高时可以将冲洗装置投用，冷却空冷机组的冷却管束，提高机组真空。二是在空冷平台上增加一路除盐水，在每个冷却风机风筒的四周增加一组喷头用以喷洒除盐水，并形成一层水雾，在风机的吹动下喷上冷却管束，从而达到管束降温的作用。三是直接蒸发冷却，原理是将雾化的除盐水直接喷在换热器表面，利用水汽化吸热降低换热器表面温度，从而增强换热器的换热效果。例如上都发电公司在600MW空冷机组空冷岛散热片上加装喷淋装置，背压25kPa以上时投入喷淋装置，背压可降低2.5kPa。

(3) 空冷机组的真空泵是按照循环水冷凝机组设计制造的，真空泵的换热器相对太小，使真空泵的工作水温度升高，解决方法有二：一是加大真空泵换热器的换热面积，通过开式换热冷却其工作水，将工作水的温度降低到需要的数值；二是在真空泵房增加一中央空调，一方面可以降低真空泵周围的环境温度，另一方面可以将中央空调的冷凝水接至真空泵工作水的补水上，此冷凝水的温度较低（大约在4℃左右），可以大大减低真空泵工作水的温度。

(4) 空冷风机的运行优化。对于直接空冷机组，其风机数量很多，以某亚临界600MW等级机组为例，空冷风机为64台，变频控制。在同一频率下，运行风机数量越少，真空越差；在相同运行风机数量下，频率越低，真空越差，见表14-23。

表14-23　额定负荷下空冷风机运行方式对机组经济性的影响

频率(Hz)	真空(kPa)	环境温度(℃)	单台风机功率(kW)	停风机数量(台)	运行风机数量(台)	风机总功率(kW)	修正到5℃真空(kPa)	真空影响煤耗率(g/kWh)	耗电率影响煤耗率(g/kWh)	影响煤耗率合计(g/kWh)
25	75.0	2.20	77.8	2	62	4823.6	74.16	0	0	0
30	75.9	2.40	86.0	2	62	5332.0	76.40	−2.08	0.446	−1.634
35	76.8	2.30	93.3	2	62	5784.6	78.52	−3.78	0.843	−2.937
40	77.75	2.50	98.2	2	62	6088.6	80.20	−5.68	1.110	−4.570
45	78.38	2.20	103.5	2	62	6417.0	81.35	−6.72	1.399	−5.321
50	78.94	2.80	108.5	2	62	6727.0	82.0	−7.98	1.670	−6.310
50	79.33	2.80	108.5	0	64	6944.0	82.42	−8.67	1.812	−6.858
50	78.52	2.80	108.5	4	60	6510	81.68	−6.75	1.480	−5.270

空冷机组冬季气温低时，存在空冷凝汽器局部冻结的可能性。冬季运行时，若维持较高的真空，空冷岛的进汽温度降低。在低负荷情况下，进汽量减少，空冷散热器容易发生冻结。另外，冬季气温低，空冷凝汽器换热效果好，容易导致凝结水过冷度增大。若为了满足空冷岛防冻要求及减小凝结水过冷度而降低真空运行，则会导致机组经济性降低。因此，空冷机组冬季经济运行的关键是解决好真空与空冷岛防冻要求及减小凝结水过冷度之间的矛盾。

(5) 空冷岛微正压查漏技术。陕西德源府谷能源有限公司在2台600MW亚临界直接空冷机组上采用微正压查漏技术值得推广。我们知道空冷系统运行中是负压状态，只会往里吸气，有漏点你是看不到的。空冷岛利用微正压技术，可以让隐蔽的漏点显现“原形”。具体操作方法如下：

1) 停机（锅炉不灭火）破坏真空后，连续盘车运行，锅炉维持汽压2MPa、温度250℃。

2) 破坏真空后，真空破坏门全关，维持排汽温度82～97℃（厂家规定排气温度不超过120℃）。

3) 空冷岛风机全部停运，蒸汽阀可以根据查漏顺序逐个开关。

4) 保持轴加风机运行，可适当降低轴封供汽压力，避免轴封漏汽进入汽轮机轴承。

5) 手动调整开启高压旁路、低压旁路，向排汽装置供汽。高压旁路阀开度在20%以下，高压旁路流量 14.1t/h 以上，高压旁路阀后温度 214℃，排气压力升至 97kPa（注意压力要低于排汽装置防爆膜 130kPa）；控制低压旁路前压力 0.2kPa，低压旁路阀开度 22%，低压旁路三级减温和水幕保护调阀全关。

6）低压缸喷水调阀开度 100%，全开三级减温水，防止超温。

7）蒸汽升至空冷岛在各列遇冷凝结，可按查漏顺序逐一开进汽蝶阀，待 15min 后，空冷岛会有明显的滴水迹象，个别漏点大处滴水不停。

8）就地检查空冷岛各单元及排汽管道、蒸汽分配管，特别是散热器下部，观察有无水汽冒出。根据漏水、漏汽情况确定漏点位置。

第六节 凝汽器端差的监督

一、凝汽器端差的定义与计算

1. 凝汽器端差的定义

凝汽器端差是指汽轮机排汽在排汽压力下的饱和温度与凝汽器冷却水出口温度之差。对于具有多压凝汽器的汽轮机，应分别计算各凝汽器端差。计算公式为

$$\delta_t = t_s - t_{w2}$$

式中 δ_t——凝汽器端差,℃；

t_s——凝汽器压力下的饱和温度,℃；

t_{w2}——凝汽器冷却水出口温度,℃。

【例 14-9】 某台汽轮机排汽饱和温度 $t_s=40$℃，凝结水过冷度 $\Delta T_{sc}=1$℃，凝汽器循环冷却水进水温度 $t_{w1}=20$℃，出水温度 $t_{w2}=32$℃，求凝汽器端差 δ_t。

解：端差

$$\delta_t = t_s - t_{w2} = 40 - 32 = 8\ (℃)$$

2. 凝汽器端差计算公式

根据上述定义存在如下关系

$$t_s = t_{w1} + \Delta t + \delta_t$$

$$\Delta t = t_{w2} - t_{w1}$$

式中 δ_t——凝汽器的传热端差,℃；

Δt——冷却水温升,℃；

t_s——汽轮机的排汽温度,℃；

t_{w1}——凝汽器冷却水进口温度,℃。

有了这个等式，下面就是确定 Δt 和 δ_t 的计算。首先确定冷却水温升 Δt，根据凝汽器热平衡方程求得

$$D_c(h_s - h_c) = 4.187 G_w \Delta t = AK\Delta t_m$$

因此

$$\frac{\Delta t}{\Delta t_m} = \frac{KA}{4.187 D_w}$$

式中 D_c——进入凝汽器的蒸汽量，kg/s；

D_w——进入凝汽器的冷却水量，kg/s；

h_s——汽轮机的排汽焓，kJ/kg；

h_c——凝结水焓，kJ/kg；

Δt_m——由蒸汽至冷却水的平均传热温差,℃；

A——凝汽器冷却面积，m^2；

K——总传热系数，$kJ/(m^2 \cdot ℃)$。

第二步确定传热端差 δ_t，根据平均传热温差计算公式

$$\Delta t_m = \frac{t_{w2} - t_{w1}}{\ln \frac{t_s - t_{w1}}{t_s - t_{w2}}} = \frac{\Delta t}{\ln \frac{\Delta t + \delta_t}{\delta_t}}$$

得到

$$\delta_t = \frac{\Delta t}{e^{\frac{\Delta t}{\Delta t_m}} - 1} = \frac{\Delta t}{e^{\frac{KA}{4.187 D_w}} - 1}$$

从上式可知，端差 δ_t 与冷却水量 D_w、冷却水进口温度 t_{w1} 以及传热系数 K 有关。但是在实际应用中，冷却水量 D_w 不易测准，传热系数 K 也较难测准。

3. 凝汽器端差经验公式

端差 δ_t 可用下面的经验公式计算

$$\delta_t = \frac{n}{31.5 + t_1}\left(\frac{3600 D_c}{A} + 7.5\right)$$

式中 n——表示凝汽器清洁程度和严密性的系数，通常 $n=5\sim7$，清洁度越高，严密性越好，则系数 n 的数值越小。

从上式可知，要知道 n 值，比较困难，且没有考虑循环水量的影响，误差较大。这些都给运行现场端差基准的确定带来了不便。

二、端差的耗差分析

根据凝汽器端差计算公式

$$\delta_t = t_s - t_{w2}$$

可知，当冷却水出口温度 t_{w2} 保持不变时，凝汽器端差 δ_t 仅与凝汽器压力下的饱和温度 t_s 呈直线关系变化。当 t_s 升高1℃，端差也升高1℃。

根据真空的耗差分析可知，当排汽饱和温度 $t_s=32.63$℃（对应饱和压力 $p_s=4.93$kPa），升高到 $t_s=36.06$℃（对应饱和压力 $p_s=5.93$kPa）时，发电煤耗率增加1.82g/kWh，也就是说当端差升高1℃（可以认为是饱和温度 t_s 升高1℃）时，发电煤耗率增

$$\frac{1.82}{36.06 - 32.63} = 0.53\ (\text{g/kWh})$$

由于凝汽器端差与冷却水进口温度呈线性关系，因此凝汽器端差变化1℃，相当于冷却水进口温度变化1℃，热耗率变化0.2%，发电煤耗率变化0.53g/kWh。

同理，冷却塔温降（冷却塔温降是指循环水进入冷却水塔的进口温度与出冷却水塔的出口温度的差值）变化1℃，可以认为是循环水进口温度变化1℃，热耗率变化0.2%，发电煤耗率变化0.53g/kWh。

三、端差的监督标准

1. 端差控制限值

现代大型凝汽器在设计负荷下所能达到的最小传热端差为1～5℃，一般常在3～10℃之间选取，对双流程或多流程凝汽器可取3～6℃，对单流程可取4～9℃。

评价时以统计报表或测试的数据作为监督依据。对于海水冷却的凝汽器，全年端差一般控制在7℃以下。对于淡水凝汽器端差可以根据循环水温度制定不同的考核值：

（1）当循环水进口温度小于或等于14℃时，凝汽器端差不大于9℃。

（2）当循环水进口温度大于14℃并小于30℃时，凝汽器端差不大于7℃。

（3）当循环水进口温度大于或等于30℃时，凝汽器端差不大于5℃。

（4）背压机组不考核，循环水供热机组仅考核非供热期。

控制要求严格一点：对于淡水冷却的凝汽器，无论是直流冷却还是循环冷却，全年端差一般控制在5℃以下。

对于间接空冷系统表面式凝汽器（哈蒙系统）的端差要求不大于2.8℃。

对于间接空冷系统喷射式凝汽器（海勒系统）的端差要求不大于1.5℃。

2. 运行端差监督方法

借助凝汽器热平衡方程和美国传热学会（HEI）传热系数计算公式，推导出的同一负荷下循环水进水温度变化后理论端差的计算公式，即

$$\delta t_L = \frac{\Delta t'}{\exp\left(\frac{\beta'_t}{\beta_t}\sqrt{\frac{\Delta t'}{\Delta t}} \times \ln\frac{\Delta t + \delta_t}{\delta_t}\right) - 1}$$

要求

$$\delta'_t \leqslant \delta t_L$$

式中 δ_t、δ'_t——凝汽器运行工况变化前（或称基准工况，下同）的基准端差和变化后的实际端差，℃；

β_t、β'_t——凝汽器运行工况变化前后冷却水进口水温度修正系数；

Δt、$\Delta t'$——凝汽器运行工况变化前后循环水温升，℃；

δt_L——凝汽器理论端差，℃。

凝汽器理论端差公式中的冷却水进口水温修正系数 β_t、β'_t 可以从表14-24中查取，冷却水温 $\Delta t'$ 是运行必须监测的量。而基准端差 δt 和基准温升 $\Delta t'$ 是已知的，所以凝汽器理论端差很容易求出。

表14-24　HEI公式中冷却水进口水温修正系数 β_t 取值

t_1（℃）	0.0	1.0	2.0	3.0	4.0	5.0	6.0
β_t	0.669	0.685	0.702	0.719	0.735	0.752	0.768
t_1（℃）	7.0	8.0	9.0	10.0	11.0	12.0	13.0
β_t	0.785	0.802	0.818	0.834	0.850	0.866	0.883
t_1（℃）	14.0	15.0	16.0	17.0	18.0	19.0	20.0
β_t	0.899	0.914	0.930	0.946	0.963	0.976	0.989
t_1（℃）	21.0	22.0	23.0	24.0	25.0	26.0	27.0
β_t	0.999	1.008	1.017	1.026	1.033	1.040	1.047
t_1（℃）	28.0	29.0	30.0	31.0	32.0	33.0	34.0
β_t	1.052	1.058	1.063	1.068	1.074	1.079	1.083
t_1（℃）	35.0	36.0	37.0	38.0	39.0	40.0	41.0
β_t	1.088	1.092	1.096	1.101	1.106	1.110	1.115

例如某机组大修中对凝汽器管束进行了通洗，对真空系统漏点进行了查堵，真空泵进行了解体检修，使凝汽器清洁度、真空严密性均处于较好水平。大修后在额定负荷下测得进水温度 t_{w1}=15.4℃，温升 Δt=12.0℃，端差 δ_t=4.8℃。运行一段时间后，在同一负荷测得进水温度 t'_{w1}=20.5℃，温升 $\Delta t'$=11.8℃，端差 δ_t=4.6℃。

从循环水温升可以看出，循环水量变化较小。将有关数据代入基准端差计算公式得，循环水进水温度由15.4℃变为20.5℃（相应得温度修正系数$\beta_t=0.920$，$\beta'_t=0.994$）后凝汽器理论端差$\delta t_L=4.2$℃。而实际端差为4.6℃，表面上看比原来的4.8℃略有减少，似乎不错；但与理论端差相比却升高了0.4℃，说明凝汽器清洁度有所下降，或真空严密性有所降低，应排查原因。

凝汽器端差节能监督工作中，不但要关注凝汽器运行端差变化，而且要充分关注运行端差与基准端差的比较分析，以客观评价凝汽器性能变化情况。

四、影响凝汽器端差的因素与对策

端差的大小与凝汽器单位冷却面积的蒸汽负荷、凝汽器钛（铜）管清洁程度及真空系统严密性有关。凝汽器管壁被沾污、结水垢、沉积有机物或泥渣，会使传热系数下降，真空恶化，端差增加，因此端差必须控制在设计值以内。端差增大的原因很多，主要原因如下。

（1）凝汽器冷却管水侧污垢或堵塞。冷却水的杂质堵塞在或附着在冷却管内壁上，形成污垢，不但流动阻力增大，减小了冷却管内冷却水流量和流速，传热热阻增大，传热系数降低；而且污垢的导热系数很小，仅为冷却管的1/50～1/30，因此无论是冷却管外侧（蒸汽侧）或内侧（循环水侧）出现污垢，均会导致凝汽器总的传热系数大大降低，凝汽器端差升高。一般的运行经验表明，若清洁系数从设计值0.85降低至0.75，当冷却水初温不变时，传热端差升高将近1℃。在同一负荷下，如果真空系统严密，抽气器（或真空泵）工作正常时，若端差增大并伴随着冷却水温升增大的情况，则说明端差增大是由凝汽器管壁脏污引起的。

1）要保持凝汽器管壁和水侧的清洁，首先要保证冷却水的清洁。冷却水质不良或水中长有水藻等有机物及含杂物，都会使端差增大。对于采用直流供水系统，大都存在大量的生活垃圾和生活污水，不仅会使凝汽器铜管（不锈钢管或钛管）堵塞减少冷却面积，也会改变水质，腐蚀设备，这就必须设置进水滤网，保证进水水质。

2）加装拦污栅和一、二次滤网，并定期对滤网实施反冲洗，防止滤网破损而使较大脏物进入凝汽器。

3）定期采用冷却水反冲洗等方法，清洗凝汽器管内浮泥。每次大小修时，必须彻底清扫凝汽器内水垢及汽侧污垢。

4）对于海水冷却机组，在春秋夏必须投入制氯装置，杀灭海水中的微生物，防止微生物在冷却管内繁殖聚集。

5）停运期间根据凝汽器管束结垢特点，选择高压水射流清洗、机械除垢、凝汽器酸洗等措施去除污垢。

（2）凝汽器冷却管汽侧结垢。污垢的导热系数很小，仅为凝汽器冷却管的1/50～1/30，因此无论是冷却管外侧（蒸汽侧）或内侧（循环水侧）出现污垢，均会导致凝汽器总的传热系数大大降低，凝汽器端差升高，机组真空严密性下降。当蒸汽品质不好，蒸汽中含盐量过大时，不仅会在锅炉管壁内和汽轮机叶片上结成盐垢，而且会在冷却管外壁结成盐垢，使传热热阻增大，传热系数降低，真空恶化，端差增大。

1）对于沿海电厂，因海水腐蚀严重，影响汽、水品质的主要因素是凝汽器泄漏，所以必须做好凝汽器的防腐工作，海水凝汽器采用阴极保护法，收效较好。

2）为进一步提高汽水品质，两台机组可以增设一套凝结水精处理装置，使凝结水水质在凝汽器微漏时也能达到要求。

3）加强胶球清洗装置的检修维护，提高胶球投入率和收球率。必要时增加胶球清洗装置投运频率或对球系统进行改造。

4）运行期间利用低负荷进行凝汽器半侧清洗。

（3）凝汽器内空气含量。真空系统严密性是反映真空系统漏入空气量的一个指标。空气漏入真空系统中，凝汽器汽侧的不凝结气体份额增加，在凝汽器管外表面形成气膜，降低汽侧传热系数，真空降低，造成端差增加。当凝汽器内含1%的空气时，传热系数几乎降低一半。因此应保证真空系统严密。检查处理真空系统，堵塞漏点，防止凝汽器汽侧漏入空气，降低真空泄漏率。保证抽气设备工作正常，及时抽出积存在凝汽器内的气体。

控制好真空泵工作状态，及时抽出积存在凝汽器内的空气。同理，当铜管中积存空气时，也将降低换热效果，增大凝汽器端差。因此，在投入循环冷却水时，应关闭凝汽器水侧所有放水门，打开循环水室顶部放气门，对水侧进行注水排空气。

（4）凝汽器水位。凝汽器水位过高，淹没部分冷却管，不仅造成凝结水冷却水直接冷却，产生过冷，而且还会因为凝汽器冷却面积减小，单位面积热负荷增加，导致端差变大，真空降低。特别是当水位淹没抽空气管时，会引起真空泵进水，出力下降，凝汽器内空气抽不出去，真空急剧下降，甚至威胁机组安全运行。

（5）凝汽器热负荷。凝汽器（汽轮机）负荷增加，如汽轮机排汽量增加，或高温高压疏水（各级抽汽疏水、调节汽门前的疏水、低压加热器疏水等）直接进入凝汽器，端差增大。因此应减少流入凝汽器内的高温高压疏水。机组高温高压疏水门不严，高压加热器水位调节不好，低压加热器疏水不畅都会导致高温高压疏水直接进入凝汽器，增大了凝汽器的热负荷和端差。因此应对疏水系统进行有效的改造，减少系统内漏。凡是开、停机或低负荷开启的疏水门，在机组正常后要及时关闭。对凡进入高低压疏水扩容器的疏水门，要经常检查，防止内漏；保持低加水位，防止低压加热器无水位运行，造成低压加热器抽汽通过疏水管进入凝汽器。通过以上措施，可有效减少或防止漏入凝汽器内的高温高压疏水或蒸汽，从而降低凝汽器热负荷。

（6）冷却水量。当冷却水量增加时，一般说端差将稍微增大。但研究表明，冷却水流量增加，端差并非一定减小，要视凝汽器的具体工况而定。根据公式 $\delta_t=\dfrac{\Delta t}{e^{\frac{KA}{4.187D_w}}-1}$，通常情况下 A 变化很小，所以传热端差 δ_t 与冷却水量 D_w 成正比。当冷却水量 D_w 增加时，δ_t 增大；同时，冷却水量增加，加强了冷却管内表面的对流换热，凝汽器的总体换热系数 K 增大，由上式可知 K 与端差 δ_t 成反比，因此冷却水量增加，两者综合结果，对于不同的凝汽器结果不同，应结合试验，确定最佳冷却水流量。有人经过公式推导得到如下结论：当 $\dfrac{\Delta t}{\delta_t}>3.92$ 时，端差随循环水流量的增加而增加；当 $\dfrac{\Delta t}{\delta_t}<3.92$，端差随循环水流量的增加而减小。因此，加强循环水泵运行方式优化，也可以降低凝汽器端差。

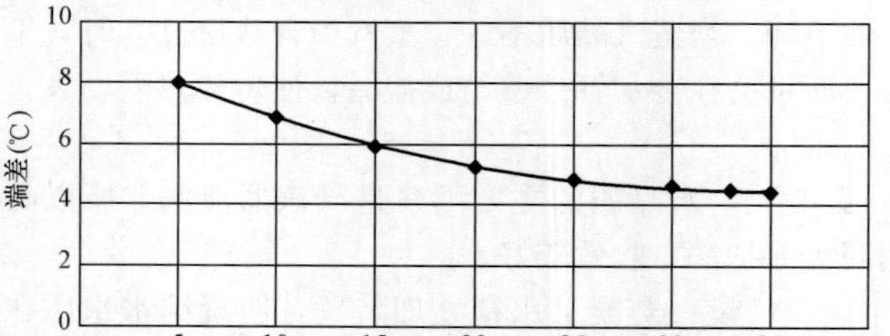

图 14-22　300MW 机组冷却水进口温度与端差的关系

（7）冷却水进水温度。凝汽器冷却水进水温度是影响凝汽器传热端差的因素之一。在其他参数不变的情况下，冷却水进水温度降低，冷却水出水温度 t_{w2} 降低，凝汽器传热端差 $\delta_t=t_s-t_{w2}$ 升高。在相同的循环水流量和排汽量下，冬季的凝汽器传热端差要明显高于夏季。300MW 机组冷却水进口温度与端差的关系见图 14-22。

（8）检查给水泵汽轮机真空系统是否严密。给水泵汽轮机排汽直接进入凝汽器，如果给水泵汽轮机真空系统泄漏，轴封系统不正常，将增大漏入凝汽器的空气，影响凝汽器的真空，增大端差。在启动汽动泵前，要先投入给水泵汽轮机的轴封系统。若给水泵汽轮机真空系统泄漏，在运行中无法处理时，应启动电动给水泵，停止该汽动给水泵运行，并将其隔离。

（9）机组负荷。单位蒸汽负荷增大，相对冷却水量减少，端差越大。单位蒸汽负荷与端差的关系见图 14-23。

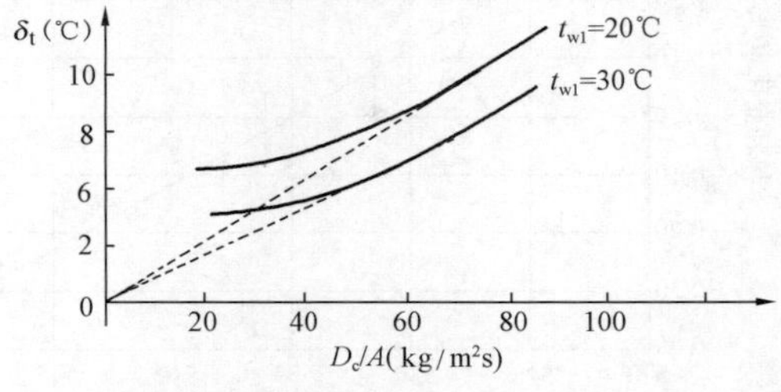

图 14-23　端差与 D_c/A 及 t_{w1} 的关系

（10）采用中水作为循环的机组，废零排放要求下浓缩倍率极高，导致凝汽器端差超出标准要求。化学人员做好循环水质监督管理，进行冷却水处理，如加药、排污等措施，减轻凝汽器污染。

（11）运行条件限制。冬季循环水温度低，为了满足海水脱硫冷却水量的需要，一直保持两机三泵运行，导致循环水流量偏大。

（12）凝汽器换热面积设计值偏小，或机组供抽量大时排减少，使端差增大。

（13）汽轮机切缸运行后进入低压缸蒸汽减少，冷却水量相对较多，凝结水温度降低，使端差增大。因此抽汽供热机组应考虑工况下的冷端优化运行方式，达到降低凝器端差、保持最佳真空目的。

（14）有些电厂凝汽器端差为－4℃，很明显数值不对，因此凝汽器端差从理论上讲应为正值，出现这种情况下，原因有三：

1）凝汽器端差计算公式有误，正确计算公式为：凝汽器端差＝排汽压力对应的饱和温度—冷却水出口温度。

2）使用凝结水温度代替了排汽压力对应的饱和温度。

3）计算凝汽器端差的测点有问题，建议检查排汽压力测点和冷却水出口温度测点。

第七节　再热蒸汽参数的监督

汽轮机再热蒸汽参数直接由锅炉参数决定的，因此本节只介绍汽轮机再热蒸汽参数的耗差分析。对于再热蒸汽温度、再热蒸汽压力等参数影响煤耗率情况可从制造厂提供的特性曲线推导出来。

一、再热蒸汽温度

1. 再热蒸汽温度的影响

再热蒸汽温度是指锅炉再热器出口，再次进入汽轮机（中压缸再热蒸汽门前）前的蒸汽温度，单位通常以℃表示。如果有多条管道，取算术平均值。再热蒸汽温度通常随着主蒸汽温度的改变而改变，任何负荷下都应尽量在设计的额定再热蒸汽温度下运行。

再热蒸汽温度升高，机组的热耗率和煤耗率减少。但再热蒸汽温度升高超过一定值时，将引起再热器和中压缸前几级强度降低，限于金属材料的强度，会造成再热器和中压缸的损坏和寿命缩短。当再热蒸汽温度过高时，用喷水降温的方法虽可使汽温减低，但这将直接增加中、低缸的蒸汽量，引起中、低缸各级前压力升高，同时喷水降温还会增加热耗。国产 200MW 汽轮机的计算表明，再热蒸汽的喷水每增加 1t/h 将使热耗增加 3.5%。如果再热蒸汽温度低于允许值，不仅使末几级动叶应力增加，还使末几级湿度增加，叶片受到冲蚀。

2. 再热蒸汽温度的耗差分析

（1）N135 超高压机组。根据东方汽轮机厂提供的 N135-13.24/535/535 型中间再热凝汽式汽轮机热力修正曲线（设计热耗率为 8157kJ/kWh，设计发电煤耗率为 305g/kWh），其中再热蒸汽

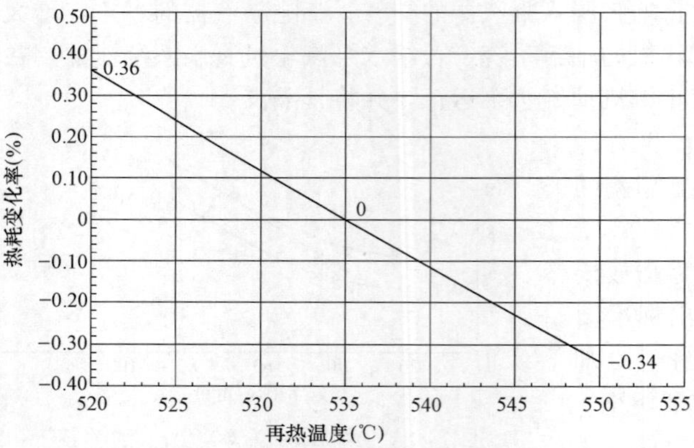

图 14-24 再热蒸汽温度对热耗的修正曲线

温度修正曲线见图 14-24。

当再热蒸汽温度为 535℃时，热耗修正系数为 0，当主蒸汽温度为 520℃时，热耗修正系数为 0.36，而且再热蒸汽温度与热耗率的关系是一条直线，设再热蒸汽温度为 x℃，热耗修正系数为 y，则再热蒸汽温度与热耗率的关系可写为

$$\frac{0.36-0}{520-535}=\frac{0.36-y}{520-x}$$

化简上式得

$$y=12.84-0.024x$$

对 y 求导，则

$y'=-0.024\%$，即再热蒸汽温度每变化 1℃，热耗变化 0.024%，发电煤耗率也随着变化 0.024%，发电煤耗率增加 0.073g/kWh。

(2) N660 超超临界机组。以 N660-25/600/600 型 660MW 超超临界中间再热机组为例，制造厂提供的再热凝汽式汽轮机（产品编号 195）再热蒸汽温度修正曲线见图 14-25。由于制造厂提供的修正曲线是用于考核试验的，要把运行参数下的热耗率修正到设计参数，用于考核试验热耗率是否满足设计热耗率。而耗差分析是把运行参数偏离设计参数对热耗率的影响，虽然结果相同，但是纵轴的数据的正负号正好要颠倒过来。在进行耗差分析时，可以把横坐标参数改成“额定再热蒸汽温度—再热蒸汽测量温度”即可。

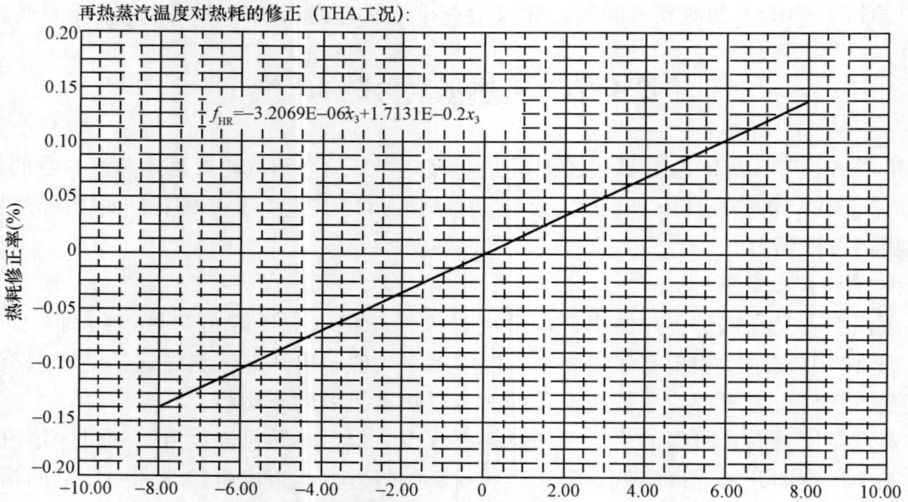

图 14-25 N660-25/600/600 再热蒸汽温度修正曲线

制造厂提供再热蒸汽温度修正曲线的同时提供了修正公式

$$y=-0.000\,003\,207x^2+0.017\,131x$$

式中 y——热耗修正率，%；

x——再热蒸汽温度额定值－再热蒸汽温度测量值，℃。

当再热蒸汽温度降低10℃，发电煤耗率增加$269.48\times\frac{-0.0003207+0.17131}{100}=0.461$(g/kWh)。

3. 再热蒸汽温度的监督标准

(1) 考核期监督。再热蒸汽温度的监督以统计报表、现场检查或测试的数据作为依据。统计期平均值不低于规定值（对应负荷下的设计值）3℃，对于两条以上的进汽管路，各管温度偏差应小于3℃。

(2) 运行过程。再热式汽轮机进汽再热温度允许波动范围：

任何12个月运行期中，汽轮机进口处的平均温度不超过其额定温度；

正常运行时最高温度不超过额定值8℃；

任何12个月运行期中，超过额定值8℃，不超过14℃的总时间不超过400h；

任何12个月运行期中，超过额定值14℃，不超过28℃的总时间不超过80h，每次不超过15min；

任何12个月运行期中，不允许超过额定值28℃。

4. 影响再热蒸汽温度的因素和对策

(1) 汽轮机再热蒸汽温度偏低，一般是由锅炉再热蒸汽温度决定的。例如某680MW超超临界机组，锅炉再热蒸汽温度一直偏低。根据汽轮机热力特性计算书，其额定高排温度为373.3℃。考虑高排至再热器入口有2～3℃的温降，再热器入口应为371℃左右，而实际再热器入口蒸汽温度约为365.0～366.0℃，比设计值约低5.5℃，这是造成汽轮机再热蒸汽温度偏低的主要原因。因此整改建议：①加强燃烧调整，运行中及时进行锅炉受热面吹灰，减少受热面超温。②联系锅炉制造厂重新核算再热器受热面积，进行再热器受热面改造的可行性研究。

(2) 汽轮机高压缸排汽参数。在再热器吸热一定的前提下，如果主蒸汽温度偏低，汽轮机高压缸排汽温度也会降低，再热器出口蒸汽温度将随着降低。

(3) 高压加热器投停、高压旁路投停。当高压加热器投停、高压旁路投停时，会造成再热汽流量的变化，将会影响再热蒸汽温度。

(4) 当采用喷水减温时，减温水压力升高或减温水调门（或电动门）漏流，使减温水量不正常升高，再热蒸汽温度降低。再热器喷水减温将导致整个再热循环经济性降低，在运行过程中应采取措施尽可能减少喷水减温水量。

二、再热蒸汽压力

1. 再热蒸汽压损率的定义

所谓再热就是将通过汽轮机高压缸已经部分做了功的蒸汽，引入锅炉再热器中重新加热成一定温度的再热蒸汽，然后再送到汽轮机中压缸及低压缸继续做功。

再热蒸汽压力是指锅炉再热器出口的蒸汽，再次进入汽轮机前的蒸汽压力，单位通常以MPa表示。它是随汽轮机运行负荷变化而变化的一个参数。对应一定的蒸汽初参数，汽轮机有一个最佳的再热蒸汽压力，此时中间再热循环的热效率最高。当再热温度等于蒸汽初温时，最佳的再热蒸汽压力约为蒸汽初压力的18%～26%。

在正常运行中，再热蒸汽压力是随着蒸汽流量的变化而变化的。蒸汽从高压缸排出后，经过再热器管道进入中压缸，压力将会有不同程度地降低，这个压力损失，称为再热器压损。再热器压损对整个汽轮机的经济效果有显著的影响，压损的大小以蒸汽在再热系统中的压力降（高压缸的排汽压力－再热蒸汽压力）与高压缸的排汽压力之比值来表示，这个值叫作再热蒸汽压损率。在正常运行中，再热蒸汽压力是跟随主蒸汽压力调节而变化的。再热蒸汽压力不能太高，否则将会对再热管道和汽阀产生危害。

$$再热蒸汽压损率=\frac{高压缸排汽压力-再热蒸汽压力\ (MPa)}{高压缸排汽压力\ (MPa)}\times 100\%$$

2. 再热蒸汽压损率的耗差分析

（1）N135 超高压机组。根据东方汽轮机厂提供的 N135-13.24/535/535 型中间再热凝汽式汽轮机热力修正曲线（设计热耗率为 8157kJ/kWh，设计发电煤耗率为 305g/kWh），其中再热蒸汽压损率修正见图 14-26。

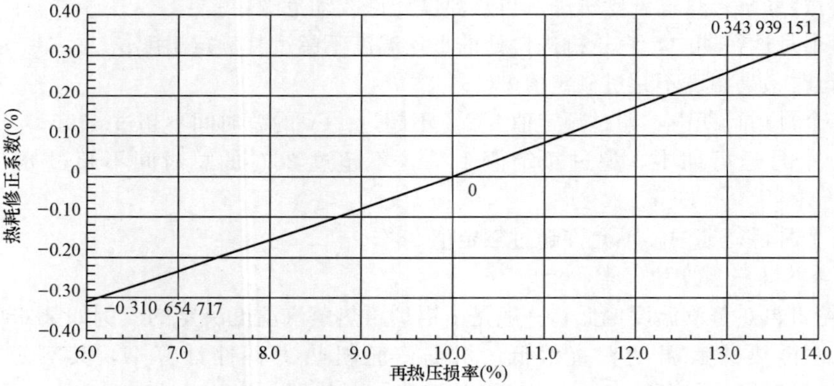

图 14-26　N135-13.24/535/535 型汽轮机再热蒸汽压损率修正曲线

当再热蒸汽压损率为 10%时，热耗修正系数为 0，当再热蒸汽压损率为 6%，热耗修正系数为−0.3107，而且再热蒸汽压损率与热耗修正系数的关系是一条直线，设再热蒸汽压损率为 x℃，热耗修正系数为 y，则再热蒸汽压损率与热耗修正系数的关系可写为

$$\frac{0+0.3107}{10-6}=\frac{0-y}{10-x}$$

化简上式得

$$y=-0.7768+0.077\ 68x$$

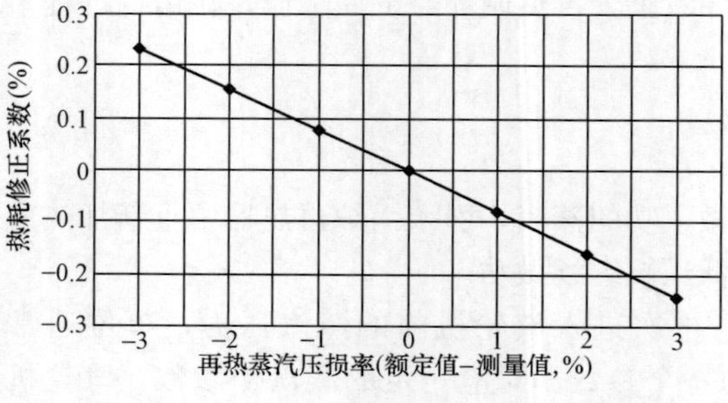

图 14-27　N660-25/600/600 型汽轮机再热蒸汽压损率修正曲线

对 y 求导，则 $y'=-0.077\ 68\%$，即再热蒸汽压损率每变化 1 个百分点，热耗率变化 0.0777%，发电煤耗率也随着变化 0.0777%，发电煤耗率增加 0.237g/kWh。

（2）N660 超超临界机组。以 N660-25/600/600 型 660MW 超超临界机组为例，制造厂提供的再热凝汽式汽轮机（产品编号 195）再热蒸汽压损率修正曲线见图 14-27。

制造厂提供再热蒸汽压损率修正曲线的同时提供了修正公式

$$y=-0.000\ 683\ 21x^2-0.079\ 218x$$

式中　y——热耗修正系数，%；

　　x——再热蒸汽压损率额定值－再热蒸汽压损率测量值，%。

当再热蒸汽压损率降低 1 个百分点，发电煤耗率增加

$$269.48\times\frac{-0.000\ 683\ 21+0.079\ 218}{100}=0.212(g/kWh)$$

3. 降低再热系统压降措施

再热系统压降的减少将提高机组的运行经济性，“外高桥电厂三期”工程在设计阶段，将降低“冷再”和“热再”管道系统的压降，作为设计优化的一项重要内容。这里主要采取了两项措施，一是基于冷再热管道（P11）的材料价格远低于热再热管道（P92）的特点，适当增大冷再热管道的管径。另外，几乎所有 90°转弯处均采用不小于 3*D* 的弯管，以替代传统设计中习惯采用但价格昂贵的 1.5*D* 铸钢弯头。

再热系统的设计优化获得了三重效益：

（1）弯管的造价远低于弯头，明显降低了四大管道的总造价，同比下降约 20%。

（2）不小于 3*D* 的弯管的局部阻力系数大大低于 1.5*D* 弯头，有效地减少了管系的压降。机组投产后，在额定工况下的再热系统（包括锅炉再热器）压降实测为 6.7%，完全达到了优化要求。根据 SIEMENS 提供的效率修正曲线，汽轮机的热耗将因此下降 18kJ/kWh。

（3）与 1.5*D* 的管件弯头相比，大于 3*D* 的弯管在运行时产生的振动能量将明显下降，这更有利于管系的安全运行。

第八节 主蒸汽温度的监督

一、主蒸汽温度的影响

汽轮机主蒸汽温度是指汽轮机进口，靠近自动主汽门前的蒸汽温度。如果有多条管道，取算术平均值，单位通常以℃表示，是决定汽轮机运行经济性的最主要参数之一。任何负荷下都应尽可能在设计的主蒸汽温度下运行，以使汽轮机效率最高。

在实际运行中，主蒸汽温度变化的可能性较大，对汽温的监控要特别注意。如果主蒸汽温度升高超过允许范围，将引起调节级叶片过负荷；会使工作在高温区域的金属材料强度下降，缩短过热器和汽轮机的使用寿命；当主蒸汽温度过高时，用喷水减温的方法虽可使汽温降低，但这将会增加热耗。

如果主蒸汽温度降低，不但引起煤耗率增加，而且使汽轮机的湿汽损失增加，对叶片的冲蚀作用加剧，效率降低。如果汽温降低过快，会使汽轮机部件冷却不均匀，造成汽轮机磨损、振动。

二、主蒸汽温度的耗差分析

根据东方汽轮机厂提供的 N135-13.24/535/535 型中间再热凝汽式汽轮机热力修正曲线（设计热耗率为 8157kJ/kWh，设计发电煤耗率为 305g/kWh，其中主蒸汽温度修正曲线见图 14-28。

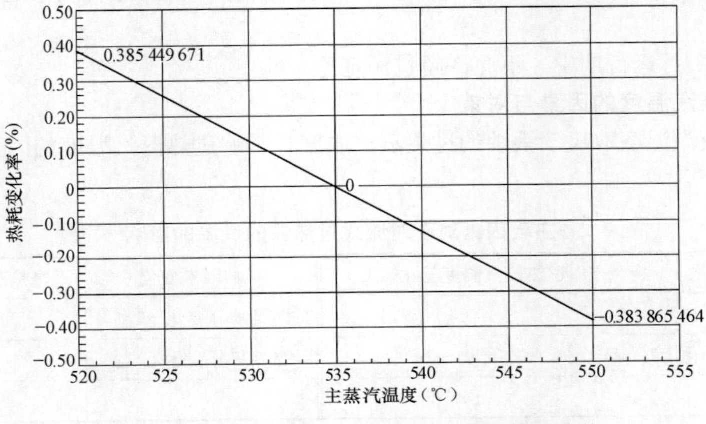

图 14-28 主蒸汽温度对热耗变化率的修正曲线

当主蒸汽温度为520℃时，热耗修正系数为0.385%，当主蒸汽温度为535℃时，热耗修正系数为0，而且主蒸汽温度与热耗变化率的关系是一条直线，设主蒸汽温度为x℃，热耗修正系数为y，则主蒸汽温度与热耗率的关系可写为

$$\frac{0.385-0}{520-535}=\frac{0.385-y}{520-x}$$

化简上式得

$$y=13.7313-0.02567x$$

对y求导，则$y'=-0.02567\%$，即主蒸汽温度每变化1℃，热耗变化0.025 67%，发电煤耗率也随着变化0.025 67%，发电煤耗率增加0.0783g/kWh。

再以660MW超超临界机组为例，制造厂提供的主蒸汽温度修正曲线见图14-29。

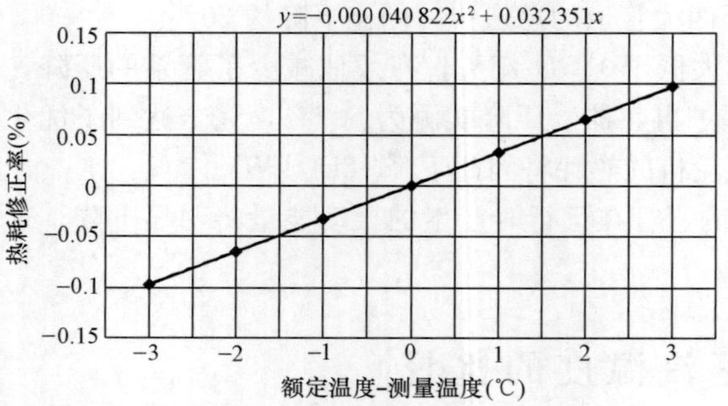

图14-29 660MW超超临界机组主蒸汽温度修正曲线

根据制造厂提供主蒸汽温度修正曲线，得到拟合修正公式

$$y=-0.000040822x^2+0.032351x$$

式中 y——热耗修正率，%；

x——主蒸汽温度额定值－主蒸汽温度测量值，℃。

当主蒸汽温度降低10℃，发电煤耗率增加

$$269.48\times\frac{-0.0040822+0.32351}{100}=0.861\ (\text{g/kWh})$$

三、主蒸汽温度的监督标准

主蒸汽温度的监督以统计报表、现场检查或测试的数据作为依据。统计期平均值不低于规定值（对应负荷下的设计值）3℃，对于两条以上的进汽管路，各管温度偏差应小于3℃。

再热式汽轮机主蒸汽温度允许波动范围要求如下：

（1）任何12个月运行期中，进口处的平均温度不超过额定温度；

（2）正常运行时最高温度不超过额定值8℃；

（3）任何12个月运行期中，超过额定值8℃，不超过14℃的总时间不超过400h；

（4）任何12个月运行期中，超过额定值14℃，不超过28℃的总时间不超过80h，每次不超过15min；

（5）任何12个月运行期中，不允许超过额定值28℃。

四、影响主蒸汽温度的因素与对策

汽轮机的主蒸汽温度取决于锅炉的过热蒸汽温度，影响过热蒸汽温度的因素众多，主要因素见表14-25。

表14-25　各主要因素对于对流式过热器的汽温的影响

影响因素变化	过热蒸汽温度变化（℃）	影响因素变化	过热蒸汽温度变化（℃）
锅炉负荷变化±10%	±10	燃煤水分变化±1%	±1.5
炉膛过量空气系数变化±10%	±10～20	燃煤灰分变化±1%	±0.5
给水温度变化±10℃	±3～5		

锅炉负荷增大时，对流式过热器的出口汽温将增高，而辐射式过热器的出口汽温将降低，因而联合使用对流式过热器和辐射式过热器，可使负荷对出口过热蒸汽温度的影响减小。

第九节 主蒸汽压力的监督

一、主蒸汽压力的定义和影响

汽轮机主蒸汽压力是指汽轮机进口，靠近自动主汽门前的蒸汽压力。如果有多条管道，取算术平均值，单位通常以 MPa 表示，是决定汽轮机运行经济性的最主要参数之一。

如果主蒸汽压力降低，蒸汽比容将增大，此时即使调速汽门总开度不变，主蒸汽流量也要减少，机组带负荷能力减少。主蒸汽压力降低，汽轮机的轴向推力增加，容易发生推力瓦烧坏事故。汽压降低过多，使汽轮机不能保持额定出力，汽轮机的最大出力受到限制。

主蒸汽压力增加，可使热耗和煤耗减少，对运行的经济性显然有利。但是主蒸汽压力升高超过允许范围，将引起调节级叶片过负荷；造成汽轮机主蒸汽管道、蒸汽室、主汽门、汽缸法兰及螺栓等部件的应力增加，对管道和汽阀的安全不利；使湿汽损失增加，并影响叶片寿命，主蒸汽压力不能无限升高。因此必须控制主蒸汽压力在一定范围内。

二、主蒸汽压力的耗差分析

1. 亚临界 300MW 机组

以亚临界 300MW 机组为例，制造厂提供主蒸汽压力修正曲线见图 14-30。机组热耗率 $q_0=7956.68$kJ/kWh。

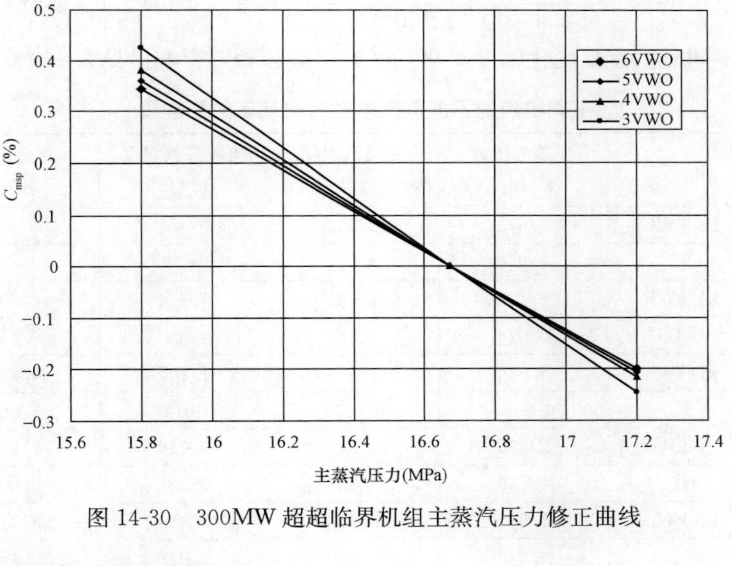

图 14-30 300MW 超超临界机组主蒸汽压力修正曲线

主蒸汽压力变化对热耗率的影响计算公式为

$$\Delta q=q_0C_{msp}$$

式中 Δq——热耗率绝对变化量，kJ/kWh；

C_{msp}——主蒸汽压力变化引起的热耗率修正系数，%；

q_0——基准热耗率，kJ/kWh。

当 C_{msp} 为正，则煤耗率增加；当 C_{msp} 为负，则煤耗率降低。

以 5VWO 为例统计运行压力为 15.8MPa（设计主蒸汽压力 16.67MPa）。

查图 14-29 曲线，C_{msp}＝0.36％得

$$\Delta q=7956.68\times 0.0036=28.64\ (kJ/kWh)$$

主蒸汽压力变化 0.1MPa，热耗变化 $0.1\times\frac{28.64}{16.67-15.8}=3.29\ (kJ/kWh)$

以反平衡法计算煤耗率变化

$$b=\frac{3.29}{29.3081\eta_{bl}\eta_{gd}}=\frac{3.29}{29.308\times 0.922\times 0.99}=0.123(g/kWh)$$

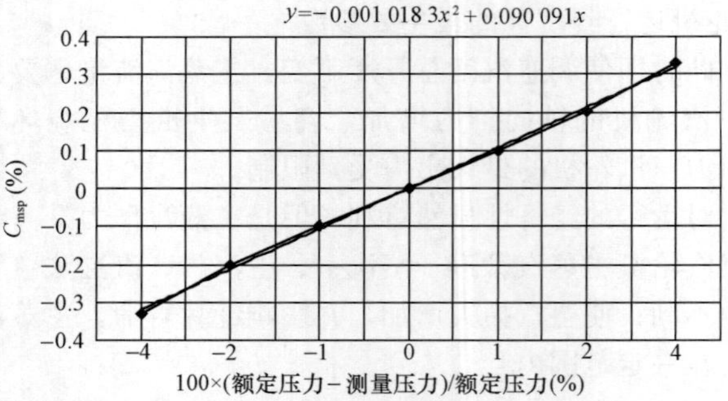

图 14-31　660MW 超超临界机组主蒸汽压力修正曲线

2. 660MW 超超临界机组

以 660MW 超超临界机组为例，制造厂提供主蒸汽压力修正曲线见图 14-31。

根据主蒸汽压力修正曲线，得到拟合修正公式为

$$y=-0.0010183x^2+0.090091x$$

式中　y——热耗修正率，％；

x——100×（主蒸汽压力额定值－主蒸汽压力测量值）/主蒸汽压力额定值，百分点。

当主蒸汽压力降低 1MPa，主蒸汽压力变化$\frac{100\times 1}{25}\times 100\%=4\%$，发电煤耗率增加

$$269.48\times\frac{-0.0010183\times 16+0.090091\times 4}{100}=0.927(g/kWh)$$

不同机组，不同蒸汽参数变化幅度对热耗率的绝对和相对影响量见表 14-26。

表 14-26　不同机组的不同蒸汽参数对热耗率的影响量

机组类型	单　位	主蒸汽压力(0.1MPa)	主蒸汽温度(1℃)	再热蒸汽温度(1℃)	再热压损(1％)	排汽压力(1kPa)
100MW	kJ/kWh	4.873	4.083			87.229
	％	0.056	0.047			0.995
135MW	kJ/kWh	6.132	1.624	1.624	4.632	60.55
	％	0.076	0.02	0.02	0.057	0.746
200MW	kJ/kWh	3.954	2.532	1.197	8.892	64.185
	％	0.0486	0.0311	0.0147	0.1093	0.789
300MW 引进型	kJ/kWh	2.853	2.513	2.116	7.807	65.56
	％	0.036	0.032	0.027	0.098	0.826
600MW 亚临界	kJ/kWh	3.735	2.337	1.818	6.232	68.86
	％	0.048	0.03	0.023	0.08	0.884
600MW 空冷	kJ/kWh	3.38	2.356	2.094	6.638	46.366
600MW 超临界	kJ/kWh	1.34	2.45	1.78		61.85
	％	0.018	0.033	0.024		0.834
660MW 超超临界	kJ/kWh	2.526	2.346	1.26	5.5776	41.69
	％	0.0344	0.031 95	0.011 71	0.0787	0.5678
1000MW 超临界	kJ/kWh	2.81	2.27	1.30		56.90
	％	0.0382	0.030 87	0.017 68		0.7738

三、主蒸汽压力的监督标准

主蒸汽压力的监督以统计报表、现场检查或测试的数据作为依据。对高压、超高压和亚临界锅炉，统计期内定压运行机组的主蒸汽压力平均值不低于额定压力 0.2MPa。滑压机组的主蒸汽压力可以按设计（或试验确定）的滑压运行曲线（或经济阀位）对比考核，不超过对应曲线最佳值±0.1MPa。

再热式汽轮机进汽压力允许波动范围要求如下：

(1) 任何 12 个月运行期中，汽轮机进口处的平均压力不超过额定进汽压力；

(2) 正常运行最高压力不超过额定值 105%；

(3) 偶然出现不超过额定值 120%的总时间在任何 12 个月运行期中累计不应超过 12h。

四、汽压变化的原因与对策

主蒸汽压力的变化主要有两方面的因素：锅炉外部因素和锅炉内部因素。

1. 外部因素

(1) 负荷的变化。当外界负荷突然增加时，汽轮机调节阀开大，蒸汽流量瞬间增大。此时如果燃料量没有及时增加，再加以锅炉本身的热惯性，将使锅炉的蒸发量适应不了外界负荷的需求，汽压就要下降；相反，当外界负荷突然减小时，汽压就要上升。

(2) 高压加热器故障退出。由于高压加热器故障退出，将引起给水温度的大幅度降低，使锅炉蒸发量下降。当锅炉蒸发量的下降值与因高压加热器故障退出造成汽轮机抽汽量的减少值不平衡时，将使主蒸汽压力发生变化。

(3) 燃料品质的变化。在汽包锅炉中，当燃料的低位发热量发生变化时，将引起锅炉蒸发受热面产汽量的变化，使锅炉出力和汽压同向变化。

(4) 当制粉系统启动时，由于三次风中含有一定量的煤粉，因而会使燃烧率提高，结果会使主蒸汽压力上升。因此，在启动制粉系统时，运行人员应适当减少给粉机转速，使汽压稳定在规定的范围内。

(5) 减温水投入对汽压的影响。过热器减温水的大量投入可使主汽压力升高。由于主汽压力升高，由饱和温度加热到额定的过热温度所需热量减少，而炉内及烟道热量暂时不变；同时压力升高，负荷不变时蒸汽用量减少，而热量暂时不变，进一步促使蒸汽温度升高，我们不得不投入大量的减温水，而这些减温水变成蒸汽后，就会使主蒸汽压力更高。

再热器减温水的大量投入同样可使主蒸汽压力升高。

(6) 磨煤机跳闸对主蒸汽压力的影响。实践证明，下排磨煤机或给煤机跳闸较上排磨煤机或给煤机跳闸对燃烧和汽压的影响要大得多，因此要根据跳闸磨煤机或给煤机的层数决定增加风、煤量的多少和降负荷的速率，必要时仍要及时投油稳燃。例如当只有 3 台磨组运行且压力自动投入时，其中 1 台磨组跳闸时，要立即投油稳燃，并切除压力自动调整其他 2 台磨煤机组的煤量和风量，防止在自动投入这 2 台磨煤机组运行时，压力自动为维持压力就会自动将煤量突然加至最多，而一次风量来不及增加，造成灭火。

2. 内部因素

(1) 燃烧工况的变化。在汽包锅炉中，如果风量、燃料量、燃烧器组合方式、配风方式、煤粉细度、火焰中心位置等发生变化，炉膛热强度或锅炉受热面的吸热比例将发生变化。使锅炉蒸发受热面的吸热量和产汽量相应改变。在外界负荷不变的情况下，由于锅炉蒸发量的变化必将导致锅炉出口汽压的变化。

当给粉量增加时，主蒸汽压力将升高。因减粉过多燃烧不稳造成汽压下降时，应及时采取稳燃措施，恢复汽压，并加强对汽压和汽温变化的监视，必要时可降低汽轮机负荷来恢复汽压。

当内部因素使汽压升高时，应及时减少燃料。如果机组未带满负荷时，可增大负荷，加大进汽量。

（2）锅炉正常运行时，如发生安全门误动、汽轮机旁路阀误开、过热器或蒸汽管道泄漏时，在汽轮机调速汽门开度不变的情况下，将使锅炉汽压突降。

（3）水冷壁积灰。水冷壁积灰和结渣以及管内结垢时，由于灰和渣的导热系数很低，都会使水冷壁的热交换条件恶化而影响汽压。因此为了保证正常的热交换条件，应当根据运行工况正确地进行调整燃烧，并及时进行吹灰或排污。

（4）单元机组运行方式。单元制机组在不同的负荷阶段有定压运行和滑压运行两种运行方式。汽包锅炉采用定压运行时，应保持主蒸汽压力始终保持正常值，并在允许范围内波动。但由于定压运行时高压调门部分开启时，存在节流损失。为了保证机组的安全经济运行，汽包锅炉高负荷时采用定压运行，并要求压红线运行，此时汽轮机效率最高；低负荷时，锅炉采用滑压运行方式；当负荷降至某一值时，又恢复定压运行方式。滑压运行时主蒸汽压力比较低。

（5）如果主蒸汽压力波动，应迅速判断是内扰还是外扰。当汽压高于正常值时，应迅速查明原因及时处理，可以降低给煤机转速，也可以根据汽压和负荷变化情况停运部分磨煤机。手动调整时，尽量用一台磨煤机组进行调节，其余磨煤机带固定负荷，切记几台磨煤机同时加、减煤量会造成汽压失调，燃烧恶化。如果运行中，汽压突然迅速下降，要立即分析判断是否炉管泄漏还是煤质变化等原因，并就地看火检查，及时调整风量煤量稳压，并根据燃烧情况投油助燃。

第十节 补水率的监督

一、补水率的定义

与补水率有关的术语很多，这里只介绍几个主要的定义。

1. 机组补水率

机组补水率是指计算期内补入锅炉、汽轮机设备及其热力系统用作发电、供热等的补给水量与锅炉实际蒸发量的比率，也叫生产补水率，即

$$
\begin{aligned}
\text{机组补水率} &= \frac{\text{计算期内发电补给水量（t）}+\text{供热补给水量（t）}}{\text{计算期锅炉实际蒸发量（t）}}\times 100\% \\
&= \text{发电补水率}+\text{供热补水率}
\end{aligned}
$$

发电补给水量＝汽、水损失量＋锅炉排污量＋空冷塔补水量＋机、炉启停用水损失量＋事故放水（汽）损失量＋电厂自用蒸汽（水）量

其中，电厂自用蒸汽（水）量是指计算期内不能回收的锅炉吹灰、燃料雾化、仪表伴热、生产厂房采暖、厂区办公楼采暖、燃料解冻、油区用汽，机组闭式冷却水及发电机定子冷却水的补充水或换水，预试清扫用除盐水（软化水）量等。

2. 全厂补水率

由于存在自用蒸汽消耗、汽水运行消耗、汽水泄漏、排汽排污、启动汽水消耗等，为了保证热力设备连续平稳运行，必须不断地补充品质合格的水（经过化学处理的合格除盐水或软化水）。补水进入热力系统的方式有两种：一种是将化学补水直接补入除氧器，另一种是从凝汽器补入。当从凝汽器补入时，化学补水可以在凝汽器中实现初步除氧。当补水温度低于凝汽器排汽温度（一般除盐水温度在20℃左右），且以喷雾状态进入凝汽器喉部，则可利用冷的补水回收利用一部分排汽废热，改善凝汽器的真空。同时，由于补水流经低压加热器，利用低能位抽汽逐级进行加热，减少了高能位的抽汽（与补入除氧器相比），因而提高了装置的热经济性，所以现代大

型凝汽式机组采用化学除盐水做补充水时，其补水多数从凝汽器补入。计算表明，对于国产100MW机组补水方式从除氧器补进改为由凝汽器补入，补水率在2%时，可以提高机组热效率0.13%，降低发电标准煤耗率0.449g/kWh；对于国产200MW机组补水方式从除氧器补进改为由凝汽器补入，补水率在2%时，可以提高机组热效率0.12%，降低发电标准煤耗率0.38g/kWh。

计算汽水损失量时，由于表计不全或误差，汽水损失率很难准确计算，因此一般只考核锅炉补给水率（补水率）。补给水率是指计算期内补入锅炉、汽轮机设备及其热力系统的补给水量与锅炉实际蒸发量的比率，简称补水率。补水率是反映电厂汽水损失率大小的一项指标，补水率越高，说明汽水损失越多。汽水损失率小于补水率。

$$\text{全厂补水率}=\frac{\text{计算期内全厂补给水量（t）}}{\text{计算期锅炉实际总蒸发量（t）}}\times 100\%$$

全厂补给水量＝发电补给水量＋供热补给水量＋非直接发电补水量＋非生产补水量

非生产补水量＝非发电生产直接供热量（如生活区供热等）＋厂区食堂用汽量＋厂区浴室等用汽量

二、补水率的监督标准

汽水损失率以实际测试值作为监督依据。发电厂的汽水损失率控制水平要求为：100MW及以上机组低于锅炉额定蒸发量的0.5%，100MW以下机组低于锅炉额定蒸发量的1.0%。

补水率的要求：单机容量600MW及以上机组补水率小于锅炉实际蒸发量的1.0%，单机容量300MW及以上但小于600MW机组补水率小于锅炉实际蒸发量的1.5%，单机容量小于300MW的机组补水率小于2.0%。

三、补水率的耗差分析

1. 设计数据计算法

一般情况下，凝汽式火电厂补水率小于5%。补水率每增加1个百分点，从回热系统来看，影响热耗0.15%，发电煤耗率变化0.5g/kWh左右。例如某火电300MW机组补水率影响发电煤耗率系数的计算见表14-27。

表14-27　300MW机组补水率对发电煤耗率的影响系数计算

序号	指标		单位	数值	数据来源
1	额定工况设计值	机组额定出力	MW	300	设计值
2		锅炉效率	%	92.2	设计值
3		管道效率	%	99.0	设计值
4		汽轮机热耗率	kJ/kWh	7921	设计值
5		汽轮机组热效率（3600/④）	%	45.45	公式计算
6		电厂热效率（⑤×②×③）	%	41.49	公式计算
7		0%补水率下的发电煤耗率（123/⑥）	g/kWh	296.46	公式计算
8	3%补水工况	3%补水工况下汽轮机热耗率	kJ/kWh	7976	设计值
9		汽轮机组热效率（3600/⑧）	%	45.14	公式计算
10		电厂热效率（⑨×②×③）	%	41.20	公式计算
11		3%补水工况下发电煤耗率（123/⑩）	g/kWh	298.52	公式计算
12	补水率1个百分点对发电煤耗率的影响值［(⑪－⑦)/3］		g/kWh	0.687	公式计算

注　指标栏中括号内表达式为对应参数的计算公式，圈内数字代表各参数的序号。

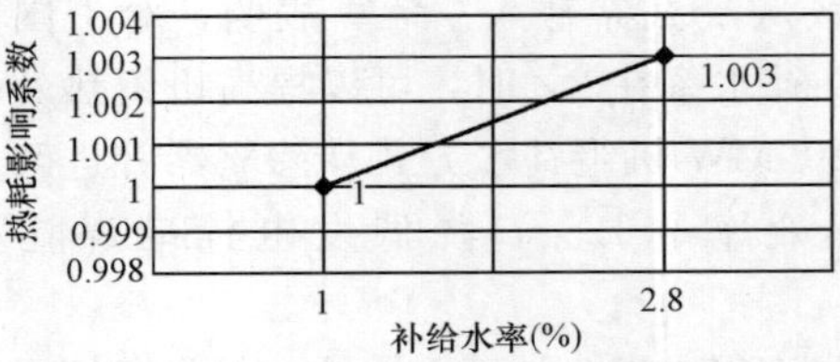

图 14-32 补给水率对热耗率的修正曲线

2. 修正曲线法

（1）N135 国产机组。根据上海汽轮机厂提供的 N135-13.24/535/535 型中间再热凝汽式汽轮机热力修正曲线，其中补给水率修正曲线见图 14-32。当补给水率为 1%时，热耗修正系数为 1.00；当补给水率为 2.8%时，热耗修正系数为 1.003；而且补给水率与热耗率的关系是一条直线，设补给水率 $x\%$，热耗修正系数为 y，则补给水率与热耗率的关系可写为

$$\frac{1.003-1.00}{2.8-1.0}=\frac{1.003-y}{2.8-x}$$

化简上式得

$$y=0.99833+0.001667x$$

对 y 求导，则 $y'=-0.001667$，即补给水率变化 1%，热耗变化 0.1667%。由于设计发电煤耗率为 320.430g/kWh，所以，补给水率增加 1 个百分点，发电煤耗率增加 0.534g/kWh。

（2）ASME 标准修正。再以 ASME PTC6—2004《美国汽轮机性能试验规程》中凝汽器补水率修正曲线说明之，见图 14-33（对应上述规程中图 8.7，纵坐标为 1%补水率时的修正量，%；横坐标为阀门全开时试验主汽流量，%）。

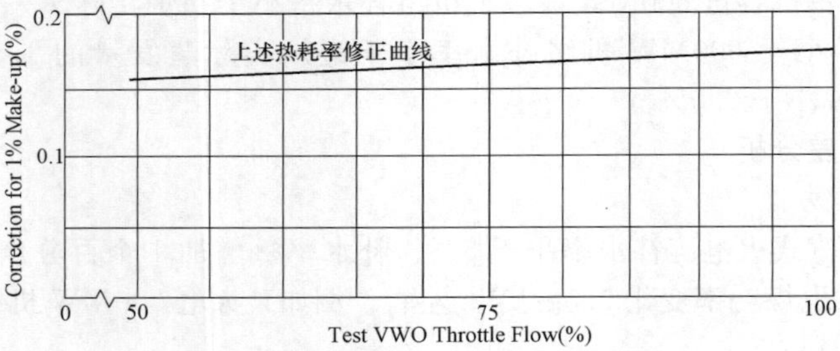

图 14-33 凝汽器补水率对热耗率的修正曲线

在图 14-32 中：在满负荷时，补水率每增加 1 个百分点，机组热耗增加 0.15%；在 75%负荷时，补水率每增加 1 个百分点，机组热耗增加 0.13%。

对于 300MW 机组，设计发电煤耗率为 297.42g/kWh，因此在满负荷时，补水率每增加 1 个百分点，发电煤耗率增加 297.42×0.0015=0.446（g/kWh）。

3. 等效热降法

补水进入系统，沿凝结水和给水加热路线，经过加热器逐级升温，增加抽汽份额，减少了做功能力，同时该热水在锅炉中被加热到汽包压力下的饱和温度，然后以排污形式排出系统。

【例 14-10】 已知 300MW 锅炉汽包压力 $p_{bl}=18.23$MPa，排污焓 $h_{pw}=1640$kJ/kg，补水率从 0%变化到 1%（$\alpha_{bs}=0.01$），计算对经济性的影响。

解：补水经过高低压加热器，减少了回热抽汽，新蒸汽等效热降下降

$$\begin{aligned}\Delta H&=\alpha_{bs}\sum_{i-1}^{z}(\Delta\tau_i\eta_i)\\&=0.01\times(114.8\times0.068798+93.1\times0.11997+84.4\times0.16381+123.6\times0.223\\&\quad+153.3\times0.28158+146.2\times0.33616+186.2\times0.4829+149.2\times0.51238)\\&=3.1908(\text{kJ/kg})\end{aligned}$$

因此装置热经济性降低

$$\delta\eta=\frac{\Delta Q\eta_{ai}+\Delta H}{H-\Delta H}=\frac{0+3.1908}{1207.1-3.1908}\times100\%=0.2650\%$$

机组发电煤耗率增加

$$297.42\times0.265\%=0.788\ (g/kWh)$$

四、影响补水率的因素及应对措施

1. 运行管理方面的因素

(1) 加强运行管理，运行中保持锅炉负荷、水位、汽压等参数稳定，维持凝汽器、除氧器、各加热器水位在合理位置，使锅炉汽水分离装置在正常情况下运行。

(2) 启停及非工况运行时汽水消耗，暖管、暖机、安全阀排汽及锅炉点火时的排汽，会增加补水率。因此应减少主机和辅机的启动次数，以减少启停中的汽水损失；采用滑参数启停时，应尽量回收凝结水。及时回收启停过程中各种加热器的疏水。

(3) 设备蒸汽吹灰次数的增加。如锅炉煤质差，运行调整不当引起的结渣，空气预热器烟气侧差压高。不得不采用增加蒸汽吹灰的次数。脱硫 GGH 运行当中由于堵塞，差不多每 2h 要吹灰 1 次。蒸汽吹灰次数增多也是造成汽水损失的原因。应通过运行调整来防止锅炉结渣以达到减少锅炉吹灰次数。通过采取一些运行措施来防止 GGH 堵塞，降低脱硫 GGH 吹灰次数。

(4) 伴热蒸汽消耗部分蒸汽，应根据环境温度变化，间断投运蒸汽伴热。为了冬季防冻，热工仪表伴热投入运行，有的锅炉还增加了再热器系统管道、主给水系统管道的伴热，而伴热疏水接到定压扩容器就会排放。因此对于管道伴热应进行关小、微开。

(5) 暖风器疏水消耗部分汽水。暖风器疏水系统应采用节能型管路、系统布置；暖风器的疏水应回收利用，或在监测合格后直接引入凝汽器。

(6) 补水流量表不准。有的凝汽器补水调门开度在 40%以下，流量无显示。例如 300MW 机组凝汽器补水表计计量最大量程（流量孔板）为 80t/h，因此在补水量接近 80t/h 时，由于补水管道充满水，误差小；但是当低于 10t/h 时，补水管道水很小，测量装置基本不显示，导致计量数据偏小。因此建议凝汽器补水管道加装旁路，正常运行时走小旁路计量，在紧急大量补水时，再走主补水管路计量。

有的电厂由于补水流量测量装置安装位置不合理，导致精处理反冲洗水或者闭式水补水进入补水量计量中，导致补水率偏大，因此应首先改进凝汽器补水流量测量装置的安装位置，并将流量表更换成具有累计功能的表计。

2. 锅炉排污方面的因素

(1) 锅炉的排污一般分两种情况：一种是连续从汽包处排污（简称连排）；另一种是定期从水冷壁下联箱和集中下降管处排污（简称定排）。锅炉的排污不仅会造成机组工质损失，导致补水率升高；更重要的是还伴随有热量损失，将影响到机组的热经济性。由于连续排污对机组来说，不仅是一种工质损失，同时也是一种能量损失。因此现代大型机组的排污系统往往设计有连续排污扩容器，其作用是连续排污来的水在此扩容降压，其产生的蒸汽回收至除氧器，扩容后得到的水排放出系统。由于连续排污扩容器的使用，回收了一部分工质和热量，使排污对机组的经济性明显下降。一般情况下，锅炉连续排污水经电动调节阀至连排扩容器，经连续排污扩容器产生的二次蒸汽引至除氧器，浓缩后的连续排污水，经手动调节门排至定排扩容器。连排扩容器的水位控制主要靠人工调整手动调节门。由于运行工况经常变化，比如排污量、蒸汽压力、除氧器压力等原因导致水位很难调整。为避免扩容器水位过高影响除氧器水质，往往保持较低水位运行，甚至无水位运行。据统计，有80%的时间是无水位运行。因此，连续排污扩容器产生的二次蒸汽直接排至定排扩容器，造成了汽水的大量损失。对于连排跑汽问题，需要对排水系统进行改进，使其在工况变化时扩容器水位能自动控制而不需人工调节，维持水位在正常范围，从而将连排扩容器中产生的二次蒸汽回收至除氧器，减少了汽水损失。

(2) 加强水质监督，提高补充水的品质。锅炉给水品质高，在锅炉设计的炉水浓缩倍率下，排污率将减少。

(3) 锅炉排污量大，机组补水量就大。因此应根据汽水品质情况进行排污，尽量减少排污次数、缩短排污时间，减少排污量；尽量回收各项疏水和排污水。

3. 管道、阀门泄漏方面的因素

(1) 安全阀。锅炉方面：过热器两个机械安全阀和七个电磁安全阀，再热器进口七个安全阀和出口两个机械安全阀，汽包六个机械安全阀，这些阀门由于其连接在主管道上，压力温度较高，一旦有内漏水汽损失很大。汽轮机方面：各高压加热器、低压加热器安全阀，以及加热器汽侧疏水手动阀，除氧器安全阀，前置泵进口安全阀等内漏，是造成汽水损失的原因。机组异常运行如甩负荷安全阀动作，以及四管泄漏等，都是造成汽水损失的原因。

(2) 全厂热力管道系统管道疏放水阀门有几千只，阀门严密性的好坏与正确使用往往成为减少汽水损失的关键；而且疏放水阀门绝大多数处在高温高压状态，运行中受工质的冲刷和热应力及其他外力的影响，易产生磨损、冲蚀、腐蚀、泄漏甚至于破裂损坏等。从检修与运行两方面着手，加强疏放水阀门泄漏治理，提高阀门检修质量，严格执行三级检修验收制度，规范阀门运行操作，这些措施实施后，大大将阀门汽水泄漏量减少至最少。

4. 疏放水系统

热力系统的疏放水系统存在问题。当热力系统、设备放水时，汽水混合物经扩容器分离后大部分蒸汽通过疏水扩容器排空门损失掉，只有一小部分热水回收到疏水箱；而当有设备相对集中放水时，就会造成疏水扩容器满水，大量的汽水混合物通过疏水扩容器排空门排掉，在全部损失中这部分损失占的比例较大。

因疏水箱、疏水泵容量有限，当热力系统（包括汽轮机侧、锅炉侧）疏水量大时，疏水泵出力不足，来不及打水，大量的疏水就从疏水箱溢流，造成损失。因此应采用完善的疏放水系统，将除氧器等其他热力设备疏放水（汽）收入专用水箱中，然后送入锅炉的给水系统中。

第十一节　给水温度的监督

一、给水温度的定义

给水温度是指汽轮机最后一个高压加热器的出口（高压给水加热系统大旁路后）水温，也叫最终给水温度。

考虑到高压加热器出口温度表计装置的地点不同及给水旁路门的严密性，一般以装在锅炉侧给水母管上的给水温度表计为准。

锅炉给水温度改变时，不仅会引起燃煤量的改变，还会引起锅炉排烟温度的改变，从而影响锅炉效率，最终导致煤耗率的改变。

二、给水温度的监督标准

首先根据制造厂的设计资料或经过测试，绘制给水温度与负荷的关系曲线。

最终给水温度的监督以统计报表、现场检查或测试的数据作为依据。统计期平均值不小于对应平均负荷下设计的给水温度。

三、给水温度的耗差分析

ASME PTC6—2004《美国汽轮机性能试验规程》中给出的最终给水温度修正曲线见图 14-34，图中直接给出两者之间的变化关系是线性的（对应上述规程中图 8.2：纵坐标为最终给水温度变化 5℉时，修正量,%；横坐标为阀门全开时试验的主汽流量,%），可以直接查曲线求得。

为了计算方便，取 85%负荷点，此点对应给水温度变化 5℉［即 5×5/9=2.778（℃）］时，热耗率变化 0.1%。

对于 300MW，发电煤耗率变化 0.1%×297.42g/kWh=0.297g/kWh；即给水温度每变化 1℃，热耗率变化 0.036%，发电煤耗率变化 0.107g/kWh。

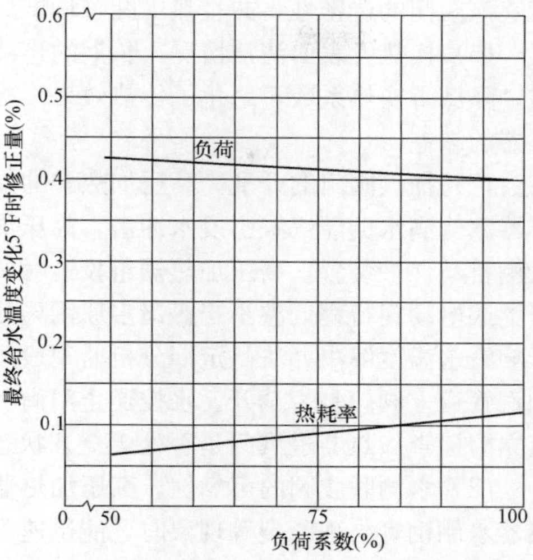

图 14-34　最终给水温度对热耗率的修正曲线

四、影响给水温度的因素和对策

高压加热器是利用机组中间级后的抽汽，通过加热器传热管束，使给水与抽汽进行热交换，从而加热给水，提高给水温度，是火力发电厂提高运行经济性的重要手段。为了使高压加热器能全部投入运行，最大限度的提高给水温度，应采取以下措施。

（1）汽侧安全门可靠性。高压加热器汽侧设置有汽侧安全门，保护高压加热器内的蒸汽压力不超压，避免缩短加热器寿命和应力破坏。汽侧安全门一般为弹簧式安全门。如果汽侧安全门的弹簧失效或阀门严密性差，导致部分蒸汽泄漏排入大气，不但损失热量而且浪费高品质的工质，解决办法坚持定期试验与检查，及时进行检修消缺。

（2）管道保温材料。大型机组高压加热器出水温度一般设计值在 280℃左右，高压加热器出水至锅炉省煤器有相当长距离的管道。生产现场室温一般在 40～50℃以下，这样给水管道与室温存在温差，就存在散热现象。如果给水管道的保温材料选型不当或质量差等原因存在，导致给水管道的热损失增大，影响给水温度。解决办法是选用保温性能好的材料和提高保温材料的铺设水平。

（3）高压加热器水室隔板密封性。高压加热器的水室靠焊接的水室隔板将水室分成进水室和出水室。如果水室隔板焊接质量不过关，势必导致部分高压给水“短走旁路”，而不流经加热钢管。这样这部分给水未与蒸汽进行热交换，造成给水温度偏低。高压加热器投运前暖管时间不够，在投运过程中温升率太大，造成水室隔板吸热不均匀而产生巨大的热应力，而使其变形引起泄漏。运行中一旦发现高压加热器水室隔板的泄漏现象，应及时消除，防止给水短路。

（4）高压加热器芯子的安装质量。高压加热器的受热面是由多根钢管组成的 U 形管束，整个管束安置在加热器的圆筒形外壳内，整个管束是制成的一个整体，通常称为高压加热器芯子。便于安装或检修时吊装和析出。如果高压加热器芯子安装质量差，导致扇形板与高压加热器外壳内壁设计间隙发生变化，出现一侧大，而另一侧小，降低高压加热器受热面的热交换效果。解决办法是检修单位严格高压加热器芯子的吊装程序，提高安装水平。

（5）给水大旁路电动门严密性。作为高压加热器系统中的大旁路电动门是在高压加热器水侧未投运前，为保证向锅炉供水的需要，让给水流经大旁路电动门而不通过高压加热器水侧。但是如果机组正常时，高压加热器大旁路电动门下限行程未调试好或阀门严密性差，造成部分给水不经过高压加热器而走旁路，给水温度必然会降低。解决办法是选购严密性好的阀门，大修机组应检查该阀门的严密性，并且热工配合调试好该电动门。

(6) 换热管表面清洁情况。长期的连续运行使高压加热器的换热管表面结垢严重，增大了端差，降低了换热系数，恶化了传热效果。检修时应清扫加热器管子，保持加热器清洁，以降低加热器的端差。

(7) 抽汽阀门的开度。高压加热器的加热蒸汽取自汽轮机的抽汽，为保护汽轮机避免高压加热器汽侧满水倒灌汽缸引发水冲击，高压加热器汽侧设有一套由抽汽电动门和水控止回门组成的汽侧自动保护装置。高压加热器组投运时要求抽汽电动门和水控止回门应全开。如果因阀门机构卡涩或电动门行程调整不当等诸多原因导致阀门未全开，这样蒸汽节流会使蒸汽做功能力损失，影响给水温度解决办法是定期分析监视段压力值和对应高压加热器蒸汽压力值的数据，从而判断抽汽管道上阀门是否全开。水控逆止门尚可通过其开度标尺进行检查。若加热器出口温度降低，应立即检查加热器进汽门是否处于全开状态。

(8) 水侧联成阀的可靠性。高压加热器水侧的自动保护装置的作用是当运行中任 1 台高压加热器水侧钢管出现断裂等现象时，能迅速可靠地切断高压加热器水侧，并且保证向锅炉不间断供水。如果高压加热器水侧自动保护装置的部件可靠性差，出现联成阀传动机构卡涩或阀门严密性差等现象，会导致部分给水短路，走给水小旁路，影响给水的温度。特别是高压加热器入口联成阀密封填料，经长期运行，填料受冲刷损坏造成密封不严，使部分给水未流经高压加热器而走旁路直接进入锅炉。如果高压加热器出口联成阀后的水温低于高压加热器出口联成阀前的水温，就可以断定高压加热器给水旁路联成阀存在泄漏问题。因此应定期检查高压加热器入口联成阀密封填料，大修中对阀门密封面进行了研磨，采用质量较好的膨化聚四氟乙烯填料，杜绝径向漏流。

(9) 汽侧空气门开度。高压加热器汽侧设置有空气门，其作用是将高压加热器汽侧内积聚的空气抽至凝汽器后，最后由射水抽气器抽出，避免加热器内积聚的空气影响传热效果。因为空气的传热系数远小于钢材，空气会在钢管周围形成空气膜，阻碍传热。然而空气门系人工操作，其开度的大小影响给水温度。解决办法是运行人员通过分析各个高压加热器的端差，可以判断排气是否畅通以此为依据调控好空气门的开度。但是当加热器超负荷、管束泄漏或结垢时也会引起终端差增大，应予具体分析对待。在加热器启动时，应保持加热器排气畅通。将加热器内非凝结气体排出，是保证加热器正常工作的重要条件。

如果加热器漏空气，影响管壁传热，给水温度相应降低。

(10) 机组负荷。机组负荷率变化，相应的汽轮机抽汽压力、抽汽温度以及给水流量变化，高压加热器出水温度跟随着变化。机组负荷率低，给水温度相应降低；机组负荷率高，给水温度相应提高。机组负荷降低时一级抽汽、二级抽汽、三级抽汽的抽汽温度和压力均低于额定值，使高压加热器在非额定工况下运行。抽汽量在给水流量增加的情况下不能满足充分加热给水的要求，使高压加热器温升不足，导致高压加热器出口给水温度低于设计值。

(11) 高压加热器疏水调节阀失灵，使高压加热器疏水水位过高，浸没换热管，影响传热。大修中应对高压加热器疏水调整门和就地水位计进行维修，保证高压加热器疏水水位实现自动调整，确保水位正常。

(12) 高压加热器投入率。高压加热器投入率是影响给水温度、机组运行经济性的一项重要指标。高压加热器要进行随机启停，并严格控制各加热器启停温升（降）率在合格范围内，防止升温或降温过快，导致管子热应力过大而损坏。

(13) 高压加热器管子堵管数量。堵管数量越多，换热效果越差。高压加热器管子和管口堵管数量要求见表 14-28。高压加热器内堵管数增多，不但减少了换热面积，而且使管内给水流速加快，恶化了传热效果。当堵管数超过表 14-28 堵管数量要求时，应考虑重新更换管系。

表 14-28 单台高压加热器传热管子和管口的堵管数量要求

机组容量（MW）	管子和管口的堵管数量	机组容量（MW）	管子和管口的堵管数量
≤100	不大于总数的 2%，且不多于 8 根	>300	不大于总数的 1.2%，且不多于 28 根
100～300	不大于总数的 1.5%，且不多于 15 根		

（14）保护动作而紧急停用高压加热器。如果高水位保护动作就会紧急停用高压加热器。高压加热器保护装置误动作也会紧急停用高压加热器。高压加热器汽水管道、阀门爆破而紧急停用高压加热器。这些原因都会引起给水温度骤降。

（15）加热器抽汽管道阀门没有全开，造成抽汽压损增加，抽汽压力降低，造成给水温度降低。

第十二节 加热器端差的监督

回热加热器是热力系统的重要设备之一。其中，高压给水加热器是一种比较复杂的热交换器，内部传热过程包括汽—液传热，冷凝传热和液—液传热，见图 14-35。结构按三段式设计，即过热蒸汽冷却段、蒸汽凝结段和疏水冷却段。在过热蒸汽冷却段进行的是汽—液热交换，按设计，过热蒸汽在此段内被给水冷却至饱和蒸汽；在蒸汽凝结段进行的是冷凝传热，按设计，被冷却至的饱和蒸汽在此段内全部被给水冷凝成饱和水，同时在此段内还把上级高压加热器的疏水冷却到当地压力的饱和水；疏水冷却段进行的是液—液传热，按设计，蒸汽凝结段的饱和水在此段内被给水冷却成疏水。

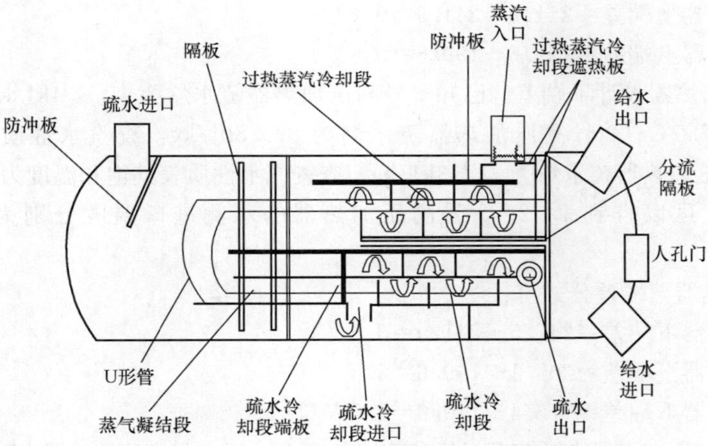

图 14-35 高压加热器

高压给水加热器对热经济性的影响较大，主要表现在加热器端差对热经济性的影响。端差的存在和变化，虽没有发生直接的明显热损失，但却增加了热交换的不可逆性，产生了额外的冷源损失，降低了装置的热经济性。

一、加热器端差的定义

加热器端差是指加热器进口蒸汽压力下的饱和温度与水侧出口温度的差值，即加热器上端差，也叫给水端差，计算公式为

加热器端差（℃）＝加热器进口蒸汽压力下的饱和温度（℃）－加热器水侧出口温度（℃）

而加热器下端差是指加热器疏水温度与水侧进口温度的差值，也叫疏水端差，计算公式为

加热器下端差（℃）＝加热器疏水温度（℃）—加热器水侧进口温度（℃）

【例 14-11】 某厂 300MW 机组高压加热器设计参数见图 14-36，求 1～3 号高压加热器的设计端差和设计下端差。

解：（1）求高压加热器设计上端差。已知 1 段抽汽压力为 5.69MPa，查汽水性质表其饱和温度为 272.1℃；2 段抽汽压力为 3.46MPa，查汽水性质表其饱和温度为 241.9℃；3 段抽汽压力为 1.54MPa，查汽水性质表其饱和温度为 199.6℃。

又从图 14-35 可以查到 1、2、3 号高压加热器的水侧出口温度分别为 273.8、241.9℃和 199.6℃。

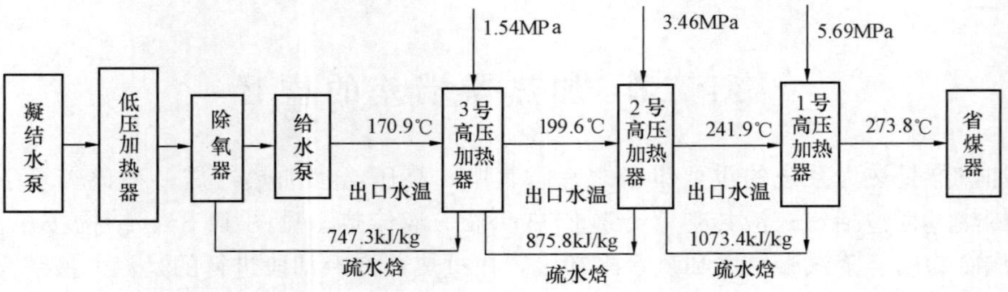

图 14-36 加热器端差

根据上述加热器端差公式得：

1 号高压加热器上端差＝272.1－273.8＝－1.7（℃）

2 号高压加热器上端差＝241.9－241.9＝0（℃）

3 号高压加热器上端差＝199.6－199.6＝0（℃）

（2）求高压加热器设计下端差。已知 1 号高压加热器疏水焓为 1073.4kJ/kg，查汽水性质表其饱和温度为 247.5℃；2 号高压加热器疏水焓为 875.8kJ/kg，查汽水性质表其饱和温度为 205.1℃；3 号高压加热器疏水焓为 747.3kJ/kg，查查汽水性质表其饱和温度为 176.4℃。

又从图 14-36 可以查到 1、2、3 号高压加热器的水侧进口温度分别为 241.9、199.6℃和 170.9℃。

根据上述加热器下端差公式得：

1 号高压加热器下端差＝247.5－241.9＝5.6（℃）

2 号高压加热器下端差＝205.1－199.6＝5.5（℃）

3 号高压加热器下端差＝176.4－170.9＝5.5（℃）

【例 14-12】 高压加热器各项实际运行参数见表 14-29。求 1 号高压加热器实际上端差和下端差。

表 14-29　　某厂 300MW 机组高压加热器端差情况

加热器	抽汽压力（MPa）		进水温度（℃）		出水温度（℃）		疏水温度（℃）		上端差（℃）		下端差（℃）	
	设计值	实际值	设计值	实际值	设计值	实际值	设计值	实际值	设计值	实际值	设计值	实际值
JG1	5.69	6.03	241.9	246	273.8	273.3	247.5	249.5	－1.7	2.57	5.6	3.5
JG2	3.46	3.63	199.6	206	241.9	246	205.1	211	0	0.2	5.5	5
JG3	1.54	1.67	170.9	173	199.6	206	176.4	178	0	0.3	5.5	5

注 抽汽压力为绝对压力。

解：(1) 求高压加热器上端差。已知1段抽汽压力为6.03MPa，查汽水性质表其饱和温度为275.87℃，又从表14-29可以查到1号高压加热器的水侧实际出口温度为273.3℃。

因此1号高压加热器上端差＝275.87－273.3＝2.57（℃）

(2) 求高压加热器设计下端差。已知1号高压加热器疏水温度为249.5℃，又从表14-29可以查到1号高压加热器的水侧进口温度为246℃。

因此1号高压加热器下端差＝249.5－246＝3.5（℃）

二、加热器端差的监督标准

大型火电机组低压加热器设计性能通常为：低压加热器上端差2.8℃；疏水端差5.5～5.6℃。

大型火电机组高压加热器大都采用卧式内置三段式，即每级加热器内设置过热蒸汽冷却段蒸汽凝结段和疏水冷却段。过热蒸汽冷却段利用汽轮机抽出的过热蒸汽的一部分显热来加热给水，使给水出口温度达到或超过进汽压力下的饱和温度，以减小上端差，提高机组热效率。高压加热器的设计给水端差一般为0～－1.7℃。疏水冷却段是将蒸汽凝结水继续冷却放出热量加热给水，以提高机组热效率，高压加热器的设计疏水端差一般为5.5～5.6℃。高压加热器上端差偏大，表明凝结段换热效果较差，高压加热器给水出口温度偏低。

按照国家GB 10865《高压加热器技术条件》规定：设有内置式蒸汽冷却段高压加热器的给水端差应不小于－2℃，疏水端差不小于5.5℃；当疏水端差要求小于5.5℃时，应采用外置式疏水冷却器。无蒸汽冷却段的高压加热器的给水端差应不小于1℃。高压加热器下端差偏大，表明疏水冷却段换热不佳，疏水未有效释放热量即进入下一级加热器或除氧器，造成热能损失以及加热器效率下降。

加热器端差应在A/B级检修前后测量，统计期加热器端差应不大于加热器设计端差＋2℃；疏水端差应不大于加热器设计疏水端差＋4℃。

实际运行中普遍存在加热器端差大的问题，不少机组低压加热器给水端差达到15℃、疏水端差达到30℃，某些机组高压加热器疏水端差达到20℃。

考虑到加热器上端差对机组热经济性的影响远比下端差大，因此无特殊说明，加热器端差均指上端差。

三、加热器端差的耗差分析

利用等效热降理论，针对各类机组加热器端差对机组热经济性影响见表14-30和表14-31。

【例14-13】 某300MW机组1号高压加热器（对应8号加热器）的抽汽效率η_1＝0.51238，机组热效率η＝0.4525，求1号高压加热器端差增加Δt＝10℃时，对机组热经济性的影响。

解：新蒸汽等效热降增加

$$\Delta H=\eta_1\Delta t\times 4.1868=0.51238\times 10\times 4.1868=21.45\ (\text{kJ/kg})$$

再热器吸热量增加引起热力系统的循环吸热量增加

$$\Delta Q=\Delta t\times 4.1868=41.868\ (\text{kJ/kg})$$

机组等效热降变化值为

$$\Delta H-\Delta Q\eta=21.45-41.868\times 0.4525=2.507\ (\text{kJ/kg})$$

机组热耗变化 $\delta\eta=\dfrac{\Delta H-\Delta Q\eta}{H-\Delta H}\times 100\%=\dfrac{2.507}{1207.1-21.45}\times 100\%=0.211\%$

发电煤耗率增加

$$0.211\%\times 297.42=0.627\ (\text{g/kWh})$$

【例14-14】 某300MW机组2号高压加热器（对应7号加热器）端差增加1℃，给水温度降低1℃，由241℃减少到240℃，出口焓发生变化，$\tau_7=1144.84$kJ/kg降低到$\tau'_7=1140.22$kJ/kg，计算对经济性的影响。

解：2号高压加热器端差增大，增加了八段抽汽，1号高压加热器疏水对2号高压加热器也有影响。

做功增加

$$\Delta H=\Delta\tau'_7(1-\alpha_8)(\eta_8-\eta_7)=(\tau_7-\tau'_7)(1-\alpha_8)(\eta_8-\eta_7)$$

$$=(1144.8-1140.2)\times(1-0.072\,14)\times(0.512\,38-0.4829)=0.2352(\text{kJ/kg})$$

新蒸汽吸热量增加

$$\Delta Q=\Delta\tau'_7\,(1-\alpha_8)\left(\frac{Q_{zr-7}}{\Delta q_7}-\frac{Q_{zr-8}}{\Delta q_8+\Delta\tau'_7}\right)$$

$$=(1144.8-1140.2)\times(1-0.072\,14)\times\left(\frac{517.1}{2143.2}-\frac{470.53}{2068.1+1144.8-1140.2}\right)$$

$$=0.1138(\text{kJ/kg})$$

因此装置热经济性降低

$$\delta\eta=\frac{\Delta H-\Delta Q\eta_{ai}}{H+\Delta H}\times100\%=\frac{0.2352-0.1138\times0.4604}{1207.1+0.2352}\times100\%=0.0151\%$$

机组发电煤耗率增加

$$297.42\times0.0151\%=0.045\ (\text{g/kWh})$$

【例14-15】 3号高压加热器端差增加1℃，给水温度降低1℃，由199.6℃减少到198.6℃，出口焓发生变化，$\tau_6=858.57$kJ/kg降低到$\tau'_6=854.18$kJ/kg，计算对经济性的影响。

解：3号高压加热器端差增大，增加了七段抽汽，2号高压加热器疏水对3号高压加热器也有影响。

做功增加

$$\Delta H=\Delta\tau'_6(1-\alpha_8-\alpha_7)(\eta_7-\eta_6)=(\tau_6-\tau'_6)(1-\alpha_8-\alpha_7)(\eta_7-\eta_6)$$

$$=(858.57-854.18)\times(1-0.072\,14-0.080\,38)\times(0.4829-0.336\,16)$$

$$=0.5459(\text{kJ/kg})$$

新蒸汽吸热量增加

$$\Delta Q=\Delta\tau'_6\,(1-\alpha_8-\alpha_7)\frac{Q_{zr-7}}{\Delta q_7+\Delta\tau'_6}$$

$$=(858.57-854.18)\times(1-0.072\,14-0.080\,38)\times\frac{517.1}{2143.2+858.57-854.18}$$

$$=0.8958(\text{kJ/kg})$$

因此装置热经济性降低

$$\delta\eta=\frac{\Delta H-\Delta Q\eta_{ai}}{H+\Delta H}\times100\%=\frac{0.5459-0.8958\times0.4604}{1207.1+0.5459}\times100\%=0.011\%$$

机组发电煤耗率增加

$$297.42\times0.011\%=0.033\ (\text{g/kWh})$$

【例 14-16】 1 号低压加热器（对应 8 号加热器）端差增加 1℃，出口温度降低 1℃，由 61.4℃减少到 60.4℃，出口焓发生变化，$\tau_1=258.1$kJ/kg 降低到 $\tau'_1=254.17$kJ/kg，$\Delta\tau'_1=4.18$kJ/kg，计算对经济性的影响。

解：做功增加

$$\Delta H=\alpha_H\Delta\tau'_1(1-\alpha_4-\alpha_3-\alpha_2)(\eta_2-\eta_1)$$

$$=0.7625\times4.18\times(1-0.038\,14-0.025\,58-0.027\,618)\times(0.119\,97-0.068\,798)$$

$$=0.148(\text{kJ/kg})$$

因此装置热经济性降低

$$\delta\eta=\frac{\Delta H}{H+\Delta H}\times100\%=\frac{0.148}{1207.1+0.148}\times100\%=0.0123\%$$

机组发电煤耗率增加

$$297.42\times0.0123\%=0.037\ (\text{g/kWh})$$

上端差每变化 10℃对热耗的影响见表 14-30，下端差每变化 10℃对热耗的影响见表 14-31。

表 14-30　　上端差每变化 10℃对热耗的影响

机　组	单位	1 号高压加热器上端差	2 号高压加热器上端差	3 号高压加热器上端差	5 号低压加热器上端差	6 号低压加热器上端差	7 号低压加热器上端差	8 号低压加热器上端差
200MW	kJ/kWh	18.2	13.8	8.3	8.1	9.4	5.9	15.4
	%	0.2209	0.1678	0.1001	0.0978	0.1139	0.0721	0.1866
上汽 300MW 引进型	kJ/kWh	16.79	12.01	8.75	11.8	12.1	8.2	9.79
	%	0.2110	0.151	0.11	0.1490	0.1528	0.1039	0.1230
哈汽 N300-16.7/537/537	kJ/kWh	13.54	8.83	11.72	11.04	11.80	8.31	9.24
上汽 600MW 高中压分缸	kJ/kWh	18.5	9.7	9.9	11.3	9.7	7.3	10.9
	%	0.2375	0.1250	0.1277	0.1456	0.1243	0.0934	0.1405
哈汽 N600-16.7/538/538 高中压合缸	kJ/kWh	14.60	8.81	10.95	11.01	11.45	8.08	9.44
	%	0.1799	0.1099	0.1385	0.1469	0.1471	0.0999	0.1207
北重 600MW 分缸超临界	kJ/kWh	19.0	8.0	8.2	8.2	9.5	13.5	7.4
	%	0.2531	0.1068	0.1088	0.1093	0.1262	0.1799	0.0993
哈汽-三菱 N600-24.2-566/566 超临界	kJ/kWh	18.57	7.46	9.26	10.34	12.79	7.62	8.44
	%	0.2450	0.0984	0.1221	0.1365	0.1687	0.1006	0.1113
上汽 N1000-26.25/600/600 分缸超临界	kJ/kWh	22.2	7.28	10.75	7.80	5.7	13.36	8.15
	%	0.3019	0.0993	0.1455	0.1061	0.0775	0.1850	0.1115
东汽 1000MW 超临界	kJ/kWh	17.0	9.7	7.3	6.4	7.3	6.0	9.5
	%	0.2312	0.1319	0.0993	0.0870	0.0993	0.0815	0.1292

表 14-31　　　　　　　　下端差每变化 10℃ 对热耗的影响

机组	单位	1号高压加热器下端差	2号高压加热器下端差	3号高压加热器下端差	5号低压加热器下端差	6号低压加热器下端差	7号低压加热器下端差	8号低压加热器下端差
上汽 300MW 引进型	kJ/kWh	0.8	2.3	2.9	0.7	0.8	1.4	1.7
	%	0.0103	0.0287	0.0371	0.0093	0.0105	0.0177	0.0218
哈汽 300MW 引进型	kJ/kWh	0.77	2.32	2.93	0.72	0.84	1.37	2.42
600MW 高中压分缸-上汽	kJ/kWh	0.9	2.0	3.3	0.5	0.6	2.7	0.0
	%	0.0112	0.0263	0.0422	0.0063	0.0079	0.0348	0.0000
N600-16.7/538/538 高中压合缸-哈汽	kJ/kWh	0.75	2.11	3.20	0.67	0.81	1.39	2.03
	%	0.0094	0.0267	0.0403	0.0087	0.0100	0.0179	0.0261
600MW 分缸超临界北重-ALSTOM	kJ/kWh	0.7	1.6	3.1	0.7	2.0	2.8	0.0
	%	0.0088	0.0219	0.0418	0.0087	0.0265	0.0373	0.0000
600MW 超临哈汽-三菱	kJ/kWh	0.54	1.66	2.76	0.98	0.90	1.40	1.78
	%	0.0071	0.0219	0.0364	0.0129	0.0118	0.0185	0.0235
1000MW 分缸超临界上汽-西门子	kJ/kWh	0.47	2.27	2.91	2.25	—	—	—
	%	0.0068	0.0326	0.0394	0.0313	—	—	—
东汽 1000MW 超临界	kJ/kWh	1.2	1.7	3.0	0.3	0.8	1.2	2.2
	%	0.0163	0.0231	0.0408	0.004 08	0.010 88	0.015 963	0.029 92

注　200MW 机组及上汽 1000MW 机组 6、7、8 号低压加热器无外置式疏水冷却器。

四、影响加热器给水端差的因素与对策

从传热学角度来看，非辐射传热过程端差公式

$$\delta_t = \frac{\Delta t}{e^{\frac{KA}{D_w c_p}} - 1}$$

式中　δ_t——加热器传热端差，℃；

Δt——加热器给水温升，℃；

K——传热系数，kW/(m^2·℃)；

D_w——加热器给水量，kg/s；

A——传热面积，m^2；

c_p——水的定压比热容，kJ/(kg·℃)，可根据平均传热温差 Δt_m 查水汽表得到。

从上面的公式可以定性分析影响传热端差的因素：

加热器给水温升增大，传热端差增大：在额定工况温升基本不变，高负荷时端差增大。

传热面积减小，传热端差增大：加热器堵管后换热面积减小，传热端差增大。

传热系数减小，传热端差增大：加热器结垢或汽侧有不凝结其他传热系数减小，端差增大；疏水段漏入蒸汽也会恶化换热条件，导致疏水端差增大。

给水流量增大，端差增大：给水流量增大，换热量增大，端差增大。给水短路引起的流量减小，实际经过加热器的给水端差减小，但出水侧汇合以后温度降低，计算端差增大。

（1）加热器水位。高压加热器水位自动调节品质较差等原因，将使加热器水位过高，会多淹

没一部分有效传热面积，凝结换热面积减少，给水在加热器中的吸热量则会减少，减少了给水温升，使加热器给水端差增大；加热器水位升高后，疏水冷却段的冷却面积增大，加热器出口疏水温度降低，下端差减小。水位过高常由于疏水调节器失灵、运转不当而引起的，或是由于各级加热器之间的压力差不足，加热器过负荷运行以及管子有泄漏而引起的。某电厂 300MW 机组 1 号高压加热器水位从 0mm 升高到 170mm，疏水温度下降了 12℃，下端差从 37℃下降到 25℃，高压加热器的给水端差增加不大，见图 14-37。

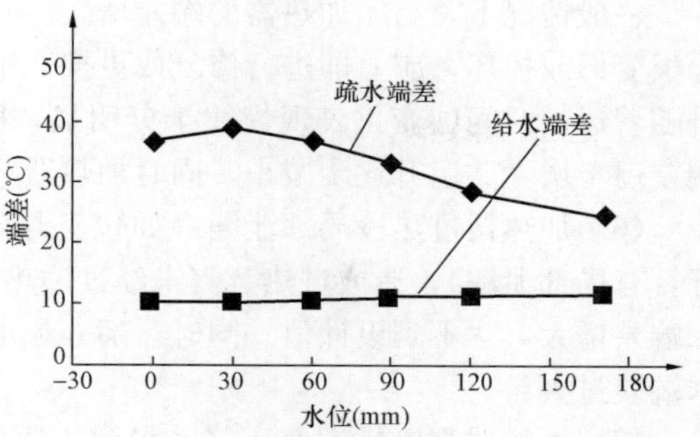

图 14-37　1 号高压加热器端差与水位关系

降低加热器水位，疏水冷却段被淹没的管排较少，即疏水的冷却面积不足，加热器出口疏水温度升高，下端差增大；但凝结段由于被淹没的管排也较少，凝结换热面积增加，加热器自身出口给水温度略有升高，上端差减小；水位过低时，使疏水温度接近饱和温度，容易在正常疏水管路中还会产生汽水两相流，引起管道剧烈振动。

所以在加热器的疏水端差明显增大时，必须尽快检查是否是由于低水位运行或无水位运行而引起的，并迅速纠正。

运行中，监视加热器运行水位，并保持稳定在正常范围内，并应保持稍高水位，确保吸水口不进汽水两相混合物。如有条件应在试验基础上调整最佳水位，既不淹没过多管子，又保证疏水段不进汽。

(2) 管束表面污垢。加热器长期运行后，会在管子内外表面形成以氧化铁为主的污垢，降低了传热效果，增加压力损失。引起高压加热器出口温度降低，造成高压加热器给水端差大。因此应严格控制锅炉给水 pH 值和含氧量，减少钢管表面的腐蚀。当加热器管束水侧结垢严重时，可采用酸洗办法予以解决。

(3) 运行参数偏离设计参数较大，如给水流量、给水入口温度等。由于机组设计和制造缺陷以及运行调整和泄漏的原因，机组运行的热力性能指标达不到设计值，使得机组在偏离设计值较大的工况下运行。在额定负荷下，进汽量是一定的，而热量也是一定的。当给水流量增大时温升下降，降低了高压加热器的出口温度，从而导致高压加热器上下端差增大。当给水流量接近额定工况，由于某种原因（如水室隔板短路）造成给水温度过低，高压加热器温升减少，也会使给水端差和疏水端差增大。

(4) 高压加热器管束缺陷。高压加热器管束或管板泄漏、堵管，影响高压加热器的传热效果，导致上下端差增大，疏水温度高。在高压加热器投运和解列过程中，若控制不当，给水温度变化速度超标，管束与管板连接处会受到很大的热冲击，这种应力过大或多次交变，会损坏连接处结合面，造成管子端口泄漏。加热器堵管超过 10%，传热面积较少。因此，要严格按照规定的温度速率启停加热器，防止热冲击。高压加热器的温升率控制在 5℃/min，温降率控制在 2℃/min。当高压加热器发生管束或管板泄漏，应该进行停机处理，对加热器进行查漏、堵管、焊接。对于泄漏严重、堵管数量超过极限值的加热器，应更换加热器管芯。

(5) 加热器水室分程隔板变形或损坏，造成部分给水短路。水室分流程隔板短路（如水室隔板螺栓未拧紧或焊缝开裂），相当一部分给水未经换热管直接由出口流出，造成没有足够的给水经过疏水冷却段，未能使疏水温度降到设计值，疏水温度降低，致使疏水端差升高。同时由于该级高压加热器温升太低，导致该级高压加热器的给水端差增加。

一般情况下，高压加热器的端差增大、同时温升降低，则最大的可能是高压加热器水室分程隔板变形或损坏，应立即进行修复或更换。水室分程隔板变形或损坏后，高压加热器的端差和温升随着运行时间的变化表现规律十分明显，即随着运行时间的增加（含机组启、停次数增加），端差逐步增大、温升逐步减小，同时加热器给水阻力下降。

(6) 加热器过热段局部泄漏（如包壳与隔板的焊接及进汽口套管与包壳扳的焊接未完全焊好，有局部泄漏），造成过热蒸汽未经过过热段管子直接进入凝结段，过热段给水温升降低，给水端差增大，达不到设计值。同时，部分疏水未经换热，而是经泄漏处短路流出疏水段，导致疏水端差过大。

(7) 加热器汽侧排空气不畅，导致不凝结气体聚集，并在管子表面上形成空气层，影响换热。加热器中不凝结气体的来源是加热器停运、检修时滞留在加热器壳体和水侧的空气，抽汽或疏水带入或析出不凝结气体。不凝结气体的存在降低了传热效果，增大了加热器端差。

在高压加热器投运前，打开高压加热器本体上的全部排空气门，高压加热器运行正常后，再按照规定关闭部分空气门，保持连续排气门（排气到除氧器的空气门）常开。运行中要注意检查放空气系统的工作状态，保证放空气管路系统的畅通。

对于低压加热器，加热器上端差偏大的主要原因可能是排空气系统不畅，因此对于低压加热器必须注意加热器正常水位外，检查排空气系统是否畅通。

美国热交换学会标准规定，连续空气排放量至少应为进入各加热器抽汽量的0.5%。端差增加，说明气体未排净或高压加热器过负荷和管子结垢等。如果给水端差增大，超过设计值很多，则说明排气管道有明显故障。为了不使不凝结气体滞积，各不同工作压力的高压加热器排气管不能逐级串联或接到一根总管上，应分别接到凝汽器或除氧器中去，并尽量采用直管道，保证加热器运行中正常排气管路通畅。

(8) 加热器堵管率较高，管束表面结垢，内部构件异常或损坏，造成换热不良。对于泄漏严重、堵管数量超过极限值的加热器，应更换加热器管芯。

如果高压加热器泄漏，一方面水侧大量给水漏入汽侧，通过疏水逐级自流入除氧器，为使汽包水位正常，则给水泵转速增加，给水流量增大；另一方面高压加热器泄漏后，由于给水短路，则造成给水温度降低。因此运行中若加热器疏水水位明显上升，且给水泵的出力不正常地增大，水侧压力下降且低于正常值，表明加热器存在泄漏，申请尽快停用加热器，防止泄漏喷出的高压水柱冲坏周围的管子，使泄漏管束数目扩大。

(9) 若疏水冷却段包壳不严密，运行中饱和蒸汽或饱和水未经换热短路流出疏水段，造成加热器下端差增大。

(10) 加热蒸汽压力高或蒸汽流量不足。加热器的抽汽压力和抽汽量不稳定、引起端差变化，这主要是由于运行机组负荷下降，蒸汽流量减少或抽汽管路上的止回门卡涩等原因所致。在运行中，应监视各级段抽汽压力，运行中并保持抽汽压力稳定。检查抽汽止回阀或闸阀是否卡涩，加热器进汽口蒸汽通道是否受阻。

(11) 负荷突变，水侧流量突然增加或减小。在额定负荷下，进汽量是一定的，放出的热量基本一定。当给水流量增大时，温升下降，从而导致高压加热器上下端差加大。

(12) 加热器疏水不畅，疏水水位上升。加热器疏水不畅现象很普遍，其主要原因是：疏水器或疏水调整门工作失常（卡涩）；加热器内漏；疏水管管径选择不合理；管道阻力大等。

(13) 存在“虚假水位”的可能。高压加热器运行时，由于某些原因会导致其热工测量信号与实际的水位不符，“过高”或“低虚假信号都会引起加热器保护动作、导致疏门频繁开关，导致运行期间端差无法精准控制。

(14) 抽汽压力、温度偏离设计值，如果1段抽汽温度高于设计值，则1号高压加热器进口蒸汽压力下的饱和温度偏高。因此应利用大修机会，检查机组隔板汽封是否变形引起级间漏汽。

(15) 在额定负荷下，抽汽量是一定的，而抽汽放热量也是一定的，当给水流量增大时，给水温升下降，从而导致高压加热器出口温度降低。

(16) 加热器水室内漏。如水室内部分分程隔板不严密（如水室隔板螺栓未拧紧或焊缝开裂），进、出水连通（水室隔板短路），导致端差大。

(17) 加热器旁路门没关严或内漏，部分水未经加热器由进口直接到出口。如果相邻高一级加热器进口水温低于本级加热器出口水温，则说明旁路漏水。

(18) 抽气管道上的相关阀门开度不足，造成加热不足，加热器出口水温低。

(19) 在高压加热器投运和解列过程中，若控制不当，管束与管板连接处会受到很大的热冲击，这种应力过大或多次交变，会损坏连接处结合面，造成管子端口泄漏。因此运行期间应严格按照规定的温度速率启停加热器，防止热冲击。高压加热器的温升率控制在3℃/min，温降率控制在1.5℃/min。

(20) 给水容氧超标，将造成高压加热器U型钢管管壁腐蚀而变薄，钢管与管板间的胀口受腐蚀而松弛，经长期运行，个别管子产生破损，导致高压加热器泄漏。因此运行中要严格控制锅炉给水pH值和含氧量，减少钢管表面的化学腐蚀。

(21) 压力表、温度计、液位计等系统仪表精度等级偏低或者显示不准确。

五、降低压加热器热器疏水端差的对策

疏水端差反映了疏水冷却段的换热能力和效率。疏水端差运行值一般为5.6～10℃，对于大型机组取下限值。给水端差运行值一般为－1～2℃，最小不能低于－2℃，大容量机组取下限值。

从高压加热器的结构可以看出，高压加热器抽汽经过凝结段凝结的疏水从疏水冷却段下部进水口向上吸入疏水段，所以高压加热器运行时必须维持一定的水位，该水位保证封住疏水冷却段进口，疏水连续不断进入疏水冷却段维持正常的换热过程，同时防止汽侧蒸汽未经放热直接漏入疏水冷却段。

另外，疏水冷却段管束结构也可能造成疏水端差轻微增大。对这些原因引起的疏水端差增大进行水位调整没有效果。

降低高压加热器疏水端差的主要措施如下。

(1) 从上面分析可知，高压加热器疏水端差异常增大主要原因为高压加热器运行疏水过低，疏水冷却段进口水封遭到破坏，未经冷却的抽汽进入疏水冷却段，一方面降低了高压加热器运行的经济性，最为严重的是疏水冷却段汽水两相流引起的振动将会造成高压加热器管束泄漏，影响汽轮机的安全运行，长期低水位运行造成高压加热器频繁泄漏，需要经常解列堵管甚至造成高压加热器过早报废。因此发现疏水端差异常增大必须尽早进行水位调整处理，因此禁止高压加热器长期低水位运行，防止造成设备损坏。

如果疏水端差对疏水水位变化不敏感的情况下，可能是高压加热器疏水冷却段进水口变形或损坏。

(2) 疏水冷却段隔板泄漏也可能造成抽汽混入引起疏水段振动，疏水端差异常增大。注意机组负荷和疏水调节阀开度的关系。机组负荷未变，如疏水调节阀开度变大，有可能管子发生了轻度泄漏。

(3) 疏水冷却段管束结垢也可能造成疏水端差轻微增大。对这种原因引起的疏水端差增大进行水位调整没有效果。

(4) 定期冲洗水位计，防止出现假水位。

六、高压加热器水位的调整方法

试验保持负荷稳定（额定负荷或接近额定负荷），记录调整前的疏水端差、就地水位计水位和DCS上水位，然后调节疏水调节阀开度让水位下降。如果疏水端差无大的变化，那就继续将水位下降，直到某一位置时，疏水端差变化很大。表明高压加热器疏水冷却段的“水封”已被破坏，那么记下该位置作为高压加热器临界水位。再由此位置，调节疏水调节阀的开度使水位缓慢上升，待疏水端差降低到8℃，记下该水位位置，并将其定为高压加热器低一水位线位置（低一水位线报警，关闭正常术水调节阀）。然后以此为基准，考虑30mm水位波动和50mm正常水位高度，确定正常水位位置（正常水位线即0位线，比低一水位线高50mm）。以上水位调节时，必须考虑到温度延时性对疏水端差的影响，每一个水位位置需停留至少5min左右为宜。

例如某机组3号高压加热器水位试验得到的临界水位是400mm，则3号高压加热器正常水位是480mm。

七、高压加热器水位优化试验方法

前面已经分析过，随高压加热器水位升高，上端差与下端差变化趋势相反。高压加热器水位试验的目的在于找出一个较经济的水位，使上端差和下端差都较小，并保证给水出口温度在设计值范围内。若作出上端差与下端差随高压加热器水位变化的曲线，则两条曲线的交点处即理论上的优化水位。

例如某CLN600-24.2/566/566-Ⅰ型凝汽式汽轮机，共设八段非调整抽汽，分别向由三台高压加热器、除氧器、四台低压加热器组成的回热系统等供汽。1、2、3号高压加热器均为U形管表面式加热器。正常疏水采用逐级自流的方式，3号高压加热器疏水最终至除氧器，疏水装置为气动调节装置。

对其三台高压加热器进行了水位优化试验。试验方法为：维持机组负荷、抽汽压力、高压加热器进口给水温度恒定，逐步提高高压加热器水位值，待各参数稳定后，记录各参数，观察上端差、下端差和给水出口温度的变化。试验结果见表14-32。试验时应当注意以下5点：

（1）即使是同一台高压加热器，不同负荷下的最优水位也是不同的；因为机组采用滑压运行，不同负荷下抽汽压力变化较大，抽汽量、3号高压加热器进口给水温度变化也较大；同一台高压加热器需要在不同负荷下做水位优化试验，以得出各个负荷下的最优水位值。

表14-32　1号高压加热器水位优化试验结果

时间	机组负荷（MW）	高压加热器水位（mm）	抽汽压力（MPa）	对应饱和温度（℃）	高压加热器出口水温（℃）	疏水温度（℃）	入口水温（℃）	上端差（℃）	下端差（℃）
15：00：00	551	620	5.5	270.005	269.61	261.65	247.68	0.39	13.97
15：08：00	553	700	5.5	270.005	269.32	257.85	246.95	0.69	10.90
15：15：00	552	750	5.5	270.005	269.27	256.60	246.96	0.74	9.64
15：23：00	552	800	5.5	270.005	269.20	256.10	246.97	0.81	9.13
15：34：00	551	850	5.5	270.005	269.12	255.10	246.98	0.88	8.12
15：43：00	551	900	5.5	270.005	269.04	255.08	247.00	0.96	8.08

（2）1号高压加热器不接收上一级高压加热器的疏水，且三台高压加热器的抽汽压力、抽汽量、给水入口温度等参数都有差异，所以同一负荷下三台高压加热器的最优水位值有所差异，即每一台高压加热器都要单独做水位优化试验。

(3) 做水位优化试验时，应尽可能保证主蒸汽压力稳定，减少因抽汽压力变化带来的误差，必要时可采用“多做一次、延长试验时间、增加数据记录”等方法，以确保准确性；同时，数据的采集最好在同一天进行。

(4) 抽汽压力突然增大，将使上端差骤增，因此应尽量维持抽汽压力恒定。

(5) 负荷波动、高压加热器进口给水温度波动，都会产生错误的结论，因此要求负荷波动不能大于0.5%，进口给水温度波动不能大于1℃。否则应从试验数据中剔出该工况。

从表14-32中可以看出：随高压加热器水位的提高，各台高压加热器的上端差增大，下端差减小，高压加热器自身出口给水温度降低，与之前的理论分析一致。当1号高压加热器水位由620mm提高至900mm后，上端差增大0.57℃，下端差减小5.89℃，1号高压加热器出口水温下降0.57℃。

根据上端差试验数据，查表14-30，得到不同类型汽轮机上端差每变化1℃对热耗的影响值，求得不同水位下上端差与影响值的乘积A_i；然后根据下端差试验数据，再查表14-31，得到不同类型汽轮机下端差每变化1℃对热耗的影响值，求得不同水位下下端差与影响值的乘积B_i；最后求$C_i=A_i+B_i$。对应620mm水位，$c_1=0.39\times1.86+13.97\times0.05=1.43$（kJ/kWh），和最小，因此在550MW负荷1号高压加热器的最优水位为620mm。1号高压加热器其他负荷下的最优水位，以及其他高压加热器，重复上述试验过程即可得到不同高压加热器、不同负荷下的最优水位。

【例14-17】 已知水—水换热器的传热面积为34m²，传热系数为1100W/(m²·℃)，一次网的供水温度为95℃，回水温度为70℃；二次网的供水温度为60℃，回水温度为50℃。换热器采用逆向流动，不考虑水垢影响，计算该换热器的传热量。

解： 换热器工质起始温度差

$$\Delta t_{max}=95-60=35\ (℃)$$

换热器工质最终温度差

$$\Delta t_{min}=70-50=20\ (℃)$$

平均传热温差计算公式

$$\Delta t_m=\frac{\Delta t_{max}-\Delta t_{min}}{\ln\frac{\Delta t_{max}}{\Delta t_{min}}}=\frac{35-20}{\ln\frac{35}{20}}=26.80(℃)$$

根据器换热热平衡方程

$Q=KA\Delta t_m=1100\text{W}/(\text{m}^2\cdot℃)\times34\text{m}^2\times26.80℃=1\ 002\ 320\text{W}=1.002\text{MW}=1002.3\text{kW}\times3600\text{kJ/kWh}=3.61\text{GJ/h}$

【例14-18】 已知在换热器中用20℃冷却水将某溶液从100℃冷却到65℃，溶液流量为2000kg/h，溶液比热为3.5kJ/(kg·℃)，传热系数为1000W/(m²·℃)，已知冷却水出口温度为45℃，不考虑水垢影响。

(1) 换热器采用顺向流动，计算该换热器的对数平均温差和传热面积。

(2) 换热器采用逆向流动，计算该换热器的对数平均温差和传热面积。

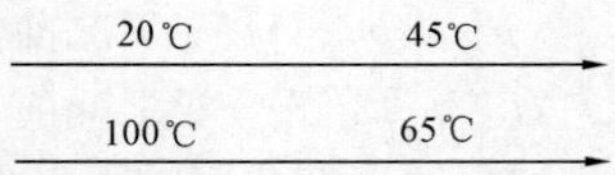

图14-38 顺流温差变化示意图

解：(1) 顺流温差变化见图14-38。

换热器工质起始温度差

$$\Delta t_{max}=100-20=80(℃)$$

换热器工质最终温度差

$$\Delta t_{min}=65-45=20(℃)$$

平均传热温差计算公式

$$\Delta t_m=\frac{\Delta t_{max}-\Delta t_{min}}{\ln\frac{\Delta t_{max}}{\Delta t_{min}}}=\frac{80-20}{\ln\frac{80}{20}}=43.28(℃)$$

换热器的换热量 $Q=1MW=1\ 000\ 000W$，传热系数 $K=1100W/(m^2 \cdot ℃)$

根据器换热热平衡方程

$$Q=mc_p\Delta t=\frac{2000}{3600}\times3.5\times10^3\times(100-65)=68\ 055.6(W)$$

求得换热器的传热面积

$$A=\frac{Q}{K\Delta t_m}=\frac{68\ 055.6}{1000\times43.28}=1.57(m^2)$$

(2) 逆流温差变化见图 14-39。

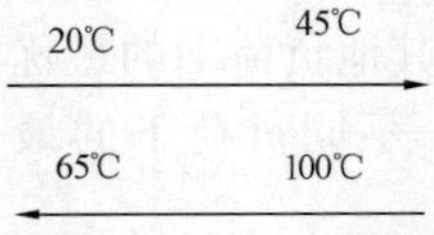

图 14-39 逆流温差变化示意图

$$\Delta t_{max}=100-45=55(℃)$$

$$\Delta t_{min}=65-20=45(℃)$$

平均传热温差计算公式

$$\Delta t_m=\frac{\Delta t_{max}-\Delta t_{min}}{\ln\frac{\Delta t_{max}}{\Delta t_{min}}}=\frac{55-45}{\ln\frac{55}{45}}=49.88(℃)$$

求得换热器的传热面积

$$A=\frac{Q}{K\Delta t_m}=\frac{68\ 055.6}{1000\times49.88}=1.36(m^2)$$

第十三节 监视段压力和温度的监督

一、监视段压力和温度的定义

调节汽室压力及各段抽汽压力，统称为监视段压力。调节汽室温度及各段抽汽温度，统称为监视段温度。

根据弗留格尔公式

$$\frac{G_1}{G_0}=\sqrt{\frac{p_{11}^2-p_{21}^2}{p_{10}^2-p_{20}^2}}\times\sqrt{\frac{T_{10}}{T_{11}}}$$

式中 G_0、G_1——变工况前、后通过级组的流量，kg/h；

p_{10}、p_{11}——变工况前、后级组前的压力，MPa；

p_{20}、p_{21}——变工况前、后级组后的压力，MPa；

T_{10}、T_{11}——变工况前、后级组前的温度，K。

如果温度变化影响可以忽略，则

$$\frac{G_1}{G_0}=\sqrt{\frac{p_{11}^2-p_{21}^2}{p_{10}^2-p_{20}^2}}=\frac{p_{11}}{p_{10}}\sqrt{\frac{1-\left(\frac{p_{21}}{p_{11}}\right)^2}{1-\left(\frac{p_{20}}{p_{10}}\right)^2}}$$

对于凝汽式汽轮机，若所取级组的级数较多时，则 $\left(\frac{p_{20}}{p_{10}}\right)^2$、$\left(\frac{p_{21}}{p_{11}}\right)^2$ 很小，则上式可以简化为

$$\frac{G_1}{G_0}=\frac{p_{11}}{p_{10}}$$

上式说明，各监视段压力(包括各抽汽口的压力，最后一、二级除外，因为最后两级是湿蒸汽区)与汽轮机主蒸汽流量的关系是许多通过原点的相应直线关系，各监视段压力与蒸汽流量成正比关系。

因此监视段压力的大小就反映了汽轮机负荷的大小，同时反映了各通流部分的清洁程度。例如，汽轮机在运行中与刚检修后的运行工况相比，如果在同一负荷下监视段压力升高或者当监视段压力相同的情况下负荷减少时，说明该监视段下以后各级可能结垢。对于中间再热式汽轮机，当调节级和高压缸抽汽、高排压力同时升高时，可能是中压主汽门、中压调门开度不够或高排止回阀失灵。监视段的压力升高将使汽轮机轴向推力增大。

机组在运行中不仅要看监视段压力变化的绝对值，还要看某一级组前后压差是否增加。如果第一级组压差增加，表明该机组总应力增加，可能使机组中的叶片过负荷。监视段压力在同一负荷下的允许变化范围为5%。在监视各监视段压力的同时，各监视段温度也应在监视之列，观察温度是否超过设计值。

二、监视段压力的监督标准

一般情况下，每周或每旬记录一次监视段压力，并与大修后记录的标准值比较，当发现超过设计值2%以上时，应当每天都进行一次记录和核对(应先校验压力表，确认其无误)。如发现超过标准值的5%(反动式机组不应超过标准值的3%)应当采取限制措施。如果分析后认为是由于通流部分结垢引起的，应进行清洗；如果是通流部分损坏引起的，应当及时申请停机修复，暂时不能停机修复时，应把机组负荷限制到与监视段压力相应的允许范围内，以保证机组安全运行。

N300-16.7/537/537 型机组各种工况下各监视段参数见表14-33。

表14-33　N300-16.7/537/537 型机组各种工况下各监视段压力和温度

项目		调节级	1	2	3	4	5	6	7	8
300MW	压力(MPa)	12.27	5.33	3.51	1.53	0.79	0.456	0.254	0.126	0.061
	温度(℃)	497	370	314	428	337	273	209.5	142.4	86.4
270MW	压力(MPa)	11.043	4.762	3.136	1.377	0.711	0.4104	0.2286	0.1152	0.0549
	温度(℃)	485.5	359.6	304.7	428.3	337.4	273.3	209.8	142.6	86.6
175MW	压力(MPa)	7.362	3.121	2.054	0.918	0.474	0.2736	0.1524	0.0768	0.0366
	温度(℃)	460.5	337.8	284.9	429.2	338.4	274.5	210.8	143.5	87.5

三、监视段压力和温度升高的原因

监视段压力升高的原因有以下几方面：

(1) 发生水冲击（蒸汽带水），水珠冲击叶片使轴向推力增大，同时水珠在汽轮机内流动速度慢，堵塞蒸汽通路，在叶轮前后造成很大压力差。

(2) 动叶片结垢。蒸汽品质不良，含有盐分会使动叶结垢，通流面积缩小，引起动叶前后压差增大。

(3) 蒸汽参数降低时不减负荷，就必须增加进汽流量，因而使监视段压力升高。

（4）调节级叶片断落使非调节级第一级喷嘴堵塞，而使调节级后压力升高。

（5）调节级喷嘴腐蚀、调节级叶片损坏、调节级喷嘴弧段漏汽，引起通流面积增大，使蒸汽流量增大，因而使监视段压力升高。

（6）如果调节级和高压缸各抽汽段压力同时升高，则可能是中压调速汽门开度受到限制。

（7）当某台加热器停用时，若汽轮机的进汽量不变，则将使相应抽汽段的压力升高。

（8）高、低压缸内效率偏低（真空低）、再热蒸汽温度偏低，引起主蒸汽流量增大，造成调节级压力升高。

监视段温度升高的原因主要原因是：

（1）高中压缸各级之间存在漏汽现象，导致一、二段抽汽压力高于设计值，同时一、二段抽汽温度升高。

（2）汽轮机存在进汽室窜汽的问题，调节级压力高于设计值，同时调节级温度升高。

四、监视段压力的实际监督分析

制造厂已根据热力和强度计算结果，给出高压汽轮机在额定负荷下，蒸汽流量和各监视段的压力值，以及允许的最大蒸汽流量和各监视段压力。由于每台机组各有自己的特点，所以即使是对相同型号的汽轮机，在同一负荷下的各监视段压力也不完全相同。因此，对每台机组来说，均应参照制造厂给定的数据，在安装或大修后，通流部分处于正常情况下进行实测，求得负荷、新蒸汽流量和监视段压力的关系，以此作为平时运行监督的标准。

运行中监视这些压力的变化可以判断新蒸汽流量的变化，负荷的高低以及通流部分是否结垢、损坏及堵塞等。监视段压力发生变化则说明监视段后的通流部分工作异常。与安装或大修后首次启动相比较，如在同一负荷下，调节汽室压力升高则说明调节级后的压力级通流面积减少，多数情况是结了盐垢，有时也由于某些金属元件破碎和机械杂物堵塞了通流部分或叶片损坏变形所致。假设某机组满负荷时，汽轮机调节级的压力正常值为11.73MPa，而现在机组负荷为80%的额定负荷，而调节级压力已经达到11.73MPa；那么，该机组调节级后的通流部分肯定发生异常，通常是结垢或者被异物堵塞。

例如某超高压汽轮机在运行21个月后发现功率不断下降，已持续两个月。分析每天数据，发现功率是以不变的速率下降的，而不是突降的。与21个月前的运行数据相比，汽轮机参数变化情况见表14-34。

表14-34　某超高压汽轮机故障参数变化情况　%

功　率	蒸汽流量	调节级后压力	高压缸效率
−16.5	−17.2	+21.2	−12.2

原因分析：调节级后压力增加21.2%，既然不是由于流量增加引起的，那只能是由于非调节级通流部分堵塞；由于这种堵塞是稳定增加的，不是突降的，因此不可能是叶片损坏，极大可能是通流部分结垢所致。又因为高压缸效率大为降低，所以可能是高压缸结垢。开缸后检查，结果发现高压缸通流部分严重结垢。

【例14-19】 某亚临界汽轮机，运行24个月后，在调节汽门的同一调开度下，功率是逐月增加的，24个月前后的同一调节汽门开度下的运行数据变化情况见表14-35。在发现上述问题后，曾进行实验证明，在各个调节汽门的不同开度下，功率都变大了，请分析原因。

表14-35　某超高压汽轮机故障参数变化情况　%

功　率	蒸汽流量	调节级后压力	高压缸效率
+12.0	+12.2	+12.0	−2.1

解：原因分析：功率增加，蒸汽流量必然增加。从调节级后各处压力正比于流量增加来看，调节级后各级的工作是正常的，那么功率变大就可能是调节级或调节级前通流部分面积增大所致。由于各个调节汽门的不同开度下功率都变大，估计不应该是调节汽门问题；因为不可能几个调节汽门都同时发生问题。较大可能是调节级通流部分面积增大。由于高压缸效率降低不是很大，因此，绝对不是调节级叶片损坏或者调节级喷嘴弧段漏汽所致，最大可能是调节级喷嘴腐蚀。开缸后检查，结果发现第一、二、三喷嘴组的喷嘴出口边腐蚀严重。

第十四节　凝结水过冷却度的监督

凝汽器是凝汽式汽轮机的重要辅助设备之一，它的作用：一是在凝汽器排汽口建立和保持规定的真空，使蒸汽在汽轮机中膨胀到最低压力，增大蒸汽在汽轮机中的可用焓降，提高汽轮机的循环热效率；二是将汽轮机排汽凝结成洁净的凝结水，并经过初步真空除氧；三是汇集各种疏水，减少汽水损失。

一、凝结水过冷却度的定义与计算

理想情况下，汽轮机的排汽与冷却水在凝汽器内进行热交换时，在冷却水量和冷却面积无穷大下，其蒸汽凝结成凝结水的温度，应与其相应的排汽压力下的排汽饱和温度相等。但在实际情况下，由于凝汽器设备结构设计和运行管理原因，凝结水温度一般低于其排汽温度。

凝汽器入口处蒸汽压力（即排汽压力）对应的饱和温度与凝汽器热井出口凝结水温度之差，称为凝结水过冷却度（或称为凝汽器过冷度，简称过冷度）。其计算式为

$$\Delta t_{gl}=t_s-t_c$$

式中　Δt_{gl}——凝结水过冷度，℃；

t_s——凝汽器压力对应下的饱和温度，℃；

t_c——凝结水温度，℃。

如果按照上述公式计算空冷机组的过冷度，可能出现空冷机组的凝结水过冷度相对于湿冷机组大的问题。要了解空冷机组凝结水过冷度的计算方法必须首先掌握空冷原理与过程。直接空冷系统的冷源是空气，冷却对象是饱和蒸汽。处于真空状态下的汽轮机排汽经大直径排汽管道送至空冷凝汽器中；空气在轴流冷却风机驱动下，从翅片管束外侧流过，与管内饱和蒸汽进行换热，使饱和蒸汽凝结成饱和水并进入凝结水收集联箱。凝结水由收集联箱送入凝结水箱，然后由凝结水泵送至回热系统（低压加热器），并经汽轮机的抽汽加热后，作为锅炉给水循环使用。

对于600MW亚临界直接空冷机组，在冬季运行时，如果汽轮机的背压在9kPa左右时，蒸汽到达空冷凝汽器总体流动的压降可以达到2.6kPa，即：在空冷凝汽器的凝结水收集联箱处的压力是6.4kPa；而排汽压力为9kPa和6.4kPa时对应的饱和温度分别为43.79℃和37.09℃；这样，在凝结水收集联箱处的理论凝结水温度应该是在37.1℃左右，则过冷度约为6.7℃。可见，直接空冷机组的凝结水过冷度相对于湿冷机组是比较大的。

根据《直接空冷系统性能试验规程》（DL/T 244—2012）规定，直接空冷机组凝结水过冷度是指排汽压力对应的饱和温度与凝结水箱的凝结水平均温度的差值。这里的排汽压力是指在汽轮机出口平面且与汽流方向垂直的平面内的平均静压力。

二、凝结水过冷却的危害

凝结水过冷却将造成以下危害：

(1) 凝结水过冷却使凝结水中含氧量增加。这是由于液体中溶解的气体与液面上该气体的分

压力成正比，当凝结水温度过冷却，凝结水水面上的蒸汽分压力降低，气体分压力增高，导致凝结水的含氧量增加。不但加重了除氧器的负担，而且加快凝汽器等设备管道的腐蚀，严重时造成给水系统泄漏和“四管”爆破。

（2）凝结水过冷却使凝结水温度低，使凝结水本身的热量被冷却水带走过多的热量，致使除氧器加热器加热时消耗过多的抽汽量，降低回热系统的经济性。

因此凝汽器对凝结水应具有良好的回热作用，以使凝结水出口温度 t_c 尽可能接近于凝汽器的排汽压力 p_c 所对应的饱和温度 t_s，以减少汽轮机回热抽汽，降低热耗。

三、过冷却度的耗差分析

1. 等效热降法

当凝结水过冷度增加时，按照等效热降原理，新蒸汽等效热降减少值为

$$\Delta H = 4.1868\Delta t_{gl} a_{nn} \eta_1 \frac{q_1}{q_1 + 4.1868\Delta t_{gl}}$$

装置效率相对降低

$$\delta\eta = \frac{\Delta H}{H - \Delta H} \times 100\%$$

新蒸汽等效热值

$$H = \frac{P}{D_{ms}\eta_m}$$

1 段抽汽效率

$$\eta_1 = \frac{H_1}{q_1}$$

式中 H——1kg 新蒸汽等效热降值，kJ/kg；

ΔH——当凝结水过冷度增加时，1kg 新蒸汽等效热降减少值，kJ/kg；

H_1——1 段抽汽等效热降值，kJ/kg；

q_1——1 段抽汽在 1 号加热器内释放出的热量，kJ/kg；

η_1——1 段抽汽效率，%

P——汽轮机发电机电功率，kW；

D_{ms}——汽轮机主蒸汽流量，kg/s；

η_m——汽轮机机械效率，%，约为 99%；

Δt_{gl}——凝结水过冷度增加相对值，℃；

a_{nn}——凝结水份额，%。

【例 14-20】 对于引进型 300MW 机组，原始设计资料：额定功率 P_N＝300MW，主蒸汽流量 D_{ms}＝907.03t/h，再热蒸汽流量 G_{rh}＝745.35t/h，凝结水流量 D_n＝544.70t/h，主蒸汽额定压力 p_{ms}＝16.7MPa，主蒸汽额定温度 t_{ms}＝538℃，1 段抽汽焓为 h_1＝2492.4kJ/kg，凝结水焓 h_{c0}＝136.3kJ/kg，低压缸排汽湿蒸汽焓 h_n＝2343.3kJ/kg。发电煤耗率 b＝295g/kWh，试计算出现 Δt_{gl}＝1℃过冷度对热经济性的影响。

解： 凝结水份额

$$a_{nn} = \frac{D_n}{D_{ms}} = \frac{544.7}{907.03} \times 100\% = 60.05\%$$

新蒸汽等效热值

$$H = \frac{P}{D_{ms}\eta_m} = \frac{300\,000 \times 3600}{907\,030 \times 0.99} = 1202.73(\text{kJ/kg})$$

1段抽汽在1号加热器内释放出的热量

$$q_1 = h_1 - h_{c0} = 2492.4 - 136.3 = 2356.1(\text{kJ/kg})$$

1段抽汽等效热降值

$$H_1 = h_1 - h_n = 2492.4 - 2343.3 = 149.1(\text{kJ/kg})$$

1段抽汽效率

$$\eta_1 = \frac{H_1}{q_1} = \frac{149.1}{2356.1} = 0.063\ 28$$

当出现1℃过冷度，则

$$\Delta t_{gl} = 1℃, \quad \frac{q_1}{q_1 + 4.1868\Delta t_{gl}} \approx 1$$

新蒸汽等效热降减少值为

$$\Delta H = 4.1868\Delta t_{gl} a_{nn} \eta_1 = 4.1868 \times 1 \times 0.605 \times 0.063\ 28 = 0.160(\text{kJ/kg})$$

装置效率相对降低

$$\delta\eta = \frac{0.160}{1202.73 - 0.16} \times 100\% = 0.0133\%$$

因此发电煤耗率增加

$$\Delta b = b\delta\eta = 295 \times 0.0133\% = 0.039\text{g/kWh}$$

2. 曲线修正法

ASME PTC6-2004《美国汽轮机性能试验规程》中凝结水过冷度修正曲线见图14-40（纵坐标为过冷度为5℉时的修正量，%；横坐标为阀门全开时试验主蒸汽流量，%）。

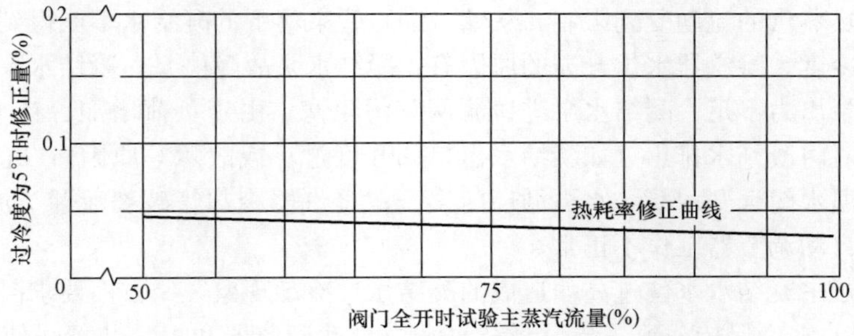

图14-40 凝结水过冷度对热耗率的修正曲线

根据图14-39，当100%负荷时，过冷度变化5℉（华氏温度）时，对应热耗率为0.035%。

其中 $1℉ = \frac{9}{5}t(℃) + 32(℃)$，也就是说，过冷度变化5℉，相当于摄氏温度变化5/1.8=2.778（℃），（温度差），发电煤耗率变化0.035%×295g/kWh=0.103g/kWh；即过冷度变化1℃，发电煤耗率变化0.037g/kWh。

四、凝结水过冷度的监督标准

凝结水过冷度产生不可逆的汽源损失，是一项影响经济性的小指标。在现代大型凝汽器中，凝结水过冷度一般不超过0.5～3℃；对于回热式凝汽器过冷度为0.5～1℃，对于非回热式凝汽器过冷度为1～3℃。监督考核时，凝结水过冷度以统计报表或测试的数据作为监督依据。要求统计期平均值不大于2℃。

五、影响凝结水过冷度的因素及对策

（1）凝汽器内管束排列引起汽阻增大。如果管束布置密度过大或者排列不佳，或者喉部结构上存在问题，会造成蒸汽空气混合物在通往凝汽器的管束中心和下部时，产生很大的汽阻，导致内部压力沿凝汽器到抽气口流程逐渐降低，使凝汽器内大部分区域的蒸汽实际凝结温度低于凝汽器入口的饱和温度，形成过冷度。凝结水在从上往下通过管束时，因布置不合理而落在下层钛（铜）管上而遇不到气流加热，从而在钛（铜）管外壁形成一层水膜。此水膜外层温度接近或等于该处蒸汽的饱和温度，而膜内层紧贴钛（铜）管外壁，因而接近或等于冷却水温度。当水膜变厚下垂成水滴时，此水滴温度是水膜的平均温度，显然低于饱和温度，从而产生过冷却。

现代大型机组的凝汽器常制成回热式，即管束中有较大的通道使部分蒸汽有可能直接进入凝汽器下部，加热凝结水，从而消除或减少凝结水的过冷却。在设计中改进管束的布置，保证汽流均匀进入各区域，还可保证部分排汽直接通至凝汽器底部，以加热凝结水，同时应减少汽阻。从凝汽器入口至抽气口的路径应力求直接，且有足够的流通面积。蒸汽进入管束的流速不超过40～50m/s，蒸汽沿程阻力尽量小，以减少汽阻，降低凝结水的过冷度。

旧式凝汽器通常均为非回热式的，冷却管束很窄，汽阻很大（可达 1.3～2.0kPa)，可使过冷度达到 5～10℃。对于这些凝汽器，凝结水过冷度与工况因素几乎无关，要消除这种过冷现象，唯一有效的措施是改造凝汽器冷却管束结构。如：

1）拆除部分冷却水管，让排汽能深入到冷却面的中部，并具有足够的宽度，但不穿通，使蒸汽能沿冷却面作均匀的分配，并使凝结水加热到排汽温度。

2）在冷却管束中合理布置一些集水、排水元件，控制凝结水下淋状态，以消除过冷却。

3）限制管束中的汽流流速尽可能不超过 40～50m/s 等。

(2) 凝汽器水位过高。当凝汽器水位过高，会使凝汽器底部冷却水管浸入到凝结水中，这样冷却水又带走一部分凝结水的热量，使凝结水再次被冷却，过冷度必然增大。凝汽同时，由于热井水位过高，回热蒸汽的流动受到限制，从钛（铜）管束落下的凝结水不能得到充分回热，也增加了凝结水的过冷度。凝汽器水位升高的原因有：凝结水泵故障停泵；凝结水泵轴封或进水部分漏空气，造成水泵出力不足；凝结水泵进口滤网脏污阻塞；由于负荷增加、补水量增加等原因，凝结水泵不能及时将凝结水排出（如凝结水出口阀开度过小或故障等原因）；凝结水补水调门故障；低压旁路减温水门误开；凝结水再循环门误开；凝汽器冷却管破裂泄漏；加热器水侧泄漏；水位计或者水位自动调节器工作不正常。

为了消除运行中凝结水水位过高而造成的凝结水过冷却现象，一方面要求凝汽器热井的就地水位与 DCS 监测的水位保持一致，装设凝结水水位自动调节器和报警装置，使凝结水水位保持在正常范围内；另一方面，过冷度增大时及时调低凝汽器热井水位；还可以利用凝结水泵本身的汽蚀特性，采用凝汽器低水位运行的方式，避免淹没凝汽器冷却水管。

如果通过调整水位无法改变过冷度增大的趋势，则有可能是汽侧回热通道受阻，凝结水得不到足够加热，而产生过冷，宜在检修时解体检查并及时解决。

(3) 抽气器运行不良。由于抽气器的作用是不断将不能凝结成水的气体抽出，以维持凝汽器的真空，抽气器工作不正常或效率低时，不能把凝汽器内积存的空气抽走，使凝汽器中不凝结气体增加，导致冷却水管的表面形成传热不良的空气膜，这个空气膜降低了传热效果，增加传热端差；同时由于抽气器运行不良，使凝汽器内的蒸汽混合物中的空气分压力增大，蒸汽分压力降低，而凝结水是在对应蒸汽分压的饱和温度下冷凝，所以此时凝结水温度必然低于凝汽器压力下的饱和温度，因而产生了凝结水的过冷却。因此必须保证抽气器或真空泵处于正常工作状态，如定期清扫抽气器喷嘴。

(4) 真空系统严密性差。机组在运行的过程中，处于真空条件下汽轮机的排汽缸、凝汽器以及低压给水加热系统等部分，若有不严密处，则会造成空气的漏入量增大。空气的漏入凝汽器，不仅降低了传热效果，增加传热端差，而且还导致蒸汽分压力下降，致使凝结水产生过冷却，凝结水含氧量增加。

经分析，空气漏入凝汽器会造成凝结水的过冷却，但不是使凝结水产生过冷度的主要因素。

在运行中，当发现凝汽器传热端差增大，同时过冷度又增加，则表明凝汽器中空气量增加，应立即检查真空系统的严密性和真空泵的工作情况，查明原因及时消除。通知检修堵补空气漏入点，将轴封压力控制在规定值内，严防空气从轴封漏入，减少和消除凝结水过冷却。运行中要加强对凝结水泵的监视，防止空气自凝结水泵轴封漏入。

(5) 冷却水漏入凝结水内。机组运行中，由于管板胀口不严、汽轮机末级叶片断裂打断钛（铜）管、凝汽器钛（铜）管腐蚀损坏，或冷却水管的管环盘根不严等原因，造成硬度较高的冷却水进入凝汽器汽侧，凝汽器水位升高，真空下降，同时低温冷却水漏入凝结水内，使凝结水温度降低，过冷度增加；同时凝结水硬度、含氧量、电导率均出现增大现象，凝结水质恶化。

为了防止热力设备结垢、腐蚀甚至爆管，运行中应加强对凝结水水质的监视。为了防止热力设备结垢和腐蚀，化学监督应加强对凝结水硬度、溶解氧、pH 值、钠离子等指标的化学分析测定。运行中凝汽器冷却水管腐蚀泄漏，会引起凝结水硬度超标，过冷度增大。若水质超标不严重，硬度不很高，此时如进行查漏，不易找到。依据运行经验，应急处理办法是在循环水中加锯木屑，木屑进入凝汽器水室，在泄漏处受到真空的吸引将微漏孔堵塞，通常情况下可保证硬度在合格范围内。若水质超标严重，同时凝汽器水位异常升高，说明铜管泄漏严重，循环冷却水大量漏入凝结水中，则应申请停机处理。

(6) 冷却水进口温度和流量的影响。在一定的蒸汽负荷下，当冷却水进口温度降低或流量增大时，被冷却水带走的热量增加。由于大部分蒸汽在大量凝结区的上部就凝结完毕，使空气冷却区的范围扩大了，导致进入热井的凝结水的冷却度增大。

在冷却水温度较低或部分负荷运行时，如未能相应减小冷却水流量，使冷却水流量相对增加。而对于凝汽器，在不同运行工况下均存在一个极限真空。达到此极限真空后，再增加冷却水流量不但增大循环水泵耗功，引起凝结水过冷，而且也不经济。

试验结果表明：在一定的蒸汽负荷下，冷却水初始温度越低或流量增加时，凝汽器压力降低（真空增加），蒸汽的凝结温度较低，则进入热井的凝结水过冷度就大。在凝汽器真空不同时，凝结水过冷度与冷却水进口温度的试验特性曲线见图 14-41。

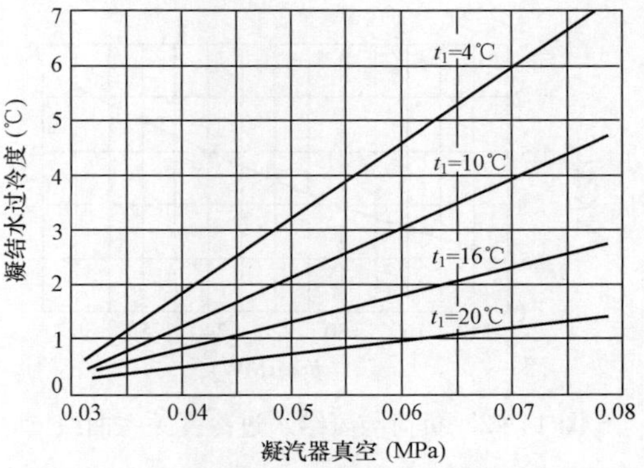

图 14-41 在冷却水入口温度不同时，凝结水过冷度与凝汽器真空的实验特性关系

运行人员应通过循环水泵经济运行试验，根据机组不同负荷、循环冷却水进口温度、凝汽器管板脏污情况来确定最有利的冷却水量，使机组达到最有利的经济真空，既节约厂用电，又减少或消除凝结水过冷却度。在冬季冷却水温度较低时，为了消除或尽量减少凝结水过冷度并节约厂用电，应减小冷却水量。

对于具有机械通风冷却塔的机组，可通过调整运行中的多级变速风机的速度和数量来控制冷却水温度，调节冷却水流速以获得零过冷度。当循环冷却水泵采用母管制连接时，可通过改变运行的水泵台数来调节冷却水流量。如果循环冷却水泵采用单元制配置时，可通过改变运行的水泵电动机极对数或改变运行的水泵台数来调节冷却水流量。

对于使用海水脱硫的机组，应当增设凝汽器冷却水旁路。当水温较低时部分冷却水走旁路，既保证了海水脱硫的水量，也降低了凝汽器冷却水流量，从而降低了凝结水过冷度。

（7）负荷变化。机组（或凝汽器）蒸汽负荷的大小对凝结水过冷度也有一定的影响。根据苏联 BTИ 的试验结果，对于不同类型的凝汽器，蒸汽负荷对过冷度的影响是不一样。对于汽流向心式凝汽器，随着蒸汽负荷的提高，过冷度增大；而对于汽流向侧式凝汽器，蒸汽负荷升高时，过冷度减小。对于旧式非回热式凝汽器，蒸汽负荷减小时，不可避免地会引起过冷度增加。某发电厂的 300MW 机组采用汽流向心式凝汽器，其负荷与凝结水过冷度关系曲线见图 14-42。由图 14-42 可知，随着机组负荷的提高，过冷度有逐渐增大的趋势。

（8）凝汽器补水的影响。机组在运行过程中，由于锅炉排污等原因，导致工质在循环过程中产生了汽水损失，为了满足汽轮机进汽量的需要，必须及时在水侧对系统进行补水。机组补充水补入的位置有除氧器和凝汽器两种方式。如果采用补入凝汽器方案，冬季补充水温度一般低于设计工况时凝结水温度十几摄氏度。这样将温度较低的补充水直接补入凝汽器的热水井，并且在补充水流量较大时，势必会造成凝结水温度降低，致使过冷度增加。

为了减少凝汽器补水的影响，最好利用锅炉连续排污对机组补充水进行加热，以减少补入凝汽器的补充水对凝结水的过冷却。一般凝汽器的补充水箱与除氧器、连续排污扩容器布置在同一平台上，因此可在补充水箱内加装一组管式换热器，由连续排污扩容器引出一管，将排污水送入换热器中作为热源，以加热补充水，然后排入地沟或回收，见图 14-43。

（9）凝结水含氧量的影响。凝汽器凝结水中含氧量增加有两个原因：一是凝结水过冷度增加所致；二是热井水位以下真空部分有空气漏入，特别是凝结水泵的入口轴封处。凝结水过冷度的增加，使得水中的含氧量增加，同时加剧了给水系统的腐蚀，对机组的安全运行有一定的影响，凝结水的含氧量与凝结水过冷度是相关联的。凝结水过冷度大，则凝结水温度过低，凝结水水面上的蒸汽分压降低，则空气分压增大，导致水中的溶氧增大，低压加热器管路腐蚀加剧，这样不利于运行人员对机组性能监测。HEI 标准规定，凝结水含氧量不超过 14μg/L，最好不超过 7μg/L。

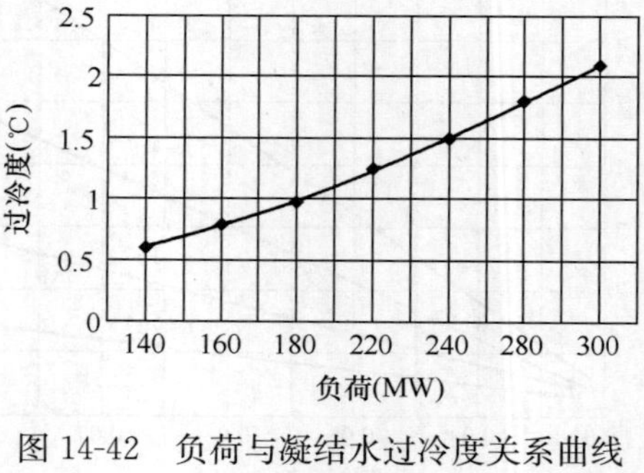

图 14-42　负荷与凝结水过冷度关系曲线

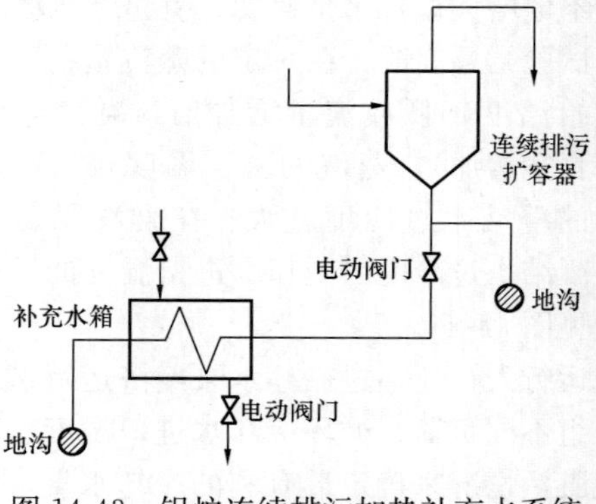

图 14-43　锅炉连续排污加热补充水系统

凝汽器化学补水如果直接采用管形补水管送入凝汽器喉部，以柱状喷出，则因缺少雾化装置不利于除氧，造成凝结水溶氧偏高。如果将凝汽器内部的补水管路进行改造，加装雾化喷嘴装置，补水经喷嘴雾化后喷出，能够使温度较高的排汽和低温补水实现热交换，一方面使补水中的空气离析溢出而被真空泵抽走，有利于降低凝水中的含氧量；另一方面最大限度地凝结排汽，降低了凝结水过冷度。

（10）对于排入凝汽器的各种疏水、补充水、再循环水及其他附加流体，接至凝汽器的位置一定要高于凝结水位，最好接至凝汽器上部蒸汽空间，并安装折流挡板，防止冲刷冷却水管，以除掉这些水源中的空气，减少对凝结水溶解氧和过冷度的影响。

（11）利用锅炉连续排污对补充水进行加热，以减少补入凝汽器的补充水对凝结水的过冷却。

（12）保证凝结水泵合适密封冷却水流量，防止空气内漏。凝结水泵在备用时要保持泵内的高度真空状态，当运行凝结水泵出现故障停运时具备快速投入使用。如果凝结水泵的机械密封或盘根漏空气，会使凝结水泵内形不成真空，就会出现凝结水泵不打水或凝结水溶氧超标。凝结水泵端部安装密封冷却水系统可以起到冷却机械密封及其配件的作用，防止凝结水泵机械密封部件（如盘根和密封填料）因摩擦温度过高导致的密封件损坏，而漏入空气。

（13）对于直接空冷却机组，降低过冷度的主要措施是：

1）在相同的设计条件下，单排管空冷器通流面积大，较双排管和三排管有利于降低蒸汽阻力，过冷度较小。

2）优化排气管道、蒸汽分配管的布置，合理布置阀门，减少排汽阻力损失。

3）运行中加强监视，调整合适的空冷风机频率。尤其是在冬季天气寒冷，运行中调整不当容易造成凝结水的过冷速度快速增大。不但降低了运行的经济性。而且容易造成管束上冻的情况发生。

（14）有些电厂冷却度为负值，而且小于−1℃，原因只有三种：

1）计算公式错误，正确计算公式为：凝结水冷却度＝凝汽器压力对应下的饱和温度-凝结水温度，而不应将被减数颠倒过来计算。

2）各种疏水漏入凝汽器，可能有高温热源漏入凝汽器，引起凝结水过热，此时必须利用停机机会进行处理。

3）可能凝结水温度测点没有靠近热井，而是测点偏上，测量值受到某些高温度疏水的影响。

第十五节 冷却塔性能的监督

一、衡量冷却塔性能的主要指标

冷却塔性能主要取决于水冷却塔面积，水冷却塔面积越大，冷却能力越大，冷却效果越好。不同容量等级的机组，选取的水冷却塔面积不同，见表14-36。

表14-36 水冷却塔推荐面积

机组容量	水冷却塔面积（m^2）	机组容量	水冷却塔面积（m^2）
300MW机组	4500～5500	600MW超临界机组	8500～10 400
350MW超临界机组	5000～6000	1000MW超超临界机组	12 000～15 000
600MW亚临界机组	9000～113 000		

注 南方地区一般取上限，北方地区一般取下限。

某电厂2×350超临界供热机组，由国内某大电力设计院设计，设计水冷却塔面积为4000m^2。机组投运后，在夏季凝汽器进水温度高，导致凝汽器压力高，机组运行能耗指标高。由同一家设计院设计的330MW亚临界供热机组，采用城市中水，设计水冷却塔面积为4250m^2，同样影响了凝汽器压力。

衡量冷却塔性能的主要指标有5个：冷却水进口温度、循环水温升、冷却幅高、冷却幅宽和冷却塔冷却能力。

二、冷却水进口温度

1. 冷却水进口温度的定义

冷却水进口温度俗称循环水入口温度。指进入汽轮机凝汽器前两路进水管道上的冷却水平均温度，近似于等于冷却塔出口水温度。冷却水进口温度视各厂水源、循环水运行方式而定。

冷却塔的冷却能力越好，循环水经过冷却塔冷却后提供给凝汽器的冷却水温度就越低。而冷却水温度越低，又会使得凝汽器真空越好，最终是降低了发电厂的煤耗率水平，提高机组运行的经济性。

2. 冷却水进口温度的耗差分析

冷却水进口温度对凝汽器真空的影响很大，在其他条件相同的情况下，凝汽器进口冷却水温度越高，则凝汽器出口冷却水温度越高，因而排汽温度也越高，凝汽器压力越高，所以凝汽器内的真空值就越低。

（1）试验方法。试验证明，300MW 机组的冷却水进口水温每增加 1℃，凝汽器真空下降 0.4kPa，影响发电煤耗率 1g/kWh，见图 14-44。冷却水温度对凝汽器压力的影响见表 14-37。

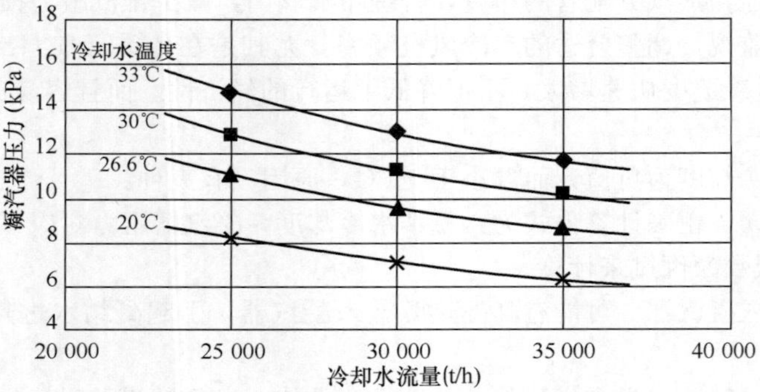

图 14-44 某 300MW 机组冷却水温度对真空的影响

表 14-37 **冷却水温度对凝汽器压力的影响** kPa

冷却面积（m^2）	冷却水温度（℃）			
	33	27	20	10
16 000	12.47	9.44	6.81	4.37
17 000	12.26	9.25	6.66	4.23
18 000	12.07	9.10	6.52	4.11
19 000	11.92	8.96	6.41	4.01

注 清洁度 0.85，热负荷 489MW，冷却水流量 28 800m^3。

（2）公式计算方法。用公式计算方法进行耗差分析，首先要了解以下两个公式：

1）凝汽器基本传热计算公式。根据传热学理论，假定不考虑凝汽器与外界大气之间的换热，则排汽凝结时放出的热量等于冷却水带走的热量，其热平衡方程式为

$$D_c(h_s-h_c)=AK\Delta t_m=D_w\Delta t c_p$$

式中 D_c——进入凝汽器的蒸汽量，kg/s；

Δt_m——由蒸汽至冷却水的平均传热温差，℃；

D_w——循环水流量，kg/s；

Δt——循环水温升，℃；

c_p——冷却水比热容（即定压比热），kJ/（kg·℃），可根据冷却水平均温度 $\frac{2t_1+10}{2}$ 查得，在低温范围内一般淡水计算取 $c_w=4.1868$kJ/（kg·℃）；

A——凝汽器冷却面积，m^2；

K——总传热系数，kW/（m^2·℃）；

h_s——汽轮机的排汽焓，kJ/kg；

h_c——凝结水焓，kJ/kg。

在上述计算公式中，有排汽潜热（h_s-h_c）、总传热系数（K）、平均传热温差（Δt_m）3个未知数，这个方程是无法求解的。不过这3个未知数均与排汽压力有关，因此，只要求出凝汽器排汽比焓值（汽化潜热），就可以从水蒸气性质表中查取排汽压力。确定了排汽压力，其他的就迎刃而解。

可以先假定一个排汽压力，然后其他三个未知数则可以随之而确定，这时可利用传热公式计算出汽轮机排汽流量 D_{c1}，再与原排汽流量 D_c（循环水温度未变化前的排汽流量）进行比较。若 $|D_{c1}-D_c|/D_c \leqslant 0.002$，则认为假定的排汽压力是正确的，即为循环水温度变化后的实际排汽压力。否则应重新进行假定计算，直至符合要求为止。

2）苏联别尔曼公式。凝汽器总传热系数计算公式为

$$K=4.07\xi_c\xi_m\phi_w\phi_t\phi_z\phi_\delta$$

$$\phi_w=\left(\frac{1.1V_w}{\sqrt[4]{d_2}}\right)^x$$

$$\phi_t=1-\frac{0.42\sqrt{\xi_c\xi_m}}{1000}(35-t_{w1})^2$$

$$\phi_z=1+\frac{Z-2}{10}\left(1-\frac{t_{w1}}{45}\right)$$

以上式中 ξ_c——冷却管的清洁系数，对于直流供水方式且水中矿物质含量较小时，$\xi_c=0.80\sim0.85$，在循环供水时，$\xi_c=0.75\sim0.80$，当水质不清洁时取 $\xi_c=0.65\sim0.75$；

ξ_m——冷却管材料和壁厚的修正系数，对于壁厚为1mm的黄铜管为1.0，铝黄铜管为0.96，B5铜镍合金管为0.95，B30铜镍合金管为0.92，不锈钢管为0.85，对于壁厚为0.5mm的钛管为0.95；

ϕ_w——冷却管内流速的修正系数，式中 x 为计算指数，$x=0.12\xi_c\xi_m$（$1+0.15t_{w1}$），当冷却水温 $t_{w1}>26.7$℃时，取 $x=0.6\xi_c\xi_m$；

V_w——冷却管内流速，m/s，应根据管材、水质、供水方式等因素进行经济技术比较后确定，一般为1.5～2.5m/s；

d_2——冷却管内径，mm；

ϕ_t——冷却水进口温度修正系数，当 $t_{w1}>35$ 时，$\phi_t=1+0.002$（$t_{w1}-35$）；

t_{w1}——冷却水进口温度，℃；

ϕ_z——冷却水流程数的修正系数，当冷却水流程数 $Z=2$ 时，$\phi_z=1$；

ϕ_δ——考虑凝汽器蒸汽负荷变化的修正系数。

为了说明排汽压力的求解过程，这里以660MW超超临界机组N-36000型凝汽器参数为例计算。

【例14-21】 某N-36000型钛管凝汽器设计参数如下，求①设计循环水温升和端差；②循环水进口温度在25℃时，对机组经济性的影响。

循环水进口温度 $t_{w1}=18$℃，排汽压力 $p_k=4.6$kPa，排汽温度 $t_s=31.4$℃，汽轮机的排汽焓 $h_s=2316.9$kJ/kg，凝结水过冷度 $\Delta t_{gl}\leqslant0.5$℃，凝结水焓 $h_c=131.6$kJ/kg，排汽流量 $D_c=282.989$kg/s，凝汽器冷却面积 $A=36\ 000m^2$，循环水流量 $G_w=20\ 629.5$kg/s，清洁系数 $\beta=0.85$。

解：(1) 设计值计算：设计循环水温升

$$\Delta t=\frac{D_c(h_s-h_c)}{G_w c_p}=\frac{282.989\times(2316.9-151.23)}{20\,629.5\times4.1868}=7.10(℃)$$

循环水出口温度

$$t_{w2}=18+7.10=25.1\ (℃)$$

设计端差

$$\delta t=t_s-t_{w2}=31.4-25.1=6.3\ (℃)$$

(2) 经济性计算：

1) 额定工况。中间再热机组的低压缸排汽一般不完全是饱和蒸汽，其湿度一般为5%～8%。为简化计算，可以忽略该因素，用排汽潜热 r 代替 (h_s-h_c)，查饱和水蒸气表，当 $t_s=31.4℃$，汽轮机的排汽潜热 $r=2427.37\text{kJ/kg}$。

则循环水温升

$$\Delta t=\frac{D_c r}{G_w c_p}=\frac{282.989\times2427.37}{20\,629.5\times4.1868}=7.953(℃)$$

循环水出口温度

$$t_{w2}=18+7.953=25.953(℃)$$

传热端差

$$\delta t=t_s-t_{w2}=31.4-25.953=5.447(℃)$$

根据平均传热温差计算公式

$$\Delta t_m=\frac{\Delta t}{\ln\dfrac{\Delta t+\delta t}{\delta t}}=\frac{7.953}{\ln\dfrac{7.953+5.447}{5.447}}=8.83(℃)$$

总传热系数

$$K=\frac{D_c r}{A\Delta t_m}=\frac{282.989\times2427.37}{36\,000\times8.83}=2.161[\text{kW/(m}^2\cdot℃)]$$

冷却水进口温度修正系数

$$\phi_t=1-\frac{0.42\sqrt{\xi_c\xi_m}}{1000}(35-t_{w1})^2=1-\frac{0.42\sqrt{0.85\times0.95}}{1000}\times(35-18)^2=0.891$$

2) 冷却水进口温度25℃工况。假定只有冷却水进口温度从18℃升高到25℃，其他条件不变，如果用下角1代表冷却水进口温度25℃工况时的值，则存在如下关系

$$K_1=\phi_{t1}\frac{K}{\phi_t}$$

冷却水进口温度修正系数

$$\phi_{t1}=1-\frac{0.42\sqrt{0.85\times0.95}}{1000}\times(35-25)^2=0.962$$

于是

$$K_1=\phi_{t1}\frac{K}{\varphi_t}=0.962\times\frac{2.161}{0.891}=2.333[\text{kW/(m}^2\cdot℃)]$$

假定冷却水进口温度从18℃升高到25℃后，其排汽压力升高到6.51kPa，由饱和水蒸气表查得：排汽温度 $t_{s1}=37.68℃$，汽轮机的排汽潜热 $r_1=2412.44\text{kJ/kg}$。

循环水温升

$$\Delta t_1=\frac{D_c r_1}{G_w c_p}=\frac{282.989\times 2412.44}{20\ 629.5\times 4.1868}=7.904(℃)$$

循环水出口温度

$$t_{21}=25+7.904=32.904(℃)$$

传热端差

$$\delta t_1=t_s-t_{21}=37.68-32.904=4.776(℃)$$

根据平均传热温差计算公式

$$\Delta t_{ml}=\frac{7.904}{\ln\frac{7.904+4.776}{4.776}}=8.09(℃)$$

进入凝汽器的蒸汽量

$$D_c=AK_1\Delta t_{ml}/r_1=\frac{36\ 000\times 2.333\times 8.09}{2412.44}=281.65(kg/s)$$

与排汽流量282.989kg/s相比误差很小，可以认为假定排汽压力升高为6.51kPa是正确的。

冷却水进口温度从18℃升高到25℃时，排汽压力变化为

$$6.51-4.6=1.91(kPa)$$

根据设计曲线资料排汽压力升高1kPa，发电煤耗率增加1.82g/kWh；则冷却水进口温度每升高1℃，发电煤耗率增加

$$1.82\times\frac{1.91}{25-18}=0.50(g/kWh)$$

根据上述步骤，可以计算出冷却水进口温度分别是5、10、18、25、35℃时，相应的排汽压力，然后绘制出冷却水进口温度变化与排汽压力的关系曲线。根据曲线可以方便地求得冷却水进口温度从18℃升高到25℃时，排汽压力的变化率；从18℃下降到10℃时，排汽压力的变化率。

3. 冷却水进口温度的监督标准

根据冷却数方程式表示的热力特性和阻力特性，可以综合计算得到设计或其他条件下的冷却塔出口水温度 t_1。

根据设计条件及实测的热力、阻力特性，计算出冷却塔出口水温度 $t_{1实际}$，与设计的出塔水温 $t_{1设计}$ 进行比较，如前者的 $t_{1实际}$ 值等于或低于后者的 $t_{1设计}$ 值，则该冷却塔的冷却效果达到或优于设计值。

4. 降低冷却水进口温度的措施

影响冷却水进口温度的主要因素是：冷却塔及附属设备健康水平、空气温度、空气流动速度、机组带负荷程度、水源地等。

冷却水全年平均温度的升高，直接导致机组全年平均真空的降低。对于直流冷却系统（俗称开式循环方式），取水口水温度受水源地环境温度的影响；对于循环冷却系统（俗称闭式循环方式），冷却塔性能变差和环境温度的升高是主要原因。

降低冷却水进口温度一般采取的措施有：

(1) 对于直流冷却系统，通过论证确实是取水口温度升高而又不能通过其他途径解决的，可以考虑改变直流冷却水取水口位置，避开热水回流造成取水口水温度的升高。

(2) 对于循环冷却系统，如果确认冷却塔性能变差，可以进行冷却塔冷却能力诊断试验，找出冷却塔性能变差的主要原因，并进行治理或改造。

(3) 夏季时，循环水温度较高，冷却效果变差，真空变差。为了降低凝汽器冷却水进口温度，应加强对冷却塔维护，清理水池和水塔的淤泥和杂物，疏通喷嘴，更换损坏的喷嘴和溅水

碟，修复或更换损坏的淋水填料。

(4) 对于闭式循环系统，循环水流量的变化直接影响循环水进口温度的变化。当循环水流量降低，凝汽器循环水进口温度则升高，导致机组排汽压力升高发电功率减小；当循环水流量增加，进口水温度则降低，机组排汽压力下降发电功率增加，同时一般会使凝结水过冷度增加。因此根据试验确定循环水泵的最佳运行方式。

三、循环水温升

1. 循环水温升的定义

循环水温升是指循环水出口温度与循环水进口温度之差，即循环水流经凝汽器后温度的升高值，表明循环水在凝汽器内的受热程度。计算公式为

$$\Delta t = t_{w2} - t_{w1}$$

式中 Δt——循环水温升,℃；

t_{w2}——凝汽器出口循环水温度,℃；

t_{w1}——凝汽器进口循环水温度,℃。

凝汽器出口循环水温即冷却塔进塔水温在循环水量不变的情况下，是与机组的负荷成正比的。

根据凝汽器热平衡方程式

$$Q = D_{zq}(h_s - h_c) = K\Delta t_m A = D_w(t_{w2} - t_{w1})c_w$$

得到 $\Delta t = t_{w2} - t_{w1} = \dfrac{D_{zq}(h_s - h_c)}{D_w c_w} = \dfrac{520D_{zq}}{D_w}$，所以当 D_{zq} 降低或 D_w 增加时，Δt 减小，t_s 减小，即凝汽器压力 p_k 降低了，真空提高，反之亦然。

令

$$m = \frac{D_w}{D_{zq}}$$

则

$$\Delta t = \frac{520D_{zq}}{D_w} = \frac{520}{m}$$

式中 m——凝结 1kg 排汽所需要的冷却水量，称为冷却倍率。

当冷却水量 D_w 在运行中保持不变时，则循环水温升 Δt 与凝汽器蒸汽负荷 D_{zq} 成正比关系。m 越大，Δt 越小，凝汽器就可以达到较低的压力；但是 m 值增大，消耗的冷却水量和冷却水泵的电耗也将增大。现代凝汽器的 m 值通常在 50～100 范围内，一般在冷却水源充足、单流程、直流供水时，选取较大值；水源不充足、多流程、循环供水时，选取较小值。在运行中，降低循环水温升 Δt，或降低排汽压力，主要依靠增加冷却水量 D_w 来实现的。

2. 循环水温升的耗差分析

循环水温升的耗差分析实际上很简单，只要知道了循环水进口温度变化 1℃，影响发电煤耗率 0.5～1g/kWh（大机组取下限）。假设循环水出口温度不变，那么假设循环水温升变化 1℃是由循环水进口温度变化 1℃引起的，则循环水温升变化影响热耗幅度与循环水进口温度变化完全相同，因此循环水温升变化 1℃，发电煤耗率升高 0.5～1g/kWh。

3. 循环水温升的监督标准

循环水温升没有统一的监督标准，设计值一般为 8.5～10℃，运行值一般为 9～13℃。实际中，应根据正常年份的四个季节中，各台机组实际的循环水温升，绘制出一条曲线。以后以此为监督依据，只要偏离太大，就说明冷端系统存在问题。不同季节典型的开式、闭式循环水系统运行数据见表 14-38。

表 14-38 典型的开式、闭式循环水系统运行数据（满负荷设计冷却倍率 60）

冷却方式	水温（℃）	温升（℃）	凝汽器端差（℃）	背压（kPa）	循环水调度方式	备 注
开式循环水系统（长江水源）	17	11	3	4.5	循环水温升是 2 机 3 泵或 1 机 2 泵低速	安徽省秋季
闭式循环水系统	21	11	3	5.6		
开式循环水系统（长江水源）	31	9	3	8.7	循环水泵全开	安徽省夏季
闭式循环水系统	36	9	3	11.8		

4. 降低循环水温升的主要措施

循环水温升与循环水泵出力、循环水系统阻力、凝汽器铜管结垢、堵杂物造成循环水量变化有直接关系。在同一负荷下，循环水温升的大小，说明循环水量的大小。降低循环水温升的主要措施：

（1）及时清理循环水泵进口滤网杂物。

（2）正常投运胶球系统，维持凝汽器冷却水管的清洁度。

（3）加强凝汽器循环水二次滤网的监视、分析和调整，夏季工况下根据滤网差压情况，必要时将滤网改为自动连续反洗。

（4）合理对循环水系统加入次氯酸钠或其他杀生剂，控制循环水系统微生物含量，减轻凝汽器污染。

（5）及时对循环水系统加药处理，保证循环水水质。

（6）根据凝汽器温升情况，必要时凝汽器半边解列进行清污或采用干蒸方法清洗凝汽器管内浮泥。

（7）更换凝汽器被堵冷却水管或进行凝汽器改造。

（8）必要时对循环水二次滤网及胶球清洗装置改造。

（9）循环水压力低于设计值，使凝汽器内冷却水流速低于设计值，导致循环水温升超过设计值。如果开式冷却水回水直接回到吸水井，而导致循环水压力降低较多，建议进行改造。将开式冷却水回水接至循环水回水管，可以使循环水压力有所提高。提高凝汽器循环水压力的主要措施是增开循环水泵，但要分析增开循环水泵后凝汽器真空的增加值是否合适。

（10）由于汽轮机效率低于设计值，部分阀门内漏等原因，使凝汽器热负荷超过设计值，导致循环水温升超过设计值。因此，定期检查、彻底处理内漏阀门减小凝汽器热负荷，可以使凝汽器端差、循环水温升有所降低。

（11）消除循环水量的影响。影响循环水量的主要因素是：循环水泵出力不足；循环水系统水阻大；循环水水质差，引起滤网和管板脏堵；机组负荷高时循环水泵运行台数少，或者循环水系统阀门调整不当，造成循环水量的调配不当等导致循环水温升增加。循环水量增加导致循环水温升减小。

（12）消除真空系统和凝汽器汽侧漏点。凝汽器汽侧漏入空气，导致凝汽器冷却水管换热效果差，导致循环水温升减小。真空系统漏空气严重，机组真空低，凝汽器排汽温度高。

（13）采用循环水供暖方式引起的循环水温升增加。此时要根据天气温度变化情况随时调整凝汽器排汽温度。

（14）机组负荷降低，蒸汽流量减少，导致循环水温升减小。因此降低负荷时应平稳过渡，不能大起大落。

【例 14-22】 某台凝汽器冷却水进口温度为 $t_{w1}=16℃$，出口温度 $t_{w2}=22℃$，冷却水流量 $q_m=8.2\times104t/h$，水的比热容为 4.187kJ/(kg·K)，问该凝汽器 8h 内被冷却水带走了多少热量?

解： 1h 被冷却水带走的热量

$$q=q_m c_p(t_{w2}-t_{w1})=8.2\times10^4\times10^3\times4.187\times(22-16)=2.06\times10^9(kJ/h)$$

8h 被冷却水带走的热量

$$Q=2.06\times10^9\times8=1.648\times10^{10}(kJ)$$

四、冷却幅宽

1. 冷却幅宽的定义

冷却幅宽是指循环水进入冷却水塔的热水温度与被冷却后的出塔水温的差值，也叫冷却水温差。其计算公式为

$$\Delta t_{fk}=t_2-t_1$$

式中 Δt_{fk}——湿式冷却塔的冷却幅宽,℃；

t_1——冷却水塔出口温度,℃；

t_2——冷却水塔进口温度,℃。

冷却塔的任务就是将热水冷却，因此，冷却水温差越大，就意味着冷却塔的冷却效果就越好。

冷却水温差越大，在同样的汽轮机热负荷下所需的冷却水流量就越小，对减小循环水的管道、泵等输送部件的投资非常有利。但是，如果冷却塔的进水温度较高，即使冷却水温差较大，冷却塔的出水温度值未必降低到符合凝汽器的要求。所以，单凭冷却水温差不能完全说明问题。

2. 冷却幅宽的耗差分析

冷却塔温降变化 1℃，影响循环水温升 1℃，发电煤耗率变化 0.5～1g/kWh。

3. 影响冷却幅宽的主要因素

影响冷却幅宽的主要因素是循环冷却水进口温度，导致循环冷却水进口温度高的主要原因是：

(1) 环境温度高。夏季当循环水量增大时，冷却塔的冷却温差减小。这有两方面的原因：一是循环水量增大，在凝汽器的吸热温差减小，而这一温差在现场实际上就认定为冷却塔的冷却温差。所以循环水量增大时，冷却塔的冷却温差减小首要原因是凝汽器的吸热温差减小；二是当进入冷却塔的循环水量增大时，根据冷却塔的冷却性能，其冷却水温差是减小的。

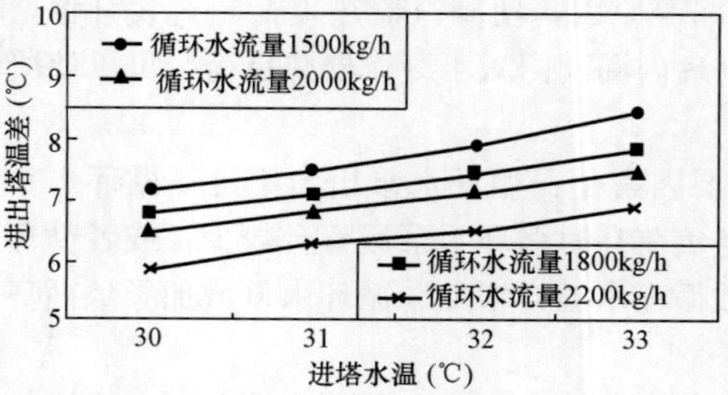

图 14-45 进塔水温对冷却水温差的影响

(2) 冷却水流量太多。在进塔水温一定情况下，冷却水温差随循环水流量的减少而增加。冷却水流量太多，冷却水温差会太小，说明冷却塔的冷却能力差。

(3) 进塔水温降低。图 14-45 是在不同循环水流量情况下冷却水温差随进塔水温的变化。可以看出，在循环水流量一定的情况下，随进塔水温的升高，冷却水温差增大；进塔水温降低，反而影响冷却塔的冷却能力。

(4) 填料老化、堵塞，淋水填料不合格。

(5) 除水器变形，阻力增加。

(6) 自然风影响。

(7) 喷头损坏、配水不均匀。

(8) 冷却塔淋水面积不足。

(9) 冷却塔结构设计不合理。

4. 提高冷却幅宽的措施

(1) 对冷却效果较差和冬季结冰严重的冷却塔，应通过采取增加喷头、采用新型喷溅装置、更换新型填料、进行配水槽改造等措施进行技术改造，以提高其冷却效果，减轻或消除冬季结冰现象。

(2) 加强对冷却塔维护，根据水塔运行状况提出水塔清淤建议。结合主机设备检修，清理水池淤泥和杂物，疏通喷嘴，使循环水冷却塔经常在较佳的效率下运行。

(3) 严格循环水处理监督机制，建立冷却塔运行报表制，记录主要运行数据，报表记录内容至少包括：冷却塔循环水进口温度、冷却塔循环水出口温度、空气温度、湿球温度、水槽水量分布情况、淋水密度、循环水流量等。

(4) 建立循环水定期监测制度，做好水质监督，确保水质稳定，严禁在不进行净化处理的情况下在循环水中养鱼。

(5) 维护人员按规定巡视、检查水塔运行情况，发现设备缺陷及时消除。水塔外观检查主要包括：溅水碟完整，不脱落，无堵塞；淋水填料外观整齐，无缺损，无变形，无杂物；配水系统保持清洁，无漏水，无溢水；除水器安放平稳，无缺损，无变形；淋水密度均匀，冷却水较干净。

(6) 要及时更换损坏的喷嘴和溅水碟，修复损坏的淋水填料。

五、湿式冷却塔的冷却幅高

1. 冷却幅高的定义

湿式冷却塔的冷却幅高是指冷却水塔出口水温度与大气湿球温度的差值，其计算式为

$$\Delta t_{fg} = t_1 - t_{sq}$$

式中 Δt_{fg}——湿式冷却塔的冷却幅高,℃；

t_1——冷却水塔出口水温度,℃；

t_{sq}——大气湿球温度,℃。

冷却幅高的值越小，说明热水被冷却得越充分，冷却效果越好。但过分地减小冷却幅高，将增加冷却塔的成本和外形尺寸。所以一个好的冷却塔，不仅要有较大的进出水温差，还要有尽可能小的冷却幅高。

这里必须明确干球温度和湿球温度的含义。干球温度就是可以拿温度计测量出来的实际环境温度，即天气预报中说的温度。而湿球温度为拿个湿的棉球包住干湿球温度计底端所测得的温度。在干球温度相同的情况下，空气中湿度越大，水就越不容易挥发，湿球温度就越高。反之，空气越干燥，水就越容易挥发，湿球温度就越低。简单来说，湿球温度越接近于干球温度，说明空气越潮湿；当空气的相对湿度达100%时，此时空气中水蒸气处于饱和状态，湿球温度等于干球温度。

对于冷却塔，冷却塔制冷就是靠水挥发成水蒸气而带走热量。这样也就是说，冷却塔冷却的极限温度就是湿球温度。比如湿球温度为28℃，冷却塔的冷却后水的极限就是28℃。实际上，冷却塔还达不到湿球温度那么低，一般都相差3～5℃。

2. 冷却幅高的耗差分析

冷却幅高的耗差分析方法和结果同循环水温升的耗差分析。冷却幅高变化1℃，影响循环水温升1℃，发电煤耗率变化0.5～1g/kWh。

根据汽轮机热力特性，经过计算对于不同型号的机组因为塔的冷却能力降低造成出塔水温升高1℃对机组经济性影响见表14-39。

表14-39　出塔水温升高1℃对机组经济性影响

机组容量(MW)	25	50	125	200	300	350
机组负荷(MW)	25	50	125	200	300	350
效率降低(%)	0.454	0.381	0.31	0.328	0.23	0.242
煤耗率增加(g/kWh)	1.94	1.52	1.033	1.107	0.798	0.738
热耗增加(kJ/kWh)	56.86	44.84	30.28	32.44	23.39	21.63

3. 冷却幅高的监督标准

湿式冷却塔的冷却幅高应每月测量一次，以测试报告和现场实际测试数据作为监督依据。

冷却塔的水温依据周围空气的湿球温度来调节，冷却塔的换热只和室外空气的湿球温度有关。湿球温度代表在当地气温条件下，水可能被冷却的最低温度，也就是冷却设备出水温度的理论极限值。实际上，设计运行完好的自然通风冷却塔，其出水温度与湿球温度之差仍有6～8℃；机力冷却塔其出水温度与湿球温度之差为3～3.5℃。冷却塔出口水温度应在出塔水管（沟）处测量，也可用循环水泵进口（或出口）温度代替。大气湿球温度测点布置在被测冷却塔的上风向，距冷却塔或塔群的进风口30～50m处，仪表距地面高度1.5～2.0m，并避免阳光直射。

在冷却塔热负荷大于90%的额定负荷、气象条件正常时，夏季测试的冷却塔出口水温度不高于大气湿球温度7℃。

4. 影响冷却幅高的主要因素

（1）循环水量的影响。图14-46是某冷却塔在其他条件不变的情况下，不同进水温度下出塔水温随循环水流量的变化。可以看出，随进冷却塔水温的升高，出塔水温也升高，当进塔水温为30、32、33℃时，循环水流量为2200kg/h时，出塔水温分别为24.1、25.5℃和26.1℃；在进塔水温不变的情况下，出塔水温随循环水流量的增大而升高。循环水量不仅可以影响冷却塔内的换热，从而直接影响冷却塔的出塔水温，而且还可以通过影响冷却水水温差来间接影响冷却塔的出塔水温。图14-47说明在其他条件不变的情况下，只改变循环水流量，当循环水量增加时，出塔水温升高，冷却塔的冷却温差减小，冷却幅高增大，冷却塔的效率是减小的。

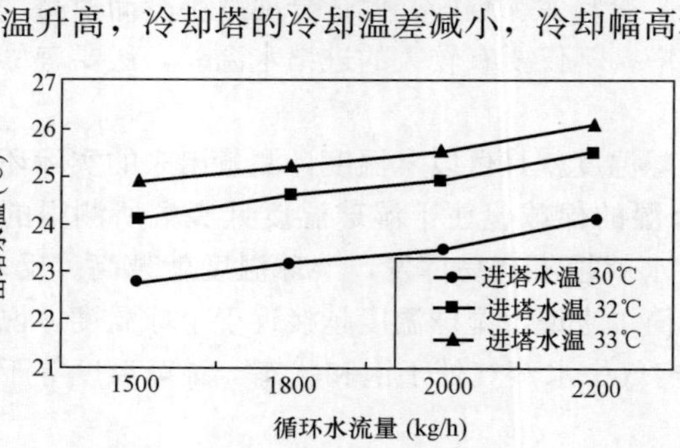

图14-46　循环水流量对出塔水温的影响

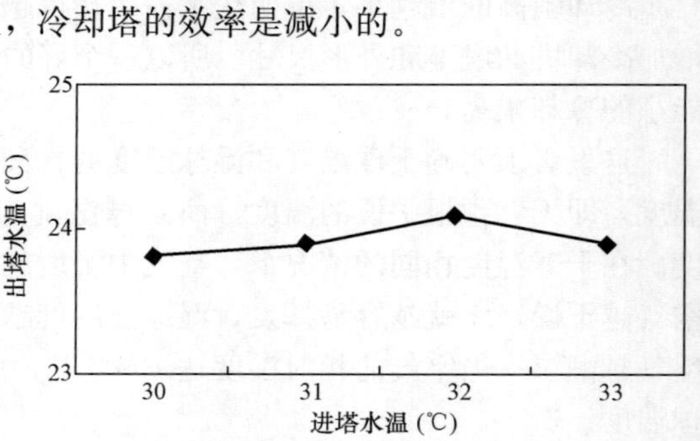

图14-47　某冷却塔进塔水温对出塔水温的影响

（2）进塔水温的影响。当进冷却塔水温升高时，虽然冷却温差是增大的，但是出塔水温却不一定是降低的。由图14-47中可以看出，出塔水温的变化并不明显，因此，进冷却塔水温的变化对出塔水温的影响并不大。

（3）环境温度的影响。图14-48是在循环水流量为1800kg/h，某冷却塔风机开度保持20%，进冷却塔温度32℃情况下，出塔水温随环境干球温度的变化。可以看出，出塔水温随干球温度的升高而升高。在干球温度为1.5、3.5、5.5、7.5℃时，出塔水温分别为23.8、24.1、24.6、25.2℃。当空气的干球温度越高，一方面，热水与空气之间的传热温差减小，水的接触散热减弱；另一方面，当环境湿球温度增加，冷却水进出口温差减小，则冷却塔换热能力下降。冷却塔内空气的吸热量降低，冷却塔内外的密度差减小，冷却塔的抽力降低，使得出塔水温 t_1 升高。冷却塔的出塔水温越高，冷却效率越低。图14-48说明在其他条件一定的情况下，当空气的干球温度越大，冷却塔的出塔水温越高，冷却效率越低。

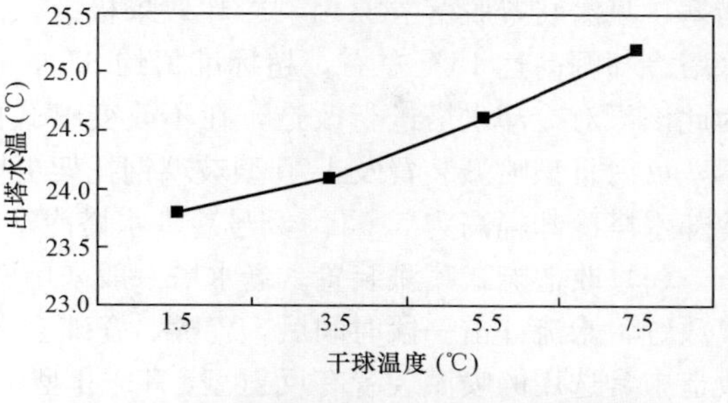

图14-48 环境干球温度对出塔水温的影响

（4）淋水填料的影响。在冷却塔中，常用的淋水填料有水泥网格板填料、陶瓷填料、PVC塑料填料等。由于水泥网格板填料自重重、安装和运输过程中易破损，填料的热力特性差，阻力特性高，再加上其他一些原因，造成冷却塔的出水温度比设计值平均高出2～3℃。如安徽洛河电厂7000m^{3}冷却塔实测阻力特性比设计值高处70%，热力特性降低15%，出塔水温比设计值高出2.5℃。水泥网格板填料目前已被淘汰，对于早期使用的水泥网格板填料的冷却塔应尽快进行更换改造。陶瓷填料是近几年应用在电力行业的填料，它具有使用寿命长、耐热、抗旱、耐腐蚀等优点，但冷却效率不高，而且存在质量重、运输安装破损率高等缺陷。PVC塑料填料具有质量轻、单位体积比面积大、热力特性高、通风阻力小、气流通风孔面积大、冷却效果好、产品质量易于按标准控制、质量稳定、整体刚度较好、组装方便等优点，是新塔应用和老塔改造的首选填料。

淋水填料是进行水、汽、气热交换的最主要部分，冷却塔中约70%的热量由淋水填料散发。淋水填料因其热力性能和阻力特性的差异，会带来不同的冷却能力。根据西安热工研究院塑料填料产品质量检测中心提供的资料显示，在相同的试验条件下，结构不同的淋水填料对出塔水温有一定程度的影响，填料形状对出塔水温的影响高达1.14℃；几何形状相同的填料在厚度和间距不同时，水温相差0.42～0.70℃。根据有关资料介绍，无论是顺流还是逆流的冷却塔改换成高性能的塑料复合型填料（复合型填料是吸收比利时哈蒙公司冷却塔淋水填料的特点而改进的），能导致冷却水温度降低5～8℃。可见，将淋水填料更换成高性能填料、减少填料损坏是提高冷却塔热力性能的重要手段。

（5）淋水密度的影响。淋水密度是指单位面积淋水填料所通过的冷却水循环水量，它是影响冷却塔出力的主要原因之一。由于运行方式不当、检修维修不及时，造成喷嘴堵塞、填料破损、结垢及藻类生长，致使换热面积减少、淋水密度增加，从而引起出塔水温升高。淋水面积减少0.05%时，出塔水温升高0.23℃；淋水面积减少0.1%时，出塔水温升高0.5℃；淋水面积减少0.25%时，出塔水温升高1.55℃。

（6）设备陈旧老化的影响。部分冷却塔已接近或超过使用期限，设备陈旧老化，淋水填料破损脱落，藻类生长、垃圾堆积或结垢情况相当严重，部分填料孔眼几乎全部被堵死，使得换热面积减小，淋水密度增大，冷却塔处于低效率运行状态，造成出塔水温升高。

5. 降低冷却幅高的主要措施

（1）在冷却塔周围至少20m范围内不应有高大建筑，保证冷却塔周围通风良好。

（2）运行中定期对冷却塔外观检查。检查内容包括：淋水密度均匀度、水质的清洁度、溅水碟完整度、填料外观整齐度、配水均匀情况、配水槽堵塞情况、除水器安放情况等。

（3）在北方冬季，做好冷却塔防冻措施，减少填料装置的损坏。

（4）在大修时，及时更换脱落的溅水碟、损坏的填料，对水池进行清污处理。例如华能鹤岗电厂一期2台300MW机组2台冷却水塔投入运行多年，由于设计冷却面积小、填料破碎、喷嘴堵塞、喷溅装置脱落等原因，冷却效果极差，2011年按规定在80%负荷率以上情况下经测试，水塔冷却幅高达15℃左右，超标准值约8℃，造成汽轮机在该季节排汽压力上升2.8kPa以上。为此该厂对冷却水塔进行改造，在不改变槽式配水情况下，用双斜波淋水填料、145-42型除水器，反射Ⅲ型喷溅装置及Ⅰ70型玻璃钢托架更换原有设备及部件，改造后考核性试验表明，1号冷却水塔冷却幅高为5.6℃，2号冷却水塔冷却幅高为5.1℃，比改造前降低接近10℃。

（5）改造老式喷溅装置。老水塔一般采用瓷嘴—瓷碟形喷溅装置，由于瓷嘴、瓷碟在塔内分离放置，水流冲击一段时间后，瓷嘴、瓷碟会出现对不中现象，影响喷溅效果。目前，在冷却塔改造中常选用的喷溅装置有反射型、TP-Ⅱ型、RC型及多层流型等，这些喷溅装置材质均为工程塑料（ABS）。改造工程应首选TP-Ⅱ型和多层流型喷溅装置。

（6）根据季节变换及时调整循环水运行方式，保证循环水供应量，消除水塔竖井内的内区无水区域，提高水塔冷却面积。

（7）加装或改造除水器。循环冷却电厂应首选PVC的BO160-45型卷边型除水器改造老水塔。

（8）定期开展冷却水塔冷却能力的测试，发现和查找设备存在的问题。

（9）制定冷却水塔管理制度，定期巡视，发现设备缺陷及时消除。

（10）严禁在不进行净化处理的情况下，利用循环水养鱼。

六、冷却塔冷却能力

1. 冷却塔冷却能力的定义

将试验中实测的工况修正到设计工况条件时，塔的散热能力，即修正到设计工况条件下的冷却水量与设计冷却水量的百分比，叫实测冷却能力，计算公式为

$$\eta_{sq}=\frac{Q_0}{Q_d}=\frac{G_g}{Q_d\lambda_c}\times 100\%$$

式中 η_{sq}——按修正的冷却水量计算的实测冷却能力，%；

Q_0——修正到设计工况条件下的冷却水量，kg/s；

Q_d——设计冷却水量，kg/s；

G_g——实测进塔空气量，kg/s；

λ_c——修正到设计工况条件下的气水比。

2. 冷却能力监督标准

冷却塔冷却能力的优劣决定了凝汽器冷却水的进水温度，直接影响了机组运行真空。因此，宜定期对冷却塔进行热力性能诊断试验，确定冷却塔存在的问题，制定相应的技术改造方案。冷却塔的实测冷却能力大于95%视为达到设计要求；实测冷却能力大于100%视为超过设计要求。冷却塔的实测冷却能力小于95%时，或夏季100%负荷下冷却塔出水温度与当地的湿球温度差大于8℃时，表明冷却塔存在问题，宜对冷却塔进行全面检查，必要时实施冷却塔技术改造。

3. 冷却塔冷却能力的主要因素

对于结构已经确定的冷却塔而言，影响它的冷却能力的主要因素有室外空气湿球温度、冷却水进口温度和冷却水量等。

（1）湿球温度。冷却塔冷却的极限温度就是湿球温度，因此当水量一定，冷却水进口温度一定时，室外空气湿球温度越低，与进口水温之差越大，冷却能力也就越大。

图 14-49 表示某直交流开敞式冷却塔的冷却能力与室外空气湿球温度的关系，以进口水温 37℃，湿球温度 27℃时的冷却能力为基准（100%）。当水量一定。如果湿球温度降低到 5℃时，冷却能力约为基准的 220%。

(2) 入口水温。当水量一定，室外空气湿球温度一定时，随着冷却塔入口水温的增加，入口水温及出口水温与空气湿球温度之差都将增加，促进了冷却，因此冷却能力会增强。

图 14-50 表示某直交流开敞式冷却塔的冷却能力与入口水温的关系，以入口水温 37℃，湿球温度 27℃时的冷却能力为基准（100%），当水量一定，如果入口水温增加到 46℃时，冷却能力约为基准的 208%。

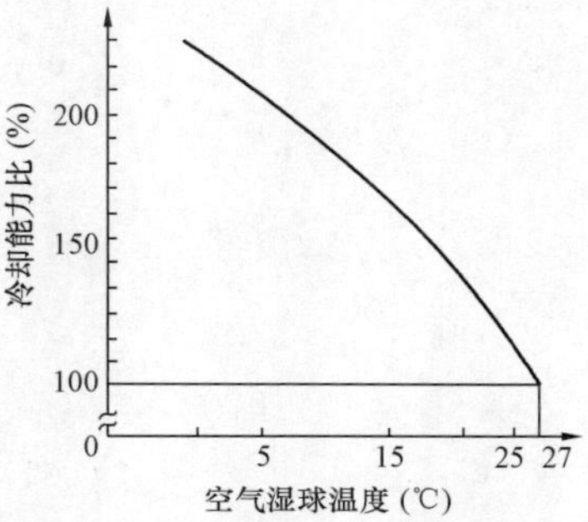

图 14-49 室外空气湿球温度和冷却能力的关系

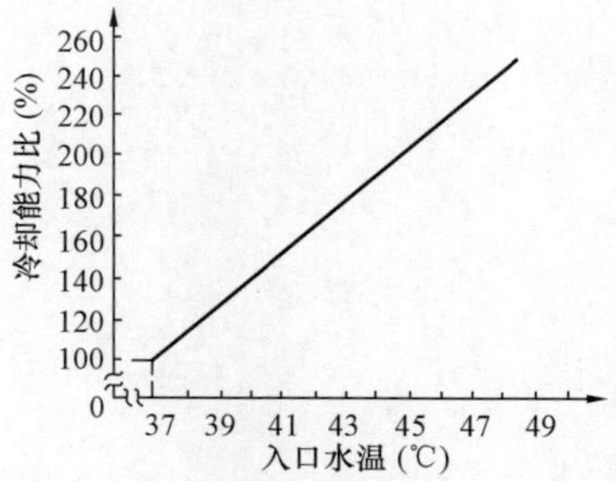

图 14-50 入口水温和冷却能力的关系

(3) 冷却水量。当入口水温一定，室外空气湿球温度一定时，随着冷却水量的增加，冷却塔的传热量也增加。虽然冷却水温降有所减小，但冷却能力会增强。

图 14-51 表示某直交流开敞式冷却塔的冷却能力与冷却水量的关系，以标准冷却水量为 100%，入口水温 37℃，湿球温度 27℃时的冷却能力为基准（100%），当冷却水量增加到 120%时，冷却能力约为基准的 109%。

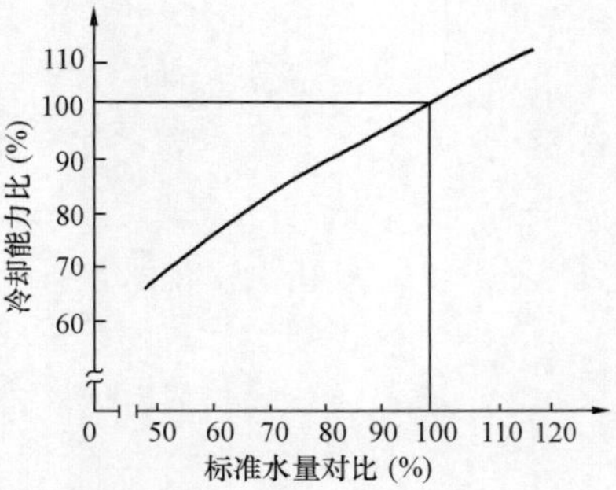

图 14-51 冷却水量和冷却能力的关系

4. 提高冷却塔冷却能力的措施

(1) 配水系统。对于槽式配水的冷却塔，每年夏季前宜清理水槽中的沉积物及杂物，保持每个喷溅装置水流畅通，必要时修补破损的配水槽。

对于槽—管配水的冷却塔，夏季前宜开启内区配水系统，实现全塔配水。保持每个喷溅装置完好无缺，及时修补破损的配水管及喷溅装置。

采用虹吸配水的冷却塔，应使虹吸装置处于正常工作状态。

根据冷却塔内配水的均匀性情况，更换为喷溅效果良好的喷溅装置。

(2) 淋水填料。根据淋水填料的破损、结垢程度及散热效果，可以部分或全部更换冷却塔淋水填料，全塔更换淋水填料时，应进行不同方案的技术经济比较，优化淋水填料的型式及组装高度。

(3) 除水器。除水器变形或破损影响冷却塔通风。冷却塔技术改造时，宜对破损及变形的除水器进行更换。

(4) 机力通风冷却塔。应根据外界气象条件的变化，改变机力通风冷却塔风机运行台数，满足冷却塔工艺的要求。

1）当冬季室外空气（湿球）温度降低时，冷却塔的冷却能力增加，出口水温降低，此时可以停止部分风机运转，达到防止水温过低及节能的目的。

2）室外空气湿球温度的变化是随机性的，冷却塔风机可采用变频装置，以降低冷却塔风机所耗功率。当冷却塔出水温度高于设定值时，加大风机运行频率，提高转速，使冷却塔出水温度趋于设定值。

参 考 文 献

[1] 李青，张兴营，徐光照，李晓辉．发电企业生产经营指标管理手册．北京：中国电力出版社，2012.

[2] 李青，高山，薛彦廷．火电厂节能减排手册　节能技术与综合升级改造．北京：中国电力出版社，2019.

[3] 中国华电集团公司安全生产部．发电厂对标管理．北京：中国水利水电出版社，2006.

[4] 杨善让．汽轮机凝汽设备及运行管理．北京：水利电力出版社，1993.

[5] 李晓勇．凝结水过冷度对机组的影响及对策．电站辅机，2004.3：12-14、16.

[6] 王全胜，刘维红．670t/h 锅炉最佳运行方式的探讨．四川电力技术，2005.6：44-46.

[7] 谢同琪，宝钢股份公司．再热蒸汽温度偏低的原因分析及改善．宝钢技术，2002，5：9-12.

[8] 吴东垠．一台 670t/h 锅炉再热蒸汽温度偏低的原因分析．现代电力，2005.1：48-51.

[9] 张滨渭，祁君田，等．燃煤电厂电除尘器节电技术．电力设备，2007.6：42-46.

[10] 中国电力企业联合会标准化中心，等．火力发电厂能量平衡导则(DL/T 606—1996)宣贯教材．北京：中国电力出版社，2002.

[11] 程雪松．浅谈如何分析、查找和降低火电机组的补水率．中国电厂设备，2007.8：34-36.

[12] 邢秀峰，胡俊峰．循环流化床锅炉启动能耗大的原因分析及对策．电力行业节能技术论文集．中国电力企业联合会，2012.10. 太原：176-180.

[13] 高峰，赵晓飞．600MW 机组高压加热器水位优化试验结果分析．全国火电 600MWe 级机组能效对标及竞赛第十四届年会论文集 2010.5. 昆明：29-31.

[14] 李岩峰，张海林．火电厂管道效率的内涵与在线诊断．电力建设．2000.7：18-20，27.

[15] 王文欢，刘祺福．不同负荷下燃煤电厂管道效率变化特性的研究．华东电力．2009.6：1046-1048.

[16] 刘伟勋，宋大勇．HG-1025/17. 5-HM35 型锅炉吹灰对机组的影响．东北电力技术．2010.8：31-34.

[17] 朱亚迪，徐婷婷．燃气发电主要能耗对标方法研究与应用．燃气轮机技术．2019.3：38-42，53.

[18] 国家电力公司战略规划部．电力统计工作指南．北京：中国统计出版社，2002.

[19] 邱国华，魏宏鸽，梁秀进，等．火电机组脱硫超低排放运行能耗分析与节能运行展望．发电技术．2020.10：510-515.

[20] 中国大唐集团公司火电机组能耗指标分析指导意见(安生〔2008〕45 号).2008.

[21] 李青，公维平．火电厂节能减排手册　节能管理与诊断评价．北京：中国电力出版社，2021.

[22] 李青，李悦，李潇林．火电厂节能减排手册(第二版) 指标管理与耗差分析．北京：中国电力出版社，2021.